Comportamento Mecânico dos Materiais

Comportamento Mecânico dos Materiais

Análises de Engenharia Aplicadas a Deformação, Fratura e Fadiga

Quarta Edição

NORMAN E. DOWLING
*Frank Maher Professor of Engineering
Engineering Science and Mechanics Department
and Materials Science and Engineering Department
Virginia Polytechnic Institute and State University
Blacksburg, Virginia*

Do original Mechanical behavior of materials : engineering methods for deformation, fracture, and fatigue
Tradução autorizada do idioma inglês da edição publicada por Pearson Education, Inc.
Copyright © 2013, 2007, 1999, 1993 by Pearson Education, Inc.,

© 2018, Elsevier Editora Ltda.
Todos os direitos reservados e protegidos pela Lei 9.610 de 19/02/1998.
Nenhuma parte deste livro, sem autorização prévia por escrito da editora, poderá ser reproduzida ou transmitida sejam quais forem os meios empregados: eletrônicos, mecânicos, fotográficos, gravação ou quaisquer outros.

ISBN Original: 978-0-13-139506-0
ISBN: 978-85-352-8787-5
ISBN (versão digital): 978-85-352-8788-2

Copidesque: Geisa Oliveira e Renata Mendonça
Revisão tipográfica: Roberto Mauro Facce
Editoração Eletrônica: Thomson Digital

Elsevier Editora Ltda.
Conhecimento sem Fronteiras

Rua da Assembleia, n° 100 – 6° andar – Sala 601
20011-904 – Centro – Rio de Janeiro – RJ

Rua Quintana, 753 – 8° andar
04569-011 – Brooklin – São Paulo – SP

Serviço de Atendimento ao Cliente
0800 026 53 40

atendimento1@elsevier.com
Consulte nosso catálogo completo, os últimos lançamentos e os serviços exclusivos no site www.elsevier.com.br

---

Nota
Muito zelo e técnica foram empregados na edição desta obra. No entanto, podem ocorrer erros de digitação, impressão ou dúvida conceitual. Em qualquer das hipóteses, solicitamos a comunicação ao nosso serviço de Atendimento ao Cliente para que possamos esclarecer ou encaminhar a questão.

Para todos os efeitos legais, a Editora, os autores, os editores ou colaboradores relacionados a esta tradução adaptada não assumem responsabilidade por qualquer dano/ou prejuízo causado a pessoas ou propriedades envolvendo responsabilidade pelo produto, negligência ou outros, ou advindos de qualquer uso ou aplicação de quaisquer métodos, produtos, instruções ou ideias contidos no conteúdo aqui publicado.

A Editora

CIP-BRASIL. CATALOGAÇÃO NA PUBLICAÇÃO
SINDICATO NACIONAL DOS EDITORES DE LIVROS, RJ

D778c
4. ed.

Dowling, Norman E.
    Comportamento mecânico dos materiais : análises de engenharia aplicadas a deformação, fratura e fadiga / Norman E. Dowling ; [tradução Willy Ank de Morais]. - 4. ed. - Rio de Janeiro : Elsevier, 2018.
    704 p. : il. ; 27 cm.
    Tradução de: Mechanical behavior of materials : engineering methods for deformation, fracture, and fatigue
    Apêndice
    Inclui bibliografia e índice
    ISBN 978-85-352-8787-5

    1. Engenharia (Ciência dos Materiais). I. Morais, Willy Ank de. II. Título.

17-44112
CDD: 620.11
CDU: 620.1/.2

Tradução e Revisão Técnica

Willy Ank de Morais

Técnico em Metalurgia pela Escola Técnica Federal de Ouro Preto (ETFOP)

Engenheiro Metalurgista pela Escola de Minas da Universidade Federal de Ouro Preto (UFOP)

Mestre pelo Departamento de Ciências dos Materiais e Metalurgia da Pontifícia Universidade Católica do Rio de Janeiro (DCMM PUC-Rio)

Doutorando em Engenharia Metalúrgica e de Materiais pelo Departamento de Engenharia Metalúrgica e de Materiais da Escola Politécnica da Universidade de São Paulo (PMT/Poli - USP)

Sumário

Prefácio xiii
Agradecimentos xix

CAPÍTULO 1 Introdução 1
1.1 Introdução 1
1.2 Tipos de falha dos materiais 2
1.3 Projeto e seleção de materiais 11
1.4 Desafios tecnológicos 16
1.5 Importância econômica da fratura 18
1.6 Resumo 19
Novos termos e símbolos 20
Referências 21
Problemas e questões 21

CAPÍTULO 2 Estrutura e Deformação nos Materiais 23
2.1 Introdução 23
2.2 Ligações químicas em sólidos 25
2.3 Estrutura em materiais cristalinos 29
2.4 Deformação elástica e resistência teórica 34
2.5 Deformação inelástica 39
2.6 Resumo 44
Novos termos e símbolos 46
Referências 46
Problemas e questões 46

CAPÍTULO 3 Uma Revisão sobre os Materiais de Engenharia 49
3.1 Introdução 49
3.2 Obtenção de ligas e processamento dos metais 50
3.3 Aços e ferro fundidos 56
3.4 Metais não ferrosos 64
3.5 Polímeros 68
3.6 Cerâmicas e vidros 78
3.7 Materiais compósitos 84
3.8 Seleção de materiais para componentes de engenharia 90
3.9 Resumo 96
Novos termos e símbolos 98
Referências 98
Problemas e questões 99

CAPÍTULO 4 Ensaios Mecânicos: Ensaios de Tração e Outros Testes Básicos 105
4.1 Introdução 105
4.2 Introdução ao ensaio de tração 110
4.3 Propriedades obtidas da tensão e deformação de engenharia 115

viii Sumário

4.4 Tendências no comportamento em tração 126
4.5 Interpretação do ensaio de tração em termos de tensão e deformação
reais (verdadeiras) 132
4.6 Ensaios de compressão 142
4.7 Ensaios de dureza 146
4.8 Ensaios de impacto com entalhe 155
4.9 Ensaios de flexão e torção 159
4.10 Resumo 165
Novos termos e símbolos 167
Referências 167
Problemas e questões 168

CAPÍTULO 5 Correlações e Comportamento entre Tensão e Deformação 181

5.1 Introdução 181
5.2 Modelos para o comportamento em deformação 182
5.3 Deformação elástica 193
5.4 Materiais anisotrópicos 205
5.5 Resumo 214
Novos termos e símbolos 216
Referências 217
Problemas e questões 217

CAPÍTULO 6 Revisão dos Estados de Tensão e Deformação Principais e Complexos 227

6.1 Introdução 227
6.2 Tensão plana 228
6.3 Tensões principais e máxima tensão de cisalhamento 239
6.4 Estados de tensão tridimensionais 246
6.5 Tensões em planos octaédricos 253
6.6 Estados complexos de deformação 255
6.7 Resumo 260
Novos termos e símbolos 262
Referências 262
Problemas e questões 262

CAPÍTULO 7 Escoamento e Fratura sob Tensões Compostas 269

7.1 Introdução 269
7.2 Forma geral dos critérios de falha 271
7.3 Critério de falha pela máxima tensão normal 273
7.4 Critério de escoamento pela máxima tensão cisalhante 276
7.5 Critério de escoamento pela tensão cisalhante octaédrica 282
7.6 Discussão dos critérios básicos de falha 289
7.7 Critério de fratura de Coulomb-Mohr 296
7.8 Critério de fratura de Mohr modificado 306
7.9 Comentários adicionais sobre critérios de falha 313
7.10 Resumo 316
Novos termos e símbolos 317
Referências 318
Problemas e questões 318

Sumário

CAPÍTULO 8 Fratura de Componentes com Trincas **331**
- 8.1 Introdução 331
- 8.2 Discussão preliminar 334
- 8.3 Conceitos matemáticos 341
- 8.4 Aplicação de k ao projeto e análise 346
- 8.5 Tópicos adicionais sobre a aplicação de K 357
- 8.6 Valores e tendências para a tenacidade à fratura 369
- 8.7 Tamanho da zona plástica e limitações de plasticidade da MFLE 380
- 8.8 Discussão sobre os ensaios de tenacidade à fratura 387
- 8.9 Extensão da mecânica de fratura para além da elasticidade linear 389
- 8.10 Resumo 397
- Novos termos e símbolos 398
- Referências 399
- Problemas e questões 401

CAPÍTULO 9 Fadiga dos Materiais: Introdução e Abordagem Baseada em Tensão **415**
- 9.1 Introdução 415
- 9.2 Definições e conceitos 417
- 9.3 Fontes de carregamento cíclico 428
- 9.4 Ensaios de fadiga 431
- 9.5 A natureza física dos danos por fadiga 435
- 9.6 Tendências nas curvas $S\text{-}N$ 440
- 9.7 Tensões médias 450
- 9.8 Tensões multiaxiais 461
- 9.9 Carregamento de amplitude variável 466
- 9.10 Resumo 476
- Novos termos e símbolos 478
- Referências 478
- Problemas e questões 479

CAPÍTULO 10 Abordagem da Fadiga Via Tensão: Componentes Entalhados **491**
- 10.1 Introdução 491
- 10.2 Efeitos dos entalhes 492
- 10.3 Sensibilidade ao entalhe e estimativas empíricas de k_f 497
- 10.4 Estimativa da resistência à fadiga para longas vidas (limites de fadiga) 501
- 10.5 Efeitos dos entalhes em vidas intermediárias e curtas 506
- 10.6 Efeitos combinados dos entalhes e da tensão média 510
- 10.7 Estimando curvas $S\text{-}N$ 520
- 10.8 Uso dos dados $S\text{-}N$ obtidos de um componente 527
- 10.9 Projetando para evitar a falha por fadiga 536
- 10.10 Discussão 542
- 10.11 Resumo 543
- Novos termos e símbolos 544
- Referências 545
- Problemas e questões 546

CAPÍTULO 11 Crescimento de Trincas por Fadiga **561**
- 11.1 Introdução 561
- 11.2 Discussão preliminar 562

x Sumário

11.3 Ensaio da taxa de crescimento de trincas por fadiga 570
11.4 Efeitos de $R = S_{mín}/S_{máx}$ no crescimento de trincas por fadiga 576
11.5 Tendências no comportamento do crescimento de trincas por fadiga 585
11.6 Estimativas de vida para carga de amplitudes constantes 591
11.7 Estimativas de vida para carga de amplitudes variáveis 602
11.8 Considerações de projeto 608
11.9 Aspectos de plasticidade e limitações da MFLE para o crescimento
    de trincas por fadiga 611
11.10 Crescimento de trincas assistidas pelo meio 617
11.11 Resumo 622
Novos termos e símbolos 624
Referências 625
Problemas e questões 626

CAPÍTULO 12 Comportamento em Deformação Plástica e Modelamento para Materiais 643

12.1 Introdução 643
12.2 Curvas tensão-deformação 646
12.3 Correlações tensão-deformação tridimensionais 654
12.4 Comportamento no descarregamento e no carregamento cíclico,
    de acordo com os modelos reológicos 664
12.5 Comportamento tensão-deformação cíclico dos materiais reais 673
12.6 Resumo 686
Novos termos e símbolos 688
Referências 688
Problemas e questões 689

CAPÍTULO 13 Análise da Relação Tensão-Deformação de Componentes Deformados Plasticamente 701

13.1 Introdução 701
13.2 Plasticidade sob dobramento 702
13.3 Tensões e deformações residuais no dobramento 711
13.4 Plasticidade de eixos cilíndricos sob torção 715
13.5 Componentes entalhados 718
13.6 Carregamento cíclico 730
13.7 Resumo 741
Novos termos e símbolos 743
Referências 743
Problemas e questões 743

CAPÍTULO 14 Abordagem da Fadiga Via Deformação 755

14.1 Introdução 755
14.2 Curvas deformação *versus* vida 757
14.3 Efeitos da tensão média 769
14.4 Efeitos da tensão multiaxial 778
14.5 Estimativas de vida para componentes estruturais 781
14.6 Discussão 792
14.7 Resumo 800
Novos termos e símbolos 801
Referências 801
Problemas e questões 802

CAPÍTULO 15 Comportamento Dependente do Tempo: Fluência e Amortecimento 815

15.1 Introdução 815
15.2 Ensaios de fluência 817
15.3 Mecanismos físicos da fluência 823
15.4 Parâmetros de temperatura e estimativas de vida ... 834
15.5 Falha por fluência sob tensão variável 846
15.6 Relações de tensão-deformação-tempo 849
15.7 Deformação por fluência sobre tensão variável ... 854
15.8 Deformação por fluência sobre tensão multiaxial ... 861
15.9 Análise da relação tensão-deformação em componentes ... 864
15.10 Dissipação de energia (amortecimento) nos materiais ... 869
15.11 Resumo 878
Novos termos e símbolos 880
Referências 881
Problemas e questões 882

ANEXO A Revisão de Tópicos Selecionados da Mecânica dos Materiais 897

A.1 Introdução 897
A.2 Fórmulas básicas para tensões e deflexões 897
A.3 Propriedades de seções 899
A.4 Cisalhamento, momentos e deflexões em vigas ... 901
A.5 Tensões em vasos de pressão, tubos e discos 902
A.6 Fatores de concentração de tensão elástica em entalhes ... 905
A.7 Carregamento com escoamento plástico generalizado ... 907

ANEXO B Variação Estatística nas Propriedades dos Materiais 917

B.1 Introdução 917
B.2 Média e desvio padrão 917
B.3 Distribuição normal ou de Gauss 919
B.4 Variações típicas nas propriedades dos materiais ... 921
B.5 Limites de tolerância unilaterais 923
B.6 Discussão 924

Respostas de Problemas e Questões 927

Índice Remissivo 947

Prefácio

Projetar máquinas, veículos e estruturas que sejam seguros, confiáveis e econômicos requer o uso eficiente de materiais e a garantia de que falhas estruturais não ocorrerão. É, portanto, apropriado nos cursos de graduação em Engenharia o estudo do comportamento mecânico dos materiais, especialmente tópicos como deformação, fratura e fadiga.

Esta publicação pode ser usada como livro texto sobre o comportamento mecânico dos materiais para estudantes do início ao final dos cursos de graduação e também para o primeiro ano no nível de pós-graduação, pela ênfase no estudo de seus capítulos finais. Os assuntos cobertos incluem os tópicos tradicionais da área, tais como ensaios de materiais, escoamento e plasticidade, análise de fadiga baseada na tensão e na fluência. As metodologias relativamente novas da mecânica da fratura e da análise de fadiga baseada na deformação também são consideradas e são, de fato, tratadas com algum detalhe. Para um profissional praticante, com bacharelado em engenharia, este livro fornece uma fonte de referência compreensível sobre os temas abordados.

O livro enfatiza os métodos de análise e previsão, que são úteis para o projetista de engenharia evitar falhas estruturais. Os métodos são desenvolvidos a partir do ponto de vista da engenharia mecânica, sendo que a resistência dos materiais à falha é quantificada por propriedades, tais como o limite de escoamento, a tenacidade à fratura e por curvas tensão-vida aplicáveis em fadiga ou fluência. O uso inteligente das informações sobre as propriedades dos materiais requer alguma compreensão de como esses dados são obtidos; portanto, suas limitações e seu significado devem ser claros. Assim, os ensaios de materiais, utilizados em várias áreas, são discutidos, geralmente, antes de se considerar os métodos de análise e previsão.

Em muitas das áreas abrangidas, a tecnologia existente está mais desenvolvida para os metais do que para os não metais. No entanto, dados e exemplos para não metais, tais como polímeros e cerâmicos, estão incluídos onde for apropriado. Também são considerados os materiais altamente anisotrópicos, tais como compósitos de fibras contínuas, mas apenas numa extensão limitada. O tratamento mais detalhado desses materiais complexos não é coberto neste livro.

O restante deste prefácio destaca, primeiramente, as alterações feitas nesta nova edição. Em seguida, seguem comentários que se destinam a ajudar os usuários deste livro, incluindo estudantes, instrutores e profissionais em engenharia.

O QUE HÁ DE NOVO NESTA EDIÇÃO?

Em relação à terceira edição, esta quarta edição apresenta melhorias e atualizações por todo seu conteúdo. Partes da publicação que receberam atenção especial nas revisões feitas incluem as seguintes:

- Os problemas e as questões apresentados no final dos capítulos foram extensivamente revisados, 35% dos tópicos são novos ou foram significativamente alterados, o que representou uma inclusão de 54 itens novos, aumentando o número total para 659. As revisões enfatizaram os temas mais básicos, nos quais os instrutores, geralmente, preferem se concentrar.
- Uma novidade nesta edição são as respostas disponibilizadas ao final do livro para as questões nas quais se solicitou um valor numérico ou o desenvolvimento de uma nova equação.
- As listas de referência no fim dos capítulos foram reformuladas e atualizadas para incluir publicações recentes, abrangendo também bases de dados de propriedades dos materiais.
- O tratamento da metodologia para a estimativa das curvas S-N no Capítulo 10 foi revisado e também atualizado de modo a refletir as mudanças nos livros mais amplamente utilizados para projetos mecânicos.
- No Capítulo 12, o problema-exemplo sobre ajuste de curvas tensão-deformação foi melhorado.
- Ainda no Capítulo 12, a discussão da tensão multiaxial foi refinada e adicionou-se um novo exemplo.
- O tópico dos efeitos da tensão média nas curvas de deformação-vida no Capítulo 14 foi revisado e teve sua cobertura atualizada.
- A seção sobre ruptura por fluência em condições de tensão multiaxial foi movida para um ponto anterior no Capítulo 15, no qual ela pode ser tratada juntamente com parâmetros de tempo e temperatura.

PRÉ-REQUISITOS

A mecânica dos materiais, também chamada de resistência dos materiais ou mecânica dos corpos deformáveis, fornece uma base para a análise de tensões e deformações em componentes de engenharia, tais como vigas e eixos, que apresentam comportamento linear elástico. Por isso, a conclusão de uma disciplina nesta área (normalmente para alunos de segundo ano) torna-se um pré-requisito essencial para seguir o tratamento fornecido neste livro. O Apêndice A também conta com algumas informações úteis para referência e revisão nesta área, juntamente com um tratamento para a análise de materiais completamente plásticos.

Muitos currículos de engenharia incluem um curso introdutório (mais uma vez, para alunos de segundo ano) em ciência dos materiais, incluindo assuntos como estrutura cristalina e não cristalina, discordâncias e outras imperfeições, mecanismos de deformação, processamento de materiais e normas para nomenclatura de materiais. Também é recomendável uma exposição prévia a essa área de estudo. No entanto, como algum pré-requisito pode estar ausente, o livro oferece uma breve introdução nos Capítulos 2 e 3.

Também são necessários conhecimentos matemáticos, obtidos através de cálculo elementar. Certo número de exemplos trabalhados e problemas estudantis envolvem análise numérica básica, como o método dos mínimos quadrados empregado para ajuste de curvas, solução numérica de equações e integração numérica. Por isso, algum conhecimento nessas áreas é útil, assim como a capacidade para elaborar gráficos e análises numéricas em um computador. A análise numérica necessária está descrita na maioria dos livros introdutórios sobre o assunto, como em Chapra (2010), livro citado no final deste prefácio.

REFERÊNCIAS E BIBLIOGRAFIA

Cada capítulo contém uma lista de *Referências,* perto do seu final, que identifica fontes de leitura e informações adicionais. As listas estão, em alguns casos, divididas em categorias, tais como referências gerais, fontes de propriedades dos materiais e manuais úteis. Onde uma referência é mencionada no texto, o nome do primeiro autor e o ano de publicação são dados, permitindo que a referência seja rapidamente encontrada na lista ao final do respectivo capítulo.

Caso sejam utilizados dados específicos ou ilustrações de outras publicações, essas fontes são identificadas entre colchetes, tais como [Richards 61] ou [ASM 88], nas quais os números de dois dígitos indicam o ano de publicação. Toda a *Bibliografia* está listada em uma única seção, perto do final do livro.

APRESENTAÇÃO DAS PROPRIEDADES DOS MATERIAIS

Dados experimentais para materiais específicos são apresentados ao longo do livro em numerosas ilustrações, tabelas, exemplos e problemas. As informações são sempre oriundas de medições laboratoriais reais. No entanto, a intenção é apenas apresentar os dados típicos e não dar informações completas sobre as propriedades dos materiais. Para uso em trabalhos de engenharia reais, fontes adicionais de propriedades dos materiais, tais como as enumeradas ao final dos vários capítulos deste livro, devem ser consultadas, quando necessário. Além disso, os valores das propriedades dos materiais estão sujeitos à variação estatística, como discutido no Apêndice B. Assim, os valores típicos apresentados neste livro, ou de qualquer outra fonte, devem ser usados com a apropriada cautela.

Onde são apresentados os dados de materiais, qualquer fonte externa é identificada como um item de bibliografia. Se nenhuma fonte for oferecida é porque esses dados ou são oriundos de pesquisas do autor ou de resultados de ensaios realizados em cursos laboratoriais na Virginia Tech.

UNIDADES

O Sistema Internacional de Unidades (SI) é enfatizado, mas as unidades habituais dos Estados Unidos (sistema imperial) também estão incluídas na maioria das tabelas de dados. Nos gráficos, as escalas ou estão no sistema SI ou em duplas (SI e sistema imperial), com exceção de alguns casos em que são empregadas outras unidades, quando uma ilustração de outra publicação está sendo usada em sua forma original. Na maioria dos exercícios, são dadas apenas as unidades no SI, assim como no texto, já que o uso de ambas as unidades nessas situações poderia causar confusão.

A unidade de força no SI é o newton (N) enquanto a unidade imperial é a libra (lb). Muitas vezes, é conveniente empregar milhares de Newtons (kilonewtons, kN) ou milhares de libras (kilopounds, kip). Tensões e pressões em unidades SI são, assim, representadas por newtons por metro quadrado, N/m^2, que no sistema SI é dado o nome de pascal (Pa). É geralmente apropriado utilizar milhões de pascal, ou mega pascal (MPa, MPa), de forma que nós temos:

$$1\,MPa = 1\frac{MN}{m^2} = 1\frac{N}{mm^2}$$

em que a última forma equivalente que emprega milímetros (mm) é, muitas vezes, conveniente. Em unidades imperiais, as tensões são geralmente dadas em quilo libras por polegada quadrada (ksi).

Estas unidades e outras frequentemente utilizadas estão listadas, juntamente com fatores de conversão, nas páginas xxi-xxiv. Para ilustrar o uso desta lista, vamos converter uma tensão de 20 ksi para MPa. Como 1 ksi é equivalente à 6,895 MPa, temos:

$$20,0\,ksi = 20,0\,ksi\left(6,895\frac{MPa}{ksi}\right) = 137,9\,MPa$$

A conversão no sentido oposto envolve a divisão pelo valor de equivalência:

$$137,9\,MPa = \frac{137,9\,MPa}{\left(6,895\dfrac{MPa}{ksi}\right)} = 20\,ksi$$

Também é interessante notar que as deformações são quantidades adimensionais, por isso não há necessidade de unidades. As deformações são mais comumente expressas como razões simples entre alteração de comprimento por comprimento, mas as percentagens são empregadas algumas vezes, $\varepsilon\% = 100\varepsilon$.

CONVENÇÕES MATEMÁTICAS

A prática padrão é seguida na maioria dos casos. A função *log* é considerada como indicando os logaritmos de base 10 e a função *ln* indica os logaritmos para a base $e = 2,718...$ (ou seja, os logaritmos naturais). Para indicar a seleção do maior dentre vários valores, a função MÁX( ) é empregada.

NOMENCLATURA

Nos artigos dos periódicos técnico-científicos, em outros livros, nas várias normas de ensaios e nos códigos de projeto, grande variedade de símbolos diferentes é necessariamente empregada para identificar certas variáveis. Essa situação é tratada, ao longo da publicação, pelo uso de um conjunto consistente de símbolos, tentando seguir as convenções mais comuns, sempre que possível. No entanto, pensamos ser necessário adotar algumas exceções, ou modificações, em relação à prática comum para evitar confusão.

Por exemplo, K é usado para a intensidade de tensão na Mecânica de Fratura, mas não para o fator de concentração de tensão, que é designado por k. Além disso, H é utilizado em vez de K ou k para o coeficiente de resistência plástica, empregado para descrever curvas tensão-deformação no regime plástico. O símbolo S é usado para tensão nominal ou média, ao passo que σ é a tensão em um ponto e também a tensão em um membro uniformemente carregado. A duplicidade de símbolos é evitada, exceto onde ocorrem usos diferentes em porções separadas deste livro. Uma lista dos símbolos mais comumente utilizados é dada nas páginas xxii-xxiii. Próximo ao final de cada capítulo há listas mais detalhadas, em uma seção sobre novos termos e símbolos.

USO COMO LIVRO-TEXTO

Os vários capítulos são constituídos de modo que seja possível ter uma considerável liberdade de escolha de temas para estudo. Um curso semestral poderia incluir, pelo menos, porções de todos os capítulos até o 11 e também porções do Capítulo 15. Esta opção cobriria os tópicos introdutórios e de revisão contidos nos Capítulos 1 ao 6, seguidos pelos critérios de escoamento e fratura de materiais não trincados do Capítulo 7. Mecânica de fratura é aplicada à fratura estática no Capítulo 8 e no crescimento de trincas por fadiga coberto pelo Capítulo 11. Além disso, os Capítulos 9 e 10 cobrem a abordagem da fadiga baseada em tensão e o Capítulo 15 cobre a fluência. Se o tempo permitir, alguns tópicos sobre a deformação plástica dos Capítulos 12 e 13 podem ser adicionados e também do Capítulo 14 sobre a abordagem da fadiga baseada em deformação. Se o embasamento dos alunos em ciência dos materiais for suficiente para dispersar o estudo dos Capítulos 2 e 3, mesmo assim a Seção 3.8, sobre seleção de materiais, ainda pode ser útil.

Partes particulares de certos capítulos não são fortemente exigidas como preparação para o restante do próprio capítulo, nem são cruciais para capítulos posteriores. Assim, embora os temas envolvidos sejam importantes por si só, esses podem ser omitidos ou postergados, se desejado, sem grave perda de continuidade. Estas partes incluem as seções 4.5, 4.6 a 4.9, 5.4, 7.7 a 7.9, 8.7 a 8.9, 10.7, 11.7, 11.9 e 13.3.

Após a conclusão do Capítulo 8 sobre mecânica de fratura, uma opção é seguir diretamente para o Capítulo 11, que estende o tema para o crescimento de trincas por fadiga. O que pode ser feito passando por cima dos Capítulos 9 e 10, exceto pelas seções 9.1 a 9.3. Além disso, existem várias opções para a cobertura limitada, mas ainda coerente, dos tópicos relativamente avançados nos Capítulos 12 a 15. Por exemplo, pode ser útil incluir algum material a partir do Capítulo 14 sobre análise da fadiga baseada em deformação, no caso partes dos Capítulos 12 e 13 podem ser necessários como pré-requisito. No Capítulo 15, as seções 15.1 a 15.4 fornecem uma introdução razoável ao tema da fluência, que não dependem fortemente de qualquer outro material além do Capítulo 4.

Referências

ASTM. 2010. American National Standard for Use of the International System of Units (SI): The Modern Metric System. *Annual Book of ASTM Standards*, Vol. 14.04, No. SI10, ASTM International, West Conshohocken, PA.

Chapra, S. C., and Canale, R. P. 2010. *Numerical Methods for Engineers*, 6th ed., McGraw-Hill, New York.

Agradecimentos

Estou em dívida com inúmeros colegas que me ajudaram com este livro de várias maneiras. Aqueles cujas contribuições são específicas para as revisões desta edição incluem: Masahiro Endo (Fukuoka University, Japão), Maureen Julian (Virginia Tech), Milo Kral (University of Canterbury, Nova Zelândia), Kevin Kwiatkowski (Pratt & Miller Engineering), John Landes (University of Tennessee), Yung-Li Lee (Chrysler Group LLC), Christoph Leser (MTS Systems Corporation), Marshal McCord III (Virginia Tech), George Vander Voort (Vander Voort Consulting) e William Wright (Virginia Tech). Conforme consta nos agradecimentos das edições anteriores, muitos outros também têm fornecido ajuda valiosa. Agradeço a essas pessoas novamente e destaco que suas contribuições continuam a melhorar a presente edição.

Os vários anos desde a edição anterior deste livro foram marcados pela passagem de três mentores e colegas valorosos, que influenciaram minha carreira e tiveram uma participação considerável no desenvolvimento da tecnologia aqui descrita: JoDean Morrow, Louis Coffin e Gary Halford.

Virginia Tech forneceu incentivo e apoio de várias formas. Agradeço especialmente a David Clark, chefe do Materials Science and Engineering Department, e a Ishwar Puri, chefe do Engineering Science and Mechanics Department. (O autor está vinculado conjuntamente a esses departamentos.) Além disso, sou grato a Norma Guynn e Daniel Reed, dois membros da Engineering Science and Mechanics que foram prestativos de várias maneiras.

Agradeço àqueles da Prentice Hall, que trabalharam na edição e produção desta edição, especialmente a Gregory Dulles, Scott Disanno e Jane Bonnell, com quem tive a mais considerável e prestativa interação pessoal.

Agradeço também a Shiny Rajesh da Integra Software Services e às outras pessoas que trabalham com ela, por seu cuidado e diligência para assegurar a precisão e qualidade da composição deste livro.

Finalmente, agradeço a minha esposa Nancy e filhos pelo incentivo, paciência e apoio durante este trabalho.

LOCALIZAÇÃO DAS PROPRIEDADES DOS MATERIAIS

N° da Tabela	Página	Tipo de Material	Dados Listados
2.2	37	Whiskers, fibras, arames	E, σ_u
3.1	49	Metais, ligas	T_f, ρ, E
3.9	70	Polímeros	T_v, T_f
3.10	77	Cerâmicas, vidros	T_f, ρ, E, σ_u, σ_{uc}
3.13	88	Representativos (gerais)	E, σ_o ou σ_u, ρ, custo
4.2	120	Metais	E, σ_o, σ_u, $100\varepsilon_f$, %RA
4.3	121	Polímeros	E, σ_o, σ_f, $100\varepsilon_f$, Energia Izod, T_d
4.4	122	Compósito de SiC em Al	E, σ_o, σ_u, $100\varepsilon_f$
4.6	134	Metal	$\tilde{\sigma}_{fB}$, $\tilde{\varepsilon}_f$, H, n, HB
4.7	143	Cerâmicas, vidros	E, σ_{fb}, HV
5.2	184	Metais, polímeros, cerâmicos	E, v
5.3	200	Fibras, epóxi, compósitos	E, G, v, ρ
7.1	287	Rocha, concreto, ferro fundido cinzento	σ_u, σ_{uc}, C-M constantes da regressão
8.1	322	Metais	K_{Ic}; também σ_o, σ_u, $100\varepsilon_f$, %RA
8.2	323	Polímeros, cerâmicas	K_{Ic}
9.1	406	Metais	Constantes σ_a-N_f; também σ_o, σ_u, $\tilde{\sigma}_{fB}$
10.1	487	Metais	Estimativas do limite da fadiga
10.2	504	Metais	Curva S-N estimada a 10^3 ciclos
11.1	549	Aços por classes	Constantes da/dN-ΔK
11.2	560	Aços, ligas de alumínio	Constantes da/dN-ΔK (Walker), também K_{Ic}, σ_o
11.3	564	Metais	Constantes da/dN-ΔK (Forman), também K_{Ic}, σ_o
12.1	647	Aços, ligas de alumínio	E, H', n'; também σ_o, σ_u
14.1	733	Metais	Constantes ε_a-N_f; E, H', n'; σ_o, σ_u, $\tilde{\sigma}_{fB}$, %RA
15.2	806	Metais	Parâmetro Q para S-D
15.3	809	Metais	Constantes paramétricas L-M
15.4	823	Metais	Constantes para fluência não constante σ-ε-t
B.5	888	Metais, rocha, concreto	K_{Ic} e estatística; também σ_o ou σ_{uc}

EXPLICAÇÃO DOS SÍMBOLOS E PROPRIEDADES DOS MATERIAIS

E	Módulo de elasticidade	T_v	Temperatura de transição vítrea
G	Módulo de cisalhamento	T_f	Temperatura de fusão
H, n	Constantes monotônicas σ-ε (Ramberg-Osgood)	$100\varepsilon_f$	Alongamento percentual
H', n'	Constantes cíclicas σ-ε (Ramberg-Osgood)	$\tilde{\varepsilon}_f$	Deformação de fratura verdadeira
		v	Coeficiente de Poisson
HB	Dureza Brinell	ρ	Massa específica
HV	Dureza Vickers	σ_f	Tensão de fratura de engenharia
K_{Ic}	Tenacidade à fratura em tensão plana	$\tilde{\sigma}_{fB}$	Tensão de fratura real
		$\sigma_{\phi b}$	Resistência ao dobramento
Q	Energia de ativação	σ_0	Limite de escoamento
$\%RA$	Redução percentual de área	σ_u	Limite de resistência (em tração)
T_d	Temperatura de deflexão térmica	σ_{uc}	Limite de resistência em compressão

UNIDADES E FATORES DE CONVERSÃO

Quantidade	Unidade no SI	Unidade no Sistema Imperial	Equivalência no SI para a Unidade no Sistema Imperial
Comprimento	Metro (m)	Polegada (in)	0,0254 m
	Milímetro (mm)	Polegada (in)	25,4 mm
Força	Newton (N)	Libra (lb)	4,448 N
	Quilonewton (kN)	Quilolibra (kip)	4,448 kN
Momento ou torque	N·m	lb·in	0,1130 N·m
Energia	joule (J) = N·m	in·lb	0,1130 J
		ft·In	1,356 J
		caloria (cal)	4,184 J
Energia por unidade de volume	J/m^3	$in \cdot lb/in^3$	$6895 \, J/m^3$
Tensão ou pressão	Pascal (Pa) = N/m^2	psi = lb/in^2	6.895 Pa
	MPa = MN/m^2 = N/mm^2	ksi = $kipin^2$	6.895 MPa
Fator de intensidade de tensões K da mecânica de fratura	$MPa \cdot \sqrt{m}$	$ksi \cdot \sqrt{in}$	$1.099 \, MPa \cdot \sqrt{m}$

Notas: *(1) De acordo com a gravidade padrão na terra, uma massa de 1 quilograma (kg) tem uma força de peso de 9,807 N ou 2,205 libras. Além disso, para a tensão: (σ, kg / mm²) × 9,807 = (σ, MPa). (2) O tempo é dado em unidades de segundos (s), minutos (min) ou horas (h). (3) A temperatura é dada em graus Celsius (°C), na escala absoluta em Kelvin (K), ou em graus Fahrenheit (°F). As conversões são*

$$T(K) = T(°C) + 273,15, \quad T(°C) = \frac{T(°F) - 32}{1,8}$$

(4) Os prefixos que indicam alterações na ordem de grandeza das unidades básicas, tais como 10^3 N = kN, são como se segue:

Prefixo	giga	Mega	quilo	centi	mili	micro	nano
Símbolo	G	M	k	c	m	μ	n
Fator	10^9	10^6	10^3	10^{-2}	10^{-3}	10^{-6}	10^{-9}

SÍMBOLOS FREQUENTEMENTE EMPREGADOS

Letras Romanas

a Tamanho de trinca

A Área da seção reta; coeficientes de fluência; coeficiente de vida em tensão

b Máximo comprimento de trinca permissível; expoente de vida em tensão; espessura onde t designar tempo

B Módulo volumétrico; fator de correção de Bridgman; expoente de vida em tensão

B_f Número de repetições para falha

c Metade da largura de uma viga; raio de um eixo; expoente da viga em deformação plástica

C Coeficiente de crescimento de trincas por fadiga

d Diâmetro; expoente de amortecimento

e Base dos logaritmos naturais ($e = 2,718...$)

E Módulo de elasticidade

F Fator de largura finita da mecânica de fratura

h Altura; meia altura de membros trincados

H Coeficiente de resistência plástica para curvas tensão-deformação

I Momento de inércia da área em relação a um eixo no seu plano

J Momento de inércia polar; Integral J; coeficiente de amortecimento

k Fator de concentração de tensão, constante da mola

K Fator de intensidade de tensões da mecânica de fratura

L Comprimento

m Fator de redução da vida em fadiga; expoente de crescimento de trincas por fadiga; expoente de fluência

M Momento fletor

n Expoente de encruamento

N Número de ciclos

p Pressão

P Força (carga)

q Sensibilidade ao entalhe

Q Energia de ativação

Q^{-1} Coeficiente de perda no amortecimento

r Raio

R Razão entre tensões em carregamento cíclico (mínimo / máximo); constante universal dos gases

S Tensão (média) nominal

t Tempo, espessura

T Temperatura, torque

u Energia por unidade de volume

U Energia

v Deslocamento

V Volume

w Largura

x, y, z Coordenadas espaciais

X Fator de segurança

Y Fator de carregamento

Letras Gregas

α Coeficiente de dilatação térmica; ângulo; tamanho de trinca relativo ($\alpha = a/b$)

β Constante de Neuber

ε Deformação normal

η Viscosidade trativa

θ Ângulo

λ Razão da biaxilidade de tensões (σ_2/σ_1)

ν Coeficiente de Poisson

γ Deformação de cisalhamento; expoente de Walker

δ Fator de redução de taxa; valor da abertura na ponta da trinca; ângulo de fase

ρ Raio da ponta da trinca

σ Tensão normal a um ponto ou em um componente uniformemente carregado

τ Tensão de cisalhamento

ω Velocidade angular

Subíndices: Significados (Exemplo)

a	Amplitude (σ_a)	mín	Mínimo ($\sigma_{mín}$)
ar	Amplitude completamente reversa (σ_{ar})	n	Seção líquida (S_n)
c	Crítico (K_c); valor de localização em $y = c$ (σ_c)	o	Escoamento (σ_0); valor completamente plástico (M_0)
e	Elástico (ε_e); limite de fadiga (σ_e)	p	Plástico (ε_p); limite de proporcionalidade (σ_p); intervalo de inspeção periódica (N_p)
f	Fluência (ε_f); Final (A_f); falha (N_f)		
g	Seção bruta, geral (S_g)	q	Constante equivalente de amplitude constante (σ_{aq}, ΔS_q)
h	Valor para planos octaédricos (τ_h)		
i	Inicial (A_i); Valor inicial de escoamento (M_i); índice de somatório	r	Residual (σ_r), ruptura (t_r)
		fe	Fluência estacionária (ε_{fe})
j	Índice de somatório onde I significa inicial	ft	Fluência transiente (ε_{ft})
		u	Último ou máximo(σ_u)
		x, y, z	Direção (σ_x); eixo (l_z)
m	Média (σ_m)	xy, yz, zx	Plano (τ_{xy})
máx	Máximo ($\sigma_{máx}$)	1, 2, 3	Direção principal (σ_1)

Modificadores: Significados (Exemplo)

Δ	Faixa em carregamento cíclico ($\Delta\sigma$)	ponto	Taxa pelo tempo ($\dot{\varepsilon}$)
Til	Verdadeiro ou real ($\tilde{\sigma}$)	apóstrofo	Valor para carregamento cíclico (n'); outros valores especiais
Barra	Efetivo ($\bar{\sigma}$); equivalente		
circunflexo	Atual valor de serviço ($\hat{S}$)		

CAPÍTULO

Introdução

1

1.1 Introdução..1
1.2 Tipos de falha dos materiais..2
1.3 Projeto e seleção de materiais...11
1.4 Desafios tecnológicos..16
1.5 Importância econômica da fratura..18
1.6 Resumo..19

OBJETIVOS

- Obter uma visão geral dos tipos de falha do material que afetam o projeto mecânico e estrutural.
- Compreender, de modo geral, como as limitações de resistência e ductilidade dos materiais são tratadas nos projetos de engenharia.
- Desenvolver a percepção de como o desenvolvimento de novas tecnologias exige novos materiais e novos métodos de avaliação do comportamento mecânico de materiais.
- Perceber os surpreendentemente elevados custos da fratura para a economia.

1.1 INTRODUÇÃO

Projetistas de máquinas, veículos e estruturas devem alcançar níveis aceitáveis de desempenho e economicidade, ao mesmo tempo que se esforçam para garantir que o produto projetado seja seguro e durável. Para assegurar desempenho, segurança e durabilidade, é necessário evitar o excesso de *deformação*, isto é, flexão, torção, ou estiramento dos componentes (partes) da máquina, veículo ou estrutura. Além disso, a formação de trincas nos componentes deve ser totalmente evitada, ou estritamente limitada, de modo que elas não progridam ao ponto de se transformar em uma fratura completa.

O estudo de deformação e fratura nos materiais é conhecido como *comportamento mecânico dos materiais*. O conhecimento nesta área proporciona a base para evitar estes tipos de falha nas aplicações de engenharia. Um assunto desta disciplina é o teste mecânico das amostras de materiais por meio da aplicação de forças e deformações. Uma vez que o comportamento de um dado material é quantitativamente determinado a partir de ensaios, ou conhecido a partir de dados já publicados, suas chances de sucesso, em um projeto de engenharia em particular, podem ser devidamente avaliadas.

A preocupação mais básica em um projeto mecânico para evitar uma falha estrutural é que as *tensões* no componente não devem exceder a *resistência* do material. A resistência é simplesmente o nível de tensão que provoca uma deformação ou falha

1

por fratura. Complexidades adicionais ou causas particulares de falha muitas vezes requerem análise adicional, tal como nos casos seguintes:

1. Tensões frequentemente presentes que atuam em mais de uma direção; ou seja, se o estado de tensões é biaxial ou triaxial.
2. Componentes reais podem conter defeitos ou até mesmo trincas que devem ser especificamente consideradas.
3. Tensões que podem ser aplicadas por longos períodos de tempo.
4. Tensões que podem ser repetidamente aplicadas e removidas, ou a direção de aplicação da tensão que é repetidamente invertida.

No restante deste capítulo introdutório, vamos definir e discutir, brevemente, vários tipos de falha do material, e vamos considerar as relações do comportamento mecânico dos materiais para o projeto de engenharia, com as novas tecnologias e com a economia.

1.2 TIPOS DE FALHA DOS MATERIAIS

Uma *falha por deformação* é uma mudança nas dimensões físicas ou na forma de um componente o suficiente para prejudicar ou mesmo inviabilizar a sua função. O trincamento ao ponto em que um componente é separado em dois ou mais pedaços é denominado *fratura*. A *corrosão* é a perda de material em razão de ação química; o *desgaste* é a remoção de superfície devido à abrasão ou aderência entre superfícies sólidas que estão em contato. Se o desgaste é causado por um fluido (gás ou líquido), chama-se *erosão*, que é mais comum quando o fluido contém partículas duras. Embora a corrosão e o desgaste também sejam de grande importância, este livro considera principalmente a deformação e a fratura.

Os tipos básicos de falha do material que são classificados como deformação ou fratura estão indicados na Figura 1.1. Uma vez que existem várias causas diferentes, é importante identificar corretamente aquelas que podem ser esperadas para um determinado projeto de engenharia, de modo que os métodos apropriados de análise possam ser escolhidos para prever este comportamento. Com tal necessidade de classificação em mente, os diversos tipos de falhas por deformação e fratura são definidos e descritos brevemente a seguir.

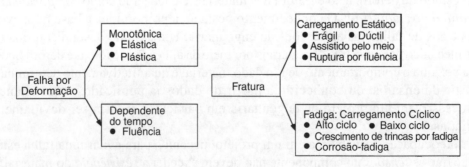

FIGURA 1.1 Tipos básicos de falhas por deformação e fratura.

1.2.1 Deformação Elástica e Plástica

Deformações são quantificadas em termos de tensão normal e cisalhante pela mecânica dos materiais. O efeito cumulativo das deformações em um componente é sua alteração geométrica, tal como seu encurvamento, torção ou estiramento. Algumas vezes, a capacidade de deformação é essencial para a função do componente, como em uma mola. No entanto, a deformação excessiva, especialmente se for permanente, é prejudicial na maioria das vezes.

A deformação que aparece rapidamente após o carregamento pode ser classificada tanto como deformação elástica como deformação plástica, como ilustrado na Figura 1.2. A *deformação elástica* é recuperada imediatamente após o descarregamento. Sempre que essa for a única deformação presente, a tensão e a deformação são geralmente proporcionais. Para o carregamento axial, a constante de proporcionalidade é o *módulo de elasticidade*, E, tal como definido na Figura 1.2 (b). Um exemplo de falha por deformação elástica ocorre quando um edifício alto balança pela ação do vento, causando desconforto nos seus ocupantes, mesmo que haja uma chance remota de colapso. As deformações elásticas são analisadas pelos métodos da mecânica dos materiais, e aprofundamentos desta abordagem geral estão contidas em livros da teoria da elasticidade e análise estrutural.

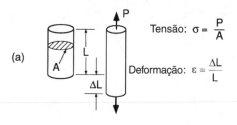

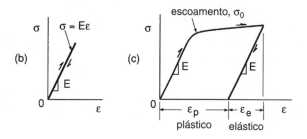

FIGURA 1.2 Componente axial (a) sujeito a carga e descarga, apresentando deformação elástica (b) e deformações elástica e plástica (c).

A *deformação plástica* não é recuperada após descarregamento mecânico e é, portanto, permanente. A diferença entre a deformação elástica e a plástica está ilustrada na Figura 1.2 (c). Uma vez que a deformação plástica tenha se iniciado, apenas um pequeno aumento na tensão, geralmente, provoca grande deformação adicional. O processo de deformação adicional relativamente fácil é chamado de *escoamento*, e o valor de tensão a partir do qual o comportamento começa a ser importante para um dado material é chamado de *limite de escoamento*, σ_0.

Materiais capazes de suportar grandes quantidades de deformação plástica têm comportamento *dúctil*, e aqueles que fraturam sem deformação plástica apreciável possuem comportamento *frágil*. O comportamento dúctil ocorre para muitos metais, tais como aços de baixa resistência, cobre e chumbo, e para alguns plásticos, como o polietileno. O comportamento frágil ocorre para o vidro, a rocha, o acrílico, e alguns metais, tais como o aço de alta resistência empregado em limas. (Note que o termo *plástico* é empregado tanto como o nome comum para os materiais poliméricos quanto na identificação da deformação plástica, que pode ocorrer em qualquer tipo de material.)

Os ensaios de tração são muitas vezes empregados para avaliar a resistência e ductilidade dos materiais, tal como ilustrado na Figura 1.3. Tal teste é realizado estendendo-se lentamente uma barra do material sob tensão até sua ruptura (fratura). O *limite de resistência*, σ_u, que é o maior valor de tensão alcançado antes da fratura, é obtido juntamente com o limite de escoamento e a deformação na ruptura, ε_f. Esta última é uma medida de ductilidade e é normalmente expressa como uma percentagem, sendo chamada de *alongamento percentual*. Materiais que têm, simultaneamente, elevados valores de σ_u e ε_f são ditos *tenazes*, e materiais tenazes, geralmente, são desejáveis para uso no projeto mecânico.

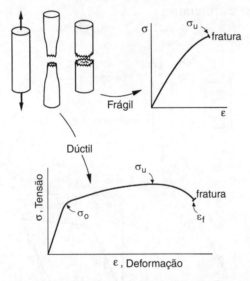

FIGURA 1.3 Ensaio de tração mostrando comportamento frágil e dúctil. Há pouca deformação plástica para o comportamento frágil, mas uma quantidade considerável para um comportamento dúctil.

Grandes deformações plásticas quase sempre constituem falha. Por exemplo, o colapso de uma ponte ou um prédio de aço durante um terremoto poderia ocorrer devido à deformação plástica. No entanto, a deformação plástica pode ser relativamente pequena, e ainda assim causar mau funcionamento de um componente. Por exemplo, em um eixo rotativo, um ligeiro empeno permanente resulta em uma rotação desbalanceada, o que pode provocar vibração e a possível falha prematura dos mancais que suportam o eixo.

A *flambagem* é deformação causada por tensões de compressivas que provoca grandes alterações no alinhamento das colunas ou placas, possivelmente seguida do dobramento ou colapso do componente. A deformação elástica ou plástica, ou uma combinação de ambas, podem dominar este comportamento. A flambagem é geralmente considerada em livros sobre mecânica dos materiais e análise estrutural.

1.2.2 Deformação por Fluência

Fluência é a deformação que se acumula com o tempo. Dependendo da intensidade da tensão aplicada e a sua duração, a deformação pode tornar-se tão grande que um componente pode deixar de cumprir a sua função. Plásticos e metais de baixo ponto de fusão podem apresentar fluência à temperatura ambiente, e praticamente qualquer material vai sofrer fluência sob temperaturas próximas à sua temperatura de fusão. A fluência é, portanto, um problema importante, em que altas temperaturas são empregadas, como em turbinas de aeronaves. A flambagem pode ocorrer de forma dependente com o tempo devido à deformação oriunda da fluência.

Um exemplo de aplicação envolvendo fluência é o projeto de filamentos de tungstênio de uma lâmpada incandescente. A situação está ilustrada na Figura 1.4. A bobina do filamento torna-se mais flácida entre os seus suportes, ao longo do tempo, por causa da deformação produzida pela fluência induzida pelo próprio peso do filamento. Se ocorrer muita deformação, as espiras adjacentes da bobina tocam-se uma na outra, provocando um curto circuito elétrico e sobreaquecimento local, que rapidamente leva à falha ("queima") do filamento. Para evitar esta situação, a geometria da bobina e de seus suportes são concebidos para limitar as tensões causadas pelo peso do filamento além de ser empregada uma liga especial de tungstênio, que apresenta maior resistência à fluência do que o tungstênio puro.

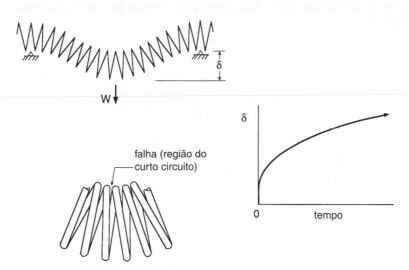

FIGURA 1.4 O efeito da flacidez do filamento de uma lâmpada incandescente sob seu próprio peso. A deflexão aumenta com o tempo, em razão da fluência, podendo levar os fios adjacentes da bobina do filamento a se tocarem, o que provoca a falha (ou "queima") da lâmpada.

1.2.3 Fratura sob Carregamento Estático e por Impacto

A fratura rápida pode ocorrer sob carregamento que não varia com o tempo, ou que se altera apenas lentamente, chamado *carregamento estático*. Se tal fratura é acompanhada por pouca deformação plástica, ela é chamada de *fratura frágil*. Este é o modo normal de falha de vidro e de outros materiais resistentes à deformação plástica. Se for aplicado um carregamento muito rápido, conhecido como *carregamento por impacto*, torna-se mais provável obter uma fratura frágil.

Se uma trinca ou outra descontinuidade afiada estiver presente, a fratura frágil pode ocorrer mesmo em aços ou ligas de alumínio dúcteis, ou em outros materiais que são, normalmente, capazes de grandes quantidades de deformação plástica. Tais situações são analisadas por uma ciência específica chamada de *mecânica de fratura*, que é o estudo das trincas em sólidos. A resistência à fratura frágil, na presença de uma trinca, é quantificada por uma propriedade do material chamada *tenacidade à fratura*, K_{IC}, como ilustrada na Figura 1.5. Os materiais com alta resistência, geralmente, possuem baixa tenacidade e vice-versa. Esta tendência está ilustrada para três classes de metais de engenharia na Figura 1.6.

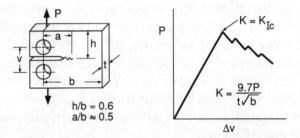

FIGURA 1.5 Ensaio de tenacidade à fratura. *K* é uma medida da severidade da combinação do tamanho da trinca, geometria e carregamento. K_{IC} é um valor particular, chamado *tenacidade à fratura*, no qual ocorre a falha do material.

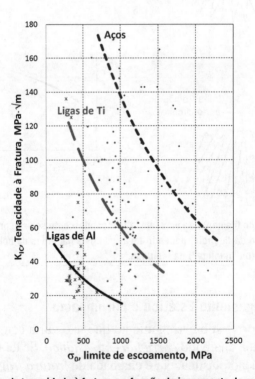

FIGURA 1.6 Diminuição da tenacidade à fratura em função do incremento da resistência ao escoamento oriunda de tratamentos térmicos, para três diferentes classes de metais de engenharia.

(Adaptado de [Morais 11]; empregado com permissão.)

A *fratura dúctil* também pode ocorrer. Esse tipo de fratura é acompanhado por uma deformação plástica significativa e, às vezes, por um processo de rasgamento progressivo. A mecânica de fratura, a fratura frágil ou dúctil são especialmente importantes no projeto de engenharia de vasos de pressão e de grandes estruturas soldadas, tais como pontes e navios. A fratura pode ocorrer como resultado de uma combinação do efeito da tensão do meio químico, assim sendo conhecida como *fratura assistida pelo meio*. Problemas deste tipo são particularmente preocupantes na indústria química, mas também ocorrem de forma generalizada em outros lugares. Por exemplo, alguns aços de baixa resistência são susceptíveis à formação de trincas na presença de meios cáusticos (básicos ou de alto pH), gerados pela presença, por exemplo, de NaOH, e aços de alta resistência podem trincar na presença de hidrogênio ou do gás sulfureto de hidrogênio (H_2S). O termo *trincamento por corrosão sob tensão* também é empregado para descrever tal comportamento. Esse termo é especialmente apropriado onde também ocorre remoção de material pela ação corrosiva, o que não é o caso para todos os tipos de trincamentos assistidos pelo meio. Fotografias de trincametos causada por um meio hostil estão mostradas na Figura 1.7. Deformação por fluência pode proceder ao ponto que possa ocorrer a separação em duas partes. Isto é chamado de *fratura por fluência* e é semelhante à fratura dúctil, salvo pelo fato de que o processo depende do tempo.

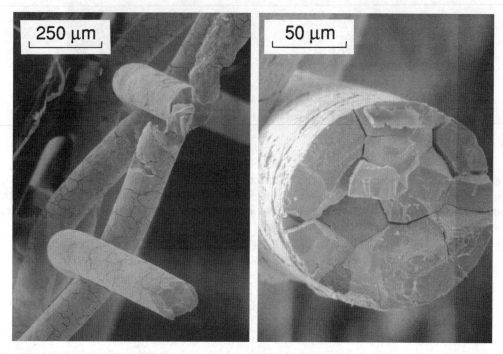

FIGURA 1.7 Fios de aço inoxidável fraturados como resultado do ataque pelo meio. Esses fios foram empregados num filtro exposto a 300°C em um ambiente orgânico complexo que inclui nylon fundido. Trincas ocorreram ao longo dos contornos de grãos do material.

(Fotos por W. G. Halley; cortesia de R. E. Swanson.)

1.2.4 Fadiga sob Carregamento Cíclico

Uma causa comum de fratura é a *fadiga*, que é uma falha causada pelo carregamento repetitivo. Em geral, uma ou mais trincas pequenas iniciam-se no material, e estas crescem até ocorrer a falha completa do componente. Um exemplo simples é a ruptura de um pedaço de arame, que pode ser obtida pelo seu dobramento e desdobramento seguido durante certo número de vezes. O crescimento de trincas durante a fadiga é ilustrado na Figura 1.8 e uma fratura por fadiga está na Figura 1.9.

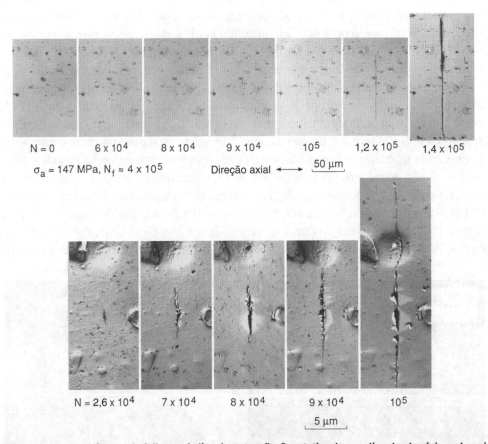

FIGURA 1.8 Desenvolvimento de falha por fadiga durante a flexão rotativa de uma liga de alumínio endurecida por precipitação. As fotografias foram obtidas em determinados números de ciclos ao longo do teste que exigiu 400.000 ciclos para falha. A sequência de fotos inferiores mostra em maior detalhe a evolução da trinca na porção inicial da sequência das fotos superiores.

(Fotos cedidas pelo Prof. H. Nisitani, Kyushu Sangyo University, Fukuoka, Japão. Publicado em [Nisitani 81]; reimpresso com a permissão do Engineering Fracture Mechanics, Pergamon Press, Oxford, Reino Unido.)

A prevenção de fratura por fadiga é um aspecto vital do projeto mecânico de máquinas, veículos e estruturas sujeitos a carregamentos ou vibração repetitivos. Por exemplo, os caminhões, ao passar por cima de pontes, causam fadiga nelas, e lemes de veleiro e pedais da bicicleta podem falhar por fadiga. Veículos de todos os tipos, incluindo automóveis, tratores, helicópteros e aviões, estão sujeitos a este problema e devem ser amplamente analisados e testados para evitá-lo. Por exemplo, alguns componentes de um helicóptero, que exigem um projeto cuidadoso para evitar falhas de fadiga, estão na Figura 1.10.

Se o número de repetições (ciclos) do carregamento é grande, digamos, milhões, então a condição é denominada de *fadiga de alto ciclo*. Por outro lado, a *fadiga de baixo ciclo* é causada por um número relativamente menor de ciclos, digamos, dezenas, centenas ou milhares. A fadiga de baixo ciclo é, geralmente, acompanhada por quantidades significativas de deformação plástica, enquanto a fadiga de alto ciclo está

Comportamento Mecânico dos Materiais | 9

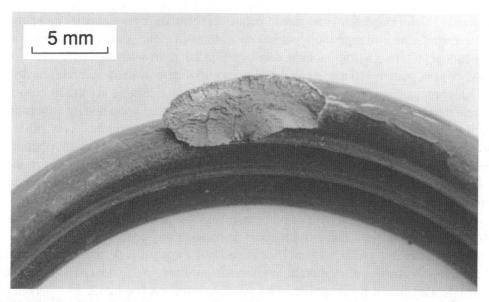

FIGURA 1.9 Falha por fadiga que ocorreu em uma mola de garagem após 15 anos de uso em serviço.

(Foto de R. A. Simonds; amostra oferecida por R. S. Alvarez, Blacksburg, VA.)

FIGURA 1.10 Região do rotor principal de um helicóptero, mostrando as extremidades internas das pás, sua afixação, as ligações e os mecanismos que controlam os ângulos de inclinação das pás rotativas. O cilindro acima dos rotores não é presente normalmente, mas faz parte da instrumentação utilizada para monitorar as deformações nas pás do rotor para fins experimentais.

(Foto cedida pela Bell Helicopter Textron, Inc., Ft. Worth, TX.)

associada a deformações relativamente pequenas, primariamente elásticas. O aquecimento e arrefecimento repetidos podem causar tensões cíclicas em razão da expansão e da contração térmica diferenciada, o que resulta em *fadiga térmica*.

As trincas podem estar presentes em um componente desde a sua fabricação, ou podem começar no início da vida de serviço. A ênfase tem de ser então colocada sobre o eventual crescimento dessas fissuras por fadiga, que pode levar a uma ruptura frágil ou dúctil quando as trincas estiverem suficientemente grandes. Tais situações são identificadas pelo termo *crescimento de trincas por fadiga* e também podem ser analisadas pela disciplina anteriormente citada da mecânica de fratura. Por exemplo, a análise de trincas por fadiga é empregada para programar as inspeções e os reparos de aeronaves de grande porte, nos quais as trincas estão normalmente presentes.

Tal análise é útil na prevenção de problemas semelhantes à falha da fuselagem (corpo principal) ocorrida, em 1988, em um avião de passageiros, conforme a Figura 1.11. O problema neste caso começou com trincas de fadiga nos furos de rebites da estrutura de alumínio. As trincas aumentaram gradualmente durante o uso do avião, unindo-se e formando uma grande trinca que causou uma grande fratura, resultando na separação de grande parte da estrutura. A falha poderia ter sido evitada por uma inspeção mais frequente e pelo reparo das trincas detectadas antes que elas atingissem um tamanho perigoso.

FIGURA 1.11 Falha na fuselagem de um avião de passageiros ocorrida em 1988.
(Foto cedida por J. F. Wildey II, National Transportation Safety Board, Washington, DC;. Ver [NTSB 89] para mais detalhes.)

1.2.5 Efeitos Combinados

Dois ou mais dos tipos de falha previamente descritos podem agir em conjunto para causar efeitos maiores do que seriam esperados pela sua ação individual; isto é, ocorre um *efeito sinérgico*. A fluência e a fadiga podem produzir tal sinergia em aplicações nas

Comportamento Mecânico dos Materiais   **11**

quais ocorre carregamento cíclico em altas temperaturas. Isso pode ocorrer em turbinas a vapor em centrais elétricas e em turbinas de aviões.

O desgaste provocado por pequenas movimentações entre componentes em contato pode combinar-se com o carregamento cíclico para produzir danos na superfície, seguido pela formação de trincas, e é chamado de *fadiga por atrito*. Isso pode causar falha em níveis surpreendentemente baixos de tensão, para certas combinações de materiais. Por exemplo, a fadiga por atrito pode ocorrer quando uma engrenagem é montada por interferência em um eixo ou através da contração desse eixo ou pelo uso de força mecânica (pressão). Muitas vezes, é um problema em componentes de aço que são ciclicamente carregados e que operam na água do mar, tais como os membros estruturais de plataformas de poços de petróleo *offshore*.

As propriedades do material podem degradar com o tempo em razão de vários efeitos do meio. Por exemplo, o conteúdo ultravioleta da luz solar faz com que alguns plásticos se tornem frágeis, e a madeira diminui sua resistência com o tempo, especialmente se exposta à umidade. Como mais um exemplo, os aços tornam-se frágeis se forem expostos à radiação neutrônica durante longos períodos de tempo, o que afeta diretamente a vida útil dos reatores nucleares.

1.3 PROJETO E SELEÇÃO DE MATERIAIS

Durante a fase de projeto é feita a escolha da forma geométrica, materiais, método de fabricação, e outros pormenores necessários para descrever completamente uma máquina, um veículo, uma estrutura, ou outro item de engenharia. Este processo envolve ampla gama de atividades e objetivos. Primeiro, é necessário assegurar que o produto seja capaz de realizar a sua função pretendida. Por exemplo, um automóvel deve ser capaz de alcançar as velocidades e de realizar as manobras necessárias ao transportar certo número de passageiros e com peso adicional, de forma que os requisitos de reabastecimento e manutenção sejam razoáveis quanto à frequência e ao custo.

No entanto, qualquer item de engenharia deve cumprir requisitos adicionais: o projeto deve ser fisicamente possível e econômico na fabricação do produto. Certos padrões devem ser satisfeitos quanto à estética e conveniência de uso. A poluição ambiental tem que ser minimizada, e, desta forma, os materiais e o tipo de construção devem ser escolhidos de modo a possibilitar uma eventual reciclagem dos materiais usados. Por fim, o item deve ser seguro e durável.

A *segurança* não é só afetada pelas características mais visíveis do projeto, tais como a presença dos cintos de segurança nos automóveis, mas também quando o projeto é feito para evitar falhas estruturais. Por exemplo, um grave acidente pode ser causado pela fratura ou mesmo a deformação excessiva de um eixo de direção do automóvel ou de um de seus componentes. A *durabilidade* é a capacidade de um item sobreviver a seu uso pretendido em um período de tempo longo, de modo que uma boa durabilidade minimiza o custo de manutenção e de substituição deste item. Por exemplo, os automóveis mais duráveis custam menos para serem empregados do que os que necessitam de mais reparos e que possuam vida útil mais curta por causa de processos de degradação que ocorrem gradualmente, tais como fadiga, fluência, desgaste e corrosão. A durabilidade é importante para a segurança, já que a pouca durabilidade pode levar a uma falha estrutural ou mau funcionamento, que pode provocar um acidente. Além disso, itens mais duráveis exigem substituição menos frequente, reduzindo assim o impacto ambiental pela fabricação de novos itens, incluindo a poluição, as emissões de gases de efeito estufa, o uso de energia, o esgotamento dos recursos naturais, e as necessidades de descarte e reciclagem de materiais.

1.3.1 Natureza Interativa e Gradual do Projeto de Engenharia

Um fluxograma mostrando algumas das etapas necessárias para completar um projeto de engenharia está na Figura 1.12. As linhas de conexão indicadas pelas setas demonstram que o processo de projeto é fundamentalmente interativo por natureza. Em outras palavras, há forte elemento de tentativa e erro, quando um projeto inicial é feito e, então, analisado, testado, e submetido a produção experimental. Alterações podem ser feitas em qualquer fase do processo de modo a satisfazer exigências anteriormente não consideradas ou problemas que forem sendo descobertos. Tais alterações podem, por sua vez, requerer mais análises ou ensaios. Tudo isso deve ser feito respeitando as restrições de tempo e custo.

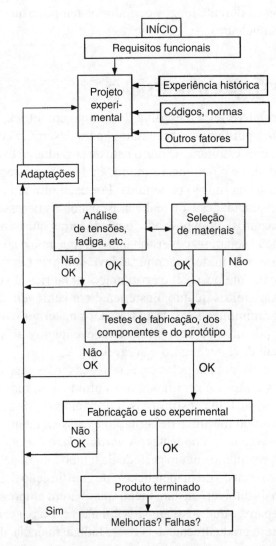

FIGURA 1.12 Etapas no processo de projeto de engenharia visando evitar falhas estruturais.

(Adaptado de [Dowling 87]; usado com permissão; (c) Society of Automotive Engineers.)

Cada passo envolve um processo de *síntese* no qual todas as preocupações e os requisitos são considerados em conjunto. Geralmente é necessário um compromisso entre requisitos conflitantes e o desprendimento de um esforço contínuo para manter a simplicidade, praticidade e economia. Por exemplo, o limite de peso que um avião pode transportar tende a ser limitado pela conciliação entre as restrições no peso do combustível que poderia ser abastecido e pela consequente autonomia em voo. A experiência prévia ou da organização podem ter influências importantes sobre o projeto de engenharia. Além disso, certos códigos e normas de projeto podem ser empregados como auxílio, os quais, às vezes, são de uso obrigatório pela legislação. Esses documentos são geralmente desenvolvidos e publicados tanto por sociedades profissionais quanto por entidades governamentais, e um dos seus principais objetivos é garantir segurança e durabilidade. Um exemplo disso é o *Bridge Design Specifications*, publicado pela American Association of State Highway and Transportation Officials.

Um passo difícil e, por vezes, complicado no projeto de engenharia é a estimativa das cargas aplicadas (forças ou combinações de forças). Mesmo estimativas grosseiras são muitas vezes difíceis de fazer, especialmente para cargas vibratórias resultantes de fontes como a rugosidade da estrada ou da turbulência do ar. Às vezes, é possível utilizar medições a partir de um item ou estrutura similar que já esteja em serviço, mas esta opção é claramente impossível se o item que está sendo projetado é inédito. Uma vez estimadas as condições (ou premissas) básicas das cargas no projeto de engenharia, as tensões nos seus componentes poderão ser calculadas.

O projeto inicial é baseado, muitas vezes, na necessidade de evitar que as tensões aplicadas excedam o limite de escoamento do material. Em seguida, o projeto mecânico é verificado por análises mais refinadas, e as mudanças são feitas na medida do necessário para evitar modos mais sutis de falha do material, tais como fadiga, fratura frágil e fluência. A forma geométrica ou o tamanho podem ser alterados para reduzir a intensidade ou alterar a distribuição de tensões e deformações, para evitar alguns desses problemas, ou o material pode ser alterado para uma opção mais adequada para resistir a um tipo de falha em particular.

1.3.2 Fatores de Segurança

Ao se tomar decisões de projeto de engenharia que envolvam segurança e durabilidade, o conceito de *fator de segurança* é frequentemente utilizado. O fator de segurança na tensão é a razão entre a tensão que causa a falha para a tensão esperada a ocorrer durante o serviço real do componente, ou seja,

$$X_1 = \frac{\text{tensão causadora de falha}}{\text{tensão em serviço}} \tag{1.1}$$

Por exemplo, se $X_1 = 2$, a tensão necessária para provocar a falha é duas vezes mais elevada do que a mais alta tensão esperada em serviço. Os fatores de segurança fornecem um grau de garantia de que os eventos inesperados em serviço não causarão falha. Eles também compensam a habitual falta de informação de entrada para elaborar um projeto de engenharia mais completo e as aproximações e suposições introduzidas nos cálculos, muitas vezes necessárias. Fatores de segurança devem ser maiores onde há maiores incertezas ou quando as consequências de uma falha são graves.

14   CAPÍTULO 1 Introdução

Valores para os fatores de segurança na faixa $X_1 = 1,5$ a 3 são comuns. Se a magnitude do carregamento é bem conhecida, e se existem poucas incertezas de outras fontes, valores próximos da extremidade inferior desta faixa podem ser apropriados. Por exemplo, no método de projeto por tensão admissível do American Institute of Steel Construction, usado para edifícios e aplicações similares, fatores de segurança empregados no projeto como prevenção contra o escoamento sob carregamento estático ficam, geralmente, na faixa de 1,5 a 2, com 1,5 aplicado para as tensões de flexão nas situações mais favoráveis. Em algumas circunstâncias específicas, fatores de segurança tão baixos quanto 1,2 são usados, mas isso deve ser contemplado apenas para situações em que haja uma análise de engenharia bastante completa, nas quais existem poucas incertezas e também onde a falha acarrete apenas consequências econômicas.

Para o requisito básico de evitar a deformação excessiva causada pelo escoamento, a tensão de ruptura é considerada como sendo o limite de escoamento do material, σ_0, e a tensão de serviço é a maior tensão no componente, calculada para as condições esperadas de serviço real. Para materiais dúcteis, a tensão de serviço empregada é, simplesmente, a tensão líquida resultante nominal da secção, S, conforme definido para os casos típicos contidos no Apêndice A, Figuras A.11 e A.12. No entanto, os efeitos localizados dos concentradores de tensão precisam ser incluídos nas tensões de serviço quando se empregam materiais frágeis, e também deve-se considerar a fadiga, mesmo nos materiais dúcteis. Quando várias causas de falha são possíveis, é necessário calcular um fator de segurança para cada causa, e o menor deles torna-se o fator de segurança final. Por exemplo, fatores de segurança podem ser calculados não só para o escoamento, mas também para a fadiga ou fluência. Se trincas ou descontinuidades afiadas são uma possibilidade, torna-se necessário um fator de segurança para fratura frágil também.

Os fatores de segurança de tensão são muitas vezes complementados ou substituídos por fatores de segurança em vida. Esse fator de segurança é a razão entre a vida útil esperada para a falha e a vida desejada em serviço. A vida é medida pelo tempo ou por eventos, como o número de voos de uma aeronave:

$$X_2 = \frac{\text{vida até a falha}}{\text{vida desejada em serviço}} \tag{1.2}$$

Por exemplo, se um componente de helicóptero é esperado para falhar depois de 10 anos de serviço, e se ele deverá ser substituído após 2 anos de uso, então seu fator de segurança em vida é de 5. Fatores de segurança em vida são usados onde a deformação ou as trincas progridam gradualmente com o tempo, por fluência ou por fadiga. Como a vida é geralmente muito sensível a pequenas mudanças na tensão, os valores desse fator devem ser relativamente grandes, tipicamente na gama $X_2 = 5\text{-}20$.

Os fatores de segurança, conforme a Equação 1.1 são empregados nos *projetos de tensão admissível*. Uma alternativa a esse projeto é o *projeto mecânico por fator de carregamento*. Neste caso, as cargas (forças, momentos, torques etc.) esperadas em serviço são multiplicadas por um *fator de carga*, Y. A análise assim feita, com as cargas corrigidas pelo fator Y, enfoca a condição de falha e não a condição de serviço.

$$(\text{carga em serviço}) \times Y = \text{carga causadora da falha} \tag{1.3}$$

As duas abordagens dão resultados geralmente semelhantes, dependendo do nível de detalhamento nas quais elas sejam aplicadas. Em alguns casos, os resultados são equivalentes, de modo que $X_1 = Y$. A abordagem com o fator de carga tem a vantagem de que ele pode ser facilmente expandido, para permitir que diferentes fatores de carga sejam empregados para diferentes fontes de carregamento, refletindo os diferentes graus de incertezas na forma como cada carga foi determinada.

1.3.3 Teste de Componentes e Protótipo

Apesar de as considerações sobre o comportamento mecânico dos materiais poderem ser abordadas desde os estágios iniciais de um projeto de engenharia, a realização de testes é muitas vezes necessária para verificar a segurança e a durabilidade no uso dos materiais selecionados. Isto ocorre por causa das suposições e do conhecimento imperfeito refletido em muitas estimativas de engenharia feitas na resistência ou vida destes materiais na situação de seu uso.

Um *protótipo*, ou modelo de teste, é frequentemente obtido e submetido a *testes de serviço simulado* para demonstrar se a máquina ou o veículo funciona adequadamente ou não. Por exemplo, um protótipo de automóvel é geralmente empregado em testes de campo que incluem viagens em estradas irregulares, passagens em lombadas, guinadas rápidas etc. As cargas podem ser medidas durante os testes de uso simulado, e elas são usadas para aprimorar o projeto mecânico inicial, já que a estimativa inicial de cargas pode ter sido bastante incerta. Um protótipo pode também ser submetido a testes de serviço simulado até que ocorra uma falha mecânica, talvez por fadiga, fluência, desgaste ou corrosão, ou até o projeto provar-se confiável. Esses testes são chamados de *testes de durabilidade* e, comumente, são feitos para os novos modelos de automóveis, tratores e outros veículos. A fotografia de um automóvel preparado por um teste desse tipo está na Figura 1.13.

FIGURA 1.13 Teste de simulação de uso em estrada de um automóvel, com cargas aplicadas em todas as quatro rodas e sobre a estrutura dos para-choques.

(Foto cedida pela MTS Systems Corp., Eden Prairie, MN.)

Para itens muito grandes, e especialmente para itens únicos (inéditos), pode ser impraticável ou economicamente inviável testar um protótipo de todo o item. Por isso, pode-se testar uma parte do produto, isto é, um *componente*. Por exemplo, seções das asas, fuselagem e da cauda de grandes aviões são testados separadamente até sua destruição pelo uso de cargas repetidas que causam trincas por fadiga de maneira semelhante ao efetivo uso em serviço. Juntas individuais e membros das estruturas *offshore* empregadas na produção de petróleo são igualmente testados. O teste de componentes também pode ser feito como um prelúdio para o teste de um protótipo completo. Exemplos disso são o teste de uma nova concepção de um eixo automóvel antes da fabricação e o teste subsequente do primeiro protótipo do automóvel completo.

Várias fontes de carregamento e vibração em máquinas, veículos e estruturas podem ser simuladas através da utilização da computação, assim como pode ser simulada a resposta em termos da deformação resultante e da fratura do material. Esta tecnologia está sendo empregada agora para reduzir a necessidade de testes de protótipo e de seus componentes, acelerando assim o processo de criação do projeto de engenharia. No entanto, as simulações de computador possuem eficácia restrita pelas hipóteses simplificadoras empregadas na análise, e pelas limitações nos dados de entrada, que estão sempre presentes. Assim, alguns ensaios físicos e mecânicos continuarão a ser frequentemente necessários, pelo menos como uma verificação final sobre o projeto completo.

1.3.4 Experiência em Serviço

Alterações no projeto de engenharia também podem ser feitas como resultado da experiência obtida em um período de produção limitada de um novo produto. Os compradores desse produto podem usá-lo de uma forma não prevista pelos projetistas, resultando em falhas que necessitam de alterações na sua concepção. Por exemplo, os primeiros modelos de implantes cirúrgicos, tais como articulações do quadril e pinos de suporte para ossos quebrados, experimentaram problemas de falha que levaram a mudanças na geometria e nos materiais empregados.

O processo de projeto, muitas vezes, continua mesmo depois que um produto é estabelecido e amplamente distribuído. O uso a longo prazo pode revelar problemas adicionais que precisam ser corrigidos nos novos itens. Se o problema é grave, talvez relacionado à segurança do produto, mudanças podem ser necessárias mesmo nos itens já em serviço. *Recalls* de veículos são um exemplo desta situação, e vários desses problemas envolvem deformação ou de fratura.

1.4 DESAFIOS TECNOLÓGICOS

Na história recente, a tecnologia avançou e mudou em um ritmo rápido para satisfazer as necessidades humanas. Alguns dos avanços surgidos a partir de 1500 d.C. até o presente estão apresentados na segunda coluna da Tabela 1.1. A terceira coluna mostra os materiais melhorados que foram desenvolvidos, e a quarta coluna apresenta as capacidades de teste nos materiais que foram necessárias para apoiar os avanços. Na última coluna estão citados os fracassos tecnológicos representativos, envolvendo falhas por deformação ou fratura. Esses e outros tipos de falhas estimularam melhorias nos materiais, na capacidade de teste e de análise, em resposta à necessidade de evitar problemas. Tais interações entre os avanços tecnológicos, materiais, testes e falhas ainda estão em andamento nos dias de hoje e continuarão no futuro.

Tabela 1.1 Alguns dos Principais Avanços Tecnológicos a partir de 1500 d.C., os Desenvolvimentos Paralelos em Materiais e Ensaios de Materiais e as Falhas Relacionadas ao Comportamento desses Materiais

Anos	Avanço Tecnológico	Novos Materiais Introduzidos	Avanços nos Ensaios dos Materiais	Falhas
1500s 1600s	Diques Canais Bombas Telescópio	Pedra, tijolos, madeira, cobre, bronze e ferro fundido e forjado	Tração (L. da Vinci) Tração, dobramento (Galileu) Ruptura por pressão (Mariotte) Elasticidade (Hooke)	
1700s	Máquina a vapor Ponte em ferro fundido	Ferro fundido maleável	Cisalhamento, torsão (Coulomb)	
1800s	Indústria ferroviária Ponte suspensa Motores de combustão interna	Cimento Portland Borracha vulcanizada Aço obtido pelo processo Bessemer	Fadiga (Wöhler) Plasticidade (Tresca) Máquinas de teste universais	Caldeiras a vapor Eixos ferroviários Pontes em ferro fundido
1900s 1910s	Energia elétrica Aviões Tubo de vácuo	Aços liga Ligas de alumínio Plásticos sintéticos	Dureza (Brinell) Impacto (Izod, Charpy) Fluência (Andrade)	Ponte de Quebec Tanque de melaço de Boston
1920s 1930s	Turbina a gás Extensômetros	Aço inoxidável Carbeto de tungstênio	Fratura (Griffith)	Rodas ferroviárias, trilhos Componentes automobilísticos
1940s 1950s	Fissão nuclear controlada Aviões a jato Transistor; computadores Satélites (Sputnik)	Ligas à base de Níquel e Titânio Fibra de vidro	Máquinas de ensaios eletrônica Fadiga de baixo ciclo (Coffin, Manson) Mecânica de fratura (Irwin)	Navios Liberty Avião Comet Turbinas geradoras
1960s 1970s	*Laser* Microprocessadores Pouso na lua	Aços BLAR Compósitos de alto desempenho	Máquinas de ensaios servo-hidráulicas Crescimento de trincas por fadiga (Paris) Controle computacional	Aeronaves F-111 Avião DC-10 Pontes de rodovias
1980s 1990s	Estação espacial Levitação magnética	Cerâmicas tenazes Ligas de alumínio-lítio	Ensaios mecânicos multiaxiais Controle digital direto	Plataforma Alex. Kielland Implantes cirúrgicos
2000s 2010s	Energia sustentável Extração inovadora de combustíveis fósseis	Nanomateriais Materiais bioinspirados	*Softwares* de interface amigáveis	Revestimento dos ônibus espaciais Plataforma de petróleo Deepwater Horizon

Fontes: [Herring 89], [Landgraf 80], [Timoshenko 83], [Whyte 75], Encyclopedia Britannica, notícias de jornais.

CAPÍTULO 1 Introdução

Como um caso particular, considere as melhorias feitas nos motores. Motores a vapor, como os utilizados em meados de 1800 para o transporte de água e ferroviário, eram operados a temperaturas um pouco maiores do que o ponto de ebulição da água, 100 °C, e empregavam materiais simples, principalmente o ferro fundido. Por volta da virada do século surgiu o motor de combustão interna, que desde então foi sendo melhorado para suso em automóveis e aviões. A propulsão a jato passou a ter emprego prático durante a Segunda Guerra Mundial, quando turbinas foram empregadas no primeiro avião a jato. Temperaturas de funcionamento mais elevadas proporcionam motores com maior eficiência, sendo que este aumento nas temperaturas ocorreu ao longo dos anos. Atualmente, os materiais empregados em motores a jato devem resistir a temperaturas em torno de 1.800 °C. Para resistir a altas temperaturas, aços baixa liga foram aperfeiçoados e os aços inoxidáveis passaram a ser empregados, seguidos por ligas de metal cada vez mais sofisticadas, baseadas em níquel e cobalto. No entanto, falhas causadas por fluência, fadiga e corrosão ainda ocorreram e influenciaram fortemente o desenvolvimento dos motores. Posteriores aumentos nas temperaturas de funcionamento e eficiência estão sendo buscados através da utilização de cerâmicas avançadas e materiais compósitos cerâmicos. Esses materiais resistem a altas temperaturas e à corrosão superiores. Mas sua fragilidade inerente deve ser compensada pela melhoria dos materiais tanto quanto seja possível, ao mesmo tempo que sejam adotados projetos de componentes desses materiais que harmonizem a sua tenacidade a fratura relativamente baixa.

Em geral, os desafios no avanço tecnológico exigem não apenas materiais melhorados, mas também uma análise mais cuidadosa no projeto de engenharia adotado e maior detalhamento nas informações sobre o comportamento de materiais do que era praticado antes. Além disso, a conscientização nas questões relacionadas à segurança tem se tornado cada vez mais importante. Os fabricantes de máquinas, veículos e estruturas têm percebido que é apropriado não apenas atuar na melhoria dos níveis de segurança e durabilidade, mas também em incrementar estes itens, ao mesmo tempo que outros desafios tecnológicos estão sendo atendidos.

1.5 IMPORTÂNCIA ECONÔMICA DA FRATURA

Uma divisão do U. S. Department of Commerce, o National Institute of Standards and Technology (anteriormente National Bureau of Standards), concluiu um estudo, em 1983, dos efeitos econômicos da fratura de materiais nos Estados Unidos. Os custos totais por ano eram grandes, especificamente $119 bilhões de dólares em 1982. Este número representou 4% do produto nacional bruto (PNB) o que, portanto, representa um comprometimento significativo de recursos e mão de obra. A definição de fratura adotada para o estudo foi bastante ampla, incluindo não só a fratura, no sentido de formação de trincas, mas também a deformação e os problemas relacionados, tais como a decoesão entre componentes. O desgaste e a corrosão não foram incluídos. Estudos separados indicaram que a adição desses dois itens na análise da durabilidade dos materiais aumentaria o custo das falhas para um total de cerca de 10% do PNB. Um estudo dos custos de fratura na Europa, relatados em 1991, também indicaram um custo global de 4% do PNB, e um valor semelhante, provavelmente, seja aplicável a todas as nações industriais. (Veja o artigo de Milne de 1994, nas referências.)

No estudo da fratura norte-americano, considerou-se, nos custos totais, o impacto do custo adicional no projeto mecânico de máquinas, veículos e estruturas, que vai além do projeto básico de falha baseado no limite de escoamento. Note que a resistência à fratura requer o emprego de mais matérias-primas, ou de materiais ou de processamentos mais caros, para se obter os componentes que apresentem a resistência necessária. Além disso, análise e testes adicionais são necessários ao longo da fase de projeto. Tanto o uso extra de materiais como outras atividades complementares ao projeto mecânico envolvem custos adicionais em termos de mão de obra e das instalações. Há também despesas significativas associadas à fratura na reparação, manutenção e substituição de componentes. A inspeção de peças recém-fabricadas para garantir ausência de falhas e de peças em serviço para buscar trincas em desenvolvimento envolve um custo considerável. Há também outros custos posteriores, como em *recalls*, litígios, seguros etc., que estão coletivamente considerados no *custo de responsabilidade do produto*, que é adicionado ao custo total final.

Os custos da fratura estão distribuídos de forma desigual, em diversos setores da economia. No estudo norte-americano, os setores que envolvem os maiores custos com a ocorrência da fratura foram os de veículos automóveis e suas partes, com cerca de 10% do total, aviões e peças com 6%, a construção residencial com 5%, e construção de edifícios com 3%. Outros setores com custos na faixa de 2 a 3% do total foram de alimentos e produtos relacionados, produtos de estruturas pré-fabricados, produtos de metais não ferrosos, refino de petróleo, estrutura metálica e pneus e câmaras de ar. Note-se que a fissuração por fadiga é a principal causa de fratura para automóveis e para aviões, os dois setores com os maiores custos relacionados à fratura. No entanto, os mecanismos de fratura monotônica frágil e dúctil, o trincamento assistido pelo meio e as falhas por fluência também são importantes para esses e outros setores.

O estudo constatou ainda que cerca de um terço dos 119 bilhões de dólares de custo anual poderia ser eliminado por meio de uma melhor utilização da tecnologia atual. Outro terço talvez pudesse ser eliminado durante um período de tempo mais longo por meio de pesquisa e desenvolvimento, isto é, mediante a obtenção de novos conhecimentos e do desenvolvimento de formas de colocar esse conhecimento em uso. E aproximadamente um terço final seria difícil de eliminar sem grandes descobertas científico-tecnológicas. Assim, observando que dois terços desses custos poderiam ser eliminados pela melhoria no uso da tecnologia atual, ou por tecnologias que poderiam ser desenvolvidas a curto prazo, há um incentivo econômico claro para o aprendizado sobre a deformação e a fratura. Engenheiros com conhecimento nesta área podem ajudar as empresas em que trabalham para evitar custos causados por falhas estruturais e ajudar a tornar o processo de projeto mais eficiente – portanto, mais econômico e rápido – dando mais atenção aos problemas potenciais. A sociedade obteria benefícios com isso, tais como custos mais baixos para o consumidor e maior segurança e durabilidade.

1.6 RESUMO

O comportamento mecânico dos materiais é o estudo da deformação e da fratura dos materiais. Ensaios de materiais são empregados para avaliar o comportamento de um material, tal como a sua resistência a falhas em termos de limite de elasticidade ou resistência à fratura. A resistência do material é comparada com as tensões esperadas em um componente em serviço, para assegurar que o projeto mecânico seja adequado.

Para analisar os diferentes tipos de falha nos materiais, tornam-se necessários diferentes métodos de ensaio de materiais e de critérios de análise nos projetos de engenharia. Os tipos de falhas incluem deformação elástica, plástica e por fluência. A

20 CAPÍTULO 1 Introdução

deformação elástica é recuperada imediatamente após o descarregamento, enquanto a deformação plástica é permanente. A fluência é uma deformação que se acumula com o tempo. Outros tipos de falha do material envolvem a formação de trincas: fratura frágil ou dúctil, trincamento assistido pelo meio, ruptura por fluência ou por fadiga. A fraturas frágeis podem ocorrer por cargas estáticas e envolvem pouca deformação, enquanto a fratura dúctil envolve uma deformação considerável. O trincamento assistido pelo meio é causado por um ambiente químico hostil; a ruptura por fluência é dependente do tempo e, geralmente, gera uma fratura dúctil. A fadiga é falha causada por cargas repetitivas e envolve o desenvolvimento gradual e crescimento de trincas. Um método especial chamado mecânica de fratura é usado para analisar especificamente a presença de trincas em componentes de engenharia.

O projeto de engenharia é o processo de escolha de todas as informações necessárias para descrever uma máquina, um veículo ou uma estrutura. O processo de projeto é fundamentalmente interativo, baseado na tentativa e erro, e é necessário que em cada passo seja feita uma síntese dos diferentes interesses e requisitos do produto projetado, que devem ser considerados em conjunto, com os devidos ajustes e compromissos entre requisitos feitos conforme necessário. Protótipos, testes de componentes e monitoramento de uso experimental em serviço são, muitas vezes, importantes nas fases posteriores do projeto. A deformação e a fratura podem precisar ser analisadas em uma ou mais fases de elaboração, de testes e do serviço efetivo de um item de engenharia.

A tecnologia muda e avança continuamente, introduzido novos desafios para o projetista de engenharia, exigindo tanto o uso mais eficiente dos materiais existentes quanto o desenvolvimento de materiais melhorados. Assim, a tendência histórica e contínua é que sejam desenvolvidos métodos de testes e análises melhorados, juntamente com materiais mais resistentes a falhas.

Deformação e fratura são questões de grande importância econômica, especialmente nos setores automobilístico e aeronáutico. Os custos envolvidos para evitar a fratura e no pagamento de suas consequências em todos os setores da economia são da ordem de 4% do PNB.

NOVOS TERMOS E SÍMBOLOS

alongamento permanente, $100\varepsilon_f$	fratura
carregamento estático	fratura assistida pelo meio
condição de teste em serviço	fratura dúctil
crescimento de trincas por fadiga	fratura frágil
deformação	limite de escoamento, σ_0
deformação elástica	limite de resistência, σ_u
deformação plástica	mecânica de fratura
durabilidade; teste de durabilidade	módulo de elasticidade, E
efeito sinergético	projeto pelo fator de carga
fadiga	projeto por tensão admissível
fadiga de alto ciclo	protótipo
fadiga de baixo ciclo	síntese
fadiga térmica	tenacidade à fratura, K_{IC}
fator de carga, Y	teste de componente
fator de segurança, X	

Referências

AASHTO, 2010. *AASHTO LRFD Bridge Design Specifications*, 5th ed, Am. Assoc. of State Highway and Transportation Officials, Washington, DC.

AISC, 2006. *Steel Construction Manual*, 13th ed, Am. Institute of Steel Construction, Chicago, IL.

HERRING, S. D. 1989. *From the Titanic to the Challenger: An Annotated Bibliography on Technological Failures of the Twentieth Century*. Garland Publishing, Inc, New York.

MILNE, I. 1994. *The Importance of the Management of Structural Integrity,"*. Engineering Failure Analysis, 1 (3), 171-181.

MORAIS, Willy Ank de. 2011. *Emprego Estatístico de Dados de Resistência Mecânica e Ductilidade na Modelagem das Características Mecânicas e Estimativa da Tenacidade de Aços Planos*. Tecnologia em Metalurgia Materiais e Mineração, 8, 215-222.

REED, R. P., SMITH, J. H., and CHRIST, B. W. 1983. *The Economic Effects of Fracture in the United States: Part 1," Special Pub. No. 647-1, U.S. Dept. of Commerce, National Bureau of Standards*. U.S. Government Printing Office, Washington, DC.

SCHMIDT, L. C., and DIETER, G. E. 2009. *Engineering Design: A Materials and Processing Approach*, 4th ed, McGraw-Hill, New York, NY.

WHYTE, R. R., ed. 1975. *Engineering Progress Through Trouble*. The Institution of Mechanical Engineers, London.

WULPI, D. J. 1999. *Understanding How Components Fail*, 2d ed, ASM International, Materials Park, OH.

PROBLEMAS E QUESTÕES
Seção 1.2

1.1 Classifique as falhas relatadas nos cenários abaixo descritos, identificando a sua categoria conforme a Figura 1.1, e explique as razões para a sua escolha em uma ou duas sentenças:

(a) A armação plástica dos óculos que gradualmente se abre e torna-se frouxa.

(b) Um jarro de vidro com uma pequena trinca que se fratura em dois pedaços quando imersa, quente, em água fria.

(c) Uma tesoura plástica que desenvolve uma pequena trinca em um dos seus olhais.

(d) Um tubulação de cobre para água que se congelou e desenvolveu uma abertura longitudinal que provoca vazamento.

(e) As pás de uma ventoinha de radiador automobilístico que desenvolveram pequenas trincas próximas às suas bases.

1.2 Repita o problema 1.1 para as seguintes falhas:

(a) Um triciclo infantil feito em plástico, usado intensamente para fazer derrapagens, que desenvolve trincas no ponto onde o guidão se junta ao quadro.

(b) Um taco de baseball de alumínio que desenvolve uma trinca.

(c) Um grande tubo de canhão, que anteriormente apresentava trincas nucleadas nas suas ranhuras internas e que de repente explode em pedaços.

22 **CAPÍTULO 1** Introdução

(d) O corpo da fuselagem em liga de alumínio de um avião de passageiros que se divide em duas partes devido a uma fratura que se iniciou em trincas que estavam presentes nas quinas das janelas em o material. Classifique tanto as trincas quanto à fratura final.

(e) Aletas de ligas de níquel de uma turbina aeronáutica que se alongaram durante serviços e passaram a atritar contra o invólucro interno da estrutura da turbina.

1.3 Pense em quatro modos de falha por fratura ou deformação que tenham ocorrido, tanto da sua experiência pessoal ou de matérias que tenha lido em jornais, revistas ou livros. Classifique cada um em uma das categorias mostradas na Figura 1.1 e explique brevemente a razão para a sua classificação.

Seção 1.3

1.4 Como um engenheiro, você trabalha para uma empresa que fabrica *mountain bikes*. Algumas bicicletas que foram utilizadas por vários anos apresentaram fratura completa no guidão onde este componente é fixado à haste que o liga ao resto da estrutura da bicicleta. Qual é a causa mais provável dessas falhas? Descreva alguns dos passos que você pode tomar para redesenhar este componente e para verificar se o novo projeto vai resolver esse problema.

1.5 Repita a análise solicitada no problema 1.4 para o suporte de alumínio usado para prender o leme de um pequeno veleiro de recreação.

1.6 Repita a análise solicitada no problema 1.4 para o feixe de molas de um pequeno reboque para barcos.

1.7 Uma chapa com uma mudança de largura é submetido a uma força de tração, como na Figura A.11 (c). A força de tração é P = 3.600 N, e as dimensões são $w_2 = 24$, $w_1 = 16$ e t = 5 mm. Essa chapa é feita de um plástico policarbonato com um limite de escoamento de $\sigma_0 = 62$ MPa. Em um teste de tração, como na Figura 1.3, este material apresenta um comportamento bastante dúctil, finalmente rompendo-se a uma deformação em torno $\varepsilon_f = 110$ a 150%. Qual é o fator de segurança contra grandes quantidades de deformação que ocorrem na placa em razão do alongamento? O valor parece adequado? (Comentário: Note-se a equivalência na unidade de tensão MPa = N / mm^2.)

1.8 Um eixo com um entalhe circunferencial está submetido a dobramento, como na Figura A.12(c). O momento fletor é M = 140 N·m e as dimensões são $d_2 = 20$, $d_1 = 15$ e $\rho = 2,5$ mm. Este é feito em liga de titânio com um limite de escoamento de $\sigma_0 = 830$ MPa. Em um ensaio de tração, como mostrado na Figura 1.3, este material exibe um comportamento razoavelmente dúctil, finalmente rompendo-se com uma deformação em torno $\varepsilon_f = 14\%$. Qual é o fator de segurança contra grandes quantidades de deformação que ocorrem neste eixo durante o escoamento? O valor parece adequado? (Comentário: Note-se a equivalência na unidade de tensão MPa = N/mm^2.)

CAPÍTULO

Estrutura e Deformação nos Materiais

2

2.1 Introdução..23
2.2 Ligações químicas em sólidos..25
2.3 Estrutura em materiais cristalinos 29
2.4 Deformação elástica e resistência teórica 34
2.5 Deformação inelástica 39
2.6 Resumo..44

OBJETIVOS

- Revisar conceitos relacionados às ligações químicas e às estruturas cristalinas em materiais sólidos a um nível básico e relacioná-los aos diferentes comportamentos mecânicos das várias classes de materiais.

- Compreender a base física da deformação elástica, e empregar esta compreensão para estimar a resistência teórica de sólidos devido à sua ligação química.

- Compreender os mecanismos básicos de deformações inelásticas causadas pela plasticidade e pela fluência.

- Descobrir por que a resistência real dos materiais é muito inferior à força teórica para romper as ligações químicas que os formam.

2.1 INTRODUÇÃO

Uma grande variedade de materiais é usada em aplicações nas quais é necessária resistência ao carregamento mecânico. Esses materiais são coletivamente conhecidos como *materiais de engenharia* e podem ser classificados nas categorias dos metais e das ligas metálicas, cerâmicas e vidros, polímeros e compósitos. A Tabela 2.1 apresenta alguns membros típicos de cada classe dos materiais de engenharia.

As características de ligação química e de microestrutura associadas às diferentes classes de materiais afetam o seu comportamento mecânico, o que origina vantagens e desvantagens relativas entre as classes, situação resumida na Figura 2.1. Por exemplo, a forte ligação química envolvida nas cerâmicas e nos materiais vítreos confere altas resistência mecânica e rigidez (alto E), assim como resistência à temperatura e à corrosão; entretanto, provoca um comportamento frágil desses materiais. Em contraste, muitos polímeros possuem ligações relativamente fracas entre as moléculas formadoras de suas cadeias, o que leva o material a apresentar baixa resistência e rigidez, assim como susceptibilidade à deformação por fluência.

A partir da escala de tamanho de interesse prático da engenharia, que é de aproximadamente um metro, há um espaço em tamanho de 10 ordens de grandeza até chegarmos à escala do átomo, que é de cerca de 10^{-10} m. Esta situação e as várias escalas intermédias de tamanho, interessantes para a análise dos materiais, estão indicadas na Figura 2.2. Em dada escala de tamanho, a compreensão do comportamento do material na escala

23

CAPÍTULO 2 Estrutura e Deformação nos Materiais

Tabela 2.1 Classes e Exemplos de Materiais de Engenharia	
Metais e Ligas	**Cerâmicas e Vidros**
Aços e ferros fundidos	Produtos de argila
Ligas de Alumínio	Concreto
Ligas de Titânio	Alumina (Al_2O_3)
Ligas de Cobre, latões, bronzes	Carbeto de Tungstênio (WC)
Ligas de Magnésio	Titanato de Alumínio (Ti_3Al)
Superligas baseadas no Níquel	Vidros à base de sílica (SiO_2)
Polímeros	**Compósitos**
Polietileno (PE)	Compensado (madeira)
Policloreto de Vinila (PVC)	Inserto metálico (usinagem)
Poliestireno (PS)	Fibra de vidro em resina poliéster
Nylon	Fibra de carbono em resina epóxi
Epóxi	SiC-Alumínio
Borrachas	Laminado de Alumínio e Aramida (ARALL)

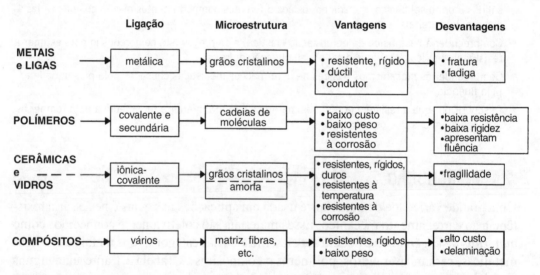

FIGURA 2.1 Características gerais das principais classes de materiais de engenharia.

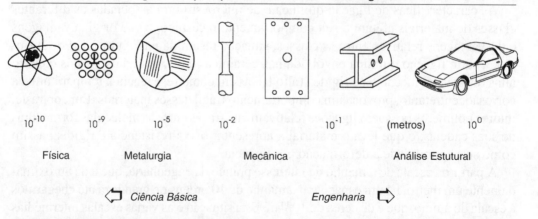

FIGURA 2.2 Escalas de tamanho e disciplinas envolvidas no estudo e na utilização dos materiais de engenharia.

(Ilustração cedida por R. W. Landgraf, Howell, MI.)

pode ser obtida ao se observar o que acontece em uma escala menor. Por exemplo, o comportamento de uma máquina, um veículo ou uma estrutura é explicado pelo comportamento das partes que os compõem; já o comportamento dos componentes, por sua vez, pode ser explicado pela utilização de pequenas amostras de teste do material (com tamanhos entre 10^{-1} a 10^{-2} m). Do mesmo modo, o comportamento macroscópico de um material é explicado pelo comportamento de seus grãos cristalinos, dos defeitos presentes em sua rede cristalina, pela geometria das cadeias de um polímero ou por outras características microestruturais que existem na faixa de tamanhos de 10^{-3} a 10^{-9} m. Assim, a análise do comportamento ao longo de toda a gama dimensional de 1m até 10^{-10} m contribui para compreender e prever o desempenho de máquinas, veículos e estruturas de engenharia.

Este capítulo revê alguns dos fundamentos necessários para compreender o comportamento mecânico de materiais. Começaremos na extremidade inferior da escala de tamanho mostrada na Figura 2.2 e progrediremos para cima, em direção ao nível macroscópico. Os tópicos individuais incluem ligação química, estruturas cristalinas, defeitos cristalinos, e as causas físicas da deformação elástica, plástica e por fluência. O próximo capítulo aplicará esses conceitos na discussão de cada uma das classes de materiais de engenharia mais detalhadamente.

2.2 LIGAÇÕES QUÍMICAS EM SÓLIDOS

Existem vários tipos de ligações químicas que unem os átomos e as moléculas nos sólidos. Três tipos de ligações — *iônicas*, *covalentes* e *metálicas* — são coletivamente denominadas ligações *primárias*. As ligações primárias são fortes e rígidas e não deterioram facilmente com o aumento da temperatura. Elas são responsáveis pela formação dos metais e materiais cerâmicos e proporcionam, nesses materiais, módulos de elasticidade (E) relativamente elevados. As ligações do tipo *Van der Waals* e por *pontes de hidrogênio* são relativamente fracas e consideradas como ligações *secundárias*. Elas são importantes na determinação do comportamento de líquidos e como meio de ligação entre as moléculas formadas pelas cadeias de carbono nos polímeros.

2.2.1 Ligações Químicas Primárias

Os três tipos de ligações primárias estão ilustrados na Figura 2.3. A ligação iônica envolve a transferência de um ou mais elétrons entre átomos de tipos diferentes. Lembre que a camada externa dos elétrons ao redor de um átomo é estável se este contiver

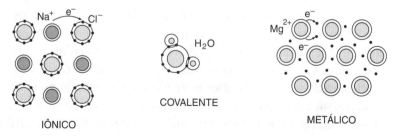

FIGURA 2.3 Os três tipos de ligação química primária. Os elétrons são transferidos nas ligações iônicas, como no NaCl, partilhados através de uma ligação covalente, tal como na água, e entregues a uma "nuvem" comum presente na ligação metálica, tal como ocorre no magnésio metálico.

oito elétrons (exceto quando temos uma única camada de elétrons, como nos casos do hidrogênio e do hélio). Assim, um átomo de sódio metálico, com apenas um elétron em sua camada externa, pode doar um elétron para um átomo de cloro, que tem sete elétrons na sua camada externa. Após a reação, o átomo de cloro passa a ter uma camada exterior estável com oito elétrons e o átomo de sódio passa a ter a sua camada externa, agora vazia, substituída pela camada imediatamente interior que estava estabilizada.

Os átomos tornam-se íons carregados, Na^+ e Cl^-, que atraem um ao outro, formando uma ligação química, por causa de suas cargas eletrostáticas opostas. Uma coleção de tais íons carregados, em números iguais para cada um neste caso, forma um sólido eletricamente neutro, através de um arranjo em uma matriz cristalina regular, como o exemplo da Figura 2.4.

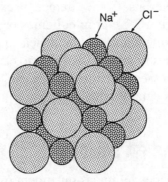

FIGURA 2.4 Estrutura tridimensional de um cristal de NaCl, que consiste em duas estruturas CFC interpenetrantes.

O número de elétrons transferidos pode ser diferente de um, como nos casos do sal $MgCl_2$ e do óxido MgO, onde dois elétrons são transferidos para formar um íon Mg^{+2}. Elétrons oriundos da penúltima camada também podem ser transferidos. Por exemplo, o ferro tem dois elétrons na sua camada externa, mas pode formar tanto íon de Fe^{+2} quanto Fe^{+3}. Muitos sais, óxidos e outros sólidos comuns têm ligações predominantemente ou parcialmente iônicas. Esses materiais tendem a ser duros e quebradiços.

A ligação covalente envolve o compartilhamento de elétrons e ocorre quando as camadas externas estão preenchidas pela metade ou com um pouco mais que a metade da sua capacidade. Os elétrons compartilhados podem pertencer a ambos os átomos envolvidos, cujas camadas externas são estabilizadas pela presença de oito (ou dois) elétrons. Por exemplo, dois átomos de hidrogênio compartilham um elétron com um átomo de oxigênio para fazer água, H_2O, ou dois átomos de cloro compartilham um elétron para formar uma molécula diatômica de gás cloro, Cl_2. As ligações covalentes são muito fortes e por isso produzem moléculas simples, relativamente independentes umas das outras, que tendem a formar líquidos ou gases à temperatura ambiente.

A ligação metálica é responsável pela forma geralmente sólida dos metais e suas ligas. No caso dos metais, a camada externa de elétrons possui, na maioria dos casos, menos da metade de sua capacidade; cada átomo doa os elétrons de sua camada exterior para uma "nuvem" de elétrons. Nessa "nuvem", os elétrons são compartilhados por todos os átomos do metal em comum, que se tornaram íons carregados positivamente, como resultado da liberação de seus elétrons. Os íons metálicos são, portanto, mantidos juntos pela atração com a nuvem de elétrons ao seu redor.

2.2.2 Discussão das Ligações Químicas Primárias

As ligações covalentes têm a propriedade — não partilhada pelos outros dois tipos de ligações primárias — de ser fortemente direcional. A direcionalidade ocorre porque as ligações covalentes dependem do compartilhamento de elétrons com átomos vizinhos específicos, enquanto em sólidos iônicos e metálicos, seus átomos formadores são mantidos juntos pela atração eletrostática que envolve todos os íons vizinhos.

Um arranjo contínuo de ligações covalentes pode formar uma rede tridimensional e assim constituir um sólido. Um exemplo é o carbono sob a forma de diamante, no qual cada átomo de carbono partilha um elétron com quatro átomos adjacentes. Esses átomos estão dispostos em ângulos iguais entre si no espaço tridimensional, como ilustrado na Figura 2.5. Como resultado das ligações fortes e direcionais,

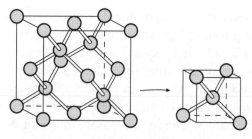

FIGURA 2.5 Estrutura cúbica do cristal do diamante. Como resultado das ligações covalentes, que são muito fortes e direcionais, o diamante tem os mais elevados valores de temperatura de fusão, dureza e módulo de elasticidade (E) entre todos os sólidos conhecidos.

o cristal torna-se muito duro e rígido. Outro importante arranjo contínuo de ligações covalentes é a cadeia de carbono. Por exemplo, no *gás etileno*, C_2H_4, cada molécula é formada por ligações covalentes, como mostrado na Figura 2.6. No entanto, se a dupla ligação entre os átomos de carbono do etileno for substituída por uma ligação simples entre cada um dos dois átomos de carbono adjacentes, pode-se formar uma molécula com longa cadeia. O resultado disso é o polímero denominado *polietileno*.

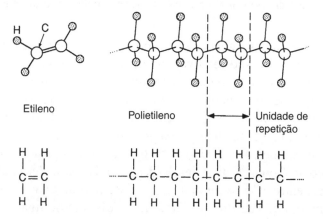

FIGURA 2.6 Estruturas moleculares do gás etileno (C_2H_4) e do polímero de polietileno. A ligação dupla no etileno é substituída por duas ligações simples no polietileno, permitindo a formação da cadeia molecular deste polímero.

Muitos sólidos, tais como o SiO$_2$ e outras cerâmicas, têm ligações químicas que apresentam um caráter misto iônico-covalente. Os exemplos citados anteriormente do NaCl, para a ligação iônica, e do diamante, para a ligação covalente, representam casos de ligação quase pura dos seus respectivos tipos (iônica e covalente), mas a ligação mista é mais comum.

Metais de mais de um tipo podem ser misturados entre si para formar uma liga. A ligação metálica é o tipo dominante em tais casos. No entanto, *compostos intermetálicos* podem se formar no interior das ligas, muitas vezes sob a forma de partículas duras. Esses compostos têm uma fórmula química definida, tal como TiAl$_3$ ou Mg$_2$Ni, e a sua ligação é geralmente uma combinação dos tipos metálica, iônica ou covalente.

2.2.3 Ligações Químicas Secundárias

As ligações químicas secundárias ocorrem pela presença de um dipolo eletrostático, que pode ser induzido por uma ligação primária. Por exemplo, na água, o lado do átomo de hidrogênio, afastado da ligação covalente do átomo de oxigênio, apresenta uma carga positiva. Isso ocorre porque seu único elétron está, predominantemente, no lado virado para o átomo de oxigênio. A conservação da carga, ao longo de toda a molécula, requer que apareça uma carga negativa sobre a porção exposta do átomo de oxigênio. Os dipolos formados desta forma causam uma atração entre as moléculas de água adjacentes, como ilustrado na Figura 2.7.

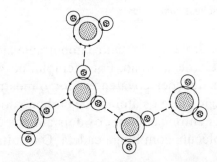

FIGURA 2.7 Ligações secundárias do oxigênio ao hidrogênio entre moléculas adjacentes de água (H$_2$O).

Tais ligações, chamadas *ligações de dipolos permanentes*, ocorrem entre várias moléculas. Essas ligações são relativamente fracas; entretanto, mesmo assim, são suficientes para tornar alguns materiais sólidos, como no caso da água congelada. Quando uma ligação secundária envolve o hidrogênio, como no caso da água, ela se torna mais forte do que outras ligações secundárias do tipo dipolo. Por isso esse tipo de ligação recebe o nome específico de *ponte de hidrogênio*.

As ligações de Van der Waals surgem de flutuações nas posições dos elétrons em relação ao núcleo do átomo. A distribuição desigual da carga elétrica, portanto, causa uma atração fraca entre átomos ou moléculas. Esse tipo de ligação também pode ser chamado de uma *ligação de dipolo flutuante* — distinta de ligação de dipolo permanente, porque, neste caso, o dipolo não é fixo em uma direção, tal como ocorre na molécula de água. Ligações deste tipo permitem que os gases inertes se tornem sólidos em baixas temperaturas.

Nos polímeros, as ligações covalentes, que formam as cadeias de moléculas, anexam hidrogênio e outros átomos na espinha dorsal formada pelos átomos de carbono. Pontes de hidrogênio e outras ligações secundárias ocorrem entre essas cadeias de moléculas e tendem a impedir que elas deslizem entre si. A questão está ilustrada na Figura 2.8 para o policloreto de vinila (PVC). A relativa fraqueza das ligações secundárias origina temperaturas de fusão baixas e valores de resistência e rigidez reduzidos nestes materiais.

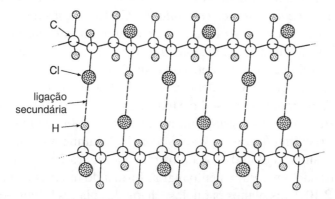

FIGURA 2.8 Ligações secundárias do hidrogênio ao cloro entre as cadeias moleculares do policloreto de vinila (PVC).

2.3 ESTRUTURA EM MATERIAIS CRISTALINOS

Os metais e as cerâmicas são compostos pela união de pequenos grãos, cada um deles constituindo um cristal individual, que se agregam formando um sólido metálico ou cerâmico policristalino. Em contraste, os materiais vítreos possuem uma estrutura amorfa ou não cristalina. Já os polímeros são constituídos por cadeias moleculares, que, às vezes, podem estar dispostas em arranjos regulares de maneira cristalina.

2.3.1 Estruturas Cristalinas Básicas

O arranjo dos átomos (ou íons) em cristais pode ser descrito em termos do menor agrupamento cristalino, que pode ser considerado o bloco de construção para um cristal perfeito. Tal agrupamento, chamado de *célula unitária*, pode ser classificado de acordo com os comprimentos de suas arestas e ângulos envolvidos. Existem sete tipos básicos de célula unitária, três dos quais estão apresentados na Figura 2.9. Se todos os três ângulos forem 90° e se todas as distâncias são as mesmas, o cristal é classificado

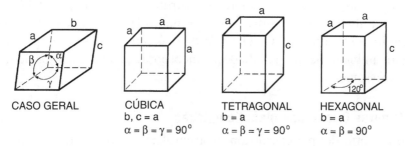

FIGURA 2.9 O caso geral de uma célula unitária de um cristal e três dos sete tipos básicos.

como *cúbico*. Mas, se uma distância não é igual às outras duas, o cristal é *tetragonal*. Se, além disso, a célula apresentar um ângulo de 120°, enquanto os outros dois permanecerem em 90°, o cristal é considerado *hexagonal*. Os quatro tipos adicionais de cristais são: o ortorrômbico, romboédrico, monoclínico e triclínico.

Para um determinado tipo de célula unitária, vários arranjos atômicos são possíveis; cada um desses arranjos é denominado de *estrutura cristalina*. Três estruturas cristalinas com uma célula unitária cúbica são a *cúbica simples* (CS), a *cúbica de corpo centrado* (CCC) e a *cúbica de face centrada* (CFC). Essas estruturas estão ilustradas na Figura 2.10. Note-se que a estrutura CS tem átomos nas arestas do cubo, enquanto a estrutura CCC, além disso, tem um átomo no centro do cubo. Já a estrutura CFC tem átomos nas arestas do cubo e no centro de cada face. A estrutura CS ocorre apenas raramente, mas a estrutura CCC é encontrada em certo número de metais comuns, tais como o cromo, ferro, molibdênio, sódio e tungstênio. Similarmente, a estrutura CFC é comum para metais tais como prata, alumínio, chumbo, cobre e níquel.

A estrutura cristalina *hexagonal compacta* (HC) também é comum em metais. Embora a célula unitária oficial seja a mostrada na Figura 2.9, torna-se útil ilustrar essa estrutura usando um agrupamento maior, formando um prisma hexagonal, conforme a Figura 2.10. Dois planos paralelos, chamados planos basais, têm átomos nos seus vértices e no centro do hexágono. Além disso, existem três átomos adicionais, igualmente espaçados e a meio caminho entre estes planos, conforme a Figura 2.10. Alguns metais comuns, que possuem esta estrutura, são berílio, magnésio, titânio e zinco.

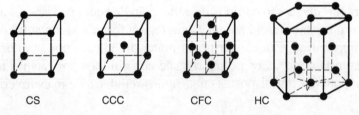

FIGURA 2.10 Quatro estruturas cristalinas: cúbica simples (CS), cúbica de corpo centrado (CCC), cúbica de faces centradas (CFC) e hexagonal compacta (HC).

Um dado metal ou outro material pode mudar a sua estrutura cristalina com temperatura ou pressão ou com a adição de elementos de liga. Por exemplo, a estrutura CCC do ferro muda para CFC acima de 910 °C, e de volta à CCC acima de 1.390 °C. Essas fases são chamadas de, respectivamente: ferro alfa, ferro gama e ferro delta, denotando-se Fe-α, Fe-γ e Fe-δ. Além disso, a adição de cerca de 10% de níquel ou manganês no ferro altera sua estrutura cristalina para CFC, mesmo à temperatura ambiente. Da mesma forma, o titânio HC é chamado Ti-α, enquanto o Ti-β tem uma estrutura CCC acima de 885 °C, embora também possa existir à temperatura ambiente, como resultado da incorporação de elementos de liga e pelo tipo de processamento.

2.3.2 Estruturas Cristalinas mais Complexas

Os compostos formados por ligação iônica ou covalente, tais como os sais e as cerâmicas iônicas, têm estruturas cristalinas mais complexas do que os materiais constituídos de um único elemento. Isto se deve à necessidade de acomodar mais de um tipo de átomo nas ligações iônicas e ao aspecto direcional das ligações covalentes, ainda que parcialmente.

Contudo, a estrutura pode, muitas vezes, ser concebida a partir de uma das estruturas cristalinas básicas. Por exemplo, a estrutura cristalina do NaCl pode ser considerada um arranjo do tipo CFC de íons Cl⁻ dentro do qual íons Na⁺ ocupam as posições intermediárias. Da mesma forma, o NaCl também pode ser formado de uma estrutura CFC de íons de Na⁺, que é entrelaçada por outra estrutura CFC formada pelos íons Cl⁻, conforme ilustrado na Figura 2.4. Muitos sais e cerâmicas iônicas importantes têm essa estrutura, incluindo óxidos, tais como MgO e FeO, e carbonetos, tais como TiC e ZrC.

Na estrutura *cúbica do diamante* formada pelo carbono, metade dos átomos forma uma estrutura CFC, e a outra metade recai nas posições intermédias dessa estrutura, atendendo à exigência geométrica da ligação tetragonal do carbono; por sua vez, os átomos intermediários também formam uma estrutura CFC (Fig. 2.5). Outro sólido com uma estrutura cúbica de diamante é o SiC, no qual os átomos de Si e C ocupam posições alternadas na mesma estrutura, conforme a Figura 2.5. A alumina (Al_2O_3) é um material cerâmico que tem uma estrutura cristalina constituída por uma célula unitária hexagonal, na qual os átomos de alumínio estão presentes em dois terços dos espaços disponíveis entre os átomos de oxigênio. Muitas cerâmicas têm estruturas cristalinas ainda mais complexas do que esses exemplos. Compostos intermetálicos também têm estruturas cristalinas que variam de bastante simples a bastante complexa. Um dos mais simples é o Ni_3Al, que tem uma estrutura CFC, com os átomos de alumínio nas arestas do cubo e os átomos de níquel nos centros de face.

Os polímeros podem ser amorfos: neste caso, a estrutura é um emaranhado irregular de cadeias moleculares. Alternativamente, porções, ou mesmo a maior parte do material, podem ter as cadeias dispostas de modo regular, sob a influência das ligações secundárias entre as cadeias. Tais regiões têm um caráter cristalino, o que está esquematizado na Figura 2.11.

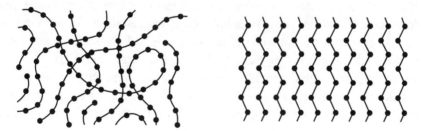

FIGURA 2.11 Esquemas bidimensionais da estrutura amorfa (esquerda) e com caráter cristalino (direita) em um polímero.

2.3.3 Defeitos nos Cristais

As cerâmicas e os metais na forma empregada para aplicações de engenharia são compostos de *grãos* cristalinos, separados por *contornos de grão*. Isto é mostrado para um metal na Figura 2.12, e também na Figura 1.7. Os materiais com tal estrutura são chamados materiais *policristalinos*. Os tamanhos de grão variam muito, de tão pequeno quanto 1 μm a tão grande quanto 10 mm, dependendo do material e do seu processamento. Mesmo dentro de grãos, os cristais não são perfeitos: eles têm defeitos que podem ser classificados como *defeitos pontuais*, *defeitos lineares* ou *defeitos*

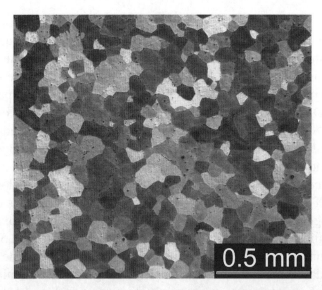

FIGURA 2.12 Estrutura de grãos cristalinos em uma liga de magnésio contendo 12% em peso de lítio. Esse metal fundido foi preparado em um forno de fusão por indução de alta frequência, sob uma atmosfera de argônio.

(Foto cortesia de Milo Kral, Universidade de Canterbury, Christchurch, Nova Zelândia, usado com permissão)

superficiais. Tanto os contornos de grão quanto os defeitos cristalinos dentro de grãos podem ter grandes efeitos sobre o comportamento mecânico. Ao discutir esta condição, é útil empregar o termo *plano cristalino* para descrever os planos paralelos e regulares de átomos num cristal perfeito, e o termo *sítio da rede* para descrever a posição de um átomo.

Alguns tipos de defeitos pontuais estão ilustrados na Figura 2.13. Uma *impureza substitucional* ocupa um sítio normal da estrutura, mas ainda é um átomo diferente do elemento que forma o material como um todo. Uma *vacância* é a ausência de átomos que normalmente ocupariam o sítio da rede cristalina, e um *intersticial* é um átomo ocupando a posição entre os sítios normais da rede cristalina. Se o intersticial é do mesmo tipo do elemento formado da rede cristalina, este é chamado de autointersticial; se for um átomo de outro tipo ele é chamado de *impureza intersticial*.

Átomos de impureza relativamente pequenos frequentemente ocupam sítios intersticiais em materiais formados por átomos maiores. Um exemplo é o carbono em solução sólida no ferro. Se os átomos de impureza são de tamanho semelhante aos átomos do

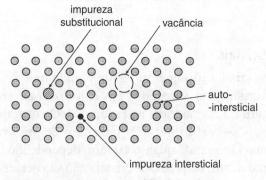

FIGURA 2.13 Quatro tipos de defeitos pontuais em um sólido cristalino.

metal base, estes, provavelmente, se tornam impurezas substitucionais. Esta é a situação normal, em dois metais estão ligados, isto é, misturados um no outro. Um exemplo é a adição de 10 a 20% de cromo no ferro (e em alguns casos também de 10 a 20% de níquel), para fazer o aço inoxidável.

Os defeitos lineares são conhecidos como *discordâncias* e constituem-se como arestas de superfícies nas quais existe um deslocamento relativo dos planos da rede cristalina. Um tipo é a *discordância em cunha* e o outro é a *discordância em parafuso* — ambas estão ilustradas na Figura 2.14. A discordância em cunha pode ser pensada como a fronteira de um plano extra de átomos, tal como mostrado em 2.14(a). A linha da discordância, conforme a Figura 2.14, identifica a borda de um plano cristalino extra e o símbolo especial indicado é empregado, costumeiramente, para designar este tipo de discordância.

A discordância em parafuso pode ser explicada quando um cristal perfeito é cortado conforme a Figura 2.14(b). O cristal é então deslocado paralelamente ao corte e, finalmente, religado na configuração mostrada. A linha de deslocamento é a aresta do corte e, portanto, também a fronteira da região deslocada. Discordâncias em sólidos geralmente têm características de cunha e de parafuso combinadas, formando curvas e laços. Quando muitos estiverem presentes, podem ser formados emaranhados complexos de linhas de discordâncias.

Os contornos de grão podem ser pensados como uma categoria de defeitos superficiais, em que os planos de rede cristalina mudam de orientação por um grande ângulo. Dentro de um grão, pode também haver *contornos de grão de baixo ângulo*. Um arranjo de discordâncias em cunha pode formar tais contornos de grão, como esquematizado na Figura 2.15. Vários contornos de grão de baixo ângulo podem existir dentro de um grão, sendo que tais regiões, com uma orientação cristalina ligeiramente diferente, são designadas *subgrãos*.

Existem outros tipos de defeitos de superfície. Um *contorno de macla* separa duas regiões do cristal, onde os planos da rede formam uma imagem espelhada um do outro. *Uma falha de empilhamento* ocorre quando os planos da rede não estão na sequência apropriada para um cristal perfeito.

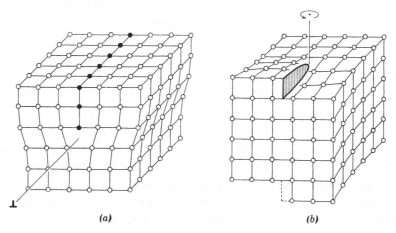

FIGURA 2.14 Os dois tipos básicos de discordâncias: (a) discordância em cunha e (b) discordância em parafuso.

(De [Hayden 65] p 63; usada com permissão.)

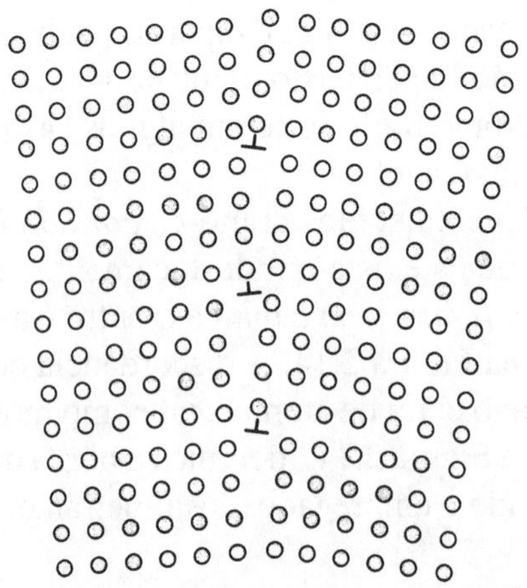

FIGURA 2.15 Contorno de grão de baixo ângulo em um cristal formado por um conjunto de discordâncias em cunha.

(De [Boyer 85] p. 2.15; usada com permissão.)

2.4 DEFORMAÇÃO ELÁSTICA E RESISTÊNCIA TEÓRICA

A discussão das ligações e da estrutura em sólidos pode ser estendida para uma consideração dos mecanismos físicos de deformação, que pode ser considerada nas escalas de tamanho dos átomos, discordâncias e grãos. Lembre-se do Capítulo 1, que descreveu três tipos básicos de deformação: elástica, plástica e por fluência. A deformação elástica é discutida em sequência e sua análise leva a algumas estimativas teóricas gerais da resistência dos sólidos.

2.4.1 Deformação Elástica

A deformação elástica é associada ao estiramento (alongamento), mas não à ruptura, das ligações químicas entre os átomos de um sólido. Se uma tensão externa é aplicada a um material, a distância entre seus átomos muda em uma pequena quantidade, em função do tipo de material e dos pormenores de sua estrutura e ligação química. As alterações nas distâncias entre seus átomos, quando acumuladas e visíveis em uma amostra de um material macroscópico, são chamadas de deformações elásticas.

Se os átomos de um sólido forem muito afastados um do outro, passará a não haver mais forças de ligação entre eles. À medida que a distância x entre os átomos é diminuída, eles começam a atrair um ao outro de acordo com o tipo de ligação que se aplica ao caso particular. Isso é ilustrado pela curva superior na Figura 2.16. Uma força repulsiva, associada à resistência à sobreposição das camadas de elétrons entre os átomos, também passa a atuar. Essa força repulsiva é menor do que a força de atração em distâncias relativamente grandes, mas aumenta mais rapidamente, tornando-se maior em distâncias curtas. A força resultante é, assim, atrativa a grandes distâncias, repulsiva em distâncias curtas e nula a uma determinada distância x_e, que é o espaçamento atômico de equilíbrio. Este é também o ponto de mínima energia potencial.

As deformações elásticas que são de interesse da engenharia representam, em geral, apenas uma pequena perturbação sobre o espaçamento de equilíbrio, normalmente menos de 1% de deformação. Nessa pequena região, a inclinação da curva de força total sobre a distância é aproximadamente constante. Vamos expressar a força por unidade

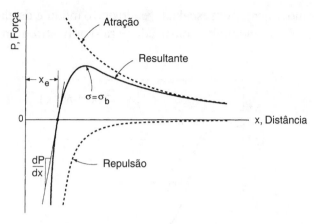

FIGURA 2.16 Variação das forças atrativas, repulsivas e resultantes com a distância entre os átomos. A inclinação dP/dx no espaçamento de equilíbrio x_e é proporcional ao módulo de elasticidade E; a tensão σ_b, correspondente ao pico na força máxima, representa a resistência coesiva teórica.

de área como sendo tensão, $\sigma = P/A$, onde A é a área da seção transversal do material por átomo. Além disso, lembre que a deformação é a relação entre a alteração em x da distância x_e de equilíbrio.

$$\sigma = \frac{P}{A}, \quad \varepsilon = \frac{x - x_e}{x_e} \qquad (2.1)$$

Desde que o módulo de elasticidade, E, seja a taxa da relação tensão-deformação elástica, nós teremos:

$$E = \frac{d\sigma}{d\varepsilon}\bigg|_{x=x_e} = \frac{x_e}{A}\frac{dP}{dx}\bigg|_{x=x_e} \qquad (2.2)$$

Na equação E é determinada pelo declive da curva da força resultante quando $x = x_e$, conforme ilustrado na Figura 2.16.

2.4.2 Tendências nos Valores do Módulo de Elasticidade

As ligações químicas primárias são fortes e oferecem resistência ao estiramento (tração); assim, resultam em materiais com altos valores de E. Por exemplo, as fortes ligações covalentes do diamante originam um valor de rigidez em torno de $E = 1.000$ GPa, ao passo que ligações metálicas mais fracas geram metais com módulo de elasticidade menor por um fator de três vezes, nos quais $E = 100$ GPa. Nos polímeros, E é determinado pela combinação da força da ligação covalente, ao longo das cadeias poliméricas baseadas no carbono, e a força das ligações secundárias, muito mais fracas, entre essas cadeias. Em temperaturas relativamente baixas, existem muitos polímeros que se apresentam em um estado vítreo ou cristalino. Seus módulos de elasticidades são da ordem de $E = 3$ GPa, mas eles variam consideravelmente acima e abaixo deste nível, dependendo da estrutura de sua cadeia molecular e de outros detalhes. Se a temperatura é aumentada, a agitação térmica proporciona um aumento do *volume livre* entre as cadeias moleculares, permitindo a movimentação de partes maiores das cadeias. Em certo ponto, passam ser possíveis grandes movimentos em escala, fazendo que o módulo de elasticidade decaia de forma drástica. Essa tendência é mostrada para o poliestireno na Figura 2.17.

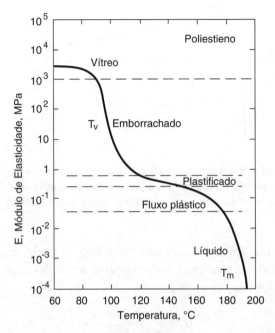

FIGURA 2.17 Variação do módulo de elasticidade com a temperatura para o poliestireno.

(Dados de [Tobolsky 65].)

A temperatura acima da qual ocorre rápida queda nos valores de E é chamada a *temperatura de transição vítrea*, T_v, e ela varia entre os diferentes tipos de polímeros. A fusão não ocorre até que o polímero atinja temperatura um pouco mais elevada, T_f, desde que a decomposição química não ocorra primeiramente. Acima da T_v, o módulo de elasticidade pode ser tão baixo quanto $E = 1$ MPa. O fluxo viscoso é impedido, neste caso, apenas pelo emaranhamento das moléculas das cadeias poliméricas longas e pelas ligações secundárias em quaisquer regiões cristalinas do polímero.

Acima da sua T_v, um polímero apresenta um carácter elástico semelhante a uma borracha, assim como se comportam, à temperatura ambiente, uma borracha natural vulcanizada ou as borrachas sintéticas.

Para monocristais, E varia em relação à direção considerada da estrutura cristalina; ou seja, os cristais são mais resistentes à deformação elástica em algumas direções do que em outras. Porém, em um agregado policristalino, nos quais os grãos estão orientados aleatoriamente, um efeito médio ocorre, de modo que E é o mesmo em todas as direções. Esta situação é, pelo menos aproximadamente, o que ocorre para a maioria dos metais e cerâmicas de engenharia.

2.4.3 Resistência Teórica

O valor para a *resistência coesiva teórica* de um sólido pode ser obtido utilizando-se a física do estado sólido, que é empregada para estimar a tensão de tração necessária para romper as ligações químicas primárias. Essa tensão é representada por σ_b e está na Figura 2.16 como correspondente ao valor de pico da força de ligação resultante entre os átomos. Os valores estimados são da ordem de $\sigma_b = E/10$ para vários materiais. Assim, para o diamante $\sigma_b \approx 100$ GPa, e para um metal típico $\sigma_b \approx 10$ GPa.

Em vez de as ligações serem simplesmente tracionadas, para além da tensão de resistência, outra possibilidade é provocar sua ruptura por cisalhamento. Um cálculo simples pode ser feito para obter a estimativa *teórica da resistência ao corte*. Considere dois planos de átomos forçados a mover-se lentamente um pelo outro, como mostrado na Figura 2.18. A tensão de cisalhamento, τ, necessária a este movimento aumenta inicialmente com rapidez em função do deslocamento x, depois diminui e passa para zero à medida que os átomos dos dois planos considerados passam em frente um ao outro pela posição de equilíbrio instável $x = b/2$, conforme o gráfico da Figura 2.18.

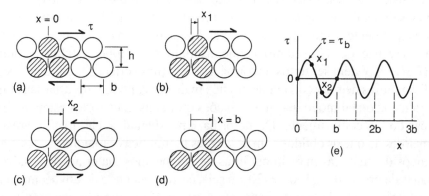

FIGURA 2.18 Base das estimativas de resistência teórica ao cisalhamento, na qual se supõe que os planos inteiros de átomos deslocam-se simultaneamente, um em relação ao outro.

A tensão muda de direção para além da posição de equilíbrio instável, à medida que os átomos tentam se encaixar em uma segunda configuração estável em $x = b$. Uma estimativa razoável para este esforço é a variação do tipo senoidal.

$$\tau = \tau_b \sin \frac{2\pi x}{b} \quad (2.3)$$

Onde τ_b é o máximo valor da tensão cisalhante registrada em função da distância x percorrida pelos dois planos; assim, é a resistência ao cisalhamento teórica.

A inclinação inicial da curva tensão-deformação é traduzida pelo módulo de cisalhamento, G, com ocorria analogamente ao E, para o caso do carregamento em tração, previamente discutido. Lembrando que a tensão de cisalhamento para pequenos valores de deslocamento é $\gamma = x/h$, temos:

$$G = \left.\frac{d\tau}{d\gamma}\right|_{x=0} = h \left.\frac{d\tau}{dx}\right|_{x=0} \quad (2.4)$$

Obtendo $d\tau/dx$ da Equação 2.3 e substituindo seu valor quando $x = 0$, obtêm-se τ_b:

$$\tau_b = \frac{Gb}{2\pi h} \quad (2.5)$$

A relação b/h varia com a estrutura cristalina e, geralmente, encontra-se entre 0,5 a 1, de tal forma que a estimativa da resistência teórica fica em torno de $G/10$.

38 CAPÍTULO 2 Estrutura e Deformação nos Materiais

Em um ensaio de tração, a máxima tensão cisalhante ocorre em um plano a 45° à direção de tração uniaxial e vale metade do seu valor. Assim, aplicando a estimativa teórica da tensão de cisalhamento para o ensaio de tração, obtém-se:

$$\sigma_b = 2\tau_b = \frac{Gb}{\pi h}$$

(2.6)

Desde que os valores típicos de G se encontrem na faixa de $E/2$ a $E/3$, a estimativa da Equação 2.6 oferece um valor semelhante ao estimado para a resistência à tração teórica $\sigma_b = E/10$, que foi obtida com base na ruptura das ligações por tração. As estimativas de força teórica estão discutidas em mais detalhe no primeiro capítulo de KELLY (1986).

Uma resistência à tração teórica em torno $\sigma_b = E/10$ é muito maior do que as efetivas resistências dos sólidos, tipicamente por um fator de 10 a 100. Essa discrepância se deve, principalmente, à presença de imperfeições na maioria dos cristais, as quais diminuem a sua resistência. No entanto, pequenos filamentos monocristalinos (conhecidos como *whiskers*) podem ser feitos de forma a serem quase cristais individuais perfeitos. Além disso, fibras de reforço, ou mesmo fios mais finos, podem ter uma estrutura cristalina orientada de tal modo que suas ligações químicas mais fortes estejam alinhadas na direção do seu comprimento. Desta forma, é possível alcançar níveis de resistência muito maiores do que os obtidos com as versões monolíticas e maiores destes materiais, constituídos de amostras mais imperfeitas destes mesmos materiais. É possível obter resistências da ordem de $E/100$ a $E/20$, ou seja, correspondendo de um décimo à metade da força teórica, calculada anteriormente como $E/10$, o que oferece crédito para as estimativas feitas. Alguns dados representativos estão na Tabela 2.2.

Tabela 2.2 Módulos de Elasticidade e Valores de Resistência Mecânica de Filamentos Monocristalinos, Fibras de Alta Resistência e Arames Finos

Material	Módulo de Elasticidade E, GPa (10^3 ksi)		Limite de Resistência, σ_u, GPa (ksi)		Relação E/σ_u
(a) Filamentos Monocristalinos					
SiC	700	(102)	21	(3.050)	33
Grafita	686	(99,5)	19,6	(2.840)	35
Al_2O_3	420	(60,9)	22,3	(3.230)	19
Fe-α	196	(28,4)	12,6	(1.830)	16
Si	163	(23,6)	7,6	(1.100)	21
NaCl	42	(6,09)	1,1	(160)	38
(b) Fibras e Arames					
SiC	616	(89,3)	8,3	(1.200)	74
Tungstênio (diâmetro de 0,26 μm)	405	(58,7)	24	(3.500)	17
Tungstênio (diâmetro de 25 μm)	405	(58,7)	3,9	(570)	104
Al_2O_3	379	(55)	2,1	(300)	180
Grafita	256	(37,1)	5,5	(800)	47
Ferro	220	(31,9)	9,7	(1.400)	23
Polietileno linear	160	(23,2)	4,6	(670)	35
Fibra de vidro	73,5	(10,7)	10	(1.450)	7,4
Fonte: Dados de [Kelly 86].					

2.5 DEFORMAÇÃO INELÁSTICA

Conforme discutido na seção anterior, a deformação elástica envolve a distensão das ligações químicas. Quando a tensão é removida, a deformação desaparece. Eventos mais drásticos podem ocorrer e podem ter o efeito de rearranjar os átomos de modo que eles se reposicionem ao redor de novos átomos vizinhos, depois de finalizada a deformação. Isto provoca uma deformação inelástica, que não desaparece quando a tensão cessa. A deformação inelástica que aparece quase instantaneamente com a aplicação da tensão é definida como deformação *plástica*, que se distingue da deformação por *fluência* — que só ocorre quando o material é submetido a tensão por algum tempo.

2.5.1 Deformação Plástica por Movimento de Discordâncias

Os monocristais de metais puros que são macroscópicos em tamanho e que também contêm poucas discordâncias apresentam tensões de escoamento por cisalhamento muito baixas. Por exemplo, para o ferro e para outros metais CCC, isto ocorre em torno de $\tau_0 = G/3000$, ou seja, cerca de $\tau_0 = 30$ MPa. Para metais CFC e HC, são obtidos valores ainda mais baixos, ao redor de $\tau_0 = G/100.000$, ou, comumente, $\tau_0 = 0,5$ MPa. Desta forma, a resistência ao cisalhamento de cristais imperfeitos, obtidos de metais puros, pode ser menor do que o valor teórico para um cristal perfeito, que vale $\tau_0 = G/10$, em um fator de, pelo menos, 300 vezes, ou, às vezes, até mesmo 10.000 vezes menor.

A grande disparidade de valores pode ser explicada pelo fato de a deformação plástica ocorrer pelo movimento de discordâncias, sob a influência de tensões cisalhantes, conforme a Figura 2.19. Com a movimentação de uma discordância através do cristal, a deformação plástica é realizada a cada átomo por vez, em vez de ocorrer simultaneamente sobre um plano atômico inteiro, como foi considerado na Figura 2.18. Este processo incremental, com a movimentação da discordância, ocorre muito mais facilmente do que a ruptura simultânea de todas as ligações, como considerado no cálculo teórico da resistência ao cisalhamento de um cristal perfeito.

A deformação resultante do movimento de uma discordância em cunha e de uma discordância em parafuso ocorre conforme ilustrado na Figura 2.20 e na Figura 2.21,

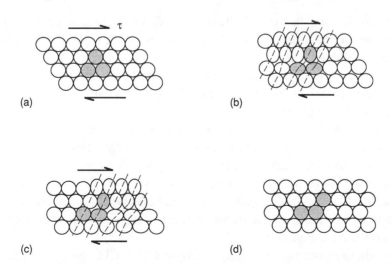

FIGURA 2.19 Deformação por cisalhamento ocorrendo de forma incremental devido ao movimento de uma discordância.

(Adaptado de [Van Vlack 89] p. 265, (c) 1989 por Addison-Wesley Publishing Co., Inc., com permissão da Pearson Education, Inc., Upper Saddle River, NJ, e com permissão do Departamento de Ciência dos Materiais e Engenharia, Universidade de Michigan, Ann Arbor, MI.)

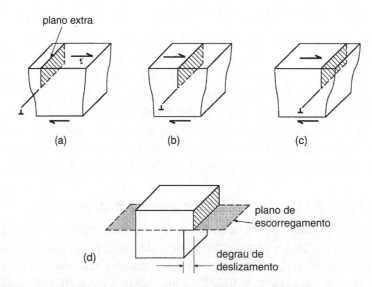

FIGURA 2.20 Degrau causado pelo movimento de uma discordância em cunha.

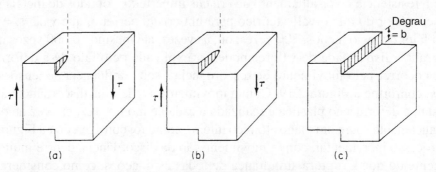

FIGURA 2.21 Degrau causado pelo movimento de uma discordância em parafuso.

(De [Felbeck 96] p 114; © 1996 por Prentice Hall, Upper Saddle River, NJ; Reproduzido com permissão.)

respectivamente. O plano no qual a linha da discordância se move é chamado o *plano de escorregamento*. Forma-se um *degrau de deslizamento* onde o plano de escorregamento intercepta uma superfície livre. Uma vez que as discordâncias em cristais reais são geralmente curvas e, portanto, têm ambas as características de discordância em cunha e parafuso, a deformação plástica, na verdade, ocorre por uma combinação dos dois tipos de movimento de discordâncias.

A deformação plástica é frequentemente concentrada em bandas chamadas *bandas de deslizamento*. Estas são regiões onde os planos de deslizamento de inúmeras discordâncias estão concentrados; portanto, são regiões de intensa deformação plástica por cisalhamento, separadas por regiões de pouco cisalhamento. Nos locais onde as bandas de deslizamento alcançam uma superfície livre, são formados degraus de deslizamento, como resultado das numerosas discordâncias que se propagaram até a superfície, conforme a Figura 2.22.

Para uma dada estrutura cristalina, tal como CCC, CFC ou HC, o deslizamento ocorre mais facilmente em certos planos e, dentro desses planos, em determinadas direções. No caso dos metais, os planos e as direções mais comuns estão mostrados

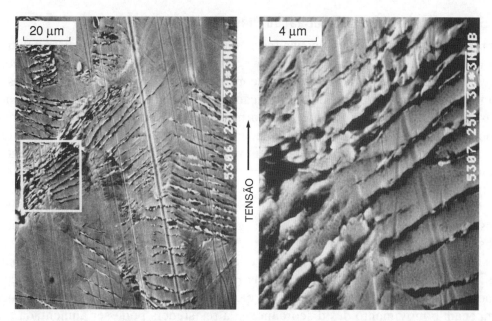

FIGURA 2.22 Bandas de deslizamento e degraus de deslizamento produzidos pelo movimento de muitas discordâncias ocasionado pelo carregamento cíclico em um aço AISI 1010.

(Fotos cedidas por R. W. Landgraf, Howell, MI).

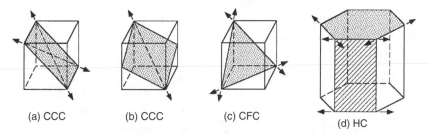

FIGURA 2.23 Alguns planos de deslizamento e direções frequentemente observados para as estruturas cristalinas CCC, CFC e HC. Considerando a simetria, existem combinações adicionais de planos e direções de deslizamento semelhantes para cada uma delas, resultando em um total de doze sistemas de deslizamento semelhantes a cada um dos tipos (a), (b), e (c), e três para cada um dos dois casos em (d).

(Adaptado de [Hayden 65] p 100; usada com permissão.)

na Figura 2.23. Os planos preferidos são aqueles nos quais os átomos estão o mais próximo possível uns dos outros, chamados de *planos compactos*, tal como o plano basal para o cristal HC. Secundariamente o deslizamento também pode ocorrer em *planos densos*, nos quais os átomos estão mais próximos, porém não de forma inteiramente compacta. Da mesma forma, as direções de deslizamento preferenciais dentro de um dado plano são as *direções compactas*, nas quais as distâncias entre os átomos são a menor. Assim, uma discordância pode mover-se mais facilmente, já que a distância ao próximo átomo é a menor. Além disso, os átomos em planos adjacentes projetam-se menos nos espaços entre átomos contidos em planos compactos do que em outros planos, o que ocasiona menor interferência no movimento de deslizamento das discordâncias.

2.5.2 Discussão sobre a Deformação Plástica

O resultado da deformação plástica (escoamento) é a mudança da posição relativa de átomos vizinhos e o surgimento de nova configuração estável desses átomos, com novos vizinhos, após a passagem da discordância. Note-se que este é um processo fundamentalmente diferente da deformação elástica, que é apenas um alongamento das ligações químicas. Inclusive, a deformação elástica ocorre simultaneamente, como um processo essencialmente independente da deformação plástica. Quando uma tensão que causa o escoamento é removida, a deformação elástica é recuperada como se não houvesse ocorrido, mas a deformação plástica torna-se permanente (Fig. 1.2).

Metais utilizados em aplicações que precisam suportar carregamentos mecânicos têm resistências consideravelmente superiores em relação aos baixos valores observados nos cristais dos metais puros, contendo alguns defeitos. Porém, suas resistências não são tão elevadas ao nível dos elevadíssimos valores teóricos para um cristal perfeito. Isso está ilustrado na Figura 2.24 para ferros fundidos e aços, que são compostos, principalmente, do elemento ferro. Se houver obstáculos que impeçam o movimento das discordâncias, a resistência pode ser aumentada por um fator de 10, ou mais, acima do baixo valor de resistência de um cristal de ferro puro. Os contornos de grão têm este efeito, assim como uma segunda fase de partículas duras dispersas na estrutura do metal. A adição de elementos de liga também aumenta a resistência, pois a presença de diferentes tamanhos de átomos dificulta o movimento das discordâncias. Se um grande número de discordâncias está presente, elas interferem umas nas outras, formando emaranhados densos e bloqueando a livre circulação.

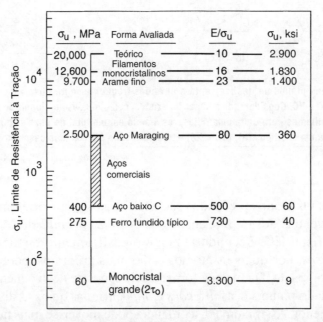

FIGURA 2.24 Limite de resistência à tração para ferros fundidos e aços sob diversas formas. Nota-se que os aços são, principalmente, compostos de ferro, com conteúdo pequeno a moderado de outros elementos de liga.

(Dados de [Boyer 85], [Hayden 65] e [Kelly 86].)

Em não metais e em compostos nos quais a ligação química é covalente ou parcialmente covalente, a natureza direcional das ligações dificulta a movimentação de discordâncias. Materiais nesta classe incluem os cristais de carbono, boro e silício, e também compostos intermetálicos. Os compostos formados entre os metais e não metais, tais como carbonetos metálicos, boretos, nitretos, óxidos e outras cerâmicas também apresentam dificuldade na movimentação de discordâncias. À temperatura ambiente, esses materiais são duros e quebradiços e, geralmente, não falham por escoamento pela movimentação de discordâncias. Em vez disso, a resistência cai abaixo do elevado valor teórico para um cristal perfeito, principalmente, por causa do efeito de enfraquecimento causado pela presença de pequenas fissuras e poros no material. No entanto, alguma movimentação de discordâncias ocorre, especialmente para temperaturas acima da metade da temperatura de fusão, T_f, (geralmente alta), onde T_f deve ser medida na escala absoluta.

2.5.3 Deformação por Fluência

Além das deformações elástica e plástica, já descritas, os materiais podem ser deformados por mecanismos que resultam em um comportamento marcadamente dependente do tempo, conhecido como *fluência*. A deformação varia com o tempo, sob tensão constante, conforme a Figura 2.25. Há deformação elástica inicial, ε_e, e após isso, a deformação aumenta lentamente enquanto a tensão é mantida. Se a tensão é removida, a deformação elástica é rapidamente recuperada, mas, apesar de uma porção da deformação por fluência poder ser recuperada lentamente com o tempo, a deformação adicional mantém-se permanentemente.

Em materiais cristalinos, isto é, em metais e cerâmicas, um importante mecanismo de fluência é o *fluxo difusional* de vacâncias. A formação espontânea de vacâncias é favorecida perto dos limites de grãos, que são aproximadamente perpendiculares à tensão aplicada. A formação das vacâncias é desfavorecida quando os contornos estão em direções mais paralelas ao esforço. Isto causa numa distribuição desigual tanto de vacâncias como na difusão delas, que se movimentam a partir das regiões de mais alta concentração para as regiões de menor concentração, como ilustrado na Figura 2.26. Assim como indicado na Figura 2.26, o movimento de uma vacância em uma direção equivale ao movimento de um átomo na direção oposta. O efeito global é uma alteração da forma do grão, contribuindo para a deformação por fluência, observada macroscopicamente.

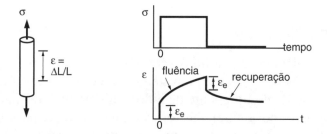

FIGURA 2.25 Acúmulo de deformação por fluência ao longo do tempo sob tensão constante e a recuperação parcial após remoção da tensão.

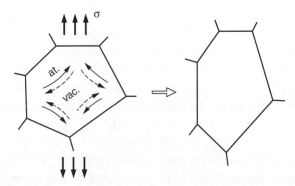

FIGURA 2.26 Mecanismo de fluência pela difusão de vacâncias em um grão cristalino (at., átomos; vac., vacâncias).

Outros mecanismos de fluência que operam em materiais cristalinos incluem movimentos especiais de discordâncias, os quais podem contornar obstáculos em função do tempo. Também pode haver deslizamento dos contornos de grãos e a formação de cavidades ao longo desses contornos. O comportamento sob fluência nos materiais cristalinos é fortemente dependente da temperatura, normalmente tornando-se um fenômeno importante, a ser considerado na engenharia, quando os materiais estão submetidos a temperaturas de 0,3 a 0,6T_f, onde T_f é a temperatura de fusão na escala absoluta.

Diferentes mecanismos de fluência operam nos materiais vítreos, que são amorfos (não cristalinos), e nos polímeros. Um deles é o fluxo viscoso que ocorre similarmente ao escoamento de líquido muito viscoso. Isto ocorre em polímeros a temperaturas substancialmente acima da temperatura de transição vítrea T_v, ao se aproximar da T_f. As moléculas das cadeias poliméricas simplesmente deslizam umas sobre as outras, de maneira dependente com o tempo. Em temperaturas próximas e abaixo da T_v, um comportamento mais complexo, envolvendo segmentos das cadeias poliméricas e obstáculos ao deslizamento dessas cadeias, torna-se importante. Neste caso, a maior parte da deformação de fluência pode desaparecer lentamente ao longo do tempo depois da remoção da tensão aplicada (recuperação), tal como ilustrado na Figura 2.25. A fluência torna-se uma grande limitação para o uso, na engenharia, de qualquer polímero acima de sua T_v, a qual fica, geralmente, na faixa de -100 a 200 °C para polímeros comuns.

Informações adicionais sobre os mecanismos de deformação por fluência são oferecidas no Capítulo 15.

2.6 RESUMO

Os átomos e as moléculas em sólidos são mantidos unidos por ligações químicas primárias de três tipos: iônica, covalente e metálica. Ligações secundárias, especialmente ligações do tipo ponte de hidrogênio, também influenciam o comportamento. Ligações covalentes são fortes e direcionais e, portanto, resistem à deformação. A força da ligação contribui para a elevada resistência e a fragilidade das cerâmicas e dos materiais vítreos, uma vez que esses materiais são unidos por ligações covalentes ou ligações iônico-covalentes mistas. As ligações metálicas em metais não têm tal direcionalidade e, portanto, facilitam a deformação nos metais.

Os polímeros são constituídos por moléculas de cadeia de carbono formadas por ligações covalentes. No entanto, eles podem deformar-se facilmente pelo deslizamento relativo de suas moléculas em cadeias, as quais estão unidas apenas por ligações secundárias.

Existe uma variedade de estruturas cristalinas nos materiais sólidos. Três estruturas que possuem grande importância para os metais são a cúbica de corpo centrado (CCC), cúbica de faces centradas (CFC) e hexagonal compacta (HC). As estruturas cristalinas das cerâmicas são, frequentemente, elaborações dessas estruturas simples, mas existe maior complexidade porque essas estruturas precisam acomodar mais de um tipo de átomo. Os materiais cristalinos (metais e cerâmicos) são compostos por agregados de grãos cristalinos geralmente muito pequenos. Numerosos defeitos, tais como vacâncias, intersticiais e discordâncias geralmente estão presentes nesses grãos.

A deformação elástica, causada pelo estiramento das ligações químicas, desaparece se a tensão é removida. O módulo de elasticidade, E, é, portanto, maior se a ligação é mais forte. Esta propriedade é mais elevada em sólidos covalentes, tais como o diamante. Os metais têm um valor de E cerca de 10 vezes menor do que o apresentado pelos sólidos covalentes, e os polímeros têm um valor de E geralmente menor por um fator de 10 ou mais, por causa da influência da estrutura das cadeias moleculares e das ligações secundárias. Acima da temperatura de transição vítrea, T_v, para um dado polímero, E é ainda mais reduzido, tornando-se menor do que o valor para o diamante por um fator de 10^6.

As estimativas da resistência teórica à tração, para quebrar as ligações químicas em cristais perfeitos, oferecem valores da ordem de $E/10$. No entanto, o nível de resistência que se aproxima de um valor tão elevado como este é obtido somente em minúsculos filamentos monocristalinos e em fios finos que apresentem uma estrutura alinhada. A resistência em grandes amostras de material é muito mais baixa, uma vez que elas são enfraquecidas por defeitos. Nas cerâmicas, os defeitos de importância são pequenas fissuras e poros que contribuem para o comportamento frágil.

Em metais, os defeitos que diminuem a resistência são, principalmente, as discordâncias. Elas se movem sob a influência de tensões cisalhantes aplicadas e causam o escoamento plástico. Em grandes cristais únicos que contêm discordâncias, o escoamento ocorre a tensões muito mais baixas do que o valor teórico por um fator de 300 ou mais. As resistências são aumentadas acima desse valor se houver obstáculos ao movimento das discordâncias, tais como contornos de grãos, partículas de segunda fase, elementos de liga e emaranhados de discordâncias. A resistência resultante para metais de engenharia, na forma comercial, pode ser tão elevada quanto um décimo do valor teórico de $E/10$, ou seja, em torno de $E/100$.

Os materiais também estão sujeitos à deformação dependente do tempo, conhecida como fluência. Tal deformação é comum em temperaturas que se aproximam da temperatura de fusão. Os mecanismos físicos da fluência variam de acordo com o material e a temperatura. Os exemplos incluem a difusão de vacâncias em metais e cerâmicas e o deslizamento das cadeias moleculares nos polímeros.

O breve tratamento dado neste capítulo sobre a estrutura e a deformação dos materiais representa apenas uma introdução mínima para este tópico. Mais detalhes estão oferecidos em inúmeros livros excelentes, alguns dos quais são listados como referências no final deste capítulo.

46 CAPÍTULO 2 Estrutura e Deformação nos Materiais

NOVOS TERMOS E SÍMBOLOS

Célula Unitária	Ligação iônica
Contorno de grão	Ligação metálica
Degrau de deslizamento	Ligação secundária (ponte de hidrogênio)
Discordância em cunha	Material policristalino
Discordância em parafuso	Plano da rede; sítio da rede
Estrutura cúbica de corpo centrado (CCC)	Plano de deslizamento
Estrutura cúbica de faces centradas (CFC)	Planos e direções compactos
Estrutura cúbica do diamante	Resistência ao cisalhamento teórica, $\tau_b \approx G/10$
Estrutura hexagonal compacta (HC)	
Impureza substitucional	Resistência coesiva teórica, $\sigma_b \approx E/10$
Intersticial	Temperatura de fusão, T_f
Ligação covalente	Temperatura de transição vítrea, T_v
	Vacância

Referências

CALLISTER, W. D., Jr., and RETHWISCH, D. G. 2010. *Materials Science and Engineering: An Introduction*, 8th ed, John Wiley, Hoboken, NJ.

COURTNEY, T. H. 2000. *Mechanical Behavior of Materials*. McGraw-Hill, New York.

DAVIS, J. R., ed. 1998. *Metals Handbook: Desk Edition*. 2d ed, ASM International, Materials Park, OH.

HAYDEN, H. W., MOFFATT, W. G., and WULFF, J. 1965. *The Structure and Properties of Materials, Vol. III*. Mechanical Behavior, John Wiley, New York.

HOSFORD, W. H. 2010. *Mechanical Behavior of Materials*, 2nd ed., Cambridge University Press, New York.

KELLY, A., and MACMILLAN, N. H. 1986. *Strong Solids*, 3d ed., Clarendon Press, Oxford, UK.

MOFFATT, W. G., PEARSALL, G. W., and WULFF, J. 1964. *The Structure and Properties of Materials, Vol. I*. Structure, John Wiley, New York.

SHACKELFORD, J. F. 2009. *Introduction to Materials Science for Engineers*, 7th ed., Prentice Hall, Upper Saddle River, NJ.

PROBLEMAS E QUESTÕES
Seção 2.4

2.1 A Tabela 2.2(b) oferece um valor de $E = 160$ GPa para uma fibra de polietileno linear, na qual as cadeias poliméricas estão alinhadas com o eixo da fibra. Por que este valor é muito maior do que o valor típico $E = 3$ GPa mencionado para os polímeros – de fato quase tão alto quanto o valor do aço?

2.2 Considere a Figura 2.16 e assuma ser possível obter medidas precisas do módulo de elasticidade, E, para altas tensões, seja em tensão ou compressão. Descreva as variações esperadas de E com a tensão.

2.3 Considere a Figura 2.16 e dois átomos que estão inicialmente distantes a uma separação infinita, $x = \infty$, na qual a energia potencial do sistema é $U = 0$. Se eles são mantidos juntos a $x = x_1$, a energia potencial relacionada à forma total P é dada por

$$\left. \frac{dU}{dx} \right|_{x=x_1} = P$$

Assim, esboce qualitativamente a variação de U com x. O que ocorre quando $x = x_e$? Qual o significado de $x = x_e$ em termos de energia potencial?

2.4 Usando da Tabela 2.2, compare as resistências dos filamentos monocristalinos da Al_2O_3 com as fibras de Al_2O_3 e também compare os dois diâmetros dos arames de tungstênio entre si. Você poderia explicar as grandes variações observadas?

2.5 Consulte Callister (2012) ou Shackelford (2008) nas referências, ou outro livro texto de ciência dos materiais ou química, e estude a estrutura cristalina do carbono na forma de grafita. Como a estrutura difere daquela do diamante? Por que a grafita comum é normalmente macia e frágil? E como poderia um filamento monocristalino desse material ter a alta resistência e o módulo de elasticidade indicados na Tabela 2.2 (a)?

Seção 2.5

2.6 Explique por que o escorregamento em um cristal é mais fácil em planos compactos, e nesses planos, por que nas direções compactas?

2.7 Explique por que metais policristalinos com uma estrutura cristalina HC são, geralmente, mais frágeis do que metais CCC policristalinos.

2.8 Com uma sequência adequada do processamento térmico, uma liga de alumínio com 4% de cobre pode ser criada com grande número de partículas muito pequenas e duras do composto intermetálico $CuAl_2$. Como você espera que a resistência ao escoamento dessa liga se diferencie do alumínio puro? Responda à mesma pergunta para o alongamento percentual? Por quê?

2.9 O trabalho a frio por laminação de um metal para uma espessura menor introduz grande número de discordâncias em sua estrutura cristalina. Você acredita que a resistência ao escoamento seja afetada desta forma; e se assim for, deve aumentar ou diminuir, e por quê? Além disso, responda à mesma pergunta para o módulo de elasticidade.

2.10 Nos metais, observa-se que o tamanho de grão d está relacionado com a tensão de escoamento por

$$\sigma_o = A + Bd^{-1/2}$$

na qual A e B são constantes para um dado material. Será que esta tendência tem sentido físico? Você pode explicar qualitativamente por que esta equação é razoável? Que interpretação física você pode fazer da constante A?

2.11 Um grupo importante de polímeros, chamados plásticos termoestáveis, forma uma estrutura de rede por meio de ligações covalentes entre suas cadeias de moléculas. Como você esperaria que eles diferissem de outros polímeros para o valor do módulo de elasticidade e para a resistência à deformação por fluência, e por quê?

2.12 Considere a fluência por difusão de vacâncias em um metal ou de cerâmica policristalino, como ilustrada na Figura 2.26. Você esperaria que a deformação resultante por fluência variasse com o tamanho dos grãos cristalinos do material? Grãos maiores resultam em acumulação mais rápida da deformação por fluência, ou em uma acumulação mais lenta da deformação por fluência? Por quê?

CAPÍTULO

Uma Revisão sobre os Materiais de Engenharia

3

3.1 Introdução...49
3.2 Obtenção de ligas e processamento dos metais......................50
3.3 Aços e ferros fundidos...56
3.4 Metais não ferrosos...64
3.5 Polímeros...68
3.6 Cerâmicas e vidros..78
3.7 Materiais compósitos...84
3.8 Seleção de materiais para componentes de engenharia..........90
3.9 Resumo..96

OBJETIVOS

- Familiarizar-se com as quatro principais classes de materiais utilizados para resistir a carregamentos mecânicos: metais e ligas, polímeros, cerâmicas e vidros e compósitos.

- Para cada classe principal, obter um conhecimento geral de suas características, estrutura interna, comportamento e métodos de processamento.

- Conhecer os materiais típicos, sistemas de identificação e usos comuns; entender como as aplicações dos materiais estão relacionadas a suas propriedades.

- Aplicar um método geral para a seleção de material para um dado componente de engenharia.

3.1 INTRODUÇÃO

Os materiais empregados para resistir ao carregamento mecânico, aqui denominados *materiais de engenharia*, podem pertencer a qualquer uma das quatro classes principais: metais e ligas, polímeros, cerâmicas e vidros, e compósitos. As três primeiras dessas categorias já foram discutidas no capítulo anterior sob o ponto de vista da estrutura e dos mecanismos de deformação. Exemplos de membros de cada classe encontram-se na Tabela 2.1 e suas características gerais estão ilustradas na Figura 2.1.

Neste capítulo, cada classe principal de materiais é considerada mais detalhadamente. Serão identificados grupos de materiais relacionados dentro de cada classe, os efeitos das variáveis de processamento serão resumidos, e os sistemas utilizados para nomear vários materiais são descritos. Metais e ligas são os materiais de engenharia dominantes e de uso corrente em muitas aplicações; por isso, mais espaço é dedicado a esses materiais do que para os outros. No entanto, polímeros, cerâmicas, vidros e compósitos também são de grande importância. As recentes melhorias em materiais não metálicos e em compósitos têm resultado em uma tendência de que esses materiais substituam os metais em algumas aplicações.

Uma parte essencial do processo de projeto de engenharia é a seleção de materiais adequados para confeccionar componentes de engenharia. Isto requer, pelo menos,

49

50 CAPÍTULO 3 Uma Revisão sobre os Materiais de Engenharia

o conhecimento geral da composição, da estrutura e das características dos materiais, como resumido neste capítulo. Para um componente de engenharia particular, a escolha entre os materiais candidatos pode, por vezes, ser auxiliada por uma análise sistemática, por exemplo, para minimizar o custo ou o peso do componente. Tal análise é introduzida mais para o fim deste capítulo. A seleção de materiais também é auxiliada pela previsão específica da resistência, da vida, ou da quantidade de deformação, tal como descrito nos capítulos posteriores relacionados com o escoamento, a fratura, a fadiga e a fluência.

3.2 OBTENÇÃO DE LIGAS E PROCESSAMENTO DOS METAIS

Aproximadamente 80% dos cerca de cem elementos da tabela periódica podem ser classificados como metais. Certo número deles possuem disponibilidade e propriedades que conduzem à sua utilização como *metais de engenharia,* em que a resistência mecânica é necessária. O metal de engenharia mais amplamente utilizado é o ferro, o qual é o principal constituinte dos aços, que são ligas à base de ferro. Outros metais estruturais amplamente utilizados são o alumínio, o cobre, o titânio, o magnésio, o níquel e o cobalto. Adicionalmente, outros metais comuns, tais como o zinco, o chumbo, o estanho e a prata, são usados onde as tensões são razoavelmente baixas, como em peças fundidas de baixa resistência ou em juntas obtidas por brasagem. Os *metais refratários,* especialmente o molibdênio, o nióbio, o tântalo, o tungstênio e o zircônio, apresentam temperaturas de fusão um pouco (ou mesmo substancialmente) superior à do ferro (1.538 °C). Quantidades relativamente pequenas desses metais são empregadas como metais de engenharia em aplicações especializadas, particularmente em situações nas quais elevada resistência a temperaturas muito altas é necessária. Algumas propriedades e alguns usos para metais de engenharia especialmente selecionados estão apresentados na Tabela 3.1.

Uma liga metálica é, geralmente, uma combinação de dois ou mais elementos químicos que foram fundidos juntos, em que a maior parte do material consiste em um ou mais metais. Grande variedade de elementos químicos metálicos e não metálicos são utilizados na obtenção das liga dos principais metais de engenharia. Alguns dos mais comuns são o boro, o carbono, o magnésio, o silício, o vanádio, o cromo, o manganês, o níquel, o cobre, o zinco, o molibdênio e o estanho. As quantidades e as combinações dos elementos de liga utilizados com os vários metais de engenharia têm efeitos importantes sobre a sua resistência, ductilidade, resistência à temperatura, resistência à corrosão e outras propriedades.

Para uma dada composição da liga, as propriedades são mais afetadas pelo processamento utilizado. O processamento inclui *tratamento térmico, deformação* e *fundição.* No tratamento térmico, um metal ou uma liga metálica são sujeitos a uma combinação particular de aquecimento, manutenção de temperatura e resfriamento, feita com o fim de obter alterações físicas ou químicas desejáveis. A deformação é o processo de forçar um pedaço do material a alterar a sua espessura ou forma. Alguns dos meios para fazê-lo são o *forjamento,* a *laminação,* a *extrusão* e a *trefilação,* tal como ilustrado na Figura 3.1. A fundição é simplesmente o vazamento do metal, ou da liga, fundido para um molde de tal modo que ele toma a forma do molde quando se solidificar. O tratamento térmico e a deformação ou a

Tabela 3.1 Propriedades e Usos para Metais e Ligas de Engenharia Especialmente Selecionados

Metal	Temperatura de Fusão	Massa Específica	Módulo de Elasticidade	Limite de Resistência Típico	Aplicações; Comentários
	T_f °C (°F)	ρ g/cm³ (lb/ft³)	E GPa (10^3 ksi)	σ_u MPa (ksi)	
Ferro (Fe) e aço	1.538 (2.800)	7,87 (491)	212 (30,7)	200 a 2.500 (30 a 360)	Diversos: estruturas, máquinas, componentes veiculares, ferramentas. Metal de engenharia mais empregado.
Alumínio (Al)	660 (1.220)	2,70 (168)	70 (10,2)	140 a 550 (20 a 80)	Aeronaves e outras estruturas e componentes leves.
Titânio (Ti)	1.670 (3.040)	4,51 (281)	120 (17,4)	340 a 1.200 (50 a 170)	Estrutura de aeronaves e motores; componentes de equipamentos industriais; implantes cirúrgicos.
Cobre (Cu)	1.085 (1.985)	8,93 (557)	130 (18,8)	170 a 1.400 (25 a 200)	Condutores elétricos; componentes resistentes à corrosão; válvulas, tubulações. Metal base do bronze e latão.
Magnésio (Mg)	650 (1.200)	1,74 (108)	45 (6,5)	170 a 340 (25 a 50)	Componentes obtidos por usinagem rápida; componentes aeronáuticos.
Níquel (Ni)	1.455 (2.650)	8,9 (556)	210 (30,5)	340 a 1.400 (50 a 200)	Componentes de turbinas aeronáuticas; elemento de liga para aços.
Cobalto (Co)	1.495 (2.720)	8,83 (551)	211 (30,6)	650 a 2.000 (95 a 300)	Componentes de turbinas aeronáuticas; revestimentos resistentes ao desgaste; implantes cirúrgicos.
Tungstênio (W)	3.422 (6.190)	19,3 (1.200)	411 (59,6)	120 a 650 (17 a 94)	Eletrodos, filamentos para geração de elétrons (MEV, RaiosX), volantes de máquinas, giroscópios.
Chumbo (Pb)	328 (620)	11,3 (708)	16 (2,3)	12 a 80 (2 a 12)	Tubulações resistentes à corrosão, munição; pesos. Ligado ao estanho para solda de componentes eletrônicos.

Notas: Os valores de T_f, ρ e E são apenas moderadamente sensíveis à presença de elementos de liga. As faixas apresentadas de σ_u e as aplicações incluem ligas à base desses metais. As propriedades ρ, E e σ_u foram consideradas à temperatura ambiente, exceto σ_u, que está vinculada à temperatura de 1.650 °C para o tungstênio.
Fonte: Dados em [Davis 98] e [Boyer 85].

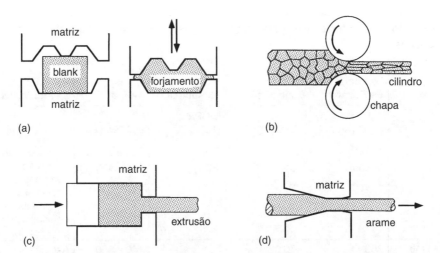

FIGURA 3.1 Alguns métodos de conformação dos metais em formas úteis: (a) forjamento, que emprega compressão ou percussão (martelamento); (b) laminação; (c) extrusão; e (d) trefilação.

fundição podem ser utilizados em combinação, e elementos de liga específicos são adicionados frequentemente porque influenciam os tratamentos de forma desejável. Metais que são submetidos à deformação, como o passo final de processamento, são denominados *metais trabalhados* e devem ser distinguidos com um grupo em separado dos metais fundidos.

Os detalhes dos elementos de liga e de processamento são escolhidos de modo que o material tenha uma resistência mecânica adequada à temperatura e à corrosão, além de ductilidade e de outras características requeridas para a utilização pretendida. Lembre-se de que a deformação plástica é causada pelo movimento de discordâncias, o limite de escoamento de um metal ou liga pode, comumente, ser incrementado pela introdução de obstáculos ao movimento das suas discordâncias. Tais obstáculos podem ser emaranhados de discordâncias, contornos de grão, distorções na rede cristalina em razão da presença de átomos de impureza ou pequenas partículas dispersas na estrutura cristalina. Alguns dos principais métodos de processamento utilizados para o endurecimento dos metais são listados, juntamente com o tipo de obstáculo, na Tabela 3.2. Discutiremos, nos próximos itens, cada um desses métodos.

Tabela 3.2 Métodos de Endurecimento para Metais e Ligas Metálicas

Método de Endurecimento	Característica que Impede a Movimentação das Discordâncias
Trabalho a frio	Alta densidade de discordâncias produzindo emaranhados
Refino de grão	Mudanças na orientação cristalina e outras irregularidades nos contornos dos grãos
Solução sólida	Impurezas intersticiais ou substitucionais, causando distorção na rede cristalina
Precipitação	Partículas finas de material duro precipitadas fora da solução sólida sob resfriamento
Múltiplas fases	Descontinuidades na estrutura cristalina nos contornos de fase
Têmpera e revenimento	Estrutura multifásica de martensita e de precipitados de Fe_3C no ferro CCC

3.2.1 Trabalho a Frio e Recozimento

O *trabalho a frio* é uma deformação severa de um metal à temperatura ambiente, frequentemente por laminação ou trefilação. Isto gera um arranjo denso de discordâncias e distúrbios na estrutura cristalina, o que resulta em aumento na resistência ao escoamento e decréscimo na ductilidade. O endurecimento ocorre porque o grande número de deslocamentos formado gera emaranhados densos que atuam como obstáculos à deformação adicional. Assim, quantidades controladas de trabalho a frio podem ser utilizadas para variar as propriedades. Por exemplo, isso é feito para o cobre e algumas de suas ligas, assim como para o alumínio e algumas de suas ligas.

Os efeitos do trabalho a frio podem ser parciais ou totalmente revertidos pelo aquecimento do metal a uma temperatura suficientemente elevada de forma que novos cristais se formem no interior do material sólido, em um processo chamado de *recozimento de recristalização*. Se isso for feito na sequência de um trabalho a frio severo, os grãos recristalizados são formados, inicialmente, em tamanhos pequenos. O resfriamento do material nesta fase cria uma situação na qual o endurecimento é causado pelo *refino de grão*, já que os limites de grão impedem o movimento das discordâncias. Um longo tempo de recozimento, ou recozimento a uma temperatura mais elevada, faz que os grãos coalesçam em tamanhos maiores, resultando em perda de resistência, porém com ganho na ductilidade. As alterações microestruturais envolvidas no trabalho a frio e recozimento estão ilustradas na Figura 3.2.

FIGURA 3.2 Microestruturas de latão, 70% de Cu e 30% de Zn, em três condições: trabalhado a frio (acima); recozido, durante uma hora, a 375 °C (canto inferior esquerdo); e recozido uma hora a 500 °C (canto inferior direito).

(Fotos cedida da Olin Corp., New Haven, CT.)

3.2.2 Endurecimento por Solução Sólida

Endurecimento por solução sólida é o resultado de átomos de impureza que distorcem a rede cristalina e, assim, tornando mais difícil o movimento das discordâncias. Note que os elementos de liga formam uma solução sólida com o principal constituinte se os seus átomos são incorporados na estrutura cristalina destes de forma ordenada. Os átomos que atuam no endurecimento podem estar localizados nas posições intersticiais ou substitucionais na rede. Átomos de tamanho muito menor do que os do maior constituinte normalmente formam ligas intersticiais, como no caso do hidrogênio, boro, carbono, nitrogênio e oxigênio nos metais. As ligas substitucionais podem ser formadas por combinações de dois ou mais metais, especialmente se os tamanhos atômicos são semelhantes e as estruturas cristalinas preferidas são as mesmas.

Como seria de esperar, o efeito de uma impureza substitucional é maior se seu tamanho atômico for, cada vez mais, diferente do constituinte principal da liga. Isso é ilustrado pelos efeitos de diferentes percentagens de elementos de liga no cobre, mostrado na Figura 3.3. O zinco e o níquel têm tamanhos atômicos que não diferem muito do tamanho do cobre, de modo que o efeito de endurecimento é pequeno. Por outro lado, os pequenos átomos de berílio e os grandes de estanho têm um efeito mais intenso.

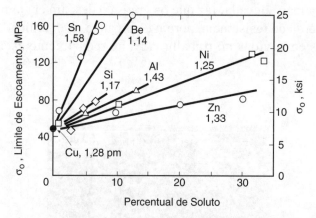

FIGURA 3.3 Efeito dos elementos de liga no limite de escoamento do cobre. Os tamanhos atômicos estão dados em Angstrons (10^{-10} m), e as tensões de escoamento correspondem a 1% de deformação.

(Adaptado de [French 50]; usada com permissão.)

3.2.3 Endurecimento por Precipitação e Outros Efeitos de Fases Múltiplas

A solubilidade de uma espécie particular de impureza em um determinado metal pode ser bastante limitada, se os dois elementos (impureza e metal) têm propriedades químicas e físicas diferentes. Entretanto, a solubilidade limitada geralmente aumenta com a temperatura. Tal situação pode proporcionar uma oportunidade para o aumento da resistência mecânica devido ao mecanismo de *endurecimento por precipitação*. Imagine um elemento de liga que exista em solução sólida, enquanto o metal base estiver submetido a uma temperatura relativamente alta, mas que, na temperatura ambiente, a quantidade presente deste elemento de liga seja superior ao limite de solubilidade no metal. Após o resfriamento, a impureza tende a sair da solução sólida, por vezes, precipitando-se e formando um composto químico durante o processo. O precipitado formado é considerado uma *segunda fase* com a composição química diferente do material circundante. O limite de escoamento pode ser elevado substancialmente se a segunda fase tiver uma estrutura cristalina rígida que resista à deformação e, particularmente, se ela existir na forma de partículas muito pequenas, que são distribuídas de forma bastante uniforme. Além disso, é desejável que as partículas de precipitado sejam cristalinamente *coerentes* com o metal original, o que significa que os planos cristalinos possuem continuidade, através da fronteira, com as partículas de precipitado. Isto provoca uma distorção da estrutura cristalina do metal original ao longo de certa distância ao redor da partícula, aumentando o efeito de dificultar o movimento das discordâncias.

Por exemplo, alumínio com cerca de 4% de cobre forma endurecimento por precipitação por meio do composto intermetálico $CuAl_2$. Os meios de alcançar isso estão ilustrados na Figura 3.4. O resfriamento lento permite que os átomos de impureza se movam a distâncias relativamente longas, formando precipitados ao longo dos contornos de grão, onde esses precipitados têm pouca utilidade. No entanto, um benefício substancial pode ser obtido por um resfriamento rápido que gera uma solução supersaturada, seguido de aquecimento a uma temperatura intermediária, durante um tempo limitado. O movimento reduzido das impurezas na temperatura intermédia faz com que o precipitado se forme como pequenas partículas, dispersas de maneira uniforme. No entanto, se a temperatura intermediária é muito elevada, ou o tempo de manutenção nesta temperatura for excessivo, as partículas se aglutinam em tamanhos maiores, e parte do benefício é perdido, já que essas partículas estão muito afastadas para impedir, com a mesma eficácia, o movimento das discordâncias. Assim, para uma dada temperatura, há um tempo de precipitação (envelhecimento) mais adequado, que oferece o efeito máximo de endurecimento. As tendências resultantes na resistência obtida estão ilustradas na Figura 3.5 para uma liga de alumínio comercial, na qual este tipo de mecanismo de endurecimento por precipitação ocorre.

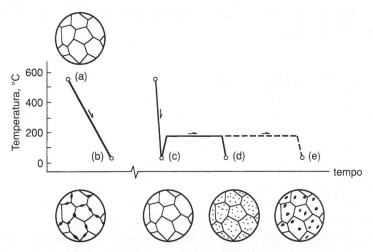

FIGURA 3.4 Endurecimento por precipitação de uma liga de alumínio com 4% de Cu. O resfriamento lento a partir da solução sólida (a) produz precipitados nos contornos de grão (b). O resfriamento rápido obtém uma solução supersaturada (c) que pode ser seguido pelo envelhecimento da liga a uma temperatura moderada de forma a obter precipitados finos dentro de grãos (d), mas, se ocorrer superenvelhecimento, aparecerão precipitados grosseiros (e).

56 CAPÍTULO 3 Uma Revisão sobre os Materiais de Engenharia

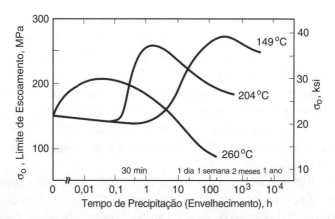

FIGURA 3.5 Efeitos do tempo e da temperatura, empregados na precipitação (envelhecimento), no limite de escoamento resultante em uma liga alumínio 6061.

(Adaptado de [Boyer 85] p 6,7; usado com permissão.)

Se uma liga contém regiões intercaladas com mais de uma composição química, assim como para suas partículas de precipitado, diz-se que ocorre uma condição de *fases múltiplas*. Outras situações com presença de fases múltiplas envolvem o aparecimento de características morfológicas lamelares, aciculares ou mesmo agulhadas na sua microestrutura, ou a presença de outro tipo de grão cristalino. Por exemplo, algumas ligas de titânio têm uma estrutura constituída por duas fases compostas tanto de grãos de fase alfa (HC) quanto cristais da fase beta (CCC). A presença de múltiplas fases aumenta a resistência, porque as descontinuidades presentes na estrutura cristalina nos limites das fases tornam a movimentação das discordâncias mais difícil, e também porque uma fase pode ser mais resistente à deformação. A estrutura bifásica (alfa-beta) que acabamos de mencionar para o titânio proporciona uma porção do endurecimento das ligas de titânio mais resistentes. Além disso, o processamento dos aços por *têmpera e revenimento*, que será discutido na próxima seção, deve alguns de seus benefícios à presença de múltiplas fases.

3.3 AÇOS E FERRO FUNDIDOS

Ligas à base de ferro, também chamadas de ligas *ferrosas*, incluindo os aços e os ferros fundidos, são os metais estruturais mais utilizados. Os *aços* consistem, basicamente, em ferro com algum conteúdo em carbono e manganês e, frequentemente, outros elementos de liga adicionais. Eles distinguem-se do ferro quase puro e também do *ferro fundido*, esse que contêm carbono acima de 2% e de 1 a 3% de silício. Aços e ferros fundidos podem ser divididos em várias categorias, dependendo das suas composições de ligas e outras características, tal como indicado na Tabela 3.3. Alguns exemplos particulares de ferro ou aço e das suas composições de ligas estão na Tabela 3.4.

Existe ampla faixa de propriedades entre os vários tipos de aços, como ilustrado na Figura 3.6. O ferro puro é pouco resistente, mas é consideravelmente endurecido pela adição de pequenas quantidades de carbono. A adição de pequenas quantidades de certos elementos de liga, tais como o nióbio, o vanádio, o cobre ou outros elementos de liga, permite endurecimento adicional pelos mecanismos de refino de grão, precipitação

Tabela 3.3 Categorias Comuns de Aços e Ferros Fundidos

Categoria	Características Diferenciadoras	Usos Típicos	Fonte de Resistência
Ferro Fundido	Mais que 2 %C e 1 a 3% Si.	Tubos, válvulas, engrenagens, blocos de motores.	Estrutura ferrita-perlita afetada por grafita livre.
Aço carbono comum	O carbono até 1% é o principal elemento de liga.	Componentes estruturais e de maquinário.	Estrutura ferrita-perlita para aços de baixo carbono; estrutura temperada e revenida para teores de carbono de médios a altos.
Aço baixa liga	Elementos metálicos em um total até 5%.	Componentes estruturais e de maquinário de alta resistência.	Refino de grão, precipitação e solução sólida se baixo carbono, senão estrutura temperada e revenida.
Aço inoxidável	Ao menos 10% Cr; não enferruja.	Tubos, porcas e parafusos resistentes à corrosão; aletas de turbinas.	Estrutura temperada e revenida se Cr < 15% e baixo Ni, senão encruamento ou precipitação.
Aço ferramenta	Tratável termicamente para obter alta dureza e resistência ao desgaste	Lâminas de corte, brocas, matrizes.	Estrutura temperada e revenida.

Tabela 3.4 Alguns Aços e Ferros Fundidos Típicos

Descrição	Exemplo de Identificação	Exemplo de Nº UNS	Principais Elementos de Liga Típicos, % peso							
			C	Cr	Mn	Mo	Ni	Si	V	outros
Ferro fundido dúctil	ASTM A395	F32800	3,5	–	–	–	–	2	–	–
Aço baixo carbono	AISI 1020	G10200	0,2	–	0,45	–	–	0,2	–	–
Aço médio carbono	AISI 1045	G10450	0,45	–	0,75	–	–	0,2	–	–
Aço alto carbono	AISI 1095	G10950	0,95	–	0,4	–	–	0,2	–	–
Aço baixa liga	AISI 4340	G43400	0,4	0,8	0,7	0,25	1,8	0,2	–	–
Aço BLAR	ASTM A588-A	K11430	0,15	0,5	1,1	–	–	0,2	0,05	0,3 Cu
Aço inoxidável martensítico	AISI 403	S40300	0,15	12	1	–	0,6	0,5	–	–
Aço inoxidável austenítico	AISI 310	S31000	0,25	25	2	–	20	1,5	–	–
Aço inoxidável endurecível por precipitação	17-4 PH	S17400	0,07	17	1	–	4	1	–	4 Cu; 0,3 (NB + Ta)
Aço rápido (aço ferramenta) a base de tungstênio	AISI T1	T12001	0,75	3,8	0,25	–	0,2	0,3	1,1	18 W
Aço *maraging* 18 Ni	ASTM A538-C	K93120	0,01	–	–	5	18	–	–	9 Co; 0,7 Ti

ou soluções sólidas. Se uma quantidade adequada de carbono é adicionada, a têmpera e o revenimento tornam-se eficazes em promover grande aumento na resistência. Os elementos de liga adicionais e os processamentos especiais podem ser combinados com o tratamento de têmpera e revenimento e/ou de endurecimento por precipitação para alcançar resistências mecânicas ainda maiores.

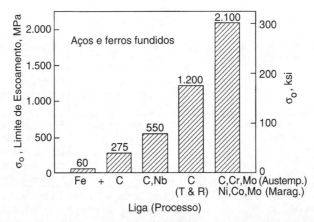

FIGURA 3.6 Efeitos da adição de liga e do processamento (eixo-x) sobre a resistência ao escoamento do aço. A obtenção de ligas do ferro com carbono e com outros elementos proporcionam um endurecimento substancial, mas resistências ainda maiores podem ser obtidas por meio de tratamento térmico de têmpera e de revenimento (T & R). As maiores resistências são obtidas pela combinação de elementos de liga com um processamento especial, tal como *ausforming* ou *maraging*.

(Adaptado de uma ilustração fornecida por de R. W. Landgraf, Howell, MI.)

3.3.1 Sistemas de Identificação para os Aços e Ferros Fundidos

Várias organizações têm desenvolvido sistemas de especificação e identificação para vários aços e ferros fundidos. Esses sistemas descrevem a composição requisitada para a liga e, às vezes, também as propriedades mecânicas. Eles incluem o American Iron and Steel Institute (AISI), a Society of Automotive Engineers (SAE) e a American Society for Testing and Materials (ASTM). Além disso, a SAE e ASTM cooperaram para desenvolver um novo Sistema de Numeração Unificado (UNS), que descreve as designações não só para os aços e ferros fundidos, mas também para todas as outras ligas metálicas. Veja o *Metals Handbook: Desk Edition* (Davis, 1998) para uma introdução aos vários sistemas de nomeação e a publicação atual do sistema UNS (SAE, 2008) para uma descrição dessas designações e suas equivalências com outras especificações.

As designações da AISI e da SAE para vários aços são coordenadas entre as duas organizações e são praticamente idênticas. Detalhes para vários aços carbono comuns e de baixa liga estão apresentados na Tabela 3.5. Notamos que, neste caso, há geralmente um número de quatro dígitos. Os dois primeiros dígitos especificam o teor de liga que não está relacionado ao carbono, e os outros dois oferecem o teor de carbono em centésimos de percentual. Por exemplo, AISI 1340 (ou SAE 1340) contém 0,40% de carbono com 1,75% de manganês como o único outro elemento de liga. (Os percentuais de liga são dados com base no peso.)

O sistema UNS possui uma letra seguida por um número de cinco dígitos. A letra indica a categoria de liga: F para ferros fundidos, G para aços carbono e baixa liga no sistema da AISI e SAE, K para aços para fins especiais, S para aços inoxidáveis e T para aços ferramenta. Para os aços carbono e baixa liga, o número é, na maioria dos casos, o mesmo que o utilizado pela AISI e SAE, exceto que um zero é adicionado ao final. Assim, AISI 1340 é o mesmo que o aço UNS G13400.

Algumas classes específicas de aços e ferros fundidos serão consideradas.

Tabela 3.5 Resumo das Designações da AISI-SAE para Aços Carbono Comuns e Aços Baixa Liga

Designação[1]	Conteúdo em Liga Aproximado, %	Designação[1]	Conteúdo em Liga Aproximado, %
Aços Carbono		*Aços Níquel-Molibdênio*	
10XX	Aço carbono comum	46XX	0,85 ou 1,82 Ni; 0,25 Mo
11XX	Ressulfurado	48XX	3,50 Ni; 0,25 Mo
12XX	Ressulfurado e refosforado		
15XX	1,00 a 1,65 Mn		
Aços Manganês		*Aços Cromo*	
13XX	1,75 Mn	50XX (X)	0,27 a 0,65 Cr
		51XX (X)	0,80 a 1,05 Cr
		52XXX	1,45 Cr
Aços Molibdênio		*Aços Cromo-Vanádio*	
40XX	0,25 Mo	61XX	0,60 a 0,95 Cr; 0,15 V
44XX	0,40 ou 0,52 Mo		
Aços Cromo-Molibdênio		*Aços Silício-Manganês*	
41XX	0,50 a 0,95 Cr; 0,12 a 0,30 Mo	92XX	1,40 ou 2,00 Si; 0,70 a 0,87 Mn; 0,00 ou 0,70 Cr
Aços Níquel-Cromo-Molibdênio		*Aços Boro[2]*	
43XX	1,82 Ni; 0,50 ou 0,80 Cr; 0,25 Mo	YYBXX	0,0005 a 0,003 B
47XX	1,45 Ni; 0,45 Cr; 0,20 a 0,35 Mo		
81XX	0,30 Ni; 0,40 Cr; 0,12 Mo		
86XX	0,55 Ni; 0,50 Cr; 0,20 Mo		
87XX	0,55 Ni; 0,50 Cr; 0,25 Mo		
94XX	0,45 Ni; 0,40 Cr; 0,12 Mo		

Notas: [1]Troque "XX" ou "XXX" pelo conteúdo de carbono em centenas de percentual, como para AISI 1045 tendo 0,45 %C ou 52100 tendo 1,00 %C. [2]Troque "YY" por quaisquer dois dígitos contidos nesta tabela para indicar o tipo de liga em consideração com o Boro.

3.3.2 Ferros Fundidos

Ferros fundidos de várias formas têm sido utilizados por mais de dois mil anos e continuam a ser materiais relativamente baratos e úteis. O ferro fundido não é muito elaborado após a subsequente extração do metal a partir do minério ou da sucata, e é transformado em formas empregáveis por meio da fusão e do vazamento em moldes. A temperatura necessária para fundir o ferro em um forno é difícil de conseguir. Por isso, antes da era industrial moderna, houve considerável uso de *ferro forjado*, que é aquecido e trabalhado em forjas até a sua forma final, mas nunca fundido durante o seu processamento. Vários tipos diferentes de ferros fundidos existem. Todos contêm grandes quantidades de carbono, tipicamente de 2 a 4% em peso, e também de 1 a 3% de silício. A grande quantidade de carbono presente excede os 2% que podem ser mantidos em solução sólida no ferro a uma temperatura elevada, e na maioria dos ferros fundidos o excesso de carbono está presente sob a forma de grafita.

O *ferro fundido cinzento* contém grafita na forma de flocos, conforme a Figura 3.7 (esquerda). Esses flocos facilmente desenvolvem trincas sob tensão de tração, de modo que o ferro cinzento tem resistência relativamente baixa e é frágil sob tração. Na compressão, a resistência e a ductilidade são consideravelmente maiores do que a tração. O *ferro fundido dúctil*, também chamado de *ferro fundido nodular*, contém grafita na forma quase esférica de nódulos, como visto na Figura 3.7 (direita). Isto é conseguido por um controle cuidadoso das impurezas e pela adição de pequenas quantidades de magnésio, ou outros elementos que ajudem na formação dos nódulos. Como resultado da forma diferente de apresentação da grafita, o ferro fundido dúctil tem resistência e ductilidade consideravelmente maiores sob tensões de tração do que o ferro fundido cinzento.

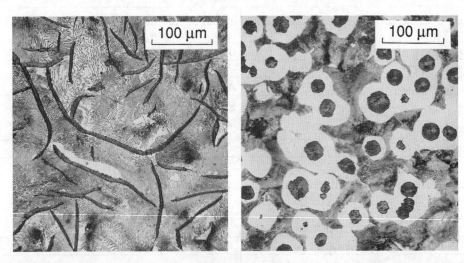

FIGURA 3.7 Microestruturas de ferro fundido cinzento (à esquerda) e de ferro fundido dúctil ou nodular (à direita). Os flocos de grafita aparecem como as faixas escuras à esquerda e os nódulos de grafita são as formas escuras circundantes das regiões claras. No ferro fundido cinzento (à esquerda), as linhas finas são uma estrutura perlítica semelhante à de um aço carbono comum.

(Fotos fornecidas pela Deere & Co., Moline, IL.)

O *ferro fundido branco* é formado pelo resfriamento rápido de uma massa fundida que, caso contrário, formaria o ferro fundido cinzento. O excesso de carbono é obtido na forma de uma rede multifásica, envolvendo grandes quantidades de carboneto de ferro, Fe_3C, também chamado de *cementita*. Esta fase muito dura e quebradiça resulta em um material sólido igualmente duro e quebradiço. No *ferro fundido maleável*, um tratamento térmico especial do ferro fundido branco é usado para obter um resultado semelhante ao ferro fundido dúctil. Além disso, vários elementos de liga são utilizados para obter ferros fundidos para fins especiais, que melhoram a resposta ao processamento ou a obtenção de propriedades desejáveis, como a resistência ao calor ou à corrosão.

3.3.3 Aços Carbono

Os aços carbono comuns contêm carbono, em quantidades geralmente menores que 1%, como o elemento de liga controlador de suas propriedades. Eles também contêm quantidades limitadas de manganês e de impurezas (geralmente indesejáveis), tais como enxofre e fósforo. Termos mais específicos tais como *aço de baixo carbono* e *aço doce* são empregados para indicar um teor de carbono inferior a 0,25%, como para o aço AISI 1020. Esses aços têm uma resistência relativamente baixa, mas têm excelente ductilidade. A estrutura é uma combinação de ferro CCC, também chamado Fe-α, ou *ferrita* e de *perlita*. A perlita é uma estrutura bifásica constituída por camadas de ferrita e cementita (Fe_3C), conforme a Figura 3.8 (esquerda). Os aços de baixo teor de carbono podem ser endurecidos por trabalho a frio, mas apenas um pequeno endurecimento é possível por tratamento térmico. Os usos incluem aço estrutural para edifícios e pontes, e aplicações na forma de chapa metálicas, tais como em carrocerias de automóveis.

Os *aços de médio carbono*, com teor de carbono em torno de 0,3 a 0,6%, e os *aços de alto carbono*, com teor de carbono em torno de 0,7 a 1% e maior, possuem resistências mais elevadas do que os aços de baixo teor de carbono, como resultado da presença de mais carbono. Adicionalmente, a resistência pode ser significativamente aumentada por tratamento térmico, usando o processo de têmpera e revenimento, especialmente para os aços com teores de carbono mais elevados. No entanto, as resistências mais elevadas são acompanhadas pela perda de ductilidade, isto é, por um comportamento mais frágil. Os aços de médio carbono têm vasta gama de aplicações, como eixos e outros componentes de máquinas e de veículos. Os aços de alto carbono são limitados a usos em que a sua dureza elevada é benéfica e a baixa ductilidade não seja uma desvantagem séria, tal como em ferramentas de corte e em molas.

Na *têmpera e revenimento*, o aço é inicialmente aquecido a cerca de 850 °C, de modo que o ferro muda para a fase CFC, conhecida como Fe-γ ou *austenita*, na qual o carbono está completamente em solução sólida. Em seguida, obtém-se uma solução supersaturada de carbono no ferro CCC, através de seu resfriamento rápido, chamado *têmpera*, que pode ser feito pela imersão do metal quente em água ou óleo. Após a

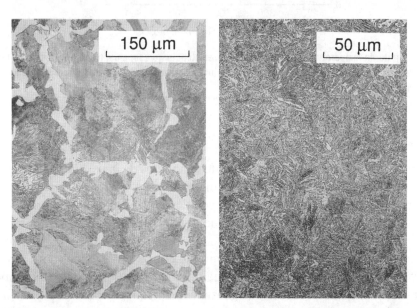

FIGURA 3.8 Microestruturas de aço: estrutura de ferrita-perlita em um aço AISI 1045 normalizado (à esquerda); a ferrita está nas áreas de cor clara e a perlita, nas regiões estriadas de tonalidade cinza; estrutura do aço AISI 4340 temperado e revenido (à direita).

(Imagem da esquerda cedida por Deere & Co., Moline, IL.)

têmpera, torna-se presente uma estrutura chamada *martensita*, que possui uma estrutura CCC distorcida por átomos de carbono intersticiais. A martensita pode ser formada de agrupamentos de cristais finos e paralelos (ripas) ou sob a forma de chapas finas orientadas aleatoriamente, rodeadas por regiões de austenita.

O aço somente temperado é muito frágil e duro por causa de sua estrutura cristalina distorcida e pela alta densidade de discordâncias gerada. Para obter um material mais útil, o aço deve ser submetido a uma segunda etapa de tratamento térmico, a uma temperatura mais baixa, chamado *revenimento*. Esse tratamento causa a remoção de parte do carbono da martensita e a formação de partículas dispersas de Fe_3C. A microestrutura de um aço temperado e revenido está ilustrada na Figura 3.8 (direita). O revenimento reduz a resistência, mas aumenta a ductilidade. O efeito deste tratamento é mais intenso para temperaturas de revenimento mais elevadas e varia com o teor de carbono e dos elementos de liga presentes, conforme a Figura 3.9.

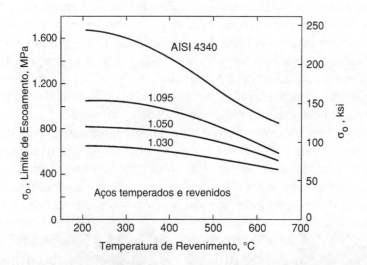

FIGURA 3.9 Efeito da temperatura de revenimento na resistência ao escoamento para vários aços. Estes dados foram obtidos em amostras de 13 mm de diâmetro, usinadas a partir de barras de 25 mm de diâmetro do metal após tratamento térmico.

(Dados de [Boyer 85] p. 4,21).

3.3.4 Aços Baixa Liga

Nos *aços baixa liga*, também simplesmente chamados de *aços-liga*, pequenas quantidades de elementos de liga, num total não maior que cerca de 5%, são adicionados para melhorar várias de suas propriedades ou seu desempenho durante o processamento. As quantidades dos principais elementos de liga são descritas para alguns desses aços na Tabela 3.5. Como exemplos dos efeitos da liga, temos o enxofre, que melhora a usinabilidade, e o molibdênio, que, em conjunto com o vanádio, promove o refino dos grãos. A combinação de elementos de liga utilizados no aço AISI 4340 proporciona maior resistência e tenacidade, isto é, a resistência à falha mesmo na presença de uma trinca ou falha severa. Neste aço, as alterações metalúrgicas obtidas pela têmpera ocorrem a taxas de resfriamento relativamente lentas, desta forma o tratamento de têmpera e revenimento torna-se eficaz mesmo em componentes com espessuras grandes, até 100 mm. Note que o aço carbono comum correspondente, AISI 1040, requer uma têmpera mais severa (rápida), que não pode ser conseguida exceto a cerca de 5 mm de sua superfície.

Existem vários aços baixa liga que não se adaptam a qualquer das designações AISI-SAE padrão, e são empregados para fins especiais. Muitos deles estão descritos nas *normas ASTM*, nas quais são listados requisitos sobre as propriedades mecânicas, além do teor de liga. Alguns deles são classificados como aços de *alta resistência baixa liga* (ARBL ou BLAR). Eles têm baixo teor de carbono e uma estrutura ferrítica-perlítica, com pequenas quantidades de elementos de liga, resultando em resistências mais elevadas que as de outros aços de baixo carbono. Exemplos incluem aços estruturais, usado em edifícios e pontes, tais como o ASTM A242, A441, A572 e A588. Note que o uso do termo "alta resistência" aqui pode ser um pouco enganador, já que as resistências são elevadas em relação aos aços de baixo carbono, mas não tão altas como as dos aços temperados e revenidos. Os aços de baixa liga usados para vasos de pressão, tais como ASTM A302, A517 e A533, constituem um grupo adicional de aços para fins especiais.

3.3.5 Aços Inoxidáveis

Os aços que contêm, pelo menos, 10% de cromo são chamados *aços inoxidáveis*, porque eles têm boa resistência à corrosão; isto é, eles não enferrujam. Estas ligas também possuem, frequentemente, maior resistência à alta temperatura. Um sistema em separado de denominações AISI emprega um número de três dígitos, tais como nos aços AISI 316 e AISI 403, com o primeiro dígito indicando uma classe particular de aços inoxidáveis. As designações UNS correspondentes muitas vezes usam os mesmos dígitos, tal como S31600 e S40300, para os dois casos exemplificados.

Os aços inoxidáveis da série 400 têm carbono em várias percentagens e pequenas quantidades de elementos de liga metálicos em adição ao cromo. Se o teor de cromo é menor do que aproximadamente 15%, como nos aços 403, 410, e 422, em muitos casos esse aço pode ser tratado termicamente por têmpera e revenido de forma a obter uma estrutura martensítica. Esses aços são conhecidos como *aços inoxidáveis martensíticos*. Os usos incluem ferramentas e aletas de turbinas a vapor. No entanto, se o teor de cromo é maior, tipicamente de 17 a 25%, o resultado é um *aço inoxidável ferrítico,* que pode ser endurecido ligeiramente apenas por trabalho a frio. Eles são utilizados em situações em que uma alta resistência mecânica não seja tão essencial como a alta resistência à corrosão, como no uso arquitetônico.

Os aços inoxidáveis da série 300, tais como os tipos 304, 310, 316 e 347, contêm cerca de 10 a 20% de níquel, além de 17 a 25% de cromo. O níquel aumenta ainda mais a resistência à corrosão e torna a estrutura cristalina CFC estável, mesmo a baixas temperaturas. Estes são denominados *aços inoxidáveis austeníticos*. Eles são utilizados tanto no estado recozido quanto endurecidos por trabalho a frio, e têm excelente ductilidade e tenacidade. Os usos incluem porcas e parafusos, vasos de pressão e tubulações, placas e parafusos usados para implantes ósseos.

Outro grupo é dos *aços inoxidáveis endurecíveis por precipitação*. Eles têm sua resistência aumentada, conforme indicado pelo nome, e são usados em várias aplicações em que sejam necessárias altas resistências mecânicas, resistência a corrosão e alta temperatura, como em tubos de trocadores de calor e aletas de turbina. Um exemplo é o aço inoxidável PH 17-4 (UNS S17400), que contém 17% de cromo, 4% de níquel (daí o seu nome) e também de 4% de cobre e de outros elementos em quantidades menores.

3.3.6 Aços Ferramenta e Outros Aços Especiais

Os *aços ferramenta* são aços especialmente ligados e processados para terem alta dureza e resistência ao desgaste, o que permite seu uso em ferramentas e componentes especiais de máquinas de corte. A maioria contém boa quantidade de cromo, alguns têm teores bastante elevados de carbono, na faixa de 1 a 2%, e alguns contêm percentagens bastante elevadas de molibdênio e/ou tungstênio. O endurecimento geralmente envolve têmpera e revenimento ou tratamentos térmicos relacionados. As designações AISI estão sob a forma de uma letra seguida por um número de um ou dois dígitos. Por exemplo, os aços de ferramenta M1, M2 etc., contêm de 5 a 10% de molibdênio e quantidades menores de tungstênio e vanádio; já os aços de ferramenta T1, T2 etc., contêm quantidades substanciais de tungstênio, tipicamente 18%.

O aço de ferramenta H11, que contém 0,4% de carbono, 5% de cromo e pequenas quantidades de outros elementos, é usado em várias aplicações que envolvem carregamentos mecânicos elevados. Ele pode ser totalmente endurecido em seções espessas de até 150 mm e mantém ductilidade e tenacidades moderadas mesmo apresentando limites de escoamento muito altos, em torno 2.100 MPa ou mais. Isto é conseguido pelo processo *ausforming*, que envolve a deformação do aço a uma temperatura mais elevada, dentro do intervalo de existência da estrutura austenítica (CFC), porém na condição de austêmpera. Neste processo, são introduzidas uma densidade extremamente elevada de discordâncias e a formação de precipitados muito finos, cuja combinação de efeitos proporciona um endurecimento adicional ao que seria adicionado pelo endurecimento martensítico habitual, obtido por têmpera e revenimento, ou ao simples endurecimento por austêmpera sem conformação. O aço H11 "ausformado" é um dos aços mais resistentes que ainda apresenta, simultaneamente, razoáveis valores de ductilidade e tenacidade.

Vários aços adicionais de alta resistência especializados têm nomes que não são nomes comerciais padrão. Exemplos incluem o 300 M, que é um aço AISI 4340 modificado com 1,6% de silício e alguma adição de vanádio, e o aço D-6a, utilizado em aplicações aeroespaciais. Os aços *maraging* contêm 18% de níquel e outros elementos de liga e possuem resistência e tenacidade elevadas em razão da combinação de uma estrutura martensítica com o endurecimento por precipitação.

3.4 METAIS NÃO FERROSOS

A têmpera e o revenimento para produzir uma estrutura martensítica é o meio mais eficaz para endurecer os aços. Nos metais não ferrosos comuns, a martensita não ocorre; e quando ocorre, seu efeito não é tão grande como nos aços. Por isso, devem ser utilizados outros métodos de endurecimento, geralmente menos eficazes. Nos metais não ferrosos de maior resistência mecânica emprega-se, frequentemente, o endurecimento por precipitação.

Por exemplo, considere os níveis de resistência alcançáveis em ligas de alumínio, como ilustrado na Figura 3.10. O alumínio puro recozido é pouco resistente e pode ser endurecido apenas por trabalho a frio. A adição de magnésio fornece endurecimento por solução sólida, e a liga resultante pode ser trabalhada a frio. Além disso, é possível o endurecimento por precipitação, que é conseguido por várias combinações de elementos de liga e tratamentos térmicos de envelhecimento. No entanto, a resistência mais alta disponível é apenas cerca de 25% da equivalente para o aço de maior resistência. O alumínio é, no entanto, amplamente utilizado, como em aplicações aeroespaciais, em que

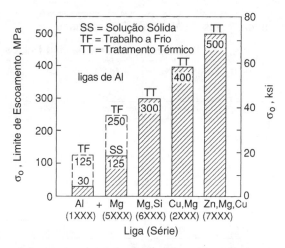

FIGURA 3.10 Efeitos das adições de liga e processamento (eixo-x) sobre o limite de escoamento de ligas de alumínio. O alumínio puro pode ser endurecido por trabalho a frio, e a obtenção de ligas aumenta a resistência devido ao endurecimento por solução sólida. As ligas de maior resistência são tratadas termicamente para obter endurecimento por precipitação.

(Adaptado de uma ilustração fornecida por R. W. Landgraf, Howell, MI).

o seu baixo peso e resistência à corrosão são grandes vantagens que compensam a desvantagem de sua menor resistência frente aos aços.

Em seguida, descreveremos os metais não ferrosos mais empregados em aplicações estruturais.

3.4.1 Ligas de Alumínio

Para as ligas de alumínio produzidas na forma conformada, como por laminação ou extrusão, o sistema de nomeação envolve um número de quatro dígitos. O primeiro dígito especifica os principais elementos de liga, como listados na Tabela 3.6. Os dígitos

Tabela 3.6 Sistema de Nomeação das Ligas de Alumínio Conformadas Comuns

Série	Adições Principais	Outras Adições Frequentes	Tratável Termicamente?
1XXX	Nenhuma	Nenhuma	Não
2XXX	Cu	Mg, Mn, Si, Li	Sim
3XXX	Mn	Mg, Cu	Não
4XXX	Si	Nenhuma	Praticamente não
5XXX	Mg	Mn, Cr	Não
6XXX	Mg, Si	Cu, Mn	Sim
7XXX	Zn	Mg, Cu, Cr	Sim

Designação do Processamento		Tratamentos Comuns do Tipo TX	
-F	Como fabricado	-T3	Trabalhado a frio e envelhecido naturalmente
-O	Recozido	-T4	Envelhecido naturalmente
-H1X	Trabalhado a frio	-T6	Envelhecido artificialmente
-H2X	Trabalhado a frio e, então, parcialmente recozido	-T8	Trabalhado a frio e envelhecido artificialmente
-H3X	Trabalhado a frio e estabilizado	-TX51	Alívio de tensão por estiramento
-TX	Solubilizado e posteriormente envelhecido		

Tabela 3.7 Algumas Típicas Ligas de Alumínio Conformadas

Identifi-cação	N° UNS	Principais Elementos de Liga Típicos, % Peso					
		Cu	Cr	Mg	Mn	Si	Outros
1100-O	A91100	0,12	–	–	–	–	–
2014-T6	A92014	4,4	–	0,5	0,8	0,8	–
2024-T4	A92024	4,4	–	1,5	0,6	–	–
2219-T851	A92219	6,3	–	–	0,3	–	0,1 V; 0,18 Zr
3003-H14	A93003	0,12	–	–	1,2	–	–
4032-T6	A94032	0,9	–	1	–	12,2	0,9 Ni
5052-H38	A95052	–	0,25	2,5	–	–	–
6061-T6	A96061	0,28	0,20	1	–	0,6	–
7075-T651	A97075	1,6	2,50	2,5	–	–	5,6 Zn

subsequentes são, então, atribuídos para indicar as ligas específicas, com alguns exemplos dados na Tabela 3.7. Os números UNS para ligas conformadas são semelhantes, exceto que "A9" precede o código de quatro dígitos. Seguindo os quatro dígitos, um código de processamento é usado, como na liga 2024-T4, conforme detalhado na Tabela 3.6.

Para os códigos envolvendo trabalho a frio, HXX, o primeiro número indica se só o trabalho a frio é utilizado (H1X), ou se o trabalho a frio é seguido por recozimento parcial (H2X) ou por um tratamento térmico de estabilização (H3X). Este último é um tratamento térmico a baixa temperatura que evita subsequentes alterações graduais nas propriedades. O segundo dígito indica o grau de trabalho a frio, HX8 para o efeito máximo de trabalho a frio na resistência e HX2, HX4 e HX6 para um quarto, metade e três quartos deste efeito, respectivamente.

Os códigos de processamento da forma TX envolvem um *tratamento térmico de solubilização* a uma temperatura suficientemente elevada para criar uma solução sólida com os elementos de liga presentes. Isto pode ou não ser seguido por trabalho a frio, mas o material é sempre subsequentemente *envelhecido*, tratamento durante o qual ocorre o endurecimento por precipitação. O *envelhecimento natural* ocorre à temperatura ambiente, enquanto o *envelhecimento artificial* envolve um segundo estágio de tratamento térmico, como na Figura 3.4. Dígitos adicionais posteriores aos códigos HXX ou TX descrevem variações adicionais no processamento, tais como T651 para um tratamento T6, no qual o material também é estirado em 3% no comprimento para aliviar tensões residuais, geradas nos tratamentos anteriores.

O teor de liga determina a resposta ao tratamento. Ligas da série 1XXX, 3XXX e 5XXX, e a maioria das ligas da série 4XXX, não respondem ao tratamento térmico de endurecimento por precipitação. Essas ligas obtêm a sua resistência da solução sólida, e todas elas podem ser endurecidas, para além da condição recozida, por meio de trabalho a frio. As ligas capazes das mais altas resistências são aquelas que respondem ao endurecimento por precipitação, isto é, as ligas das séries 2XXX, 6XXX, e 7XXX, com a resposta exata deste tratamento afetada pelo teor de liga. Por exemplo, 2024 pode ser endurecida por precipitação e envelhecimento natural, mas a liga 7075 e similares requerem envelhecimento artificial.

As ligas de alumínio produzidas por fundição têm um sistema semelhante de iden-tificação. Um código de quatro dígitos com um ponto decimal é utilizado, tal como

356.0-T6. Os números UNS correspondentes têm o prefixo "A0", que precede o código de quatro dígitos e nenhum ponto decimal, tal como na liga A03560.

3.4.2 Ligas de Titânio

A densidade do titânio é consideravelmente maior que a do alumínio, mas vale apenas cerca de 60% da densidade do aço. Além disso, a temperatura de fusão é um pouco maior do que a do aço e muito maior que a do alumínio. Em aplicações aeroespaciais, a relação resistência-peso é importante, e, neste aspecto, as ligas de titânio mais resistentes são comparáveis com os aços mais resistentes. Essas características e boa resistência à corrosão levaram ao aumento na aplicação de ligas de titânio após o desenvolvimento comercial deste material, que começou na década de 1940.

Uma vez que apenas cerca de 30 diferentes ligas de titânio são de uso comum, é suficiente, para sua identificação, a descrição das percentagens em peso dos elementos de liga, como no caso das ligas Ti-6Al-4V ou Ti-10V-2Fe-3Al. Existem três categorias de ligas: as ligas alfa e quase alfa, as ligas beta e as ligas alfa-beta. Embora no titânio puro a estrutura cristalina alfa (HC) seja estável à temperatura ambiente, certas combinações de elementos de liga, tais como o cromo, juntamente com vanádio, tornam estável a estrutura beta (CCC), ou resultam numa estrutura mista alfa-beta. Pequenas percentagens de molibdênio ou níquel melhoram a resistência à corrosão; e de alumínio, estanho e zircônio melhoram a resistência à fluência da fase alfa.

As ligas alfa são endurecidas principalmente por efeitos de solução sólida que não respondem ao tratamento térmico. As outras ligas podem ser endurecidas por tratamento térmico. Como nos aços, uma transformação martensítica ocorre após a têmpera, mas o efeito é menos eficiente do que nos aços. A precipitação e presença de fases complexas múltiplas são os principais meios para aumentar a resistência das ligas beta e alfa-beta.

3.4.3 Outros Metais Não Ferrosos

Uma vasta gama de ligas de cobre é utilizada em diversas aplicações como resultado de sua condutividade eléctrica, resistência à corrosão e atratividade. O cobre é facilmente ligado a vários outros metais, e ligas de cobre são, geralmente, fáceis de deformar-se ou de serem fundidas em formas úteis. As resistências mecânicas são menores que as dos metais já discutidos, mas são suficientemente elevadas, de modo que as ligas de cobre são muitas vezes úteis como metais de engenharia.

Percentagens de elementos de liga variam de relativamente baixos para bastante substanciais, tal como os 35% de zinco, empregado no latão amarelo comum. O cobre com aproximadamente 10% de estanho é chamado de bronze, ainda que este termo seja também usado para descrever várias ligas com o alumínio, o silício, o zinco e outros elementos. As ligas de cobre com zinco, alumínio ou níquel são reforçadas por efeitos de solução sólida. Adições de berílio permitem o endurecimento por precipitação e a obtenção de ligas de cobre com os mais altos valores de resistência. O trabalho a frio também é, frequentemente, empregado para o endurecimento, muitas vezes em combinação com outros métodos. Vários nomes comuns estão em uso para uma variedade de ligas de cobre, como o *cobre berílio*, *latão naval*, e *bronze ao alumínio*. O sistema de numeração UNS, com uma letra "C" como prefixo, é utilizada para as ligas de cobre.

O magnésio tem temperatura de fusão similar à do alumínio, mas uma densidade de apenas 65% deste metal, tornando o magnésio, que tem apenas 22% da densidade do

68 CAPÍTULO 3 Uma Revisão sobre os Materiais de Engenharia

aço, o metal de engenharia mais leve. Este metal branco prateado é mais comumente produzido na forma fundida, mas também é extrudado, forjado e laminado. Os elementos de liga não excedem, geralmente, os 10% do total em peso para todas as adições, sendo a mais comum o alumínio, o manganês, o zinco e o zircônio. Os métodos de endurecimento são aproximadamente os mesmos que os empregados para as ligas de alumínio. As maiores resistências obtidas são cerca de 60% das do alumínio, resultando em índices de resistência-peso comparáveis com este metal. O sistema de nomenclatura de uso comum é geralmente semelhante ao das ligas de alumínio, mas difere quanto aos detalhes. Uma combinação de letras e números que identificam a liga específica é seguida pela designação do processamento, tal como para a liga AZ91C-T6.

As *superligas* são ligas especiais resistentes ao calor que são empregadas principalmente acima de 550 °C. O constituinte principal pode ser o níquel ou cobalto, ou uma combinação de ferro e níquel com percentuais de elementos de liga, muitas vezes, bastante elevado. Por exemplo, a liga à base de níquel "Udimet 500" contém 48% de Ni, 19% de Cr e 19% de Co; já a liga à base de cobalto "Haynes 188" possui 37% de Co, 22% de Cr, 22% de Ni e 14% de W; as duas ligas (de níquel e à base de cobalto) também contêm pequenos percentuais de outros elementos. Combinações não padronizadas de nomes comerciais, com letras e números, são comumente usados para identificar um número relativamente pequeno de superligas de uso comum. Alguns exemplos, além das duas ligas já descritas, são: "Waspaloy", "MAR-M302", "A286", e "Inconel 718".

Apesar de o níquel e o cobalto terem temperaturas de fusão um pouco menores do que o ferro, as superligas à base do níquel e do cobalto têm resistência superior à corrosão, oxidação e à fluência em comparação com os aços. Muitas têm resistências substanciais, mesmo acima de 750 °C, que está além do alcance útil para os aços baixa liga e inoxidáveis. Isto explica a utilização das ligas de níquel e cobalto em aplicações de alta temperatura, apesar do alto custo justificado pela escassez relativa de níquel, cromo e cobalto. As superligas são geralmente produzidas sob a forma de conformados, mas as ligas à base de níquel ou à base de cobalto também estão disponíveis na forma de fundidos. O endurecimento é obtido primariamente por solução sólida e por vários tratamentos térmicos, que resultam na precipitação de compostos intermetálicos ou de carbonetos metálicos.

3.5 POLÍMEROS

Os polímeros são materiais constituídos por moléculas de longa cadeia formadas principalmente por ligações carbono a carbono. Exemplos incluem todos os materiais normalmente referidos como materiais plásticos, a maioria das fibras naturais e sintéticas, borrachas, e a celulose e lignina da madeira. Os polímeros, produzidos ou modificados pelo homem para utilização como materiais de engenharia, podem ser classificados em três grupos: plásticos termoplásticos, plásticos termoestáveis e elastômeros.

Quando aquecido, um *termoplástico* amolece e geralmente derrete; então, se resfriado ele retorna à sua condição original sólida. O processo pode ser repetido algumas vezes. No entanto, o plástico *termoestável* (ou *termofixo*) é alterado quimicamente durante o seu processamento de fabricação, o que é feito muitas vezes a temperatura elevada. Este não irá derreter durante reaquecimento, mas em vez disso irá se decompor, ou por carbonização ou por queima. Os *elastômeros* distinguem-se dos plásticos por serem capazes de um comportamento elástico não linear, que é o típico da borracha. Particularmente, eles podem ser deformados em grandes quantidades, de 100% a 200% de deformação ou mais, e a maior parte dessa deformação será recuperada após a remoção da tensão. Exemplos de polímeros para cada um desses grupos estão oferecidos, juntamente com seus usos típicos, na Tabela 3.8.

Tabela 3.8 Classes, Exemplos e Usos de Polímeros Representativos

Polímero	Usos Típicos
(a) Termoplásticos: estrutura do etileno	
Polietileno (PE)	Embalagens, garrafas, tubos.
Policloreto de vinila (PVC)	Estofados, tubos, isolamento elétrico.
Polipropileno (PP)	Dobradiças, caixas, cordas.
Poliestireno (PS)	Brinquedos, carcaças de eletrodomésticos, espumas.
Polimetilmetacrilato (PMMA, Pexiglas® ou Acrílico)	Janelas, lentes e invólucros transparentes, cimento para ossos.
Politetrafluoretileno (PTFE, Teflon®)	Tubos, garrafas, selagem.
Acrílico-butadieno-estireno (ABS)	Telefone e carcaças de produtos domésticos, brinquedos.
(b) Termoplásticos: outros	
Nylon	Engrenagens, linhas, carcaças de ferramentas.
Aramidas (Kevlar®, Nomex®)	Fibras de alta resistência.
Polióxido de Metileno (POM)	Engrenagens, lâminas de ventiladores, acessórios de tubulação.
Poliéter éter cetona (PEEK)	Revestimentos, ventoinhas, hélices.
Policarbonato (PC)	Capacetes de segurança e lentes.
(c) Plásticos termoestáveis	
Fenol formaldeído (fenol, bakelite)	Plugues e interruptores elétricos, cabos de panelas.
Formaldeído de melanina	Pratos plásticos, tampos de mesa.
Formaldeído de ureia	Botões, tampas de garrafas, assentos sanitários.
Époxi	Matriz para compósitos.
Poliésteres não saturados	Matriz para compósitos com fibra de vidro.
(d) Elastômeros	
Borracha natural (Poli cis-isopreno)	Amortecedores, pneus.
Borracha estireno-butadieno (SBR)	Pneus, mangueiras, correias.
Elastômeros de poliuretano	Solas de sapato, isolamento elétrico.
Borracha nitrílica	"O" rings, vedações de óleo, mangueiras.
Policloropreno (Neoprene®)	Trajes aquáticos, juntas.

Após síntese química, baseada principalmente em produtos petrolíferos, os polímeros são transformados em formas úteis por vários processos de moldagem e de extrusão, dois dos quais estão ilustrados na Figura 3.11. Para plásticos termoestáveis e elastômeros, que se formam de maneira similar, a fase final da reação química é executada, frequentemente, pela aplicação de temperatura e/ou pressão, e isto deve ocorrer enquanto o material estiver sendo moldado na sua forma final.

Os polímeros são nomeados de acordo com as convenções da química orgânica. Esses nomes, por vezes longos, são muitas vezes abreviados por siglas, como o PMMA para

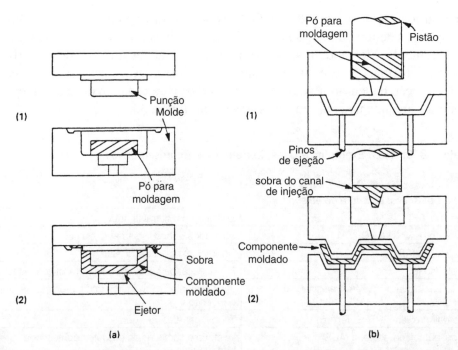

FIGURA 3.11 Conformação de plásticos por (a) a moldagem por compressão e (b) moldagem de transferência.

(De [Farag 89] p 91; usada com permissão.)

polimetilmetacrilato. Além disso, vários nomes comerciais e nomes populares, como Plexiglas®, Teflon®, e nylon, são frequentemente utilizados no lugar dos nomes químicos.

Uma característica importante dos polímeros é a sua leveza. A maioria tem uma massa específica semelhante à da água, em torno de $\rho = 1$ g/cm^3, e poucos a excedem para $\rho = 2$ g/cm^3. Assim, os polímeros pesam tipicamente metade do peso do alumínio ($\rho = 2{,}7$ g/cm^3) e são muito mais leves do que o aço ($\rho = 7{,}9$ g/cm^3). A maioria dos polímeros, em sua forma não modificada, são relativamente fracos e têm limite de resistência na faixa de 10 a 200 MPa.

A seguir, consideraremos, inicialmente, a estrutura molecular básica de polímeros típicos para cada grupo. Isto fornecerá a base para a discussão posterior dos detalhes de como a estrutura molecular afeta as propriedades mecânicas destes materiais.

3.5.1 Estrutura Molecular dos Termoplásticos

Muitos termoplásticos têm uma estrutura molecular relacionada com a do gás etileno, C_2H_4, um hidrocarboneto gasoso. Em particular, a *unidade de repetição* da cadeia molecular é semelhante à da molécula de etileno, exceto que a ligação carbono-carbono é rearranjada, conforme ilustrado anteriormente na Figura 2.6. As estruturas moleculares de alguns dos polímeros mais simples deste tipo estão ilustradas, assim como as unidades de repetição de suas estruturas, na Figura 3.12.

O polietileno (PE) é o caso mais simples, em que a única modificação em relação à molécula de etileno é rearranjo da ligação carbono-carbono. No policloreto de vinila (PVC), um dos átomos de hidrogênio é substituído por um átomo de cloro, enquanto no polipropileno (PP) ocorre uma substituição semelhante ao PVC, porém por um grupo metilo (CH$_3$). O poliestireno (PS) tem uma substituição por todo um anel de benzeno,

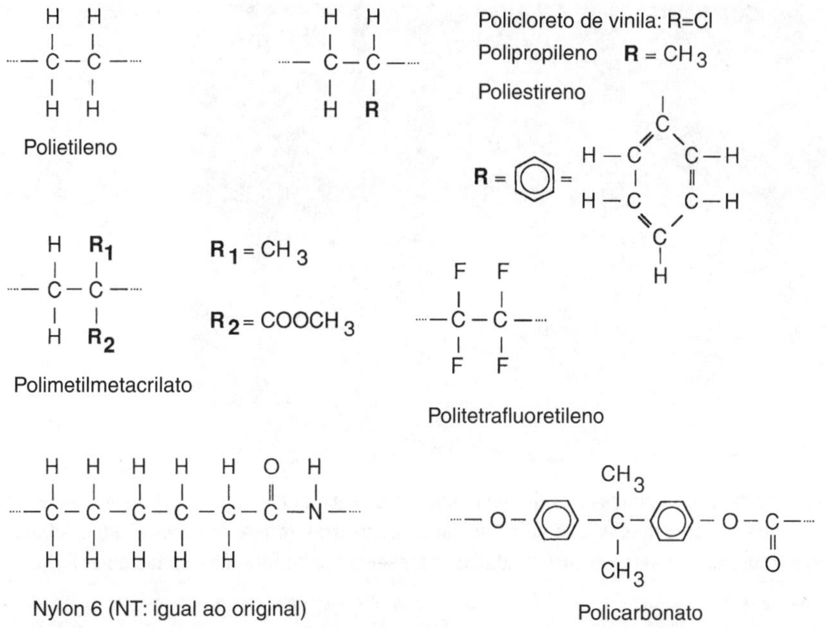

FIGURA 3.12 Estruturas moleculares de diversos polímeros lineares. Todos, menos os dois últimos, estão relacionados à estrutura do polietileno através de simples substituições, R, R_1, R_2, ou F.

enquanto o polimetilmetacrilato (PMMA) é baseado em duas substituições, como mostrado na Figura 3.12. O politetrafluoretileno (PTFE), também conhecido como Teflon®, tem quatro substituições pelo flúor. Os termoplásticos à base de etileno são, de longe, os plásticos mais utilizados, e o PE, o PVC, o PP e o PS respondem por mais de metade do uso desses plásticos.

No entanto, outras classes de materiais termoplásticos, que são utilizados em menores quantidades, são mais adequadas para aplicações de engenharia nas quais é necessária uma resistência mais elevada. Os *plásticos de engenharia* incluem os nylons, as aramidas tal como Kevlar®, polióxido de metileno (POM), politereftalato de etileno (PET), polióxido de fenileno (PPO) e policarbonato (PC). Suas estruturas moleculares são geralmente mais complexas do que a dos termoplásticos com estruturas à base do etileno. As estruturas da unidade de repetição de dois destes polímeros, o nylon 6 e o Policarbonato, estão exemplificadas na Figura 3.12. Outros nylons, tais como o nylon 66 e nylon 12, têm estruturas ainda mais complexas do que o nylon 6. O Kevlar pertence ao grupo das poliamidas, juntamente com os nylons, e tem uma estrutura relacionada a este grupo, porém envolvendo anéis de benzeno, de modo que o Kevlar® é classificado como uma poliamida aromática, ou seja, uma aramida.

3.5.2 Termoplásticos Amorfos *versus* Cristalinos

Alguns termoplásticos são compostos parcialmente ou principalmente por cadeias poliméricas arranjadas numa estrutura cristalina ordenada. Exemplos de tais *polímeros cristalinos* incluem: PE, PP, PTFE, nylon, Kevlar®, POM e PEEK. Uma fotografia da estrutura cristalina do polietileno está apresentada na Figura 3.13.

Se as moléculas de cadeia estiverem dispostas de forma aleatória, o polímero é dito ser *amorfo*. Exemplos de polímeros amorfos incluem o PVC, PMMA e o PC. O poliestireno (PS) é amorfo na sua forma *atático*, na qual a substituição do anel benzênico é

72 CAPÍTULO 3 Uma Revisão sobre os Materiais de Engenharia

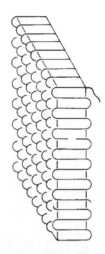

FIGURA 3.13 Estruturas cristalinas do polietileno. Camadas de moléculas alinhadas, semelhantes às mostradas no diagrama à direta, estão dispostas a partir de um ponto central, formando padrões de irradiação dispostos em diversas estruturas geométricas arredondadas, apresentadas na foto, chamadas de *esferulitas*.

(Foto cedida por A. S. Holik, General Electric Co., Schenectady, NY diagrama reproduzido com permissão [Geil 65]; © 1965 pela American Chemical Society.)

realizada de forma aleatória dentro de cada unidade de repetição da molécula. No entanto, o PS é cristalino em sua forma *isotática*, na qual a substituição do anel benzênico ocorre sempre na mesma localização, em cada unidade de repetição da molécula. A mesma situação ocorre para outros polímeros, devido à facilidade da estrutura regular obtida por moléculas isotáticas em promover a cristalinidade polimérica. Se os grupos laterais alternam suas posições de maneira regular, o polímero é dito ser *sindiotático*, com uma estrutura cristalina provável de ocorrer neste caso, também.

Os polímeros amorfos são geralmente usados ao redor e abaixo das suas respectivas temperaturas de transição vítrea T_v. Alguns destes valores estão listados na Tabela 3.9. Acima da T_v, o módulo de elasticidade diminui rapidamente, e os efeitos da deformação dependente com o tempo (fluência) tornam-se mais pronunciados, o que limita a utilidade desses materiais em aplicações estruturais. O seu comportamento abaixo de T_v tende a ser vítreo e quebradiço, com o módulo de elasticidade da ordem de $E = 3$ GPa. Os polímeros amorfos compostos por moléculas de cadeia simples são considerados *polímeros lineares*. Outra possibilidade é a presença de algum grau de *ramificação*, conforme a Figura 3.14.

Os polímeros cristalinos tendem a ser menos frágeis do que os polímeros amorfos, e a rigidez e a resistência não caem tão drasticamente além de T_v. Exemplos dessas diferenças de comportamento que ocorrem entre as formas amorfas e cristalinas do PS estão ilustrados na Figura 3.15. Como resultado deste comportamento, muitos polímeros cristalinos podem ser usados acima dos seus valores de T_v. O polímeros cristalinos tendem a ser opacos à luz, ao passo que os polímeros amorfos são transparentes.

3.5.3 Plásticos Termoestáveis

A estrutura molecular de um plástico termoestável (ou termofixo) consiste em uma rede tridimensional de cadeias poliméricas. Tal rede pode ser formada por ligações covalentes entre suas cadeias, frequentemente fortes, chamadas de *ligações cruzadas*, conforme a Figura 3.14 (c). Em alguns casos, a maioria das unidades de repetição

Tabela 3.9 Valores Típicos da Temperatura de Transição Vítrea e de Fusão para Vários Termoplásticos e Elastômeros

Polímero	Temperatura de Transição Vítrea T_v, °C	Temperatura de Fusão T_f, °C
(a) Termoplásticos Amorfos		
Policloreto de vinila (PVC)	87	212
Poliestireno atático (PS)	100	≈ 180
Policarbonato (PC)	150	265
(b) Termoplásticos Primariamente Cristalinos		
Polietileno de baixa densidade (LDPE)	-110	115
Polietileno de alta densidade (LDPE)	-90	137
Polióxido de metileno (POM)	-85	175
Polipropileno (PP)	-10	176
Nylon 6	50	215
Poliestireno isostático (PS)	100	240
Poliéter éter cetona (PEEK)	143	334
Aramida	375	640
(c) Elastômeros		
Borracha de silicone	-123	-54
Poli cis-isopreno	-73	28
Policloropreno (Neoprene®)	-50	80

Fonte: Dados de [ASM 88], pp. 50-54.

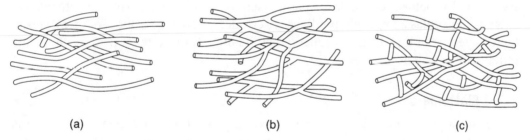

(a) (b) (c)

FIGURA 3.14 Estruturas de cadeias polímeras (a) lineares, (b) ramificadas ou (c) reticuladas.

(De [Budinski 96] pp 63-64; © 1996 por Prentice Hall, Upper Saddle River, NJ; reproduzido com permissão.)

possuem três ligações do tipo carbono-carbono para outras cadeias, de modo que a ligação cruzada é maximizada. Este é o caso da resina fenol-formaldeído (fenólica), cuja estrutura está na Figura 3.16. A Baquelite, plástico de uso comum, é um polímero fenólico. Outros polímeros termofixos comuns são os adesivos epóxi e as resinas de poliéster usadas como matriz nos compósitos de fibra de vidro.

A reação química de interligação entre as cadeias (termoestabilidade) ocorre durante a fase final de processamento, a qual é feita por moldagem envolvendo compressão a uma temperatura elevada. Após essa reação, o sólido resultante não irá derreter nem amolecer por aquecimento, mas, em vez disso, geralmente irá decompor-se ou queimar. A estrutura em rede resulta num sólido rígido e forte, mas quebradiço.

Recorde-se que a expansão térmica e o aumento do volume livre resultante produzem o aparecimento da temperatura de transição vítrea (T_v) em termoplásticos, acima do

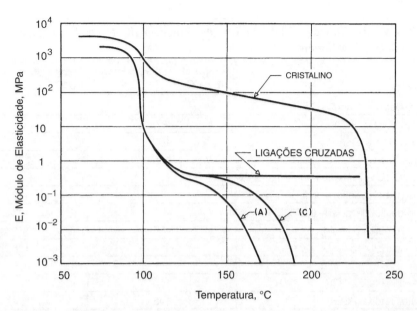

FIGURA 3.15 Módulo de elasticidade *versus* temperatura para o poliestireno amorfo, ligeiramente reticulado e cristalino. Para as amostras amorfas (A) e (C), os comprimentos de cadeia correspondem aos pesos moleculares médios de $2,1 \times 10^5$ e $3,3 \times 10^5$, respectivamente.

(Adaptado de [Tobolsky 65] p 75; reimpresso com permissão de John Wiley & Sons, Inc.; copyright c 1965 por John Wiley & Sons, Inc.)

qual a deformação pode ocorrer por deslizamento relativo entre moléculas de cadeia. Esta situação contrasta com a de um plástico termoestável, em que o movimento relativo entre as moléculas é impedido por ligações covalentes cruzadas, que são fortes e resistentes a temperaturas. Como resultado, não há uma T_v discernível para os altamente reticulados plásticos termoestáveis.

3.5.4 Elastômeros

Os elastômeros são tipificados pela borracha natural, mas também incluem uma variedade de polímeros sintéticos com comportamento mecânico semelhante. Alguns elastômeros, tais como os elastômeros de poliuretano, comportam-se de forma termoplástica, mas outros materiais são termoestáveis. Por exemplo, o poli-isopreno é uma borracha sintética com a mesma estrutura básica da borracha natural, mas que não possui as várias impurezas encontradas na borracha natural. Tal estrutura está mostrada na Figura 3.16. A adição de enxofre e a submissão do produto a pressão e a uma temperatura aproximada de 160 °C induz a formação de ligações cruzadas com o enxofre, conforme a Figura 3.16. Um grau maior de interligação produz uma borracha mais dura. Este processo de termoestabilidade em particular é chamado *vulcanização*.

Embora a formação de ligações cruzadas resulte em uma estrutura rígida reticulada nos polímeros termoestáveis, os elastômeros típicos comportam-se de forma muito diferente, porque as ligações cruzadas ocorrem com menos frequência ao longo das cadeias, especificamente, em intervalos da ordem de centenas de átomos de carbono. Além disso, as ligações cruzadas e as próprias cadeias principais são flexíveis nos elastômeros, em vez de ser rígida como nos plásticos termoestáveis. A flexibilidade

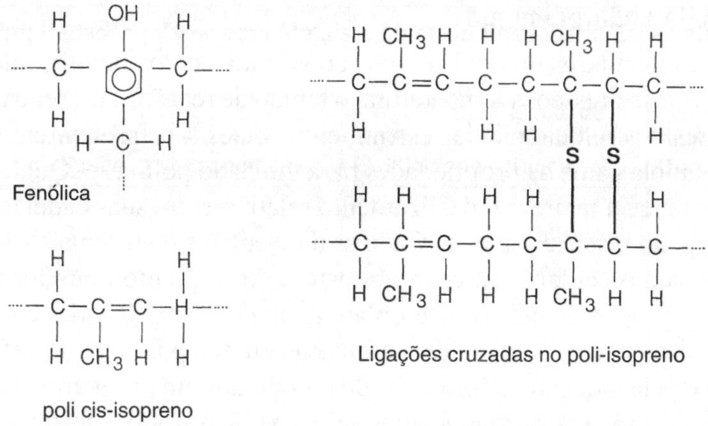

FIGURA 3.16 Estruturas moleculares de um plástico fenólico termoestável e de um sintético semelhante sintético à borracha natural, o poli cis-isopreno. Nos compostos fenólicos, as ligações carbono-carbono formam ligações cruzadas, enquanto no poli-isopreno os cruzamentos são formados por átomos de enxofre.

existe porque a geometria da ligação dupla carbono-carbono provoca uma curvatura na molécula, que tem um efeito cumulativo ao longo de grandes comprimentos de cadeia, de modo a que a cadeia é enrolada entre os pontos de ligação cruzada. Sob carregamento, estas bobinas desenrolam entre os pontos de ligação e, uma vez removida a tensão, as bobinas se recuperam, causando o efeito macroscópico de recuperação elástica da maior parte da deformação. A resposta em deformação deste material está ilustrada na Figura 3.17.

O módulo de elasticidade inicial é muito baixo, uma vez que está associado apenas à força de desenrolamento das cadeias, o que resulta num valor da ordem de $E = 1$ MPa. Algum endurecimento ocorre com o endireitamento das cadeias. Este baixo valor de E contrasta com o de um polímero vítreo abaixo da sua T_v, no qual a deformação elástica está associada ao estiramento de uma combinação de ligações covalentes e secundárias envolvidas na formação da estrutura deste material, resultando em um valor de E na ordem de 1.000 vezes maior.

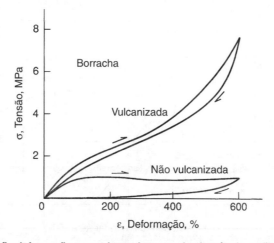

FIGURA 3.17 Curvas tensão-deformação para a borracha natural vulcanizada e não vulcanizada.

(Dados de [Hock 26].)

3.5.5 Efeitos de Endurecimento

As estruturas moleculares dos polímeros são afetadas pelos detalhes de sua síntese química, tais como a pressão, a temperatura, o tempo de reação, a presença e quantidade de catalisadores e a velocidade de resfriamento. Estes são frequentemente variados para produzir ampla gama de propriedades para um dado polímero. Qualquer estrutura molecular que tende a retardar o deslizamento relativo entre suas cadeias moleculares aumenta sua rigidez e sua resistência. Cadeias moleculares mais longas – isto é, aquelas com maior peso molecular – apresentam este efeito: quanto mais longas forem as cadeias, maior a propensão delas a se enrolarem uma na outra. Rigidez e resistência são igualmente incrementadas pela maior ramificação em um polímero amorfo, pela maior cristalinidade e pela indução da formação de reticulados em polímeros termoplásticos. Todos esses efeitos são mais pronunciados acima de T_V, quando o deslizamento relativo entre as cadeias moleculares é possível.

Por exemplo, uma variante de polietileno, chamado polietileno de baixa densidade (LDPE, de *low density polyethylene*), tem um significativo grau de ramificação de suas cadeias. Os ramos irregulares interferem na formação de uma estrutura cristalina ordenada, de modo que o grau de cristalinidade é limitado a, aproximadamente, 65%. Em contraste, na variante de alta densidade (HDPE, de *high density polyethylene*), com menos ramificação, o grau de cristalinidade pode chegar a 90%. Como resultado das diferenças estruturais, o *LDPE* é relativamente flexível, ao passo que o *HDPE* é mais resistente e mais rígido.

É possível obter uma variação extrema nas propriedades da borracha, fazendo variar a quantidade de vulcanização, resultando em diferentes graus de reticulação de suas cadeias. O efeito da reticulação sobre o módulo de elasticidade (rigidez) da borracha sintética (poli-isopreno) está apresentado na Figura 3.18. A borracha não vulcanizada é

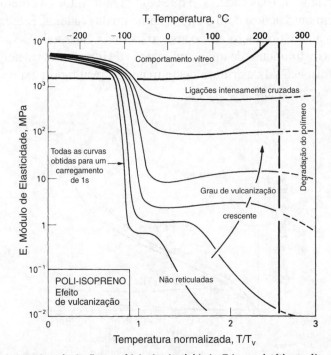

FIGURA 3.18 Efeito do grau de reticulação no módulo de elasticidade *E* de um sintético análogo à borracha natural.

(De [Ashby 06] p 272; reproduzido com permissão da Elsevier, Oxford, Reino Unido; © 2006 M. F. Ashby e D. R. H. Jones.)

macia e flui de forma viscosa. A formação de ligações cruzadas pelo enxofre em cerca de 5% dos possíveis locais nas cadeias produz uma borracha útil numa variedade de aplicações, tais como pneus de automóvel. Um elevado grau de reticulação produz um material duro e resistente, denominado *ebonite*, que tem capacidade de deformação limitada.

3.5.6 Polímeros Combinados e Modificados

Os polímeros são raramente utilizados na forma pura, e são, muitas vezes, combinados um com outro ou com outras substâncias de várias maneiras. A produção de *ligas poliméricas*, também conhecidas como *misturas poliméricas*, envolve a fusão de dois ou mais polímeros em conjunto para que o material resultante contenha uma mistura de dois ou mais tipos de cadeias poliméricas. A mistura pode ser razoavelmente uniforme, ou os componentes podem separar-se em uma estrutura de fases múltiplas. Por exemplo, o PVC e o PMMA são misturados para fazer um plástico duro com uma resistência química e à chama.

A *copolimerização* é outro meio de combinação de dois polímeros em que os ingredientes e outros detalhes da síntese química são escolhidos de modo que as cadeias individuais sejam compostas por dois tipos de unidades de repetição. Por exemplo, a borracha de estireno-butadieno é um copolímero de três partes de butadieno e uma parte de estireno, na qual ambas as cadeias de butadieno e estireno ocorrem como moléculas individuais. O plástico ABS é uma combinação de três polímeros, chamado de *tripolímero*. Em particular, a cadeia do copolímero de acrilonitrila-estireno tem ramos secundários de polímero de butadieno.

Entre as substâncias não poliméricas adicionadas para modificar as propriedades dos polímeros estão os *plastificantes*. Estes, geralmente, têm o objetivo de aumentar a tenacidade e a flexibilidade, embora muitas vezes diminuam a resistência no processo. Os plastificantes são geralmente líquidos orgânicos de altos pontos de ebulição, e suas moléculas se distribuem através da estrutura do polímero. As moléculas plastificantes tendem a separar as cadeias poliméricas, facilitando o movimento relativo entre elas, isto é, facilitando a deformação. Por exemplo, plastificantes são adicionados ao PVC para tonar o material mais flexível, permitindo o seu uso como uma imitação do couro.

Os polímeros são muitas vezes *modificados* ou *preenchidos* pela adição de outros materiais na forma de partículas ou de fibras. Por exemplo, negro de carbono (ou negro de fumo), que é semelhante à fuligem, é geralmente adicionado à borracha, para aumentar a sua rigidez e resistência, em adição aos efeitos de vulcanização. Além disso, partículas de borracha são adicionadas ao poliestireno para reduzir sua fragilidade; o material resultante é denominado poliestireno de alto impacto (HIPS, de *high impact polystyrene*). A microestrutura de um poliestireno de alto impacto está ilustrada na Figura 3.19. Se a substância adicionada tem o objetivo específico de aumentar a resistência, ela é chamada de *reforço*. Por exemplo, fibras de vidro picadas são adicionadas como reforço a vários termoplásticos, para aumentar a resistência e rigidez.

O reforço também pode assumir a forma de fibras longas ou de tecido feito por fibras de alta resistência, tais como vidro, carbono na forma de grafite ou de Kevlar®. Os reforços são muitas vezes empregados em uma matriz de material plástico termor-rígido. Por exemplo, a fibra de vidro pode ser empregada na forma de tecidos com diferentes espessuras e configurações e embutida numa matriz de poliéster insaturado.

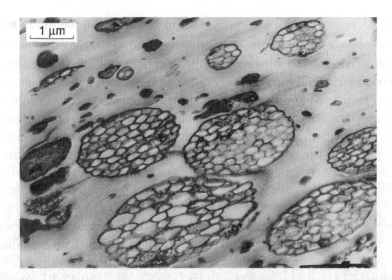

FIGURA 3.19 Microestrutura do poliestireno modificado pela borracha, no qual as partículas em rede de cor escura são borracha e todas as áreas de cor clara, dentro e fora das partículas, são poliestireno. As partículas inicialmente equiaxiais foram alongadas quando o material foi cortado para preparar a superfície para esta imagem.

(Foto cedida por R. P. Kambour, General Electric Co., Schenectady, NY.)

Tal combinação é um *material compósito*, cujo assunto é considerado posteriormente em uma seção separada.

3.6 CERÂMICAS E VIDROS

Os materiais cerâmicos e vítreos são sólidos que não são nem metálicos nem materiais orgânicos (baseados em cadeias de carbono). Desta forma, as cerâmicas incluem, genericamente, produtos cerâmicos, tais como porcelana, tijolo, pedras naturais e concreto. As cerâmicas empregadas em aplicações de altos carregamentos mecânicos são chamadas *cerâmicas de engenharia*. Elas geralmente são compostos relativamente simples de metais, ou dos metaloides silício ou boro, com não metais, tais como oxigênio, carbono ou nitrogênio. O carbono, nas suas formas de grafite ou diamante, também é considerado uma cerâmica. As cerâmicas são predominantemente cristalinas, enquanto os vidros são amorfos. A maior parte dos vidros é produzida pela fusão da sílica (SiO_2), que é areia comum, juntamente com outros óxidos metálicos, tais como CaO, Na_2O, B_2O_3 e PbO. Em contraste, as cerâmicas não são, geralmente, processadas por fusão, mas por outros meios de ligação entre as partículas de um pó fino para formar um sólido. Exemplos específicos de cerâmicas e vidros e algumas das suas propriedades são dados na Tabela 3.10. A microestrutura de uma cerâmica policristalina está na Figura 3.20.

As cerâmicas de engenharia têm vantagens importantes quando comparadas aos metais. Elas são altamente resistentes à corrosão e ao desgaste, e as temperaturas de fusão são tipicamente muito altas. Todas essas características surgem da forte ligação química covalente ou iônica-covalente desses compostos. As cerâmicas são também relativamente rígidas (alto E) e leves em peso. Além disso, elas são, muitas vezes, de baixo custo, já que os ingredientes para a sua fabricação são abundantes na natureza.

Tabela 3.10 Propriedades e Usos de Algumas Cerâmicas de Engenharia e Outras Cerâmicas

Cerâmica	Ponto de Fusão	Massa Específica	Módulo de Elasticidade	Resistência Mecânica Típica		Usos
	T_f, °C (°F)	ρ, g/cm³ (lb/ft³)	E, GPa (10³ ksi)	σ_u, MPa (ksi)		
				Tensão	Compressão	
Vidro de silicato de sódio	730 (1.350)	2,48 (155)	74 (10,7)	≈ 50 (7)	1.000 (145)	Janelas, utensílios (potes, jarros).
Fibras de vidro tipo S	970 (1.780)	2,49 (155)	85,5 (12,4)	4.480 (650)	–	Reforço em compósitos aeroespaciais.
Porcelana de zircônio	1567 (2850)	3,60 (225)	147 (21,3)	56 (8,1)	560 (81)	Isoladores elétricos de alta voltagem.
Magnésia, MgO	2.850 (5160)	3,60 (225)	280 (40,6)	140 (20,3)	840 (122)	Tijolos refratários, componentes resistentes ao desgaste.
Alumina, Al_2O_3 (Densidade 99,5%)	2.050 (3720)	3,89 (243)	372 (54)	262 (38)	2.620 (380)	Isoladores de velas automotivas, insertos de ferramentas de corte, fibras para compósitos.
Zircônia, ZrO	2.570 (4.660)	5,80 (362)	210 (30,4)	147 (21,3)	2.100 (304)	Cadinho de alta temperatura, tijolos refratários, partes de motores.
Carbeto de silício, SiC	2.837 (5.140)	3,10 (157)	393 (57)	307 (44,5)	2.500 (362)	Partes de motores, abrasivos, fibras para compósitos.
Carboneto de boro, B_4C	2.350 (4.260)	2,51 (157)	290 (42)	155 (22,5)	2.900 (500)	Rolamentos, armaduras, abrasivos.
Nitreto de silício, Si_3N_4	1.900 (3.450)	3,18 (199)	310 (45)	450 (65)	3.450 (500)	Aletas de turbinas, fibras para compósitos, insertos para ferramentas de corte.
Calcário dolomítico	–	2,79 (174)	69,0 (10)	19,2 (2,79)	283 (41)	Pedra de construção, monumentos.
Granito 'Westerly'	–	2,64 (165)	49,33 (7,20)	9,58 (1,39)	233 (33,8)	Pedra de construção, monumentos.

Notas: Os dados são para materiais na forma monolítica, exceto para a fibra de vidro tipo S. As temperaturas indicadas para as duas formas de vidro correspondem ao amolecimento e à fusão completa acima destas.
Fonte: Dados em [Farag 89] p. 510, [Ashby 06] p. 180, [Coors 89], [Gauthier 95] p. 104, [Karfakis 90], [90 Musikant] p. 24, e [Schwartz 92] p. 2.75.

Como discutido no capítulo anterior, sobre a deformação plástica, o deslizamento de planos cristalinos não ocorre facilmente nas cerâmicas, em razão da força e da natureza direcional das ligações covalentes, ainda que presentes de forma parcial, por causa das estruturas cristalinas relativamente complexas. Isto resulta que as cerâmicas são inerentemente frágeis, sendo que os vidros são igualmente afetados pela ligação covalente. Nas cerâmicas, a fragilidade é ainda aumentada pelo fato de que os limites de grão nestes compostos cristalinos são relativamente menos coesos do que nos metais. Isto ocorre porque as ligações químicas estão rompidas nos contornos, onde os planos da rede são descontinuados nas fronteiras de grão, e também a partir da existência de regiões em que os íons da mesma carga estão próximos. Além disso, há, muitas vezes, um grau apreciável

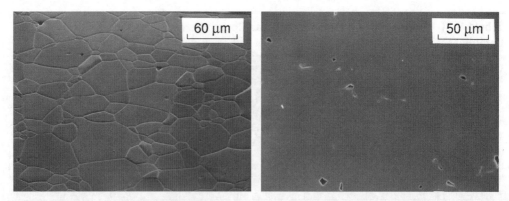

FIGURA 3.20 Superfície de Al_2O_3 de densidade quase máxima (à esquerda), com os limites de grãos visíveis. Em uma secção polida (à direita), os contornos de grão não são visíveis, mas os poros são visíveis como áreas pretas.

(A foto da esquerda é a mesma que em [Venkateswaran 88]; reproduzido com autorização da American Ceramic Society. A foto da direita foi cedida por D. P. H. Hasselman, Virginia Tech, em Blacksburg, VA.)

de porosidade nas cerâmicas, porque tanto as cerâmicas quanto os vidros geralmente contêm fissuras microscópicas. Essas descontinuidades promovem o trincamento macroscópico e, portanto, também contribuem para o seu comportamento frágil.

O processamento e os usos das cerâmicas são fortemente influenciados por sua fragilidade. Como consequência, os esforços mais recentes que visam ao desenvolvimento de cerâmicas melhoradas para uso de engenharia envolvem vários meios de reduzir sua fragilidade. Lembrando as vantagens já citadas da cerâmica, o sucesso na redução da fragilidade de novas cerâmicas é de grande importância, uma vez que permitiria aumentar do uso deste material em aplicações tais como motores de automóveis e a jato, em que estruturas mais leves e funcionando a temperaturas mais elevadas proporcionam maior eficiência energética e redução de uso de combustível.

Várias classes de cerâmicas serão discutidas agora, separadamente, assim como seu processamento e uso.

3.6.1 Produtos de Argila, Rochas Naturais e Concreto

As argilas consistem em vários minerais silicatados que possuem estruturas achatadas, sendo um exemplo importante o caulim, $Al_2O_3\text{-}2SiO_2\text{-}2H_2O$. No processamento, a argila é primeiramente misturada com a água até formar a consistência de uma pasta espessa, que é empregada para formar um copo, prato, tijolo ou outra forma útil. Esta forma é posteriormente queimada (sinterizada), a uma faixa de temperaturas entre 800 a 1.200 °C, expele toda a água presente e funde uma parte do SiO_2, para formar um vidro que une o Al_2O_3 e o restante do SiO_2 formando um sólido. A presença ou a adição de pequenas quantidades de minerais que contêm sódio ou de potássio aumenta a formação deste vidro, permitindo a redução da temperatura de queima.

A rocha natural é empregada sem outro tipo de processamento além de seu corte em formas úteis. O tratamento prévio feito pela natureza varia muito. Por exemplo, o calcário é principalmente carbonato de cálcio cristalino ($CaCO_3$), que se precipitou a partir da água do mar, e o mármore é o mesmo mineral que foi recristalizado (sofreu metamorfismo) sob a influência de temperatura e pressão. Já o arenito é constituído por partículas de areia silicosa (SiO_2), ligadas entre si por SiO_2 adicional ou por $CaCO_3$, que foi introduzido pela precipitação a partir de uma solução aquosa. Em contraste, rochas ígneas, como o granito, foram obtidas a partir da fusão e apresentam-se como ligas multifásicas formadas por vários minerais cristalinos.

O concreto é uma combinação de brita, areia, e uma pasta de cimento que liga os demais componentes formando um sólido. A pasta de cimento moderno, chamada de cimento Portland, é feita pela queima (*crackeamento*) de uma mistura de calcário e argila a 1.500 °C. Isso forma uma mistura de partículas finas que envolve, principalmente, cal (CaO), sílica (SiO_2) e alumina (Al_2O_3), os quais estão na forma de silicato tricálcico ($3CaO\text{-}SiO_2$), silicato dicálcico ($2CaO\text{-}SiO_2$) e aluminato tricálcico ($3CaO\text{-}Al_2O_3$). Quando se adiciona água à mistura, começa uma reação de *hidratação* durante a qual a água se torna quimicamente ligada a esses minerais, sendo incorporada em suas estruturas cristalinas. Durante a hidratação, cristais agulhados interligados se formam, unindo as partículas do cimento entre e com a areia e a brita. A reação é inicialmente rápida, diminuindo com o tempo. Mesmo depois de certo tempo, alguma água residual permanece confinada em pequenos poros, entre as camadas da estrutura de cristais, sendo quimicamente adsorvida para a superfície do concreto em cura.

Produtos de argila, rocha natural e de concreto são usados em grandes quantidades em aplicações cotidianas, incluindo edifícios, pontes e outras estruturas fixas de grandes dimensões. Todos são bastante frágeis e têm baixa resistência à tensão de tração, mas uma resistência razoável em compressão. O concreto é economicamente vantajoso no uso em construção e tem a importante vantagem de poder ser vertido como uma lama em formas e endurecido no local adquirindo formas complexas. Concretos melhorados continuam a ser desenvolvidos, incluindo algumas variedades exóticas com altos níveis de resistência obtidas pela redução da porosidade ou pela adição de substâncias, tais como partículas ou fibras de metal ou de vidro.

3.6.2 Cerâmicas de Engenharia

O processamento das cerâmicas de engenharia, formadas por compostos químicos simples, envolve primeiramente a obtenção do seu composto formador. Por exemplo, a alumina (Al_2O_3) é obtida a partir da bauxita ($Al_2O_3\text{-}2H_2O$) por aquecimento, para remover a água de cristalização. Outras cerâmicas de engenharia, tais como ZrO_2, também são obtidas diretamente a partir de minerais naturalmente disponíveis. Mas alguns, como WC, SiC e Si_3N_4, devem ser produzidos por reações químicas adequadas, a partir de componentes que estão disponíveis na natureza. Após o composto ser obtido, ele é moído, para obtermos um pó fino, se não tiver sido obtido nesta forma. O pó é, então, compactado em um formato útil por prensagem a frio ou a quente. Um agente de ligação, tal como um plástico, pode ser utilizado para impedir a desintegração do pó consolidado. Diz-se que a cerâmica nesta fase, que apresenta pouca resistência mecânica, está em um estado *verde*. As cerâmicas verdes são, às vezes, usinadas para obter superfícies planas, furos, roscas etc., que de outra forma seria difícil de obter.

O passo seguinte e final no processamento é a *sinterização*, que envolve o aquecimento da cerâmica verde a cerca de 70% de sua temperatura de fusão absoluta. Isto faz as partículas se fundirem e formarem um sólido que contém algum grau de porosidade. A redução da porosidade – isto é, do percentual volumétrico de vazios – resulta em propriedades melhoradas da cerâmica. Isto pode ser feito usando uma gradação nos

82 CAPÍTULO 3 Uma Revisão sobre os Materiais de Engenharia

tamanhos das partículas ou pela aplicação de pressão durante a sinterização. Pequenas percentagens de outras cerâmicas podem ser adicionadas ao pó para melhorar a resposta ao tratamento. Além disso, pequenas a medianas percentagens de outras cerâmicas podem ser empregadas em uma dada composição de mistura, para adaptar as propriedades do produto final obtido.

Uma variação do processo de sinterização que auxilia na redução de vazios é a *prensagem isostática a quente* (HIP, de *hot isostatic pressing*). Esse processo envolve o enclausuramento da cerâmica em um invólucro de chapa metálica e a colocação dele num recipiente que é pressurizado com gás quente. Alguns métodos adicionais de processamento que também podem ser utilizados são a deposição química de vapor (CVD, de *chemical vapor deposition*) e a *sinterização reativa*. O primeiro processo envolve reações químicas entre gases quentes que resultam na deposição de material cerâmico sólido sobre a superfície de outro material. A sinterização reativa combina a reação química, que forma o composto de cerâmica, com o processo de sinterização.

As cerâmicas de engenharia apresentam, normalmente, elevada rigidez, baixo peso e elevadíssima resistência à compressão. Apesar de todas serem relativamente frágeis, a resistência delas sob tração e à fratura podem ser suficientemente elevadas de modo a permitir que sejam empregadas em aplicações estruturais que envolvam altas cargas mecânicas, caso as limitações destes materiais tenham sido consideradas na concepção do componente onde forem usadas. O uso crescente das cerâmicas no futuro provavelmente estará aliado à sua capacidade de suportar altas temperaturas.

3.6.3 Metal Duro; Carboneto Cimentado

Um *metal duro* é feito a partir de pós cerâmicos e de um metal unidos por sinterização. O metal rodeia as partículas de cerâmica e as une em um material que apresenta alta dureza e resistência ao desgaste, em razão de seu constituinte cerâmico. Os *carbonetos cimentados*, produzidos para ferramentas de corte, são os metais duros mais importantes. Neste caso, o carboneto de tungstênio (WC) é sinterizado com cobalto metálico em quantidades que variam de 3 a 25%. Outros carbonetos são empregados também da mesma maneira, ou seja, TiC, TaC e Cr_3C_2, normalmente em combinação com WC. O metal aglutinante mais frequente é o cobalto, mas níquel e aço também são empregados.

A matriz metálica do carboneto cimentado fornece uma tenacidade útil ao material, mas limita a sua resistência à temperatura e à oxidação. Cerâmicas comuns, tais como alumina (Al_2O_3) e nitreto de boro (BN), também são utilizadas para ferramentas de corte e têm como vantagens, em comparação com o carboneto cimentado, maior dureza, menor peso e maior resistência à temperatura e à oxidação. Mas a necessidade de um cuidado extra ao se trabalhar com cerâmicas frágeis leva à prevalência dos carbonetos cimentados, a não ser quando a cerâmica não puder ser evitada. Algumas das vantagens de cerâmica podem ser obtidas pela deposição química por vapor de um revestimento cerâmico sobre uma ferramenta de carboneto cimentado. As cerâmicas utilizadas dessa maneira incluem o TiC, Al_2O_3 e TiN.

3.6.4 Vidros

A sílica pura (SiO_2) em sua forma cristalina é um mineral de quartzo. A Figura 3.21 ilustra uma de suas formas cristalinas. No entanto, quando a sílica é solidificada a partir de um estado fundido, forma-se um sólido amorfo. Isto ocorre porque o vidro fundido

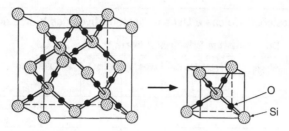

FIGURA 3.21 Estrutura cristalina cúbica do diamante apresentada pela sílica, SiO_2, em sua forma de cristobalita a alta temperatura. A estrutura cristalina à temperatura ambiente é um arranjo mais complexo da unidade básica tetraédrica, mostrada à direita.

tem viscosidade elevada, em razão de uma estrutura de cadeias moleculares, o que limita a mobilidade molecular, de forma que cristais perfeitos não se formam após a solidificação. A estrutura cristalina tridimensional na Figura 3.21 é representada em uma forma bidimensional simplificada na Figura 3.22. Um cristal perfeito, tal como formado na natureza, é representado por (a). O vidro formado a partir de sílica fundida tem uma estrutura em rede que é semelhante, mas altamente imperfeita, tal como em (b).

Durante seu processamento, os vidros às vezes são aquecidos até se fundirem e depois são vertidos em moldes que os fundem em formas úteis. Alternativamente, eles podem ser aquecidos apenas até o ponto em que possam ser conformados por laminação (para produção de placas de vidro) ou por sopro (para obter garrafas). A conformação é facilitada pelo fato de a viscosidade do vidro variar gradualmente com a temperatura, de modo que a temperatura pode ser ajustada para obter uma consistência apropriada para o método específico de conformação. No entanto, para a sílica pura, as temperaturas envolvidas são em torno 1.800 °C, que são inconvenientemente altas. A temperatura para a formação pode ser reduzida para cerca de 800 a 1.000 °C pela adição de Na_2O, K_2O ou CaO. Esses óxidos são chamados *modificadores de rede*, porque os íons metálicos envolvidos tendem a formar ligações iônicas não direcionais com átomos de oxigênio, resultando em extremidades terminais na estrutura, tal como ilustrado pela Figura 3.22 (c).

A mudança na estrutura molecular também faz que o vidro seja menos frágil do que o vidro de sílica pura. Os vidros comerciais contêm quantidades variáveis dos

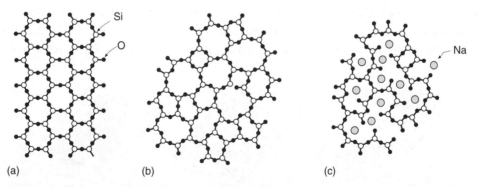

FIGURA 3.22 Diagrama bidimensional simplificado da estrutura da sílica sob a forma (a) de cristal de quartzo, (b) de vidro e (c) de vidro com um modificador de rede.

(Parte (b) adaptada de [Zachariasen 32]; publicado em 1932 pela American Chemical Society. Parte (c) adaptada de [Warren 38]; reimpresso com permissão da American Ceramic Society.)

Tabela 3.11 Composições Típicas e Usos Representativos dos Vidros à base de Sílica

Vidro	SiO$_2$	Al$_2$O$_3$	CaO	Na$_2$O	B$_2$O$_3$	MgO	PbO	Usos; Comentário
Sílica fundida	99	–	–	–	–	–	–	Janelas de fornos
Borossilicato (Pirex)	81	2	–	4	12	–	–	Utensílios de cozinha e de laboratório
Silicato de sódio	72	1	9	14	–	3	–	Janelas, utensílios (potes, jarros)
Com chumbo	66	1	1	6	1	–	15	Louça (taças); também contém 9% K$_2$O
Tipo E	54	14	16	1	10	4	–	Fibras de vidro comuns
Tipo S	65	25	–	–	–	10	–	Fibras em compósitos para indústria aeroespacial

Fonte: Dados em [Lyle 74] e [Schwartz 92] p. 2.56.

modificadores de rede, tal como indicado pelas suas composições típicas, apresentadas na Tabela 3.11.

Outros óxidos são adicionados para modificar as propriedades ópticas ou elétricas, cor ou outras características do vidro. Alguns óxidos, tais como o B$_2$O$_3$, podem formar-se um vidro por si só e levam à formação de uma estrutura bifásica. O vidro com chumbo contém PbO, no qual o chumbo participa na estrutura da cadeia. Isso modifica o vidro para aumentar a sua resistividade e também dá um alto índice de refração, o que contribui para o brilho dos cristais finos. A adição de Al$_2$O$_3$ aumenta a resistência e a rigidez das fibras de vidro utilizadas nos plásticos reforçados por fibra de vidro e em outros materiais compósitos.

3.7 MATERIAIS COMPÓSITOS

Um *material compósito* é feito pela combinação de dois ou mais materiais, que são mutuamente insolúveis, pela sua mistura ou união, de tal modo que cada um mantenha a sua integridade. Alguns compósitos já foram discutidos, nomeadamente, os plásticos modificados pela adição de partículas de borracha, os plásticos reforçados por fibras de vidro cortadas, os carbonetos cimentados e o concreto. Estes e muitos outros materiais compósitos são constituídos por uma matriz de um material que rodeia as partículas ou fibras de um segundo material, conforme a Figura 3.23. Alguns compósitos envolvem

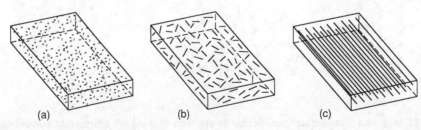

FIGURA 3.23 Compósitos reforçados por (a) partículas, (b) fibras picadas ou filamentos monocristalinos (*whiskers*) e (c) fibras contínuas.

(Adaptado de [Budinski 96] p 121; © 1996 por Prentice Hall, Upper Saddle River, NJ;. Reproduzido com permissão.)

Tabela 3.12 Tipos e Exemplos Representativos de Materiais Compósitos

Tipo de Reforço	Tipo de Matriz	Exemplo	Uso Típico
(a) Compósitos de partículas			
Polímero dúctil ou elastômero	Polímero frágil	Borracha no poliestireno	Brinquedos, câmeras
Cerâmica	Metal dúctil	WC com Co	Ferramentas de corte
Cerâmica	Cerâmica	Granito, rocha e areia no cimento Portland	Pontes, edifícios
(b) Compósitos de fibras picadas ou filamentos monocristalinos (whiskers)			
Fibra resistente	Plástico termoestável	Vidro picado em resina poliéster	Painéis veiculares
Cerâmica	Metal dúctil	*Whiskers* de SiC em ligas de Al	Componentes estruturais aeronáuticos
(c) Compósitos de fibras contínuas			
Cerâmica	Plástico termoestável	Fibras de carbono no epóxi	*Flaps* e asas de avião
Cerâmica	Metal dúctil	Boro em ligas de Alumínio	Estruturas aeronáuticas
Cerâmica	Cerâmica	SiC no Si_3N_4	Partes de motores
(d) Compósitos laminados			
Chapa rígida	Espuma polimérica	Placas de PVC ou ABS envolvendo espuma de ABS	Canoas
Compósito	Metal	Kevlar® no epóxi entre camadas de chapa de liga de Alumínio (ARALL)	Estruturas aeronáuticas

camadas de materiais diferentes, e as camadas individuais podem, elas próprias, ser compósitos. Materiais que são fundidos (ligados) juntos não são considerados materiais compósitos, mesmo se o resultado for uma estrutura bifásica, da mesma forma que não seriam consideradas materiais compósitos as soluções sólidas ou estruturas precipitadas, derivadas de soluções sólidas. Alguns tipos representativos, exemplos de materiais compósitos e as suas aplicações estão listadas na Tabela 3.12.

Os materiais de origem biológica são geralmente compósitos. A madeira contém fibras de *celulose* rodeadas por *lignina* e *hemicelulose*, as quais são polímeros. O osso é um compósito de *colágeno*, uma proteína fibrosa, dentro de uma matriz similar a uma cerâmica formada por *hidroxiapatita* cristalina mineral, $Ca_5(PO_4)_3OH$.

Os materiais compósitos têm vasta gama de aplicações e sua utilização está aumentando rapidamente. Os compósitos feitos pelo homem podem ser adaptados para atender a necessidades especiais, combinando alta resistência e rigidez com baixo peso. Os materiais obtidos de alto desempenho (e preço) estão, cada vez mais, sendo usados em aeronaves, em aplicações na defesa, no uso espacial e também para equipamentos esportivos de alta qualidade, como nas hastes de tacos de golfe e em varas de pesca. Compósitos mais econômicos, tais como plásticos reforçados com fibras de vidro, estão continuamente encontrando novos usos em ampla gama de produtos, tais como componentes automotivos, cascos de embarcações, equipamentos desportivos e móveis. Madeira e concreto, claro, continuarão a ser os principais materiais de construção, e novos compósitos, envolvendo estes e outros materiais, também têm encontrado uso recente na indústria da construção.

Discutiremos, a seguir, as várias classes de materiais compósitos.

3.7.1 Compósitos Particulados

As partículas podem ter diversos efeitos sobre um material de matriz, dependendo das propriedades dos dois constituintes. Partículas dúcteis adicionadas a uma matriz frágil aumentam sua tenacidade, já que as fissuras da matriz têm dificuldade em passar através das partículas. Um exemplo é o poliestireno modificado com borracha, microestrutura que já foi ilustrada na Figura 3.19. Outro composto com partículas dúcteis, feito a partir de dois polímeros, tem a superfície de sua fratura mostrada na Figura 3.24.

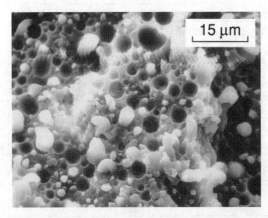

FIGURA 3.24 Superfície de fratura de polióxido de fenileno (PPO), modificado com partículas de poliestireno de alto impacto.

(Foto cedida pela General Electric Co., Pittsfield, MA.)

Quando adicionamos partículas de um material duro e rígido (alto E) a uma matriz dúctil, aumentamos a sua resistência e sua rigidez. Um exemplo é o negro de carbono adicionado à borracha. Como seria de esperar, em geral, partículas duras diminuem a resistência à fratura de uma matriz dúctil, e isto limita a utilidade de alguns compósitos deste tipo. No entanto, o compósito pode ainda ser útil, se tiver outras propriedades desejáveis que superem as desvantagens de tenacidade limitada, tais como a alta dureza e resistência ao desgaste dos carbonetos cimentados.

Se a quantidade e o tamanho das partículas duras adicionadas a uma matriz dúctil são muito pequenos, a redução na tenacidade é pequena. Numa matriz metálica, o efeito de endurecimento desejável e similar ao de endurecimento por precipitação pode ser conseguido pela sinterização do metal, na forma de pó, com partículas cerâmicas de tamanhos da ordem de 0,1 μm. Isto é chamado de *endurecimento por dispersão*. A fração volumétrica de partículas raramente ultrapassa 15% e a quantidade pode ser tão pequena como 1%. O alumínio reforçado desta forma com Al_2O_3 tem melhorada a sua resistência à fluência. O tungstênio é endurecido similarmente pela dispersão de pequenas quantidades de óxidos cerâmicos, tais como ThO_2, Al_2O_3, SiO_2, e K_2O, de modo que tenha suficiente resistência à fluência para seu uso em filamentos de lâmpada. Note que as partículas introduzidas desta forma não terão uma estrutura cristalina coerente com o material base.

3.7.2 Compósitos Fibrosos

Fibras resistentes e rígidas podem ser feitas a partir de materiais cerâmicos, que seriam difíceis de utilizar como materiais estruturais na forma monolítica, tais como o vidro, a grafita (carbono), o boro e o carboneto de silício (SiC). Quando esses elementos são incorporados a uma matriz de material dúctil, tal como um polímero ou um metal, o compósito resultante pode ser resistente, rígido e tenaz. As fibras carregam a maior parte da tensão, enquanto a matriz mantém as fibras juntas. As fibras e a matriz podem ser vistas na fotografia de um material compósito fraturado, apresentado na Figura 3.25. Uma boa adesão entre as fibras e a matriz é importante, pois isso permite que a matriz possa transportar a tensão de uma fibra para outra no local de ruptura de uma fibra ou onde uma fibra simplesmente termina, devido a sua limitação no comprimento. Os diâmetros das fibras estão, normalmente, no intervalo de tamanho de 1 a 100 μm.

FIGURA 3.25 Superfície de fratura mostrando fibras quebradas em um compósito de fibras de Nicalon® (um tipo de SiC) em uma matriz vitro-cerâmica de aluminosilicato de cálcio (*CAS*).

(Foto por S. S. Lee. Material fabricado pela Corning.)

As fibras são utilizadas em materiais compósitos em uma variedade de configurações diferentes, duas das quais estão mostradas na Figura 3.23. Quando empregam-se fibras curtas, orientadas aleatoriamente, obtém-se um compósito que tem propriedades semelhantes em todas as direções. As fibras de vidro picadas, usadas para reforçar termoplásticos, geram este tipo de compósitos. *Whiskers* representam uma classe especial de fibras curtas, que consistem em cristais únicos, pequenos e alongados, muito resistentes por estarem praticamente livres de discordâncias. Os diâmetros são de 1 a 10 μm, ou menores, e os comprimentos são 10 a 100 vezes maiores que o diâmetro. Por exemplo, *whiskers* de SiC orientados aleatoriamente podem ser usadas para reforçar e enrijecer ligas de alumínio.

As fibras longas podem ser trabalhadas em um tecido ou obtidas na forma de uma esteira de fios entrelaçados. As fibras de vidro em ambas configurações são utilizadas com resinas de poliéster para tornar as formas de compósitos mais comuns. Os compósitos de alto desempenho são geralmente feitos empregando-se fibras longas, contínuas e retas (não tecidas). As fibras contínuas, orientadas todas numa única direção, proporcionam a máxima resistência e rigidez ao compósito paralelo às fibras. Uma vez que tal material é pouco resistente na direção transversal às fibras, várias camadas finas com diferentes orientações de fibras são normalmente empilhadas num laminado, como mostrado na Figura 3.26. Por exemplo, compósitos com uma matriz de plástico termoestável, muitas vezes o epóxi, são montados desta forma usando chapas (lâminas) parcialmente curadas, chamadas de *pré-impregnados*,

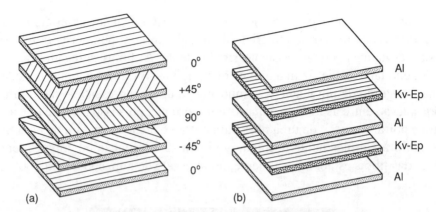

FIGURA 3.26 Compósitos laminados. Chapas de várias direções de fibra, como mostrado em (a), podem ser ligadas em conjunto. O laminado ARALL (b) é construído com folhas de alumínio ligadas a camadas de compósito constituído de fibras de Kevlar® numa matriz de epóxi.

porque elas foram previamente impregnadas com a resina epóxi. Aplica-se calor e pressão adequados para completar a reação de reticulação das cadeias do epóxi, enquanto, ao mesmo tempo, as camadas são ligadas em um laminado sólido. As fibras comumente utilizadas dessa maneira, com uma matriz de epóxi, incluem o vidro, o carbono, o boro e o Kevlar®, um polímero de aramida. A microestrutura de um compósito laminado pode ser vista na Figura 3.27.

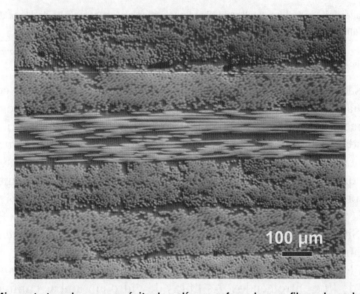

FIGURA 3.27 Microestrutura de um compósito de polímero reforçado com fibras de carbono, mostrando fibras normais à superfície seccionada e outras em várias orientações, conforme visualizada pela técnica interferência diferencial (DIC), utilizando o sistema Nomarski. A matriz é um polímero termoestável com um agente de melhoria de tenacidade.

(Foto cedida por George F. Vander Voort, Vander Voort Consulting, Wadsworth, IL; usada com permissão.)

Para os compósitos fibrosos de matriz polimérica, podemos obter resistências mecânicas comparáveis aos metais estruturais, conforme a Figura 3.28 (a). Os valores para o compósito comum de fibra de vidro em matriz de poliéster e dos metais estruturais de menores resistências são semelhantes. Mas, para epóxi reforçada com fibras longas

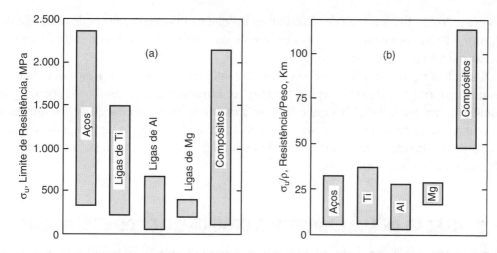

FIGURA 3.28 Comparação da resistência para várias classes de metais estruturais e de compósitos de matriz polimérica, mostrando intervalos de (a) resistência à tração e (b) resistência à tração por unidade de peso.

(Dados de [Farag 89] pp. 174-176.)

de vidro tipo S ou carbono, a resistência rivaliza com a dos aços mais resistentes. Os valores de rigidez (E) para laminados de alto desempenho são comparáveis aos do alumínio, mas são menores que os do aço. No entanto, quando se considera materiais para aplicações nas quais o peso é fator crítico, tais como nas estruturas aeronáuticas, é mais relevante considerar a relação resistência-peso e a relação rigidez-peso. Nesta base de comparação, os compósitos fibrosos de alto desempenho são superiores aos metais estruturais na resistência e rigidez. Isto é ilustrado para a resistência na Figura 3.28 (b).

Por causa das limitações da matriz, os compósitos de matriz polimérica têm uma resistência limitada a alta temperatura. Os compósitos com matriz de alumínio ou titânio têm resistência a temperaturas razoáveis. Esses metais são, por vezes, usados com fibras contínuas retas de carboneto de silício com diâmetros relativamente grandes, em torno de 140 μ. Outros tipos e configurações de fibra também são utilizados.

Desenvolveram-se materiais compósitos com matriz de cerâmica para aplicações em altas temperaturas. Esses materiais possuem uma matriz que já é resistente e rígida, mas é frágil e tem baixa tenacidade à fratura. Fibras ou *whiskers* de outra cerâmica podem atuar para retardar rachaduras, transferindo a carga através das pequenas fissuras que apareçam, mantendo-as fechadas, de forma que seu crescimento é retardado. Por exemplo, *whiskers* de carboneto de silício numa matriz de Al_2O_3 são usadas com este objetivo. As fibras contínuas também podem ser utilizadas, tais como fibras de SiC numa matriz de Si_3N_4. Alguns compostos intermetálicos, tais como Ti_3Al e $NiAl$, têm propriedades similares a uma cerâmica, mas também um grau útil de ductilidade a alta temperatura que favorece a sua utilização como materiais de matriz para compósitos resistentes a temperaturas.

3.7.3 Compósitos Laminados

Um material feito pela combinação de camadas é chamado de *laminado*. As camadas podem diferir quanto à orientação das fibras, ou podem consistir em materiais diferentes. A madeira compensada é um exemplo familiar de um laminado, as camadas diferem quanto à direção das fibras e talvez também quanto ao tipo de madeira. Como já observado, folhas compostas unidirecionais são frequentemente laminadas, como na

90 CAPÍTULO 3 Uma Revisão sobre os Materiais de Engenharia

Figura 3.26 (a). O laminado de alumínio-aramida (Arall) tem camadas de uma liga de alumínio e um composto com fibras unidirecionais de Kevlar® numa matriz de epóxi, conforme a Figura 3.26 (b).

Quando a rigidez em flexão é necessária, juntamente com baixo peso, as camadas de um material resistente e rígido podem ser colocada em ambos os lados de um núcleo de construto leve. Tais materiais em *sanduíche* incluem chapas de alumínio ou de compósitos fibrosos ligados em cada lado a um núcleo feito de uma espuma rígida. Outra possibilidade é empregar um núcleo com a geometria de uma colmeia feita em alumínio ou em outro material.

3.8 SELEÇÃO DE MATERIAIS PARA COMPONENTES DE ENGENHARIA

Um componente de engenharia, tais como uma viga, um eixo, uma longarina, uma coluna ou um elemento de máquina, não deve se deformar excessivamente ou falhar por fratura. Ao mesmo tempo, o custo e o peso, na maioria das vezes, não devem ser excessivos. A consideração de projeto mais básica, para evitar a deformação excessiva, consiste em limitar a deflexão causada pela deformação elástica. Para uma determinada geometria do componente e de carga aplicada, a resistência à deflexão elástica — isto é, a *rigidez* — é determinada pelo módulo de elasticidade E do material. Quanto à *resistência*, o requisito mais básico é evitar que as tensões aplicadas excedam a resistência à falha do material, normalmente definida como a resistência ao escoamento σ_0, obtida a partir de um ensaio de tração.

Considere a situação geral na qual um componente de engenharia tem de cumprir um ou mais requisitos relacionados ao seu desempenho, como uma deflexão máxima permissível e/ou determinado fator de segurança contra o escoamento do material. Além disso, assuma que qualquer um dos vários materiais candidatos possa ser escolhido. Em tais situações, muitas vezes é possível realizar uma análise sistemática que fornecerá uma classificação dos melhores materiais para cada requisito de desempenho, proporcionando, assim, uma estruturação de informações que permitirá fazer a seleção final. Tal metodologia será apresentada nesta seção.

Antes de prosseguir, note que as propriedades dos materiais, tais como o módulo de elasticidade e o limite de escoamento, serão consideradas em detalhe no próximo capítulo, sob o ponto de vista da obtenção de seus valores a partir de testes laboratoriais. No entanto, para o objetivo atual, será suficiente empregar as definições simples dadas na seção 1.2.1. O módulo de elasticidade E é especificamente uma medida da rigidez do material sob carga axial. Para tensões e deformações de cisalhamento, que são importantes para o carregamento em torção, os valores de E são substituídos pelo *módulo de cisalhamento*, G, definido de modo semelhante. O limite de escoamento, σ_0, é especialmente relevante para materiais dúcteis, nos quais essas propriedades de tensão caracteriza a tensão acima da qual são obtidas grandes quantidades de deformações, relativamente mais fáceis de ser impostas pelo aumento da tensão. Para materiais frágeis, não há comportamento de escoamento claro, e a propriedade de resistência mais importante torna-se o *limite de resistência à tração*, σ_u (Fig. 1.3). Além disso, vamos precisar empregar alguns resultados da mecânica dos materiais, especificamente das equações para análise das tensões e deformações aplicáveis a componentes de geometrias simples. Tais equações, para casos selecionados, estão apresentadas no Apêndice A, no final deste livro, especialmente nas Figuras A.1, A.4, e A.7.

Tabela 3.13 Alguns Materiais de Engenharia Típicos para Problemas de Seleção de Materiais

Tipo de Material	Exemplo	Módulo de Elasticidade E, GPa	Resistência Mecânica σ_c, MPa	Massa Específica ρ, g/cm³	Custo Relativo, C_m
Aço estrutural comum	Aço AISI 1020	203	206[1]	7,9	1
Aço baixa liga	Aço AISI 4340	207	1.103[1]	7,9	3
Liga de Alumínio de Alta Resistência	AA 7075-T6	71	469[1]	2,7	6
Liga de Titânio	Ti-6Al-4V	117	1.185[1]	4,5	45
Polímero de Engenharia	Policarbonato (PC)	2,4	62[1]	1,2	5
Madeira	Madeira de pinus	12,3[2]	88[2]	0,51	1,5
Compósito comum	Tecido de fibra de vidro em resina epóxi (PRFV)	21	380[3]	2	10
Compósito de alto desempenho	Laminados de fibra de carbono em matriz epóxi	76	930[3]	1,6	200

Notas: (1) Limites de escoamento, σ_0, em tração foram empregados para metais e polímeros. (2) Foram empregados o módulo de elasticidade e o limite de resistência em flexão para a madeira de pinus. (3) O limite de resistência, σ_u, foi adotado para os compósitos. Fontes: Tabelas 4.2, 4.3 e 14.1 que, por sua vez, são uma síntese do autor de dados diversos.

Alguns materiais de engenharia, empregados em aplicações estruturais, representativos de várias classes e algumas de suas propriedades estão listadas na Tabela 3.13. Usaremos essa lista de exemplos em problemas relacionados com a seleção de materiais. Existem, claro, milhares de materiais de engenharia ou variações de um dado material. Assim, as seleções da lista devem ser consideradas apenas como uma indicação aproximada de qual classe ou classes de materiais podem ser considerados com mais detalhes para uma dada aplicação.

3.8.1 Procedimento de Seleção

Consideremos o caso de uma viga em balanço que possua uma secção transversal circular e uma carga na extremidade, tal como na Figura 3.29. Considere que a função da viga requer que ela tenha um determinado comprimento L e seja capaz de suportar uma carga específica P. Além disso, considere necessário que a tensão máxima seja inferior

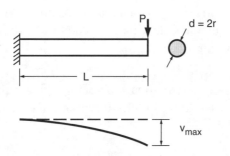

FIGURA 3.29 Viga em balanço.

92 CAPÍTULO 3 Uma Revisão sobre os Materiais de Engenharia

à resistência do material, $\sigma_c = \sigma_0$ ou σ_u, por um fator de segurança X, que pode ser da ordem de 2 ou 3. O peso é uma característica crítica, de modo que a massa m da viga tem de ser minimizada. Finalmente, o diâmetro, $d = 2r$, da secção transversal pode ser variado para permitir que o material escolhido satisfaça as várias exigências apontadas.

Um procedimento sistemático pode ser seguido de forma a selecionar o material ótimo para este e outros casos análogos. Para começar, classifique as variáveis que entram no problema nas seguintes categorias: (1) as especificações, (2) a geometria que pode ser variada, (3) as propriedades do material e (4) a quantidade a ser minimizada ou maximizada. Para o exemplo da viga, com ρ sendo a massa específica, essas variáveis tornam-se:

1. Especificações: L, P, X
2. Variável geométrica: r
3. Propriedades do material: σ_c e ρ
4. Parâmetro a ser minimizado: m

Em seguida, expresse a quantidade Q a ser minimizada ou maximizada como uma função matemática dos requisitos e das propriedades do material e na qual a geometria variável não apareça:

$$Q = f_1 \left(\text{Requisitos}\right) f_2 \left(\text{Material}\right) \tag{3.1}$$

Para a viga, Q é a massa m, de forma que as dependências funcionais necessárias são:

$$m = f_1 \left(L, P, X\right) f_2 \left(\rho, \sigma_c\right) \tag{3.2}$$

com o raio da viga r não aparecendo. Nota-se que todas as quantidades em f_1 são constantes para um determinado projeto, enquanto aqueles em f_2 variam de acordo com o material.

Para o procedimento funcionar, a equação para Q deve ser expressa como o produto de duas funções f_1 e f_2 separadas, conforme indicado. Felizmente, isso é geralmente possível. A variável geométrica não pode aparecer, pois seus diferentes valores, aplicáveis para cada tipo de material, ainda não são conhecidos nesta fase do procedimento. No entanto, ela pode ser calculada depois, para quaisquer valores desejados de especificação. Uma vez que o valor desejado de $Q = f_1 f_2$ é obtido, ele pode ser aplicado a cada material candidato. O material com o menor ou maior valor de Q será escolhido, dependendo se a variável Q deve ser minimizada ou maximizada, respectivamente.

EXEMPLO 3.1

Para a viga da Figura 3.29 e os materiais da Tabela 3.13, proceda como se segue:
(a) Realize a seleção de materiais para a massa mínima do componente.
(b) Calcule o raio r requisitado da viga para cada material, assumindo valores de $P = 200$ N, $L = 100$ mm e $X = 2$.

Solução

(a) Para obter a expressão matemática específica para a Equação 3.2, comece por exprimir a massa como sendo o produto do volume da viga pela massa específica do material que a compõe:

$$m = \left(\pi r^2 L\right) \rho$$

O raio r da viga necessita ser eliminado e as outras variáveis mantidas na equação. Isto pode ser conseguido notando que a tensão máxima no feixe é

$$\sigma = \frac{M_{máx} c_1}{I_z}$$

em que esta é a expressão padrão para a tensão causada pela flexão, tal como obtido a partir da Figura A.1 (b) no Apêndice A.

Para uma secção transversal circular, a distância $c_1 = r$. O momento de inércia, obtido a partir da Figura A.2 (b), e o momento de flexão máximo, da Figura A.4 (c), são

$$I_z = \frac{\pi r^4}{4}, \qquad M_{máx} = P \, l$$

Substituindo $M_{máx}$, c_1 e I_z na equação para a tensão σ, temos

$$\sigma = \frac{(P\,L)(r)}{(\pi r^4 / 4)} = \frac{4 P\,L}{\pi r^3}$$

A mais alta tensão admissível é a resistência à fratura do material dividida pelo fator de segurança:

$$\sigma = \frac{\sigma_c}{X}$$

Combinando as duas últimas equações e resolvendo para r, leva à

$$r = \left(\frac{4 P\,L\,X}{\pi\,\sigma_c} \right)^{1/3}$$

Finalmente, substituindo esta expressão para r na equação de m oferece:

$$m = \pi L \rho \left(\frac{4 P\,L\,X}{\pi\,\sigma_c} \right)^{2/3}, \qquad m = [f_1][f_2] = \left[\pi \left(\frac{4 P\,X}{\pi} \right)^{2/3} L^{5/3} \right] \left[\frac{\rho}{\sigma_c^{2/3}} \right]$$

em que a segunda equação foi manipulada para obter os valores de f_1 e f_2 desejados em separado, conforme delimitado pelos colchetes.

Uma vez que todas as quantidades em f_1 possuam valores fixos, a massa vai ser minimizada se a expressão f_2 é minimizada. Por exemplo, para AISI 1020 aço,

$$f_2 = \frac{\rho}{\sigma_c^{2/3}} = \frac{7,9 \text{ g/cm}^3}{(260 \text{ MPa})^{2/3}} = 0,194$$

Os valores calculados de forma similar para os demais materiais da Tabela 3.13 estão listados na primeira coluna da Tabela E3.1.

A classificação dos materiais em função da massa (1 = melhor etc.) é dada na segunda coluna. Nesta base comparativa, o composto de carbono com epóxi é a melhor escolha e a madeira, a segunda melhor.

(b) O valor requisitado para o raio r da viga pode ser calculado a partir da equação desenvolvida considerando os valores de P, L e X dados, juntamente com o σ_c para cada material. Para AISI aço 1020, por exemplo, isto dá:

$$r = \left(\frac{4P\,L\,X}{\pi\,\sigma_c} \right)^{1/3} = \left[\frac{4(200\text{ N})(100\text{ mm})(2)}{\pi\left(260\text{ N/mm}^2\right)} \right] = 5,81\text{ mm}$$

Valores similarmente calculados para os outros materiais são listados na quarta coluna da Tabela E3.1.

Tabela E3.1

Material	$\rho/\sigma_c{}^{2/3}$	Classificação pela Mínima Massa	Raio r, mm	$C_m\,\rho/\sigma_c$ 2/3	Classificação para Mínimo Custo
Aço estrutural comum	0,194	8	5,81	0,194	2
Aço baixa liga	0,0740	6	3,59	0,222	3
Liga de alumínio de alta resistência	0,0447	5	4,77	0,268	4
Liga de titânio	0,0402	4	3,50	1,81	7
Polímero de engenharia	0,0766	7	9,37	0,383	6
Madeira	0,0258	2	8,33	0,0387	1
Compósito comum	0,0381	3	5,12	0,381	5
Compósito de alto desempenho	0,0168	1	3,80	3,36	8

Notas: As unidades são g/cm³ para ρ e MPa para σ_c. A resistência σ_c equivale ao limite de escoamento para os metais e polímero e ao limite de resistência para madeira, vidro e compósitos. A classificação considera 1 = melhor etc., para a massa mínima ou custo (C_m).

3.8.2 Discussão

Ao selecionar um material, pode haver requisitos adicionais ou mais de uma variável que necessita ser maximizada ou minimizada. Por exemplo, para o exemplo anterior da viga, pode haver uma limitação para a máxima deflexão admissível. A aplicação do procedimento de seleção a esta situação dá uma nova $f_2 = f_2\,(\rho,\,E)$ e uma diferente classificação dos materiais. Por isso, pode ser necessário definir um compromisso de escolha que considere os dois conjuntos de classificação.

O custo é quase sempre uma consideração importante e o processo de seleção apresentado anteriormente pode ser aproveitado neste aspecto, considerando Q como sendo o custo. Como o custo dos materiais varia ao longo do tempo e das condições mercadológicas, são necessárias informações atuais de fornecedores de materiais para uma comparação exata dos custos envolvidos. Algumas estimativas grosseiras de custo relativo foram listadas para diversos materiais na Tabela 3.13. Esses custos relativos são obtidos por meio de relacionamento com o custo do aço baixo carbono estrutural comum (aço doce). Os valores são dados em termos de custo relativo por unidade de massa, C_m. A classificação final do material em termos de custo raramente vai concordar com a classificação baseada no desempenho, de modo que é necessário um compromisso entre os dois critérios para fazer a seleção final.

Outros fatores, além de rigidez, resistência, peso e custo, geralmente, também afetam a seleção de um material. Exemplos incluem o custo e viabilidade de fabricação do componente a partir do material selecionado, exigências dimensionais que limitam os valores admissíveis de variação geométrica no componente e a sensibilidade a ambientes hostis tanto térmica quanto quimicamente. No que diz respeito a este último caso, materiais específicos estão sujeitos a degradação em ambientes particulares e essas combinações devem ser evitadas. Informações sobre a sensibilidade ambiental estão disponíveis em manuais sobre materiais, tais como os listados no final deste capítulo.

Em adição às deflexões causadas pela deformação elástica, existem situações nas quais é importante considerar as deformações, ou até mesmo o colapso, devido à deformação plástica ou à fluência. Além disso, a fratura pode ocorrer por outros meios que a simples aplicação de valores de tensão que excedam o limite de escoamento ou de resistência dos materiais. Por exemplo, falhas podem causar fratura frágil, ou carregamento cíclico pode levar ao trincamento por fadiga em níveis de tensão relativamente baixos. A seleção de materiais deve considerar tais causas adicionais de falha possíveis de ocorrer em um componente. Note que a plasticidade, fluência, fratura e fadiga são abordadas em capítulos posteriores neste livro, começando com o Capítulo 8.

O tipo geral de procedimento de seleção sistemática de materiais considerado nesta secção é desenvolvido em detalhes no livro de Ashby (2011) e é também empregado na base de dados *CES Selector 2009*.

EXEMPLO 3.2

Para o problema da viga do Exemplo 3.1, estenda a análise considerando os custos.

Solução

Isto pode ser conseguido minimizando a quantidade

$$Q = C_m m$$

em que C_m é o custo relativo por unidade de massa, obtido a partir da Tabela 3.13. Usando a expressão obtida para massa m, no final do Exemplo 3.1, descobrimos que esse Q vale

$$Q = [f_1(L, P, X)]\left[\frac{C_m \rho}{\sigma_c^{2/3}}\right]$$

na qual f_1 é a mesma função que antes (Exemplo 3.1) e a quantidade a ser minimizada é a expressão entre o segundo conjunto de colchetes. Os valores deste novo f_2 estão adicionados na penúltima coluna da Tabela E3.1, juntamente com uma nova classificação, na última coluna.

Se o custo é realmente importante, a escolha prévia de compósito de carbono-epóxi provavelmente teria de ser descartada, uma vez que é a mais cara. A madeira é agora o melhor material da classificação, e o aço comum é o segundo melhor. Se tanto o baixo peso e o baixo custo forem importantes, então a madeira seria a escolha certa. Se a madeira não é adequada, por alguma razão, então ou compósito vidro-epóxi ou uma liga de alumínio pode ser escolhida como representando um compromisso razoável.

3.9 RESUMO

Certo número de metais possui combinações de propriedades e disponibilidade que promovem a sua utilização como materiais de engenharia para aplicações estruturais. Entre eles estão os aços e ferros fundidos, o alumínio, titânio, cobre e magnésio. Os metais puros na forma monolítica deformam-se plasticamente em tensões muito baixas, porém níveis de resistência mais úteis para aplicações estruturais podem ser obtidos pela introdução de obstáculos à movimentação de discordâncias por meio de trabalho a frio, endurecimento por solução sólida, por precipitação e pela introdução de múltiplas fases. As ligas com quantidades variadas de um ou mais metais ou não metais adicionais são normalmente necessárias para alcançar esta resistência e, assim, ajustar suas propriedades para obter um metal de engenharia útil.

Nos aços, pequenas quantidades de carbono e de outros elementos em solução sólida proporcionam algum aumento de resistência sem a necessidade de tratamentos térmicos. Para teores de carbono acima de cerca de 0,3%, um incremento substancial na resistência pode ser obtido a partir do tratamento térmico por têmpera e revenimento. Pequenas percentagens de elementos de liga, tais como Ni, Cr e Mo melhoraram o efeito de endurecimento. Aços especiais, tais como os aços inoxidáveis e aços ferramenta, normalmente incluem percentagens bastante substanciais de vários elementos de liga.

Considerando-se as ligas de alumínio, os níveis mais elevados de resistência neste metal leve são obtidos pela formação de ligas e de tratamentos térmicos que proporcionam um endurecimento por precipitação (envelhecimento) eficaz. O magnésio, que é o mais leve dos metais de engenharia, pode ser empregado como ligas, que são endurecidas de modo semelhante às ligas de alumínio. As ligas de titânio são um pouco mais pesadas do que as de alumínio, mas tem maior resistência à temperatura. Elas são endurecidas por uma combinação de vários métodos, incluindo efeitos de fases múltiplas nas ligas alfa-beta. As superligas são metais e resistentes à corrosão e a altas temperaturas que possuem grande percentagem de dois ou mais dos metais níquel, cobalto e ferro.

Os polímeros têm longas cadeias de moléculas, ou uma estrutura em rede delas, que são baseadas no carbono. Em comparação com os metais, faltam-lhes rigidez, resistência mecânica e à temperatura. No entanto, as desvantagens são compensadas por seu baixo peso e resistência à corrosão, o que leva os polímeros a serem utilizados em numerosas aplicações sujeitas a baixa tensão. Os polímeros são classificados como termoplásticos se eles puderem ser repetidamente fundidos e solidificados. Alguns exemplos de materiais termoplásticos são o polietileno, polimetilmetacrilato e nylon. Um comportamento contrastante ocorre nos plásticos termoestáveis (ou termofixos), que são alterados quimicamente durante o seu processamento, de forma que depois não podem ser derretidos. Exemplos incluem compostos fenólicos e epóxis. Elastômeros, tais como as borrachas naturais e sintéticas, distinguem-se por serem capazes de deformações de pelo menos 100% a 200%, e de, em seguida, recuperar a maior parte da deformação após a remoção da tensão.

Um dado termoplástico é geralmente vítreo e quebradiço abaixo de sua temperatura de transição vítrea, T_v. Acima da T_v de um dado polímero, a rigidez (E) é provavelmente muito baixa, a menos que o material tenha uma estrutura substancialmente cristalina. A rigidez e a resistência em polímeros também são melhoradas por longos comprimentos das cadeias de moléculas, pela ramificação dessas cadeias em polímeros amorfos e pela formação de reticulados entre as cadeias. Os plásticos termoestáveis têm uma estrutura molecular que leva à formação de grande número de ligações cruzadas, ou uma estrutura de rede, durante o seu processamento. Uma vez que as ligações covalentes são formadas, o material não pode ser derretido posteriormente e isso explica o comportamento termoestável. A vulcanização da borracha é também um processo de termoendurecimento, durante o qual os átomos de enxofre formam ligações cruzadas que ligam as cadeias de moléculas entre si.

As cerâmicas são sólidos cristalinos não metálicos e inorgânicos formados, geralmente, por compostos químicos. Produtos da argila, porcelana, pedras naturais e concreto são combinações bastante complexas de fases cristalinas, principalmente sílica (SiO_2), óxidos de metais e de $CaCO_3$, como no caso de algumas rochas naturais, que são ligadas entre si de várias formas. As cerâmicas de engenharia de alta resistência tendem a ser compostos químicos relativamente simples, tais como óxidos, carbonetos ou nitretos. Metais duros, assim como os carbonetos cimentados, são materiais cerâmicos sinterizados com uma fase metálica atuando como elemento de ligação. Os vidros são materiais amorfos (não cristalinos) que consistem em SiO_2 combinado com várias quantidades de óxidos de metais.

Todas as cerâmicas e os vidros tendem a ser frágeis, em comparação com os metais. No entanto, muitas têm vantagens, tais como baixo peso, elevada rigidez, elevada resistência à compressão e à temperatura, características que tornam as cerâmicas e os vidros os materiais mais adequados para determinadas situações.

Os compósitos são combinações de dois ou mais materiais, geralmente com um atuando como a matriz e o outro como reforço. O reforço pode ter a forma de partículas, fibras curtas ou fibras contínuas. Os compósitos incluem muitos materiais comuns feitos pelo homem, tais como concreto, carbonetos cimentados, plásticos reforçados por fibras de vidro e outros plásticos reforçados, bem como materiais biológicos, nomeadamente a madeira e o osso. Os compósitos de alto desempenho, como os utilizados em aplicações aeroespaciais, geralmente empregam fibras de alta resistência em uma matriz dúctil. As fibras são muitas vezes uma cerâmica ou um vidro, e a matriz é um polímero ou de um metal leve. No entanto, até mesmo uma matriz de cerâmica torna-se mais resistente e menos frágil pela presença de fibras de reforço.

Muitas vezes torna-se útil combinar camadas para fazer um compósito laminado. As camadas podem diferir quanto à direção das fibras, podem consistir em mais do que um tipo de material, ou possuírem ambas as variações. Compósitos laminados de alto desempenho podem ser vantajosos para uso em situações tais como em estruturas aeroespaciais, por sua alta resistência e rigidez por unidade de peso, que são bastante elevadas em comparação com a dos metais.

A seleção de materiais para o projeto de engenharia requer uma compreensão dos materiais e de seu comportamento e também de informações detalhadas sobre eles, tais como as encontradas em manuais ou repassadas por seus fornecedores. Uma análise sistemática, conforme descrito na Seção 3.8, pode ser útil na seleção de materiais.

A revisão sobre os materiais de engenharia oferecida neste capítulo deve ser considerada como apenas um resumo. Inúmeras fontes de informações mais detalhadas existem, algumas das quais estão indicadas nas Referências deste capítulo. Empresas que fornecem materiais também são usualmente fontes úteis de informação sobre os seus produtos específicos.

98 CAPÍTULO 3 Uma Revisão sobre os Materiais de Engenharia

NOVOS TERMOS E SÍMBOLOS

Aço	Martensita
Aço baixa liga	Material compósito
Aço carbono comum	Metais conformados
Aço ferramenta	Metal duro
Aço inoxidável	Modificador de rede
Austenita	Perlita
Carboneto cimentado	Plástico reforçado
Cementita, Fe_3C	Plástico termoestável
Cerâmica	Plastificante
Compósito fibroso	Precipitado coerente
Compósito particulado	Processamento por deformação
Composto intermetálico	Recozimento
Copolímero	Refino de grão
Elastômero	Segunda fase
Endurecimento por dispersão	Seleção de materiais
Endurecimento por precipitação	Sinterização
Endurecimento por solução sólida	Superliga
Ferrita	Têmpera e revenimento
Ferro fundido	Termoplástico
Ferro fundido branco	Trabalho a frio
Ferro fundido dúctil (nodular)	Tratamento térmico
Fundição	Vidro
Laminado	Vulcanização
Liga de titânio alfa-beta	*Whisker*
Ligação cruzada	

Referências

(a) Referências Gerais

ASHBY, M.F., 2011. *Materials Selection in Mechanical Design*, 4th ed., Butterworth-Heinemann, Oxford, UK.

ASHBY, M., SHERCLIFF, H., CEBON, D., 2010. *Materials: Engineering, Science, Processing and Design*, 2nd ed., Butterworth-Heinemann, Oxford, UK.

ASTM, 2010. *Annual Book of ASTM Standards, Section 1: Iron and Steel Products*, Vols. 01.01 to 01.08, ASTM International, West Conshohocken, PA.

BUDINSKI, K.G., BUDINSKI, M.K., 2010. *Engineering Materials: Properties and Selection*, 9th ed., Prentice Hall, Upper Saddle River, NJ.

KINGERY, W.D., BOWEN, H.K., UHLMANN, D.R., 1976. *Introduction to Ceramics*, 2d ed., John Wiley, New York.

MALLICK, P.K., 2008. *Fiber-Reinforced Composites: Materials, Manufacturing, and Design*, 3rd ed., CRC Press, Boca Raton, FL.

SAE. 2008. *Metals and Alloys in the Unified Numbering System*, 11th ed., Pub. No. SAE HS-1086, SAE International, Warrendale, PA; also Pub. No. ASTM DS56J, ASTM International, West Conshohocken, PA.

SPERLING, L.H., 2006. Introduction to Physical Polymer Science, 4th ed., Hoboken, NJ, John Wiley.

(b) Manuais sobre Materiais e Bases de Dados

ASM. 2001. *ASM Handbook: Vol. 1, Properties and Selection: Irons, Steels, and High Performance Alloys; Vol. 2, Properties and Selection: Nonferrous Alloys and Special-Purpose Materials;* and *Vol. 21, Composites,* pub. 1990, 1990, and 2001, respectively, ASM International, Materials Park, OH.

ASM. 1991. *Engineered Materials Handbook: Vol. 2, Engineering Plastics; Vol. 3, Adhesives and Sealants;* and *Vol. 4, Ceramics* and Glasses, pub. 1988, 1990 and 1991, respectively, ASMInternational, Materials Park, OH.

CES. 2009. *CES Selector 2009,* database of materials and processes, Granta Design Ltd, Cambridge, UK. (See *http://www.grantadesign.com*).

DAVIS, J.R. ed. 1998. *Metals Handbook: Desk Edition.* 2d ed., ASM International, Materials Park, OH.

DAVIS, J.R. ed. 2003. *Handbook of Materials for Medical Devices*, ASM International, Materials Park, OH.

GAUTHIER, M.M., vol. chair. 1995. *Engineered Materials Handbook, Desk Edition,* ASM International, Materials Park, OH.

HARPER, C.A. ed. 2006. Handbook of Plastics Technologies. McGraw-Hill, New York.

SOMIYA, S. et al., eds. 2003. *Handbook of Advanced Ceramics*, vols. 1 and 2, Elsevier Academic Press, London, UK.

PROBLEMAS E QUESTÕES
Seções 3.2 a 3.4

3.1 Examine várias ferramentas ou peças pequenas de metal. Tente determinar se cada um foi formado por forjamento, laminação, extrusão, estampagem ou fundição. Considere a forma global do objeto, quaisquer características superficiais existentes e mesmo palavras que estejam marcadas na peça.

3.2 O níquel e o cobre são mutuamente solúveis em todas as percentagens como ligas substitucionais com uma estrutura cristalina CFC. O efeito de até 30% de níquel sobre a resistência ao escoamento do cobre é mostrado na Figura 3.3. Esboce um gráfico qualitativo mostrando o que você espera para o limite de escoamento para ligas de Cu-Ni puras, à medida que o teor de níquel é variado de zero a 100%.

3.3 Explique em poucas palavras por que aços inoxidáveis não podem ser endurecidos por meio de têmpera e revenimento.

3.4 No desenvolvimento da tecnologia humana, a Idade da Pedra foi seguida pela Idade do Bronze, a qual, por sua vez, foi seguida pela Idade do Ferro. Por que não houve uma idade do latão? (Note que o cobre ligado com 35% de zinco dá um latão típico. Além disso, o cobre ligado com 10% de estanho dá um bronze típico.) Por que a idade do ferro não ocorreu imediatamente após a idade da pedra?

3.5 Explique por que o metal berílio é uma boa escolha para as seções hexagonais do espelho primário do Telescópio Espacial James Webb, programado pela NASA para ser lançado em 2018. Comece por encontrar valores de algumas das propriedades básicas de berílio, tais como a sua temperatura de fusão T_f, massa específica ρ, módulo de elasticidade E e coeficiente de expansão térmica α, bem como informações gerais sobre este telescópio.

100 CAPÍTULO 3 Uma Revisão sobre os Materiais de Engenharia

Seção 3.5

3.6 Explique em suas próprias palavras por que plásticos termofixos não têm uma diminuição acentuada no módulo de elasticidade, E, próximo à temperatura de transição vítrea, T_v.

3.7 Para os polímeros na Tabela 3.9, esboce a variação de T_v contra T_f depois de converter ambas para a escala absoluta. Use um símbolo diferente para descrever cada classe de polímero. Será que há uma correlação entre T_v e T_f? Existem diferentes tendências para as diferentes classes de polímeros?

3.8 Plásticos de engenharia na forma monolítica apresentam módulos de elasticidade na faixa de $E = 2$ a 3 GPa. No entanto, para as fibras de Kevlar®, o valor pode ser tão alto quanto 120 GPa. Explique como isso é possível.

3.9 O polietileno de ultra alto peso molecular (*UHMWPE*) é utilizado para as superfícies de contato em juntas de articulações substituídas cirurgicamente. Consulte referências e/ou faça uma pesquisa na Internet sobre este assunto. Verifique mais detalhadamente como e onde o *UHMWPE* é utilizado no corpo humano e identifique suas características especiais que o tornam apto para tal uso. Em seguida, escreva alguns parágrafos resumindo o que você encontrou.

Seção 3.6

3.10 Para o vidro tipo S, mostrado na Tabela 3.11, explique por que razão não estão incluídos neste tipo de vidro alguns óxidos comumente utilizados nas demais categorias de vidro e por que a percentagem de Al_2O_3 é alta. Como você esperaria que a resistência das fibras de vidro S fosse em relação às fibras de vidro E?

3.11 Considere os dados para a resistência do Al_2O_3, SiC e vidro, tanto na forma monolítica quanto na forma de fibras, conforme Tabelas 3.10 e 2.2 (b), respectivamente. Explique as grandes diferenças entre as resistências em tensão e compressão para esses materiais na forma monolítica e também por que as resistências das fibras a tração são muito maiores do que para o material monolítico.

3.12 Os antigos romanos empregavam um cinza vulcânica chamada *pozzolana* para fazer um material com certa similaridade ao concreto moderno feito com cimento Portland. Consulte fontes além deste livro e escreva dois ou três parágrafos sobre como esse material se diferenciava do concreto moderno, no que era similar e o grau de sucesso romano no uso deste material de construção.

Seção 3.7

3.13 Calcule as razões entre resistência e massa específica e rigidez por massa específica densidade, σ_u/ρ e E/ρ, para os cinco primeiros metais da Tabela 3.1 e para os *whiskers* e fibras de SiC e Al_2O_3 na Tabela 2.2 (a) e (b). Use os limites superiores da resistência para os metais. Para o SiC e Al_2O_3, utilize as densidades da Tabela 3.10 como valores aproximados. Esboce a relação entre σ_u/ρ e E/ρ, usando símbolos diferentes para identificar os pontos para os metais, fibras e *whiskers*. Que tendências você observa? Discuta o significado dessas tendências, tendo em vista a possibilidade de fabricação de compósitos de matriz de metal contendo, por exemplo, 50% de fibras de *whiskers* por volume.

3.14 Discuta, de forma concisa, as diferenças entre endurecimento por precipitação e endurecimento por dispersão.

Seção 3.8

3.15 Considere a viga de seção transversal circular da Figura 3.29 e o Exemplo 3.1. Como antes, o raio r da secção transversal pode variar com o material, e é preciso que a viga tenha um comprimento L e suporte uma carga P. No entanto, neste caso, o requisito de resistência é substituído pelo requisito que a deflexão não deve exceder um determinado valor v_{max}.

(a) Selecione um material a partir da Tabela 3.13 de tal modo que a massa seja minimizada.

(b) Repita a seleção com o custo a ser minimizado.

(c) Discuta brevemente os resultados e sugira um ou mais materiais que representem uma escolha razoável, na qual tanto o peso leve e o custo sejam importantes.

3.16 Considere um elemento sob tensão que faz parte da estrutura de uma aeronave pessoal. Para uma seleção de materiais preliminar, devemos assumir que o membro tenha uma seção reta quadrada de lado h que pode variar de acordo com a escolha do material. O comprimento L é fixo. Há dois requisitos funcionais. Em primeiro lugar, uma força P deve ser aplicada de modo que seja aplicado um fator de segurança X que previne que o carregamento no material exceda a sua resistência à fratura. Em segundo lugar, a deflexão, devido à força P, não deve exceder uma determinada alteração de comprimento ΔL. Faça uma escolha adequada entre os materiais da Tabela 3.13 que considere esses requisitos, baixo peso, custo e quaisquer outras considerações que você acredite serem importantes. Justifique resumidamente a sua escolha.

3.17 Uma coluna é um membro estrutural que resiste a uma força de compressão. Se uma coluna falha, isso ocorrerá por flambagem, isto é, de repente a coluna desvia lateralmente. Para colunas relativamente finas e longas isto ocorre a uma carga crítica de

$$P_{cr} = \frac{\pi^2 E\,I}{L^2}$$

em que E é o módulo de elasticidade do material da coluna e I é o momento de inércia da área da secção transversal. Assume-se que a secção transversal seja um tubo de parede fina com uma espessura de parede t, raio interno r_1, com as proporções $t = 0{,}2\,r_1$ sendo mantidas, sendo que o tamanho da seção pode variar com o material escolhido. A coluna deve ter um determinado comprimento L e resistir a uma carga P, que é menor do que a P_{cr} por um fator de segurança X. Notando que a importância relativa do baixo peso e baixo custo pode variar de acordo com a aplicação, faça uma seleção preliminar para os materiais desta coluna oriundos da Tabela 3.13 para as seguintes situações:

(a) um membro estrutural sob compressão empegado em uma estação espacial.

(b) um suporte para o segundo andar acima da garagem em uma residência privada.

3.18 Um vaso de pressão esférico que deve armazenar ar comprimido deve ser projetado com um determinado raio interior r_1, sendo que a parede de espessura t pode variar com a escolha do material. O vaso deve resistir a uma pressão P de tal modo que há um fator de segurança X que previne a sua tensão de falha.

(a) Considerando peso e custo, e quaisquer outros fatores que você considere importantes, faça uma seleção de materiais preliminar da Tabela 3.13 para esta aplicação.

(b) Calcule a espessura necessária deste vaso para cada material. Assuma um raio interno para este vaso $r_1 = 2$ m, uma pressão de $p = 0,7$ MPa e um fator de segurança para a resistência do material de $X = 3$. Comente os valores obtidos. Por que alguns são muito maiores que os outros?

3.19 Um feixe de molas de um sistema de suspensão de um veículo experimental possui um comprimento $L = 0,5$ m, com uma secção transversal retangular, como mostrado na Figura P3.19. Esta parte, atualmente concebido com um aço de baixa liga, tem uma largura $t = 60$ milímetros e uma profundidade $h = 5$ mm. No entanto, se possível, é desejável substituir esse aço por outro material que diminua o peso da componente. Para evitar redesenhar outras partes relacionadas, a dimensão T não deve ser alterada, mas h pode ser variada, desde que não seja superior a 12 mm. A rigidez da mola deve ser $k = P/v = 50$ kN/m. Além disso, a mola atinge um limite ao seu movimento quando $v_{max} = 30$ mm, ponto no qual a tensão não pode se elevar até oferecer um limite de segurança de, no mínimo, $X = 1,4$.

(a) Em primeiro lugar, considerando-se apenas a exigência de $k = 50$ kN/m, determine que materiais da Tabela 3.13 irão proporcionar um componente com peso mais leve.

(b) Em seguida, para cada material, calcule o h necessário para cumprir a exigência $k = 50$ kN/m, e também o fator de segurança em relação ao σ_c na

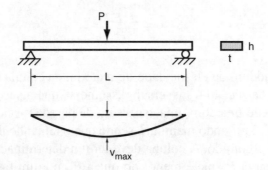

FIGURA P3.19

$v_{máx} = 30$ mm. Elimine quaisquer materiais que não atendam a h $\leq$ 12 mm e X $\geq$ 1,4.

(c) Finalmente, compare o projeto empregando aço ligado com os demais candidatos restantes, considere o custo e quaisquer outros fatores que você considere importantes.

3.20 Uma viga é simplesmente suportada nas suas extremidades, tem um comprimento $L = 1,50$ m e é submetida a uma carga uniformemente distribuída $w = 2,00$ KN/m, como na Figura A.4 (b). A viga possui secção de caixa oca, como na Figura A.2 (d), com as proporções $b_2 = h_2$ e $b_1 = h_1 = 0,70\ h_2$. Existem dois requisitos de concepção deste projeto: empregar um fator de segurança contra escoamento ou outra falha do material deve ser pelo menos igual a $X = 2,5$; e a deflexão central não deve exceder 20 mm. Usando as propriedades da Tabela 3.13, considere a obtenção da viga a partir de um dos seguintes materiais: aço AISI 1020, titânio 6Al-4V ou compósito de grafite-epóxi.

(a) O tamanho da viga h_2 é necessário para cada um dos materiais para satisfazer o requisito de $X = 2,5$?

(b) Qual tamanho da viga h_2 é necessário para cada material a fim de evitar uma deflexão maior do que 20 mm?

(c) Considerando ambos os requisitos, qual seria o tamanho requerido, h_2, para cada escolha de material?

(d) Qual escolha do material é a mais econômica? Qual apresentará menor peso?

Seção 3.9

3.21 Examine uma bicicleta e tente identificar os materiais utilizados para seis partes diferentes. Como cada material seria apropriado para uso na parte onde ele é encontrado? (Você pode visitar uma loja de bicicletas ou consultar um livro sobre ciclismo.)

3.22 Veja um ou mais catálogos que incluem brinquedos, equipamentos esportivos, ferramentas ou aparelhos. Faça uma lista dos materiais descritos e tente adivinhar uma identificação mais precisa, empregando nomes comerciais ou nomes abreviados. Há algum material compósito entre os identificados?

CAPÍTULO

Ensaios Mecânicos: Ensaios de Tração e Outros Testes Básicos

4

4.1 Introdução 105
4.2 Introdução ao ensaio de tração 110
4.3 Propriedades obtidas da tensão e deformação de engenharia 115
4.4 Tendências no comportamento em tração 126
4.5 Interpretação do ensaio de tração em termos de tensão e deformação reais (verdadeiras) 132
4.6 Ensaios de compressão 142
4.7 Ensaios de dureza 146
4.8 Ensaios de impacto com entalhe 155
4.9 Ensaios de flexão e torção 159
4.10 Resumo 165

OBJETIVOS

- Familiarizar-se com os tipos básicos de ensaios mecânicos, incluindo os ensaios de tração, compressão, dureza por penetração, impacto com entalhe, flexão e torção.

- Analisar os dados obtidos dos ensaios de tração para determinar as propriedades dos materiais, incluindo tanto as propriedades de engenharia quanto as propriedades reais da relação tensão-deformação.

- Compreender o significado das propriedades obtidas a partir de ensaios mecânicos básicos e explorar algumas das principais tendências de comportamento visualizadas nestes testes.

4.1 INTRODUÇÃO

Amostras de materiais de engenharia são sujeitas a grande variedade de ensaios mecânicos para medir sua resistência ou de outras propriedades de interesse. Tais amostras, denominadas *corpos de prova*, são frequentemente rompidas ou deformadas intensamente durante testes mecânicos. Algumas das formas mais comuns de corpos de prova e de situações de carregamento estão apresentadas na Figura 4.1. O ensaio mais básico é simplesmente romper a amostra mediante a aplicação de uma força de tração, como em (a). Ensaios de compressão (b) também são comuns. Na engenharia, a dureza é normalmente definida em termos da resistência do material à penetração por uma esfera dura ou penetrador, como em (c). Várias formas de teste de flexão são também usadas muitas vezes, como no caso da torção de hastes cilíndricas ou tubos.

Os corpos de prova mais simples são lisos (sem entalhe), como os ilustrados na Figura 4.2 (a). Geometrias mais complexas podem ser usadas para produzir condições que se assemelham àquelas nos componentes de engenharia reais. Entalhes com um raio final definido podem ser usinados em corpos de prova para ensaios, tais como em (b). (O termo *entalhe* é utilizado aqui genericamente para indicar qualquer ranhura, perfuração, entalhe etc., que tem o efeito de um concentrador de tensões.) Entalhes

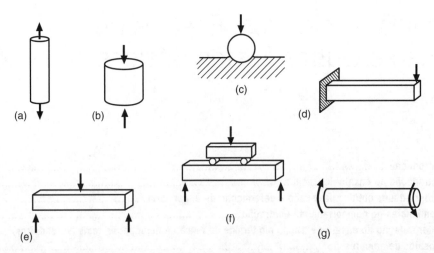

FIGURA 4.1 Situações geométricas e de carregamento normalmente empregadas em ensaios mecânicos dos materiais: (a) tensão, (b) compressão, (c) dureza por penetração, (d) deformação em balanço, (e) flexão a três pontos, (f) flexão a quatro pontos e (g) torção.

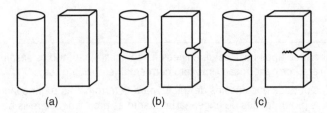

FIGURA 4.2 Três categorias de corpos de prova: (a) liso ou não entalhado, (b) entalhado e (c) pré-trincado.

afiados, que se comportam de forma semelhante a trincas, também são usados, bem como trincas reais que são introduzidas nas amostras antes do ensaio, como em (c).

Para compreender os ensaios mecânicos, primeiro é necessário considerar brevemente os equipamentos de teste dos materiais e os métodos padronizados de ensaio. Então, discutiremos os ensaios envolvendo tensão, compressão, penetração, o impacto com entalhe, flexão e torção. Vários testes mais especializados serão discutidos em capítulos posteriores, que estão relacionados a temas tais como a fratura frágil, fadiga e fluência.

4.1.1 Equipamentos de Testes

Equipamentos de uma variedade de tipos são utilizados para aplicar as forças necessárias para testar as amostras. Os equipamentos de teste variam desde dispositivos muito simples a sistemas complexos, controlados por computadores digitais.

Duas configurações comuns de dispositivos relativamente simples, chamadas *máquinas de ensaios universais*, são mostradas na Figura 4.3. Os tipos gerais de máquina de teste tornaram-se utilizados amplamente entre 1900 e 1920, e elas ainda são frequentemente empregadas até hoje. Nas máquinas mecânicas de parafuso (diagrama superior da Figura 4.3), a rotação de dois grandes pilares roscados (constituídos por parafusos) move uma cruzeta (travessão), que aplica a força no corpo de prova. A intensidade da força aplicada pode ser medida por um sistema simples de equilíbrio. As forças também podem ser aplicadas utilizando um fluido hidráulico pressurizado em um êmbolo (diagrama inferior da Figura 4.3). Neste caso, a própria pressão de óleo proporciona um

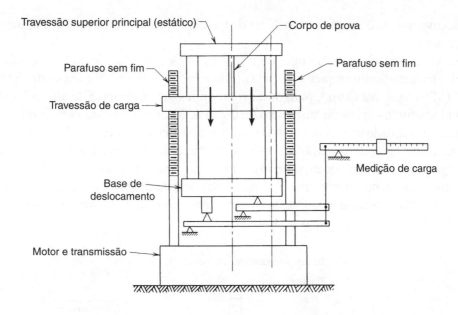

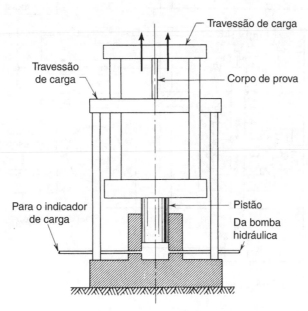

FIGURA 4.3 Esquemas de dois projetos relativamente simples de máquina de testes, chamados de máquinas de ensaios universais. O sistema mecânico (acima) aciona dois grandes parafusos para aplicar a força, e o sistema hidráulico (abaixo) utiliza a pressão do óleo num pistão.

(De [Richards 61] p 114; Reimpresso com permissão de PWS-Kent Publishing Co., Boston, MA.)

meio simples de se medir a força aplicada. Máquinas de ensaio desses tipos podem ser empregadas para ensaios de tração, compressão ou de flexão. Máquinas baseadas em um nível semelhante de tecnologia também estão disponíveis para ensaios de torção.

A introdução da máquina de ensaio fabricada pela Instron Corp., em 1946, representou um passo importante, pois neste equipamento foi incorporada a eletrônica, inicialmente baseada em válvulas eletrônicas (tubos de vácuo). Esta era também uma máquina acionada por parafusos que moviam um travessão, mas os componentes eletrônicos, usados tanto no controle da máquina quanto na medição de forças e deslocamentos fez com que este sistema de teste fosse muito mais versátil do que seus antecessores.

Por volta de 1958, a tecnologia do transistor e os conceitos de automatização em circuito fechado foram empregados pela precursora da presente corporação de sistemas MTS (MTS Systems Corp.), para desenvolver um sistema de teste de alta velocidade no qual se utiliza um pistão hidráulico de dupla ação, como ilustrado na Figura 4.4. O resultado é chamado de *sistema de teste servo-hidráulico de circuito fechado*. Variações desejadas de força, deformação ou mesmo de carregamento brusco pela máquina de teste (golpe) poderiam ser executados sobre uma amostra de ensaio. Note-se que o único movimento presente é aquele gerado pela combinação entre a vareta de comando e pelo êmbolo. Assim, o curso deste atuador substitui o movimento do travessão nos tipos mais antigos de máquinas de teste.

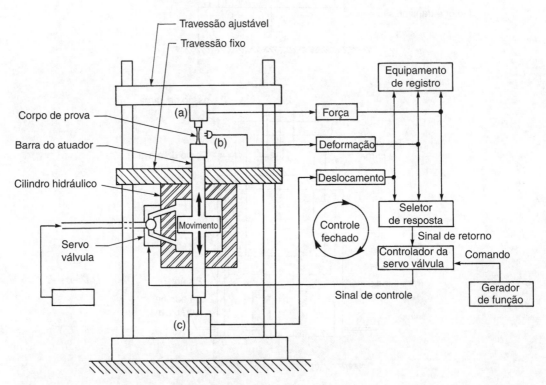

FIGURA 4.4 Sistema moderno de teste servo-hidráulico de circuito fechado. Três sensores são utilizados: (a) célula de carga, (b) extensômetro e (c) LVDT.

(Adaptado de [Richards 70]; usada com permissão.)

O conceito do sistema de testes servo-hidráulico de circuito fechado é a base dos sistemas de teste mais avançados de uso hoje em dia. A incorporação do circuito integrado aumentou a sofisticação desses sistemas. Além disso, o uso do computador para o controle e monitoração de tais sistemas de teste foi rapidamente incorporado, desde a sua introdução por volta de 1965.

Sensores para medir forças e deslocamentos por meio de sinais elétricos são características importantes das máquinas de teste. *Transformadores diferenciais de variação linear* (*LVDTs*, de *linear variable differential transformers*) foram utilizados, neste aspecto, relativamente cedo para medições de deslocamentos, que, por sua vez, permitem obter as deformações nas amostras em teste. *Extensômetros* de fio foram desenvolvidos em 1937, mas, depois, foram substituídos pelos extensômetros de folha fina a partir de 1952 aproximadamente. Os *extensômetos* alteram a sua resistência quando o material ao qual se encontram ligados é deformado. Esta alteração pode ser convertida para uma tensão elétrica que é proporcional à deformação. Eles podem ser usados para construir *células de carga* para medir a força aplicada, e dispositivos com extensômetros incorporados podem medir deslocamentos diretamente nas amostras em teste. As máquinas da Instron e as servo-hidráulicas exigem sinais elétricos provenientes desses sensores para seu correto funcionamento. Os extensômetros são o tipo de transdutor usado primariamente nos dias atuais, mas os LVDTs também são frequentemente utilizados.

Além dos equipamentos de teste de propósito geral que acabamos de descrever, vários tipos de equipamento de teste para fins especiais também estão disponíveis. Alguns deles serão discutidos em capítulos posteriores.

4.1.2 Métodos de Ensaios Padronizados

Os resultados dos testes em materiais são empregados para várias finalidades. Uma utilização importante é para a obtenção de valores de propriedades dos materiais, tais como a resistência em tração, para emprego no projeto de engenharia. Outra aplicação é para controle de qualidade do material produzido, tais como placas de aço ou lotes de concreto, para ter certeza de que satisfazem os requisitos estabelecidos.

Tal aplicação dos valores medidos das propriedades dos materiais requer que todo aquele que faz estas medições faça isso de maneira consistente. Caso contrário, os usuários e os produtores de materiais não concordarão com os padrões de qualidade e muita confusão e perda de tempo podem ocorrer. Talvez ainda mais importante, a segurança e a confiabilidade dos componentes e estruturas de engenharia exigem que as propriedades dos materiais constituintes sejam bem definidas.

Portanto, produtores de materiais, usuários e outras partes envolvidas, tais como profissionais de engenharia, agências governamentais e organizações de pesquisa, têm trabalhado em conjunto para desenvolver métodos de ensaio normalizados. Esta atividade é frequentemente coordenada por sociedades profissionais, e a American Society for Testing and Materials (ASTM International) é a organização mais ativa, nesta área, nos Estados Unidos. Muitas das principais nações industriais têm organizações similares, como a British Standards Institution (BSI). Além disso, a Organização Internacional de Normalização (ISO) coordena e publica normas a nível mundial, e a União Europeia (UE) publica normas europeias que são geralmente consistentes com as normas da ISO.

Uma grande variedade de métodos padronizados foi desenvolvida para testes em vários materiais, incluindo todos os tipos básicos discutidos neste capítulo e em outros ensaios, mais especializados, que serão considerados em capítulos posteriores. O *Annual Book of ASTM Standards* é publicado anualmente e consiste de mais de 80 volumes, alguns dos quais incluem as normas para testes mecânicos. Os detalhes dos métodos de ensaio diferem, dependendo da classe geral do material envolvido, tais como metais, concreto, plásticos, borracha e vidro. As normas ASTM são organizadas de acordo com essas classes de material. A Tabela 4.1 identifica os volumes que contêm as normas para testes mecânicos separados por tipo de material.

CAPÍTULO 4 Ensaios Mecânicos: Ensaios de Tração e Outros Testes Básicos

Tabela 4.1 Volumes nas Normas ASTM Contendo os Métodos Básicos de Ensaios por Tipos de Materiais de Engenharia

Classe do Material ou Item	Volume(s)
Aços e ferros fundidos	1,01 a 1,08
Ligas de alumínio e magnésio	2,02
Métodos de testes em metais	3,01
Concreto	4,02
Rochas e minerais	4,07 a 4,09
Madeira e compensado	4,10
Plásticos	8,01 a 8,03
Borracha	9,01 a 9,02
Dispositivos médicos (biomateriais)	13,01
Cerâmicas, vidros e compósitos	15,01 a 15,03

O volume 3.01 contém várias normas de teste para metais, incluindo uma variedade de ensaios mecânicos básicos. Outras normas de ensaios mecânicos estão incluídas nos volumes para classes mais específicas de material, juntamente com outros tipos de normas. Para cada classe de material, existe um ou mais métodos padrão para testes em tração, compressão e flexão e muitas vezes também para a dureza, o impacto e a torção. O volume 13.01 contém normas para materiais e dispositivos utilizados em medicina, tais como ensaios mecânicos para cimento ósseo, parafusos e dispositivos de fixação de ossos e componentes de articulações artificiais. As várias organizações nacionais, a UE e a ISO têm padrões que são idênticos aos da ASTM em muitas áreas, apenas com detalhes para determinados testes divergentes entre eles.

As normas de ensaios dão os procedimentos a serem seguidos em detalhe, mas a base teórica do teste e a discussão de fundo não são detalhados geralmente. Assim, o propósito desses livros é fornecer o conhecimento básico necessário para empregar padrões de teste de materiais e de fazer o uso inteligente dos resultados.

Os valores medidos de qualquer propriedade de determinado material, tal como o seu módulo de elasticidade, limite de escoamento ou dureza, estão sujeitos a variações estatísticas. Este problema é muitas vezes abordado nas normas de ensaios e é discutido no Apêndice B deste livro. Note-se que múltiplas medições de determinada propriedade são necessárias para obter um valor médio e para caracterizar a dispersão estatística desta média.

4.2 INTRODUÇÃO AO ENSAIO DE TRAÇÃO

Um ensaio de tração consiste em carregar lentamente uma amostra de material com uma força axial, como na Figura 4.1 (a), até sua ruptura. Este item do capítulo fornece uma introdução à metodologia para testes de tração, bem como alguns comentários adicionais. Os itens seguintes discutem o ensaio de tração mais detalhadamente, e depois serão considerados outros tipos de ensaios.

4.2.1 Metodologia do Ensaio

Os corpos de prova utilizados podem ter uma seção reta circular ou retangular e as suas extremidades são geralmente alargadas para proporcionar uma área adicional para a fixação na garra da máquina e, assim, evitar que a ruptura da amostra ocorra onde ela é agarrada. As Figuras 4.5 e 4.6. mostram vários corpos de prova, antes e depois do ensaio, para vários metais e polímeros.

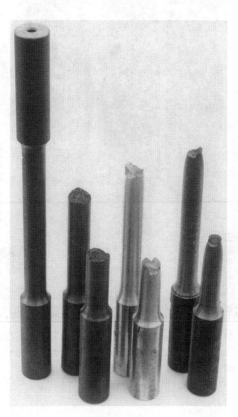

FIGURA 4.5 Corpos de prova de tração de metais (da esquerda para a direita): amostras não testadas com seção útil com diâmetro de 9 mm; corpos de prova fraturados de ferro fundido cinzento; de liga de alumínio 7075-T651 e aço AISI 1020, laminado a quente.

(Foto de R. A. Simonds.)

Os métodos de fixação das extremidades dos corpos de prova podem variar de acordo com a geometria da amostra. Um arranjo típico para corpos de prova com extremidades roscadas é mostrado na Figura 4.7. Note-se que os acoplamentos esféricos são usados em cada extremidade para proporcionar uma força de tração pura, sem flexão indesejável. A maneira habitual de realizar o ensaio é deformar a amostra a uma velocidade constante. Por exemplo, nas máquinas de ensaios universais da Figura 4.3, o movimento entre o travessão móvel e fixo pode ser controlado para uma velocidade constante. Assim, a distância h na Figura 4.7 é variada, de modo que:

$$\frac{dh}{dt} = \dot{h} = \text{constante}$$

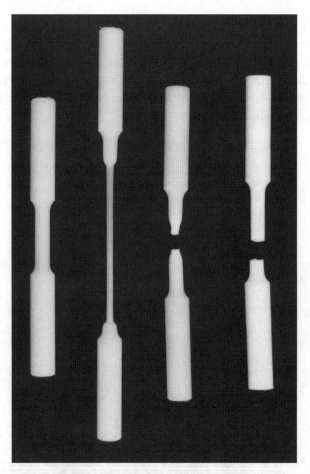

FIGURA 4.6 Corpos de prova de tração de polímeros (da esquerda para a direita): amostra não testada com seção útil com diâmetro de 7,6 mm; uma amostra parcialmente testada de polietileno de alta densidade (PEAD) e corpos de prova fraturados de nylon 101 e Teflon® (PTFE).

(Foto de R. A. Simonds.)

A força axial que deve ser aplicada para conseguir essa taxa de deslocamento varia à medida que o teste progride. Esta força P pode ser dividida pela área da secção transversal A_i para obter a tensão no corpo de prova, a qualquer momento durante o teste:

$$\sigma = \frac{P}{A_i} \qquad (4.1)$$

Os deslocamentos no corpo de prova são medidos na seção transversal central e constante, ao longo de um *comprimento de referência* L_i, como indicado na Figura 4.7. A deformação ε pode ser calculada a partir da mudança neste comprimento, ΔL:

$$\varepsilon = \frac{P}{L_i} \qquad (4.2)$$

A tensão e a deformação, com base nas dimensões iniciais (não deformadas), A_i e L_i, como apresentadas, são chamadas de *tensão* e *deformação de engenharia*.

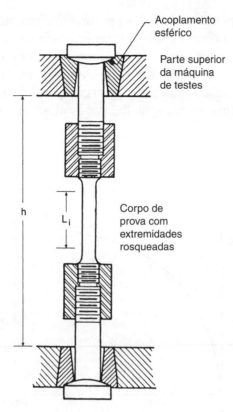

FIGURA 4.7 Fixação por rosqueamento, empregada em uma máquina universal de ensaios, durante um ensaio de tração.

(Adaptado de [ASTM 97] Std E8; © Copyright ASTM; reproduzido com permissão.)

Por vezes, é razoável assumir que todas as peças de fixação e as extremidades do corpo de prova são quase rígidos. Neste caso, a maior parte da mudança no movimento do travessão é devido à deformação na seção reta da amostra em teste, de tal forma que ΔL seja aproximadamente a mesma que Δh, a mudança da distância h. A deformação pode, por conseguinte, ser estimada como sendo: $\varepsilon = \Delta h/L_i$. No entanto, a medição real de ΔL é preferível, já que o uso de Δh pode causar um erro considerável nos valores de deformação medidos.

A deformação ε, calculada a partir da Equação 4.2, é adimensional. Como convenção, as deformações são, por vezes, dadas em percentagens, onde $\varepsilon\% = 100\varepsilon$. As deformações também podem ser expressas em milésimos, chamado microdeformação, onde $\varepsilon_\mu = 10^6\varepsilon$. Se as deformações são dadas como percentagens ou como microdeformação, então, antes de utilizar esses valores para a maioria dos cálculos, é necessário convertê-los para a forma ε adimensional.

O principal resultado obtido a partir de um ensaio de tração é um gráfico de tensão de engenharia *versus* deformação de engenharia para todo o teste, conhecido como *curva tensão-deformação*. Com o uso de computadores digitais no laboratório, os dados são obtidos na forma de uma lista de valores numéricos de tensão e deformação, como amostrados em intervalos de tempo curtos ao longo do teste. As curvas de tensão-deformação variam bastante entre materiais diferentes. O comportamento *frágil* em um ensaio de tração é a fratura sem deformação extensiva do corpo de prova. Materiais que apresentam tal comportamento são, por exemplo, o ferro fundido cinzento, o vidro e alguns polímeros, tal como o PMMA (acrílico). Uma curva tensão-deformação para ferro fundido cinzento é mostrada na Figura 4.8. Outros materiais apresentam *comportamento dúctil*, fraturando sob tração somente após deformação extensiva. Curvas de tensão-deformação associadas a um comportamento dúctil para metais de engenharia e alguns polímeros são semelhantes às mostradas nas Figuras 4.9 e 4.10, respectivamente.

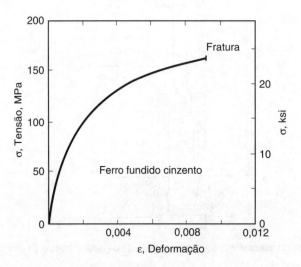

FIGURA 4.8 Curva tensão-deformação para o ferro fundido cinzento em tração, mostrando comportamento frágil.

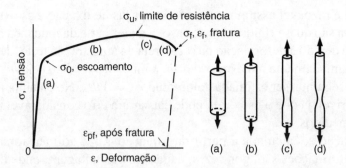

FIGURA 4.9 Esquema da típica curva tensão-deformação de engenharia de um metal dúctil que apresenta comportamento de estricção. A estricção começa no ponto de tensão máxima (limite de resistência).

4.2.2 Comentários Adicionais

Pode-se questionar por que descrevemos os resultados de um ensaio de tração em termos de tensão e deformação, σ e ε, em vez de, simplesmente, força e mudança de comprimento, P e ΔL. Note que as amostras de um material, com diferentes áreas de secção transversal A_i, irão falhar em forças superiores para áreas maiores. Ao calcularmos a força por unidade de área, ou seja, a tensão, o efeito do tamanho da amostra é

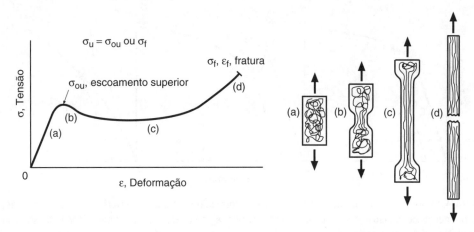

FIGURA 4.10 Curva de tensão-deformação de engenharia e geometria típica de deformação de alguns polímeros.

removido. Assim, um material deverá ter as mesmas tensões de escoamento, máxima (resistência) e de fratura, para qualquer área de secção transversal A_i, enquanto as forças correspondentes P variam com o A_i. (Uma comparação experimental direta entre diferentes valores de A_i seria afetada por pequenas variações nas propriedades dentro do lote-mãe do material, pela falta de precisão absoluta nas medições laboratoriais e por outros erros estatísticos similares.) Similarmente, a utilização da deformação ε remove o efeito do comprimento da amostra. Para uma determinada tensão, corpos de prova com maior comprimento L exibirão maior mudança proporcional no comprimento ΔL, mas as deformações ε correspondentes aos limites de escoamento, resistência e de fratura final deverão ser as mesmas para qualquer comprimento de amostra. Assim, a curva de tensão-deformação é considerada fundamental para caracterizar o comportamento do material.

4.3 PROPRIEDADES OBTIDAS DA TENSÃO E DEFORMAÇÃO DE ENGENHARIA

Várias quantidades obtidas a partir dos resultados dos ensaios de tração são definidas como propriedades dos materiais. Aquelas obtidas a partir de tensão e deformação de engenharia serão descritas agora. Em uma parte posterior deste capítulo, consideraremos as propriedades adicionais obtidas a partir de diferentes definições de tensão e deformação, chamadas de tensão e deformação reais.

4.3.1 Constantes Elásticas

As porções iniciais das curvas de tensão-deformação, obtidas nos ensaios de tração, exibem uma variedade de comportamentos diferentes para diferentes materiais, conforme a Figura 4.11. Pode haver uma linha reta inicial bem definida, assim como para muitos metais de engenharia, onde a deformação é predominantemente elástica. O *módulo de elasticidade*, E, também chamado *módulo de Young*, pode ser obtido a

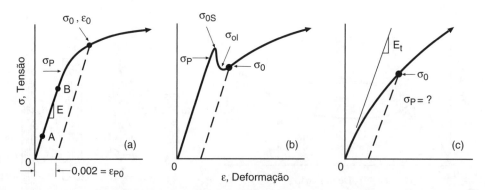

FIGURA 4.11 Porções iniciais das curvas tensão-deformação: (a) para a maioria dos metais e ligas, (b) material com escoamento descontínuo e (c) material sem região linear. (P, proporcionalidade; O, escoamento; S, superior; I, inferior; t, tangencial.)

partir das tensões e deformações entre dois pontos desta linha, tais como A e B, como mostrado na Figura 4.11 (a):

$$E = \frac{\sigma_B - \sigma_A}{\varepsilon_B - \varepsilon_A} \tag{4.3}$$

Para melhor precisão, os dois pontos devem estar tão afastados quanto possível e pode ser conveniente localizá-los por meio de uma extrapolação da porção linear. Quando os dados de tensão-deformação de laboratório são registrados em intervalos curtos, com o uso de um computador digital, os valores considerados na porção linear podem ser ajustados pelo método dos mínimos quadrados, de forma a obter a inclinação E.

Se não houver uma região linear bem definida, um módulo tangencial, E_t, pode ser empregado. Este é o declive de uma linha reta tangente à curva tensão-deformação na origem, tal como mostrado na Figura 4.11 (c). Como uma questão prática, a obtenção de E_t muitas vezes envolve o uso considerável de estimativas, de modo que esta não é uma propriedade muito bem definida.

O coeficiente de Poisson, ν, também pode ser obtido a partir de um ensaio de tração através da medição das deformações transversais durante o comportamento elástico. As medições do diâmetro ou um extensômetro podem ser usados para este propósito. (Veja o próximo capítulo, Seção 5.3, para uma discussão detalhada sobre o coeficiente de Poisson).

4.3.2 Medidas de Resistência de Engenharia

A *resistência última à tração*, σ_u, também chamada simplesmente de *limite de resistência à tração*, é a maior tensão de engenharia atingida antes da fratura do corpo de prova. Se o comportamento é frágil, a maior tensão ocorre no ponto de fratura, como mostrado para o caso do ferro fundido cinzento na Figura 4.8. No entanto, em metais dúcteis, a força e, portanto, a tensão de projeto, atinge um máximo e depois diminui antes da fratura, como mostrado na Figura 4.9. Em qualquer caso, a maior força atingida em qualquer ponto durante o teste, $P_{máx}$, é usada para obter o limite de resistência última à tração, ou limite de resistência, ao se dividir esta força pela área da secção transversal original:

$$\sigma_u = \frac{P_{máx}}{A_i} \qquad (4.4)$$

A *resistência de engenharia à fratura*, σ_f, é obtida a partir da força na ruptura, P_f, mesmo que esta não seja a maior força atingida:

$$\sigma_f = \frac{P_f}{A_i} \qquad (4.5)$$

Portanto, para materiais frágeis, $\sigma_u = \sigma_f$, enquanto para materiais dúcteis, σ_u muitas vezes ultrapassa σ_f.

A saída do comportamento linear-elástico, tal como mostrado na Figura 4.11, é chamado *escoamento* e é de considerável interesse. Isto porque as tensões que causaram o escoamento levam a uma deformação rapidamente crescente devido à contribuição da deformação plástica. Como discutido na Seção 1.2 e ilustrado pela Figura 1.2, qualquer deformação em excesso da deformação elástica σ/E é uma deformação plástica que não é recuperada no descarregamento. Assim, as deformações plásticas resultarão em deformação permanente. Tal deformação num membro de engenharia altera suas dimensões e/ou forma, quase sempre de forma indesejável. Assim, o primeiro passo na concepção de engenharia é, geralmente, assegurar que as tensões sejam suficientemente pequenas para que o escoamento não ocorra, exceto talvez em regiões muito pequenas de um componente.

O evento de escoamento pode ser caracterizado por vários métodos. O mais simples é identificar a tensão na qual ocorre o primeiro desvio da linearidade. Essa tensão é chamada de *limite de proporcionalidade*, σ_P, e está ilustrada na Figura 4.11. Alguns materiais, tal como na Figura 4.11 (c), podem apresentar uma curva de tensão-deformação com uma inclinação gradualmente decrescente e não há limite de proporcionalidade. Mesmo onde exista uma região linear definida, é difícil localizar com precisão onde ela termina. Assim, o valor do limite proporcional depende do julgamento, de modo que esta é uma quantidade não muito bem definida. Outra quantidade que, por vezes, é definida é o *limite elástico*, que é o maior esforço que não causa deformação permanente (i.e., plástica). A determinação desta quantidade é difícil, pois é necessário realizar descargas periódicas para verificar se há deformação permanente.

Uma terceira abordagem é o *método da intersecção*, ilustrado pelas linhas tracejadas na Figura 4.11. Uma linha reta é traçada paralelamente à inclinação elástica, E ou Et, mas deslocada por uma quantidade arbitrária de deformação. A intersecção desta linha com a curva tensão-deformação de engenharia é um ponto bem definido que não é afetado pelo julgamento de quem o analisa, exceto em casos nos quais Et (módulo de Young tangencial) é difícil de ser estabelecido. O valor obtido é chamado de *limite de escoamento convencional*, σ_0. O valor de deformação mais amplamente utilizado e normalizado para determinar o limite de escoamento nos metais desta forma é 0,002, isto é, 0,2%, embora outros valores também sejam utilizados. Note-se que a deformação para a determinação do limite de escoamento convencional é

118 **CAPÍTULO 4** Ensaios Mecânicos: Ensaios de Tração e Outros Testes Básicos

uma deformação plástica, tal como $\varepsilon_{P0} = 0,002$, já que o descarregamento a partir de σ_0 seguiria uma linha tracejada na Figura 4.11, e que esta deformação ε_{P0} não é recuperada.

Em alguns metais de engenharia, especialmente em aços baixo carbono, há muito pouca não linearidade antes de uma queda dramática na carga, tal como ilustrado na Figura 4.11 (b). Em tais casos, pode-se identificar um *ponto de escoamento superior*, σ_{0S}, e um *ponto de escoamento inferior*, σ_{0I}. O primeiro (σ_{0S}) é a mais alta tensão alcançada antes da queda na carga de escoamento, e o último (σ_{0I}) é a menor tensão prévia a um aumento subsequente na resistência causada pelo encruamento. Os valores do ponto de escoamento superior em metais são sensíveis à taxa de carregamento adotada nos ensaios e a pequenas quantidades de flexão inadvertidamente presentes, de modo que os valores relatados para um dado material podem variar consideravelmente. O ponto de escoamento inferior, geralmente, é semelhante ao limite de escoamento convencional definido com uma deformação de 0,2%, com este último tendo a vantagem de poder ser obtido de outros tipos de curva tensão-deformação. Assim, o limite de escoamento convencional é o meio mais satisfatório de definir o evento de escoamento para os metais de engenharia.

O limite de escoamento convencional também é empregado para polímeros. No entanto, é mais comum, para os polímeros, definir um ponto de escoamento em uma região de máximo inicial da curva (ponto de escoamento superior) ou em uma região plana na curva, na qual ocorra o primeiro valor de tensão σ_0 que satisfaça $d\sigma/d\varepsilon = 0$. Em polímeros com ponto de escoamento superior, σ_{0s}, essa tensão pode exceder a sua tensão de fratura, σ_f, mas em outros casos, isso não acontece (Fig. 4.10). Assim, a máxima tensão de resistência à tração, σ_u, torna-se o valor mais alto entre σ_{os} ou σ_f. As duas situações são distintas por descrever esta propriedade como a *resistência mecânica ao escoamento* ou como a *resistência mecânica à fratura*.

Na maioria dos materiais, o limite proporcional, o limite de elasticidade e o limite de escoamento convencional podem ser considerados medidas alternativas para o início da deformação permanente. No entanto, para um material elástico não linear, tal como a borracha, as primeiras duas medidas são eventos distintos, e o limite de escoamento convencional perde o seu significado (Fig. 3.17).

4.3.3 Medidas de Engenharia para a Ductilidade

A ductilidade é a capacidade de um material em acomodar a deformação inelástica sem quebrar. No caso do carregamento em tração, isto significa a capacidade de se esticar por deformação plástica, mas, às vezes, também com a contribuição das deformações de fluência.

A *deformação de engenharia à fratura*, ε_f, é uma medida de ductilidade. Ela é expressa, geralmente, como uma porcentagem e é, então, chamada *alongamento percentual na fratura*, que iremos denotar como $100\varepsilon_f$. Este valor corresponde ao ponto de fratura na curva tensão-deformação, tal como identificado nas Figuras 4.9 e 4.10. A norma ASTM para testes de tração de polímeros inclui esta propriedade, que é dada como opcional no padrão para testes de tração dos metais. Para esta medição, os padrões de teste especificam o comprimento útil como um múltiplo do diâmetro ou da largura da seção de ensaio. Por exemplo, para amostras com secções transversais redondas, uma razão entre o comprimento e o diâmetro $L_i/d_i = 4$ é especificada pela ASTM para uso nos Estados Unidos. Mas as normas internacionais geralmente empregam $L_i/d_i = 5$.

Outro método para a determinação do alongamento, que é muitas vezes utilizado para metais, emprega marcas na seção de ensaio do corpo de prova. A distância L_i entre essas marcas, antes do teste, é subtraída da distância L_f medida após a fratura. A mudança de comprimento resultante fornece um valor de deformação, que dá o *alongamento percentual pós-fratura*.

$$\varepsilon_{pf} = \frac{L_f - L_i}{L_i}, \% \text{alongamento percentual após fratura} = 100\varepsilon_{pf} \qquad (4.6)$$

Note-se que a deformação elástica é perdida quando a tensão cai para zero após a ruptura, de modo que esta quantidade (ε_{pf}) é uma deformação plástica, tal como identificado na Figura 4.9.

Para metais com ductilidade considerável, a diferença entre $100\varepsilon_f$ e $100\varepsilon_{pf}$ é pequena, de modo que a distinção entre estes dois parâmetros não é de grande importância. No entanto, para os metais de ductilidade limitada, a deformação elástica recuperada pós-fratura pode constituir uma fração significativa de ε_f. Além disso, o alongamento pode ser tão pequeno a ponto de ser difícil de medir diretamente a partir de marcas na amostra. Nesse caso, pode ser útil para determinar ε_{pf} a partir de um valor de ε_f, tomadas a partir do ponto de fratura nos registros de tensão-deformação, especificamente, sub-traindo-se a deformação elástica, que se estima ser perdida:

$$\varepsilon_{pf} = \varepsilon_f - \frac{\sigma_f}{E}, \% \text{alongamento percentual após fratura} = 100\varepsilon_{pf} \qquad (4.7)$$

Isso dá um resultado estimado de alongamento após fratura consistente com a medição feita com uma amostra fraturada.

Outra medida da ductilidade é a *redução percentual de área*, chamada *%RA*, obtida pela comparação da área de secção transversal após a ruptura, A_f, com a área original:

$$\% RA = 100 \frac{A_i - A_f}{A_i}, \% RA = 100 \frac{d_i^2 - d_f^2}{d_i^2} \quad (a, b) \qquad (4.8)$$

Aqui, a equação (b) é derivada da (a) como uma conveniência quando são empre-gadas seções transversais circulares com diâmetro inicial d_i e diâmetro final d_f. Assim como para o alongamento, pode existir uma discrepância entre a área após a fratura e a área que existia no momento da fratura. Isto representa pouco problema para metais dúcteis, mas é preciso cautela na interpretação de reduções da área após a fratura para os polímeros.

4.3.4 Discussão do Comportamento em Estricção e Ductilidade

Se o comportamento apresentado no teste de tração é dúctil, um fenômeno chamado *estricção* ocorre geralmente, como ilustrado na Figura 4.12. A deformação é uniforme ao longo do comprimento útil no início do teste, como em (a) e (b), mas depois começa a concentrar-se em uma região, o que resulta em um diâmetro que decresce mais rápido do que as demais partes do corpo de prova, como em (c). Nos metais dúcteis, a estricção

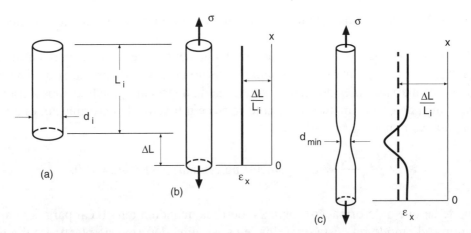

FIGURA 4.12 Deformação durante o ensaio de tração de um metal dúctil: (a) sem deformação (b), após alongamento uniforme e (c) durante a estricção.

começa no ponto de força máxima (limite de resistência), e a diminuição da força, após o início deste evento, é uma consequência direta da rápida redução da área transversal nesta região. Uma vez que a estricção começa, a deformação longitudinal torna-se não uniforme, como ilustrado em (c).

Examine as amostras de metal da Figura 4.5 e repare que a estricção ocorreu no caso do aço e em certo grau para a liga de alumínio, mas não no ferro fundido, que é frágil. A Figura 4.13 apresenta vistas ampliadas das fraturas nos corpos de prova que detalham a fratura para o aço e para o ferro fundido.

FIGURA 4.13 Superfícies de fraturas obtidas em ensaios de tração em amostras com diâmetro de 9 mm de AISI 1020 aço laminado a quente (à esquerda) e ferro fundido cinzento (à direita).

(Fotos por R. A. Simonds.)

A redução percentual de área (%RA) baseia-se no diâmetro mínimo no ponto de ruptura e, assim, é uma forma de quantificar a maior deformação pontualmente ocorrida ao longo do comprimento padrão do corpo de prova. Em contraste, o alongamento percentual na ruptura (%ε_{pf}) é uma média ao longo de um comprimento escolhido arbitrariamente. O valor de %ε_{pf} depende da relação entre o comprimento de referência empregado com o diâmetro do corpo de prova utilizado, L_i/d_i, sendo que %ε_{pf} aumenta para valores menores de L_i/d_i. Como consequência, é necessário padronizar os comprimentos padrão utilizados, tais como a $L_i/d_i = 4$, comumente empregada, nos Estados Unidos, para amostras cilíndricas, e $L_i/d_i = 5$, especificada em normas internacionais. A redução da área não é afetada por tais arbitrariedades e é, portanto, uma medida mais fundamental para a ductilidade que o alongamento.

4.3.5 Medidas de Engenharia da Capacidade de Energia Mecânica

Em um ensaio de tração, considere que a força aplicada seja P e que o deslocamento ao longo do comprimento de referência L_i seja $\Delta L = x$. A quantidade de trabalho realizado durante a deformação da amostra para um valor de $x = x'$ é então:

$$U = \int_0^{x'} P \, dx \qquad (4.9)$$

O volume do material no comprimento de referência é $A_i \times L_i$. Dividindo ambos os lados da equação por esse volume e usando as definições de tensão e deformação de projeto, Equações 4.1 e 4.2, temos:

$$u = \frac{U}{A_i L_i} = \int_0^{x'} \frac{P}{A_i} d\left(\frac{x}{L_i}\right) = \int_0^{x'} \sigma \, d\varepsilon \qquad (4.10)$$

Assim, u é o trabalho realizado por unidade de volume do material para atingir uma deformação ε', que é igual à área sob a curva de tensão-deformação até ε'. O trabalho feito é igual à energia absorvida pelo material.

A área sob a curva de engenharia tensão-deformação inteira até a fratura é chamada de *tenacidade à tração*, u_f. Esta é uma medida da capacidade do material para absorver a energia, até a fratura. Sempre que houver uma considerável deformação plástica após o limite de escoamento, como ocorre para muitos metais de engenharia, uma parte da energia é armazenada na microestrutura do material, porém a maior parte dessa energia é dissipada na forma de calor.

Se a curva de tensão-deformação é relativamente plana após o limite de escoamento, então u_f pode ser aproximada como a área de um retângulo. A altura é igual à média entre os limites de escoamento e de resistência e a sua largura é igual à deformação na ruptura:

$$u_f \approx \varepsilon_f \left(\frac{\sigma_u + \sigma_u}{2} \right) \qquad (4.11)$$

Para materiais que possuem comportamento frágil, o encurvamento gradual na curva tensão-deformação pode ser similar a uma curva parabólica cujo vértice encontra-se na origem, de forma que $u_f \approx 2 \, \sigma_f \, \varepsilon_f/3$.

122 **CAPÍTULO 4** Ensaios Mecânicos: Ensaios de Tração e Outros Testes Básicos

Materiais frágeis têm baixa tenacidade à tração devido a sua baixa ductilidade, apesar de poderem ter alta resistência mecânica. Em materiais dúcteis de baixa resistência, o inverso ocorre, e a tenacidade à tração também é baixa. Para ter alta tenacidade à tração, tanto a resistência quanto a ductilidade devem ser razoavelmente altas, de modo que uma tenacidade à tração elevada indica um material "bem equilibrado".

A tenacidade à tração, como definido, não deve ser confundida com a tenacidade à fratura, que é a resistência à falha na presença de uma trinca, como será explorado no Capítulo 8. A tenacidade à tração é um meio útil para comparação de materiais, mas a tenacidade à fratura deve ser considerada como a principal medida de tenacidade para fins de engenharia.

4.3.6 Encruamento

A subida na curva de tensão-deformação após o escoamento é descrita pelo termo *encruamento*, através do qual o material aumenta sua resistência mecânica com o incremento da deformação. Uma medida do grau de endurecimento por deformação é dada pela razão entre o limite de resistência e o limite de escoamento. Com isso, definimos a razão de encruamento = σ_u/σ_0. *Grosso modo*, valores deste índice acima de 1,4 são considerados relativamente altos para os metais e aqueles abaixo de 1,2 são relativamente baixos.

EXEMPLO 4.1

Um ensaio de tração foi conduzido em uma amostra de aço AISI 1020 laminado a quente, com um diâmetro inicial de 9,11 mm. Dados representativos do teste estão oferecidos na Tabela E4.1(a) sob a forma de força e deformação de engenharia. Para a deformação, o comprimento de referência foi $L_i = 50,8$ mm. Além disso, os diâmetros mínimos foram medidos manualmente com um micrômetro da região de estricção em vários pontos durante o ensaio. Depois da fratura, as metades obtidas foram unidas e as seguintes medições foram feitas: (1) marcas originalmente distantes entre si por 25,4 mm, e em lados opostos da região de estricção, apresentaram-se separadas por 38,6 mm, devido ao alongamento no sentido do comprimento na amostra; (2) marcas similares originalmente separadas com 50,8 mm de intervalo apresentaram-se separadas após fratura a 70,9 mm de distância; (3) o diâmetro mínimo final na região de estricção foi de 5,28 mm.

(a) Determinar as seguintes propriedades do material: módulo de elasticidade; limite de escoamento convencional a 0,2%; limite de resistência; alongamento percentual; e redução percentual de área.

(b) Suponha que o teste foi interrompido ao atingir uma deformação $\varepsilon = 0,0070$ e o corpo de prova tenha sido completamente descarregado. Estime a deformação elástica recuperada e a deformação plástica remanescente. Além disso, qual seria o novo comprimento de referência da secção útil, originalmente era igual a 50,8 milímetros?

Tabela E4.1 Dados e Análise de um Ensaio de Tração do Aço AISI 1020 Laminado a Quente

(a) Dados do teste			(b) Valores calculados				
Força P, kN	Deformação de Engenharia ε	Diâmetro d, mm	Tensão de Engenharia σ, MPa	Deformação real, $\tilde{\varepsilon}$	Tensão Real Inicial $\tilde{\sigma}$, MPa	Tensão Real Corrigida $\tilde{\sigma}_B$, MPa	Deformação Plástica Real, $\tilde{\varepsilon}_B$
0	0	9,11	0	0	0	0	0
6,67	0,00050	–	102,3	0,00050	102,3	102,3	0
13,34	0,00102	–	204,7	0,00102	204,7	204,7	0
19,13	0,00146	–	293,5	0,00146	293,5	293,5	0
17,79	0,00230	–	272,9	0,00230	272,9	272,9	0
17,21	0,00310	–	264,0	0,00310	264,0	264,0	0,00178
17,53	0,00500	–	268,9	0,00499	268,9	268,9	0,00365
17,44	0,00700	–	267,6	0,00698	269,4	269,4	0,00564
17,21	0,01000	–	264,0	0,00995	266,7	266,7	0,00862
20,77	0,0490	8,89[4]	318,6	0,0478	334,3	334,3	0,0462
24,25	0,1250	–	372,0	0,1178	418,5	418,5	0,1157
25,71	0,2180	8,26[4]	394,4	0,1972	480,4	465,3	0,1949
25,75[1]	0,2340	–	395,0	0,2103	487,5	469,8	0,2079
25,04	0,3060	7,62	384,2	0,3572	549,1	505,0	0,3547
23,49	0,3300	6,99	360,4	0,5298	612,1	540,9	0,5271
21,35	0,3480	6,35	327,5	0,7218	674,2	576,2	0,7190
18,90	0,3600	5,72	290,0	0,9308	735,5	611,5	0,9278
17,39[2]	0,3660	5,28[3]	266,8	1,0909	794,2	649,1	1,0877

Notas: 1 Limite de Resistência. 2 Fratura. 3 Medido no corpo de prova fraturado. 4 Não empregado nos cálculos.

Solução

(a) Para cada valor da força, calcula-se, primeiramente, as tensões de engenharia a partir da Equação 4.1, tal como informado na primeira coluna da Tabela E4.1 (b). Por exemplo, para o primeiro valor da força acima de zero,

$$\sigma = \frac{P}{A_i} = \frac{P}{\pi d_i^2 / 4} = \frac{4(6670N)}{\pi(9,11mm)^2} = 102,3\,\frac{N}{mm^2} = 102,3MPa$$

Quando se plota estes resultados em função das deformações de engenharia correspondentes, obtêm-se a Figura E4.1 (a). No entanto, neste gráfico, a região de escoamento está tão cheia de dados que não é possível ver os detalhes necessários, por isso é traçado um novo gráfico, na Figura E4.1 (b), que é feito em uma escala de deformações mais adequada, de forma a ser possível observar melhor a região de escoamento. Os primeiros quatro pontos de dados parecem estar em uma linha reta na Figura E4.1 (b), de modo que uma regressão linear da forma $y = mx$ se ajusta perfeitamente nestes dados, o que oferece um módulo de elasticidade

$E = 201.200$ MPa (**Resposta**). Uma linha é desenhada na Figura E4.1 (b), paralela à inclinação E e iniciando-se na deformação plástica de $\varepsilon_{po} = 0,002$. A intersecção desta linha com a curva tensão-deformação oferece o limite de escoamento convencional a 0,2% $\sigma_0 = 264$MPa (**Resposta**). A partir da Figura E4.1 (a), ou a partir dos valores numéricos na Tabela E4.1 (b), é evidente qual é o valor da tensão máxima atingida, e, portanto, o valor do limite de resistência à tracção $\sigma_u = 395$MPa (**Resposta**).

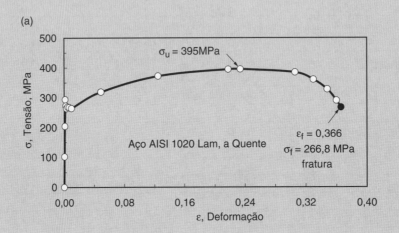

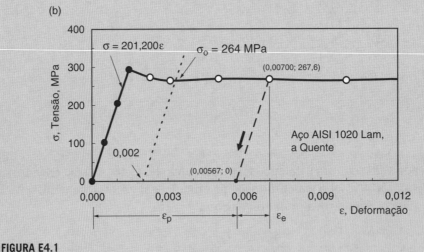

FIGURA E4.1

Note que a última linha da Tabela E4.1 corresponde à fratura, e a tensão e a deformação de ruptura são $\sigma_f = 266,8$ MPa e $\varepsilon_f = 0,366$. O último valor oferece um alongamento percentual *na ruptura* de %$\varepsilon_f = 100\varepsilon_f = 36,6\%$ (**Resposta**). O alongamento *após a fratura* correspondente pode, então, ser estimado a partir da Equação 4.7:

$$\varepsilon_{pf} = \varepsilon_f - \frac{\sigma_f}{E} = 0,366 - \frac{266,8 \text{ MPa}}{201.200 \text{MPa}} = 0,365, \quad \%\varepsilon_{pf} = 36,5\% \qquad \textbf{(Resposta)}$$

As medições de comprimento feitas no corpo de prova fraturado dão valores adicionais para o alongamento após a fratura:

$$\varepsilon_{pf} = \frac{L_f - L_i}{L_i} = \frac{(38,6 - 25,4)\text{mm}}{25,4\,\text{mm}} = 0,520, \quad \%\varepsilon_{pf} = 52,0\%$$ **(Resposta)**

$$\text{(considerando base de medida de } 25,4\,\text{mm)}$$

$$\varepsilon_{pf} = \frac{L_f - L_i}{L_i} = \frac{(70,9 - 50,8)\text{mm}}{50,8\,\text{mm}} = 0,396, \quad \%\varepsilon_{pf} = 39,6\%$$

$$\text{(considerando base de medida de } 50,8\,\text{mm)}$$

Além disso, a redução de área, da Equação 4.8(b) é:

$$\%RA = 100\frac{d_i^2 - d_f^2}{d_i^2} = 100\frac{(9,11^2 - 5,28^2)\text{mm}^2}{(9,11\,\text{mm})^2} = 66,4\%$$ **(Resposta)**

Discussão

O alongamento obtido a partir das medições por extensômetro, $\%\varepsilon_{pf} = 36,5\%$, é somente semelhante ao valor de 39,6% obtido a partir de medições no corpo de prova rompido, para a mesma base de medida de 50,8 mm. Não se deve esperar que esses valores sejam exatamente iguais, já que as medições em uma amostra fraturada não são precisas e que as duas marcas de referência no corpo de prova estarão, provavelmente, descentralizadas e/ou desalinhadas uma em relação à outra ao longo do comprimento da amostra. Um alongamento de 52%, obtido na base de medida de 25,4 mm, é um valor mais elevado que os outros, porque ele é a média de deformações ao longo de um comprimento de referência mais curto que, por sua vez, é mais intensamente afetado pela deformação concentrada pela estricção. Se o teste fosse interrompido na deformação $\varepsilon = 0,0070$; seria de esperar que o caminho seguido pelo descarregamento do material seguisse uma linha reta entre a dependência tensão-deformação, descrita pelo módulo de elasticidade E, como mostrado na Figura E4.1 (b).

Note, pela Tabela E4.1 (b), que o valor de tensão correspondente a esta deformação é $\sigma = 267,6$ MPa, de forma que a deformação elástica recuperada ε_e e a deformação plástica ε_p restante podem ser estimadas conforme:

$$\varepsilon_e = \frac{\sigma}{E} = \frac{267,6\,\text{MPa}}{201.200\,\text{MPa}} = 0,00133, \quad \varepsilon_p = \varepsilon - \varepsilon_e$$ **(Resposta)**
$$= 0,00700 - 0,00133 = 0,0567$$

O comprimento de medida (base de referência) de 50,8mm seria permanentemente alongado por um ΔL correspondente à deformação plástica, onde $\varepsilon_p = \Delta L/L_i$, de forma que o novo comprimento é:

$$L = L_i + \Delta L = L_i + \varepsilon_p L_i = 50,8\,\text{mm} + 0,00567(50,8\ \text{mm}) = 51,09\ \text{mm}$$ **(Resposta)**

4.4 TENDÊNCIAS NO COMPORTAMENTO EM TRAÇÃO

Uma grande variedade de comportamentos em tração é observada para diferentes materiais. Mesmo que um material possua uma dada composição química, o seu processamento anterior influencia substancialmente o seu comportamento em tração, comportamento que também é influenciado pela temperatura e pela taxa de deformação adotadas durante o ensaio.

4.4.1 Tendências para Materiais Diferentes

As ligas de engenharia apresentam características de resistência e ductilidade muito variadas. Isto é evidente a partir da Tabela 4.2, onde são descritas as propriedades de engenharia obtidas a partir de ensaios de tração para certo número de metais. Polímeros com resistências mecânicas relativamente altas apresentam tipicamente, na forma monolítica, apenas 10% da resistência mecânica das ligas de engenharia e os seus módulos de elasticidade normalmente valem apenas 3% do E dos metais. Suas ductilidades variam muito; alguns são bastante frágeis e outros, muito dúcteis. As propriedades de alguns polímeros comerciais contidas na Tabela 4.3 servem para ilustrar estas tendências.

Tabela 4.2 Propriedades em Tração para Algumas Ligas de Engenharia

Material	Módulo de Elasticidade, E	Limite de Escoamento Convencional (0,2%), σ_o	Limite de Resistência, σ_u	Alongamento,[1] $100\varepsilon_f$	Redução em Área, %RA
	GPa (10^3 ksi)	MPa (ksi)	MPa (ksi)	%	%
Ferro fundido dúctil A536 (65-45-12)	159 (23)	334 (49)	448 (65)	15	19,8
Aço AISI 1020 como laminado	203 (29,4)	260 (37,7)	441 (64)	36	61
Aço estrutural ASTM A514, T1	208 (30,2)	724 (105)	807 (117)	20	66
Aço AISI 4142, como temperado	200 (29)	1.619 (235)	2.450 (355)	6	6
Aço AISI 4142, temperado e revenido a 205 °C	207 (30)	1.688 (245)	2.240 (325)	8	27
Aço AISI 4142, temperado e revenido a 370 °C	207 (30)	1.584 (230)	1.757 (255)	11	42
Aço AISI 4142, temperado e revenido a 450 °C	207 (30)	1.378 (200)	1.413 (205)	14	48
Aço maraging (250) 18Ni	186 (27)	1.791 (260)	1.860 (270)	8	56
Liga de alumínio para fundição SAE 308	70 (10,2)	169 (25)	229 (33)	0,9	1,5
Liga de alumínio 2024-T4	73,1 (10,6)	303 (44)	476 (69)	20	35
Liga de alumínio 7075-T6	71 (10,3)	469 (68)	578 (84)	11	33
Liga de magnésio AZ91C-T6	40 (5,87)	113 (16)	137 (20)	0,4	0,4

Nota: 1 Os valores típicos de [Boyer 85] estão listados na maioria dos casos.
Fontes: Dados em [Console 84] e [SAE 89].

Tabela 4.3 Propriedades Mecânicas para Polímeros na Temperatura Ambiente[1]

| Material | Propriedades em Tração[2] | | | | Energia Izod[3] | Temperatura de Deflexão Térmica |
| | Módulo de Elasticidade, E | Limite de escoamento σ_0 | Tensão de fratura σ_F | Alongamento $100\varepsilon_f$ | | |
	GPa (10^3 ksi)	MPa (ksi)	MPa (ksi)	%	J/m (ft·lb/in)	°C
ABS de médio impacto	2,1 a 2,8 (0,3 a 0,4)	34 a 50 (5 a 7,2)	38 a 52 (5,5 a 7,5)	5 a 60	160 a 510 (3 a 9,6)	90 a 104
ABS com 30% de fibras de vidro	6,9 a 8,3 (1 a 1,2)	–	90 a 110 (13 a 16)	1,5 a 1,8	64 a 69 (1,2 a 1,3)	102 a 110
Acrílico (PMMA)	2,3 a 3,2 (0,33 a 0,47)	54 a 73 (7,8 a 10,6)	48 a 72 (7 a 10,5)	2,0 a 5,5	11 a 21 (0,2 a 0,4)	68 a 100
Resina Epóxi moldada	2,4 (0,35)	–	28 a 90 (4 a 13)	3 a 6	11 a 53 (0,2 a 1)	46 a 290
Resina fenólica moldada	2,8 a 4,8 (0,4 a 0,7)	–	34 a 62 (5 a 9)	1,5 a 2	13 a 21 (0,24 a 0,40)	74 a 79
Nylon 6, puro	2,6 a 3,2 (0,38 a 0,46)	90 (13)	41 a 165 (6 a 24)	30 a 100	32 a 120 (0,6 a 2,2)	68 a 85
Nylon 6 com 33% de fibras de vidro	8,6 a 11 (1,25 a 1,6)	–	165 a 193 (24 a 28)	2,2 a 3,6	110 a 180 (2,1 a 3,4)	200 a 215
Policarbonato (PC)	2,4 (0,345)	62 (9)	63 a 72 (9,1 a 10,5)	110 a 150	110 a 960 (2 a 18)	121 a 132
Polietileno de baixa densidade (LDPE)	0,17 a 0,28 (0,025 a 0,041)	9 a 14,5 (1,3 a 2,1)	83 a 32 (1,2 a 4,6)	100 a 650	Não fratura neste teste	40 a 44
Polietileno de alta densidade (HDPE)	1,08 (0,157)	26 a 33 (3,8 a 4,8)	22 a 31 (3,2 a 4,5)	10 a 1.200	21 a 210 (0,4 a 4)	79 a 91
Poliestireno (PS)	2,3 a 3,3 (0,33 a 0,48)	–	36 a 52 (5,2 a 7,5)	1,2 a 2,5	19 a 24 (0,35 a 0,45)	76 a 94
Poliestireno de alto impacto (HIPS)	1,1 a 2,6 (0,16 a 0,37)	14,5 a 41 (2,1 a 6)	13 a 43 (1,9 a 6,2)	20 a 65	53 a 370 (1 a 7)	77 a 96
PVC rígido	2,4 a 4,1 (0,35 a 0,60)	41 a 45 (5,9 a 6,5)	41 a 52 (5,9 a 7,5)	40 a 80	21 a 1.200 (0,40 a 22)	60 a 77

Notas: [1]As propriedades variam consideravelmente; os valores apresentados são faixas contidas na Enciclopédia dos Plásticos Modernos (Encyclopedia Modern Plastics) [Kaplan 95] pp. B-146 a 206. [2]Considera-se como limite de resistência, σ_u, o maior valor entre σ_0 e σ_f. 3 Os valores listados são de energia por unidade de espessura.

128 CAPÍTULO 4 Ensaios Mecânicos: Ensaios de Tração e Outros Testes Básicos

As borrachas e os polímeros que apresentam comportamento borrachoso (elastômeros) têm módulos elásticos muito baixos e resistências mecânicas relativamente baixas e, muitas vezes, uma ductilidade extremamente alta. Os materiais cerâmicos e os vidros representam o caso oposto, com um comportamento geralmente tão frágil, que as medidas de ductilidade têm pouco significado nestes materiais. A resistência em tração é geralmente mais baixa do que a dos metais, porém superior à dos polímeros. Os módulos de elasticidade das cerâmicas são relativamente elevados, muitas vezes, maior que o de muitos metais. Alguns valores típicos de resistência à tração e o módulo de elasticidade das cerâmicas já foram indicados na Tabela 3.10.

O comportamento à tração dos materiais compósitos é, claro, fortemente afetado pelo tipo de reforço empregado. Por exemplo, o emprego de partículas duras em uma matriz dúctil aumenta a rigidez e a resistência, mas diminui a ductilidade, à medida que se aumenta o percentual de reforço empregado. As fibras longas, que também podem ser empregadas como reforço nos compósitos, têm efeitos qualitativamente semelhantes, porém com aumento na resistência e na rigidez especialmente grande quando se considera direções de carregamento que sejam paralelas à maioria das fibras de reforço. *Whiskers* e fibras picadas curtas geralmente produzem efeitos intermédios entre os das partículas e das fibras longas. Algumas destas tendências estão evidentes na Tabela 4.4, que apresenta propriedades mecânicas para vários tipos de compósitos de liga de alumínio reforçado com geometrias variáveis de SiC.

Tabela 4.4 Propriedades em Tração para Variados Tipos de Reforçamento por SiC em uma Matriz Constituída em Liga de Alumínio 6061-T6.

Reforço[1]	Módulo de Elasticidade, E	Limite de Escoamento Convencional (0,2%), σ_0	Limite de Resistência, σ_u	Alongamento,[1] $100\varepsilon_f$
	GPa (10^3 ksi)	MPa (ksi)	MPa (ksi)	%
Nenhum	69 (10)	275 (40)	310 (45)	12
20% de partículas	103 (15)	414 (60)	496 (72)	5,5
40% de partículas	145 (21)	448 (65)	586 (85)	2
40% de *Whiskers*	110 (16)	382 (55)	504 (73)	5
47% de fibras a 0°	204 (29,6)	–	1.460 (212)	0,9
47% de fibras a 90°	118 (17,1)	–	86,2 (12,5)	0,1
47% de fibras a 0°/90°	137 (19,8)	–	673 (98)	0,9
47% de fibras a 0°/ ± 45°/90°	127 (18,4)	–	572 (83)	1

Algumas curvas de tensão-deformação obtidas a partir de testes de tração de ligas metálicas de engenharia estão mostradas nas Figuras 4.14 e 4.15. A primeira figura dá curvas por três aços com comportamentos antagônicos, e a última figura descreve curvas por três ligas de alumínio. As curvas tensão-deformação obtidas em tração para metais de baixa ductilidade possuem uma curvatura limitada, sem queda de tensão antes da fratura, tal como ocorre no ferro fundido cinzento, cuja curva está apresentada na Figura 4.8, ou para o aço temperado, mostrado na Figura 4.14.

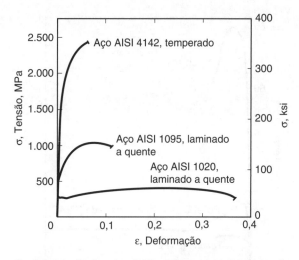

FIGURA 4.14 Curvas tensão-deformação de engenharia obtidas em testes de tração em três aços.

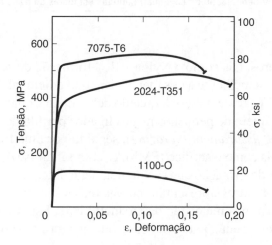

FIGURA 4.15 Curvas tensão-deformação de engenharia obtidas em testes de tração em três ligas de alumínio.

Curvas de tensão-deformação obtidas a partir de testes de tração com três polímeros dúcteis estão mostradas na Figura 4.16. Estas são, de fato, as curvas associadas aos corpos de prova mostrados na Figura 4.6. Um máximo relativo no início das curvas é um fenômeno comum para os polímeros e este máximo está associado ao diferente comportamento em estricção do polietileno de alta densidade (HDPE), mostrado na Figura 4.6. Neste polímero, o estiramento começa logo que a tensão atinge um máximo relativo para, em seguida, espalhar-se ao longo do comprimento da amostra. Porém, o diâmetro na região de estricção mantém-se aproximadamente constante, após o processo ter se iniciado, como esquematizado na Figura 4.10. Este comportamento ocorre devido ao alinhamento das cadeias moleculares deste polímero, que são tracionadas da sua posição original amorfa ou semicristalina para uma condição de alinhamento aproximadamente linear e paralela destas cadeias.

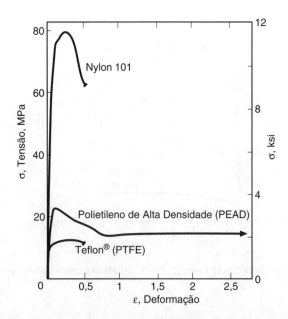

FIGURA 4.16 Curvas tensão-deformação de engenharia obtidas em testes de tração em três polímeros.

Em outros polímeros, tais como o Nylon 101, a formação do pescoço por estricção ocorre de forma mais semelhante à dos metais. Um tipo adicional de comportamento é visto no Teflon® (PTFE). Este material, quando deformado a quantidade considerável, desenvolve grande número de pequenos rasgos ligados por filamentos de material, um processo chamado de *fissuramento* (*crazing*), seguido por uma fratura sem estricção. Alguns polímeros, tais como o acrílico (PMMA), comportam-se de forma quebradiça e têm curvas de tensão-deformação que são praticamente lineares até o ponto de fratura.

As cerâmicas e os vidros apresentam curvas tensão-deformação com curvaturas limitadas, como ocorre nos metais de baixa ductilidade. Essas curvas, muitas vezes, são reduzidas, essencialmente, para uma linha reta que termina no ponto de fratura do corpo de prova.

4.4.2 Efeitos da Temperatura e da Taxa de Deformação

Se um material é testado numa faixa de temperaturas em que ocorre fluência, ou seja, onde há um comportamento dependente do tempo, as deformações causadas por este mecanismo irão contribuir para a deformação inelástica no teste. Além disso, a deformação obtida por fluência é tanto maior quanto menor for a velocidade do ensaio, já que um carregamento mais lento proporciona mais tempo para o acúmulo da deformação por fluência. Sob tais circunstâncias, é importante executar o ensaio a um valor constante de taxa de deformação, $\dot{\varepsilon} = d\varepsilon/dt$, e reportar este valor juntamente com os demais resultados do ensaio executado.

Para polímeros, lembre-se, conforme os Capítulos 2 e 3, de que os efeitos da fluência são especialmente grandes acima da temperatura de transição vítrea, T_v, do polímero em particular. A deformação por fluência ocorre com grande intensidade para vários polímeros justamente porque os valores de T_v, comumente, ficam próximos ou abaixo da temperatura ambiente. Os ensaios de tração nestes materiais requerem, assim, o cuidado quanto aos efeitos da taxa de deformação empregada e, muitas vezes, torna-se relevante avaliar o comportamento à tração empregando-se mais de uma taxa.

Para os materiais metálicos e cerâmicos, os efeitos de fluência tornam-se significativos em temperaturas de 0,3 a 0,6 T_f, onde T_f é a temperatura de fusão na escala absoluta. Assim, as deformações de fluência tornam-se relevantes à temperatura ambiente apenas para metais com baixas temperaturas de fusão. A taxa de deformação pode também afetar o comportamento à tração das cerâmicas à temperatura ambiente, mas por uma razão completamente diferente da ocorrência de fluência. Neste caso, o mecanismo atuante é a fissuração, dependente do tempo, do material devido aos efeitos prejudiciais da umidade presente.

Para metais de engenharia à temperatura ambiente, também existem efeitos de taxa de deformação causada pela fluência, mas estes não são relevantes. Por exemplo, alguns dados para o cobre são descritos na Figura 4.17. Neste caso, para um aumento na taxa de deformação de um fator de 10.000, a resistência à tração à temperatura ambiente aumenta apenas cerca de 14%. Efeitos relativamente maiores ocorrem a temperaturas mais elevadas, nas quais os efeitos da fluência tornam-se mais importantes. Além disso, observe que a resistência é drasticamente reduzida pelo aumento da temperatura, especialmente quando se aproxima da temperatura de fusão, $T_f = 1.085\ °C$, deste metal.

As seguintes generalizações são aplicáveis, usualmente, para as propriedades em tração de um determinado material, em uma faixa de temperaturas na qual os efeitos da taxa de deformação causada pela fluência ocorrem: (1) a uma dada temperatura, o aumento da taxa de deformação aumenta a resistência, mas diminui a ductilidade; (2) para uma determinada taxa de deformação, a diminuição da temperatura gera os mesmos efeitos qualitativos, ou seja, incremento da resistência com diminuição da ductilidade.

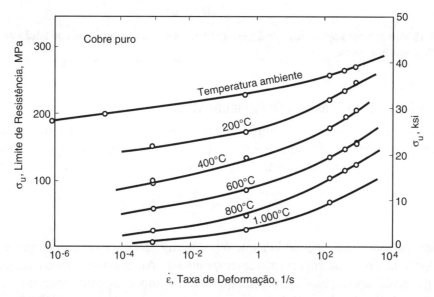

FIGURA 4.17 Efeito da taxa de deformação sobre o limite de resistência em tração para o cobre ensaiado a várias temperaturas.

(Adaptado de [Nadai 41]; usado com permissão da ASME.)

4.5 INTERPRETAÇÃO DO ENSAIO DE TRAÇÃO EM TERMOS DE TENSÃO E DEFORMAÇÃO REAIS (VERDADEIRAS)

Na análise dos resultados de ensaios de tração, e em outras situações, torna-se útil trabalhar com *tensões e deformações reais (verdadeiras)*. Note que tensões e deformações de engenharia são mais apropriadas para pequenas deformações, nas quais as mudanças nas dimensões da amostra são pequenas. As tensões e deformações reais são diferentes por considerar as mudanças infinitesimais na área e no comprimento da amostra. Para um material dúctil, quando se traça os dados de tensão e deformação verdadeiros, obtidos de um teste de tensão, é obtida uma curva que difere marcadamente da curva equivalente para tensão e deformação de engenharia. Um exemplo é mostrado na Figura 4.18.

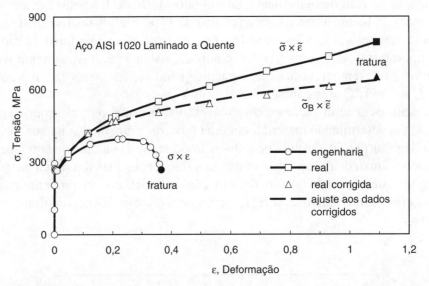

FIGURA 4.18 Curvas tensão-deformação de Engenharia e reais obtidas em um ensaio de tração de um aço AISI 1020 laminado a quente.

4.5.1 Definições de Tensão e Deformação Reais

A tensão real (ou verdadeira) é simplesmente a força axial P dividida pela área atual da secção transversal A, em vez de empregar a área inicial A_i. Assim, para uma dada A, a tensão real $\tilde{\sigma}$ pode ser calculada a partir força P ou da tensão de engenharia σ:

$$\tilde{\sigma} = \frac{P}{A}, \quad \tilde{\sigma} = \sigma \frac{A_i}{A} \quad (a, b) \tag{4.12}$$

Como a área A diminui à medida que o teste progride, a tensão real eleva-se acima dos valores da tensão de engenharia correspondente. Além disso, não existe qualquer queda na tensão após a carga máxima, que é um comportamento esperado na curva de tensão-deformação de engenharia e que ocorre devido à rápida diminuição da área da secção transversal, após o início da estricção. Essas tendências são evidentes na Figura 4.18.

Para a deformação real, considere que a mudança de comprimento da amostra seja medida através de pequenos incrementos, ΔL_1, ΔL_2, ΔL_3 etc., e que novos comprimentos de referência, L_1, L_2, L_3 etc., sejam utilizados para calcular a deformação entre cada incremento. Desta forma, a deformação total obtida é:

$$\tilde{\varepsilon} = \frac{\Delta L_1}{L_1} + \frac{\Delta L_2}{L_2} + \frac{\Delta L_3}{L_3} + \cdots = \sum \frac{\Delta L_j}{L_j} \qquad (4.13)$$

em que o ΔL da amostra torna-se a soma de cada um dos ΔL_j. Se os valores de ΔL_j forem considerados infinitesimais, isto é, se o ΔL for medido em etapas muito pequenas, o somatório anterior torna-se equivalente a uma integral que, assim, define a deformação real:

$$\tilde{\varepsilon} = \int_{L_i}^{L} \frac{dL}{L} = \ln \frac{L}{L_i} \qquad (4.14)$$

Aqui $L = L_i + \Delta L$ é o comprimento final. Note-se que $\varepsilon = \Delta L / L_i$ é a deformação de engenharia, que conduz à seguinte relação entre ε e $\tilde{\varepsilon}$:

$$\tilde{\varepsilon} = \ln \frac{L_i + \Delta L}{L_i} = \ln \left(1 + \frac{\Delta L}{L_i} \right) = \ln(1 + \varepsilon) \qquad (4.15)$$

4.5.2 Consideração de Volume Constante

Para materiais que se comportam ductilmente, uma vez que as deformações aumentaram substancialmente para além da região do escoamento, a maior parte da deformação acumulada é inelástica. Como nem a deformação plástica nem a deformação por fluência contribuem para as alterações de volume, a variação de volume obtida em um ensaio de tração é limitada à pequena quantidade associada à deformação elástica. Assim, é razoável considerar que o volume permanece constante:

$$A_i L_i = AL \qquad (4.16)$$

O que oferece:

$$\frac{A_i}{A} = \frac{L}{L_i} = \frac{L_i + \Delta L}{L_i} = 1 + \varepsilon \qquad (4.17)$$

A substituição do resultado da Equação 4.17 nas Equações 4.12 (b) e 4.14 gera duas equações adicionais que relacionam as tensões e deformações reais e de engenharia:

$$\tilde{\sigma} = \sigma(1 + \varepsilon) \qquad (4.18)$$

$$\tilde{\varepsilon} = \ln \frac{A_i}{A} \qquad (4.19)$$

Para componentes cilíndricos, com seções transversais redondas de diâmetro inicial d_i e que apresentarão um diâmetro final d, a última equação pode ser rearranjada da seguinte forma:

$$\tilde{\varepsilon} = \ln \frac{\pi d_i^2 / 4}{\pi d^2 / 4} = 2 \ln \frac{d_i}{d} \qquad (4.20)$$

Devemos lembrar que as Equações 4.17 até a 4.20 dependem do pressuposto de constância de volume, condição que só é precisa quando a deformação inelástica (plástica e por fluência) presente é muito maior que a deformação elástica.

As deformações reais obtidas pela Equação 4.15 são um pouco menores do que as deformações de engenharia correspondentes. Mas, uma vez que o estiramento se inicia e a Equação 4.19 passa a ser empregada, com os valores rapidamente decrescentes de A, a deformação real aumenta substancialmente em relação à deformação de engenharia, como pode ser visto na Figura 4.18.

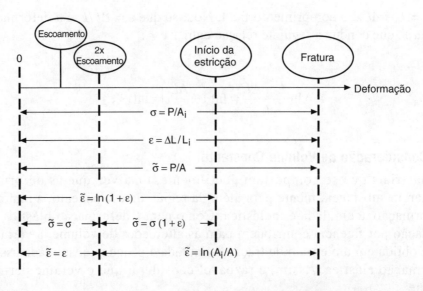

FIGURA 4.19 Uso e limitações das várias equações para tensões e deformações a partir de um ensaio de tração.

4.5.3 Limitações de Uso das Equações da Tensão e Deformação Reais

Os intervalos de aplicabilidade das várias equações que calculam e correlacionam as tensões e deformações de engenharia e reais estão resumidos na Figura 4.19. Primeiro, note que a tensão e a deformação de engenharia podem sempre ser determinadas a partir de suas definições, dadas pelas Equações 4.1 e 4.2. A tensão real pode sempre ser obtida da Equação 4.12, se as áreas forem diretamente medidas, por exemplo, a partir dos diâmetros de amostras cilíndricas.

Uma vez que a estricção começa no ponto de máxima tensão de engenharia, a deformação de engenharia torna-se meramente uma média ao longo de uma região de deformação não uniforme. Assim, ela não representa a deformação máxima e torna-se imprópria para o cálculo das tensões e deformações reais. Esta situação leva a não utilização das Equações 4.15 e 4.18 após o limite de resistência. Após atingir a carga máxima, as tensões e deformações reais podem ser calculadas apenas pela medição da variação da área da secção transversal mínima, na região de estricção (empescoçamento), bem como pela medição dos diâmetros mínimos em amostras cilíndricas. Assim, apenas as Equações 4.12 e 4.19 podem ser aplicadas após o limite de resistência, onde a estricção começa.

Adicionalmente, a Equação 4.18 está limitada pela consideração de volume constante. Por isso, a conversão para a tensão real é imprecisa em pequenas deformações, tais como as que ocorrem abaixo e próximas ao limite de escoamento. Um limite inferior arbitrário de duas vezes a deformação que acompanha o limite de escoamento, $2\varepsilon_o$, é sugerido para a aplicabilidade da condição de constância de volume, conforme descrito na Figura 4.19. (Note-se que ε_o é definido na Figura 4.11 (a).) Abaixo deste limite, a diferença entre a tensão de engenharia e a real é geralmente tão pequena que pode ser negligenciada, de modo que não é necessária a conversão. Uma limitação semelhante para pequenas deformações é aplicável para as Equações 4.19 e 4.20, que são válidas para quaisquer outras faixas de deformações.

4.5.4 Correção de Bridgman para as Tensões Circunferenciais

Existe uma complicação na interpretação dos resultados obtidos de um ensaio de tração perto do seu final, quando há grande quantidade de estricção. Como apontado por P. W. Bridgman em 1944, grandes quantidades de estricção resultam em tensões circunferenciais de tração, geradas na região do empescoçamento. Assim, o estado de tensões não pode mais ser assumido como uniaxial e isso afeta o comportamento do material. Em particular, a tensão axial é aumentada acima do nível correto. (Esta condição é causada pela deformação plástica; veja o Capítulo 12.)

Uma correção pode ser feita para o aço com base na curva empírica desenvolvida por Bridgman, a qual é mostrada na Figura 4.20. A curva descreve um fator de correção, B, descrito em função da deformação real, calculada pela área da amostra. Esse fator deve ser usado como se segue:

$$\tilde{\sigma}_B = B\tilde{\sigma} \tag{4.21}$$

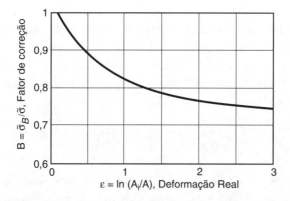

FIGURA 4.20 Curva de [Bridgman 44], oferecendo fatores de correção sobre os valores de tensão real devido ao efeito das tensões circunferenciais geradas durante a estricção em aços.

136 CAPÍTULO 4 Ensaios Mecânicos: Ensaios de Tração e Outros Testes Básicos

Em que $\tilde{\sigma}$ é a tensão real calculada a partir da área pelo uso da Equação 4.12, e $\tilde{\sigma}_B$ é o valor corrigido para a tensão real. Os valores de B para os aços podem ser estimados a partir da seguinte equação, que se aproxima muito da curva da Figura 4.20:

$$B = 0,0684x^3 + 0,0461x^2 - 0,205x + 0,825, \quad \text{em que } x = \log_{10}\tilde{\varepsilon} \quad (0,12 \leq \tilde{\varepsilon} \leq 3) \ (4.22)$$

A correção não é necessária quando $\tilde{\varepsilon} < 0,12$. Note que uma correção de 10% (quando B = 0,9) corresponde a uma deformação real de $\tilde{\varepsilon} = 0,44$. Pela Equação 4,20, isso leva a uma relação entre os diâmetros inicial e de empescoçamento de 1,25. Assim, deformações na estricção bem grandes devem ocorrer para que a correção tenha significância.

Curvas de correção similares à da Figura 4.20, geralmente, não estão disponíveis para outros metais, mesmo assim, uma correção pode ser feita se a evolução nos valores do diâmetro na região do empescoçamento for quantificada. Para mais detalhes, consulte as referências Bridgman (1952) e Marshal (1952) dadas no final deste capítulo. A curva para o aço não deve ser aplicada a outros metais, exceto como uma forma de estimativa grosseira.

EXEMPLO 4.2

Para os dados da Tabela E.41, obtidos de um teste de tração de uma amostra de aço AISI laminado a quente, calcule:

(a) as tensões e deformações reais, traçando uma curva tensão-deformação real;
(b) os valores corrigidos da tensão real, e trace a curva tensão-deformação resultante.

Solução

(a) Os valores desejados estão disponíveis na segunda e terceira colunas da Tabela E4.1 (b) e, ao traçá-los, obtemos uma curva identificada como $\tilde{\sigma} \times \tilde{\varepsilon}$, mostrada na Figura 4.18. Com referência à Figura 4.19, a deformação real é dada pela aplicação da Equação 4.15 a partir do início do ensaio, passando pelo início do escoamento, até ao ponto de resistência máxima, o que inclui todos os pontos acima da segunda linha horizontal na Tabela E4.1. Além disso, a tensão real pode ser considerada igual a tensão de engenharia quando a deformação é menor que o dobro da deformação de escoamento. Adicionalmente, da Figura E4.1 (b), a deformação de escoamento pode ser lida através de uma linha vertical, passando pelo ponto σ_0 e sendo igual a $\varepsilon_0 = 0,0033$. Assim, até $\varepsilon < 2\,\varepsilon_0 = 0,0066$, nenhum ajuste precisa ser feito, de forma que os pontos acima da primeira linha horizontal no Quadro E4.1 são correspondentes. Além do dobro da deformação de escoamento e até, e incluindo, o ponto de limite de resistência (força máxima), a Equação 4,18 é empregada. Por exemplo, para a linha na tabela com P = 24,25 kN, temos:

$$\tilde{\varepsilon} = \ln(1+\varepsilon) = \ln(1+0,1250) = 0,1178; \quad \tilde{\sigma} = \sigma(1+\varepsilon)$$
$$= 372,0(1+0,1250) = 418,5\,\text{MPa}$$

Além do ponto de carga máxima ou do limite de resistência (ou seja, abaixo da segunda linha horizontal na Tabela E4.1), devemos usar apenas as equações que empreguem valores medidos no diâmetro que está diminuindo no corpo de prova. Por isso, precisamos agora da Equação 4.12 (a) ou (b) para a tensão real e a Equação 4.19 ou 4.20 para a deformação real. Por exemplo, para a linha na tabela com P = 21,35 kN, temos:

$$\tilde{\varepsilon} = 2\ln\frac{d_i}{d} = 2\ln\frac{9,11\,mm}{6,35\,mm} = 0,7218], \quad \tilde{\sigma} = \frac{P}{A} = \frac{P}{\pi d^2 / 4} = \frac{4(21.350\,N)}{\pi(6,35\,mm)^2} = 674,2\,MPa$$

Cálculos similares oferecem os valores remanescentes de $\tilde{\sigma}$ e $\tilde{\varepsilon}$ da Tabela E4.1.

(b) Os valores corrigidos da tensão real $\tilde{\sigma}_B$ obtidos a partir das Eqs. 4.21 e 4.22 são listados na quarta coluna da Tabela E4.1 (b). Traçando estes dados, obtemos a curva identificada como $\tilde{\sigma}_B \times \tilde{\varepsilon}_B$ na Figura 4.18. Para $\tilde{\varepsilon} < 0,12$, nenhuma correção é necessária, de modo que $\tilde{\sigma}_B = \tilde{\sigma}$ e, consequentemente, B = 1. Para a linha na tabela com P = 25,71 kN e abaixo deste valor na tabela uma correção é necessária. Por exemplo, para a linha com P = 21,35 kN, temos

$$x = \log_{10}\tilde{\varepsilon} = \log_{10}0,7218 = -0,1416, \quad B = 0,0654x^3 + 0,0461x^2 - 0,205x + 0,825$$

$$B = 0,0684(-0,1416)^3 + 0,0461(-0,1416)^2 - 0,205(-0,1416) + 0,825 = 0,855$$

$$\tilde{\sigma}_B = B\tilde{\sigma} = 0,855(674,2\,MPa) = 576,2\,MPa$$

Cálculos similares oferecem os demais valores da tensão real $\tilde{\sigma}_B$ que estão na Tabela E4.1. Os valores de tensões reais corrigidos são sempre menores dos que os valores brutos da tensão real.

4.5.5 Curvas Tensão-Deformação Reais

Para as curvas tensão-deformação reais para os metais após o escoamento, o comportamento da tensão em função da deformação plástica, muitas vezes, encaixa-se em uma correlação do tipo:

$$\tilde{\sigma} = H\tilde{\varepsilon}_p^n \tag{4.23}$$

Se a curva tensão *versus* deformação plástica é traçada em coordenadas log-log, esta equação gera uma linha reta. A inclinação desta reta será n, que é o denominado *expoente de encruamento*. A quantidade H é chamada de *coeficiente de resistência plástica*, que representa o intercepto quando $\tilde{\varepsilon}_p = 1$. Em grandes deformações, durante os estágios avançados de estricção, a Equação 4,23 deve ser empregada com os valores de tensões reais que foram corrigidos por meio do fator de Bridgman:

$$\tilde{\sigma}_B = H\tilde{\varepsilon}_p^n \tag{4.24}$$

A Figura 4.21 mostra um gráfico log-log da tensão real *versus* deformação plástica real obtido a partir do ensaio em um aço AISI 1020. Note-se que os dados de $\tilde{\sigma} \times \tilde{\varepsilon}_p$ encurvam-se ligeiramente para cima, para maiores valores de deformação, enquanto os dados $\tilde{\sigma}_B \times \tilde{\varepsilon}_p$ ajustam-se ao longo de uma linha reta de forma a seguir a correlação apresentada pela Equação 4.24.

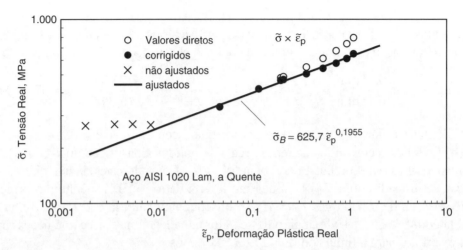

FIGURA 4.21 Gráfico log-log entre a tensão real *versus* deformação plástica real obtido para o aço AISI 1020 laminado a quente.

Como a deformação total é a soma das suas partes elásticas e plásticas e a Equação 4.24 considera a deformação plástica, então a esta pode ser adicionada a deformação elástica, $\tilde{\varepsilon}_B = \tilde{\sigma}_B/E$, para obter uma correlação verdadeira entre a tensão real e a deformação real total $\tilde{\varepsilon}$:

$$\tilde{\varepsilon} = \tilde{\varepsilon}_e + \tilde{\varepsilon}_p, \quad \tilde{\varepsilon} = \frac{\tilde{\sigma}_B}{E} + \left(\frac{\tilde{\sigma}_B}{H}\right)^{1/n} \quad (4.25)$$

Esta equação é chamada de relação de Ramberg-Osgood, como será considerado mais detalhadamente no Capítulo 12. Usando as constantes apresentadas como exemplo para o aço AISI 1020, apresentadas na Equação 4,25, obtém-se a curva tracejada mostrada na Figura 4.18. Esta forma é considerada a mais representativa para os dados corrigidos para todas as deformações do material após a região de escoamento. Quando a curva de tensão-deformação exibe um comportamento suave e gradual do escoamento, a Equação 4.25 pode fornecer um bom ajuste para todas as deformações. Para alguns materiais, a Equação 4.25 não se ajusta muito bem, e em alguns casos deste tipo é possível empregar duas correlações que ajustam diferentes porções da curva de tensão-deformação.

Se medições da área da seção transversal (ou do diâmetro) não puderem ser realizadas, durante um ensaio de tração, ainda assim a Equação 4.25 pode ser empregada, mas o ajuste ficará restrito para os dados até o limite de resistência. Neste caso, a correção de Bridgman torna-se desnecessária, de modo que é aplicável a Equação 4.23 e $\tilde{\sigma}_B$ na Equação 4.25 é substituído pelo valor não corrigido $\tilde{\sigma}$. Além disso, antes que o limite de resistência seja excedido, $\tilde{\sigma}$ e $\tilde{\varepsilon}$ podem ser calculados a partir das Equações 4.18 e 4.15.

4.5.6 Propriedades Tensão-Deformação Reais

As propriedades adicionais dos materiais, obtidas a partir de ensaios de tração, podem ser definidas com base na tensão e deformação reais. A *resistência à fratura real*, $\tilde{\sigma}_f$, é obtida simplesmente a partir da carga de ruptura e a área final, ou a partir da tensão de engenharia na fratura:

$$\tilde{\sigma}_f = \frac{P_f}{A_f} = \sigma_f \left(\frac{A_i}{A_f} \right)$$

(4.26)

Uma vez que a correção de Bridgman é geralmente necessária, o valor obtido deve ser convertido para $\tilde{\sigma}_{fB}$, usando a Equação 4.21, mas observe a limitação da Equação 4.22 para aços.

A *deformação real na fratura*, $\tilde{\varepsilon}_f$, pode ser obtida a partir da área final ou a partir da redução percentual em área:

$$\tilde{\varepsilon}_f = \ln \frac{A_i}{A_f}, \quad \tilde{\varepsilon}_f = \ln \frac{100}{100 - \%RA} \quad \text{(a,b)}$$

(4.27)

A segunda equação é obtida prontamente a partir da primeira. Note-se que $\tilde{\varepsilon}_f$ não pode ser calculada se temos disponível apenas a deformação de engenharia na fratura (alongamento percentual).

A *tenacidade verdadeira*, $\tilde{u}_f$, é a área sob a curva tensão-deformação real até a ruptura. Assumindo que o material é suficientemente dúctil, de modo que as deformações elásticas são pequenas comparadas com as deformações plásticas, sobre a maior parte da curva de tensão-deformação, pode-se considerar que as deformações plásticas e totais são equivalentes. Desta forma, considera-se $\tilde{\varepsilon}_p \approx \tilde{\varepsilon}$ inclusive na Equação 4.24, de forma que a tenacidade verdadeira é:

$$\tilde{u}_f = \int_0^{\tilde{\varepsilon}_f} \tilde{\sigma}_B \, d\tilde{\varepsilon} = H \int_0^{\tilde{\varepsilon}_f} \tilde{\sigma}^n \, d\tilde{\varepsilon} = \frac{H\tilde{\varepsilon}_f^{n+1}}{n+1} = \frac{\tilde{\sigma}_{fB}\tilde{\varepsilon}_f}{n+1}$$

(4.28)

As várias propriedades tensão-deformação de engenharia e reais para ensaios de tração estão resumidos pela listagem da Tabela 4.5. Note-se que a deformação de engenharia na fratura, ε_f, e a percentagem de alongamento são apenas diferentes formas de descrever a mesma característica. Além disso, os valores de $\%RA$ e $\tilde{\varepsilon}_f$ podem ser calculados, um a partir do outro, empregado a Equação 4.27 (b). O coeficiente

Tabela 4.5 Propriedades de Materiais Obtidas a partir de Ensaios de Tração		
Categoria	**Propriedades de Engenharia**	**Propriedades da Relação Tensão-Deformação**
Constantes elásticas	Módulo de elasticidade, E, E_t Coeficiente de Poisson, ν	–
Resistência	Limite de proporcionalidade, σ_p Limite de escoamento, σ_0 Limite de resistência, σ_u Limite de fratura de engenharia, σ_f	Resistência à fratura real, $\tilde{\sigma}_{fB}$ Coeficiente de resistência plástica, H
Ductilidade	Alongamento percentual, $100\,\varepsilon_f$ Redução percentual de área, $\%RA$	Deformação real na fratura, $\tilde{\varepsilon}_f$
Capacidade de energia	Tenacidade a tração, u_f	Tenacidade verdadeira a tração, $\tilde{u}_f$
Encruamento	Razão de encruamento, σ_u/σ_0	Expoente de encruamento, n

de resistência plástica *H* determina a intensidade da tensão real na região de grande deformação da curva tensão-deformação, de modo que é considerado uma medida de resistência. O expoente de encruamento, *n*, é uma medida da taxa de endurecimento na curva tensão-deformação real. Para metais de engenharia, valores acima de $n = 0,2$ são considerados altos e aqueles abaixo de 0,1 são considerados relativamente baixos.

As propriedades tensão-deformação reais estão listadas para vários metais de engenharia na Tabela 4.6. Estes são os mesmos metais cujas propriedades de engenharia foram listadas na Tabela 4.2.

Tabela 4.6 Propriedades de Tração Obtidas da Dependência Tensão-Deformação Reais de Alguns Metais de Engenharia e Também suas Durezas

| Material | Fratura Real | | Coeficiente de Resistência Plástica | Expoente de Encruamento | Dureza Brinell[1] |
| | Resistência, $\tilde{\sigma}_{fB}$ | Deformação, $\tilde{\varepsilon}_f$ | H | n | HB |
	MPa (ksi)		MPa (ksi)		
Ferro fundido dúctil A536 (65-45-12)	524 (76)	0,222	456 (66,1)	0,0455	167
Aço AISI 1020 como laminado	713 (103)	0,96	737 (107)	0,19	107
Aço estrutural ASTM A514, T1	1.213 (176)	1,08	1103 (160)	0,088	256
Aço AISI 4142, como temperado	2.580 (375)	0,06	–	0,136	670
Aço AISI 4142, temperado e revenido a 205 °C	2.650 (385)	0,31	–	0,091	560
Aço AISI 4142, temperado e revenido a 370 °C	1.998 (290)	0,54	–	0,043	450
Aço AISI 4142, temperado e revenido a 450 °C	1.826 (265)	0,66	–	0,051	380
Aço Maraging (250) 18Ni	2.136 (310)	0,82	–	0,02	460
Liga de alumínio para fundição SAE 308	232 (33,6)	0,009	567 (82,2)	0,196	80
Liga de alumínio 2024-T4	631 (91,5)	0,43	806 (117)	0,20	120
Liga de alumínio 7075-T6	744 (108)	0,41	827 (120)	0,1113	150
Liga de magnésio AZ91C-T6	137 (20)	0,004	653 (94,7)	0,282	61

Nota: 1 Carga de 3.000 kg para aços e ferros fundidos, 500 kg para outros casos; valores típicos de [Boyer 85] são listados em alguns casos.
Fontes: Dados em [Conle 84] e [SAE 89].

EXEMPLO 4.3

Usando as tensões e deformações na Tabela E4.1 para o ensaio de tração no aço AISI 1020, determine as constantes H e n para a Equação 4.24 e também a resistência à fratura real, $\tilde{\sigma}_{fB}$ e a deformação real na fratura, $\tilde{\varepsilon}_f$.

Solução

Primeiramente, precisamos calcular as deformações plásticas reais $\tilde{\varepsilon}_p$ para os dados da Tabela E4.1. Isso é feito subtraindo as deformações elásticas das deformações totais. Por exemplo, na linha da Tabela na qual P = 25,71 kN, o cálculo é

$$\tilde{\varepsilon}_p = \tilde{\varepsilon} - \frac{\tilde{\sigma}_B}{E}, \quad \tilde{\varepsilon}_p = 0,1972 - \frac{465,3 \text{ MPa}}{201.200 \text{ MPa}} = 0,1949$$

Onde $E = 201.200$ MPa, do Exemplo 4.1. Para achar H e n, note que a Equação 4.24 pode ser escrita como:

$$\log \tilde{\sigma}B = n \log \tilde{\varepsilon}_p + \log H$$

que é uma linha reta do tipo $y = mx + b$ em um gráfico do tipo log-log, onde $y = \log \tilde{\sigma}_B$ (variável dependente) e $x = \log \tilde{\varepsilon}_p$ (variável independente). Assim, n e H são prontamente obtidos a partir dos parâmetros de ajuste linear m e b.

$$n = m, \quad b = \log H, \ H = 10^b$$

Assim, se $\tilde{\sigma}_B$ é representada graficamente em função de $\tilde{\varepsilon}_p$, em coordenadas log-log, uma linha reta deve ser formada com um declive n e cujo valor de tensão $\tilde{\sigma}_B = H$ quando $\tilde{\varepsilon}_p = 1$. Isto é mostrado na Figura 4.21. Um método de ajustas com mínimos quadrados oferece:

$$m = n = 0,1955 \qquad \textbf{(Resposta)}$$

$$b = 2,79634; \quad H = 10^b = 625,7 \qquad \textbf{(Resposta)}$$

Desta forma, a equação torna-se: $\tilde{\sigma}_B = 625,7 \ \tilde{\varepsilon}_p^{\ 0,1955}$ MPa.

O ajuste anteriormente mencionado é baseado nos últimos nove pontos de dados da Tabela E4.1. Os quatro primeiros valores de deformação plástica na Tabela E4.1, acima da força P zero, são tão pequenos que podem ser desprezados, como resultante de subtrair duas quantidades quase iguais, que incluem erro experimental. Os próximos quatro não parecem se ajustar na tendência linear, como mostrado na Figura 4.21, e assim também foram excluídos da análise.

A resistência e a deformação verdadeiras na fratura são simplesmente os valores da última linha da Tabela E4.1, já que eles correspondem ao ponto de fratura:

$$\tilde{\sigma}_{fB} = 649 \text{ MPa}, \quad \tilde{\varepsilon}_f \ 1,091$$

4.6 ENSAIOS DE COMPRESSÃO

Alguns materiais têm um comportamento muito diferente em compressão do que em tração e, em alguns casos, tais materiais são utilizados, principalmente, para resistir a tensões de compressão. Exemplos incluem o concreto e as pedras de construção. Os dados dos testes de compressão são, portanto, muitas vezes necessários para aplicações de engenharia. Os ensaios de compressão têm muitas semelhanças com ensaios de tensão na maneira de conduzir o teste e na análise e interpretação dos resultados. Como os ensaios de tração já foram analisados em pormenor, a discussão vai se concentrar em áreas em que esses dois tipos de ensaios são diferentes.

4.6.1 Métodos de Testes de Compressão

Um arranjo típico para um ensaio de compressão é mostrado na Figura 4.22. As taxas de deslocamento uniforme em compressão são aplicadas de forma semelhante a um ensaio de tração, exceto, naturalmente, para a direção de carregamento. O corpo de prova é, geralmente, um cilindro simples, tendo uma proporção entre seu comprimento e diâmetro, L/d, no intervalo de 1 a 3. No entanto, os valores de L/d até 10 são, às vezes, utilizados com o objetivo primário de determinar com precisão o módulo de elasticidade em compressão. Amostras com seções transversais quadradas ou retangulares também podem ser testadas.

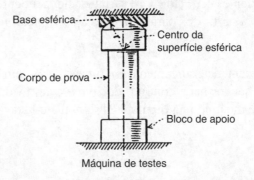

FIGURA 4.22 Ensaio de compressão em uma máquina universal de ensaios que usa um cabeçote com base esférica em uma de suas extremidades.

(De [ASTM 97] Std E9; copyright © ASTM; reproduzido com permissão.)

A definição do comprimento do corpo de prova é feita a partir de um compromisso, a flambagem do corpo de prova e do efeito do atrito nas suas extremidades. Se a relação de L/d é relativamente grande, pode ocorrer flambagem do corpo de prova antes da finalização do teste. Se isso acontecer, o resultado do teste perde o significado em termos da descrição fundamental do comportamento em compressão do material. A flambagem é afetada por pequenas imperfeições inevitáveis na geometria do corpo de prova e de seu alinhamento na máquina de testes. As extremidades do corpo de prova, por exemplo, podem ser quase paralelas, mas nunca são perfeitamente.

Por outro lado, se a relação de L/d é pequena, o resultado do teste é afetado pelos detalhes das condições nas suas extremidades. À medida que a amostra é comprimida, o seu diâmetro aumenta devido ao efeito de Poisson, porém o atrito, gerado pelo contato da amostra com os apoios da máquina de testes, retarda esse movimento nas extremidades, resultando em uma amostra deformada no formato de barril. Este efeito pode ser minimizado por uma lubrificação adequada das extremidades. Assim, especialmente nos materiais que são capazes de grandes deformações em compressão, a escolha de uma relação *L/d* muito pequena pode resultar numa situação em que o comportamento da amostra será determinado pelo comportamento de suas extremidades, de modo que o teste passa a não quantificar o comportamento fundamental à compressão do material.

Considerando tanto a necessidade de pequenos valores de *L/d* para evitar a flambagem e grandes valores de *L/d* para minimizar os efeitos do atrito nas suas extremidades, um compromisso razoável ocorre quando *L/d* = 3, para materiais dúcteis. Adicionalmente, valores de *L/d* = 1,5 ou 2 são adequados para materiais frágeis, nos quais os efeitos nas extremidades das amostras são pequenos.

Alguns exemplos de corpos de prova de compressão, para vários materiais, antes e depois do ensaio são mostrados nas Figuras 4.23 e 4.24. O aço comum mostra um comportamento tipicamente dúctil, deformações relativamente grandes ocorrem sem fratura. O ferro fundido cinzento e o concreto se comportam de forma frágil, e a liga de alumínio deforma consideravelmente, mas depois também fratura. A fratura em compressão ocorre, geralmente, em um plano inclinado ou numa superfície cônica.

FIGURA 4.23 Corpos de prova de compressão de metais (da esquerda para a direita): amostra não testada e amostras testadas de ferro fundido cinzento, liga de alumínio 7075-T651, e aço laminado a quente AISI 1020. Os diâmetros antes do teste foram de aproximadamente 25 mm e os comprimentos eram de 76 mm.

(Foto de R. A. Simonds.)

FIGURA 4.24 Corpos de prova de concreto com agregado calcário dolomítico com diâmetros de 150 mm antes e após teste de compressão.

(Foto de R. A. Simonds.)

4.6.2 Propriedades dos Materiais em Compressão

As porções iniciais das curvas de tensão-deformação em compressão têm a mesma natureza geral daquelas obtidas em tração. Assim, as propriedades de vários materiais podem ser definidas a partir da parte inicial desta curva, de forma similar ao feito em tração, como ocorre com o módulo de elasticidade E, o limite de proporcionalidade, σ_p, e o limite de escoamento, σ_0.

O limite de resistência em compressão difere de forma qualitativa do limite de resistência em tração. Note-se que a diminuição da força antes da fratura final em tração está associada ao fenômeno da estricção. Isto, claro, não ocorre em compressão. De fato, um efeito oposto ocorre, na medida em que o aumento da área de secção transversal faz com que a curva de tensão-deformação aumente rapidamente em vez de apresentar um máximo. Como resultado, não existe força máxima de compressão antes da fratura, e o limite de resistência torna-se o mesmo valor da tensão de fratura engenharia. Materiais frágeis e moderadamente dúcteis fraturam durante o teste de compressão. Mas muitos metais dúcteis e polímeros simplesmente nunca fraturam. Em vez disso, a amostra deforma-se cada vez mais na forma de uma panqueca fina até que a força necessária para a deformação adicional torna-se tão grande que o ensaio deve ser suspenso.

As medições de ductilidade para compressão são análogas às de tensão. Tais medidas incluem mudanças percentuais de comprimento e área, bem como deformação de engenharia e real. As mesmas medidas da capacidade de energia também podem ser empregadas, como as constantes para as curvas de tensão-deformação reais descritas pela Equação 4.23.

4.6.3 Tendências no Comportamento em Compressão

Metais de engenharia dúcteis normalmente apresentam porções iniciais das curvas tensão-deformação quase idênticas em tração e em compressão; um exemplo disto está mostrado na Figura 4.25. Depois de grandes quantidades de deformação, as curvas ainda podem concordar se os valores reais de tensões e deformações forem considerados.

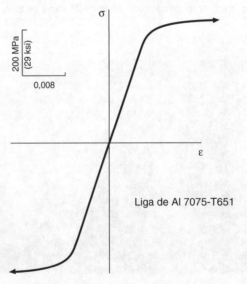

FIGURA 4.25 Porções iniciais das curvas tensão-deformação em tração e em compressão para a liga de alumínio 7075-T651.

Muitos materiais que são frágeis em tração apresentam este comportamento por conterem fissuras ou poros que crescem e se combinam para causar falhas ao longo dos planos de tensão máxima, isto é, perpendicular ao eixo do corpo de prova de tração. Exemplos disso são os flocos de grafita no ferro fundido cinzento, rachaduras nos limites dos agregados no concreto e as porosidades em cerâmicas sinterizadas. Essas falhas têm um efeito muito menor na compressão, de modo que os materiais que se comportam de maneira frágil em tração geralmente têm resistências à compressão mais elevadas. Por exemplo, compare as resistências em tensão e compressão dadas por várias cerâmicas na Tabela 3.10. Um comportamento dúctil pode ocorrer mesmo em materiais que são frágeis em tração, como para o polímero na Figura 4.26.

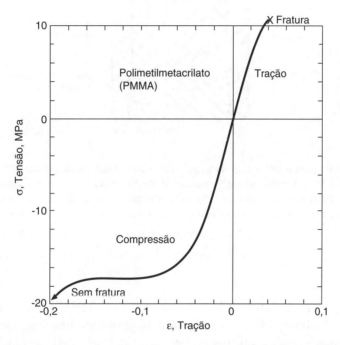

FIGURA 4.26 Curvas tensão-deformação para o polimetilmetacrilato (*plexiglass* ou acrílico), tanto em tração quanto em compressão.

(Adaptado de [Richards 61] p 153; reimpresso com permissão de PWS-Kent Publishing Co., Boston.)

Quando a fratura sob compressão ocorre, ela é geralmente associada a uma tensão de cisalhamento, de modo que a fratura é inclinada em relação ao eixo do corpo de prova. Este tipo de fratura é evidente para o ferro fundido cinzento, uma liga de alumínio e o concreto nas Figuras 4.23 e 4.24. Repare na diferença na direção do plano de fratura do ferro fundido quando ele é obtido em tração, como mostrado na Figura 4.13. O plano de fratura em tração é orientado na direção normal à tensão de tração aplicada, que é um comportamento típico de todos os materiais frágeis.

Para materiais frágeis, tais como o concreto e a rocha, algumas aplicações de engenharia envolvem tensões de compressão multiaxiais, como nas fundações de edifícios, pontes e barragens. Um arranjo de teste que simula tais condições, empregando um equipamento de compressão hidráulica multiaxial está ilustrado na Figura 4.27. O *sistema de pressão axial* fornece uma força de compressão na direção vertical, como em um ensaio de compressão simples. E um *sistema de pressão lateral* comprime

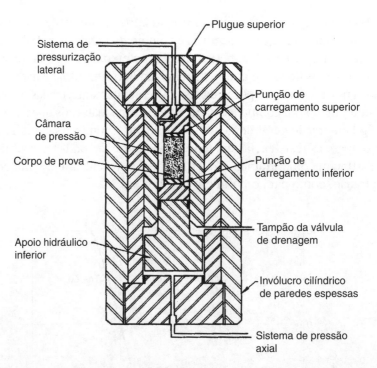

FIGURA 4.27 Sistema para testar materiais frágeis como concreto e rocha sob compressão com pressão lateral. Este sistema foi empregado nos U.S. Bureau of Reclamation Laboratories, Denver, CO, na década de 1960. Pressões laterais de até 860 MPa (125 ksi) poderiam ser aplicadas usando querosene como fluido hidráulico, que não entrava em contato com o corpo de prova devido à utilização de um envoltório de neoprene.

(De [Hilsdorf 73], tal como adaptado de [Chinn 65]; usada com permissão.)

lateralmente o corpo de prova por todos os lados. A resistência à compressão do concreto ou da rocha na direção axial é afetada por tais pressões laterais de forma que, para valores grandes valores de pressão lateral, a resistência à compressão é substancialmente mais elevada do que num teste de compressão comum. (Este comportamento é abordado em alguns detalhes mais adiante nas seções 7.7 e 7.8, nas quais são considerados os métodos de previsão da resistência dos materiais frágeis sob tensões multiaxiais.)

4.7 ENSAIOS DE DUREZA

Na engenharia, a dureza é mais vulgarmente definida como sendo a resistência de um material à *indentação*. A indentação é o ato de gerar uma depressão por meio do pressionamento de uma esfera dura ou de uma extremidade arredondada, conhecido como penetrador, contra uma amostra de material. A depressão, ou indentação, resulta da deformação plástica abaixo do penetrador, tal como mostrado na Figura 4.28. Algumas características específicas da indentação, como o seu tamanho ou profundidade, são tomadas como uma medida da dureza.

Outros princípios também são usados para medir a dureza. Por exemplo, o teste de *dureza Escleroscópica* é um teste de repercussão que utiliza um martelo com uma

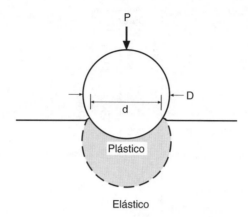

FIGURA 4.28 A deformação plástica sob um penetrador de dureza Brinell.

ponta arredondada de diamante. Deixa-se cair esse martelo de uma altura fixa sobre a superfície do material a ser testado. O valor da dureza é proporcional à altura de ressalto (quicamento) do martelo, e a escala para metais é regulada de modo que o aço ferramenta completamente endurecido tem um valor de 100. Uma versão modificada deste ensaio é também usada para os polímeros.

Em mineralogia, emprega-se a *escala de dureza de Mohs*. Atribui-se ao diamante, que é o material mais duro conhecido, um valor de dureza 10. Valores de durezas decrescentes são atribuídos a outros minerais, até 1 para o talco, que é o mineral menos duro. As frações decimais, como 9,7 para carboneto de tungstênio, são usadas para materiais que possuem durezas intermediárias entre os padrões. A determinação da dureza de um material na escala de Mohs é feita por um teste manual simples por risco. Se dois materiais são comparados, o mais duro é capaz de riscar o menos duro, mas não vice-versa. Isso permite que os materiais possam ser classificados por sua dureza, e valores decimais entre os materiais padrão podem ser atribuídos para detalhar o julgamento nesta escala.

Os aços muito duros têm uma dureza de Mohs em torno de 7, e os aços de menores resistências e outras ligas metálicas relativamente duras estão, geralmente, na faixa de 4 a 5. Os metais mais macios podem ter durezas inferiores a 1, de forma que sua dureza de Mohs é difícil de especificar. Vários materiais são comparados quanto à sua dureza de Mohs na Figura 4.29. Também são mostrados os valores para duas escalas de dureza por penetração, que serão discutidas em breve.

Os testes de dureza por penetração (indentação) têm uma vantagem sobre a dureza de Mohs, pois os valores obtidos são menos sujeitos a uma questão de julgamento e interpretação. Há um número de ensaios de dureza diferentes padronizados. Eles diferem uns dos outros quanto à geometria do penetrador, à quantidade de força utilizada etc. Como podem ocorrer deformações dependentes do tempo que afetam a penetração, as taxas de carregamento e/ou tempos de aplicação da carga são fixadas para cada padrão de teste.

Um dispositivo de ensaio para o teste de dureza *Brinell* está mostrado na Figura 4.30. Algumas das indentações resultantes são mostradas, juntamente com as obtidas por ensaios do tipo *Rockwell*, na Figura 4.31. Esses dois tipos, em conjunto com o teste de dureza *Vickers*, são comumente usados para fins de engenharia.

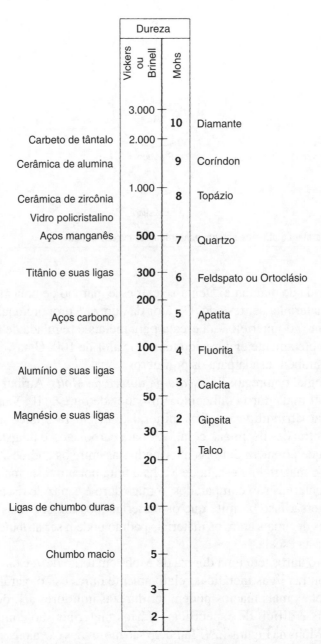

FIGURA 4.29 Dureza relativa aproximada de vários metais e cerâmicas.

(De [Richards 61] p 402, com base em dados de [Zwikker 54] p 261; reimpresso com permissão de PWS-Kent Publishing Co., Boston.)

4.7.1 Ensaio de Dureza Brinell

Neste teste, uma esfera de aço relativamente grande — especificamente de 10 mm de diâmetro — é empregada com uma força relativamente alta. A força usada é de 3.000 kg para materiais relativamente duros, tais como o aço e ferros fundidos, e 500 kg para materiais mais macios, como ligas de cobre e alumínio. Para materiais muito duros, a esfera de aço padrão deformar-se-ia excessivamente, por isso é empregada no seu lugar uma esfera de carboneto de tungstênio.

FIGURA 4.30 Equipamento de teste de dureza Brinell (à esquerda) e penetrador sendo aplicado em uma amostra (à direita).

(Fotografias cortesia de Tinius Olsen Testing Machine Co., Inc., Willow Grove, PA.)

FIGURA 4.31 Marcas de penetração por dureza Brinell e Rockwell. À esquerda, em aço AISI 1020 laminado a quente a penetração Brinell, que é a maior, apresenta um diâmetro de 5,4 milímetros, dando HB = 121, enquanto a marca Rockwell B deu HRB = 72. À direita, um aço de maior resistência tem indentações correspondentes a HB = 241 e HRC = 20.

(Foto por RA Simonds.)

O número de dureza Brinell, designado HB, é obtido dividindo a força aplicada P, em quilogramas, pela área circular gerada na penetração, que é um segmento de esfera. Isto dá:

$$HB = \frac{2P}{\pi D[D-(D^2-d^2)^{0.5}]} \quad (4.29)$$

Onde *D* é o diâmetro da esfera e *d* é o diâmetro da endentação (marca da penetração), ambos em milímetros, como ilustrado na Figura 4.28. A Tabela 4.6 apresenta exemplos de valores de dureza Brinell para metais.

4.7.2 Ensaio de Dureza Vickers

O teste de dureza Vickers é baseado nos mesmos princípios gerais do teste de dureza Brinell. Ele se difere, essencialmente, pelo fato de o penetrador ser uma ponta de diamante em forma de uma pirâmide de base quadrada. O ângulo entre as faces dessa pirâmide vale $\alpha = 136°$, como mostrado na Figura 4.32. Esta forma resulta em uma profundidade de penetração, *h*, sendo de um sétimo do tamanho do penetrador, *d*, medido pela sua diagonal. O valor da dureza Vickers *HV* é obtido dividindo a força aplicada *P* pela área da superfície da depressão piramidal gerada. Isso resulta em:

$$HV = \frac{2P}{d^2} \sin\frac{\alpha}{2} \qquad (4.30)$$

onde *d* é dado em milímetros e *P* em quilogramas.

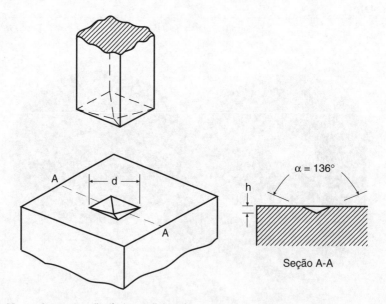

FIGURA 4.32 Marca de penetração (indentação) obtida na medição da dureza Vickers.

Note que a forma piramidal padrão faz com que as penetrações sejam geometricamente semelhantes, independentemente de sua dimensão. Por razões derivadas da teoria da plasticidade e que estão fora do âmbito da presente discussão, esta semelhança geométrica resulta em um valor de dureza de Vickers, que se espera ser independente da intensidade da força utilizada. Assim, uma ampla faixa de cargas nominais, usualmente entre 1 e 120 kg, podem ser utilizadas, de modo que todos os materiais sólidos possam ser essencialmente incluídos numa única e ampla escala de dureza.

Os valores de dureza Vickers aproximados estão indicados para diversas classes de materiais na Figura 4.29. Além disso, os valores para alguns materiais cerâmicos são dados na Tabela 4.7. Dentro da faixa mais limitada na qual o teste Brinell pode ser usado, há uma concordância aproximada com a escala de Vickers. A correlação aproximada está ilustrada por curvas médias de dureza para aços de diferentes graus de resistências na Figura 4.33.

Tabela 4.7 Dureza Vickers e Resistência a Flexão para Algumas Cerâmicas e Vidros

Material	Dureza HV; 0,1 kgf	Resistência a Flexão; MPa (ksi)	Módulo de Elasticidade; GPa (10^3 ksi)
Vidro de silicato de sódio	600	65 (9,4)	74 (10,7)
Vidro de sílica pura	650	70 (10,1)	70 (10,1)
Porcelana aluminosa	≈ 880	120 (17,4)	120 (17,4)
Nitreto de silício, Si_3N_4 pressionado a quente	1.700	600 (87)	400 (58)
Alumina, Al_2O_3 (densidade 99,5%)	1.750	400 (58)	400 (58)
Carbeto de silício, SiC Pressionado a quente	2.600	600 (87)	400 (58)
Carboneto de boro, B_4C Pressionado a quente	3.200	400 (58)	475 (69)

Fonte: Dados em [Creyke 82] p. 38.

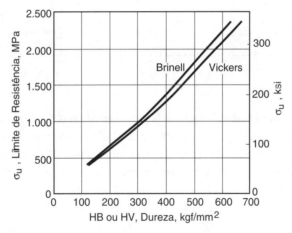

FIGURA 4.33 Relação aproximada entre a resistência à tração e as durezas Brinell e Vickers para aços carbono e aços liga.

(Dados de [Boyer 85] p. 1.61.)

Outro teste de dureza, semelhante ao teste Vickers, é o teste de dureza Knoop. Ele se diferencia pelo fato de o penetrador piramidal ter uma base retangular e no uso da área projetada para calcular a dureza.

4.7.3 Teste de Dureza Rockwell

No teste de Rockwell, uma ponta de diamante ou uma esfera de aço são empregados como penetrador. A ponta de diamante, chamado penetrador Brale, é um cone com um

152 CAPÍTULO 4 Ensaios Mecânicos: Ensaios de Tração e Outros Testes Básicos

ângulo de 120° e uma extremidade ligeiramente arredondada. Esferas de tamanhos que variam entre 1,6 milímetro e 12,7 milímetros também são usadas. Várias combinações de penetrador e força são aplicadas no *ensaio de dureza Rockwell regular* para acomodar uma vasta gama de materiais, como os listados na Tabela 4.8. Além disso, existe um *ensaio de dureza Rockwell superficial* que usa forças menores e produz endentações menos profundas.

Tabela 4.8 Escalas de Dureza Rockwell Comumente Usadas

Símbolo, *HRX* X =	Diâmetro do Penetrador, se Esférico, mm (in)	Força, kgf	Aplicações Típicas
A	Cone com ponta de diamante	60	Materiais para ferramentas
D	Cone com ponta de diamante	100	Ferros fundidos, Aços planos
C	Cone com ponta de diamante	150	Aços, ferros fundidos duros, ligas de titânio
B	1.588 (0,0625)	100	Aços macios, ligas de cobre e alumínio
E	3,175 (0,125)	100	Ligas de alumínio e magnésio, outros metais macios, plásticos reforçados
M	6,35 (0,250)	100	Metais muito macios, polímeros de alta rigidez
R	12,70 (0,500)	60	Metais muito macios, polímeros de baixa rigidez

Os ensaios de dureza Rockwell diferem de outros testes de dureza porque, nele, a sua quantificação é feita pela profundidade da penetração e não pelo tamanho da indentação formada. Uma pequena força inicial chamada de *pré-carga* é aplicada para estabelecer uma posição de referência para a medição da profundidade, além de servir para penetrar qualquer oxidação superficial ou de partículas estranhas ao material. Uma pré-carga de 10 kg é utilizada para o teste padrão. A *carga final do teste* (*carga principal*) é então aplicada e a penetração adicional causada por esta carga é medida. Isto está ilustrado pela diferença entre h_2 e h_1 na Figura 4.34.

Cada escala de dureza Rockwell tem um valor útil máximo em torno de 100. O aumento de uma unidade de dureza regular Rockwell representa uma diminuição na penetração de 0,002 mm. Por isso, o valor da dureza é:

$$HRX = M - \frac{\Delta h}{0,002}$$

(4.31)

onde $\Delta h = h_2 - h_1$ estão em milímetros e M é o limite superior da escala. Para dureza Rockwell regular, $M = 100$ para todas as escalas usando a ponta de diamante (escalas *A, C* e *D*) e $M = 130$ para todas as demais escalas usando penetrador esférico (escalas

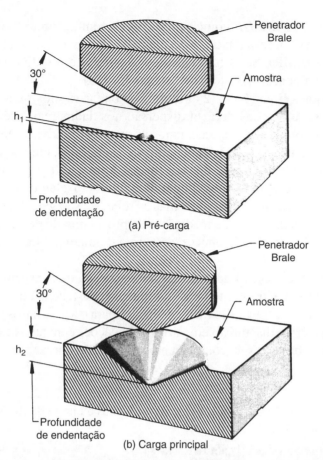

FIGURA 4.34 Indentação por dureza Rockwell obtida pela aplicação da (a) pré-carga e da (b) carga principal, empregando um penetrador cônico Brale com ponta de diamante.

(Adaptado de [Boyer 85] p 34,6; usada com permissão.)

B, E, M, R etc.). Os números de dureza são designados HRX, onde X indica a escala envolvida, tal como 60 HRC para 60 pontos na escala C. Note que um número de dureza Rockwell não tem sentido a menos que a escala seja especificada. Na prática, os números de dureza são lidos diretamente, a partir de um mostrador no próprio equipamento de teste de dureza, e não necessitam ser calculados.

4.7.4 Conversões e Correlações entre Durezas

As deformações causadas por um penetrador para ensaio de dureza são de magnitude semelhante às que ocorrem na resistência à tração durante o ensaio de tração. No entanto, uma diferença importante é que o material não pode fluir livremente, de modo que um estado de tensão triaxial complexo é formado sob o penetrador. Podemos estabelecer correlações empíricas entre a dureza e as propriedades de tração, essencialmente com o limite de resistência, σ_u. Por exemplo, para aços baixo e médio carbono e aços liga, σ_u pode ser estimado a partir da dureza Brinell como:

$$\sigma_u = 3.45(HB)\text{MPa}, \quad \sigma_u = 0.50(HB)\text{ksi} \qquad (4.32)$$

Considerando-se a dureza *HB* como sendo descrita em kgf/mm². Note que também podemos expressar a dureza em unidades de MPa, aplicando-se o fator de conversão 1 kgf/mm² = 9,807 MPa. Se as mesmas unidades (tais como MPa) são usadas tanto para a HB e σ_u, a Equação 4.32 torna-se $\sigma_u = 0,35\ (HB)$.

Observa-se que a Equação 4.32 aproxima-se da curva mostrada na Figura 4.33. No entanto, existe uma considerável dispersão nos dados reais, de forma que esta relação deve ser considerada apenas para oferecer estimativas aproximadas. Para outras classes de materiais, a constante empírica será diferente e a relação pode até mesmo tornar-se não linear. Da mesma forma, a inter-relação mudará para tipos diferentes de ensaios de dureza. A dureza Rockwell correlaciona-se bem com σ_u e com outros tipos de ensaios de dureza, mas as relações são geralmente não lineares. Esta situação resulta da forma de medição pela profundidade de penetração adotada no teste Rockwell, que se diferencia pela forma de medição da carga por área nos demais testes.

Para aços carbono e aços liga, valores de conversão, que servem para estimar os vários tipos de dureza entre si e também o limite de resistência à tração, são dados na Tabela 4.9. Ábacos para conversão mais detalhados para o aço e outros metais são dados na norma ASTM E140, disponível em várias publicações e manuais e em informações fornecidas pelos fabricantes de equipamentos de teste de dureza.

Tabela 4.9 Valores de Dureza Equivalentes Aproximados e Limite de Resistência à Tração para Aços Carbono e Aços Liga

Dureza Brinell	Dureza Vickers	Dureza Rockwell		Limite de Resistência, σ_u	
HB	HV	HRB	HRC	MPa	ksi
627	667	–	58,7	2.393	347
578	615	–	56	2.158	313
534	569	–	53,5	1.986	288
495	528	–	51	1.813	263
461	491	–	48,5	1.669	242
429	455	–	45,7	1.517	220
401	425	–	43,1	1.393	202
375	396	–	40,4	1.267	184
341	360	–	36,6	1.131	164
311	328	–	33,1	1.027	149
277	292	–	28,8	924	134
241	253	100	22,8	800	116
217	228	96,4	–	724	105
197	207	92,8	–	655	95
179	188	89,0	–	600	87
159	167	83,9	–	538	78
143	150	78,6	–	490	71
131	137	74,2	–	448	65
116	122	67,6	–	400	58

Nota: Força de 3.000 kgf para HB. Assume-se que ambos os valores de HB e HV são em unidades de kgf/mm².
Fonte: Valores em [Boyer 85] p. 1.61.

4.8 ENSAIOS DE IMPACTO COM ENTALHE

Os *ensaios de impacto com entalhe* fornecem informações sobre a resistência de um material à fratura repentina na presença de uma falha ou um concentrador de tensões severo (agudo). Além de fornecer informações não disponíveis por meio de qualquer outro teste mecânico simples, esses testes são rápidos e baratos, e por isso são empregados com frequência.

4.8.1 Tipos de Testes

Em vários testes de impacto padrão, corpos de prova entalhados são fraturados por um pêndulo, ou um peso, em queda. Os testes mais comuns deste tipo são a *Charpy com entalhe em "V"* e os *testes Izod*. As amostras e configurações de carga para esses testes estão na Figura 4.35. Uma montagem com um pêndulo em queda é empregada para aplicar a carga de impacto para ambos os casos. Um equipamento para testes Charpy está mostrado na Figura 4.36. A energia necessária para romper a amostra é determinada a partir de um indicador que mede o quão alto o pêndulo balança depois de quebrar a amostra. Algumas amostras Charpy fraturadas são mostradas na Figura 4.37. A resistência ao impacto de polímeros (plásticos) é frequentemente avaliada com a utilização do teste Izod. Alguns dados representativos estão incluídos na Tabela 4.3.

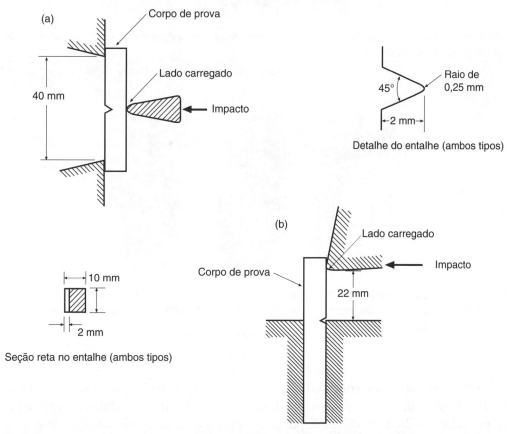

FIGURA 4.35 Amostras e configurações de carregamento para ensaios (a) Charpy com entalhe em "V" e (b) Izod.

(Adaptado de [ASTM 97] Std E23; copyright © ASTM; reproduzido com permissão.)

156 CAPÍTULO 4 Ensaios Mecânicos: Ensaios de Tração e Outros Testes Básicos

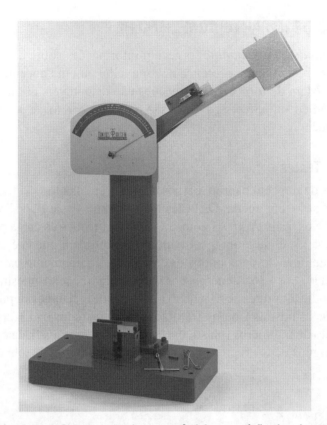

FIGURA 4.36 Máquina de teste Charpy, mostrada com o pêndulo na posição elevada antes de sua liberação para impactar um corpo de prova.

(Foto cedida por Tinius Olsen Testing Machine Co., Inc., Willow Grove, PA.)

FIGURA 4.37 Corpos de prova Charpy fraturados, da esquerda para a direita, ferro fundido cinzento, AISI 4140 aço temperado para $\sigma_u \approx 1.550$ MPa e o mesmo de aço com $\sigma_u \approx 950$ MPa. As amostras possuem 10 mm de largura e espessura.

(Foto de R. A. Simonds.)

Outro teste utilizado com bastante frequência é o *teste de cisalhamento dinâmico* (*dynamic tear test*). As amostras desse teste possuem um entalhe central e são impactadas sob dobramento a três pontos, como no caso do ensaio Charpy, porém por um peso em queda. As amostras empregadas são bastante grandes, com 180 mm de comprimento, 40 mm de largura e 16 mm de espessura. Também podem ser usadas amostras com um tamanho ainda maior, com 430 mm de comprimento, 120 mm de largura e 25 mm de espessura.

Em testes de impacto com entalhe, as energias obtidas dependem de detalhes quanto ao tamanho do corpo de prova e sua geometria, especialmente do raio na ponta do entalhe. A configuração de apoio e de carregamento utilizados também são importantes, assim como a massa e velocidade do pêndulo ou do peso empregados para romper a amostra. Assim, os resultados de um tipo de ensaio podem não ser diretamente comparados com os de outro. Além disso, todos os detalhes do teste devem ser mantidos constantes, conforme especificado nos padrões normativos aplicáveis, tais como nas normas da ASTM publicadas para os ensaios.

4.8.2 Tendências no Comportamento em Impacto e Discussão

Polímeros, metais e outros materiais com baixa energia de impacto com entalhe são geralmente propensos a um comportamento frágil e têm baixa ductilidade e tenacidade em um teste de tração. No entanto, a correlação com as propriedades de tração é apenas uma tendência geral, pois os resultados dos testes de fratura por impacto são especiais em razão da alta taxa de carregamento empregada e da presença de um entalhe, que altera o estado de tensões local.

Muitos materiais exibem mudanças marcantes na energia do impacto com a temperatura. Por exemplo, para aços carbono, com vários teores de carbono, a Figura 4.38 apresenta valores de energia Charpy descritos em função da temperatura. No entanto, mesmo para um teor de carbono igual e para um tratamento térmico que ofereça a mesma dureza (limite de resistência) ainda ocorrem diferenças no comportamento de impacto do aço, devido à influência das diferentes percentagens dos elementos de liga presentes. Este comportamento é ilustrado pela Figura 4.39.

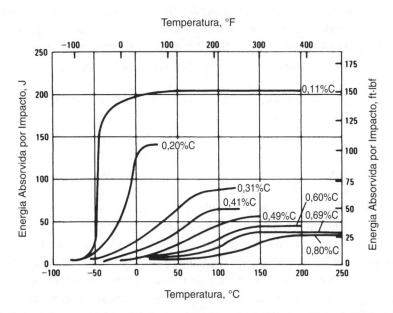

FIGURA 4.38 Variação da energia absorvida por impacto Charpy, com entalhe em "V", em função da temperatura para aços carbono tratados termicamente por normalização e contendo teores variados de carbono.

(De [Boyer 85] p 4,85; usada com permissão.)

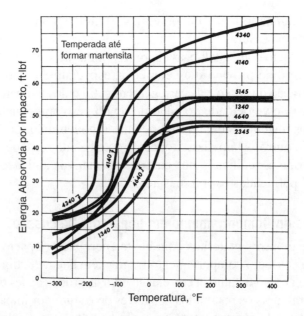

FIGURA 4.39 Dependência da energia de impacto Charpy, com entalhe em "V", com a temperatura para diferentes ligas de aço de teor de carbono semelhante, todas foram temperadas e revenidas a 34 HRC.

(Adaptado de [French 56]; usada com permissão.)

As Figuras 4.38 e 4.39 apresentam uma faixa de temperaturas ao longo das quais as curvas de energia do impacto aumentam rapidamente a partir de um nível inferior, que pode ser considerado relativamente constante, a um nível superior, que também é relativamente constante. A existência das *temperaturas de transição* é normal em diversos materiais. As superfícies de fratura por impacto que ocorrem em níveis baixos de energia (frágeis) são geralmente suaves e em metais têm uma aparência cristalina. Por outro lado, as fraturas para níveis de energia elevados (dúcteis) apresentam regiões de cisalhamento, onde a superfície de fratura está inclinada a cerca de 45° em relação à tensão de tração resultante, e apresenta, em geral, uma aparência mais áspera e mais deformada, sendo chamada de fratura fibrosa. Essas diferenças podem ser vistas na Figura 4.37.

O comportamento na temperatura de transição é de importância na engenharia, uma vez que auxilia na seleção de materiais para uso em temperaturas variadas. Em geral, um material não deve ser severamente carregado em temperaturas nas quais ele tem baixa energia de impacto. No entanto, alguma cautela é necessária na definição da posição exata da faixa de temperaturas de transição. Isto ocorre porque a temperatura de transição pode ser deslocada até mesmo quando se empregam ensaios de impacto diferentes, como discutido no livro de Barsom (1999). Os resultados dos testes de impacto com entalhe podem ser quantitativamente relacionados com situações práticas de interesse da engenharia por meio de correlações empíricas, mas apenas de forma indireta. Esta situação se aplica tanto para as energias quanto para a temperatura de transição.

Por meio da utilização de mecânica de fratura (como descrito mais adiante no Capítulo 8), materiais que contenham trincas e entalhes severos podem ser analisados de forma mais específica. Em particular, a *tenacidade à fratura* pode ser quantitativamente relacionada com o comportamento de um componente de engenharia e os efeitos da taxa de carregamento podem ser incluídos na análise. No entanto, essas vantagens são

Comportamento Mecânico dos Materiais **159**

alcançadas com o sacrifício na simplicidade e economia das análises e dos ensaios necessários. Desta forma, os testes de tenacidade com entalhe permaneceram populares, apesar de suas deficiências, já que eles servem a um propósito útil de comparar rapidamente os materiais e obter informações gerais sobre o seu comportamento.

4.9 ENSAIOS DE FLEXÃO E TORÇÃO

Vários ensaios de flexão e de torção são amplamente utilizados para a avaliação do módulo de elasticidade, módulo de cisalhamento, limite de escoamento ao cisalhamento e outras propriedades dos materiais. Esses testes diferem-se dos testes de tração e compressão, analisando-se criticamente, na distribuição não uniforme das tensões e deformações ao longo da seção transversal do corpo de prova sendo testado. A única exceção prática ocorre no caso da torção de tubos circulares de parede fina, nos quais as tensões e deformações de cisalhamento podem ser consideradas aproximadamente uniformes, se a parede do tubo for suficientemente fina. Nos outros casos de flexão e de torção, as tensões e deformações não uniformes criam uma situação na qual a curva de tensão-deformação representativa do material não pode ser diretamente determinada a partir dos dados de teste.

Existe um procedimento para a obtenção de uma curva tensão-deformação através da análise numérica das inclinações presentes no gráfico entre momento aplicado *versus* curvatura obtida em um corpo de prova de seção retangular sendo flexionado (dobrado). Também existe um procedimento similar para analisar o torque em função do ângulo de torção gerado para eixos cilíndricos sólidos testados no ensaio de torção. Esses procedimentos não são tratados aqui, mas, para a torção, este procedimento pode ser encontrado nos livros de Dieter (1986) e Hill (1998), e os procedimentos tanto para flexão quanto para torção podem ser obtidos no livro de Nadai (1950). O problema oposto, ou seja, determinar o momento ou o torque a partir da curva tensão-deformação do material, será considerado em detalhes no Capítulo 13. Note que as equações simples, comumente empregadas para calcular as tensões de flexão e torção, como na Figura A.1 (b) e (c), são baseadas no comportamento linear-elástico e por isso não se aplicam ao comportamento não linear (plástico), que passa a ocorrer após ultrapassado o limite de escoamento do material.

4.9.1 Ensaios de Flexão (Dobramento)

Os *ensaios de flexão* de materiais na forma de barras lisas (sem entalhe) são os mais empregados, como citado nos vários métodos de teste padrão ASTM, aplicáveis para metais planos para molas, para o concreto, rocha natural, madeira, plásticos, vidros e cerâmicas. Ensaios de flexão, também chamados de *ensaios de dobramento*, são especialmente necessários para avaliar resistência à tração de materiais frágeis, já que esses materiais são difíceis de serem testados em tração uniaxial simples, devido ao trincamento que ocorre nas garras. (Imagine a dificuldade em fixar um pedaço de vidro nas garras do tipo mandíbula normalmente empregadas para testar amostras metálicas planas.) Os corpos de prova frequentemente possuem seções transversais retangulares e podem ser carregados ou por flexão a três pontos ou por quatro pontos, como ilustrado na Figura 4.40.

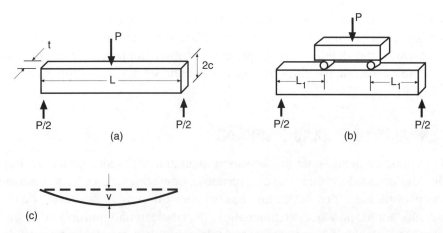

FIGURA 4.40 Configuração de carregamento para (a) flexão a três pontos e (b) a quatro pontos. A deflexão da linha central da barra é similar ao mostrado em (c).

Note que, durante a sua flexão, a tensão varia através da espessura da barra, de tal maneira que o escoamento ocorre primeiramente em uma fina camada superficial da amostra. Isto resulta em uma curva de carga *versus* deflexão que não é sensível ao início do escoamento. Além disso, como a curva tensão-deformação não é linear, como ocorre após o escoamento, a simples análise elástica da flexão não é válida para materiais dúcteis. Desta forma, os ensaios de flexão são mais significativos para materiais frágeis, que têm um comportamento tensão-deformação aproximadamente linear até ao ponto de fratura.

Para materiais que têm um comportamento aproximadamente linear, a tensão de fratura pode ser estimada a partir da carga de ruptura no teste de flexão por uma simples análise elástica:

$$\sigma = \frac{Mc}{I} \quad (4.33)$$

Onde M é o momento de flexão. Para uma seção transversal retangular de altura $2c$ e largura t, como na Figura 4.40, o momento de inércia em torno do eixo neutro é $I = 2tc^3/3$. Considere a flexão a três pontos de uma viga de comprimento L, devido a uma força P no seu ponto mediado, como na Figura 4.40 (a). Neste caso, o momento de flexão mais elevado ocorre na parte central e vale $M = PL/4$. Assim, a Equação 4.33 dá, em seguida:

$$\sigma_{fb} = \frac{3L}{8tc^2} P_f \quad (4.34)$$

Onde P_f é a força de fratura no teste de flexão e σ_{fb} é a tensão de fratura calculada. Esta última é geralmente descrita como sendo a resistência ao dobramento ou a *resistência à flexão*, e também é empregado o termo *módulo de ruptura em flexão*. Os valores para alguns materiais cerâmicos foram descritos na Tabela 4.7.

Os valores de σ_{fb} devem sempre ser identificados como obtidos a partir de um teste de flexão. Isso porque eles podem não coincidir precisamente com valores dos testes de tração, principalmente devido ao desvio da curva tensão-deformação da linearidade.

Note que materiais frágeis são geralmente mais fortes em compressão do que em tração, de modo que a tensão máxima de tração causa a fratura na barra sendo fletida. Correções da não linearidade da curva de tensão-deformação podem ser feitas, com base nos métodos apresentados no Capítulo 13, mas elas praticamente nunca são feitas.

Os limites de escoamento em flexão também são avaliados. A Equação 4.34 é usada, mas com a carga P_f sendo substituída pela carga P_i, associada a uma deformação limiar ou a outras condições que identifiquem o início do escoamento. Os valores de limite de escoamento, σ_0, são menos sensíveis ao comportamento não linear entre tensão-deformação do que os valores de σ_{fb}, mas a coincidência entre os valores do limite de escoamento obtidos no teste de flexão e de tração é afetada pela já descrita insensibilidade relativa do ensaio de flexão ao início do escoamento.

O módulo de elasticidade também pode ser obtido a partir de um teste de flexão. Por exemplo, para ensaios de flexão a três pontos, tal como na Figura 4.40 (a), a análise linear-elástica oferece a flecha máxima na parte central da barra. Para isso, considere a Figura A.4 (a), isto é:

$$v = \frac{PL^3}{48EI}$$

(4.35)

O valor de E pode ser então calculado a partir da inclinação dP/dv da porção linear inicial da curva de carga *versus* deflexão:

$$E = \frac{L^3}{48I}\left(\frac{dP}{dv}\right) = \frac{L^3}{32tc^3}\left(\frac{dP}{dv}\right)$$

(4.36)

Os módulos de elasticidades obtidos nos ensaios de flexão são geralmente próximos aos obtidos nos ensaios de tração ou compressão do mesmo material, mas várias possíveis causas de discrepância existem: (1) as deformações locais, elásticas ou plásticas, nos apoios e/ou nos pontos de aplicação da carga podem não ser pequenas em comparação com a deflexão de toda a barra. (2) Em barras relativamente curtas, deformações significativas causadas pela tensão de cisalhamento podem ocorrer, e elas não são consideradas pela teoria da viga ideal empregada. (3) O material pode ter diferentes módulos elásticos em tensão e compressão, de modo que um valor intermediário é obtido a partir do ensaio de flexão. Assim, os valores de E obtidos a partir de ensaios de flexão precisam ter sua origem identificada como sendo deste ensaio.

Para ensaios de flexão a quatro pontos, ou para outros modos de carregamento ou geometrias de seção transversal, as Equações 4.34 a 4.36 precisam ser substituídas por relações análogas oriundas do Apêndice A, nas situações que forem aplicadas.

4.9.2 Testes de Deflexão Térmica

Neste teste, utilizado para polímeros, pequenas barras (vigas) com seções transversais retangulares são carregadas em três pontos de flexão, empregando-se um aparelho especial, descrito na norma ASTM D 648. As barras possuem uma profundidade $2c = 13$ mm e espessura $t = 3$ a 13 mm, sendo carregadas ao longo de um comprimento $L = 100$ mm. Uma força é aplicada de tal modo que a tensão de flexão máxima, calculada considerando-se um comportamento elástico, seja igual a 0,455 MPa ou 1,82 MPa. A temperatura é então aumentada, a uma taxa de 2 °C por minuto, até que a deflexão da barra exceda 0,25 mm, neste momento a temperatura é anotada. Esta *temperatura de deflexão térmica* é usada como um índice para comparar a resistência dos polímeros ao amolecimento e deformação excessivos como um resultado do aquecimento. Seu valor também oferece uma indicação da faixa de temperatura na qual o material perde a sua utilidade. Alguns valores foram dados na Tabela 4.3.

4.9.3 Ensaios de Torção

Ensaios em barras cilíndricas carregadas em torção simples são relativamente fáceis de conduzir e, ao contrário de testes de tração, eles não são complicados pelo fenômeno da estricção. O estado de tensão e deformação num ensaio de torção sobre uma barra cilíndrica corresponde ao cisalhamento puro, tal como ilustrado na Figura 4.41, onde T é o torque, τ é a tensão de cisalhamento e γ é deformação de cisalhamento. O mesmo estado de tensões e deformações também se aplica se a barra for oca, tal como num tubo circular de paredes finas. Note que, ao se rotacionar o eixo de coordenadas a 45°, o estado de tensões e deformações em cisalhamento puro torna-se um estado de tensões e deformações normais (tração e compressão alternados).

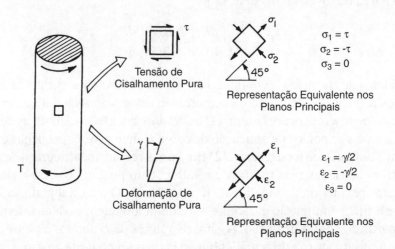

FIGURA 4.41 Uma barra cilíndrica em torção e o resultante estado de tensões e deformações de cisalhamento puro. Também estão mostradas as tensões e deformações normais equivalentes, que ocorrem para uma rotação de 45° dos eixos coordenados.

As fraturas obtidas em ensaios de torção estão na Figura 4.42. O ferro fundido cinzento (em cima) comporta-se de maneira frágil, com fratura em planos de máxima tensão de tração a 45° ao eixo da amostra, de acordo com Figura 4.41. Com a superfície de fratura se enrolando, no formato helicoidal, ela mantém sua propagação a 45° ao longo da seção reta circular da amostra, onde estão localizadas as maiores tensões normais. Por outro lado, o comportamento dúctil, que ocorre para a liga de alumínio (inferior), produz uma superfície de fratura num plano transversal ao eixo da barra, onde a tensão de cisalhamento é máxima.

FIGURA 4.42 Superfícies de fratura por torção típicos, mostrando o comportamento frágil (acima) do ferro fundido cinzento e o comportamento dúctil (parte inferior) de uma liga de alumínio 2024-T351.

(Foto de R. A. Simonds.)

Para o comportamento linear-elástico, a tensão de cisalhamento a fratura, τ_f, pode ser relacionada ao torque, T_f, empregando-se as Figuras A.1 (c) e A.2 (c). Neste caso, obtemos:

$$\tau_f = \frac{T_f r_2}{J}, \quad \tau_f = \frac{2 T_f r_2}{\pi \left(r_2^4 - r_1^4 \right)} \quad (a,b) \tag{4.37}$$

em que J é o momento de inércia polar da área da secção transversal e r_2 é o raio externo. Na Equação 4.37, a expressão (b) é derivada a partir da expressão (a) ao se considerar o momento de inércia J calculado a partir de uma barra oca, ou tubo, com raio interno r_1. Uma barra sólida pode ser incluída ao se considerar $r_1 = 0$. No entanto, como o resultado da Equação 4.37 foi obtido considerando-se o comportamento linear elástico, os valores assim calculados de τ_f são imprecisos se houver deformação não linear (escoamento), uma situação similar à ocorrida nos testes de flexão. No entanto, essa limitação pode ser facilmente suplantada por meio do ensaio com tubos de paredes finas, como discutido na seção seguinte.

Num ensaio de torção, valores do torque T são geralmente traçados em função do ângulo de torção θ. O módulo de cisalhamento G pode ser avaliado a partir da taxa $dT/d\theta$ observada na porção linear inicial da curva $T \times \theta$ obtida. Observando a equação para θ na Figura A.1 (c), vemos que o G desejado é dado por:

$$G = \frac{L}{J} \left(\frac{dT}{d\theta} \right), \quad G = \frac{2L}{\pi \left(r_2^4 - r_1^4 \right)} \left(\frac{dT}{d\theta} \right) \quad (a,b) \tag{4.38}$$

em que L é o comprimento da barra e J, r_2 e r_1 possuem os mesmos significados que antes, sendo que $r_1 = 0$ para uma barra sólida.

Os testes de torção em barras sólidas são muitas vezes realizados como um meio de comparar a resistência e a ductilidade de diferentes materiais ou as variações de um determinado material. Isto é válido, contanto que se considere que as tensões obtidas a partir da Equação 4,37 podem ser valores fictícios, já que eles não incluem os efeitos do escoamento (Cap. 13).

4.9.4 Ensaios de Torção em Tubos de Paredes Finas

Se for desejado investigar níveis significativos de deformação não linear (plástica) em torção, a abordagem mais simples é pelo emprego de corpos de prova constituídos por tubos de paredes finas, tal como ilustrado na Figura 4.43. Neste caso, as tensões e deformações cisalhantes são aproximadamente uniformes ao longo da espessura da parede das amostras e podem ser obtidas a partir de:

$$\tau_{méd} = \frac{T}{2\pi r_{méd}^2 t}, \quad \gamma_{méd} = \frac{r_{méd}\theta}{L}, \quad \text{onde } r_{méd} = \frac{r_2 + r_1}{2} \quad (a,b,c) \quad (4.39)$$

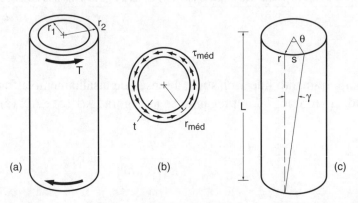

FIGURA 4.43 Tubo de parede fina em torção (a). A tensão de corte considerada aproximadamente uniforme $\tau_{méd}$ na seção transversal é mostrada em (b), e a geometria para um ângulo de torção θ em (c).

A espessura de parede é $t = r_2 - r_1$, e $r_{méd}$ é o raio na parte mediana da espessura da parede. Os subíndices *méd* para tensão e deformação de cisalhamento indicam os valores médios para essas quantidades, que variam pouco ao longo da espessura da parede.

Pelo uso da Equação 4.39, a curva de tensão-deformação de cisalhamento, $\tau \times \gamma$, pode ser obtida direta e simplesmente dos dados de torque, T, em função do ângulo de torção, θ. Isto oferece uma situação de teste e análise de resultados análoga à utilização das Equações 4.1 e 4.2 para obter as curvas $\sigma \times \varepsilon$ a partir dos valores de carga, P, *versus* deslocamento, ΔL, obtidos diretamente do ensaio de tração. A escolha de uma espessura de parede para as amostras de teste envolve um compromisso entre a homogeneidade de deformações e ocorrência de flambagem. Neste caso, dimensões na faixa de $t/r_1 = 0,10$ a $0,25$ são razoáveis. Uma razão $t/r_1 = 0,10$ oferece uma variação de apenas 10% na deformação através da parede, mas é fina o suficiente para que a flambagem da amostra represente um problema. Por outro lado, uma razão $t/r_1 = 0,25$ dá mais resistência à flambagem, mas gera uma variação de 25% na deformação ao longo da parede.

A equação 4.39 pode ser deduzida com o auxílio da Figura 4.43 (b). A tensão de cisalhamento $\tau_{méd}$ é tratada como constante através da espessura da parede. A multiplicação deste valor pela área de secção transversal dá a força total anelar, que gera um torque $r_{méd}$, que se equilibra com o torque aplicado externamente, T:

$$T = (\text{tensão})(\text{área})(\text{distância}) = (\tau_{méd})(2\pi r_{méd}t)(r_{méd}) = 2\pi\tau_{méd}r_{méd}^2 t \qquad (4.40)$$

Resolvendo a Equação 4.40 para $\tau_{méd}$, obtêm-se a Equação 4.39 (a). Agora, considere um cilindro, de raio r qualquer, que é torcido por um ângulo, θ, como mostrado na Figura 4.43 (c). Observe que a deformação de cisalhamento é numericamente igual ao ângulo de distorção, γ (o que é possível fazer, quando se considera este ângulo muito pequeno em relação à unidade), o comprimento do arco vale $s = r \cdot \theta = L \cdot \gamma$, de modo que $\gamma = (r \cdot \theta)/L$. Aplicando isso para $r_{méd}$, temos a Equação 4.39 (b). Além disso, aplicando a mesma relação para comparar γ para as paredes interior e exterior, temos:

$$\gamma_2 = \frac{r_2\theta}{L}, \quad \gamma_1 = \frac{r_1\theta}{L}, \quad \frac{\gamma_2}{\gamma_1} = \frac{r_2}{r_1} = 1 + \frac{t}{r_1} \qquad (4.41)$$

Assim, para $t/r_1 = 0,1$, temos $\gamma_2/\gamma_1 = 1,10$, ou uma variação de 10%, como já foi dito. De modo semelhante, uma variação de 25% ocorre para $t/r_1 = 0,25$.

O teste de torção com tubos de paredes finas não é tão comum como o ensaio de tração. No entanto, ele fornece uma alternativa viável para a caracterização do comportamento fundamental da relação tensão-deformação dos materiais.

4.10 RESUMO

Uma variedade de ensaios mecânicos relativamente simples é empregada para avaliar as propriedades dos materiais. Os resultados são utilizados nos projetos de engenharia e como uma base para comparação e seleção de materiais. Os testes incluem os ensaios de tração, compressão, indentação (dureza por penetração), impacto, flexão e torção.

Os ensaios de tração são usados, frequentemente, para avaliar a rigidez, resistência, ductilidade e outras características dos materiais, como resumido na Tabela 4.5. Uma propriedade de interesse é o módulo de elasticidade E, uma medida da rigidez e uma constante elástica fundamental do material. O coeficiente de Poisson, ν, também pode ser obtido se as deformações transversais são medidas. O limite de escoamento σ_0 caracteriza a resistência ao início da deformação plástica e o limite de resistência à tração σ_u é a mais alta tensão de projeto que o material pode suportar.

A ductilidade é a capacidade de resistir à deformação, sem fratura. Num ensaio de tração, ela é caracterizada pela percentagem de alongamento à fratura, $100\varepsilon_f$, e pela redução percentual na área. Além disso, uma análise detalhada dos resultados do ensaio pode ser feita usando as tensões e deformações reais, que consideram as mudanças infinitesimais que ocorrem tanto no comprimento de referência quanto na área da seção transversal. Propriedades adicionais podem então ser obtidas, particularmente o expoente de encruamento n e a tensão e deformação reais na fratura, $\tilde{\sigma}_{fB}$ e $\tilde{\varepsilon}_f$.

166 CAPÍTULO 4 Ensaios Mecânicos: Ensaios de Tração e Outros Testes Básicos

Se um material é ensaiado sob condições em que deformações por fluência significativas ocorrem durante o teste, então os resultados passam a ser sensíveis à taxa de deformação. A uma dada temperatura, o aumento da taxa de deformação aumenta a resistência, geralmente, mas diminui a ductilidade. Efeitos similares ocorrem qualitativamente, para uma determinada taxa de deformação, se a temperatura é reduzida. Esses efeitos são importantes para a maioria dos metais de engenharia somente em temperaturas elevadas, porém são significativos em muitos polímeros à temperatura ambiente.

Os ensaios de compressão podem ser empregados para medir propriedades similares às obtidas nos ensaios de tração. Esses testes são valiosos para materiais utilizados em compressão, principalmente, como o concreto e as rochas de construção, assim como para outros materiais que se comportam de forma frágil em tensão, tais como as cerâmicas e vidros. Nesses materiais, a resistência e a ductilidade são, geralmente, maiores em compressão do que em tração, sendo, às vezes, dramaticamente diferentes.

A dureza em engenharia geralmente é medida usando um dos vários testes padronizados que medem a resistência à penetração por uma bola ou por uma ponta afiada. O teste Brinell utiliza uma esfera de 10 mm de diâmetro e o ensaio Vickers emprega uma ponta piramidal. Ambos avaliam a dureza como a tensão média, em kgf/mm^2, aplicada na área da superfície da indentação (penetração). Os valores obtidos são semelhantes, mas o teste Vickers é útil em uma gama maior de materiais. A dureza Rockwell baseia-se na profundidade de indentação por uma esfera ou ponta cônica de diamante. Existem várias escalas de dureza Rockwell que servem para vários materiais.

Os ensaios de impacto com entalhes avaliam a capacidade de um material em resistir a um carregamento rápido na presença de um entalhe agudo. A carga de impacto é aplicada por um pêndulo ou um peso em queda. Os detalhes do tamanho da amostra, de sua forma e o modo de carregamento diferem entre os vários testes padrão, que incluem o Charpy, Izod, e os testes de cisalhamento dinâmico.

As energias obtidas nos testes de impacto muitas vezes apresentam uma temperatura de transição, abaixo da qual o comportamento torna-se frágil. Assim, curvas da energia de impacto *versus* temperatura de teste são úteis na comparação do comportamento dos materiais. Entretanto, não deve ser dada muita importância ao exato valor da temperatura de transição, já que ela é sensível aos detalhes do ensaio de impacto e não irá corresponder, em geral, à situação de interesse de engenharia.

Os testes de flexão em barras sem entalhes são úteis para avaliar o módulo de elasticidade e a resistência de materiais frágeis. Como é assumido um comportamento linear-elástico para fazer a análise de dados, caso ocorra uma deformação não linear (plástica) significativa antes da fratura, os valores de resistência mensurados por este teste serão diferentes dos obtidos em ensaios de tração. Um teste de flexão especial, chamado o teste de deflexão térmica, é usado para identificar os limites de empregabilidade dos polímeros em relação à temperatura. Os testes de torção possibilitam a avaliação direta do módulo de cisalhamento, G, e também podem ser utilizados para determinar a resistência e a ductilidade em cisalhamento. Os tubos de paredes finas, testados em torção, apresentam tensões e deformações quase constantes através da espessura da parede, de modo que tais ensaios podem ser utilizados para obter curvas de tensão-deformação em cisalhamento.

NOVOS TERMOS E SÍMBOLOS

Alongamento percentual, $100\varepsilon_f$	Tensão de engenharia, σ
Coeficiente de resistência plástica, H	Temperatura de deflexão térmica
Deformação de engenharia, ε	Ensaio Izod
Deformação real na fratura, $\tilde{\varepsilon}_f$	Estricção (ou empescoçamento)
Deformação real, $\tilde{\varepsilon}$	Ensaio de impacto com entalhe
Dureza Brinell, HB	Limite de escoamento convencional, σ_0
Dureza por penetração	Redução de área percentual, $\%RA$
Dureza Rockwell, HRC etc.	Limite de proporcionalidade, σ_p
Dureza Vickers, HV	Expoente de encruamento, n
Escoamento	Módulo tangencial, Et
Teste de flexão (dobramento)	Tenacidade em tração, u_f
Resistência à flexão, σ_{fb}	Ensaio de torção
Ensaio Charpy com entalhe em "V"	Resistência à fratura real, $\tilde{\sigma}_f$, $\tilde{\sigma}_{fB}$
Ensaio de Compressão	Tensão Real, $\tilde{\sigma}$
Tensão verdadeira corrigida, $\tilde{\sigma}_B$	Tenacidade verdadeira, $\tilde{u}_f$
Limite elástico	Limite de resistência (último), σ_u

Referências

(a) Referências Gerais

ASTM., 2010. *Annual Book of ASTM Standards*. ASTM International, West Conshohocken, PA, (Multiple volume set published annually.).

BARSOM, J. M., and ROLFE, S. T. 1999. *Fracture and Fatigue Control in Structures*, 3d ed., ASTM International, West Conshohocken, PA.

BRIDGMAN, P. W. 1952. *Studies in Large Plastic Flow and Fracture*. McGraw-Hill, New York.

DAVIS, J. R., ed. 1998. *Metals Handbook: Desk Edition*. 2d ed., ASM International, Materials Park, OH.

DIETER, G. E., Jr. 1986. *Mechanical Metallurgy*, 3d ed., McGraw-Hill, New York.

GAUTHIER, M. M. 1995. *Engineered Materials Handbook, Desk Edition*. ASM International, Materials Park, OH, vol. chair.

HILL, R. 1998. *The Mathematical Theory of Plasticity*. Oxford University Press, Oxford, UK.

KUHN, H., MEDLIN, D., eds. 2000. *ASM Handbook: Vol. 8, Mechanical Testing and Evaluation*. ASM International, Materials Park, OH.

MARSHALL, E. R., and SHAW, M. C. 1952. *The Determination of Flow Stress From a Tensile Specimen*. Trans. of the Am. Soc. for Metals, 44, 705-725.

NADAI, A. 1950. *Theory of Flow and Fracture of Solids*, 2nd ed., McGraw-Hill, New York.

RICHARDS, C. W. 1961. *Engineering Materials Science*. Wadsworth, Belmont, CA.

(b) Fontes de Propriedades dos Materiais e Bases de Dados

BAUCCIO, M. L., ed. 1993. *ASM Metals Reference Book*. 3d ed., ASM International, Materials Park, OH.

CES. 2009. *CES Selector 2009*, database of materials and processes. Granta Design Ltd, Cambridge, UK, (See http://www.grantadesign.com.).

CINDAS. 2010. *Aerospace Structural Metals Database (ASMD)*. CINDAS LLC, West Lafayette, IN, (See *https://cindasdata.com.*).

HOLT, J. M., MINDLIN, H., HO, C. Y., eds. 1996. *Structural Alloys Handbook*. West Lafayette, IN, CINDAS LLC, (See *https://cindasdata.com.*).

MMPDS. 2010. Metallic Materials Properties Development and Standardization Handbook, MMPDS-05,U.S. Federal Aviation Administration; distributed by Battelle Memorial Institute, Columbus, OH. (See http://projects.battelle.org/mmpds; replaces MIL-HDBK-5.).

168 **CAPÍTULO 4** Ensaios Mecânicos: Ensaios de Tração e Outros Testes Básicos

PROBLEMAS E QUESTÕES
Seção 4.3[1]

4.1 Defina os seguintes conceitos empregando suas próprias palavras: (a) rigidez, (b) resistência, (c) ductilidade, (d) escoamento, (e) tenacidade e (f) encruamento.

4.2 Defina os seguintes adjetivos que podem ser usados para descrever o comportamento de um material: (a) frágil, (b) dúctil, (c) tenax, (e) rígido e (e) resistente.

4.3 O limite de escoamento convencional e o limite de proporcionalidade são igualmente empregados para caracterizar o início de comportamento não linear num ensaio de tração. Por que o limite de escoamento convencional é geralmente preferível? Você pode pensar em algumas desvantagens deste método?

4.4 Dados de força e mudança de comprimento são dados na Tabela P4.4 e valem para a parte inicial de um ensaio de tensão de um aço AISI 4140 temperado e revenido a 538 °C (1.000 °F). O diâmetro antes do teste foi de 8,56 mm e o comprimento de referência L_i empregado para a medição da mudança de comprimento era de 50,8 mm.

(a) Calcule os valores correspondentes da tensão e deformação de engenharia e exiba esses valores em um gráfico tensão-deformação. (O gráfico deve concordar com o da Figura P4.5.)

(b) Determine o limite de escoamento para uma deformação plástica de 0,002; ou seja, 0,2%.

(c) Qual carga de tração é necessária para causar escoamento numa barra do mesmo material, mas com um diâmetro de 30 mm? Como este valor pode ser comparado com a carga de escoamento na amostra de teste 8,56 mm de diâmetro? Por que os dois valores diferem?

Tabela P4.4

Força P, kN	Mudança de Comprimento ΔL, mm	Força P, kN	Mudança de Comprimento ΔL, mm
0	0	67,16	0,3944
19,04	0,0794	67,75	0,6573
38,53	0,16	68,63	1,9551
58,81	0,2505	69,43	1,5156
65,63	0,2815	70,02	1,9534
67,6	0,2952		

4.5 Os dados de tensão e deformação traçados na Figura P4.5 representam a parte inicial de um ensaio de tração de um aço AISI 4140 temperado e revenido a 538 °C (1.000 °F). Note que os pares de dados A e B estão com as suas coordenadas tensão-deformação descritas no gráfico.

---

[1]Os valores numéricos indicados nas tabelas são os dados reais representativos de grande número de amostras gravadas em cada teste.

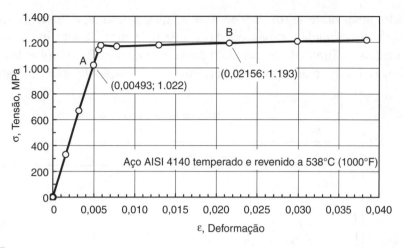

FIGURA P4.5

(a) Determine o módulo de elasticidade E.

(b) Se uma barra deste material com 200 mm de comprimento for esticada até o ponto A e, em seguida, descarregada, qual será o seu comprimento ao estar carregada até o ponto A e após ser descarregada?

(c) Se uma amostra deste material é esticada ao ponto B e depois descarregada, qual é a deformação plástica (permanente) mantida após a descarga?

(d) Repita o item (b) considerando que a barra seja carregada até o ponto B e depois descarregada.

4.6 Dados de tensão-deformação de engenharia obtidos de um ensaio de tração em uma liga de alumínio 6061-T6 estão traçados na Figura P4.6 e alguns pontos de dados representativos estão listados na Tabela P4.6. A Curva 1 mostra a parte inicial dos dados representados graficamente numa escala de deformações adequada e à parte, enquanto a Curva 2 mostra todos os dados até a fratura. O diâmetro da

Tabela P4.6			
σ, MPa	ε, %	σ, MPa	ε, %
0	0	309	2
50	0,069	315	3,51
100	0,138	319	5,02
151	0,21	322	6,51
199	0,28	323	7,44
242	0,343	320	8,48
268	0,384	311	9,52
290	0,438	293	10,9
298	0,493	267	12,51
302	0,651	246	13,63
305	0,992	223	14,59
(O ponto final é a fratura.)			

amostra antes do teste foi de 9,48 mm, e, após a ruptura, o diâmetro mínimo na região estriccionada (empescoçada) foi de 6,25 mm. Determine: o módulo de elasticidade, o limite de escoamento convencional a 0,2%, o limite de resistência (última) a tração, o alongamento percentual e a redução de área percentual.

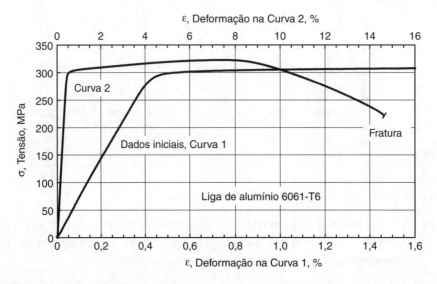

FIGURA P4.6

4.7 A Tabela P4.7 apresenta dados de tensão-deformação de engenharia de ensaio de tração de ferro fundido cinzento. O diâmetro da amostra antes do teste era 8,57 mm e após a fratura foi 8,49 mm.

(a) Determine: o módulo tangencial (Et), o limite de escoamento convencional a 0,2% (σ_0), o limite de resistência (última) a tração (σ_u), o alongamento percentual ($100\varepsilon_f$) e a redução de área percentual (%RA).

(b) Como essas propriedades diferem-se dos valores correspondentes para o ferro fundido dúctil na Tabela 4.2? Referindo-se à Seção 3.3, explique por que esses dois ferros fundidos têm comportamento à tração contrastantes.

Tabela P4.7			
σ, MPa	ε, %	σ, MPa	ε, %
0	0	182,4	0,402
19,45	0,0199	196,9	0,503
39,2	0,0443	208	0,601
60	0,0717	217	0,701
88,6	0,1168	224	0,804
110,1	0,156	230	0,903
131	0,203	236	1,035
149,6	0,257	240	1,173
169,1	0,333		
(O ponto final é a fratura.)			

4.8 A Tabela P4.8 lista dados de tensão-deformação de engenharia para o ensaio de tração de um aço AISI 4140 temperado e revenido a 649 °C (1.200 °F). O diâmetro antes do teste foi de 9,09 mm e, após a ruptura do diâmetro mínimo na região estriccionada, foi de 5,56 mm. Determine: o módulo de elasticidade (E), o limite de escoamento convencional a 0,2% (σ_0), o limite de resistência (última) a tração (σ_u), o alongamento percentual ($100\varepsilon_f$) e a redução de área percentual (%RA).

Tabela P4.8

σ, MPa	ε, %	σ, MPa	ε, %
0	0	897	4,51
202	0,099	912	5,96
403	0,195	918	8,07
587	0,283	915	9,94
785	0,382	899	12,04
822	0,405	871	13,53
836	0,423	831	15,03
832	0,451	772	16,7
829	0,887	689	18,52
828	1,988	574	20,35
864	2,94		

(O ponto final é a fratura.)

4.9 A Tabela P4.9 lista dados de tensão-deformação de engenharia para o ensaio de tração de um aço AISI 4140 temperado e revenido a 204 °C (400 °F). O diâmetro antes do teste foi de 8,61 mm e, após a ruptura do diâmetro mínimo na região estriccionada, foi de 8,30 mm. Determine: o módulo de elasticidade (E), o limite de escoamento convencional a 0,2% (σ_0), o limite de resistência (última) a tração (σ_u), o alongamento percentual ($100\varepsilon_f$) e a redução de área percentual (%RA).

Tabela P4.9

σ, MPa	ε, %	σ, MPa	ε, %
0	0	1.803	1.751
276	0,135	1.889	2,24
553	0,276	1.970	3
829	0,421	2.013	3,76
1.102	0,573	2.037	4,5
1.303	0,706	2.047	5,24
1.406	0,799	2.039	5,99
1.522	0,951	2.006	6,73
1.600	1,099	1.958	7,46
1.683	1,308	1.893	8,22
1.742	1,497		

(O ponto final é a fratura.)

172 CAPÍTULO 4 Ensaios Mecânicos: Ensaios de Tração e Outros Testes Básicos

4.10 A Tabela P4.10 lista dados de tensão-deformação de engenharia obtidos de um ensaio de tração em uma liga de alumínio 7075-T651. O diâmetro antes do teste foi de 9,07 mm e, após a ruptura do diâmetro mínimo na região estriccionada, foi de 7,78 mm. Determine: o módulo de elasticidade (E), o limite de escoamento convencional a 0,2% (σ_0), o limite de resistência (última) a tração (σ_u), o alongamento percentual ($100\varepsilon_f$) e a redução de área percentual (%RA).

Tabela P4.10

σ, MPa	ε, %	σ, MPa	ε, %
0	0	557	1,819
112	0,165	563	2,3
222	0,322	577	4,02
326	0,474	587	5,98
415	0,605	593	8,02
473	0,703	596	9,52
505	0,797	597	10,97
527	0,953	597	12,5
542	1,209	591	13,9
551	1,498	571	15,33

(O ponto final é a fratura.)

4.11 A Tabela P4.9 lista dados de tensão-deformação de engenharia obtidos de um ensaio de tração em uma liga de titânio Ti-48Al-2V-2Mn, quase-γ. Determine: o módulo de elasticidade (E), o limite de escoamento convencional a 0,2% (σ_0), o limite de resistência (última) a tração (σ_u), alongamento percentual ($100\varepsilon_f$) e o alongamento percentual após a fratura ($100\varepsilon_{pf}$). (Dados cedidos por S. L. Kampe, ver [Kampe 94].)

Tabela P4.11

σ, MPa	ε, %	σ, MPa	ε, %
0	0	431	0,607
85	0,06	446	0,717
169	0,119	457	0,825
254	0,181	467	0,932
313	0,236	478	1,080
355	0,303	483	1,198
383	0,373	482	1,313
412	0,493	481	1,409

(O ponto final é a fratura.)

4.12 Dados de tensão-deformação de engenharia obtidos de um ensaio de tração em polímero de PVC estão traçados na Figura P4.12 e descritos na Tabela P4.12. A curva 1 mostra a parte inicial dos dados representados graficamente numa escala de deformações adequada e à parte, enquanto a Curva 2 mostra todos os dados até o extensômetro ser removido ao alcançar sua máxima capacidade de medição de deformação a 50%. A amostra tinha uma seção transversal retangular com dimensões originais: largura de 12,81 mm e espessura de 3,08 mm. Após a fratura, essas dimensões tornaram-se: largura 8,91 mm e espessura 1,76 mm. A marca de referência, originalmente com 50 mm, esticou-se para 77,5 mm após a fratura, que ocorreu com uma carga de 1,319 kN. Determine: o módulo de elasticidade, o limite de escoamento, o limite de resistência, o alongamento percentual e a redução de área percentual.

Tabela P4.12

σ, MPa	ε, %	σ, MPa	ε, %
0	0	50,4	6,14
11,57	0,328	44,9	8,92
19,94	0,582	39,5	11,84
28,2	0,88	37,7	13,48
39,5	1,365	35,9	16,11
51,1	2,1	35	19,19
54,7	2,57	34,8	24,7
55,6	2,87	33,4	36,4
55,9	3,21	32,4	48
55,5	3,61		

(O extensômetro foi removido após o ponto final, antes da fratura.)

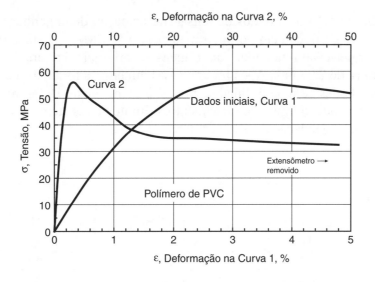

FIGURA P4.12

4.13 A Tabela P4.13 lista dados de tensão-deformação de engenharia obtidos de um ensaio de tração em policarbonato. A aquisição de dados foi feita até a remoção do extensômetro, quando ele alcançou sua máxima capacidade de deformação a 50%. A amostra tinha uma seção transversal retangular com dimensões originais:

174 CAPÍTULO 4 Ensaios Mecânicos: Ensaios de Tração e Outros Testes Básicos

largura de 12,54 mm e espessura de 2,00 mm. Após a fratura, essas dimensões tornaram-se: largura 10,09 mm e espessura 1,37 mm. A marca de referência, originalmente com 50 mm, esticou-se para 85,5 mm após a fratura, que ocorreu com uma carga de 1,466 kN. Determine: o módulo de elasticidade, o limite de escoamento, o limite de resistência, o alongamento percentual e a redução de área percentual.

Tabela P4.13

σ, MPa	ε, %	σ, MPa	ε, %
0	0	60,8	8,44
10,81	0,427	56,3	9,8
21,8	0,906	49,7	10,98
31,5	1,388	48,2	12,22
39,8	1,895	47,5	13,32
48,8	2,63	46,8	14,91
55,7	3,47	47,2	19,88
60,3	4,4	48,1	28,8
62,5	5,23	48,8	38,6
63,3	6,21	49,2	48,5
63	7		

(O extensômetro foi removido após o ponto final, antes da fratura.)

4.14 A Tabela P4.14 lista dados de tensão-deformação de engenharia obtidos de um ensaio de tração em polimetilmetacrilato (PMMA). A amostra tinha uma seção transversal retangular com dimensões originais: largura de 12,61 mm e espessura de 2,92 mm. Após fratura, essas dimensões foram as mesmas, dentro das condições de repetibilidade e precisão da medição. Determine: o módulo de elasticidade, o limite de escoamento, o limite de resistência, o alongamento percentual e a redução de área percentual.

Tabela P4.14

σ, MPa	ε, %	σ, MPa	ε, %
0	0	49,5	1,729
9	0,241	53,7	1,960
17,2	0,49	57,7	2,23
24,8	0,733	60,6	2,46
32,3	0,995	63,3	2,75
38,7	1,239	64,9	2,95
44,6	1,487	66,3	3,19

(O ponto final é a fratura.)

Seção 4.4

4.15 Usando as Tabelas 3.10, 4.2 e 4.3, escreva um parágrafo que discuta, em termos gerais, as diferenças entre os metais de engenharia, polímeros, cerâmicas e vidros de sílica quanto a resistência à tração, ductilidade e rigidez.

4.16 Usando os dados para vários aços nas Tabelas 4.2 e 14.1, crie um gráfico da resistência à tração *versus* a redução de área percentual. Use coordenadas lineares. Além disso, use dois símbolos diferentes de plotagem, um para os aços que não são endurecidos por tratamento térmico, que são 1020, 1015, Aço estrutural e 1045 (Lam. a quente), e um para todos os outros (que são endurecidos por tratamento térmico). Em seguida, comente sobre quaisquer tendências gerais que são aparentes e quaisquer exceções a essas tendências.

4.17 Com base nos dados dos compósitos de alumínio reforçado com SiC na Tabela 4.4, escreva um parágrafo sobre os efeitos dos vários tipos e orientações do reforço sobre a rigidez, resistência e ductilidade. Além disso, estime a tenacidade a tração, u_f, para cada caso e inclua isso na sua discussão.

Seção 4.5[2]

4.18 Explique em suas próprias palavras, sem o uso de equações, a diferença entre a tensão de engenharia e a tensão real (verdadeira) e a diferença entre a deformação de engenharia e a deformação real (verdadeira).

4.19 Considere o ensaio de tração do Problema 4.9 para o aço AISI 4140 temperado e revenido a 204 °C (400 °F).

  (a) Calcule as tensões e deformações reais (verdadeiras) para os dados até o limite de resistência (última) à tração. Trace esses valores e compare a curva tensão-deformação real (verdadeira) resultante desses dados com os resultados de engenharia dos dados originais.

  (b) Para os pontos obtidos do item (a) que estão além do escoamento, calcule as deformações *plásticas* verdadeiras ($\tilde{\varepsilon}_B$) e empregue estes dados, juntamente com as tensões verdadeiras obtidas da Equação 4.23, para fazer um ajuste de modo a obter os valores de H e n. Mostre os dados e o ajuste feito em um gráfico log-log.

  (c) Calcule a tensão de fratura real e a deformação real na fratura, incluindo a correção Bridgman para o primeiro parâmetro. Também calcule a deformação *plástica* verdadeira na fratura e adicione o ponto correspondente ao seu gráfico log-log feito no item (b). Se a sua linha de ajuste for estendida, ela se torna consistente com o ponto de fratura?

4.20 Considere o ensaio de tração do Problema. 4.6 para a liga de alumínio 6061-T6. Analise esses dados em termos tensões e deformações reais, seguindo o mesmo procedimento que na questão 4.19 (a) e (b).

---

[2] Onde o ajuste pela Equação 4.23 for solicitado, não inclua pontos de dados com valores de deformação plástica menores do que cerca de 0,001; prática necessária para se obter uma boa tendência linear num gráfico log-log semelhante ao da Figura 4.21.

176 CAPÍTULO 4 Ensaios Mecânicos: Ensaios de Tração e Outros Testes Básicos

4.21 Considere o ensaio de tração do Problema 4.10 para a liga de alumínio 7075-T651. Analise esses dados em termos tensões e deformações reais, seguindo o mesmo procedimento que na questão 4.19 (a) e (b).

4.22 A Tabela P4.22 descreve certo número de pontos de tensão e deformação de engenharia obtidos durante o ensaio de tração de um aço estrutural. Também são dados os diâmetros mínimos medidos na região de estricção nas últimas fases do teste. O diâmetro inicial foi de 6,32 mm.

(a) Avalie as seguintes propriedades de tensão e deformação de engenharia: o módulo de elasticidade, o limite de escoamento, o limite de resistência e a redução de área percentual.

(b) Determine as tensões e deformações reais (verdadeiras) e trace a curva tensão-deformação verdadeira, mostrando tanto os valores brutos e os corrigidos da tensão verdadeira. Avalie, também, a tensão e a deformação verdadeiras na fratura.

(c) Calcule as deformações plásticas verdadeiras para os dados após o escoamento até a fratura. Em seguida, ajuste esses valores e as correspondentes tensões corrigidas pela Equação 4.24, determinando H e n.

Tabela P4.22

Tensão de Engenharia σ, MPa	Deformação de Engenharia ε	Diâmetro d, mm
0	0	6,32
125	0,0006	—
257	0,0012	—
359	0,0017	—
317	0,0035	—
333	0,007	—
357	0,01	—
397	0,017	—
458	0,03	—
507	0,05	—
541	0,079	5,99
576	—	5,72
558	—	5,33
531	—	5,08
476	—	4,45
379	—	3,5
(O ponto final é a fratura.)		

4.23 Vários valores do coeficiente de resistência plástica H estão faltando na Tabela 4.6. Estime esses valores.

4.24 Assuma que um material seja bastante dúctil de modo que as deformações elásticas sejam pequenas em comparação com as deformações plásticas ao longo da maior parte da curva tensão-deformação. As deformações plásticas e totais podem, então, ser consideradas equivalentes, $\tilde{\varepsilon}_p \approx \tilde{\varepsilon}$ e a Equação 4.23 torna-se $\tilde{\sigma} = H \cdot \tilde{\varepsilon}^n$.

(a) Mostre que o expoente encruamento n é esperado ser igual à deformação verdadeira, $\tilde{\varepsilon}_u$, no limite de resistência de engenharia, σ_u, isto é, $n \approx \tilde{\varepsilon}_u$. (Sugestão: Comece por fazer substituições na equação $\tilde{\sigma} = H \cdot \tilde{\varepsilon}^n$ de termos descritos nas seções 4.5.1 e 4.5.2, para obter uma equação do tipo $\sigma = f(\tilde{\varepsilon}, H, n)$, que descreve a tensão de engenharia.)

(b) Quão perto esta expectativa é realizada para o ensaio de tração para o aço AISI 1020 dos dados dos Exemplos 4.1, 4.2 e 4.3? (Tabela E4.1 e Fig. 4.21)?

(c) Da sua dedução feita no item (a), escreva uma equação para estimar o limite de resistência (última) à tração (σ_u) a partir de H e n. Quão bem essa estimativa funciona para o aço AISI 1020 dos Exemplos 4.1, 4.2 e 4.3?

4.25 Com base nos dados das Tabelas 4.2 e 4.6 para a liga de alumínio 2024-T4, desenhe em papel milimetrado a curva tensão-deformação de engenharia completa, até o ponto de fratura. Trace com precisão a inclinação inicial elástica e os pontos correspondentes ao escoamento, o limite de resistência e fratura. Depois, esboce aproximadamente o restante da curva. Como o seu resultado se compara com a curva de um material semelhante apresentada na Figura 4.15?

4.26 Proceda como no Problema 4.25, porém traçando a curva tensão-deformação verdadeira e, também, calcule vários pontos adicionais ($\tilde{\sigma}$, $\tilde{\varepsilon}$) ao longo da curva para ajudar na plotagem.

Seção 4.6

4.27 São descritos na Tabela P4.27 os dados de tensão-deformação de engenharia oriundos de um ensaio de compressão sobre um cilindro de ferro fundido cinzento. As medições de deformação até 4,5% foram obtidas de um extensômetro com um comprimento inicial de 12,70 mm. Após este valor, as deformações foram aproximadas a partir do deslocamento do travessão da máquina de ensaios. O diâmetro antes do teste foi de 12,75 mm e após a fratura foi de 14,68 mm. Além disso, o comprimento antes do teste era de 38,12 mm e após a fratura passou a ser 33,20 mm. A fratura ocorreu em um plano inclinado semelhante ao exemplo de ferro fundido cinzento na Figura 4.23.

(a) Determine: o módulo de elasticidade, o limite de escoamento convencional a 0,2%, o limite de resistência (última) a compressão, o alongamento percentual ($100\varepsilon_f$) e a redução de área percentual (%RA).

(b) Compare os resultados deste ensaio com o ensaio de tração neste material de uma amostra obtida do mesmo lote de ferro fundido apresentados no Problema 4.7, no qual a fratura ocorreu perpendicular ao eixo do corpo de prova. Explique por que o plano de fratura é diferente e por que a resistência e ductilidade são diferentes.

CAPÍTULO 4 Ensaios Mecânicos: Ensaios de Tração e Outros Testes Básicos

Tabela P4.27

σ, MPa	ε, %	σ, MPa	ε, %
0	0	617	2,88
60,3	0,059	671	4,01
114,1	0,114	719	5,50
159,4	0,158	751	7,03
218	0,225	773	8,49
289	0,326	790	10,00
350	0,445	801	11,49
397	0,604	804	12,8
448	0,900	802	13,49
497	1,326	795	14,00
565	2,096		
(O ponto final é a fratura.)			

4.28 Qual seria a diferença que você esperaria entre as curvas tensão-deformação em tensão e compressão para o concreto? Dê razões físicas para as diferenças esperadas.

4.29 Considere os dados da Tabela 3.10, em que as resistências são dadas tanto para tração quanto compressão, para um certo número de cerâmicas e vidros. Trace os limites de resistência mecânica típica, σ_u, em tração *versus* os valores obtidos em compressão. Que tendência geral é vista nesta comparação? Tente fornecer uma explicação física para essa tendência.

Seção 4.7

4.30 Explique por que os testes de dureza Brinell e Vickers dão resultados geralmente semelhantes, como na Figura 4.33.

4.31 Usando a carta de conversão de durezas da Tabela 4.9, trace valores de dureza Rockwell B e C em função do limite de resistência mecânica para o aço. Comente sobre as tendências observadas. A relação é aproximadamente linear como o é para a dureza Brinell?

4.32 Considere os valores de dureza típica dos aços da Tabela 4.9.

(a) Trace o limite de resistência em tração, σ_u, em função dos valores de dureza Brinell, *HB*. Mostre a estimativa da Equação 4.32 no mesmo gráfico e comente sobre o sucesso desta relação para estimar σ_u a partir de *HB*.

(b) Desenvolva uma relação melhor para estimar σ_u a partir da dureza Brinell.

(c) Trace σ_u em função da dureza Vickers, *HV*, e desenvolva um relacionamento para estimar σ_u a partir de *HV*.

4.33 Dados de dureza Vickers e de tração estão listados na Tabela P4.33 para o aço AISI 4140 que foi tratado termicamente a vários níveis de resistência através da variação da temperatura de revenimento. Trace a dureza e as várias propriedades de tração como uma função da temperatura de revenimento. Em seguida, discuta as tendências observadas. Como as várias propriedades de tração variam de acordo com a dureza?

Tabela P4.33					
Revenimento, °C	205	315	425	540	650
Dureza, HV	619	535	468	399	300
Limite de resistência, σ_u, MPa	2.053	1.789	1.491	1.216	963
Limite de escoamento, σ_0, MPa	1.583	1.560	1.399	1.158	872
Redução percentual de área, %RA	7	33	38	48	55

Seção 4.8

4.34 Explique em suas próprias palavras por que testes de fratura com entalhe por impacto são amplamente utilizados e por que é necessária cautela na aplicação dos resultados a situações reais de engenharia.

Seção 4.9

4.35 Observe os diagramas de cisalhamento e de momento das Figuras A.4 e A.5, aplicáveis para a flexão a três pontos e quatro pontos, tais como ilustradas na Figura 4.40. Em seguida, use esses diagramas para discutir as diferenças entre os dois tipos de teste. Você pode pensar em quaisquer vantagens e desvantagens relativas aos dois tipos?

4.36 As Equações 4.34 e 4.36 apresentam valores de resistência à fratura e módulo de elasticidade de ensaios de flexão, mas eles só se aplicam ao caso do teste de flexão a três pontos. Derive equações análogas para o caso da flexão a quatro pontos de uma secção transversal retangular, conforme ilustrado na Figura 4.40 (b).

4.37 A Figura P4.37 mostra o registro da carga e o deslocamento para um ensaio de flexão a três pontos sobre a cerâmica alumina (Al_2O_3). A fratura final ocorreu a uma força de 192 N e a um deslocamento de 0,091 mm. Com referência à Figura 4.40 (a), a distância entre apoios era de $L = 40$ mm e as dimensões da secção transversal foram: largura $t = 4,01$ mm e profundidade $2c = 3,01$ mm. Determine a resistência ao dobramento σ_{fb} e o módulo de elasticidade E. Note-se que a não linearidade no registro logo acima de zero deve ser ignorada, já que ela inclui o deslocamento associado ao desenvolvimento do contato pleno entre a amostra e os acessórios de carregamento da máquina de ensaios.

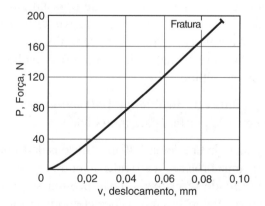

FIGURA P4.37

180 CAPÍTULO 4 Ensaios Mecânicos: Ensaios de Tração e Outros Testes Básicos

4.38 Os valores de resistência à flexão, da Equação 4.34, estão dadas na Tabela P4.38 para 100 testes de flexão de três pontos para a cerâmica alumina (Al_2O_3). Os corpos de prova tinham uma seção quadrada de aproximadamente 3,12 mm e a distância entre os suportes foi $L = 40,0$ mm. Esses dados foram oriundos de testes realizados por alunos em uma disciplina laboratorial durante um período de três anos (2006 a 2009).

(a) Usando as equações do Apêndice B, calcule a média das amostras, o desvio padrão e o coeficiente de variação. Trace também um histograma análogo à Figura B.1 dos números de amostras em comparação com a resistência à flexão.

(b) Escreva um parágrafo conciso discutindo a variação estatística nestes dados. Será que a variação parece ser relativamente pequena ou relativamente grande? Quais vocês acha que são as principais causas dessa variação?

Tabela P4.38

σ_{fb}, Resistência ao Dobramento, MPa									
443	358	328	398	438	457	345	475	445	387
437	446	389	373	459	422	383	409	442	521
477	437	454	422	472	385	368	391	449	527
433	324	302	406	335	415	364	398	445	473
416	386	405	397	410	424	417	471	442	348
524	437	392	471	425	428	429	463	454	379
360	477	426	458	452	362	417	426	458	387
419	329	451	376	441	355	447	431	369	359
464	350	426	426	435	429	442	505	443	403
333	431	404	382	426	457	425	449	471	404

Seção 4.10

4.39 Que características são necessárias para o cabo de aço que sustenta e movimenta um teleférico de esqui? Que ensaios seriam importantes na avaliação da adequação de um dado de aço para este uso?

4.40 Você é um engenheiro projetando vasos de pressão para armazenamento de nitrogênio líquido. Que características gerais deve ter o material a ser utilizado? Dos vários tipos de ensaios descritos neste capítulo, quais você empregaria para auxiliá-lo na escolha entre os materiais candidatos? Explique a necessidade para cada tipo de ensaio escolhido.

4.41 Responda às perguntas do Problema 4.40, porém considere que você está projetando capacetes de plástico para motocicleta.

4.42 Responda às perguntas do Problema 4.40, porém considere que você está projetando a haste femoral de uma prótese da articulação entre os ossos do fêmur e da bacia. Note que a extremidade inferior da haste projeta-se para dentro do osso e a extremidade superior prende-se a uma cabeça femoral artificial metálica (esférica).

CAPÍTULO

Correlações e Comportamento entre Tensão e Deformação

5

5.1 Introdução..181
5.2 Modelos para o comportamento em deformação.....................................182
5.3 Deformação elástica..193
5.4 Materiais anisotrópicos..205
5.5 Resumo..214

OBJETIVOS

- Familiarizar-se com os diferentes tipos de deformação elástica, plástica, fluência no estado estacionário, fluência transitória, assim como com modelos reológicos simples para representar o comportamento entre tensão, deformação e tempo em cada situação.

- Explorar relações tridimensionais entre tensão e deformação para o comportamento linear elástico em materiais isotrópicos, analisando a interdependência das tensões ou deformações impostas em mais de uma direção.

- Ampliar o conhecimento do comportamento elástico para casos básicos de anisotropia, incluindo placas de material compósito de matriz-reforçada por fibras.

5.1 INTRODUÇÃO

Os três principais tipos de deformação que ocorrem em materiais de engenharia são as elásticas, plásticas e por fluência. Elas já foram discutidas no Capítulo 2, do ponto de vista dos mecanismos físicos e das tendências gerais verificadas no comportamento de metais, polímeros e cerâmicas. Recorde que a deformação *elástica* é associada ao estiramento sem ruptura das ligações químicas. Em contraste, os dois tipos de deformação inelástica envolvem processos pelos quais os átomos alteraram as suas posições relativas, tais como no deslizamento de planos cristalinos ou deslizamento de moléculas das cadeias poliméricas. Se a deformação inelástica é dependente do tempo, esta é classificada como *fluência*, de forma a ser distinguida da *deformação plástica*, que não é dependente do tempo.

No projeto e análise de engenharia são frequentemente necessárias equações que descrevam o comportamento ou a correlação entre a tensão e a deformação, chamadas de *equações constitutivas*. Por exemplo, na mecânica de materiais, assume-se para o comportamento elástico uma relação de tensão-deformação linear, utilizado no cálculo das tensões e deformações presentes em componentes simples, tais como vigas e eixos. Situações de geometria e de carregamento mais complexas podem ser analisadas empregando-se os mesmos pressupostos básicos através da *teoria da elasticidade*. Atualmente essa análise é realizada usando uma técnica numérica chamada de *análise de elementos finitos* (do inglês *finite element analysis* ou *FEM*), empregando-se computação.

As relações tensão-deformação precisam considerar o comportamento em três dimensões. Além das deformações elásticas, pode ser necessário que as equações

181

182 **CAPÍTULO 5** Correlações e Comportamento entre Tensão e Deformação

também precisem incluir deformações plásticas e de fluência. O tratamento da deformação de fluência requer a introdução de tempo como uma variável adicional. Independentemente do método utilizado, a análise para determinar tensões e deformações sempre requer relações tensão-deformação apropriadas para o material específico envolvido.

Para os cálculos que envolvem tensão e deformação, nós expressamos a deformação como uma quantidade adimensional, como derivada da mudança de comprimento, $\varepsilon = \Delta L/L$. Assim, as deformações dadas como percentagens têm de ser convertidas para a forma adimensional: $\varepsilon = \varepsilon\%/100$, assim como as deformações indicadas como microdeformação, $\varepsilon = \varepsilon_\mu/10^6$.

Neste capítulo, consideraremos, inicialmente, o comportamento unidimensional da tensão e deformação e alguns modelos físicos simples correspondentes para a deformação elástica, plástica e por fluência. A discussão de deformação elástica será estendida a três dimensões, a começar com o comportamento isotrópico, no qual as propriedades elásticas são as mesmas em todas as direções. Também vamos estudar casos simples de anisotropia, onde as propriedades elásticas variam com a direção, como nos materiais compósitos. No entanto, a discussão do comportamento tridimensional no regime plástico e por fluência será adiada para os Capítulos 12 e 15, respectivamente.

5.2 MODELOS PARA O COMPORTAMENTO EM DEFORMAÇÃO

Dispositivos mecânicos simples, tais como molas, blocos em deslizamento e amortecedores viscosos, podem ser utilizados para auxiliar a compreensão dos vários tipos de deformação. Quatro desses modelos e suas respostas a uma força aplicada estão ilustrados na Figura 5.1. Tais dispositivos e suas diferentes combinações são chamados *modelos reológicos*.

A deformação elástica, representada na Figura 5.1 (a), é similar ao comportamento de uma mola simples, que é caracterizada pela sua constante de mola k. A deformação é sempre proporcional à força, $x = P/k$, que é recuperada imediatamente após a descarga. A deformação plástica, ilustrada na Figura 5.1 (b), é semelhante ao movimento de um bloco de massa m num plano horizontal. Os coeficientes de atrito estático e dinâmico são considerados como sendo iguais a μ, de modo que há uma força crítica para o movimento $P_0 = \mu mg$, onde g é a aceleração da gravidade. Se uma força constante aplicada P' é menor do que o valor crítico, $P' < P_0$, nenhum movimento ocorre. Entretanto, se for maior, $P' > P_0$, o bloco moverá com uma aceleração:

$$a = \frac{P' - P_0}{m} \tag{5.1}$$

Quando a força é removida no tempo t, o bloco foi movido a uma distância $x = at^2/2$, permanecendo neste novo local. Assim, o comportamento do modelo reproduz uma deformação permanente, x_p.

A deformação por fluência pode ser subdividida em dois tipos. *Fluência no estado estacionário*, ilustrada na Figura 5.1 (c), ocorre a uma taxa constante sob uma força constante. Tal comportamento ocorre em um amortecedor linear, que é um elemento, onde a velocidade, $\dot{x} = dx/dt$, é proporcional à força. A constante de proporcionalidade é a constante do amortecedor c, de modo que um valor constante de

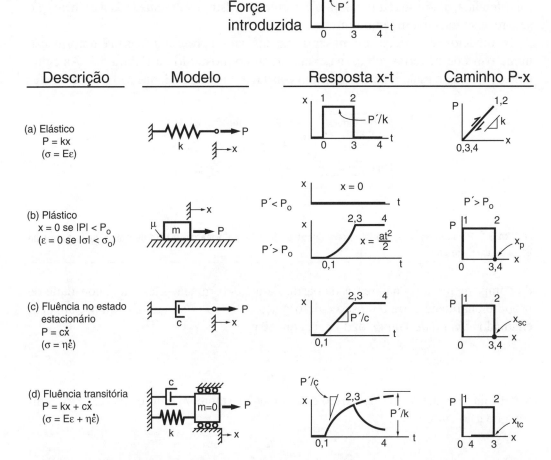

FIGURA 5.1 Modelos mecânicos para quatro tipos de deformação. As respostas em termos de tempo-deslocamento e de força-deslocamento são também mostradas para um passo de aplicação da força *P*, que é análoga a uma tensão σ. Um deslocamento *x* é análogo à deformação ε.

força *P'* dá uma velocidade constante, $\dot{x} = P'/c$, resultando num comportamento de deslocamento linear com o tempo. Quando a força é removida, o movimento para, de modo que a deformação é permanente, isto é, não é recuperada. Um amortecedor pode ser fisicamente construído por colocação de um êmbolo num cilindro cheio com um líquido viscoso, tal como um óleo pesado. Quando uma força é aplicada, pequenas quantidades de óleo passam pelas bordas do êmbolo, através do pistão, permitindo o movimento do êmbolo. A velocidade do movimento será aproximadamente proporcional à magnitude da força, e o deslocamento irá permanecer após toda a força ser removida.

O segundo tipo de deformação, chamada *fluência transitória* e representada na Figura 5.1 (d), diminui à medida que o tempo passa. Tal comportamento pode ser reproduzido por uma mola montada paralelamente a um amortecedor. Se uma força constante, *P'*, é aplicada, a deformação aumenta com o tempo. Mas uma fração crescente da força aplicada é necessária para manter a mola distendida à medida que *x* aumenta, de modo que menos força se torna disponível para o amortecedor, o que faz a taxa de deformação diminuir. A deformação se aproxima do valor de *P'/k* se a força é mantida por um longo período de tempo. Se a força aplicada é removida, a mola, que foi estendida, agora se retrai contra o amortecedor. Isto resulta que toda a deformação seja recuperada em um tempo infinito.

Os modelos reológicos podem ser utilizados para representar tensão e deformação numa barra de material sob carga axial, tal como mostrado na Figura 5.2. As constantes do modelo estão relacionadas com constantes do material, que são independentes

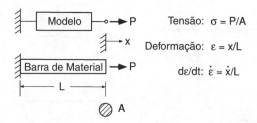

FIGURA 5.2 Relação entre os modelos reológicos de tensão, deformação e taxa de deformação para uma barra de um material.

do comprimento L ou da área A da barra. Para a deformação elástica, a constante de proporcionalidade entre a tensão e deformação é o *módulo de elasticidade*, também chamado *módulo de Young*, dado pela equação:

$$E = \frac{\sigma}{\varepsilon} \tag{5.2}$$

Substituindo as definições de tensão e deformação e também empregando $P = kx$, tem-se a relação entre E e k:

$$E = \frac{kL}{A} \tag{5.3}$$

Para o modelo de deformação plástica, o limite de escoamento do material é simplesmente

$$\sigma_o = \frac{P_o}{A} \tag{5.4}$$

Para o modelo de deformação por fluência no estado estacionário, a constante do material, que é análoga à constante c do amortecedor, é chamada de *coeficiente de viscosidade à tração*[1] e é dada por

$$\eta = \frac{\sigma}{\dot{\varepsilon}} \tag{5.5}$$

em que $\dot{\varepsilon} = d\varepsilon/dt$ é a taxa de deformação. O uso das informações da Figura 5.2 e $\dot{x} = dx$ origina a relação entre η e c:

$$\eta = \frac{cL}{A} \tag{5.6}$$

---

[1] Na mecânica dos fluidos, viscosidades são definidas em termos de tensões e deformações de cisalhamento, $\eta_\tau = \tau/\dot{\gamma}$, onde $\eta = 3\eta_\tau$ refere-se os valores de viscosidade em tração e cisalhamento para um material incompressível ideal.

As Equações 5.3 e 5.6 também se aplicam ao modelo de fluência transitória, composto por uma mola montada com um amortecedor, representado na Figura 5.1 (d).

Antes de prosseguir para a discussão detalhada da deformação elástica, torna-se útil discutir os modelos de deformação plástica e por fluência.

5.2.1 Modelos de Deformação Plástica

Como discutido no Capítulo 2, o principal mecanismo físico causador da deformação plástica em metais e cerâmicas é o deslizamento entre planos atômicos nos grãos cristalinos desses materiais, que ocorre de forma gradual devido ao movimento das discordâncias. A resistência do material à deformação plástica é aproximadamente análoga ao atrito de um bloco com um plano, como no modelo reológico da Figura 5.1 (b).

Para modelar o comportamento tensão-deformação, para maior praticidade, o bloco de massa m pode ser substituído por uma haste sob atrito (cursor) desprovida de massa, em uma montagem semelhante a uma mola de fecho, como mostrada na Figura 5.3 (a). Dois modelos adicionais, que são combinações de molas e cursores, estão mostrados na Figura 5.3 (b) e (c). Eles dão uma representação melhor do comportamento de materiais reais, pela inclusão de uma mola em série com o cursor, de modo que exibem um comportamento elástico antes de ceder no limite de escoamento, σ_0. Além disso, o modelo (c) tem uma segunda mola ligada em paralelo ao cursor, de modo que sua resistência aumenta como o prosseguimento da deformação. O modelo (a)

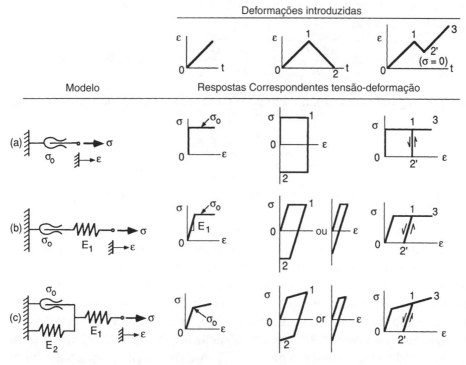

FIGURA 5.3 Modelos reológicos de deformação plástica e suas respostas a três entradas de deformações diferentes. O modelo (a) representa um comportamento rígido e perfeitamente plástico; o modelo (b) representa um comportamento elástico, perfeitamente plástico; e o modelo (c) representa um comportamento elástico com endurecimento linear.

CAPÍTULO 5 Correlações e Comportamento entre Tensão e Deformação

representa um comportamento rígido perfeitamente plástico; o modelo (b) representa o comportamento elástico, perfeitamente plástico; e o modelo (c) um comportamento elástico, com endurecimento linear.

A Figura 5.3 dá a resposta de cada modelo para três entradas de deformações diferentes. A primeira delas é deformação simples *monotônica*, isto é, estiramento em um único sentido. Para esta situação, nos modelos (a) e (b), a tensão mantém-se em σ_0 após ultrapassado o escoamento.

Para o carregamento monotônico do modelo (c), a deformação ε é a soma da deformação ε_1 na mola E_1 e deformação ε_2 na combinação em paralelo entre mola e cursor (E_2, σ_0):

$$\varepsilon = \varepsilon_1 + \varepsilon_2, \quad \varepsilon_1 = \frac{\sigma}{E_1} \tag{5.7}$$

Considera-se que a barra vertical que une a mola E_2 e o cursor σ_0 não gire, assim ambos os elementos vão apresentar o mesmo deslocamento e deformação. Antes do escoamento, o cursor deslizante impede o movimento, de modo que a deformação ε_2 é zero:

$$\varepsilon_2 = 0, \quad \varepsilon = \frac{\sigma}{E_1} \quad (\sigma \leq \sigma_0) \tag{5.8}$$

Uma vez que não exista deformação na mola E_2, sua tensão é igual a zero e toda a tensão é suportada pelo cursor. Depois do escoamento, o cursor sofre uma tensão σ_0 constante, de modo que a tensão na mola E_2 é ($\sigma - \sigma_0$). Assim, a deformação ε_2 e a deformação geral ε são

$$\varepsilon_2 = \frac{\sigma - \sigma_0}{E_2}, \quad \varepsilon = \frac{\sigma}{E_1} + \frac{\sigma - \sigma_0}{E_2} \quad (\sigma \geq \sigma_0) \tag{5.9}$$

A partir da segunda equação, a inclinação da curva de tensão-deformação é descrita como

$$\frac{d\sigma}{d\varepsilon} = E_e = \frac{E_1 E_2}{E_1 + E_2} \tag{5.10}$$

que é a rigidez equivalente E_e, que é menor do que E_1 e E_2, e corresponde a E_1 e E_2 em série.

A Figura 5.3 também dá as respostas dos modelos quando a deformação é aumentada para além do escoamento e, em seguida, diminuída para zero. Nos três casos, não existe qualquer movimento adicional do cursor até que a tensão seja alterada para uma quantidade $2\sigma_0$ na direção negativa. Para modelos de (b) e (c), obtém-se um descarregamento elástico que apresenta a mesma inclinação E_1 do carregamento inicial. Considere o ponto durante o descarregamento, onde a tensão passa pelo zero, tal como mostrado na Figura 5.4 (a) ou (b). A deformação elástica, ε_e, que é recuperada, corresponde ao relaxamento da mola E_1. A deformação permanente ou plástica ε_p corresponde ao movimento do cursor até o ponto de deformação máxima. Os materiais reais, geralmente, têm curvas de endurecimento tensão-deformação não lineares como mostrado em (c), mas com o comportamento de descarregamento elástico semelhante ao dos modelos reológicos.

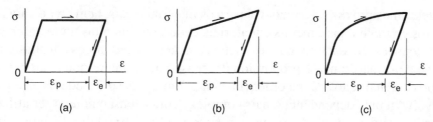

FIGURA 5.4 Comportamento em carregamento e descarregamento de (a) um modelo elástico, perfeitamente plástico, (b) um modelo elástico com endurecimento linear e (c) um material com endurecimento não linear.

Agora, considere a resposta de cada modelo para a situação da última coluna na Figura 5.3, na qual o modelo é recarregado após a descarga elástica para $\sigma = 0$. Em todos os casos, o escoamento ocorre uma segunda vez quando a nova deformação atinge o valor ε_1, a partir da qual havia ocorrido o descarregamento. É óbvio que os dois modelos perfeitamente plásticos irão escoar novamente quando $\sigma = \sigma_0$. Mas para o modelo de endurecimento linear deve ser submetido um valor agora $\sigma = \sigma_1$, que é maior do que o limite de escoamento aparente real (σ_0). Além disso, σ_1 é o mesmo valor de tensão que esteve presente em $\varepsilon = \varepsilon_1$, quando o descarregamento começou. Para todos os três modelos, a interpretação que pode ser feita é que o modelo possui uma *memória* do ponto da descarga anterior. Em particular no último modelo, o escoamento ocorre novamente no mesmo ponto σ-ε, a partir do qual ocorreu a descarga, e a resposta subsequente será a mesma como se nunca houvesse qualquer descarga. Os materiais reais, que se deformam plasticamente, exibem um efeito de memória similar.

Vamos voltar aos modelos de mola e cursores para descrever a deformação plástica no Capítulo 12, onde serão analisados em maior detalhamento e profundidade os casos de endurecimento não linear.

5.2.2 Modelos de Deformação por Fluência

Deformação dependente do tempo ocorre de forma significativa em materiais metálicos e cerâmicos de engenharia, a temperatura elevada. Isto também ocorre à temperatura ambiente em metais de baixa temperatura de fusão, tais como o chumbo. Também ocorre em muitos outros materiais, tais como vidro, polímeros e concreto. Uma variedade de mecanismos físicos está envolvida, como discutido extensivamente no Capítulo 2 e a ser considerado novamente no Capítulo 15.

Os modelos de fluência da Figura 5.1 (c) e (d) são mostrados na Figura 5.5, com molas E_1 adicionadas para simular a deformação elástica, como em materiais reais. Note que em (b), considera-se que a barra vertical não rode, de modo que a mola e o amortecedor paralelo são submetidos à mesma deformação. Além disso, estes modelos são expressos em termos de tensão e deformação, de forma que as molas se deformam de acordo com $\varepsilon = \sigma/E$ e os amortecedores, de acordo com $\dot{\varepsilon} = \sigma/\eta$. Se uma tensão constante σ' é aplicada para cada um dos modelos, uma deformação elástica $\varepsilon_e = \sigma/E_1$ aparece instantaneamente (0-1) e desaparece posteriormente (2-3), quando a tensão é removida.

O uso da constante de viscosidade, η, nestes modelos faz que todas as deformações e taxas de deformação sejam proporcionais à tensão aplicada, uma situação descrita pelo termo *viscoelasticidade linear*. Tal comportamento linear idealizado é, por vezes, uma aproximação razoável para os materiais reais, bem como para alguns polímeros e também para metais e materiais cerâmicos em altas temperaturas, mas a baixas tensões. No entanto, para os metais e materiais cerâmicos em altas tensões, a taxa de deformação não é proporcional à tensão na primeira potência, mas sim a uma potência mais elevada, na ordem de cinco. Em tais casos, modelos ou equações que envolvem uma dependência mais complexa com a tensão podem ser utilizados, conforme será descrito no Capítulo 15. No entanto, os modelos lineares simples serão suficientes para ilustrar algumas das características brutas de comportamento em fluência.

Para o modelo da Figura 5.5 (a), a resposta durante os passos 1 a 2 é dada pela soma dos componentes de deformação elásticos e por fluência:

$$\varepsilon = \varepsilon_c + \varepsilon_f = \frac{\sigma'}{E_1} + \varepsilon_f \qquad (5.11)$$

A taxa de deformação por fluência está relacionada com a tensão pela constante do amortecedor:

$$\dot{\varepsilon}_f = \frac{d\varepsilon_f}{dt} = \frac{\sigma'}{\eta_1} \qquad (5.12)$$

A Equação 5.12 é uma equação diferencial muito simples, que pode ser resolvida por integração para ε_f e combinada com a Equação 5.11 de forma a dar a resposta da deformação pelo tempo:

$$\varepsilon = \frac{\sigma'}{E_1} + \frac{\sigma' t}{\eta_1} \qquad (5.13)$$

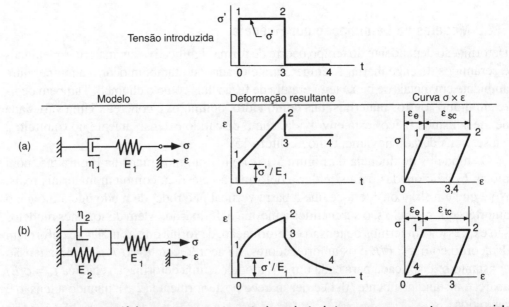

FIGURA 5.5 Modelos reológicos com o comportamento dependente do tempo e suas respostas para um ciclo simples de tensão. Estão mostradas ambas as respostas em termos de deformação-tempo e tensão-deformação. O modelo (a) exibe a fluência no estado estacionário acrescida de deformação elástica, e o modelo (b) representa a fluência transitória, com deformação elástica adicionada.

Esta é a equação linear da resposta ε-t durante os passos 1 a 2, como mostrado na Figura 5.5 (a). Após a remoção da tensão, a deformação elástica desaparece, mas a deformação acumulada pela fluência de 1 a 2 permanece como uma deformação permanente.

No modelo da fluência transiente da Figura 5.5 (b), enquanto a tensão é aplicada nos passos 1 a 2, a deformação elástica da mola em E_1 é adicionada à deformação por fluência na combinação em paralelo (η_2, E_2). Assim, a Equação 5.11 aplica-se novamente. A deformação por fluência pode ser analisada, observando-se que a tensão no estágio (η_2, E_2) é a soma das tensões separadas no amortecedor (η_2) e na mola (E_2):

$$\sigma = E_2 \varepsilon_f + \eta_2 \dot{\varepsilon}_f \tag{5.14}$$

Isso leva a

$$\dot{\varepsilon}_f = \frac{d\varepsilon_c}{dt} = \frac{\sigma - E_2 \varepsilon_f}{\eta_2} \tag{5.15}$$

A resolução desta equação diferencial, para o caso de uma tensão σ' constante, dá a resposta em termos da deformação por fluência, ε_f, contra o tempo:

$$\varepsilon_f = \frac{\sigma'}{E_2}(1 - e^{-E_2 t / \eta_2}) \tag{5.16}$$

Finalmente, adicionando a deformação elástica, obtemos a deformação total:

$$\varepsilon = \frac{\sigma'}{E_1} + \frac{\sigma'}{E_2}(1 - e^{-E_2 t / \eta_2}) \tag{5.17}$$

O estudo dessa equação mostra que a taxa de deformação diminui com o tempo, como mostrado na Figura 5.5 (b). Além disso, a deformação por fluência aproxima-se assintoticamente do limite σ'/E_2. Isto ocorre como um resultado da transferência da tensão a partir do amortecedor para a mola, que ocorre com o passar do tempo, até que a mola tenha que resistir a toda a tensão, em um tempo infinito.

Após a remoção da tensão, a deformação no modelo da fluência transiente varia conforme mostrado nas etapas de 3 a 4 na Figura 5.5 (b). A deformação diminui em direção a zero em um tempo infinito devido à ação do amortecedor que puxa a mola, no arranjo paralelo. As equações para esta resposta de recuperação também podem ser obtidas pela resolução das equações diferenciais envolvidas.

5.2.3 Comportamento de Relaxação

Até agora, consideramos dois tipos de comportamento dependente do tempo. Eles são a *fluência*, que é a acumulação de deformação com o tempo, sob tensão constante, e a *recuperação*, que é o desaparecimento gradual da deformação por fluência que, às vezes, ocorre após a remoção da tensão. Um terceiro tipo de comportamento é a *relaxação*, que é a diminuição da tensão quando o material é mantido em deformação constante.

A relaxação é ilustrada no modelo da Figura 5.6, que associa os mecanismos de fluência em estado estacionário e deformação elástica. Uma vez que a deformação ε' é subitamente aplicada, toda a deformação é absorvida pela mola, já que o amortecedor

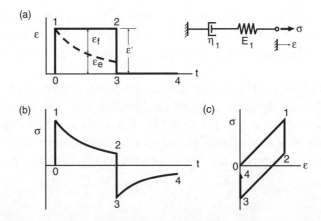

FIGURA 5.6 Relaxação sob deformação constante em um modelo de fluência em estado estacionário (η_1) e comportamento elástico (E_1). A deformação introduzida (a) gera o comportamento tensão-tempo como mostrado em (b) e o comportamento de tensão-deformação tal como mostrado em (c).

necessita de um tempo finito para responder à deformação. Com o tempo, o amortecedor movimenta-se e a tensão na mola diminui, como necessário para manter a deformação total constante. Neste caso, nós temos:

$$\varepsilon' = \varepsilon_e + \varepsilon_c \tag{5.18}$$

onde ε' é a deformação total constante e ε_f é a deformação de fluência. Assim, a deformação elástica está sendo substituída pela deformação de fluência.

A tensão necessária para manter a tensão constante está relacionada com a deformação elástica pela:

$$\sigma = E_1 \varepsilon_f \tag{5.19}$$

Como ε_e está diminuindo, exige-se que σ também diminua. A taxa de deformação por fluência está relacionada com o valor de σ a qualquer momento por:

$$\dot{\varepsilon}_f = \frac{d\varepsilon_f}{dt} = \frac{\sigma}{\eta_1} \tag{5.20}$$

Combinando as equações e resolvendo a equação diferencial resultante, temos a variação de σ à medida que seu valor diminui:

$$\sigma = E_1 \varepsilon' e^{-E_1 t / \eta_1} \tag{5.21}$$

Isto corresponde a uma resposta σ-t que diminui, ou seja, relaxa com o tempo, tal como ilustrado pela curva entre os pontos 1 e 2 na Figura 5.6 (b).

A relaxação é o mesmo fenômeno que a fluência, diferenciando-se apenas porque esta é observada sob deformação constante, em vez de tensão constante. Materiais de engenharia reais que apresentam fluência também irão exibir comportamento de relaxamento.

Na Figura 5.6, se a deformação é retornada a zero, depois de um período de relaxação, torna-se necessário introduzir uma tensão de compressão. A relaxação adicional ocorre em seguida, mas na direção oposta, já que o fenômeno de relaxação sempre procede para zerar a tensão aplicada.

A fluência, a relaxação e os modelos dos tipos que acabamos de discutir serão considerados mais detalhadamente no Capítulo 15.

EXEMPLO 5.1

Derivar Equação 5.21, que descreve relaxação da tensão no modelo de fluência em estado estacionário com comportamento elástico, tal como ilustrado pela região de 1 a 2 na Figura 5.6 (b). Baseie sua dedução sobre as outras equações dadas um pouco antes de Equação 5.21.

Solução

Devemos diferenciar ambos os lados da Equação 5.18 e 5.19 em relação ao tempo, observando que $d\varepsilon'/dt = 0$ já que ε' é mantida constante:

$$0 = \dot{\varepsilon}_e + \dot{\varepsilon}_f, \qquad \frac{d\sigma}{dt} = \dot{\sigma} = E_1 \dot{\varepsilon}_e$$

Devemos substituir $\dot{\varepsilon}_e$, a partir da segunda equação, e também $\dot{\varepsilon}_f$, da Equação 5.20, na primeira equação, para obter:

$$\frac{1}{E_1}\frac{d\sigma}{dt} + \frac{\sigma}{\eta_1} = 0$$

Separe as variáveis σ e t e integre ambos os lados da equação, resultando em:

$$\ln \sigma = -\frac{E_1}{\eta_1} t + C$$

onde C é uma constante de integração que podem ser avaliada ao considerar que a deformação de fluência é inicialmente zero, de modo que $\sigma = E_1 \cdot \varepsilon'$ em $t = 0$. Isto dá $C = \ln(E_1 \cdot \varepsilon')$. A substituição de C e a resolução para σ produz, então, o resultado desejado:

$$\sigma = E_1 \varepsilon' e^{-E_1 t/\eta_1} \qquad \textbf{(Resposta)}$$

5.2.4 Discussão

Temos discutido modelos dos três principais tipos de deformação, isto é, elástica, plástica e por fluência. Eles são caracterizados na Tabela 5.1. A deformação elástica é o resultado do alongamento de ligações químicas. Não é considerado como sendo dependente do tempo e é recuperada imediatamente no descarregamento. A deformação plástica também não é considerada como sendo dependente do tempo e é permanente,

Tabela 5.1 Características dos Vários Tipos de Deformação

Tipo de Deformação	Dependente do Tempo?	Características Distintivas Adicionais
Elástica	Não	Recuperada instantaneamente
Plástica	Não	Não recuperada
Fluência no estado estacionário	Sim	Taxa constante; não recuperada
Fluência transiente	Sim	Taxa decrescente; pode ser recuperada

pelo fato de ser ocasionada pelo deslizamento relativo de planos cristalinos durante o processo incremental de movimentação de discordâncias. Note-se que o comportamento perfeitamente plástico, como nos modelos da Figura 5.3 (a) e (b), vai resultar em uma deformação rápida e instável se uma tensão acima do limite de escoamento, σ_0, for mantida. No entanto, algum grau de encruamento normalmente ocorre nos materiais reais.

A deformação por fluência pode ser classificada como sendo de estado estacionário e transiente, em função de a taxa de deformação ser constante ou diminuir com o tempo. No modelo ideal da Figura 5.5 (b), toda deformação transiente é recuperada. No entanto, uma porção desta pode se tonar permanente nos materiais reais. A porção recuperada da deformação por fluência pode ser bem grande nos polímeros devido a moléculas de suas cadeias interferirem umas com as outras de tal maneira que elas lentamente restabelecem a configuração original após a remoção da tensão, fazendo com que a deformação desapareça lentamente. Por exemplo, deformações de fluência tão grandes quanto 100% em policloreto de vinila flexível (PVC plastificado) podem ser quase recuperadas após a remoção do carregamento mecânico. Nos metais e nas cerâmicas, grandes deformações de fluência podem ocorrer em temperaturas acima de cerca da metade da temperatura de fusão absoluta, $0,5T_f$, devido ao escorregamento de contornos de grão, movimento de discordâncias, difusão de vacâncias nas suas redes cristalinas etc. Pouca recuperação relativa ocorre para esses tipos de deformações.

A deformação por fluência que é recuperada é frequentemente denominada *deformação anelástica*, cuja distinção é útil no estudo dos materiais reais, nos quais apenas uma porção da deformação por fluência transiente é recuperada. A recuperação não deve ser confundida com a relaxação, como na Figura 5.6, que é o resultado de uma deformação por fluência, enquanto a tensão é mantida constante.

A deformação nos materiais reais pode ser dominada por um único mecanismo de deformação, entretanto mais do que um tipo de deformação pode ocorrer, dependendo do material, da temperatura, da taxa de carregamento e do nível de tensão. Para um caso em que ocorrem todos os quatro tipos mostrados na Tabela 5.1, o comportamento apresentado quando uma tensão é aplicada repentinamente e mantida constante, logo em seguida, seria semelhante ao mostrado na Figura 5.7. A deformação instantânea que ocorre é uma combinação de deformação elástica e plástica. A porção plástica, ε_p, poderia ser isolada por meio de um descarregamento imediato, como ilustrado pela linha tracejada no gráfico à direita da Figura 5.7. Se, em vez disso, a tensão for mantida constante, deformação por fluência, ε_f, ocorrerá como uma combinação dos tipos transiente e de estado estacionário.

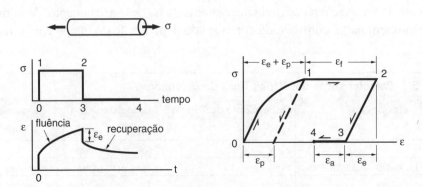

FIGURA 5.7 Resultado da aplicação de um ciclo de tensão ao longo do tempo em um material que apresenta mecanismos de deformação elástica, plástica e por fluência.

A remoção da tensão faz com que a deformação elástica, ε_e, seja instantaneamente recuperada. Alguma deformação por fluência pode ser recuperada após um período de tempo, tal como indicado pela região 3 a 4 do gráfico da direita da Figura 5.7. A deformação recuperada, ou porção anelástica, é rotulada como ε_a na Figura 5.7.

5.3 DEFORMAÇÃO ELÁSTICA

Com base na discussão no Capítulo 2, a deformação elástica está associada ao alongamento das ligações entre os átomos na forma sólida. Como resultado, o valor do módulo de elasticidade, E, é bastante elevado para os sólidos covalentes fortemente ligados. Os metais têm valores intermédios e os polímeros geralmente têm baixos valores devido ao efeito das ligações secundárias presentes entre as moléculas de suas cadeias. Alguns valores representativos para vários materiais estão indicados na Tabela 5.2.

Tabela 5.2 Constantes Elásticas para Vários Materiais à Temperatura Ambiente

Material	Módulo de Elasticidade E, GPa (10^3 ksi)	Módulo de Poisson v
(a) Metais		
Alumínio	70,3 (10,2)	0,345
Latão (70%Cu – 30%Zn)	101 (14,6)	0,350
Cobre	130 (18,8)	0,343
Ferro, aço baixo carbono	212 (30,7)	0,293
Chumbo	16,1 (2,34)	0,440
Magnésio	44,7 (6,48)	0,291
Aço inoxidável (2%Ni – 18%Cr)	215 (31,2)	0,283
Titânio	120 (17,4)	0,361
Tungstênio	411 (59,6)	0,280
(b) Polímeros		
ABS, médio impacto	2,4 (0,35)	0,35
Acrílico (PMMA)	2,7 (0,40)	0,35
Epóxi	3,5 (0,51)	0,33
Nylon 66 (puro)	2,7 (0,39)	0,41
Nylon 66 com 33% de fibras de vidro	9,5 (1,38)	0,39
Policarbonato	2,4 (0,345)	0,38
Polietileno de alta densidade (HDPE)	1,08 (0,157)	0,42
(c) Cerâmicas e Vidros		
Alumina (Al_2O_3)	400 (58)	0,22
Diamante	960 (139)	0,20
Magnésia (MgO)	300 (43,5)	0,18
Carbeto de silício (SiC)	396 (57,4)	0,22
Vidro de sílica fundida (SiO_2)	70 (10,2)	0,18
Vidro de silicato de sódio	69 (10)	0,20
Vidro tipo "E"	72,4 (10,5)	0,22
Calcário dolomítico	69,0 (10)	0,281
Granito 'Westerly'	49,6 (7,20)	0,213

Fontes: Dados em [Boyer 85] p. 216, [Creyke 82] p. 222, [Kaplan 95] pp. B-146 a B-206, [Karfakis 90], [Kelly 86] pp. 376, 392, [Kelly 94] p. 285, [Morrell 85] Pt. 1, p. 96, [PDL 91] Vol. I-B, pp. 133-136, e [Schwartz 92] p. 2.75.

5.3.1 Constantes Elásticas

Um material que tem as mesmas propriedades em todos os pontos dentro do sólido é dito ser *homogêneo* e, se as propriedades são as mesmas em todas as direções, o material é dito *isotrópico*. Quando visto na escala macroscópica, os materiais reais obedecem a essas idealizações se forem compostos de minúsculos grãos cristalinos, orientados aleatoriamente. Isto é quase verdadeiro para muitos metais e cerâmicas. Os materiais amorfos, tais como o vidro e alguns polímeros, podem também ser considerados isotrópicos e homogêneos. Por isso, no momento, vamos prosseguir com estas hipóteses simplificadoras.

Deixe uma barra de um material homogêneo e isotrópico ser submetida a uma tensão axial σ_x, como na Figura 5.8. A deformação na direção da tensão aplicada é

$$\varepsilon_x = \frac{L - L_i}{L_i} = \frac{\Delta L}{L_i} \quad (5.22)$$

em que L é o comprimento deformado, L_i o comprimento inicial, e ΔL a mudança de comprimento. De um modo semelhante, obtém-se a deformação em qualquer direção perpendicular à tensão, isto é, ao longo de qualquer diâmetro da barra:

$$\varepsilon_y = \varepsilon_z = \frac{d - d_i}{d_i} = \frac{\Delta d}{d_i} \quad (5.23)$$

Esta deformação é negativa para tração, σ_x, à medida que a barra fica mais fina quando esticada na direção do comprimento. Por outro lado, a deformação ε_y é positiva para σ_x de compressão.

O material é *linear elástico* se a tensão é linearmente relacionada com essas deformações e se as deformações retornam imediatamente a zero após a descarga, da mesma forma que ocorre em uma mola simples. Nesta situação, duas constantes elásticas são necessárias para caracterizar o material. Uma delas é o *módulo de elasticidade*, $E = \sigma_x/\varepsilon_x$, que representa o declive da linha σ_x contra ε_x na Figura 5.8. A segunda constante é o *coeficiente de Poisson*,

$$\nu = -\frac{\text{deformação transversa}}{\text{deformação longitudinal}} = -\frac{\varepsilon_y}{\varepsilon_x} \quad (5.24)$$

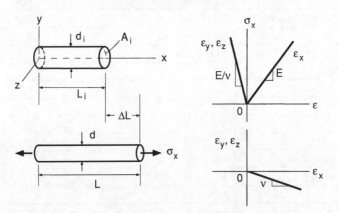

FIGURA 5.8 Deformações por extensão longitudinal e contração lateral utilizadas para obter as constantes elásticas de um material linear-elástico que seja isotrópico e homogêneo.

Desde que ε_y tenha sinal oposto ao ε_x, podemos obter um valor de ν positivo. Por isso, como também mostrado, a inclinação de um gráfico de ε_y contra ε_x é -ν. Substituindo ε_x obtido da Equação 5.24 em $E = \sigma_x/\varepsilon_x$, temos

$$\varepsilon_y = -\frac{\nu}{E}\sigma_x \qquad (5.25)$$

Esta relação linear é também mostrada na Figura 5.8. A mesma situação ocorre também ao longo de qualquer outro diâmetro, tal como a direção z.

5.3.2 Discussão

Os valores do módulo de elasticidade podem variar muito entre os diferentes materiais. O coeficiente de Poisson está muitas vezes ao redor de 0,3 e não varia fora do intervalo de 0 a 0,5; exceto em circunstâncias muito particulares. Note que valores negativos de ν implicariam expansão lateral, durante a tração axial, o que é improvável. Tal como será visto posteriormente, $\nu = 0,5$ implica um volume constante, e valores maiores do que 0,5 implicam uma diminuição do volume durante carregamento em tração, o que também é improvável. Valores de ν para vários materiais estão incluídos na Tabela 5.2.

Deve-se notar que nenhum material tem um comportamento perfeitamente linear ou perfeitamente elástico. O uso de constantes elásticas, tais como E e ν, deve, portanto, ser considerado como uma aproximação útil, ou modelo, que muitas vezes dá respostas razoavelmente precisas. Por exemplo, a maioria dos metais de engenharia podem ser modelados deste modo em tensões relativamente baixas, menores do que o limite de escoamento, σ_0, para além do qual o comportamento torna-se não linear e inelástico. Além disso, as dimensões e áreas transversais originais são utilizadas na presente discussão para determinar tensões e deformações. Tal abordagem é apropriada para muitas situações de interesse prático de engenharia, nas quais as mudanças dimensionais são pequenas. Salvo indicação em contrário, esta hipótese, chamada *teoria das pequenas deformações*, será utilizada.

Se um determinado metal é ligado (fundido em conjunto) com percentagens relativamente pequenas de um ou mais metais, o efeito sobre as constantes elásticas E e ν é pequeno. Por conseguinte, onde os valores específicos dessas constantes elásticas não estão disponíveis para uma dada liga, eles podem ser aproximados como sendo os mesmos que os valores do metal puro correspondente, como descritos na Tabela 5.2. Por exemplo, isto se aplica para todas as ligas de alumínio e ligas de titânio comuns, nas quais o teor de liga total, na maior parte dos casos, é inferior a 10%. Mas um exemplo em contrário é o latão com 70%Cu e 30%Zn, em que a quantidade de zinco presente faz com que os valores das constantes se diferenciem significativamente daquelas do cobre puro. Para aços de baixa liga, que são constituídos de ferro com um total de liga inferior a 5%, os valores são próximos aos do ferro puro. No entanto, para alguns aços liga, tais como os aços inoxidáveis, os quais contêm pelo menos 12% de cromo e também de outras ligas, os valores podem ser afetados em certo grau. Podemos consultar manuais sobre materiais, tais como os listados nas referências dos Capítulos 3 e 4, para obtermos os valores de E e ν para ligas específicas. Para polímeros e cerâmicos, pode haver uma variação significativa nas constantes elásticas de lote para lote, pois esses valores são mais fortemente afetados pelo processamento destes materiais.

5.3.3 Lei de Hooke para Três Dimensões

Considere o estado geral de tensões em um ponto, como ilustrado na Figura 5.9. Uma descrição completa deste estado é composta pelas tensões normais em três direções, σ_x, σ_y e σ_z, e pelas tensões de cisalhamento em três planos, τ_{xy}, τ_{yz} e τ_{zx}. Considerando as tensões normais em primeiro lugar, e supondo aplicável a teoria das pequenas deformações, as deformações causadas por cada componente de tensão podem ser simplesmente somadas. A tensão na direção x provoca uma deformação na direção x de σ_x/E. Este σ_x também provoca uma deformação na direção y, a partir da Equação 5.25, de $-\nu\sigma_x/E$, e a mesma deformação na direção z. Similarmente, as tensões normais nos eixos Y e Z causam deformações nas três direções.

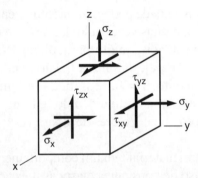

FIGURA 5.9 Os seis componentes necessários para descrever completamente o estado de tensão em um ponto.

Esta situação pode ser resumida na seguinte tabela:

	Deformação Resultante em Cada Direção		
Tensão	x	y	z
σ_x	σ_x/E	$-\nu\sigma_x/E$	$-\nu\sigma_x/E$
σ_y	$-\nu\sigma_y/E$	σ_y/E	$-\nu\sigma_y/E$
σ_z	$-\nu\sigma_z/E$	$-\nu\sigma_z/E$	σ_z/E

Somando as colunas nesta tabela para obter a deformação total em cada sentido, obtêm-se as seguintes equações:

$$\varepsilon_x = \frac{1}{E}[\sigma_x - \nu(\sigma_y + \sigma_z)] \quad \text{(a)}$$
$$\varepsilon_y = \frac{1}{E}[\sigma_y - \nu(\sigma_x + \sigma_z)] \quad \text{(b)}$$
$$\varepsilon_z = \frac{1}{E}[\sigma_z - \nu(\sigma_x + \sigma_y)] \quad \text{(c)}$$

(5.26)

Cada uma das deformações de cisalhamento que ocorrem nos planos ortogonais são relacionadas com a tensão de cisalhamento correspondente por uma constante chamada de *módulo de cisalhamento*, G:

$$\gamma_{xy} = \frac{\tau_{xy}}{G}, \quad \gamma_{yz} = \frac{\tau_{yz}}{G}, \quad \gamma_{zx} = \frac{\tau_{zx}}{G} \quad (5.27)$$

Note que a tensão de cisalhamento em um dado plano não é afetada pelas tensões de cisalhamento sobre outros planos. Assim, para as deformações de cisalhamento, não há nenhum efeito análogo à contração de Poisson. As Equações 5.26 e 5.27, quando tomadas em conjunto, são frequentemente chamadas de *lei de Hooke generalizada*.

Apenas duas constantes elásticas independentes são necessárias para descrever um material isotrópico, de modo que um dos valores de E, G ou v pode ser considerado redundante. A seguinte equação permite que qualquer um desses valores seja calculado a partir dos outros dois:

$$G = \frac{E}{2(1+v)} \tag{5.28}$$

Esta equação pode ser derivada considerando um estado de tensão de cisalhamento puro, como numa barra cilíndrica sob torção, mostrada na Figura 4.41. Relembre da mecânica dos materiais de que o estado de tensão de cisalhamento puro, τ, pode ser equivalentemente representado por tensões principais normais em planos rotacionados a 45° em relação aos planos de cisalhamento puro. Da mesma forma, a tensão de cisalhamento é equivalente às deformações normais, como mostrado na Figura 4.41, também em planos a 45°. Considere que as direções (x, y, z) da Equação 5.26 correspondem às direções principais (1, 2, 3). Neste caso, as seguintes substituições podem ser feitas na Equação 5.26 (a):

$$\sigma_x = \tau, \quad \sigma_y = -\tau, \quad \sigma_z = 0, \quad \varepsilon_x = \frac{\gamma}{2} \tag{5.29}$$

O que leva à:

$$\gamma = \frac{2(1+v)}{E} \tau \tag{5.30}$$

A partir da definição de G, a constante de proporcionalidade é $G = \tau/\gamma$, de modo que a Equação 5.28 é confirmada.

Os valores medidos para as três constantes E, G e v para os materiais reais geralmente não obedecem à Equação 5.28 perfeitamente. Esta situação é devida, principalmente, ao fato de o material não ser perfeitamente isotrópico.

EXEMPLO 5.2

Um vaso de pressão cilíndrico com 10 m de comprimento tem suas extremidades fechadas, uma espessura de parede de 5 mm e um diâmetro interno de 3 m. Se o recipiente é preenchido com ar a uma pressão de 2 MPa, quanto será a mudança elástica no seu comprimento, diâmetro e espessura da parede? E em cada caso a mudança representa um aumento ou uma diminuição nas dimensões? O recipiente é feito de um aço que tem módulo de elasticidade $E = 200.000$ MPa e coeficiente de Poisson $v = 0,3$. Desconsidere os efeitos associados aos detalhes de como as extremidades estão fechadas.

Solução

Empregue um sistema de coordenadas anexo à superfície do recipiente de pressão, tal como mostrado na Figura E5.2, de tal modo que o eixo z seja perpendicular à superfície.

A relação entre o raio e espessura, r/t, é tal que é razoável pressupor que este vaso possa ser considerado um tubo de parede fina e, assim, seja possível empregar as equações de tensão resultantes, dadas na Figura A.7 (a), no Apêndice A. Denotando a pressão como p, temos

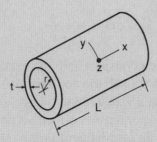

FIGURA E5.2

$$\sigma_x = \frac{pr}{2t} = \frac{(2\,\text{MPa})\,(1.500\,\text{mm})}{2\,(5\,\text{mm})} = 300\,\text{MPa}$$

$$\sigma_y = \frac{pr}{t} = \frac{(2\,\text{MPa})\,(1.500\,\text{mm})}{5\,\text{mm}} = 600\,\text{MPa}$$

O valor de σ_z varia de $-p$, na parede interna, para zero, no lado de fora, então o seu valor para o presente caso é suficientemente pequeno para que a condição $\sigma_z \approx 0$ possa ser usada. A substituição dessas tensões e os valores de E e v conhecidos na lei de Hooke, Equação 5.26, oferecem:

$$\varepsilon_x = 600 \times 10^{-6}; \quad \varepsilon_y = 2.550 \times 10^{-6}; \quad \varepsilon_z = -1.350 \times 10^{-6}$$

Essas deformações estão relacionadas com as mudanças no comprimento ΔL, na circunferência Δd (πd), no diâmetro Δd, e na espessura t, como se segue:

$$\varepsilon_x = \frac{\Delta L}{L}, \quad \varepsilon_y = \frac{\Delta(\pi d)}{\pi d} = \frac{\Delta d}{d}, \quad \varepsilon_z = \frac{\Delta t}{t}$$

Substituindo as deformações e as dimensões conhecidas, temos:

$$\Delta L = 6\,\text{mm}; \quad \Delta d = 7{,}65\,\text{mm}; \quad \Delta d = -6{,}75 \times 10^{-3}\,\text{mm} \quad \textbf{(Resposta)}$$

Assim, há pequenos aumentos de comprimento e de diâmetro, porém uma pequena redução na espessura da parede.

EXEMPLO 5.3

Uma amostra de material submetido a uma tensão de compressão σ_z está confinado de modo que não pode deformar-se na direção y, como mostrado na Figura E5.3. Consideraremos que não existe qualquer fricção contra a matriz, de modo que a deformação pode ocorrer livremente na direção x. Consideraremos, ainda, que o material é isotrópico e apresenta um comportamento linear elástico.

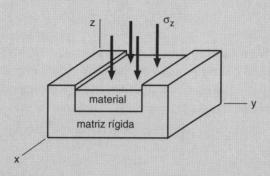

FIGURA E5.3

Determine o descrito a seguir, em termos de σ_z, e as constantes elásticas do material:
(a) A tensão que se desenvolve na direção y.
(b) A deformação na direção z.
(c) A deformação na direção x.
(d) A rigidez, $E' = \sigma_z/\varepsilon_z$, na direção z. Este módulo aparente é igual ao módulo de elasticidade E a partir de um teste sobre o material uniaxial? Por que sim ou por que não?
(e) Assuma que a tensão de compressão na direção z tem uma magnitude de 75 MPa e que o bloco é feito de uma liga de cobre; então calcule σ_y, ε_z, ε_x e E'.

Solução

Torna-se necessário empregar a lei de Hooke para o caso tridimensional, representada pela Equação 5.26. A situação colocada requer que sejam empregadas as condições $\varepsilon_y = 0$ e $\sigma_x = 0$ e tratar σ_z como uma quantidade conhecida.

(a) A tensão na direção y é obtida a partir da Equação 5.26 (b):

$$0 = \frac{1}{E}[\sigma_y - v(0 + \sigma_z)], \quad \sigma_y = v\sigma_z \quad \textbf{(Resposta)}$$

(b) A tensão na direção z é dada pela substituição do valor de σ_y na Equação 5,26(c):

$$\varepsilon_z = \frac{1}{E}[\sigma_z - v(0 + v\sigma_z)], \quad \varepsilon_z = \frac{1-v^2}{E}\sigma_z \quad \textbf{(Resposta)}$$

(c) A deformação na direção x é dada pela Equação 5.26 (a), empregando-se o valor de σ_y obtido da parte (a):

$$\varepsilon_x = \frac{1}{E}[0 - \nu(\nu\sigma_z + \sigma_z)], \quad \varepsilon_x = -\frac{\nu(1+\nu)}{E}\sigma_z \qquad \textbf{(Resposta)}$$

(d) A aparente rigidez na direção z é obtida imediatamente a partir da equação para ε_z:

$$E' = \frac{\sigma_z}{\varepsilon_z} = \frac{E}{1-\nu^2} \qquad \textbf{(Resposta)}$$

(e) Para a liga de cobre, a Tabela 5.2 fornece as constantes, $E = 130\,GPa = 130.000\,MPa$, e $\nu = 0{,}343$. A tensão de compressão exige que um sinal negativo seja empregado, de modo que $\sigma_z = -75\,MPa$. Substituindo essas quantidades nas equações anteriormente derivadas, temos:

$$\sigma_y = \nu\sigma_z = (0{,}343)(-75\,MPa) = -25{,}7\,MPa \qquad \textbf{(Resposta)}$$

$$\varepsilon_z = \frac{1-\nu^2}{E}\sigma_z = \frac{1-0{,}343^2}{130.000\,MPa}(-75\,MPa) = -509 \times 10^{-6} \qquad \textbf{(Resposta)}$$

$$\varepsilon_x = -\frac{\nu(1+\nu)}{E}\sigma_z = -\frac{0{,}343(1+0{,}343)}{130.000\,MPa}(-75\,MPa) = 266 \times 10^{-6} \quad \textbf{(Resposta)}$$

$$E' = \frac{E}{1-\nu^2} = \frac{130.000\,MPa}{1-0{,}343^2} = 147.300\,MPa \qquad \textbf{(Resposta)}$$

Discussão

A tensão σ_z compressiva resulta em valores negativos (ou seja, também compressivos) para σ_y e ε_z, mas valores positivos para ε_x, como esperado para esta situação física. O módulo elástico aparente E' é maior do que o módulo de elasticidade E, diferindo pela razão $E'/E = 1/(1 - \nu^2)$; especificamente neste caso, $E'/E = 1{,}133$. Isto é explicado pelo fato de que E é obtido a partir de uma relação entre a tensão e a deformação para o caso uniaxial. As razões entre tensão e deformação para outros estados de tensão devem ser determinadas por comportamentos que obedecem à forma tridimensional da lei de Hooke.

5.3.4 Deformação Volumétrica e Tensões Hidrostáticas

Em corpos carregados mecanicamente, pequenas alterações de volume ocorrem quando elas estão associadas a deformações normais. Deformações cisalhantes não são envolvidas, já que elas não causam a mudança do volume, apenas distorção. Considere-se um sólido retangular, como mostrado na Figura 5.10, no qual existem deformações normais nas três direções. As dimensões L, W e H mudam por quantidades infinitesimais, dL, dW e dH, respectivamente. Desta forma, as deformações normais são:

$$\varepsilon_x = \frac{dL}{L}, \quad \varepsilon_y = \frac{dW}{W}, \quad \varepsilon_z = \frac{dH}{H} \tag{5.31}$$

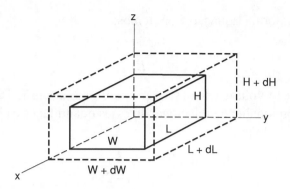

FIGURA 5.10 Mudança de volume causada por tensões normais.

As mudanças no volume, $V = L \cdot W \cdot H$, por uma quantidade dV pode ser avaliada a partir de cálculo diferencial, quando consideramos que V é função das três variáveis independentes L, W e H:

$$dV = \frac{\partial V}{\partial L}dL + \frac{\partial V}{\partial W}dW + \frac{\partial V}{\partial H}dH \qquad (5.32)$$

Avaliando as derivadas parciais e dividindo ambos os lados por $V = L \cdot W \cdot H$, temos:

$$\frac{dV}{V} = \frac{dL}{L} + \frac{dW}{W} + \frac{dH}{H} \qquad (5.33)$$

A relação entre a alteração de volume em relação ao volume original é chamada a *deformação volumétrica*, ou *dilatação*, ε_v. Pela substituição da Equação 5,31, a deformação volumétrica é traduzida simplesmente como sendo a soma das deformações normais:

$$\varepsilon_v = \frac{dV}{V} = \varepsilon_x + \varepsilon_y + \varepsilon_z \qquad (5.34)$$

Para um material isotrópico, a deformação volumétrica pode ser expressa em termos de tensões pelo emprego da lei de Hooke generalizada, especificamente empregando-se a Equação 5.26 na Equação 5.34. Neste caso, a seguinte Equação é obtida, após o ajuste nos termos:

$$\varepsilon_v = \frac{1-2v}{E} = (\sigma_x + \sigma_y + \sigma_z) \qquad (5.35)$$

Observe que a partir da Equação 5.35 que $v = 0,5$ provoca uma alteração nula em volume, $\varepsilon_v = 0$, mesmo na presença de tensões diferentes de zero. Além disso, um valor de v superior a 0,5 implicaria ε_v negativo para tensões de tração – ou seja, uma diminuição no volume. Esta última situação seria muito excepcional, de modo que 0,5 parece ser um limite superior para os valores de v, que é raramente excedida para materiais reais.

A tensão normal média é chamada de *tensão hidrostática* e é dada por:

$$\sigma_h = \frac{\sigma_x + \sigma_y + \sigma_z}{3} \qquad (5.36)$$

Substituindo este valor na Equação 5.35, temos:

$$\varepsilon_v = \frac{3(1-2\nu)}{E}\sigma_h \qquad (5.37)$$

Assim, a deformação volumétrica (ε_v) é proporcional à tensão hidrostática (σ_h). A constante de proporcionalidade relacionando essas quantidades é chamada de *módulo volumétrico*, que é dado por:

$$B = \frac{\sigma_h}{\varepsilon_v} = \frac{E}{3(1-2\nu)} \qquad (5.38)$$

Note-se que ε_v e σ_h são classificados como quantidades invariantes. Isto significa que eles terão sempre os mesmos valores, independentemente da escolha do sistema de coordenadas. Em outras palavras, uma escolha diferente da dos eixos *XYZ* num ponto particular de um material fará com que os vários componentes de tensão e deformação apresentem valores diferentes, mas a soma das deformações normais e a soma das tensões normais terá o mesmo valor para qualquer sistema de coordenadas.

5.3.5 Deformações Térmicas

A deformação térmica é uma classe especial de deformação elástica que resulta da expansão com o aumento da temperatura, ou da contração com a diminuição da temperatura. O aumento da temperatura faz com que os átomos no estado sólido passem a vibrar em maior intensidade. As vibrações obedecem à curva força *versus* distância *(P-x)* entre os átomos, como mostrada na Figura 2.16, curva esta que é resultante da ligação química, como discutido na Seção 2.4. Particularmente, a vibração térmica provoca alterações iguais de energia potencial ΔU ao redor da posição x_e de equilíbrio, correspondendo a áreas iguais sob a curva *P-x*. A forma da curva *P-x* nesta região é tal que a posição média, $x_{méd}$, é maior do que x_e, como ilustrado na Figura 5.11. Tal espaçamento interatômico médio mais elevado é acumulado pelos demais átomos, ao longo de uma distância

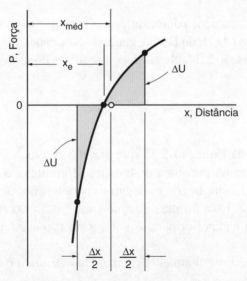

FIGURA 5.11 Curva Força *versus* distância interatômica. Uma oscilação térmica de energias potenciais iguais ao redor da posição de equilíbrio x_e leva à separação dos átomos por uma distância média, $x_{méd}$, maior do que x_e.

macroscópica no material, produzindo um aumento dimensional. Do mesmo modo, diminuir a temperatura faz que o espaçamento médio diminua, aproximando-se de x_e.

Em materiais isotrópicos, o efeito é o mesmo em todas as direções. Ao longo de uma gama limitada de temperaturas, as deformações térmicas, a uma dada temperatura T, podem ser assumidas como proporcionais à mudança de temperatura, ΔT. Isto é,

$$\varepsilon = \alpha(T - T_0) = \alpha(\Delta T) \tag{5.39}$$

em que T_0 é uma temperatura de referência em que as deformações são tomadas como zero. O *coeficiente de expansão térmica*, α, possui unidade de 1/°C, pois a deformação é adimensional.

Os efeitos térmicos são geralmente maiores a temperaturas mais elevadas; isto é, α aumenta com a temperatura. Assim, pode ser necessário considerar a variação de α se ΔT for grande. Deformações térmicas e, por conseguinte, valores de α, são menores quando a ligação química é mais forte. Se os valores de α à temperatura ambiente de vários materiais forem comparados, isto leva a uma tendência de diminuir os valores de α com o aumento da temperatura de fusão, já que a ligação química é mais forte em temperaturas mais distantes (baixas) em relação à temperatura de fusão (T_f). A Figura 5.12 mostra essa tendência para vários materiais.

Em um material isotrópico, desde que as deformações térmicas ocorram uniformemente em todas as direções, a lei de Hooke para três dimensões, a partir de Equação 5.26, pode ser generalizada para incluir efeitos térmicos:

$$\begin{aligned}
\varepsilon_x &= \frac{1}{E}[\sigma_x - \nu(\sigma_y + \sigma_z)] + \alpha(\Delta T) \quad \text{(a)} \\
\varepsilon_y &= \frac{1}{E}[\sigma_y - \nu(\sigma_x + \sigma_z)] + \alpha(\Delta T) \quad \text{(b)} \\
\varepsilon_z &= \frac{1}{E}[\sigma_z - \nu(\sigma_x + \sigma_y)] + \alpha(\Delta T) \quad \text{(c)}
\end{aligned} \tag{5.40}$$

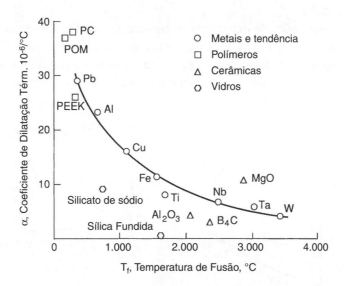

FIGURA 5.12 Coeficientes de expansão térmica à temperatura ambiente *versus* temperatura de fusão para vários materiais.

(Dados de [Boyer 85] p. 1.44, [Creyke 82] p. 50 e [ASM 88] p. 69.)

Se a liberdade de expansão térmica for impedida por alguma restrição geométrica, um ΔT suficientemente grande vai causar o desenvolvimento de grandes tensões, que podem ser de importância na engenharia.

Por exemplo, considere o caso de uma peça lisa de material a temperatura T_i, que é subitamente imersa num líquido ou gás que esteja a uma temperatura T_f. Uma fina camada superficial desta peça irá atingir T_f rapidamente, mas a deformação térmica ao longo do plano (x-y) da superfície será impedida, pois o material abaixo não teve tempo para se ajustar a sua temperatura e, consequentemente, apresentar o mesmo grau de deformação da superfície. Assim, temos $\varepsilon_x = \varepsilon_y = 0$ e também $\sigma_z = 0$, que é uma condição de tensão devida à superfície livre. Aplicando esta situação nas Equações 5.40 (a) e (b), temos:

$$\sigma_x = \sigma_y = -\frac{E\alpha(\Delta T)}{1-\nu} \quad (5.41)$$

Nesta equação $\Delta T = T_f - T_i$, de forma que um aumento de temperatura leva a tensões compressivas (negativas) e uma diminuição de temperatura gera tensões de tração (positivas).

5.3.6 Comparação entre as Deformações Plásticas e por Fluência

A deformação elástica, que é o alongamento das ligações químicas, geralmente envolve a mudança de volume, determinado por um coeficiente de Poisson inferior a 0,5. No entanto, a deformação plástica e a deformação por fluência envolvem a mudança de posição de átomos vizinhos por meio de vários mecanismos e, normalmente, não resultam em alteração significativa de volume. Considere o esquema bidimensional de deformação plástica mostrado na Figura 2.19. As áreas (a) antes e (d) depois do deslizamento são as mesmas, o que implica um volume constante. Do mesmo modo, o movimento das vacâncias na fluência não causa alteração de volume (Fig. 2.26).

Deixe que as medições de deformações transversais feitas em um ensaio de tração sejam prolongadas após o escoamento, como mostrado na Figura 5.13. Antes do escoamento, a inclinação da $-\varepsilon_y$ contra ε_x é simplesmente o coeficiente de Poisson, ν. No entanto, depois de escoar, a inclinação aumenta e se aproxima de 0,5, à medida

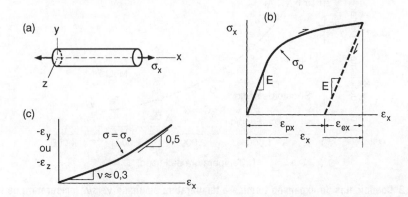

FIGURA 5.13 Componentes elásticos e plásticos da deformação total e o efeito da deformação plástica sobre o coeficiente de Poisson.

que as deformações plásticas passam a dominar o comportamento. Para descrever esse tipo de comportamento, de uma forma tridimensional geral, é necessário empregar a lei de Hooke, Equação 5.26, em adição às relações análogas para a deformação plástica. Estas são consideradas mais tarde no Capítulo 12, especificamente pela Equação 12.24. Note-se que a forma é a mesma que a Equação 5.26, mas com o coeficiente de Poisson, v, substituído por 0,5 refletindo um volume constante, e o módulo de elasticidade E substituído por um E_p variável.

Para a fluência, são aplicáveis equações análogas à lei de Hooke, relacionando a tensão com a taxa de deformação $\dot{\varepsilon}$. Elas são consideradas no Capítulo 15 pela Equação 15.64. Note-se que o coeficiente de Poisson, v, é substituído por 0,5 e o módulo de elasticidade E pela viscosidade à tração, η.

5.4 MATERIAIS ANISOTRÓPICOS

Os materiais reais não são perfeitamente isotrópicos. Em alguns casos, as diferenças nas propriedades, considerando diferentes direções, são tão grandes que uma análise assumindo comportamento isotrópico não é mais uma aproximação razoável. Alguns exemplos de materiais anisotrópicos são mostrados na Figura 5.14.

Os materiais compósitos podem ser altamente anisotrópicos, em razão da presença de fibras rígidas em direções particulares. O projeto e a análise de engenharia para esses materiais requer a utilização de uma versão mais geral da lei de Hooke, diferentemente daquela que foi apresentada anteriormente. No que se segue, vamos primeiro discutir a Lei de Hooke para casos anisotrópicos em geral e, em seguida, vamos aplicá-la para carregamento planar de materiais compósitos. A plasticidade anisotrópica não é considerada neste capítulo ou mesmo em capítulos posteriores. Este tópico avançado é importante em alguns casos, mas note que muitos materiais compósitos falham antes da ocorrência de grandes quantidades de deformação inelástica (plástica ou por fluência).

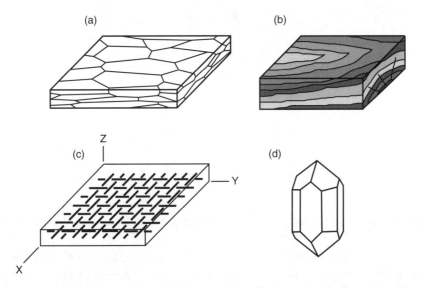

FIGURA 5.14 Materiais anisotrópicos: (a) placa de metal com estrutura de grãos orientados, devido à laminação, (b) madeira, (c) tecido de fibra de vidro numa matriz de epóxi e (d) um único cristal.

5.4.1 Lei de Hooke para Materiais Anisotrópicos

No caso tridimensional geral, há seis componentes de tensão: σ_x, σ_y, σ_z, τ_{xy}, τ_{yz} e τ_{zx} como ilustrado na Figura 5.9. Há também seis componentes correspondentes de deformação: ε_x, ε_y, ε_z, γ_{xy}, γ_{yz} e γ_{zx}. Em materiais altamente anisotrópicos, qualquer um dos componentes de tensão pode causar deformações nos seis componentes. A forma anisotrópica geral da lei de Hooke é dada pelas seis equações seguintes, aqui escritas com os coeficientes apresentados na forma de uma matriz:

$$
\begin{Bmatrix} \varepsilon_x \\ \varepsilon_y \\ \varepsilon_z \\ \gamma_{yz} \\ \gamma_{zx} \\ \gamma_{xy} \end{Bmatrix} =
\begin{bmatrix}
S_{11} & S_{12} & S_{13} & S_{14} & S_{15} & S_{16} \\
S_{12} & S_{22} & S_{23} & S_{24} & S_{25} & S_{26} \\
S_{13} & S_{23} & S_{33} & S_{34} & S_{35} & S_{36} \\
S_{14} & S_{24} & S_{34} & S_{44} & S_{45} & S_{46} \\
S_{15} & S_{25} & S_{35} & S_{45} & S_{55} & S_{56} \\
S_{16} & S_{26} & S_{36} & S_{46} & S_{56} & S_{66}
\end{bmatrix}
\begin{Bmatrix} \sigma_x \\ \sigma_y \\ \sigma_z \\ \sigma_{yz} \\ \sigma_{zx} \\ \sigma_{xy} \end{Bmatrix}
\tag{5.42}
$$

A anisotropia geral é consideravelmente mais complexa do que o caso isotrópico. Não só há grande número de diferentes constantes para o material, S_{ij}, mas os seus valores também se alteram com a mudança de orientação do sistema de coordenadas, x-y-z, de referência.

No caso isotrópico, as constantes não dependem da orientação dos eixos coordenados e a maioria das constantes são zero ou tem os mesmos valores que as outras. Por exemplo, $\gamma_{xy} = \tau_{xy}/G$, de modo todos os valores de S_{ij}, correspondentes à linha γ_{xy} da matriz de deformações, são nulos exceto para $S_{66} = 1/G$. Isso contrasta com a situação para materiais altamente anisotrópicos, em que γ_{xy} é a soma das contribuições devidas a todos os seis componentes de tensão. A matriz de coeficientes S_{ij}, simplificada para o caso isotrópico como foi descrito pela Equação 5.26, torna-se:

$$
\left[S_{ij} \right] =
\begin{bmatrix}
\dfrac{1}{E} & -\dfrac{v}{E} & -\dfrac{v}{E} & 0 & 0 & 0 \\[2mm]
-\dfrac{v}{E} & \dfrac{1}{E} & -\dfrac{v}{E} & 0 & 0 & 0 \\[2mm]
-\dfrac{v}{E} & -\dfrac{v}{E} & \dfrac{1}{E} & 0 & 0 & 0 \\[2mm]
0 & 0 & 0 & \dfrac{1}{G} & 0 & 0 \\[2mm]
0 & 0 & 0 & 0 & \dfrac{1}{G} & 0 \\[2mm]
0 & 0 & 0 & 0 & 0 & \dfrac{1}{G}
\end{bmatrix}
\tag{5.43}
$$

em que G é dado pela Equação 5.28, de modo que há apenas duas constantes independentes.

Na forma mais geral da anisotropia, cada único S_{ij} na Equação 5.42 tem um diferente valor não nulo. A matriz é simétrica em relação a sua diagonal, de tal maneira que existem duas ocorrências de cada S_{ij}, em que i $\neq$ j, de forma que existem, na realidade, apenas 21 constantes independentes. Um exemplo de uma situação com este grau de complexidade é representada por um cristal solidificado na forma mais geral de uma estrutura cristalina, que é a estrutura triclínica. Em referência à Figura 2.9, a estrutura triclínica é a única que apresenta arestas diferentes entre si, $a \neq b \neq c$, assim como seus ângulos $\alpha \neq \beta \neq \gamma$ e, portanto, formando um cristal altamente anisotrópico.

5.4.2 Materiais Ortotrópicos e Outros Casos Especiais

Se o material tem simetria sobre três planos ortogonais, ou seja, em relação a planos orientados 90° um para o outro, então este material apresenta um caso especial de anisotropia e passa a ser denominado *material ortotrópico*. Neste caso, a lei de Hooke tem uma forma de complexidade intermediária entre o caso isotrópico e o caso geral anisotrópico.

Para lidar com a situação na qual os valores de S_{ij} mudam com a orientação do sistema de coordenadas *x-y-z*, torna-se conveniente definir os valores destas constantes em referência às direções paralelas aos planos de simetria do material. Este sistema de coordenadas especial será identificado aqui por letras maiúsculas (X, Y, Z), tal como foi indicado na Figura 5.14 (c). Os coeficientes para a lei de Hooke para um material ortotrópico são:

$$
\left[S_{ij} \right] = \begin{bmatrix}
\dfrac{1}{E_X} & -\dfrac{v_{YX}}{E_Y} & -\dfrac{v_{ZX}}{E_Z} & 0 & 0 & 0 \\[2ex]
-\dfrac{v_{XY}}{E_X} & \dfrac{1}{E_Y} & -\dfrac{v_{ZY}}{E_Z} & 0 & 0 & 0 \\[2ex]
-\dfrac{v_{XZ}}{E_X} & -\dfrac{v_{YZ}}{E_Y} & \dfrac{1}{E_Z} & 0 & 0 & 0 \\[2ex]
0 & 0 & 0 & \dfrac{1}{G_{YZ}} & 0 & 0 \\[2ex]
0 & 0 & 0 & 0 & \dfrac{1}{G_{ZX}} & 0 \\[2ex]
0 & 0 & 0 & 0 & 0 & \dfrac{1}{G_{XY}}
\end{bmatrix}
\tag{5.44}
$$

Um exemplo desta situação é representado por um cristal ortorrômbico único, onde os ângulos são todos retos, $\alpha = \beta = \gamma = 90°$, mas as arestas são diferentes entre si, $a \neq b \neq c$. Outro exemplo são materiais compósitos fibrosos, com as fibras dispostas em direções tais que existam três planos ortogonais de simetria.

Na Equação 5.44, existem três módulos E_X, E_Y e E_Z para as três direções diferentes no material. Eles têm valores diferentes geralmente. Há também três módulos de cisalhamento diferentes, G_{XY}, G_{YZ} e G_{ZX} correspondendo a três planos. As constantes v_{ij} são os coeficientes de Poisson; assim,

$$
v_{ij} = -\frac{\varepsilon_j}{\varepsilon_i}
\tag{5.45}
$$

A Equação 5.45 oferece a deformação transversal na direção *j*, por causa da aplicação de tensão na direção *i*. Devido à simetria de valores S_{ij} sobre a diagonal da matriz,

$$
\frac{v_{ij}}{E_i} = -\frac{v_{ji}}{E_j}
\tag{5.46}
$$

208 CAPÍTULO 5 Correlações e Comportamento entre Tensão e Deformação

em que $i \neq j$ e $i, j = X, Y$ ou Z. Essas correlações reduzem o número dos coeficientes de Poisson independentes a apenas três, de um total de nove constantes independentes. É importante lembrar que essas constantes se aplicam apenas para o sistema de coordenadas especiais X-Y-Z, cujos eixos são paralelos aos planos de simetria do material analisado.

Se o material tem as mesmas propriedades nas direções X, Y e Z, então ele é definido como um *material cúbico*. Neste caso, todos os três E_i têm o mesmo valor E_X, todos os três G_{ij} têm o mesmo valor G_{XY} e todos os seis coeficientes de Poisson têm o mesmo valor v_{XY}. Assim, neste caso, passam a existir apenas três constantes independentes. Exemplos desse caso incluem todos os cristais simples de estrutura cúbica, tais como CCC, CFC e os cristais cúbicos do diamante. Note que, mesmo assim, ainda há uma constante independente a mais para este caso do que para o caso isotrópico, e que as constantes elásticas ainda só se aplicam para o sistema especial de coordenadas X-Y-Z.

Por exemplo, para um único cristal de ferro alfa (CCC), $E_X = 129$ GPa. No entanto, considere a direção da diagonal do cubo da célula unitária cúbica, isto é, uma direção representada pelas setas na Figura 2.23 (a). O módulo de elasticidade nesta direção é $E_{[111]} = 276$ GPa, que é cerca de duas vezes maior que E_X. Considerando todos os valores de E, para todas as possíveis direções, estes dois representam o maior ($E_{[111]}$) e o menor (E_X) valor que ocorrem. O ferro policristalino é isotrópico e o valor de $E \approx 210$ GPa aplicável para este caso é o resultado de uma média oferecida pelo agrupamento de cristais individuais orientados aleatoriamente. Como esperado, este valor de E localiza-se entre os valores extremos de E_X e $E_{[111]}$, para os cristais individuais.

Outro caso especial é um material *transversalmente isotrópico*, no qual as propriedades são as mesmas para todas as direções num plano, tal como o plano X-Y, mas diferentes para a terceira direção (Z). Neste caso, existem cinco constantes elásticas independentes: E_X e v_{XY} para o plano X-Y, com a Equação 5.28 determinando o módulo de cisalhamento G_{XY} correspondente, e também E_Z, v_{XZ} e G_{ZX}. Um exemplo desta situação é representado por uma chapa de material compósito obtido a partir de uma manta de fibras longas entrelaçadas, mas orientadas aleatoriamente.

5.4.3 Compósitos Fibrosos

Muitas aplicações de materiais compósitos envolvem chapas finas ou placas que têm simetria correspondente ao caso ortotrópico, tais como arranjos unidirecionais simples ou tecidos de fibras, como mostrado na Figura 5.14 (c). Além disso, a maioria dos laminados (Fig. 3.26) têm um comportamento global ortotrópico.

Para placas ou chapas, as tensões que não se encontram no plano X-Y da chapa são geralmente pequenas, de modo que considerar um estado de tensão plana, no qual $\sigma_Z = \tau_{YZ} = \tau_{ZX} = 0$, é uma suposição razoável. Embora as deformações ε_Z ainda ocorram, estas não são de particular interesse, de modo que a lei de Hooke pode ser usada, na seguinte forma reduzida, que foi derivada da Equação 5.44:

$$
\left\{
\begin{array}{c}
\varepsilon_X \\
\varepsilon_Y \\
\gamma_{XY}
\end{array}
\right\} =
\left|
\begin{array}{ccc}
\dfrac{1}{E_X} & -\dfrac{v_{XY}}{E_Y} & 0 \\[2ex]
-\dfrac{v_{XY}}{E_X} & \dfrac{1}{E_Y} & 0 \\[2ex]
0 & 0 & \dfrac{1}{G_{XY}}
\end{array}
\right|
\left\{
\begin{array}{c}
\sigma_X \\
\sigma_Y \\
\tau_{XY}
\end{array}
\right\}
$$

$$(5.47)$$

Tabela 5.3 Constantes Elásticas e Massas Específicas para o Epóxi Reforçado com 60% em Volume de Fibras Unidirecionais

(a) Reforço			(b) Compósito				
Tipo de Fibra	E_r GPa (10³ ksi)	v_r	E_X GPa (10³ ksi)	E_Y	G_{XY}	v_{XY}	ρ g/cm³
Vidro tipo "E"	72,3 (10,5)	0,22	45 (6,5)	12 (1,7)	4,4 (0,64)	0,25	1,94
Kevlar® 49	124 (18,0)	0,35	76 (11,0)	5,5 (0,8)	2,1 (0,3)	0,34	1,30
Carbono (T-300)	218 (31,6)	0,20	132 (19,2)	10,3 (1,5)	6,5 (0,95)	0,25	1,47
Carbono (GY-70)	531 (77,0)	0,20	320 (46,4)	5,5 (0,8)	4,1 (0,6)	0,25	1,61

Nota: Para as propriedades aproximadas da matriz, use E_m = 3,5 GPa (510 ksi) e v_m = 0,33.
Fontes: Dados em [ASM 87] pp 175-178 e [Kelly 94] p. 285.

Aqui, as letras maiúsculas ainda indicam que as tensões, deformações e constantes elásticas são expressas apenas nas direções paralelas aos planos de simetria do material. (Tensões e deformações em outras direções podem ser encontradas usando-se equações de transformação ou o círculo de Mohr, como será discutido no Capítulo 6, ou conforme descrito em livros sobre mecânica dos materiais.) A equação 5.46 aplica-se, de modo que

$$\frac{v_{YX}}{E_Y} = -\frac{v_{XY}}{E_X}$$

(5.48)

com o resultado de que quatro constantes elásticas independentes serão empregadas, de um total de nove. Os valores das constantes para alguns materiais compósitos com fibras unidirecionais estão dados na Tabela 5.3.

Os valores das constantes podem ser obtidos a partir de medições de laboratório, mas são também estimadas a partir das propriedades distintas (e geralmente conhecidas) dos materiais de reforço e da matriz. O tópico de como estimar as constantes elásticas é bastante complexo e é considerado em detalhe em livros sobre materiais compósitos, tais como Gibson (2004). Na discussão que se segue, vamos considerar apenas o caso simples de fibras unidirecionais em uma matriz.

EXEMPLO 5.4

Uma placa do epóxi reforçado unidirecionalmente com fibras de Kevlar® 49 da Tabela 5.3 está sujeita a tensões como se segue: $\sigma_X = 400$, $\sigma_Y = 12$ e $\tau_{XY} = 15$ MPa, em que o sistema é aquele mostrado na Figura 5.15(a). Determine as deformações no plano ε_X, ε_Y e γ_{XY}.

Solução

A Equação 5.47 é aplicável diretamente.

$$\varepsilon_X = \frac{\sigma_X}{E_X} - \frac{v_{YX}}{E_Y}\sigma_Y, \quad \varepsilon_Y = \frac{v_{XY}}{E_X}\sigma_X + \frac{\sigma_Y}{E_Y}, \quad \gamma_{XY} = \frac{\tau_{XY}}{G_{XY}}$$

210 **CAPÍTULO 5** Correlações e Comportamento entre Tensão e Deformação

Uma vez que v_{XY} não é dado na Tabela 5.3, torna-se conveniente empregar a Equação 5.48:

$$\frac{v_{YX}}{E_Y} = \frac{v_{XY}}{E_X} = \frac{0,34}{76.000} = 4,474 \times 10^{-6} \, 1/MPa$$

Substituindo esta quantidade e as tensões oferecidas, empregando-se E_X, E_Y e G_{XY} da Tabela 5.3, após a conversão de GPa para MPa, obtemos as deformações:

$$\varepsilon_X = \frac{400}{76.000} - (4,474 \times 10^{-6})(12) = 0,00521 \qquad \textbf{(Resposta)}$$

$$\varepsilon_Y = -(4,474 \times 10^{-6})(400) + \frac{12}{5.500} = 0,00039 \qquad \textbf{(Resposta)}$$

$$\gamma_{XY} = \frac{15}{2.100} = 0,00714 \qquad \textbf{(Resposta)}$$

5.4.4 Módulo de Elasticidade Paralelo às Fibras

Para fazer a estimativa do módulo de elasticidade, considere um material compósito fibroso sobre o qual está aplicada uma tensão uniaxial, σ_x, paralela às fibras, que estão alinhadas na direção X, tal como mostrado na Figura 5.15 (a). Considere que as fibras de reforço sejam constituídas de material isotrópico, com constantes elásticas E_r, v_r e G_r, e considere que a matriz também seja constituída de material isotrópico, cujas constantes são E_m, v_m e G_m. Assuma que as fibras estejam perfeitamente ligadas à matriz, de modo que as fibras e a matriz deformem-se como uma unidade, o que resulta na mesma deformação ε_X em ambas. Além disso, considere que a área da seção transversal total vale A e que as áreas ocupadas pelas fibras e pela matriz sejam A_r e A_m, respectivamente. Então:

$$A = A_r + A_m \tag{5.49}$$

Uma vez que a força aplicada deve ser a soma das contribuições das fibras e da matriz, temos:

$$\sigma_X A = \sigma_r A_r + \sigma_m A_m \tag{5.50}$$

em que σ_r e σ_m são as diferentes tensões nas fibras e na matriz, respectivamente. As definições dos vários módulos elásticos requerem que:

$$\sigma_X = E_X \varepsilon_X; \quad \sigma_r = E_r \varepsilon_r; \quad \sigma_m = E_m \varepsilon_m \tag{5.51}$$

Note que a deformação no compósito é a mesma nas fibras e na matriz:

$$\varepsilon_X = \varepsilon_r = \varepsilon_m \tag{5.52}$$

Substituição da Equação 5.51 na Equação 5.50, e também pela aplicação da Equação 5.52, leva o módulo de elasticidade desejado para o material compósito:

$$E_X = \frac{E_r A_r + E_m A_m}{A} \tag{5.53}$$

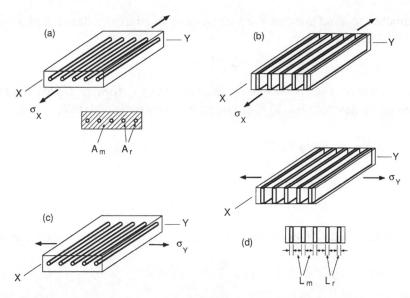

FIGURA 5.15 Materiais compósitos com várias combinações de direção de carregamento e de reforço unidirecional. Em (a) a tensão é aplicada paralelamente às fibras e em (b) às placas de reforço. Por outro lado, em (c) e (d) as tensões são normais para reforços semelhantes.

As razões A_r/A e A_m/A são também conhecidas como *frações volumétricas* da fibra e da matriz, respectivamente, designadas por V_r e V_m:

$$V_r = \frac{A_r}{A}, \quad V_m = 1 - V_r = \frac{A_m}{A} \tag{5.54}$$

Assim, a Equação 5.53 também pode ser escrita como:

$$E_X = V_r E_r + V_m E_m \tag{5.55}$$

O resultado confirma que, neste caso, uma simples *regra das misturas* é aplicável. Note que a mesma relação também é válida para um caso em que o reforço está sob a forma de camadas (placas) bem ligadas, como na Figura 5.15 (b).

5.4.5 Módulo de Elasticidade Transversal às Fibras

Agora, considere um carregamento uniaxial na outra direção ortogonal do plano, especificamente, uma tensão σ_Y como mostrado na Figura 5.15 (c). Uma análise exata deste caso é mais difícil, mas o estudo de um compósito constituído por camadas transversalmente carregadas, como mostrado na Figura 5.15 (d), torna-se uma aproximação útil para este caso. De fato, o E_Y assim obtido pode ser demonstrado, através de uma análise mais detalhada, que constitui um limite inferior sobre o valor correto para a situação da Figura 5.15 (c). Portanto, vamos proceder à análise do caso (d).

As tensões no reforço e na matriz devem agora ser as mesmas e iguais à tensão aplicada:

$$\sigma_Y = \sigma_r + \sigma_m \tag{5.56}$$

Como antes, empregaremos as definições para os vários módulos de elasticidade:

$$\sigma_Y = E_Y \varepsilon_Y; \quad \sigma_r = E_r \varepsilon_r; \quad \sigma_m = E_m \varepsilon_m \tag{5.57}$$

O comprimento total na direção Y é a soma das contribuições das camadas de reforço e das camadas de matriz:

$$L = L_r + L_m \tag{5.58}$$

Além disso, as mudanças nesses comprimentos dão a deformação global no material compósito (ε_Y) e nas porções do reforço (ε_r) e da matriz (ε_m). Isto é,

$$\varepsilon_Y = \frac{\Delta L}{L}, \quad \varepsilon_r = \frac{\Delta L_r}{L_r}, \quad \varepsilon_m = \frac{\Delta L_m}{L_m} \tag{5.59}$$

em que:

$$\Delta L = \Delta L_r + \Delta L_m \tag{5.60}$$

Substituindo para cada ΔL dessa equação pelos valores da Equação 5.59, temos:

$$\varepsilon_Y = \frac{\varepsilon_r L_r + \varepsilon_m L_m}{L} \tag{5.61}$$

Em seguida, substitua para as deformações, utilizando a Equação 5.57, lembrando-se de considerar que todas as tensões são iguais, de forma a se obter:

$$\frac{1}{E_Y} = \frac{1}{E_r}\frac{L_r}{L} + \frac{1}{E_m}\frac{L_m}{L} \tag{5.62}$$

As razões no comprimento são equivalentes às frações volumétricas:

$$V_r = \frac{L_r}{L}, \quad V_m = 1 - V_r = \frac{L_m}{L} \tag{5.63}$$

Assim, obtemos finalmente:

$$\frac{1}{E_Y} = \frac{V_r}{E_r} + \frac{V_m}{E_m}, \quad E_Y = \frac{E_r E_m}{V_r E_m + V_m E_r} \quad \text{(a,b)} \tag{5.64}$$

em que (b) é obtido a partir de (a), resolvendo-se para E_Y.

5.4.6 Outras Constantes Elásticas e Discussão

Uma lógica semelhante aos cálculos anteriores também leva a uma estimativa de v_{XY}, o maior dos dois coeficientes de Poisson, que é chamado de *coeficiente de Poisson principal*, e também a uma estimativa do módulo de cisalhamento:

$$v_{XY} = V_r v_r + V_m v_m \tag{5.65}$$

$$G_{XY} = \frac{G_r G_m}{V_r G_m + V_m G_r} \tag{5.66}$$

As estimativas das constantes elásticas dos compósitos aqui descritas são todas aproximações. Os valores reais de E_X geralmente estão bem perto desta estimativa. Desde que E_Y, obtido da Equação 5.64, seja um limite inferior para o caso do reforço para fibras, os valores reais são um pouco mais elevados. Os livros sobre materiais compósitos contêm derivações e equações mais precisas, porém consideravelmente mais complexas. Além disso, as fibras podem ser dispostas em duas direções, e materiais compósitos laminados, que consistem em várias camadas de compósito unidirecional ou reforçados por tecido, são frequentemente utilizados. Apesar de serem casos mais complexos, ainda é possível fazer estimativas nessas situações.

Em um laminado, se números iguais de fibras ocorrem em várias direções, tais como nas direções a 0°, 90°, +45° e -45°, as constantes elásticas podem ser consideradas aproximadamente as mesmas para qualquer direção no plano X-Y, mas diferentes na direção Z. Tal material é chamado *quase-isotrópico* e pode ser aproximado como um material isotrópico para o carregamento no plano ou como um material transversalmente isotrópico para uma análise tridimensional geral.

EXEMPLO 5.5

Deseja-se construir um material compósito com fios de tungstênio alinhados numa única direção em uma matriz de cobre. O módulo elástico paralelo às fibras deve ser de pelo menos 250 GPa e o módulo de elasticidade perpendicular às fibras deve ser de pelo menos 200 GPa.

(a) Qual seria a menor fração volumétrica de fio que poderia ser utilizada?

(b) Para a fração volumétrica determinada para o reforço em (a), quais são o coeficiente de Poisson principal e o módulo de cisalhamento do material compósito?

Solução

(a) Precisamos determinar as frações volumétricas de fibras, V_r, necessárias para cumprir cada requisito. O maior dos dois valores diferentes de V_r obtidos é então escolhido como satisfazendo ou excedendo os requisitos. As propriedades de matriz e reforço são:

$$\text{Reforço de tungstênio}: \quad E = 411\,\text{GPa}; v = 0,280; G = 160,5\,\text{GPa}$$
$$\text{Matriz de cobre}: \quad E = 130\,\text{GPa}; v = 0,343; G = 48,4\,\text{GPa}$$

em que E e v foram obtidos da Tabela 5.2 e cada G é calculado a partir da Equação 5.28, considerando que cada material é isotrópico.

Primeiro, considere o requisito $E_X = 250$ GPa, em que X é a direção das fibras. A Equação 5.55 pode ser resolvida para obter o V_r necessário. Substituindo os valores apropriados dos módulos de elasticidades anteriores e resolvendo para V_r, temos:

$$E_X = V_r E_r + V_m E_m, \quad V_m = 1 - V_r$$

$$250\,\text{GPa} = V_r\,(411\,\text{GPa}) + (1 - V_r)\,(130\,\text{GPa}), V_r = 0,427$$

Então, similarmente, considere que $E_Y = 200$ GPa e empregue a Equação 5.64 para obter:

$$\frac{1}{E_Y} = \frac{V_r}{E_r} + \frac{V_m}{E_m}, \quad V_m = 1 - V_r$$

$$\frac{1}{200\,\text{GPa}} = \frac{V_r}{411\,\text{GPa}} + \frac{1 - V_r}{130\,\text{GPa}}, \quad V_r = 0,512$$

Daí, a fração volumétrica requerida é o maior valor, $V_r = 0,512$.   **(Resposta)**

(b) O coeficiente de Poisson principal e o módulo de cisalhamento para o material compósito com $V_r = 0,512$ podem ser estimados a partir das Equações 5.65 e 5.66:

$$v_{XY} = V_r v_r + V_m v_m = 0,512\,(0,280) + (1 - 0,512)\,(0,343) = 0,311 \quad \textbf{(Resposta)}$$

$$G_{XY} = \frac{G_r G_m}{V_r G_m + V_m G_r} = \frac{(160,5\,\text{GPa})(48,4\,\text{GPa})}{0,512\,(48,4\,\text{GPa}) + (1 - 0,512)\,(160,5\,\text{GPa})} = 75,3\,\text{GPa} \atop \textbf{(Resposta)}$$

Discussão

Em (a) note que a escolha do valor menor $V_r = 0,427$ daria $E_Y = 183,6$ GPa, obtido a partir da Equação 5.64. Assim, esta escolha não atende ao requisito $E_Y = 200$ GPa. Mas a escolha $V_r = 0,512$ dá $E_X = 273,8$ GPa, obtido a partir da Equação 5.55, de modo que o requisito $E_X = 250$ é excedido, tornando esta escolha de fração volumétrica adequada.

5.5 RESUMO

As deformações podem ser classificadas de acordo com os mecanismos físicos e em analogia a modelos reológicos como sendo deformações elásticas, plásticas ou de fluência. A última categoria pode ser subdividida em fluência estacionária e fluência transitória. Os modelos reológicos mais simples para cada caso estão mostrados na Figura 5.1.

A deformação elástica é associada ao alongamento das ligações químicas em sólidos, de modo que as distâncias entre os átomos aumentam. A deformação não é dependente do tempo e é recuperada imediatamente após o descarregamento do material. As curvas tensão-deformação dos metais, em especial, mas também para muitos outros materiais, exibem uma região elástica distinta, na qual o comportamento entre a tensão e a deformação é linear.

A deformação plástica está associada ao movimento relativo de planos atômicos ou de cadeias de moléculas e não é fortemente dependente do tempo. Os modelos reológicos que contêm hastes de fricção (cursores) apresentam um comportamento análogo à deformação plástica, partilhando as seguintes características com os materiais deformando plasticamente: (1) desvio do comportamento linear, que resulta em uma deformação permanente se a carga for removida; (2) uma tensão compressiva torna-se necessária para retornar à deformação nula zero, após o escoamento; (3) existe um efeito de memória mecânica, manifestado durante a aplicação de um novo carregamento, após descarregamento elástico, durante o qual o escoamento ocorre no mesmo nível de tensão e deformação que estavam aplicados no material quando houve o descarregamento.

A fluência é uma deformação dependente do tempo que pode ou não ser recuperada após o descarregamento. Os mecanismos físicos incluem movimentação de vacâncias e de discordâncias, escorregamento de contornos de grão e escoamento como um fluido viscoso. Tais mecanismos, em metais, cerâmicas e vidros produzem deformações de fluência que não são recuperadas, na maioria das vezes, após o descarregamento. No entanto, uma considerável recuperação da deformação por fluência pode ocorrer em polímeros como resultado das interações entre as longas moléculas de cadeia de carbono. Modelos reológicos constituídos de molas e amortecedores podem ser usados para estudar o comportamento em fluência. Na forma mais simples de tais modelos, as taxas de deformação são proporcionais às tensões aplicadas, uma situação designada como *viscoelasticidade linear*. Se uma deformação é aplicada e mantida constante, o comportamento em fluência do material faz com que o nível de tensão presente diminua, gerando um fenômeno denominado *relaxação*.

A deformação elástica ocorre em todos os materiais e em todas as temperaturas. A deformação plástica é importante em ligas metálicas reforçadas à temperatura ambiente, enquanto os efeitos da fluência são pequenos. Níveis significativos de fluência só ocorrem, à temperatura ambiente, em metais de baixa temperatura de fusão e em muitos polímeros. Em temperaturas suficientemente altas, a deformação por fluência torna-se um fator importante para ligas metálicas de alta resistência e até mesmo para as cerâmicas.

Se um material é tanto isotrópico quanto homogêneo, as deformações elásticas para o caso geral tridimensional estão relacionadas às tensões pela lei de Hooke generalizada:

$$\varepsilon_x = \frac{1}{E}[\sigma_x - \nu(\sigma_y + \sigma_z)], \quad \gamma_{xy} = \frac{\tau_{xy}}{G} \tag{5.67}$$

que pode ser reescrita de forma similar para as direções y e z e para os planos yz e zx. Existem duas constantes elásticas independentes: o módulo de elasticidade E e o coeficiente de Poisson ν. O módulo de cisalhamento G é associado a essas constantes por:

$$G = \frac{E}{2(1+\nu)} \tag{5.68}$$

A deformação volumétrica é a soma das deformações normais, $\varepsilon_v = \varepsilon_x + \varepsilon_y + \varepsilon_z$. Para o caso de um material isotrópico e homogêneo, a deformação volumétrica está relacionada às tensões aplicadas por:

$$\varepsilon_v = \frac{1-2\nu}{E}(\sigma_x + \sigma_y + \sigma_z) \tag{5.69}$$

A equação indica que a variação de volume é igual a zero para $\nu = 0,5$. Os valores encontrados para praticamente todos os materiais encontram-se dentro dos limites $\nu = 0$ e 0,5; geralmente entre $\nu = 0,2$ a 0,4.

Alguns materiais, nomeadamente compósitos fibrosos, são significativamente anisotrópicos. Um caso particular de anisotropia frequentemente encontrado é a ortotropia, na qual o material apresenta simetria de comportamento mecânico entre três planos ortogonais. Tal material apresenta nove constantes elásticas

216   CAPÍTULO 5 Correlações e Comportamento entre Tensão e Deformação

independentes. Existe um valor diferente para o módulo de elasticidade para cada direção ortogonal, E_X, E_Y e E_Z, além de três valores independentes para o coeficiente de Poisson e do módulo de cisalhamento, v_{XY}, G_{XY} etc., correspondendo aos três planos ortogonais. Essas constantes são definidas apenas em um sistema de eixos de coordenadas X-Y-Z, que são paralelos aos planos de simetria do material. Se a orientação dos eixos de coordenadas se alterar, as constantes elásticas são modificadas.

Para o carregamento no plano de placas de materiais compósitos com fibras unidirecionais, as constantes elásticas podem ser calculadas a partir dos valores dessas constantes para os materiais de reforço e de matriz:

$$E_X = V_r E_r + V_m E_m, \quad E_Y = \frac{E_r E_m}{V_r E_m + V_m E_r} \tag{5.70}$$

Neste caso, X é o sentido das fibras (reforço), Y é a direção transversal e V_r e V_m são as frações volumétricas de reforço e de matriz, respectivamente.

NOVOS TERMOS E SÍMBOLOS

(a) Termos

coeficiente de expansão térmica, α	lei de Hook generalizada
coeficiente de Poisson, v	modelo reológico
coeficiente de viscosidade à tração, η	módulo de cisalhamento, G
deformação volumétrica, ε_v	módulo de elasticidade (Módulo de Young), E
deformação inelástica	módulo volumétrico, B
elasticidade linear	ortotrópico
endurecimento linear	perfeitamente plástico
fluência no estado estacionário	recuperação
fluência transiente	relaxação
homogêneo	tensão hidrostárica, σ_H
isotrópico	viscoelasticidade linear

(b) Nomenclatura para Tensões e Deformações

x, y, z	Eixos de coordenadas que identificam direções para tensões e deformações
$\gamma_{xy}, \gamma_{yz}, \gamma_{zx}$	Deformações cisalhantes
$\varepsilon_x, \varepsilon_y, \varepsilon_z$	Deformações normais
ε_f	Deformação de fluência
ε_e	Deformação elástica
ε_p	Deformação plástica
$\varepsilon_{fe}, \varepsilon_{ft}$	Deformação de fluência no estado estacionário e transiente, respectivamente
$\sigma_x, \sigma_y, \sigma_z$	Tensões normais
$\tau_{xy}, \tau_{yz}, \tau_{zx}$	Tensões cisalhantes

(c) Nomenclatura para Materiais Ortotrópicos e Materiais Compósitos	
X, Y, Z	A combinação particular de eixos coordenados X-Y-Z que estão alinhados com os planos de simetria material.
E_X, E_Y, E_Z	Módulos de elasticidade nas direções X, Y e Z.
G_{XY}, G_{YZ}, G_{ZX}	Módulos de cisalhamento nos planos X-Y, Y-Z e Z-X.
m, r	Subscritos indicando matriz e material de reforço, respectivamente.
V_m, V_r	Frações volumétricas para matriz e material de reforço, respectivamente.
v_{XY}, etc.	Coeficiente de Poisson descrevendo a deformação transversal na direção Y devido a uma tensão na direção X; os demais são similares.

Referências

BRINSON, H. F., and BRINSON, L. C. 2008. *Polymer Engineering Science and Viscoelasticity: An Introduction.* Springer, New York.

GIBSON, R. F. 2004. *Principles of Composite Material Mechanics*, 2d ed., McGraw-Hill, New York.

MCCLINTOCK, F. A., ARGON, A. S., eds. 1966. *Mechanical Behavior of Materials.* Addison-Wesley, Reading, MA.

RÖSLER, J., HARDERS, H., and BÄKER, M. 2007. *Mechanical Behavior of Engineering Materials.* Springer, Berlin.

TIMOSHENKO, S. P., and GOODIER, J. N. 1970. *Theory of Elasticity*, 3d ed., McGraw-Hill, New York.

PROBLEMAS E QUESTÕES
Seção 5.2

5.1 Defina os seguintes termos utilizando suas próprias palavras: (a) deformação elástica, (b) deformação plástica, (c) deformação por fluência, (d) viscosidade à tração, (e) recuperação e (f) relaxação.

5.2 Uma liga de titânio é representada pelo modelo elástico, perfeitamente plástico, da Figura 5.3 (b), com constantes de $E_1 = 120$ GPa e $\sigma_0 = 600$ MPa.

(a) Trace a resposta tensão-deformação para o carregamento em uma deformação de $\varepsilon = 0,016$. Desta deformação total, quanto é elástico e quanto é plástico?

(b) Também trace a resposta que segue ao caso (a) se a deformação for diminuída até zero.

5.3 Para o modelo reológico elástico seguido de endurecimento linear da Figura 5.3 (c), como o comportamento é afetado alterando-se E_2, enquanto se mantém E_1 constante? Você pode melhorar a sua discussão incluindo um esboço que mostre como o caminho σ-ε varia com E_2.

5.4 Uma liga de alumínio é representada pelo modelo elástico seguido de endurecimento linear da Figura 5.3 (c), com constantes $E_1 = 70$ GPa, $E_2 = 2$ GPa, e $\sigma_0 = 350$ MPa. Trace a resposta de tensão-deformação para um carregamento a uma deformação de $\varepsilon = 0,02$. Dessa deformação total, quanto é elástico e quanto é plástico?

218 **CAPÍTULO 5** Correlações e Comportamento entre Tensão e Deformação

5.5 A 500 °C, um vidro de sílica tem um módulo de elasticidade de $E = 50$ GPa e uma viscosidade à tração de $\eta = 1.000$ GPa·s. Assumindo que seja aplicável o modelo elástico, com fluência em estado estacionário da Figura 5.5 (a), determine a resposta a uma tensão de 30 MPa, mantida durante 5 minutos e imediatamente removida. Trace tanto a deformação em função do tempo quanto a tensão pela deformação para um intervalo de tempo total de 10 minutos.

5.6 Considere a deformação num modelo de fluência transiente, tal como durante o intervalo de tempo 0-1-2 mostrado na Figura 5.5 (b). A partir da Equação 5.15, derive a Equação 5.17, que dá a deformação no tempo 2.

5.7 Um polímero que segue o modelo elástico com fluência transiente da Figura 5.5 (b), tem constantes iguais à $E_1 = 3$ GPa, $E_2 = 4$ GPa e $\eta_2 = 105$ GPa·s. Determine e represente graficamente a resposta da deformação em função do tempo para uma tensão de 40 MPa aplicada durante um dia.

5.8 Considere a relaxação sob deformação constante ε' para um modelo com uma mola e amortecedor em série, como na Figura 5.6, mas considere que o amortecedor se comporta de acordo com a equação não linear $\dot{\varepsilon} = B \cdot \sigma^m$, na qual B e m são constantes do material, com m estando na faixa de 3 a 7. Derive uma equação para σ em função de ε', tempo t e as diferentes constantes do modelo.

5.9 Uma fita polimérica é utilizada para lacrar caixas de papelão, de modo a evitar sua abertura durante o transporte de mercadorias. Observou-se que a tensão nas fitas diminuiu para 90% do seu valor inicial após três meses. Estime quanto tempo levará para que a tensão caia para 50% do seu valor original. Pode-se considerar que o polímero se comporte de acordo com um modelo elástico com fluência em estado estacionário, como na Figura 5.6.

Seção 5.3[2]

5.10 Considere-se uma tira de plástico policarbonato com 250 mm de comprimento e com seção transversal retangular com 30 mm de largura por 2,5 mm de espessura. Quando submetida a uma carga de tração de 2.000 N, considere que o comprimento aumenta em 2,7 mm e a largura diminua 0,11 mm. Também assuma que o comprimento e a largura voltem para aproximadamente os valores originais, após a remoção da carga. Determine o seguinte: (a) a tensão na direção do comprimento, (b) a deformação na direção do comprimento, (c) a deformação na direção da largura, (d), módulo de elasticidade, (e) o coeficiente de Poisson e (f) o módulo de cisalhamento. Além disso, (g) os valores encontrados para (d) e (e) são razoáveis quando comparados aos apresentados na Tabela 5.2?

5.11 Uma barra de uma liga de alumínio de alta resistência possui 150 mm de comprimento e tem uma seção transversal circular com diâmetro de 40 mm. Ela é submetida a uma carga de tração de 250 kN, o que dá uma tensão muito abaixo

---

[2]Para a ligas metálicas, para as quais os valores específicos não estão disponíveis, as constantes elásticas, E e v, podem ser aproximadas, geralmente, como sendo as mesmas do metal puro correspondente, como contidas na Tabela 5.2. Veja a discussão na Seção 5.3.2.

do limite de escoamento do material. Determine o seguinte: (a) a tensão na direção do comprimento, (b) a deformação na direção do comprimento, (c) a deformação na direção transversal e tanto o (d) comprimento como o (e) diâmetro, enquanto a barra estiver carregada.

5.12 Empregue a Equação 5.26(a) e (b) como se segue:

(a) Obtenha uma expressão para a relação $\varepsilon_y/\varepsilon_x$ como uma função das tensões e das constantes elásticas para o material. Em que condições o valor negativo desta razão ($\varepsilon_y/\varepsilon_x$) é igual ao coeficiente de Poisson, ν?

(b) Obtenha uma expressão para a relação σ_x/ε_x como uma função das tensões e das constantes elásticas para o material. Em que condições esta razão (σ_x/ε_x) é igual ao módulo de elasticidade, E?

5.13 Para o caso especial de tensão plana, $\sigma_z = \tau_{yz} = \tau_{zx} = 0$, proceda como se segue:

(a) Escreva a versão simplificada resultante da lei de Hooke, Equações 5.26 e 5.27.

(b) Em seguida, inverta as formas simplificadas da Equação 5.26 (a) e (b) para obter relações que descrevam as tensões σ_x e σ_y, cada uma como uma função apenas das deformações e das constantes do material.

(c) Além disso, deduza a equação que dá ε_z como uma função das outras duas deformações e das constantes do material.

5.14 O resultado da medição das deformações sobre a superfície de uma peça de liga de alumínio são os seguintes: $\varepsilon_x = 1.900 \times 10^{-6}$, $\varepsilon_y = 1.250 \times 10^{-6}$ e $\gamma_{xy} = 1.600 \times 10^{-6}$. Estime as tensões planares σ_x, σ_y e τ_{xy}; e também a deformação ε_z normal à superfície. (Assume-se que os instrumentos de medição foram ligados ao metal quando não havia nenhuma carga sobre a peça, que não houve nenhum escoamento e que nenhuma carga é aplicada diretamente à superfície, de modo que $\sigma_z = \tau_{yz} = \tau_{zx} = 0$).

5.15 O resultado da medição das deformações sobre a superfície de uma peça de policarbonato é: $\varepsilon_x = 0,0110$, $\varepsilon_y = -0,0079$ e $\gamma_{xy} = 0,0048$. Estime as tensões planares σ_x, σ_y e τ_{xy}; e também a deformação ε_z normal à superfície. (Considere aplicáveis as mesmas premissas do Problema. 5.14.)

5.16 O resultado da medição das deformações sobre a superfície de uma peça de aço baixa liga é: $\varepsilon_x = -2.100 \times 10^{-6}$, $\varepsilon_y = 1.150 \times 10^{-6}$ e $\gamma_{xy} = 750 \times 10^{-6}$. Estime as tensões planares σ_x, σ_y e τ_{xy}; e também a deformação ε_z normal à superfície. (Considere aplicáveis as mesmas premissas do Problema. 5.14.)

5.17 O resultado da medição das deformações sobre a superfície de uma peça de aço baixo carbono é: $\varepsilon_x = 190 \times 10^{-6}$, $\varepsilon_y = -760 \times 10^{-6}$ e $\gamma_{xy} = 300 \times 10^{-6}$. Estime as tensões planares σ_x, σ_y e τ_{xy}; e também a deformação ε_z normal à superfície. (Considere aplicáveis as mesmas premissas do Problema. 5.14.)

5.18 O resultado da medição das deformações sobre a superfície de uma peça de liga de titânio é: $\varepsilon_x = 3.800 \times 10^{-6}$, $\varepsilon_y = 160 \times 10^{-6}$ e $\gamma_{xy} = 720 \times 10^{-6}$. Estime as tensões planares σ_x, σ_y e τ_{xy}; e também a deformação ε_z normal à superfície. (Considere aplicáveis as mesmas premissas do Problema. 5.14.)

5.19 Uma chapa de metal é submetida às tensões $\sigma_x = 200$ e $\sigma_y = 300$ MPa. As deformações medidas, como resultado dessas tensões, foram $\varepsilon_x = 538 \times 10^{-6}$, $\varepsilon_y = 1.152 \times 10^{-6}$. Não ocorre escoamento na chapa, isto é, o comportamento é elástico. Estime o módulo de elasticidade, E, e o coeficiente de Poisson, ν, para o metal. Que tipo de metal é este?

5.20 Um vaso de pressão *esférico* de parede fina contém uma pressão p, possui um raio interno r e espessura de parede t. Ele é feito de material isotrópico que se comporta de maneira linear elástica. Determine cada um dos itens seguintes, em função da pressão, das dimensões geométricas e das constantes do material envolvido: (a) mudança de raio, Δr, e (b) mudança na espessura da parede, Δt.

5.21 Considere um vaso de pressão na forma de um tubo de parede fina com extremidades fechadas e espessura de parede t. O volume *enclausurado* pelo recipiente é determinado a partir do diâmetro interno D e comprimento L pela expressão: $V_e = \pi D^2 L/4$. A taxa de variação no volume enclausurado em relação ao volume original pode ser desenvolvida pela obtenção do diferencial dV_e e após a sua divisão por V_e, tem-se:

$$\frac{dV_e}{V_e} = 2\frac{dD}{D} + \frac{dL}{L}$$

Verifique essa expressão. Então, deduza uma equação para dV_e/V_e como uma função da pressão p no recipiente, das dimensões do reservatório e das constantes elásticas do material isotrópico do qual o vaso é constituído. Assume-se que L é grande em comparação com D, de modo que os detalhes do comportamento das extremidades não são importantes.

5.22 Considere um vaso de pressão *esférico* de paredes finas com diâmetro interno D e espessura da parede t. Deduza uma equação para a relação de dV_e/V_e, onde V_e é o volume enclausurado pelo vaso e dV_e é a mudança no V_e quando o recipiente é pressurizado. Exprima o resultado em função da pressão p no recipiente, das dimensões do reservatório e das constantes elásticas do material isotrópico do qual o vaso é constituído.

5.23 Um bloco de material isotrópico é carregado nas direções x e y, como mostrado na Figura P5.23. A razão entre os valores das duas tensões é constante, de modo que $\sigma_y = \lambda \cdot \sigma_x$.

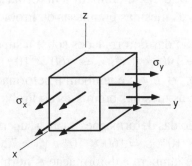

FIGURA P5.23

(a) Determine a rigidez na direção x, $E' = \sigma_x/\varepsilon_x$, descrita com uma função apenas de λ e das constantes elásticas, E e ν, do material.

(b) Compare este módulo aparente E' com a constante elástica E, como obtida de um teste uniaxial, e comente esta comparação. (Sugestão: suponha que $\nu = 0,3$ e considere valores λ de -1 e +1.)

5.24 Uma amostra de material isotrópico é submetida a um esforço de compressão σ_z ao mesmo tempo que está enclausurado, de forma que não pode se deformar nas direções x e y, como mostrado na Figura P5.24.

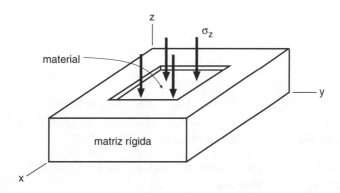

FIGURA P5.24

(a) Ocorrem tensões nas direções x e y? Se sim, obtenha as equações que descrevam σ_x e para σ_y e que sejam funções somente da tensão σ_z e da constante elástica ν, do material.

(b) Determine a rigidez, $E' = \sigma_z/\varepsilon_z$, na direção da tensão aplicada σ_z apenas em função das constantes elásticas E e ν do material. O valor de E' é igual ao módulo de elasticidade E, tal como obtido a partir de um teste uniaxial? Por que sim ou por que não?

(c) O que acontece se o coeficiente de Poisson para este material se aproximar de 0,5?

5.25 Um bloco de material isotrópico é carregado nas direções x e y, mas paredes rígidas impedem a sua deformação na direção z, como mostrado na Figura P5.25. A razão entre os valores das duas tensões é constante, de modo que $\sigma_y = \lambda \cdot \sigma_x$.

(a) Uma tensão se desenvolve na direção z? Em caso afirmativo, obtenha uma equação para σ_x como uma função de σ_x, λ e da constante elástica ν, do material.

(b) Determine a rigidez, $E' = \sigma_x/\varepsilon_x$, na direção x apenas em função de λ e das constantes elásticas E e ν do material.

(c) Compare este módulo aparente E' com a constante elástica E, como obtida a partir de um teste uniaxial. (Sugestão: assuma que $\nu = 0,3$ e considere valores λ de -1 e +1).

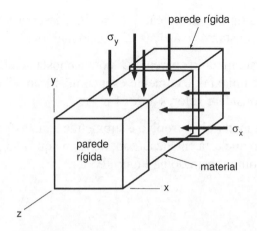

FIGURA P5.25

5.26 Considere a situação da Figura P5.24, na qual uma matriz rígida impede a deformação em ambas as direções x e y, porém com o material sendo policarbonato e uma tensão de compressão na direção z de 20 MPa.

(a) Determine as tensões nas direções x e y, a deformação na direção z e a deformação volumétrica.

(b) Avalie a relação entre tensão e deformação para a direção z, $E' = \sigma_z/\varepsilon_z$ e comente o valor obtido.

5.27 Um bloco de uma liga de titânio é confinada por uma matriz rígida conforme mostrado na Figura P5.24, de modo que não pode se deformar em ambas as direções x e y. Uma tensão de compressão é aplicada na direção z. Considere que não exista qualquer fricção ao longo das paredes e que nenhum escoamento ocorra no metal. Qual é o maior valor da tensão de compressão σ_z que pode ser aplicada sem que a deformação na direção z seja superior a 0,1% = 0,001?

5.28 Para a situação da Figura P5.25, considere que o material é latão (70% Cu, 30% Zn) e as tensões de compressão aplicadas nas direções x e y valem 60 e 100 MPa, respectivamente. Qual tensão se desenvolve na direção z e quais são as deformações nas direções x e y?

5.29 Para a situação da Figura P5.25, na qual uma matriz rígida impede a deformação na direção z, considere uma liga de alumínio e que tensões compressivas iguais à 100 MPa são aplicadas nas direções x e y.

(a) Determine a tensão na direção z, as deformações nas direções x e y e a deformação volumétrica.

(b) Avalie a relação entre tensão e deformação para a direção x, $E' = \sigma_x/\varepsilon_x$ e comente o valor obtido.

5.30 A Equação 5.41 é eventualmente empregada como base para uma comparação preliminar da resistência ao *choque térmico* de materiais cerâmicos pelo cálculo do máximo ΔT, que pode ocorrer sem que o material atinja a sua resistência máxima. O limite de resistência em compressão, σ_{uc}, aplica-se para aumentos da

Tabela P5.30		
Material	α, 10^{-6}/°C	v
MgO	13,5	0,18
Al$_2$O$_3$	8,0	0,22
ZrO$_2$	10,2	0,30
SiC	4,5	0,22
Si$_3$N$_4$	2,9	0,27
Fontes: Tabela 5.2 e [Gauthier 95] pp 103, 935, 961, 964 e 979.		

temperatura (choque térmico de aquecimento) e o limite de resistência a tração σ_{ut} aplica-se para uma diminuição da temperatura (choque térmico de resfriamento). Os coeficientes de expansão térmica, α, e o coeficiente de Poisson, v, para alguns dos materiais cerâmicos contidos na Tabela 3.10 estão listados na Tabela P5.30.

(a) Calcule $\Delta T_{máx}$ para cada cerâmica, tanto para o choque térmico de aquecimento quanto de resfriamento.

(b) Discuta resumidamente as tendências observadas. Inclua sua opinião e dê suporte lógico para justificar por que estes materiais podem ser a melhor escolha para as peças de motor de alta temperatura, tais como aletas de turbina a gás, onde ocorrem mudanças bruscas de temperatura.

5.31 Uma placa de uma liga de alumínio é submetida a tensões no plano de $\sigma_x = 80$, $\sigma_y = -30$, e $\tau_{xy} = 50$ MPa, com os demais componentes de tensão nulos. O coeficiente de expansão térmica para esta liga é de $23,6 \times 10^{-6}$ 1/°C.

(a) Determine todos os componentes não nulos de deformação, se a temperatura permanecer constante.

(b) Determine todos os componentes não nulos de deformação, se a temperatura diminuir 15 °C enquanto as tensões descritas estiverem presentes.

(c) Compare os valores das deformações em (a) e (b) e comente sobre as tendências de seus valores.

5.32 Uma placa de uma liga de magnésio é submetida a tensões no plano de $\sigma_x = 50$, $\sigma_y = 20$, e $\tau_{xy} = 30$MPa, com os demais componentes de tensão nulos. O coeficiente de expansão térmica para a liga é de 26×10^{-6} 1/°C. Proceda como no Problema 5.31 (a), (b) e (c), exceto que a mudança de temperatura para (b) é um aumento de 20 °C.

5.33 Para a situação do Exemplo 5.3 (e), considere a possibilidade de uma alteração de temperatura ΔT em adição à tensão $\sigma_z = -75$ MPa aplicada.

(a) Para um aumento da temperatura, qual seria a mudança qualitativa esperada no valor de σ_y; ele se tornaria maior ou menor? E se a temperatura fosse diminuída?

(b) Calcule a variação de temperatura que faria com que o bloco de liga de cobre ficasse à beira de perder o contato com as paredes na direção y. O coeficiente de expansão térmica para esta liga é $16,5 \times 10^{-6}$ 1/°C.

224 CAPÍTULO 5 Correlações e Comportamento entre Tensão e Deformação

Seção 5.4[3]

5.34 Nomeie dois materiais que se encaixam em cada uma das seguintes categorias: (a) isotrópico, (b) transversalmente isotrópico e (c) ortotrópico. Tente pensar em seus próprios exemplos em vez de usar os do texto.

5.35 Um material compósito é feito com uma matriz de liga de titânio e 35%, em volume, de fibras de SiC orientadas unidirecionalmente. Estime as constantes elásticas E_X, E_Y, G_{xy}, ν_{XY} e ν_{YX}.

5.36 Um material compósito deverá ser constituído através da incorporação de 40% em volume de fibras de vidro tipo "E", unidirecionalmente em uma matriz de epóxi.

   (a) Estime as propriedades do compósito E_X, E_Y, G_{xy}, ν_{XY} e ν_{YX}, em que X é a direção da fibra. As propriedades das fibras (reforço) e da matriz são apresentadas na Tabela 5.3 (a) e na nota abaixo dessa tabela.

   (b) Compare seus valores calculados com os dados apresentados na Tabela 5.3 (b) para um composto semelhante com 60% de fibras unidirecionais. As diferenças observadas são aquelas que você esperaria, qualitativamente, com a variação dos volumes de fibra?

5.37 Para o epóxi reforçado unidirecionalmente com 60% de fibras de vidro tipo "E" da Tabela 5.3, utilize as propriedades de reforço e da matriz, dadas na Tabela 5.3 (a) e na nota abaixo dessa tabela, para estimar as propriedades do compósito E_X, E_Y, G_{xy}, ν_{XY} e ν_{YX}. Quão boas são suas estimativas ao se comparar com os valores experimentais da Tabela 5.3 (b)? Pode sugerir razões para quaisquer discrepâncias?

5.38 Proceda como no problema anterior, mas considere fibras de Kevlar® 49.

5.39 Proceda como no problema anterior, mas considere fibras de carbono T-300.

5.40 Proceda como no problema anterior, mas considere fibras de carbono GY-70.

5.41 Para o caso do uso de fibras de vidro tipo "E" utilizadas para reforçar unidirecionalmente epóxi, empregue as propriedades do reforço e da matriz dadas na Tabela 5.3 (a) e na nota abaixo dessa tabela, para estimar E_X e E_Y por várias frações de volume de reforço, variando de zero a 100%. Trace curvas de E_X contra V_r e de E_Y contra V_r, no mesmo gráfico e comente as tendências observadas.

5.42 Uma chapa de epóxi reforçado unidirecionalmente com 60% de fibras de Kevlar® 49 tem as propriedades como indicadas na Tabela 5.3 (b), em que X é a direção das fibras. A chapa é submetida a tensões $\sigma_X = 160$, $\sigma_Y = 10$ e $\tau_{XY} = 20$ MPa. Determine as deformações planares ε_X, ε_Y e γ_{XY} resultantes.

5.43 Uma chapa de epóxi reforçado unidirecionalmente com 60% de fibras de vidro tipo "E" unidirecional tem propriedades como indicadas na Tabela 5.3 (b), onde X é a direção das fibras. Foram medidas deformações $\varepsilon_X = 0,0030$, $\varepsilon_Y = -0,0020$ e $\gamma_{XY} = 0,0025$. Estime as tensões aplicadas σ_X, σ_Y e τ_{XY}.

3As propriedades dos materiais para esses problemas podem ser encontradas nas Tabelas 5.2 e 5.3, incluindo a nota de rodapé dessa última.

5.44 Em um material compósito, uma matriz de resina epóxi é reforçada com fibras de carbono tipo GY-70. A percentagem volumétrica de fibras é de 70% e todas estão orientadas na mesma direção. Em uma chapa deste material, no plano X-Y onde as fibras estão orientadas na direção X, foram medidas deformações $\varepsilon_X = 0,0050$; $\varepsilon_Y = 0,0010$. Estime as tensões aplicadas σ_X, σ_Y. As propriedades do reforço e da matriz são dadas na Tabela 5.3 (a) e na nota abaixo dessa tabela.

5.45 Um compósito carbono-epóxi com 65% em volume de fibras unidirecionais foi submetido a duas experiências: (1) Uma tensão de 150 MPa foi aplicada paralelamente às fibras, como na Figura 5.15 (a). As deformações paralelas e transversais resultantes a esta direção de aplicação de tensão foram medidas a partir de extensômetros e foram obtidos $\varepsilon_X = 1.138 \times 10^{-6}$ e $\varepsilon_Y = -372 \times 10^{-6}$. (2) Uma tensão de 11,2 MPa foi aplicada transversalmente às fibras, como na Figura 5.15 (c). As deformações resultantes paralelas e transversais a esta direção de tensão também foram medidas com o uso de extensômetros e obteve-se $\varepsilon_Y = 1.165 \times 10^{-6}$ e $\varepsilon_X = -22 \times 10^{-6}$. No entanto, a precisão na medição do último valor de ε_X foi comprometida pelo valor muito pequeno de deformação envolvida.

   (a) Estime as constantes E_X, E_Y, ν_{XY} e ν_{YX} para este material compósito.

   (b) Se o módulo de elasticidade da matriz de epóxi é de aproximadamente 3,5GPa, estime o módulo de elasticidade das fibras de grafite.

5.46 Um material compósito deverá ser feito a partir de fibras de vidro tipo "E" embebidas numa matriz de plástico ABS, sendo que todas as fibras serão alinhadas na mesma direção. Para este compósito, o módulo elástico paralelo ao reforço deve ser de, pelo menos, 48 GPa e o módulo de elasticidade perpendicular ao reforço deve ser de, pelo menos, 5,0 GPa.

   (a) Qual será a fração volumétrica mínima de fibras que irá satisfazer ambos os requisitos?

   (b) Para o material compósito com a fração volumétrica calculada para as fibras em (a), estime o módulo elástico nas direções paralelas e perpendiculares, o módulo de cisalhamento e o maior e menor coeficiente de Poisson.

5.47 Um material compósito deverá ser feito a partir de fibras de carboneto de silício (SiC) embebidas numa matriz de uma liga de alumínio, sendo que todas as fibras serão alinhadas na mesma direção. Para tal compósito, o módulo elástico paralelo ao reforço deve ser de pelo menos 220 GPa e o módulo de elasticidade perpendicular ao reforço deve ser de pelo menos 100 GPa. Proceda como em (a) e (b) do Problema 5.46.

5.48 Um material compósito deverá ser feito a partir de arames de tungstênio alinhados numa única direção em uma matriz de liga de alumínio. O módulo elástico paralelo às fibras deve ser de pelo menos 225 GPa e o módulo de elasticidade perpendicular às fibras deve ser de pelo menos 100 GPa. Proceda como em (a) e (b) do Problema 5.46.

5.49 Um material compósito deverá ser feito a partir da incorporação de fibras de SiC unidirecionais numa matriz de liga de titânio. Para o compósito, o módulo de elasticidade na direção da fibra deve ser de pelo menos 250 GPa e o módulo

226 CAPÍTULO 5 Correlações e Comportamento entre Tensão e Deformação

de cisalhamento deve ser de pelo menos 60 GPa. Proceda como em (a) e (b) do Problema 5.46.

5.50 Necessita-se de um material compósito que tenha reforço por fibras ou por arames unidirecionalmente embutidos em uma matriz de metal. O módulo elástico paralelo ao reforço deve ser de pelo menos 170 GPa e o módulo de elasticidade perpendicular ao reforço deve ser de pelo menos 85 GPa.

(a) Se o material escolhido para a matriz for uma liga de magnésio e se a fração volumétrica de reforço for de 60%, qual será o módulo de elasticidade mínimo exigido para o material de reforço?

(b) Nomeie dois materiais que constam na Tabela 5.2 e podem ser candidatos razoáveis para o material de reforço.

CAPÍTULO

Revisão dos Estados de Tensão e Deformação Principais e Complexos

6

6.1 Introdução 227
6.2 Tensão plana 228
6.3 Tensões principais e máxima tensão de cisalhamento 239
6.4 Estados de tensão tridimensionais 246
6.5 Tensões em planos octaédricos 253
6.6 Estados complexos de deformação 255
6.7 Resumo 260

OBJETIVOS

- Desenvolver as equações necessárias, aplicáveis em tensão plana, para a transformação de eixos e aplicá-las na determinação das tensões principais normais e de cisalhamento. Incluir a representação gráfica pelo círculo de Mohr e estender esta análise aos casos gerais de tensão plana.

- Explorar estados tridimensionais de tensão, com ênfase nas tensões principais normais, nos eixos principais, tensões principais de cisalhamento e tensão máxima de cisalhamento.

- Revisar os estados complexos de deformação, aplicando-se o fato de que a matemática e os procedimentos de análise mecânica são análogos aos empregados para tensão.

6.1 INTRODUÇÃO

Os componentes de máquinas, os veículos e as estruturas são submetidos a carregamentos mecânicos, que podem incluir tração, compressão, flexão, torção, pressão ou uma combinação dessas. Como resultado, ocorrem estados complexos de tensão, normal e de cisalhamento, que variam em intensidade e direção com a localização no componente. O projetista tem de assegurar que o material do componente não irá falhar como resultado dessas tensões. Para alcançar este objetivo, devemos identificar os locais onde as tensões são mais intensas para que, em seguida, seja feita uma análise posterior, mais detalhada, das tensões nestas posições.

Em qualquer ponto num componente, em que haja interesse pelas tensões presentes, primeiro é necessário observar que a intensidade das tensões varia com a direção. Ao considerar todas as direções possíveis, podem ser obtidas a tensões mais severas, em um determinado local. As tensões envolvidas são chamadas de *tensões principais* e as orientações específicas em que atuam são os *eixos principais*. São de interesse tanto as tensões principais normais, quanto as tensões principais de cisalhamento. O principal objetivo deste capítulo é apresentar os procedimentos para determinar essas tensões principais e as suas direções.

O tratamento deste tópico começa com o relativamente simples caso da *tensão plana*, no qual as tensões que atuam sobre um plano ortogonal são nulas. Posteriormente estenderemos a discussão para o caso geral de estados tridimensionais de tensão e, em seguida, concluiremos o capítulo considerando estados de deformação. O grau de detalhamento é limitado pela necessidade de informações constantes em capítulos posteriores. Um detalhamento completo deste assunto pode ser encontrado em qualquer livro relativamente avançado da área da mecânica de materiais e assuntos similares, tal como Boresi (2003), Timoshenko (1970) e Ugural (2012).

O material apresentado neste capítulo é especialmente necessário no Capítulo 7, que emprega as tensões principais para analisar o efeito de estados complexos de tensão sobre o escoamento de materiais dúcteis e a fratura de materiais frágeis. Também é necessário para embasar outros capítulos posteriores neste livro, à medida que considerarmos temas como a fratura frágil de membros trincados, as falhas devido a cargas cíclicas, a deformação plástica de materiais e componentes e o comportamento dependente do tempo.

6.2 TENSÃO PLANA

A tensão plana é de interesse prático, já que esta ocorre em qualquer superfície livre (descarregada) e em localizações superficiais, submetidas a tensões mais severas, como na flexão de vigas e na torção de eixos cilíndricos.

Considere qualquer ponto em um corpo sólido e considere que um sistema de coordenadas x-y-z foi escolhido para esse ponto. O material neste ponto é, em geral, submetido a seis componentes de tensão, σ_x, σ_y, σ_z, τ_{xy}, τ_{yz} e τ_{zx}; tal como ocorre sobre o pequeno elemento de material ilustrado pelo cubo da Figura 6.1. Um estado plano de tensões surge quando os três componentes de tensão atuantes em um dos três pares de faces paralelas do elemento cúbico forem todos nulos. Considerando que o plano que não apresenta tensões seja o paralelo ao plano x-y, temos:

$$\sigma_z = \tau_{yz} = \tau_{zx} = 0 \tag{6.1}$$

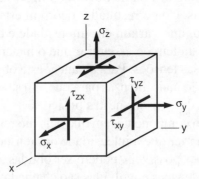

FIGURA 6.1 Os seis componentes necessários para descrever completamente o estado de tensão num ponto.

O equilíbrio de forças sobre o elemento da Figura 6.1 requer que a soma dos momentos seja zero tanto sobre o eixo x quanto eixo y, exigindo, por sua vez que os componentes do τ_{yz} e τ_{zx} agindo sobre os outros dois planos também devam ser nulos.

Assim, os componentes remanescentes são σ_x, σ_y e τ_{xy}, tal como ilustrado no elemento quadrado de material apresentado na Figura 6.2 (a). Note-se que o elemento quadrado é simplesmente o elemento cúbico visto por uma direção paralela ao eixo z. As direções positivas possuem a seguinte convenção de sinal: (1) Tensões normais de tração são positivas. (2) Tensões de cisalhamento são positivas se as setas dos componentes apontam nos mesmos sentidos positivos dos eixos coordenados x-y.

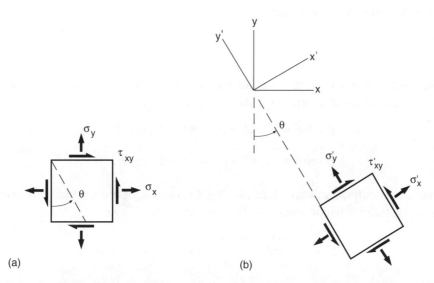

FIGURA 6.2 Os três componentes necessários para descrever um estado de tensão plana (a) e uma representação equivalente do mesmo estado de tensões para um sistema de coordenadas rotacionado (b).

6.2.1 Rotação dos Eixos Coordenados

O mesmo estado de tensão plana pode ser descrito em qualquer outro sistema de coordenadas, tal como x'-y', como ilustrado na Figura 6.2 (b). Esse sistema está relacionado ao original por um ângulo de rotação θ e os valores dos componentes de tensão alteram-se para σ'_x, σ'_y e τ'_{xy} no novo sistema de coordenadas. No entanto, é importante reconhecer que as novas quantidades não representam um novo estado de tensão, mas sim uma representação equivalente do original.

Podemos obter os valores dos componentes de tensão no novo sistema de coordenadas ao considerar o diagrama de corpo livre de uma parte do elemento, tal como indicado pela linha tracejada na Figura 6.2 (a). O diagrama de corpo livre resultante é mostrado na Figura 6.3. O equilíbrio de forças, tanto na direção x, quanto na y, fornece duas equações, que são suficientes para determinar os componentes normais e de cisalhamento desconhecidos σ e τ, sobre o plano inclinado. Primeiramente, as tensões devem ser multiplicadas pelas áreas desiguais dos lados do elemento triangular para obter as forças atuantes. Por conveniência, a hipotenusa é tomada como sendo de unidade de comprimento, já que a espessura é considerada como o elemento perpendicular ao diagrama.

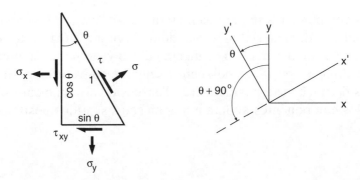

FIGURA 6.3 Tensões em um plano oblíquo.

O somatório das forças na direção x e depois na direção y oferece as seguintes equações, quando o somatório é igualado a zero:

$$\sigma\cos\theta - \tau\,\text{sen}\,\theta - \sigma_x \cos\theta - \tau_{xy}\,\text{sen}\,\theta = 0 \qquad (6.2)$$

$$\sigma\,\text{sen}\,\theta + \tau\cos\theta - \sigma_y\,\text{sen}\,\theta - \tau_{xy}\cos\theta = 0 \qquad (6.3)$$

Resolvendo as equações, considerando σ e τ como incógnitas e também invocando algumas identidades trigonométricas básicas, tem-se:

$$\sigma = \frac{\sigma_x + \sigma_y}{2} + \frac{\sigma_x - \sigma_y}{2}\cos 2\theta + \tau_{xy}\sin 2\theta \qquad (6.4)$$

$$\tau = -\frac{\sigma_x - \sigma_y}{2}\sin 2\theta + \tau_{xy}\cos 2\theta \qquad (6.5)$$

Desta forma, podemos obter o estado de tensões desejado no novo sistema de coordenadas. As equações 6.4 e 6.5 dão σ'_x e τ'_{xy} diretamente e a substituição de $\theta + 90°$ dá σ'_y. Note que θ é positivo no sentido anti-horário (AH), já que esta era a direção tomada como positiva no desenvolvimento dessas equações. O processo para determinar a representação equivalente de um estado de tensões em um novo sistema de coordenadas é chamado de *transformação de eixos*, de modo que as equações anteriores são chamadas as *equações de transformação*.

6.2.2 Tensões Principais

As equações recém-desenvolvidas descrevem a variação de σ e τ com as diferentes direções no material, com o ângulo θ descrevendo esta nova direção relativamente em relação ao sistema de coordenadas x-y, originalmente empregado. Os valores máximos e mínimos de σ e τ são de especial interesse e podem ser obtidos através da análise da variação com θ.

Tomando a derivada $d\sigma/d\theta$ da Equação 6.4 e igualando o resultado a zero obtêm-se a rotação dos eixos coordenados para os valores máximos e mínimos de σ:

$$\tan 2\theta_n = \frac{2\tau_{xy}}{\sigma_x - \sigma_y} \qquad (6.6)$$

Dois ângulos θ_n separados a 90° satisfazem essa relação. As tensões normais máximas e mínimas correspondentes, descritas a partir da Equação 6.4, chamadas *tensões principais normais*, são:

$$\sigma_1, \sigma_2 = \frac{\sigma_x + \sigma_y}{2} \pm \sqrt{\left(\frac{\sigma_x + \sigma_y}{2}\right)^2 + \tau_{xy}^2} \tag{6.7}$$

Além disso, a tensão de corte encontrada na orientação θ_n é nula. A representação equivalente, resultante do estado de tensões original, está ilustrada pela Figura 6.4 (b).

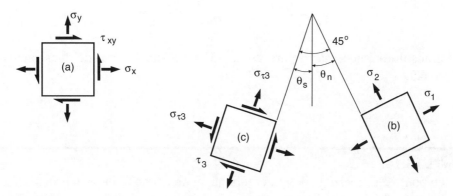

FIGURA 6.4 Um estado de tensão plana (a) e o sistema especial de coordenadas que contêm as tensões principais normais (b) e a tensão de cisalhamento principal (c).

Como observado, a tensão de cisalhamento é zero nos planos em que ocorrem as tensões principais normais. O inverso também é verdadeiro: se a tensão de cisalhamento é zero, então as tensões normais são as principais tensões normais.

Da mesma forma, a Equação 6.5 e $d\tau/d\theta = 0$ dão a rotação eixos de coordenadas para obter a tensão máxima de cisalhamento:

$$\tan 2\theta_s = -\frac{\sigma_x - \sigma_y}{2\tau_{xy}} \tag{6.8}$$

A tensão de cisalhamento correspondente da Equação 6.5 é

$$\tau_3 = \sqrt{\left(\frac{\sigma_x - \sigma_y}{2}\right)^2 + \tau_{xy}^2} \tag{6.9}$$

Esta é a máxima tensão de cisalhamento no plano *x-y*, que é chamada de *tensão de cisalhamento principal*. Além disso, os dois planos ortogonais, nos quais essa tensão de cisalhamento ocorre, apresentam os mesmos valores de tensão normal:

$$\sigma_{\tau 3} = -\frac{\sigma_x + \sigma_y}{2} \tag{6.10}$$

232 CAPÍTULO 6 Revisão dos Estados de Tensão e Deformação Principais e Complexos

em que o subscrito especial para σ indica que esta é a tensão normal que acompanha τ_3. Esta segunda representação, equivalente ao estado original de tensão, está ilustrada pela Figura 6.4 (c).

As Equações 6.6 e 6.8 indicam que $2\theta_n$ e $2\theta_s$ diferem por 90°. Assim, se considerarmos que tanto $2\theta_n$ quanto $2\theta_s$ estão limitados ao intervalo ±90°, então um destes deve ser negativo, isto é, no sentido horário (H), e podemos escrever:

$$\theta_n - \theta_s| = 45° \tag{6.11}$$

Adicionalmente, τ_3 e a tensão normal acompanhante, $\sigma_{\tau 3}$, podem ser expressas em termos das tensões principais normais σ_1 e σ_2 substituindo as Equações 6.9 e 6.10 nas duas relações representadas pela Equação 6.7. Ao resolver as equações, temos:

$$\tau_3 = -\frac{|\sigma_1 - \sigma_2|}{2}, \quad \sigma_{\tau 3} = -\frac{\sigma_1 + \sigma_2}{2} \tag{6.12}$$

O valor absoluto é necessário para τ_3, devido ao fornecimento de duas raízes pela Equação 6.9.

EXEMPLO 6.1

Em um ponto da superfície de um componente de engenharia, as tensões determinadas em referência a um sistema de coordenadas conveniente, localizado no plano desta superfície, são $\sigma_x = 95$, $\sigma_x = 25$, e $\tau_{xy} = 20$ MPa. Determine as tensões principais normais e de cisalhamento e as rotações necessárias do seu sistema de coordenadas para obter os valores das tensões principais. Também determine a tensão normal máxima e a tensão máxima de cisalhamento.

Solução

A substituição dos valores dados na Equação 6.6 dá o ângulo de rotação dos eixos coordenados para obter as tensões principais normais:

$$\tan 2\theta_n = \frac{2\tau_{xy}}{\sigma_x - \sigma_y} = \frac{4}{7}, \theta_n = 14,9° \quad \text{(CCW)} \qquad \textbf{(Resposta)}$$

A substituição na Equação 6.7 permite obter as tensões principais normais:

$$\sigma_1, \sigma_2 = \frac{\sigma_x + \sigma_y}{2} \pm \sqrt{\left(\frac{\sigma_x - \sigma_y}{2}\right)^2 + \tau_{xy}^2} \qquad \textbf{(Resposta)}$$

$$\sigma_1, \sigma_2 = 60 \pm 40,3 = 100,3; \ 19,7 \ \text{MPa}$$

Os correspondentes planos e estados de tensão estão apresentados na Figura E6.1 (b). Note que a direção para a maior das duas tensões principais normais é escolhida de modo que seja mais próxima com a direção do maior valor entre as tensões σ_x e σ_y originais.

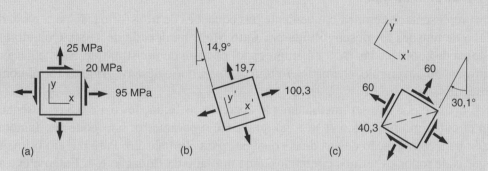

FIGURA E6.1 Exemplo de um estado de tensões (a) e suas representações equivalentes que contêm as tensões principais normais (b) e a tensão principal de cisalhamento (c).

Alternativamente, poderia ser empregado um procedimento mais rigoroso ao se utilizar $\theta = \theta_n = 14,9°$ na Equação 6.4, o que dá $\sigma = \sigma'_x = \sigma_1 = 100,3$ MPa. Com o uso do ângulo $\theta = \theta_n + 90° = 104,9°$ na Equação 6.4, temos a tensão normal na outra direção ortogonal, $\sigma = \sigma'_y = \sigma_2 = 19,7$ MPa. O valor zero de τ, em $\theta = \theta_n$, também pode ser verificado usando a Equação 6.5.

Para a representação equivalente do sistema x'-y' no qual ocorre a máxima tensão de cisalhamento, a Equação 6.8 fica:

$$\tan 2\theta_s = -\frac{\sigma_x - \sigma_y}{2\tau_{xy}} = -\frac{7}{4}, \quad \theta_s = -30,1° = 30,1° \text{ (H +)} \quad \textbf{(Resposta)}$$

As tensões para esta rotação do sistema de coordenadas podem ser obtidas a partir de σ_1 e σ_2, como calculado anteriormente, a partir da Equação 6.12:

$$\tau_3 = \frac{|\sigma_1 - \sigma_2|}{2} = \pm 40,3 \text{ MPa} \quad \sigma_{\tau 3} = \frac{\sigma_1 + \sigma_2}{2} = 60 \text{ MPa} \quad \textbf{(Resposta)}$$

A Figura E6.1 (c) representa o sistema de coordenadas onde ocorre a máxima tensão de cisalhamento. A incerteza quanto ao sinal da tensão de cisalhamento pode ser determinada pela direção da diagonal de corte (linha tracejada): se estiver alinhada na direção de σ_1, o sinal é positivo; se estiver alinhada para σ_2, o sinal é negativo. Alternativamente, um processo mais rigoroso é usar o ângulo $\theta = \theta_s = -30,1°$ na Equação 6.5, o que dá $\tau_3 = 40,3$ MPa. O sinal positivo neste componente indica que a tensão de cisalhamento é positiva no novo sistema de coordenadas x'-y'.

Como em qualquer caso de estado plano de tensões, o maior valor de σ_1 e σ_2 é a tensão normal máxima que poderia ocorrer neste ponto do material, de modo que $\sigma_{máx} = 100,3$ MPa (**Resp.**). No entanto, não podemos determinar $\tau_{máx}$ a partir do que foi apresentado até agora. Note que a tensão de cisalhamento principal τ_3 é somente a maior tensão de cisalhamento para qualquer rotação no plano x-y, e a verdadeira tensão máxima de cisalhamento pode estar em planos que ainda não foram considerados (Seção 6.3.2 e Exemplo 6.4).

6.2.3 Círculo de Mohr

Uma representação gráfica conveniente das equações de transformação para o estado plano de tensões foi desenvolvida por Otto Mohr na década de 1880. Quando um sistema de coordenadas $\sigma \times \tau$ é empregado, pode-se demonstrar que essas equações representam um círculo, chamado *círculo de Mohr*, que é desenvolvido da forma como se segue.

Embora possa não ser imediatamente aparente, as Equações 6.4 e 6.5 representam um círculo em um gráfico $\sigma \times \tau$, no qual 2θ é o parâmetro. Isto pode ser demonstrado pela combinação destas duas equações para eliminar 2θ. Para tal, em primeiro lugar isole todos os termos contendo 2θ de um lado da Equação 6.4. Então eleve ao quadrado ambos os lados da Equação 6.4 e 6.5, some o resultado e invoque funções trigonométricas simples para eliminar 2θ, obtendo:

$$\left(\sigma - \frac{\sigma_x + \sigma_y}{2}\right)^2 + \tau^2 = \left(\frac{\sigma_x + \sigma_y}{2}\right)^2 + \tau_{xy}^2 \tag{6.13}$$

Esta equação é da forma:

$$(\sigma - a)^2 + (\tau - b)^2 = r^2 \tag{6.14}$$

que é a equação de um círculo em um sistema de coordenadas $\sigma \times \tau$ com centro nas coordenadas (a, b) e raio r, onde:

$$a = \frac{\sigma_x + \sigma_y}{2}, \quad b = 0, \quad r = \sqrt{\left(\frac{\sigma_x - \sigma_y}{2}\right)^2 + \tau_{xy}^2} \tag{6.15}$$

Comparando com as Equações 6.9 e 6.10, revela-se que:

$$a = \sigma_{\tau 3}, \quad r = \tau_3 \tag{6.16}$$

Um círculo de Mohr genérico está ilustrado na Figura 6.5. O centro é visto como estando localizado a uma distância $\sigma_{\tau 3}$ desde a origem, ao longo do eixo horizontal σ, sendo que $\sigma_{\tau 3}$ é simplesmente a média entre as duas tensões normais, σ_x e σ_y. É

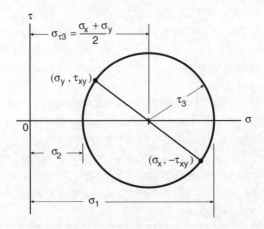

FIGURA 6.5 Círculo Mohr e tensões principais correspondentes a um dado estado de tensão plana (σ_x, σ_y e τ_{xy}).

evidente que o raio, τ_3, é de fato a tensão máxima de cisalhamento no plano x-y. Além disso, as tensões máximas e mínimas normais ocorrem ao longo do eixo σ e são dadas por:

$$\sigma_1, \sigma_2 = a \pm r = \frac{\sigma_x + \sigma_y}{2}, \pm \tau_3 \qquad (6.17)$$

Considerando a Equação 6.9, a Equação 6.17 torna-se equivalente à Equação 6.7.

No uso do círculo de Mohr, as dificuldades com os sinais das tensões cisalhantes podem ser evitadas mediante a adoção da convenção mostrada na Figura 6.6. O estado de tensão de corte completo é considerado com composto de duas partes, como mostradas. A porção que provoca uma rotação no sentido de giro dos ponteiros do relógio (H) é considerada positiva e a porção que provoca a rotação anti-horária (AH) é considerada negativa. Para tensões normais, a tração é positiva e a compressão é negativa[1].

Se isto for feito, as duas extremidades de um diâmetro do círculo podem ser empregadas para representar as tensões sobre planos ortogonais do material. Isto é ilustrado por um diâmetro "A" na Figura 6.6. Note que as tensões normais e de cisalhamento, que ocorrem em conjunto sobre um plano ortogonal, fornecem as coordenadas do ponto de uma das extremidades do diâmetro, e as tensões para o outro plano dão a extremidade oposta.

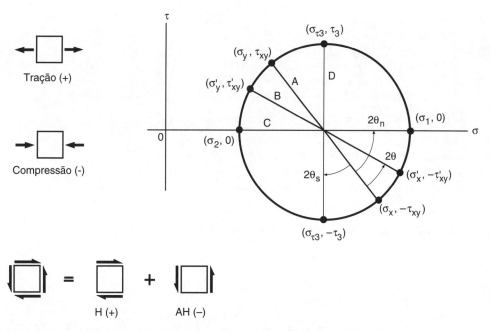

FIGURA 6.6 Convenção de sinal e diâmetros de especial interesse em um círculo de Mohr.

---

[1] Pela convenção de sinais utilizada para Figura 6.3 e nas equações associadas, uma tensão de cisalhamento nos planos σ_x causando rotação anti-horária é positiva. Assim, a convenção de sinal sugerida para o círculo de Mohr inverte o sinal para τ_{xy} nos planos σ_x, enquanto deixa o sinal inalterado para $\tau_{\xi y}$ nos planos σ_y. Existem outras opções válidas para lidar com estes sinais, conforme descritas em vários livros sobre mecânica de materiais.

A rotação deste diâmetro por um ângulo 2θ no círculo dá o estado de tensão de uma coordenada de rotação do eixo θ na mesma direção no material. Isto é ilustrado pelo diâmetro "B" na Figura 6.6, o que corresponde à situação da Figura 6.2 (b). Se o diâmetro é rotacionado por um ângulo $2\theta_n$ até se tornar horizontal, serão obtidas as tensões normais principais. Além disso, se o diâmetro é rodado por um ângulo $2\theta_s$, até que se torne vertical, o estado de tensão obtido conterá a tensão principal cisalhante. Estas opções especiais de eixos coordenados estão ilustradas pelos diâmetros "C" e "D" na Figura 6.6 e que correspondem às situações (b) e (c) na Figura 6.4, respectivamente.

EXEMPLO 6.2
Repita o Exemplo 6.1, empregando o círculo de Mohr. Lembre-se de que o estado original de tensões é $\sigma_x = 95$, $\sigma_x = 25$, e $\tau_{xy} = 20$ MPa.

Solução
O círculo é obtido traçando dois pontos que recaiam nas extremidades opostas de um diâmetro, como mostrado na Figura E6.2.

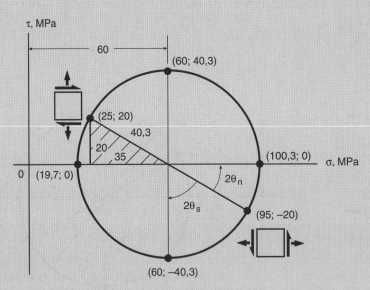

FIGURA E6.2 Círculo de Mohr correspondente ao estado de tensão da Figura E6.1.

$$(\sigma, \tau) = (\sigma_x, -\tau_{xy}) = (95, -20) \text{ MPa}$$

$$(\sigma, \tau) = (\sigma_y, -\tau_{xy}) = (25, 20) \text{ MPa}$$

Um sinal negativo é aplicado a τ_{xy} para o ponto associado à σ_x, porque as setas de cisalhamento sobre os mesmos planos de σ_x tendem a causar uma rotação anti-horária.

Da mesma forma, um sinal positivo é utilizado para τ_{xy} quando associado à σ_y, devido à rotação induzida no sentido horário. O centro do círculo deve situar-se no eixo σ, em um ponto a meio caminho entre σ_x e σ_y:

$$(\sigma, \tau)_{centro} = \left(\frac{\sigma_x + \sigma_y}{2}, 0 \right) = (60)\,\text{MPa}$$

A partir dos pontos de coordenadas anteriores é possível desenhar um triângulo retângulo, que está mostrado hachurado na Figura E.62, tem uma base de 35 e altura de 20 MPa. A hipotenusa é o raio do círculo, que é também a tensão principal cisalhante:

$$\tau_3 = \sqrt{35^2 + 20^2} = 40,3 \text{ MPa} \qquad \textbf{(Resposta)}$$

O ângulo com o eixo σ pode ser determinado como:

$$\tan 2\theta_n = \frac{20}{35}; \quad 2\theta_n = 29,74° \quad \text{(CCW)} \qquad \textbf{(Resposta)}$$

Uma rotação do diâmetro do círculo no sentido anti-horário deste ângulo $2\theta_n$ dá o diâmetro horizontal, que corresponde às tensões normais principais. Os seus valores são obtidos a partir da localização do centro e do raio do círculo:

$$\sigma_1 = \frac{\sigma_x + \sigma_y}{2} + \tau_3 = 60 + 40,3 = 100,3\,\text{MPa} \qquad \textbf{(Resposta)}$$

$$\sigma_2 = \frac{\sigma_x + \sigma_y}{2} - \tau_3 = 60 - 40,3 = 19,7\,\text{MPa} \qquad \textbf{(Resposta)}$$

O estado de tensão resultante é o mesmo que anteriormente foi ilustrado na Figura E6.1 (b). Note que a rotação anti-horária $2\theta_n$ no círculo corresponde a uma rotação de $\theta_n = 14,9°$ na mesma direção no material.

O diâmetro correspondente ao estado original de tensão deve ser girado no sentido horário para obter a representação que contenha a tensão principal de cisalhamento no ângulo $2\theta_s$. Uma vez que este eixo está a $90°$ do ângulo $2\theta_n$, então temos:

$$2\theta_s = 90° - 2\theta_n = 60,26° \quad \text{(H)} \qquad \textbf{(Resposta)}$$

de modo que $\theta_s = 30,°$ no sentido horário. As coordenadas das extremidades deste diâmetro vertical dão o mesmo estado de tensão com τ_3 como previamente mostrado na Figura E6.1 (c).

Como já observado no Exemplo 6.1, temos $\sigma_{máx} = 100,3$ MPa **(Resposta)**, mas não podemos determinar $\tau_{máx}$ neste ponto.

6.2.4 Estado Plano de Tensões Generalizado

Considere um estado de tensão no qual dois componentes de tensão cisalhante são iguais a zero, tais como $\tau_{yz} = \tau_{zx} = 0$. Tal situação está representada tridimensionalmente na Figura 6.7 (a). Ela também pode ser ilustrada por um diagrama no plano x-y, no qual a direção z é normal ao plano do papel, como mostrado em (b). O diagrama de corpo livre de uma porção desta unidade cúbica é mostrado em (c). Este diagrama é semelhante ao utilizado anteriormente para o estado plano de tensões – mostrado na Figura 6.3. A única diferença é a presença de σ_z. As equações de equilíbrio no plano x-y são as mesmas que antes.

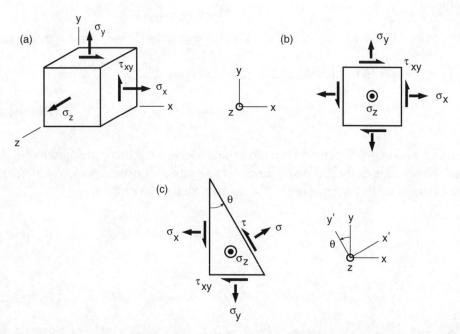

FIGURA 6.7 Estado plano de tensões generalizado no qual dois componentes de tensão de cisalhamento são nulos.

Por isso, todas as equações anteriormente desenvolvidas para o plano x-y também são aplicáveis a este caso. Isto inclui as equações para as tensões principais normais no plano x-y, σ_1 e σ_2, e também aquelas para a tensão principal de cisalhamento, τ_3, e da tensão normal acompanhante, $\sigma_{\tau 3}$. Os valores de σ_z permanecem inalterados para todas as possíveis rotações dos eixos de coordenadas no plano x-y. Ademais, uma vez que o círculo de Mohr também foi derivado das mesmas equações de equilíbrio, ele também pode ser utilizado para o plano x-y.

Uma vez que esta categoria de estado de tensão está intimamente relacionada à tensão plana, vamos chamá-la de *estado plano de tensões generalizado*. Tal estado de tensões ocorre, por exemplo, em um tubo de paredes espessas com extremidades fechadas carregadas por pressão interna e por torção, como ilustrado na Figura A.6 (a), no Apêndice A. Note que, para o sistema de coordenadas r-t-x mostrado, dois componentes de cisalhamento são nulos, com o único componente de cisalhamento diferente de zero sendo τ_{tx}. A três tensões normais (σ_r, σ_t e σ_x) geralmente têm valores diferentes de zero. (A única exceção é que $\sigma_r = 0$ em $R = r_2$.)

Como será evidente a partir da discussão de estados tridimensionais de tensão, que ocorrerá mais adiante neste capítulo, há sempre três tensões principais normais, σ_1, σ_2 e σ_3. Para o estado plano de tensões generalizado, com $\tau_{yz} = \tau_{zx} = 0$, obtemos σ_1 e σ_2, tanto da Equação 6.7 quanto do círculo de Mohr; já o terceiro componente normal de tensões torna-se $\sigma_3 = \sigma_z$. Além disso, desde que o estado plano ordinário seja simplesmente um caso especial do estado plano de tensões generalizado no qual $\sigma_z = 0$, a terceira tensão principal normal neste caso é simplesmente $\sigma_3 = \sigma_z = 0$.

6.3 TENSÕES PRINCIPAIS E MÁXIMA TENSÃO DE CISALHAMENTO

Considere um estado qualquer de tensão, em um sistema de coordenadas *x-y-z*, como mostrado na Figura 6.1. Há, em todos os casos, uma representação equivalente em um novo sistema de *eixos principais*, 1-2-3, onde não há tensões de cisalhamento presentes, como ilustrado pela Figura 6.8 (a). As três tensões normais para o sistema 1-2-3 coordenar são as *tensões principais normais*, σ_1, σ_2 e σ_3. Destas, uma é a tensão máxima normal atuando em um plano, outra é a tensão mínima normal, atuando em outro plano ortogonal e o componente restante apresenta um valor intermediário.

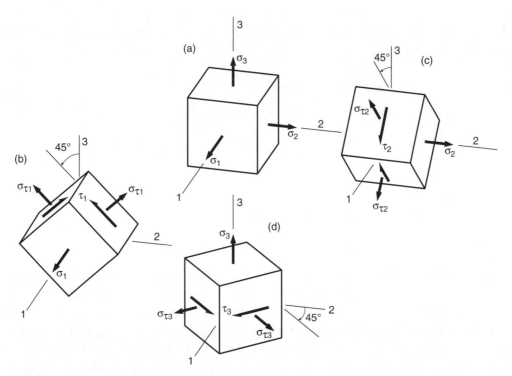

FIGURA 6.8 Tensões principais normais e eixos principais (a) e as tensões cisalhantes principais (b), (c), (d). Em (b), a rotação da representação cúbica a 45° em torno do eixo de σ_1 dá os planos de atuação de τ_1. Rotação semelhante sobre σ_2 dá os planos para τ_2 (c) e sobre σ_3 os planos para τ_3 (d).

240 CAPÍTULO 6 Revisão dos Estados de Tensão e Deformação Principais e Complexos

Para o estado plano em *x-y* ou estado plano de tensões generalizado, os valores de σ_1, σ_2 e suas direções podem ser encontrados, como descrito na seção anterior deste capítulo, pelo uso das Equações 6.6 e 6.7. Na Figura 6.4, as direções de σ_1 e σ_2 são os eixos de 1-2. Essas direções são determinadas por uma rotação de θ_n nos eixos *x-y* originais. Além disso, o eixo 3 é o eixo *z*, com $\sigma_3 = \sigma_z$.

No entanto, para o caso tridimensional geral, os eixos 1-2-3 são direções únicas e específicas que podem ser diferentes das direções *x-y-z* originais. O procedimento geral para encontrar σ_1, σ_2, σ_3 e os correspondentes eixos 1-2-3 será considerado na próxima seção deste capítulo. No entanto, antes de prosseguir com este tema um tanto avançado, é útil considerar as tensões principais de cisalhamento e a máxima tensão de cisalhamento, e também rever o estado plano de tensões.

6.3.1 Tensões Principais de Cisalhamento e Máxima Tensão de Cisalhamento

Na Figura 6.8 (a), se um estado de tensões equivalente é obtido através da rotação a 45° em torno de qualquer dos eixos principais (1, 2, ou 3), encontra-se uma tensão de cisalhamento que é a maior para qualquer outra rotação em torno do eixo considerado. As três tensões de cisalhamento que resultam desta operação são chamadas *tensões principais de cisalhamento*, τ_1, τ_2 e τ_3. Cada componente cisalhante é acompanhado por uma tensão normal, respectivamente $\sigma_{\tau 1}$, $\sigma_{\tau 2}$ e $\sigma_{\tau 3}$, que são as mesmas nos dois planos de corte. Para os planos que contêm cada par de eixos principais, 1-2, 2-3 e 3-1, temos um estado plano de tensões generalizado, de modo que relações semelhantes às Equações 6.12 aplicam-se para cada rotação a 45°. Assim, as três tensões cisalhantes principais, e as tensões normais anexas, são dadas por:

$$\tau_1 = \frac{|\sigma_2 - \sigma_3|}{2}, \tau_2 = \frac{|\sigma_1 - \sigma_3|}{2}, \tau_3 = \frac{|\sigma_1 - \sigma_2|}{2} \tag{6.18}$$

$$\sigma_{\tau 1} = \frac{|\sigma_2 + \sigma_3|}{2}, \sigma_{\tau 2} = \frac{|\sigma_1 - \sigma_3|}{2}, \sigma_{\tau 3} = \frac{|\sigma_1 + \sigma_2|}{2} \tag{6.19}$$

A tensão máxima de cisalhamento para qualquer plano no material é a maior das três principais tensões de cisalhamento:

$$\tau_{máx} = MÁX\,(\tau_1, \tau_2, \tau_3) \tag{6.20}$$

Os círculos de Mohr podem ser desenhados para cada rotação em relação a cada um dos eixos principais, conforme a Figura 6.8. Os três círculos resultantes são mostrados na Figura 6.9. Dois desses círculos estão dentro do maior e cada um é tangente aos outros dois ao longo do eixo σ. Os raios desses círculos representam as tensões de cisalhamento principais, τ_1, τ_2 e τ_3, e os centros estão localizados ao longo do eixo σ, nos pontos indicados pelos três valores de $\sigma_{\tau i}$. Além disso, cada plano, onde ocorre cada uma das tensões de cisalhamento principais, é obtido a partir de uma rotação a 45° dos planos correspondentes da tensão principal normal, o que é consistente com a discussão anterior e com a Figura 6.8.

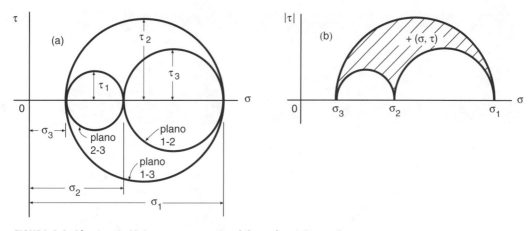

FIGURA 6.9 Círculos de Mohr para um estado tridimensional de tensões.

EXEMPLO 6.3
Para o seguinte estado de tensões, determine as tensões principais normais, os eixos principais e as tensões principais de cisalhamento:

$$\sigma_x = 100, \quad \sigma_y = -60, \quad \sigma_z = 40 \, \text{MPa}$$

$$\tau_{xy} = 80, \quad \tau_{yz} = \tau_{zx} = 0 \, \text{MPa}$$

Determine também a tensão normal máxima e a máxima tensão de cisalhamento.

Solução

Uma vez que existe apenas uma componente não nula de tensão cisalhante, nós temos então um estado de tensões plano generalizado, de forma que a tensão normal ao plano da tensão de corte não nula é uma das tensões principais normais, ou seja:

$$\sigma_3 = \sigma_z = 40 \, \text{MPa} \quad \quad \textbf{(Resposta)}$$

Desta forma, o círculo de Mohr pode ser empregado para o plano x-y da mesma maneira que para um problema bidimensional. As duas extremidades de um de seus diâmetros são dadas pelas coordenadas:

$$(\sigma_x - \tau_{xy}) = (100, -80), \quad (\sigma_y, \tau_{xy}) = (-60, 80) \, \text{MPa}$$

O círculo resultante está na Figura E6.3 (a).

Análise geométrica simples, como no Exemplo 6.2, é necessária para localizar as extremidades do diâmetro horizontal. Particularmente, o centro do círculo está situado em um valor de σ:

$$a = \frac{\sigma_x + \sigma_y}{2} = \frac{100 - 60}{2} = 20 \, \text{MPa}$$

A partir do triângulo transversal hachurado da Figura E6.3, o raio do círculo é:

$$r = \sqrt{80^2 + 80^2} = 113{,}1 \, \text{MPa}$$

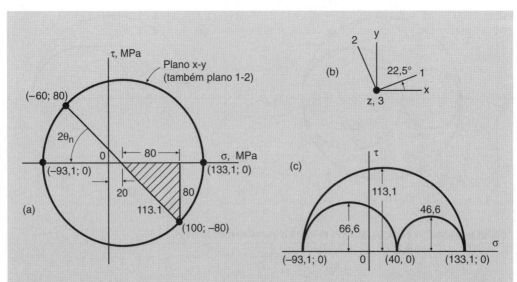

FIGURA E6.3 Círculo de Mohr, eixos principais e tensões principais para o estado tridimensional de tensões exemplificado.

Que oferece as duas tensões principais remanescentes:

$$\sigma_1, \sigma_2 = a \pm r = 133{,}1; -93{,}1 \text{ MPa} \quad \textbf{(Resposta)}$$

A partir da Figura E6.3 (a), as direções para estas tensões são dadas por uma rotação θ_n em relação ao eixo x-y original:

$$\tan 2\theta_n = 80/80 = 1; \quad 2\theta_n = 45°; \quad \theta_n = 22{,}5° \text{ (AH)}$$

Essa rotação dá os eixos principais 1-2. Uma vez que o terceiro eixo principal (3) para a tensão σ_3 é coincidente com σ_z, os eixos principais 1-2-3 são tais como mostrado na Figura E6.3 (b).

A tensão normal máxima é o maior valor de σ_1, σ_2 e σ_3 de modo que $\sigma_{máx} = 133{,}1$ MPa **(Resposta)**.

Os pontos (σ_1, 0), (σ_2, 0) e (σ_3, 0) agora fixam os círculos para os três planos principais, como mostrado na Figura E6.5 (c). Os raios desses círculos são as tensões principais cisalhantes:

$$\tau_1 = \frac{|\sigma_2 - \sigma_3|}{2} = \frac{|-93{,}1 - 40|}{2} = 66{,}6 \text{ MPa} \quad \textbf{(Resposta)}$$

$$\tau_2 = \frac{|\sigma_1 - \sigma_3|}{2} = \frac{|133{,}1 - 40|}{2} = 46{,}6 \text{ MPa} \quad \textbf{(Resposta)}$$

$$\tau_3 = \frac{|\sigma_1 - \sigma_2|}{2} = \frac{|133{,}1 - (-93{,}1)|}{2} = 113{,}1 \text{ MPaw} \quad \textbf{(Resposta)}$$

O maior destes valores é $\tau_{máx} = 113{,}1$ MPa. **(Resposta)**

> **Comentários**
> As principais tensões normais e as direções poderiam ter sido determinadas a partir das Equações 6.6 e 6.7 em vez de usarmos o círculo de Mohr. Se desejado, os três círculos podem então ser ainda representados graficamente a partir dos valores de σ_1, σ_2 e σ_3, com meios círculos como em (c), sendo esta representação suficiente para permitir a visualização de τ_1, τ_2 e τ_3.

6.3.2 Estado Plano Revisado

Considere um estado plano de tensões aplicado no plano x-y, de modo que $\sigma_z = \tau_{yz} = \tau_{zx} = 0$. Se as tensões principais normais no plano x-y são σ_1 e σ_2, então a terceira tensão principal normal, σ_3, é nula. Mesmo nesta situação, as tensões de cisalhamento estão geralmente presentes em todos os principais planos de cisalhamento da Figura 6.8. A partir da Equação 6.18, para o caso de $\sigma_z = \sigma_3 = 0$, as tensões de corte principais são:

$$\tau_1 = \frac{|\sigma_2 - \sigma_3|}{2} = \frac{|\sigma_2|}{2}, \quad \tau_2 = \frac{|\sigma_1 - \sigma_3|}{2} = \frac{|\sigma_1|}{2}, \quad \tau_3 = \frac{|\sigma_1 - \sigma_2|}{2} \qquad (6.21)$$

Assim, em certo sentido, não existe realmente um estado de tensão plana, já que ocorrem outras tensões em planos associados a eixos coordenados diferentes ao plano x-y originalmente considerado como estado plano. Além disso, é perigoso focar a atenção apenas no plano x-y, pois uma das tensões principais de cisalhamento τ_1, τ_2 ou τ_3 pode ser maior do que o componente cisalhante obtido a partir de análise das tensões no plano x-y pela Equação 6.9. De fato, a Equação 6.21 mostra que isto ocorre sempre que as duas tensões principais normais no plano x-y forem de mesmo sinal.

Os círculos de Mohr ilustram melhor esta situação, como mostrado na Figura 6.10. Os círculos são definidos pelos pontos σ_1, σ_2 e σ_3 distribuídos ao longo do eixo σ, dos quais um deles é $\sigma_z = 0$. Desta forma, dois dos círculos devem passar pela origem. Se as tensões principais normais no plano x-y são de sinal oposto, como mostrado na Figura 6.10 (a), então o círculo para o plano x-y é o maior e τ_3 para o plano x-y é a tensão máxima de cisalhamento para todas as escolhas possíveis dos eixos de coordenadas ($\tau_3 = \tau_{máx}$). No entanto, se as tensões principais normais para o plano x-y são de mesmo sinal, como mostrado na Figura 6.10 (b), então um dos outros dois círculos é o maior. O raio do círculo maior agora corresponde a uma tensão cisalhante que não pode ser encontrada por rotações no plano x-y e que atua em planos que são inclinados em relação ao plano x-y.

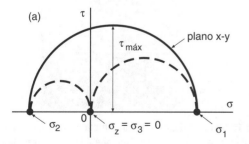 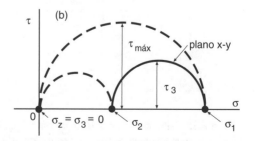

FIGURA 6.10 Tensão plana ocorrendo no plano x-y reconsiderada como um estado tridimensional de tensões. No caso (a), a tensão máxima de cisalhamento situa-se no plano x-y, ao contrário do que ocorre no caso (b).

Considere a Figura 6.11, na qual os planos de cisalhamento principais da Figura 6.8 são mostrados dentro do cubo das tensões normais principais. Para a tensão plana, definimos σ_1 e σ_2 como sendo as tensões principais normais encontradas por uma rotação do sistema de coordenadas no plano x-y. Desta forma, o plano 1-2 é também o plano x-y. Onde quer que esteja a tensão máxima de cisalhamento (τ_1 ou τ_2), os planos nos quais estes componentes cisalhantes atuam aparecem na Figura 6.11 como inclinados em relação ao plano x-y (ou plano 1-2) por ângulos de 45°. A falha de um tubo pressurizado, ao longo de um plano inclinado onde ocorre tal tensão máxima de cisalhamento, está mostrada na Figura 6.12.

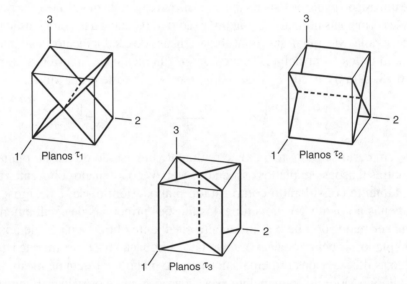

FIGURA 6.11 Orientações dos planos principais de cisalhamento em relação ao cubo de tensões normais principais.

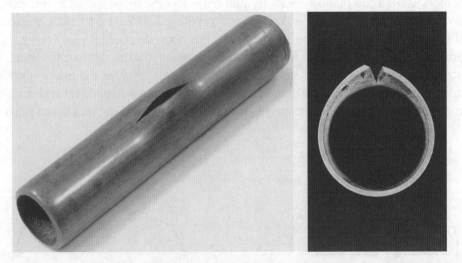

FIGURA 6.12 Falha de um tubo de cobre para água com 15 mm de diâmetro devido ao excesso de pressão oriunda do congelamento de água no seu interior. Na seção transversal à direita, note que a falha ocorreu em um plano inclinado 45° da superfície do tubo, que é o plano da máxima tensão de cisalhamento.

(Fotos por R. A. Simonds.)

EXEMPLO 6.4
Qual é a tensão máxima de cisalhamento para a situação analisada nos Exemplos 6.1 e 6.2?

Solução

Lembre-se de que o estado original de tensão é $\sigma_x = 95$, $\sigma_y = 25$ e $\tau_{xy} = 20$ MPa. Também, as tensões principais normais e de cisalhamento já entradas nas análises anteriores, confinadas ao plano x-y, são:

$$\sigma^1 = 100,3; \quad \sigma^2 = 19,7; \quad \tau_3 = 40,3 \text{ MPa}$$

A terceira tensão normal principal é $\sigma_3 = \sigma_z = 0$. A Equação 6.18 pode ser empregada para obter as tensões principais de cisalhamento faltantes:

$$\tau_1 = \frac{|\sigma_2 + \sigma_3|}{2} = \frac{19,7 - 0}{2} = 9,8 \text{ MPa}$$

$$\tau_2 = \frac{|\sigma_1 + \sigma_3|}{2} = \frac{100,3 - 0}{2} = 50,1 \text{ MPa}$$

Desta forma, a tensão máxima de cisalhamento é τ_2, componente que não se encontra no plano x-y, mas atua em planos inclinados a 45° ao plano x-y, de modo que $\tau_{máx} = 50,1$ MPa (**Resposta**). Esta situação era esperada, uma vez que as tensões principais σ_1 e σ_2 no plano x-y são do mesmo sinal.

EXEMPLO 6.5
Um tubo com extremidades fechadas tem espessura de parede de 10 mm e diâmetro interno de 0,60 m. Ele é enchido com um gás sob pressão de 20 MPa e é submetido a um torque em torno do seu eixo longitudinal de 1.200 kN·m. Determine as três tensões principais normais e a tensão máxima de cisalhamento. Negligencie os efeitos de descontinuidade associados ao fechamento de suas extremidades.

Solução

As considerações para tubos de paredes finas contidas nas Figuras A.7 e A.8 são aplicáveis para este caso, assim como a combinação entre a pressão e a torção aplicadas dão um estado de tensões como representado na Figura E6.5. Do diâmetro oferecido e da espessura $t = 10$ mm, pode-se determinar os raios interno (r_1), externo (r_2) e médio ($r$méd) como:

$$r_1 = 300, \quad r_2 = r_1 + t = 310, \quad r_{avg} = r_1 + t/2 = 305 \text{ mm}$$

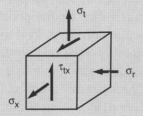

FIGURA E6.5

As tensões circunferenciais e longitudinais, devido à pressão, são:

$$\sigma_t = \frac{pr_1}{t} = \frac{(20 \text{ MPa})(300 \text{ mm})}{10 \text{ mm}} = 600 \text{ MPa}, \quad \sigma_x = \frac{pr_1}{2t} = 300 \text{ MPa}$$

Também há a tensão radial:

$$\sigma_r = 0 \text{ (lado externo)}, \quad \sigma_r = -p = -20 \text{ MPa (lado interno)}$$

A tensão de cisalhamento causada pela torção é:

$$\tau_{tx} = \frac{T}{2\pi r_{avg}^2 t} = \frac{1.200 \times 10^6 \text{ N} \cdot \text{mm}}{2\pi (305 \text{ mm})^2 (10 \text{ mm})} = 205,3 \text{ MPa}$$

Uma vez que temos um estado plano de tensões generalizado, as tensões principais normais são:

$$\sigma_1, \sigma_2 = \frac{\sigma_t + \sigma_x}{2} \pm \sqrt{\left(\frac{\sigma_t - \sigma_x}{2}\right)^2 + \tau_{tx}^2} = 450 \pm 254,3 = 704,3; \quad 195,7 \text{ MPa}$$

$$\sigma_3 = \sigma_r, \quad \sigma_3 = 0 \text{ (lado externo)}, \quad \sigma_3 = -20 \text{ (lado interno)} \qquad \textbf{(Resposta)}$$

Das Equações 6.18 e 6.20, a máxima tensão de cisalhamento é:

$$\tau_{\text{MÁX}} = \text{MÁX} \left(\frac{|\sigma_2 - \sigma_3|}{2}, \frac{|\sigma_1 - \sigma_3|}{2}, \frac{|\sigma_1 - \sigma_2|}{2} \right)$$

$$\tau_{máx} = 352,1 \text{ MPa (lado externo)}, \quad \tau_{máx} = 362,1 \text{ MPa (lado interno)}$$

Note que σ_1 e σ_1 dão a opção de controle em cada caso. O maior valor para os dois locais é, obviamente, a resposta final, ou seja, $\tau_{máx} = 362,1$ MPa (**Resposta**).

6.4 ESTADOS DE TENSÃO TRIDIMENSIONAIS

No caso tridimensional geral, todos os seis componentes de tensão podem estar presentes: σ_x, σ_y, σ_z, τ_{xy}, τ_{yz} e τ_{zx}. Este caso geral pode ser analisado de modo a obter as equações de transformação que permitem avaliar os valores dos componentes de tensão para qualquer escolha dos eixos de coordenadas tridimensionais. Isso é conseguido pela consideração das forças atuantes em uma parte livre, oriunda de uma porção cortada do cubo de tensão mostrado na Figura 6.1. Esta parte é obtida pelo corte do cubo, através de um plano oblíquo, como mostrado na Figura 6.13. O equilíbrio de forças é, então, aplicado a esta parte separada do cubo, como mostrado na Figura 6.14.

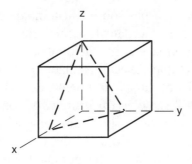

FIGURA 6.13 Um plano inclinado em um sistema de coordenadas tridimensional.

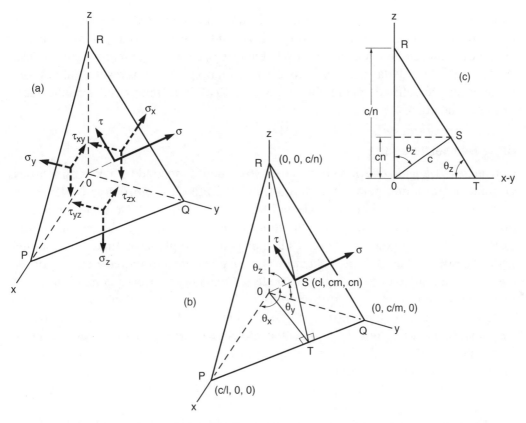

FIGURA 6.14 Tensões sobre uma porção isolada de um cubo de tensões formado por um plano inclinado (a) e a geometria associada (b), (c). Se o plano inclinado é normal a um eixo principal, então: $\sigma = \sigma_i$, $\tau = 0$, onde σ_i é qualquer um dos componentes σ_1, σ_2 ou σ_3.

As tensões sobre esta parte do cubo estão mostradas na Figura 6.14 (a) e algumas características geometrias necessárias em (b) e (c). As tensões sobre os planos originais *x-y*, *y-z*, e *z-x* são as mesmas que na Figura 6.1. No novo plano oblíquo, atuam uma tensão normal, σ, e uma tensão de cisalhamento, τ. Em (b), a normal ao plano oblíquo, que é a direção de σ, pode ser descrita pelos ângulos θ_x, θ_y e θ_z nas direções *x*, *y* e *z*, respectivamente. Os cossenos desses ângulos são úteis, $l = \cos(\theta_x)$, $m = \cos(\theta_y)$ e $n = \cos(\theta_z)$ e são chamados de *cossenos diretores*. Pela aplicação do equilíbrio de forças de equilíbrio nesta porção do cubo, os valores de σ e τ podem

248 **CAPÍTULO 6** Revisão dos Estados de Tensão e Deformação Principais e Complexos

ser avaliados em termos das tensões sobre o sistema de coordenadas original x-y-z para qualquer outro sistema de coordenadas, cuja orientação (l, m, n) seja diferente do original. Pode-se realizar uma análise adicional para localizar os valores máximo, intermediário e mínimo de σ, que são acompanhados por valores nulos de τ e que possuem direções ortogonais. Estes são, naturalmente, as *tensões principais normais*, σ_1, σ_2 e σ_3. Suas direções, 1-2-3, são os *eixos principais*, como ilustrados na Figura 6.8 (a). Curiosamente, se um ponto (σ, τ), obtido em qualquer outro plano desejado, além do principal, é representado no círculo de Mohr, ele vai sempre se encontrar entre os três círculos formados, dentro da área hachurada ilustrada na Figura 6.9 (b). Uma construção geométrica para localizar este ponto foi derivada por Otto Mohr, como descrito no livro de Ugural (2012).

Em vez de analisar o caso geral, que é bastante complexo, podemos avançar diretamente para as tensões principais normais, invocando o equilíbrio de forças com cubo para o caso especial no qual $\sigma = \sigma_i$, $\tau = 0$, em que σ_i é qualquer um dos componentes σ_1, σ_2 ou σ_3. Para ajudar-nos neste processo, primeiro precisamos resolver alguns dos detalhes da geometria do plano oblíquo, incluindo as áreas relativas das quatro faces da porção de cubo.

6.4.1 Geometria e Áreas

Considere o triângulo O-T-R na Figura 6.14 (b), o qual é mostrado em duas dimensões. O ponto T é definido pela extensão da linha R-S até o encontro com o plano x-y, na qual R representa o intercepto desta linha com o eixo z, e S é o ponto onde uma normal, que se inicia na origem, intercepta o plano oblíquo. Se chamarmos de c a distância $\overline{OS}$ ao longo da normal, desde a origem até o plano inclinado, as coordenadas do ponto S serão dadas pela aplicação dos cossenos diretores a este valor: cl, cm, cn. Para a direção z, esta questão pode ser mais bem observada na Figura 6.14 (c), onde $c_z = c \cdot (\cos \theta_z) = cn$, que ocorrerá de forma semelhante para as outras duas direções. Além disso, a partir de triângulo retângulo O-S-R, o intercepto com o eixo z é a distância $\overline{OR} = c/(\cos \theta_z) = c/n$. O mesmo pode ocorrer para os outros dois eixos interceptados (P e Q). Assim, temos agora as coordenadas dos pontos P, Q, R e S, tal como mostrado na Figura 6.14 (b).

Usando essas coordenadas para escrever $\overline{RS}$ e $\overline{PQ}$ como vetores, descobrimos que o produto escalar delas é zero, indicando que as duas linhas são perpendiculares: $\overline{RS} \perp \overline{PQ}$. Uma vez que $\overline{PO}$ é perpendicular a qualquer linha no plano xy, temos $\overline{RO} \perp \overline{PQ}$, e o plano do triângulo O-T-R é perpendicular à linha de $\overline{PQ}$, de modo que qualquer linha no plano deste triângulo seja também perpendicular, dando $\overline{RT} \perp \overline{PQ}$ e $\overline{OT} \perp \overline{PQ}$. Além disso, a partir da Figura 6.14 (c), o ângulo O-T-R é visto sendo igual a θ_z, por causa dos lados mutuamente perpendiculares entre si, de modo que $\overline{RT}$ (cos θ_z) = $\overline{RT}$.

Nós podemos encontrar agora a área A das faces triangulares da porção do cubo. Em razão das perpendicularidades observadas anteriormente, e uma vez que $\overline{RT}$ (cos θ_z) = $\overline{OT}$, temos:

$$A_{PQR} = \frac{\overline{PQ} \times \overline{RT}}{2}, \quad A_{PQO} = A_{xy} = \frac{\overline{PQ} \times \overline{OT}}{2} A_{PQR}(\cos \theta_z) = n A_{PQR} \quad (6.22)$$

Assim, a área $A_{PQO} = A_{xy}$ da face x-y é obtida simplesmente através da multiplicação da área A_{PQR} da face oblíqua pelo cosseno diretor do eixo z, $n = (\cos \theta_z)$. Um resultado análogo aplica-se para as faces *y-z* e *z-x*, de modo que as áreas das três faces ortogonais são relacionadas simplesmente à área da face oblíqua pela multiplicação pelos cossenos diretores adequados:

$$A_{yz} = lA_{PQR}, \quad A_{zx} = mA_{PQR}, \quad A_{xy} = nA_{PQR} \tag{6.23}$$

6.4.2 Tensões Normais Principais Obtidas do Equilíbrio de Forças

Agora estamos prontos para aplicar o equilíbrio de forças para a porção do cubo para o caso especial $\sigma = \sigma_i$, $\tau = 0$, em que σ_i é um dos três componentes principais de tensão σ_1, σ_2 ou σ_3. Primeiro, observe que os componentes de σ_i nas direções *x*, *y* e *z* são $l_i\sigma_i$, $m_i\sigma_i$, $n_i\sigma_i$, respectivamente, em que os subscritos *i* foram adicionados para indicar os cossenos diretores para a tensão normal particular, σ_i. Multiplicando-se as tensões pelas respectivas áreas de atuação, para obter as forças, e somando os resultados na direção *x* da Figura 6.14 (a), obtém-se:

$$l_i\,\sigma_i\,A_{PQR} - \sigma_x\,A_{yz} - \tau_{xy}\,A_{zx} - \tau_{zx}\,A_{xy} = 0 \quad \text{(a)}$$
$$l_i\,\sigma_i\,A_{PQR} + \sigma_x\,l_i A_{PQR} + \tau_{xy}\,m_i\,A_{PQR} + \tau_{zx}\,n_i A_{PQR} = 0 \quad \text{(b)} \tag{6.24}$$

Na qual (b) foi obtida a partir de (a), empregando-se as Equações 6.23 e multiplicando por (-1). Dividindo (b) por A_{PQR}, nós obtemos a primeira das três equações seguintes:

$$(\sigma_x - \sigma_i)l_i + \tau_{xy}\,m_i + \tau_{zx}\,n_i = 0$$
$$\tau_{xy}\,l_i + (\sigma_y - \sigma_i)m_i + \tau_{yz}\,n_i = 0 \tag{6.25}$$
$$\tau_{zx}\,l_i + \tau_{yz}\,m_i + (\sigma_z - \sigma_i)n_i = 0$$

As outras duas equações são obtidas de modo semelhante pela soma das forças nas outras duas direções.

A Equação 6.25 representa um sistema homogêneo, linear nas variáveis l_i, m_i, n_i, que tem uma solução não trivial somente se a seguinte relação de determinante matricial for satisfeita:

$$\begin{vmatrix} (\sigma_x - \sigma) & \tau_{xy} & \tau_{zx} \\ \tau_{xy} & (\sigma_y - \sigma) & \tau_{yz} \\ \tau_{zx} & \tau_{yz} & (\sigma_z - \sigma) \end{vmatrix} = 0 \tag{6.26}$$

Expandindo este determinante, obtém-se uma equação cúbica:

$$\sigma^3 - \sigma^2(\sigma_x + \sigma_y + \sigma_z) + \sigma(\sigma_x\sigma_y + \sigma_y\sigma_z + \sigma_z\sigma_x - \tau_{xy}^2 - \tau_{yz}^2 - \tau_{zx}^2)$$
$$(\sigma_x\sigma_y\sigma_z + 2\tau_{xy}\tau_{yz}\tau_{zx} - \sigma_x\tau_{yz}^2 - \sigma_y\tau_{zx}^2 - \sigma_z\tau_{xy}^2) = 0 \tag{6.27}$$

Esta equação cúbica sempre tem três raízes reais, que são as tensões principais normais, σ_1, σ_2 e σ_3. Um meio alternativo de expressar esta relação é

$$\sigma^3 - \sigma^2 I_1 + \sigma I_2 - I_3 = 0 \tag{6.28}$$

em que:

$$I_1 = \sigma_x + \sigma_y + \sigma_z$$
$$I_2 = \sigma_x\sigma_y + \sigma_y\sigma_z + \sigma_z\sigma_x - \tau_{xy}^2 - \tau_{yz}^2 - \tau_{zx}^2$$
$$I_3 = \sigma_x\sigma_y\sigma_z + 2\tau_{xy}\tau_{yz}\tau_{zx} - \sigma_x\tau_{yz}^2 - \sigma_y\tau_{zx}^2 - \sigma_z\tau_{xy}^2 \qquad (6.29)$$

Estas quantidades são chamadas *invariantes de tensão*, uma vez que elas apresentam os mesmos valores para todas as opções de sistema de coordenadas. Por exemplo, $\sigma_x + \sigma_y + \sigma_z = \sigma'_x + \sigma'_y + \sigma'_z$ = constante. Consequentemente, a soma das tensões normais, I_1, para o estado de tensão, conforme representado no sistema de coordenadas x-y-z original é a mesma em qualquer outro sistema de coordenadas, x'-y'-z', incluindo o sistema de coordenadas dado pelas direções principais, 1-2-3.

A determinação dos valores para as tensões principais normais consiste assim em encontrar as três raízes de uma equação cúbica em uma das duas formas dadas (Equação 6.27 ou Equação 6.28). Ao fazer isso, é prática comum atribuir os subscritos 1, 2 e 3, pela ordem dos valores de tensão máxima, intermediária e mínima, respectivamente. No entanto, esta convenção não é obrigatória, sendo útil no trabalho de problemas numéricos abrandar esta exigência e permitir que os números sejam atribuídos como for conveniente. Vamos escrever todas as equações que envolvem tensões principais na forma geral, de modo que não é necessário assumir que os subscritos serão definidos em uma ordem particular.

6.4.3 Direções para as Tensões Normais Principais

Agora considere encontrar as direções para as tensões normais principais, isto é, os eixos principais 1-2-3 da Figura 6.8 (a). Para completar, os valores das tensões normais, σ_1, σ_2 e σ_3, primeiro necessitam ser determinados, como descrito anteriormente. Em seguida, um deles é substituído como σ_i nas Equações 6.25, que são então resolvidas simultaneamente com a expressão:

$$l_i^2 + m_i^2 + n_i^2 = 1 \qquad (6.30)$$

para obter os valores de l_i, m_i e n_i. Note que a Equação 6.30 é exigida pela geometria e que apenas dois dos três elementos das Equações 6.25 são independentes, de modo que o terceiro não auxiliará na solução. Para encontrar os três eixos principais, o processo é repetido para cada um dos valores das tensões principais σ_1, σ_2 e σ_3.

Na apresentação dos cossenos diretores, é convencional reduzir os sinais negativos. Isto pode ser conseguido através da substituição de um ou mais conjuntos de cossenos diretores pelo seu negativo, que é meramente um vetor que aponta no sentido oposto ao longo da mesma linha. Por exemplo, $(l_1, m_1, n_1) = (+0,300; -0,945; -0,130)$ pode ser substituído por $(-0,300; +0,945; +0,130)$. Além disso, os três valores dos cossenos diretores devem representar um sistema de coordenadas obtido pela regra da mão direita. Isto pode ser conseguido pela verificação do produto vetorial:

$$(l_1, m_1, n_1) \times (l_2, m_2, n_2) = (l_3, m_3, n_3) \qquad (6.31)$$

Se essa equação não for obedecida, troque um dos cossenos diretores pela sua versão negativa, de modo a satisfazer tanto a Equação 6.31 quanto minimizar os sinais negativos. Alternativamente, podemos obter os dois primeiros cossenos diretores pela resolução das Equações 6.25 e 6.30 e o terceiro a partir da Equação 6.31, de modo que a convenção do sistema de coordenadas obtido pela regra da mão direita é automaticamente satisfeita.

EXEMPLO 6.6

Para o mesmo estado de tensões conforme analisado no Exemplo 6.3, determine as tensões principais normais tratando-o como um problema tridimensional. Lembre-se de que o estado de tensões dado foi $\sigma_x = 100$, $\sigma_y = -60$, $\sigma_z = 40$, $\tau_{xy} = 80$, $\tau_{yz} = \tau_{zx} = 0$ MPa.

Solução

Substitua as tensões dadas na Equação 6.29 de modo a obter os valores para os invariantes de tensão:

$$I_1 = 80, \quad I_2 = -10.800, \quad I_3 = -496.000$$

Esses valores correspondem a unidades de MPa para tensões, que utilizamos ao longo desta solução. A relação cúbica da Equação 6.28 é então:

$$\sigma^3 - \sigma^2 I_1 + \sigma^2 I_2 - I_3 = 0, \quad \sigma^3 - 80\sigma^2 - 10.800\sigma + 496.000 = 0$$

Para uma série de valores de σ, calcule os correspondentes valores de $f(\sigma)$:

$$\sigma^3 - 80\sigma^2 - 10.800\sigma + 496.000 = f(\sigma)$$

Em seguida, use esses valores para traçar a equação cúbica, como na Figura E6.6.

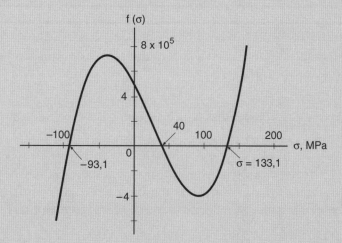

FIGURA E6.6 Gráfico exemplo da equação cúbica para tensão σ, mostrando as três raízes que representam as tensões principais normais.

É evidente que existem três raízes, onde a curva cruza o eixo σ, e $f(\sigma) = 0$. A partir do gráfico, as raízes podem ser vistas como sendo aproximadamente 130, 40 e -90 MPa. Começando com cada um desses valores como referência inicial, pode-se calcular as raízes finais, aplicando-se tentativa e erro, ou o método de Newton, ou outro procedimento numérico, tal como implementado em vários softwares disponíveis. De qualquer forma, os valores precisos obtidos são como segue:

$$\sigma_1 = 133,1; \quad \sigma_2 = -93,1; \quad \sigma_3 = 40 \text{ MPa} \qquad \textbf{(Resposta)}$$

Eles foram numerados consistentemente com a solução do Exemplo 6.3. A tensão máxima normal é o maior de σ_1, σ_2 e σ_3, de modo que $\sigma_{máx} = 133,1$ MPa. As tensões de cisalhamento principais (τ_1, τ_2 e τ_3) e a tensão máxima de cisalhamento, $\tau_{máx}$, podem ser calculadas como já feito no Exemplo 6.3.

Comentários

Note que não aproveitamos o fato de que este é um estado de tensão plana generalizada. Assim, o procedimento anterior pode ser aplicado para qualquer estado de tensões, como para os casos em que não existem componentes de tensão nula para o sistema x-y-z inicial. Onde há componentes nulos, a forma matricial da equação cúbica, Equação 6.26, pode ser útil. Neste caso particular, a Equação 6.26 dá:

$$\begin{vmatrix} (100 - \sigma) & 80 & 0 \\ 80 & (-60 - \sigma) & 0 \\ 0 & 0 & (40 - \sigma) \end{vmatrix} = 0$$

Utilizando a expansão da última coluna, obtém-se

$$(40 - \sigma)[(100 - \sigma)(-60 - \sigma) - 6.400] = 0, \quad (\sigma - 40)(\sigma^2 - 40\sigma - 12.400) = 0$$

Assim, a partir do fator $(\sigma - 40)$, é evidente que uma raiz é $\sigma_3 = 40,0$ MPa. As duas raízes restantes podem ser encontradas, resolvendo-se a equação quadrática $(\sigma^2 - 40\sigma - 6.400)$ formada pelo termo restante desta equação.

EXEMPLO 6.7

Encontre os cossenos diretores de cada eixo das tensões normais principal para o estado de tensões do Exemplo 6.6.

Solução

São necessários os valores das tensões principais, como já estabelecido no Exemplo 6.6:

$$\sigma_1 = 133,1; \quad \sigma_2 = -93,1; \quad \sigma_3 = 40 \text{ MPa}$$

A equação 6.25 deve ser aplicada agora para cada uma das tensões principais. Substituindo σ_1 e também os valores das tensões no eixo de coordenadas original ($\sigma_x = 100$, $\sigma_y = -60$, $\sigma_z = 40$, $\tau_{xy} = 80$, $\tau_{yz} = \tau_{zx} = 0$ MPa), obteremos:

$$(100 - 133,1)l_1 + 80 m_1 = 0$$
$$80 l_1 + (-60 - 133,1)m_1 = 0$$
$$(40 - 133,1)n_1 = 0$$

A última dessas equações é satisfeita apenas quando $n_1 = 0$. Além disso, as duas primeiras oferecem o mesmo resultado:

$$l_1 = 2,414\, m_1$$

Combinando estes resultados com Equação 6.30, temos:

$$(2,414\, m_1)^2 + m_1^2 + 0^2 = 1; \quad m_1 = 0,383$$

O valor de l_1 é então facilmente obtido, de modo que os três valores são:

$$l_1 = 0,924; \quad m_1 = 0,383; \quad n_1 = 0 \qquad \textbf{(Resposta)}$$

Soluções similares para $\sigma_2 = -93,1$ e para $\sigma_3 = 40$ MPa dão os cossenos diretores para os outros dois eixos principais:

$$l_2 = -0,383; \quad m_2 = 0,924; \quad n_2 = 0$$
$$l_3 = 0, \quad m_2 = 0, \quad n_2 = 1 \qquad \textbf{(Resposta)}$$

A aplicabilidade da regra da mão direita do sistema 1-2-3 obtido pelos cossenos diretores precisa ser verificada usando Equação 6.31. Assim, temos:

$$\begin{vmatrix} \mathbf{i} & \mathbf{j} & \mathbf{k} \\ l_1 & m_1 & n_1 \\ l_2 & m_2 & n_2 \end{vmatrix} = l_3\mathbf{i} + m_3\mathbf{j} + n_3\mathbf{k}, \quad \begin{vmatrix} \mathbf{i} & \mathbf{j} & \mathbf{k} \\ 0{,}924 & 0{,}383 & 0 \\ -0{,}383 & 0{,}924 & 0 \end{vmatrix} = 1\mathbf{k}$$

em que $\mathbf{i}, \mathbf{j}, \mathbf{k}$ são os vetores unitários para as direções x, y, z, respectivamente, e o produto vetorial é feito na forma de determinante. Os cossenos diretores l_3, m_3, n_3 da análise anterior foram confirmados, sem a necessidade de mudança de sinal.

Comentários

A partir da Figura E6.3 (b), os ângulos entre os eixos principais, 1-2-3, e os eixos x, y, z são do seguinte modo:

$$\text{Eixo-1:} \quad \theta_x = 22,5°; \quad \theta_y = 67,5°; \quad \theta_z = 90°$$
$$\text{Eixo-2:} \quad \theta_x = 112,5°; \quad \theta_y = 22,5°; \quad \theta_z = 90°$$
$$\text{Eixo-3:} \quad \theta_x = 90°; \quad \theta_y = 90°; \quad \theta_z = 0°$$

Os cossenos desses ângulos concordam com os valores dos cossenos diretores que acabaram de ser encontrados. Para um estado de tensão sem componentes nulos no sistema de referência original x -y -z, não haveria ângulos de 90° ou 0°, de modo que nenhum dos cossenos diretores seria zero ou igual a 1 (unidade).

6.5 TENSÕES EM PLANOS OCTAÉDRICOS

Considere um plano oblíquo orientado em relação aos eixos principais 1-2-3, como mostrado na Figura 6.15 (a). Uma tensão normal, σ, e uma tensão de cisalhamento, τ, atuam neste plano. A direção da normal ao plano oblíquo é especificada pelos ângulos α, β e γ em relação aos eixos principais.

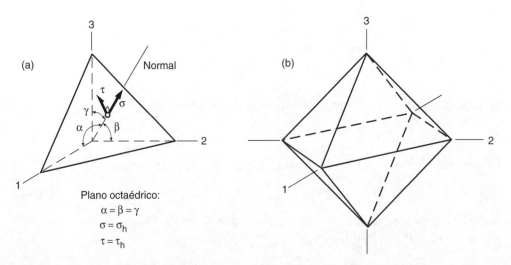

FIGURA 6.15 Plano octaédrico mostrado em relação aos eixos das tensões normais principais (a) e o octaedro formado por planos semelhantes obtidos em todos os octantes (b).

Para o caso especial no qual os ângulos de inclinação do plano são todos iguais, $\alpha = \beta = \gamma$, o plano oblíquo intersecciona os eixos principais a distâncias iguais da origem e é chamado de *plano octaédrico*. Com base no equilíbrio de forças, a tensão normal sobre este plano pode ser demonstrada como sendo a média das tensões principais normais:

$$\sigma_h = \frac{\sigma_1 + \sigma_2 + \sigma_3}{3} \tag{6.32}$$

A quantidade σ_h é chamada a *tensão normal octaédrica* ou *tensão hidrostática* e foi considerada no Capítulo 5. O equilíbrio também permite obter a tensão cisalhante, τ_h, no mesmo plano, chamada de tensão de *cisalhamento octaédrica*:

$$\tau_h = \frac{1}{3}\sqrt{(\sigma_1 - \sigma_2)^2 + (\sigma_2 - \sigma_3)^2 + (\sigma_3 - \sigma_1)^2} \tag{6.33}$$

Em cada octante dos eixos do sistema principal de coordenadas, existe um plano octaédrico semelhante, no qual sua normal possui ângulos iguais com os eixos. As tensões sobre os oito planos deste tipo são as mesmas e valem σ_h e τ_h. Esses planos podem ser considerados como formando um octaedro, como mostrado na Figura 6.15 (b). Observe que as faces opostas do octaedro correspondem a um único plano, e as tensões octaédricas agem em quatro planos.

Ao avaliar as invariantes de tensão (I_1, I_2 e I_3) pela Equação 6.29, para o caso especial das tensões principais normais e depois de alguma manipulação, podemos reescrever σ_h e τ_h em termos dos invariantes de tensão:

$$\sigma_h = \frac{I_1}{3}, \quad \tau_h = \frac{1}{3}\sqrt{2(I_1^2 - 3I_2)} \tag{6.34}$$

Fazendo a substituição da definição geral dos invariantes e após alguma manipulação matemática, obtém-se:

$$\sigma_h = \frac{\sigma_x + \sigma_y + \sigma_z}{3} \tag{6.35}$$

$$\tau_h = \frac{1}{3}\sqrt{(\sigma_x - \sigma_y)^2 + (\sigma_y - \sigma_z)^2 + (\sigma_z - \sigma_x)^2 + 6(\tau_{xy}^2 + \tau_{yz}^2 + \tau_{zx}^2)} \qquad (6.36)$$

Estas expressões mais gerais podem ser usadas para calcular σ_h e τ_h para as tensões descritas em relação a qualquer sistema de coordenadas, de modo que não é necessário determinar primeiramente as tensões principais. Uma vez que as tensões octaédricas σ_h e τ_h são funções dos invariantes de tensão, estas quantidades são elas próprias invariantes. Assim, qualquer representação equivalente de um determinado estado de tensão vai dar os mesmos valores de σ_h e τ_h.

A tensão de cisalhamento octaédrica é uma quantidade importante, uma vez que é usada como base para a previsão do escoamento e para outros tipos de comportamento do material sob estados complexos de tensão. Isto é considerado no início do capítulo seguinte, assim como o uso similar da máxima tensão de cisalhamento. Note que $\tau_{máx}$ ocorre em apenas um par de planos (Fig. 6.8), enquanto τ_h ocorre em quatro planos, ou seja, no dobro do número de planos (Fig. 6.15) do que $\tau_{máx}$. Além disso, para todos os possíveis estados de tensão, pode ser mostrado que τ_h é sempre semelhante em magnitude à $\tau_{máx}$, com a relação $\tau_h/\tau_{máx}$ contida no intervalo entre 0,866 a 1; ou mais precisamente, $\sqrt{3}/2$ para a unidade.

6.6 ESTADOS COMPLEXOS DE DEFORMAÇÃO

Na discussão dos estados complexos de tensão, observou-se que o equilíbrio de forças leva a equações de transformação para a obtenção de uma representação equivalente de um determinado estado de tensão em um novo conjunto de eixos coordenados. Dois conjuntos de eixos de particular interesse são o conjunto que contém as tensões principais normais e o conjunto de eixos que contém as tensões principais de cisalhamento. A matemática envolvida é de uso comum na análise das quantidades físicas classificadas como *tensores simétricos de segunda ordem*, que são distintos dos vetores, considerados tensores de primeira ordem, ou escalares, que são tensores de ordem zero.

A deformação também é um tensor simétrico de segunda ordem e, assim, é regido por equações semelhantes. Neste caso, a base das equações é simplesmente a geometria de deformação. Uma análise detalhada da deformação (consulte as referências) dá equações que são idênticas às da tensão, exceto que as deformações cisalhantes são divididas por dois. Assim, as várias equações desenvolvidas para a tensão podem ser utilizadas para a deformação, alterando as variáveis da seguinte forma:

$$\sigma_x, \sigma_y, \sigma_z \rightarrow \varepsilon_x, \varepsilon_y, \varepsilon_z; \quad \tau_{xy}, \tau_{yz}, \tau_{zx}, \rightarrow \frac{\gamma_{xy}}{2}, \frac{\gamma_{yz}}{2}, \frac{\gamma_{zx}}{2} \qquad (6.37)$$

Essas equações aplicam-se tanto ao caso em geral como também para o caso especial no qual os eixos x-y-z tornam-se os eixos da deformação principal, 1-2-3.

Livros mais avançados sobre mecânica do contínuo, teoria da elasticidade e assuntos semelhantes, muitas vezes redefinem as deformações cisalhantes como sendo metade das *deformações de cisalhamento de engenharia* aqui usadas, empregando essas deformações em *tensores de deformações de cisalhamento*, de modo que as equações utilizáveis são idênticas às equações empregadas para tensão. No entanto, vamos continuar a utilizar as deformações cisalhantes de engenharia.

256 **CAPÍTULO 6** Revisão dos Estados de Tensão e Deformação Principais e Complexos

6.6.1 Deformações Principais

As *deformações principais normais* e as *deformações principais de cisalhamento* ocorrem de forma semelhante como para as tensões. Para *deformação plana*, em que $\varepsilon_z = \gamma_{yz} = \gamma_{zx} = 0$, a modificação das Equações 6.6 e 6.7, conforme a Equação 6.37, dá as rotações dos eixos e os valores para as deformações principais normais:

$$\tan 2\theta_n = \frac{\gamma_{xy}}{\varepsilon_x - \varepsilon_y}$$

$$\varepsilon_1, \varepsilon_2 = \frac{\varepsilon_x + \varepsilon_y}{2} \pm \sqrt{\left(\frac{\varepsilon_x - \varepsilon_y}{2}\right)^2 + \left(\frac{\gamma_{xy}}{2}\right)^2}$$

(6.38)

As equações de 6.8 a 6.10 são igualmente modificadas pela Equação 6.37 para obter a rotação do eixo, o valor para a deformação cisalhante principal no plano x-y e também a deformação normal acompanhante:

$$\tan 2\theta_s = -\frac{\varepsilon_x - \varepsilon_y}{\gamma_{xy}}$$

$$\gamma_3 = \sqrt{\left(\varepsilon_x - \varepsilon_y\right)^2 + \left(\gamma_{xy}\right)^2}, \quad \varepsilon_{\gamma 3} = \frac{\varepsilon_x + \varepsilon_y}{2}$$

(6.39)

Como nas equações para tensão, o ângulo θ é considerado positivo no sentido anti-horário. Deformações normais que produzem extensão são positivas e as negativas correspondem à contração. Uma deformação de corte é considerada positiva quanto provoca uma distorção correspondente a uma tensão cisalhante positiva, na qual a diagonal mais longa do paralelogramo resultante tem uma inclinação positiva. (Consulte a Figura E6.8 (a) para um exemplo de deformação cisalhante positiva.) A utilização direta dessas equações pode ser substituída pelo círculo de Mohr, de forma semelhante ao seu uso para a tensão. De acordo com a Equação 6.37, o eixo σ torna-se um eixo ε, e o eixo τ torna-se um eixo $\gamma/2$.

Para estados tridimensionais de deformação, as deformações principais podem ser obtidas modificando as Equações 6.26 e 6.18, considerando o uso da Equação 6.37:

$$\begin{vmatrix} (\varepsilon_x - \varepsilon) & \dfrac{\gamma_{xy}}{2} & \dfrac{\gamma_{zx}}{2} \\[2mm] \dfrac{\gamma_{xy}}{2} & (\varepsilon_y - \varepsilon) & \dfrac{\gamma_{yz}}{2} \\[2mm] \dfrac{\gamma_{zx}}{2} & \dfrac{\gamma_{yz}}{2} & (\varepsilon_z - \varepsilon) \end{vmatrix} = 0$$

(6.40)

$$\gamma_1 = |\varepsilon_2 - \varepsilon_3|, \quad \gamma_2 = |\varepsilon_1 - \varepsilon_3|, \quad \gamma_3 = |\varepsilon_1 - \varepsilon_2|$$

(6.41)

6.6.2 Considerações Especiais para Tensão Plana

Para os casos de tensão plana, $\sigma_z = \tau_{yz} = \tau_{zx} = 0$, o efeito de Poisson resulta em deformações normais ε_z que ocorrem na direção fora do plano, de modo que o estado de deformação é tridimensional. Se o material é isotrópico, ou se o material é ortotrópico com um plano de simetria deste material paralelo aos eixos x-y, não ocorrerão deformações de cisalhamento γ_{yz} e γ_{zx} ($\gamma_{yz} = \gamma_{zx} = 0$). Isto cria uma situação análoga à de tensão plana generalizada, em que σ_z está presente, mas $\tau_{yz} = \tau_{zx} = 0$. Por conseguinte, uma das deformações principais normais é $\varepsilon_z = \varepsilon_3$ e as outras duas podem ser obtidas a partir da Equação 6.38. Adicionalmente, o círculo de Mohr pode ser utilizado para o plano x-y.

Para materiais isotrópicos, linear-elásticos, ε_z pode ser obtido a partir da lei de Hooke, sob a forma da Equação 5.26. Tomando $\sigma_z = 0$ e adicionando Equações 5.26 (a) e (b), temos:

$$\sigma_x + \sigma_y = \frac{E}{1-v}(\varepsilon_x + \varepsilon_y) \qquad (6.42)$$

Substituindo este resultado na Equação 5.26 (c), considerando $\sigma_z = 0$, obtém-se ε_z em termos das deformações normais no plano x-y:

$$\varepsilon_z = \frac{-v}{1-v}(\varepsilon_x + \varepsilon_y) \qquad (6.43)$$

Uma vez que $\tau_{yz} = \tau_{zx} = 0$, a Equação 5.27 dá $\gamma_{yz} = \gamma_{zx} = 0$ e confirma-se que ε_z é uma das deformações normais principais.

Considere um material ortotrópico submetido a um estado de tensões planas justamente no plano x-y de simetria do material. (Esta é a situação que ocorre na maioria das placas de materiais compósitos.) A deformação ε_z ainda é uma das deformações principais normais, com $\gamma_{yz} = \gamma_{zx} = 0$ também válidas neste caso. Assim, as deformações no plano x-y ainda podem ser analisadas pelas Equações 6.38 e 6.39, assim como o círculo de Mohr para o plano x-y pode ser empregado. No entanto, a deformação ε_z não pode mais ser obtida a partir da Equação 6.43, já que é necessário empregar a forma mais geral da lei de Hooke para ortotropia (Equação 5.44).

Os eixos principais de tensão e deformação coincidem para os materiais isotrópicos. Portanto, pode-se aplicar a lei de Hooke às principais deformações, de forma que as tensões resultantes são as tensões principais e vice-versa. No entanto, este caso só ocorre para materiais ortotrópicos quando os eixos principais de tensão normais são perpendiculares aos planos de simetria material.

EXEMPLO 6.8

Em um ponto da superfície livre (descarregada) de um componente de engenharia, feito em liga de alumínio, foram medidas as seguintes deformações: $\varepsilon_x = -0,0005$; $\varepsilon_y = 0,0035$ e $\gamma_{xy} = 0,003$. Determine as deformações principais normais e de cisalhamento. Assuma que não ocorreu nenhum escoamento no material.

Solução

Uma vez que se espera que o material seja isotrópico, ε_z pode ser obtida a partir da Equação 6.43, sendo que esta é uma das deformações normais principais. Assim, obtemos

$$\varepsilon_3 = \varepsilon_z = \frac{-0,345}{1-0,345}(-0,0005 + 0,0035) = -0,00158 \qquad \textbf{(Resposta)}$$

em que foi empregado o coeficiente de Poisson da Tabela 5.2 e considerando, para a aplicação dessa equação, comportamento elástico devido à ausência de escoamento.

Substituindo as deformações dadas nas Equações 6.38 e 6.39, obtemos as rotações dos eixos, os valores para as outras duas deformações normais principais e cada uma das deformações principais de cisalhamento:

$$\tan 2\theta_n = -\frac{3}{4}, \quad \theta_n = -18,4° = 18,4° \quad (H)$$
$$\varepsilon_1, \varepsilon_2 = 0,004, -0,001 \quad \textbf{(Resposta)}$$

$$\tan 2\theta_s = -\frac{4}{3}, \quad \theta_s = 26,6° \quad (AH)$$
$$\gamma_3 = 0,005; \quad \varepsilon_{\gamma 3} = 0,0015 \quad \textbf{(Resposta)}$$

Os estados de deformação resultantes estão mostrados na Figura E6.8 como (b) e (c). Os sinais e as indicações foram determinados de forma semelhante ao utilizado anteriormente para tensões. Particularmente, a maior das duas deformações normais principais, ε_1, toma uma direção que está proximamente alinhada com o maior dos valores das deformações originais, no caso ε_y, conforme ilustrado na Figura E6.8 (b). Além disso, a principal deformação de cisalhamento, γ_3, provoca uma distorção de tal modo que a diagonal maior do paralelogramo resultante, representada pela linha tracejada na Figura E6.8 (c), está alinhada com o maior valor da deformação principal normal (no caso ε_1).

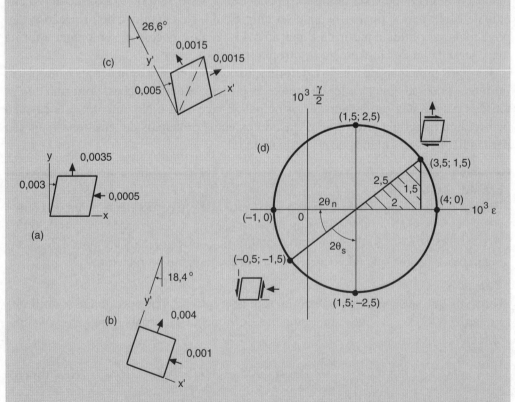

FIGURA E6.8 Um estado de deformação (a) e as representações equivalentes correspondentes às deformações principais normais (b) e à deformação principal cisalhante no plano x-y (c). O círculo de Mohr também é mostrado em (d) para este caso.

As duas tensões principais de cisalhamento restantes podem ser obtidas a partir da Equação 6.41:

$$\gamma_1 = |\varepsilon_1 - \varepsilon_2| = 0,00058, \quad \gamma_2 = |\varepsilon_1 - \varepsilon_3| = 0,00058 \quad \textbf{(Resposta)}$$

O mesmo resultado para as deformações no plano pode ser obtido usando o círculo de Mohr traçado em um sistema de eixos de ε contra γ/2, como mostrado na Figura E6.8 (d). As duas extremidades de um diâmetro são dadas por:

$$\left(\varepsilon_x, -\frac{\gamma_{xy}}{2}\right) = (-0,0005;\ -0,0015); \quad \left(\varepsilon_y, -\frac{\gamma_{xy}}{2}\right) = (-0,0035;\ 0,0015)$$

A análise sobre o círculo procede de forma semelhante ao empregado para a tensão (Fig. E6.8 (d)). Adota-se a mesma convenção de sinal para a deformação cisalhante que a mostrada para a tensão cisalhante na Figura 6, ou seja, as deformações são positivas quando associadas à rotação no sentido horário e deformações negativas quando associadas à rotação no sentido anti-horário.

6.6.3 Extensômetros Tipo Roseta

Extensômetros são pequenos sensores metálicos, na forma de folhas finas com elementos metálicos, que podem ser colados à superfície de um material. Neste caso, esses sensores medem a deformação longitudinal numa direção paralela ao alinhamento dos finos elementos metálicos contidos em sua folha. A deformação do material é duplicada no sensor, que muda a sua resistência por uma pequena quantidade de modo a proporcionar uma medição da deformação. Um grupo coordenado de extensômetro, chamados de *roseta,* é muitas vezes utilizado para obter medições da deformação em mais de um sentido. Duas configurações comuns de rosetas com três elementos de medição estão mostradas na Figura 6.16.

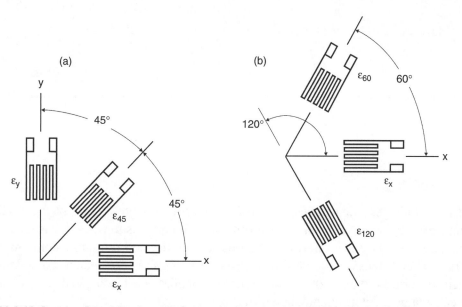

FIGURA 6.16 Duas configurações de extensômetro tipo roseta para medições em três direções.

260 CAPÍTULO 6 Revisão dos Estados de Tensão e Deformação Principais e Complexos

Para caracterizar completamente as deformações planares em um ponto, são necessários os valores de ε_x, ε_y e γ_{xy}. Não há maneira direta de medir a deformação cisalhante, mas γ_{xy} pode ser calculada se deformações longitudinais forem medidas em três direções diferentes. As equações de transformação análogas às apresentadas na seção 6.2.1, aplicáveis para tensão, são necessárias para calcular a deformação de cisalhamento e também, às vezes, ε_x e/ou ε_y, se as deformações medidas não estiverem alinhadas com as direções x-y desejadas.

EXEMPLO 6.9

Considere uma roseta montada sobre a superfície livre sem carga de um componente de engenharia, como mostrado na Figura 6.16 (a). Note que as deformações longitudinais ε_x, ε_y e ε_{45} são medidas nas direções x e y e a terceira em uma direção a 45° das outras duas. Desenvolva uma equação para calcular a deformação cisalhante γ_{xy} das três medidas disponíveis, de modo que o estado no plano de deformações (ε_x, ε_y e γ_{xy}) seja completamente conhecido.

Solução

Converta a relação de transformação de tensão da Equação 6.4 para a equação correspondente para a deformação normal, realizando as substituições descritas pela Equação 6.37:

$$\varepsilon_\theta = \frac{\varepsilon_x + \varepsilon_y}{2} + \frac{\varepsilon_x - \varepsilon_y}{2}\cos 2\theta + \frac{\gamma_{xy}}{2}\sin 2\theta$$

Substituindo $\theta = 45°$ tem-se:

$$\varepsilon_{45} = \frac{\varepsilon_x + \varepsilon_y}{2} + \frac{\gamma_{xy}}{2}$$

Resolvendo esta equação para γ_{xy} então obtemos o resultado desejado:

$$\gamma_{xy} = 2\varepsilon_{45} - \varepsilon_x - \varepsilon_y$$

(Resposta)

6.7 RESUMO

Para um estado geral de tensões, dado pelos seus componentes σ_x, σ_y, σ_z, τ_{xy}, τ_{yz} e τ_{zx}, há uma escolha de novo sistema de coordenadas no qual as tensões de cisalhamento estão ausentes e as tensões normais máximas e mínimas ocorrem junto com um valor intermediário de tensão normal. Essas tensões especiais são conhecidas como tensões principais normais, σ_1, σ_2 e σ_3, e estas podem ser obtidas pela resolução de uma equação cúbica dada pelo determinante da matriz:

$$\begin{vmatrix} (\sigma_x - \sigma) & \tau_{xy} & \tau_{zx} \\ \tau_{xy} & (\sigma_y - \sigma) & \tau_{yz} \\ \tau_{zx} & \tau_{yz} & (\sigma_z - \sigma) \end{vmatrix} = 0 \tag{6.44}$$

Se houver apenas um componente não nulo de tensão cisalhante, tal como τ_{xy}, as tensões principais normais são:

$$\sigma_1, \sigma_2 = \frac{\sigma_x + \sigma_y}{2} \pm \sqrt{\left(\frac{\sigma_x - \sigma_y}{2}\right)^2 + \tau_{xy}^2}, \quad \sigma_3 = \sigma_z \quad (a, b) \tag{6.45}$$

Um método para avaliar a Equação 6.45 (a) e para obter o correspondente eixo de rotação é pela utilização do círculo de Mohr.

As tensões cisalhantes principais ocorrem em planos inclinados a 45° com respeito aos eixos principais das tensões normais. Estes são dados por:

$$\tau_1 = \frac{|\sigma_2 - \sigma_3|}{2}, \; \tau_2 = \frac{|\sigma_1 - \sigma_3|}{2}, \; \tau_3 = \frac{|\sigma_1 - \sigma_2|}{2} \tag{6.46}$$

Um dos valores τ_1, τ_2 ou τ_3 é a tensão máxima de cisalhamento que ocorre para todas as opções possíveis de eixos coordenados. Para plano de tensão x-y, é necessário cuidado especial para que todos os três termos das Equações 6.46 sejam considerados, porque a principal tensão cisalhante no plano x-y pode não ser a maior. É útil prever três círculos de Mohr diferentes, um para cada plano perpendicular ao eixo da tensão normal principal. Os raios desses círculos são as tensões principais de cisalhamento.

As tensões octaédricas normais e de cisalhamento ocorrem em planos octaédricos, definidos como aqueles que interceptam os eixos das tensões principais normais a distâncias iguais da origem. Seus valores são dados por

$$\sigma_h = \frac{\sigma_1 + \sigma_2 + \sigma_3}{3} \tag{6.47}$$

$$\tau_h = \frac{1}{3}\sqrt{(\sigma_1 - \sigma_2)^2 + (\sigma_2 - \sigma_3)^2 + (\sigma_3 - \sigma_1)^2} \tag{6.48}$$

em que σ_h também é chamado de tensão hidrostática.

As deformações principais normais e de cisalhamento ocorrem de modo análogo às tensões principais. As mesmas equações são aplicáveis por meio da substituição das tensões pelas deformações como se segue:

$$\sigma_x, \sigma_y, \sigma_z \to \varepsilon_x, \varepsilon_y, \varepsilon_z, \quad \tau_{xy}, \tau_{yz}, \tau_{zx}, \to \frac{\gamma_{xy}}{2}, \frac{\gamma_{yz}}{2}, \frac{\gamma_{zx}}{2} \tag{6.49}$$

Mesmo o estado de tensão plana provoca um estado tridimensional de deformação. No entanto, para os materiais isotrópicos e também para materiais ortotrópicos, quando eles estão carregados no seu plano de simetria, as deformações de cisalhamento fora do plano, γ_{yz} e γ_{zx}, são nulas, permitindo realizar uma análise

262 **CAPÍTULO 6** Revisão dos Estados de Tensão e Deformação Principais e Complexos

bidimensional no plano x-y, apesar da presença de uma deformação ε_z diferente de zero.

NOVOS TERMOS E SÍMBOLOS

ângulos de rotação dos eixos: θ_n e θ_s	extensômetro de roseta
cossenos diretores: l, m, n	invariantes de tensão: I_1, I_2, I_3
círculo de Mohr	planos octaédricos
deformação plana	tensão octaédrica cisalhante, τ_h
deformações principais cisalhantes: γ_1, γ_2, γ_3	tensão octaédrica normal (hidrostática), σ_h
deformações principais normais: ε_1, ε_2, ε_3	tensão plana
eixos principais (1, 2, 3)	tensões principais cisalhantes: τ_1, τ_2, τ_3
equações de transformação	tensões principais normais: σ_1, σ_2, σ_3
estado plano de tensões generalizado	transformação de eixos

Referências

BORESI, A.P., and R. J. Schmidt. 2003. *Advanced Mechanics of Materials*, 6th ed., John Wiley, Hoboken, NJ.(See also the 2nd ed. of this book, same title, 1952, by F. B. Seely and J. O. Smith.).

DIETER, G. E., Jr. 1986. *Mechanical Metallurgy*, 3d ed., McGraw-Hill, New York.

MENDELSON, A. 1968. *Plasticity: Theory and Applications*. Macmillan, New York, (Reprinted by R. E. Krieger, Malabar, FL, 1983).

TIMOSHENKO, S. P., and GOODIER, J. N. 1970. *Theory of Elasticity*, 3d ed., McGraw-Hill, New York.

UGURAL, A. C., and FENSTER, S. K. 2012. *Advanced Strength and Applied Elasticity*, 5th ed., Prentice Hall, Upper Saddle River, NJ.

PROBLEMAS E QUESTÕES
Seções 6.2 e 6.3

6.1 Um estado de tensões, que ocorre num ponto sobre a superfície livre de um corpo sólido, pode ser descrito por $\sigma_x = 60$, $\sigma_y = 20$ e $\tau_{xy} = -15$ MPa, em que as direções como na Figura 6.2 (a) são consideradas positivas.

   (a) Avalie as duas tensões principais normais e a tensão principal de cisalhamento que podem ser encontradas pela rotação do sistema de referência no plano x-y e dê estas rotações no sistema de coordenadas.

   (b) Determine a tensão máxima normal e a tensão máxima de cisalhamento neste ponto.

6.2 a 6.9 Proceda como no problema 6.1, porém empregando as tensões listadas na Tabela P6.2.

Comportamento Mecânico dos Materiais   **263**

Tabela P6.2

Número do Problema	σ_x, MPa	σ_y, MPa	τ_{xy}, MPa
6.2	50	100	-60
6.3	-100	40	-50
6.4	-30	-84	27
6.5	70	-25	30
6.6	50	80	20
6.7	125	15	-25
6.8	72	0	40
6.9	60	-16	0

6.10 Um elemento de material é submetido ao seguinte estado de tensão: $\sigma_x = 100$, $\sigma_y = 140$, $\sigma_z = -60$, $\tau_{xy} = 80$ e $\tau_{yz} = \tau_{zx} = 0$ MPa. Determine:

(a) As tensões principais normais e tensões principais de cisalhamento.

(b) A tensão normal máxima e tensão de cisalhamento máxima.

(c) As direções dos eixos as tensões normais principais.

6.11 a 6.14 Proceda como no problema 6.10, porém empregando as tensões listadas na Tabela P6.11.

Tabela P6.11

Número do Problema	Componentes de Tensão, MPa					
	σ_x	σ_y	σ_ζ	τ_{xy}	τ_{yz}	τ_{zx}
6.11	50	100	200	60	0	0
6.12	-15	90	30	40	0	0
6.13	60	20	-18	-15	0	0
6.14	-46	-124	20	33	0	0

6.15 Considere o seguinte estado de tensão plana: $\sigma_x = -50$, $\sigma_y = 40$ e $\tau_{xy} = 0$ MPa.

(a) Determine as tensões principais normais e a tensão de cisalhamento máxima.

(b) Mostre que, num caso especial de tensão plana x-y, no qual $\tau_{xy} = 0$, as tensões normais principais no plano, σ_1 e σ_2, são sempre iguais às tensões σ_x e σ_y, tanto nos valores quanto nas direções.

6.16 Para as medições de deformação na superfície da peça de aço do Problema 5.17, estime a tensão normal máxima e a tensão de cisalhamento máxima. Suponha que não tenha ocorrido escoamento.

6.17 Para as medições de deformação na superfície da peça de liga de titânio do Problema 5.18, estime a tensão normal máxima e a tensão de cisalhamento máxima. Suponha que não tenha ocorrido escoamento.

264 CAPÍTULO 6 Revisão dos Estados de Tensão e Deformação Principais e Complexos

6.18 Um vaso de pressão esférico tem espessura de parede de 2,5 mm, diâmetro interno de 150 mm e contém um líquido à pressão de 1,2 MPa. Determine a tensão normal máxima, a tensão de cisalhamento máxima e também descreva os planos nas quais elas atuam.

6.19 Um tubo com extremidades fechadas tem diâmetro externo de 80 mm e espessura de parede de 2 mm. Ele está submetido a uma pressão interna de 10 MPa e um momento de flexão de 2 kN·m. Determine a tensão normal máxima e a tensão de cisalhamento máxima. Desconsidere os efeitos localizados no fechamento das extremidades.

6.20 Proceda como no Problema 6.19, exceto pela presença de um torque de 3 kN·m sendo aplicado ao tubo em vez do momento de flexão dado, enquanto a pressão de 10 MPa ainda esteja presente.

6.21 Um tubo tem diâmetro externo de 60 mm e espessura de parede de 3 mm. Ele está submetido a um momento de flexão de 1,8 kN·m e um torque de 2,5 kN·m. Determine a tensão normal máxima e a tensão de cisalhamento máxima.

6.22 Um eixo sólido com 50 mm de diâmetro é submetido a um momento de flexão $M = 3$ kN·m e um torque $T = 2,5$ kN·m. Determine a tensão normal máxima e a tensão de cisalhamento máxima.

6.23 Um eixo sólido com diâmetro d é submetido a um momento de flexão M e a um torque T.

    (a) Desenvolva uma expressão para a tensão máxima de cisalhamento em função de d, M e T.

    (b) Se M = 3 kN·m e $T = 2,5$ kN·m, qual é o menor diâmetro de tal modo que a tensão de cisalhamento máxima não exceda 140 MPa?

6.24 Um tubo de parede fina, com extremidades fechadas, tem raio interno de 80 mm e espessura de parede de 6 mm. Ele é submetido a uma pressão interna de 20 MPa, a um torque de aperto de 60 kN·m e a uma força axial de compressão de 200 kN. Determine a tensão normal máxima e a tensão de cisalhamento máxima.

6.25 Um eixo sólido de 50 mm de diâmetro é submetido a uma carga axial $P = 200$ kN e um torque $T = 1,5$ kN·m. Determine a tensão normal máxima e a tensão de cisalhamento máxima.

6.26 Um eixo sólido com diâmetro d é submetido a uma carga axial P e a um torque T.

    (a) Desenvolva uma expressão para a tensão máxima de cisalhamento em função de d, P e T.

    (b) Se P = 200 kN e $T = 1,5$ kN·m, qual é o menor diâmetro de tal modo que a tensão de cisalhamento máxima não exceda 100 MPa?

6.27 Uma viga simplesmente apoiada com 0,50 m de comprimento tem uma secção transversal retangular de largura $2c = 60$ mm e uma espessura $t = 40$ mm. Uma força vertical $P = 40$ kN é aplicada no seu meio, como na Figura A.4 (a) e também uma força axial $F = 100$ kN é aplicada ao longo do seu comprimento. Determine a tensão normal máxima e a tensão de cisalhamento máxima.

6.28 Considere um vaso de pressão esférico, de paredes espessas, pressurizado internamente, como na Figura A.6 (b).

(a) Desenvolva uma equação para a tensão de cisalhamento máxima em qualquer posição radial no recipiente, expressando-a em função dos raios r_1, r_1 e R; e da pressão p. Também mostre que a tensão de cisalhamento máxima global no vaso ocorre na parede interior.

(b) Assuma que o recipiente tem um diâmetro interior de 100 mm, um diâmetro externo de 150 m e contém uma pressão interna de 300 MPa. Determine, em seguida, as tensões principais normais e de cisalhamento na parede interna.

(c) Para o mesmo caso de (b), trace as variações de σ_r, σ_t e $\tau_{máx}$ *versus R*.

6.29 Considere um tubo de paredes espessas pressurizado internamente, como na Figura A.6 (a). Assuma que o tubo tem extremidades fechadas, mas desconsidere os efeitos localizados nas extremidades fechadas.

(a) Desenvolva uma equação para a tensão de cisalhamento máxima em qualquer posição radial no vaso, expressando-a em função dos raios r_1, r_1 e R e da pressão p. Também mostre que a tensão de cisalhamento máxima global no vaso ocorre na parede interior.

(b) Assuma que o recipiente tem um diâmetro interior de 80 mm, um diâmetro externo de 100 m e contém uma pressão interna de 100 MPa. Determine, em seguida, as tensões principais normais e de cisalhamento na parede interna.

(c) Para o mesmo caso de (b), trace as variações de σ_r, σ_t e σ_x *versus R*.

6.30 Considere um tubo de paredes espessas, com extremidades fechadas, carregado com uma pressão interna de 75 MPa e um torque de aperto de 30 kN·m. Os diâmetros interior e exterior são de 80 e 120 mm, respectivamente.

(a) Determine a tensão de cisalhamento máxima no tubo. Desconsidere os efeitos localizados no fechamento das extremidades. (Sugestão: Use a Figura A.6 (a), calcule $\tau_{máx}$ nas paredes interior, exterior e em várias posições radiais intermédias).

(b) Trace em função de R as variações de σ_r, σ_t e σ_x, oriundas da pressão e de τ_{tx} devido à torção e $\tau_{máx}$.

6.31 Proceda como no Problema 6.30 (a) e (b), exceto pela alteração dos valores numéricos, como se segue: pressão interna de 90 MPa, de torque 15 kN·m e os diâmetros interior e exterior 48 e 78 mm, respectivamente.

6.32 Um disco rotativo anelar como o da Figura A.9 tem um raio interior $r_1 = 90$, raio exterior $r_2 = 300$ e uma espessura $t = 50$ mm. É feito de aço liga e gira a uma frequência de $f = 120$ revoluções/segundo.

(a) Calcule os valores das tensões radial e tangenciais, σ_r e σ_t, para um número de valores de raio variável R e, então, trace essas tensões em função de R.

(b) Determine os valores e locais de tensão normal máxima e da tensão de cisalhamento máxima no disco.

266 CAPÍTULO 6 Revisão dos Estados de Tensão e Deformação Principais e Complexos

(c) Mostre que a tensão normal máxima e a tensão de cisalhamento máxima estão localizadas no raio interno para qualquer disco anelar rotativo com espessura constante.

Seção 6.4

6.33 Refaça o Problema 6.2 resolvendo a equação cúbica e encontre os cossenos diretores para os eixos principais. Além disso, mostre que seus cossenos diretores são consistentes com as rotações dos eixos de Equação 6.6.

6.34 Refaça o Problema 6.11 resolvendo a equação cúbica e encontre os cossenos diretores para os eixos principais. Além disso, mostre que seus cossenos diretores são consistentes com as rotações dos eixos de Equação 6.6.

6.35 Considere o caso especial no qual as tensões normais σ_x, σ_y, e σ_z estão presentes, mas a única tensão de cisalhamento diferente de zero é τ_{xy}, de modo que $\tau_{yz} = \tau_{zx} = 0$. Para determinar as tensões principais normais, mostre que a solução da equação cúbica (Eq. 6.26 ou 6.27) corresponde às duas equações representadas pela Equação 6.7 e a terceira equação é $\sigma_z = \sigma_3$. Também mostre que, para este caso especial, os cossenos diretores para σ_3 oferecem uma direção perpendicular ao plano x-y, ou seja, $(l_3, m_3, n_3) = (0, 0, 1)$.

6.36 Um elemento de material é submetido ao seguinte estado de tensão: $\sigma_x = -40$, $\sigma_y = 100$, $\sigma_z = 30$, $\tau_{xy} = -50$, $\tau_{yz} = 12$ e $\tau_{zx} = 0$ MPa. Determine o seguinte:

(a) As tensões principais normais e as tensões principais de cisalhamento.

(b) A tensão normal máxima e tensão de cisalhamento máxima.

(c) Os cossenos diretores de cada eixo de tensões principais normais.

6.37 a 6.43 Proceda como no Problema 6.36, mas use as tensões indicadas na Tabela P6.37.

Tabela P6.37

Número do Problema	Componentes de Tensão, MPa					
	σ_x	σ_y	σ_z	τ_{xy}	τ_{yz}	τ_{zx}
6.37	0	0	0	0	100	100
6.38	0	0	50	0	300	300
6.39	100	0	0	50	50	50
6.40	100	-100	0	0	50	50
6.41	65	-120	-45	30	0	50
6.42	25	50	40	20	-30	0
6.43	10	20	-10	-20	10	-30

6.44 Considere um estado de tensão no qual $\sigma_x = 90$, $\sigma_y = 130$, $\sigma_z = -60$ e $\tau_{xy} = \tau_{yz} = \tau_{zx} = 0$ MPa. Empregue a equação cúbica (Eq 6.26 ou 6.27.) e responda:

(a) Determine as tensões normais principais e a tensão de cisalhamento máxima.

(b) Mostre que, para tal caso especial, onde $\tau_{xy} = \tau_{yz} = \tau_{zx} = 0$, as tensões principais normais são sempre dadas por σ_1, σ_2, $\sigma_3 = \sigma_x$, σ_y, σ_z. Além disso, mostre que os eixos x-y-z são coincidentes com os eixos principais 1-2-3.

Seção 6.5

6.45 Determine as tensões normais e de cisalhamento octaédricas para o estado de tensões do Problema. 6.2.

6.46 Determine as tensões normais e de cisalhamento octaédricas para o estado de tensões do Problema. 6.11.

6.47 Considere o caso de tensão plana em que os únicos componentes diferentes de zero para o sistema de coordenadas x-y-z escolhido são σ_x e τ_{xy}. (Esta situação ocorre, por exemplo, na superfície de um eixo sob flexão e torção combinadas.) Desenvolva equações em termos de σ_x e τ_{xy} para o seguinte: tensão normal máxima, tensão de cisalhamento máxima e tensão de cisalhamento octaédrica.

6.48 Considere o caso de tensão plana em que os únicos componentes diferentes de zero para o sistema de coordenadas x-y-z escolhido são σ_x e σ_y. (Esta situação ocorre, por exemplo, em um tubo de paredes finas, pressurizado internamente com carregamento em flexão e/ou axialmente.) Desenvolva uma equação para a tensão de cisalhamento octaédrica em termos de σ_x e σ_y.

6.49 Desenvolva uma equação para a tensão de cisalhamento octaédrica em termos das tensões de cisalhamento principais.

6.50 Considere um tubo de paredes espessas, pressurizado internamente, como na Figura A.6 (a). Assuma que o tubo tem extremidades fechadas, mas desconsidere os efeitos localizados na fechamento de suas extremidades. Desenvolva uma equação para a tensão de cisalhamento octaédrica, τ_h, expressando-a em função dos raios r_1, r_1 e R e da pressão p. Também mostre que o máximo valor de τ_h ocorre na parede interior.

6.51 Para o tubo de paredes espessas do Problema 6.30:

(a) Determine o valor máximo da tensão de cisalhamento octaédrica no tubo. Desconsidere os efeitos localizados do fechamento nas extremidades.

(b) Trace a variação de τ_h contra o raio e comente sobre a tendência observada.

6.52 Desenvolva as equações para as tensões normais e de cisalhamento octaédricas, Equações 6.32 e 6.33, com base no equilíbrio do corpo sólido mostrado na Figura 6.15 (a). (Sugestões: Note que, nas três faces dos planos principais, as tensões principais, σ_1, σ_2 e σ_3, atuam. Então, some as *forças* normais ao plano octaédrico para obter σ_h e as forças paralelas a esse plano para obter τ_h)

Seção 6.6

6.53 Para as tensões medidas na superfície livre de uma peça de aço baixo carbono do Problema 5.17, determine as principais deformações normais e as deformações principais de cisalhamento. Suponha que não tenha ocorrido nenhum escoamento.

6.54 Para o cisalhamento planar puro, em que apenas τ_{xy} é diferente de zero, verifique as tensões principais, deformações e planos mostrados na Figura 4.41.

6.55 Um extensômetro de roseta, do tipo mostrado na Figura 6.16 (a), é utilizado para medir a deformações sobre a superfície livre de uma peça de liga de titânio. Foi obtido o seguinte resultado: $\varepsilon_x = 3.800 \times 10^{-6}$, $\varepsilon_y = 160 \times 10^{-6}$ e $\varepsilon_{45} = 2.340 \times 10^{-6}$. Determine as deformações principais normais e as deformações principais de cisalhamento. Suponha que não tenha ocorrido nenhum escoamento.

6.56 Um extensômetro de roseta, do tipo mostrado na Figura 6.16 (a), é utilizado para medir a deformações sobre a superfície livre de uma peça de liga de alumínio. Foi obtido o seguinte resultado: $\varepsilon_x = -1.550 \times 10^{-6}$, $\varepsilon_y = 720 \times 10^{-6}$ e $\varepsilon_{45} = -3.800 \times 10^{-6}$. Assuma que não tenha ocorrido nenhum escoamento. Estime as tensões σ_x, σ_y e τ_{xy} neste ponto e também determine a máxima tensão normal e a máxima tensão de cisalhamento.

6.57 Considere um extensômetro de roseta montado na superfície livre descarregada de um componente de engenharia. O extensômetro é do tipo mostrado na Figura 6.16 (b), de modo que ele mede a deformação na direção x e em duas direções adicionais que correspondem a rotações no sentido anti-horário em relação à direção x de $\theta = 60°$ e $120°$. Desenvolva equações que permitam calcular ε_y e γ_{xy} a partir das medições disponíveis, ε_x, ε_{60} e ε_{120}, de modo que o estado de deformações no plano, ε_x, ε_y, e γ_{xy}, seja completamente conhecido.

6.58 Modificando equações para tensão, desenvolva equações para as deformações normais e de cisalhamento no plano octaédrico, ε_h e γ_h. Expresse isso em termos de componentes de um estado tridimensional geral de deformações: ε_x, ε_y, ε_z, γ_{xy}, γ_{yz} e γ_{zx}. Qual é o significado de ε_h? Em que condições o plano octaédrico para deformação é o mesmo para tensão?

CAPÍTULO

Escoamento e Fratura sob Tensões Compostas

7

7.1 Introdução...269
7.2 Forma geral dos critérios de falha 271
7.3 Critério de falha pela máxima tensão normal...........................273
7.4 Critério de escoamento pela máxima tensão cisalhante...........276
7.5 Critério de escoamento pela tensão cisalhante octaédrica.......282
7.6 Discussão dos critérios básicos de falha 289
7.7 Critério de fratura de Coulomb-Mohr.......................................296
7.8 Critério de fratura de Mohr modificado....................................306
7.9 Comentários adicionais sobre critérios de falha 313
7.10 Resumo...316

OBJETIVOS

- Desenvolver e empregar três critérios básicos para a previsão de falha sob tensões multiaxiais: critério de fratura pela máxima tensão normal, critério de escoamento pela máxima tensão cisalhante e critério de escoamento pela tensão cisalhante octaédrica.

- Comparar e discutir esses critérios básicos quanto à sua aplicabilidade e extensões.

- Analisar a fratura de materiais frágeis mediante carregamentos multiaxiais em tração ou compressão, em que qualquer um dos dois modos de fratura, por tração ou por cisalhamento, pode ocorrer, com alguma influência do carregamento em compressão afetando o modo de falha por cisalhamento.

7.1 INTRODUÇÃO

Componentes de engenharia podem ser submetidos a carregamentos complexos em tração, compressão, flexão, torção, pressão, ou combinações destes, de modo que, em determinado ponto no material, as tensões ocorrem normalmente em mais de um sentido. Se forem suficientemente severas, tais tensões combinadas podem agir em conjunto para fazer com que o material entre em deformação plástica ou frature. A previsão dos limites de segurança para o uso de um material sob tensões combinadas requer a aplicação de um *critério de falha*.

Diferentes critérios de falha estão disponíveis: alguns preveem a falha pela ocorrência de escoamento, ou seja, pelo início de deformação plástica, já outros critérios consideram que a falha ocorra pela fratura. Os primeiros são especificamente conhecidos como *critérios de escoamento*, e os últimos são os *critérios de fratura*.

No presente capítulo, os critérios de falha serão considerados com base nos valores das tensões aplicadas. O seu uso envolve o cálculo de um valor efetivo da tensão aplicada, que caracteriza as tensões combinadas e, em seguida, a comparação deste valor com a resistência ao escoamento ou à fratura do material. Um material pode falhar por escoamento ou por fratura, dependendo das suas propriedades e do estado de tensões, de modo que, em geral, deve ser considerada a possibilidade de um destes eventos ocorrer em primeiro lugar.

7.1.1 Necessidade de um Critério de Falha

A necessidade da consideração cuidadosa de um critério de falha está ilustrada pelos exemplos da Figura 7.1. Para esses exemplos, o material é considerado um metal de engenharia dúctil, com um comportamento que se aproxima do caso ideal elástico, perfeitamente plástico. Um teste de tração uniaxial fornece o módulo de elasticidade E e o limite de escoamento σ_0, como mostrado em (a). Agora, vamos supor que uma compressão transversal de magnitude igual à tração também é aplicada, como mostrado em (b). Neste caso, observa-se experimentalmente que a tensão σ_y necessária para causar o escoamento vale apenas cerca da metade do valor da tensão de tração no teste uniaxial. Este resultado é facilmente verificado através da realização de um teste de torção simples em um tubo de paredes finas, em que o estado desejado de tensão existe em uma orientação a 45° do eixo do tubo (Fig. 4.41).

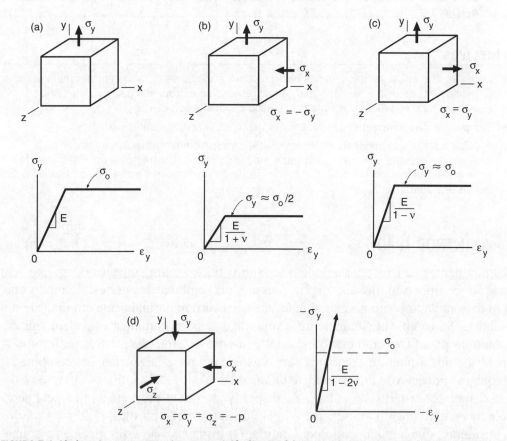

FIGURA 7.1 Limites de escoamento de um metal dúctil sob vários estados de tensão: (a) tração uniaxial, (b) tração com compressão transversal, (c) tração biaxial e (d) compressão hidrostática.

Agora, considere outro exemplo, a saber, uma tensão de tração transversal σ_x, de magnitude igual a σ_y, como ilustrado na Figura 7.1 (c). Uma vez que a compressão transversal reduz a resistência ao escoamento, a intuição sugere que a tração transversal pode aumentá-la. Mas uma experiência mostrará que o efeito da tração transversal no

ELSEVIER　　　　　　　　Comportamento Mecânico dos Materiais　　**271**

escoamento é pequeno ou ausente. A experiência pode ser feita pela pressurização de um recipiente esférico de parede fina até que este escoe ou pela combinação de pressão e tração num tubo de paredes finas. Se o material empregado é frágil – digamos, ferro fundido cinzento –, nem a tensão de tração, nem a de compressão transversal terão muito efeito sobre sua fratura.

Adicionalmente, uma condição experimental interessante é a dificuldade, talvez até mesmo a impossibilidade, de se deformar plasticamente um material dúctil se este for testado sob pressão hidrostática simples, em que $\sigma_x = \sigma_y = \sigma_z$, seja por tração ou por compressão. Isso está ilustrado na Figura 7.1 (d). A tração hidrostática é difícil de ser obtida experimentalmente, mas a compressão hidrostática pode ser criada simplesmente colocando-se uma amostra do material dentro de uma câmara pressurizada.

Por isso, são necessários critérios de falha que sejam capazes de prever estes tipos de efeitos combinados de estados de tensão no escoamento e na fratura. Embora devam ser empregados, em geral, os critérios de escoamento e de fratura, materiais que se comportam de um modo tipicamente dúctil têm, usualmente, a sua utilidade limitada pelo escoamento. Por outro lado, aqueles que normalmente se comportam de uma forma quebradiça são geralmente limitados pela fratura.

7.1.2 Comentários Adicionais

Uma alternativa ao critério de falha, baseado na tensão, analisa especificamente trincas presentes no material pelo uso de métodos especiais da *mecânica de fratura*. Tal abordagem não é considerada neste capítulo, porém ela passa a ser o único tema do próximo capítulo.

Na maior parte do tratamento que se segue, os materiais são supostos isotrópicos e homogêneos. Os critérios de falha para materiais anisotrópicos são um tema bastante complexo que é aqui considerado apenas de forma limitada.

Note-se que o efeito de um estado de tensões complexo sobre a deformação antes do escoamento já foi discutido no Capítulo 5. Por exemplo, as curvas de elasticidade iniciais mostradas nos gráficos da Figura 7.1 são facilmente obtidas a partir da lei de Hooke, na forma da Equação 5.26. Os critérios de escoamento considerados neste capítulo preveem o início da deformação plástica, que define o ponto após o qual a lei de Hooke deixa de descrever completamente o comportamento tensão-deformação. O tratamento detalhado do comportamento tensão-deformação após o escoamento é um tópico avançado chamado *plasticidade*, que é considerado, em certo grau, no Capítulo 12.

A discussão, neste capítulo, fundamenta-se basicamente na revisão dos estados complexos de tensão do capítulo anterior, especificamente, na transformação de eixos, no círculo de Mohr, nas tensões principais e nas tensões octaédricas.

7.2 FORMA GERAL DOS CRITÉRIOS DE FALHA

Ao aplicar um critério de escoamento, a resistência de um material é dada pela sua resistência ao escoamento. A resistência ao escoamento é uma propriedade mais comumente disponível na forma de limite de escoamento σ_0, determinado a partir de testes uniaxiais e baseado numa deformação limiar para a ocorrência de deformação plástica, tal como descrito no Capítulo 4. Para aplicar um critério de fratura são necessários os valores

272 CAPÍTULO 7 Escoamento e Fratura sob Tensões Compostas

do limite de resistência em tração e em compressão, σ_{ut} e σ_{uc}. Durante os ensaios de tração de materiais que se comportam de forma frágil o escoamento não é um evento bem definido na maioria dos casos; além disso, o limite de resistência (último) e de fratura são eventos que ocorrem ao mesmo tempo. Por isso, empregar σ_{ut} para materiais frágeis é o mesmo que usar a tensão de fratura de engenharia, σ_f.

Um critério de falha para materiais isotrópicos pode ser expresso pela seguinte forma matemática:

$$f(\sigma_1, \sigma_2, \sigma_3) = \sigma_c \qquad \text{(na falha)} \tag{7.1}$$

em que a falha (que pode ser escoamento ou fratura) está prevista para ocorrer quando uma função matemática específica f, que emprega as tensões principais normais, é igual à resistência à falha do material, σ_c, obtida a partir de um teste uniaxial. A resistência à falha ou é o limite de escoamento, σ_0, ou é o limite de resistência em tração ou em compressão, σ_{ut} ou σ_{uc}, em função do tipo de falha de interesse: por escoamento ou fratura, respectivamente.

Um requisito para um critério de falha válido é que este deve levar ao mesmo resultado, independentemente da escolha inicial do sistema de coordenadas do problema em análise. Esse requisito é satisfeito se o critério puder ser expresso em termos das tensões principais. Esse requisito também é satisfeito por qualquer critério no qual f seja uma função matemática de um ou mais dos invariantes de tensão, descritos no capítulo anterior, como na Equação 6.29.

Se algum caso particular da Equação 7.1 for traçada no *sistema de coordenadas das tensões normais principais* (coordenadas tridimensionais de σ_1, σ_2 e σ_3), a função f forma uma superfície que é chamada *superfície de falha* ou *locus* de falha. Uma superfície de falha pode ser tanto uma *superfície de escoamento* como uma *superfície de fratura*. Na discussão dos critérios de falha, consideraremos várias funções matemáticas f específicas, e, desta forma, serão abrangidos vários tipos de *locus* de falha.

Considere um ponto em um componente de engenharia no qual as cargas aplicadas resultam em valores específicos de tensões principal normais, σ_1, σ_2 e σ_3, e para o qual conhece-se o valor de σ_c, que é uma propriedade do material que o constitui e também para o qual foi definido um critério de falha específico, f. Torna-se útil definir uma *tensão efetiva*, $\bar{\sigma}$, que é o único valor numérico que caracteriza o estado de tensões aplicado. Particularmente,

$$\bar{\sigma} = f(\sigma_1, \sigma_2, \sigma_3) \tag{7.2}$$

em que f é a mesma função da Equação 7.1. Assim, pela Equação 7.1, pode-se afirmar que a falha ocorre quando:

$$\bar{\sigma} = \sigma_c \qquad \text{(na falha)} \tag{7.3}$$

Não se espera falha se a tensão efetiva, $\bar{\sigma}$, é menor do que a tensão de falha, σ_c:

$$\bar{\sigma} < \sigma_c \qquad \text{(sem falha)} \tag{7.4}$$

Além disso, o fator de segurança contra a falha é dado por:

$$X = \frac{\sigma_c}{\bar{\sigma}} \tag{7.5}$$

Em outras palavras, as tensões aplicadas podem ser aumentadas por um fator X antes de ocorrer uma falha. Por exemplo, se $X = 2$, as tensões aplicadas podem ser duplicadas antes que a falha ocorra.[1]

Vamos agora avançar na discussão dos vários critérios específicos de falha, alguns dos quais são apropriados para o escoamento e outros para a fratura. Ao fazê-lo, salvo indicação em contrário, os subscritos para tensões principais σ_1, σ_2 e σ_3 não estarão vinculados a nenhum ordenamento relativo de seus valores.

7.3 CRITÉRIO DE FALHA PELA MÁXIMA TENSÃO NORMAL

Talvez o critério de falha mais simples seja considerar que a falha ocorre quando a maior tensão principal normal atinge a resistência uniaxial do material, σ_c. Esta abordagem é razoavelmente bem-sucedida para predizer a fratura de materiais frágeis sob carregamentos dominados por tensões de tração.

Para simplificar a discussão, vamos assumir inicialmente que temos um material que se fratura se o limite de resistência, σ_u, é excedido tanto por tração como por compressão. Ou seja, estamos assumindo temporariamente que $\sigma_{ut} = |\sigma_{uc}| = \sigma_u$, em que σ_{ut} é o limite de resistência em tração, e $|\sigma_{uc}|$ é o limite de resistência em compressão, expressa em módulo, para se tornar um valor positivo.

Para o material descrito, um critério de falha por fratura, empregando a máxima tensão normal, poderia ser especificado por uma função f da seguinte forma:

$$\sigma_u = \text{MÁX}(|\sigma_1|, |\sigma_2|, |\sigma_3|) \qquad \text{(na fratura)} \qquad (7.6)$$

em que a notação MÁX indica que será escolhido o maior dos valores separados entre vírgulas. Os valores absolutos são usados de modo que as tensões principais de compressão podem ser consideradas. Um conjunto particular de tensões aplicadas pode, então, ser caracterizado por uma tensão normal (N) efetiva:

$$\bar{\sigma}_N = \text{MÁX}(|\sigma_1|, |\sigma_2|, |\sigma_3|) \qquad (7.7)$$

em que o subscrito especifica o critério da máxima tensão normal. Assim, a fratura ocorre quando $\bar{\sigma}_N$ é igual a σ_u. Quando isso não ocorre é possível definir um fator de segurança contra a fratura como sendo:

$$X = \frac{\sigma_u}{\bar{\sigma}_N} \qquad (7.8)$$

7.3.1 Representação Gráfica do Critério de Tensão Normal

Para tensão plana, tal quando $\sigma_3 = 0$, este critério de fratura pode ser graficamente representado por um quadrado em um gráfico de σ_1 *versus* σ_2, como mostrado na Figura 7.2 (a). Qualquer combinação de valores de σ_1 e σ_2 que recaia dentro dos limites

---

[1]Fatores de segurança também podem ser expressos em termos das cargas aplicadas, de acordo com a Equação 1.3. Se as cargas e tensões são proporcionais, como é frequentemente o caso, então os fatores de segurança sobre tensão são idênticos aos de carga. Mas é preciso ter cuidado se essa proporcionalidade não existe, como nos problemas de flambagem, e tipo de contato das superfícies sob carregamento.

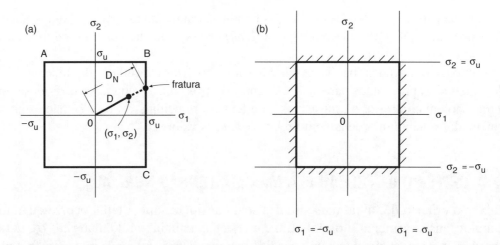

FIGURA 7.2 Condições para falha (*locus* de falha) conforme o critério de fratura por máxima tensão normal para tensão plana.

do quadrado é considerada segura, e qualquer uma que caia em seu perímetro, ou fora deste, corresponde à fratura. Note-se que a região interna do quadrado satisfaz:

$$\text{MÁX}(|\sigma_1|, |\sigma_2|) \leq \sigma_u \tag{7.9}$$

As equações para as quatro linhas retas, que formam as fronteiras da região segura, são obtidas como mostrado na Figura 7.2 (b):

$$\sigma_1 = \sigma_u, \quad \sigma_1 = -\sigma_u, \quad \sigma_2 = \sigma_u, \quad \sigma_2 = -\sigma_u \tag{7.10}$$

Para o caso geral, em que todas as três tensões principais normais podem ter valores diferentes de zero, a Equação 7.6 indica que a região segura é delimitada da seguinte forma:

$$\sigma_1 = \pm\sigma_u, \quad \sigma_1 = \pm\sigma_u, \quad \sigma_3 = \pm\sigma_u \tag{7.11}$$

Cada uma das igualdades precedentes representa um par de planos paralelos normais a um dos eixos principais cruzando-se em $+\sigma_u$ e $-\sigma_u$. A superfície de ruptura é, portanto, simplesmente um cubo, tal como ilustrado na Figura 7.3. Se qualquer um dos valores de σ_1, σ_2 ou σ_3 for nulo, o cubo torna-se uma região bidimensional, formada pela interseção desse cubo com o plano das duas tensões principais remanescentes. Tal interseção é mostrada na Figura 7.3 para o caso de $\sigma_3 = 0$, cujo resultado, claro, é o quadrado já mostrado na Figura 7.2.

7.3.2 Discussão

Considere um ponto sobre a superfície de um componente de engenharia em que prevaleça tensão plana, de modo que $\sigma_3 = 0$. Além disso, assuma que o aumento da carga aplicada faz com que tanto σ_1 quanto σ_2 aumentem mantendo constante a relação σ_2/σ_1, uma situação conhecida como *carregamento proporcional*. Isso ocorre, por exemplo, na pressurização de um tubo de parede fina com as extremidades fechadas, no qual as tensões mantêm uma relação $\sigma_2/\sigma_1 = 0{,}5$, em que σ_1 é a tensão transversal e σ_2 é a tensão longitudinal.

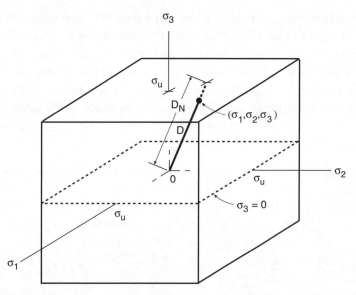

FIGURA 7.3 Superfície tridimensional (*locus* de falha) para ocorrência de falha conforme o critério de fratura por máxima tensão normal.

Neste caso, pode ser feita uma interpretação gráfica do fator de segurança, tal como ilustrado na Figura 7.2 (a). Seja D a distância em linha reta da origem até o ponto correspondente à tensão aplicada (σ_1, σ_2). Estenda essa linha reta até que se atinja a linha de fratura e defina a distância total, conforme mostrado na Figura 7.2 (a), como D_N. O fator de segurança contra a fratura é a razão entre tais comprimentos:

$$X = \frac{D_N}{D} \qquad (7.12)$$

Tal interpretação gráfica do fator de segurança, especificamente dado pela Equação 7.12, também é aplicável no caso tridimensional geral, como ilustrado na Figura 7.3. As distâncias D e D_N ainda são medidas ao longo de uma linha reta, mas, neste caso, a linha pode estar inclinada em relação a todos os três eixos principais. A avaliação do fator de segurança em termos de comprimentos de linhas de carregamento proporcional é válida para qualquer superfície delimitadora de falha razoável, como em outras a serem discutidas posteriormente.

Para materiais sólidos que normalmente se comportam de um modo frágil, a resistência máxima à compressão é geralmente muito maior do que em tração e o comportamento em compressão multiaxial é mais complexo do que o sugerido por qualquer forma de critério de máxima tensão normal. Portanto, para o uso de engenharia, o critério de fratura recém-descrito necessita ser restrito a um carregamento dominado por tração, o que pode ser conseguido com as fórmulas:

$$\bar{\sigma}_{NT} = \text{MÁX}(\sigma_1, \sigma_2, \sigma_3), \qquad X = \frac{\sigma_{ut}}{\bar{\sigma}_{NT}} \qquad \text{(a)}$$
$$\text{em que } \bar{\sigma}_{NT} > 0 \text{ e } \sigma_{máx} | > | \sigma_{min} | \qquad \text{(b)} \qquad (7.13)$$

Este critério modificado está limitado caso a tensão normal principal máxima seja positiva e também caso seja maior em magnitude do que o módulo de qualquer outra

276 CAPÍTULO 7 Escoamento e Fratura sob Tensões Compostas

tensão principal compressiva. Estas condições restringem o uso deste critério nos casos em que a linha D_N da Figura 7.2 intercepta a superfície de falha ao longo das linhas A-B e B-C, ou quando a linha intercepta, na Figura 7.3, uma das três faces do cubo que estejam no lado positivo. Note que o fator de segurança é obtido comparando esta tensão efetiva, redefinida como $\bar{\sigma}_{NT}$, com o limite de resistência obtido em ensaio de tração, σ_{ut}. O comportamento em compressão e os critérios de falha aplicáveis em materiais frágeis serão mais discutidos posteriormente. De fato, estes assuntos são o foco das Seções 7.7 e 7.8, ao final deste capítulo.

EXEMPLO 7.1

Uma amostra de ferro fundido cinzento está sujeita ao estado plano de tensão generalizado do Exemplo 6.3. Normalmente o ferro fundido cinzento se comporta fragilmente, sendo que este material em particular tem os limites de resistência em tração e compressão iguais à $\sigma_{ut} = 214$ e $|\sigma_{uc}| = 770$ MPa, respectivamente. Qual é o fator de segurança contra fratura?

Solução
No Exemplo 6.3, o estado de tensões dado era $\sigma_x = 100$, $\sigma_y = -60$, $\sigma_z = 40$, $\tau_{xy} = 80$, $\tau_{yz} = \tau_{zx} = 0$ MPa. Destes valores, calcularam-se as tensões principais normais: $\sigma_1 = 133,1$, $\sigma_2 = -93,1$ e $\sigma_3 = 40$ MPa. Empregando esses valores na Equação 7.13, obtemos:

$$\bar{\sigma}_{NT} = \text{MÁX}(\sigma_1 + \sigma_2 + \sigma_3) = \text{MÁX}(133,1; -93,1; 40) = 133,1 \text{ MPa}$$

$$X = \sigma_{ut} / \bar{\sigma}_{NT} = (214 \text{ MPa}) / (133,1 \text{ MPa}) = 1,61 \qquad \textbf{(Resposta)}$$

As limitações que acompanham a Equação 7.13 precisam ser verificadas. Claramente, $\bar{\sigma}_{NT} > 0$. Além disso, $|\sigma_{máx}| = 133,1$ e $|\sigma_{mín}| = 93,1$ MPa, de modo que $|\sigma_{máx}| > |\sigma_{mín}|$, validando a resposta, já que este é um caso de carregamento mecânico dominado por tensão de tração.

7.4 CRITÉRIO DE ESCOAMENTO PELA MÁXIMA TENSÃO CISALHANTE

O escoamento de materiais dúcteis é muitas vezes estipulado quando a tensão máxima de cisalhamento em qualquer plano atinge um valor crítico τ_0, que é considerado uma propriedade do material:

$$\tau_0 = \tau_{máx} \qquad \text{(no escoamento)} \tag{7.14}$$

Esta é a base do *critério de escoamento pela máxima tensão cisalhante*, também muitas vezes chamado critério de Tresca. Para metais, tal abordagem é lógica, porque o mecanismo de escoamento, em escala microscópica, é pelo deslizamento de planos cristalinos, que é um processo de deformação por cisalhamento que se espera ser controlado por uma tensão de cisalhamento (Cap. 2).

7.4.1 Desenvolvimento do Critério de Máxima Tensão Cisalhante

Recorde, do capítulo anterior, que a máxima tensão de cisalhamento é a maior das três tensões principais cisalhamento que agem em planos orientados a 45° em relação aos eixos das tensões principais normais, tal como ilustrado na Figura 6.8. Essas tensões principais de cisalhamento podem ser obtidas, a partir das tensões principais normais, pela Equação 6.18, que é repetida aqui, por conveniência:

$$\tau_1 = \frac{|\sigma_2 - \sigma_3|}{2}, \qquad \tau_2 = \frac{|\sigma_1 - \sigma_3|}{2}, \qquad \tau_3 = \frac{|\sigma_1 - \sigma_2|}{2} \qquad (7.15)$$

Assim, este critério de escoamento pode ser definido como segue:

$$\tau_0 = \text{MÁX}\left\{\frac{|\sigma_1 - \sigma_2|}{2}, \frac{|\sigma_2 - \sigma_3|}{2}, \frac{|\sigma_3 - \sigma_1|}{2}\right\} \qquad \text{(no escoamento)} \qquad (7.16)$$

A tensão de escoamento por cisalhamento, τ_0, para dado material pode ser obtida diretamente a partir de um ensaio simples de cisalhamento, como torção de um tubo de parede fina. No entanto, como o limite de escoamento uniaxial, σ_0, obtido a partir de ensaios de tração está mais comumente disponível, torna-se mais conveniente empregá-lo para o cálculo de τ_0. Em um ensaio de tração uniaxial, para a tensão definida como sendo o limite de escoamento, σ_0, temos:

$$\sigma_1 = \sigma_0, \qquad \sigma_2 = \sigma_3 = 0 \qquad (7.17)$$

A substituição destes valores no critério de escoamento da Equação 7.16 implica:

$$\tau_0 = \frac{\tau_0}{2} \qquad (7.18)$$

No ensaio uniaxial, note que a tensão máxima de cisalhamento ocorre nos planos orientados a 45° em relação ao eixo da tensão aplicada. Este fato e a Equação 7.18 são facilmente verificados por meio do círculo de Mohr, como mostrado na Figura 7.4.

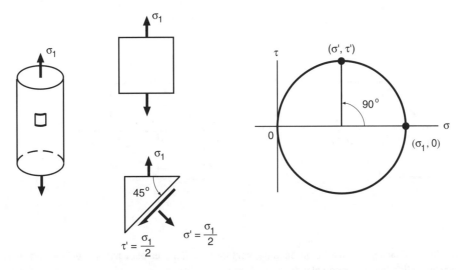

FIGURA 7.4 O plano de cisalhamento máximo em um ensaio de tração uniaxial.

Desta forma, a Equação 7.16 pode ser escrita em termos de σ_0 como:

$$\frac{\sigma_0}{2} = \text{MÁX}\left\{\frac{|\sigma_1-\sigma_2|}{2}, \frac{|\sigma_2-\sigma_3|}{2}, \frac{|\sigma_3-\sigma_1|}{2}\right\} \quad \text{(no escoamento)} \quad (7.19)$$

ou

$$\sigma_0 = \text{MÁX}(|\sigma_1-\sigma_2|, |\sigma_2-\sigma_3|, |\sigma_3-\sigma_1|) \quad \text{(no escoamento)} \quad (7.20)$$

A tensão efetiva é mais convenientemente definida pela Equação 7.3, de modo que ela se iguala à tensão uniaxial no limite de escoamento, σ_0, ou seja,

$$\bar{\sigma}_S = \text{MÁX}(|\sigma_1-\sigma_2|, |\sigma_2-\sigma_3|, |\sigma_3-\sigma_1|) \quad (7.21)$$

em que o subíndice S especifica o critério da máxima tensão cisalhante. O fator de segurança contra o escoamento é, então:

$$X = \frac{\sigma_0}{\bar{\sigma}_S} \quad (7.22)$$

7.4.2 Representação Gráfica do Critério de Máxima Tensão Cisalhante

Para tensão plana, tal quando $\sigma_3 = 0$, o critério da máxima tensão cisalhante pode ser representado em um gráfico de σ_1 contra σ_2, como mostrado na Figura 7.5 (a). Pontos no perímetro e fora do hexágono distorcido obtido correspondem ao escoamento, e os pontos internos a esta figura são seguros. Este *locus* de falha é obtido substituindo $\sigma_3 = 0$ no critério de escoamento da Equação 7.20:

$$\sigma_0 = \text{MÁX}(|\sigma_1-\sigma_2|, |\sigma_2|, |\sigma_1|) \quad (7.23)$$

A região sem escoamento, na qual $\bar{\sigma}_S < \sigma_0$, é delimitada pelas linhas definidas pelas Equações:

$$\sigma_1 - \sigma_2 = \pm\sigma_0, \quad \sigma_2 = \pm\sigma_0, \quad \sigma_1 = \pm\sigma_0 \quad (7.24)$$

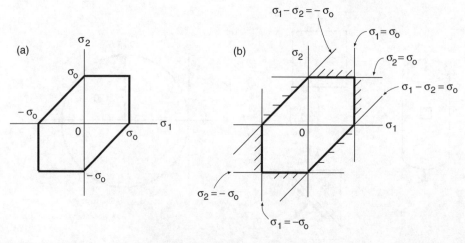

FIGURA 7.5 Condições para falha (*locus* de falha) conforme o critério de escoamento pela máxima tensão de cisalhamento aplicado para tensão plana.

Estas linhas são mostradas na Figura 7.5 (b). Note que a primeira equação origina um par de linhas paralelas, com inclinação unitária, e as outras duas, pares de linhas paralelas aos eixos coordenados.

Para o caso geral, no qual todas as três tensões principais normais não possuem valores nulos, as fronteiras da região onde não ocorre escoamento são obtidas a partir da Equação 7.20:

$$\sigma_1 - \sigma_2 = \pm\, \sigma_0, \qquad \sigma_2 - \sigma_3 = \pm\, \sigma_0, \qquad \sigma_1 - \sigma_3 = \pm\, \sigma_0 \qquad (7.25)$$

Cada uma destas equações gera um par de planos inclinados paralelos à direção principal de tensão que não estiver aparecendo na equação. Por exemplo, a primeira equação representa um par de planos paralelos à direção σ_3.

Esses três pares de planos formam um tubo com uma seção transversal hexagonal, como mostrado na Figura 7.6. O eixo do tubo é a linha $\sigma_1 = \sigma_2 = \sigma_3$. Esta direção corresponde à normal ao plano octaédrico no octante (lado do sistema de eixos) onde todas as tensões principais normais são positivas – especificamente, a linha que foi representada na Figura 6.15 e na qual $\alpha = \beta = \gamma$. Se o tubo é visualizado ao longo dessa linha, um hexágono regular é observado, como mostrado na Figura 7.6 (b).

Se qualquer valor de σ_1, σ_2 ou σ_3 é nulo, então a interseção do tubo com o plano das duas tensões restantes representa um *locus* de falha na forma de um hexágono distorcido, como já mostrado na Figura 7.5 (a).

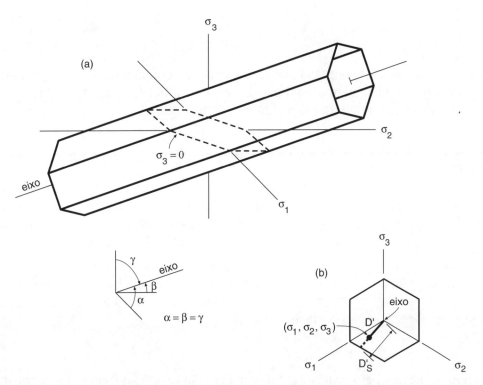

FIGURA 7.6 Superfície tridimensional para definição das condições de falha (*locus* de falha) pelo critério do escoamento pela máxima tensão cisalhante.

280 CAPÍTULO 7 Escoamento e Fratura sob Tensões Compostas

7.4.3 Tensões Hidrostáticas e o Critério de Máxima Tensão Cisalhante

Consideremos o caso especial de um estado de tensão no qual as tensões principais normais são todas iguais, de modo que há um estado de tensão hidrostática puro, σ_h:

$$\sigma_1 = \sigma_2 = \sigma_3 = \sigma_h \tag{7.26}$$

Isso ocorre, por exemplo, quando o material está submetido a um carregamento de pressão simples p, de modo que $\sigma_h = -p$. Esse caso corresponde a um ponto ao longo do eixo do tubo de seção hexagonal da Figura 7.6. Para qualquer ponto, a tensão efetiva $\bar{\sigma}_S$ da Equação 7.21 é sempre nula e o fator de segurança contra o escoamento é, portanto, infinito.

Assim, o critério de máxima tensão cisalhante prevê que a tensão hidrostática em si não causa escoamento. Isso parece surpreendente, mas está, de fato, alinhado com resultados experimentais para metais sob compressão hidrostática. Realizar testes em tensão hidrostática é essencialmente impossível, mas é provável que fratura frágil ocorra, sem escoamento, em altos níveis de tensão, mesmo em materiais normalmente dúcteis.

Também é válida para o critério de máxima tensão cisalhante uma interpretação do fator de segurança em termos do comprimento de linhas a partir da origem no sistema de coordenadas principais, como discutido anteriormente. Esta interpretação é feita considerando que as tensões aplicadas afetam o escoamento à medida que a conjunção dessas tensões se afaste do eixo do tubo hexagonal da Figura 7.6. Assim, as projeções dos comprimentos normais deste eixo também podem ser utilizadas para se obter um fator de segurança:

$$X = \frac{D'_S}{D'} \tag{7.27}$$

Aqui, D'_S é a distância projetada correspondente ao escoamento e D' é a distância projetada relacionada com o conjunto de tensões aplicadas (σ_1, σ_2, σ_3), tal como identificado pelo ponto mostrado na Figura 7.6 (b).

EXEMPLO 7.2

Considere o tubo com as extremidades fechadas do Exemplo 6.5, com 10 mm de espessura de parede e diâmetro interno de 0,60 m, submetido a uma pressão interna de 20 MPa e um torque de 1.200 kN·m. Qual é o fator de segurança contra o escoamento na parede interna se o tubo for feito de aço *maraging* 18 Ni da Tabela 4.2?

Solução

As tensões transversais, longitudinais e radiais estão calculadas no Exemplo 6.5 e valem $\sigma_t = 600$, $\sigma_x = 300$, $\sigma_r = -20$ (lado interno) e $\tau_{tx} = 205,3$ MPa. Estes valores dão as tensões principais normais na parede interna:

$$\sigma^1 = 704,3; \qquad \sigma^2 = 195,7; \qquad \sigma_3 = -20 \text{ MPa}$$

A tensão efetiva pelo critério de máxima tensão cisalhante, obtida a partir da Equação 7.21, é

$$\overline{\sigma}_S = \text{MÁX}(|\,\sigma_1 - \sigma_2\,|,\,|\,\sigma_2 - \sigma_3\,|,\,|\,\sigma_3 - \sigma_1\,|)$$

$$\overline{\sigma}_S = \text{MÁX}\,(|\,704,3 - 195,7\,|,\,|\,195,7 - (-20)\,|,\,|\,(-20) - 704,3\,|) = 724,3 \text{ MPa}$$

O limite de escoamento para este material, a partir da Tabela 4.2, vale 1.791 MPa, então o fator de segurança contra o escoamento para a parede interna é

$$X = \sigma_0 \,/\, \overline{\sigma}_S = (1.791 \text{ MPa}) \,/\, (724,3 \text{ MPa}) = 2,47 \qquad \textbf{(Resposta)}$$

Comentários

Para a parede externa, a revisão do cálculo anterior com $\sigma_r = \sigma_3 = 0$ implica $\overline{\sigma}_S = 704,3$ MPa e $X = 2,54$. O menor fator de segurança, obtido para a parede interna, e que é ligeiramente inferior ($X = 2,47$) ao da parede externa, é o fator de segurança que caracteriza este projeto.

EXEMPLO 7.3

Um eixo cilíndrico sólido de diâmetro d é feito em aço AISI 1020 (como laminado) e está submetido a uma força axial de tração de 200 kN e um torque de 1,50 kN·m.
(a) Qual é o fator de segurança contra o escoamento se o diâmetro for de 50 mm?
(b) Para a situação de (a), qual seria o valor ajustado de diâmetro necessário para se obter um fator de segurança contra o escoamento de 2,0?

Solução

(a) A força axial aplicada P e o torque T produzem as tensões como mostrado na Figura E7.3, o que pode ser avaliado com base nas Figuras A.1 e A.2:

$$\sigma_x = \frac{P}{A} = \frac{4P}{\pi d^2}, \qquad \tau_{xy} = \frac{Tc}{J} = \frac{T(d/2)}{\pi d^4 / 32} = \frac{16T}{\pi d^3}$$

Note que σ_x é uniformemente distribuída e τ_{xy} é avaliada na superfície do eixo, onde é mais elevada. Assim, temos um estado plano de tensões com $\sigma_y = 0$. As tensões principais normais são $\sigma_3 = \sigma_z = 0$ e

$$\sigma_1\sigma_2 = \frac{\sigma_x + \sigma_y}{2} \pm \sqrt{\left(\frac{\sigma_x - \sigma_y}{2}\right)^2 + \tau_{xy}^2} = \frac{2P}{\pi d^2} \pm \sqrt{\left(\frac{2P}{\pi d^2}\right)^2 + \left(\frac{16T}{\pi d^3}\right)^2}$$

Visualizando as tensões calculadas como σ_1, $\sigma_2 = a \pm r$ e observando que $r > a$, os três círculos de Mohr devem estar dispostos como exemplificado na Figura 6.10 (a), em vez do mostrado na Figura 6.10 (b). Assim, a diferença σ_1 e σ_2 determina a tensão de cisalhamento máxima e, desta forma, também $\overline{\sigma}_S$:

$$\overline{\sigma}_S = \text{MÁX}(|\,\sigma_1 - \sigma_2\,|,\,|\,\sigma_2 - \sigma_3\,|,\,|\,\sigma_3 - \sigma_1\,|) = |\,\sigma_1 - \sigma_2\,|$$

$$\overline{\sigma}_S = 2\sqrt{\left(\frac{2P}{\pi d^2}\right)^2 + \left(\frac{16T}{\pi d^3}\right)^2} = \frac{4}{\pi d^2}\sqrt{P^2 + \left(\frac{8T}{d}\right)^2} = 159,1 \text{ MPa}$$

Substituindo $P = 200.000$ N, $T = 1,50 \times 10^6$ N·mm e $d = 50$ mm nas equações anteriores, obtemos $\bar{\sigma}_S$ nas unidades N/mm² = MPa. Empregando este valor com o limite de escoamento $\sigma_0 = 260$ MPa do material, dado na Tabela 4.2, temos:

$$X = \sigma_0 / \bar{\sigma}_S = (260 \text{ MPa}) / (159,1 \text{ MPa}) = 1,63 \qquad \textbf{(Resposta)}$$

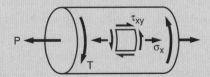

FIGURA E7.3

(b) Para conseguir um fator de segurança de $X = 2,0$ com um valor modificado de diâmetro d, precisamos:

$$\bar{\sigma}_S = \sigma_0 / X = (260 \text{ MPa}) / 2 = 130 \text{ MPa}$$

Substituindo este valor e os valores dados de P e T na equação para $\bar{\sigma}_S$, desenvolvida anteriormente, é:

$$130 \text{ MPa} = \frac{4}{\pi d^2} \sqrt{(200.000 \text{ N})^2 + \left(\frac{8(1,50 \times 10^6 \text{ N} \cdot \text{mm})}{d}\right)^2}$$

Esta equação não pode ser resolvida para d de forma algébrica direta, de modo que um procedimento interativo de tentativa e erro é necessário para se obter o valor do diâmetro:

$$d = 54,1 \text{ mm} \qquad \textbf{(Resposta)}$$

Como seria de esperar, o aumento do fator de segurança – do encontrado em (a) para 2,0 – exige um maior diâmetro.

7.5 CRITÉRIO DE ESCOAMENTO PELA TENSÃO CISALHANTE OCTAÉDRICA

Outro critério de escoamento muitas vezes utilizado para metais dúcteis é pela predição de que o escoamento ocorre quando a tensão de cisalhamento nos planos octaédricos atinge o valor crítico:

$$\tau_h = \tau_{h0} \qquad \text{(no escoamento)} \tag{7.28}$$

em que τ_{h0} é o valor de tensão de cisalhamento octaédrica, τ_h, necessária para causar escoamento. O *critério de escoamento pela tensão cisalhante octaédrica* resultante, também conhecido como critério de von Mises ou critério de máxima energia distorcional, representa uma alternativa ao critério de máxima tensão cisalhante.

A justificativa física para tal abordagem é a seguinte: como se observou que a tensão normal hidrostática, σ_h, não afeta o escoamento, torna-se lógico encontrar o plano em que esta ocorre e, em seguida, usar a tensão cisalhante restante, τ_h, como o critério de falha. Outra justificativa é notar que, embora o escoamento seja causado por tensões de cisalhamento, $\tau_{máx}$ ocorre somente em dois planos no material, enquanto τ_h, que nunca é muito menor, ocorre no dobro de planos. (Compare as Figuras 6.8 e 6.15.) Assim, estatisticamente, τ_h tem uma maior chance de encontrar planos cristalinos que estão favoravelmente orientados para o deslizamento, uma situação que pode superar a desvantagem de τ_h ser um pouco menor do que $\tau_{máx}$.

7.5.1 Desenvolvimento do Critério de Tensão Cisalhante Octaédrica

Do capítulo anterior, a Equação 6.33 descreve a tensão de cisalhamento nos planos octaédricos:

$$\tau_h = \frac{1}{3}\sqrt{\left(\sigma_1 - \sigma_2\right)^2 + \left(\sigma_2 - \sigma_3\right)^2 + \left(\sigma_3 - \sigma_1\right)^2} \qquad (7.29)$$

de modo que o critério de falha é:

$$\tau_{h0} = \frac{1}{3}\sqrt{\left(\sigma_1 - \sigma_2\right)^2 + \left(\sigma_2 - \sigma_3\right)^2 + \left(\sigma_3 - \sigma_1\right)^2} \qquad \text{(no escoamento)} \quad (7.30)$$

Tal como foi feito para o critério da máxima tensão cisalhante, é útil expressar o valor crítico em termos do limite de escoamento obtido a partir de um ensaio de tração. A substituição das tensões do estado uniaxial, no qual $\sigma_1 = \sigma_0$ e $\sigma_2 = \sigma_3 = 0$, na Equação 7.30 do critério de tensão cisalhante octaédrica implica:

$$\tau_{h0} = \frac{\sqrt{2}}{3}\sigma_0 \qquad (7.31)$$

A partir da geometria tridimensional dos planos octaédricos, como descrito no capítulo anterior, pode-se mostrar que o plano no qual a tensão uniaxial age está relacionado com o plano octaédrico por uma rotação através de um ângulo α, conforme mostrado na Figura 6.15:

$$\alpha = \cos^{-1}\left(\frac{1}{\sqrt{3}}\right) = 54,7° \qquad (7.32)$$

O mesmo resultado também pode ser obtido a partir do círculo de Mohr, observando que, em tensão uniaxial, a tensão normal sobre o plano octaédrico é:

$$\sigma_h = \frac{\sigma_1 + \sigma_2 + \sigma_3}{3} = \frac{\sigma_1}{3} \qquad (7.33)$$

A localização do ponto que satisfaz a condição da Equação 7.33 no círculo de Mohr conduz aos valores mencionados de α (Equação 7.32) e τ_{h0} (Equação 7.31), como mostrado na Figura 7.7.

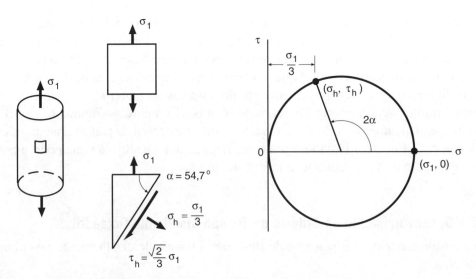

FIGURA 7.7 O plano de cisalhamento octaédrico presente em ensaio de tração uniaxial.

A combinação das Equações 7.30 e 7.31 representa o critério de escoamento na forma desejada, expressa em termos do limite de escoamento uniaxial:

$$\sigma_0 = \frac{1}{\sqrt{2}}\sqrt{(\sigma_1-\sigma_2)^2+(\sigma_2-\sigma_3)^2+(\sigma_3-\sigma_1)^2} \quad \text{(no escoamento)} \quad (7.34)$$

Como antes, a tensão efetiva para esta teoria é mais convenientemente definida de forma a se igualar à tensão uniaxial, σ_0, no ponto de escoamento:

$$\bar{\sigma}_H = \frac{1}{\sqrt{2}}\sqrt{(\sigma_1-\sigma_2)^2+(\sigma_2-\sigma_3)^2+(\sigma_3-\sigma_1)^2} \quad (7.35)$$

Aqui, o subíndice H especifica que esta tensão efetiva é determinada pelo critério de tensão cisalhante octaédrica. Além disso, o fator de segurança correspondente é $X = \sigma_0/\bar{\sigma}_H$. Esta tensão efetiva também pode ser determinada diretamente para qualquer estado de tensão, sem a necessidade de determinar primeiro as tensões principais, através da modificação da Equação 7.35 pelo emprego das Equações 6.33 e 6.36. O resultado obtido é:

$$\bar{\sigma}_H = \frac{1}{\sqrt{2}}\sqrt{(\sigma_x-\sigma_y)^2+(\sigma_y-\sigma_z)^2+(\sigma_z-\sigma_x)^2+6(\tau_{xy}^2+\tau_{yz}^2+\tau_{zx}^2)} \quad (7.36)$$

7.5.2 Representação Gráfica para o Critério da Tensão Cisalhante Octaédrica

Para tensão plana, tal quando $\sigma_3 = 0$, o critério de tensão cisalhante octaédrica pode ser representado num gráfico de σ_1 contra σ_2, como mostrado na Figura 7.8. A forma elíptica mostrada pode ser obtida substituindo $\sigma_3 = 0$ no critério de falha, descrito na forma de Equação 7.34:

$$\sigma_0 = \frac{1}{\sqrt{2}}\sqrt{(\sigma_1-\sigma_2)^2+\sigma_2^2+\sigma_1^2} \quad (7.37)$$

Uma manipulação algébrica oferece:

$$\sigma_0^2 = \sigma_1^2 - \sigma_1\sigma_2 + \sigma_2^2 \qquad (7.38)$$

que representa a equação de uma elipse que tem seu eixo principal ao longo da linha $\sigma_1 = \sigma_2$ e que atravessa os eixos nos pontos $\pm\sigma_0$. Note que esta elipse tem inscrito dentro dela o hexágono distorcido do critério de tensão cisalhante máxima, como mostrado na Figura 7.8.

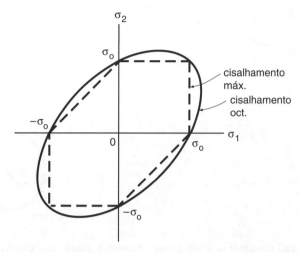

FIGURA 7.8 Condições para falha (*locus* de falha) conforme o critério de escoamento por tensão cisalhante octaédrica aplicado para o estado plano de tensões, e comparação com o critério de tensão cisalhante máxima.

Para o caso geral, em que todas as três tensões principais normais podem ter valores diferentes de zero, o limite da região de não escoamento, tal como especificado pela Equação 7.34, representa uma superfície cilíndrica de seção circular, com o seu eixo ao longo da linha $\sigma_1 = \sigma_2 = \sigma_3$. Isso está ilustrado na Figura 7.9 (a). A geometria visualizada ao longo do eixo do cilindro, que se reduz simplesmente a um círculo, também está indicada na Figura 7.9 (b). Se qualquer um dos valores σ_1, σ_2, σ_3 for zero, então a interseção da superfície cilíndrica no plano das outras duas tensões principais restantes produz uma elipse, como apresentada na Figura 7.8.

Assim, temos uma situação semelhante àquela para o critério de tensão cisalhante máxima, na qual a tensão hidrostática não possui qualquer efeito sobre o escoamento. Particularmente, a substituição de $\sigma_1 = \sigma_2 = \sigma_3 = \sigma_h$ na Equação 7.35 leva a $\bar{\sigma}_H = 0$ e um fator de segurança para o escoamento de infinito. Fatores de segurança para o escoamento podem ser interpretados, de forma semelhante ao discutido anteriormente, em termos de distâncias a partir do eixo do cilindro, como ilustrado na Figura 7.9 (b). A superfície de escoamento prismática hexagonal do critério de tensão cisalhante máxima é, de fato, inscrita no interior da superfície cilíndrica do critério por tensão cisalhante octaédrica. Uma vista ao longo do eixo comum de ambos os critérios ilustra esta questão, como mostrado na Figura 7.10.

7.5.3 Energia Distorcional

Na aplicação de tensões a um elemento de material, tem de ser feito trabalho, e, considerando um comportamento elástico, todo este trabalho é armazenado na forma

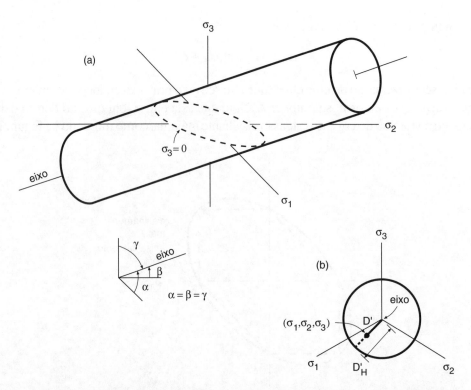

FIGURA 7.9 Superfície tridimensional pelo critério do escoamento pela tensão cisalhante octaédrica.

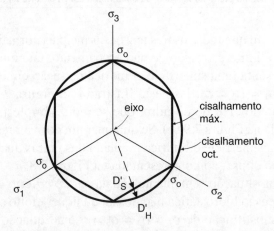

FIGURA 7.10 Comparação das superfícies de escoamento para os critérios de tensão cisalhante máxima (hexágono) e tensão cisalhante octaédrica (círculo).

de energia potencial elástica. Esta energia interna pode ser dividida em uma porção associada à mudança de volume e outra porção associada à distorção da forma do elemento. A tensão hidrostática está associada à energia que causa a mudança de volume, e, já que a tensão hidrostática não causa escoamento, a porção remanescente (distorcional) da energia elástica interna é uma candidata lógica para base de um critério de falha. Quando esta abordagem é feita, o critério de falha resultante é encontrado como sendo igual ao critério de tensão cisalhante octaédrica. (Consulte Nadai (1950) ou Boresi & Schmidt (2003) para mais detalhes.)

EXEMPLO 7.4

Repita o Exemplo 7.2, exceto pelo uso do critério de escoamento por tensão cisalhante octaédrica.

Primeira Solução

Para o tubo fechado nas suas extremidades, as tensões circunferenciais, longitudinais e radiais devido à pressão interna e a tensão de cisalhamento devido à torção estão calculadas no Exemplo 6.5 como $\sigma_t = 600$, $\sigma_x = 300$, $\sigma_r = -20$ (sup. interior) e $\tau_{tx} = 205,3$ MPa. Estes valores acarretam tensões principais normais de $\sigma_1 = 704,3$, $\sigma_2 = 195,7$ e $\sigma_3 = -20$ MPa. A tensão efetiva para o critério de escoamento por tensão cisalhante octaédrica, da Equação 7.35, vale:

$$\bar{\sigma}_H = \frac{1}{\sqrt{2}} \sqrt{\left(\sigma_1 - \sigma_2\right)^2 + \left(\sigma_2 - \sigma_3\right)^2 + \left(\sigma_3 - \sigma_1\right)^2}$$

$$\bar{\sigma}_H = \frac{1}{\sqrt{2}} \sqrt{\left(704,3 - 195,7\right)^2 + \left(195,7 - (-20)\right)^2 + \left((-20) - 704,3\right)^2} = 644,1 \text{ MPa}$$

O limite de escoamento para aço *maraging* 18 Ni, pela Tabela 4.2, vale 1.791 MPa, de modo que o fator de segurança para o escoamento, considerando a parede interna do tubo, vale:

$$X = \sigma_0 / \bar{\sigma}_H = (1.791 \text{ MPa}) / (644,1 \text{ MPa}) = 2,78 \qquad \textbf{(Resposta)}$$

Comentários

Para a parede externa, a revisão do cálculo anterior com $\sigma_r = \sigma_3 = 0$ gera $\bar{\sigma}_H = 629,6$ MPa e $X = 2,84$. O valor ligeiramente inferior de $X = 2,78$ é, assim, especificado para o projeto. Note que ambos os fatores de segurança são um pouco mais elevados do que aqueles para o critério de cisalhamento máximo, obtidos no Exemplo 7.2.

Segunda Solução

Para o critério de cisalhamento octaédrico, o passo de determinação das principais tensões normais não é necessário, sendo que a solução pode ser obtida diretamente a partir das tensões sobre o sistema de coordenadas original r-t-x, pelo uso da Equação 7.36.

$$\bar{\sigma}_H = \frac{1}{\sqrt{2}} \sqrt{\left(\sigma_r - \sigma_t\right)^2 + \left(\sigma_t - \sigma_x\right)^2 + \left(\sigma_x - \sigma_r\right)^2 + 6\left(\tau_{rt}^2 + \tau_{tx}^2 + \tau_{xr}^2\right)}$$

$$\bar{\sigma}_H = \frac{1}{\sqrt{2}} \sqrt{\left(-20 - 600\right)^2 + \left(600 - 300\right)^2 + \left(300 - (-20)\right)^2 + 6\left(0 + 205,3^2 + 0\right)}$$
$$= 644,1 \text{ MPa}$$

Como esperado, o valor de $\bar{\sigma}_H$ obtido aqui é o mesmo que para a primeira solução e $X = 2,78$ **(Resp.)** é obtido de modo semelhante para a parede interna do tubo.

EXEMPLO 7.5

Um bloco de material é submetido a esforços de compressão iguais nas direções x e y, e está confinado por uma matriz rígida, de modo que não pode deformar-se na direção z, como mostrado na Figura E7.5. Assuma que não existe qualquer atrito contra a matriz e também que o material comporta-se de uma maneira elástica, perfeitamente plástica, com um valor limite de escoamento uniaxial igual à σ_0.

(a) Determinar a tensão $\sigma_x = \sigma_y$ necessária para causar escoamento, expressando-a como uma função de σ_0 e das constantes elásticas do material.

(b) Qual é o valor de σ_y no escoamento se o material for uma liga de alumínio com um limite de escoamento uniaxial $\sigma_0 = 300$ MPa e constantes elásticas tais como contidas na Tabela 5.2?

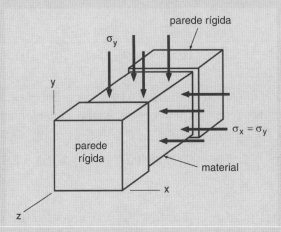

FIGURA E7.5 Bloco de material carregado igualmente em duas direções, com paredes rígidas impedindo a sua deformação na terceira direção.

Solução

(a) Aplicar a lei de Hooke para a direção z, Equação 5.26 (c), considerando que $\sigma_x = \sigma_y$ e que a restrição à deformação na direção z requisita que a deformação nesta direção seja nula ($\varepsilon_z = 0$), leva a:

$$\varepsilon_z = \frac{1}{E}\left[\sigma_z - \nu(\sigma_x + \sigma_y)\right], \quad 0 = \frac{1}{E}\left[\sigma_z - \nu(\sigma_y + \sigma_y)\right], \quad \sigma_z = 2\nu\sigma_y$$

Neste caso, a solução da segunda expressão para σ_z leva à obtenção da terceira. Uma vez que não há tensões cisalhantes, os eixos x-y-z são também os eixos principais, 1-2-3, e as tensões principais normais são:

$$\sigma_1 = \sigma_x = \sigma_y, \quad \sigma_2 = \sigma_y, \quad \sigma_3 = \sigma_z = 2\nu\sigma_y$$

A tensão efetiva para o critério de tensão cisalhante octaédrica é:

$$\bar{\sigma}_H = \frac{1}{\sqrt{2}}\sqrt{(\sigma_1 - \sigma_2)^2 + (\sigma_2 - \sigma_3)^2 + (\sigma_3 - \sigma_1)^2}$$

$$\bar{\sigma}_H = \frac{1}{\sqrt{2}}\sqrt{\left(\sigma_y - \sigma_y\right)^2 + \left(\sigma_y - 2v\sigma_y\right)^2 + \left(2v\sigma_y - \sigma_y\right)^2} = \sigma_y\left(1 - 2v\right)$$

Como $\bar{\sigma}_H = \sigma_0$ no ponto de escoamento, o resultado desejado é:

$$\sigma_y = \frac{\sigma_0}{1 - 2v} \qquad \textbf{(Resposta)}$$

(b) Para a liga de alumínio com limite de escoamento $\sigma_0 = 300$ MPa, suponha que este limite aplica-se à compressão uniaxial, ou seja, $\sigma_0 = -300$ MPa. Substituindo estes valores e $v = 0,345$, obtido a partir da Tabela 5.2, obtém-se a tensão que causa escoamento como sendo:

$$\sigma_y = \frac{-300 \text{ MPa}}{1 - 2(0,345)} = 967,7 \text{ MPa} \qquad \textbf{(Resposta)}$$

Discussão

Se o mesmo bloco de material não está confinado na direção z, a tensão nessa direção é nula e uma análise semelhante à anterior produz simplesmente $\sigma_y = \sigma_0$. No entanto, o impedimento à deformação na direção z causa o desenvolvimento de uma tensão $\sigma_z = 2v\,\sigma_y$, o que, por sua vez, faz com que o valor de $\sigma_x = \sigma_y$ no escoamento exceda substancialmente o limite de escoamento uniaxial. Assim, a constrição da deformação faz com que seja mais difícil se escoar o material. Isso ocorre porque as tensões σ_x, σ_y e σ_z têm o mesmo sinal e desta forma combinam-se criando um nível significativo de tensão hidrostática, o que, na prática, subtrai a capacidade das tensões aplicadas de causar deformação plástica (escoamento). Para esta situação particular, o critério de tensão cisalhante máxima gera um resultado idêntico.

7.6 DISCUSSÃO DOS CRITÉRIOS BÁSICOS DE FALHA

Os três critérios de falha discutidos até agora, ou seja, tensão máxima normal, tensão máxima cisalhante e o critério de tensão de cisalhamento octaédrica, podem ser considerados os mais básicos dentre um número maior de critérios disponíveis. É útil, neste momento, discutir essas abordagens básicas. Nós também consideraremos alguns problemas de projeto e certos critérios de falha adicionais que são modificações ou combinações dos mais básicos.

7.6.1 Comparação entre os Critérios de Falha

Tanto o critério de máxima tensão cisalhante quanto o critério de tensão de cisalhamento octaédrica são amplamente utilizados para prever o escoamento de materiais dúcteis, especialmente metais. Recorde que ambos indicam que a tensão hidrostática não afeta o escoamento e que a superfície de escoamento prismática hexagonal do critério de cisalhamento máximo está inscrita dentro da superfície cilíndrica do critério de cisalhamento octaédrico. Assim, esses dois critérios nunca oferecerão previsões dramaticamente diferentes sobre o comportamento em escoamento sob tensões combinadas, não havendo estado de tensão no qual a diferença dos resultados seja superior a cerca de 15%. Isso pode ser visto na Figura 7.10, na qual a distância a partir do eixo central para as duas superfícies de escoamento difere por um valor máximo nas seis direções onde o círculo está mais afastado do hexágono. A partir da geometria, as distâncias nestes pontos apresentam a razão $D'_H/D'_S = 2/\sqrt{3} = 1,155$. Assim, fatores de segurança e tensões efetivas para determinado estado de tensão não podem diferir mais do que este valor. Para tensão plana, $\sigma_3 = 0$, um desvio máximo ocorre para cisalhamento puro, em que $\sigma_1 = -\sigma_2 = |\tau|$, e também para $\sigma_1 = 2\sigma_2$, como na pressurização de um tubo de parede fina com as extremidades fechadas.

No entanto, note que, em algumas situações, os critérios de escoamento de cisalhamento máximo e de cisalhamento octaédrico acarretam previsões dramaticamente diferentes do critério de máxima tensão normal. Como exemplo, compare as superfícies de escoamento tubulares, prismática e cilíndrica desses critérios com a superfície cúbica do critério de máxima tensão normal, mostrada na Figura 7.3, considerando, neste caso, a resposta ao escoamento para estados de tensão próximos ao eixo destes tubos ($\sigma_1 = \sigma_2 = \sigma_3$), porém muito além das fronteiras do cubo. Nesta situação, tais estados de tensão não causam escoamento pelos critérios de cisalhamento máximo e de cisalhamento octaédrico; contudo, causariam se for considerado o critério de máxima tensão normal. Para tensão plana, os três critérios de falha estão comparados na Figura 7.11. Quando as tensões principais têm o mesmo sinal, o critério de tensão máxima cisalhante é equivalente ao critério de máxima tensão normal. No entanto, se as tensões principais são de sinais opostos, o critério de tensão normal é consideravelmente diferente dos outros dois critérios.

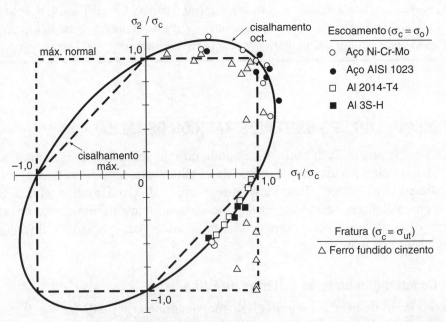

FIGURA 7.11 Condições para falha (*locus* de falha) previstas por três critérios para condições de tensão plana. Essas condições estão comparadas com os dados de escoamento biaxial para aços e ligas dúcteis de alumínio e também com dados de fratura para ferro fundido cinzento.

(Os dados do aço são de [Lessells 40] e [Davis 45], os dados do alumínio foram obtidos a partir de [Naghdi 58] e [Marin 40] e os dados de ferro fundido, de [Coffin 50] e [Grassi 49].)

O método mais conveniente para comparar experimentalmente critérios de falha é ensaiar um tubo de paredes finas sob várias combinações de carregamento (axial, torção e pressão), produzindo, assim, vários estados de tensão plana. Alguns dados obtidos desta forma para o escoamento de metais dúcteis e para a fratura de um ferro fundido quebradiço são mostrados na Figura 7.11. Os dados para o ferro fundido seguem o critério de máxima tensão normal, enquanto os dados de escoamento tendem a cair entre os dois critérios de escoamento, talvez concordando melhor, em geral, com o critério de cisalhamento octaédrico. O critério de máximo cisalhamento é mais conservador e, com base em dados experimentais para metais dúcteis, semelhantes aos da Figura 7.11, parece representar um limite inferior que é raramente violado.

A diferença máxima de 15% entre os dois critérios de escoamento é relativamente pequena em comparação com os fatores de segurança comumente utilizados e com as várias incertezas normalmente envolvidas no projeto mecânico; portanto, a escolha entre os dois não é uma questão de grande importância. Se conservadorismo é desejado, o critério de máximo cisalhamento pode ser escolhido.

7.6.2 Projeto com Fator de Carga

A maneira de determinar os fatores de segurança que acabamos de descrever segue o *projeto por tensão admissível*, no qual as tensões analisadas correspondem às cargas esperadas em serviço ativo e um único fator de segurança X é calculado e aplicado a todas as fontes de carregamento.

Uma alternativa é o *projeto por carga admissível*, em que cada carga esperada em serviço é multiplicada por um fator de carga Y, que é similar a um fator de segurança. As cargas assim aumentadas são usadas para determinar as tensões, de modo que a condição de falha é analisada. Durante a aplicação dos critérios de falha, as tensões efetivas ($\bar{\sigma}$), calculadas após o aumento das cargas, são comparadas às tensões de falha do material que podem ser, conforme o caso, limite de escoamento (σ_0) ou limite de resistência à tração (σ_{ut}). Fatores de carga Y podem ser diferentes para diferentes fontes de carregamento para refletir circunstâncias, tal como as diferentes incertezas na determinação dos valores reais das várias cargas previstas no projeto. Idealmente, os valores de Y deveriam ser baseados na análise estatística de cargas medidas em serviço.

Neste caso, usaremos a seguinte nomenclatura: o valor de uma carga P esperada em serviço real será $\hat{P}$ e o fator de carga para esta carga será Y_P. Então, a carga aumentada (ajustada pelo fator) empregada na análise da condição de falha será $P_f = Y_P \hat{P}$.

EXEMPLO 7.6

Considere a situação do Exemplo 7.3 (b), no qual um eixo maciço de diâmetro d é feito em aço AISI 1020 (como laminado) está submetido, sob condições de serviço, a uma força axial $P = 200$ kN e um torque $T = 1,50$ kN·m. Que diâmetro é necessário se são solicitados os fatores de carga $Y_P = 1,60$ e $Y_T = 2,50$ para a força axial e torque, respectivamente?

Solução

As cargas consignadas para análise da condição de falha são:

$$P_f = Y_P \cdot \hat{P} = 1,60(200.000 \text{ N}) = 320.000 \text{ N}$$

$$T_f = Y_T \cdot \hat{T} = 2,50 \ (1,50 \times 10^6 \ \text{N} \cdot \text{mm}) = 3,72 \times 10^6 \ \text{N} \cdot \text{mm}$$

Então, modificamos a solução do Exemplo 7.3, procedendo da mesma forma, exceto no emprego de P_f e T_f. O critério de escoamento pela máxima tensão cisalhante acarreta:

$$\bar{\sigma}_S = \text{MÁX} \left(|\sigma_1 - \sigma_2|, |\sigma_2 - \sigma_3|, |\sigma_3 - \sigma_1| \right) = |\sigma_1 - \sigma_2|$$

$$\bar{\sigma}_S = 2\sqrt{\left(\frac{2P_f}{\pi d^2}\right)^2 + \left(\frac{16T_f}{\pi d^3}\right)^2} = \frac{4}{\pi d^2}\sqrt{P_f^2 + \left(\frac{8T_f}{d}\right)^2} = \sigma_0 = 260 \ \text{MPa}$$

em que a tensão efetiva é comparada diretamente ao limite de escoamento do aço AISI 1020, porque as tensões já foram aumentadas pelos fatores de carga. Substituindo P_f e T_f e resolvendo de forma iterativa tem-se $d = 55,5$ milímetros (**Resposta**).

Comentários

Se a solução anterior é repetida com $Y_P = Y_T = 2,00$, a mesma resposta ($d = 54,1$ milímetros) do Exemplo 7.3 é obtida. Como empregado aqui, os fatores de carga que têm – todos – o mesmo valor são matematicamente equivalentes aos fatores de segurança.

7.6.3 Efeitos de Concentradores de Tensão

Componentes de engenharia necessariamente têm geometrias complexas que provocam elevações locais nas tensões, tais como: furos, filetes, entalhes, rasgos de chaveta e estrias. Normalmente tais *concentradores de tensão* são coletivamente denominados *entalhes*. (Apêndice A, Seção A.6.) Considere componentes feitos de materiais dúcteis, como a maioria dos aços, ligas de alumínio, ligas de titânio, outros metais estruturais e também muitos materiais poliméricos. Neste caso, o material pode escoar em uma pequena região, localizada, sem comprometer significativamente a resistência do componente. Isso ocorre, pois quando o material se deforma no entalhe, há um deslocamento de parte da tensão concentrada para as regiões adjacentes, comportamento esse chamado *redistribuição de tensões*. A falha final não ocorre até que a região deformada plasticamente se expanda por toda a seção transversal, tal como discutido na Seção A.7, dentro do contexto do escoamento plástico total (Figs. A.10 e A.14).

Como resultado da capacidade de um material dúctil para tolerar escoamento localizado, os efeitos do concentrador de tensões não são normalmente considerados na aplicação dos critérios de escoamento para o projeto estático. Em outras palavras, tensões nominais líquidas nas seções retas, tais como S nas Figuras A.11 e A.12, são utilizadas com o critério de escoamento, em vez das tensões locais, $\sigma = k_t \cdot S$, que incluem o efeito de entalhe. (No entanto, onde o carregamento cíclico pode causar trincas por fadiga, os efeitos do concentrador de tensões precisam ser considerados, como tratado em detalhe nos Capítulos 10, 13 e 14.)

Na indústria moderna, os componentes críticos são susceptíveis de ser analisados computacionalmente pelo método dos *elementos finitos*. Usualmente, assume-se um comportamento linear-elástico e geram-se gráficos com código de cores proporcionais à *tensão de von Mises*, que é simplesmente a nossa tensão efetiva octaédrica, $\bar{\sigma}_H$. (Consulte a contracapa deste livro para exemplos de tais gráficos.) Isso constitui uma oportunidade para visualizar o tamanho de quaisquer regiões que excedam o limite de escoamento. Quando ocorre escoamento em regiões de tamanhos preocupantes, passam a ser necessárias alterações de projeto e repetição da análise para ter certeza de que a mudança foi bem-sucedida. Muitas vezes, não é possível fazer um projeto tão conservador que elimine todo escoamento para condições de carregamento severo que ocorrem apenas raramente.

O argumento anterior não se aplica aos frágeis materiais (não dúcteis), tais como vidro, rocha, cerâmica, PMMA (acrílico), alguns outros materiais poliméricos, ferro fundido cinzento e alguns outros metais fundidos. Materiais frágeis não são capazes de se deformar suficientemente para distribuir localmente tensões elevadas para outros lugares, como ilustrado na Figura A.10 (e). Portanto, a tensão concentrada localmente, $\sigma = k_t \cdot S$, deve ser comparada com o critério de falha. Em situações dominadas por tensões de tração, materiais frágeis falham se a tensão local atinge o limite de resistência à tração, de acordo com o critério de falha por máxima tensão normal da Equação 7.13. A título indicativo, um material frágil pode ser definido como um que apresente menos do que 5% de alongamento num ensaio de tração. No entanto, existe uma exceção interessante para a recomendação anterior: quando as falhas inerentes de um material frágil são relativamente grandes, estas podem sobrepujar o efeito de um pequeno concentrador de tensões, de modo que este tenha pouco efeito. Por exemplo, ferro fundido cinzento não é sensível a pequenos concentradores de tensão, já que o seu comportamento é dominado por flocos de grafite, relativamente grandes, presentes em sua estrutura (Fig. 3.7). Em contraste, o vidro é enfraquecido por uma ranhura.

7.6.4 Critério de Escoamento para Materiais Anisotrópicos e Sensíveis à Pressão

Foram sugeridas várias modificações empíricas de modo que o critério de tensão de cisalhamento octaédrica pudesse ser empregado para materiais *anisotrópicos* ou materiais sensíveis à pressão. Materiais anisotrópicos têm propriedades diferentes em diferentes direções. Considere materiais anisotrópicos que sejam ortotrópicos, possuindo cerca de três planos de simetria orientada 90° uns aos outros. Tal anisotropia pode ocorrer, por exemplo, em chapas laminadas de metais, nas quais a resistência ao escoamento pode diferir um pouco entre as direções de laminação, transversal e da espessura. O critério de escoamento anisotrópico, descrito em Hill (1998), para este caso é:

$$H\left(\sigma_X - \sigma_Y\right)^2 + F\left(\sigma_Y - \sigma_Z\right)^2 + G\left(\sigma_Z - \sigma_X\right)^2 + 2N\tau_{XY}^2 + 2L\tau_{YZ}^2 + 2M\tau_{ZX}^2 = 1 \quad (7.39)$$

em que os eixos *X-Y-Z* estão alinhados com os planos de simetria do material, e *H, F, G, N, L* e *M* são constantes empíricas para o material. Considere que σ_{0X}, σ_{0Y} e σ_{0XZ} são as tensões de escoamento uniaxiais nas três direções e considere τ_{0XY}, τ_{0YZ}, e τ_{0ZX} os limites de elasticidade por cisalhamento sobre os respectivos planos ortogonais. As constantes empíricas podem ser avaliadas a partir dos vários limites de escoamento, como se segue:

$$H + G = \frac{1}{\sigma_{0X}^2}, \quad H + F = \frac{1}{\sigma_{0Y}^2}, \quad F + G = \frac{1}{\sigma_{0Z}^2}$$
$$2N = \frac{1}{\tau_{0XY}^2}, \quad 2L = \frac{1}{\tau_{0YZ}^2}, \quad 2M = \frac{1}{\tau_{0ZX}^2} \quad (7.40)$$

O critério Hill como acabado de se descrever também pode ser utilizado com sucesso razoável como um critério de *fratura* para materiais compósitos ortotrópicos. As equações são as mesmas, exceto que os vários valores de limites de escoamento são substituídos pelos limites de resistência correspondentes. No entanto, diferentes valores das constantes são geralmente necessários para tração e para compressão, existindo outras complexidades para os materiais compósitos que não podem ser totalmente previstas por este critério.

Se um material tem diferentes limites de escoamento em tensão e compressão, isso sugere que uma dependência com a tensão hidrostática tem de ser adicionada. Um critério de escoamento proposto para esta situação é:

$$(\sigma_1 - \sigma_2)^2 + (\sigma_2 - \sigma_3)^2 + (\sigma_3 - \sigma_1)^2 + 2(|\sigma_{0c}| - \sigma_{0t})(\sigma_1 + \sigma_2 + \sigma_3)$$
$$= 2|\sigma_{0c}|\sigma_{0t} \tag{7.41}$$

em que σ_{0c} e σ_{0t} são o limite de escoamento à tração e à compressão, respectivamente, com o sinal negativo de σ_{0c} removido pela utilização do valor absoluto.

Os polímeros em geral apresentam limites de escoamento ligeiramente mais altos em compressão do que em tração, com a razão $|\sigma_{0c}|/\sigma_{0t}$ muitas vezes na faixa de 1,20 a 1,35. Isso é ilustrado pelos resultados do ensaio biaxial de três destes materiais mostrados na Figura 7.12. O comportamento esperado a partir da Equação 7.41 com um valor típico de $|\sigma_{0c}|/\sigma_{0t} = 1,3$ está traçado. Neste caso, a resultante elipse fora de centro apresenta uma concordância razoável com os resultados.

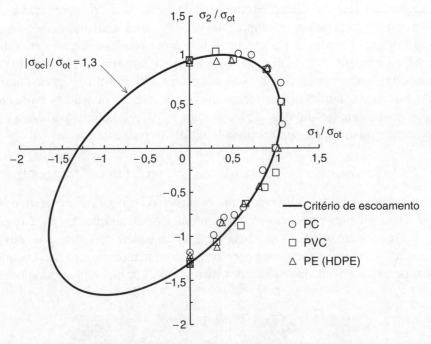

FIGURA 7.12 Dados de escoamento biaxial para vários polímeros em comparação com um critério de escoamento obtido a partir de uma modificação do critério de cisalhamento octaédrico.

(Dados de [Raghava 72].)

Em alguns casos excepcionais, tem sido observado que o limite de escoamento de metais dúcteis é diminuído por compressão hidrostática. Veja a análise de Lewandowski (1998) para mais detalhes e uma discussão sobre o mecanismo físico envolvido, que está associado ao comportamento do ponto de escoamento superior/inferior.

7.6.5 Fratura em Materiais Frágeis

O critério de máxima tensão normal dá previsões razoavelmente precisas da fratura em materiais frágeis, desde que a tensão normal de maior valor absoluto seja em tração. No entanto, os desvios deste critério podem ocorrer se o esforço normal que tem o maior valor absoluto for compressivo. Dados que ilustram a tendência para o ferro fundido cinzento são mostrados na Figura 7.13. Uma característica proeminente do desvio é que a resistência máxima à compressão é maior do que à tração por um fator maior que três.

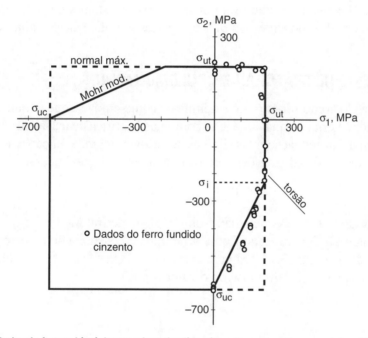

FIGURA 7.13 Dados de fratura biaxial para o ferro fundido cinzento comparados com dois critérios de fratura.

(Dados de [Grassi 49].)

Lembre-se, dos Capítulos 2 e 3, de que materiais frágeis, tais como cerâmicas, vidros e alguns metais fundidos, geralmente contêm um grande número de fissuras microscópicas orientadas aleatoriamente ou outras interfaces planas que não podem suportar significativos valores de tensão de tração. Por exemplo, as inúmeras falhas na rocha natural têm esse efeito, assim como os flocos de grafita no ferro fundido cinzento. Espera-se que tensões normais de tração abram essas falhas e, portanto, levem-nas a crescer. Assim, é previsível que a falha ocorra nestes materiais no plano de atuação da máxima tensão normal de tração e que esta falha passe a ser controlada por esta tensão. Um exemplo deste caso é o ferro fundido cinzento, que se fratura perpendicularmente à tensão normal máxima tanto sob tração como sob torção, como visto nas fotografias das Figuras 4.13 e 4.42.

No entanto, se as tensões de compressão são as dominantes, os defeitos planares (trincas etc.) tendem a ter os seus lados opostos pressionados entre si (fechados), de modo que tenham menos efeito sobre o comportamento. Isso explica as resistências mais elevadas em compressão para os materiais frágeis. Além disso, a falha ocorre em planos inclinados aos planos de tensão principal normal e praticamente alinhados com planos de cisalhamento máximo. (Veja as fraturas por compressão do ferro fundido cinzento e do concreto nas Figuras 4.23 e 4.24.)

Uma possibilidade para lidar com o diferente comportamento dos materiais frágeis em tensão e compressão é simplesmente modificando o critério da máxima tensão normal, de modo que as forças finais de compressão e de tração sejam diferentes. Isso leva a uma representação na forma de um quadrado fora de centro, como mostrado na Figura 7.13, que ainda assim não está de acordo com os dados. Adicionalmente, qualquer critério de fratura de sucesso deve prever que até mesmo materiais frágeis não falham sob compressão hidrostática, o que está tanto de acordo com a observação como com a intuição.

Por isso, critérios de falha adicionais, que são capazes de prever o comportamento dos materiais frágeis, necessitam ser considerados. Existem alguns critérios assim e vamos considerar dois dos mais simples nas partes seguintes deste capítulo.

7.7 CRITÉRIO DE FRATURA DE COULOMB-MOHR

No critério de Coulomb-Mohr (C-M), admite-se como hipótese que a fratura ocorra em dado plano no material no qual atue uma combinação crítica de tensão de cisalhamento e tensão normal. Na aplicação mais simples desta abordagem, a função matemática que dá a combinação crítica de tensões é considerada pela relação linear:

$$|\tau| + \mu\sigma = \tau_i \qquad \text{(na fratura)} \qquad (7.42)$$

em que τ e σ são as tensões que atuam sobre o plano de fratura e μ e τ_i são constantes para dado material. Esta equação forma uma linha em sistema de eixos σ contra $|\tau|$, como mostrado na Figura 7.14. O intercepto com o eixo $|\tau|$ vale τ_i, e a inclinação é $-\mu$, em que τ_i e μ são ambos definidos como valores positivos.

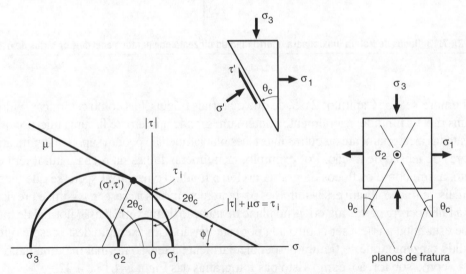

FIGURA 7.14 Relação entre o critério de fratura de Coulomb-Mohr com o círculo de Mohr e os planos de fratura previstos por este critério.

Agora, considere um conjunto de tensões aplicadas que podem ser especificadas em termos de tensões principais, σ_1, σ_2 e σ_3. Trace círculos de Mohr para os planos principais nos mesmos eixos da Equação 7.42. A condição de falha é satisfeita se o maior dos três círculos é tangente (apenas toca) a linha da Equação 7.42. Se o círculo maior não tocar a linha, então existe, neste caso, um fator de segurança maior do que 1 (um). A interseção do círculo maior com a linha não é admissível, pois isso indica que a falha já ocorreu. A linha é, portanto, dita representar um *envelope de falha* para o círculo de Mohr.

O ponto de tangência do maior círculo para a linha ocorre num ponto (σ', τ') que representa as tensões sobre o plano da fratura. A orientação prevista para este plano de fratura pode ser determinada a partir do círculo maior. Em particular, espera-se que a fratura ocorra num plano que esteja rotacionado por um ângulo θ_c em relação ao plano normal à máxima tensão principal (σ_1), onde as rotações no material sejam metade da rotação $2\theta_c$ no círculo de Mohr. Existem dois planos possíveis, como ilustrado na Figura 7.14. Além disso, a partir da geometria mostrada, a inclinação constante μ pode também ser especificada por um ângulo ϕ, em que:

$$\tan\phi = \mu, \qquad \phi = 90° - 2\theta_c \qquad (a,b) \tag{7.43}$$

A tensão de cisalhamento τ' que causa a falha é assim afetada pela tensão normal σ' agindo sobre o mesmo plano. Tal comportamento é lógico para materiais nos quais uma fratura por cisalhamento frágil é influenciada por numerosas falhas planares pequenas (trincas) que estejam orientadas aleatoriamente. Espera-se que mais compressão σ' cause mais atrito entre as faces opostas das falhas, desse modo aumentando a τ' necessária para causar fratura.

7.7.1 Desenvolvimento do Critério de Coulomb-Mohr

É conveniente expressar o critério C-M em termos das tensões principais normais, com a ajuda da Figura 7.14. Por enquanto, vamos supor (considerando os sinais) que σ_1 é a maior tensão principal normal, σ_3, a menor, e σ_2, a intermediária; isto é, $\sigma_1 \geq \sigma_2 \geq \sigma_3$. Usando o raio do centro do maior círculo de Mohr ao ponto (σ', τ') podemos expressar σ' e τ' em termos de σ_1 e σ_3:

$$\sigma' = \frac{\sigma_1 + \sigma_3}{2} + \left|\frac{\sigma_1 - \sigma_3}{2}\right|\cos 2\theta_c, \qquad |\tau'| = \left|\frac{\sigma_1 - \sigma_3}{2}\right|\sin 2\theta_c \tag{7.44}$$

Estas relações podem ser substituídas na Equação 7.42. Depois de fazer isso, é útil fazer substituições adicionais, baseadas na trigonometria.

$$\cos 2\theta_c = \text{sen}\,\phi, \quad \text{sen}\,2\theta_c = \cos\phi, \quad \mu = \tan\phi = \frac{\text{sen}\,\phi}{\cos\phi}, \quad \text{sen}^2\phi + \cos^2\phi = 1 \tag{7.45}$$

Após alguma manipulação algébrica, obtêm-se três formas alternativas da expressão desejada:

$$|\sigma_1 - \sigma_3| + (\sigma_1 + \sigma_3)\,\text{sen}\,\phi = 2\tau_i \cos\phi \qquad (a)$$

$$|\sigma_1 - \sigma_3| + m(\sigma_1 + \sigma_3) = 2\tau_i\sqrt{1 - m^2} \qquad (b) \tag{7.46}$$

$$|\sigma_1 - \sigma_3| + m(\sigma_1 + \sigma_3) = |\sigma'_{uc}|(1 - m) \qquad (c)$$

A Equação (b) surge a partir da Equação (a) através da definição de uma nova constante, m = sen ϕ, e a forma (c) será derivada em breve. É também interessante notar que a manipulação adicional, usando expressões trigonométricas da Equação 7.45, oferece:

$$m = \operatorname{sen}\phi = \frac{\mu}{\sqrt{1+\mu^2}}, \qquad \mu = \frac{m}{\sqrt{1-m^2}} \qquad (a,b) \qquad (7.47)$$

Assuma que o envelope de falha, como descrito pela Equação 7.42 ou 7.46, é conhecido para dado material. Podemos então calcular a resistência esperada em compressão simples, σ'_{uc}, em que o apóstrofo (') foi incluído para indicar que o valor é calculado a partir do envelope de falha, distinguindo-se do valor σ_{uc}, obtido a partir de um teste real. As tensões principais para esta situação são $\sigma_3 = \sigma'_{uc}$, $\sigma_1 = \sigma_2 = 0$. Substituindo estes valores na Equação 7.46 (b) e notando que σ'_{uc} tem um valor negativo chega-se a:

$$-\sigma'_{uc}(1-m) = 2\tau_i\sqrt{1-m^2}, \qquad \sigma'_{uc} = -2\tau_i\sqrt{\frac{1+m}{1-m}} \qquad (a,b) \qquad (7.48)$$

Manipulação algébrica de (a) produz o resultado desejado (b) na forma explícita. O círculo de Mohr correspondente e os planos de fratura estão ilustrados na Figura 7.15 (a). Além disso, substituindo a Equação 7.48 (a) na Equação 7.46 (b) tem-se a equação do envelope, na forma de Equação 7.46 (c). Nesta última, emprega-se a quantidade $|\sigma'_{uc}| = -\sigma'_{uc}$, de tal forma que o resultado correto é obtido independentemente de como o sinal de σ'_{uc} é inserido.

Da mesma forma, a força esperada em tração simples, σ'_{ut}, pode ser calculada a partir do envelope de falha, substituindo as tensões principais adequadas, $\sigma_1 = \sigma'_{ut}$, e $\sigma_2 = \sigma_3 = 0$, na Equação 7.46 (b). O resultado é:

$$\sigma'_{ut} = 2\tau_i\sqrt{\frac{1-m}{1+m}} \qquad (7.49)$$

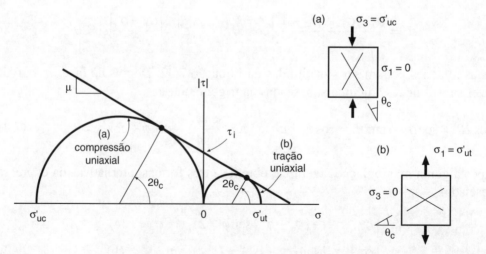

FIGURA 7.15 Planos de fratura previstos pelo critério de Coulomb-Mohr para testes uniaxiais de tração e compressão.

Os correspondentes círculo de Mohr e planos de fratura para este caso estão ilustrados na Figura 7.15 (b). Além disso, considere um teste em torção simples, como ilustrado na Figura 7.16, em que τ'_u é a resistência à fratura em cisalhamento esperada do envelope de falha. Substituindo as tensões principais adequadas, $\sigma_1 = -\sigma_3 = \tau'_u$, $\sigma_2 = 0$, na Equação 7.46 (b) temos:

$$\tau'_u = \tau_i \sqrt{1 - m^2} \tag{7.50}$$

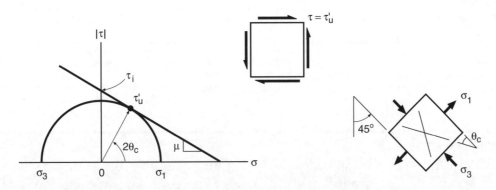

FIGURA 7.16 Torção pura e planos de fratura previstos pelo critério de Coulomb-Mohr.

Se estiverem disponíveis dados experimentais obtidos de vários testes de compressão triaxial, em vários níveis de tensão, então uma regressão linear obtida pelo método dos mínimos quadrados pode ser empregada para obter as constantes para a linha de falha do envelope. Duas constantes são necessárias: (1) o declive, tal como especificado por qualquer um dos valores μ, ϕ, θ_c ou m e (2) o intercepto τ_i. Primeiro, escreva a Equação 7.46 (b) como

$$|\sigma_1 - \sigma_3| = -m(\sigma_1 + \sigma_3) + 2\tau_i \sqrt{1 - m^2} \tag{7.51}$$

Então, ajuste a relação linear:

$$y = ax + b \tag{7.52}$$

em que:

$$\begin{aligned} y = |\sigma_1 - \sigma_3|, \quad & x = \sigma_1 + \sigma_2 \quad \text{(a)} \\ a = -m \quad & b = 2\tau_i \sqrt{1 - m^2} \quad \text{(b)} \end{aligned} \tag{7.53}$$

Os valores de m e b obtidos de ajustes deste tipo, para alguns materiais, estão indicados na Tabela 7.1, juntamente com os valores correspondentes de μ, τ_i e θ_c calculados a partir de m e b, com a utilização das Equações 7.47, 7.53 (b) e 7.43, respectivamente. Além disso, a última linha da tabela traz constantes estimadas para ferro fundido cinzento.

300 CAPÍTULO 7 Escoamento e Fratura sob Tensões Compostas

Tabela 7.1 Resistências e Constantes Obtidas por Regressão para o Critério de Coulomb-Mohr para Alguns Materiais Frágeis

Material[1]	Tração σ_{ut}, MPa	Compressão $\|\sigma_{uc}\|$, MPa	Parâmetros do Critério de Coulomb-Mohr Obtidos por Regressão				
			m	b, MPa	μ	τ_i, MPa	θ_c, graus
Arenito silicoso[2]	3[7]	100	0,7	33,37	0,979	23,35	22,8
Rocha granítica[3]	13,4	143	0,824	22	1,455	19,42	17,3
Argamassa cimento-areia[4]	2,8[7]	31,8	0,497	17,11	0,573	9,86	30,1
Concreto[5]	1,7	45,3	0,631	17,90	0,814	11,54	25,4
Ferro fundido cinzento[6]	214	770	0,276	557,8	0,287	290,1	37

Notas: [1]Os valores listados irão variar significativamente, dependendo da origem do material. Baseado nos dados a partir de [2][Jaeger 69], [3][Karfakis 03], [4][Campbell 62] e [5][Hobbs 71]. [6]Valores não obtidos por regressão, mas estimados a partir σ_{uc} e θ_c medidos. [7]Valores estimados a partir de material semelhante.

EXEMPLO 7.7

A Tabela E7.7 (a) apresenta dados obtidos experimentalmente para a fratura estática de arenito silicoso, incluindo tração simples, compressão simples e dois testes de compressão com pressão lateral p ao redor de todos os lados do corpo de prova. As tensões aplicadas na fratura são designadas σ_3 e as tensões laterais, $\sigma_1 = \sigma_2 = -p$.

(a) Ajuste os dados pela Equação 7.51 para obter os valores de m e τ_i que descrevem a linha no envelope de falha pelo critério de Coulomb-Mohr. Além disso, calcule μ, ϕ e θ_c.

(b) Trace a linha de falha no envelope resultante, juntamente com os maiores círculos de Mohr para cada teste. Será que a linha representa razoavelmente os dados de teste?

(c) Além disso, calcule os limites de resistência em compressão e tração, σ'_{uc} e σ'_{ut}, que correspondem ao envelope de falha C-M ajustado e compare-os com os valores reais obtidos em testes.

Tabela E7.7

(a) Tensões Dadas		(b) Valores Calculados		
σ_3 MPa	$\sigma_1 = \sigma_2$ MPa	$y \|\sigma_1 - \sigma_3\|$	$x \sigma_1 + \sigma_3$	Centro $(\sigma_1 + \sigma_3)/2$
3	0	–	–	1,5
-100	0	100	-100	-50
-700	-100	600	-800	-400
-1.230	-200	1.030	-1.430	-715

Fonte: Dados a partir de [Jaeger 69], p. 75 e 156.

Solução

(a) Os valores de y e x são calculados a partir da Equação 7.53 (a), tal como indicado na Tabela E7.7 (b). Um método numérico por mínimos quadrados ajusta a esses valores, excluindo-se os resultados do ensaio de tração, o que leva a:

$$a = -0,6995, \qquad b = 33,37 \text{ MPa}$$

A Equação 7.53 (b) então leva a:

$$m = -a = 0,6995,$$

$$\tau_i = \frac{b}{2\sqrt{1-m^2}} = \frac{33,37 \text{ MPa}}{2\sqrt{1-0,6995^2}} = 23,35 \text{ MPa} \qquad \textbf{(Resposta)}$$

Os valores adicionais desejados podem ser calculados das Equações 7.47 e 7.43:

$$\phi = \sin^{-1} m = 44,39°,$$

$$\mu = \tan\phi = 0,9789, \quad \theta_c = \frac{90° - \phi}{2} = 22,81° \qquad \textbf{(Resposta)}$$

(b) A linha do envelope de falha é então dada pela substituição das constantes obtidas na Equação 7.42:

$$|\tau| + 0,9789\sigma = 23,35 \text{ MPa} \qquad \textbf{(Resposta)}$$

Esta linha é traçada na Figura E7.7 (a) e (b), em que a última apresenta a região perto da origem mais detalhadamente. Também são traçados os maiores círculos de Mohr para cada ensaio, dos quais seus centros são calculados e descritos convenientemente na Tabela E7.7 (b). A linha combina-se razoavelmente com os círculos para os três testes em compressão, mas está muito acima do círculo para o ensaio de tração simples, círculo este não mostrado na Figura E7.7 (a) por uma questão de escala.

(c) Os valores das resistências em compressão e tração simples esperadas pelo envelope obtido por regressão, σ'_{uc} e σ'_{ut}, são obtidos substituindo-se m e τ_i obtidos do ajuste anterior nas Equações 7.48 e 7.49:

$$\sigma'_{uc} = -111,1; \qquad \sigma'_{ut} = 19,63 \text{ MPa} \qquad \textbf{(Resposta)}$$

O valor de σ'_{uc} é cerca de 10% maior do que $\sigma_{uc} = -100$ MPa, valor que está razoavelmente dentro da dispersão estatística. Mas σ'_{ut} é drasticamente maior do que $\sigma_{ut} = 3$ MPa, o que indica que o envelope ajustado, obviamente, não concorda com os dados de teste de tração.

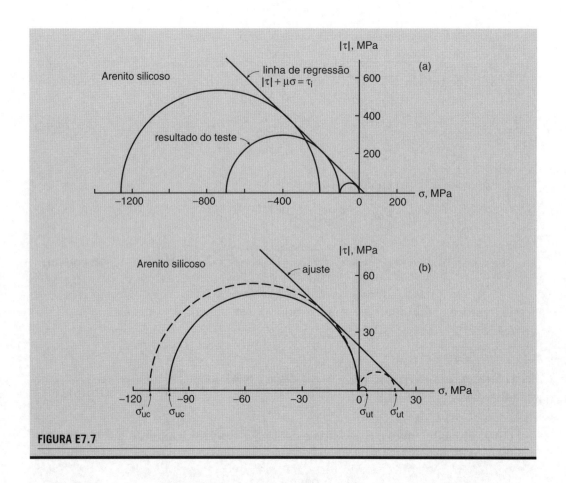

FIGURA E7.7

7.7.2 Representação Gráfica do Critério de Coulomb-Mohr

Se considerarmos descartar a afirmação de que $\sigma_1 \geq \sigma_2 \geq \sigma_3$, de tal forma que não existam mais restrições sobre a importância relativa das principais tensões normais, a Equação 7.46 vai necessitar ser expandida em três relações. Para o formato da Equação 7.46 (c), estas expansões são:

$$\begin{aligned} |\sigma_1 - \sigma_2| + m(\sigma_1 + \sigma_2) &= |\sigma'_{uc}|(1-m) \quad &\text{(a)} \\ |\sigma_2 - \sigma_3| + m(\sigma_2 + \sigma_3) &= |\sigma'_{uc}|(1-m) \quad &\text{(b)} \\ |\sigma_3 - \sigma_1| + m(\sigma_3 + \sigma_1) &= |\sigma'_{uc}|(1-m) \quad &\text{(c)} \end{aligned} \qquad (7.54)$$

Note que estas representam, na realidade, seis equações, quando se considera o uso dos valores absolutos. A fratura é prevista, se qualquer uma destas equações for satisfeita. Em tensão plana com $\sigma_3 = 0$, tais equações se reduzem a:

$$\begin{aligned} |\sigma_1 - \sigma_2| + m(\sigma_1 + \sigma_2) &= |\sigma'_{uc}|(1-m) \quad &\text{(a)} \\ |\sigma_2| + m(\sigma_2) &= |\sigma'_{uc}|(1-m) \quad &\text{(b)} \\ |\sigma_1| + m(\sigma_1) &= |\sigma'_{uc}|(1-m) \quad &\text{(c)} \end{aligned} \qquad (7.55)$$

As seis linhas, representadas pelas Equações 7.55, formam os limites da região dentro da qual não ocorrem falhas, como representada na Figura 7.17. As resistências à fratura desiguais em tração e compressão, que definem a linha do envelope, podem ser relacionadas combinando-se as Equações 7.48 e 7.49 e substituindo-se - $|\sigma'_{uc}| = \sigma'_{uc}$:

$$\sigma'_{ut} = |\sigma'_{uc}| \frac{1-m}{1+m} \qquad (7.56)$$

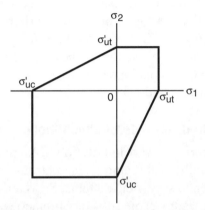

FIGURA 7.17 Condições para falha (*locus* de falha) pelo critério de fratura de Coulomb-Mohr para estado plano de tensões.

Para o caso geral de um estado de tensões tridimensional, a Equação 7.54 representa seis planos que descrevem uma superfície de falha, tal como mostrado na Figura 7.18. A superfície forma um vértice ao longo da linha $\sigma_1 = \sigma_2 = \sigma_3$, no ponto:

$$\sigma_1 = \sigma_2 = \sigma_3 = |\sigma'_{uc}| \frac{1-m}{2m} \qquad (7.57)$$

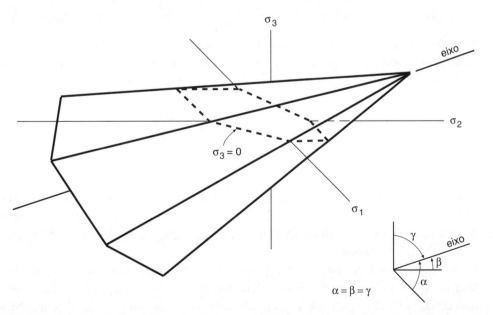

FIGURA 7.18 Superfície de falha tridimensional (*locus* de falha) conforme o critério de fratura de Coulomb-Mohr.

304 CAPÍTULO 7 Escoamento e Fratura sob Tensões Compostas

Assim, o valor de m ou da constante μ, que está intimamente relacionada, determina onde o vértice é formado. Os valores mais elevados de m ou μ indicam que os seis planos são mais abruptamente inclinados um relativamente ao outro, formando um vértice mais próximo da origem. Se qualquer uma das tensões σ_1, σ_2, σ_3 for nula, a interseção desta superfície com o plano definido pelas outras duas tensões principais restantes possuirá a forma da Figura 7.17.

Da comparação das Equações 7.25 e 7.54, é evidente que o critério C-M com $m = 0$ é equivalente ao critério de máxima tensão cisalhante. A Figura 7.17 toma então a mesma forma, mais simétrica, da figura obtida pelo critério de máxima tensão cisalhante, como mostra a Figura 7.5. O vértice da superfície de ruptura é movido para o infinito e as suas seções transversais se tornam hexágonos perfeitos, todos do mesmo tamanho. Assim, o critério C-M contém o critério de cisalhamento máximo como um caso especial deste primeiro (quando $m = 0$).

7.7.3 Tensão Efetiva pelo Critério de Coulomb-Mohr

Podemos definir uma *tensão efetiva* pelo critério C-M, como foi feito anteriormente para os outros critérios de falha neste capítulo. Para fazer isso, primeiramente note que as Equações 7.54 descrevem a superfície de falha. Se as tensões atualmente aplicadas forem de tal modo que os lados esquerdos das Equações 7.54 (a), (b) e (c) sejam menores do que $|\sigma'_{uc}| (1 - m)$, isso significa que existe um fator de segurança contra a fratura maior do que a unidade. Considere os três seguintes parâmetros, calculados em decorrência das Equações 7.54:

$$C_{12} = \frac{1}{1-m}\Big[\,|\sigma_1 - \sigma_2| + m(\sigma_1 + \sigma_2)\Big] \quad \text{(a)}$$

$$C_{23} = \frac{1}{1-m}\Big[\,|\sigma_2 - \sigma_3| + m(\sigma_2 + \sigma_3)\Big] \quad \text{(b)} \qquad (7.58)$$

$$C_{31} = \frac{1}{1-m}\Big[\,|\sigma_3 - \sigma_1| + m(\sigma_3 + \sigma_1)\Big] \quad \text{(c)}$$

Se a tensão aplicada fizer com que qualquer um destes parâmetros alcance $|\sigma'_{uc}|$, então a fratura deverá ocorrer. Empregando estas equações, é possível definir a tensão efetiva, $\bar{\sigma}_{CM}$, e o fator de segurança correspondente contra a fratura, X_{CM}, como:

$$\bar{\sigma}_{CM} = \text{MÁX}(C_{12}, C_{23}, C_{31}), \qquad X_{CM} = \frac{|\sigma'_{uc}|}{\bar{\sigma}_{CM}} \quad \text{(a)}$$

$$\bar{\sigma}_{CM} = 0, \qquad X_{CM} = \infty, \qquad \text{se MÁX} \le 0 \quad \text{(b)} \qquad (7.59)$$

A situação (b) ocorre quando a combinação de tensões é tal que uma linha desde a origem através do ponto $(\sigma_1, \sigma_2, \sigma_3)$ não intercepta a superfície de falha do tipo mostrado na Figura 7.18. Esta situação ocorre, por exemplo, para $\sigma_1 = \sigma_2 = \sigma_3 = -p$, na qual p representa a pressão.

Idealmente, os valores de m e σ'_{uc} para uso nestas equações estariam disponíveis a partir do ajuste de um envelope de falha. No entanto, estão disponíveis somente os valores de σ_{uc}, obtidos a partir dos resultados de ensaios de compressão simples. Neste caso, σ'_{uc} deve ser estimado como sendo o mesmo que σ_{uc}, tornando-se necessária uma estimativa para *m*. Isso pode ser obtido pela medição do ângulo de fratura, θ_c, obtido nas superfícies de fratura de ensaios de compressão simples, para ser aplicado nas Equações 7.43 (b) e 7.47 (a), de forma a estimar $m = \text{sen } \phi = \text{sen } (90° - 2\theta_c)$. Ou *m* pode ser conhecido aproximadamente de experiência com material similar. Por exemplo, o artigo de Paul (1961) sugere um valor genérico de $\phi = 20°$, empregável para qualquer tipo de ferro fundido cinzento, o que corresponde a $\theta_c = 35°$ e $m = 0,342$.

7.7.4 Discussão

Para o critério C-M com um valor não nulo e positivo de μ, que gera uma linha de envelope para falha inclinada para baixo, como mostrado na Figura 7.14, o comportamento previsto é consistente com as típicas observações em materiais frágeis. Em primeiro lugar, a resistência à fratura de compressão é maior do que em tração, com a diferença proporcional ao valor de μ. Dados experimentais demonstram diferentes resistências em tração e compressão, conforme já apresentado na Figura 7.13 para o ferro fundido cinzento. Os respectivos dados para um material cerâmico estão mostrados na Figura 7.19. (Consulte também a Tabela 3.10 para dados de materiais adicionais.)

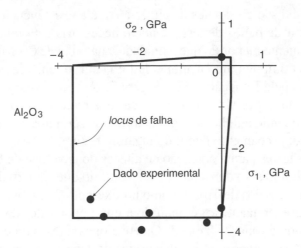

FIGURA 7.19 Dados de ensaios e superfície de falha (*locus* de falha) para a compressão biaxial da alumina, Al_2O_3. Cada ponto apresentado é a média de três ou quatro pontos de testes, como reportado por [Sines 75].

O plano de fratura em compressão é frequentemente observado como tendo um ângulo agudo em relação ao eixo de carga na ordem de $\theta_c = 20°$ a $40°$. (Veja os corpos de prova de ferro fundido e concreto, fraturados sob compressão, mostrados nas Figuras 4.23 e 4.24 e compare as fotos com o esquema da Figura 7.15.) A partir da Equação 7.43, estes valores de θ_c correspondem aproximadamente a valores de μ na faixa de 1,2 a 0,2.

Entretanto, os planos de fratura previstos para um teste de tração são incorretos. Materiais frágeis geralmente falham na tensão em planos próximos ao plano normal da máxima tensão de tração – ou seja, normal ao eixo dos corpos de prova –, não nos planos, como mostrados na Figura 7.15. Falhas em torção de materiais frágeis também ocorrem geralmente nos planos normais de tensão máxima de tração e não nos planos previstos pelo critério C-M, tal como mostrado na Figura 7.16. (Veja os corpos de prova rompidos sob tensão e torção, de ferro fundido, nas Figuras 4.13 e 4.42.) Além disso, as resistências à

306 CAPÍTULO 7 Escoamento e Fratura sob Tensões Compostas

fratura em tração, compressão e ao cisalhamento não são tipicamente relacionadas umas com as outras como previsto pelo único valor de m usado nas equações anteriores.

A situação de máxima tensão de tração controlando o comportamento em tração e torção, em desacordo com o critério C-M, pode ser tratada empregando-se o critério C-H em combinação com o critério de fratura de máxima tensão normal. Essa combinação, chamada *critério modificado de fratura de Mohr*, será discutida na Seção 7.8.

Uma forma alternativa da Equação 7.46 é empregada, às vezes. Voltando ao pressuposto de que $\sigma_1 \geq \sigma_2 \geq \sigma_3$, de modo que apenas a Equação 7.46 (c) seja necessária, algumas manipulações algébricas levam a:

$$\sigma_3 = h\sigma_1 - \left|\sigma'_{uc}\right|, \qquad \text{em que } h = \frac{1+m}{1-m} \tag{7.60}$$

Em alguns casos, uma relação linear não se ajusta aos dados muito bem; por isso, a Equação 7.60 é generalizada a uma equação de potência:

$$\sigma_3 = -k\left(-\sigma_1\right)^a - \left|\sigma_{uc}\right| \qquad \left(\sigma_1 \leq \sigma_2 \leq \sigma_3\right) \tag{7.61}$$

As quantidades k e a são constantes de ajuste e σ_{uc} é a resistência à compressão simples, obtida a partir de dados de teste. Onde é necessária esta relação não linear, o valor de a é tipicamente menor do que a unidade e na faixa de 0,7 a 0,9. A relação não linear entre σ_3 e σ_1 implica um envelope de falha curvo, em vez de uma linha reta, como estabelecida pela Equação 7.42 e Figura 7.14. Um envelope de falha curvo é realmente observado, especialmente para os ensaios realizados sob grandes pressões de confinamento, quando a falha de um material, que seria normalmente frágil, passa a ser controlada por escoamento dúctil no lugar da fratura.

Na maioria dos testes para a obtenção de ajustes do envelope de falha pelo critério C-M, o valor de compressão de σ_3 na falha é maior do que $\sigma_1 = \sigma_2$ da pressão lateral; estes são chamados ensaios de Tipo I, como no Exemplo 7.7. Uma opção é aumentar $\sigma_3 = \sigma_2$ até a fratura, enquanto σ_1 é mantido a um menor valor de compressão; esta condição é chamada ensaio do Tipo II. Os envelopes C-M para ensaios do Tipo II parecem, em geral, ser superiores aos de ensaios de Tipo I. Assim, a tensão principal intermediária σ_2 tem um efeito, ao contrário do pressuposto implícito pelo critério C-M, que considera que σ_2 não tem efeito. Embora uma abordagem mais geral fosse desejável, parece ser razoável usar o envelope dos ensaios do Tipo I como uma aproximação conservadora.

7.8 CRITÉRIO DE FRATURA DE MOHR MODIFICADO

Como já mencionado, o critério de fratura de Coulomb-Mohr não concorda com o comportamento de materiais frágeis em tração e torção. Esta dificuldade pode ser tratada usando o critério C-M em combinação com o critério de fratura por máxima tensão normal, como ilustrado na Figura 7.20. Em particular, o *locus* de falha obtido pelo critério C-M, a partir de um comportamento dominado por compressão, é truncado e substituído pelo critério da máxima tensão normal sempre que suas previsões do critério C-M ultrapassam o último. Esta combinação é o chamado critério modificado de fratura de Mohr (M-M).

7.8.1 Detalhes do Critério de Mohr Modificado

Para um *locus* de falha representando em um sistema de eixos para tensões biaxiais, σ_1 por σ_2, conforme ilustrado pela Figura 7.20 (a), note que, para tração simples e também em tensões biaxiais que sejam ambas positivas, a fratura é controlada por σ_{ut}, tal como medida por um ensaio de tração simples, e não pelo valor maior σ'_{ut}, conforme esperado a partir do critério C-M e pelas Equações 7.49 ou 7.56. Olhando para o envelope de falha de σ contra $|\tau|$, como ilustrado na Figura 7.20 (b), vemos que uma linha vertical passando por σ_{ut} corta a linha inclinada do critério C-M, de modo que, mais uma vez, σ'_{ut} não corresponde ao comportamento real.

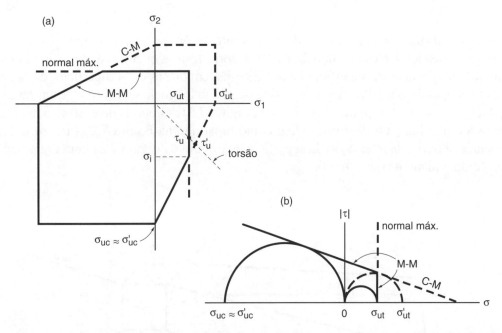

FIGURA 7.20 O critério de fratura de Mohr modificado (M-M) formado pelos critérios de máxima tensão normal truncada pelo critério de Coulomb-Mohr (C-M).

Para compressão simples, o ponto $\sigma_{uc} \approx \sigma'_{uc}$ está indicado na Figura 7.20 (a) e (b). Estas duas quantidades diferem-se apenas devido à dispersão estatística vinculada à obtenção de dados reais e, talvez, devido a pequenos desvios do comportamento dominado por compressão a partir de um envelope linear do critério C-M. (Se existem maiores desvios da linearidade, como quando é aplicável à Equação 7.61, torna-se necessária uma abordagem mais geral.)

O comportamento dominado pela tração geralmente se estende pelo menos até – e muitas vezes um pouco mais além – a linha tracejada $\sigma_1 = -\sigma_2$ na Figura 7.20 (a), correspondendo a simples torção, como indicado nesta figura. (Veja os dados das Figuras 7.11 e 7.13.) Assim, em torção espera-se que a fratura ocorra em $\tau_u = \sigma_{ut}$ e não no maior valor de τ'_u conforme apontado pelo critério C-M, via Equação 7.50.

A interseção entre o *locus* de falha do critério C-M com as partes de tensão máxima normal do *locus* de falha do critério M-M, para tensões biaxiais, ocorre a uma tensão σ_i, como mostrado na Figura 7.20 (a). Particularmente, há em geral um estado biaxial de tensões, $\sigma_1 = \sigma_{ut}$, $\sigma_2 = \sigma_i$, $\sigma_3 = 0$, com σ_i negativo, no qual tanto o critério C-M quanto o critério de máxima tensão normal são obedecidos. Substituindo esta combinação de tensões na Equação 7.54 (a) e resolvendo para σ_i chega-se a:

$$\sigma_i = -|\sigma'_{uc}| + \sigma_{ut}\frac{1+m}{1-m} \qquad (\sigma_{ut} \leq \sigma'_{ut}) \tag{7.62}$$

Em três dimensões, o *locus* de falha M-M é semelhante ao mostrado na Figura 7.21. As três faces positivas do cubo de máxima tensão normal truncam a superfície de ruptura do critério C-M. (Compare a Figura 7.21 com as Figuras 7.3 e 7.18.). Note que as três faces positivas do cubo de tensão normal correspondem a:

$$\sigma_1 = \sigma_{ut}, \qquad \sigma_2 = \sigma_{ut}, \qquad \sigma_3 = \sigma_{ut} \tag{7.63}$$

Assim, a superfície de falha é dada pela interseção destes três planos pelos seis planos correspondentes às Equações 7.54. Ocorre fratura quando se atinge qualquer um dos nove planos da superfície final. Na região em que as duas superfícies de falha se cruzam, as duas teorias concordam. Isso ocorre ao longo de seis bordas destas faces. (Quatro destas arestas podem ser vistas na Figura 7.21, as outras duas estão ocultas). Para tensão plana, um *locus* de falha, como mostrado na Figura 7.20 (a), em linha cheia, é obtido pela interseção da superfície de ruptura da Figura 7.21 com um plano, tal como o plano no qual $\sigma_3 = 0$.

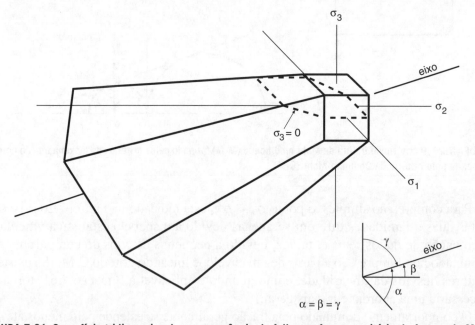

FIGURA 7.21 Superfície tridimensional para ocorrência de falha conforme o critério de fratura de Mohr modificado. A superfície de Coulomb-Mohr é secionada por três faces do cubo do critério de máxima tensão normal.

O critério M-M requer três constantes do material: (1) o declive do envelope de falha C-M, tal como especificado por qualquer um dos valores μ, ϕ, θ_c e m; (2) o intercepto τ_i do envelope de falha C-M, que pode ser especificado pelo valor de σ'_{uc}, usado na Equação 7.48, e (3) o limite de resistência à tração σ_{ut} obtido a partir de dados de ensaios de tração simples. Como já notado, a estimativa $\sigma'_{uc} \approx \sigma_{uc}$ pode ser empregada se houver insuficiência de dados obtidos em condições de domínio de compressão para fazer um ajuste do envelope C-M. Mas, desta forma, a constante m ou alguma de suas constantes aliadas devem ser conhecidas, como o ângulo de fratuta θ_c, observado a partir de ensaios de compressão simples. A Equação 7.62 apresenta uma oportunidade adicional para estimar m. Particularmente, se dados biaxiais como os da Figura 7.13 estiverem disponíveis e oferecerem um valor razoavelmente distinto de σ_i, então m pode ser obtido pela resolução de Equação 7.62:

$$m = \frac{|\sigma'_{uc}| - \sigma_{ut} + \sigma_i}{|\sigma'_{uc}| + \sigma_{ut} + \sigma_i} \tag{7.64}$$

Alguma precaução é obviamente necessária no emprego de valores de m estimados sem o uso de dados adequados para o ajuste do envelope de falha de C-M.

Existem métodos mais gerais, porém mais complexos, que não requisitam uma linha reta na previsão de falha no envelope C-M. (Consulte os livros de Nadai (1950), Jaeger, Cook & Zimmerman (2007), Chen & Han (1988) e Munz (1999) para discussão e detalhes.) No entanto, a hipótese linear é frequentemente empregada, como no método de ensaio da ASTM para a compressão triaxial de rocha.

7.8.2 Tensões Efetivas e Fator de Segurança no Critério de Mohr Modificado

Para o critério M-M, podem ser determinadas as tensões efetivas para o critério C-M e a tensão normal máxima. Cada uma delas apresenta um fator de segurança contra a fratura, o menor dos quais é o fator de controle. A tensão efetiva e o fator de segurança para o critério C-M já foram descritos pelas Equações 7.58 e 7.59, que podem ser utilizadas aqui da mesma forma. Para o componente de tensão normal máxima, a tensão efetiva calculada pela Equação 7.13 (a) aplica-se para incluir as três faces positivas do cubo da tensão normal:

$$\bar{\sigma}_{NP} = \text{MÁX}\left(\sigma_1, \sigma_2, \sigma_3\right), \qquad X_{NP} = \frac{\sigma_{ut}}{\bar{\sigma}_{NP}} \qquad \text{(a)}$$

$$\bar{\sigma}_{NP} = 0, \quad X_{NP} = \infty, \quad \text{se MÁX} \leq 0 \qquad \text{(b)} \tag{7.65}$$

Aqui, os subíndices foram alterados de NT (Equação 7.13) para NP, para indicar a remoção das restrições da Equação 7.13 (b). Vamos agora usar o critério de tensão normal até o cruzamento com o critério C-M, como na tensão σ_i mostrada na Figura 7.20, que geralmente excede a limitação anterior por uma pequena quantidade. A situação da Equação 7.65 (b) aparece quando a combinação de tensões é de tal forma que uma linha da origem através do ponto $(\sigma_1, \sigma_2, \sigma_3)$ nunca interseciona uma das faces positivas do cubo de máxima tensão normal.

O fator de segurança global e de controle para o critério de M-M é então o menor dos valores obtidos a partir das Equações 7.59 e 7.65:

$$X_{MM} = \text{MÍN}\left(X_{CM}, X_{NP}\right) \qquad \text{(a)}$$

$$\frac{1}{X_{MM}} = \text{MÁX}\left(\frac{\bar{\sigma}_{CM}}{|\sigma'_{uc}|}, \frac{\bar{\sigma}_{NP}}{\sigma_{ut}}\right) \qquad \text{(b)} \tag{7.66}$$

310 CAPÍTULO 7 Escoamento e Fratura sob Tensões Compostas

A forma (b) dá o mesmo resultado e é conveniente para cálculos numéricos, uma vez que evita a geração de valores infinitos quando um ou ambos os valores de $\bar{\sigma}_{CM}$ ou $\bar{\sigma}_{NP}$ são nulos.

EXEMPLO 7.8

Um ferro fundido cinzento tem um limite de resistência à tração de 214 MPa e um limite de resistência à compressão de 770 MPa, sendo que estes valores são médias de três ensaios para cada tipo de amostras retiradas de um único lote. Além disso, nos ensaios de compressão, a fratura foi observada ocorrendo num plano inclinado em relação à direção de carregamento por um ângulo médio de $\theta_c = 37°$.

(a) Assumindo aplicabilidade do critério de Mohr modificado (M-M), calcular os valores de m e σ_i para este material.

(b) Se um eixo com diâmetro de 30 mm deste material for submetido a um torque de 500 N·m, estime o fator de segurança contra a fratura.

(c) Qual é o fator de segurança contra a fratura se uma força de compressão de 100 kN for aplicada ao eixo em adição ao torque?

Solução

(a) O valor de m pode ser obtido a partir de $\theta_c = 37°$ e pelo uso das Equações 7.43 e 7.47.

$$\phi = 90° - 2\theta_c = 16°, \qquad m = \operatorname{sen}\phi = 0,2756 \qquad \textbf{(Resposta)}$$

Para calcular σ_i, considere $\sigma'_{uc} = \sigma_{uc} = -770$ MPa, assim como $\sigma_{ut} = 214$ MPa, e junte estes dados, com o valor de m recém-calculado, na Equação 7.62:

$$\sigma_i = |\sigma'_{uc}| + \sigma_{ut}\frac{1+m}{1-m} = -393,1\,\text{MPa} \qquad \textbf{(Resposta)}$$

(b) A tensão cisalhante na superfície do eixo, devido ao torque T, é obtida a partir do raio deste eixo, $r = 15$ mm, e a partir de expressões do Apêndice A:

$$\tau_{xy} = \frac{T\,r}{J}, \qquad J = \frac{\pi\,r^4}{2}$$

$$\tau_{xy} = \frac{2T}{\pi\,r^3} = \frac{2(500.000\,\text{N}\cdot\text{mm})}{\pi(15\,\text{mm})^3} = 94,31\,\text{MPa}$$

Notando que há um estado de tensão plana, neste caso, com τ_{xy} e $\sigma_x = \sigma_y = 0$, as tensões normais no plano principal das tensões obtidas da Equação 6.7 são:

$$\sigma_1,\sigma_2 = \frac{\sigma_x + \sigma_y}{2} \pm \sqrt{\left(\frac{\sigma_x - \sigma_y}{2}\right)^2 + \tau_{xy}^2} = 94,31,\,-94,31\,\text{MPa}$$

A terceira tensão principal normal é $\sigma_3 = 0$

Temos agora todas os valores necessários para calcular C_{12}, C_{23} e C_{31} a partir da Equação 7.58:

$$C_{12} = 260,4; \qquad C_{23} = 94,31; \qquad C_{31} = 166,09\,\text{MPa}$$

Estes, juntamente com as tensões principais normais, σ_1, σ_2 e σ_3, dão as tensões eficazes e os fatores de segurança para o critério C-M e os componentes de tensão normal máxima do critério de falha M-M.

Das Equações 7.59 e 7.65, obtemos:

$$\bar{\sigma}_{CM} = \text{MÁX}\left(C_{12}, C_{23}, C_{31}\right) = 260,4 \text{ MPa}; \qquad X_{CM} = \frac{\left|\sigma'_{uc}\right|}{\bar{\sigma}_{CM}} = \frac{770 \text{ MPa}}{260,4 \text{ MPa}} = 2,96$$

$$\bar{\sigma}_{NP} = \text{MÁX}\left(\sigma_1, \sigma_2, \sigma_3\right) = 94,31 \text{ MPa}; \qquad X_{NP} = \frac{\sigma_{ut}}{\bar{\sigma}_{NP}} = \frac{214 \text{ MPa}}{94,31 \text{ MPa}} = 2,27$$

Finalmente, da Equação 7.66, o fator de segurança que controla o caso é o menor dos dois:

$$X_{MM} = \text{MÍN}\left(X_{CM}, X_{NP}\right) = 2,27 \qquad \textbf{(Resposta)}$$

(c) Uma força compressiva adicional causa uma tensão dada por:

$$\sigma_x = \frac{P}{A} = \frac{-100.000 \text{ N}}{\pi\left(15 \text{ mm}\right)^2} = -141,47 \text{ MPa}$$

Então, as tensões para o estado de tensão plana geral e suas respectivas tensões principais normais são agora:

$$\sigma^x = -141,47; \qquad \sigma_x = 0; \qquad \tau_{xy} = 94,31 \text{ MPa}$$
$$\sigma_1 = 47,16, \qquad \sigma_2 = -188,63, \qquad \sigma_3 = 0 \text{ MPa}$$

Os valores das tensões principais, juntamente com os mesmos valores de m, σ'_{uc} e σ_{ut} como definidos anteriormente, oferecem os seguintes resultados, a partir das Equações 7.58, 7.59, 7.65 e 7.66:

$$C_{12} = 271,7, \qquad C_{23} = 188,63, \qquad C_{31} = 83,05 \text{ MPa}$$

$$\bar{\sigma}_{CM} = \text{MÁX}\left(C_{12}, C_{23}, C_{31}\right) = 271,7 \text{ MPa}, \qquad X_{CM} = \frac{\left|\sigma'_{uc}\right|}{\bar{\sigma}_{CM}} = \frac{770 \text{ MPa}}{271,7 \text{ MPa}} = 2,83$$

$$\bar{\sigma}_{NP} = \text{MÁX}\left(\sigma_1, \sigma_2, \sigma_3\right) = 47,16 \text{ MPa}, \qquad X_{NP} = \frac{\sigma_{ut}}{\bar{\sigma}_{NP}} = \frac{214 \text{ MPa}}{47,16 \text{ MPa}} = 4,54$$

$$X_{MM} = \text{MÍN}\left(X_{CM}, X_{NP}\right) = 2,83 \qquad \textbf{(Resposta)}$$

Discussão

Em (b), X_{NP} é o menor dos dois fatores de segurança, de modo que o componente de tensão normal máxima do critério de falha M-M é o componente controlador (limitador) da resistência. Mas, em (c), X_{CM} é menor, de modo que, neste caso, o componente C-M é o componente controlador.

EXEMPLO 7.9

Um bloco de rocha granítica, descrita na Tabela 7.1, é submetido a uma pressão confinante em todos os lados, de $p = 150$ MPa, devido ao peso do restante da rocha acima deste bloco, bem como uma tensão de corte τ_{xy}, como mostrado na Figura E7.9 (a).

(a) Qual é o valor da tensão de cisalhamento τ_{xy} que fará com que o bloco se frature?
(b) Qual é o maior valor de τ_{xy} permissível para um fator de segurança desejado de 2,0 contra fratura?

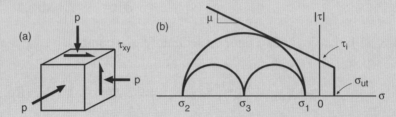

FIGURA E7.9

Solução

(a) Uma vez que um ajuste foi feito para se obter as constantes listadas na Tabela 7.1, para este material é preferível empregar σ'_{uc} obtido da Equação 7.48, em vez do valor tabelado de σ_{uc}, obtido a partir de um ensaio de compressão simples. Usando $m = 0,824$ e $\tau_i = 19,42$ MPa da Tabela 7.1, descobrimos que o valor é:

$$\sigma'_{uc} = -2\tau_i \sqrt{\frac{1+m}{1-m}} = -2(19,42 \text{ MPa})\sqrt{\frac{1+0,824}{1-0,824}} = -125 \text{ MPa}$$

O estado de tensão dado é $\sigma_x = \sigma_y = \sigma_z = -p = -150$ MPa e τ_{xy} desconhecida, com $\tau_{yz} = \tau_{zx} = 0$ MPa. Este é um estado generalizado de tensão plana, de modo que uma tensão normal principal é $\sigma_3 = \sigma_z = -150$ MPa, e os outros dois valores são:

$$\sigma_1, \sigma_2 = \frac{\sigma_x + \sigma_y}{2} \pm \sqrt{\left(\frac{\sigma_x - \sigma_y}{2}\right)^2 + \tau_{xy}^2} = -150 \pm \tau_{xy} \text{ MPa}$$

Como σ_1 e σ_2 são determinados pela adição e subtração de um mesmo valor, $\sigma_3 = -150$ MPa, os três círculos de Mohr devem estar configurados como mostrado na Figura E7.9 (b), com o círculo formado pelos valores de σ_1 e σ_2 sendo o maior. Sendo assim, C_{12} é o valor maior e controlador para as Equações 7.58 e 7.59, de modo que C_{23} e C_{31} podem ser desconsiderados. Assumindo, neste momento, que o componente C-M é o critério que controla o processo, temos:

$$C_{12} = \frac{1}{1-m}\left[|\sigma_1 - \sigma_2| + m(\sigma_1 + \sigma_2)\right] = \overline{\sigma}_{CM} = \frac{|\sigma'_{uc}|}{X_{CM}}$$

$$\left|(-150 + \tau_{xy}) - (-150 - \tau_{xy})\right| + 0,824(-300) = (1 - 0,824)(125,0) / 1,00 \text{ MPa}$$

em que o valor de $X_{CM} = 1,00$ é substituído, de modo que o ponto de fratura é analisado. Resolvendo para τ_{xy} chega-se a:

$$\tau_{xy} = 134,6 \text{ MPa} \qquad \textbf{(Resposta)}$$

Este valor gera σ_1, $\sigma_2 = -150 \pm \tau_{xy} = -15,4$; $-284,6$ MPa. Assim, a Equação 7.65 acarreta $\overline{\sigma}_{NP} = 0$ e X_{NP} infinito, de modo que o componente de máxima tensão normal não controla e a solução anterior é a válida.

(b) Procedendo como antes, exceto para a substituição $X_{CM} = 2,00$, tem-se $\tau_{xy} = 129,1$ MPa **(Resposta)**. Este valor corresponde a σ_1, $\sigma_2 = -150 \pm \tau_{xy} = -20,9$; $-279,1$ MPa, de forma que a Equação 7.65 novamente dá $\overline{\sigma}_{NP} = 0$, e esta solução também é válida.

Comentários

Na solução de (b), o fator de segurança $X_{CM} = 2,00$ é, com efeito, aplicado tanto para a pressão como para τ_{xy}. Como o aumento da pressão torna a fratura mais difícil, verifica-se que apenas uma pequena diminuição na τ_{xy} é necessária para atingir o fator de segurança desejado. Do ponto de vista de engenharia, se for considerado que a pressão não varia, seria aconselhável aplicar o fator de segurança desejado de $X = 2,00$ à única tensão de cisalhamento que pode variar, de modo que a solução para (b) torna-se $\tau_{xy} = 134,6/2,00 = 67,3$ MPa. Este resultado pode ser obtido com a abordagem pelo *projeto com fator de carga*, com $Y_p = 1,00$ aplicado à pressão e $Y_\tau = 2,00$ aplicado à τ_{xy}. (Seção 7.6.2.)

7.9 COMENTÁRIOS ADICIONAIS SOBRE CRITÉRIOS DE FALHA

Para ter uma perspectiva adicional sobre o assunto deste capítulo, vamos desenvolver uma discussão um pouco mais aprofundada sobre o comportamento frágil *versus* dúctil e os efeitos de dependência com o tempo.

7.9.1 Comportamento Frágil *versus* Comportamento Dúctil

Materiais de engenharia comumente classificados como dúcteis são aqueles para os quais a resistência estática, em aplicações de engenharia, é geralmente limitada pelo escoamento. Muitos metais e polímeros se encaixam nesta categoria. Em contraste, a utilidade dos materiais vulgarmente classificados como frágeis é geralmente limitada à ocorrência da fratura. Em um ensaio de tração, materiais frágeis não apresentam um comportamento bem definido de escoamento e falham após apenas um pequeno alongamento, da ordem de 5% ou menos. Exemplos desses materiais são o ferro fundido cinzento e alguns outros metais fundidos, assim como rocha, concreto, outras cerâmicas e vidros.

No entanto, normalmente materiais frágeis podem apresentar ductilidade considerável quando testados sob carregamento, de tal modo que o componente hidrostático, σ_h, da tensão aplicada é altamente compressivo. Tal experiência pode ser realizada pelo ensaio de um material em uma câmara pressurizada, como a mostrada na Figura 4.27. O surpreendente resultado da plasticidade obtida em um material normalmente frágil está ilustrado por algumas curvas tensão-deformação para o calcário na Figura 7.22.

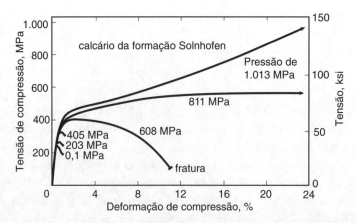

FIGURA 7.22 Dados tensão-deformação para cilindros de calcário testados sob compressão axial submetida a vários níveis de pressão hidrostática, variando de um a 10.000 atmosferas. A tensão de compressão apresentada no gráfico é a tensão de pressão do teste aplicada em excesso à pressão hidrostática exercida.

(Adaptado de [Griggs 36]; usada com permissão; © 1936 The University of Chicago Press.)

Além disso, materiais normalmente considerados dúcteis falham com mais ductilidade sob tensão hidrostática compressiva ou, ao contrário, se a tensão hidrostática for de tração. Embora o limite de escoamento inicial dos metais seja insensível à tensão hidrostática, o ponto de fratura é afetado. Os dados demonstrando este comportamento para um aço estão apresentados na Figura 7.23, em que a tensão e a deformação verdadeiras de fratura aumentam com a pressão, ou seja, com a compressão hidrostática. O evento da fratura parece ser adiado para um momento posterior ao longo de uma curva tensão-deformação.

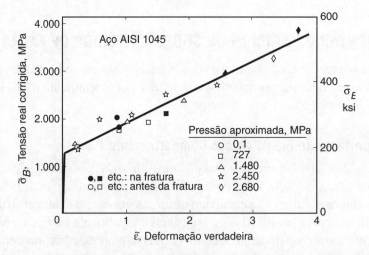

FIGURA 7.23 Efeito da pressão variando de um até 26.500 atmosferas sobre o comportamento à tração de um aço AISI 1045, especificamente com HRC = 40. O gráfico mostra a pressão de compressão do teste aplicada em excesso à pressão hidrostática submetida na amostra.

(Dados de [Bridgman 52] p. 47-61).

Para explicar tal comportamento, é útil considerar que a fratura e o escoamento são eventos distintos e que qualquer um pode ocorrer em primeiro lugar, dependendo da combinação entre o material e o estado de tensões envolvidos. Em princípio, no espaço tridimensional das tensões normais principais (σ_1, σ_2, σ_3), a superfície limitante para o escoamento (ao menos para os metais) é considerada um cilindro, ou outra forma prismática, que é simétrica em relação à linha $\sigma_1 = \sigma_2 = \sigma_3$, tal como as superfícies mostradas nas Figuras 7.6 e 7.9. Por outro lado, superfícies limitantes para a fratura são geralmente semelhantes àquelas da teoria de Mohr modificada (M-M) (como discutido anteriormente e ilustrado na Figura 7.21), embora os limites possam ser, na realidade, curvas suaves.

A situação é ilustrada na Figura 7.24. Para certos estados de tensão, a superfície definidora do escoamento é encontrada primeiro, enquanto para outros a superfície encontrada em primeiro lugar é a de fratura. As dimensões relativas das duas superfícies mudam para diferentes materiais. Para materiais normalmente dúcteis, não se espera que a fratura ocorra antes do escoamento, com exceção dos estados de tensão envolvendo grandes quantidades de tração hidrostática. No caso da compressão hidrostática, em função da quantidade exercida a tensão pode ser aumentada em quantidades variáveis acima do limite de escoamento antes de a fratura ocorrer. No entanto, para os materiais normalmente frágeis, há um comportamento contrastante, com a fratura ocorrendo antes do escoamento, exceto para os estados de tensão envolvendo grande compressão hidrostática. Assim, se uma vasta gama de estados de tensão pode ocorrer em um material, é importante considerar a possibilidade de ou o escoamento, ou a fratura ocorrer primeiro.

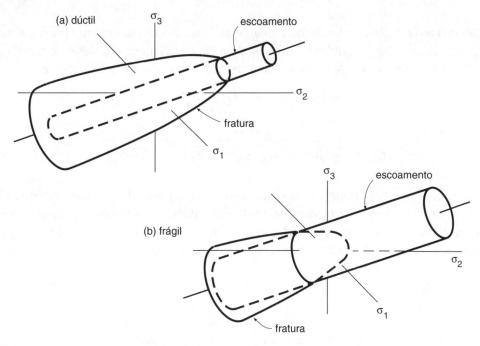

FIGURA 7.24 Relações das superfícies limitadoras (*locus* de falha) do escoamento e da fratura para (a) materiais que normalmente se comportam de um modo dúctil, e também para (b) materiais que normalmente se comportam de um modo frágil.

7.9.2 Efeitos Transientes das Trincas

Como já observado, materiais normalmente frágeis em geral contêm, ou facilmente desenvolvem, pequenas falhas ou outras características geométricas que são equivalentes a pequenas trincas. A fratura frágil geralmente ocorre como o resultado do crescimento e junção de tais defeitos. Este processo é muitas vezes dependente do tempo (transiente), principalmente porque é afetado pela presença de umidade (água) ou de

316 CAPÍTULO 7 Escoamento e Fratura sob Tensões Compostas

outras substâncias que reagem quimicamente com o material. O trincamento dependente do tempo faz com que o comportamento à fratura destes materiais passe a ser dependente da taxa de carregamento. Além disso, se a tensão é mantida constante, a falha pode ocorrer depois de decorrido algum tempo, a um nível de tensão que não causaria fratura se esta fosse mantida apenas por um curto período. Assim, as abordagens deste capítulo devem ser empregadas com algum cuidado para assegurar que as propriedades dos materiais empregados sejam realistas com relação a efeitos transientes.

7.10 RESUMO

É necessário adotar um critério de falha para criar um projeto que evite o escoamento ou a fratura de um material inicialmente não trincado. Basicamente, um critério de falha é um procedimento de síntese de um estado complexo de tensões para uma tensão eficaz, que pode ser comparada com a resistência do material. No escoamento de materiais dúcteis, a propriedade relevante é o limite de escoamento, σ_0, de modo que um fator de segurança pode ser calculado como:

$$X = \frac{\sigma_0}{\bar{\sigma}} \qquad (7.67)$$

Estão disponíveis dois critérios de escoamento, que são razoavelmente precisos para materiais isotrópicos: o critério de máxima tensão cisalhante e o critério de tensão de cisalhamento octaédrica. As tensões eficazes para estes são, respectivamente,

$$\bar{\sigma}_S = \text{MÁX}\left(\mid \sigma_1 - \sigma_2 \mid, \mid \sigma_2 - \sigma_3 \mid, \mid \sigma_3 - \sigma_1 \mid\right) \qquad (7.68)$$

$$\bar{\sigma}_H = \frac{1}{\sqrt{2}} \sqrt{\left(\sigma_1 - \sigma_2\right)^2 + \left(\sigma_2 - \sigma_3\right)^2 + \left(\sigma_3 - \sigma_1\right)^2} \qquad (7.69)$$

Tensões efetivas, e, portanto, fatores de segurança, a partir destes dois critérios não diferem em mais de 15%. Em suas formas básicas, de acordo com estas duas equações, ambos preveem que as tensões hidrostáticas não têm nenhum efeito. Modificações podem ser feitas nestes critérios para prever o escoamento em materiais anisotrópicos ou sensíveis à pressão.

A aplicação de coeficientes de segurança, como descrito, é chamada projeto por tensão admissível. Uma alternativa é o projeto empregando o fator de carregamento, por meio do qual a condição de falha é analisada após as cargas aplicadas terem sido incrementadas por fatores Y, que podem variar para os diferentes tipos de carregamentos submetidos. Neste caso, emprega-se $\bar{\sigma} = \sigma_0$, em que $\bar{\sigma}$ é calculado das tensões obtidas dos carregamentos ajustados pelos fatores de carga.

Na aplicação dos critérios de escoamento para materiais dúcteis, as tensões empregadas são geralmente as nominais, ou seja, não são incluídos os efeitos de elevação da tensão ao redor de entalhes. Isso é justificado, pois materiais dúcteis podem deformar-se plasticamente em uma região pequena, sem causar falha do componente. Mas este não é o caso para materiais frágeis, para os quais os efeitos de concentradores de tensão devem ser considerados nos critérios de fratura.

Para materiais frágeis, nenhum critério de falha simples (único) é suficiente para descrever o comportamento de fratura. O critério de Mohr modificado (M-M) é uma escolha razoável. Este é uma combinação do critério da máxima tensão normal, que é utilizado quando as tensões são dominadas pela tração, com o critério de Coulomb-Mohr (C-M). Este último assume que a fratura ocorre quando a combinação entre a tensão normal e a de cisalhamento em qualquer plano no material atinge um valor crítico definido por

$$|\tau| + \mu\sigma = \tau_i \tag{7.70}$$

em que μ e τ_i são constantes do material. O critério de Coulomb-Mohr pode ser considerado um critério de tensão de cisalhamento no qual a tensão de cisalhamento aumenta para maiores quantidades de compressão hidrostática.

Na aplicação do critério de Mohr modificado, são necessários valores de três constantes do material. Estes podem ser o limite de resistência em tração e compressão, σ_{ut} e σ_{uc}, e uma constante adicional, ou μ, ou a constante m, que está intimamente relacionada. Um valor para μ ou m pode ser estimado a partir da inclinação do plano de fratura, obtido em ensaios de compressão.

Sob alta compressão hidrostática, materiais normalmente frágeis comportam-se de forma dúctil e materiais dúcteis fraturam-se a maiores níveis de tensões e deformações verdadeiras do que antes. Este tipo de comportamento pode ser explicado considerando-se que o escoamento e a fratura são eventos independentes, descritos por diferentes superfícies de falha (*locus* de falha) definidas pelos critérios de escoamento aplicáveis. Geralmente, deve-se considerar a possibilidade de qualquer um destes eventos (escoamento ou falha) ocorrer primeiro.

A fratura pode ser dependente do tempo devido a efeitos do crescimento e coalescimento de trincas, de modo que é necessário cautela na aplicação dos critérios de falha que utilizam constantes dos materiais oriundas de testes executados em curto prazo.

NOVOS TERMOS E SÍMBOLOS

(a) Termos

critério de escoamento	espaço das tensões normais principais
máxima tensão cisalhante	fator de segurança
tensão cisalhante octaédrica	limite de resistência (último):
carregamento proporcional	a compressão, σ_{uc}
critério de escoamento anisotrópico	ao cisalhamento, τ_u
critério de falha (baseado em tensão)	à tração, σ_{ut}
critério de falha:	projeto com fator de carga
Coulomb-Mohr	superfície de falha
máxima tensão normal	tensão de projeto permissível
Mohr modificado	tensões efetivas: $\bar{\sigma}_{NT}, \bar{\sigma}_S, \bar{\sigma}_H$ e $\bar{\sigma}_{CM}$

(b) Constantes para os critérios de Coulomb-Mohr (C-M) e de Mohr modificado (M-M)

μ, τ_i	Inclinação e intercepto, respectivamente, da linha ao envelope do critério de falha C-M
$m, \lvert\sigma'_{uc}\rvert$	Constantes para o critério C-M, expressas em termos das tensões principais normais
ϕ	Ângulo de inclinação do envelope de falha do critério C-M, $\tan\phi = \mu$, $\operatorname{sen}\phi = m$
θ_c	Ângulo de fratura, $\theta_c = (90° - \phi)/2$
σ_l	Para o critério de Mohr modificado, é a tensão para qual as superfícies de falha definidas pelos critérios de máxima tensão normal e C-M concordam

318 CAPÍTULO 7 Escoamento e Fratura sob Tensões Compostas

Referências

ASTM. 2010. *Annual Book of ASTM Standards*, ASTM International, West Conshohocken, PA. See No. D7012, "Compressive Strength and Elastic Moduli of Intact Rock Core Specimens under Varying States of Stress and Temperatures," Vol. 04.09.

BORESI, A. P., and SCHMIDT, R. J. 2003. *Advanced Mechanics of Materials*, 6th ed., John Wiley, Hoboken, NJ, (See also the 2d ed. of this book, same title, 1952, by F. B. Seely and J. O. Smith).

CHEN, W. F., and HAN, D. J. 1988. *Plasticity for Structural Engineers*. Springer-Verlag, New York.

HILL, R. 1998. *The Mathematical Theory of Plasticity*. Oxford University Press, Oxford, UK.

JAEGER, J. C., COOK, N. G. W., and ZIMMERMAN, R. W. 2007. *Fundamentals of Rock Mechanics*, 4th ed., John Wiley, Hoboken, NJ.

LEWANDOWSKI, J. J., and LOWHAPHANDU, P. 1998. *Effects of Hydrostatic Pressure on Mechanical Behavior and Deformation Processing of Materials*. International Materials Reviews, 43 (4), 145-187.

MUNZ, D., and FETT, T. 1999. *Ceramics: Mechanical Properties, Failure Behavior, Materials Selection*. Springer-Verlag, Berlin.

NADAI, A. 1950. *Theory of Flow and Fracture of Solids*, 2nd ed., McGraw-Hill, New York.

PAUL, B. 1961. "A Modification of the Coulomb-Mohr Theory of Fracture," *Jnl. of Applied Mechanics, Trans. ASME*, Ser. E., vol. 28, no. 2, pp. 259–268.

PROBLEMAS E QUESTÕES

Seção 7.3

7.1 Um componente de engenharia é feito de nitreto de silício (Si_3N_4), conforme descrito na Tabela 3.10. O ponto mais severamente carregado está submetido ao seguinte estado de tensões: $\sigma_x = 125$, $\sigma_y = 15$, $\tau_{xy} = -25$ e $\sigma_z = \tau_{yz} = \tau_{zx} = 0$ MPa. Determine o fator de segurança contra fratura.

7.2 Em um componente de engenharia feito de ferro fundido cinzento, o ponto mais severamente carregado está submetido ao seguinte estado de tensões: $\sigma_x = 50$, $\sigma_y = 80$, $\tau_{xy} = 20$ e $\sigma_z = \tau_{yz} = \tau_{zx} = 0$ MPa. Determine o fator de segurança contra fratura. O material tem uma resistência à tração de 214 MPa e uma resistência à compressão de 770 MPa.

7.3 Um componente de engenharia é feito de carbeto de silício (SiC), conforme descrito na Tabela 3.10. O ponto mais severamente carregado está submetido ao seguinte estado de tensões: $\sigma_x = 50$, $\sigma_y = 10$, $\sigma_z = -20$, $\tau_{xy} = -15$ e $\tau_{yz} = \tau_{zx} = 0$ MPa. Determine o fator de segurança contra fratura.

7.4 Um tubo com extremidades fechadas tem um diâmetro externo de 120 mm e uma espessura de parede de 5 mm e está submetido a uma pressão interna de 4 MPa. Seu material é ferro fundido cinzento, que possui uma resistência à tração de 214 MPa e uma resistência à compressão de 770 MPa.

(a) Qual é o fator de segurança contra fratura para o carregamento pela pressão?

(b) Qual é o maior torque que pode ser aplicado juntamente com a pressão, se for necessário um fator de segurança contra a fratura de 3?

Seções 7.4 e 7.5²

7.5 Em um componente de engenharia feito de liga de alumínio 2024-T4, o ponto mais severamente carregado está submetido ao seguinte estado de tensões: $\sigma_x = 120$, $\sigma_y = 40$, $\tau_{xy} = -30$ e $\sigma_z = \tau_{yz} = \tau_{zx} = 0$ MPa. Determine o fator de segurança contra o escoamento pelo (a) critério de máxima tensão cisalhante e (b) critério de tensão de cisalhamento octaédrica.

7.6 Em um componente de engenharia feito de liga de alumínio 7075-T6, o ponto mais severamente carregado está submetido ao seguinte estado de tensões: $\sigma_x = 100$, $\sigma_y = 140$, $\sigma_z = -60$, $\tau_{xy} = 80$ e $\tau_{yz} = \tau_{zx} = 0$ MPa. Determine o fator de segurança contra o escoamento pelo (a) critério de máxima tensão cisalhante e (b) critério de tensão de cisalhamento octaédrica.

7.7 Em um componente de engenharia feito de aço ASTM A514 (T1), o ponto mais severamente carregado está submetido ao seguinte estado de tensões: $\sigma_x = -40$, $\sigma_y = 100$, $\sigma_z = 30$, $\tau_{xy} = -50$, $\tau_{yz} = 12$ e $\tau_{zx} = 0$ MPa. Determine o fator de segurança contra o escoamento.

7.8 Um componente de engenharia, o ponto mais severamente carregado está submetido ao seguinte estado de tensões: $\sigma_x = 280$, $\sigma_y = -100$, $\tau_{xy} = 120$ e $\sigma_z = \tau_{yz} = \tau_{zx} = 0$ MPa. Qual é o limite de escoamento mínimo necessário para o material se for necessário atender a um fator de segurança de 2,5 contra o escoamento? Empregue (a) critério de máxima tensão cisalhante e (b) critério de tensão de cisalhamento octaédrica.

7.9 Um componente de engenharia, o ponto mais severamente carregado está submetido ao seguinte estado de tensões: $\sigma_x = 120$, $\sigma_y = -50$, $\sigma_z = 200$, $\tau_{xy} = 60$ e $\tau_{yz} = \tau_{zx} = 0$ MPa. Qual é o limite de escoamento mínimo necessário para o material se for necessário atender a um fator de segurança de 2,0 contra o escoamento? Empregue (a) critério de máxima tensão cisalhante e (b) critério de tensão de cisalhamento octaédrica.

7.10 Na Figura 7.1, para cada caso (a), (b), (c) e (d) mostrados, esboce os três círculos de Mohr correspondentes às tensões principais de cisalhamento. Então, para cada caso, empregue o critério de máxima tensão cisalhante para determinar a σ_y no escoamento como uma função do limite de escoamento uniaxial. Você confirma as previsões indicadas nesta figura?

7.11 Os valores das deformações medidas na superfície de um componente feito de liga de titânio Ti-6Al-4V (solubilizada e envelhecida), conforme Tabela 14.1, são: $\varepsilon_x = 3.800 \times 10^{-6}$, $\varepsilon_y = 160 \times 10^{-6}$, e $\gamma_{xy} = 720 \times 10^{-6}$. Assuma que não tenha ocorrido escoamento e que também nenhuma carga é aplicada diretamente à superfície, de forma que $\sigma_z = \tau_{yz} = \tau_{zx} = 0$. Qual é o fator de segurança contra o escoamento?

7.12 Um extensômetro de roseta, como no Exemplo 6.9, é fixado à superfície de um componente feito de aço AISI 1020 (como laminado). Assuma que não tenha

---

²Use as propriedades dos materiais disponíveis nas Tabelas 4.2 e 5.2. Salvo indicação em contrário, estes problemas de critério de escoamento podem ser trabalhados pelo critério da máxima tensão cisalhante ou pelo critério de tensão de cisalhamento octaédrica.

320 **CAPÍTULO 7** Escoamento e Fratura sob Tensões Compostas

ocorrido escoamento e que, também, nenhuma carga é aplicada diretamente à superfície, de modo que $\sigma_z = \tau_{yz} = \tau_{zx} = 0$. As deformações obtidas foram: $\varepsilon_x = 190 \times 10^{-6}$, $\varepsilon_y = -760 \times 10^{-6}$, e $\varepsilon_{45} = -135 \times 10^{-6}$. Qual é o fator de segurança contra o escoamento?

7.13 Um extensômetro de roseta, como no Exemplo 6.9, é fixado à superfície de um componente feito de liga de alumínio 7075-T6. Assuma que não tenha ocorrido escoamento e que, também, nenhuma carga seja aplicada diretamente à superfície, de modo que $\sigma_z = \tau_{yz} = \tau_{zx} = 0$. As deformações obtidas foram: $\varepsilon_x = 1.200 \times 10^{-6}$, $\varepsilon_y = -650 \times 10^{-6}$, e $\varepsilon_{45} = -1.900 \times 10^{-6}$. Qual é o fator de segurança contra o escoamento?

7.14 Um eixo cilíndrico sólido de seção circular, submetido à torção pura, deve ser projetado para evitar escoamento, com um fator de segurança, X. Obtenha o diâmetro requisitado como uma função do torque, T, e do limite de escoamento, σ_0, utilizando (a) critério de máxima tensão cisalhante e (b) critério de tensão de cisalhamento octaédrica. Em quanto esses dois diâmetros diferem?

7.15 Um eixo cilíndrico sólido de seção circular tem um diâmetro de 50 mm e é feito do aço AISI 1020 (como laminado). Este componente está submetido a uma força axial de tração de 100 kN, a um momento de flexão de 800 N·m e a um torque de 1.500 N·m. Determine o fator de segurança contra o escoamento.

7.16 Um tubo com extremidades fechadas tem um diâmetro externo de 80 mm e uma espessura de parede de 3 mm. Este componente está submetido a uma pressão interna de 20 MPa e a um momento de flexão de 2 kN·m. Determine o fator de segurança contra o escoamento se o material empregado for a liga de alumínio 7075-T6.

7.17 Um tubo de parede fina, com extremidades fechadas, tem um raio interno $r_1 = 80$ mm e uma espessura de parede $t = 6$ mm. Esse tubo é feito de aço AISI 4142 temperado, revenido a 450 °C, e está submetido a uma pressão interna de 20 MPa, a um torque de 60 kN·m e a uma força compressiva axial de 200 kN. Determine o fator de segurança contra o escoamento.

7.18 Proceda como no Exemplo 7.3 (a) e (b), exceto pelo uso do critério de tensão de cisalhamento octaédrica.

7.19 Um eixo cilíndrico de seção circular sólido é submetido a uma força axial de tração de 300 kN, a um momento de flexão de 5,0 kN·m e a um torque de 9,0 kN·m. É necessário trabalhar com um fator de segurança contra o escoamento de 2,75. Qual é o menor valor admissível do diâmetro, d, se o material é feito de aço *maraging* 18 Ni (250)?

7.20 Uma força vertical de 50 kN é aplicada no meio do vão de um perfil simplesmente apoiado, como na Figura A.4 (a). O perfil é feito em aço AISI 1020 (como laminado), possuindo 1,0 m de comprimento e uma seção transversal em forma de "I". As dimensões, tal como definidas na Figura A.2 (d), são $h_2 = 150$, $h_1 = 135$, $b_2 = 100$ e $b_1 = 96$ mm, com o carregamento na direção y da Figura A.2 (d).

(a) Para uma localização arbitrária ao longo do comprimento do perfil, esboce qualitativamente as variações de tensão de flexão e de tensão cisalhante ao longo da altura (h_2) da viga.

(b) Determine o fator de segurança contra o escoamento, verificando todos os possíveis pontos de tensão máxima. (Sugestão: A tensão de corte transversal no centro do perfil, $y = 0$, pode ser aproximada como sendo $\tau_{xy} = V/A_{Seção}$).

7.21 Um tubo circular deve suportar um momento de flexão de 4,5 kN·m e um torque de 7 kN·m. Ele é feito de aço estrutural ASTM A514 (T1) e tem uma espessura de parede de 3 mm.

(a) Qual é o fator de segurança contra o escoamento se o diâmetro externo for de 80 mm?

(b) Para a situação em (a), qual seria o valor do diâmetro exterior, com a mesma espessura, necessário para obter um fator de segurança contra o escoamento de 1,5?

7.22 Um tubo circular deve suportar uma carga axial de 60 kN em tração e um torque de 1 kN·m. Ele é feito em liga de alumínio 7075-T6 e tem um diâmetro interior de 46 mm.

(a) Qual é o fator de segurança contra o escoamento se a espessura da parede for de 2,5 mm?

(b) Para a situação em (a), qual seria o valor da espessura, com o mesmo diâmetro interno, necessário para obter um fator de segurança contra o escoamento de 2,0?

7.23 Considere um eixo cilíndrico de seção circular submetido à flexão e à torção, de modo que o estado de tensão de interesse envolva apenas uma tensão normal, σ_x, e uma tensão cisalhante, τ_{xy}, com todos os outros componentes de tensão nulos, como na Figura P7.23. Desenvolva uma equação de projeto para o eixo, em que o diâmetro, d, seja função do limite de escoamento, do fator de segurança, do momento fletor, M, e do torque, T. Empregue (a) o critério de máxima tensão cisalhante e (b) o critério de tensão de cisalhamento octaédrica.

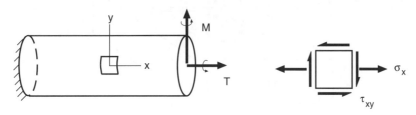

FIGURA P7.23

7.24 Um tubo de parede fina com extremidades fechadas tem um diâmetro interno de 40 mm e uma espessura de parede de 2,5 mm. Ele contém uma pressão de 10 MPa e está sujeito a um torque de 3.000 N·m.

(a) Qual é o fator de segurança contra o escoamento se o material do tubo for aço estrutural ASTM A514(T1)?

(b) Este projeto é adequado? Se não, sugira uma opção de material.

7.25 Um pedaço de metal dúctil é confinado em dois lados por uma matriz rígida, como mostrado na Figura P7.25. Uma tensão de compressão uniforme, σ_z, é aplicada à superfície do metal. Assume-se que não existe qualquer atrito contra a matriz e também que o material apresenta comportamento elástico, perfeitamente plástico com um limite de escoamento, σ_0. Derive uma equação para o valor de σ_z necessário para causar escoamento em termos de σ_0 e das constantes elásticas do material. O valor de σ_z que causa escoamento é afetado significativamente pelo coeficiente de Poisson? Empregue (a) o critério de máxima tensão cisalhante e (b) o critério de tensão de cisalhamento octaédrica. (c) Para cada critério de escoamento, qual é a tensão σ_z capaz de causar escoamento se o material empregado é aço AISI 1020 (como laminado)?

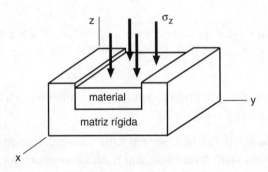

FIGURA P7.25

7.26 Repita o Problema 7.25 (a), (b) e (c) para o caso em que a matriz confine o material em todos os quatro lados, ou seja, nas direções x e y, como mostrado na Figura P7.26.

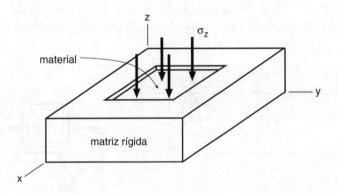

FIGURA P7.26

7.27 Considere a situação da Figura E7.5 na qual um material é carregado em duas direções e impedido de se deformar na terceira direção pela presença de paredes rígidas e lisas. Generalize o carregamento para que $\sigma_x = \lambda \cdot \sigma_y$, em que λ pode variar de +1 a -1, e derive uma expressão correspondente para σ_y no escoamento que seja análoga ao resultado do Exemplo 7.5 (a). Comente sobre como a tensão no escoamento é afetada por λ.

7.28 Um bloco de liga de alumínio 2024-T4 é submetido a uma pressão confinante em todos os lados igual a $p = 100$ MPa, juntamente com uma tensão de corte, τ_{xy}, como mostrado na Figura P7.28.

(a) Qual é o maior valor de τ_{xy} que pode ser aplicado se o fator de segurança contra o escoamento for 2,5?

(b) Existe um grande efeito da pressão p sobre a tensão τ_{xy} necessária para provocar escoamento? Discuta resumidamente se o efeito de p é grande, pequeno ou ausente, e explique por quê.

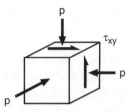

FIGURA P7.28

7.29 Um bloco de aço AISI 1020 (como laminado) é submetido a uma tensão $\sigma_z = -120$ MPa, juntamente com uma tensão cisalhante, τ_{xy}, como mostrado na Figura P7.29.

(a) Qual é o maior valor de τ_{xy} que pode ser aplicado se o fator de segurança contra o escoamento for 2,0?

(b) Existe um grande efeito de σ_z na tensão τ_{xy} necessária para causar escoamento? Discuta resumidamente se o efeito de σ_z é grande, pequeno ou ausente, e explique por quê.

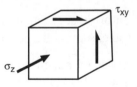

FIGURA P7.29

7.30 Um tubo de parede espessa com extremidades fechadas tem raios interno e externo de 30 e 50 mm, respectivamente. Ele contém uma pressão interna de 160 MPa e está submetido também a um torque de 30 kN·m. O tubo é feito de aço AISI 4142 temperado e revenido a 450 °C. Qual é o fator de segurança contra o escoamento? (Nota: Verifique valores de raio interno e externo e seus vários valores intermediários, já que a localização da região mais severamente tensionada não é conhecida.)

7.31 Um tubo de parede espessa com extremidades fechadas tem raios interno e externo de 25 e 50 mm, respectivamente. Ele contém uma pressão interna de 100 MPa e está submetido também a um torque de 75 kN·m. O tubo é feito de aço *maraging* 18 Ni (250). Qual é o fator de segurança contra o escoamento? (Nota: Verifique as

324 CAPÍTULO 7 Escoamento e Fratura sob Tensões Compostas

tensões para os valores de raio interno, externo e seus vários valores intermediários, já que a localização da região mais severamente tensionada não é conhecida.)

7.32 Um tubo de parede espessa com extremidades fechadas tem raios interno e externo de 25 e 35 mm, respectivamente. Ele contém uma pressão interna de 25 MPa e está submetido também a um torque de 8,0 kN·m. O tubo é feito de liga de alumínio 7075-T6 e é requisitado um fator de segurança contra o escoamento de 2.

(a) Qual é o fator de segurança contra o escoamento? Este valor atende ao valor necessário?

(b) Assuma que o raio interno seja fixo e igual ao valor dado. Qual seria o valor ajustado do raio externo necessário para satisfazer exatamente o fator de segurança solicitado?

7.33 Considere um tubo de paredes espessas com extremidades fechadas, raio interno, r_1, raio externo, r_2, e carregado apenas por uma pressão interna, p. Assuma que, numa situação de projeto, os valores de r_1 e p sejam fixos, bem como um fator de segurança contra o escoamento, X. Finalmente, considere um material candidato que apresente um limite de escoamento, σ_0, selecionado para esta aplicação.

(a) Desenvolva uma equação para o raio externo r_2, necessário à aplicação, como sendo uma função das outras variáveis envolvidas, isto é, encontrar $r_2 = f(r_1, p, X, \sigma_0)$.

(b) Que r_2 é necessário para $r_1 = 40$ mm, $p = 100$ MPa, $X = 4,0$ e $\sigma_0 = 1.791$ MPa, em que o último corresponde ao aço *maraging* 18 Ni da Tabela 4.2?

7.34 Um disco anelar rotativo, como mostrado na Figura A.9, tem um raio interno $r_1 = 50$, raio externo $r_2 = 200$ e espessura t = 30 mm. Este é feito de alumínio 2024-T4 e gira a uma frequência de $f = 230$ revoluções/segundo.

(a) Qual é o fator de segurança contra o escoamento?

(b) Se for necessário um fator de segurança de 2,0 contra o escoamento, qual seria a frequência de rotação máxima permitida?

7.35 Um eixo cilíndrico sólido, de seção reta circular, com 1 m de comprimento, deve suportar um momento fletor $M = 1,0$ kN·m e um torque T = 1,5 kN·m. Um fator de segurança de $X = 2$ contra o escoamento é requisitado.

(a) Que diâmetro, d, do eixo é necessário se o material aplicado for o aço AISI 1020? Qual é a massa resultante do eixo?

(b) Além disso, considere a possibilidade de fazer o eixo com uma liga de alumínio 2024-T4, alumínio 7075-T6 ou um dos aços AISI 4140 temperados e revenidos do Problema 4.33. Calcule o diâmetro requisitado e a massa para cada tipo de material empregado.

(c) Selecione um material para o eixo a partir daqueles considerados em (a) e (b). Assuma que o eixo deve ser leve em peso e de baixo custo e também que não seja propenso à fratura súbita. Consulte a Tabela 3.13 para obter dados úteis à solução.

Seção 7.6

7.36 Para a situação do Problema 7.21, qual é o diâmetro externo necessário se forem requisitados fatores de carga $Y_M = 1,50$ e $Y_T = 1,80$ para o momento e o torque, respectivamente?

7.37 Para um eixo carregado em flexão e torção, como no Problema 7.23, desenvolva uma equação de projeto para o diâmetro, d, calculado em função do limite de escoamento, momento de flexão, M, torque, T, e fatores de carga, Y_M e Y_T, para momento e torque, respectivamente. Empregue (a) o critério de máxima tensão cisalhante e (b) o critério de tensão de cisalhamento octaédrica.

7.38 Um eixo feito de ferro fundido cinzento é carregado em torção e contém um entalhe, como mostrado na Figura A.12 (d). As dimensões são $d_2 = 52,5$; $d_1 = 50$ e $\rho = 3,75$ mm. O material tem um limite de resistência à tração de 214 MPa e uma resistência à compressão de 770 MPa. Para um coeficiente de segurança à fratura de 3, qual é o mais alto torque que pode ser aplicado ao eixo? Note que S, na Figura A.12 (d), é a tensão nominal de cisalhamento e $k_t S$ é a tensão de corte na parte inferior do entalhe.

7.39 Um bloco de policarbonato (PC), conforme descrito pela Tabela 4.3, é colocado em compressão e confinado por uma matriz rígida em dois lados, como na Figura P7.25. O limite de escoamento à compressão é 20% maior do que o limite de escoamento à tração.

(a) Estime o valor de necessário de σ_z para causar o escoamento.

(b) Esboce qualitativamente o *locus* de falha de escoamento para tensão plana, neste caso $\sigma_x = \sigma_3 = 0$, e mostre a localização do ponto correspondente à resposta para (a).

7.40 Particularize o critério de escoamento anisotrópico de Hill, Equação 7.39, para o caso da tensão plana. As constantes necessárias para uso deste critério poderiam ser obtidas se as tensões de escoamento, σ_{0X}, σ_{0Y}, e τ_{0XY}, fossem conhecidas? Se não, sugira um teste adicional com o material e explique como você usaria o resultado para avaliar as constantes necessárias.

7.41 É hipotetizado que um material novo e incomum vá falhar quando o valor absoluto da tensão hidrostática for superior a um valor crítico. Ou seja,

$$\left| \frac{\sigma_x + \sigma_y + \sigma_z}{3} \right| = \sigma_{hc}$$

No entanto, há também a possibilidade de que este material obedeça tanto ao critério de falha da tensão normal máxima como ao critério de falha de máxima tensão cisalhante.

(a) Será que a equação dada constitui um possível critério de falha? Por que sim ou por que não?

(b) Considere um teste uniaxial e, sobre esta base, defina uma tensão efetiva conveniente.

326 **CAPÍTULO 7** Escoamento e Fratura sob Tensões Compostas

(c) No espaço de tensões normais principais tridimensional, descreva a superfície de ruptura correspondente à equação dada. Também descreva o *locus* de falha para o caso especial do estado plano de tensões.

(d) Descreva uma experiência crítica, consistindo em um ou poucos ensaios mecânicos, e, assim, em um mínimo de experimentação, que permita escolher definitivamente entre os três critérios anteriormente mencionados. Note que alguns dos testes mecânicos viáveis são tensão e compressão uniaxiais, torção de tubos e barras, pressão interna e externa de tubos fechados, tensão biaxial em diafragmas sob pressão e compressão hidrostática.

Seção 7.7

7.42 Os resultados de dois ensaios em diabásio ou dolerito (rocha diabásica) estão listados na Tabela P7.42: (1) um ensaio de compressão uniaxial e (2) um teste de compressão confinada com uma pressão lateral $\sigma_1 = \sigma_2$.

(a) Suponha que o critério de fratura de Coulomb-Mohr aplica-se e use os resultados destes testes para determinar as constantes de inclinação e intercepção, μ e τ_i, para a Equação 7.42.

(b) Trace com precisão a resultante linha limítrofe para falha (envelope de falha) $|\tau|$ *versus* σ. Também trace com precisão o *locus* de falha correspondente σ_1 contra σ_2 (tensão biaxial) semelhante à Figura 7.17.

Tabela P7.42

Nº do teste	σ_3, MPa	$\sigma_1 = \sigma_2$, MPa
1	-225,7	0
2	-548	-30,3

Fonte: Dados de [Karfakis 03].

7.43 Na Tabela P7.43, estão apresentados dados obtidos com o teste de siltito (uma rocha sedimentar) da Virgínia sob tensão simples, compressão simples e compressão com pressão lateral. Os valores de σ_3 correspondem à fratura. Proceda como no Exemplo 7.7 para estes dados.

Tabela P7.43

σ_3, MPa	$\sigma_1 = \sigma_2$, MPa
21,9	0
-185,4	0
-278	-7,1
-291	-10,49
-343	-14,34
-345	-19,65
-392	-23,1

Fonte: Dados de [Karfakis 03].

7.44 Na Tabela P7.44, estão apresentados dados obtidos com o teste de argamassa feita a partir de cimento Portland e areia lavada sob compressão simples e compressão com pressão lateral. Os valores de σ_3 correspondem às falhas, que ocorreram como fraturas distintas, exceto para o caso do valor mais alto de compressão lateral, em que a tensão de compressão de pico ocorreu após considerável grau de deformação não linear. Os dados foram tomados a partir de três diferentes lotes de argamassa nominalmente idênticas e os testes foram feitos após aproximadamente 200 dias de envelhecimento. Proceda como no Exemplo 7.7 para estes dados.

Tabela P7.44

σ_3, MPa	$\sigma_1 = \sigma_2$, MPa
-32,1	0
-33,8	0
-29,5	0
-61	-8,27
-61	-8,27
-102,7	-22,1
-104,8	-22,1
-148,9	-41,4
-159,3	-41,4

Fonte: Dados de [Campbell 62].

7.45 Na Tabela P7.45, estão apresentados dados obtidos com o teste de concreto, feito a partir de cimento Portland e brita do vale do rio Tâmisa como agregado, obtidos sob tração simples, compressão simples e compressão com pressão lateral. Os valores de σ_3 correspondem às falhas, que ocorreram como fraturas distintas a pressões laterais iguais a zero e 2,5 MPa. Para pressões laterais mais elevadas, o esforço de compressão máximo ocorreu após considerável deformação não linear, com uma série de trincas internas sendo observadas. Os testes foram realizados após 56 dias de envelhecimento e qualquer água que apareceu na compressão foi drenada a partir das extremidades do corpo de prova. Proceda como no Exemplo 7.7 para estes dados.

Tabela P7.45

σ_3, MPa	$\sigma_1 = \sigma_2$, MPa
1,7	0
-45,3	0
-58,8	-2,5
-72	-5
-96,2	-10
-117,6	-15
-137,5	-20
-155,2	-25

Fonte: Dados de [Hobbs 71].

328 CAPÍTULO 7 Escoamento e Fratura sob Tensões Compostas

7.46 Considere os dados dos ensaios da Tabela P7.45, mas ignore o teste de tração simples na primeira linha.

(a) Ajuste estes dados para a forma alternativa do critério C-M descrito pela Equação 7.60, em que h e $|\sigma'_{uc}|$ são as constantes de ajuste (regressão).

(b) Ajuste também estes dados à Equação 7.61, em que k e a são as constantes de ajuste e $|\sigma_{uc}|$ é o valor obtido do ensaio de compressão simples.

(c) Comente sobre o sucesso relativo das duas equações na representação dos dados.

Seção 7.8

7.47 Para a situação do Exemplo 7.8, traçar com precisão o *locus* de falha em um sistema de eixos σ_1 *versus* σ_2 para tensão plana, como na Figura 7.20 (a). Em seguida, use este gráfico para verificar geometricamente os dois fatores de segurança.

7.48 Um material frágil tem um limite de resistência à tração de 300 MPa e, para um comportamento dominado pela compressão, apresenta uma linha de falha do envelope Coulomb-Mohr dada por $\tau_i = 387$ MPa e $\mu = 0,259$.

(a) Trace com precisão o envelope de falha do critério modificado de Mohr (M-M) nas coordenadas σ contra $|\tau|$.

(b) Calcule σ'_{uc} e σ_i, e então trace com precisão o *locus* de falha biaxial nas coordenadas σ_1 *versus* σ_2.

(c) Determine graficamente o fator de segurança para os seguintes casos de tensões principais biaxiais:

(1) $\sigma_1 = 200$, $\sigma_2 = -100$ MPa

(2) $\sigma_1 = 100$, $\sigma_2 = -600$ MPa

(3) $\sigma_1 = -300$, $\sigma_2 = -600$ MPa

(d) Confirme os valores de (c) pelo uso da Equação 7.66.

7.49 Em um teste de compressão, um cilindro de concreto não armado tem uma resistência final de 27,2 MPa com a fratura ocorrendo num plano inclinado à direção da carregamento por um ângulo de aproximadamente $\theta_c = 25°$. Se este mesmo concreto for submetido a tensões laterais (compressivas) de $\sigma_1 = \sigma_2 = -10$MPa, estime a tensão σ_3 necessária para provocar a falha na compressão. (Sugestão: Se a resistência à tração for necessária, esta pode ser estimada como 10% da resistência à compressão.)

7.50 Um cilindro da argamassa da Tabela 7.1 é submetido a um esforço de compressão axial σ_z de 50 MPa, juntamente com tensões de compressão iguais $\sigma_x = \sigma_y$.

(a) Qual é o fator de segurança contra fratura se as tensões de compressão laterais são 12 MPa?

(b) Deixe os valores de σ_z inalterados, mas permita que a compressão lateral seja reduzida, isto é, $|\sigma_x| = |\sigma_y| < 12$ MPa. Os valores $\sigma_x = \sigma_y$ podem se aproximar de zero sem ocorrer fratura? Para qual valor de $\sigma_x = \sigma_y$ a fratura é prevista para ocorrer?

7.51 A coluna de um edifício com 400 mm de diâmetro é feita em arenito, conforme descrito na Tabela 7.1.

(a) Qual é o fator de segurança contra a fratura se a coluna é submetida a uma força de compressão de 1.250 kN?

(b) Qual é o fator de segurança contra a fratura se a coluna é submetida a um torque de 20 kN·m?

(c) Qual é o fator de segurança contra a fratura se a coluna é submetida ao mesmo tempo a uma força de compressão de 1.250 kN e a um torque de 20 kN·m?

(d) Compare os fatores de segurança calculados em (a), (b) e (c) e explique as tendências observadas em seus valores.

7.52 Um bloco do concreto, descrito na Tabela 7.1, é carregado com uma pressão, p, aplicada por todos os lados e também com uma tensão de corte $\tau_{xy} = 30$ MPa, como mostrado na Figura P7.28.

(a) O bloco irá fraturar se $p = 40$ MPa?

(b) Qual é o menor valor para p de forma que o bloco não frature?

7.53 Um bloco de argamassa, descrito na Tabela 7.1, é carregado com uma tensão de cisalhamento $\tau_{xy} = 1,0$ MPa e também com uma tensão normal, σ_z, como mostrado na Figura P7.29.

(a) Qual é o fator de segurança contra fratura se $\sigma_z = 0$ MPa?

(b) Qual é o fator de segurança contra fratura se $\sigma_z = -15$ MPa (em compressão)?

(c) Para o fator de segurança não ser menor do que 2,5, qual seria a tensão compressiva σ_z mais severa que poderia ser aplicada?

7.54 Considere um eixo de 50 mm de diâmetro do ferro fundido cinzento descrito na Tabela 7.1. Se é necessário um fator de segurança de 3,0 à fratura, qual é o maior torque que pode ser aplicado em conjunto com uma força axial de compressão de 250 kN?

7.55 A coluna de um edifício com 400 mm de diâmetro é feita do arenito descrito na Tabela 7.1. Ela resiste a uma força de compressão, P, e a um torque $T = 34.000$ N·m, e é necessário um coeficiente de segurança de 4 contra a fratura.

(a) Qual é a maior força P de compressão que pode ser permitida?

330 CAPÍTULO 7 Escoamento e Fratura sob Tensões Compostas

    (b) Se apenas a torção é aplicada, ou seja, $P = 0$, o requisito do fator de segurança é obtido? Se não, qual seria o valor da força de compressão P mínima a ser aplicado para satisfazer o fator de segurança?

7.56 Um tubo de parede espessa tem raios interno e externo de 30 e 50 mm, respectivamente, sendo constituído do ferro fundido cinzento descrito na Tabela 7.1.

    (a) Qual seria o fator de segurança contra fratura presente para uma pressão interna de 20 MPa?

    (b) Qual seria o fator de segurança contra fratura presente se fosse aplicada uma força axial de compressão de 700 kN, além da pressão interna considerada na parte (a)?

CAPÍTULO

Fratura de Componentes com Trincas

8

8.1 Introdução...331
8.2 Discussão preliminar..334
8.3 Conceitos matemáticos...341
8.4 Aplicação de K ao projeto e análise..346
8.5 Tópicos adicionais sobre a aplicação de K...357
8.6 Valores e tendências para a tenacidade à fratura.................................369
8.7 Tamanho da zona plástica e limitações de plasticidade da MFLE.......380
8.8 Discussão sobre os ensaios de tenacidade à fratura.............................387
8.9 Extensão da mecânica de fratura para além da elasticidade linear......389
8.10 Resumo..397

OBJETIVOS

- Compreender os efeitos das trincas nos materiais e por que a *tenacidade à fratura*, K_{Ic}, é uma medida da capacidade de um material de resistir à falha na presença de uma trinca. Explorar as tendências de variação de K_{Ic} com o material e com parâmetros, tais como temperatura, taxa de carregamento e processamento.

- Avaliar os efeitos da presença de trincas em componentes de engenharia, utilizando a mecânica de fratura linear elástica e aplicando o *fator de intensidade de tensão*, K, para combinar tensão, geometria e tamanho de trinca para caracterizar a severidade da presença de uma trinca.

- Analisar os efeitos da plasticidade em componentes com trincas, incluindo os tamanhos da zona plástica, efeitos de constrição devido à espessura da chapa, cargas limite para condição de plasticidade generalizada e uma breve introdução aos métodos avançados da mecânica de fratura.

8.1 INTRODUÇÃO

A presença de uma trinca em um componente de uma máquina, veículo ou estrutura pode enfraquecê-la de modo que ela pode falhar pela sua fratura em duas ou mais peças. Isso pode ocorrer para tensões abaixo de limite de escoamento do material, quando a falha não seria normalmente esperada. Como exemplo, estão mostrados, na Figura 8.1, as fotografias da falha de um caminhão-tanque de propano, causada em parte por trincas preexistentes. Onde as trincas são difíceis de evitar, uma metodologia especial chamada *mecânica de fratura* pode ser utilizada para auxiliar na seleção de materiais e projeto de componentes, de forma a minimizar a possibilidade de fratura.

Além das trincas em si, outros tipos de falhas comportam-se como trincas e facilmente podem desenvolver-se até esse ponto. Por isso, é necessário que tais falhas sejam efetivamente tratadas como se fossem trincas. Exemplos incluem riscos superficiais profundos ou goivas (entalhes), vazios em soldas, inclusões de substâncias estranhas em materiais fundidos ou forjados e delaminações em materiais produzidos em camadas. Como exemplo disso, a Figura 8.2 mostra a fotografia de uma trinca iniciando-se a partir de uma grande inclusão na parede de um tubo de aço forjado empregado para artilharia.

331

CAPÍTULO 8 Fratura de Componentes com Trincas

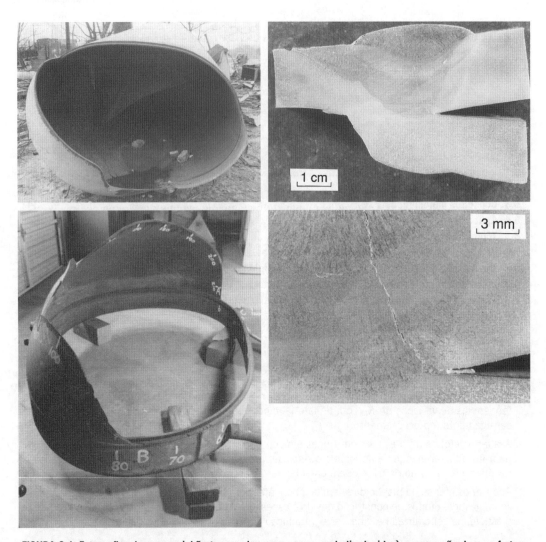

FIGURA 8.1 Fotografias de um caminhão-tanque de propano que explodiu devido à propagação de uma fratura iniciada em trincas nas soldas. Trincas iniciais típicas são mostradas em uma região que não participou da falha final.

(Fotos cedidas por H. S. Pearson, Pearson Testing Labs, Marietta, GA, inferior esquerda, superior e inferior direita, publicadas em [Pearson 86]; copyright © ASTM; reproduzidas com permissão.)

FIGURA 8.2 Trinca propagada (área clara) a partir de uma grande inclusão não metálica (área escura no interior da área clara) em um tubo de artilharia de aço AISI 4335. A inclusão foi encontrada por inspeção e o tubo não foi utilizado em serviço, em vez disso, foi testado sob carga cíclica para estudar o seu comportamento.

(Foto cedida por J. H. Underwood, U.S. Army Armament RD & E Center, Watervliet, NY.)

O estudo e o uso da mecânica de fratura são de grande importância na engenharia simplesmente porque trincas ou descontinuidades similares ocorrem com mais frequência do que poderia parecer inicialmente. Um exemplo disso são os resultados das inspeções periódicas dos grandes aviões comerciais, que frequentemente revelam trincas, por muitas vezes em quantidades numerosas, que devem ser reparadas. Trincas e descontinuidades similares também ocorrem comumente nas estruturas de navios e de pontes, em vasos de pressão e tubulações, nas máquinas pesadas e em veículos terrestres. Estes defeitos também são uma fonte de preocupação para várias partes dos reatores nucleares.

Antes do desenvolvimento da mecânica de fratura, na década de 1950 e 1960, a análise específica das trincas em componentes de engenharia não era possível. O projeto de engenharia era baseado principalmente nos resultados de ensaios de tensão, compressão e flexão, juntamente com critérios de falha aplicáveis em materiais nominalmente sem trincas – ou seja, baseados nos métodos discutidos nos Capítulos 4 e 7. Tais métodos incluem automaticamente os efeitos das falhas microscópicas que estão inerentemente presentes em qualquer amostra de material. Mas eles não fornecem meios para contabilizar a presença de trincas maiores, já que a utilização desses métodos envolve a suposição implícita de que não estejam presentes fissuras incomuns no material. Ensaios de impacto com entalhe, conforme descrito na Seção 4.8, representam uma tentativa de lidar com a presença de trincas. Estes testes fornecem um guia aproximado para a seleção de materiais que resistam à falha devido a trincas e auxiliam na identificação das temperaturas nas quais os materiais específicos são frágeis. Mas não há meios diretos de relacionar as energias de fratura, medidas nesses testes de impacto com entalhe, com o comportamento de um componente de engenharia.

Em contraste, a mecânica de fratura fornece propriedades dos materiais que podem ser relacionadas com o comportamento de um componente, permitindo uma análise específica da resistência e da vida como limitadas por vários tamanhos e formas de trincas que possam estar presentes. Por isso, esta metodologia fornece uma base para a escolha de materiais e detalhes de projeto, para minimizar a possibilidade de falha devido à presença de trincas.

O uso efetivo da mecânica de fratura requer a inspeção de componentes, de modo que haja algum conhecimento sobre quais são os tamanhos e geometrias das trincas presentes ou que podem estar presentes. As inspeções periódicas comumente realizadas em grandes aeronaves, e também em pontes, são um exemplo desta prática, que é adotada de forma que uma trinca não possa crescer até um tamanho perigoso antes de ser encontrada e reparada. Métodos de controle para trincas não incluem só o exame visual simples, mas também meios sofisticados, como a fotografia por raios X e ultrassom. (Neste último método, as reflexões de ondas sonoras de alta frequência são usadas para revelar a presença de uma trinca.) Os reparos necessários devido à presença de trincas podem envolver a substituição de uma peça ou sua modificação – pela usinagem de uma pequena trinca, para deixar sua superfície suave, ou pela introdução de algum tipo de reforço na região trincada.

Neste capítulo, vamos introduzir a mecânica de fratura e estudar a sua aplicação no controle da falha sob carregamento estático. Mais tarde, no Capítulo 11, vamos considerar o crescimento de trincas devido ao carregamento cíclico.

8.2 DISCUSSÃO PRELIMINAR

Antes de introduzir os detalhes da mecânica de fratura, é útil fazer algumas observações sobre a natureza geral das trincas e seus efeitos.

8.2.1 Trincas como Concentradores de Tensão

Considere um furo elíptico em uma placa de material, tal como ilustrado na Figura 8.3 (a). Para fins de discussão, o orifício é considerado pequeno em comparação com a largura da placa e o seu eixo maior está alinhado perpendicularmente à direção de uma tração uniforme, S, aplicada remotamente. O campo de tensões uniforme é alterado na vizinhança do furo, tal como ilustrado por uma geometria particular apresentada na Figura 8.3 (b).

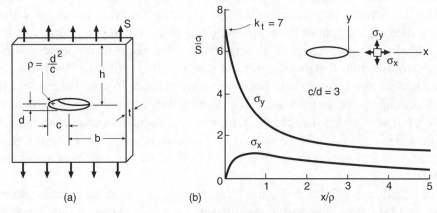

FIGURA 8.3 (a) Furo elíptico numa placa larga sob tensão remotamente uniforme e (b) distribuição de tensão ao longo do eixo x, perto do orifício, para uma geometria particular.

O efeito mais notável do furo é a sua influência sobre a tensão σ_y, paralela a S. A uma grande distância do furo, esta tensão é igual a S. Se examinada ao longo do eixo x, como na Figura 8.3 (b), o valor de σ_y aumenta acentuadamente perto do furo e tem um valor máximo na borda desta descontinuidade. Este valor máximo depende das proporções da elipse e do raio de sua ponta ρ:

$$\sigma_y = S\left(1 + 2\frac{c}{d}\right) = S\left(1 + 2\sqrt{\frac{c}{\rho}}\right) \qquad (8.1)$$

Um fator de concentração de tensão para a elipse pode ser definido como a razão entre a tensão máxima para a tensão remota: $k_t = \sigma_y/S$.

Considere-se uma elipse estreita em que a meia altura d aproxima-se de zero, de modo que o raio ρ na ponta também se aproxima de zero, o que corresponde a uma trinca ideal. Neste caso, σ_y torna-se infinito, assim como k_t. Então, uma trinca pontiaguda provoca uma concentração de tensão severa e, no caso extremo, a tensão se torna teoricamente infinita se a trinca for idealmente afiada.

8.2.2 Comportamento das Trincas nos Materiais Reais

Uma tensão infinita não pode, é claro, existir em um material real. Se a carga aplicada não é demasiado elevada, o material pode acomodar a presença de uma trinca inicialmente aguda, de tal maneira que a tensão teoricamente infinita seja reduzida para um valor finito. Isso está ilustrado na Figura 8.4. Em materiais dúcteis, tais como muitos metais, grandes deformações plásticas ocorrem na proximidade da ponta da trinca. Esta região, na qual o material escoa, é chamada *zona plástica*. A deformação intensa que ocorre na ponta de uma trinca consegue transformar uma trinca afiada (aguda) em uma trinca suavizada, com a ponta arredondada e de raio não nulo. Assim, a tensão não pode ser infinita, e a trinca tem a sua ponta aberta por uma quantidade finita, δ, chamada *deslocamento de abertura da ponta da trinca* (CTOD).

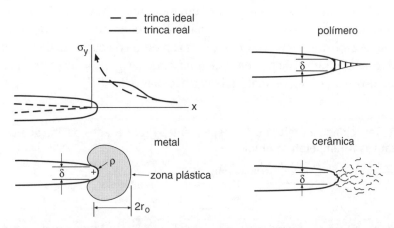

FIGURA 8.4 Tensões finitas e pontas de trincas com raios diferentes de zero nos materiais reais. Uma região de suavização da ponta da trinca é formada por plasticidade nos metais, microfibrilamento, ou *crazing*, nos polímeros ou por microtrincas nas cerâmicas.

Em outros tipos de material, diferentes comportamentos ocorrem, mas têm um efeito semelhante de alívio de tensões na ponta da trinca, que seria teoricamente infinita, pela redução da agudeza. Em alguns polímeros, é desenvolvida uma região contendo vazios alongados, com uma estrutura fibrosa ligando as faces da trinca. Essa região é chamada *zona de microfibrilamento* ou *zona de crazing*. Em materiais frágeis, tais como nas cerâmicas, uma região contendo uma elevada densidade de pequenas trincas desenvolve-se na ponta da trinca principal.

Em todos os três casos, a ponta da trinca experimenta intensa deformação e desenvolve uma separação finita perto da sua ponta. A tensão elevadíssima que existiria idealmente na ponta da trinca passa a ser espalhada por uma região maior, sendo assim *redistribuída*. Passa a existir um valor finito de tensão que deve ser suportado pelo material existente perto da ponta da trinca. Além disso, os valores das tensões um pouco mais distantes da ponta da trinca passam a ser mais elevados do que seriam esperados para uma trinca ideal.

8.2.3 Efeitos das Trincas sobre a Resistência

Se a carga aplicada a um membro contendo uma trinca é demasiadamente elevada, a trinca pode crescer de repente e fazer com que o membro falhe por fratura de forma

336 CAPÍTULO 8 Fratura de Componentes com Trincas

frágil, isto é, apresentando uma pequena deformação plástica. A partir da teoria da mecânica de fratura, pode ser definida uma quantidade útil, chamada *fator de intensidade de tensões*, K. Especificamente, K é uma medida da severidade da presença de uma trinca e é afetada pela dimensão da trinca, a tensão e a geometria. Na definição de K, o material é considerado comportando-se de uma maneira linear-elástica, de acordo com a lei de Hooke, Equação 5.26, com condições básicas para abordar a questão pelo uso da chamada *mecânica de fratura linear elástica* – MFLE (ou LEFM, do inglês: *linear-elastic fracture mechanics*).

Certo material pode resistir a uma trinca sem ocorrer uma fratura frágil, enquanto o valor de K é inferior a um valor crítico K_c, chamado *tenacidade à fratura*. Os valores de Kc variam amplamente entre os diferentes materiais de engenharia e são afetados pela temperatura, pela taxa de carregamento e, secundariamente, pela espessura do componente. Componentes mais espessos têm menores valores de K_c até que um valor mínimo é alcançado, que passa a ser designado K_{Ic} e chamado *tenacidade à fratura no estado plano de deformações*. Assim, K_{Ic} é uma medida da capacidade de determinado material de resistir à fratura na presença de uma trinca. Alguns valores desta propriedade estão oferecidos para diversos materiais nas Tabelas 8.1 e 8.2.

Tabela 8.1 Tenacidade à Fratura e Correspondentes Propriedades de Tração para Metais Representativos à Temperatura Ambiente

Material	Tenacidade à Fratura K_{Ic} MPa$\sqrt{m}$ (ksi$\sqrt{in}$)	Limite de Escoamento σ_0 MPa (ksi)	Limite de Resistência σ_u MPa (ksi)	Alongamento $100\varepsilon_f$ %	Redução de Área %RA %
(a) Aços					
AISI 1144	66 (60)	540 (78)	840 (122)	5	7
ASTM A470-8 (Cr-Mo-V)	60 (55)	620 (90)	780 (113)	17	45
ASTM A517-F	187 (170)	760 (110)	830 (121)	20	66
AISI 4130	110 (100)	1.090 (158)	1.150 (167)	14	49
Maraging 18-Ni (fundido ao ar)	123 (112)	1.310 (190)	1.350 (196)	12	54
Maraging 18-Ni (fundido ao vácuo)	176 (160)	1.290 (187)	1.345 (195)	15	66
300-M revenido a 650 °C	152 (138)	1.070 (156)	1.190 (172)	18	56
300-M revenido a 300 °C	65 (59)	1.740 (252)	2.010 (291)	12	48
(b) Ligas de alumínio e titânio (orientação L-T)					
2014-T651	24 (22)	415 (60)	485 (70)	13	–
2024-T351	34 (31)	325 (47)	470 (68)	20	–
2219-T851	36 (33)	350 (51)	455 (66)	10	–
7075-T651	29 (26)	505 (73)	570 (83)	11	–
7475-T7351	52 (47)	435 (63)	505 (73)	14	–
Ti-6Al-4V recozida	66 (60)	925 (134)	1.000 (145)	16	34

Fontes: Dados em [Barsom 87] p. 172, [Boyer 85] p. 6.34, 6.35 e 9.8, [MIL HDBK 94] p. 3.10-3.12 e 5.3, e [Ritchie 77].

Tabela 8.2 Tenacidade à Fratura de Alguns Polímeros e Cerâmicas à Temperatura Ambiente

Materiais Poliméricos[1]	K_{Ic}		Materiais Cerâmicos[2]	K_{Ic}	
	MPa√m	(ksi√in)		MPa√m	(ksi√in)
Acrílico-butadieno-estireno (ABS)	3	(2,7)	Vidro de silicato de sódio	0,76	(0,69)
Acrílico ou polimetilmetacrilato (PMMA)	1,8	(1,6)	Magnésia (MgO)	2,9	(2,6)
Epóxi	0,6	(0,55)	Alumina (Al_2O_3)	4	(3,6)
Policarbonato (PC)	2,2	(2)	Alumina com zircônia ($Al_2O_3 + 15\%ZrO_2$)	10	(9,1)
Polietileno tereftalato (PET)	5	(4,6)	Carbeto de silício (SiC)	3,7	(3,4)
Poliéster	0,6	(0,55)	Nitreto de silício (Si_3N_4)	5,6	(5,1)
Poliestireno (PS)	1,15	(1,05)	Calcário dolomítico	1,30	(1,18)
Policloreto de vinila (PVC)	2,4	(2,2)	Granito "Westerly"	0,89	(0,81)
Policloreto de vinila (PVC) mod. com borracha	3,35	(3,05)	Concreto	1,19	(1,08)

Notas: [1,2]Veja as Tabelas 4.3 e 3.10, respectivamente, para as propriedades adicionais de materiais semelhantes.
Fontes: Dados em [ASM 88] p. 739, [Karfakis 90], [Kelly 86] p. 376, [Shah 95] p. 176 e [Williams 87] p. 243.

Por exemplo, considere uma trinca no centro de uma grande placa de material sendo carregado, tal como ilustrado na Figura 8.5. Neste caso, K depende da tensão aplicada remotamente, S, e do comprimento da trinca, a, medido a partir da linha de centro, como:

$$K = S\sqrt{\pi a} \quad (a \ll b) \tag{8.2}$$

Esta equação é precisa apenas se o tamanho da trinca, a, for pequeno em comparação com a meia largura b do membro, neste caso, a placa. Para determinado material e espessura, com resistência à fratura K_c, o valor crítico da tensão remota necessária para causar fratura é, portanto:

$$S_c = \frac{K_c}{\sqrt{\pi a}} \tag{8.3}$$

Por isso, trincas mais longas têm um efeito mais severo na resistência do que trincas mais curtas, como seria de se esperar.

Alguns dados experimentais ilustrando o efeito de diferentes comprimentos de trinca sobre a resistência estão apresentados na Figura 8.5. Esses dados correspondem a placas de liga de alumínio 2014-T6 com espessura $t = 1,5$ mm, testadas a -195 °C. Note que a tensão de falha se apresenta abaixo do limite de escoamento do material, σ_0. Este comportamento não pode ser explicado simplesmente pelo escoamento e pela perda de área da seção transversal, devido à presença da trinca, conforme indicado pela linha reta pontilhada da Figura 8.5. (Veja a Figura A.16 (a), que descreve a linha pontilhada como sendo $S = P/(2bt) = \sigma_0 (1 - a/b)$.) Substituindo o valor de Kc para este caso na Equação 8.3 obtém-se a curva sólida mostrada na Figura 8.5, curva esta que concorda bem com a maioria dos dados experimentais traçados neste gráfico, indicando um grau de sucesso para a MFLE. No entanto, à medida que a tensão S se aproxima do limite de escoamento do material, σ_0, os resultados passam a cair abaixo da previsão feita pela Equação 8.3, como mostrado pela linha tracejada na Figura 8.5. Este desvio ocorre porque a Equação 8.2 assume que o comportamento linear-elástico é exibido e esta condição só é precisa se a zona plástica for pequena, o que não ocorre para o caso de falhas em altas tensões para trincas curtas.

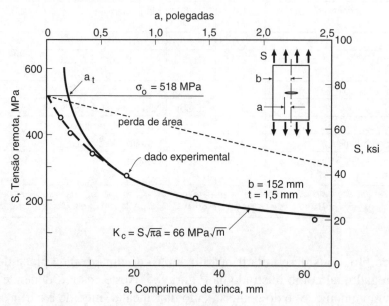

FIGURA 8.5 Dados de falha para placas com trincas de tamanhos variados de liga de Al 2014-T6 testados a -195 °C.

(Dados de [Orange 67].)

8.2.4 Efeitos das Trincas sobre o Comportamento Dúctil-Frágil

Considere o comprimento de trinca no qual a tensão de ruptura prevista pela MFLE é igual ao limite de escoamento, identificado como a_t na Figura 8.5. A substituição de $S_c = \sigma_0$ na Equação 8.3 dá o seu valor:

$$a_t = \frac{1}{\pi}\left(\frac{K_c}{\sigma_0}\right)^2 \tag{8.4}$$

De maneira geral, trincas maiores do que o *comprimento da trinca de transição*, a_t, farão com que a resistência do material seja limitada pela fratura frágil, em vez do escoamento. Assim, se trincas de comprimentos aproximados ou maiores do que a_t, para dado material, forem susceptíveis de estar presentes, a mecânica de fratura deve ser empregada para o projeto. Por outro lado, para comprimentos de trincas menores do que a_t, o escoamento é o comportamento dominante esperado, de modo que haverá pouca ou nenhuma redução na resistência devido à presença dessa trinca.

Note-se que a Equação 8.4 baseia-se no caso de uma grande placa trincada no seu centro, de forma que a_t terá valores diferentes para outras geometrias. No entanto, é útil empregar os valores de a_t da Equação 8.4 como parâmetros representativos na comparação de materiais.

Considere dois materiais, um com baixo σ_0 e alta K_c, e outro com uma combinação oposta, ou seja, alto σ_0 e baixa K_c. Estas combinações de propriedades geram valores relativamente altos de a_t para materiais de baixa resistência, mas pequenos a_t para os materiais de alta resistência. Compare as Figuras 8.6 (a) e (b). Assim, trincas de tamanho moderado podem não afetar materiais de baixa resistência, mas podem limitar severamente a utilidade de um material de alta resistência. Tal tendência inversa entre o limite de escoamento e a tenacidade à fratura é bastante comum dentro de qualquer classe de materiais. Baixa resistência em um teste de tração é normalmente acompanhada por uma elevada ductilidade e também por uma elevada tenacidade à fratura. Por outro lado, a alta resistência está geralmente associada a baixa ductilidade e baixa tenacidade à fratura. Tendências desta natureza para o aço AISI 1045 estão ilustradas na Figura 8.7.

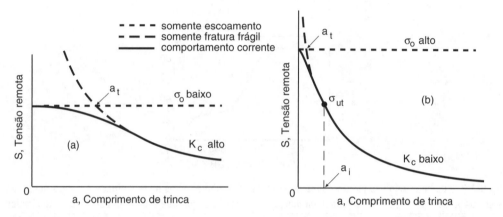

FIGURA 8.6 Comprimentos da trinca de transição a_t para um material de baixa resistência e alta tenacidade à fratura (a) e para um material de alta resistência e baixa tenacidade à fratura (b). Se (b) contém falhas internas $a_i > a_t$ seu limite de resistência à tração, σ_{ut}, passa a ser controlado pela fratura frágil.

A relativa sensibilidade às falhas associada a diferentes valores de a_t para diferentes materiais ajuda a explicar uma série de falhas súbitas de engenharia que ocorreram entre as décadas de 1950 e 1960. Neste período, foram desenvolvidos novos materiais de alta resistência, tais como aço e ligas de alumínio para a indústria aeroespacial. Porém, esses materiais tinham tenacidade à fratura suficientemente baixa para serem sensíveis a trincas pequenas. Um exemplo deste caso foi o avião de passageiros britânico Comet, dois dos quais falharam em grandes altitudes, na década de 1950, com considerável perda de vidas nos acidentes resultantes. Outros exemplos são as falhas nos motores de foguetes empregados no míssil Polaris, ocorridas no final da década de 1950, e a queda das aeronaves F-111, em 1969. Tais falhas aceleraram o desenvolvimento da mecânica de fratura e levaram à sua adoção pela Força Aérea dos Estados Unidos como base dos seus requisitos para os *projetos tolerantes ao dano*.

Além disso, algumas falhas frágeis, aparentemente misteriosas, em aços normalmente dúcteis ocorreram nas décadas de 1940 e anteriores. Compreendeu-se, anos mais tarde, que essas falhas foram devido a trincas, que eram suficientemente grandes para exceder os valores relativamente altos de a_t para aços dúcteis. Um exemplo disso foi a falha ocorrida em um grande tanque em Boston, em 1919, com 27,4 m de diâmetro e 15 m de altura, que continha 2 milhões de litros de melaço. Outros exemplos incluem os navios fabricados por soldagem da série *Liberty* e petroleiros que se fraturaram

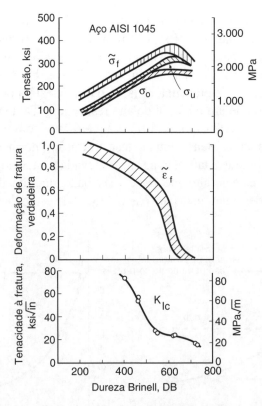

FIGURA 8.7 Comparação das propriedades de ensaios de tração e testes de tenacidade à fratura para o aço AISI 1045; todos os dados são traçados em função da dureza do aço, que é variada por tratamento térmico.

(Ilustração cedida por R. W. Landgraf, Howell, MI.)

completamente em dois, durante e logo após a Segunda Guerra Mundial, além de outras falhas em navios e pontes.

8.2.5 Materiais com Falhas Internas

Como já discutido nos capítulos anteriores, muitos materiais frágeis contêm naturalmente pequenas trincas ou falhas similares a trincas. Isso é geralmente verdadeiro para vidro, rocha natural, cerâmicas e alguns metais fundidos. A interpretação que pode ser feita é que esses materiais têm um grande limite de escoamento, mas esta resistência nunca pode ser alcançada sob carga de tração, devido à ocorrência de falhas anteriores a estes níveis de tensão, pela presença dessas pequenas falhas em conjunção com uma baixa tenacidade à fratura. Tal ponto de vista é apoiado pelo fato de que os materiais frágeis têm resistências à compressão consideravelmente mais fortes do que sob tração, porque as falhas simplesmente fecham-se sob compressão e, portanto, têm um efeito muito reduzido.

Denotando o tamanho de uma falha inerente em um material frágil do tipo discutido como sendo a_i, emprega-se a Equação 8.3 para obter a máxima tensão suportável, ou limite de resistência em tração:

$$\sigma_{ut} = \frac{K_c}{\sqrt{\pi a_i}} \tag{8.5}$$

Esta situação está ilustrada na Figura 8.6 (b). Novas trincas de tamanho em torno ou abaixo de a_i têm pouco efeito, já que não são piores que as falhas já presentes. O material é, portanto, dito *internamente falho*. Além disso, uma vez que as falhas realmente presentes podem variar consideravelmente de amostra para amostra, geralmente há uma grande dispersão estatística nos valores de σ_{ut}.

8.3 CONCEITOS MATEMÁTICOS

Um corpo trincado pode ser carregado em qualquer uma ou por uma combinação dos três modos de deslocamento das paredes da trinca mostrados na Figura 8.8. O Modo I é chamado *modo de abertura* e consiste simplesmente na separação das faces da trinca. Para o Modo II, ou *modo de deslizamento*, as faces da trinca deslizam-se relativamente uma na outra numa direção perpendicular à frente da trinca. O Modo III, ou *modo de rasgamento*, também envolve o deslizamento relativo das faces da trinca, mas agora a direção é paralela à frente da trinca. O Modo I é causado por um carregamento de tração, ao passo que os outros dois são causados por carregamento de cisalhamento em diferentes direções, como mostrado na Figura 8.8. A maioria dos problemas de propagação de trincas de interesse da engenharia envolve, principalmente, o Modo I e decorre de tensões de tração, por isso vamos limitar a maior parte de nossa discussão a este caso.

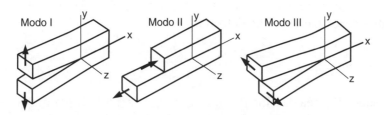

FIGURA 8.8 Os modos básicos de deslocamento da superfície de uma trinca.

(Adaptado de [Tada 85]; usada com permissão.)

Análise por balanços de energias foram empregados no primeiro trabalho em mecânica de fratura, apresentado por A.A. Griffith, em 1920. Esta abordagem é expressa por um conceito chamado *taxa de liberação de energia de deformação*, G. Um trabalho posterior levou ao conceito de *fator de intensidade de tensão*, K, e à comprovação de que G e K estão diretamente relacionados.

8.3.1 Taxa de Liberação de Energia de Deformação, G

Considere um componente trincado carregado por uma força P no Modo I, em que a trinca tem um comprimento a, como mostrado na Figura 8.9. Assuma que o comportamento do material é linear-elástico, o que requer que a relação entre força *versus* deslocamento também seja linear. De um modo semelhante a uma mola, uma energia potencial elástica U é armazenada no elemento, como resultado das deformações elásticas em todo o seu volume, como mostrado na Figura 8.9 (a). Note que v é o deslocamento no ponto de carregamento P e, assim, a energia $U = Pv/2$ é a área triangular sob a curva P-v.

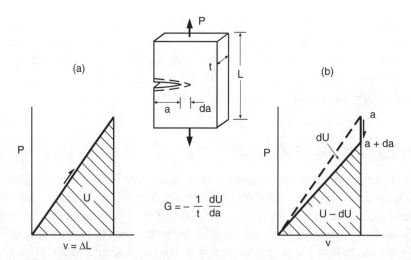

FIGURA 8.9 Energias potenciais para dois comprimentos de trincas vizinhos e a mudança de energia *dU* usada para definir a taxa de liberação de energia de deformação *G*.

Se a trinca se move para frente em uma pequena quantidade da, enquanto o deslocamento é mantido constante, a rigidez do elemento diminui, como mostrado na Figura 8.9 (b). Isso resulta na diminuição da energia potencial elástica por uma quantidade dU, ou seja, U diminui devido a uma liberação desta quantidade de energia. A taxa de variação da energia potencial com o aumento da área de trinca é definida como a taxa de libertação de energia de deformação:

$$G = -\frac{1}{t}\frac{dU}{da} \qquad (8.6)$$

Aqui, a mudança na área de trinca é $t(da)$, e o sinal negativo faz com que G tenha um valor positivo. Assim, G caracteriza a energia por área de unidade da trinca necessária para estender esta trinca e, como tal, espera-se que seja a quantidade física fundamental que controla o comportamento da trinca.

No conceito original proposto por Griffith, toda a energia potencial liberada seria empregada na criação da nova superfície livre, $t(da)$, nas faces da trinca. Este mecanismo é aproximadamente verdadeiro para materiais que trincam sem nenhuma deformação plástica essencial, como para o vidro testado por Griffith. No entanto, em materiais mais dúcteis, uma grande parte da energia é empregada para deformar plasticamente o material na região da ponta da trinca. Ao aplicar G para metais, na década de 1950, G. R. Irwin mostrou que o conceito era aplicável mesmo nestas circunstâncias, se a zona plástica fosse pequena.

Como listado nas Referências, Barsom (1987) apresenta uma coleção de trabalhos relatando alguns dos primeiros desenvolvimentos sobre mecânica da fratura por Griffith, Irwin e outros.

8.3.2 Fator de Intensidade de Tensões, *K*

O conceito do fator de intensidade de tensões, que já foi introduzido, tem de ser definido de uma maneira mais completa. Em termos gerais, K caracteriza idealmente a magnitude (intensidade) das tensões na proximidade de uma ponta afiada de uma trinca, em um material linear-elástico e isotrópico.

Um sistema de coordenadas polares, que é conveniente para descrever as tensões na vizinhança de uma trinca, é mostrado na Figura 8.10. As coordenadas r e θ pertencem ao plano x-y, que é perpendicular ao plano da trinca, e a direção z é paralela à frente da trinca. Para qualquer caso do Modo I de carregamento, as tensões perto da ponta da trinca dependem de r e θ como segue:

$$\sigma_x = \frac{K_I}{\sqrt{2\pi r}} \cos\frac{\theta}{2}\left[1 - \operatorname{sen}\frac{\theta}{2}\operatorname{sen}\frac{3\theta}{2}\right] + \ldots \quad \text{(a)}$$

$$\sigma_y = \frac{K_I}{\sqrt{2\pi r}} \cos\frac{\theta}{2}\left[1 + \operatorname{sen}\frac{\theta}{2}\operatorname{sen}\frac{3\theta}{2}\right] + \ldots \quad \text{(b)}$$

$$\tau_{xy} = \frac{K_I}{\sqrt{2\pi r}} \cos\frac{\theta}{2}\operatorname{sen}\frac{\theta}{2}\cos\frac{3\theta}{2} + \ldots \quad \text{(c)} \qquad (8.7)$$

$$\sigma_z = 0 \qquad \text{(estado de tensão plana)} \quad \text{(d)}$$

$$\sigma_z = \upsilon(\sigma_x + \sigma_y) \quad \text{(estado de deformação plana; } \varepsilon_z = 0\text{)} \quad \text{(e)}$$

$$\tau_{yz} = \tau_{zx} = 0 \quad \text{(f)}$$

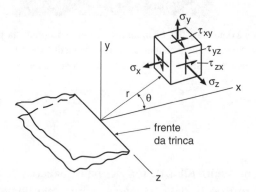

FIGURA 8.10 Sistema de coordenadas tridimensionais para as vizinhanças da ponta de uma trinca.

(Adaptado de [Tada 85]; usada com permissão.)

Estas equações são derivadas a partir da *teoria da elasticidade linear*, tal como apresentado em qualquer texto padrão sobre o assunto, e descrevem o *campo de tensões* perto da ponta da trinca. Nessas equações, foram omitidos os termos de grau mais elevados, pois estes não apresentam magnitude significativa. Essas equações preveem que as tensões aumentam rapidamente perto da ponta da trinca. A confirmação desta característica do campo de tensões é oferecida por uma fotografia dos contornos de tensão presentes em uma amostra transparente de material plástico, mostrada na Figura 8.11.

Se o membro trincado é relativamente fino na direção z, aplicam-se as condições de tensão plana, com $\sigma_z = 0$. Entretanto, se o componente é relativamente espesso, uma hipótese mais razoável pode ser a deformação plana, $\varepsilon_z = 0$, na qual a lei de Hooke, especialmente a Equação 5.26 (c), requisita que σ_z dependa das demais tensões e do coeficiente de Poisson, ν, conforme a Equação 8.7 (e).

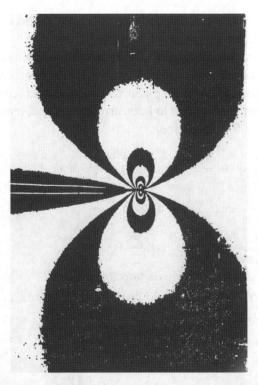

FIGURA 8.11 Contornos de máximas tensões cisalhantes no plano ao redor da ponta de uma trinca. Esses contornos foram formados pelo efeito fotoelástico de um material plástico transparente. As duas linhas brancas finas que entram a partir da esquerda são as bordas da trinca e a sua ponta é o ponto de convergência dos contornos.

(Foto cedida por C. W. Smith, Virginia Tech, em Blacksburg, VA.)

Todos os componentes não nulos de tensão, na Equação 8.7, se aproximam de infinito quando r se aproxima de zero – isto é, ao se aproximar da ponta da trinca. Note-se que esta situação é causada porque essas tensões são todas proporcionais ao inverso de $\sqrt{r}$. Assim, uma singularidade matemática existe na ponta da trinca e nenhum valor de tensão na ponta da trinca pode ser definido. Além disso, todas as tensões diferentes de zero da Equação 8.7 são proporcionais à quantidade de K_I, sendo que os fatores restantes meramente oferecem a variação com r e θ. Logo, a magnitude do campo de tensão perto da ponta da fissura pode ser caracterizada pela indicação do fator de K_I. Desta forma, K_I passa a ser uma medida da severidade da trinca. A sua definição em um sentido matemático formal é:

$$K_I = \lim_{r,\theta \to 0} \left(\sigma_y \sqrt{2\pi r} \right) \tag{8.8}$$

Em geral, é conveniente expressar K_I como:

$$K_I = FS\sqrt{\pi a} \tag{8.9}$$

em que o fator F é necessário para considerar diferentes geometrias. Por exemplo, se uma trinca central de uma placa é relativamente longa, a Equação 8.2 precisa ser modificada para a Equação 8.9, de forma que quanto mais próxima estiver a ponta da trinca das arestas da amostra, maiores serão os valores de F, acima da unidade. A quantidade *F* é uma função da proporção de *a/b*, tal como mostrado na Figura 8.12, curva (a). As curvas (b) e (c) mostram a variação de *F* com *a/b* para dois casos adicionais de membros com a presença de trincas sendo tracionadas, especificamente, para chapas com as duas laterais trincadas e para placas com apenas uma das laterais trincada.

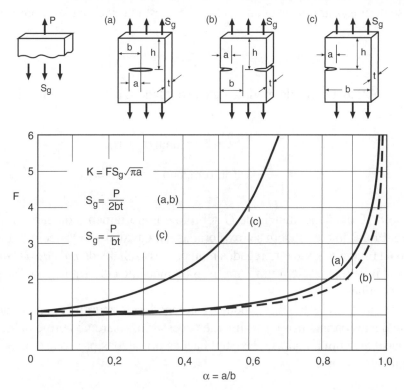

Equações para pequenos valores de *a/b* e limitados a uma precisão de 10%:

(a) $K = S_g \sqrt{\pi a}$ (b) $K = 1{,}12 S_g \sqrt{\pi a}$ (c) $K = 1{,}12 S_g \sqrt{\pi a}$

   $(a/b \leq 0{,}4)$ $(a/b \leq 0{,}6)$ $(a/b \leq 0{,}13)$

Expressões para qualquer $\alpha = a/b$:

(a) $F = \dfrac{1 - 0{,}5\alpha + 0{,}326\alpha^2}{\sqrt{1-\alpha}}$ $\qquad (h/b \geq 1{,}5)$

(b) $F = \left(1 + 0{,}122 \cos^4 \dfrac{\pi\alpha}{2}\right)\sqrt{\dfrac{2}{\pi\alpha}\tan\dfrac{\pi\alpha}{2}}$ $\qquad (h/b \geq 2)$

(c) $F \quad 0{,}265(1-\alpha)^4 + \dfrac{0{,}857 + 0{,}265\alpha}{(1-\alpha)^{3/2}}$ $\qquad (h/b \geq 1)$

FIGURA 8.12 Fatores de intensidade de tensão para três casos de chapas com trincas carregadas sob tração. Todas as geometrias, curvas e equações identificadas como (a) correspondem ao mesmo caso, o mesmo valendo para (b) e (c).

(Equações tais como coletadas de [Tada 85] p. 2.2, 2.7 e 2.11.)

346 **CAPÍTULO 8** Fratura de Componentes com Trincas

8.3.3 Comentários Adicionais sobre *K* e *G*

Para o carregamento no Modo II ou III, de forma análoga, mas distinta, existem equações para o campo de tensões e intensidade de tensões K_{II} e K_{III}, definidas de uma forma análoga a K_I. No entanto, as aplicações práticas envolvem mais o Modo I. Por isso, e por conveniência, o subscrito em K_I vai ser omitido; assim, K sem o subíndice "I" deve ser considerado K_I, ou seja, $K = K_I$.

Pode-se demonstrar que as quantidades *G* e *K* estão relacionadas, como se segue:

$$G = \frac{K^2}{E'} \tag{8.10}$$

em que E' é obtido a partir de módulo de elasticidade *E* e do coeficiente de Poisson v do material:

$$\begin{aligned} E' &= E & (\text{tensão plana}, \sigma_z = 0) \\ E' &= \frac{E}{1 - v^2} & (\text{deformação plana}, \varepsilon_z = 0) \end{aligned} \tag{8.11}$$

A Equação 8.10 e a dependência de *G* sobre o comportamento da carga *versus* deslocamento, Equação 8.6, podem ser exploradas para avaliar *K*. Os declives das curvas *P-v*, como na Figura 8.9, são empregados num processo chamado *método de compliance* (complacência). Veja isso em um bom livro de mecânica de fratura, ou Tada (2000), para mais detalhes.

Uma vez que *G* e *K* estão diretamente relacionados de acordo com a Equação 8.10, apenas um destes parâmetros é geralmente necessário. Usaremos principalmente *K*, o que é consistente com a maioria das publicações orientadas para o uso na engenharia da mecânica de fratura.

8.4 APLICAÇÃO DE *K* AO PROJETO E ANÁLISE

Para a mecânica de fratura ser colocada em prática, valores de intensidade de tensão *K* devem ser determinados para geometrias de trinca que possam existir em componentes estruturais. Extensivos trabalhos de análise publicados e também coletados em manuais oferecem equações ou curvas traçadas que permitem obter ou calcular valores de *K* para uma ampla variedade de casos. Uma seção especial das referências, no final deste capítulo, enumera vários desses manuais. O que será feito nesta parte do capítulo é oferecer certas equações fundamentais para o cálculo de *K* e também exemplos dos tipos de informações que estão disponíveis nos manuais.

8.4.1 Formas Matemáticas Empregadas para Expressar *K*

Já foi observado que *K* pode ser relacionado com a tensão aplicada e com o comprimento da trinca por uma equação da forma:

$$K = FS_g\sqrt{\pi a}, \quad F = F(\text{geometria}, a/b) \tag{8.12}$$

A quantidade F é uma função adimensional que depende da configuração de carregamento e da geometria envolvida, e, geralmente, também da relação entre o comprimento da trinca com outra dimensão geométrica do componente, como a largura ou meia largura, b, tal como definido nos três casos mostrados na Figura 8.12. Exemplos adicionais para F são apresentados nas Figuras 8.13 e 8.14, especificamente, para o dobramento de chapas com uma trinca em uma de suas laterais e para várias cargas em uma barra cilíndrica trincada circunferencialmente. Nestes exemplos, o comprimento da trinca a é medido a partir da superfície ou da linha central de carregamento, e a largura b é consistentemente definida como o máximo comprimento da trinca possível de modo que, para $a/b = 1$, o componente esteja totalmente fraturado. Para cada caso nas Figuras 8.12 a 8.14, polinômios ou outras expressões matemáticas fornecidas podem ser empregues para calcular F dentro de certa faixa de valores de $\alpha = a/b$. Onde aparecem funções trigonométricas, os argumentos destas devem estar em radianos (unidade considerada adimensional).

As forças aplicadas ou os momentos de flexão são frequentemente caracterizados pela determinação de uma tensão nominal ou média. Na mecânica de fratura, é convencional o uso de uma tensão da seção nominal bruta, S_g, calculada com base no pressuposto de que nenhum tipo de trinca está presente. Note que esta convenção é seguida para cada caso nas Figuras 8.12 a 8.14. O subscrito g é adicionado apenas para evitar qualquer possibilidade de confusão, já que também poderiam ser empregadas tensões na seção residual líquida, S_n, baseada na área remanescente não trincada. A preferência no uso de S_g em vez de S_n é conveniente para que o efeito do comprimento da trinca seja então confinado nos fatores F e $\sqrt{a}$. De forma geral, pode-se definir a tensão nominal S de forma arbitrária, mas esta definição precisa ser consistente com os valores de F. A função F deve ser redefinida e os seus valores alterados se a definição de S for mudada, assim como se a definição de a ou b também for alterada.

Às vezes, é conveniente trabalhar diretamente com cargas aplicadas (forças), com a seguinte equação sendo útil para geometrias planares:

$$K = F_P \frac{P}{t\sqrt{b}}, \quad F_P = F_P(\text{geometria}, a/b) \tag{8.13}$$

Aqui, P é a força, t é a espessura e b é o mesmo que antes. A função F_P é um novo fator adimensional de geometria, conforme exemplificado nas Figuras 8.15 e 8.16. Ao se igualar os valores de K das Equações 8.12 e 8.13, torna-se possível relacionar os valores de F_P com os valores previamente definidos de F:

$$F_P = F \frac{S_g t\sqrt{\pi a b}}{P} \tag{8.14}$$

Esta relação pode ser usada para obter a função de F_P para qualquer um dos casos em que F é dado nas Figuras 8.12 a 8.14. A expressão de K em termos de F_P tem a vantagem de a dependência com comprimento da trinca ficar confinada apenas na função F_P adimensional.

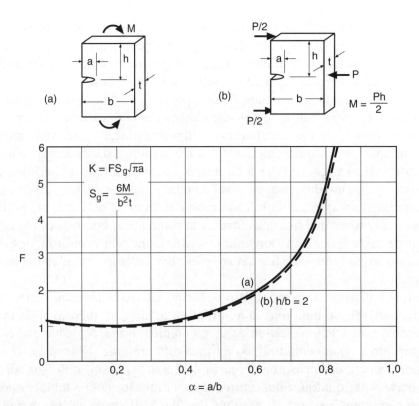

Equações para pequenos valores de *a/b* e limitados a uma precisão de 10%

$$(a,b)\ K = 1{,}12 S_g \sqrt{\pi a} \quad (a/b \le 0{,}40)$$

Expressões para qualquer α = *a/b*:

(a) $\quad F = \sqrt{\dfrac{2}{\pi\alpha}\tan\dfrac{\pi\alpha}{2}} \left[\dfrac{0{,}923 + 0{,}199(1 - \operatorname{sen}\frac{\pi\alpha}{2})^4}{\cos\dfrac{\pi\alpha}{2}} \right]$ (grandes *h/b*)

(b) $\quad F$ está dentro de 3% de precisão para
 (a) *h/b* = 4, e dentro de 6% para
 (b) *h/b* = 2, para qualquer valor de *a/b* na expressão:

$$F = \dfrac{1{,}99 - \alpha(1-\alpha)(2{,}15 - 3{,}93\alpha + 2{,}7\alpha^2)}{\sqrt{\pi}(1+2\alpha)(1-\alpha)^{3/2}} \quad (h/b = 2)$$

FIGURA 8.13 Fatores de intensidade de tensão para dois casos de dobramento. Todas as geometrias, curvas e equações identificadas como (a) correspondem ao mesmo caso, assim também valendo para (b). O caso (b), com *h/b* = 2, representa corpo de prova dobrado, conforme padrão ASTM.

(Equações de [Tada 85] p. 2.14 e [ASTM 97] Norma E399.)

Comportamento Mecânico dos Materiais **349**

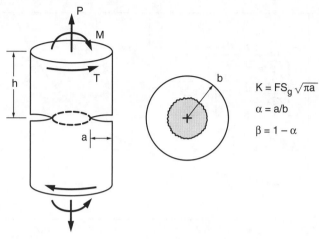

(a) **Carga axial P :** $S_g = \dfrac{P}{\pi b^2}, \quad F = 1,12 \quad (10\%, a/b \leq 0,21)$

$$F = \dfrac{1}{2\beta^{1,5}}\left[1 + \dfrac{1}{2}\beta + \dfrac{3}{8}\beta^2 - 0,363\beta^2 + 0,731\beta^4\right]$$

(b) **Momento fletor M :** $S_g = \dfrac{4M}{\pi b^3}, \quad F = 1,12 \quad (10\%, a/b \leq 0,12)$

$$F = \dfrac{3}{8\beta^{2,5}}\left[1 + \dfrac{1}{2}\beta + \dfrac{3}{8}\beta^2 + \dfrac{5}{16}\beta^3 + \dfrac{35}{128}\beta^4 + 0,537\beta^5\right]$$

(c) **Torsão, T, $K = K_{III}$:** $S_g = \dfrac{2T}{\pi b^3}, \quad F = 1 \quad (10\%, a/b \leq 0,09)$

$$F = \dfrac{3}{8\beta^{2,5}}\left[1 + \dfrac{1}{2}\beta + \dfrac{3}{8}\beta^2 + \dfrac{5}{16}\beta^3 + \dfrac{35}{128}\beta^4 + 0,208\beta^5\right]$$

FIGURA 8.14 Fatores de intensidade de tensão para uma barra cilíndrica trincada circunferencialmente, incluindo os limites para a constante **F** para uma precisão de 10% e expressões para qualquer $\alpha = a/b$. Para torção (c), a intensidade da tensão é para o Modo III de cisalhamento.

(Equações de [Tada 85] p. 27,1, 27,2, e 27,3.)

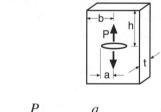

$$K = F_P \dfrac{P}{t\sqrt{b}}, \quad \alpha = \dfrac{a}{b}, \quad F_P = \dfrac{1}{\sqrt{\pi\alpha}} \quad (10\%, \dfrac{a}{b} \leq 0,3)$$

$$F_P \quad \dfrac{1,297 - 0,297\cos\dfrac{\pi\alpha}{2}}{\sqrt{\operatorname{sen}\pi\alpha}} \quad (0 \leq \dfrac{a}{b} \leq 1)$$

FIGURA 8.15 Fatores de intensidade de tensão para forças aplicadas nas faces de uma trinca central em uma placa com $h/b \geq 2$. São oferecidas uma expressão simples para F_P, dentro de uma precisão de 10% em uma gama limitada de $\alpha = a/b$, e uma expressão geral, válida para qualquer valor de α.

(Equações de [Tada 85] p. 2.22 e 2.23.)

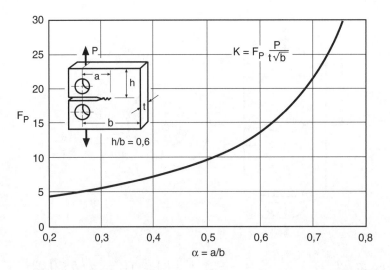

$$F_P = \frac{2+\alpha}{(1-\alpha)^{3/2}}(0,886+4,64\alpha-13,32\alpha^2+14,72\alpha^2-5,6\alpha^4) \quad (a/b \geq 0,2)$$

FIGURA 8.16 Fatores de intensidade de tensão para corpo de prova compacto, conforme padrão ASTM, tal como determinado a partir de $F_P = F_P(\alpha)$, em que $\alpha = a/b$.

(Equação de [Scrawley 76].)

8.4.2 Discussão

Em termos matemáticos, existem soluções fechadas para K primariamente para $a/b = 0$, isto é, para componentes que são grandes (idealmente de tamanho infinito) em comparação com o tamanho da trinca. No entanto, essas soluções possuem precisão frequentemente razoável mesmo para grandes valores de a/b. Equações correspondentes para K são indicadas nas Figuras 8.12 a 8.15, junto com limites de $\alpha = a/b$ para uma precisão de 10%. Por exemplo, para uma placa trincada no seu centro, conforme mostrado na Figura 8.12 (a), valores de $F = 1$ são razoáveis a 10% de precisão para $a/b \leq 0,4$. Como segundo exemplo, para uma placa com uma trinca em uma das suas laterais, mostrada na Figura 8.12 (c), temos $F = 1,12$ com 10% de precisão para $a/b \leq 0,13$.

Uma placa com uma trinca em um dos seus lados, tal como ilustrado na Figura 8.12 (c), é um caso que pode ser considerado similar ao de uma placa com uma trinca central, Figura 8.12 (a), que foi simplesmente dividida ao meio. Uma vez que a dimensão da trinca a está definida de forma consistente para ambos os casos, o fator ligeiramente maior de $F = 1,12$ para o caso (c) em relação ao valor $F = 1,00$ para o caso (a) está associado ao efeito da geração de uma nova superfície livre. Na verdade, para trincas no Modo I, com carregamento aplicado longe da trinca, este mesmo fator $F = 1,12$ se aplica para pequenos valores de a/b, para qualquer trinca superficial penetrante em uma placa e também para qualquer tipo de trinca superficial circundante de uma barra cilíndrica. Assim, este valor aplica-se a todos os casos de trincas superficiais nas Figuras 8.12 a 8.14, com exceção do caso do Modo III da Figura 8.14 (c).

Para trincas relativamente longas, nas quais as soluções simples aplicáveis para corpos de dimensões infinitas tornam-se imprecisas, são necessárias equações do tipo polinomial para calcular F ou F_P. Essas equações foram obtidas por vários pesquisadores e autores de manuais com a realização de análises numéricas para variados comprimentos relativos de trinca a/b. Expressões matemáticas, $F = F(a/b)$ ou $F_P = F_P (a/b)$, foram desenvolvidas de forma a oferecer concordância com os valores calculados. Tais expressões são, é claro, válidas apenas para a faixa de valores de a/b coberta na análise, mas as várias expressões disponíveis para determinada geometria cobrem todos os possíveis valores de a/b de zero à unidade, como para os casos mostrados nas Figuras 8.12 a 8.15. (Na Figura 8.16, note que a expressão é válida para $0,2 \leq a/b \leq 1$.) Alguns dos métodos numéricos que se aplicam a esse tipo de análise são *elementos finitos*, *equações integrais de contorno* e os métodos que empregam *funções peso*. Consulte o livro de Anderson (2005) para uma discussão introdutória da análise numérica dos corpos com trincas.

Nas Figuras 8.12 a 8.14, com exceção da Figura 8.13 (b), as equações aplicam-se para tensões uniformes, por dobramento ou torção aplicada a uma distância h da trinca, considerada infinita. No entanto, os erros para h finitos são geralmente insignificantes em $h/b = 3$ e começam a ser significativos ($> 5\%$) apenas com h/b em torno de 1 ou 2.

EXEMPLO 8.1

Uma placa com uma trinca central, como mostrado na Figura 8.12 (a), tem dimensões $b = 50$ mm, $t = 5$ mm e grande h. Neste componente, aplica-se uma força $P = 50$ kN.
(a) Qual é o fator de intensidade de tensões K para um comprimento de trinca $a = 10$ mm?
(b) E para $a = 30$ mm?
(c) Qual é o tamanho de trinca crítico, a_c, para a fratura se o componente é constituído de liga de alumínio 20214-T651?

Solução

(a) Para calcular K com $a = 10$ mm, empregando a Figura 8.12 (a), precisamos de:

$$S_g = \frac{P}{2bt} = \frac{50.000\,\text{N}}{2(50\,\text{mm})(5\,\text{mm})} = 100\,\text{MPa}, \qquad \alpha = \frac{a}{b} = \frac{10\,\text{mm}}{50\,\text{mm}} = 0,200$$

Uma vez que $\alpha \leq 0,4$ e considerando uma precisão de 10%, utilizamos F = 1, assim:

$$K = S_g\sqrt{\pi a} = (100\,\text{MPa})\sqrt{\pi(0,010\,\text{m})} = 17,7\,\text{MPa}\sqrt{\text{m}} \quad \textbf{(Resposta)}$$

em que o comprimento de trinca deve ser inserido em unidades de metros para obter as unidades desejadas para K de MPa $\sqrt{m}$.

(b) Para a = 30 mm, temos $\alpha = a/b = (30\,\text{mm})/(50\,\text{mm}) = 0,600$. Isso não satisfaz $\alpha \leq 0,4$, de modo que se torna necessário empregar a expressão mais geral para a F, a partir da Figura 8.12 (a):

$$F = \frac{1 - 0,5\alpha + 0,326\alpha^2}{\sqrt{1-\alpha}} = 1,292$$

$$K = FS_g\sqrt{\pi a} = 1,292(100\,\text{MPa})\sqrt{\pi(0,030\,\text{m})} = 39,7\,\text{MPa}\sqrt{\text{m}} \quad \textbf{(Resposta)}$$

(c) A Tabela 8.1 dá KIC = 24 MPa$\sqrt{m}$ para liga de alumínio 2014-T651. Como a_c não é conhecido, F não pode ser determinado diretamente. Primeiramente assumindo que a condição $\alpha \leq 0,4$ seja satisfeita, então F $\approx$ 1 e:

$$K_{IC} \approx S_g \sqrt{\pi a_c}$$

Resolvendo para a_c é:

$$a_c \approx \frac{1}{\pi}\left(\frac{K_{IC}}{S_g}\right)^2 = \frac{1}{\pi}\left(\frac{24\ \text{MPa}\sqrt{m}}{100\ \text{MPa}}\right)^2 = 0,0183\ \text{m} = 18,3\ \text{mm} \qquad \textbf{(Resposta)}$$

Isso corresponde a $\alpha = a_c/b = (18,3\ \text{milímetros})/(50\ \text{mm}) = 0,37$ o que satisfaz a condição $\alpha \leq 0,4$, de modo que a estimativa de F $\approx$ 1 é aceitável e o resultado obtido é razoavelmente preciso.

Se não for desejável utilizar a aproximação de 10% no valor de F, é necessário uma solução iterativa. Para este fim, substitua a expressão de F na equação para K:

$$K = \frac{1 - 0,5(a/b) + 0,326(a/b)^2}{\sqrt{1 - (a/b)}} S_g \sqrt{\pi a}$$

Em seguida, usando os valores de $K = K_{Ic} = 24$ MPa$\sqrt{m}$, $b = 0,050$ m e $S_g = 100$ MPa, resolva esta equação para obter a, através de tentativa e erro, pelo método de Newton, ou outro procedimento numérico, como implementado em diversos *softwares* amplamente disponíveis. O resultado é final é:

$$a_c = 0,01627\ \text{m} = 16,3\ \text{mm} \qquad \textbf{(Resposta)}$$

cujo valor difere um pouco do anterior. (O valor real de F que corresponde a este a_c é $F_c = 1,061$ e não $F = 1,000$ usado anteriormente.)

Um procedimento gráfico também poderia ser usado para obter este resultado: escolha um número de valores para a e, para cada um deles, calcule $\alpha = a/b$. Em seguida, calcule F, utilizando a expressão de tipo polinomial como em (b), e K; valores obtidos desta forma estão mostrados na Tabela E8.1. Depois, trace os valores resultantes de K contra a, como ilustrado na Figura E8.1. Finalmente, insira neste gráfico o valor desejado de $K = K_{Ic} = 24$ MPa$\sqrt{m}$ e obtenha o comprimento da trinca correspondente, de forma tão precisa quanto a precisão que o gráfico permita, o que, neste caso, é $a_c = 16,3$ mm **(Resposta)**.

Tabela E8.1

Nº do cálculo	a	$\alpha = a/b$	F	$K = F\,S_g\,\sqrt{\pi a}$
	mm			MPa$\sqrt{m}$
1	10	0,2	1,021	18,1
2	15	0,3	1,051	22,8
3	20	0,4	1,1	27,6

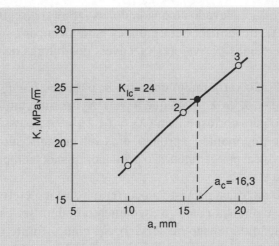

FIGURA E8.1

Comentário
Para o item (c), as soluções gráficas e iterativas são opcionais neste caso, mas necessárias em outros nos quais extrapola-se o limite de precisão de 10% em α empregado para o cálculo de K.

8.4.3 Fatores de Segurança

Onde trincas podem estar presentes, fatores de segurança contra o escoamento, como examinados no Capítulo 7, precisam ser complementados por fatores de segurança contra a fratura frágil. Dependendo da situação em particular, ambos os fatores podem controlar o projeto.

Como a tensão S_g e os valores de K são proporcionais de acordo com $K = FS_g\sqrt{\pi a}$, um fator de segurança X contra a fratura para os valores de tensão pode ser criado pelo uso do mesmo fator para K. Portanto, se S_g e a são a tensão e o comprimento de trinca esperados para ocorrer em serviço efetivo, o fator de segurança em K, e, portanto, em S_g, é:

$$X_K = \frac{K_{IC}}{K} = \frac{K_{IC}}{FS_g\sqrt{\pi a}} \tag{8.15}$$

Também pode ser útil para comparar o tamanho de uma trinca em serviço com comprimento a com o comprimento de trinca a_c, esperado para provocar uma falha no serviço na tensão S_g. O valor de a_c pode ser obtido a partir de:

$$K_{IC} = F_c S_g \sqrt{\pi a_c} \tag{8.16}$$

em que F_c é avaliado em a_c. A combinação das duas equações anteriores leva ao seguinte fator de segurança para o comprimento de trinca:

$$X_a = \frac{a_c}{a} = \left(\frac{F}{F_c}X_K\right)^2 \tag{8.17}$$

354 CAPÍTULO 8 Fratura de Componentes com Trincas

Como, nesta equação, X_K é elevado ao quadrado, os fatores de segurança para o comprimento de trinca, X_a, devem ser bem grandes para alcançar os mesmos níveis de segurança que os oferecidos por valores razoáveis dos fatores de segurança em K e na tensão.

Por exemplo, se F não varia muito entre a e a_c para que $F \approx F_c$, então a Equação 8.17 pode ser reduzida a $X_a = X_K^2$ para que $X_K = \sqrt{X_a}$. Assim, um fator de segurança de $X_a = 4$ é necessário para corresponder a $X_K = 2$ e $X_a = 9$ é necessário para equivaler a $X_K = 3$. Isso é muito importante no projeto, uma vez que tais valores significam que os comprimentos de trinca, por garantia, são pequenos quando comparados com o valor a_c crítico para a fratura.

Se o comprimento da trinca previsto a ocorrer em serviço efetivo é relativamente pequeno, fatores de segurança contra o escoamento podem ser calculados simplesmente pela comparação da tensão de serviço, S_g, com o limite de escoamento do material, σ_0:

$$X_0 = \sigma_0 / S_g \qquad (8.18)$$

No entanto, para tensões aplicadas que são multiaxiais, S_g deve ser substituída por uma tensão efetiva $\bar{\sigma}$ oriunda de um dos critérios de escoamento de Capítulo 7. Uma vez que S_g é a tensão sobre a área bruta, o cálculo anterior dá um fator de segurança contra escoamento se nenhuma trinca estiver presente.

Um método mais avançado para o cálculo do fator de segurança contra o escoamento é a comparação entre a carga aplicada e a *carga limite de plasticidade total*. Esta última é uma estimativa da carga necessária para provocar escoamento através de toda a seção transversal remanescente após a subtração da área da trinca, de modo que o efeito do tamanho da trinca na redução da área da seção transversal esteja incluso na análise. Veja a seção A.7.2 para mais explicações e note que a Figura A.16 dá forças e momentos, P_0 e M_0, inteiramente plásticos para alguns casos simples de componentes com trincas. Assim, este tipo de fator de segurança contra o escoamento é dado por uma das seguintes expressões:

$$X_0^{'} = P_0 / P, \quad X_0^{'} = M_0 / M \qquad (8.19)$$

que podem ser aplicadas para determinado caso, sendo que P e M são os valores da força e do momento para o serviço real.

Os valores escolhidos para os fatores de segurança devem refletir as consequências da falha, se os valores das variáveis empregadas no cálculo são bem conhecidos, bem como uma avaliação razoável de engenharia. Se possível, uma informação estatística deve ser empregada para variáveis, tais como a tensão, o tamanho e a forma da trinca e as propriedades dos materiais. (Consulte a Seção B.4 para uma discussão da variação estatística em propriedades dos materiais.) Além disso, fatores mínimos de segurança podem ser definidos pelo código de projeto, a política da empresa ou a regulamentação governamental. Onde as cargas aplicadas são bem conhecidas e não há circunstâncias incomuns, valores razoáveis para os fatores de segurança contra o escoamento são três contra fratura e dois contra o escoamento. O maior valor aplicável na fratura é sugerido devido à maior dispersão estatística dos valores de K_{ic} em comparação com o limite de escoamento, e também porque a ruptura frágil é mais repentina, com um caráter mais catastrófico do que a falha ocorrida pelo escoamento.

EXEMPLO 8.2

Considere a situação do Exemplo 8.1, no qual uma placa de alumínio 2014-T651, com uma trinca central e com dimensões $b = 50$ e $t = 5$ mm, é submetida em serviço a uma força de P = 50 kN.

(a) Qual é o maior comprimento que uma trinca pode ter para um fator de segurança contra ruptura de 3 na tensão?

(b) Qual é o fator de segurança para o comprimento de trinca resultante do fator de segurança em tensão de (a)?

(c) Qual é o fator de segurança contra escoamento?

Solução

(a) A Equação 8.15 gera o maior valor de K que pode ser permitido:

$$K = \frac{K_{IC}}{X_K} = \frac{24\ \text{MPa}\sqrt{\text{m}}}{3} = 8\ \text{MPa}\sqrt{\text{m}}$$

Assim, este K é empregado para obter o maior comprimento da trinca que pode ser permitida:

$$K = FS_g\sqrt{\pi a};\ 8\ \text{MPa}\sqrt{\text{m}} = F(100\ \text{MPa})\sqrt{\pi a}$$

Assumindo que $F = 1$ é suficientemente preciso, resolvendo para a tem-se:

$$a = 2,04\ \text{mm} \qquad \textbf{(Resposta)}$$

Já que $\alpha = a/b = (2,04\ \text{mm})/(50\ \text{mm}) = 0,0408$, o que está bem dentro do limite de precisão de 10% em K, este resultado é razoavelmente preciso. Mesmo se F variar, como no Exemplo 8.1 (c), é obtido essencialmente o mesmo resultado: a = 2,03 mm **(Resposta)**.

(b) No Exemplo 8.1 (c), o comprimento da trinca que causa a falha na tensão de serviço foi calculado como sendo $a_c = 16,3$ mm. A razão entre este valor com o valor obtido para a na primeira parte deste exemplo, dá o fator de segurança no comprimento da trinca:

$$X_a = a_c\,/\,a = (16,3\ \text{mm})\,/\,(2,03\ \text{mm}) = 8,03 \qquad \textbf{(Resposta)}$$

(c) O fator de segurança contra o escoamento, calculado como se nenhuma trinca estivesse presente, é dado pela Equação 8.18, e calcula-se:

$$X_0 = \sigma_0\,/\,S_g = (415\ \text{MPa})\,/\,(100\ \text{MPa}) = 4,15 \qquad \textbf{(Resposta)}$$

em que o valor para o limite de escoamento é obtido a partir da Tabela 8.1. Um cálculo mais detalhado, que usa a carga para o limite totalmente plástico como na Equação 8.19, é

$$X_0' = \frac{P_0}{P} = \frac{2bt\sigma_0(1 - a/b)}{P} = \frac{2(50\ \text{mm})(5\ \text{mm})(415\ \text{MPa})}{50.000\ \text{N}}\left(1 - \frac{2,03\ \text{mm}}{50\ \text{mm}}\right) = 3,98$$

$$\textbf{(Resposta)}$$

em que a expressão para P_0 é obtida a partir da Figura A.16 (a) e P é a força de serviço efetiva.

356 CAPÍTULO 8 Fratura de Componentes com Trincas

Comentários
O fator de segurança para o comprimento da trinca é bastante grande, como esperado. Ambos os fatores de segurança contra escoamento (X_0 e X'_0) são mais elevados do que $X_K = 3,0$. Isso indica que este componente está mais perto de uma ruptura frágil do que do escoamento, ou seja, $X_K = 3,0$ é o fator de segurança de controle.

EXEMPLO 8.3
Um componente de engenharia feito de titânio 6Al-4V (recozido) é constituído por uma placa carregada em tensão que pode ter uma trinca em uma extremidade, como mostrado na Figura 8.12 (c). A força aplicada é $P = 55$ kN, a largura é $b = 40$ mm e a trinca pode ser tão longa quanto $a = 6$ mm. Sendo necessário um fator de segurança de 3,0 em tensão, qual é a mínima espessura da chapa t requerida?

Solução
A intensidade de tensão $K = F\,S_g\,\sqrt{\pi a}$ deve estar abaixo de K_{Ic} por um fator de segurança $X_K = 3,0$. Notando isso e substituindo na expressão para S_g da Figura 8.12 (c) temos:

$$K = \frac{K_{IC}}{X_K} = F\frac{P}{bt}\sqrt{\pi a}, \qquad \frac{66\,\mathrm{MPa}\sqrt{\mathrm{m}}}{3} = F\frac{55.000\,\mathrm{N}}{(40\,\mathrm{mm})(t,\mathrm{mm})}\sqrt{\pi(0,006\,\mathrm{m})}$$

em que K_{Ic} foi obtido a partir da Tabela 8.1. Note-se que $F = 1,12$ com uma precisão de 10% até $\alpha = 0,13$. Mas $\alpha = a/b = (6\,\mathrm{mm})/(40\,\mathrm{mm}) = 0,15$, que está além deste limite, então F deve ser calculada substituindo este α dentro da expressão do tipo polinomial apropriada. O resultado é:

$$F = 0,265(1-\alpha)^4 + \frac{0,857+0,265\alpha}{(1-\alpha)^{3/2}} = 1,283$$

Substituindo este valor de F na primeira expressão obtida no exemplo, e resolvendo, temos t = 11,01 mm **(Resposta)**.

No entanto, é preciso verificar se o fator de segurança considerado também atende ao escoamento. A força limite totalmente plástica, a partir da Figura A.16 (d), é:

$$P_0 = bt\sigma_0\left[-\alpha + \sqrt{2\alpha^2 - 2\alpha + 1}\right]$$

$$P_0 = (40\,\mathrm{mm})(11,01\,\mathrm{mm})(925\,\mathrm{MPa})\left[-0,15 + \sqrt{2(0,15)^2 - 2(0,15) + 1}\right] = 290.400\,\mathrm{N}$$

em que o limite de escoamento foi obtido a partir da Tabela 8.1. Assim, o fator de segurança contra o escoamento é:

$$X'_0 = \frac{P_0}{P} = \frac{290,4\,\mathrm{kN}}{55\,\mathrm{kN}} = 5,28$$

que excede o valor requerido ($X_K = 3$), de modo que o resultado anterior para a espessura $t = 11,01$ mm é a resposta final.

Comportamento Mecânico dos Materiais **357**

8.5 TÓPICOS ADICIONAIS SOBRE A APLICAÇÃO DE *K*

Seguindo o tratamento básico da seção anterior, é útil considerar alguns tópicos adicionais relacionados com a aplicação de *K* no projeto e na análise. Esses tópicos incluem algumas configurações especiais de componentes com trincas, superposição para o manuseamento de carga combinada, rachaduras inclinadas em relação à direção de tensão e também o conceito de vazamento antes da ruptura para vasos de pressão.

8.5.1 Casos de Interesse Especial para Aplicações Práticas

Os manuais listados nas Referências contêm uma grande variedade de casos adicionais úteis. Estes incluem não só as situações adicionais de placas e eixos com trincas, mas também de casos nos quais trincas aparecem em tubos, discos, painéis enrijecidos etc., incluindo casos tridimensionais.

Em aplicações práticas, podem ocorrer trincas tendo formas que se aproximam de um círculo, um semicírculo ou um quarto de círculo, como ilustrado na Figura 8.17. Trincas superficiais semicirculares, como em (b) e (d), são especialmente comuns. A avaliação das intensidades de tensão para casos tridimensionais complexos é auxiliada pela existência de uma solução exata para uma fenda circular de raio *a* em um corpo infinito sob tensão uniforme *S*:

$$K = \frac{2}{\pi} S \sqrt{\pi a} \qquad (8.20)$$

Para trincas circulares incorporadas (internas), como mostrado no Figura 8.17 (a), esta solução mantém-se com uma precisão de até 10% para componentes de tamanho finito, sujeita aos limites $a/t < 0,5$ e $a/b < 0,5$.

Para trincas superficiais semicirculares ou trincas de quarto de círculo em quinas cujos valores de comprimento *a* são pequenos em comparação com as outras dimensões do componente, as intensidades de tensão são elevadas em comparação com a Equação 8.20 por um fator em torno de 1,13 ou 1,14, gerando valores de *F* como mostrados na Figura 8.17 para casos (b), (c) e (d). Esses valores de *F* aplicam-se especificamente nos pontos onde a frente da trinca interseciona a superfície, em que *K* atinge o seu valor máximo. Eles podem ser aplicados tanto para tração como para flexão, com uma precisão de 10%, dentro dos limites indicados. (Note-se que os fatores de 1,13 ou 1,14 para *K*, comparados com o caso da trinca circular, são análogos ao fator de superfície livre discutido anteriormente de 1,12 para trincas superficiais em chapas planas.)

Mais detalhes para o caso da trinca superficial semicircular são apresentados na Figura 8.18. As equações dadas são baseadas no artigo de Newman & Raju (1986) e obtidas por análises via elementos finitos. Note que *K* é afetada pela proximidade do limite nas duas direções e também varia em torno da periferia da trinca, ou seja, *K* varia com (a/b), (a/t) *t* e também com θ. As tensões para tração e flexão, S_t e S_b, respectivamente, são definidas como na Figura 8.17 (b) e três funções, f_a, f_b, e f_w, são necessárias. A Figura 8.18 apresenta uma equação para f_w que é precisa para $(a/b) < 0,5$, em que $f_w = 1$, se qualquer um ou ambos os valores de (a/b) e (a/t) forem pequenos. Também são descritos os valores de f_a e f_b para os pontos superficiais, $\theta = 0$ e $180°$,

358 CAPÍTULO 8 Fratura de Componentes com Trincas

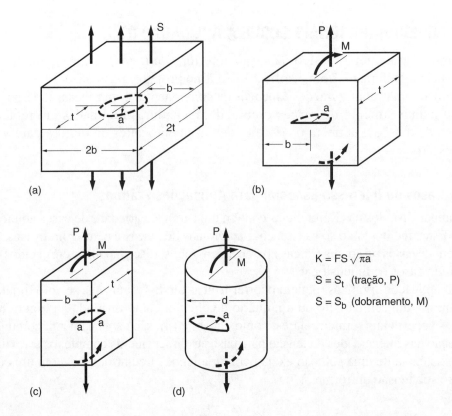

Caso	S_t	S_b	F para pequenos a	Limites para precisão de 10% em F
(a)	$\dfrac{P}{4bt}$	–	$\dfrac{2}{\pi} = 0{,}637$	$\dfrac{a}{t}, \ \dfrac{a}{b} < 0{,}5$
(b)	$\dfrac{P}{2bt}$	$\dfrac{3M}{bt^2}$	0,728	$\dfrac{a}{t} < 0{,}4, \ \dfrac{a}{b} < 0{,}3$
(c)	$\dfrac{P}{bt}$	$\dfrac{6M}{bt^2}$	0,722	$\dfrac{a}{t} < 0{,}35, \ \dfrac{a}{b} < 0{,}2$
(d)	$\dfrac{4P}{\pi d^2}$	$\dfrac{32M}{\pi d^3}$	0,728	$\dfrac{a}{d} < 0{,}2 \text{ ou } 0{,}35$

Nota: [1]Limites diferentes para tração e dobramento, respectivamente.

FIGURA 8.17 Fatores de intensidade de tensão para (a) uma trinca circular incorporada ao componente sob tensão uniforme normal ao plano da trinca e casos relacionados: (b) trinca semicircular superficial, (c) trinca de quarto de círculo na quina e (d) trinca semicircular superficial em um eixo, que pode ser mais precisamente descrita como uma porção de um arco circular com o centro na superfície do eixo.

(Baseado em [Newman 86] e [Raju 86].)

e para o ponto mais profundo, $\theta = 90°$. A variação com θ é relativamente pequena, como mostrado na Figura 8.18 (b) para dois valores diferentes de (a/t). Para pequenos valores de (a/b) e (a/t), note que $f_w = f_b = 1$, sendo $f_a = 1{,}144$ na superfície e $f_a = 1{,}04$ no ponto mais profundo. O valor anterior de f_a corresponde a $F = 1{,}144 \, (2/\pi) = 0{,}728$ na Figura 8.17 (b).

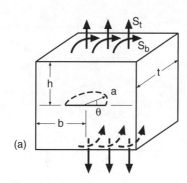
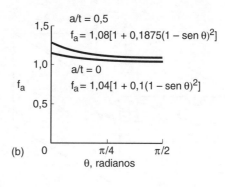

Formas das funções para $(a/b) < 0{,}5$ e $(h/a) > 2$:

$$K = f_a f_w \frac{2}{\pi}(S_t + f_b S_b)\sqrt{\pi a}, \quad f_w = \sqrt{\sec\left(\frac{\pi a}{2b}\sqrt{\frac{a}{t}}\right)}$$

em que $f_a = f_a(a/t, \theta), f_b = f_b(a/t)$

Expressões para $\theta = 0$ e $180°$ (superfícies) para qualquer $\alpha = a/t$:

$$f_a = (1{,}04 + 0{,}2017\alpha^2 - 0{,}1061\alpha^4)(1{,}1 + 0{,}35\alpha^2), \quad f_b = 1 - 0{,}45\alpha$$

Expressões para $\theta = 0°$ (ponto mais profundo) para qualquer $\alpha = a/t$:

$$f_a = 1{,}04 + 0{,}2017\alpha^2 - 0{,}1061\alpha^4, \quad f_b = 1 - 1{,}34\alpha - 0{,}03\alpha^2$$

FIGURA 8.18 Fatores de intensidade de tensão para seções transversais retangulares como em (a) para trincas superficiais semicirculares sob tração e/ou flexão. São descritas a forma geral de *K*, bem como as equações particulares para a superfície e o ponto mais profundo para qualquer combinação de (*a/t*). Além disso, (b) mostra a variação de *K* com θ para (*a/t*) = 0 e 0,5 como determinado por f_a.

(Equações de [Newman 86].)

Existe também uma solução exata para uma trinca elíptica em um corpo infinito sob tensão uniforme. Com referência à Figura 8.19 (a), esta solução é:

$$K = S\sqrt{\frac{\pi a}{Q}}f_\phi, \quad f_\phi = \left[\left(\frac{a}{c}\right)^2 \cos^2\phi + \operatorname{sen}^2\phi\right]^{1/4} \quad (a/c \le 1) \tag{8.21}$$

em que o ângulo ϕ especifica determinado local *P* em torno da frente da trinca elíptica. A quantidade *Q* é chamada *fator de forma da falha*. Este fator é dado exatamente por:

$$\sqrt{Q} = E(k) = \int_0^{\pi/2}\sqrt{1 - k^2 \operatorname{sen}^2\beta}\,d\beta, \quad k^2 = 1 - \left(\frac{a}{c}\right)^2 \tag{8.22}$$

em que $E(k)$ é uma *integral elíptica completa de segundo tipo*, cujos valores podem ser obtidos da maioria dos livros de tabelas matemáticas ou analogamente em *softwares* específicos. Contudo, *Q* pode ser razoavelmente aproximada pela expressão dada na Figura 8.19. Note que a Equação 8.21 reduz-se à Equação 8.20 para uma trinca circular na qual $(a/c) = 1$.

360 CAPÍTULO 8 Fratura de Componentes com Trincas

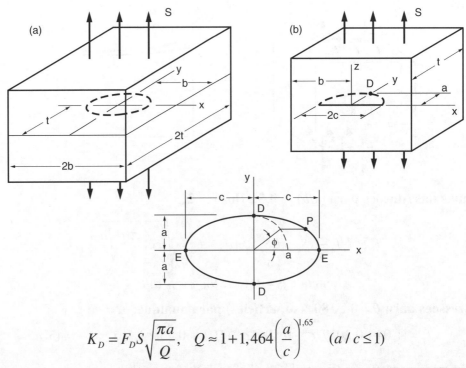

$$K_D = F_D S \sqrt{\frac{\pi a}{Q}}, \quad Q \approx 1 + 1{,}464 \left(\frac{a}{c}\right)^{1{,}65} \quad (a/c \leq 1)$$

Caso	Valores para pequenos (a/t) e (c/b)	Limites para precisão de 10%
(a)	$F_D = 1$	$(a/t) < 0{,}4$; $(c/b) < 0{,}2$
(b)	$F_D \approx 1{,}12$	$(a/t) < 0{,}3$;[1] $(c/b) < 0{,}2$

Nota: [1]Limitado excepcionalmente a $(a/t) < 0{,}16$ se $(a/c) < 0{,}25$.

FIGURA 8.19 Fatores de intensidade de tensão para (a) uma trinca elíptica incorporada ao componente e (b) uma trinca semielíptica similar localizada na superfície. As equações dão K_D no ponto D para carregamento uniforme em tração, normal ao plano da trinca.

(Baseado em [Newman 86]).

Com relação à variação com o ângulo ϕ, o máximo K, conforme a Equação 8.21, ocorre em $\phi = 90°$, em que $f_\phi = 1$, correspondendo aos pontos D localizados no eixo menor da elipse. O mínimo K ocorre em $\phi = 0°$, em que $f_\phi = \sqrt{a/c}$, correspondendo aos pontos E sobre o eixo maior da elipse. Definindo o K máximo como K_D, este valor pode ser empregado para os membros de tamanho finito, dentro de uma precisão de 10%, para $(a/t) < 0{,}4$ e $(c/b) < 0{,}2$.

De modo semelhante ao da trinca circular, uma forma modificada da solução fechada para uma trinca elíptica incorporada ao componente pode ser aplicada para casos relacionados. Por exemplo, para uma trinca semielíptica superficial sob tensão uniforme, a multiplicação por um fator de 1,12, relacionado com uma superfície livre, permite obter um valor aproximado de K_D. A Figura 8.19 apresenta as limitações para uma precisão de 10%, como no caso (b). Para trincas superficiais com $(a/c) \leq 1$, as equações que descrevem F_D para qualquer (a/t) são:

$$F_D = [g_1 + g_2(a/t)^2 + g_3(a/t)^4]f_w, \quad g_1 = 1,13 - 0,09\,(a/c)$$

$$g_2 \quad -0,54 + \frac{0,89}{0,2 + a/c}, \quad g_3 = 0,5 - \frac{1}{0,65 + a/c} + 14(1 - a/c)^{24} \qquad (8.23)$$

$$f_w \quad \sqrt{\sec\left(\frac{\pi c}{2b}\sqrt{\frac{a}{t}}\right)} \quad (c/b < 0,5)$$

As equações são limitadas a $(a/t) < 0,75$ quando $(a/c) < 0,2$. Tais equações são de Newman (1986) que, em conjunto com outras fontes, especialmente Raju (1982, 1986) e Murakami (1987), dão soluções para K para uma ampla variedade de casos de trincas elípticas, semielípticas e quarto de elíptica em placas, eixos e tubos, tanto sob tração como sob cargas de flexão.

EXEMPLO 8.4

Um vaso de pressão feito de aço ASTM A517-F opera próximo à temperatura ambiente e tem uma espessura de parede de $t = 50$ mm. Uma trinca superficial foi encontrada na parede do vaso durante uma inspeção. Ela tem uma forma aproximadamente semielíptica, como na Figura 8.19 (b), com um comprimento de superfície $2c = 40$ mm e uma profundidade $a = 10$ mm. As tensões na região da trinca, calculadas sem considerar a presença deste defeito, são aproximadamente uniformes ao longo da espessura e valem $S_z = 300$ MPa, normal ao plano da trinca e $S_x = 150$ Mpa, paralela ao plano da trinca, onde o sistema de coordenadas da Figura 8.19 foi empregado. Qual é o fator de segurança contra a ruptura frágil? Você precisa remover o recipiente de pressão do serviço?

Solução

A partir da Tabela 8.1 (a), vemos que este material tem uma resistência à fratura de $K_{Ic} = 187$ MPa$\sqrt{m}$ e um limite de escoamento de $\sigma_0 = 760$ MPa à temperatura ambiente. O K para as tensões e trincas descritas pode ser estimado a partir da Figura 8.19 (b). Desde $c = 20$ mm, temos $(a/c) = 0,5$. Além disso, temos $(a/t) = 0,2$ e grande b, para os quais o valor $F_D = 1,12$ é uma aproximação razoável. O valor de Q necessário é:

$$Q = 1 + 1,464\left(\frac{a}{c}\right)^{1,65} = 1,466$$

Por isso, o K máximo, que ocorre no ponto de máxima profundidade da trinca elíptica, é aproximadamente:

$$K = K_D = F_D S_z\sqrt{\frac{\pi a}{Q}} \approx 1,12(1.300\text{ MPa})\sqrt{\frac{\pi(0,010\text{ m})}{1,466}} = 49,2\text{ MPa}\sqrt{m}$$

O fator de segurança, baseado na tensão, contra a fratura frágil é:

$$X_K = \frac{K_{IC}}{K} = \frac{187}{49,2} = 3,80 \qquad \textbf{(Resposta)}$$

> Este é um valor razoavelmente elevado, por isso seria seguro continuar usando o vaso de pressão até que sejam efetuados reparos em um momento mais conveniente. No entanto, a trinca deve ser verificada com frequência para ter certeza de que ela não está crescendo. Além disso, o código ASME, ou outro código de projeto para vasos de pressão, deve ser aplicado a esta situação e, portanto, deve ser consultado para finalizar a análise deste caso.
>
> *Comentário*
> Tensões paralelas ao plano de uma trinca não afetam K, de modo que o dado S_x não entra no cálculo. (Consulte a Seção 8.5.4 para uma maior discussão sobre esta questão.)

8.5.2 Crescimento de Trincas em Entalhes

Outra situação que muitas vezes é de interesse prático é o de uma trinca que cresce em um concentrador de tensões, tal qual um buraco, entalhe ou quinas vivas. O exemplo de um par de trincas que crescem a partir de um furo circular em uma chapa larga é usado para ilustrar esta situação, conforme mostrado na Figura 8.20. A linha cheia mostrada no gráfico da Figura 8.20 foi obtida por análise numérica e seus resultados são bem parecidos com a equação dada. Se a trinca é curta, em comparação com o raio do furo, a solução é a mesma para uma trinca superficial num corpo infinito, exceto que a tensão foi amplificada pelo fator de concentração de tensão, para se tornar $k_t S$, sendo, no presente caso, $k_t = 3$, conforme a Figura A.11 (a):

$$K_A = 1,12\, k_t\, S\sqrt{\pi l} \qquad (8.24)$$

Nesta equação, l é o comprimento da trinca medido a partir da superfície do furo. Uma vez que a trinca tenha crescido para muito longe do furo, a solução passa a

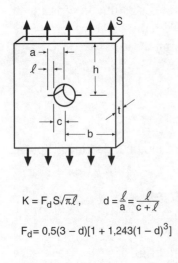
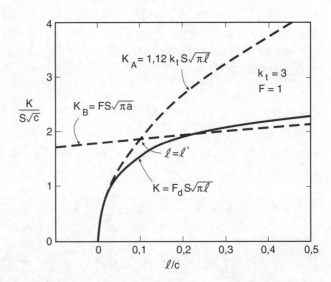

FIGURA 8.20 Fatores de intensidades de tensão para um par de trincas que crescem a partir de um furo circular em uma chapa larga, remotamente carregada, na qual a << b, h.

(Equação de [Tada 85] p. 19.1.)

ser a mesma que para uma única trinca longa, cujo comprimento ponta a ponta vale $2a$:

$$K_B = FS\sqrt{\pi a} \qquad (8.25)$$

em que $F = 1$ para este caso particular de uma chapa larga. Assim, por trincas compridas, a largura do furo atua como uma parte da trinca e o fato de que o material removido para fazer o furo está ausente das faces da trinca é de pouca importância. O valor exato de K segue primeiramente os valores de K_A, e, posteriormente, cai para os valores de K_B, concordando exatamente para grandes tamanhos de trinca, l, que estão além do alcance do gráfico da Figura 8.20.

A maioria dos casos de uma trinca em um entalhe interno ou superficial pode ser mais ou menos estimada por meio de K_A, para comprimentos de trinca até que $K_A = K_B$. Depois disso, emprega-se K_B para todos os tamanhos de trinca maiores. As Equações 8.24 e 8.25 aplicam-se utilizando os valores particulares de k_t e $F = F(a/b)$ e a nomenclatura a ser generalizada mostrada na Figura 8.21. Note que k_t e S, na Equação 8.24, devem ser definidos de forma consistente e também que F, na Equação 8.25, é geralmente consistente com S_g calculada a partir da área bruta. Assim, os valores k_{tn}, utilizados com a tensão S_n presente na seção líquida residual e que estão geralmente disponíveis, precisam ser convertidos para valores de k_{tg} que sejam consistentes com a tensão S_g, o que pode ser conseguido através da utilização da relação $k_{tn} \cdot S_n = k_{tg} \cdot S_g$. O comprimento da trinca, em que $K_A = K_B$, rotulado como $l = l'$ na Figura 8.20, pode ser obtido a partir das equações anteriores, como:

$$l' = \frac{c}{\left(1{,}12\dfrac{k_{tg}}{F}\right)^2 - 1} \qquad (8.26)$$

Os valores resultantes de l' estão tipicamente na faixa de $0{,}1\rho$ a $0{,}2\rho$, em que ρ é o raio da ponta do entalhe.

Estimativas mais refinadas de K para trincas em entalhes podem ser feitas, como descrito por Kujawski (1991) e em trabalho anterior, referenciado por ele. Além disso, os vários manuais dão soluções para casos específicos.

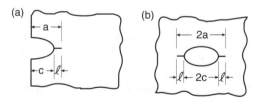

FIGURA 8.21 Nomenclatura para trincas que crescem a partir de entalhes.

8.5.3 Superposição para Carregamentos Combinados

Soluções para os valores de intensidade de tensão para carregamentos combinados podem ser obtidas por sobreposição, isto é, adicionando as contribuições para K a partir dos componentes de carga individuais. Por exemplo, considere uma carga excêntrica aplicada a uma distância de e a partir da linha de centro de um componente com uma única trinca na sua lateral, como mostrado na Figura 8.22. Esta carga excêntrica é estaticamente equivalente à combinação de uma carga de tensão aplicada centralmente e a um momento de flexão. A contribuição para a K a partir da tensão aplicada centralmente pode ser determinada a partir da Figura 8.12 (c):

$$K_1 = F_1 S_1 \sqrt{\pi a}, \quad S_1 = \frac{P}{bt} \tag{8.27}$$

Já a contribuição da flexão pode ser determinada a partir da Figura 8.13 (a):

$$K_2 = F_2 S_2 \sqrt{\pi a}, \quad S_2 = \frac{6M}{b^2 t} = \frac{6Pe}{b^2 t} \tag{8.28}$$

Assim, a intensidade total de tensão devido à carga excêntrica é obtida somando as duas soluções e usando as substituições mostradas nas equações anteriores, ou seja:

$$K = K_1 + K_2 = \frac{P}{bt}\left(F_1 + \frac{6F_2 e}{b}\right)\sqrt{\pi a} \tag{8.29}$$

em que o valor de (a/b) que se aplica, em particular, é utilizado para determinar separadamente F_1 e F_2 para a tensão e a flexão, respectivamente.

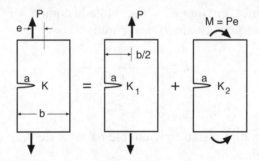

FIGURA 8.22 Carregamento excêntrico de uma placa com uma trinca na lateral e a superposição usada para obter K.

A utilização engenhosa da superposição às vezes permite que as soluções contidas nos manuais sejam empregadas para casos que não foram obviamente abrangidos. Por exemplo, considere o caso de uma trinca central em uma placa sobre a qual estão aplicadas forças de abertura, como ilustrado na Figura 8.15. Os valores de K para este caso, aqui denominado K_1, estão disponíveis a partir da Figura 8.15. Este K_1 pode ser considerado a sobreposição de três carregamentos, como mostrado na Figura 8.23 (a). Os dois primeiros casos indicados como K_2 têm a mesma solução e K_3 é obtido de uma chapa trincada no seu centro, conforme Figura 8.12 (a). Assim, a superposição requer que $K_1 = K_2 + K_2 - K_3$, em que o carregamento para K_3 é subtraído de $2K_2$ para obter K_1. Isso permite que K_2 seja determinado a partir das soluções conhecidas para K_1 e K_3, com o detalhamento das equações envolvidas conforme o caso (a) da Figura 8.23.

Uma sobreposição semelhante é mostrada na Figura 8.23 (b) para o caso relacionado de um arranjo infinito de trincas colineares com as forças de abertura no seu interior. Aqui os valores de K_1 e K_3 possuem soluções fechadas, como dado no caso das equações

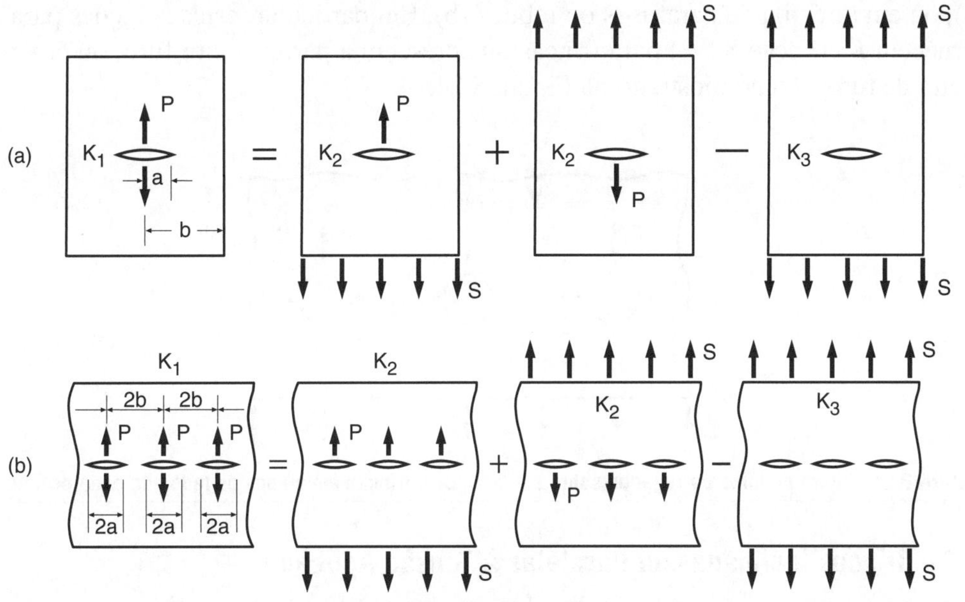

Superposição para qualquer caso (a) ou (b): (t = espessura)

$$K_1 = K_2 + K_2 - K_3, \quad \text{de forma que } K_2 = \frac{1}{2}(K_1 + K_3), \quad \text{em que } S = \frac{P}{2bt}$$

(a) Trinca simples em uma placa de largura infinita para qualquer valor $\alpha = a/b$:

$$K_1 = F_{P1}\frac{P}{t\sqrt{b}}, \quad K_3 = F_3 S\sqrt{\pi a}, \quad K_2 = \frac{P}{2t\sqrt{b}}\left(F_{P1} + \frac{F_3\sqrt{\pi\alpha}}{2}\right)$$

F_{P1} é F_P a partir da Figura 8.15, e F_3 é F a partir da Figura 8.12 (a).

(b) Infinito arranjo de trincas colineares, soluções exatas para qualquer $\alpha = a/b$:

$$K_1 = \frac{P}{t\sqrt{b}}\frac{1}{\sqrt{\text{sen }\pi\alpha}}, \quad K_3 = S\sqrt{2b\tan\frac{\pi\alpha}{2}}, \quad K_2 = \frac{P}{2t\sqrt{b}}\left(\frac{1}{\sqrt{\text{sen }\pi\alpha}} + \sqrt{\frac{1}{2}\tan\frac{\pi\alpha}{2}}\right)$$

Aproximações dentro da precisão de 10%: (Nota: os limites para (a) ou (b) estão descritos abaixo de cada equação, respectivamente)"

$$K_2 = \frac{P}{2t\sqrt{b}}\left(\frac{1}{\sqrt{\pi\alpha}} + \frac{\sqrt{\pi\alpha}}{2}\right), \quad K_2 = \frac{0,89P}{t\sqrt{b}}$$
$$\scriptsize (\alpha\leq0,32 \text{ ou } 0,38) \qquad\qquad (0,12\leq\alpha\leq0,57 \text{ ou } 0,65)$$

FIGURA 8.23 Uso da sobreposição para obter soluções para casos de uma única trinca (a), ou para trincas em linha (b), carregadas num dos lados. (Os argumentos das funções trigonométricas estão em radianos.)

(b), de modo que pode ser facilmente derivada uma expressão fechada para K_2. A Figura 8.23 apresenta também algumas aproximações para estas soluções que estão dentro da precisão de 10% para as faixas indicadas de $\alpha = (a/b)$. Note que K_2 a partir da Figura 8.23 (a) ou (b) é de especial interesse para aplicações nas quais a tração em uma chapa de material produz uma força concentrada em um parafuso ou um rebite (a), ou em uma fila de parafusos ou rebites (b). Em particular, estas soluções para K_2 fornecem K_B (Seção 8.5.2) para trincas que crescem a partir de um furo, ou em uma fileira de furos, como mostrado na Figura 8.24.

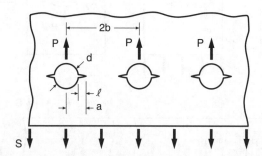

FIGURA 8.24 Fileira de furos carregados sobre um lado, com trincas em ambos os lados de cada orifício.

8.5.4 Trincas Inclinadas ou Paralelas à Tensão Aplicada

Considere uma trinca que está inclinada em relação à tensão aplicada, como na Figura 8.25. Esta situação é difícil de ser trabalhada, porque não existe apenas um fator de intensidade de tensões K_I no modo de abertura (tração), mas também um modo deslizante (cisalhamento) K_{II}, com estes variando em função do ângulo θ, como mostrado. Uma abordagem razoável, mas aproximada, para tais casos é tratá-los como situações do modo de abertura (K_I), com o comprimento da trinca sendo igual à sua projeção perpendicular à direção de aplicação de carga – ou seja, ao longo do eixo x da Figura 8.25 – resultando:

$$K = S\sqrt{\pi a \cos\theta} \tag{8.30}$$

em que F = 1 para este exemplo particular de chapa larga.

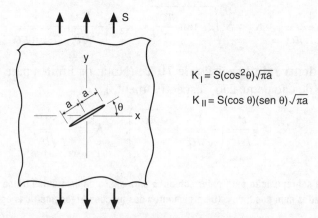

FIGURA 8.25 Trinca inclinada em uma placa infinita sob atuação de uma tensão remota e os respectivos fatores de intensidade de tensão resultantes.

Tensões paralelas a uma trinca geralmente podem ser ignoradas no cálculo de K para o modo de abertura. Note que este é o caso na Figura 8.25, em que K_I é zero quando $\theta = 90°$. Como um exemplo adicional, considere uma trinca na parede de um vaso de pressão, como na Figura 8.26. Apenas a tensão σ_t que é normal ao plano da trinca afeta K, e a tensão paralela à trinca, tal como σ_x, pode ser ignorada no cálculo de K.

8.5.5 Projeto de Vasos de Pressão Baseados no Vazamento Antes da Fratura

Num vaso de pressão de parede fina com uma trinca crescente na sua parede, existem duas possibilidades: (1) a trinca pode prolongar-se gradualmente e penetrar na parede, causando um vazamento antes da ocorrência súbita de fratura frágil; e (2) uma fratura frágil súbita ocorre antes do vazamento do vaso. Uma vez que uma ruptura frágil em um vaso de pressão pode envolver a liberação explosiva do conteúdo do vaso, o seu vazamento passa a ser, de longe, a falha preferível. Além disso, um vazamento pode ser facilmente detectado a partir de uma queda de pressão ou pela detecção do vazamento do conteúdo do vaso. Por conseguinte, os recipientes sob pressão devem ser concebidos para vazar antes de se fraturarem.

Uma trinca em um vaso de pressão pode crescer em tamanho devido à influência da carga cíclica associada com as alterações de pressão, ou devido a ataque químico hostil no material. (Cap. 11.) Uma trinca normalmente começa a partir de uma falha superficial e estende-se num plano normal à máxima tensão na parede do vaso, como mostrado na Figura 8.26 (a). No início de sua formação, a trinca, muitas vezes, crescerá com um comprimento superficial, $2c$, aproximadamente igual ao dobro da sua profundidade a, de modo que $c \approx a$. Se não ocorrer fratura frágil, o crescimento irá continuar em um padrão similar ao mostrado na Figura 8.26 (a), resultando em uma trinca através da espessura da parede do vaso com um comprimento superficial, $2c$, que é aproximadamente o dobro da espessura, $2t$, como mostrado na Figura 8.26 (b). No entanto, uma fratura frágil súbita ocorrerá antes de a trinca propagar-se por toda a parede, a menos que o material tenha tenacidade à fratura suficiente para suportar uma trinca através da parede do vaso com pelo menos este tamanho:

$$c_c \geq t \tag{8.31}$$

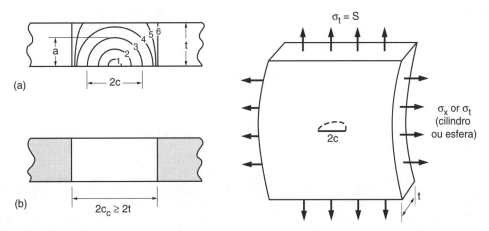

FIGURA 8.26 Uma trinca na parede de um vaso de pressão, mostrando (a) o seu crescimento a partir de uma pequena falha superficial e (b) o tamanho mínimo crítico de uma trinca através da parede para propiciar vazamento antes da fratura.

368 **CAPÍTULO 8** Fratura de Componentes com Trincas

Tal trinca através da parede pode ser analisada como sendo uma trinca central em uma placa, como na Figura 8.12 (a). Uma vez que a placa é grande em comparação com o comprimento da trinca, então $F = 1$, com c_c sendo o comprimento da trinca a e a tensão máxima σ_t sendo S. Fazendo estas substituições em $K = F S \sqrt{\pi a}$, e também trocando K por K_{Ic}, resolvendo em seguida para c_c, temos:

$$c_c = \frac{1}{\pi} \left(\frac{K_{IC}}{\sigma_t} \right)^2 \tag{8.32}$$

Assim, c_c pode ser calculado e comparado com a espessura, t, para determinar se a condição de vazamento antes da fratura frágil será atendida.

As equações recém-desenvolvidas aplicam-se quando a trinca se inicia a partir de uma pequena falha superficial. Se a falha inicial se situa no interior da parede, a penetração da parede pode ocorrer com um comprimento superficial, $2c$, que é inferior ao dobro da espessura, de modo que o valor de c_c a partir da Equação 8.32 será mais do que suficiente para este caso. No entanto, se a falha inicial possui um comprimento considerável ao longo da superfície, a trinca pode ter um comprimento $2c$ maior do que duas vezes a espessura, ou $c > t$, quando esta penetra na parede. Neste caso, c_c, como analisado pela Equação 8.32, não irá proporcionar vazamento antes da ruptura. Esta última circunstância é mais bem evitada por inspeção e reparação adequada para assegurar que não estejam presentes defeitos superficiais iniciais de tamanho aproximado $c > t$.

EXEMPLO 8.5

Um vaso de pressão esférico é feito de aço ASTM A517-F e opera à temperatura ambiente. O diâmetro interno é de 1,5 m, a espessura da parede é de 10 mm e a pressão máxima vale 6 MPa. A condição de vazamento antes da ruptura está presente? Qual é o fator de segurança de K em relação a K_{Ic} e qual é o fator de segurança contra o escoamento?

Solução

A partir da Figura A.7 (b), a tensão máxima na parede do vaso é:

$$\sigma_t = \frac{pr_1}{2_t} = \frac{(6\,\text{MPa})(750\,\text{mm})}{2(10\,\text{mm})} = 225\,\text{MPa}$$

Combinando este valor com $K_{Ic} = 187\,\text{MPa}\sqrt{m}$ da Tabela 8.1, o comprimento crítico da trinca é:

$$c_c = \frac{1}{\pi} \left(\frac{K_{IC}}{\sigma_t} \right)^2 = \frac{1}{\pi} \left(\frac{187\,\text{MPa}\sqrt{m}}{225\,\text{MPa}} \right)^2 = 0,220\,\text{m} = 220\,\text{mm}$$

Este valor, $c_c = 220$ mm, excede em muito a espessura da parede, $t = 10$ mm, de modo que a condição do vazamento antes da ruptura é atendida.

Quando ocorre o vazamento do vaso, o comprimento da trinca ao longo da superfície é $2c = 2t$, de modo que $c = t = 10$ mm. Neste ponto, o fator de intensidade de tensão é:

$$K = FS\sqrt{\pi a} = 1\,(225\text{ MPa})\sqrt{\pi(0,01\text{ m m})} = 39,9\text{ MPa}\sqrt{\text{m}}$$

Aqui, a situação é tratada como uma trinca central numa placa larga, como na Figura 8.12 (a), com as substituições: $F = 1$, $S = \sigma_t$ e $a = c$. Desta forma, o fator de segurança em K é:

$$X_K = \frac{K_{IC}}{K} = \frac{187\text{ MPa}\sqrt{\text{m}}}{39,9\text{ MPa}\sqrt{\text{m}}} = 4,69 \qquad \textbf{(Resposta)}$$

Este é um valor razoável, de modo que o vaso está a salvo da fratura frágil.

Notando que as tensões principais são: $\sigma_1 = \sigma_2 = 225$ MPa e $\sigma_3 \approx 0$, podemos concluir que a tensão efetiva a partir da Equação 7.21 é $\bar{\sigma}_S = 225$ MPa e o fator de segurança contra o escoamento é:

$$X_0 = \frac{\sigma_0}{\bar{\sigma}_S} = \frac{760\text{ MPa}}{225\text{ MPa}} = 3,38 \qquad \textbf{(Resposta)}$$

em que o limite de escoamento também é obtido a partir da Tabela 8.1. Assim, o escoamento neste vaso de pressão é improvável.

8.6 VALORES E TENDÊNCIAS PARA A TENACIDADE À FRATURA

Em testes de resistência à fratura, um deslocamento crescente é aplicado a uma amostra já trincada do material de interesse até que esta se frature. O arranjo empregado para uma *amostra de dobramento* está mostrado na Figura 8.27. O crescimento da trinca é detectado pela observação do comportamento força *versus* deslocamento (P-v), como na Figura 8.28. Um desvio da linearidade no gráfico P-v, ou uma queda súbita da força devido à fissuração rápida, identifica um ponto de P_Q correspondente a uma fase inicial da fratura pela propagação da trinca. O valor de K, designado K_Q, é então calculado para este ponto. Se houver algum rasgamento (propagação parcial) da trinca antes da fratura final, K_Q pode ser um pouco menor do que o valor de K_c correspondente à fratura final do corpo de prova.

Além dos corpos de prova de dobramento, várias outras geometrias de amostra são utilizadas, tais como a geometria do *corpo de prova compacto* da Figura 8.16. Para estes, a espessura é geralmente $t = 0,5\ b$. As Figuras 8.29 e 8.30 apresentam fotografias de corpos de prova compactos não testados e testados, respectivamente.

Os ensaios de tenacidade à fratura dos metais baseados nos princípios da MFLE são regidos por várias normas ASTM, especialmente as normas E399 e E1820. Testes semelhantes também são feitos para outros tipos de material, como pela norma D5045 para plásticos (polímeros) e norma C1421 para cerâmicos. Uma situação abordada nestes padrões é que K_Q diminui com o aumento da espessura da amostra t, como

370 CAPÍTULO 8 Fratura de Componentes com Trincas

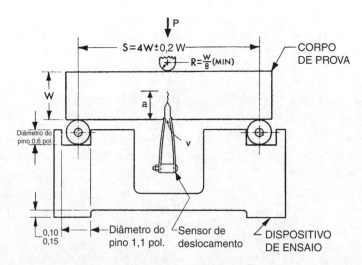

FIGURA 8.27 Arranjo experimental para um teste de tenacidade à fratura em uma amostra de dobramento. A dimensão *W* corresponde ao *b* empregado neste capítulo.

(Adaptado de [ASTM 97] Norma E399; copyright © ASTM; reproduzido com permissão.)

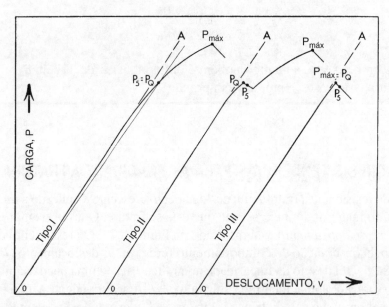

FIGURA 8.28 Tipos de comportamentos nos gráficos "força *versus* deslocamento" que podem ocorrer em um ensaio de tenacidade à fratura.

(Adaptado de [ASTM 97] Norma E399; copyright © ASTM; reproduzido com permissão.)

ilustrado pelos dados de teste na Figura 8.31. Isso ocorre porque o comportamento é afetado pelo tamanho da zona plástica na ponta da trinca, que, por sua vez, depende da espessura. Uma vez que a espessura obedeça à seguinte relação, envolvendo o limite de escoamento, nenhuma redução nos valores de tenacidade é esperada, mesmo com o aumento da espessura:

$$t \geq 2,5 \left(\frac{K_Q}{\sigma_0} \right)^2 \tag{8.33}$$

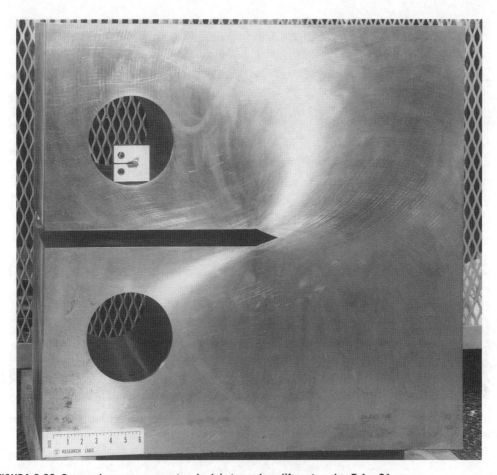

FIGURA 8.29 Corpos de prova compactos de dois tamanhos diferentes, $b = 5,1$ e 61 cm.

(Foto cedida por E. T. Wessel, Haines City, FL; usada com permissão da Westinghouse Electric Corp.)

Os valores de K_Q que atendem a esta exigência são indicados como K_{Ic} para distingui-los como sendo os valores na pior situação. Nos projetos de engenharia que empregam materiais de espessura tais que K_Q é um pouco maior do que K_{Ic}, os valores de K_{Ic} podem ser empregados, apesar de que deve ser reconhecido que esta prática fornece algum conservadorismo extra ao projeto. Tal abordagem é muitas vezes necessária, uma vez que apenas valores de K_{Ic} estão amplamente disponíveis, tal como nas Tabelas 8.1 e 8.2.

Uma seção posterior deste capítulo irá considerar mais detalhadamente o efeito do tamanho da zona plástica e outros aspectos dos ensaios de tenacidade à fratura. Passaremos agora a discutir as tendências para K_{Ic} com respeito a material, temperatura, taxa de carregamento e outras influências.

8.6.1 Tendências do K_{Ic} com os Materiais

Valores de K_{Ic} para metais de engenharia estão geralmente na faixa de 20 a 200 MPa $\sqrt{m}$. Quando a resistência mecânica é aumentada em determinada classe de metal de engenharia, já foi descrito que a tenacidade à fratura diminui juntamente com a ductilidade em tração. Veja esse comportamento nas Figuras 1.6 e 8.7. Como exemplo adicional, o efeito de tratamentos térmicos no aço-liga AISI 4340, a vários níveis de resistência, sobre o K_{Ic} é mostrado na Figura 8.32.

372 CAPÍTULO 8 Fratura de Componentes com Trincas

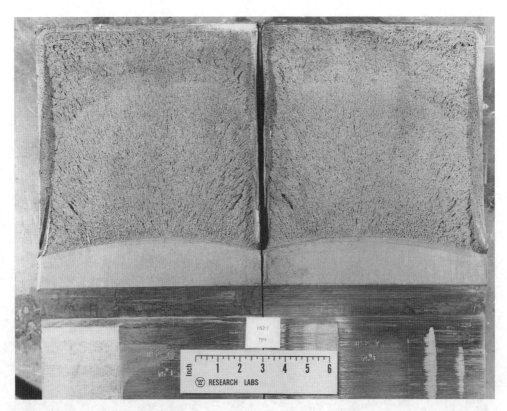

FIGURA 8.30 Superfícies de fratura de um teste de K_{Ic} para o aço A533B que utilizou um corpo de prova compacto com dimensões $t = 25$, $b = 51$ cm.

(Foto cedida por E. T. Wessel, Haines City, FL; usado com permissão da Westinghouse Electric Corp.)

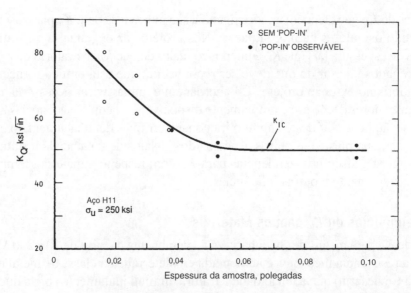

FIGURA 8.31 Efeito da espessura sobre a tenacidade à fratura de um aço-liga tratado termicamente para obter uma alta resistência de $\sigma_u = 1.720$ MPa.

(Adaptado de [Steigerwald 70]; copyright © ASTM; reproduzido com permissão.)

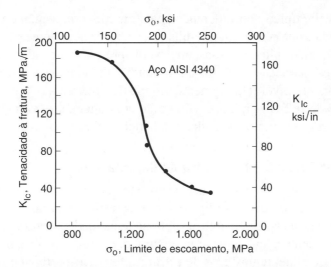

FIGURA 8.32 Variação da tenacidade à fratura *versus* limite de escoamento para o AISI 4340 temperado e revenido a vários níveis de resistência.

(Adaptado de uma ilustração cedida por W. G. Clark, Jr., Westinghouse Science and Technology Center, Pittsburgh, PA).

Os polímeros que são úteis como materiais de engenharia apresentam valores de K_{Ic} tipicamente na faixa de 1 a 5 MPa$\sqrt{m}$. Embora esses valores sejam baixos, a maioria dos polímeros é utilizada a baixos níveis de tensões devido aos baixos valores de limite de resistência, de modo que, sob utilização típica do risco de fratura, é mais ou menos similar ao dos metais. Modificando um polímero de baixa ductilidade com partículas dúcteis, tais como borracha, aumenta a sua tenacidade à fratura. A adição de fibras cortadas curtas ou outro reforço rígido pode diminuir sua tenacidade se esta operação disponibiliza caminhos para o crescimento de trinca que não cruzam o reforço. Por outro lado, o reforço com fibras longas, e, especialmente, com fibras contínuas, em um compósito de matriz polimérica pode obstruir o crescimento da trinca ao ponto em que sua tenacidade à fratura passa a apresentar valores na faixa do K_{Ic} dos metais.

Cerâmicas têm baixos valores de resistência à fratura, também na faixa de 1 a 5 MPa$\sqrt{m}$, como seria de se esperar devido à sua baixa ductilidade. Esta gama de valores de K_{Ic} é semelhante à dos polímeros, mas é bastante baixa, considerando que as cerâmicas são materiais de alta resistência. Realmente, as suas resistências em tração são geralmente limitadas pelas falhas inerentes presentes no material, tal como discutido na parte inicial deste capítulo. Os recentes esforços no desenvolvimento de materiais levaram a modificações nas cerâmicas que aumentaram em certo grau a sua tenacidade à fratura. Neste sentido, temos como exemplo a alumina (Al_2O_3) que, ao ser modificada pela adição de uma segunda fase de 15% dióxido de zircônio (ZrO_2), passa a apresentar um $K_{Ic} = 10$ MPa$\sqrt{m}$. Isso ocorre porque altos níveis de tensão provocam uma transformação de fase (mudança de estrutura cristalina) na zircônia, o que aumenta seu volume em vários pontos percentuais. Assim, quando a ponta da trinca encontra um grão zircônia, o aumento de volume é suficiente para causar uma tensão de compressão local que retarda a extensão desta trinca, aumentando a tenacidade à fratura do material.

A tenacidade à fratura apresenta uma maior variação estatística do que outras propriedades dos materiais, tais como o limite de escoamento. Os coeficientes de variação para a tenacidade à fratura muitas vezes valem 10%, podendo chegar a 20%. Tomando

15% como um valor típico e considerando amostras com grande número de resultados, esta condição indica que cerca de um resultado a cada dez deve apresentar um valor 19% abaixo da média, um resultado a cada cem deverá apresentar um valor 35% menor e um em cada mil apresentará valor 46% menor. Os fatores de segurança utilizados no projeto precisam refletir este nível relativamente grande de incerteza. (Consulte o Apêndice B na parte final deste livro para uma discussão adicional sobre variação estatística e também para alguns exemplos de dados estatísticos sobre tenacidade à fratura.)

8.6.2 Efeitos da Temperatura de Taxa de Carregamento

A resistência à fratura geralmente aumenta com a temperatura; dados do teste ilustrativo desta tendência para aço de baixa liga e cerâmica estão mostrados nas Figuras 8.33 e 8.34. Uma mudança especialmente abrupta na tenacidade à fratura, ao longo de um intervalo relativamente pequeno de temperatura, ocorre em metais com estrutura cristalina CCC, especialmente nos aços de estrutura ferrítico-perlítica e martensítica. A faixa de temperaturas na qual ocorre a transição rápida varia consideravelmente entre os diferentes tipos de aço, como ilustrado na Figura 8.35. Geralmente, há um *patamar inferior* de valores aproximadamente constantes para K_{Ic}, abaixo da região de transição, e um *patamar superior* acima desta região, que corresponde a valores mais elevados e relativamente constantes de K_{Ic}. (Apenas um conjunto de dados na Figura 8.35 abrange uma faixa suficiente para apresentar um patamar superior.) Tal comportamento de *temperatura de transição* é semelhante ao observado nos ensaios de Charpy e em outros testes de impacto com entalhe, como discutido no Capítulo 4.

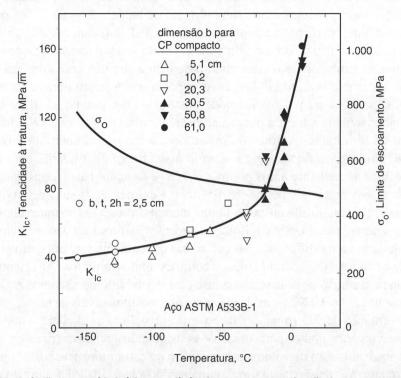

FIGURA 8.33 Variação da tenacidade à fratura e limite de escoamento em função da temperatura para um aço empregado em um vaso de pressão nuclear. Estão indicados os tamanhos dos corpos de prova compactos e de uma geometria não padronizada usados para gerar os dados de K_{Ic}.

(Adaptado de [Clark 70]; copyright © ASTM; reproduzido com permissão.)

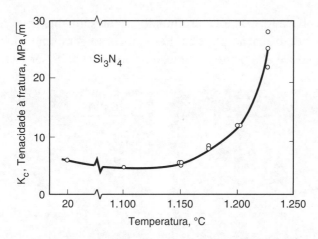

FIGURA 8.34 Variação da tenacidade à fratura em função da temperatura para uma cerâmica de nitreto de silício.

(Adaptado de [Munz 81], copyright © ASTM; reproduzido com permissão.)

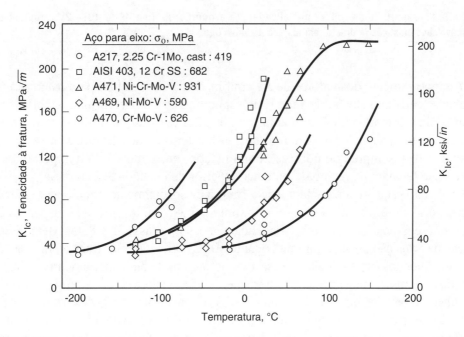

FIGURA 8.35 Tenacidade à fratura *versus* temperatura para vários aços utilizados para rotores de turbo geradores.

(Dados de [Logsdon 76].)

O comportamento distinto em termos de temperatura de transição para os metais CCC é difícil de ser justificado apenas com base no aumento da ductilidade associado ao intervalo de temperaturas envolvido. Isso ocorre, de fato, devido a uma mudança no mecanismo físico de fratura. Abaixo da temperatura de transição, o mecanismo de fratura é identificado como sendo por *clivagem*, e acima dela, como um processo de ruptura pela formação de *microcavidades plásticas*. Microfractografias exibindo estes mecanismos estão mostradas na Figura 8.36. A clivagem é a fratura com pouca deformação plástica ao longo de planos cristalinos específicos de baixa resistência. A ruptura pela formação de microcavidades plásticas, também chamada *coalescência de microvazios*, envolve a formação, crescimento e coalescimento de pequenos vazios no material, devido à deformação plástica. Este processo gera uma superfície de fratura com aparência rugosa e altamente esburacada, conforme pode ser vista na fractografia.

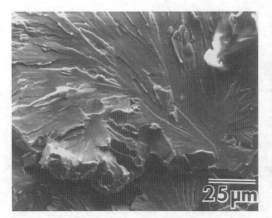 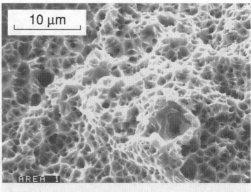

FIGURA 8.36 Superfície de fratura por clivagem (à esquerda) na liga 49Co-49Fe-2V e ruptura com microcavidades plásticas (à direita) em um aço de baixa liga.

(Fotos cedidas por A. Madeyski, Westinghouse Science and Technology Center, Pittsburgh, PA.)

O comportamento dos valores de K_{Ic} em função da temperatura para o aço e outros materiais é útil na seleção de materiais específicos para determinadas aplicações, assim como é importante evitar a aplicação de altas tensões em um material que está submetido a uma faixa de temperaturas na qual sua tenacidade à fratura é baixa. Devem ser empregues, sempre que possível, combinações entre material e temperaturas de serviço que recaiam na região do patamar superior de tenacidade à fratura.

A variação estatística na tenacidade à fratura é especialmente grande na região das temperaturas de transição. Por exemplo, note como variou o grau de dispersão dos dados apresentados sobre as linhas de tendência nas Figuras 8.33 e 8.35. Além disso, a posição da transição pode variar tanto quanto 50 °C para diferentes lotes do mesmo aço. Por isso, cuidados especiais são necessários no projeto de engenharia dentro da região das temperaturas de transição. Uma abordagem conservadora seria empregar o valor da tenacidade no patamar inferior, que muitas vezes vale em torno de 40 MPa $\sqrt{m}$ para o aço.

Uma maior taxa de carregamento geralmente reduz a resistência à fratura, tendo um efeito semelhante ao da diminuição da temperatura. O efeito pode ser considerado causando uma mudança de temperatura no comportamento K_{Ic}, conforme ilustrado pelos dados experimentais na Figura 8.37. Como os ensaios de impacto com entalhe envolvem uma alta taxa de carregamento, estes normalmente dão uma temperatura de transição mais elevada do que os testes de K_{Ic}, que são executados a taxas normais. Alguns dados ilustrativos de testes estão mostrados na Figura 8.38.

8.6.3 Influências Microestruturais sobre o K_{Ic}

Aparentemente, pequenas variações na composição química ou no processamento de determinado material pode afetar significativamente a sua tenacidade à fratura. Por exemplo, inclusões de sulfeto em aços aparentemente têm efeitos em um nível microscópico que facilitam a fratura. A influência do teor de enxofre sobre a tenacidade à fratura de um aço-liga é mostrada na Figura 8.39.

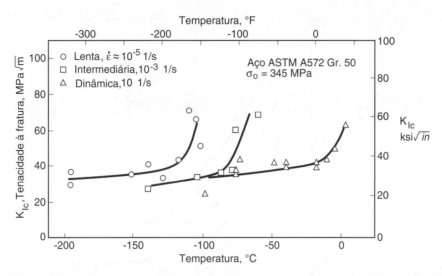

FIGURA 8.37 Efeito da taxa de carregamento na tenacidade à fratura de um aço estrutural. São dados os valores aproximados das taxas de deformação na extremidade da zona plástica; a taxa mais lenta corresponde ao ensaio comum.

(Adaptado de [Barsom 75], reimpresso com permissão da Engineering Fracture Mechanics; © 1975 Elsevier, Oxford, Reino Unido.)

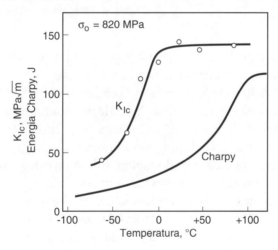

FIGURA 8.38 Comparação do comportamento em temperatura de transição para os ensaios de K_{Ic} e Charpy em um aço 2,25Cr-1Mo.

(Adaptado de [Marandet 77]; copyright © ASTM; reproduzido com permissão.)

A tenacidade à fratura é geralmente mais sensível do que outras propriedades mecânicas à anisotropia e aos planos de fragilização introduzidos pelo processamento. Por exemplo, nos metais forjados, laminados ou extrudados, os grãos cristalinos são alongados e/ou achatados em certas direções, tornando a ocorrência da fratura mais fácil quando a trinca cresce paralelamente aos planos dos grãos achatados. Inclusões não metálicas e microvazios também podem tornar-se alongados e/ou achatados, de forma que também causam a dependência das propriedades de fratura com a direção solicitada. Assim, os testes de resistência à fratura são muitas vezes conduzidos para

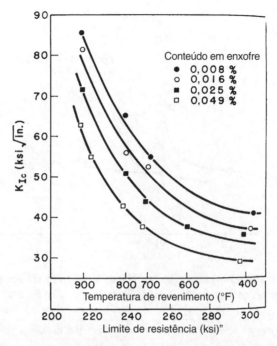

FIGURA 8.39 Efeito do teor de enxofre na tenacidade à fratura de um aço AISI 4345.

(De [Wei 65]; copyright © ASTM; reproduzido com permissão.)

várias orientações de amostra em relação à peça inicial de material. As seis possíveis combinações de planos e direções de trinca de uma seção retangular de material estão mostradas na Figura 8.40. Dados de resistência à fratura de três dessas possibilidades também estão apresentados para algumas ligas de alumínio típicas.

Radiação neutrônica afeta os aços dos vasos de pressão utilizados em reatores nucleares, mediante a introdução de um grande número de defeitos pontuais (vacâncias e intersticiais) na estrutura cristalina do material. Isso provoca uma maior resistência à deformação, mas diminuiu a ductilidade. Com isso, a temperatura de transição da tenacidade à fratura pode aumentar substancialmente, como mostrado pelos dados de teste contidos na Figura 8.41. Como resultado, há uma grande diminuição na tenacidade à fratura ao longo de um intervalo de temperaturas. Essa *fragilização por radiação* é obviamente uma grande preocupação em usinas nucleares e é um fator importante na determinação das suas vidas úteis.

8.6.4 Fratura em Modos Mistos

Se uma trinca não é normal à tensão aplicada, ou se existe um estado de tensão complexo, uma combinação entre os Modos I, II, e III de fratura podem existir. Por exemplo, uma situação envolvendo a combinação dos Modos I e II está mostrada na Figura 8.25. Uma situação deste tipo é complexa, porque a trinca pode mudar de direção a fim de que ela não cresça no seu plano original e também porque os dois modos de fratura não atuam de forma independente, mas sim interagindo um com o outro. Testes análogos ao teste de K_{Ic} para determinar K_{IIc} ou K_{IIIc} são difíceis de serem executados, além de não estarem normalizados, de modo que os valores de tenacidade à fratura para os outros modos geralmente não são conhecidos.

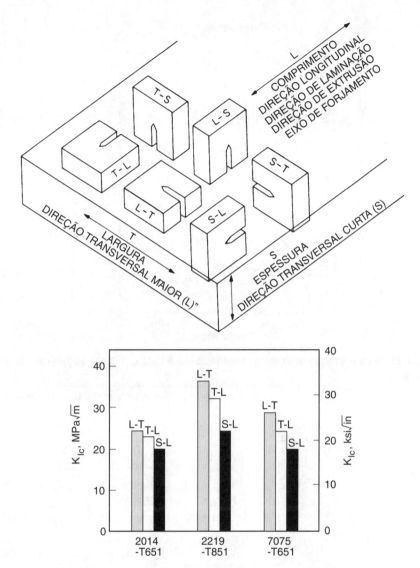

FIGURA 8.40 Denominações dos planos de trinca (T, S e L) e suas direções de propagação (T ou L) em corpos de prova de tenacidade à fratura retirados de seções retangulares e alguns efeitos correspondentes na resistência à fratura para placas de três ligas de alumínio.

(A Figura superior de [ASTM 97] Norma E399; copyright © ASTM; reproduzido com permissão. Figura inferior a partir de dados em [MILHDBK 94], p 3.10 e 3.11.)

A situação é análoga à necessidade de um critério de escoamento para tensões combinadas. Existem vários critérios para modos combinados de fratura, mas atualmente não há consenso geral sobre qual é o melhor. Qualquer teoria de sucesso deve prever dados de fratura, em modo misto, como mostrado na Figura 8.42. Esses dados em particular sugerem que uma curva elíptica, descrita pela Equação 8.34, poderia ser utilizada para fazer um ajuste empírico aos resultados, o que é útil quando são conhecidos tanto K_{Ic} como K_{IIc}:

$$\left(\frac{K_I}{K_I}\right)^2 + \left(\frac{K_{II}}{K_{IIc}}\right)^2 = 1 \qquad (8.34)$$

380 CAPÍTULO 8 Fratura de Componentes com Trincas

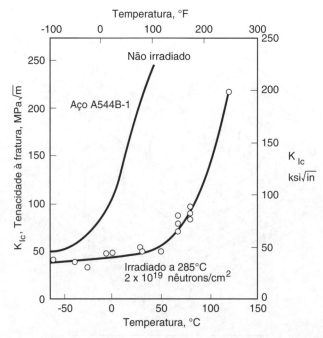

FIGURA 8.41 Efeito da irradiação neutrônica na tenacidade à fratura de um aço empregado em um vaso de pressão nuclear.

(Adaptado de [Bush, 74]; copyright © ASTM; reproduzido com permissão.)

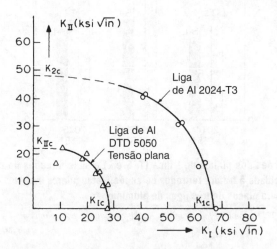

FIGURA 8.42 Modos de fratura combinados para duas ligas de alumínio.

(De [Broek 86] p. 378; reimpresso com permissão de Kluwer Academic Publishers.)

8.7 TAMANHO DA ZONA PLÁSTICA E LIMITAÇÕES DE PLASTICIDADE DA MFLE

Na parte inicial deste capítulo, observou-se que os materiais reais não podem suportar tensões teoricamente infinitas na ponta de uma trinca aguda, de modo que, sob carregamento, a ponta da trinca torna-se embotada (arredondada) e na sua frente é formada uma região de deformação plástica (metais), de fissuramento (*crazing* para os polímeros) ou de microfissuras (cerâmicas). Vamos agora prosseguir analisando a deformação plástica na ponta das trincas mais detalhadamente. É significativo que a região de escoamento, chamada *zona plástica*, não deva ser excessivamente grande para a aplicabilidade da teoria da Mecânica de Fratura Linear Elástica (MFLE).

8.7.1 Tamanho da Zona Plástica para Estado Plano de Tensão

Uma equação para estimar os tamanhos da zona plástica para estado de tensão plana pode ser desenvolvida a partir das equações de campo de tensão elástica, Equações 8.7, com $\sigma_z = 0$. No plano da trinca, em que $\theta = 0$, essas equações se simplificam para:

$$\sigma_x = \sigma_y = \frac{K}{\sqrt{2\pi r}}, \quad \sigma_z = \tau_{xy} = \tau_{yz} = \tau_{zx} = 0 \quad (a,b) \qquad (8.35)$$

Como todos os componentes de tensão de cisalhamento ao longo de $\theta = 0$ são nulos, σ_x, σ_y e σ_z são as tensões principais normais. Aplicando tanto do critério de escoamento por tensão de cisalhamento máxima como o critério pela tensão de cisalhamento octaédrica, como vistos no capítulo anterior, estimamos que o escoamento ocorre quando $\sigma_x = \sigma_y = \sigma_0$, em que σ_0 é o limite de escoamento. Substituindo este valor na Equação 8.35 e resolvendo para r temos.

$$r_{o\sigma} = \frac{1}{2\pi}\left(\frac{K}{\sigma_o}\right)^2 \qquad (8.36)$$

Esta é, simplesmente, a distância à frente da ponta da trinca, em que a distribuição de tensão elástica excede o critério de escoamento para o estado plano de tensões, como ilustrado na Figura 8.43. Note-se que está sendo assumido um comportamento elástico e perfeitamente plástico.

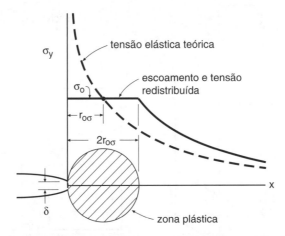

FIGURA 8.43 Estimativa do tamanho da zona plástica em condições de tensão plana, mostrando o efeito aproximado da redistribuição de tensões.

Devido ao escoamento dentro da zona plástica, as tensões são mais baixas do que os valores descritos pelas equações do campo de tensão elástica, Equações 8.7. O material escoado, assim, oferece menos resistência do que o esperado, ocorrendo grandes deformações que, por sua vez, fazem com que o escoamento vá mais longe do que $r_{0\sigma}$, como também é ilustrado na Figura 8.43. A estimativa comumente utilizada é considerar que o escoamento realmente se estende a cerca de $2r_{0\sigma}$. Assim, a estimativa final de tamanho da zona de plástico para tensão plana é:

$$2r_{o\sigma} = \frac{1}{\pi}\left(\frac{K}{\sigma_o}\right)^2 \tag{8.37}$$

Como seria de se esperar, o tamanho da zona plástica cresce se a tensão (consequentemente K) é aumentada, e é menor para o mesmo K para materiais com maior σ_0. A zona plástica no estado plano de tensões e o estado de tensões dentro da região perto da ponta da trinca são ilustrados na Figura 8.44 (a).

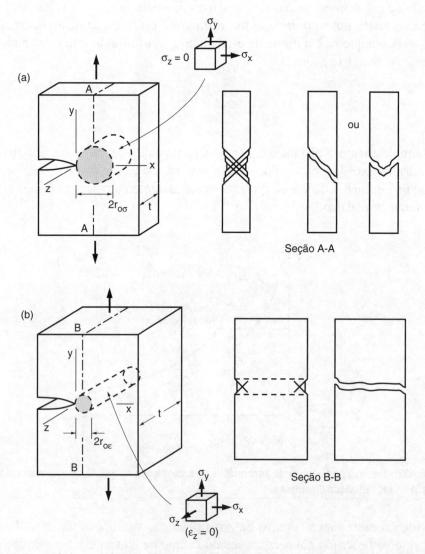

FIGURA 8.44 Zona plástica, estado de tensões e modo de fratura para (a) tensão plana e (b) deformação plana.

8.7.2 Tamanho da Zona Plástica para Estado Plano de Deformação

Considere-se um componente com uma trinca, no qual a espessura é grande em comparação com o tamanho da zona plástica, como na Figura 8.44 (b). O material fora da zona plástica é submetido a tensões relativamente baixas σ_x e σ_y, e, portanto, há uma contração relativamente pequena na direção z, devido ao coeficiente de Poisson. Isso dificulta que o material dentro da zona plástica se deforme na direção z, já que a sua dimensão na direção z é mantida praticamente constante pelo material circundante. Assim, o comportamento é dito a se aproximar do *estado plano de deformação*, definido por $\varepsilon_z = 0$. Como consequência, desenvolve-se uma tensão de tração na direção z, que eleva os valores de $\sigma_x = \sigma_y$ necessários para causar escoamento, o que, por sua vez, diminui o tamanho da zona plástica em relação ao estado plano de tensões.

Para explorar isso mais detalhadamente, note que quando são substituídos $\varepsilon_z = 0$ e $\sigma_x = \sigma_y$ na lei de Hooke, Equação 5.26, chega-se a uma tensão na direção z de $\sigma_z = 2\nu\sigma_y$. Substituindo essas tensões no critério de escoamento por tensão de cisalhamento octaédrica ou por tensão de cisalhamento máxima tem-se uma tensão no escoamento de $\sigma_x = \sigma_y = \sigma_0/(1 - 2\nu)$, ou seja, $\sigma_x = \sigma_y = 2,5\sigma_0$ para um valor típico de coeficiente de Poisson de $\nu = 0,3$. Esta situação já foi analisada pelo Exemplo 7.5, exceto que neste exemplo as tensões eram de compressão. Os mesmos resultados, como aqui indicados, são obtidos para tensões de tração. Assim, a deformação restringida cria uma tensão hidrostática de tração que, com efeito, reduz a capacidade das tensões aplicadas $\sigma_x = \sigma_y$ de causar escoamento, resultando numa elevação aparente do limite de escoamento.

Uma estimativa mais precisa, feita por G. R. Irwin, sugere que o efeito seja um pouco menor, com o escoamento em torno de $\sigma_y = \sqrt{3}\sigma_0$. Procedendo para o caso do estado plano de tensões, empregando a última estimativa para o valor de σ_y, obtemos:

$$2r_{o\varepsilon} = \frac{1}{3\pi}\left(\frac{K}{\sigma_o}\right)^2 \tag{8.38}$$

Note que o valor vale um terço do valor da zona plástica para o estado plano de tensão.

As equações dadas para o tamanho da zona plástica são baseadas em suposições simples e devem ser consideradas apenas estimativas aproximadas. As estimativas descritas são oriundas dos primeiros trabalhos de G. R. Irwin.

8.7.3 Limitações Plásticas da MFLE

Se a zona plástica é suficientemente pequena, haverá uma região fora dela onde as equações do campo de tensões elásticas (Equações 8.7) ainda se aplicarão, que é chamada região de *domínio do K*, ou *campo K*. Isso está ilustrado na Figura 8.45. A existência de tal região é necessária para a teoria da MFLE ser aplicável. O campo K circunda e controla o comportamento da zona plástica da região da ponta da trinca como se fosse uma "caixa-preta" incompreendida. Assim, K continua a caracterizar a severidade da presença da trinca, apesar da ocorrência de alguma plasticidade limitada. No entanto, se a zona plástica for suficientemente grande a ponto de eliminar o campo K, então K não pode mais ser aplicado.

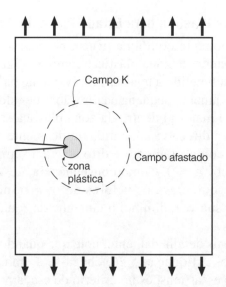

FIGURA 8.45 Uma trinca, sua respectiva zona plástica e o maior campo K que pode existir para a aplicabilidade da MFLE.

Como questão prática, é necessário que a zona plástica seja pequena quando comparada com a distância, a partir da ponta da trinca, a qualquer limite do componente, tais como as distâncias a, $(b - a)$ e h para uma placa com trinca, como mostrado na Figura 8.46 (a). Uma distância de $8r_0$ é geralmente considerada suficiente. Note, das Equações 8.37 e 8.38, que $8r_0$ é quatro vezes o tamanho da zona plástica, que pode ser tanto $2r_{0\sigma}$ quanto $2r_{0\varepsilon}$ dependendo do estado de tensões aplicável. Sendo $2r_{0\sigma}$ maior do que $2r_{0\varepsilon}$, um limite global sobre o uso da MFLE é:

$$a, (b-a), h \geq \frac{4}{\pi}\left(\frac{K}{\sigma_o}\right)^2 \quad \text{(MFLE aplicável)} \quad (8.39)$$

Esta equação deve ser satisfeita para todas as três dimensões a, $(b - a)$ e h. Caso contrário, a situação torna-se aproximadamente igual a um dos casos, ilustrados na Figura 8.46 (b), (c) ou (d), nos quais ocorre a extensão da zona plástica até um dos limites do componente. Como discutido na Seção 8.9, um valor de K calculado além da aplicabilidade da MFLE subestima a severidade da trinca.

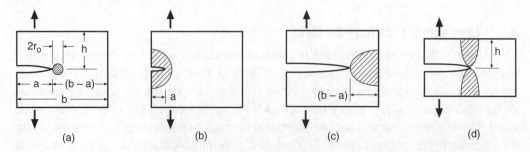

FIGURA 8.46 Pequena zona plástica em comparação com as dimensões planares (a) e as situações nas quais a MFLE é inválida devido aos grandes tamanhos das zonas plásticas associadas à trinca em comparação com: (b) comprimento da trinca, (c) ligamento remanescente e (d) altura do componente.

8.7.4 Tensão Plana *versus* Deformação Plana

Se a espessura não for grande em comparação com a zona plástica, a contração induzida pelo coeficiente de Poisson na direção da espessura ocorre livremente em torno da ponta da trinca, o que resulta no escoamento do componente em planos de cisalhamentos inclinados ao longo da espessura, como mostrado na Figura 8.44 (a). A fratura sobre tensão plana ocorre ao longo de tais planos inclinados.

No entanto, para componentes espessos, a constrição geométrica limita a deformação ε_z na direção da espessura, dando origem a uma tensão transversal, σ_z. Como já discutido, esta σ_z tem o efeito de elevar a tensão σ_y no escoamento e reduzir o tamanho da zona plástica. Como não é mais possível que o escoamento ocorra ao longo de planos de cisalhamento, então forma-se uma fratura plana que se propaga sobre a maior parte da espessura, tal como ilustrado na Figura 8.44 (b). A Figura 8.47 apresenta fotografias de corpos de prova fraturados nas quais é possível perceber o aspecto da fratura ocorrida em condições de tensão plana, deformação plana e em modos mistos.

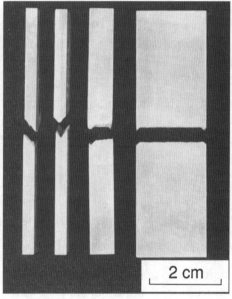

FIGURA 8.47 Superfícies de fratura (esquerda) e seções transversais mostrando os perfis das fraturas (à direita) para testes de tenacidade à fratura em corpos de prova compactos ($b = 51$ mm) de liga de alumínio 7075-T651. Os corpos de prova mais finos apresentam fraturas típicas do estado plano de tensão que ocorre sob planos inclinados; a espessura intermediária tem um comportamento misto e os corpos de prova mais espessos têm fraturas planas típicas do estado plano de deformação.

(Fotos por R. A. Simonds.)

Com base na observação empírica das tendências do comportamento à fratura, especialmente o efeito da espessura na tenacidade à fratura, como na Figura 8.31, tornou-se geralmente aceito que uma situação de estado plano de deformação não ocorre, a menos que a espessura satisfaça a relação da Equação 8.33. Além disso, as distâncias da ponta da trinca até os limites do componente no plano de sua propagação devem ser igualmente grandes em comparação com a zona plástica. Caso contrário, a deformação na direção x ou y pode ocorrer, como na

386 **CAPÍTULO 8** Fratura de Componentes com Trincas

Figura 8.46, reduzindo o grau de constrição geométrica. Assim, a exigência geral para deformação plana é:

$$t, a, (b-a), h \geq 2,5 \left(\frac{K}{\sigma_o} \right)^2 \quad \text{(para deformação plana)} \tag{8.40}$$

A comparação dessa equação com a Equação 8.38 indica que todas as várias dimensões do componente devem ser maiores do que $47r_{0\varepsilon}$, ou cerca de 24 vezes o tamanho da zona plástica no estado plano de deformações $2r_{0\varepsilon}$. Note que as exigências relativas às dimensões da Equação 8.39 são menos rigorosas do que as da Equação 8.40, de modo que os limites para o uso da MFLE são automaticamente satisfeitos se a condição de deformação plana é satisfeita.

EXEMPLO 8.6

Para a situação do Exemplo 8.1:

(a) Para $a = 10$ mm, determinar se o estado plano de deformações é aplicável ou não e se a MFLE é válida ou não. Também estimar o tamanho da zona plástica.

(b) Faça o mesmo para o tamanho de trinca $a_c = 16,3$ mm.

Solução

(a) A deformação plana se aplica caso a Equação 8.40 seja satisfeita. Usando $t = 5$ mm, $b = 50$ mm, K como calculado no Exemplo 8.1 (a), e também $\sigma_0 = 415$ MPa para liga de Al 2014-T651, para se obter:

$$t, a, (b-a), h \geq 2,5 \left(\frac{K}{\sigma_o} \right)^2 = 2,5 \left(\frac{17.7\,\text{MPa}\,\sqrt{\text{m}}}{415\,\text{MPa}} \right)^2 ?$$

$$5, 10, 40, h \,(\text{considerado grande}) \geq 0,0045\,\text{m} = 4,5\,\text{mm}?$$

Sim, como o teste foi bem-sucedido, então o estado plano de deformações é aplicável, assim como a MFEL **(Resposta)**. O tamanho da zona plástica é então estimado pela Equação 8.38, aplicável para o estado plano de deformações:

$$2r_{o\varepsilon} = \frac{1}{3\pi} \left(\frac{K}{\sigma_o} \right)^2 = \frac{1}{3\pi} \left(\frac{17,7\,\text{MPa}\,\sqrt{\text{m}}}{415\,\text{MPa}} \right)^2 = 0,19\,\text{mm} \quad \textbf{(Resposta)}$$

(b) Para $a_c = 16,3$ mm e $K = K_{Ic} = 24$ MPa$\sqrt{m}$, o teste de deformação plana é igualmente aplicado.

$$5, 16,3, 33,7, h \,(\text{considerado grande}) \geq 2,5 = 2,5 \left(\frac{24\,\text{MPa}\,\sqrt{\text{m}}}{415\,\text{MPa}} \right)^2 = 8,4\,\text{mm}?$$

Como a resposta ao teste é não, então o estado plano de deformações não se aplica **(Resposta)**. Mas a MFLE ainda pode ser aplicável se Equação 8.39 for satisfeita. Assim, perguntamos:

$$a, (b-a), h \geq \frac{4}{\pi}\left(\frac{K}{\sigma_o}\right)^2 = \frac{4}{\pi}\left(\frac{24\,\mathrm{MPa}\sqrt{\mathrm{m}}}{415\,\mathrm{MPa}}\right)^2 ?$$

$$16,3, 33,7, h \text{ (considerado grande)} \geq 4,3\,\mathrm{mm}\,?$$

Como a resposta é sim, então o teste é bem-sucedido e a MFLE é aplicável (**Resposta**). O tamanho da zona plástica é então estimado pela equação para estado plano de tensões, Equação 8.37:

$$2r_{o\sigma} = \frac{1}{\pi}\left(\frac{K}{\sigma_o}\right)^2 = \frac{1}{\pi}\left(\frac{24\,\mathrm{MPa}\sqrt{\mathrm{m}}}{415\,\mathrm{MPa}}\right)^2 = 1,06\,\mathrm{mm} \qquad (\textbf{Resposta})$$

Comentário

Devido ao estado de tensão plana no item (b), a utilização de K_{lc} é conservadora. O K_c real pode ser um pouco maior do que K_{lc}, e, portanto, o valor de a_c é maior do que o estimado.

8.8 DISCUSSÃO SOBRE OS ENSAIOS DE TENACIDADE À FRATURA

A discussão anterior sobre tamanho da zona plástica e a condição de deformação plana permite-nos agora nos envolvermos em uma discussão mais detalhada sobre certos aspectos do teste de tenacidade à fratura.

8.8.1 Métodos de Testes Padronizados

Os métodos de ensaio para a avaliação da tenacidade à fratura, com base na MFLE, incluem requisitos semelhantes aos da Equação 8.40 para qualificar o resultado do teste como uma medida válida de K_{lc}. Por exemplo, a norma ASTM E399, que se aplica aos materiais metálicos, exige explicitamente que a Equação 8.40 seja atendida para a dimensão $(b - a)$, que os itens restantes da Equação 8.40 sejam incluídos com a recomendação de que (a/b) e (t/b) estejam próximos a 0,5 e que a geometria das amostras apresente (h/b) valendo cerca de 0,5 ou mais.

O comportamento da força *versus* deslocamento $(P\text{-}v)$ num teste de tenacidade à fratura pode ser semelhante às curvas Tipo I, II e III, mostradas na Figura 8.28. O tamanho da zona plástica que atende aos requisitos da Equação 8.40 deve ser bastante pequeno, qualquer não linearidade na curva $P\text{-}v$ deve ser decorrente de um crescimento de trinca. Uma curva suave, como no Tipo I da Figura 8.28, é causada por um tipo de fratura por cisalhamento constante, chamado *crescimento lento e estável de trinca*. Em outros casos, a trinca pode crescer repentinamente em uma curta distância, fenômeno chamado *pop-in* e mostrado na curva Tipo II da Figura 8.28, ou pode crescer subitamente até a fratura final da amostra, conforme a curva Tipo III da Figura 8.28.

O teste padrão de K_{lc} para metais lida com o problema da definição do início da propagação da trinca, traçando uma linha com um declive de 95% da inclinação elástica inicial (linha $O\text{-}A$ da Figura 8.28) obtida no teste. Uma força P_Q é identificada como o ponto em que a linha $O\text{-}A$ cruza a curva $P\text{-}v$, ou como qualquer valor de pico maior antes do ponto de cruzamento. O fator de intensidade de tensão é, então, avaliado pelo uso de P_Q e o comprimento inicial da trinca:

$$K_Q = f(a_i, P_Q) \tag{8.41}$$

Se este K_Q satisfaz a Equação 8.40, esse passa a ser considerado um valor de K_{Ic} válido. No entanto, existe um requisito adicional destinado a assegurar que o teste envolve a fratura súbita com pouco crescimento lento e estável de trinca, especificamente que a carga máxima atingida não pode exceder P_Q em 10%.

Se a condição de deformação plana não é satisfeita no teste, então é necessária a utilização de uma amostra de ensaio maior, de modo que as comparações da Equação 8.40 sejam mais favoráveis. Como resultado, amostras muito maiores podem ser necessárias para materiais com resistência à deformação relativamente baixa, mas elevada resistência à fratura. Por exemplo, o grande corpo de prova compacto mostrado na Figura 8.29 (com $b = 61$ cm) foi necessário para obter o valor de K_{Ic} a 10 °C para o aço A533B, empregado na Figura 8.33.

Para ter sucesso, um teste de tenacidade à fratura necessita de uma falha inicialmente afiada, chamada pré-trinca, que é equivalente a um trincamento natural; caso contrário, o valor de K_{Ic} obtido será artificialmente maior. Para metais, isso é conseguido através da utilização de carregamentos cíclicos a um baixo nível que, naturalmente, iniciam uma trinca por fadiga na extremidade de um entalhe usinado. Para plásticos (polímeros), o procedimento usual é o de pressionar uma lâmina de barbear contra o material, na extremidade da ranhura usinada.

8.8.2 Efeito da Espessura sobre o Comportamento da Fratura

Fratura nas condições altamente restringentes da deformação plana geralmente ocorre repentinamente, com pouco crescimento de trinca antes da fratura final. Além disso, a superfície de fratura é bastante plana. Em contraste, as fraturas do estado plano de tensões tendem a ter inclinação ou superfícies em forma de V inclinada a cerca de 45° em planos de máxima tensão de cisalhamento, como já ilustrado pelas Figuras 8.44 e 8.47. A fratura final no estado plano de tensões é geralmente precedida por um considerável crescimento lento e estável de trinca, como mostrado na Figura 8.48. Estes comportamentos correlacionam-se com o efeito da espessura sobre a tenacidade, como na Figura 8.31. As fraturas achatadas do estado plano de deformações ocorrem onde a espessura é

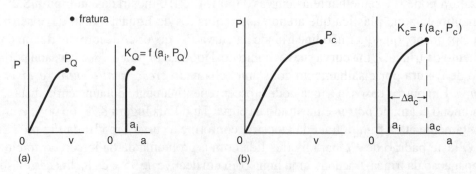

FIGURA 8.48 Comportamento da carga *vs.* deslocamento e da carga *vs.* extensão da trinca durante ensaios de tenacidade à fratura sob deformação plana (a) e tensão plana (b).

suficientemente grande para atingir o patamar mais baixo da curva, isto é, a mínima tenacidade à fratura K_{Ic}. Fraturas inclinadas ou na forma de V para o estado plano de tensões ocorrem em componentes relativamente finos, para os quais a tenacidade à fratura pode ser bem acima K_{Ic}. Os valores de tenacidade à fratura K_{Ic} obtidos em condições de deformação plana são os menores valores que podem ser empregados com sucesso no projeto de componentes com qualquer espessura.

Quando numa aplicação de engenharia é empregada uma espessura menor do que a requerida para ocorrer fratura no estado plano de deformações, o uso dos valores de K_{Ic} pode envolver um grau indesejavelmente grande de conservadorismo. Neste caso, pode ser útil utilizar os dados de K_Q para a espessura particular de interesse. Além disso, uma tenacidade K_c pode ser definida como correspondente ao ponto de fratura final, tal como ilustrado na Figura 8.48 (b). Uma vez que a quantidade de crescimento lento e estável da trinca pode ser considerável, a extensão da trinca Δa_c a partir do seu comprimento inicial a_i para o comprimento final a_c precisa ser medido. O K correspondente pode então ser calculado a partir da carga P_c no ponto de fratura final.

8.9 EXTENSÃO DA MECÂNICA DE FRATURA PARA ALÉM DA ELASTICIDADE LINEAR

Se Equação 8.39 não for satisfeita, de modo que MFLE não se aplica devido ao escoamento excessivo, vários métodos excessivos ainda existem para analisar componentes trincados. Deformação plástica excessiva faz com que K não caracterize corretamente a magnitude do campo de tensões em torno da ponta da trinca – mais especificamente, K subestima a severidade da trinca. Esta seção oferece uma introdução a várias abordagens que visam estender a mecânica de fratura para além da elasticidade linear.

No entanto, antes de prosseguir, é útil tomar nota do conceito de *carga para o escoamento generalizado*. Para determinado componente com trinca, a força P_0 ou o momento M_0 de escoamento generalizado é o nível de carregamento necessário para causar deformação plástica em toda a seção reta remanescente não trincada do componente. Deformações grandes, cada vez mais instáveis, e deflexões ocorrem quando os valores de P_0 ou de M_0 são excedidos. Se a curva de tensão-deformação do material é idealizada como sendo perfeitamente elástica-perfeitamente plástica, então uma estimativa de limite inferior para o carregamento de escoamento generalizado pode ser feita, como descrito no Anexo A, Seção A.7. Alguns resultados particulares são dados na Figura A.16.

Serão agora introduzidas três abordagens para estender a mecânica de fratura para além da elasticidade linear: (1) o ajuste da zona plástica, (2) a Integral-J e (3) o deslocamento de abertura da ponta da trinca (CTOD).

8.9.1 Ajuste da Zona Plástica

Considere as tensões redistribuídas perto da zona plástica, como na Figura 8.43. As tensões localizadas fora da zona plástica são similares àquelas descritas pelas equações para o campo de tensão elástica por uma trinca de comprimento hipotético $a_e = a + r_{0\sigma}$, isto é, uma trinca hipotética cuja ponta está localizada próxima ao centro da zona plástica. Esta condição, por sua vez, leva ao aumento de K através da consideração do valor de a_e no lugar do real tamanho da trinca a.

390 CAPÍTULO 8 Fratura de Componentes com Trincas

Onde é empregada a fórmula $K = FS\sqrt{\pi a}$, o seu valor modificado passa a ser:

$$K_e = F_e S\sqrt{\pi(a+r_{o\sigma})}, \quad \text{em que } r_{o\sigma} = \frac{1}{2\pi}\left(\frac{K_e}{\sigma_o}\right)^2 \qquad (8.42)$$

O F utilizado é o valor correspondente a a_e/b, e $r_{o\sigma}$ é calculado usando K_e na Equação 8.36. Um cálculo iterativo é geralmente envolvido na utilização desta equação, como $F_e = F(a_e/b)$ não pode ser previamente determinado, uma vez que $r_{o\sigma}$, e, portanto, a_e, dependem de K_e. Se F não é significativamente alterado pelo novo comprimento de trinca a_e, então não é necessária iteração e o valor modificado de K_e está relacionado com o valor $K = FS\sqrt{\pi a}$ não modificado por:

$$K_e = \frac{K}{\sqrt{1 - \frac{1}{2}\left(\frac{FS}{\sigma_o}\right)^2}} \qquad (8.43)$$

Em algumas situações com um alto grau de constrição, tais como trincas elípticas incorporadas ou fissuras superficiais semielípticas, pode ser apropriado usar o tamanho da zona plástica por deformação plana para fazer o ajuste. Substituindo $r_{o\sigma}$ por $r_{o\varepsilon}$ nas equações anteriores, é obtida uma relação semelhante à Equação 8.43, diferindo que no denominador o valor de 1/2 é substituído por 1/6.

Tais valores modificados de K permitem a aplicabilidade da MFLE a níveis de tensão um pouco mais elevados do que os permitidos pela limitação da Equação 8.39. No entanto, grandes quantidades de escoamento ainda não podem ser analisadas. O próprio uso de comprimentos de trinca ajustados torna-se questionável se a tensão se aproxima do valor que causaria deformação plástica completa em toda a seção não trincada do componente. Por isso, é sugerido que o uso de ajustes para a zona plástica deve ser limitado a cargas inferiores a 80% da força ou do momento de escoamento generalizado, ou seja, abaixo ou $0,8P_0$ ou $0,8M_0$.

EXEMPLO 8.7

O Problema 8.48 diz respeito a um teste em uma placa de liga de alumínio 7075-T651 com trincas nas suas duas laterais, para a qual $a = 5,7$; $b = 15,9$ e $t = 6,35$ mm. Um valor de $K_Q = 37,3$ MPa$\sqrt{m}$ é calculado para a força $P_Q = 50,3$ kN, mas a aplicabilidade da MFLE, verificada pela Equação 8.39, não foi cumprida. Calcule a força de escoamento plástico generalizado. Se for razoável fazê-lo, adote o ajuste da zona plástica para obter um valor revisado de K_Q.

Solução

A Figura A.16 (a) também se aplica à geometria da Figura 8.12 (b), de modo que a carga de escoamento plástico generalizado é

$$P_o = 2bt\sigma_o\left(1 - \frac{a}{b}\right)$$

$$P_o = 2(0,0159\,\text{m})(0,00635\,\text{m})(505\,\text{MPa})\left(1 - \frac{5,7\,\text{mm}}{15,9\,\text{mm}}\right)$$

$$P_o = 0,0654\,\text{MN} = 65,4\,\text{kN} \qquad \textbf{(Resposta)}$$

em que foi utilizado o limite de escoamento da liga de alumínio 7075-T651, obtido a partir da Tabela 8.1. Comparando P_0 com P_Q tem-se:

$$\frac{P_Q}{P_o} = \frac{50,3\,\text{kN}}{65,4\,\text{kN}} = 0,77$$

Uma vez que esta razão é inferior a 0,80, é razoável aplicar o ajuste da zona plástica.

A partir da Figura 8.12 (b), o valor de $\alpha = a/b = 0,358$ que se aplica está bem dentro da faixa $\alpha \leq 0,6$, em que F ≈ 1,12. Assim, F pode ser considerado inalterado para a_e e a Equação 8.43 é aplicável. Assim, temos

$$K_{Qe} = \frac{K_Q}{\sqrt{1 - \frac{1}{2}\left(\frac{FS}{\sigma_o}\right)^2}} = \frac{37,3\,\text{MPa}\,\sqrt{\text{m}}}{\sqrt{1 - \frac{1}{2}\left(\frac{1,12 \times 249\,\text{MPa}}{505\,\text{MPa}}\right)^2}} = 40,5\,\text{MPa}\,\sqrt{\text{m}} \quad \textbf{(Resposta)}$$

em que $S = S_g = P_Q/2bt$ é usado.

Comentário

Este K ajustado está 40% acima do valor da Tabela 8.1 para o $K_{Ic} = 29$ MPa $\sqrt{m}$. A explicação provável para a diferença é que K_Q inclui um efeito de aumento da tenacidade à fratura para tensão plana.

8.9.2 A Integral-*J*

Uma abordagem avançada para a mecânica de fratura, que é capaz de lidar com grandes quantidades de deformação plástica, baseia-se no conceito da Integral-*J*. Em um sentido matemático formal, a Integral-*J* é definida como sendo o valor obtido de uma integral de linha ao redor de um caminho envolvendo a ponta da trinca. Considera-se que o material é elástico, ou seja, recupera toda a deformação após descarregamento, porém a curva tensão-deformação pode ser não linear. Para os propósitos atuais, é suficiente definir a Integral-J como sendo a generalização da taxa de liberação de energia de deformação, G, para os casos com curvas tensão-deformação elástica-não linear, conforme ilustrado na Figura 8.49. Entretanto, para a maioria dos casos de interesse da engenharia, o comportamento tensão deformação não linear (e, portanto, P-v) ocorre devido a um comportamento elasto plástico, tal como nos metais. Para materiais elasto plásticos, a Integral-*J* perde a interpretação física relacionada com a energia potencial. Mas ela mantém significância como uma medida da intensidade dos campos de tensões e deformações elasto-plásticas ao redor da ponta da trinca. Valores ainda podem ser determinados experimental ou analiticamente pelo uso de curvas P-v, como na Figura 8.49. Entretanto, duas curvas P-v diferentes para dois comprimentos de trinca a e $(a + \text{d}a)$ precisam ser obtidas a partir de testes independentes, empregando duas amostras/componentes diferentes, em vez de estender o comprimento da trinca de um valor $\text{d}a$, após o carregamento em um único membro.

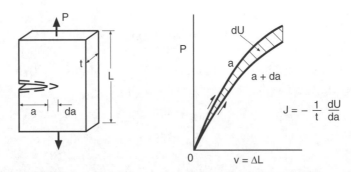

FIGURA 8.49 Definição da Integral-*J* em termos da diferença de energia potencial para trincas de comprimentos ligeiramente diferentes.

A Integral-J pode ser utilizada conforme obtido em testes de tenacidade à fratura, de acordo com a norma ASTM E1820. Uma vez que as limitações de plasticidade da MFLE podem ser excedidas, torna-se desnecessário empregar grandes corpos de prova. Por exemplo, em aço A533B à temperatura ambiente, uma tenacidade à fratura J_{Ic} pode ser obtida a partir da amostra pequena mostrada na Figura 8.29, sem a necessidade de empregar a maior. Assim, J_{Ic} pode ser usado para estimar um valor equivalente de K_{Ic} usando a Equação 8.10, substituindo G por J:

$$K_{IcJ} = \sqrt{J_{Ic}E'} \tag{8.44}$$

Aqui, E' é descrito pela Equação 8.11. Ensaios de tenacidade à fratura para determinar J_{Ic} estão resumidos na seção seguinte.

Em aplicações de engenharia, em que a extensão de trinca e a fratura sob o carregamento plástico precisam ser consideradas, a Integral-*J* é candidata para o uso, assim como é a abordagem por CTOD, que será discutida posteriormente (Seção 8.9.4). Uma área importante de tal aplicação é na análise de vasos de pressão, especialmente para aplicações nucleares. Note que a tentativa de usar K para além da sua região de validade geralmente leva a resultados não conservadores para os cálculos de engenharia, ou seja, geram erros para o lado inseguro do dimensionamento. Por exemplo, considere o caso de uma placa com uma trinca central, como na Figura 8.12 (a), na qual o comprimento da trinca a é pequeno em comparação à meia largura b. Para condições de tensão plana, o valor modificado (equivalente) K_J, que inclui o efeito plasticidade, é de aproximadamente:

$$K_J = \sqrt{JE}, \quad K_J \approx K\sqrt{1 + \frac{\varepsilon_p}{\varepsilon_e \sqrt{n}}} \tag{8.45}$$

Aqui, $K = S\sqrt{\pi a}$ vem de MFLE, e ε_e e ε_p são as deformações elásticas e plásticas correspondentes à tensão aplicada. A quantidade n é o expoente de encruamento presente em uma relação tensão *versus* deformação plástica da forma $\sigma = H\varepsilon_p^n$, em que n ≈ 0,1 a 0,2 tipicamente para metais estruturais. (Consulte o Capítulo 12, para uma discussão detalhada dessas curvas tensão-deformação.) Se a deformação plástica ε_p é pequena, o segundo termo dentro da raiz da Equação 8.45 desaparece e $K_J = K$. No entanto, após escoamento, ε_p aumenta rapidamente, e K_J pode se tornar muito maior do que K. Desta forma, o uso de K pode ser substancialmente não conservador.

O uso da Integral-*J* em aplicações de engenharia exige que seja possível determinar *J* para várias geometrias e comprimentos de trinca para um material em particular que apresente uma curva tensão-deformação não linear. Os manuais de Kumar (1981) e Zahoor (1989) dão tabelas extensas para o cálculo da Integral-*J* e os livros de Anderson (2005) e Saxena (1998) também fornecem informações úteis.

8.9.3 Ensaios de Tenacidade à Fratura para J_{Ic}

Uma complexidade encarada nos testes de J_{Ic} é que a não linearidade no comportamento da curva *P-v* é oriunda de uma combinação entre o crescimento da trinca e a deformação plástica. Por isso, o início do crescimento de uma trinca a partir da pré-trinca inicial não pode ser determinado de uma forma simples a partir da curva *P-v*, e meios especiais são necessários para medir diretamente o crescimento da fissura. Um método comum para fazer isso é o *método de complacência ao descarregamento*, ou simplesmente método de *compliance*, que envolve o descarregamento periódico da amostra por uma pequena quantidade, enquanto quantifica o comportamento *P-v*, tal como ilustrado na Figura 8.50. Os declives das linhas *P-v* durante a carga e de descarga, tal como a inclinação m^5 na Figura 8.50, são uma medida da rigidez elástica da amostra, que diminui à medida que a trinca aumenta de comprimento, permitindo que o comprimento da trinca seja calculado em vários pontos ao longo do teste. (Note que as pequenas descargas elásticas não têm efeito significativo sobre o comportamento da trinca.)

Outra abordagem, chamada *método de queda de potencial*, baseia-se no fato de que a resistência elétrica da amostra aumenta, assim como a sua seção transversal diminui, devido ao crescimento de trinca. Uma corrente elétrica é passada pela amostra e o potencial elétrico (tensão) ao longo da seção onde a trinca está é medido e usado para calcular o comprimento da trinca. Os métodos de *compliance* (complascência, o inverso da rigidez) e de queda de potencial têm a vantagem de permitir que os dados de

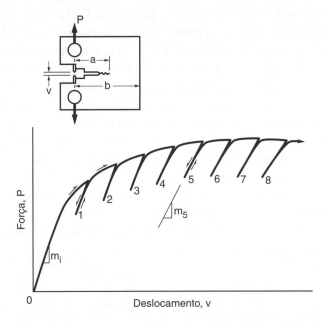

FIGURA 8.50 Relação entre o comportamento da força e deslocamento (*P-v*) durante um teste de tenacidade à fratura elasto plástica, realizado com descargas elásticas periódicas.

394 CAPÍTULO 8 Fratura de Componentes com Trincas

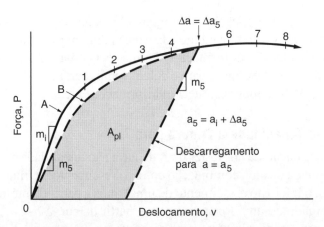

FIGURA 8.51 Área A_{pl} para o cálculo da Integral-J. A curva A é o registro P-v atual do ensaio, obtida para o crescimento de trinca, ao passo que B é uma curva P-v hipotética equivalente para uma trinca estacionária (não crescente) de comprimento a_5.

extensão de fissura sejam obtidos a partir de uma única amostra. No entanto, o método mais apurado é testar várias amostras de teste nominalmente idênticas e remover a carga depois de quantidades variáveis de extensão de trinca em amostras diferentes. Em seguida, as amostras são aquecidas para colorir (oxidar ligeiramente) a superfície da fratura mais fresca, de modo que esta seja facilmente observada após a amostra ser dividida em duas partes. Com isso, as quantidades de crescimento da trinca podem ser medidas diretamente através de um microscópio.

Valores da Integral-J são necessários para os pontos ao longo do registro de P-v, tais como para o ponto 5 da Figura 8.50, em que os comprimentos de trinca foram determinados. Para a amostra de dobramento padrão, como na Figura 8.13 (b) com $h/b = 2$, e para a amostra compacta, ilustrada na Figura 8.16, um procedimento aproximado foi desenvolvido para determinar a Integral-J diretamente a partir das curvas P-v do teste. Para fazer isso, o comprimento atual da trinca, $a = a_i + \Delta a$, é necessário, em que a_i é o comprimento inicial da pré-trinca e Δa é a extensão de trinca. Também é necessária a área A_{pl} mostrada na Figura 8.51. Esta é a área sob a curva força *versus* deslocamento para carregamento e descarregamento para uma amostra de teste hipotética originalmente contendo uma trinca estacionária (não crescente) de comprimento $a = a_i + \Delta a$. Assim, a taxa de carregamento hipotética, tal como m_5, é um pouco menor do que a inclinação inicial da carga, m_i. Além disso, a curva P-v associada com cada descarregamento difere da curva atual, desviando-se para baixo, como mostrado na Figura 8.51. Isso ocorre porque a curva atual começou com um tamanho de trinca a_i, que evoluiu de um valor Δa, de forma a produzir uma curva P-v, menos inclinada, conforme observado durante o descarregamento parcial.

Dado um tamanho de trinca a e uma área de A_{pl}, o valor de J pode ser determinado da seguinte forma:

$$J = J_{el} + J_{pl}, \quad J_{el} = \frac{K^2(1-v^2)}{E} \quad (8.46)$$

O termo elástico J_{el} é obtido a partir da intensidade de tensão K e das constantes elásticas do material, como indicado. Além disso, K é calculado a partir da força aplicada

P e do comprimento da trinca *a* como se não houvesse escoamento, como a partir da Figura 8.13 (b) ou Figura 8.16. O termo plástico J_{pl} é dado pela

$$J_{pl} = \frac{\eta A_{pl}}{t(b-a)} \tag{8.47}$$

em que *t*, *a* e *b* são definidos como nas Figuras 8.13 (b) ou 8.16. Para o corpo de prova de dobramento, se o deslocamento *v* for a deflexão no ponto de aplicação da carga, então $\eta = 1,9$ ou se *v* for o deslocamento da boca da trinca, como na Figura 8.27, então η é um valor um pouco maior, que varia de acordo com *a/b*. Para corpos de prova compactos, $\eta = 2 + 0,522 (1 - a/b)$.

Na norma ASTM E1820, são descritos dois procedimentos alternativos. Para o *método de ensaio básico*, a extensão da trinca Δa é considerada suficientemente pequena, de modo que a expressão $a = a_i + \Delta a$ pode ser aproximada como sendo $a = a_i$, empregando esta condição nas Equações 8.46 e 8.47. Para a área A_{pl} da Figura 8.51, uma pequena extensão de trinca gera curvas de carregamento sólidas e tracejadas (A e B) que são aproximadamente coincidentes, para que a curva de carregamento registrada (A) possa ser empregada. Além disso, uma pequena correção é aplicada aos valores de *J*, assim obtidos, para considerar o efeito da extensão real da trinca Δa. A norma ASTM E1820 descreve um procedimento mais detalhado conhecido como *método de teste pela curva de resistência*, que é aplicável para um simples corpo de prova, como no teste de *compliance*, ilustrado na Figura 8.50. Neste método, os valores de *J* são calculados incrementalmente pela atualização do valor em cada ponto de medição do comprimento da trinca. Ao longo deste processo, faz-se um ajuste para que o valor se baseie em uma nova curva *P-v* de trinca estacionária, tal como a curva B da Figura 8.51. Os valores calculados de *J*, determinados por qualquer método, são então representados graficamente em função da mudança no comprimento da trinca, Δa, para formar uma curva, chamada *curva-R*, como mostrada na Figura 8.52.

Antes de a trinca começar a rasgar através do material, a intensa deformação plástica local na ponta da trinca provoca um aumento no deslocamento da abertura na ponta da

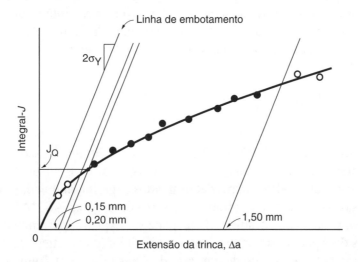

FIGURA 8.52 Curva entre a Integral-*J* versus Δa, ou curva-R, oriunda de um ensaio de tenacidade à fratura elastoplástica. A interseção com a linha de deslocamento de 0,2 mm define J_Q, o valor provisório de J_{Ic}.

trinca, CTOD, ou δ, da Figura 8.4. Este efeito de embotamento plástico faz com que a ponta da trinca se mova para frente uma distância de cerca de $\delta/2$, o que gera na curva J *versus* Δa uma inclinação inicial, também chamada *linha de embotamento* (*blunting line*), que vale aproximadamente:

$$\frac{J}{\Delta a} = 2\sigma_Y, \quad \text{em que } \sigma_Y = \frac{\sigma_o + \sigma_u}{2} \tag{8.48}$$

As quantidades σ_0 e σ_u são os limites de escoamento e de resistência do material, respectivamente.

Linhas paralelas à linha de embotamento são desenhadas ao longo da curva J *versus* Δa, de modo que se intersectam com o eixo Δa em 0,15 mm e 1,5 mm. Uma curva é ajustada nos dados presentes entre essas linhas, e J_Q é definido como sendo a interseção desta curva com uma terceira linha paralela à linha de embotamento, mas que interseciona o eixo a 0,2 mm. Assim, J_Q corresponde a uma extensão de trinca por cisalhamento de 0,2 mm (0,008 in), cujo valor não inclui a extensão aparente devido ao embotamento plástico. Finalmente, J_Q é qualificado como uma medida de tenacidade à fratura, J_{Ic}, se o teste cumpre a exigência de tamanho:

$$t, (b-a) > 10 \left(\frac{J_Q}{\sigma_Y} \right) \tag{8.49}$$

Um K_{Ic} equivalente pode ser calculado a partir de J_{Ic}, pela Equação 8.44.

Note que a extensão da trinca em J_Q é muito pequena, de modo que o material ainda pode ter uma reserva considerável de tenacidade à fratura após atingir J_{Ic}, devido a uma capacidade de resistência por rasgamento dúctil ao crescimento da trinca. Assim, é eventualmente útil empregar a curva-R como um todo e considerar este comportamento em aplicações de engenharia.

8.9.4 Deslocamento de Abertura da Ponta da Trinca (CTOD)

A análise de campo de tensão elástica empregada para K também pode ser utilizada para estimar os deslocamentos que separam as faces da trinca. Então, considerando uma lógica similar à empregada para determinar o tamanho das zonas plásticas, é possível fazer uma estimativa da separação da trinca perto de sua ponta, isto é, o CTOD, que é designado δ. Para materiais dúcteis, esta estimativa é:

$$\delta \approx \frac{K^2}{E\sigma_o} \approx \frac{J}{\sigma_o} \tag{8.50}$$

em que δ está ilustrado na Figura 8.4. Nesta equação, o limite de escoamento, σ_0, é às vezes substituído por um valor superior de tensão σ_Y, conforme calculado pela Equação 8.48. Também são utilizados valores determinados experimentalmente para δ, obtidos a partir de ensaios de tenacidade à fratura, como os das normas ASTM E1290 e E1820, de modo que a tenacidade à fratura CTOD pode ser expressa por um valor crítico, δ_c.

Os valores de δ podem ser determinados para situações de interesse de engenharia – tal como uma falha na parede de um vaso de pressão – e, em seguida, comparados com δ_c. Assim, o conceito de CTOD também fornece uma abordagem de engenharia para a fratura além da faixa de aplicabilidade da elasticidade linear.

8.10 RESUMO

Usando a mecânica de fratura linear elástica (MFLE), a severidade de uma trinca em um componente pode ser caracterizada pelo valor de uma variável especial, chamado fator de intensidade de tensão, $K = FS \sqrt{\pi a}$, em que S é a tensão e a é o comprimento da trinca, ambos consistentemente definidos em relação à quantidade adimensional F. O uso de K depende se o comportamento está sendo dominado por deformação linear elástica, de modo que a zona plástica na ponta da trinca deve ser relativamente pequena. Equações simples e manuais proporcionam valores de F para uma vasta gama de casos de elementos com trincas, alguns exemplos dos quais são apresentados nas Figuras 8.12 a 8.14, e também nas Figuras 8.17 a 8.20. O valor de F depende: das geometrias da trinca e do componente; da configuração do carregamento, por exemplo, tração ou flexão; e da razão entre o comprimento da trinca (a) e a largura do componente (b), ou razão entre a/b. Alguns valores particulares de F para trincas relativamente curtas sob tensão de tração são os seguintes:

$$
\begin{aligned}
F &= 1 && \text{(placa com trinca central))} \\
F &= 1,12 && \text{(trinca ao longo da espessura ou trinca superficial circular} \\
F &= 0,73 && \text{(trinca semicircular superficial)} \\
F &= 0,72 && \text{(trinca de quarto de círculo na quina)}
\end{aligned}
\tag{8.51}
$$

Às vezes, é conveniente expressar K em termos de uma força aplicada P utilizando a quantidade adimensional F_P, definida diferenciadamente, de acordo com a Equação 8.13.

O valor de K para o qual determinado material começa a trincar significativamente é chamado K_Q, e o valor para a falha é chamado K_c. Crescimento de trinca lento e estável pode ser obtido para K_Q até o valor de K_c ser atingido, e ambos podem diminuir com o aumento da espessura do componente. Se a zona plástica em torno da ponta da trinca é bastante pequena quando comparada com a espessura e está isolada em relação às bordas do componente, então um estado de deformação plana é estabelecido. Sob deformação plana, só ocorre crescimento lento e estável da trinca de forma limitada, de forma que K_Q e K_c apresentam valores similares entre si e K_Q torna-se a tenacidade à fratura padrão no estado plano de deformações, K_{Ic}. Um valor de K_{Ic} representa o pior caso de tenacidade à fratura, valor este que pode ser usado com segurança para qualquer espessura. O fluxograma da Figura 8.53 descreve os requisitos para a deformação plana e os tamanhos de zona plástica, e também resume a situação a respeito de K_{Ic}.

Valores de K_{Ic} para um material em geral diminuem juntamente com ductilidade quando o material é processado para se obter uma maior resistência. Para determinado material e condição de processamento, K_{Ic} geralmente aumenta com a temperatura, às vezes exibindo uma mudança abrupta ao longo de um intervalo estreito de temperaturas e também apresentando um patamar inferior e superior relativamente constantes nos lados opostos da temperatura de transição. O aumento da taxa de carregamento faz com que K_{Ic} diminua, tendo o efeito de deslocar a transição para uma temperatura mais elevada. A microestrutura do material pode afetar K_{Ic}, como é o caso do efeito prejudicial do enxofre em alguns aços, do efeito de orientação de grãos cristalinos da laminação de ligas de alumínio e da fragilização dos aços dos vasos de pressão por radiação.

Se a zona plástica for muito grande, a MFLE não é mais válida. Quantidades modestas de escoamento podem ser tratadas usando os valores ajustados de K_e, calculados pela adição da metade do tamanho da zona plástica no comprimento da trinca. No entanto, acima de cerca de 80% da força ou do momento de escoamento generalizado, P_0 ou

398 CAPÍTULO 8 Fratura de Componentes com Trincas

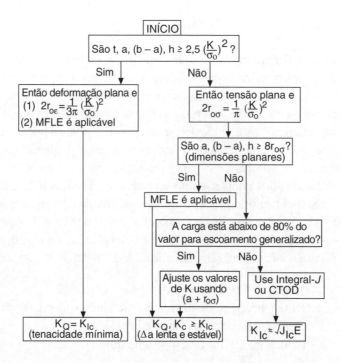

FIGURA 8.53 Fluxograma para a distinção entre os estados planos de tensão e deformação, para decidir qual abordagem da mecânica de fratura é necessária e para identificar o que é esperado a partir dos testes de tenacidade à fratura.

M_0, métodos mais gerais, como a Integral-J ou o deslocamento de abertura da ponta da trinca (CTOD, δ), são necessários. O fluxograma da Figura 8.53 também fornece um guia para determinar qual das várias abordagens é necessária para determinada situação.

NOVOS TERMOS E SÍMBOLOS

(a) Termos

Campo-K	Fratura em modos mistos
Clivagem	Integral-J: J, J_{Ic}
Complacência no descarregamento (*compliance* no descarregamento)	Linha de embotamento
	Materiais com falhas internas
Comprimento de trinca de transição, a_t	Mecânica de fratura linear elástica (MFLE)
Constrição por deformação plana	Modos I, II e III de fratura
Corpo de prova compacto	Pré-trinca
Corpo de prova de dobramento	"pop-in"
Crescimento lento e estável de trinca	Redistribuição de tensões
Curva R	Ruptura por microcavidades plásticas
Deslocamento de abertura da ponta da trinca (CTOD): δ, δ_c	Superposição
	Taxa de liberação de energia de deformação, G
Fator de intensidade de tensões, K	Temperatura de transição
Força e momento para escoamento generalizado: P_0, M_0	Tenacidades à fratura: K_c, K_{Ic}
	Zona plástica

(b) Nomenclatura	
a	Comprimento de trinca
a_c	Comprimento de trinca crítico (na fratura)
a_e	Comprimento de trinca ajustado pelo tamanho da zona plástica
b	Comprimento de trinca máximo possível; largura ou meia largura do componente
c	Eixo maior de uma trinca elíptica; dimensão do entalhe análoga a a
F	Função adimensional para a severidade da trinca $F(a/b)$ para $K = FS\sqrt{\pi a}$
F_P	Função adimensional para a severidade da trinca $F_P(a/b)$ para $K = F_P S\sqrt{\pi a}$
h	Meia altura do componente
J	Valor da Integral-J
J_{Ic}	Tenacidade à fratura em deformação plana em termos da Integral-J
K	Fator de intensidade de tensões para o Modo I de fratura
K_I, K_{II}, K_{III}	Fatores de intensidade de tensões para os três modos de fratura
K_{Ic}	Tenacidade à fratura nas condições de deformação plana
K_c	Tenacidade à fratura
K_e	Tenacidade à fratura ajustado ao tamanho da zona plástica
K_J, K_{IcJ}	Tenacidade à fratura ajustado ao tamanho da zona plástica pela Integral-J
K_Q	Tenacidade à fratura provisória
P_C	Força crítica (na fratura)
P_Q	Força empregada no cálculo de K_Q
$r_{0\varepsilon}$	Metade do tamanho estimado da zona plástica em condições de deformação plana
$r_{0\sigma}$	Metade do tamanho estimado da zona plástica em condições de tensão plana
S_g	Tensão na seção nominal bruta (baseada na área antes da propagação final da trinca)
t	Espessura
U	Energia potencial de deformação
v	Deslocamento
α	Razão a/b

Referências

(a) Referências Gerais

ANDERSON, T. L. 2005. *Fracture Mechanics: Fundamentals and Applications*, 3d ed., CRC Press, Boca Raton, FL.

ASTM. 2010. *Annual Book of ASTM Standards*, ASTM International, West Conshohocken, PA. See: No. E399, "Standard Test Method for Plane-Strain Fracture Toughness of Metallic Materials," Vol. 03.01; also Nos. E561, E1290, and E1820 in Vol. 03.01; No. D5045 in Vol. 08.02; No. D6068 in Vol. 08.03; No. C1421 in Vol. 15.01.

BARSOM, J.M., ed. 1987. *Fracture Mechanics Retrospective: Early Classic Papers (1913-1965)*, RPS-1, ASTM International, West Conshohocken, PA.

BARSOM, J. M., and ROLFE, S. T. 1999. *Fracture and Fatigue Control in Structures*, 3d ed., ASTM International, West Conshohocken, PA.

BROEK, D. 1988. *The Practical Use of Fracture Mechanics*. Kluwer Academic Pubs, Dordrecht, The Netherlands.

HERTZBERG, R. W. 1996. *Deformation and Fracture Mechanics of EngineeringMaterials*, 4th ed., JohnWiley, New York.

JOYCE, J.A. 1996. *Manual on Elastic-Plastic Fracture: Laboratory Test Procedures*, ASTM Manual Series, MNL 27, Am. Soc. for Testing and Materials, West Conshohocken, PA.

LAWN, B. 1993. *Fracture of Brittle Solids*, 2d ed., Cambridge University Press, Cambridge, UK.

MIEDLAR, P.C., A.P. BERENS, A. GUNDERSON, and J. P. GALLAGHER. 2002. *USAF Damage Tolerant. Design Handbook: Guidelines for the Analysis and Design of Damage Tolerant Aircraft Structures*, 3 vols., University of Dayton Research Institute, Dayton, OH.

MILNE, I., KARIHALOO, B., RITCHIE, R. O., eds. 2003. *Comprehensive Structural Integrity*, 10 vols, Elsevier Ltd, Oxford, England.

SAXENA, A. 1998. *Nonlinear Fracture Mechanics for Engineers*. CRC Press, Boca Raton, FL.

WILLIAMS, J. G. 2001. *Fracture Mechanics of Polymers*. Ellis Horwood Ltd, Hemel Hempstead, England.

(b) Manuais e Outras Fontes para Obter Fatores de Intensidades de Tensão e Soluções para Integral-J

DOWLING, N. E. 1987. *J-Integral Estimates for Cracks in Infinite Bodies*. Engineering Fracture Mechanics, 26 (3), 333-348.

KUJAWSKI, D. 1991. *Estimations of Stress Intensity Factors for Small Cracks at Notches*. Fatigue of Engineering Materials and Structures, 14 (10), 953-965.

KUMAR, V., M.D. GERMAN, and C. F. SHIH. 1981. *An Engineering Approach for Elastic-Plastic Fracture Analysis*, EPRI NP-1931, Electric Power Research Institute, Palo Alto, CA.

MURAKAMI, Y., ed. 1987. *Stress Intensity Factors Handbook*, vols. 1 and 2, 1987; vol. 3, 1992, Pergamon Press, Oxford, UK. Also vols. 4 and 5, 2001, Elsevier, Amsterdam.

NEWMAN, J.C., JR., and I. S. RAJU. 1986. "Stress-Intensity Factor Equations for Cracks in Three-Dimensional Finite Bodies Subjected to Tension and Bending Loads," *Computational Methods in the Mechanics of Fracture*, S.N. Atluri, ed., Elsevier Science Publishers, New York.

RAJU, I.S., and J. C. NEWMAN, JR. 1982. "Stress-Intensity Factors for Internal and External Surface Cracks in Cylindrical Vessels", *Jnl. of Pressure Vessel Technology*, ASME, vol. 104, Nov. 1982, pp. 293-298.

RAJU, I.S., and J. C. NEWMAN, JR. 1986. "Stress-Intensity Factors for Circumferential Surface Cracks in Pipes and Rods Under Tension and Bending Loads," *Fracture Mechanics, Seventeenth Volume*, J.H. Underwood et al., eds., ASTM STP 905, American Society for Testing and Materials, West Conshohocken, PA.

ROOKE, D. P., and CARTWRIGHT, D. J. 1976. *Compendium of Stress Intensity Factors*. Her Majesty's Stationery Office, London.

TADA, H., PARIS, P. C., and IRWIN, G. R. 2000. *The Stress Analysis of Cracks Handbook*, 3d ed., ASME Press, American Society of Mechanical Engineers, New York.

ZAHOOR, A. 1989. *Ductile Fracture Handbook*, 3 vols., EPRI NP-6301-D, Electric Power Research Institute, Palo Alto, CA.

(c) Fontes para Propriedades dos Materiais e Bases de Dados

CES. 2009. *CES Selector 2009*, database of materials and processes, Granta Design Ltd, Cambridge, UK. (See *http://www.grantadesign.com.*).

CINDAS. 2010. *Aerospace Structural Metals Database (ASMD)*, CINDAS LLC, West Lafayette, IN. (See *https://cindasdata.com.*).

MMPDS. 2010. *Metallic Materials Properties Development and Standardization Handbook*, MMPDS-05, U.S. Federal Aviation Administration; distributed by Battelle Memorial Institute, Columbus, OH.(See *http://projects.battelle.org/mmpds*; replaces MIL-HDBK-5.).

SKINN, D.A., J.P. GALLAGHER, A.F. BERENS, P.D. HUBER, and J. SMITH, compilers. 1994. *Damage Tolerant Design Handbook*, 5 vols., CINDAS/USAF CRDA Handbooks Operation, Purdue University,West Lafayette, IN.(See *https://cindasdata.com.*).

PROBLEMAS E QUESTÕES
Seção 8.2

8.1 Veja a Figura 8.32 e complete as seguintes tarefas:

(a) Obtenha os valores aproximados de tenacidade à fratura, K_{Ic}, para uma barra de aço AISI 4340 tratada termicamente para obter os limites de escoamento 800 e 1.600 MPa.

(b) Para cada um dos limites de escoamento, calcule o comprimento de trinca de transição, a_t, e comente sobre o significado dos valores obtidos.

8.2 Veja a Figura 8.33 e complete as seguintes tarefas:

(a) Obtenha os valores aproximados de tenacidade à fratura, K_{Ic}, e do limite de escoamento, σ_0, para o aço A533B nas temperaturas de -150 °C a +10 °C.

(b) Para cada temperatura, faça um gráfico da tensão *versus* comprimento de trinca mostrando a linha relacionada com o escoamento e a curva relacionada com o campo de tensões elástico produzido pela trinca, como na Figura 8.6.

(c) Compare os gráficos e comente sobre o uso na engenharia deste aço para as duas temperaturas.

8.3 Para cada metal na Tabela 8.1 faça o seguinte:

(a) Calcule o comprimento da trinca de transição, a_t.

(b) Trace estes pontos de dados numa escala logarítmica em função do limite de escoamento, σ_0, descrito em uma escala linear, utilizando diferentes símbolos para os aços, ligas de alumínio e ligas de titânio.

(c) Compare os valores obtidos e comente sobre alguma tendência com o limite de escoamento.

8.4 Usando as Tabelas 8.1 e 8.2, complete as seguintes tarefas:

(a) Calcule os comprimentos das trinca de transição, a_t, para os seguintes materiais: aços AISI 1144, ASTM A517 e 300-M (os dois últimos revenidos); ligas de alumínio 2219-T851 e 7075-T651; polímeros ABS e epóxi; vidro de silicato de sódio; e cerâmica Si_3N_4. Consulte a Tabela 3.10 ou 4.3 para propriedades de tração das cerâmicas e dos polímeros. Para materiais frágeis, em que o limite de escoamento, σ_0, não está disponível, substitua-o pelo limite de resistência, σ_u.

(b) Comente sobre os valores obtidos e quaisquer tendências observadas para as diferentes classes de materiais. Quais são os materiais em particular que você acha susceptíveis de possuir falhas internas?

Seções 8.3 e 8.4

8.5 Defina os seguintes conceitos, em suas palavras: (a) Modos I, II, e III; (b) singularidade na ponta da trinca, (c) fator de intensidade de tensões, K (d) taxa de liberação de energia de deformação, G e (e) tenacidade à fratura, K_{Ic}.

402 CAPÍTULO 8 Fratura de Componentes com Trincas

8.6 Para placas com trincas ao centro sob tração, como na Figura 8.12 (a), valores precisos de F a partir dos resultados numéricos são apresentados no manual de Tada (2000), como listados na Tabela P8.6.

(a) Compare estes valores com a expressão de F, a partir da Figura 8.12 (a), que é recomendada para qualquer α. Qual é a sua precisão para $\alpha \leq 0,9$?

(b,c) Duas aproximações para F, que às vezes são empregadas para placas com trincas ao centro são:

$$F = \sqrt{\sec\frac{\pi\alpha}{2}}, \quad F = \sqrt{\frac{2}{\pi\alpha}\tan\frac{\pi\alpha}{2}} \quad (b,c)$$

em que os parâmetros das funções trigonométricas estão em radianos. Compare cada um dos valores obtidos por estas equações com os valores numéricos da tabela e caracterize a precisão de cada um para $\alpha \leq 0,9$.

Tabela P8.6

$\alpha = a/b$	0	0,1	0,2	0,3	0,4	0,5	0,6	0,7	0,8	0,9
$F = F(\alpha)$	1	1,006	1,025	1,058	1,109	1,187	1,303	1,488	1,816	2,578

8.7 Um componente de engenharia é feito de aço *maraging* 18-Ni (fundido a vácuo). O componente é uma placa carregada em tração e pode ter uma trinca em uma das suas extremidades, como mostrado na Figura 8.12 (c). As dimensões são largura $b = 35$ e $t = 5$ mm e a trinca pode ter um comprimento de $a = 7$ mm. O componente deve resistir a uma força em tração de $P = 60$ kN. Determine: (a) o fator de segurança contra fratura frágil, (b) o fator de segurança contra escoamento generalizado e (c) o fator de segurança global (de controle).

8.8 Uma placa trincada ao centro de aço AISI 1144 tem dimensões tais como definidas na Figura 8.12 (a): $b = 50$ e $t = 5$ mm. Essa placa está submetida a uma força de tração de $P = 75$ kN.

(a) Quais são os fatores de segurança contra a ruptura frágil e contra o escoamento generalizado se o comprimento da trinca é $a = 10$ mm?

(b) Proceda da mesma forma que em (a), porém empregando $a = 30$ mm.

(c) Suponha que esta placa é um componente de engenharia e comente sobre a segurança de seu uso para os dois diferentes comprimentos de trinca.

8.9 Uma viga com uma seção transversal retangular tem dimensões tais como definidas na Figura 8.13: $b = 40$ e $t = 20$ mm. A viga é feita de alumínio 7475-T7351 e é submetida a um momento de flexão de $M = 900$ N·m.

(a) Se estiver presente uma trinca de borda que avança na espessura, de comprimento $a = 4$ mm, qual seria o fator de segurança contra a ruptura frágil?

(b) Repita o item (a) para um comprimento de trinca $a = 20$ mm.

(c) Qual é o comprimento crítico para a fratura?

(d) Qual comprimento da trinca pode ser permitido se for necessário um fator de segurança de 3 contra a fratura frágil?

(e) Para o comprimento de trinca encontrado em (d), qual é o fator de segurança contra escoamento plástico generalizado?

8.10 Um componente sob tração feito em liga de alumínio 2014-T651 tem dimensões tais como definidas na Figura 8.12 (c): $b = 30$ e $t = 4$ mm. Um fator de segurança de 3,0 contra falha por fratura frágil, ou por escoamento generalizado, é necessário.

(a) Se estiver presente uma trinca de borda que avança na espessura com um comprimento de 6 mm, qual é a máxima força de tração, P, que pode ser permitida em serviço?

(b) Se a força no serviço é $P = 6$ kN, qual é o maior comprimento de trinca que pode existir em segurança no componente?

8.11 Uma barra retangular feita de plástico ABS possui $b = 20$ mm de profundidade e $t = 10$ mm de espessura. Como mostrado na Figura 8.13(a), um momento de flexão, M, é aplicado e uma trinca de borda crescendo ao longo da espessura pode estar presente. Para um fator de segurança contra a ruptura frágil de 2,5 em tensão, qual é o maior comprimento de trinca que pode ser permitido se (a) $M = 10$ N·m e (b) M = 3 N·m? Finalmente, (c) quais são os fatores de segurança contra escoamento generalizado para o caso (a) e para o caso (b)?

8.12 Um componente de engenharia é feito de aço 300-M (revenido a 650 °C). Este possui a forma de uma placa carregada em tração e pode ter uma trinca em uma extremidade, como mostrado na Figura 8.12 (c). As dimensões são largura $b = 80$ m e espessura $t = 20$ mm. O membro deve resistir a uma força de tração de $P = 150$ kN. Determine o comprimento a da maior trinca de borda que pode ser permitida de tal modo que o fator de segurança contra a ruptura frágil não seja inferior a 3,5, e que também implique um fator de segurança contra escoamento generalizado não inferior a 2,5.

8.13 Um membro de engenharia é para ser feito de uma liga de alumínio. Este possui a forma de uma placa carregada em tração e pode ter uma trinca em uma extremidade, como mostrado na Figura 8.12 (c). As dimensões são largura $b = 30$ m e espessura $t = 4$ mm e uma trinca tão longa quanto $a = 6,0$ mm pode estar presente. O membro deve resistir a uma força de tração de $P = 7,5$ kN.

(a) Para um fator de segurança de 2,8 contra fratura frágil, qual é o mínimo de tenacidade à fratura, K_{Ic}, necessário?

(b) Para um fator de segurança de 2 contra escoamento generalizado, qual é o mínimo de limite de escoamento, σ_0, necessário?

(c) Dado os resultados a partir de (a) e (b), selecione uma liga de alumínio, a partir da Tabela 8.1, que satisfaça a ambos os requisitos.

8.14 Um componente sob tração tem largura $b = 40$ mm e uma espessura $t = 10$ mm. Uma força axial, P, é aplicada e o componente pode conter uma trinca de borda tão profunda quanto $a = 8$ mm, tal como na Figura 8.12 (c).

404 CAPÍTULO 8 Fratura de Componentes com Trincas

(a) Estime a força P na falha se o material for o aço ASTM A517-F da Tabela 8.1.

(b) Também estime a força P na falha se o material for o aço AISI 4130 da Tabela 8.1.

(c) Qual material seria a melhor escolha se o membro fosse empregado em uma aplicação de engenharia? Por quê?

8.15 Componentes sob dobramento, como na Figura 8.13 (a), com profundidade $b = 50$ mm e uma espessura $t = 10$ mm são feitos de aço *maraging* 18-Ni (fundido a vácuo). Em serviço, o momento de flexão pode ser tão alto quanto $M = 3,5$ kN·m e componentes com trincas de borda maiores do que $a = 1$ mm são normalmente encontrados durante inspeção e descartados.

(a) Estime o momento, M, necessário para provocar a falha nesta situação. Qual é o fator de segurança?

(b) Suponha que alguns dos membros acidentalmente não foram inspecionados e descobriu-se que possuem em serviço real trincas tão grandes quanto $a = 5$ mm. A substituição é dispendiosa. Suponha que você seja o engenheiro que deve tomar a decisão sobre a substituição. O que você decide? Apoie a sua decisão com cálculos adicionais, conforme necessário.

8.16 Uma viga com uma seção transversal retangular tem dimensões tais como definidas na Figura 8.13 (a): $b = 40$ e $t = 20$ mm. A viga é feita de liga de alumínio 7475-T7351 e é submetida a um momento de flexão de $M = 1$ kN·m. Um trinca de borda propagando pela espessura com um comprimento tão grande quanto $a = 4$ mm pode estar presente. São necessários fatores de segurança de 2 contra o escoamento e de 3,5 contra a fratura frágil.

(a) Os requisitos de segurança serão atendidos?

(b) Se não, qual nova profundidade da viga, b, é necessária para tal, assumindo que t e os outros valores dados permanecem inalterados?

8.17 Derive equações para uma barra cilíndrica com uma trinca circunferencial, como na Figura 8.14, que definam (a) a força para o escoamento generalizado, P_0, e (b) o momento para o escoamento generalizado, M_0. Expresse os dois parâmetros como funções do comprimento de trinca, a, raio do eixo, b, e limite de escoamento, σ_0.

8.18 Um eixo cilíndrico com diâmetro de 50 mm, que está submetido à flexão, contém uma trinca circunferencial com uma profundidade $a = 5$ mm, tal como na Figura 8.14. O eixo é feito do aço ASTM A517-F, da Tabela 8.1. Estime o momento de flexão, M, que fará com que o eixo venha a falhar.

8.19 Um tubo de parede fina está submetido a uma pressão interna, P, e possui uma trinca longitudinal ao longo da espessura da parede do tubo de comprimento $2a$, conforme ilustrado na Figura P8.19. Os fatores de intensidade de tensão para este caso, segundo Tada (2000), são:

$$K = F(pr_{avg} / t)\sqrt{\pi a}, \quad \text{em que } F = F(\lambda) \quad \lambda = a / \sqrt{r_{avg}t}$$

$$F = \sqrt{1 + 1,25\lambda^2} \quad \text{para } \lambda \leq 1, \quad \text{e } F = 0,6 + 0,9\lambda \quad \text{para } 1 \leq \lambda \leq 5$$

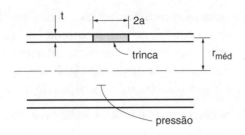

FIGURA P8.19

O material do tubo é liga de titânio 6Al-4V (recozido), a pressão é $p = 20$ MPa e as dimensões do tubo são $r_{méd} = 25$ e $t = 2$ mm. Uma trinca com comprimento ponta a ponta de $2a = 10$ mm pode estar presente. Qual é o fator de segurança contra fratura? Qual é o fator de segurança contra escoamento se nenhuma trinca estiver presente? O tubo é seguro para ser usado se a falha puder apresentar um risco à segurança?

8.20 Um elemento estrutural tem dimensões e momento de inércia tais como mostrados na Figura P8.20, e contém uma trinca de comprimento $a = 15$ mm, como também mostrado. Este membro é feito de aço estrutural A572 (Figura 8.37) e pode ser submetido em serviço a um carregamento dinâmico em temperaturas tão baixas quanto -30 °C.

(a) Qual momento de flexão, em torno do eixo x, causará fratura frágil da viga? Considere que o momento aplicado seja tal que a trinca esteja submetida a uma tensão de tração. (Sugestões: Avalie K, aproximadamente, observando que a trinca na aba do perfil é essencialmente igual a um componente em tração com uma trinca na sua lateral. Além disso, verifique que $K_{Ic} \approx 40$ MPa$\sqrt{m}$, a partir da Figura 8.37.)

(b) O código de concepção estrutural usado para esta viga permite um momento de 176 kN·m a ser aplicado em serviço, baseado em um fator de segurança de 1,67 contra escoamento. Compare este valor com o resultado de (a) e comente sobre a diferença.

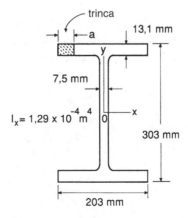

FIGURA P8.20

8.21 Um enrijecedor de uma estrutura aeronáutica, feito em liga de alumínio 7075-T651, possui uma seção em "T", como mostrada na Figura P8.21. Uma trinca de comprimento a pode estar presente na parte inferior da alma do componente, como mostrado. Um momento de flexão de 180 N·m é aplicado em torno do eixo x, de tal modo que a trinca é submetida a tensões de tração.

(a) Para permitir os cálculos de tensão, localize o centroide y da seção em "T" e o seu momento de inércia em torno do centro de gravidade no eixo x. (Respostas: $c = 25{,}36$ mm, $\bar{I}_x = 31{,}538$ mm^4.)

(b) Se a trinca tem comprimento $a = 1{,}5$ mm, qual é o fator de segurança contra a ruptura frágil?

(c) Qual é o maior comprimento que uma trinca pode ter se um fator de segurança de 3 contra a ruptura frágil é considerado adequado?

(d) Considere a possibilidade de mudar o material para uma liga de alumínio 7475-T7351, mais cara. Quais são algumas das possíveis vantagens e desvantagens de se fazer essa mudança? Apoie os seus comentários com cálculos, sempre que possível.

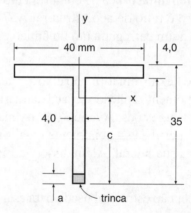

FIGURA P8.21

8.22 Um tubo com raio interno $r_1 = 45$ mm e raio externo $r_2 = 50$ mm é submetido a um momento de flexão de 8,0 kN·m. É feito de titânio 6Al-4V recozido. Como mostrado na Figura P8.22, o tubo tem uma trinca através da espessura de sua parede com largura $2a = 10$ mm, localizada a um ângulo $\theta = 50°$ em relação ao eixo de flexão. Estime o fator de segurança, considerando tanto fratura frágil quanto escoamento generalizado. Empregue aproximações razoáveis, conforme necessárias, para chegar a uma solução.

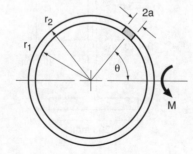

FIGURA P8.22

Seção 8.5

8.23 Um grande componente de um turbo gerador opera próximo da temperatura ambiente e é feito de aço ASTM A470-8. Descobriu-se uma trinca superficial aproximadamente semielíptica, com comprimento superficial $2c = 50$ mm e uma profundidade $a = 15$ mm. A tensão normal ao plano da trinca é 250 MPa e a largura e a espessura do componente são grandes em comparação com o tamanho da trinca. Qual é o fator de segurança contra a ruptura frágil? A planta geradora poderia continuar a operar o equipamento se a falha desse componente fosse susceptível a causar danos dispendiosos para o restante da unidade?

8.24 Um eixo cilíndrico com 30 mm de diâmetro é feito de aço a 300-M (revenido a 300 °C). Ele é submetido a um momento de flexão de 1,5 kN·m e pode conter uma trinca superficial semicircular, como na Figura 8.17 (d).

(a) Que tamanho de trinca a_c causará fratura frágil?

(b) Que tamanho de trinca a deve ser encontrado por inspeção para alcançar um fator de segurança em tensão de 3,5 contra fratura frágil?

(c) Calcule a razão entre a dimensão da trinca a partir de (a) para aquela obtida em (b) e comente sobre a importância do valor desta razão.

8.25 Uma viga com uma seção transversal retangular, como na Figura 8.17 (c), é feita de liga de alumínio 2219-T851 e deve resistir a um momento de flexão de $M = 160$ N·m. A espessura é $b = 10$ mm e uma trinca de canto de quarto de círculo tão grande quanto $a = 2$ mm pode estar presente.

(a) Qual é a dimensão t (espessura) da viga necessária para um fator de segurança de 3,0 contra fratura frágil?

(b) Para uma viga com a espessura t, calculada em (a), o projeto é adequado em relação a uma possível falha por escoamento generalizado? (Sugestão: Faça uma estimativa conservadora de M_0, assumindo que a trinca se estende através da largura total b.)

8.26 Uma barra cilíndrica de nitreto de silício é carregada como uma viga simplesmente apoiada sob uma força uniformemente distribuída, como na Figura A.4 (b). O diâmetro da barra é de 10 mm, o comprimento entre os suportes é de 120 mm e a força distribuída é $w = 3,0$ N/mm.

(a) Se uma trinca superficial semicircular tão profunda quanto 0,5 mm pudesse estar presente, qual seria o fator de segurança contra a ruptura frágil?

(b) Se for necessário um fator de segurança de 4, qual é a maior profundidade permissível para uma trinca superficial semicircular?

8.27 Eixos cilíndricos sólidos feitos de titânio 6Al-4V (recozido) são submetidos em serviço à flexão, com um momento $M = 5$ kN·m. Trincas superficiais semicirculares, como na Figura 8.17 (d), podem existir nestes componentes. A partir de inspeção não destrutiva, espera-se que não estejam presentes trincas maiores do que $a = 3$ mm.

(a) Qual diâmetro de eixo é necessário para resistir ao escoamento com um fator de segurança de 2 se nenhum tipo de trinca estiver presente?

(b) Para uma trinca com o tamanho detectado na inspeção, qual diâmetro do eixo é necessário para resistir à ruptura frágil com um fator de segurança de 3?

(c) Qual é o diâmetro do eixo que deve ser realmente empregado?

8.28 Um eixo com 50 mm de diâmetro tem uma trinca superficial periférica, como na Figura 8.14, com uma profundidade $a = 5$ mm. O eixo é feito do aço *maraging* 18-Ni (fundido ao ar) da Tabela 8.1.

(a) Se o eixo é carregado com um momento de flexão de 1,5 kN·m, qual é o fator de segurança contra a ruptura frágil?

(b) Se uma força de tração axial de 120 kN é combinada com o momento de flexão, qual seria o fator de segurança?

8.29 Um eixo cilíndrico tem um diâmetro de 60 mm e é feito de liga de alumínio 7075-T651. O eixo contém uma trinca superficial semicircular, como na Figura 8.17 (d), de profundidade $a = 10$ mm, e está sujeito a um momento de flexão de M = 500 N·m. Qual é a maior força axial, P, que pode ser aplicada juntamente com um momento, M, tal que o fator de segurança contra a ruptura frágil não seja inferior a 4,0?

8.30 Um componente em tração, feito do aço AISI 4130 da Tabela 8.1, tem dimensões tais como definidas na Figura 8.12 (c): $b = 50$ e $t = 9$ mm. É necessário um fator de segurança contra fratura frágil de 3,5.

(a) Se existe uma trinca na borda que avança na espessura de comprimento $a = 4$ mm, qual é a maior força de tração, P, que pode ser permitida em serviço?

(b) A força P pode estar atuando deslocada do centro da largura b do elemento (força excêntrica) até 5 mm. Neste caso, considerando o mesmo $a = 4$ mm, qual seria a mais elevada força P permissível em serviço?

8.31 Um tubo de vidro de silicato de sódio tem um raio interno $r_1 = 38$ mm e uma espessura de parede $t = 4$ mm. Uma trinca superficial semicircular com uma profundidade $a = 2$ mm está presente, como mostrado na Figura P8.31. Qual pressão interna irá causar a fratura do tubo?

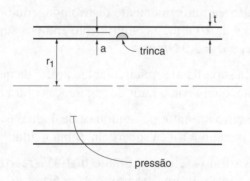

FIGURA P8.31

8.32 Considere o caso com uma série infinita de trincas colineares da Figura 8.23 (b), particularmente o caso K_2, no qual as faces da trinca são carregadas em apenas um dos lados.

(a) Para $\alpha = a/b$ na faixa de 0,01 a 0,99, calcule alguns valores da função adimensional $F_{P2} = K_2 t \sqrt{b} / P$. Trace esses valores como uma função de α, e comente sobre alguma tendência um tanto incomum observada.

(b) Verifique se as duas aproximações dadas na parte inferior da Figura 8.23 estão, de fato, dentro da margem de erro de 10% ao longo dos intervalos indicados.

8.33 Na junção de placas de ligas de alumínio 2024-T351, uma fileira de furos de parafuso está carregada em um de seus lados por forças concentradas, como na Figura 8.24. A tensão aplicada remotamente é $S = 60$ MPa, o espaçamento entre os furos é de $2b = 24$ mm e os diâmetros dos furos valem 4 mm. Trincas com comprimento $l = 3$ mm estão presentes em cada um dos lados de cada orifício. Qual é o fator de segurança contra falhas? Considere tanto fratura frágil quanto escoamento generalizado.

8.34 Um vaso de pressão cilíndrico tem um diâmetro interno de 150 mm, uma espessura de parede de 5 mm e está submetido a uma pressão de 20 MPa. O fator de segurança contra escoamento deve ser pelo menos $X_0 = 2$. Além disso, um critério de vazamento antes da ruptura deve ser atendido, com um fator de segurança de pelo menos $X_a = 9$ no comprimento da trinca, exigindo $C_c \geq X_a t$.

(a) O vaso estará seguro se for feito a partir de aço 300-M (revenido a 300 °C)?

(b) Idem (a) com aço ASTM A517-F?

(c) Qual tenacidade à fratura é necessária para o material nesta aplicação?

(d) Qual é o fator de segurança de K em relação a K_{Ic} devido à exigência $X_a = 9$?

8.35 Um tubo de paredes espessas com raio interno $r_1 = 30$ mm e raio externo $r_2 = 50$ mm contém uma pressão de 200 MPa. Este tubo é feito do aço AISI 4130 da Tabela 8.1. Como mostrado na Figura P8.35, uma fenda longitudinal está presente, com largura $2c = 10$ mm e profundidade $a = 3$ mm. Estime os fatores de segurança contra a ruptura frágil e contra escoamento.

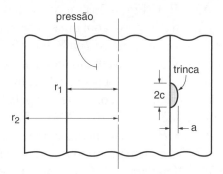

FIGURA P8.35

8.36 Um disco tendo um raio interno $r_1 = 100$ mm e um raio externo $r_2 = 400$ mm roda a 60 rotações/segundo. Ele é feito de aço ASTM A470-8. Como mostrado na Figura P8.36, o disco possui uma trinca quarto de círculo no canto do raio interno de profundidade $a = 10$ mm. Estime os fatores de segurança contra a ruptura frágil e contra escoamento.

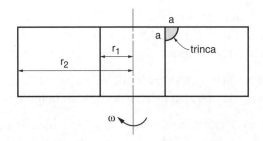

FIGURA P8.36

Seção 8.6

8.37 Assuma que cada um dos aços da Figura 8.35, empregados em rotores de turbo geradores, exceto o A217, seja considerado para uso a temperatura ambiente (22 °C). O projeto será de tal modo que a mais alta tensão não supere a metade do respectivo limite de escoamento em cada caso (aço). Assumindo uma geometria de falha representada por uma trinca superficial semicircular em um corpo semi-infinito, determine o maior tamanho permitido de trinca para cada material, se for empregado um fator de segurança de 2,0 contra fratura frágil. Também comente sobre como esta informação pode afetar a escolha entre estes aços.

8.38 Um componente sob dobramento tem dimensões tais como definidas na Figura 8.13 (a): largura $b = 50$ mm e espessura $t = 20$ mm. Uma trinca presente na extremidade submetida à tração e se propagando através da espessura pode ter um tamanho de até $a = 10$ mm. Em que momento espera-se falha se o componente é feito de aço AISI 4340 (Fig. 8.32), com um limite de escoamento de (a) 800 MPa e (b) 1.600 MPa? Em cada caso, considere tanto fratura frágil quanto escoamento generalizado como possíveis modos de falha. Em seguida, (c) comente sobre os benefícios ou não de se utilizar um aço de mais alta resistência neste caso. (Veja o Problema. 8.42 para valores tabelados da Figura 8.32.)

8.39 Duas placas de aço A533B-1 (Fig. 8.33) são encostadas pelas extremidades e unidas por soldagem em um dos lados, com uma solda que penetra até a metade da espessura das duas placas, como mostrado na Figura P8.39. Um esforço de tração uniforme é aplicado durante o serviço em um recipiente de pressão. Considerando tanto fratura frágil quanto escoamento generalizado como possíveis modos de falha, estime a resistência desta articulação, como afetada pela falha similar a uma trinca presente, para temperaturas de (a) 75 °C e (b) 200 °C. Expresse suas respostas como valores de tensão bruta $S_g = P/(bt)$, calculados como se a articulação fosse sólida. As propriedades para -75 °C podem ser obtidas a partir da Figura 8.33, como $K_{Ic} \approx 52$ MPa$\sqrt{m}$ e $\sigma_0 \approx 550$ MPa. Para 200 °C, o limite de escoamento vale $\sigma_0 = 400$ MPa e a tenacidade à fratura (patamar superior) é $K_{Ic} = 200$ MPa$\sqrt{m}$. Considere que o metal de solda tem propriedades semelhantes às placas. Em seguida, (c) comente sobre a adequação deste aço para uso nas duas temperaturas.

8.40 Considere o aço 300-M com as propriedades para revenimento a 650 °C e 300 °C listadas na Tabela 8.1. Eixos cilíndricos para aplicações de engenharia estão sendo atualmente feitos a partir deste material revenido a 650 °C, possuindo um diâmetro de 54 mm. Os eixos são carregados com um momento de flexão de 8,0 kN·m e

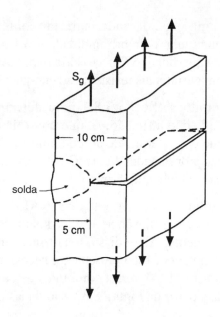

FIGURA P8.39

inspeções não destrutivas asseguram que não há fissuras mais profundas do que $a = 1,0$ mm. Além disso, o projeto requer um fator de segurança de pelo menos 2,0 contra o escoamento.

(a) O projeto atual é adequado? Assuma que quaisquer trincas presentes sejam superficiais e semicirculares, como na Figura 8.17 (d).

(b) Sugeriu-se que poderia ser obtida uma economia no peso e nos custos ao alterar o revenimento do material para 300 °C, de forma que um material com maior limite de escoamento permitiria trabalhar com um eixo de menor diâmetro. Qual seria o diâmetro mínimo de eixo que você recomendaria para o material revenido a 300 °C? Você recomendaria uma mudança para o material revenido a 300 °C?

8.41 Considere resfriamento rápido (choque térmico) dos vidros e cerâmicas listados na Tabela P8.41, com os dados adicionais da Tabela 8.2. O resfriamento brusco de uma fina camada superficial de material provoca uma tensão, como dada pela Equação 5.41.

Tabela P8.41			
Material	$\alpha\, 10^{-6}/°C$	E GPa	v
Vidro de silicato de sódio	9,1	69	0,2
MgO	13,5	300	0,18
Al_2O_3	8	400	0,22
SiC	4,5	396	0,22
Si_3N_4	2,9	310	0,27
Fontes: Tabelas 3.10, 5.2, P5.30 e [Creyke 82] p.50.			

412 CAPÍTULO 8 Fratura de Componentes com Trincas

(a) Assuma que uma peça de cada material contém uma pequena trinca superficial semicircular com profundidade $a = 1,0$ mm. Calcule a variação da temperatura superficial, ΔT, necessária para provocar a fratura para cada caso. Qual é o material mais resistente ao choque térmico? Qual é o menos?

(b) Aplique o método da Seção 3.8.1 para determinar a combinação de propriedades que dão a função, f_2, que controla a resistência ao choque térmico. Ordene os materiais de acordo com f_2. Comente sobre os efeitos de cada uma das propriedades K_{Ic}, α, E e ν e discorra sobre como cada uma afeta a resistência ao choque térmico.

8.42 Um eixo cilíndrico sólido deverá ser feito do aço AISI 4340 da Figura 8.32. Este deve resistir a um momento de flexão de $M = 3,8$ kN·m, com um fator de segurança de 2,0 contra o escoamento. Além disso, uma trinca superficial semicircular de profundidade $a = 1,0$ mm pode estar presente e é necessário um fator de segurança de 3 contra a fratura frágil. Algumas combinações de limite de escoamento e tenacidade à fratura, a partir da Figura 8.32, são dadas na Tabela P8.42.

(a) Para o material tratado termicamente para um limite de escoamento de 800 MPa, qual diâmetro do eixo é necessário para resistir ao escoamento se uma possível trinca puder ser ignorada? Além disso, qual diâmetro do eixo é necessário para resistir à ruptura devido a uma trinca de 1 mm, em que a possibilidade de escoamento deve ser ignorada?

(b) Qual valor do diâmetro em (a) deve ser escolhido para evitar a falha por qualquer causa?

(c) Repita (a) para as combinações adicionais dadas de limite de escoamento e tenacidade à fratura. Qual é a combinação destes parâmetros que levará a um projeto mais eficiente, de tal modo que o diâmetro e, assim, o peso, sejam minimizados?

(d) Repita a análise anterior para $a = 0,5$ mm e para $a = 2$ mm. A escolha de um limite de escoamento é sensível à dimensão da trinca que pode estar presente?

Tabela P8.42

σ_0, MPa	800	1.000	1.200	1.300	1.400	1.600	1.800
K_{Ic}, MPa$\sqrt{m}$	187	182	152	102	65	41	35

8.43 Na Figura 8.40, a tenacidade à fratura de placas laminadas de ligas de alumínio varia de acordo com a orientação do teste. Explique as razões para este comportamento físico, por que a tenacidade à fratura para a orientação *L-T* é a mais elevada, e por que a orientação *S-L* é a menor.

8.44 Escreva um parágrafo explicando o significado dos dados para o aço A533B-1 da Figura 8.41 nas condições não irradiado e irradiado.

8.45 Considere a escolha de um aço para um oleoduto em um clima frio, como o do Alasca ou da Sibéria. Quais são as características desejáveis de um material para esta aplicação? Que tipos de dados de teste devem estar disponíveis em materiais candidatos para servir como base para esta decisão?

8.46 Um eixo com 20 mm de diâmetro possui uma trinca superficial periférica, como na Figura 8.14, com uma profundidade $a = 1,5$ mm. O eixo é feito do aço AISI 4130 da Tabela 8.1 e está carregado com um momento de flexão de 150 N·m, combinado com um torque de 300 N·m. Qual é o fator de segurança contra a ruptura frágil? Notando que K_{IIIc} é desconhecida, uma suposição razoável e provavelmente conservadora é empregar uma relação da mesma forma que a Equação 8.34 e assumir que $K_{IIIc} = K_{Ic}/2$.

Seções 8.7, 8.8 e 8.9

8.47 Para a situação do Exemplo 8.4, sob as condições de tensão aplicada lá informadas, faça o seguinte:

(a) Determine se o estado plano de deformação é aplicável ou não e se a MFLE é aplicável ou não.

(b) Estime o tamanho da zona plástica, usando $2r_{0\sigma}$ ou $2\ r_{0\varepsilon}$, conforme o caso.

8.48 Uma placa com duas trincas laterais opostas de liga de alumínio 7075-T651 tem dimensões tais como definidas na Figura 8.12 (b), $b = 15,9$ mm, $t = 6,35$ mm, grande h e pré-trincas afiadas com $a = 5,7$ mm. Sob carga de tração, ocorreu falha por fratura repentina com uma força aplicada de $P_{máx} = 55,6$ kN. Antes disso, houve uma pequena quantidade de crescimento lento e estável da trinca, com a curva $P\text{-}v$ sendo similar à da Figura 8.28, Tipo I, e cruzando a linha com inclinação de 5% em $P_Q = 50,3$ kN.

(a) Calcule K_Q correspondendo a P_Q.

(b) No ponto K_Q, determine se o estado plano de deformação é aplicável ou não e se a MFLE é aplicável ou não.

(c) Qual é o significado do K_Q calculado?

8.49 Um teste de tenacidade à fratura foi conduzido em um aço AISI 4340 que possui um limite de escoamento de 1.380 MPa. Os corpos de prova compactos utilizados tinham dimensões tais como definidas na Figura 8.16, $b = 50,8$ mm, $t = 12,95$ mm e uma pré-trinca afiada com $a = 25,4$ mm. Ocorreu falha subitamente quando $P_Q = P_{máx} = 15,03$ kN, com a curva $P\text{-}v$ assemelhando-se ao Tipo III da Figura 8.28.

(a) Calcule K_Q na fratura.

(b) Será que este valor se qualifica como um valor válido para K_{Ic} (estado plano de deformação)?

(c) Estime o tamanho da zona plástica na fratura.

8.50 Na Tabela P8.50, estão listados dados para ensaios com corpos de prova compactos de liga de alumínio 7075-T651 com os mesmos tamanhos daqueles fotografados na Figura 8.47. Todos tinham dimensões tais como definidas na Figura 8.16: $b = 50,8$ e $h = 30,5$ mm. Além disso, estes possuíam pré-trincas afiadas iniciais e espessuras como tabuladas. Para cada teste, execute as seguintes tarefas:

(a) Calcule K_Q e determine se o K_Q é qualificado ou não como um valor válido para K_{Ic} (para deformação plana).

(b) Estime o tamanho da zona plástica em K_Q, usando $2r_{0\sigma}$ ou $2r_{0\varepsilon}$, conforme aplicável.

414 **CAPÍTULO 8** Fratura de Componentes com Trincas

(c) Determine se a análise pela MFLE é aplicável.

(d) Faça um gráfico de K_Q contra espessura t e comente sobre a tendência observada e sua relação com as superfícies de fratura na Figura 8.47.

(e) Para cada ensaio, empregue um comprimento de trinca, a_i, e a Figura A.16 (c) do Apêndice A para estimar a força de escoamento generalizado. Em seguida, compare estes valores com as mais altas forças, $P_{máx}$, alcançados antes da fratura. Qual é o significado da tendência observada?

Tabela P8.50

Nº Teste	a_i mm	t mm	P_Q kN	Base do P_Q (Fig. 8.28)	$P_{Máx}$ kN
1	24,10	3,18	2,56	P_5 para Tipo I	3,96
2	24,70	6,86	4,96	Pop-in, Tipo II	6,16
3	23,30	19,35	12	$P_{Máx}$ para Tipo III	12

8.51 Considere a forma $K = FS_g \sqrt{\pi a}$ e a limitação sobre a MFLE da Equação 8.39.

(a) Desenvolva uma equação que gere a maior razão admissível (S_g/σ_0) em uma função de F.

(b) Qual é o nível máximo de tensão (S_g/σ_0) para o uso da MFLE para $F = 1$, $F = 1,12$ e $F = 2/\pi$, correspondendo, respectivamente, a trincas no centro, na borda e trincas circulares incorporadas em corpos infinitos?

(c) Você poderia discorrer sobre as tendências da Figura 8.5 com base em seus resultados?

8.52 As combinações de comprimento de trinca e tensões correspondentes à falha na Figura 8.5 são dadas na Tabela P8.52.

Tabela P8.52

Nº Teste	Comprimento da Trinca a_c, mm	Tensão na Seção Nominal Bruta (na Fratura) S_g, MPa
1	3	453
2	5,35	405
3	10,7	342
4	18,43	276
5	34,6	202
6	62,19	142

(a) Trace estes dados, a linha para $\sigma_0 = 518$ MPa e a curva de $K_c = S\sqrt{\pi a} = 66$ MPa$\sqrt{m}$, assim como aparecem na Figura 8.5.

(b) Trace também uma curva revisada para $K_c = 66$ MPa$\sqrt{m}$, fazendo o ajuste da zona plástica.

(c) Comente sobre o sucesso da curva (b) na previsão do comportamento.

CAPÍTULO

Fadiga dos Materiais: Introdução e Abordagem Baseada em Tensão

9

9.1 Introdução...415
9.2 Definições e conceitos..417
9.3 Fontes de carregamento cíclico...428
9.4 Ensaios de fadiga..431
9.5 A natureza física dos danos por fadiga...435
9.6 Tendências nas curvas *S-N*..440
9.7 Tensões médias...450
9.8 Tensões multiaxiais...461
9.9 Carregamento de amplitude variável...466
9.10 Resumo..476

OBJETIVOS

- Explorar o comportamento em fadiga cíclica dos materiais como um processo de dano progressivo que leva à formação de trincas e à falha, incluindo as tendências para variáveis influenciadoras, tais como nível de tensão, geometria, condição superficial, meio e microestrutura.

- Revisar os testes laboratoriais para avaliação da fadiga, analisar dados típicos obtidos em ensaios para gerar curvas de tensão *versus* vida e avaliar os efeitos da tensão média.

- Aplicar métodos de engenharia para estimar a vida em fadiga, incluindo os efeitos da tensão média, tensões multiaxiais e níveis variados de carregamento cíclico; avaliar também os fatores de segurança em tensão e na vida.

st0015
9.1 INTRODUÇÃO

Componentes de máquinas, veículos e estruturas estão frequentemente sujeitos a cargas repetitivas, e as tensões cíclicas resultantes podem levar a danos físicos microscópicos nos materiais envolvidos. Mesmo em tensões bem abaixo da resistência mecânica de determinado material, esses danos microscópicos podem se acumular com a alternância das tensões até que se torne uma trinca ou outros danos macroscópicos que levam o componente à falha. Este processo de geração de danos seguido de falha devido ao carregamento cíclico é chamado *fadiga*. O uso desse termo surgiu porque parecia aos primeiros investigadores que as tensões cíclicas causavam uma gradual – mas não prontamente observável – mudança na capacidade do material de resistir à tensão.

Falhas mecânicas devido à fadiga compõem um objeto de estudo de engenharia há mais de 150 anos. Um estudo inicial neste sentido deveu-se a W. A. J. Albert, que testou correntes de elevadores de minas sob carregamento cíclico, na Alemanha, por

415

416 CAPÍTULO 9 Fadiga dos Materiais

volta de 1828. O termo *fadiga* foi usado já em 1839 no livro sobre mecânica do francês J. V. Poncelet. A fadiga foi ainda discutida e estudada, em meados do século XIX, por muitas pessoas em vários países, em resposta a falhas de componentes, tais como eixos de diligências ou ferroviários e de outros equipamentos, engrenagens, barras, perfis e vigas de pontes.

É especialmente notável o trabalho do alemão August Wöhler, iniciado na década de 1850, que foi motivado por falhas em eixos ferroviários. Ele começou o desenvolvimento de estratégias de projeto para evitar a falha por fadiga, tendo testado aços, ferros fundidos e outros metais sob flexão, torção e cargas axiais. Wöhler também demonstrou que a fadiga era afetada não apenas pelas tensões cíclicas, mas também pela tensão estática (média) e acompanhante dos componentes cíclicos de tensões. Estudos mais detalhados, seguidos ao de Wöhler, incluem os de Gerber e Goodman sobre a predição dos efeitos médios da tensão. Os primeiros trabalhos sobre a fadiga e esforços subsequentes, até a década de 1950, são revistos em um artigo escrito por Mann (1958).

Falhas por fadiga continuam a ser uma preocupação importante no projeto de engenharia. Lembre-se, como apresentado no Capítulo 1, de que os custos econômicos da fratura e sua prevenção são bastante grandes e observe que cerca de 80% desses custos envolvem situações nas quais um carregamento cíclico e a fadiga representam, ao menos, um fator contribuinte. Como resultado, o custo anual da fadiga dos materiais sobre a economia dos Estados Unidos é de cerca de 3% do Produto Nacional Bruto (PNB), sendo que uma porcentagem similar pode ser considerada para outras nações industriais. Esses custos surgem a partir da ocorrência ou prevenção de falha por fadiga para veículos terrestres, ferroviários, aeronaves de todos os tipos, pontes, guindastes, equipamentos de usina de energia, estruturas de poços de petróleo *offshore* (no mar) e uma grande variedade de máquinas e equipamentos diversos, incluindo itens domésticos comuns, brinquedos e equipamentos desportivos. Por exemplo, as turbinas eólicas usadas na geração de energia, Figura 9.1, são submetidas a cargas cíclicas, devido à rotação e à turbulência do vento, fazendo fadiga em um aspecto crítico do desenho da lâmina e das demais partes móveis.

Atualmente, existem três abordagens principais para analisar e projetar contra falhas por fadiga. A abordagem tradicional, *baseada na tensão*, foi desenvolvida essencialmente na sua forma atual, em 1955. Aqui, a análise baseia-se na tensão nominal (média) na região afetada do componente de engenharia. A tensão nominal que pode ser suportada sob carregamento cíclico é determinada considerando tensões médias e ajustando para os efeitos de concentradores de tensão, tais como ranhuras, furos, filetes e rasgos de chaveta. Outra abordagem é *baseada na deformação*, que envolve a análise mais detalhada do escoamento localizado que possa ocorrer em concentradores de tensão durante o carregamento cíclico. Finalmente, existe a abordagem da *mecânica de fratura*, que trata especificamente de trincas crescentes (propagantes) pelos métodos da mecânica de fratura.

A abordagem baseada em tensão é introduzida neste capítulo e ainda considerada no Capítulo 10, e a abordagem da mecânica de fratura é tratada no Capítulo 11. Discussão da abordagem baseada na deformação é adiada até o Capítulo 14, uma vez que é necessário, primeiro, considerar a deformação plástica dos materiais e nos componentes, conforme os Capítulos 12 e 13.

FIGURA 9.1 Grande turbina eólica de eixo horizontal em operação na ilha havaiana de Oahu. A lâmina tem uma extensão de ponta a ponta de 98 metros.

(Foto cortesia do Lewis Research Center – NASA, Cleveland, OH.)

9.2 DEFINIÇÕES E CONCEITOS

Uma discussão sobre a abordagem baseada em tensão começa com algumas definições e conceitos básicos necessários.

9.2.1 Descrição do Carregamento Cíclico

Algumas aplicações práticas, assim como muitos testes de fadiga de materiais, envolvem um carregamento cíclico entre níveis constantes de tensão máxima e mínima. Isso é chamado *carregamento em amplitude constante* e está ilustrado na Figura 9.2.

A *faixa de tensões*, $\Delta\sigma = \sigma_{máx} - \sigma_{mín}$, é a diferença entre os valores máximo e mínimo. A média entre os valores máximos e mínimos é a *tensão média*, σ_m. A tensão média pode ser zero, como na Figura 9.2 (a), mas muitas vezes não o é, como em (b). A metade da faixa de tensões é chamada *amplitude de tensões*, σ_a, que é a variação em torno da média. As expressões matemáticas para essas definições básicas são:

$$\sigma_a = \frac{\Delta\sigma}{2} = \frac{\sigma_{máx} - \sigma_{mín}}{2}, \quad \sigma_m = \frac{\sigma_{máx} + \sigma_{mín}}{2} \quad (a,b) \qquad (9.1)$$

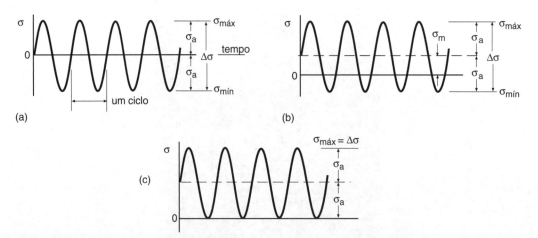

FIGURA 9.2 Carregamento cíclico de amplitude constante e a nomenclatura associada. O caso (a) representa o carregamento cíclico completamente reverso, $\sigma_m = 0$; (b) tem uma tensão média, $\sigma_m \neq 0$; e (c) mostra um ciclo de mínimo nulo, $\sigma_{mín} = 0$.

O termo *tensão alternada* é usado por alguns autores e tem o mesmo significado de amplitude de tensão. É também interessante notar que:

$$\sigma_{máx} = \sigma_m + \sigma_a, \quad \sigma_{mín} = \sigma_m - \sigma_a \tag{9.2}$$

Os sinais de σ_a e $\Delta\sigma$ são sempre positivos, uma vez que $\sigma_{máx} > \sigma_{mín}$, em que a tensão é considerada positiva. As quantidades $\sigma_{máx}$, $\sigma_{mín}$ e σ_m podem ser positivas ou negativas. As seguintes razões para duas destas variáveis às vezes são empregadas:

$$R = \frac{\sigma_{mín}}{\sigma_{máx}}, \quad A = \frac{\sigma_a}{\sigma_m} \tag{9.3}$$

em que R é chamada *razão entre tensões* e A, *razão de amplitude*. Algumas relações adicionais, derivadas das equações anteriores, também são úteis:

$$\begin{aligned}\sigma_a = \frac{\Delta\sigma}{2} = \frac{\sigma_{máx}}{2}(1-R), \quad \sigma_m = \frac{\sigma_{máx}}{2}(1+R) \quad &(a,b)\\ R = \frac{1-A}{1+A}, \quad A = \frac{1-R}{1+R} \quad &(c,d)\end{aligned} \tag{9.4}$$

Um carregamento cíclico com média nula pode ser especificado pela amplitude de tensões, σ_a, ou pelo valor da tensão máxima, $\sigma_{máx}$, que é numericamente igual à amplitude de tensões. Se a tensão média não é nula, dois valores independentes são necessários para especificar o carregamento. Algumas combinações que podem ser utilizadas são σ_a e σ_m, $\sigma_{máx}$ e R, $\Delta\sigma$ e R, $\sigma_{máx}$ e $\sigma_{mín}$ e σ_a e A. O termo *carregamento cíclico completamente reverso* é usado para descrever uma situação na qual $\sigma_m = 0$ ou $R = -1$, como na Figura 9.2 (a). Além disso, um *ciclo de mínimo nulo* refere-se a casos em que $\sigma_{mín} = 0$ ou $R = 0$, tal como na Figura 9.2 (c).

O mesmo sistema de subscritos (e do prefixo Δ) é usado de maneira análoga para outras variáveis, tais como deformação ε, força P, momento de flexão M e tensão nominal S. Por exemplo, $P_{máx}$ e $P_{mín}$ são as forças máxima e mínima, ΔP é a faixa de forças, P_m é força média e P_a é a amplitude de força. Se há qualquer possibilidade de confusão quando essas variáveis são empregadas para definir as razões R ou A, emprega-se um subscrito para evitar este problema, como no caso de R_ε para designar a relação entre deformações.

9.2.2 Tensão Pontual *versus* Tensão Nominal

É importante distinguir entre a tensão em um ponto, σ, e a tensão nominal ou média, S, e, por esta razão, usamos dois símbolos diferentes. A *tensão nominal* é calculada a partir da força, do momento ou de sua combinação, sendo que por uma questão de conveniência somente é igual a σ em certas situações. Considere os três casos da Figura 9.3. Em um carregamento axial simples (a), a tensão σ é a mesma em todos os lugares e, assim, é igual ao valor médio $S = P/A$, em que A é a área da seção transversal.

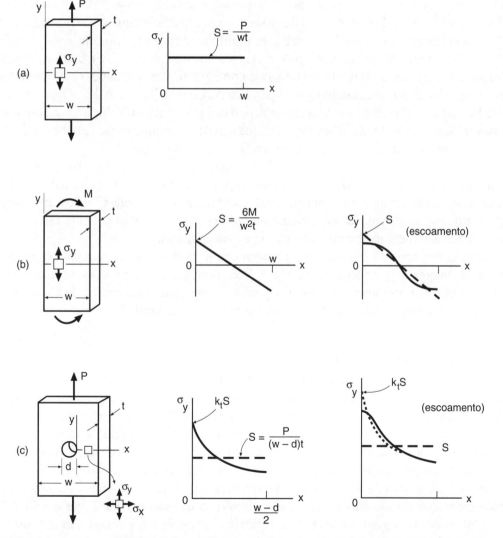

FIGURA 9.3 Tensões atuais (locais) e nominais para (a) tração simples, (b) flexão e (c) tração em um componente com entalhe. As distribuições das tensões locais σ_y *versus* x são mostradas como linhas contínuas e as distribuições hipotéticas associadas às tensões nominais S, como linhas tracejadas. Em (c), a distribuição das tensões que ocorreriam se não houvesse escoamento está mostrada por uma linha pontilhada.

420   CAPÍTULO 9 Fadiga dos Materiais

Na flexão, é normal calcular S a partir da equação de flexão elástica, $S = (M \cdot c)/I$, em que c é a distância a partir do eixo neutro para a borda e I é o momento de inércia em torno do eixo de flexão. Assim, $\sigma = S$ na borda do membro sob flexão, com σ, é claro, menor nas demais regiões, como ilustrado na Figura 9.3 (b). No entanto, se ocorre escoamento, a distribuição da tensão real torna-se não linear e σ na extremidade do membro não é mais igual a S. Isso também é ilustrado na Figura 9.3 (b). Apesar da limitação ao comportamento elástico, tais valores de S são muitas vezes calculados após o escoamento e isso pode conduzir à confusão. Tensões σ para flexão após escoamento podem ser obtidas através da substituição da fórmula de flexão elástica por uma análise mais geral, tal como descrito no Capítulo 13.

Para componentes com entalhes, a tensão nominal S é convencionalmente calculada a partir da área líquida remanescente após a remoção do entalhe. (O termo *entalhe* é usado em um sentido genérico para indicar qualquer concentrador de tensões, incluindo furos, ranhuras, filetes etc.). Se o carregamento é axial, emprega-se $S = P/A$ e, para flexão, $S = (M \cdot c)/I$ é calculado com base na flexão em toda a superfície líquida. Devido ao efeito do concentrador de tensões, S necessita ser multiplicada por um *fator de concentração de tensão elástica*, k_t, para obter o pico de tensão no entalhe, $\sigma = (k_t \cdot S)$, conforme ilustrado na Figura 9.3 (c). (Os valores de k_t e as correspondentes definições de S são dados para alguns casos representativos no Apêndice A, Figuras A.11 e A.12). Observe que k_t é baseado no comportamento linear-elástico dos materiais e o valor não se aplica se houver escoamento. Onde ocorrer escoamento, mesmo localmente no entalhe, a tensão atual σ é menor do que $(k_t \cdot S)$, como também ilustrado na Figura 9.3(c).

Tensões em componentes com entalhes e outras geometrias complexas podem ser determinadas a partir de *análise por elementos finitos* ou outros métodos numéricos. Tal análise considera comumente apenas o comportamento linear-elástico dos materiais, portanto tensões calculadas novamente não são corretas se o componente escoa, isto é, se a tensão calculada excede o limite de escoamento, σ_0.

Para evitar confusão, iremos seguir estritamente a distinção entre a tensão em um ponto de interesse, σ, e a tensão nominal, S. Para a carga axial de membros sem entalhes, em que $\sigma = S$, usaremos σ. No entanto, para a flexão e para membros com entalhes, S ou $(k_t \cdot S)$ será empregada, exceto quando for realmente apropriado usar σ.

9.2.3 Curvas Tensão *versus* Vida (*S-N*)

Se um corpo de prova de um material ou um componente de engenharia é submetido a um carregamento cíclico suficientemente severo, uma falha por fadiga ou outros danos irá se desenvolver, conduzindo a uma falha completa do membro. Se o teste é repetido com um nível de tensão mais elevado, o número de ciclos até a falha será menor.

Os resultados de tais testes para um número de diferentes níveis de tensão podem ser representados graficamente para se obter uma *curva de tensão-vida*, também chamada *curva S-N*. A amplitude de tensão ou a tensão nominal, σ_a ou S_a, é geralmente representada em função do número de ciclos até a falha N_f, como mostrado nas Figuras 9.4 e 9.5.

Um grupo de tais ensaios de fadiga gerando uma curva em *S-N* pode ser executado empregando tensão média nula ou uma tensão média específica não nula, σ_m. Também são comuns curvas *S-N* para um valor constante da razão de tensões, R. Embora as tensões sejam normalmente traçadas nestes gráficos como amplitudes, σ_a, às vezes são empregados os valores de $\Delta\sigma$ ou $\sigma_{máx}$ na representação gráfica. As Equações 9.2 e 9.4 podem ser utilizadas para converter curvas *S-N* desenhadas de uma forma para outra.

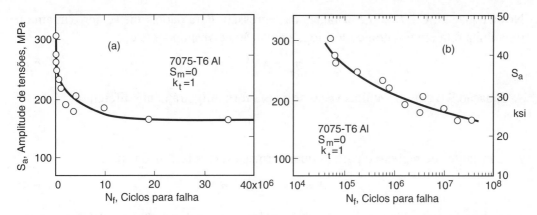

FIGURA 9.4 Curvas tensão *versus* vida (*S-N*), oriundas de ensaios de flexão rotativa de corpos de prova sem entalhes de uma liga de alumínio. Foram empregadas escalas lineares de tensão idênticas, mas os números de ciclo foram representados graficamente numa escala linear em (a) e em escala logarítmica em (b).

(Dados de [MacGregor 52].)

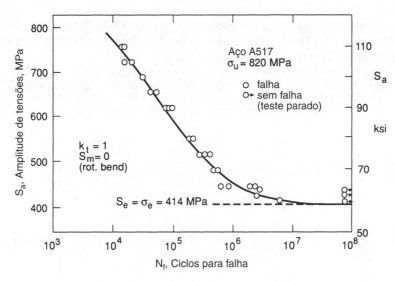

FIGURA 9.5 Curvas tensão *versus* vida (*S-N*), oriundas de ensaios de flexão rotativa de corpos de prova sem entalhes de um aço com um limite de fadiga distinto.

(Adaptado de [Brockenbrough 81]; usado com permissão.)

O número de ciclos até a falha muda rapidamente com o nível de tensão e pode variar ao longo de várias ordens de grandeza. Por esse motivo, os números de ciclos são normalmente representados graficamente numa escala logarítmica. A dificuldade de se empregar uma escala linear está ilustrada na Figura 9.4, em que os mesmos dados *S-N* são traçados em ambas as escalas, linear e logarítmica, para N_f. Na escala linear, os números de ciclos para as vidas mais curtas não podem ser lidos com precisão. Uma escala logarítmica é também muitas vezes utilizada para o eixo de tensão.

Se os dados *S-N* se distribuem aproximadamente em uma linha reta num gráfico log-linear, a seguinte equação de regressão pode ser empregada para ajustar os dados e, assim, obter uma representação matemática da curva:

$$\sigma_a = C + D \log N_f \tag{9.5}$$

CAPÍTULO 9 Fadiga dos Materiais

Nesta equação, C e D são constantes da regressão. Para dados que se aproximam de uma linha reta em um gráfico log-log, a equação correspondente é:

$$\sigma_a = AN_f^B \qquad (9.6)$$

A Equação 9.6 é usada muitas vezes sob uma forma ligeiramente diferente:

$$\sigma_a = \sigma_f'(2N_f)^b \qquad (9.7)$$

As constantes de regressão para as duas formas estão relacionadas por:

$$A = 2^b \sigma_f', \quad B = b \qquad (9.8)$$

Constantes para as Equações 9.6 e 9.7 estão apresentadas na Tabela 9.1 para vários metais de engenharia. Estes são baseados na regressão obtida em dados de testes

Tabela 9.1 Constantes para Curvas de Fadiga Tensão-Vida (S-N) Obtidas a partir de Testes de Fadiga Uniaxiais com Tensão Média Nula e com Amostras sem Entalhe para Várias Ligas de Engenharia Dúcteis

Material	Limite de Escoamento σ_0	Limite de Resistência σ_u	Tensão de Fratura Real $\tilde{\sigma}_{fB}$	$\sigma_a = \sigma_f'(2N_f)^b = A N_f^B$		
				σ_f'	A	$b = B$
(a) Aços						
SAE 1015 (normalizado)	228 (33)	415 (60,2)	726 (105)	1.020 (148)	927 (134)	-0,138
Aço-carbono estrutural (laminado a quente)	322 (46,7)	557 (80,8)	990 (144)	1.089 (158)	1.006 (146)	-0,115
RQC-100 (laminado, temperado e revenido)	683 (99)	758 (110)	1.186 (172)	938 (136)	897 (131)	-0,0648
SAE 4142 (temperado e revenido a 450 HB)	1.584 (230)	1.757 (255)	1.998 (290)	1.937 (281)	1.837 (266)	-0,0762
AISI 4340 (qualidade aeronáutica)	1.103 (160)	1.172 (170)	1.634 (237)	1.758 (255)	1.643 (238)	-0,0977
(b) Outras ligas						
Al 2024-T4	303 (44)	476 (69)	631 (91,5)	900 (131)	839 (122)	-0,102
Ti-6Al-4V (solubilizado e envelhecido)	1.185 (172)	1.233 (179)	1.717 (249)	2.030 (295)	1.889 (274)	-0,104

Notas: Os valores descritos têm unidades de MPa ou (ksi), exceto para as quantidades adimensionais b = B. Veja a Tabela 14.1 para fontes de propriedades adicionais. RQC é um tipo de chapa de aço fabricada pela antiga Bethlehem Steel Corporation, que é uma extensão da ASTM A 678, porém em maiores níveis de resistência e espessura do que as abrangidas pela especificação ASTM.

uniaxiais com corpos de prova sem entalhes e testados sob carregamento completamente invertido ($\sigma_m = 0$). É digno de nota que a Equação 9.7 tem sido amplamente adotada, com os valores de σ'_f e b, para $\sigma_m = 0$, sendo descritos como propriedades dos materiais.

Em curtas vidas por fadiga, as elevadas tensões envolvidas podem ser acompanhadas por deformações plásticas, tal como descrito nos Capítulos 12 e 14. No entanto, a Equação 9.7 continua sendo aplicável para os dados de teste uniaxiais a partir de amostras sem entalhe, exceto que, neste caso, são necessárias as amplitudes de tensão verdadeira, $\tilde{\sigma}_a$, se as deformações forem muito grandes. Além disso, frequentemente a constante σ'_f é similar à resistência à fratura verdadeira $\tilde{\sigma}_{fB}$, obtida a partir de um teste de tração que, para materiais dúcteis, é um valor maior do que o limite de resistência do material, σ_u.

Em alguns materiais, notavelmente o aço-carbono comum e de baixa liga, parece haver um nível de tensão distinto abaixo do qual a falha por fadiga não ocorre em condições normais. Isso está ilustrado na Figura 9.5, na qual a curva S-N parece tornar-se plana e se aproximar assimptoticamente da amplitude de tensão designada, S_e. Tais limites inferiores de tensão são chamados *limites de fadiga* ou, do inglês, *endurance limit*. Para corpos de prova sem entalhes e com um acabamento superficial liso estes limites são indicados como σ_e e são muitas vezes considerados propriedades do material.

O termo *resistência à fadiga* é usado para especificar um valor de amplitude de tensão a partir de uma curva S-N para uma vida de particular interesse. Assim, a *resistência à fadiga* em 10^5 ciclos é simplesmente a amplitude de tensão correspondente à $N_f = 10^5$. Outros termos usados com curvas S-N incluem *fadiga de alto ciclo* e *fadiga de ciclo baixo*. O primeiro identifica situações de longas vidas em fadiga em que a tensão é suficientemente baixa para que os efeitos de escoamento não dominem o comportamento mecânico. O número de ciclos em que a fadiga de alto ciclo inicia-se varia com o material, mas é tipicamente na faixa de 10^2 a 10^4 ciclos. Na faixa de baixos ciclos de fadiga, a abordagem mais geral do Capítulo 14, empregando-se a deformação, é particularmente útil, já que lida especificamente com os efeitos da deformação plástica.

EXEMPLO 9.1

Alguns valores de amplitude de tensão e os ciclos correspondentes à falha por fadiga são dados na Tabela E9.1 de testes sobre o aço AISI 4340 da Tabela 9.1. Os testes foram feitos em amostras sem entalhe, carregados axialmente e com tensão média nula.

(a) Trace estes dados em coordenadas log-log. Se houver uma tendência linear nesses dados, obtenha valores aproximados para as constantes A e B da Equação 9.6 a partir de dois pontos bem separados, oriundos de uma linha reta traçada pelos dados.

(b) Obtenha valores refinados para A e B, usando um ajuste linear pelo método dos mínimos quadrados do gráfico log N_f contra log σ_a.

Tabela E9.1

σ_a, MPa	N_f, ciclos
948	222
834	992
703	6.004
631	14.130
579	43.860
524	132.150

Fonte: Dados de [Dowling 73].

Solução:
(a) Os dados traçados estão mostrados na Figura E9.1. Eles parecem cair ao longo de uma linha reta, e o primeiro e o último ponto representam bem esta linha. Denotam estes pontos como (σ_1, N_1) e (σ_2, N_2), e aplicando a equação $\sigma_a = A N_f^B$ para ambos:

$$\sigma_1 = AN_1^B, \quad \sigma_2 = AN_2^B$$

Em seguida, ao se dividir a primeira equação pela segunda e tomando os logaritmos de ambos os lados:

$$\frac{\sigma_1}{\sigma_2} = \left(\frac{N_1}{N_2}\right)^B, \quad \log\frac{\sigma_1}{\sigma_2} = B\log\frac{N_1}{N_2}$$

Resolvendo para B, temos:

$$B = \frac{\log\sigma_1 - \log\sigma_2}{\log N_1 - \log N_2} = \frac{\log(948\,\text{MPa}) - \log(524\,\text{MPa})}{\log 222 - \log 132.150} = -0{,}0928 \quad \textbf{(Resposta)}$$

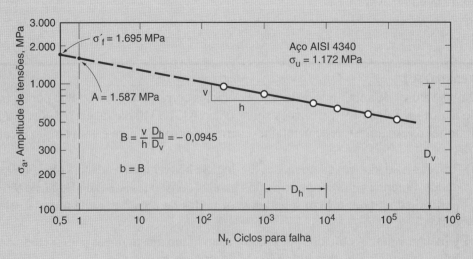

FIGURA E9.1

Uma vez que B é conhecido, A pode ser calculado a partir de qualquer ponto:

$$A = \frac{\sigma_1}{N_1^B} = \frac{948\,\text{MPa}}{2220^{0,0928}} = 1.565\,\text{MPa} \qquad \textbf{(Resposta)}$$

(b) Uma vez que a tensão é escolhida em cada teste, σ_a é a variável independente e N_f, a dependente. Assim, para prosseguir com um ajuste feito pelo método dos mínimos quadrados, deve-se resolver a Equação 9.6 para N_f, e em seguida, tomar o logaritmo de ambos os lados:

$$N_f = \left(\frac{\sigma_a}{A}\right)^{1/B}, \quad \log N_f = \frac{1}{B}\log\sigma_a - \frac{1}{B}\log A$$

Esta é uma linha reta em um gráfico log-log, por isso:

$$y = mx + c$$

em que y é a variável dependente e x, a independente. Então:

$$y = \log N_f, \quad x = \log\sigma_a, \quad m = 1/B, \quad c = -\frac{1}{B}\log A$$

Executando um ajuste linear pelo método dos mínimos quadrados baseado nestas equações:

$$m = -10,582; \quad c = 33,87$$

de forma que:

$$B = 1/m = -0,0945; \quad A = 10^{-cB} = 1.587 \qquad \textbf{(Resposta)}$$

A linha resultante é representada na Figura E9.1.

Discussão:

Os valores de A e B das Soluções (a) e (b) concordam aproximadamente uma com a outra e com os valores indicados na Tabela 9.1, que se baseiam em um conjunto maior de dados.

A partir da Equação 9.6, o coeficiente A é visto como sendo o intercepto σ_a em $N_f = 1$. Isso é mostrado na Figura E9.1. O expoente B representa a inclinação medida diretamente em um gráfico log-log com as mesmas escalas em ambos os eixos. Na Figura E9.1, como o espaçamento entre as décadas logarítmicas no eixo σ_a é duas vezes maior do que aquelas empregadas no eixo N_f, $D_v/D_h = 2$, a inclinação v/h medida diretamente a partir do gráfico deve ser dividida à metade para determinar graficamente um valor de B.

Além disso, σ'_f e b para a Equação 9.7 podem ser obtidas diretamente a partir de A e B. Usando a Equação 9.8 com os valores obtidos pelo método dos mínimos quadrados, obtemos

$$b = B = -0,0945, \quad \sigma'_f = \frac{A}{2^b} = \frac{1.587\,\text{MPa}}{2^{-0,0945}} = 1.695\,\text{MPa}$$

A partir da Equação 9.7, pode ser observado que a constante σ'_f é a intercepção em σ_a para o meio ciclo, $N_f = 0,5$, o que também está ilustrado na Figura E9.1.

9.2.4 Fatores de Segurança para as Curvas S-N

Considere um nível de tensão $\hat{\sigma}_a$ e um número de ciclos $\hat{N}$ esperados a ocorrer em serviço efetivo. Considere que tal combinação caia abaixo da curva de tensão-vida $\sigma_a = f(N_f)$, como ilustrado na Figura 9.6, que corresponderia a uma falha. Assim, deve haver um fator de segurança adequado para este caso. No ponto (1), pode ser obtida a amplitude de tensões σ_{a1} correspondente à falha na vida de serviço analisada $\hat{N}$. Comparando σ_{a1} com a tensão de serviço $\hat{\sigma}_a$ é possível obter um fator de segurança para a tensão como:

$$X_S = \frac{\sigma_{a1}}{\hat{\sigma}_a} \quad (N_f = \hat{N}) \tag{9.9}$$

Uma alternativa é empregar o Ponto (2), que descreve a vida N_{f2} correspondente ao serviço na tensão considerada $\hat{\sigma}_a$. Comparando N_{f2} com a vida de serviço $\hat{N}$ tem-se o fator de segurança na vida:

$$X_N = \frac{N_{f2}}{\hat{N}} \quad (\sigma_a = \hat{\sigma}_a) \tag{9.10}$$

Fatores de segurança em tensão para a fadiga devem ser semelhantes em magnitude a outros fatores de segurança baseados em tensão, como discutido nos capítulos anteriores, tipicamente na faixa de $X_S = 1,5$ a 3, dependendo das consequências da falha e se (ou não) os valores de $\hat{\sigma}_a$ e $\hat{N}$ são bem conhecidos. No entanto, vidas de fadiga são muito sensíveis ao valor da tensão, de modo que fatores de segurança relativamente grandes na vida são necessários para atingir fatores de segurança razoáveis em tensão. Assim, os fatores de segurança na vida devem estar na faixa de $X_N = 5$ a 20 ou mais.

Por exemplo, considere curvas tensão-vida da forma da Equação 9.6 e aplique esta relação aos pontos análogos a (1) e (2) da Figura 9.6:

$$\sigma_{a1} = A\hat{N}^B, \quad \hat{\sigma}_a = AN_{f2}^B \quad (a,b) \tag{9.11}$$

Substituindo os valores na Equação 9.9 e considerando a Equação 9.10 torna-se possível relacionar X_S e X_N:

$$X_S = \frac{A\hat{N}^B}{AN_{f2}^B} = \left(\frac{1}{X_N}\right)^B = X_N^{-B}, \quad X_N = X_S^{-1/B} \quad (a,b) \tag{9.12}$$

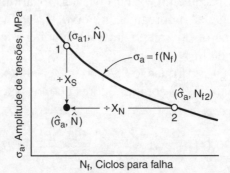

FIGURA 9.6 Curva tensão-vida e amplitude de tensões e o número de ciclos previsíveis em serviço real para valores de $\hat{\sigma}_a$ e $\hat{N}$ dando fatores de segurança de X_S em tensão e X_N na vida.

Assim, para a forma da curva tensão-vida dada pela Equação 9.6, determinado fator de segurança na tensão corresponde a um fator de segurança particular na vida, e vice-versa. O mesmo se aplica para a relação alternativa representada pela Equação 9.7, substituindo $b = B$. Para outras formas de curva tensão-vida que não formam uma linha reta em um gráfico log-log, o X_N que corresponde a determinado X_S irá variar com a vida.

Valores em torno $B = -0,1$ são típicos de curvas tensão-vida para amostras sem entalhes testadas axialmente de metais de engenharia, como descrito na Tabela 9.1. Curvas tensão-vida de testes em componentes de engenharia com entalhes normalmente apresentam expoentes em torno $B = -0,2$ e membros estruturais soldados em aço apresentam ao redor de $B = -1/3$. Aplicando a Equação 9.12 para estes valores de B, obtemos os seguintes fatores de segurança em vida, X_N, correspondentes a $X_S = 2$, e também fatores de segurança em tensão, X_S, para $X_N = 10$:

B	$-1/B$	X_N para $X_S = 2$	X_S para $X_N = 10$
-0,1	10	1.024	1,26
-0,2	5	32	1,58
-0,333	3	8	2,15

Vemos que um fator de segurança na vida muito grande é necessário até mesmo para alcançar um fator de segurança modesto em tensão, especialmente para as curvas S-N rasas, em que -1/B é grande.

Do Apêndice B, Tabela B.4, um típico coeficiente de variação para resistência à fadiga é $\delta_x = 10\%$. Com referência à Tabela B.3, isso implica uma taxa de falha de 0,1%, ou 1 em 1.000, a uma tensão de $3,09 \times 10\% = 30,9\%$ abaixo da média. Este, por sua vez, corresponde a uma tensão de 69,1% da média e a um fator de segurança em tensão de $X_S = 1/0,691 = 1,45$. Do mesmo modo, uma taxa de falhas de 0,01%, ou de 1 em 10.000, corresponde a $3,72 \times 10\% = 37,2\%$ abaixo da média, implicando um fator de segurança de $X_S = 1/0,628 = 1,59$. Casos particulares, naturalmente, têm mais ou menos variação do que o δ_x típico. Além disso, a lógica exposta presume que não existe erro na curva de S-N em si. Assim, tais taxas de falha e os fatores de segurança correspondentes X_S devem ser considerados apenas como um guia. Ainda assim, sugerem que os fatores de segurança em tensão para a fadiga geralmente devem ser maiores do que 1,5.

EXEMPLO 9.2

Para o aço AISI 4340 da Tabela 9.1, uma amplitude de tensão de $\hat{\sigma}_a = 500$ MPa será aplicada em serviço para $\hat{N} = 2.000$ ciclos. Quais são os fatores de segurança para a tensão e na vida?

Solução:

O fator de segurança na vida pode ser determinado com a aplicação da Equação 9.6 para calcular a vida correspondente ao ponto (2) na Figura 9.6. Assim, obtemos:

$$\sigma_a = \hat{\sigma}_a = AN_{f2}^B, \quad N_{f2} = \left(\frac{\hat{\sigma}_a}{A}\right)^{1/B} = \left(\frac{500 \text{ MPa}}{1.643 \text{ MPa}}\right)^{1/(-0,0977)} = 1.942 \times 10^5 \text{ ciclos}$$

$$X_N = \frac{N_{f2}}{\hat{N}} = \frac{1,942 \times 10^5}{2.000} = 97,1 \qquad \text{(Resposta)}$$

em que as constantes A e B do material foram obtidas da Tabela 9.1.

O fator de segurança na tensão pode ser calculado a partir da amplitude de tensão σ_{a1} correspondente ao ponto (1) da Figura 9.6, que é obtido substituindo $\hat{N} = 2.000$ ciclos na Equação 9.6:

$$\sigma_{a1} = AN_f^B = A\hat{N}^B = 1.643\,(2.000)^{-0,0977} = 782\,\text{MPa}$$

Assim, o fator de segurança para a tensão é

$$X_S = \frac{\sigma_{a1}}{\hat{\sigma}_a} = \frac{782\,\text{MPa}}{500\,\text{MPa}} = 1.564 \qquad \text{(Resposta)}$$

No entanto, devido à forma da curva tensão-vida dada pela Equação 9.6, este último cálculo pode ser feito de forma mais eficiente a partir de X_N e da Equação 9.12:

$$X_S = X_N^{-B} = 97,1^{-(-0,0977)} = 1.564$$

Discussão:

Nota-se que o modesto valor para o fator de segurança em tensão de $X_S = 1,56$ corresponde a um fator de segurança $X_N = 97,1$ que é bem elevado para a vida, conforme esperado, devido ao valor elevado de $-1/B = 10,2$ para a curva tensão-vida (S-N).

9.3 FONTES DE CARREGAMENTO CÍCLICO

Algumas aplicações práticas envolvem carregamento cíclico em uma amplitude constante, mas histórias de carregamento irregulares em função do tempo são mais comumente encontradas. Exemplos são dados nas Figuras 9.7 a 9.10. Cargas em componentes de máquinas, veículos e estruturas podem ser divididas em quatro categorias, dependendo da sua fonte. As *cargas estáticas* não variam e estão continuamente presentes. As *cargas de trabalho* mudam com o tempo e resultam da função desempenhada pelo componente. As *cargas vibratórias* são cargas cíclicas de alta frequência que surgem do ambiente ou como um efeito secundário da função do componente. Estes são frequentemente causados por turbulência de fluidos ou pela rugosidade de superfícies sólidas em contato umas com as outras. As *cargas acidentais* são eventos raros que não ocorrem em circunstâncias normais.

Considere pontes rodoviárias como um exemplo deste cenário. Cargas estáticas são causadas pelo peso sempre presente da estrutura e da estrada. Cargas de trabalho cíclicas são causadas pelos pesos dos veículos, especialmente caminhões pesados, movendo-se sobre a ponte. Cargas vibratórias são adicionadas às cargas de trabalho e são causadas por pneus que interagem com a aspereza da estrada, incluindo o rebote de veículos depois de passar por buracos na via. As pontes de longo alcance também estão sujeitas a cargas vibratórias devido à turbulência do vento. O carregamento acidental poderia ser causado por um caminhão mais alto do que o permissível ao bater em uma travessa da estrutura da ponte, ou mesmo por um terremoto.

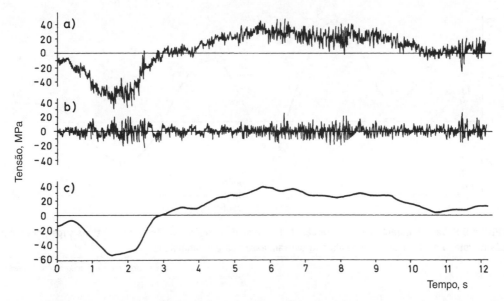

FIGURA 9.7 Amostras do registo das tensões no braço de direção articulado de um veículo a motor, incluindo a história original tensão-tempo (a), a separação na carga vibratória devido à aspereza da estrada (b) e a carga de trabalho devido à manobra do veículo (c).

(De [Buxbaum 73], usado com permissão, publicado pela primeira vez pela AGARD/NATO.)

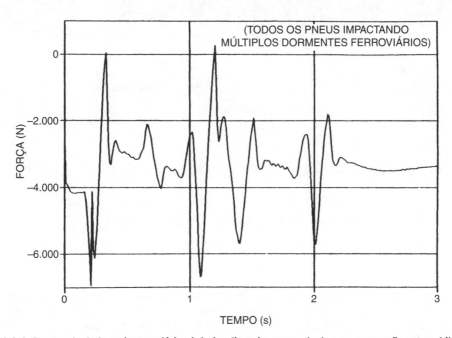

FIGURA 9.8 Força calculada na junta esférica inferior dianteira esquerda de uma suspensão automobilística, registrada enquanto os pneus passavam em cima de dormentes ferroviários.

(De [Thomas 87], usado com permissão; © SAE, Society of Automotive Engineers.)

As cargas de trabalho e as cargas vibratórias, assim como seus efeitos combinados, são as cargas cíclicas que podem causar falha por fadiga. No entanto, o dano devido a cargas cíclicas é maior se as cargas estáticas são mais severas, por isso também precisa ser considerado. As cargas acidentais podem desempenhar um papel adicional, causando

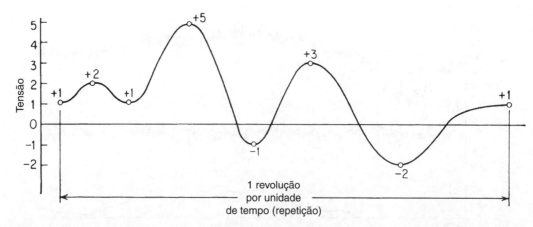

FIGURA 9.9 Cargas durante cada revolução de um rotor de helicóptero. As características superficiais das pás do rotor e a interação destas com o ar causam essas cargas dinâmicas.

(De [Boswell 59], usado com permissão.)

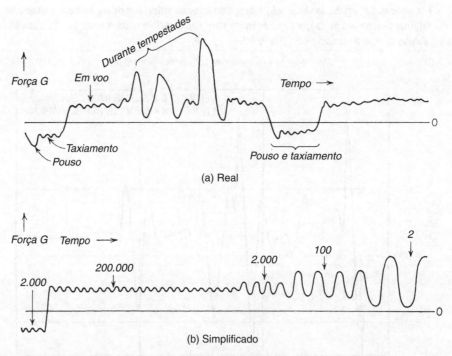

FIGURA 9.10 Carregamento para um voo de uma aeronave de asa fixa (a) e versão simplificada desta carga (b). As cargas de trabalho ocorrem devido a decolagens, manobras e pousos, e há cargas vibratórias devido à rugosidade da pista e à turbulência do ar, bem como cargas mais intensas oriundas de rajadas de vento ocorridas em tempestades.

(De [Waisman 59], usado com permissão.)

falhas de fadiga ou danificando um componente para que ele seja mais suscetível à fadiga causada por cargas subsequentes, mais comuns.

Curvas S-N obtidas por ensaios de amplitude constante podem ser usadas para estimar vidas de fadiga para condições de carregamentos irregulares com o tempo. A metodologia será introduzida no final deste capítulo.

9.4 ENSAIOS DE FADIGA

Testes em materiais para obter curvas *S-N* é uma prática generalizada. Várias Normas ASTM abordam testes de fadiga baseados em tensão para metais, especialmente a norma ASTM E466. Os dados e as curvas resultantes estão amplamente disponíveis na literatura publicada, incluindo vários manuais, conforme listado em uma seção especial das Referências. Uma compreensão da base desses testes é útil na efetiva utilização de seus resultados para fins de engenharia.

9.4.1 Equipamentos de Testes

Uma das máquinas empregadas por Wöhler testava um par de corpos de prova, que giravam sob flexão, presos por engastamento em um eixo rotor central, como mostrado na Figura 9.11. As molas forneciam uma força constante através de rolamentos, permitindo a rotação da amostra, de modo que o momento de flexão variasse linearmente com a distância ao ponto de fixação da mola. Em tal *ensaio de flexão rotativa*, qualquer ponto na amostra é submetido a uma tensão variando de modo senoidal à medida que gira a partir do lado da tração (topo da curvatura) para o lado de compressão (parte inferior da curvatura), completando um ciclo cada vez que a amostra roda 360°.

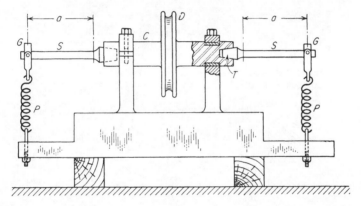

FIGURA 9.11 Máquina giratória de teste de fadiga empregando eixo rotor central usada por Wöhler. *D* – polia motriz; *C* – mandril de fixação das amostras; *T* - bico cônico do corpo de prova; *S* – corpo de prova; *a* – braço do momento; *G* – rolamento para carregamento; *P* – mola de carregamento.

(De [Hartmann 59], usado com permissão.)

Equipamentos para teste por flexão rotativa, operando em princípios similares, ainda são usados nos dias de hoje. Uma variação envolvendo flexão a quatro pontos provavelmente foi mais usada do que qualquer outro tipo de máquina de teste de fadiga. Isto está ilustrado na Figura 9.12. Os dois rolamentos próximos a cada extremidade da amostra sob teste permitem que a carga seja aplicada, enquanto a amostra gira e os dois rolamentos fora destes fornecem o apoio. Geralmente, um peso pendurado fornece a força constante. A flexão de quatro pontos tem a vantagem de proporcionar um momento de flexão constante e de cisalhamento nulo ao longo do comprimento da amostra. Para todas as formas de ensaio de flexão em rotação, o esforço cíclico tem um valor médio de zero. Isso ocorre porque a distância do eixo neutro de flexão a um ponto na superfície do corpo de prova varia simetricamente em torno de zero, à medida que a seção transversal circular gira.

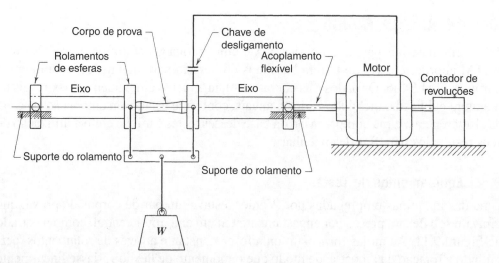

FIGURA 9.12 Máquina de ensaio de flexão rotativa de R. R. Moore.

(De [Richards 61] p. 382, reimpressa com permissão de PWS-Kent Publishing Co., Boston.)

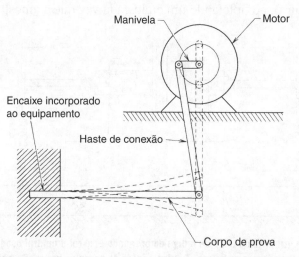

FIGURA 9.13 Máquina de teste de fadiga de flexão alternativa por haste, com base em deflexões controladas a partir de um excêntrico rotativo.

(De [Richards 61], p. 383, reimpressa com permissão da PWS-Kent Publishing Co., Boston.)

Uma manivela rotativa pode ser usada em um *ensaio de flexão alternada* para alcançar uma tensão média não nula, como mostrado na Figura 9.13. Alterações geométricas no aparelho que alteram efetivamente o comprimento da biela do acionamento excêntrico dão deflexões médias diferentes e, por conseguinte, tensões médias diferentes. Os corpos de prova são frequentemente planos, com a largura variada na quantidade apropriada para gerar uma tensão de flexão constante, apesar de o momento variar linearmente. Uma das amostras de teste mostrada na Figura 9.14 é deste tipo. Se o escoamento ocorrer neste ensaio, as tensões não podem ser facilmente determinadas a partir das deflexões, e a força ou a deformação do corpo de prova deve ser medida especificamente. O esforço axial com vários níveis médios pode ser conseguido através de uma modificação deste dispositivo.

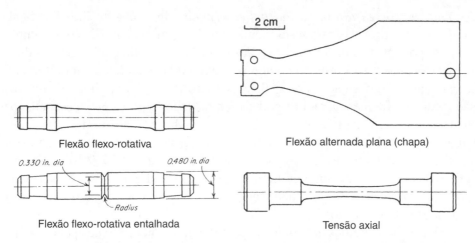

FIGURA 9.14 Diversos corpos de prova para testes de fadiga, todos mostrados na mesma escala.

(Adaptado de [Hartmann 59], usado com permissão.)

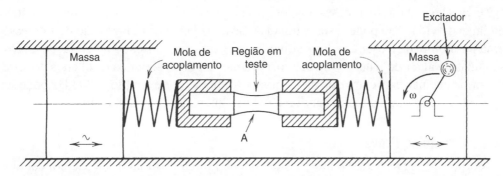

FIGURA 9.15 Máquina de ensaio axial de fadiga baseada numa vibração ressonante, causada por uma massa excêntrica rotativa.

(De [Collins 93] p. 179, reimpresso com permissão de John Wiley & Sons, Inc. copyright © 1993 por John Wiley & Sons, Inc.)

Uma tensão cíclica com nível médio nulo pode ser conseguida induzindo uma *vibração ressonante* num sistema elástico, tal como na máquina de ensaio axial baseada numa massa excêntrica rotativa, mostrada na Figura 9.15. Também são utilizados dispositivos de ressonância mais complexos, capazes de proporcionar tensões médias não nulas, e um princípio similar pode ser aplicado à flexão ou à torção. Além disso, a vibração pode ser induzida por outros meios, tais como efeitos eletromagnéticos, piezoelétricos ou acústicos. Frequências de ciclagem até 100 kHz são possíveis com algumas destas técnicas especiais. Em tais frequências muito elevadas, torna-se necessário realizar o resfriamento ativo da amostra para evitar superaquecimento.

As modificações e elaborações de dispositivos mecânicos simples, como descritas, permitem executar ensaios de fadiga em torção, flexão e torção combinadas, dobramento biaxial etc. Amostras de tubos de paredes finas podem ser sujeitas à pressão cíclica de fluido para obter tensões biaxiais. Todos os equipamentos de teste descritos até agora são mais adequados para carregamento de amplitude constante a uma frequência constante de ciclagem. No entanto, uma complexidade adicional pode ser adicionada a algumas destas máquinas para alcançar uma amplitude de mudança lenta ou nível médio.

434 CAPÍTULO 9 Fadiga dos Materiais

As *máquinas de ensaio servo-hidráulicas* em circuito fechado (Fig. 4.4) também são amplamente utilizadas para testes de fadiga. Este equipamento é caro e complexo, mas tem importantes vantagens sobre todos os outros tipos de equipamentos de teste de fadiga. As amostras de ensaio podem ser submetidas a ciclos de amplitude constante com cargas, deformações ou deflexões controladas. A amplitude de tensões, a tensão média e a frequência cíclica podem ser ajustadas para valores desejados pelos controles eletrônicos da máquina. Além disso, qualquer história de carregamento irregular disponível como um sinal elétrico pode ser aplicada sobre uma amostra de teste. Histórias altamente irregulares semelhantes às Figuras 9.7 a 9.10 podem assim ser utilizadas em ensaios que simulam de perto as condições reais de serviço. As máquinas *servo-hidráulicas* são atualmente controladas por computadores, assim como os resultados obtidos dos testes.

Na maioria dos aparelhos de ensaios descritos, a frequência é fixada pela velocidade de um motor elétrico ou pela frequência natural de um dispositivo vibratório ressonante. Essa frequência fixa está geralmente na faixa de 10 a 100 Hz. No último valor, um teste para 10^7 ciclos levaria 28 horas, um teste para 10^8 ciclos levaria 12 dias e um teste para 10^9 ciclos levaria quase 4 meses. Os longos tempos de teste colocam um limite prático na faixa de vidas que podem ser estudadas. Se as vidas muito longas são de interesse, uma possibilidade é usar um dispositivo de teste especial, baseado na vibração de ressonância de alta frequência. No entanto, a frequência pode afetar os resultados do teste, de forma que não está claro que uma curva *S-N* obtida, por exemplo, a 20 kHz pode ser aplicada ao carregamento em serviço a uma frequência muito mais baixa.

9.4.2 Corpos de Prova

Os corpos de prova para avaliar a resistência à fadiga dos materiais são concebidos para se ajustar ao aparelho de teste utilizado. Alguns exemplos são mostrados na Figura 9.14 e duas fraturas de testes de fadiga são mostradas na Figura 9.16. Os corpos de prova mais simples, chamados *corpos de prova não entalhados* ou *lisos*, não têm

FIGURA 9.16 Fotografias de corpos de prova de fadiga de alumínio 7075-T6 fraturadas: amostra axial não entalhada, diâmetro de 7,6 mm (esquerda) e placa de 19 mm de largura com um furo circular (direita). No corpo de prova não entalhado, a trinca começou na região plana com a cor ligeiramente mais clara e as trincas no corpo de prova entalhado começaram em cada lado do furo.

(Fotos de R. A. Simonds.)

aumento de tensão na região onde a falha ocorre. Uma variedade de corpos de prova que contêm concentradores de tensão, chamados *corpos de prova entalhados*, também é usada. Estes permitem a avaliação dos materiais em condições mais próximas das de um componente real. Os corpos de prova entalhados são caracterizados pelo valor do fator de concentração de tensão elástica, k_t.

Componentes estruturais reais, ou porções de componentes, tais como juntas aparafusadas ou soldadas, são muitas vezes sujeitos a ensaios de fadiga. Conjuntos estruturais, ou mesmo estruturas ou veículos inteiros, também são testados às vezes. Exemplos neste sentido são os testes de asas de aeronaves ou de seções a cauda, ou dos sistemas de suspensão de automóveis. Um teste de um automóvel inteiro já foi ilustrado na Figura 1.13.

9.5 A NATUREZA FÍSICA DOS DANOS POR FADIGA

Quando vistos a uma escala suficientemente pequena, todos os materiais são anisotrópicos e heterogêneos. Os metais de engenharia, por exemplo, são compostos por um agregado de pequenos grãos cristalinos. Dentro de cada grão, o comportamento é anisotrópico devido aos planos cristalinos, e se um limite de grão é cruzado a orientação destes planos muda. As incompatibilidades existem não apenas devido à estrutura do grão, mas também a pequenos vazios ou partículas de composição química diferente da maior parte do material, como silicatos duros ou inclusões de alumina no aço. As fases múltiplas, envolvendo grãos ou outras regiões de mais de uma composição química, são também comuns, conforme discutido no Capítulo 3. Como resultado desta microestrutura não uniforme, as tensões também são distribuídas de maneira não uniforme quando vistas em escala microestrutural. Regiões onde as tensões são severas geralmente são os pontos nos quais começam os danos de fadiga. Os detalhes do comportamento em um nível microestrutural variam amplamente para diferentes materiais devido às suas diferentes propriedades mecânicas macroscópicas e diferentes microestruturas.

Para metais de engenharia dúcteis, os grãos cristalinos, que têm uma orientação desfavorável relativamente à tensão aplicada, são os que primeiro desenvolvem bandas de deslizamento. Como discutido no Capítulo 2, as bandas de deslizamento são regiões nos quais há deformação intensa devido ao movimento de cisalhamento entre os planos cristalinos. Uma sequência de fotografias mostrando este processo é apresentada na Figura 9.17. Além disso, os danos das faixas de deslizamento ilustrados anteriormente, na Figura 2.22, foram causados por carregamento cíclico. Bandas de deslizamento adicionais formam-se à medida que mais ciclos são aplicados, e o seu número pode se tornar tão grande que a sua taxa de formação diminui, com o número de bandas de deslizamento aproximando-se de um nível de saturação. Bandas de deslizamento individuais tornam-se mais intensas e algumas evoluem para trincas dentro de grãos, que depois expandem-se para outros grãos, juntando-se com outras fissuras semelhantes e produzindo uma grande trinca que se propaga para a falha.

Para materiais de ductilidade um tanto limitada, tais como metais de alta resistência, os danos microestruturais são menos difundidos e tendem a ser concentrados em defeitos no material. Uma pequena trinca se desenvolve em um vazio, inclusão, banda de deslizamento, contorno de grão ou ranhura superficial, ou onde houver uma descontinuidade aguda inicialmente presente que, para fins práticos, já é essencialmente

436 CAPÍTULO 9 Fadiga dos Materiais

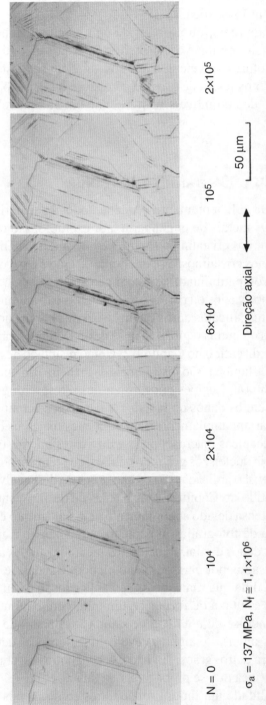

FIGURA 9.17 Processo de formação de danos pelas bandas de deslizamento durante o carregamento cíclico evoluindo para uma trinca em um latão 70Cu-30Zn recozido.

(Fotografias cortesias do Prof. H. Nisitani, Universidade Kyushu Sangyo, Fukuoka, Japão. Publicado em [Nisitani 81], reimpresso com permissão da Engineering Fracture Mechanics, Pergamon Press, Oxford, Reino Unido.)

uma trinca. Essa trinca cresce então em um plano geralmente normal ao esforço de tração até causar a falha, juntando-se às vezes com outras trincas ao longo do processo. Fotografias de danos progressivos deste tipo já foram apresentadas na Figura 1.8. Um exemplo de fratura por fadiga iniciada a partir de uma inclusão é mostrada na Figura 9.18. Assim, o processo em materiais de ductilidade limitada é caracterizado pela *propagação* de alguns defeitos, em contraste com a *intensificação de danos* mais generalizada do que ocorre em materiais altamente dúcteis. Em materiais compósitos fibrosos, os danos por fadiga são geralmente caracterizados por um número crescente de rupturas de fibras e pela delaminação que se espalha sobre uma área relativamente grande. Em vez de uma trinca distinta, a falha final nos compósitos fibrosos envolve uma geometria irregular de fibras puxadas da matriz e camadas separadas.

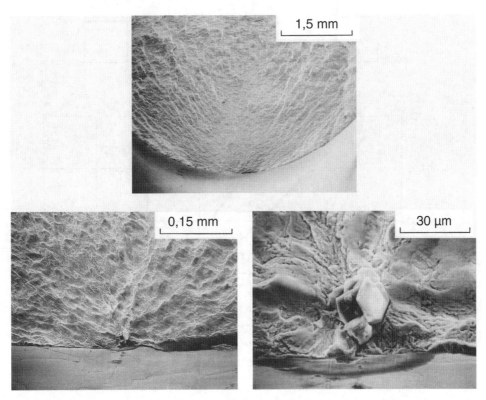

FIGURA 9.18 Origem de uma trinca de fadiga em uma amostra de teste axial não entalhada de aço AISI 4340 com σ_u = 780 MPa, testada em σ_a = 440 MPa, com σ_m = 0. A inclusão que iniciou a trinca pode ser observada nas duas ampliações maiores.

(Fotos de MEV de A. Madeyski, Westinghouse Science and Technology Center, Pittsburgh, PA, ver [Dowling 83] para dados relacionados.)

As curvas *S-N* podem ser traçadas não apenas para a falha (ruptura), mas também para números de ciclos necessários para atingir vários estágios do processo de dano, como ilustrado na Figura 9.19. Nesta figura, as curvas em um dos casos estão associadas aos danos originados pela deformação nas bandas de deslizamento de uma liga de alumínio recozida quase pura. Para o outro caso – uma liga de alumínio endurecida por precipitação – as curvas *S-N* são dadas para a primeira trinca detectada e para a fratura.

438 CAPÍTULO 9 Fadiga dos Materiais

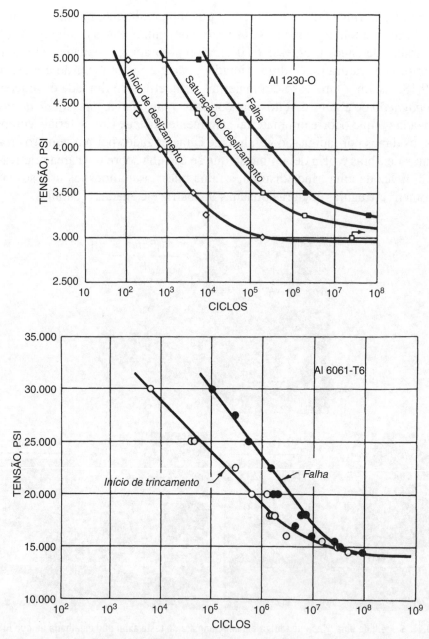

FIGURA 9.19 Curvas de tensão-vida (*S-N*) para flexão completamente invertida de corpos de prova lisos, mostrando vários estágios de dano por fadiga em um alumínio recozido a 99% (1230-0) e em uma liga de alumínio 6061-T6 endurecida.

(Adaptado de [Hunter 54] e [Hunter 56], copyright © ASTM, reimpresso com permissão.)

Onde a falha é dominada pelo crescimento de uma trinca, a fratura resultante, quando vista macroscopicamente, em geral exibe uma área relativamente lisa perto de sua origem. Isso pode ser visto nas Figuras 9.16, 9.18 e 9.20. A porção da fratura associada ao crescimento da trinca de fadiga é geralmente bastante plana e orientada de forma normal à tensão de tração aplicada. Superfícies mais grossas em geral indicam crescimento mais rápido, em que a taxa de crescimento costuma aumentar à medida que a trinca prossegue. Linhas curvas concêntricas sobre a origem da trinca,

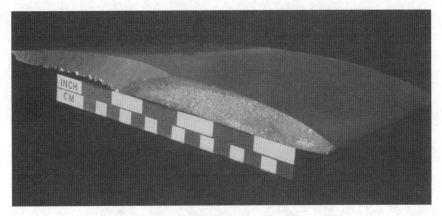

FIGURA 9.20 Falha por fadiga em uma hélice de avião feita de liga de alumínio. A falha começou com uma pequena ranhura na borda inferior, a aproximadamente 2 cm da extremidade direita da escala.

(Foto de R. A. Simonds, amostra emprestada para uso pelo Prof. J. L. Lytton, da Virginia Tech, Blacksburg, VA.)

chamadas *marcas de praia*, estão frequentemente presentes e marcam o progresso da trinca ao longo de vários estágios, como visto na Figura 9.20 e, mais claramente, na Figura 9.21. Marcas de praia indicam mudanças na textura da superfície de fratura, como resultado da trinca retardada ou acelerada, o que pode ocorrer devido ao nível de tensão, à temperatura ou ao ambiente químico alterado. Marcas de praia também podem ser causadas por descoloração, devido a maiores quantidades de corrosão em porções mais antigas da superfície de fratura.

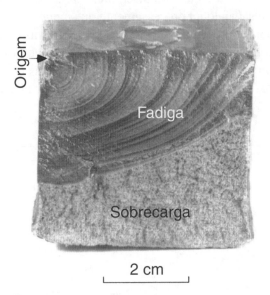

FIGURA 9.21 Superfícies de fratura por fadiga e fratura frágil final em um componente de aço com 18% Mn.

(Foto cortesia de A. Madeyski, Westinghouse Science and Technology Center, Pittsburgh, PA.)

Após a trinca ter atingido um tamanho suficiente, ocorre uma falha final que pode ser dúctil, envolvendo deformação considerável, ou frágil, com pouca deformação. A área final da fratura é geralmente áspera na textura, e, nos materiais dúcteis, forma um *lábio de cisalhamento* inclinado aproximadamente a 45° ao esforço aplicado.

Estas características podem ser vistas nas Figuras 9.16, 9.20 e 9.21. O exame microscópico das superfícies de fratura por fadiga em materiais dúcteis frequentemente revela a presença de marcas deixadas pelo progresso da trinca em cada ciclo. Estas são chamadas *estrias* e podem ser vistas na Figura 9.22.

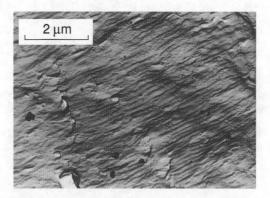

FIGURA 9.22 Estrias de fadiga espaçadas aproximadamente a 0,12 μm entre si, a partir de uma superfície de fratura de um aço Ni-Cr-Mo-V.

(Foto cortesia de A. Madeyski, Westinghouse Ciência e Tecnologia Center, Pittsburgh, PA, publicado em [Madeyski 78], copyright © ASTM, reimpresso com permissão.)

9.6 TENDÊNCIAS NAS CURVAS *S-N*

As curvas *S-N* variam amplamente para diferentes classes de materiais e são afetadas por uma gama de fatores. Qualquer processamento que mude as propriedades mecânicas estáticas ou a microestrutura também pode afetar as curvas *S-N*. Outros fatores de importância incluem tensão média, geometria dos componentes, ambiente químico, temperatura, frequência cíclica e tensão residual. Algumas curvas *S-N* típicas para metais já foram apresentadas e as curvas para vários polímeros são mostradas na Figura 9.23.

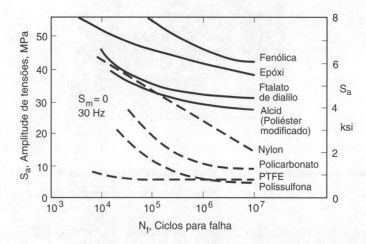

FIGURA 9.23 Curvas de tensão-vida (*S-N*) em flexão alternativa de termoplásticos endurecidos com minerais e vidro (*linhas contínuas*) e termoplásticos sem endurecimento (*linhas tracejadas*).

(Adaptado de [Riddell 74], usado com permissão.)

9.6.1 Tendências com o Limite de Resistência, Tensão Média e Geometria

Os limites de fadiga de corpos de prova lisos de aços frequentemente valem cerca de metade da resistência à tração final, o que está ilustrado na Figura 9.24. Os valores caem abaixo de $\sigma_e \approx 0{,}5\sigma_u$ em níveis de alta resistência, em que a maioria dos aços tem ductilidade limitada. Isso indica que um grau razoável de ductilidade é útil para proporcionar resistência ao carregamento cíclico. A falta de apreciação ao fato pode levar a falhas por fadiga em situações nas quais a fadiga não era anteriormente um problema, como na substituição de materiais de alta resistência para economizar peso em veículos. Correlações semelhantes existem para outros metais, mas os limites de fadiga são geralmente inferiores à metade do limite de resistência. Isso é ilustrado na Figura 9.25 para as ligas de alumínio trabalháveis.

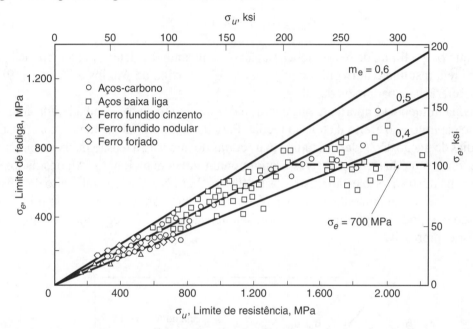

FIGURA 9.24 Limites de fadiga por flexão rotativa, ou tensões de fadiga para 10^7 a 10^8 ciclos, a partir de corpos de prova polidos de vários metais ferrosos. As inclinações $m_e = \sigma_e/\sigma_u$ indicam a média e os extremos aproximados dos dados para $\sigma_u < 1.400$ MPa.

(A partir de dados compilados por [Forrest 62].)

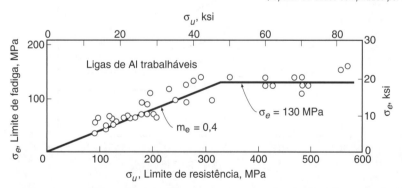

FIGURA 9.25 Resistências à fadiga em flexão rotativa a 5×10^8 ciclos para várias condições de tratamento de ligas de alumínio trabalháveis comuns, incluindo as ligas 1100, 2014, 2024, 3003, 5052, 6061, 6063 e 7075. A inclinação $m_e = \sigma_e/\sigma_u$ indica o comportamento médio para $\sigma_u < 325$ MPa.

(Adaptado de Stress, Strain and Strength, [Juvinall 67] p. 215, reproduzido com permissão, The McGraw-Hill Companies, Inc.)

As Figuras 9.24 e 9.25 aplicam-se para um estado uniaxial de tensão e para tensão média nula, portanto os valores precisam ser ajustados para outras situações. Por exemplo, para um estado de esforço de cisalhamento puro devido à torção o limite de fadiga para tensão média zero pode ser estimado a partir do valor de flexão por:

$$\tau_{er} = \sigma_{erb}/\sqrt{3} = 0{,}577\sigma_{erb} \tag{9.13}$$

Os termoplásticos reforçados com fibra de vidro são tipicamente testados em fadiga, em tração ou flexão, com níveis de tensão do zero ao máximo. Estes compósitos podem ter vários detalhes de reforço, tais como fibras unidirecionais contínuas, mantas de fibras picadas aleatórias ou fibras curtas cortadas para moldagem por injeção. Suas curvas S-N para $R \approx 0$ são às vezes aproximadas por uma relação da forma da Equação 9.5, ou seja:

$$\sigma_{máx} = \sigma_u(1 - 0{,}1 \log N_f) \tag{9.14}$$

em que σ_u é o limite de resistência à tração. A constante 0,1 determina a inclinação da linha reta resultante num gráfico log-linear. Veja o artigo de Adkins e Kander (1988) nas Referências para mais detalhes.

Uma influência importante nas curvas S-N que será mais bem considerada adiante, neste capítulo, é o efeito da tensão média. Para dada amplitude de tensões, as tensões médias de tração dão vidas em fadiga mais curtas do que para a tensão média nula, sendo que tensões médias compressivas proporcionam vidas mais longas. Alguns dados de teste que ilustram isso estão ilustrados na Figura 9.26. Nota-se que tal efeito da tensão média diminui ou aumenta a curva S-N, de modo que, para uma vida, a amplitude de tensão que pode ser permitida é menor, se a tensão média for de tração, ou superior, se for compressiva.

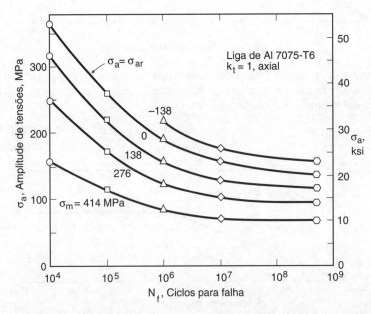

FIGURA 9.26 Curvas S-N para carregamento axial em várias tensões médias, para corpos de prova não entalhados, para uma liga de alumínio. As curvas conectam tensões médias de resistência à fadiga para um número de lotes do material.

(Dados de [Howell 55].)

Os concentradores de tensão (entalhes) encurtam a vida – isto é, abaixam a curva S-N – tanto mais quanto maior for o fator de concentração de tensão elástica, k_t. Um exemplo deste efeito está mostrado na Figura 9.27. Outra tendência importante é que os entalhes têm um efeito relativamente mais severo nos materiais de alta resistência e de ductilidade limitada. Os efeitos dos entalhes são tratados mais detalhadamente no próximo capítulo, e também mais adiante, no Capítulo 14.

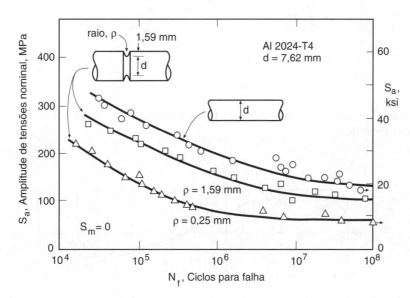

FIGURA 9.27 Efeitos de entalhes com k_t = 1,6 e 3,1 nas curvas *S-N* obtidas por flexão rotativa de uma liga de alumínio.

(Adaptado de [MacGregor 52]).

9.6.2 Efeitos do Ambiente e Frequência de Ciclagem

Ambientes químicos hostis podem acelerar o início e o crescimento de trincas de fadiga. Um mecanismo é pelo desenvolvimento de *pits* de corrosão, que, em seguida, agem como concentradores de tensão. Em outros casos, o ambiente induz um crescimento de trincas mais rápido por reações químicas e dissolução de material na ponta da trinca. Por exemplo, ensaiar uma liga de alumínio numa solução de sal semelhante à água do mar diminui a sua curva *S-N*, como mostrado na Figura 9.28.

Mesmo a umidade e os gases no ar podem agir como um ambiente hostil, especialmente em altas temperaturas. A fluência, que é a deformação dependente do tempo, também ocorre mais facilmente em altas temperaturas, e, quando combinada com carregamento cíclico, a fluência pode ter um efeito sinérgico que encurta a vida de forma inesperada. Em geral, os efeitos químicos ou térmicos são maiores se houver mais tempo disponível para que ocorram. Em tais situações, isso leva à vida de fadiga variar com a frequência de aplicação dos ciclos, sendo que a vida é mais curta para frequências de ciclagem mais lentas. Tais efeitos são evidentes na Figura 9.29.

Os polímeros podem aumentar a temperatura durante o carregamento cíclico, uma vez que estes materiais produzem frequentemente uma energia interna considerável devido à sua deformação viscoelástica, que deve ser dissipada como calor. O efeito é agravado porque esses materiais têm uma má capacidade para conduzir o calor para o seu ambiente. Uma consequência disso é que a curva *S-N* é afetada não apenas pela

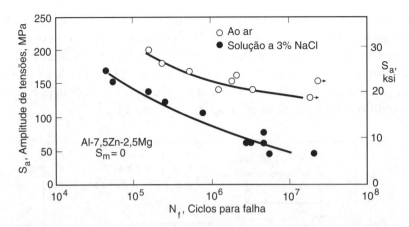

FIGURA 9.28 Efeito de uma solução de sal semelhante à água do mar no comportamento de fadiga sob flexão de uma liga de alumínio.

(Dados de [Stubbington 61].)

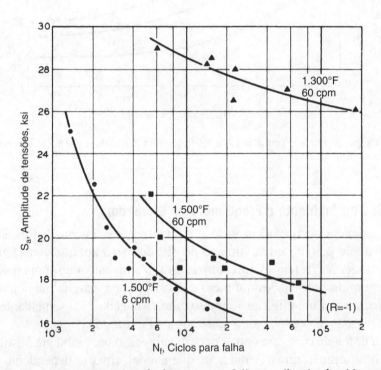

FIGURA 9.29 Efeitos da temperatura e frequência nas curvas *S-N* para a liga de níquel Inconel. (Ilustração de [Gohn 64] de dados em [Carlson 59], usado com permissão.)

frequência, mas também pela espessura do corpo de prova, já que os corpos de prova mais finos são mais eficientes na condução do calor gerado na fadiga.

9.6.3 Efeitos da Microestrutura

Qualquer alteração na microestrutura ou estado da superfície tem o potencial de alterar a curva *S-N*, especialmente em vidas de longa duração. Nos metais, a resistência à fadiga é geralmente reforçada pela redução do tamanho das inclusões e vazios, pelo pequeno tamanho de grão e por uma densa rede de discordâncias. No entanto, um processamento

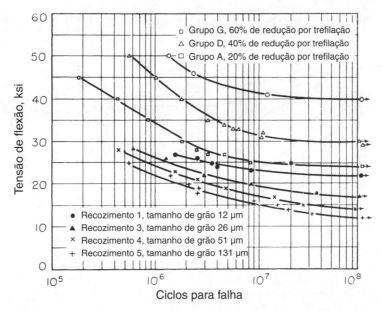

FIGURA 9.30 Influência do tamanho do grão e do trabalho a frio nas curvas *S-N* obtidas por flexão rotativa para o latão 70Cu-30Zn.

(De [Sinclair 52], usado com permissão.)

especial destinado a melhorias devido à microestrutura pode não ser bem-sucedido, a menos que possa ser conseguido sem diminuir substancialmente a ductilidade. Algumas curvas *S-N* para latão que ilustram os efeitos decorrentes da microestrutura estão mostradas na Figura 9.30. Neste material, um maior grau de trabalho a frio por trefilação aumenta a densidade de discordâncias e, portanto, a resistência à fadiga. Tamanhos de grãos maiores são obtidos por um recozimento mais completo (demorado), diminuindo assim a resistência à fadiga.

As microestruturas dos materiais variam frequentemente com a direção, por exemplo, devido ao alongamento de grãos e às inclusões na direção de laminação em placas metálicas. A resistência à fadiga pode ser menor nas direções nas quais a tensão é normal à direção de laminação de placas metálicas, onde há uma estrutura orientada como descrito. Efeitos semelhantes são especialmente pronunciados em materiais compósitos fibrosos, em que as propriedades e estrutura são altamente dependentes da direção. A resistência à fadiga é maior quando um número maior de fibras é paralelo à tensão aplicada e especialmente baixo para tensões normais ao plano de uma estrutura laminada.

9.6.4 Tensões Residuais e Outros Efeitos Superficiais

As tensões internas no material, denominadas *tensões residuais*, têm um efeito semelhante à aplicação de uma tensão média. Assim, tensões residuais compressivas são benéficas. Estas podem ser introduzidas pelo alongamento permanente de uma fina camada superficial, escoando-a em tração. O material subjacente tenta então recuperar o seu tamanho original por deformação elástica, forçando a camada superficial em compressão.

Um meio de fazer isso é bombardear a superfície com pequenas esferas de aço ou de vidro, procedimento chamado *shot peening*. Outra é exercendo flexão suficiente para

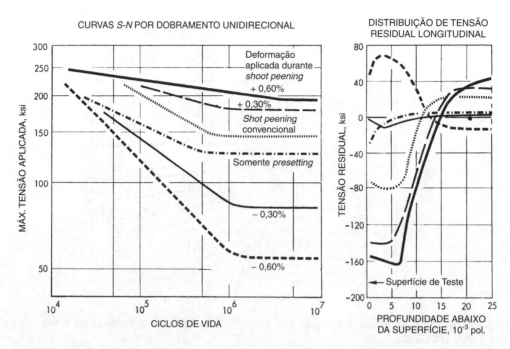

FIGURA 9.31 Curvas *S-N* para flexão de zero ao máximo (esquerda) e tensões residuais (direita), para vários tipos de feixe de molas de aço tratadas por *shot peening*.

(De [Mattson 59], cortesia de General Motors Research Laboratories.)

escoar uma fina camada superficial, o que é chamado *pré-ajustamento* (*presetting*). No entanto, este último tem um efeito oposto (por conseguinte, nocivo) no outro lado do elemento que foi dobrado, de forma que o procedimento é útil apenas quando o carregamento em serviço ocorre principalmente em um dos lados do componente, como em um feixe de molas em suspensões de veículos terrestres. Várias combinações de pré--ajustamento e de *shot peening* afetam as curvas *S-N* para os elementos de um feixe de molas de aço quando flexionadas de zero ao seu máximo, como mostrado na Figura 9.31. Os efeitos se correlacionam como esperado com as tensões residuais medidas.

Superfícies mais suaves resultantes de uma usinagem mais cuidadosa em geral melhoram a resistência à fadiga, embora alguns procedimentos de usinagem sejam prejudiciais, pois introduzem tensões residuais de tração. Vários tratamentos superficiais, tal como cementação ou nitretação de aços, podem alterar a microestrutura, a composição química ou a tensão residual na superfície e, portanto, afetar a resistência à fadiga. O revestimento, tal como a eletrodeposição de níquel ou cromo do aço (chapeamento), geralmente introduz tensões residuais de tração e, desta forma, é, por conseguinte, prejudicial. Além disso, o próprio material depositado pode ter uma menor resistência à fadiga do que o material de base, de modo que as fissuras começam facilmente no revestimento e depois avançam para o material de base. O *shot peening* após chapeamento pode ajudar tornando a tensão residual compressiva.

A soldagem resulta em geometrias que envolvem levantamentos de tensões e deformações residuais que ocorrem frequentemente como resultado de um resfriamento irregular a partir do estado fundido. Podem existir microestruturas incomuns, bem como porosidade ou outras pequenas falhas. Assim, a presença de soldas geralmente reduz a resistência à fadiga e requer atenção especial.

9.6.5 Comportamento do Limite em Fadiga

Muitos aços e alguns outros materiais parecem exibir um *limite de fadiga* distinto – isto é, uma tensão segura abaixo da qual a falha de fadiga parece nunca ocorrer, como na Figura 9.5. Para outros materiais, tais como muitos metais não ferrosos, observa-se que a curva de tensão-vida (*S-N*) diminui continuamente, na medida em que os dados de teste estejam disponíveis. Isso pode ser visto para as ligas de alumínio, nas Figuras 9.4 e 9.27, e para o latão, na Figura 9.30.

O conceito de limite de fadiga é amplamente empregado no projeto de engenharia. Mesmo materiais que não têm um limite de fadiga distinto às vezes são assumidos como tendo este comportamento para fins de uso em projeto. Neste caso, a resistência à fadiga em uma longa vida, definida arbitrariamente, é dita como sendo o seu limite de fadiga, onde além desta vida a curva tensão-vida diminui apenas muito gradualmente. Tal suposição para uma vida de 5×10^8 ciclos é a base para os dados da Figura 9.25.

Devido aos longos tempos de testes necessários para atingir vidas além de 10^7 ciclos, a maioria dos dados de fadiga disponíveis está limitada a este intervalo. No entanto, os dados de ensaio mais recentes, que se prolongam para 10^9 ciclos e para além, têm exibido o surpreendente comportamento de uma queda na curva tensão-vida para além da região plana na faixa de 10^6 a 10^7 ciclos. Este comportamento foi observado em vários aços e outros metais de engenharia, com um conjunto de tais dados mostrado na Figura 9.32. Estudos detalhados revelam que existem dois mecanismos concorrentes de falha de fadiga: falha que começa a partir de defeitos de superfície e falha que começa a partir de inclusões internas não metálicas. O primeiro domina o comportamento até cerca de 10^7 ciclos e exibe o limite aparente de fadiga, mas o último provoca falhas em tensões mais baixas e vidas muito longas. Assim, quando um grande número de ciclos é aplicado em serviço, o conceito de tensão segura pode não ser válido. Consulte o livro de Bathias (2005) para mais detalhes.

Há problemas adicionais com o conceito de limite de fadiga. Estes surgem do fato de que o limite de fadiga ocorre porque o processo de dano progressivo é difícil de iniciar abaixo deste nível. Mas se o processo de fadiga pode começar de alguma forma, então ele pode prosseguir abaixo do limite de fadiga. Assim, a corrosão pode

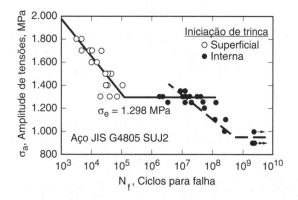

FIGURA 9.32 Curva de tensão-vida que se estende até um intervalo de vida muito longo para um aço para rolamentos com dureza HV = 778, correspondendo a $\sigma_u \approx 2.350$ MPa, contendo 1% de carbono e 1,45% de cromo. Os corpos de prova foram testados por T. Sakai e M. Takeda na Universidade de Ritsumeikan ao ar (de laboratório) a 52,5 Hz utilizando um dispositivo de dobramento rotativo.

(Adaptado de [Sakai 00], usado com permissão da Society of Materials Science, Japão.)

causar pequenos *pits* ou outros danos superficiais que permitam que trincas de fadiga se iniciem, resultando na continuação para baixo do limite de fadiga usual da curva tensão-vida para o material corroído.

Um efeito semelhante pode ocorrer quando um grande número de ciclos com baixa tensão é combinado na história de carregamento com ciclos severos ocasionais. Níveis elevados de tensão tendem a iniciar dano de fadiga num número de ciclos N que é apenas uma pequena fração da vida de falha N_f em tais níveis. Por conseguinte, a ocorrência de um pequeno número de ciclos graves pode causar danos que são então propagados até a falha por tensões abaixo do limite habitual de fadiga.

Dados de ensaio que ilustram isso para um aço de baixa resistência estão apresentados na Figura 9.33. Para os pontos de dados correspondentes a *sobredeformações periódicas*, o material foi submetido a um ciclo severo em intervalos de 10^5 ciclos. Embora a fração de vida cumulativa, $\sum N/N_f$, para os ciclos de sobredeformações nunca tenha excedido poucos pontos percentuais, houve um grande efeito sobre a vida, com a falha ocorrendo agora abaixo do limite de fadiga, σ_e, próximo da extrapolação da linha da Equação 9.7. Os resultados de ensaios de vários investigadores sugerem que tal comportamento ocorre para todos os aços com um limite de fadiga distinto, e comportamento semelhante ocorre provavelmente para qualquer outro metal com um limite de fadiga distinto.

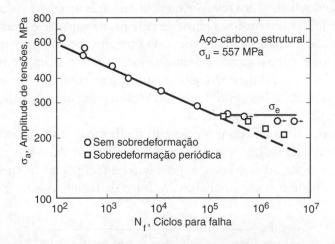

FIGURA 9.33 Dados de tensão-vida para um aço de baixa resistência testado em ciclo de amplitude constante com tensão média nula. Os testes com sobredeformações periódicas incluíram ciclos severos aplicados a cada 10^5 ciclos, mas com seu $\sum N/N_f$ não superior a alguns pontos percentuais.

(Dados de [Brose 74].)

O comportamento como acabamos de descrever é um tipo de *efeito de sequência*, que é qualquer situação em que o carregamento prévio em um nível de tensão afeta o comportamento em um segundo nível de tensão. Consulte a Seção 14.6 para uma maior discussão e dados ilustrativos.

9.6.6 Dispersão Estatística

Se vários testes de fadiga forem executados a um nível de tensão, haverá sempre dispersão estatística considerável na vida de fadiga obtida. Alguns dados *S-N* que ilustram isso estão indicados na Figura 9.34. A dispersão ocorre devido à variação de amostra

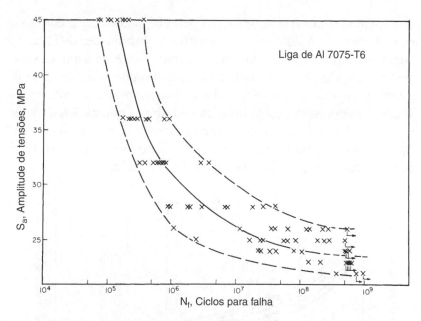

FIGURA 9.34 Dispersão dos dados *S-N* obtidos por flexão rotativa para uma liga de alumínio não entalhada.

(Adaptado de [Grover 66] p. 44.)

para amostra nas propriedades dos materiais, nos tamanhos dos defeitos internos e na rugosidade superficial, assim como pelo controle imperfeito das variáveis de teste, como a umidade e o alinhamento das amostras. Se a dispersão estatística dos ciclos para a falha N_f é analisada, geralmente obtém-se uma distribuição distorcida, como na Figura 9.35 (à esquerda). No entanto, se em vez de N_f for empregada como variável o logaritmo de N_f, então uma distribuição simétrica é geralmente obtida, como mostrado na Figura 9.35 (à direita). O uso de uma distribuição estatística gaussiana padrão (também chamada normal) do log N_f é assim possível, o que equivale a uma distribuição *log normal* de N_f. Outros modelos estatísticos também são usados, como a distribuição de Weibull. A dispersão em log N_f quase sempre é vista aumentando com a vida, o que pode ser observado na Figura 9.34.

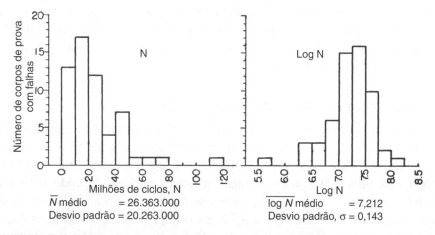

FIGURA 9.35 Distribuição das vidas de fadiga para 57 pequenos corpos de prova de liga de alumínio 7075-T6 testados com S_a = 207 MPa (30 ksi) em flexão rotativa.

(De [Sinclair 53], usado com permissão da ASME.)

A análise estatística dos dados de fadiga permite estabelecer a curva *S-N* média, juntamente com curvas *S-N* adicionais para várias probabilidades de falha. Um exemplo é mostrado na Figura 9.36. Tal família de curvas *S-N-P* dá detalhes sobre o espalhamento estatístico. Como as curvas *S-N* são afetadas por uma variedade de fatores, como acabamento superficial, frequência dos ciclos, temperatura, ambientes químicos hostis e tensões residuais, as probabilidades de falha de curvas *S-N-P* determinadas com base em dados laboratoriais devem ser consideradas apenas estimativas. Margens de segurança adicionais geralmente são necessárias no projeto para explicar as complexidades e as incertezas que não estão incluídas nos dados.

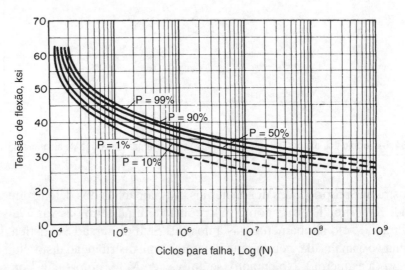

FIGURA 9.36 Família de curvas *S-N* obtidas por flexão rotativa para várias probabilidades de falha, P, a partir de dados para corpos de prova pequenos não entalhados de liga de alumínio 7075-T6.

(De [Sinclair 53], usado com permissão da ASME.)

9.7 TENSÕES MÉDIAS

As curvas *S-N* que incluem dados para várias tensões médias estão amplamente disponíveis para metais de engenharia comumente utilizados e, por vezes, para outros materiais. Nesta seção, vamos considerar o efeito da tensão média com algum detalhe, incluindo equações que foram desenvolvidas para estimar o efeito, em que dados específicos não estão disponíveis.

9.7.1 Apresentação dos Dados de Tensão Média

Um procedimento usado para desenvolver dados sobre efeitos da tensão média é selecionar vários valores de tensão média, executando testes com amplitudes de tensão diferentes para cada um deles. Os resultados podem ser representados como uma família de curvas *S-N*, cada uma para uma tensão média diferente, como já ilustrado na Figura 9.26.

Um meio alternativo de apresentar a mesma informação é por um *diagrama de vida constante*, como mostrado na Figura 9.37. Isso é feito tomando-se pontos das curvas *S-N* em vários valores de vida em ciclos e traçando combinações de amplitude de tensão e tensão média que produzem cada uma dessas vidas. A interpolação entre as linhas em qualquer tipo de gráfico pode ser usada para obter vidas de fadiga para várias

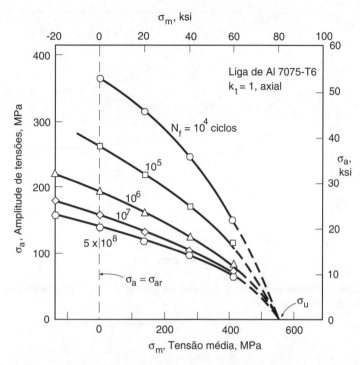

FIGURA 9.37 Diagrama de vida constante para a liga de alumínio 7075-T6, retirado das curvas S-N da Figura 9.26.

tensões aplicadas. A apresentação do diagrama de vida constante mostra claramente que, para manter a mesma vida, o aumento da tensão média na direção da tração deve ser acompanhado por uma diminuição na amplitude da tensão.

Outro procedimento frequentemente utilizado para desenvolver dados sobre o efeito da tensão média é escolher vários valores da relação entre tensões, $R = \sigma_{mín}/\sigma_{máx}$, e executar ensaios em vários níveis de tensão para cada um dos valores de R. Obtém-se uma família diferente de curvas S-N, cada uma correspondendo a um diferente valor de R. Um exemplo está mostrado na Figura 9.38. Neste exemplo, os valores de $\sigma_{máx}$ são plotados. Curvas S-N para valores constantes de R fornecem as mesmas informações, mas de forma diferente, que curvas S-N para valores constantes de tensão média.

9.7.2 Diagramas de Amplitude e Média de Tensões Normalizadas

Seja a amplitude de tensão para o caso particular da tensão média nula designada por σ_{ar}. Em um diagrama de vida constante, σ_{ar} é, portanto, o intercepto em $\sigma_m = 0$ da curva para qualquer vida particular. O gráfico pode então ser normalizado de uma forma útil, traçando valores da razão σ_a/σ_{ar} versus a tensão média σ_m. O resultado da normalização dos dados da Figura 9.37 é mostrado na Figura 9.39. Tal *diagrama de amplitude e média de tensões normalizadas* obriga a concordância em $\sigma_m = 0$, em que $\sigma_a/\sigma_{ar} = 1$, e tende a consolidar os dados de várias tensões e de vidas médias em uma única curva. Isso fornece uma oportunidade para ajustar os dados nesta única curva através de uma equação que represente tais dados. Para valores de amplitude de tensão aproximando-se de zero, a tensão média deve se aproximar da resistência final do material, de modo que uma linha ou curva que representa esses dados também deve passar pelo ponto $(\sigma_m, \sigma_a/\sigma_{ar}) = (\sigma_u, 0)$.

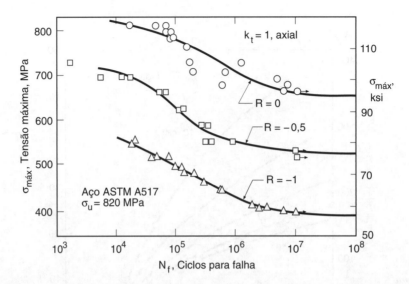

FIGURA 9.38 Curvas de tensão-vida para carga axial em um aço ASTM A517 não entalhado para valores constantes da relação entre tensões *R*.

(Adaptado de [Brockenbrough 81], usado com permissão.)

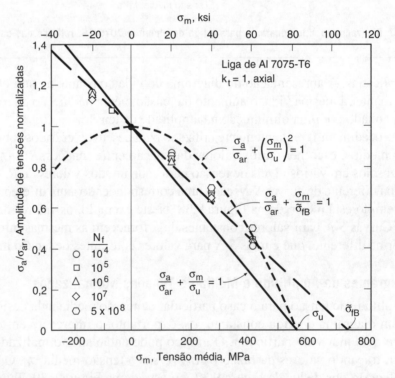

FIGURA 9.39 Diagrama de amplitude e média de tensões normalizadas para a liga de alumínio 7075-T6, com base na Figura 9.37.

Uma linha reta é frequentemente usada, como ilustrado pela linha contínua na Figura 9.39. Isso é justificado pela observação de que, para tensões médias de tração, a maioria dos dados para materiais dúcteis tendem a estar próximos ou além desta linha, como é o caso na Figura 9.39. Portanto, a linha reta é geralmente conservadora – ou seja, o erro é tal que causa maior segurança nas estimativas de vida. A equação desta linha é

$$\frac{\sigma_a}{\sigma_{ar}} + \frac{\sigma_m}{\sigma_u} = 1 \qquad (9.15)$$

Esta relação é também utilizada para limites de fadiga, para os quais σ_a e σ_{ar} tornam-se σ_e e σ_{er}, respectivamente. A Equação 9.15 e a linha reta correspondente no gráfico normalizado foram desenvolvidas por Smith (1942), a partir de uma proposta inicial de Goodman, e são chamadas *equação e linha de Goodman modificadas*, respectivamente.

9.7.3 Equações de Tensão Média Adicionais

Várias outras equações foram propostas como tentativas de ajustar mais de perto a tendência central dos dados de fadiga deste tipo. Uma das primeiras a ser empregada foi a *parábola de Gerber*; curva também mostrada na Figura 9.39 e que está associada à equação:

$$\frac{\sigma_a}{\sigma_{ar}} + \left(\frac{\sigma_m}{\sigma_u}\right)^2 = 1 \quad (\sigma_m \geq 0) \qquad (9.16)$$

Esta equação particular é limitada às tensões médias de tração, uma vez que prediz incorretamente um efeito nocivo para as tensões médias compressivas.

Uma concordância melhorada para metais dúcteis é muitas vezes possível substituindo σ_u na Equação 9.15 pela: (a) resistência à fratura verdadeira corrigida, $\tilde{\sigma}_{fB}$, obtida a partir de um ensaio de tração, conforme definido na Seção 4.5; ou (b) constante σ_f da curva *S-N* axial não entalhada para $\sigma_m = 0$, na forma de Equação 9.7. As correspondentes novas equações são:

$$\frac{\sigma_a}{\sigma_{ar}} + \frac{\sigma_m}{\tilde{\sigma}_{fB}} = 1, \quad \frac{\sigma_a}{\sigma_{ar}} + \frac{\sigma_m}{\sigma_f'} = 1 \quad (a,b) \qquad (9.17)$$

Tal modificação da linha Goodman foi proposta por J. Morrow na primeira edição do *Society of Automotive Engineers' Fatigue Design Handbook* (Graham, Millan & Appl, 1968). A constante σ_f' é muitas vezes aproximadamente igual a $\tilde{\sigma}_{fB}$ e ambos os valores são um pouco maiores do que σ_u para os metais dúcteis. O uso dos valores de $\tilde{\sigma}_{fB}$, que é o maior valor do intercepto ao eixo σ_m, como mostrado pela linha tracejada na Figura 9.39, tende a dar melhor concordância com os dados do teste para tensões médias de tração e compressão do que o uso de σ_u.

A Equação 9.17 (b) com σ_f' geralmente acarreta resultados razoáveis para aços. No entanto, para algumas ligas de alumínio, $\tilde{\sigma}_{fB}$ e σ_f' podem diferir significativamente, e isso está associado aos dados de tensão-vida que não se encaixam muito bem na Equação 9.7 para vidas curtas. Nestes casos, obtém-se melhor concordância com os dados do teste empregando-se a Equação 9.17 (a) com $\tilde{\sigma}_{fB}$.

Uma relação adicional que é empregada com frequência é a equação de Smith, Watson e Topper (SWT). Duas formas equivalentes são:

$$\sigma_{ar} = \sqrt{\sigma_{máx}\sigma_a} \quad (\sigma_{máx} > 0) \quad (a)$$

$$\sigma_{ar} = \sigma_{máx}\sqrt{\frac{1-R}{2}} \quad (\sigma_{máx} > 0) \quad (b) \qquad (9.18)$$

454 **CAPÍTULO 9** Fadiga dos Materiais

Qualquer uma delas pode ser escolhida por uma questão de conveniência. Considerando que $\sigma_{máx} = \sigma_m + \sigma_a$, vemos que a forma (a) inclui as mesmas variáveis que as outras equações de tensão média. A forma (b) pode ser obtida a partir de (a), empregando a Equação 9.4 (a) para eliminar σ_a. A relação SWT tem a vantagem de não confiar em qualquer constante material.

A expressão final que iremos considerar é a equação de Walker, que emprega uma constante (propriedade) do material, γ. Duas formas equivalentes são:

$$\sigma_{ar} = \sigma_{máx}^{1-\gamma}\sigma_a^\gamma \qquad (\sigma_{máx} > 0) \quad (a)$$

$$\sigma_{ar} = \sigma_{máx}\left(\frac{1-R}{2}\right)^\gamma \quad (\sigma_{máx} > 0) \quad (b) \tag{9.19}$$

O ajuste dos dados para mais de uma tensão média ou razão R é necessário para obter γ, que será descrito no Capítulo 10. Observe que a relação SWT pode ser pensada como um caso especial de Walker em que $\gamma = 0,5$. Nem as equações de SWT, nem as de Walker podem ser mostradas como uma única curva em um gráfico de σ_a/σ_{ar} *versus* σ_m, como na Figura 9.39. Mas ambas formam uma única curva em um gráfico de σ_a/σ_{ar} *versus* σ_m/σ_{ar}, de modo que as comparações aos dados de teste podem ser feitas nesta base.

Considerando todas as equações dadas para a tensão média, nem as equações de Goodman, nem as de Gerber são muito precisas, sendo as primeiras excessivamente conservadoras e as últimas muitas vezes não conservadoras. A relação Morrow, na forma da Equação 9.17 (a), usualmente possui uma precisão razoável, mas sofre porque o valor da tensão verdadeira de fratura - $\tilde{\sigma}_{fB}$ não é sempre conhecida. A Equação 9.17 (b) com σ_f ajusta muito bem os dados para aços, mas deve ser evitada para ligas de alumínio e talvez para outros metais não ferrosos. A expressão SWT da Equação 9.18 é uma boa escolha para uso geral e ajusta particularmente bem os dados para ligas de alumínio. A relação de Walker, Equação 9.19, é a melhor opção na qual existem dados para ajustar o valor de γ.

Em um trabalho recente, Dowling, Calhoun e Arcari (2009) fornecem uma comparação das equações de tensão média para uma série de conjuntos de dados de teste de fadiga. Neste estudo, nota-se que a constante de Walker, γ, diminui para metais de maior resistência, indicando uma sensibilidade crescente à tensão média. Para os aços, os dados analisados fornecem a seguinte equação para estimar γ a partir da resistência à tração final:

$$\gamma = -0,000200\sigma_u + 0,8818 \quad (\sigma_u \text{ em MPa}) \tag{9.20}$$

9.7.4 Estimativa da Vida com a Tensão Média

Considere que uma equação representando o comportamento sob fadiga pela amplitude de tensão (σ_a) e pela média de tensões (σ_m), como a Equação 9.17 (b), seja resolvida para tensões completamente invertidas, σ_{ar}:

$$\sigma_{ar} = \frac{\sigma_a}{1 - \dfrac{\sigma_m}{\sigma_f'}} \tag{9.21}$$

Substituindo os valores da amplitude de tensão, σ_a, e da tensão média, σ_m, obtém-se uma amplitude de tensão, σ_{ar}, que se espera produzir a mesma vida em tensão média nula que seria obtida pela combinação (σ_a, σ_m). Assim, σ_{ar} pode ser considerada uma *amplitude de tensão equivalente completamente invertida* ($\sigma_m = 0$). A substituição de σ_{ar} por uma curva de tensão-vida para tensão média nula fornece assim uma estimativa de vida para a combinação (σ_a, σ_m).

Por exemplo, suponha que a curva *S-N* para carregamento completamente invertido é conhecida e tem a forma da Equação 9.7. Como os testes em $\sigma_m = 0$ são empregados para obter as constantes σ'_f e b, a amplitude de tensão σ_a corresponde ao caso especial denotado σ_{ar}, de modo que, para nossos propósitos atuais, a equação precisa ser escrita como:

$$\sigma_{ar} = \sigma'_f (2N_f)^b \qquad (9.22)$$

Combinando este resultado com a Equação 9.21, é produzida uma equação de tensão-vida mais geral que se aplica às tensões médias não nulas:

$$\sigma_a = (\sigma'_f - \sigma_m)(2N_f)^b \qquad (9.23)$$

Observe que esta equação se reduz à Equação 9.7 para o caso especial em que $\sigma_m = 0$. Num gráfico log-log, a Equação 9.23 produz uma família de curvas σ_a-N_f para diferentes valores de tensão média, que são todas linhas retas paralelas.

Qualquer uma das equações para as tensões médias anteriores pode ser empregada de forma semelhante para generalizar a equação de tensão-vida. Como outro exemplo, combinando a Equação 9.22 com a relação SWT da Equação 9.18, obtém-se:

$$
\begin{aligned}
\sqrt{\sigma_{máx}\sigma_a} &= \sigma'_f(2N_f)^b & (\sigma_{máx} > 0) \quad &\text{(a)} \\
\sigma_{máx}\sqrt{\frac{1-R}{2}} &= \sigma'_f(2N_f)^b & (\sigma_{máx} > 0) \quad &\text{(b)} \\
N_f &= \infty & (\sigma_{máx} \leq 0) \quad &\text{(c)}
\end{aligned}
\qquad (9.24)
$$

em que qualquer uma das duas formas (a) e (b) pode ser utilizada, quando for conveniente. Note que (c) é necessária, quando σ_{ar} da Equação 9.18 é zero, se $\sigma_{máx}$ for zero, e é indefinida se $\sigma_{máx}$ for negativa. Assim, a equação SWT prevê que a falha por fadiga não é possível a menos que as tensões cíclicas se estendam para carregamentos em tração.

A tensão equivalente completamente invertida, σ_{ar}, também é útil como meio de avaliar o sucesso de qualquer equação considerada de tensão média, de forma a tornar aparente a precisão das estimativas de vida. Suponha que os dados de vida de fadiga, N_f, estejam disponíveis para várias combinações de amplitude de tensão e média, σ_a e σ_m, ou para várias combinações de $\sigma_{máx}$ e R. Valores de σ_{ar} podem então ser calculados para cada teste e, em seguida, estes podem ser traçados *versus* os valores de N_f correspondentes. Se a equação de tensão média for bem-sucedida, então todos os dados de σ_{ar} concordarão de perto com a curva de tensão-vida para a tensão média nula, como para a Equação 9.22. Isso será demonstrado por um dos exemplos seguintes.

456 **CAPÍTULO 9** Fadiga dos Materiais

EXEMPLO 9.3

O aço AISI 4340 da Tabela 9.1 é submetido a um carregamento cíclico com uma tensão média de tração de $\sigma_m = 200$ MPa.

(a) Qual é a expectativa de vida se a amplitude de tensão for $\sigma_a = 450$ MPa?

(b) Estime a curva σ_a *versus* N_f para este valor de σ_m.

Primeira solução:

(a) A curva *S-N* da Tabela 9.1 para a tensão média nula é dada pelas constantes $\sigma_f' = 1.758$ MPa e $b = -0,0977$, aplicáveis na Equação 9.7. As estimativas de vida podem ser feitas para σ_m não nula, entrando na Equação 9.7 com os valores de tensão equivalente completamente invertida σ_{ar}:

$$\sigma_{ar} = \sigma_f' \, (2N_f)^b = 1.758 \, (2N_f)^{-0,0977} \text{ MPa}$$

Calculando σ_{ar} da Equação 9.21:

$$\sigma_{ar} = \frac{\sigma_a}{1 - \dfrac{\sigma_m}{\sigma_f'}} = \frac{450}{1 - \dfrac{200}{1.758}} = 507,8 \text{ MPa}$$

Resolvendo a equação de vida para N_f e substituindo σ_{ar}, produz-se o resultado desejado:

$$N_f = \frac{1}{2}\left(\frac{\sigma_{ar}}{\sigma_f'}\right)^{1/b} = \frac{1}{2}\left(\frac{507,8}{1.758}\right)^{1/(-0,0977)} = 166.000 \text{ ciclos} \quad \textbf{(Resposta)}$$

Observando que as Equações 9.7 e 9.21 foram combinadas para obter a Equação 9.23, obtemos o mesmo resultado em menos etapas, resolvendo esta última equação para N_f:

$$N_f = \frac{1}{2}\left(\frac{\sigma_a}{\sigma_f' - \sigma_m}\right)^{1/b} = \frac{1}{2}\left(\frac{450}{1.758 - 200}\right)^{1/(-0.0977)} = 166.000 \text{ ciclos} \quad \textbf{(Resposta)}$$

(b) A curva σ_a *versus* N_f para $\sigma_m = 200$ MPa pode ser obtida a partir da Equação 9.23, com σ_a considerada variável.

$$\sigma_a = (\sigma_f' - \sigma_m)(2N_f)^b = (1.758 - 200)(2N_f)^{-0,0977}$$
$$= 1.558 \, (2N_f)^{-0,0977} \text{ MPa} \qquad \textbf{(Resposta)}$$

Segunda solução:

(a) Uma alternativa de solução é o emprego da Equação 9.24 com $\sigma_{máx} = \sigma_m + \sigma_a = 650$ MPa. Primeiro, resolva a Equação 9.24 para N_f e, em seguida, substitua conforme apropriado:

$$N_f = \frac{1}{2}\left(\frac{\sqrt{\sigma_{máx}\,\sigma_a}}{\sigma_f'}\right)^{1/b} = \frac{1}{2}\left(\frac{\sqrt{650 \times 450}}{1.758}\right)^{1/(-0.0977)} = 86.900 \text{ ciclos} \quad \textbf{(Resposta)}$$

(b) A curva σ_a *versus* N_f para $\sigma_m = 200$ MPa pode ser obtida a partir da equação anterior ao manter σ_a na forma de variável:

$$N_f = \frac{1}{2}\left(\frac{\sqrt{(200+\sigma_a)\sigma_a}}{1.758}\right)^{1/(-0,0977)} \quad (\sigma_a \text{ em MPa}) \quad \textbf{(Resposta)}$$

Discussão:

Para a questão (a), foram obtidos valores diferentes de N_f nas duas soluções, baseadas nas equações de esforço médio de Morrow e SWT, respectivamente. De um modo geral, espera-se que estas abordagens realmente concordem apenas grosseiramente. As equações para σ_a *versus* N_f para a parte (b) também diferiram uma da outra, sendo que a segunda solução se apresenta como uma curva gradual em coordenadas log-log, ao contrário de uma linha reta, para o caso da primeira solução.

EXEMPLO 9.4

Uma liga de alumínio 2024-T4 é submetida à carga cíclica entre $\sigma_{mín} = 172$ e $\sigma_{máx} = 430$ MPa. Qual seria a vida esperada?

Solução:

Uma vez que a relação SWT geralmente funciona bem para as ligas de alumínio, usaremos esta equação. A forma da Equação 9.24 (b) é a mais conveniente, para a qual precisamos:

$$R = \frac{\sigma_{min}}{\sigma_{máx}} = \frac{172}{430} = 0,40$$

Constantes $\sigma'_f = 900$ MPa e $b = -0,102$ estão disponíveis para este material na Tabela 9.1. Resolvendo a Equação 9.24 (b) para N_f e substituindo, o resultado temos:

$$N_f = \frac{1}{2}\left(\frac{\sigma_{máx}}{\sigma'_f}\sqrt{\frac{1-R}{2}}\right)^{1/b} = \frac{1}{2}\left(\frac{430}{900}\sqrt{\frac{1-0,40}{2}}\right)^{1/(-0,102)} = 255.000 \text{ ciclos} \quad \textbf{(Resposta)}$$

EXEMPLO 9.5

Os dados de fadiga para corpos de prova não entalhados, carregados axialmente e testados em vários níveis de tensões médias são dados na Tabela E9.5 para o mesmo aço AISI 4340 descrito na Tabela 9.1. Dados adicionais para tensão média nula estão contidos no Exemplo 9.1. Trace um gráfico σ_{ar} *versus* N_f empregando todos os dados nas equações de tensão média de (a) Goodman, Equação 9.15 e (b) Morrow com σ'_f, Equação 9.17 (b). Em cada gráfico, mostre a linha de tensão-vida a partir das constantes da Tabela 9.1. Em seguida, comente o sucesso de cada equação na correlação dos dados.

458   CAPÍTULO 9 Fadiga dos Materiais

Solução:

(a) As propriedades dos materiais $\sigma_u = 1.172$ MPa, $\sigma'_f = 1.758$ MPa e $b = -0,0977$ são obtidas da Tabela 9.1. Resolvendo a relação de Goodman, Equação 9.15, para σ_{ar}, temos:

$$\sigma_{ar} = \frac{\sigma_a}{1 - \dfrac{\sigma_m}{\sigma_u}}$$

Em seguida, calcule σ_{ar} para cada combinação (σ_a, σ_m) na Tabela E9.5. Por exemplo, para o primeiro teste listado, com $N_f = 73.780$ ciclos, o valor é:

$$\sigma_{ar} = \frac{379\,\text{MPa}}{1 - \dfrac{621\,\text{MPa}}{1.172\,\text{MPa}}} = 806\,\text{MPa}$$

Tabela E9.5

σ_a, MPa	σ_m, MPa	N_f, ciclos		σ_a, MPa	σ_m, MPa	N_f, ciclos
379	621	73.780		310	414	445.020
345	621	83.810		552	207	45.490
276	621	567.590		483	207	109.680
517	414	31.280		414	207	510.250
483	414	50.490		586	-207	208.030
414	414	84.420		552	-207	193.220
345	414	437.170		483	-207	901.430
345	414	730.570				

Fonte: Dados em [Dowling 73]. Nota: Todos sofreram uma pré-deformação de 10 ciclos a $\varepsilon_a = 0,01$.

Do mesmo modo, calcular todos os valores de σ_{ar} traçando-os em relação a N_f leva à Figura E9.5 (a). Os pontos de dados da Tabela E9.1 também são traçados, para os quais não é necessário nenhum cálculo, como $\sigma_{ar} = \sigma_a$ devido a $\sigma_m = 0$. Também é mostrada a reta log-log correspondente à Equação 9.22, $\sigma_{ar} = \sigma'_f (2N_f)^b$.

Na Figura E9.5 (a), os dados para a tensão média de tração caem acima da linha reta dada pela Equação 9.22 para tensão média nula, tanto mais acima quanto maiores são os valores de σ_m. Os dados que estão acima da linha indicam que a equação de Goodman é conservadora com respeito a estes dados para a tensão média de tração. Mas a correlação geral é bastante pobre. **(Resposta)**

(b) Para a equação de Morrow, com σ'_f, o mesmo procedimento pode ser seguido, exceto pelo uso da Equação 9.17 (b) que já está resolvida para σ_{ar} na forma da Equação 9.21. O cálculo para o primeiro teste listado na Tabela E9.5, com $N_f = 73.780$ ciclos, é:

$$\sigma_{ar} = \frac{\sigma_a}{1 - \dfrac{\sigma_m}{\sigma'_f}} = \frac{379\,\text{MPa}}{1 - \dfrac{621\,\text{MPa}}{1.758\,\text{MPa}}} = 586\,\text{MPa}$$

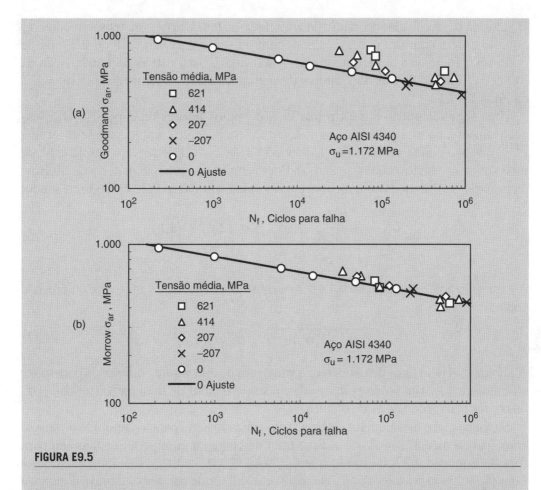

FIGURA E9.5

Da mesma forma, calculando todos os valores e traçando-os em função de N_f, também incluindo os dados da Tabela E9.1 e a Equação 9.22, chega-se à Figura E9.5 (b).

A correlação dos dados com a linha para tensão média nula agora é bem melhor e não são observadas tendências claras, exceto para alguma dispersão. Portanto, a equação de Morrow com σ'_f fornece uma representação razoavelmente precisa dos dados. **(Resposta)**

9.7.5 Fatores de Segurança com a Tensão Média

A discussão na Seção 9.2.4 sobre fatores de segurança pode ser generalizada para incluir casos com tensão média não nula. Uma opção é aplicar a lógica da Figura 9.6 com a amplitude de tensão, σ_a, simplesmente substituída por uma amplitude de tensão equivalente completamente invertida, σ_{ar}. A curva de tensão-vida é então $\sigma_{ar} = f(N_f)$ e os fatores de segurança na tensão e na vida são calculados pela generalização das Equações 9.9 e 9.10:

$$X_S = \left.\frac{\sigma_{ar1}}{\hat{\sigma}_{ar}}\right|_{N_f = \hat{N}}, \quad X_N = \left.\frac{N_{f2}}{\hat{N}}\right|_{\sigma_{ar} = \hat{\sigma}_{ar}} \quad \text{(a,b)} \quad (9.25)$$

460 CAPÍTULO 9 Fadiga dos Materiais

O valor de $\hat{\sigma}_{ar}$ é calculado a partir da amplitude de tensão, $\hat{\sigma}_a$, e da tensão média, $\hat{\sigma}_m$, que se espera ocorrer em serviço real, com o uso da Equação 9.18 ou 9.21, ou de outra relação de tensão média similar. Além disso, para curvas de tensão-vida da forma da Equação 9.7, os dois fatores de segurança estão relacionados por $X_S = X_N^{-b}$ da Equação 9.12.

Uma segunda opção é multiplicar $\hat{\sigma}_a$ e $\hat{\sigma}_m$ pelos fatores de carga Y_a e Y_m, respectivamente, para calcular um valor de tensão equivalente completamente invertida, σ'_{ar1}, que não pode exceder a curva de tensão-vida na vida de serviço desejada $\hat{N}$, de modo que é necessário que $\sigma'_{ar1} \le f(\hat{N})$. Por exemplo, a expressão para σ_{ar} de Morrow da Equação 9.21 é usada com a curva tensão-vida da Equação 9.22 do seguinte modo:

$$\sigma'_{ar1} = \frac{Y_a \hat{\sigma}_a}{1 - \dfrac{Y_m \hat{\sigma}_m}{\sigma'_f}}, \quad \sigma'_{ar1} \le \sigma'_f(2\hat{N})^b \quad (a,b) \tag{9.26}$$

A expressão SWT da Equação 9.18 com a substituição de $\sigma_{máx} = \sigma_m + \sigma_a$ é empregada como:

$$\sigma'_{ar1} = \sqrt{(Y_m \hat{\sigma}_m + Y_a \hat{\sigma}_a)Y_a \hat{\sigma}_a}, \quad \sigma'_{ar1} \sigma'_f(2\hat{N})^b \quad (a,b) \tag{9.27}$$

A abordagem pelo fator de carga tem a vantagem de que valores diferentes podem ser atribuídos a Y_a e Ym, o que pode ser desejável se o valor de uma das quantidades $\hat{\sigma}_a$ ou $\hat{\sigma}_m$ for mais incerta do que o outra.

Suponha que o mesmo fator de carga seja aplicado tanto para a amplitude de tensão como para a média, $Y = Y_a = Y_m$. Esse fator de carga comum pode ser fatorado para fora da Equação 9.27, de modo que $\sigma'_{ar1} = Y\sqrt{\hat{\sigma}_{máx}\hat{\sigma}_a} = Y\hat{\sigma}_{ar}$. Comparação com a Equação 9.25 (a) acarreta $Y = X_S$, de modo que o fator de carga e o fator de segurança em tensão são equivalentes se SWT é empregado. Tal equivalência $Y = X_S$ também se aplica para a relação de tensão média de Walker, Equação 9.19, mas não para as equações de Morrow ou Goodman, uma vez que as últimas formas matemáticas não permitem um arranjo (fatoração) semelhante.

EXEMPLO 9.6

Aço-carbono estrutural é submetido em serviço a uma amplitude de tensão de 180 MPa e um esforço médio de 100 MPa durante 20.000 ciclos.

(a) Quais são os fatores de segurança na tensão e na vida?

(b) Qual fator de carga $Y = Y_a = Y_m$ corresponde à vida útil para 20.000 ciclos?

Solução:

(a) As constantes para este material estão disponíveis na Tabela 9.1, que será usada conforme necessário. Se escolhermos a equação da tensão média de Morrow, o valor de $\hat{\sigma}_{ar}$ é calculado a partir da Equação 9.21 e a vida correspondente estará disponível a partir da Equação 9.22:

$$\hat{\sigma}_{ar} = \frac{\hat{\sigma}_a}{1 - \dfrac{\hat{\sigma}_m}{\sigma'_f}} = \frac{180\,\text{MPa}}{1 - \dfrac{100\,\text{MPa}}{1.089\,\text{MPa}}} = 198,2\,\text{MPa}$$

$$N_{f2} = \frac{1}{2}\left(\frac{\hat{\sigma}_{ar}}{\sigma'_f}\right)^{1/b} = \frac{1}{2}\left(\frac{198,2\,\text{MPa}}{1.089\,\text{MPa}}\right)^{1/(-0,115)} = 1,359 \times 10^6 \text{ ciclos}$$

Assim, o fator de segurança na vida da Equação 9.25 (b) é

$$X_N = \frac{N_{f2}}{\hat{N}} = \frac{1,359 \times 10^6}{20.000} = 67,93 \qquad \textbf{(Resposta)}$$

O fator de segurança na tensão pode ser obtido a partir deste valor e da Equação 9.12 (a), na qual $B = b$.

$$X_S = X_N^{-b} = (67,93)^{-(-0,115)} = 1,624 \qquad \textbf{(Resposta)}$$

(b) Para obter o fator de carga, emprega-se a Equação 9.26 (b) para obter σ'_{ar1}, aplicando-se uma igualdade, pois deseja-se calcular o ponto de falha:

$$\sigma'_{ar1} = \sigma'_f (2\hat{N})^b = (1.089\,\text{MPa})(2 \times 20.000)^{-0,115} = 322\,\text{MPa}$$

Então, substituindo as quantidades conhecidas na Equação 9.26 (a):

$$\sigma'_{ar1} = \frac{Y_a\hat{\sigma}_a}{1 - \dfrac{Y_m\hat{\sigma}_m}{\sigma'_f}}, \quad 322\,\text{MPa} = \frac{Y_a(180\,\text{MPa})}{1 - \dfrac{Y_m(100\,\text{MPa})}{1.089\,\text{MPa}}}$$

Empregando $Y = Y_a = Y_m$ como especificado e resolvendo, é $Y = 1,536$ **(Resposta)**.

Discussão:
Como esperado, o fator de carga Y não tem o mesmo valor que X_S. Se reelaborarmos o problema escolhendo a equação do esforço médio SWT, obtemos valores idênticos $X_S = Y = 1,434$.

9.8 TENSÕES MULTIAXIAIS

Em componentes de engenharia, cargas cíclicas que causam estados complexos de tensão são comuns. Alguns exemplos são tensões biaxiais devido à pressão cíclica em tubos ou dutos, dobramento e torção, combinados em eixos e dobra de chapas ou placas em torno de mais de uma direção. Cargas aplicadas estáveis que causam tensões médias também podem ser combinadas com tais cargas cíclicas. Uma complexidade adicional é que diferentes fontes de carga cíclica podem diferir pela fase ou frequência, ou por ambas as características. Por exemplo, se uma tensão de flexão constante é aplicada a um tubo de parede fina sob pressão cíclica, existem diferentes amplitudes de tensões e tensões médias em duas direções, como mostrado na Figura 9.40. As direções axial e tangencial são as direções das tensões principais e permanecem assim, à medida que a pressão flutua.

Se for aplicada uma torção constante, uma situação mais complexa passa a existir, como ilustrado na Figura 9.41. Nos momentos em que a pressão está momentaneamente nula, as direções de tensão principais são controladas pela tensão de cisalhamento e orientadas a 45° para o eixo do tubo. No entanto, para valores não nulos de pressão, essas

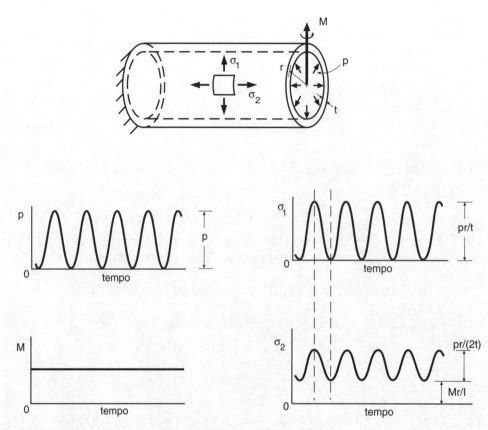

FIGURA 9.40 Pressão cíclica combinada com flexão constante em um tubo de parede fina com extremidades fechadas. As direções principais são constantes.

direções giram para se alinhar com mais proximidade às direções axial e tangencial, mas nunca as atingem, exceto no caso limite em que as tensões σ_x e σ_y devido à pressão são grandes comparadas com a tensão de cisalhamento τ_{xy}, gerada pela torção. Complexidades adicionais podem existir. Por exemplo, o momento de flexão, na Figura 9.40, ou o torque, na Figura 9.41, também poderiam ser carregamentos cíclicos, e a frequência de ciclagem da flexão ou torção poderia diferir da frequência da pressão.

9.8.1 Uma Abordagem para Fadiga Multiaxial

Considere a situação simples em que todas as cargas cíclicas são completamente invertidas e têm a mesma frequência, e que ainda ou estejam em fase, ou a 180° fora de fase uma com a outra. Além disso, suponha que não existem cargas estáveis (não cíclicas) presentes. Para metais de engenharia dúcteis, é razoável, neste caso, supor que a vida de fadiga é controlada pela amplitude cíclica da tensão de cisalhamento octaédrica. As amplitudes das tensões principais, σ_{1a}, σ_{2a} e σ_{3a}, podem ser empregadas para calcular uma *amplitude de tensão efetiva* usando uma relação similar àquela empregada para o critério de escoamento octaédrico:

$$\bar{\sigma}_a = \frac{1}{\sqrt{2}} \sqrt{(\sigma_{1a} - \sigma_{2a})^2 + (\sigma_{2a} - \sigma_{3a})^2 + (\sigma_{3a} - \sigma_{1a})^2} \qquad (9.28)$$

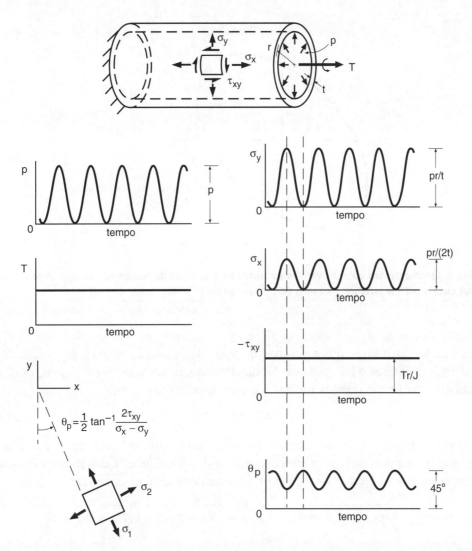

FIGURA 9.41 Pressão cíclica combinada com torção constante em um tubo de parede fina com extremidades fechadas. As direções principais oscilam durante cada ciclo.

Esta é idêntica à Equação 7.35, exceto que todas as quantidades de tensões são amplitudes. Ao aplicar esta equação, as amplitudes consideradas em fase são positivas, e as fora de fase a 180°, negativas.

A vida pode então ser estimada pelo uso de uma tensão, $\bar{\sigma}_a$, que pode ser analisada em uma curva S-N para tensão uniaxial completamente invertida. Note-se que as curvas S-N mais comumente disponíveis foram obtidas por flexão, ou por ensaios axiais, que envolvem um estado de tensão uniaxial e podem, portanto, ser usadas diretamente com os valores de $\bar{\sigma}_a$. (No entanto, dificuldades surgem para as curvas S-N obtidas por flexão nas quais tenha ocorrido escoamento durante o teste.) Para a tensão plana com $\sigma_3 = 0$, a Equação 9.28 prevê um *locus* de falha elíptica em um gráfico de σ_{1a} *versus* σ_{2a} análogo ao *locus* para o critério de escoamento octaédrico. Alguns dados experimentais são comparados com tal *locus* na Figura 9.42.

Se estiverem presentes cargas estáveis (não cíclicas), estas alteram a amplitude de tensão efetiva, $\bar{\sigma}_a$, de maneira análoga ao efeito da tensão média sob carga uniaxial.

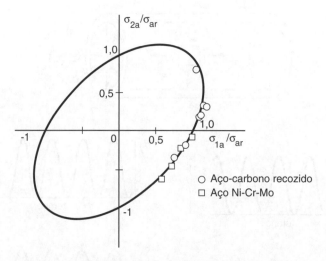

FIGURA 9.42 Comparação entre os valores da tensão de cisalhamento octaédrica (σ_{1a} e σ_{2a}) com a carga biaxial completamente invertida para uma vida em fadiga de 10^7 ciclos (σ_{ar}).

(Dos dados de Sawert e Gough, compilados por [Sines 59].)

Uma abordagem é supor que a variável de controle de tensão média é proporcional ao valor estável da tensão hidrostática. Neste contexto, uma *tensão média eficaz* pode ser calculada a partir das tensões médias nas três direções principais:

$$\bar{\sigma}_m = \sigma_{1m} + \sigma_{2m} + \sigma_{3m} \qquad (9.29)$$

Usando invariantes de tensão, como discutido no Capítulo 6, podemos calcular as amplitudes e médias de tensão efetivas a partir das amplitudes e das médias das componentes de tensão para quaisquer eixos de coordenadas convenientes:

$$\bar{\sigma}_a = \frac{1}{\sqrt{2}} \sqrt{(\sigma_{xa} - \sigma_{ya})^2 + (\sigma_{ya} - \sigma_{za})^2 + (\sigma_{za} - \sigma_{xa})^2 + 6(\tau_{xya}^2 + \tau_{yza}^2 + \tau_{zxa}^2)}$$

$$\bar{\sigma}_m = \sigma_{xm} + \sigma_{ym} + \sigma_{zm} \qquad (9.30)$$

As quantidades $\bar{\sigma}_a$ e $\bar{\sigma}_m$ podem ser combinadas em uma tensão uniaxial completamente invertida equivalente ao generalizar a Equação 9.21, ou outra relação de tensão média:

$$\sigma_{ar} = \frac{\bar{\sigma}_a}{1 - \dfrac{\bar{\sigma}_m}{\sigma'_f}} \qquad (9.31)$$

Valores de σ_{ar} podem ser inseridos em uma curva *S-N* para tensão uniaxial completamente invertida, como descrito pela Equação 9.22, e assim determinar a vida.

Para carregamento uniaxial com uma tensão média, somente σ_{1a} e σ_{1m} são não nulos, e a Equação 9.31 se reduz à Equação 9.21, como deveria. Em cisalhamento puro, como na torção, apenas a amplitude e a média da tensão de cisalhamento, τ_{xya} e τ_{xym}, são não nulos. Assim, a Equação 9.30 fornece simplesmente:

$$\bar{\sigma}_a = \sqrt{3}\tau_{xya}, \quad \bar{\sigma}_m = 0 \qquad (9.32)$$

Observe que $\bar{\sigma}_m$ é zero mesmo que uma tensão de cisalhamento média esteja presente. Esta previsão de que a tensão de cisalhamento não tem efeito, apesar de um tanto surpreendente, de fato está de acordo com a observação experimental. Para detalhes adicionais sobre esta questão e sobre efeitos das tensões multiaxiais em geral, veja Sines & Waisman (1959) e Socie & Marquis (2000) nas Referências.

9.8.2 Discussão

Para situações nas quais os eixos principais giram durante o carregamento cíclico, a aplicabilidade das equações dadas é questionável. Isso também se aplica se as cargas cíclicas ocorrem em mais de uma frequência ou se há uma diferença de fase (diferente de 180°) entre elas. Existem várias outras abordagens. Por exemplo, a *abordagem do plano crítico* envolve a determinação da amplitude máxima da tensão de cisalhamento e do plano em que ela atua, para, em seguida, empregar-se a tensão normal máxima atuante neste plano para obter o efeito de tensão média. Alguma discussão deste método é dada no Capítulo 14.

EXEMPLO 9.7

Um eixo circular contínuo não entalhado de diâmetro 50 mm é feito da liga Ti-6Al-4V descrita na Tabela 9.1. Aplica-se um torque cíclico que varia de zero ao máximo ($R = 0$) de T = 10 kN·m, juntamente com um momento de flexão cíclico, também de zero ao máximo, de M = 7,5 kN·m, com os dois tipos de carregamentos cíclicos aplicados em fase e na mesma frequência. Quantos ciclos de carga podem ser aplicados antes de a falha de fadiga ocorrer?

Solução:
Utilizando as Figuras A.1 e A.2 no Apêndice A, as tensões na superfície do eixo em pontos no tempo em que o torque e o momento atingem seus valores máximos são:

$$\tau_{xy\,máx} = \frac{Tc}{J} = \frac{Tr}{\pi r^4 / 2} = \frac{2(0,010\,MN \cdot m)}{\pi(0,025\,m)^3} = 407,3\,MPa$$

$$\sigma_{x\,máx} = \frac{Mc}{I} = \frac{Mr}{\pi r^4 / 4} = \frac{4(0,0075\,MN \cdot m)}{\pi(0,025\,m)^3} = 611,2\,MPa$$

em que todos os outros componentes de tensão, σ_y, σ_z, τ_{yz} e τ_{zx}, são zero. Uma vez que ambas as tensões são aplicadas em $R = 0$, as amplitudes e as médias são:

$$\tau_{xya} = \tau_{xym} = \frac{407,4}{2} = 203,7, \quad \sigma_{xa} = \sigma_{xm} = \frac{611,2}{2} = 305,6\,MPa$$

A efetiva amplitude de tensões e a tensão média podem então ser calculadas a partir da Equação 9.30:

$$\bar{\sigma}_a = \frac{1}{\sqrt{2}} \sqrt{(305,6-0)^2 + 0 + (0-305,6)^2 + 6(203,7^2 + 0 + 0)} = 466,8\,MPa$$

$$\bar{\sigma}_m = 305,6 + 0 + 0 = 305,6\,MPa$$

A amplitude de tensão equivalente totalmente invertida, σ_{ar}, pode agora ser obtida a partir da Equação 9.31, e a vida estimada pela substituição de σ_{ar} na Equação 9.22:

$$\sigma_{ar} = \frac{\bar{\sigma}_a}{1 - \frac{\bar{\sigma}_m}{\sigma'_f}} = \frac{466,8}{1 - \frac{305,6}{2.030}} = 549,5 \text{ MPa}$$

$$N_f = \frac{1}{2}\left(\frac{\sigma_{ar}}{\sigma'_f}\right)^{1/b} = \frac{1}{2}\left(\frac{549,9 \text{ MPa}}{2.030 \text{ MPa}}\right)^{1/(-0,104)} = 1,43 \times 10^5 \text{ ciclos} \quad \textbf{(Resposta)}$$

As constantes (propriedades) do material σ'_f e b foram obtidas da Tabela 9.1.

Discussão:

O escoamento na carga de pico é uma possibilidade. As tensões mais severas ocorrem quando a flexão e o torque alcançam seus valores de pico, $\tau_{xy} = 407,4$ e $\sigma_x = 611,2$ MPa. Substituindo-os na Equação 7.36 tem-se uma tensão eficaz de $\bar{\sigma}_H = 933,5$ MPa. A comparação com a tensão de escoamento da Tabela 9.1 dá um fator de segurança contra o escoamento de $X_0 = 1,27$. Portanto, não há escoamento, apesar do fator de segurança não ser muito grande.

9.9 CARREGAMENTO DE AMPLITUDE VARIÁVEL

Como discutido anteriormente neste capítulo, cargas de fadiga em aplicações práticas geralmente envolvem amplitudes de tensão que mudam de forma irregular. Vamos agora considerar métodos para fazer estimativas de vida em tais situações de carregamento.

9.9.1 A Regra de Palmgren-Miner

Considere uma situação de carga de amplitude variável, como ilustrada na Figura 9.43. Certa amplitude de tensão, σ_{a1}, é aplicada para um número de ciclos, N_1, em que o número de ciclos para falha da curva S-N para σ_{a1} é N_{f1}. Desta forma, a fração da vida útil usada é então N_1/N_{f1}. Agora, considere outra amplitude de tensões, σ_{a2}, correspondente a N_{f2} na curva S-N, que foi aplicada durante N_2 ciclos. É então utilizada uma fração adicional da vida N_2/N_{f2}. A *regra de Palmgren-Miner* simplesmente afirma que

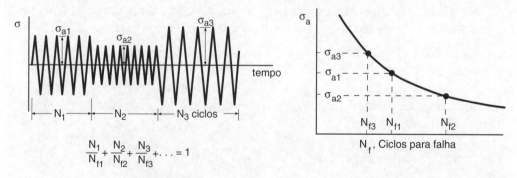

FIGURA 9.43 Uso da regra de Palmgren-Miner para predição de vida em fadiga para carga de amplitude variável que seja completamente invertida.

a falha de fadiga será obtida quando tais frações de vida somarem a unidade – isto é, se 100% da vida estiver esgotada:

$$\frac{N_1}{N_{f1}} + \frac{N_2}{N_{f2}} + \frac{N_3}{N_{f3}} + \cdots = \sum \frac{N_j}{N_{fj}} = 1 \qquad (9.33)$$

Esta regra simples foi empregada por A. Palmgren na Suécia, na década de 1920, para prever a vida de rolamentos de esferas e, em seguida, foi aplicada em um contexto mais geral por B. F. Langer, em 1937. No entanto, a regra não era amplamente conhecida ou usada até sua aparição, em 1945, em um artigo de M. A. Miner.

Uma sequência particular de carregamento pode ser repetidamente aplicada a um componente de engenharia, ou, para uma história de carga continuamente variável, uma amostra típica pode estar disponível. Sob estas circunstâncias, é conveniente somar as razões de ciclo sobre uma repetição de uma sequência de carga e depois multiplicar o resultado pelo número de repetições necessárias para que a soma alcance a unidade:

$$B_f \left[\sum \frac{N_j}{N_{fj}} \right]_{\text{uma rep.}} = 1 \qquad (9.34)$$

Aqui, B_f é o número de repetições até a falha. A aplicação desta equação está ilustrada na Figura 9.44.

Alguns ciclos da carga de amplitude variável podem envolver tensões médias. As tensões completamente invertidas equivalentes precisam então ser calculadas antes de aplicar uma curva S-N completamente invertida, ou ainda aplicar uma equação de vida que já incorpore os efeitos da tensão média, como a Equação 9.23 ou a Equação 9.24. Além disso, as faixas de tensão causadas pela alteração do nível médio também precisam ser consideradas ao se fazer o somatório das razões dos ciclos. Por exemplo, na Figura 9.44, os ciclos em combinações de amplitude-média (σ_{a1}, σ_{m1}) e (σ_{a2}, σ_{m2}) são óbvios. No entanto, um ciclo adicional (σ_{a3}, σ_{m3}) também precisa ser considerado. De fato, este ciclo causará a maior parte dos danos causados pela fadiga se σ_{a1} e σ_{a2} forem suficientemente pequenos, de modo que a omissão poderia resultar

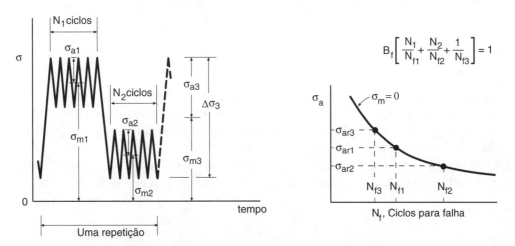

FIGURA 9.44 Previsão de vida em fadiga para um histórico de tensão repetitiva com mudanças de nível médio.

em uma estimativa de vida seriamente não conservadora. A tarefa de identificar ciclos pode ser tratada de forma abrangente pela *contagem de ciclos*, conforme descrito na subseção seguinte.

Considere um carregamento em serviço que inclua ciclos de tensão em níveis contrastantemente altos e baixos. Um número relativamente pequeno de ciclos graves pode ter um efeito significativo na vida estimada pela regra de Palmgren-Miner, dependendo da sua contribuição para a soma das razões de ciclo. No entanto, como discutido na Seção 9.6.5, existe um efeito adicional na sequência de ocorrência dos ciclos mais severos. Em particular, um pequeno número de ciclos severos pode iniciar dano que venha a ser propagado por baixas tensões, mesmo a tensões abaixo do limite de fadiga obtido em ensaios com amplitude constante. Portanto, onde ocorrem ciclos acima e abaixo do limite de fadiga, recomenda-se que a relação tensão-vida, conforme descrita pelas Equações 9.6 ou 9.7, seja extrapolada abaixo do limite de fadiga, como uma linha reta em um gráfico log-log, com a finalidade de fazer estimativas de vida. Portanto, as tensões abaixo do limite de fadiga não podem ser assumidas como garantia de vida infinita. Um procedimento que tem algum suporte em resultados experimentais é assumir que há um limite de fadiga revisto para a metade do obtido no teste de amplitude constante. (Em Ritchie & Murakami (2003), consulte o Capítulo 4.03 para comentários adicionais e referências bibliográficas.)

EXEMPLO 9.8

O histórico de tensões mostrado na Figura E9.8 é repetidamente aplicado como uma tensão uniaxial a um elemento não entalhado feito do aço AISI 4340, descrito na Tabela 9.1. Estime o número de repetições necessárias para causar falha por fadiga.

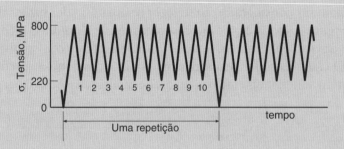

FIGURA E9.8

Solução:

Em uma repetição do histórico, a tensão sobe de zero a 800 MPa e, mais tarde, retorna a zero, formando um ciclo com $\sigma_{mín} = 0$ e $\sigma_{máx} = 800$ MPa. Posteriormente, ocorrem 10 ciclos com $\sigma_{mín} = 220$ MPa e $\sigma_{máx} = 800$ MPa. Uma tabela se mostra útil, com todos os valores de tensão em MPa:

j	N_j	$\sigma_{mín}$	$\sigma_{máx}$	σ_a	σ_m	N_{fj}	N_j/N_{fj}
1	1	0	800	400	400	$1{,}36 \times 10^5$	$7{,}37 \times 10^{-6}$
2	10	220	800	290	510	$1{,}54 \times 10^5$	$6{,}51 \times 10^{-6}$
						$\Sigma =$	$1{,}388 \times 10^{-5}$

Cada um dos dois níveis de ciclos forma uma linha na tabela. Os valores da amplitude de tensão e da tensão média, σ_m, e da vida correspondente, N_{fj}, são calculados a partir das Equações 9.1 e 9.23:

$$\sigma_a = \frac{\sigma_{máx} - \sigma_{mín}}{2}, \quad \sigma_m = \frac{\sigma_{máx} - \sigma_{mín}}{2}, \quad N_f = \frac{1}{2}\left(\frac{\sigma_a}{\sigma'_f - \sigma_m}\right)^{1/b}$$

As constantes $\sigma'_f = 1{,}758$ MPa e $b = -0{,}0977$ foram obtidas da Tabela 9.1. A vida em repetições até a falha B_f pode então ser estimada a partir dos valores de N_j e N_{fj} contidos na tabela, usando a regra de Palmgren-Miner na forma da Equação 9.34.

$$B_f = 1 \bigg/ \left[\sum \frac{N_j}{N_{fj}}\right]_{uma\ rep.} = 1/1{,}388 \times 10^{-5} = 72.000 \text{ repetições} \quad \textbf{(Resposta)}$$

9.9.2 Contagem de Ciclos para Histórias Irregulares

Para variações de carregamento altamente irregulares ao longo do tempo, tais como mostrado nas Figuras 9.7 a 9.10, não é fácil isolar e definir, na forma de ciclos, os eventos individuais para que a regra Palmgren-Miner possa ser empregada. Nos últimos anos, muitas incertezas e considerável debate surgiram sobre o procedimento adequado para analisar esta situação. Neste sentido, foi proposta e utilizada uma série de diferentes métodos. No entanto, surgiu um consenso de que a melhor abordagem é um procedimento chamado *contagem rainflow* (queda da chuva), desenvolvido pelo prof. T. Endo e seus colegas, no Japão, por volta de 1968, ou outros procedimentos que são essencialmente equivalentes.

Uma história de carregamento irregular consiste em uma série de *picos* e *vales*, que são pontos onde a direção da carga muda, como ilustrado na Figura 9.45. Igualmente interessantes são os *intervalos* (*faixas* ou *amplitudes*) – isto é, as diferenças de tensão – medidas entre picos e vales ou entre vales e picos. Um *intervalo simples* é medido entre um pico e o próximo vale, ou entre um vale e o próximo pico. Um *intervalo geral* é medido entre um pico e um vale que não é o próximo, mas aquele que ocorre mais tarde, ou entre um vale e um pico muito posterior. Na Figura 9.45, $\Delta\sigma_{AB}$ e $\Delta\sigma_{BC}$ são intervalos simples e $\Delta\sigma_{AD}$ e $\Delta\sigma_{AG}$ são intervalos globais.

Ao empregar o método de contagem *rainflow*, um ciclo é identificado ou *contado* se satisfizer o critério ilustrado na Figura 9.46. Considera-se que uma combinação pico-vale-pico ou vale-pico-vale, *X-Y-Z*, ocorrida na história de carregamento não

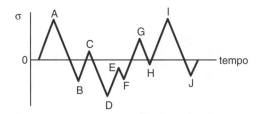

FIGURA 9.45 Definições para carregamento irregular.

470 CAPÍTULO 9 Fadiga dos Materiais

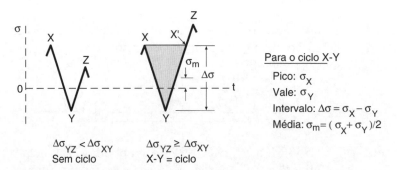

FIGURA 9.46 Condição para contagem de um ciclo com o método *rainflow*.

contém um ciclo se o segundo intervalo, $\Delta\sigma_{YZ}$, for menor ao primeiro intervalo, $\Delta\sigma_{XY}$. Se o segundo intervalo for, de fato, maior ou igual, então é contado um ciclo igual ao primeiro intervalo ($\Delta\sigma_{XY}$). O valor médio para este ciclo, especificamente a média de σ_X e σ_Y, também é de interesse.

O procedimento completo é descrito como se segue, com a utilização do exemplo da Figura 9.47. Suponha que o histórico de carregamento dado seja aplicado repetidamente, de modo que o início da análise possa se dar em qualquer pico ou vale. Neste contexto, é conveniente mover uma parte da história de carregamento para o fim, de modo que a sequência de análise possa começar e terminar com o pico mais alto, ou o

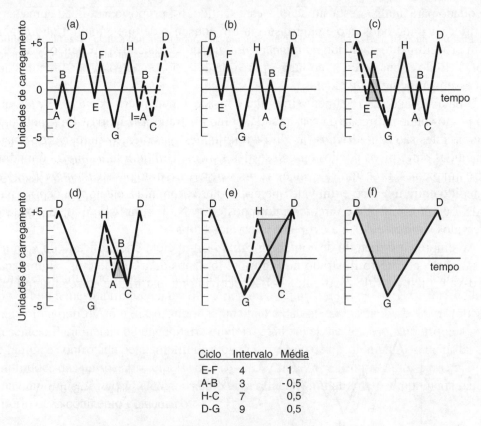

Ciclo	Intervalo	Média
E-F	4	1
A-B	3	-0,5
H-C	7	0,5
D-G	9	0,5

FIGURA 9.47 Exemplo de contagem de ciclos com o método *rainflow*.

(Adaptado de [ASTM 97] Std. E1049, copyright © ASTM; reproduzido com permissão.)

vale mais baixo. As Figuras 9.47 (a) e (b) ilustram isso. Podemos então prosseguir com a contagem de ciclos, começando no início da história rearranjada e usando o critério da Figura 9.46. Se um ciclo é contado, esta informação é registrada e assume-se que seu pico e vale não existam para fins de contagem de ciclos adicionais, como ilustrado para o ciclo E-F em (c). Se nenhum ciclo puder ser contado no local atual, seguiremos adiante até que uma contagem possa ser feita. Por exemplo, em (d), depois de contar E-F, a condição de contagem é obtida apenas para A-B.

A contagem é completada quando esta varrer todo o histórico. Para este exemplo, os ciclos contados são E-F, A-B, H-C e D-G. Seus valores de intervalos e médias estão tabulados na parte inferior da Figura 9.47. Note que alguns dos ciclos contados correspondem a intervalos simples no histórico original, especificamente E-F e A-B, e outros a intervalos globais, especificamente H-C e D-G. O maior intervalo contado é sempre aquele entre o pico mais alto e o vale mais baixo, D-G para este exemplo.

Para histórias longas, é conveniente apresentar os resultados da contagem de ciclos pelo método *rainflow* como uma matriz dando o número de ciclos que ocorrem em várias combinações de intervalos e média. Um exemplo disto é mostrado na Figura. 9.48. Observe que os valores dos intervalos e média são arredondados para valores discretos para dar uma matriz de tamanho gerenciável. A contagem de ciclos é frequentemente aplicada diretamente aos históricos de carga, sendo este o caso da Figura 9.48.

Para histórias longas, é conveniente apresentar os resultados da contagem de ciclos pelo método *rainflow* como uma matriz contendo os números de ciclos que ocorrem em várias combinações de faixas e médias de tensões. Um exemplo disso está mostrado na Figura 9.48. Observe que os valores dos intervalos e as médias foram arredondados para valores discretos para ter-se uma matriz de tamanho gerenciável. A contagem de ciclos é frequentemente aplicada diretamente aos históricos de carga, sendo este o caso da Figura 9.48.

Informações adicionais sobre a contagem de ciclos podem ser encontradas na norma ASTM E1049 e no *SAE Fatigue Design Handbook* (Rice, 1997). Esta última referência também contém programas de computador relevantes.

EXEMPLO 9.9

Em uma região de interesse em um componente feito de liga Ti-6Al-4V, descrita na Tabela 9.1, o material é repetidamente submetido ao histórico de tensão uniaxial da Figura E9.9 (a). Estime o número de repetições necessárias para causar falha de fadiga.

Solução:

A contagem de ciclos é necessária, como mostrado na Figura E9.9 (b). O ponto A tem o maior valor absoluto de tensão e, portanto, não é preciso reordenação. Assim, a contagem de ciclos pode começar no primeiro ponto no nível A e terminar quando o histórico retorna a este ponto em A'. Considerando o evento A_1-B_1-A_2, um ciclo A_1-B_1 é contado, seguido por dois ciclos semelhantes adicionais, A_2-B_2 e A_3-B_3. Em seguida, o evento A_4-C_1-D_1 é considerado, mas nenhum ciclo é contado. Em seguida,

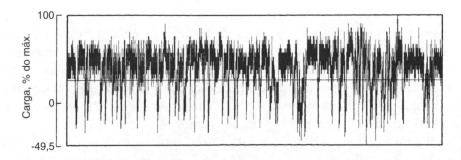

							Média											
Faixa	−15	−10	−5	0	5	10	15	20	25	30	35	40	45	50	55	60	65	70	75	Todas
20	4	1	5	2	2	5	—	—	3	6	15	27	29	32	22	12	6	2	—	173
25	2	4	3	9	8	10	4	6	2	7	17	37	36	43	33	13	7	1	2	244
30	1	1	5	3	1	1	4	3	—	4	13	20	20	23	20	8	6	1	—	134
35	1	1	4	2	3	2	—	1	3	2	8	17	16	11	11	7	2	—	—	91
40	—	1	1	1	2	1	1	—	—	4	7	15	16	9	8	2	—	—	—	68
45	—	1	—	4	3	—	—	—	—	2	1	9	7	2	3	1	—	—	—	33
50	—	—	2	2	2	1	—	—	—	2	2	3	3	1	1	1	1	—	—	21
55	—	—	1	1	—	—	—	—	—	2	2	4	4	2	—	1	—	1	—	18
60	—	1	1	—	—	—	—	—	—	1	1	3	2	1	—	—	—	—	—	10
65	—	—	—	—	—	—	—	—	—	—	2	1	—	—	—	—	—	—	—	3
70	—	—	—	—	—	—	—	—	—	—	2	—	1	—	—	—	—	—	—	3
75	—	—	—	—	—	1	—	—	—	—	1	2	—	—	—	—	—	—	—	4
80	—	—	—	—	—	—	—	—	—	—	—	—	—	—	—	—	—	—	—	—
85	—	—	—	—	1	—	1	3	3	—	—	—	—	—	—	—	—	—	—	8
90	—	—	—	—	—	—	—	—	4	—	—	—	—	—	—	—	—	—	—	4
95	—	—	—	—	1	—	1	4	1	—	—	—	—	—	—	—	—	—	—	7
100	—	—	—	—	—	—	—	5	3	1	—	—	—	—	—	—	—	—	—	9
105	—	—	—	—	—	—	—	3	3	3	—	—	—	—	—	—	—	—	—	9
110	—	—	—	—	—	—	—	—	2	3	—	—	—	—	—	—	—	—	—	5
115	—	—	—	—	—	—	—	—	3	—	—	—	—	—	—	—	—	—	—	3
120	—	—	—	—	—	—	1	—	1	1	—	—	—	—	—	—	—	—	—	3
125	—	—	—	—	—	—	—	—	2	—	—	—	—	—	—	—	—	—	—	2
130	—	—	—	—	—	—	—	—	—	—	—	—	—	—	—	—	—	—	—	—
135	—	—	—	—	—	—	1	—	—	—	—	—	—	—	—	—	—	—	—	1
140	—	—	—	—	—	—	—	—	—	—	—	—	—	—	—	—	—	—	—	—
145	—	—	—	—	—	—	—	—	—	—	—	—	—	—	—	—	—	—	—	—
150	—	—	—	—	—	—	—	—	1	—	—	—	—	—	—	—	—	—	—	1

FIGURA 9.48 História de um carregamento irregular *versus* tempo de uma transmissão de veículo terrestre e uma matriz de números oriundos da contagem de ciclos pelo método *rainflow*, com várias combinações de faixa de tensões e médias. As faixas e os valores médios de tensões são porcentagens da carga de pico e, para a construção desta matriz, foram arredondados para os valores discretos mostrados na tabela.

(*História de carga de [Wetzel 77] p. 15-18.*)

o evento C_1-D_1-C_2 produz o ciclo C_1-D_1, seguido de ciclos adicionais semelhantes, sendo contado um total de 100 ciclos *C-D*. Neste ponto, todos os picos e vales participaram dos ciclos, exceto A_4, *E* e *A'*. Estes três últimos formam o ciclo principal final entre o pico mais alto (*A*) e o vale mais baixo (*E*).

Os resultados da contagem de ciclos são resumidos na Tabela E9.9, incluindo as tensões máxima e mínima para cada um dos três níveis de ciclagem. As amplitudes de tensão σ_a são calculadas para cada linha na tabela da Equação 9.1 (a), sendo que todos os valores de tensão tabulados estão com unidades em MPa. Os valores de N_f são então determinados a partir de $\sigma_{máx}$ e σ_a, com base na equação SWT, e

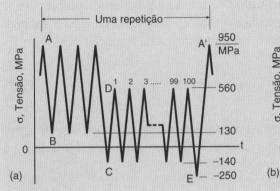 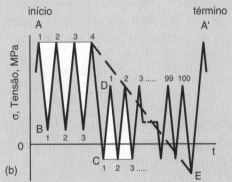

FIGURA E9.9

Tabela E9.9							
Ciclo	j	N_j	$\sigma_{mín}$	$\sigma_{máx}$	σ_a	N_{fj}	N_j/N_{fj}
A-B	1	3	130	950	410	$4{,}21 \times 10^4$	$7{,}12 \times 10^{-5}$
C-D	2	100	-140	560	350	$1{,}14 \times 10^6$	$8{,}74 \times 10^{-5}$
A-E	3	1	-250	950	600	$6{,}75 \times 10^3$	$1{,}481 \times 10^{-4}$
							$\Sigma = 3{,}068 \times 10^{-4}$

nas constantes σ'_f e b para a liga Ti-6Al-4V, que proveem da Tabela 9.1. Assim, a Equação 9.24 (a) é resolvido para N_f:

$$N_f = \frac{1}{2}\left(\frac{\sqrt{\sigma_{máx}\sigma_a}}{\sigma'_f}\right)^{1/b}$$

Em seguida, as razões N_j/N_{fj} são calculadas para cada nível de ciclos, e a soma destas é empregada na Equação 9.34 para finalmente levar ao número estimado de repetições para falha:

$$B_f = 1 \Big/ \left[\sum \frac{N_j}{N_{fj}}\right]_{\text{uma rep.}} = 1/3{,}068 \times 10^{-4} = 3.259 \text{ repetições} \quad \textbf{(Resposta)}$$

474 **CAPÍTULO 9** Fadiga dos Materiais

9.9.3 Nível de Tensão Equivalente e Fatores de Segurança

Para fazer estimativas de vida para carga de amplitude variável, um procedimento alternativo é calcular um nível de *amplitude de tensão constante equivalente* que cause a mesma vida que o histórico variável de tensões quando aplicado o mesmo número de ciclos. Uma vez que a regra Palmgren-Miner é a base da equação que vamos desenvolver para calcular a tensão equivalente, este método é simplesmente uma rota diferente para fazer o mesmo cálculo.

Considere uma repetição ou um histórico de carregamento em uma amostra cuja quantidade de ciclos N_B é quantificada pelo método *rainflow*, de modo que o número de ciclos para falha seja $N_f = B_f \cdot N_B$, em que B_f é o número de repetições desses ciclos para a falha. Para cada ciclo, uma amplitude de tensão equivalente completamente invertida, σ_{ar}, pode ser calculada a partir da amplitude e da média da tensão aplicada. Para prosseguir, aplique a regra Palmgren-Miner na forma da Equação 9.34:

$$B_f \left[\sum_{j=1}^{N_B} \frac{N_j}{N_{fi}} \right] = 1, \quad N_{fj} = \frac{1}{2} \left(\frac{\sigma_{arj}}{\sigma'_f} \right)^{1/b} \quad \text{(a,b)} \tag{9.35}$$

Aqui, a vida N_{fj} para cada σ_{arj} é calculada a partir da Equação 9.22. Em seguida, trate cada ciclo individualmente, de modo que cada $N_j = 1$, e substitua os valores de N_{fj} de (b) em (a) para obter:

$$\frac{N_f}{N_B} \left[\sum_{j=1}^{N_B} 2 \left(\frac{\sigma_{arj}}{\sigma'_f} \right)^{-1/b} \right] = 1, \quad \sigma'_f (2N_f)^b \left[\sum_{j=1}^{N_B} (\sigma_{arj})^{-1/b} / N_B \right]^b = 1 \quad \text{(a,b)} \tag{9.36}$$

em que N_f/N_B foi substituído por B_f e (a) rearranjado e elevado à potência b para obter (b).

Da Equação 9.7, notamos que a tensão de amplitude constante equivalente desejada, que será denotada σ_{aq}, deve ser relacionada com o número de ciclos até a falha por $\sigma_{aq} = \sigma'_f (2N_f)^b$. Portanto, se isolarmos a quantidade $\sigma'_f (2N_f)^b$ na Equação 9.36 (b) em um lado da igualdade, então o que está do outro lado representa o valor desejado de σ_{aq}:

$$\sigma_{aq} = \left[\sum_{j=1}^{N_B} (\sigma_{arj})^{-1/b} / N_B \right]^{-b}, \quad \sigma_{aq} = \left[\sum_{j=1}^{k} N_j (\sigma_{arj})^{-1/b} / N_B \right]^{-b} \quad \text{(a,b)} \tag{9.37}$$

A equação (b) é conveniente quando há ciclos repetidos numerados, N_j, em cada um de k diferentes níveis. É derivada de (a) combinando os ciclos em cada nível, de modo que os produtos $N_j (\sigma_{arj})^{-1/b}$ são somados nos k diferentes níveis. A Equação 9.37 aplica-se a qualquer forma de exponencial da curva tensão-vida, como a Equação 9.6, para a qual $\sigma_{aq} = A \ N_f^B$, sendo que B substitui b.

Para determinar os fatores de segurança, aplica-se a lógica da Figura 9.6, com a amplitude de tensão, σ_a, agora generalizada para σ_{aq} e a curva tensão-vida tornando-se $\sigma_{aq} = \sigma'_f (2N_f)^b$. Os fatores de segurança na tensão e na vida são calculados pela generalização das Equações 9.9 e 9.10:

$$X_S = \left. \frac{\sigma_{aq1}}{\hat{\sigma}_{aq}} \right|_{N_f = \hat{N}}, \quad X_N = \left. \frac{N_{f2}}{\hat{N}} \right|_{\sigma_{aq} = \hat{\sigma}_{aq}} \quad \text{(a,b)} \tag{9.38}$$

O valor de $\hat{\sigma}_{aq}$ é calculado a partir do histórico de tensões esperado em serviço, usando a Equação 9.37. Além disso, a Equação 9.12 relaciona os dois fatores de segurança, de modo que $X_S = X_N^{-b}$.

Uma abordagem através do fator de carga também pode ser aplicada. Todo o histórico de tensões poderia ser dimensionado por um único fator de carga Y, ou diferentes componentes do carregamento podem ter diferentes fatores de carga. A vida a partir do histórico de tensões não deve ser menor do que a vida útil desejada, $\hat{N}$. Para a forma da curva tensão-vida descrita pela Equação 9.7, isso é o mesmo que exigir que a tensão de amplitude constante equivalente da Equação 9.37 para o histórico de tensões analisado deva obedecer $\sigma'_{aq1} \leq \sigma'_f (2\hat{N})^b$. Para a forma da Equação 9.7 com as tensões médias SWT ou de Walker, um único fator de carga, Y, aplicado a todas as tensões da história de carregamento sempre terá o mesmo valor que o fator de segurança na tensão, $Y = X_S$. Mas valores diferentes serão obtidos pelo uso das equações de tensão média de Morrow ou Goodman, $Y \neq X_S$, que surgem com uma extensão da lógica descrita no último parágrafo da Seção 9.7.5.

EXEMPLO 9.10

Considere o histórico de tensões e o material do Exemplo 9.8.
- **(a)** Estime a vida usando o método da amplitude de tensão constante equivalente.
- **(b)** Se o histórico de tensões dado é esperado que seja aplicado em serviço para 1.000 repetições, quais são os fatores de segurança na tensão e na vida?

Solução:

(a) Como existem ciclos repetidos em diferentes níveis de ciclagem, a Equação 9.37.
(b) é conveniente, sendo que, neste caso, $k = 2$. A contagem de ciclos e o cálculo das amplitudes e das médias de tensão aplicados são os mesmos que para Exemplo 9.8 e são utilizadas as mesmas constantes de materiais, σ_f e b, para o aço AISI 4340. Então σ_{ar} é calculada para cada nível de ciclagem a partir da relação de tensão média de Morrow, Equação 9.21. Os valores envolvidos estão listados na Tabela E9.10, em que todas as tensões estão em MPa. Em seguida, os produtos correspondentes $N_j (\sigma_{arj})^{-1/b}$ são calculados, e a soma destes é obtida tal como requisitado pela Equação 9.37 (b). Além disso, a soma dos valores de N_j dá N_B.

Tabela E9.10

j	N_j	$\sigma_{mín}$	$\sigma_{máx}$	σ_a	σ_m	σ_{arj}	$N_j (\sigma_{arj})^{-1/b}$
1	1	0	800	400	400	517,8	$6,036 \times 10^{27}$
2	10	220	800	290	510	408,5	$5,330 \times 10^{27}$
$N_B = 11$							$\sum = 1,137 \times 10^{28}$

Em seguida, emprega-se a Equação 9.37 (b) para calcular σ_{aq}, substituindo a soma ($\sum$ da tabela, juntamente com N_B e a constante do material b:

$$\sigma_{aq} = \left[\sum_{j=1}^{k} N_j (\sigma_{arj})^{-1/b} \Big/ N_B \right]^{-b} = [1,137 \times 10^{28} / 11]^{-(-0,0977)} = 435,8 \text{ MPa}$$

CAPÍTULO 9 Fadiga dos Materiais

Finalmente, substitui-se esse valor por σ_a na Equação 9.7 e resolve-se para N_f para obter:

$$N_f = \frac{1}{2}\left(\frac{\sigma_{aq}}{\sigma'_f}\right)^{1/b} = \frac{1}{2}\left(\frac{435{,}8\ \text{MPa}}{1.758\ \text{MPa}}\right)^{1/(-0{,}0977)} = 792.300\ \text{ciclos}$$

(Resposta)

$$B_f = \frac{N_f}{N_B} = \frac{792.300}{11} = 72.000\ \text{repetições}$$

também sendo calculado o número de repetições para falha. Como esperado, obtém-se o mesmo resultado que para o Exemplo 9.8.

(b) O fator de segurança na vida pode ser calculado a partir da Equação 9.38 (b) e, então, o fator de segurança em tensão da Equação 9.12 (a):

$$X_N = \frac{N_{f2}}{\hat{N}} = \frac{B_{f2}}{\hat{B}} = \frac{72.000}{1.000} = 72; \quad X_S = X_N^{-b} = (72{,}0)^{-(-0{,}0977)} = 1{,}52 \quad \textbf{(Resposta)}$$

Discussão:
Note que, usando a Equação 9.12, ambos os fatores de segurança podem ser obtidos a partir da solução original do Exemplo 9.8 sem invocar o valor σ_{aq}. Alternativamente, o fator de segurança em tensão também pode ser calculado a partir da Equação 9.38 (a), inserindo a Equação 9.7 com $\hat{N} = \hat{B} N_B = 11.000$ ciclos para obter $\sigma_{aq1} = 661{,}9$ MPa. A comparação com $\sigma_{aq} = 435{,}8$ MPa de (a) leva, então, ao mesmo valor do coeficiente de segurança, $X_S = 1{,}52$.

9.10 RESUMO

A fadiga de materiais é um processo de danos cumulativos seguido de falha devido a carregamento cíclico. Esforços realizados pela engenharia ao longo de mais de 150 anos, visando à prevenção da falha por fadiga, levaram primeiro ao desenvolvimento de uma abordagem baseada na tensão. Esta abordagem enfatizava as curvas tensão *versus* vida e tensões nominais (médias). Abordagens mais sofisticadas, nomeadamente as baseadas em deformações e a abordagem pela mecânica de fratura, surgiram nos últimos anos.

Tensões cíclicas entre valores máximos e mínimos constantes podem ser descritas através dos valores da amplitude e média da tensão aplicada, σ_a e σ_m. Alternativamente, podemos especificar $\sigma_{máx}$ e a razão R, ou $\Delta\sigma$ e R, em que $R = \sigma_{mín}/\sigma_{máx}$. Relações úteis entre essas quantidades são dadas pelas Equações 9.1 a 9.4. É importante distinguir entre a tensão real σ em um ponto e qualquer tensão nominal (média), S, que possa ser calculada.

Curvas de tensão *versus* vida (*S-N*) são comumente traçadas em termos de amplitude de tensão *versus* ciclos até falha. Tais curvas podem ser obtidas a partir de uma variedade de equipamentos de ensaios, que vão de máquinas de flexão rotativa relativamente simples até sofisticados equipamentos servo-hidráulicos. Considera-se que a curva *S-N* mais básica seja aquela na qual a tensão média é nula, que é o único caso que pode ser testado por meio da flexão rotativa.

As curvas S-N variam com o material e seu processamento prévio. Elas também são afetadas pela tensão média e geometria, especialmente pela presença de entalhes e também pelo acabamento superficial, ambiente químico e térmico, frequência de ciclagem e tensões residuais. Algumas equações para representar curvas S-N são:

$$\sigma_a = \sigma'_f (2N_f)^b, \quad \sigma_a = C + D \log N_f \tag{9.39}$$

A primeira delas gera uma linha reta em coordenadas log-log, a segunda, uma linha reta em coordenadas log-lineares.

As estimativas dos efeitos das tensões médias para componentes não entalhados podem ser feitas utilizando equações, tais como a de Morrow ou de Smith, Watson e Topper (SWT):

$$\sigma_{ar} = \frac{\sigma_a}{1 - \dfrac{\sigma_m}{\sigma'_f}}, \quad \sigma_{ar} = \sqrt{\sigma_{máx} \sigma_a} \tag{9.40}$$

Em tal equação, espera-se que a aplicação combinada da amplitude de tensão, σ_a, e da tensão média, σ_m, resulte na mesma vida que a amplitude de tensão, σ_{ar}, aplicada em tensão média nula. Os valores de σ_{ar}, chamada *amplitude de tensão equivalente completamente invertida*, podem ser empregados para gerar uma curva de σ_a *versus* N_f a partir de carregamento completamente invertido. As equações anteriores também podem ser generalizadas para fazer estimativas de vida para casos simples de carga multiaxial. As quantidades σ_a e σ_m são substituídas por uma amplitude de tensão efetiva $\bar{\sigma}_a$, que é proporcional à amplitude da tensão de cisalhamento octaédrica, e uma tensão média efetiva $\bar{\sigma}_m$, que é proporcional à tensão hidrostática devido às tensões médias em três direções.

Se mais de uma amplitude ou nível médio ocorrerem, as estimativas de vida podem ser feitas somando-se razões das vidas nos ciclos, conforme a regra de Palm-gren-Miner:

$$\sum \frac{N_j}{N_{fi}} = 1 \tag{9.41}$$

A forma alternativa dada pela Equação 9.34 é útil para sequências de carregamento que ocorrem repetidamente. Ciclos introduzidos pela mudança dos níveis médios precisam ser considerados para obter tais estimativas de vida, e a contagem de ciclos pelo método *rainflow* é necessária para histórias de carregamento ao longo do tempo altamente irregulares. Não se deve atribuir vida infinita a ciclos de tensão abaixo do limite de fadiga se estes ocorrerem, no mesmo histórico de carregamento, com ciclos ocasionais substancialmente acima do limite de fadiga. A regra de Palmgren-Miner pode ser aplicada empregando a soma das razões dos ciclos, como na Equação 9.41, ou calculando uma *amplitude de tensão constante equivalente*, σ_{aq}, que causa a mesma vida que a história variável de carregamento se aplicada para o mesmo número de ciclos (Equação 9.37).

CAPÍTULO 9 Fadiga dos Materiais

NOVOS TERMOS E SÍMBOLOS

Abordagem em deformação	Equação SWT
Abordagem baseada em tensão	Estrias
Abordagem pela mecânica de fratura	Fadiga (dos materiais)
Amplitude constante	Fadiga de alto ciclo
Amplitude de tensão constante equivalente, σ_{aq}	Fadiga de baixo ciclo
Amplitude de tensão equivalente completamente invertida, σ_{ar}	Faixa de tensões, $\Delta\sigma$
	Fator de concentração de tensões elásticas, kt
Amplitude de tensões, σ_a	
Carga de trabalho	Fator de segurança em tensão, X_S
Carga vibratória	Fator de segurança em vida, X_N
Carregamento estático	Limite de fadiga, σ_e
Ciclagem completamente reversa	Linha de Goodman modificada
Ciclagem do zero a máximo	Marcas de praia
Contagem de ciclos pelo método *rainflow*	Parábola de Gerber
Curva *S-N*	Pico, vale
Diagrama de amplitude e média de tensões normalizadas	Regra de Palmgren–M*i*ner
	Relação de tensões, R
Diagrama de vida constante	Resistência à fadiga
Efeito de sequência	Tensão máxima, $\sigma_{máx}$
Ensaio de flexão rotativa	Tensão mínima, $\sigma_{mín}$
Entalhe (concentrador de tensões)	Tensão nominal, S
Equação de Morrow	Tensão pontual, σ
Equação de Walker)	Tensões residuais

Referências

(a) Referências Gerais

ASTM. 2010. *Annual Book of ASTM Standards,* ASTM International, West Conshohocken, PA. See:;1; No. E466, "Standard Practice for Conducting Force Controlled Constant Amplitude Axial Fatigue Tests of Metallic Materials," Vol. 03.01; No. E739, "Standard Practice for Statistical Analysis of Linear or Linearized Stresslife (S-N) and Strain-Life (ε-N) Fatigue Data," Vol. 03.01; No. E1049, "Standard Practices for Cycle Counting in Fatigue Analysis," Vol. 03.01; No. F1801, "Standard Practice for Corrosion Fatigue Testing of Metallic Implant Materials," and others in Vol. 13.01; and No. D3479, "Standard Test Method for Tension-Tension Fatigue of Polymer Matrix Composite Materials," Vol. 15.03.

BATHIAS, C., and PARIS, P. C. 2005. *Gigacycle Fatigue in Mechanical Practice.* Marcel Dekker, New York.

DRAPER, JOHN 2008. Modern Metal Fatigue Analysis, *Engineering Materials Advisory Services.* Cradley Heath, West Midlands, England.

DOWLING, N. E., CALHOUN, C. A., and ARCARI, A. 2009. *Mean Stress Effects in Stress-Life Fatigue and the Walker Equation.* Fatigue and Fracture of Engineering Materials and Structures, 32 (3), 163-179, Also, *Erratum,* vol. 32, no. 10, p. 866..

GRAHAM, J.A., J.F. MILLAN, and F. J. APPL, eds. 1968. *Fatigue Design Handbook*, SAE Pub. No. AE-4, Society of Automotive Engineers, Warrendale, PA.

LAMPMAN, S. R., ed. 1996. *ASM Handbook, Vol. 19: Fatigue and Fracture.* ASM International, Materials Park, OH.

MANN, J. Y. 1958. *The Historical Development of Research on the Fatigue of Materials and Structures.* The Jnl. of the Australian Inst. of Metals, 222-241, Nov. 1958.

RICE, R. C., ed. 1997. *Fatigue Design Handbook, 3d ed., SAE Pub. No. AE-22*. Society of Automotive Engineers, Warrendale, PA.

RITCHIE, R.O., and Y. MURAKAMI, eds. 2003. *Cyclic Loading and Fatigue*, Vol. 4 of *Comprehensive Structural Integrity: Fracture of Materials from Nano to Macro*, I. Milne, R.O. Ritchie, and B. Karihaloo, eds., Elsevier Ltd., Oxford, UK.

SINES, G., and WAISMAN, J. L. 1959. *Metal Fatigue*. McGraw-Hill, New York.

SMITH, J.O. 1942. "The Effect of Range of Stress on the Fatigue Strength of Metals," Bulletin No. 334, University of Illinois, Engineering Experiment Station, Urbana, IL. See also Bulletin No. 316, Sept. 1939.

SMITH, K.N., P. WATSON, and T. H. TOPPER. 1970. A Stress-Strain Function for the Fatigue of Metals, Journal of Materials, ASTM, vol. 5, no. 4, Dec. 1970, 767-778.

SOCIE, D. F., and MARQUIS, G. B. 2000. *Multiaxial Fatigue*. Society of Automotive Engineers, Warrendale, PA.

(b) Fontes de Propriedades dos Materiais e Base de Dados

ADKINS, D.W. and R. G. KANDER. 1988. "Fatigue Performance of Glass Reinforced Thermoplastics," Paper No. 8808-010, *Proc. of the 4th Annual Conf. on Advanced Composites*, Sept. 1988, Dearborn, MI. Sponsored by ASM International, Materials Park, OH.

BOLLER, C. and T. SEEGER. 1987. *Materials Data for Cyclic Loading*, 5 vols., Elsevier Science Pubs., Amsterdam. See also Supplement 1, 1990, by A. Baumel and T. Seeger.

CINDAS. 2010. *Aerospace Structural Metals Database (ASMD)*, CINDAS LLC, West Lafayette, IN.(See *https://cindasdata.com.*).

HOLT, J.M., H. MINDLIN, and C. Y. HO, eds. 1996. *Structural Alloys Handbook*, CINDAS LLC, West Lafayette, IN. (See *https://cindasdata.com.*).

KAUFMAN, J. G., ed. 1999. *Properties of Aluminum Alloys: Tensile, Creep, and Fatigue Data at High and Low Temperatures*. ASM International, Materials Park, OH.

MCKEEN, L. W. 2010. *Fatigue and Tribiological Properties of Plastics and Elastomers*, 2nd ed., Plastics Design Library, William Andrew (Elsevier), Norwich, NY.

MMPDS. 2010. *Metallic Materials Properties Development and Standardization Handbook*, MMPDS-05, U.S. Federal Aviation Administration; distributed by Battelle Memorial Institute, Columbus, OH.(See *http://projects.battelle.org/mmpds*; replaces MIL-HDBK-5.).

NIMS. 2010. *Fatigue Data Sheets*, periodically updated database, National Institute of Materials Science, Tsukuba, Ibaraki, Japan.(See http://mits.nims.go.jp/index en.html.).

SAE. 2002. *Technical Report on Low Cycle Fatigue Properties: Ferrous and Non-Ferrous Materials*, Document No. J1099, Society of Automotive Engineers, Warrendale, PA.

SHIOZAWA, K., SAKAI, T., eds. 1996. *Data Book on Fatigue Strength of Metallic Materials*, 3 Vols, Elsevier Science, Amsterdam.

PROBLEMAS E QUESTÕES
Seção 9.2

9.1 Verifique cada item da Equação 9.4, começando por qualquer uma das Equações 9.1 a 9.3 ou itens precedentes da Equação 9.4.

9.2 Escreva as definições, com suas palavras, para a tensão pontual, σ, a tensão nominal, S, e o produto, $k_t \cdot S$. Dê um exemplo de uma situação em que $\sigma = S$, e também em que $\sigma \neq S$.

9.3 Para uma curva S-N na forma da Equação 9.5, são conhecidos dois pontos (N_1, σ_1) e (N_2, σ_2).

(a) Desenvolva equações para as constantes C e D em função desses valores.

480 CAPÍTULO 9 Fadiga dos Materiais

(b) Aplique o resultado de (a) aos dados da Figura 9.5 para $N_f < 10^6$ ciclos, avaliando C e D para obter uma equação que dê uma representação razoável destes dados.

9.4 O aço GSMnNi63 pode ser assumido como tendo uma curva S-N na forma da Equação 9.6. Alguns dados de ensaios de fadiga para corpos de prova não entalhados sob tensão axial, com tensão média nula, são dados na Tabela P9.4.

(a) Trace os dados em coordenadas log-log e determine valores aproximados para as constantes A e B.

(b) Obtenha valores refinados para A e B usando um ajuste linear de mínimos quadrados para a relação N_f *versus* log σ_a. Então, calcule σ'_f e b para a Equação 9.7.

Tabela P9.4	
σ_a, MPa	N_f, ciclos
541	15
436	50
394	200
361	2.080
316	5.900
275	34.100
244	121.000
232	450.000
215	1.500.000
Fonte: Dados de [Baumel 90].	

9.5 Proceda como no Problema 9.4, mas empregue os dados na Tabela P9.5 para corpos de prova de titânio 6Al-4V não entalhados, carregados axialmente, testados sob tensão média nula. (O material testado teve um processamento diferente do material descrito na Tabela 9.1. As propriedades de tração são $\sigma_0 = 1.006$ MPa, $\sigma_u = 1.034$ MPa e $\tilde{\sigma}_{fB} = 1.271$ MPa, este último valor estimado, e 14,5% de alongamento.)

Tabela P9.5	
σ_a, MPa	N_f, ciclos
1.001	214
892	706
749	3.000
688	9.500
576	28.000
472	78.000
385	500.000
361	1.100.000
Fonte: Dados de [Baumel 90].	

9.6 Proceda como no Problema 9.4, mas empregue os dados na Tabela P9.6 para corpos de prova não entalhados de aço 50CrMo4, carregados axialmente, testados sob tensão média nula. (As propriedades de tração são $\sigma_0 = 970$ MPa, $\sigma_u = 1.086$ MPa e $\tilde{\sigma}_{fB} = 1.609$ MPa, e 49% de redução de área.)

Tabela P9.6	
σ_a, MPa	N_f, ciclos
1.071	52
914	290
806	1.385
725	3.100
657	6.730
630	17.500
557	70.200
549	205.000
506	380.000
Fonte: Dados de [Baumel 90].	

9.7 Proceda como no Problema 9.4, mas empregue os dados na Tabela P9.7 para amostras não entalhadas, carregadas axialmente, testadas sob tensão média nula, de um material compósito SRIM (*structural reaction injection molding* – moldagem por injeção com reação estrutural), consistindo em 37% por peso de manta de fibra de vidro numa matriz de polímero termoestável.

Tabela P9.7	
σ_a, MPa	N_f, ciclos
92	634
87	1.850
65	7.860
65	21.800
50	254.300
50	187.300
50	158.700
50	154.900
40	1.958.000
Fonte: Dados de [Baumel 90].	

9.8 Proceda como no Problema 9.4, mas empregue os dados na Tabela P9.8 para corpos de prova não entalhados de liga de alumínio 2024-T3, carregados axialmente, testados sob tensão média nula. (As propriedades de tração são $\sigma_0 = 359$ MPa, $\sigma_u = 497$ MPa e $\tilde{\sigma}_{fB} = 591$ MPa, e 20,3% de alongamento).

482 **CAPÍTULO 9** Fadiga dos Materiais

Tabela P9.8

σ_a, MPa	N_f, ciclos
379	8.000
345	13.100
276	53.000
207	306.000
172	1.169.000

Fonte: Dados de [Grover 51a] e [Illg 56].

9.9 Para a situação do Exemplo 9.2, calcula-se uma vida de $1,94 \times 10^5$ ciclos até a falha para uma amplitude de tensão $\sigma_a = 500$ MPa, esperada para ocorrer em serviço. Para garantir que não ocorram falhas, sugere-se que componentes deste tipo devem ser substituídos quando o número de ciclos aplicados atinge ⅓ desta vida.

(a) Quais são os fatores de segurança na vida e na tensão correspondentes a esta sugestão?

(b) A sugestão é boa? Explique brevemente a lógica da sua resposta.

9.10 Um componente em alumínio 2024-T4 será submetido em serviço a uma amplitude de tensão de $\sigma_a = 250$ MPa, e a vida útil desejada é de 30.000 ciclos.

(a) Quais são os fatores de segurança na tensão e na vida? Este cenário parece razoável para uma aplicação de engenharia real? Explique por que sim ou por que não.

(b) Para a mesma amplitude de tensão de serviço, se um fator de segurança de 1,6 em tensão for considerado adequado, quantos ciclos podem ser aplicados em serviço antes da substituição da peça?

9.11 Uma peça feita de aço SAE 1015, conforme descrito na Tabela 9.1, é submetida em serviço a uma amplitude de tensão de $\sigma_a = 150$ MPa. Se um fator de segurança de 1,5 em tensão for considerado adequado, quantos ciclos podem ser permitidos em serviço antes que a peça precise ser substituída? Qual é o fator de segurança correspondente na vida?

Seções 9.3 a 9.6

9.12 Descreva as prováveis fontes de carregamento cíclico para um mastro de veleiro. Considere cargas estáticas, cargas de trabalho, cargas vibratórias e cargas acidentais.

9.13 Responda à mesma pergunta do Problema 9.12, mas para um braço de manivela de pedal de bicicleta.

9.14 Responda à mesma pergunta do Problema 9.12, mas para as molas de suspensão em um automóvel.

9.15 Responda à mesma pergunta do Problema 9.12, mas para a forquilha de uma empilhadeira.

9.16 Descreva como funciona uma máquina de teste de fadiga por flexão rotativa e identifique suas principais vantagens e desvantagens.

9.17 Descreva como funciona uma máquina de teste de fadiga servo-hidráulica de circuito fechado e identifique suas principais vantagens e desvantagens.

9.18 Para as curvas *S-N* da Figura 9.19, explique como o dano se desenvolve de forma diferente para as duas ligas de alumínio e como isso se correlaciona com o processamento prévio das ligas. Comente as frações da vida em fadiga necessárias para desenvolver danos observáveis. (As Seções 3.2 e 3.4 podem ser úteis.)

9.19 Defina *marcas de praia* e *estrias* e explique as diferenças entre elas.

9.20 Explique o significado da dispersão estatística na vida de fadiga e especialmente como pode afetar o uso das curvas *S-N* para fins de aplicação em engenharia.

Seção 9.7

9.21 O aço SAE 1015, descrito na Tabela 9.1, é submetido a uma amplitude de tensão de $\sigma_a = 160$ MPa. Usando a equação de Morrow, estime a vida para as tensões médias, σ_m, de (a) zero, (b) 70 MPa em tração e (c) 70 MPa em compressão.

9.22 Proceda como no Problema 9.21, exceto pelo uso da equação SWT.

9.23 Proceda como no Problema 9.21, exceto pelo uso da equação de Walker, com $\gamma = 0,735$.

9.24 O aço AISI 4340, descrito na Tabela 9.1, é submetido a um carregamento cíclico com uma amplitude de tensão de $\sigma_a = 500$ MPa. Usando a equação de Morrow, estime a vida para as tensões médias, σ_m, de (a) zero, (b) 180 MPa em tração e (c) 180 MPa em compressão.

9.25 Proceda como no Problema 9.24, exceto pelo uso da equação SWT.

9.26 Proceda como no Problema 9.24, exceto pelo uso da equação de Walker, com $\gamma = 0,65$.

9.27 A liga de alumínio 2024-T4 é submetida a uma amplitude de tensão de $\sigma_a = 200$ MPa. Usando a equação de Morrow na forma da tensão de fratura verdadeira, estime a vida para as tensões médias, σ_m, de (a) zero, (b) 100 MPa em tração e (c) 100 MPa em compressão

9.28 Proceda como no Problema 9.27, exceto pelo uso da equação SWT.

9.29 Para o aço RQC-100 (laminado a quente, temperado e revenido), usando a equação de Morrow, obtenha equações que relacionem a amplitude de tensão, σ_a, e a vida, N_f, para tensões médias, σ_m, de (a) 100 MPa em tração, (b) zero e (c) 100 MPa em compressão. Em seguida, trace estes resultados em coordenadas log-log e comente as tendências observadas.

9.30 Proceda como no Problema 9.29, exceto ao mudar o material para liga de alumínio 2024-T4 e pelo uso da equação SWT.

9.31 Considere os dados para o aço AISI 4340 para várias tensões médias das Tabelas E9.1 e E9.5.

484 **CAPÍTULO 9** Fadiga dos Materiais

(a) Prepare um gráfico desses dados semelhante à Figura 9.39. (Sugestão: Comece por calcular σ_{ar} para cada valor de N_f, usando as constantes da Tabela 9.1.)

(b) No gráfico (a), adicione linhas para as Equações 9.15, 9.16, 9.17 (a) e 9.17 (b), e discuta brevemente o sucesso dessas equações na representação dos dados.

9.32 Considere os dados para o aço AISI 4340 para várias tensões médias das Tabelas E9.1 e E9.5.

(a) Calcule os valores de σ_{ar} para a relação de tensão média SWT, Equação 9.18, para os dados combinados de ambas as tabelas e trace esses dados *versus* a vida. Adicione a linha σ_{ar} *versus* N_f a partir das constantes na Tabela 9.1 e comente o sucesso da correlação.

(b) Repita (a), exceto pelo uso dos valores de σ_{ar} para a relação de Walker, Equação 9.19, com $\gamma = 0,65$.

9.33 Para corpos de prova de titânio 6Al-4V, sem entalhes e carregados axialmente, a Tabela P9.5 fornece dados de teste de fadiga para tensão média nula e a Tabela P9.33, dados adicionais para várias tensões médias não nulas. Combine os dados das Tabelas P9.5 e P9.33 em um único conjunto de dados e proceda da seguinte maneira:

(a) Para a relação de Goodman, Equação 9.15, calcule σ_{ar} para cada teste e trace seus resultados *versus* N_f. Adicione a linha de ajuste aos dados para a tensão média nula do Problema 9.5 e comente o sucesso da correlação.

(b, c, d) Proceda como em (a) para as relações de tensão média de (b) Morrow, com $\tilde{\sigma}_{fB}$, (c) Morrow, com σ'_f, e (d) SWT.

Tabela P9.33

σ_a, MPa	σ_m, MPa	N_f, ciclos	σ_a, MPa	σ_m, MPa	N_f, ciclos
293	592	45.000	778	-130	4.500
241	646	90.000	594	-312	132.000
207	668	160.000	529	-354	540.000
174	685	700.000			

Fonte: Dados de [Baumel 90].

9.34 Para corpos de prova não entalhados de aço 50CrMo4 e carregados axialmente, a Tabela P9.6 fornece dados de teste de fadiga para tensões médias aproximadamente iguais a zero, e a Tabela P9.34, dados adicionais em várias tensões médias não nulas. Combine os dados das Tabelas P9.6 e P9.34 em um único conjunto de dados e proceda da seguinte maneira:

(a) Para a relação de Goodman, Equação 9.15, calcule σ_{ar} para cada teste e trace seus resultados *versus* N_f. Adicione a linha de ajuste aos dados para a tensão média nula do Problema 9.6 e comente o sucesso da correlação.

(b, c, d) Proceda como em (a) para as relações de tensão média de (b) Morrow, com $\tilde{\sigma}_{fB}$, (c) Morrow, com σ'_f, e (d) SWT.

Tabela P9.34

σ_a, MPa	σ_m, MPa	N_f, ciclos		σ_a, MPa	σ_m, MPa	N_f, ciclos
537	125	38.000		675	-225	14.000
447	267	140.000		578	-193	55.000
475	475	45.000		600	-200	58.000
463	463	47.000		559	-135	61.000
450	450	185.000		563	-188	165.000
438	438	190.000		540	-180	270.000

Fonte: Dados de [Baumel 90].

9.35 Para corpos de prova não entalhados de liga de alumínio 2024-T3 e carregados axialmente, o Problema 9.8 fornece dados de teste de fadiga para tensão média zero, bem como dados de ensaio de tração. A Tabela P9.35 fornece dados adicionais para tensões médias não nulas, especificamente, para várias combinações de $\sigma_{máx}$ e $R = \sigma_{mín}/\sigma_{máx}$, sendo N_f dado em milhares de ciclos. Combine os dados das Tabelas P9.8 e P9.35 em um único conjunto de dados e proceda da seguinte maneira:

(a) Para a relação de Goodman, Equação 9.15, calcule σ_{ar} para cada teste e trace seus resultados *versus* N_f. Adicione a linha de ajuste aos dados para a tensão média nula do Problema 9.8 e comente o sucesso da correlação.

(b, c, d) Proceda como em (a) para as relações de tensão média de (b) Morrow, com $\tilde{\sigma}_{fB}$, (c) Morrow, com σ'_f, e (d) SWT.

Tabela P9.35

σ_a, MPa	R	N_f, 10^3 ciclos		σ_a, MPa	R	N_f, 10^3 ciclos
469	0,6	252		345	-0,3	67
459	0,6	520		310	-0,3	132
448	0,4	85		241	-0,3	353
414	0,4	144		448	-0,6	6,2
372	0,4	351		372	-0,6	18,2
345	0,4	701		331	-0,6	43
448	0,02	30		276	-0,6	112
386	0,02	60		241	-0,6	172
362	0,02	85		207	-0,6	231
310	0,02	156		190	-0,6	546
260	0,02	355		179	-0,6	1.165
414	-0,3	24				

Fonte: Dados de [Baumel 90].

9.36 O aço SAE 4142 (com 450 HB) será submetido em serviço a uma amplitude de tensão, $\sigma_a = 450$ MPa, e uma tensão média, $\sigma_m = 400$ MPa. É desejada uma vida útil de 10.000 ciclos. Quais são os fatores de segurança na tensão e na vida?

9.37 A liga de alumínio 2024-T4 será submetida em serviço a uma amplitude de tensão, $\sigma_a = 100$ MPa, e uma tensão média, $\sigma_m = 200$ MPa. É desejada uma vida útil de 20.000 ciclos. Quais são os fatores de segurança na tensão e na vida?

9.38 O aço AISI 4340, descrito na Tabela 9.1, será submetido em serviço a uma amplitude de tensão, $\sigma_a = 450$ MPa, e uma tensão média, $\sigma_m = 130$ MPa. É desejada uma vida útil de 2.000 ciclos. Quais são os fatores de segurança na tensão e na vida?

9.39 A liga Ti-6Al-4V, descrita na Tabela 9.1, é empregada em uma situação de serviço em que a amplitude de tensão é fixada em $\sigma_a = 400$ MPa, mas a tensão média pode variar. Uma tensão média, $\sigma_m = 250$ MPa, é esperada em serviço e uma vida útil de 10.000 ciclos é desejada. (Por exemplo, tal situação ocorreria em um seguidor de came, como mostrado na Figura P9.39, em que h poderia mudar, mas a excentricidade do came seria fixa.)

(a) Qual é o fator de segurança na vida?

(b) Que o fator de carga, Y_m, para a tensão média corresponde à vida útil desejada?

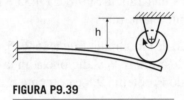

FIGURA P9.39

9.40 Um aço-carbono estrutural, conforme descrito pela Tabela 9.1, será submetido em serviço a uma amplitude de tensão, $\sigma_a = 120$ MPa, e uma tensão média, $\sigma_m = 190$ MPa. É desejada uma vida útil de 5.000 ciclos. O valor da amplitude é menos preciso do que o da média, de modo que é esperado que o fator de carga para a amplitude seja o dobro da média, $Y_a = 2Y_m$.

(a) Qual é o fator de segurança na vida?

(b) Que fator de carga, $Y_a = 2Y_m$, corresponde à vida útil desejada?

Seção 9.8

9.41 A liga Ti-6Al-4V, descrita na Tabela 9.1, é usada para fazer um recipiente de pressão cilíndrico que possui suas extremidades fechadas, um diâmetro interno de 250 mm e uma espessura de parede de 2,5 mm.

(a) Qual pressão aplicada repetidamente causará falha por fadiga em 10^5 ciclos? (Negligencie o efeito de aumento de tensão no fechamento das extremidades ou outras descontinuidades geométricas.)

(b) Para a pressão de (a), qual é o fator de segurança contra o escoamento?

9.42 Um eixo cilíndrico de seção circular não entalhado é feito de aço SAE 4142 (com 450 HB). Este possui um diâmetro de 50 mm e é carregado em torção cíclica entre zero até um torque de 20 kN·m.

(a) Quantos ciclos de torção são esperados para resultar em falha de fadiga?

(b) Qual é o fator de segurança contra o escoamento?

(c) Qual é o diâmetro necessário para o eixo se 100.000 ciclos são esperados em serviço e o fator de segurança na vida é de pelo menos 20?

(d) Qual é o diâmetro necessário se o fator de segurança contra o escoamento é de pelo menos 1,5?

(e) Qual é o diâmetro necessário para satisfazer ambos os requisitos de (c) e (d)?

Seção 9.9

9.43 Um componente não entalhado do aço AISI 4340, descrito pela Tabela 9.1, é submetido a carregamento cíclico uniaxial com tensão média nula. A amplitude é inicialmente σ_a = 650 MPa para 2.000 ciclos, seguido por σ_a = 575 MPa para 10.000 ciclos. Se a tensão for então mudada para σ_a = 700 MPa, quantos ciclos ainda podem ser aplicados neste terceiro nível antes de se esperar falha de fadiga?

9.44 Em uma posição de interesse em um componente de engenharia feito de liga de alumínio 2024-T4, o material é repetidamente submetido ao histórico de tensão uniaxial ilustrado na Figura P9.44. Estime o número de repetições necessárias para causar a falha por fadiga.

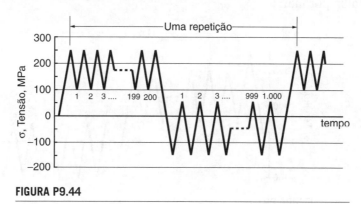

FIGURA P9.44

9.45 Em uma posição de interesse em um componente de engenharia, o material é repetidamente submetido ao histórico de tensão uniaxial ilustrado na Figura P9.45. O componente é feito de aço SAE 4142 (com 450 HB). Estime o número de repetições necessárias para causar a falha por fadiga.

FIGURA P9.45

9.46 Em uma posição de interesse em um componente feito da liga Ti-6Al-4V, descrita na Tabela 9.1, o material é repetidamente submetido ao histórico de tensão uniaxial ilustrado na Figura P9.46. Estime o número de repetições necessárias para causar a falha por fadiga.

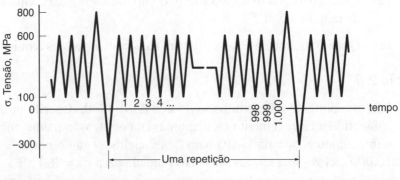

FIGURA P9.46

9.47 Em uma posição de interesse em um componente feito da liga Ti-6Al-4V, descrita na Tabela 9.1, o material é repetidamente submetido ao histórico de tensão uniaxial ilustrado na Figura P9.47. Estime o número de repetições necessárias para causar a falha por fadiga.

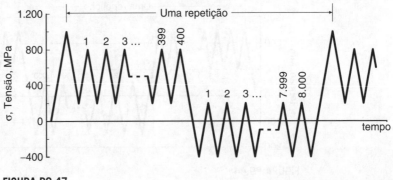

FIGURA P9.47

9.48 Em uma posição de interesse em um componente feito de aço SAE 1015, descrito na Tabela 9.1, o material é repetidamente submetido ao histórico de tensão uniaxial ilustrado na Figura P9.48. Estime o número de repetições necessárias para causar a falha por fadiga.

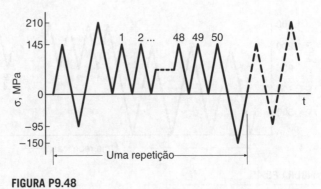

FIGURA P9.48

9.49 Em uma posição de interesse em um componente de engenharia, o material é repetidamente submetido ao histórico de tensão uniaxial ilustrado na Figura P9.49. O componente é feito de aço RQC-100. Estime o número de repetições necessárias para causar a falha por fadiga.

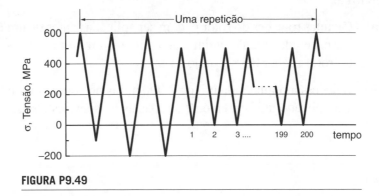

FIGURA P9.49

9.50 Em uma posição de interesse em um componente de engenharia, o material é repetidamente submetido ao histórico de tensão uniaxial ilustrado na Figura P9.50. O componente é feito de aço AISI 4340, descrito na Tabela 9.1. Estime o número de repetições necessárias para causar a falha por fadiga.

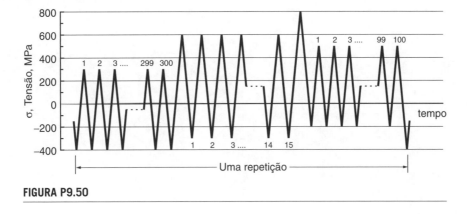

FIGURA P9.50

9.51 O histórico de carregamento da Figura 9.47 (a) é repetidamente aplicado como uma tensão uniaxial sobre um componente não entalhado de liga de alumínio 2024-T4, com valores de tensão, σ, na Figura 9.47, valendo 1 unidade = 60 MPa.

(a) Estime o número de repetições necessárias para causar a falha por fadiga.

(b) Se 1.000 repetições deste histórico de tensão são esperadas em serviço, quais são os fatores de segurança para a tensão e para a vida?

9.52 Refaça o Exemplo 9.9, utilizando o método da tensão equivalente da Seção 9.9.3.

9.53 Para a situação do Exemplo 9.9, suponha que são esperadas 500 repetições do histórico de tensão dado sob condições de serviço. Quais são os fatores de segurança para a tensão e para a vida? Tais valores parecem adequados para uma situação real de engenharia?

490 **CAPÍTULO 9** Fadiga dos Materiais

9.54 Suponha que o histórico de carregamento da Figura 9.9 representa uma tensão de flexão no eixo do rotor principal de um helicóptero. O eixo é feito da liga Ti-6Al-4V, descrita pela Tabela 9.1. Já considerando a inclusão de um fator de concentração de tensão, uma unidade de tensão na Figura 9.9 é equivalente a 50 MPa.

(a) Quantas rotações do rotor podem ser aplicadas antes de uma falha por fadiga ser esperada? Qual é a duração estimada em horas de voo se cada rotação do rotor requer 0,3 segundo?

(b) É necessária uma vida útil de 2.000 horas de voo, com um fator de carga de 1,5 aplicado uniformemente a todas as tensões. Este requisito é cumprido?

CAPÍTULO

Abordagem da Fadiga Via Tensão: Componentes Entalhados

10

10.1 Introdução..491
10.2 Efeitos dos entalhes..492
10.3 Sensibilidade ao entalhe e estimativas empíricas de k_f.................................497
10.4 Estimativa da resistência à fadiga para longas vidas (limites de fadiga)..........501
10.5 Efeitos dos entalhes em vidas intermediárias e curtas...................................506
10.6 Efeitos combinados dos entalhes e da tensão média.....................................510
10.7 Estimando curvas S-N...520
10.8 Uso dos dados S-N obtidos de um componente...527
10.9 Projetando para evitar a falha por fadiga...536
10.10 Discussão...542
10.11 Resumo...543

OBJETIVOS

- Compreender os efeitos dos entalhes (concentradores de tensão) na resistência à fadiga e aplicar métodos de engenharia tradicionais para avaliar a resistência à fadiga de longa duração e para a estimativa de curvas S-N.

- Avaliar os efeitos da tensão média para componentes com entalhes.

- Analisar a resistência à fadiga e a vida útil quando estiverem disponíveis curvas S-N oriundas de testes em componentes reais.

10.1 INTRODUÇÃO

As descontinuidades geométricas inevitáveis no projeto, como furos, filetes, sulcos e chavetas, fazem com que a tensão seja localmente aumentada, sendo, portanto, chamadas de *concentradores de tensão*. Os concentradores de tensão, aqui genericamente nomeados *entalhes* para simplificação, requerem atenção especial, pois sua presença reduz a resistência de um componente à falha por fadiga. Isso é simplesmente uma consequência das tensões que se tornam localmente mais elevadas, induzindo a iniciação de fadiga em tais locais.

A Figura 10.1 ilustra um exemplo de um entalhe em um componente de engenharia, em particular, na fixação de pás de uma turbina a vapor. Apesar do desenho cuidadoso para minimizar a severidade do entalhe, uma trinca de fadiga, no entanto, desenvolveu-se, como mostrado. A Figura 10.2 ilustra o efeito de um entalhe sobre a curva S-N para uma liga de alumínio testada em flexão rotativa. A representação gráfica do esforço de flexão nominal em função da vida para os membros lisos e entalhados mostra que a resistência à fadiga é reduzida substancialmente pelo entalhe. Tais efeitos claramente precisam ser incluídos na concepção e na análise de engenharia.

491

FIGURA 10.1 Rotor de uma turbina a vapor com as palhetas conectadas e o tipo de encaixe mecânico entre os canais da raiz do rotor à base das palhetas. Na parte inferior direita, uma trinca por fadiga pode ser vista correndo através da raiz da palheta logo acima de sua base.

(Fotografias cedidas por Neville F. Rieger, STI Technologies, Inc., Rochester, NY. Reimpresso com permissão do Electric Power Research Institute, EPRI, do Failure Analysis of Fossil Low Pressure Turbine Blade Group.)

Livros-texto sobre projeto mecânico e fontes bibliográficas semelhantes descrevem métodos tradicionais de aplicação de uma abordagem da fadiga baseada na tensão de membros com entalhes mecânicos. Este capítulo inicialmente revisa e discute esses métodos tradicionais. A seguir, consideramos o uso de dados de ensaios de fadiga para componentes de engenharia entalhados como uma alternativa às estimativas empíricas dos métodos tradicionais. Note que o Capítulo 14 descreve uma abordagem mais avançada da fadiga, baseada na deformação, que trata os membros entalhados de uma maneira mais detalhada e rigorosa do que em qualquer tipo de abordagem baseada na tensão.

10.2 EFEITOS DOS ENTALHES

O fator de concentração de tensão elástica, k_t, pode ser empregado para caracterizar a severidade de um entalhe, em que $k_t = \sigma/S$ é a relação entre a tensão local (pontual) σ e a tensão nominal (média) S. (Estas quantidades já foram definidas e discutidas na

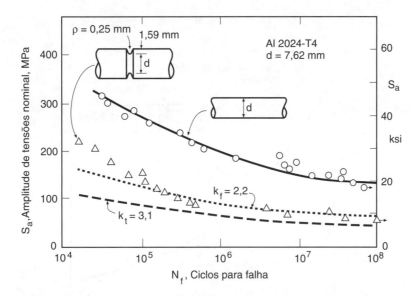

FIGURA 10.2 Efeito de um entalhe no comportamento da curva S-N obtida por flexão rotativa de uma liga de alumínio e comparações da redução da resistência empregando k_t e k_f.

(Dados de [MacGregor 52].)

Seção 9.2.2 com a ajuda da Figura 9.3. As Figuras A.11 e A.12 do Apêndice A também descrevem valores de k_t para casos típicos.) Embora o conceito de k_t seja útil para analisar os efeitos de entalhe na fadiga, outras influências precisam ser consideradas, o que iremos discutir agora.

10.2.1 O Fator de Concentração de Tensões em Fadiga, k_f, e Razões para $k_f < k_t$

Considerando uma visão simplista, seria de se esperar que os componentes não entalhados (lisos) e entalhados tivessem a mesma vida de fadiga se a tensão $\sigma = S$ no membro liso fosse a mesma que a tensão $\sigma = k_t \cdot S$ na região do concentrador de tensões no componente entalhado. Assim, num gráfico de S versus vida N_f, o efeito de um entalhe deve ser reduzido à amplitude de tensão correspondente a qualquer vida dada pelo fator k_t. Um exemplo de tal estimativa é representado pela linha inferior na Figura 10.2. No entanto, verifica-se que os dados de teste reais estão acima desta estimativa, de modo que o entalhe tem um efeito menor do que o esperado com base em k_t. O fator de redução real em vidas de fadiga longas – especificamente em $N_f = 10^6$ a 10^7 ciclos ou maior – é chamado *fator de concentração de tensão em fadiga* e é designado por k_f. Este parâmetro é dado por:

$$k_f = \frac{\sigma_{ar}}{S_{ar}} \qquad (10.1)$$

em que k_f é formalmente definido apenas para tensões completamente invertidas, σ_{ar}, para um componente liso, e S_{ar}, para um componente entalhado.

Se o entalhe tem um grande raio na sua ponta, ρ, o valor de k_f pode ser essencialmente igual a k_t. No entanto, para ρ pequeno, a discrepância previamente observada pode ser bastante grande, de modo que k_f é consideravelmente menor do que k_t. Alguns

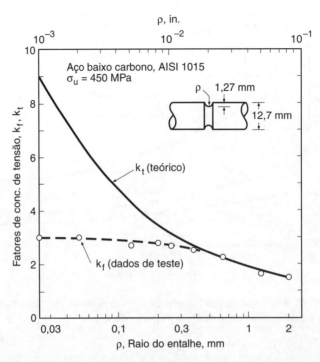

FIGURA 10.3 Fatores de concentração de tensão em fadiga para vários raios de entalhe com base nos limites de fadiga por dobramento rotativo em aço de baixo carbono.

(Dados de [Frost 59].)

valores de k_f que ilustram esta variação, com ρ para barras entalhadas de aço comum (baixo carbono), são mostrados na Figura 10.3. Como discutiremos, nas seções a seguir, mais de uma causa física desse comportamento pode existir.

10.2.2 Tamanho da Zona de Elevação de Tensão e Efeitos do Elo mais Fraco

A tensão em um componente entalhado diminui rapidamente com o aumento da distância da raiz do entalhe, como ilustrado na Figura 10.4. A inclinação $d\sigma/dx$ da distribuição de tensões é chamada *gradiente de tensão*, e a magnitude desta quantidade é especialmente grande perto de entalhes afiados. É consenso geral que o efeito $k_f < k_t$ está associado a este gradiente de tensão e várias explicações detalhadas foram sugeridas com tal base.

Um argumento feito com base nos gradientes de tensão é que o material não é sensível ao pico de tensão, mas sim à tensão média que atua sobre uma região de tamanho pequeno, e finito. Em outras palavras, algum volume finito de material deve estar envolvido para que o processo de dano por fadiga continue. O tamanho da região ativa pode ser caracterizado por uma dimensão, δ, chamada *tamanho da zona de elevação de tensão*, como ilustrado na Figura 10.4. Assim, a tensão que controla o início do dano de fadiga não é mais a máxima tensão que ocorre em $x = 0$, mas sim o valor um pouco menor, que é oriundo da média obtida ao longo de uma distância $x = \delta$. Espera-se que essa tensão média seja a mesma que o limite de fadiga, σ_e, para uma amostra lisa, de modo que k_f pode ser estimado por:

$$k_f = \frac{(\text{média de } \sigma_y \text{ até } x = \delta)}{S_a} = \frac{\sigma_e}{S_a} \quad (10.2)$$

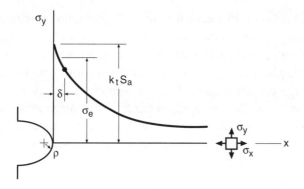

FIGURA 10.4 Interpretação do limite de fadiga (σ_e) como uma tensão média sobre uma distância finita δ à frente do entalhe.

que é menor que k_t. A relação k_f/k_t cai abaixo da unidade – isto é, a discrepância aumenta – se o raio de entalhe, ρ, for menor. Isso ocorre porque a queda na tensão com o aumento da distância x fora do entalhe é mais abrupta se ρ for menor. Tal tendência é consistente com as observações, como ilustrado pelos dados da Figura 10.3.

Um resultado deste tipo pode ser esperado na presença de uma microestrutura discreta, como a formada por múltiplos grãos cristalinos, que têm o efeito de igualar a tensão sobre uma pequena dimensão, de forma que a tensão de pico seja efetivamente reduzida. No entanto, ainda não foi estabelecida uma correlação aplicável para a tendência dos valores de k_f com características microestruturais.

Outro possível efeito do gradiente de tensões envolve a consideração estatística do *elo mais fraco*. Lembre-se de que o processo de dano por fadiga pode se iniciar em um grão cristalino que está em uma orientação desfavorável de seus planos de deslizamento em relação aos planos da tensão de cisalhamento aplicada, ou em outros casos em uma inclusão, vazio ou outro concentrador de tensões microscópico. Muitos locais de iniciação de dano potenciais, correspondendo ao elo mais fraco do material, ocorrem dentro do volume de um corpo de prova liso. No entanto, mesmo na presença de entalhe severo (afiado), existe a possibilidade de que a iniciação de danos não ocorra na pequena região onde a tensão está próxima ao seu valor de pico. Por conseguinte, em média, o membro entalhado será mais resistente à fadiga do que o esperado se a comparação for feita com base na tensão de local concentrada pelo entalhe, $\sigma_a = k_t S_a$.

10.2.3 Efeito do Crescimento de Trinca

Um terceiro efeito possível relaciona-se com ao fato de uma trinca por fadiga poder começar rapidamente em um componente acentuadamente entalhado durante o carregamento cíclico, de modo que o comportamento em fadiga seja dominado pelo *crescimento da trinca*. Considere o carregamento cíclico de um componente entalhado sob uma tensão nominal, S. Em seguida, deixe um componente liso ser submetido a ciclos sob uma tensão σ_S, de modo que sua tensão seja a mesma que aquela na ponta do entalhe no membro entalhado, $\sigma_S = k_t \cdot S$. Portanto, em termos da tensão k_t, a mesma vida em fadiga será esperada tanto no componente liso como no entalhado. No entanto, no membro entalhado, a trinca crescerá em direção a uma região na qual a tensão diminui rapidamente até atingir S, como na Figura 10.4, enquanto isso não ocorrerá no compo-

496 CAPÍTULO 10 Abordagem da Fadiga Via Tensão: Componentes Entalhados

nente liso, que está submetido a uma tensão, $k_t \cdot S$, constante. Como resultado, a trinca no membro entalhado requererá mais ciclos para crescer do que aquela no membro liso, prolongando a vida no membro entalhado e resultando num efeito $k_f < k_t$.

Uma racionalização mais específica é possível, observando que o crescimento das trincas sob carga cíclica é controlado pelo fator de intensidade de tensão, K, da mecânica de fratura. Considere a variação em K para uma trinca crescendo a partir de um entalhe, como na Figura 8.20. Para uma pequena trinca superficial de comprimento l em uma placa não entalhada (lisa) de material sob tensão axial, σ_S, podemos obter K da Figura 8.12 (c).

$$K_s = 1,12\,\sigma_s\,\sqrt{\pi \cdot l} \qquad (10.3)$$

Agora, considerando uma trinca no componente entalhado, aplica-se a situação descrita na Seção 8.5.2. Particularmente, a intensidade de tensão pode ser aproximada como K_A até o comprimento de trinca l' da Equação 8.26, e por K_B além de l'. Se a tensão no componente liso é a mesma que no entalhe, $\sigma_S = k_t \cdot S$, então K_S para o membro liso é semelhante à K_A para o membro entalhado até $l = l'$. Contudo, após l', o valor de K no membro entalhado já não aumenta muito rapidamente e cai para valores bem abaixo do verificado no membro liso.

Deste modo, os valores mais baixos de K no componente entalhado farão com que as trincas cresçam mais lentamente do que no membro liso, causando vidas mais longas e uma curva S-N mais alta do que a esperada com base em k_t. Já que l' está geralmente na faixa de 10 a 20% de ρ e como o valor de ρ é pequeno para entalhes mais agudos, isso implica que os valores K entre uma amostra lisa e uma entalhada, com entalhes mais agudos, divergem já em comprimentos de trinca pequenos. Isso explica a tendência de um maior efeito $k_f < k_t$ para entalhes mais agudos. Além disso, em componentes com entalhes severos, observa-se que as trincas começam devido à elevada tensão na ponta do entalhe, mas depois não crescem mais, na medida em que o valor de K fora desta região é demasiado baixo. A tensão abaixo da qual existem estes tipos de *trincas não propagantes* determina o limite de fadiga de um componente severamente entalhado.

10.2.4 Efeito do Escoamento Reverso

Finalmente, existe um quarto efeito que é causado pelo *escoamento reverso* no entalhe durante o carregamento cíclico. Neste caso, as deformações plásticas que ocorrem fazem com que a real amplitude de tensão σ_a no entalhe seja menor que $k_t \cdot S_a$, tal como ilustrado na Figura 10.5. Isso dá uma vida mais longa do que o esperado a partir de $k_t S_a$, elevando, de fato, a curva S-N. Tal comportamento ocorre em altos níveis de tensão, correspondentes a curtas vidas de fadiga para a maioria dos metais de engenharia, mas também em vidas longas para alguns metais muito dúcteis. No entanto, há pouco ou nenhum escoamento em vidas muito longas, por exemplo, de cerca de 10^6 ou 10^7 ciclos, para a maioria dos metais de engenharia, de modo que esta explicação por si só seja insuficiente. (Efeitos de escoamento em vidas curtas serão considerados em detalhes mais adiante, no Capítulo 14, quando a fadiga for abordada baseando-se na deformação).

Para resumir, a análise da mecânica de fratura das trincas crescendo a partir de entalhes sugere que a presença das trincas é uma das principais causas do efeito $k_f < k_t$. Este argumento é ainda suportado pela ocorrência de trincas não propagantes em membros com entalhes severos. O escoamento inverso também é claramente um fator para vidas

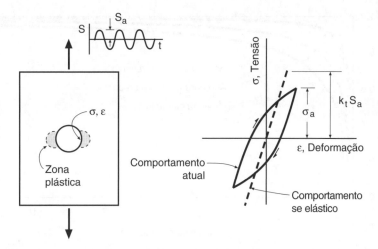

FIGURA 10.5 Efeito do escoamento reverso em uma pequena região próxima ao entalhe sobre a amplitude da tensão de fadiga.

curtas e os efeitos do tamanho da zona de elevação de tensões e de elo mais fraco podem desempenhar um papel adicional. Em geral, porém, a situação é bastante complexa e não é completamente compreendida. Esta circunstância resultou no desenvolvimento de várias abordagens empíricas, que são consideradas a seguir.

10.3 SENSIBILIDADE AO ENTALHE E ESTIMATIVAS EMPÍRICAS DE k_f

Um conceito útil ao tratamento dos efeitos de um entalhe é a *sensibilidade ao entalhe*:

$$q = \frac{k_f - 1}{k_t - 1} \tag{10.4}$$

Se o entalhe tiver seu máximo efeito possível, de modo que $k_f = k_t$, então $q = 1$. O valor de q diminui da unidade se $k_f < k_t$, tendo um valor mínimo $q = 0$ quando $k_f = 1$, o que corresponde a um entalhe sem efeito. O valor de q entre 0 e 1 é, portanto, uma medida conveniente de quão severamente um componente é afetado por um entalhe. Um exemplo da variação de q com o material e com o raio do entalhe é mostrado na Figura 10.6. Para dado material, q aumenta com o raio de entalhe, ρ, e dentro de determinada classe de materiais, q aumenta com a resistência à tração final, σ_u. Deste modo, a discrepância entre k_f e k_t é maior para materiais altamente dúcteis e entalhes agudos, sendo menor para materiais de baixa ductilidade e entalhes embotados (arredondados).

Valores de q e, portanto, k_f, podem ser estimados a partir de constantes empíricas do material que são independentes do raio de entalhe. Peterson (1974) emprega:

$$q = \frac{1}{1 + \dfrac{\alpha}{\rho}} \tag{10.5}$$

em que α é uma constante (propriedade) do material com dimensões de comprimento, sendo alguns valores típicos os seguintes:

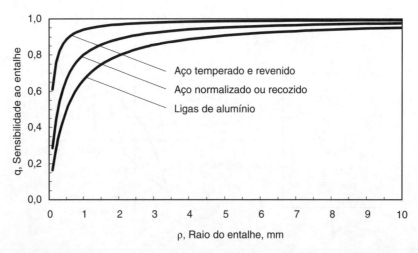

FIGURA 10.6 Sensibilidade ao entalhe q para os valores típicos do α de Peterson, da Equação 10.6.

$$\alpha = 0,51\,\text{mm}\ (0,02\,\text{pol}) \qquad \text{(ligas de alumínio)}$$
$$\alpha = 0,25\,\text{mm}\ (0,01\,\text{pol}) \qquad \text{(aços baixo carbono normalizados ou recozidos)} \qquad (10.6)$$
$$a = 0,064\,\text{mm}\ (0,0025\,\text{pol}) \qquad \text{(aços temperados e revenidos)}$$

Estes valores típicos correspondem às curvas traçadas na Figura 10.6.

Peterson também fornece mais detalhes sobre a variação de α com a resistência para aços, como mostrado na Figura 10.7. Os valores de α desta curva podem ser calculados dentro de uma precisão de poucos pontos percentuais com a expressão obtida pelo ajuste dos pontos:

$$\log \alpha = 2{,}654 \times 10^{-7} \sigma_u^2 - 1{,}309 \times 10^{-3} \sigma_u + 0{,}01103$$
$$\alpha, \text{mm} = 10^{\log \alpha} \quad (345 \leq \sigma_u \leq 2.070\,\text{MPa}) \qquad (10.7)$$

em que σ_u é o limite de resistência à tração, em MPa. A Figura 10.7 e a Equação 10.7 aplicam-se à carga axial ou de flexão e os valores aproximados de α para a torção são obtidos pela multiplicação dos valores da Equação 10.7 por 0,6.

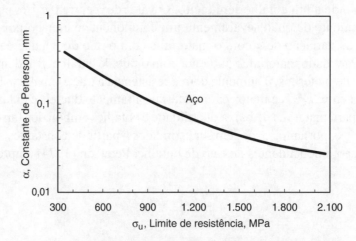

FIGURA 10.7 Constante α, de Peterson, descrita em função do limite de resistência para aços-carbono e de baixa liga. Valores típicos de [Peterson 59] se encaixam bem na curva mostrada.

As curvas empíricas que dão ou q ou α podem ser empregadas para obter k_f. É conveniente fazer tais cálculos para resolver a Equação 10.4 para k_f:

$$k_f = 1 + q(k_t - 1) \quad (10.8)$$

Combinando isso com a Equação 10.5 tem-se k_f diretamente de α:

$$k_f = 1 + \frac{k_t - 1}{1 + \dfrac{\alpha}{\rho}} \quad (10.9)$$

Outras formulações empíricas frequentemente usadas para q e a equação resultante para k_f são:

$$q = \frac{1}{1 + \sqrt{\dfrac{\beta}{\rho}}}, \quad k_f = 1 + \frac{k_t - 1}{1 + \sqrt{\dfrac{\beta}{\rho}}} \quad (10.10)$$

em que β é uma constante (propriedade) diferente do material. Estas expressões particulares representam uma simplificação de uma equação desenvolvida por H. Neuber. Valores típicos de β para aços e para ligas de alumínio termicamente tratadas são representados na Figura 10.8. O ajuste da curva para o aço, com σ_u em MPa, leva a:

$$\log \beta = -1{,}079 \times 10^{-9} \sigma_u^3 + 2{,}740 \times 10^{-6} \sigma_u^2 - 3{,}740 \times 10^{-3} \sigma_u + 0{,}6404$$
$$\beta, \text{mm} = 10^{\log \beta} \quad (345 \leq \sigma_u \leq 1.725 \text{ MPa}) \quad (10.11)$$

E o ajuste para o alumínio:

$$\log \beta = -9{,}402 \times 10^{-9} \sigma_u^3 + 1{,}422 \times 10^{-5} \sigma_u^2 - 8{,}249 \times 10^{-3} \sigma_u + 1{,}451, \quad \beta, \text{mm} = 10^{\log \beta} \quad (10.12)$$

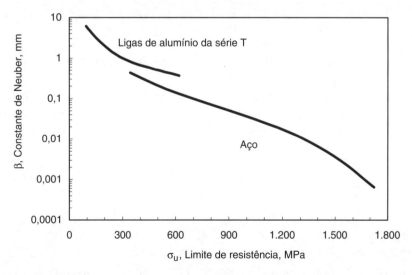

FIGURA 10.8 Constante β, de Neuber, β em função do limite de resistência para aços-carbono e de baixa liga e para ligas de alumínio tratadas por solubilização e envelhecimento (série T). Curvas de [Kuhn 52] e [Kuhn 62] foram retraçadas.

500 CAPÍTULO 10 Abordagem da Fadiga Via Tensão: Componentes Entalhados

A precisão de β a partir das expressões está dentro de alguns pontos percentuais dos gráficos originais desenvolvidos por Kuhn, como retraçadas na Figura 10.8.

As Equações 10.9 e 10.10, e um bom número de equações análogas na literatura, são baseadas no tamanho da zona de elevação de tensão, no elo mais fraco e em hipóteses semelhantes, conforme revisto por Peterson (1959). No entanto, prosseguem as pesquisas relacionadas com o k_f, como descrito no artigo de Harkegard & Halleraker (2010). As equações apresentadas aqui, e outras semelhantes, devem ser vistas como estimativas um pouco cruas baseadas em dados empíricos. Note-se que as equações para estimar k_f são destinadas a entalhes relativamente medianos, tais como aqueles intencionalmente utilizados na construção mecânica. Se o entalhe for relativamente profundo e severo (afiado), de modo que seja um nucleador de trinca por si só, geralmente é mais adequado supor simplesmente que o entalhe já seja uma trinca. Seu comportamento pode então ser previsto a partir da mecânica de fratura.

EXEMPLO 10.1

Considere o componente sob flexão rotativa da Figura 10.3 e um raio de entalhe, especificamente, de $\rho = 0,4$ mm.

(a) Determine k_t e, então, estime k_f.

(b) Estime a amplitude do momento de flexão completamente invertida que pode ser aplicada durante 10^6 ciclos.

Solução

(a) A geometria e o carregamento correspondem à Figura A.12 (c). Os valores das relações d_2/d_1 e ρ/d_1 são determinados e utilizados para obter k_t a partir deste gráfico. Temos:

$$d_2 = 12,7 \, \text{mm}, \quad \rho = 0,4 \, \text{mm}, \quad d_1 = 12,7 - 2(1,27) = 10,16 \, \text{mm}$$

$$\frac{d_2}{d_1} = \frac{12,7}{10,16} = 1,25, \quad \frac{\rho}{d_1} = \frac{0,4}{10,16} = 0,0394, \quad k_t = 2,7 \quad \textbf{(Resposta)}$$

em que é necessária uma interpolação por aproximação de julgamento entre as curvas para $d_2/d_1 = 1,11$ e $1,43$ na Figura A.12 (c).

Um valor de k_f pode ser obtido a partir da constante de Peterson, α, ou da constante de Neuber, β. Entrando na Figura 10.7 com a resistência à tração final dos materiais $\sigma_u = 50$ MPa, temos $\alpha \approx 0,3$ mm que, empregado na Equação 10,9, dá:

$$k_f = 1 + \frac{k_t - 1}{1 + \dfrac{\alpha}{\rho}} = 1 + \frac{2,7 - 1}{1 + \dfrac{0,3 \, \text{mm}}{0,4 \, \text{mm}}} = 1,97 \quad \textbf{(Resposta)}$$

Essencialmente, o mesmo resultado é obtido começando com o ajuste à curva de Peterson, Equação 10.7, o que dá $\alpha = 0,299$ mm. Usando Neuber, $\beta = 0,259$ mm, que é obtido a partir da Equação 10.11, resulta em $k_f = 1,94$ conforme Equação 10.10.

(b) O limite de fadiga para um carregamento completamente invertido ($\sigma_m = 0$) em um material não entalhado é estimado, a partir da Figura 9.24, como sendo a

> metade do limite de resistência, ou $\sigma_{er} = 225$ MPa. Dividindo-se por k_f, tem-se o limite de fadiga com o efeito entalhe incluído:
>
> $$S_{er} = \frac{\sigma_{er}}{k_f} = \frac{225\,\text{MPa}}{1,97} = 114,1\,\text{MPa}$$
>
> Da definição de S na Figura A.12 (c), a amplitude do momento para a vida infinita é:
>
> $$M_a = \frac{\pi d_1^3 S_{er}}{32} = \frac{\pi (10,16\,\text{mm})^3\,(114,1\,\text{N/mm}^2)}{32} = 11.740\,\text{N·mm} = 11,75\,\text{N·m}$$
>
> **(Resposta)**
>
> Em uma situação real de engenharia, é necessário um fator de segurança. Por exemplo, para um fator de segurança de $X_S = 2$ em tensão, o momento mais alto realmente permissível em serviço seria $M_a = M_d/2 = 5,87$ N·m.
>
> ### Comentário
>
> Os resultados próximos obtidos para os dois valores de k_f calculados de forma diferente em (a) é o idealmente esperado, mas muitas vezes não ocorre. Note que estes valores concordam apenas aproximadamente com o valor experimental de $k_f \approx 2,5$ da Figura 10.3.

10.4 ESTIMATIVA DA RESISTÊNCIA À FADIGA PARA LONGAS VIDAS (LIMITES DE FADIGA)

Em aplicações que envolvam tensões relativamente baixas, aplicadas para um grande número de ciclos, a concepção contra a fadiga pode requerer que seja conhecida apenas sua resistência à fadiga a longas vidas, na ordem de 10^6 a 10^8 ciclos. Tais valores estão frequentemente disponíveis na literatura a partir de ensaios de fadiga por flexão rotativa em amostras suavemente polidas. Para situações que diferem das condições de teste padrão quanto ao tipo de carga, tamanho, acabamento superficial etc., os valores modificados são frequentemente estimados com base nas tendências observadas nos dados existentes.

10.4.1 Estimativa dos Limites de Fadiga a partir de Corpos de Prova Lisos

Distintos limites de fadiga, para os quais a curva S-N parece se tornar horizontal em longas vidas, são observados para muitos aços de baixa resistência e para alguns aços inoxidáveis, ferros fundidos, ligas de molibdênio, ligas de titânio e polímeros. Mas, para muitos outros materiais, como alumínio, magnésio, cobre e ligas de níquel, para alguns aços inoxidáveis e também para aços-carbono e liga de alta resistência, as curvas S-N geralmente continuam a diminuir lentamente nas vidas mais longas estudadas. As resistências à fadiga, obtidas após longas vidas em ensaios de fadiga por flexão rotativa em corpos de prova polidos, são geralmente consideradas propriedades dos materiais. Elas são frequentemente chamadas *limites de fadiga*, mesmo se não houver uma região horizontal distinta na curva S-N.

502 **CAPÍTULO 10** Abordagem da Fadiga Via Tensão: Componentes Entalhados

É conveniente considerar a razão do limite de fadiga em relação ao limite de resistência por tração, ou seja:

$$m_e = \frac{\sigma_{erb}}{\sigma_u} \tag{10.13}$$

em que σ_{erb} é o limite de fadiga obtido para um corpo de prova polido com carregamento completamente invertido em flexão, normalmente por flexão rotativa. Um valor em torno de $m_e = 0,5$ é comum para aços de baixa e média resistência, conforme discutido na Seção 9.6.1 e como mostrado na Figura 9.24. Um gráfico semelhante para a resistência à fadiga de ligas de alumínio trabalhadas a $N_f = 5 \times 10^8$ ciclos é representado na Figura 9.25. Para as ligas de alumínio, um valor de $m_e = 0,4$ aplica-se para os níveis de resistência mais baixos. Tanto para aços como para ligas de alumínio, diminui após certo nível de resistência à tração; ou seja, o limite de fadiga não consegue acompanhar o aumento na resistência estática. O limite de fadiga parece estabilizar-se a cerca de 700 MPa, para muitos aços, e a cerca de 130 MPa, para ligas de alumínio trabalhadas. Esta tendência está associada ao fato de um grau de ductilidade ser útil para proporcionar resistência à fadiga e de as ligas de alta resistência, geralmente, terem ductilidade limitada.

Outros valores típicos de m_e são: 0,4 para ferros fundidos a $N_f = 10^7$ ciclos; 0,35 para ligas de magnésio forjadas a $N_f = 10^8$ ciclos; e 0,5 para ligas de titânio a $N_f = 10^7$ ciclos. Os dados são fornecidos em várias fontes de propriedade dos materiais (consulte as Referências do Capítulo 9). Coleções sistemáticas de dados de resistência à fadiga de longa duração não estão, em geral, disponíveis para os metais menos utilizados ou para polímeros e compósitos, mas os dados sobre estes tipos particulares de materiais podem eventualmente ser encontrados na literatura.

10.4.2 Fatores que Afetam a Resistência à Fadiga de Longa Duração

Se houver um entalhe, a resistência à fadiga em vidas longas é reduzida pelo fator k_f, conforme discutido em detalhes na Seção 10.3. Contudo, uma variedade de fatores adicionais também pode afetar a resistência à fadiga de longa duração, muitas vezes reduzindo-a. Por exemplo, a aplicação de uma carga axial reduz mais a resistência à fadiga – tipicamente em 10% ou mais – do que o carregamento em flexão. Isso pode ser explicado ao se considerar que a zona de elevação de tensão, o elo mais fraco e os efeitos relacionados com um gradiente de tensão agem de forma limitada no dobramento, conforme descrito anteriormente para os entalhes. Tais efeitos são benéficos e podem ocorrer na flexão (ou torção), devido à variação de tensão com a profundidade no material, mas não para carga axial, em que a tensão é uniforme na seção reta. Outro fator que causa alteração na resposta em fadiga é uma ligeira excentricidade na carga axial, que pode gerar um componente de flexão no carregamento e que não está incluso no cálculo de tensão, $S = P/A$.

O estado de tensão também tem um efeito sobre a resistência à fadiga, como descrito no Capítulo 9, para o qual a análise pelo critério de tensão cisalhante octaédrica é sugerida para materiais dúcteis. Para a torção pura, tal abordagem fornece, por exemplo, uma estimativa do limite de fadiga em cisalhamento oriundo da Equação 9.13, especificamente, $\tau_{er} = 0,577\sigma_{erb}$.

Para componentes de grandes dimensões, carregados em flexão ou torção, espera-se que os efeitos do gradiente de tensão provoquem uma diminuição das resistências à fadiga com o aumento da dimensão do componente, sendo que tal *efeito de tamanho* é observado de fato. Esse efeito de tamanho é esperado especificamente porque a redução

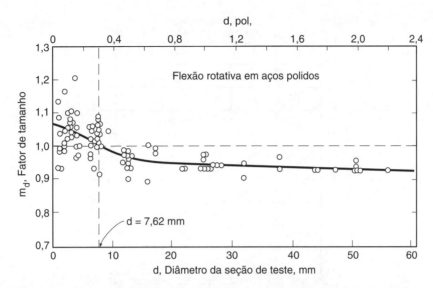

FIGURA 10.9 Efeito do tamanho no limite de fadiga de corpos de prova polidos de aços testados sob flexão rotativa. Os valores são representados por m_d, que é a razão entre o limite de fadiga e o diâmetro de amostra de 7,62 mm (0,3 polegada).

(Dados de [Heywood 62] p. 23.)

da tensão com a profundidade é menos abrupta em seções transversais maiores, de modo que um maior volume de material nesta situação seja submetido a tensões mais altas. Alguns dados de ensaio para eixos de aço são mostrados na Figura 10.9. Como resultado deste efeito, os limites de fadiga de pequenos corpos de prova sob teste de flexão rotativa (tipicamente, com 8 mm de diâmetro) precisam ser reduzidos para aplicação dos resultados para componentes de tamanhos maiores.

Se o *acabamento superficial* for mais áspero do que uma superfície polida de um corpo de prova típico, a resistência à fadiga de longa duração é reduzida. A retífica cuidadosa de uma superfície reduz o limite de fadiga em torno de 10% e a usinagem mais comum em 20% ou mais. Superfícies relativamente rugosas obtidas após o forjamento ou a fundição, que não são melhoradas após sua obtenção, podem fazer com que o limite de fadiga seja inferior à metade do valor da amostra polida. Alguns fatores de redução típicos para várias condições superficiais para o aço são dados na Figura 10.10. Observe que as reduções são maiores quando a resistência à tração é maior. Isso ocorre porque a rugosidade superficial atua como um concentrador de tensões (entalhe) e, como discutido anteriormente, os materiais de maior resistência são relativamente mais sensíveis a entalhes. Os efeitos de acabamento superficial são complicados por outros fatores que podem acompanhá-los, tais como tensões residuais oriundas da usinagem ou de tratamento térmico, e também por alterações microestruturais ou da composição superficial, que podem ocorrer durante alguns tipos de processamento, tais como laminação a quente ou forjamento.

10.4.3 Fatores de Redução do Limite de Fadiga

Combinações dos efeitos como os que acabamos de descrever são comuns em situações de engenharia. O que geralmente é feito é multiplicar os fatores de redução para os vários efeitos para obter um limite de fadiga ajustado σ_{er}, que é menor que σ_{erb}:

$$\sigma_{er} = m_t\, m_d\, m s m_o\, \sigma_{erb} \quad \text{(a)}$$
$$\sigma_{er} = m_e\, m_t\, m_d\, m_s\, m_o\, \sigma_u = m\sigma_u \quad \text{(b)} \tag{10.14}$$

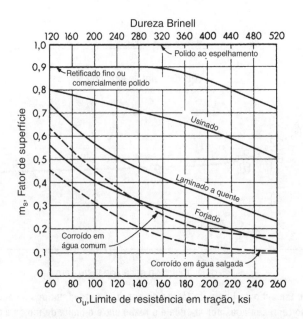

FIGURA 10.10 Efeito de vários tipos de acabamentos superficiais no limite de fadiga do aço. Os valores traçados são de m_s, a relação entre o limite de fadiga atual para o do corpo de prova polido.

(Adaptado de R. C. Juvinall, Stress, Strain and Strength, 1967; [Juvinall 67] p. 234; reproduzido com permissão; © 1967 McGraw-Hill Companies, Inc.)

Aqui, a Equação 10.14 (a) é empregada se a força de fadiga de flexão, σ_{erb}, é conhecida, e (b) se for conhecida apenas o limite de resistência, σ_u. Em (b), a quantidade m é um fator de redução combinado que inclui m_e, da Equação 10.13. Especificamente,

$$m = m_e m_t m_d m_s m_o \qquad (10.15)$$

Os vários fatores consideram os efeitos do tipo de carga (m_t), tamanho (m_d), acabamento da superfície (m_s) e quaisquer outros efeitos (m_o) que possam estar envolvidos, tais como temperatura elevada, corrosão etc. Obviamente, qualquer um desses fatores não têm efeito se o valor for unitário. Um valor de 0,9 corresponde a uma redução de 10% etc. Alguns exemplos são: $m_t = 0,58$ para a torção pela Equação 9.13, $m_d = 0,95$ para diâmetros em torno de 25 mm, conforme Figura 10.9, e $m_s = 0,8$ para uma superfície usinada em aço de baixa resistência, segundo informado pela Figura 10.10.

Os fatores recomendados pelos livros de projeto de Juvinall & Marshek (2006) e de Budynas & Nisbett (2011) estão apresentados na Tabela 10.1. Observe que o primeiro aborda vários metais, mas o último só aços. (A Tabela 10.1 será considerada em detalhes mais adiante, na Seção 10.7, na estimativa das curvas S-N.)

Se o ponto de partida para a estimativa for o limite de resistência em tração, então o limite de fadiga, como uma tensão nominal para um membro entalhado, S_{er}, é obtida, aplicando a Equação 10.14 (b) juntamente com k_f:

$$S_{er} = \frac{\sigma_{er}}{k_f} = \frac{m\sigma_u}{k_f} \qquad (10.16)$$

Esta discussão sobre a estimativa dos limites de fadiga seria incompleta sem lembrar ao leitor da Seção 9.6.5, na qual foi observado que alguns materiais têm uma queda

Tabela 10.1 Parâmetros para Estimativa dos Limites de Fadiga

Parâmetro	Aplicabilidade	Juvinall (2006)	Budynas (2011)
Relação do limite de fadiga em dobramento com a resistência em tração: m_e	Aços, $\sigma_u \leq 1.400$ MPa[1]	0,5	0,5
	Aços de alta resistência	$\leq 0,5$	$\sigma_{erb} = 700$ MPa
	Ferros fundidos, ligas de Al se $\sigma_u \leq 328$ MPa	0,4	–
		σ	–
	Ligas de Al de alta resistência	$\sigma_{erb} = 131$ MPa	–
	Ligas de Mg	0,35	
Fator do tipo de carga: m_t	Dobramento	1,0	1,0
	Axial	1,0	0,85
	Torção	0,58	0,59
Fator do tamanho (gradiente de tensão): m_d	Dobramento ou torção [2, 3, 4]	1,0 ($d < 10$ mm)	$1,24\,d^{-0,107}$
	Axial[2,3]	0,9 ($10 \leq d < 50$ mm)	($3 \leq d < 51$ mm)
		0,7 a 0,9 ($d < 50$)[5]	1,0
Fator do acabamento superficial: m_s	Polido	1,0	1,0
	Retificado[6]	Figura 10.10	$1,58\sigma_u^{-0,085}$
	Usinado[6]	Figura 10.10	$4,51\sigma_u^{-0,265}$
Ponto limite de vida em fadiga: N_e, ciclos	Aços, ferros fundidos	10^6	10^6
	Ligas de Al	5×10^8	–
	Ligas de Mg	10^8	–

Notas: [1]Juvinall, especificamente, dá um limite de dureza, HB $\leq$ 400. [2]O diâmetro d está em unidades de mm. [3]Para Juvinall, com $50 \leq d < 100$ mm, diminuir os valores de m_d por 0,1 em relação aos valores para $d < 50$ mm, e, para $100 \leq d < 150$ mm, diminuir em 0,2. [4]Para Budynas, usar $1,51d^{-0,157}$ para $51 < d \leq 254$ mm e, para flexão não rotativa, substituir d por $d_e = 0,37d$, para seções circulares e por $d_e = 0,808\sqrt{ht}$, para seções retangulares (Figura A.2). [5]Use 0,9 para um carregamento concêntrico preciso e um valor mais baixo, caso contrário. [6]Para Budynas, empregue σ_u em MPa.

surpreendente na curva S-N em vidas muito longas, de modo que falhas podem ocorrer abaixo do limite de fadiga aparente. Além disso, os danos causados pela corrosão e por ciclos graves, ocasionalmente submetidos ao componente, podem fazer com que a curva S-N continue abaixo do limite de fadiga, conforme testes de amplitude constante levantados.

EXEMPLO 10.2

Considere novamente o componente entalhado sob dobramento da Figura 10.3. Modifique a estimativa de 10^6 ciclos de resistência à fadiga (limite de fadiga) do Exemplo 10.1 para incluir os fatores adicionais como discutido. Suponha que a superfície do entalhe seja acabada por retífica.

Primeira solução

O diâmetro menor de 12,7 mm dá um efeito de tamanho de aproximadamente $m_d = 0,96$, conforme Figura 10.9, e o acabamento superficial por retífica dá $m_s = 0,90$, segundo a Figura 10.10. Combinando-os com $m_e = 0,5$, oriundo da Figura 9.24, como usado anteriormente, fornece-se a estimativa revisada a partir de um material não entalhado pela Equação 10.14 (b):

$$\sigma_{er} = m_e\, m_d\, m_s\, \sigma_u = 0,5 \times 0,96 \times 0,90 \times 450 = 194,4\,\text{MPa}$$

506 CAPÍTULO 10 Abordagem da Fadiga Via Tensão: Componentes Entalhados

Note que m_t e m_o são omitidos, uma vez que nenhuma alteração é necessária para estes; ou seja, $m_t = 1$ e $m_o = 1$. Usando o mesmo k_f, como antes, o limite de fadiga para o membro entalhado é estimado como:

$$S_{er} = \frac{\sigma_{er}}{k_f} = \frac{194,4 \, \text{MPa}}{1,97} = 98,7 \, \text{MPa} \qquad \textbf{(Resposta)}$$

Segunda solução

Uma vez que o material considerado – o aço AISI (SAE) 1015 – está incluído na Tabela 9.1, a estimativa da resistência à fadiga a partir de $m_e = 0,50$ pode ser ignorada em favor da resistência à fadiga calculada para 10^6 ciclos, a partir da Equação 9.7:

$$\sigma_a = \sigma'_{f'} (2N_f)^b = 1.020 (2 \times 10^6)^{-0,138} = 137,7 \, \text{MPa}$$

Modificando este valor para o tamanho e o tipo de acabamento superficial e aplicando k_f, tem-se uma segunda estimativa para o limite de fadiga do membro entalhado:

$$S_{er} = \frac{m_d \, m_s \sigma_a}{k_f} = \frac{0,96 \times 0,90 \times 137,4 \, \text{MPa}}{1,97} = 60,4 \, \text{MPa} \quad \textbf{(Resposta)}$$

Comentário

O segundo valor é consideravelmente mais baixo do que o primeiro. A diferença está vinculada, em parte, ao fato de o limite de resistência do material na Tabela 9.1 ser menor do que o constante na Figura 10.3. Também, as constantes da Tabela 9.1 correspondem à carga axial, que é conhecida por dar resistências à fadiga cerca de 10% mais baixas do que para dobramento. A discrepância ainda é de cerca de 35%, o que evidencia a natureza grosseira para estimativas deste tipo.

10.5 EFEITOS DOS ENTALHES EM VIDAS INTERMEDIÁRIAS E CURTAS

Em vidas de fadiga intermediárias e curtas para materiais dúcteis, o efeito do escoamento reverso da Figura 10.5 torna-se cada vez mais importante, uma vez que nesta condição são considerados os níveis mais elevados das tensões aplicadas e, portanto, as vidas mais curtas. Uma consequência deste comportamento é que a relação entre as resistências à fadiga de uma amostra lisa e de uma entalhada torna-se ainda menor que k_f, de modo que é útil definir um fator de fadiga, k'_f que varia com a vida:

$$k'_f = f(N_f) = \frac{\sigma_{ar}}{S_{ar}} \tag{10.17}$$

Os dados que ilustram este efeito são mostrados na Figura 10.11. Como é típico para metais dúcteis, k'_f diminui em relação à k_f aplicável em vidas longas para um valor próximo à unidade em curtas vidas.

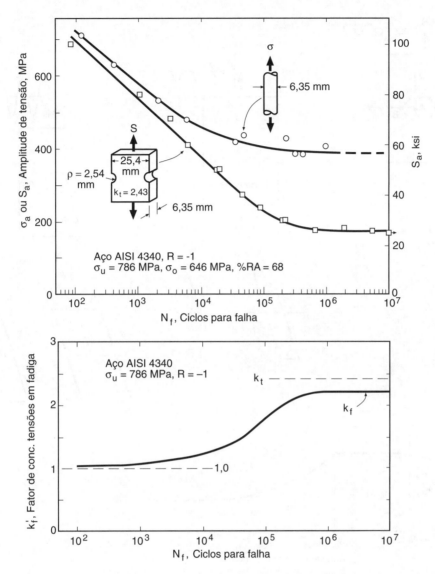

FIGURA 10.11 Dados de ensaio para um metal dúctil que ilustra a variação do fator de concentração de tensão em fadiga com a vida. Os dados S-N (parte superior) são usados para obter $k'_f = \sigma_a/S_a$ (parte inferior). Os entalhes são semicirculares. A tensão nominal, S, é definida com base na área líquida, como na Figura A.11 (b).

Considerando a carga completamente invertida, essas tendências podem ser estudadas idealizando o comportamento do material como elástico e perfeitamente plástico com resistência σ_0, como ilustrado na Figura 10.12. Neste caso, existem três situações possíveis: (a) sem escoamento, (b) escoamento local e (c) escoamento total (generalizado). Se a tensão no entalhe nunca exceder o limite de escoamento, que ocorre se $k_t \cdot S_a \leq \sigma_0$, *não ocorre deformação plástica*. Então, ignorando outros efeitos além do escoamento para a situação considerada, k'_f deve ser igual a k_t:

$$k'_f = k_t \quad (\text{sem escoamento}; k_t S_a \leq \sigma_o) \qquad (10.18)$$

Suponha que o carregamento seja suficientemente severo para causar escoamento, ao menos localmente, no entalhe – em outras palavras, suponha que $k_t \cdot S_a > \sigma_0$. Um

508 CAPÍTULO 10 Abordagem da Fadiga Via Tensão: Componentes Entalhados

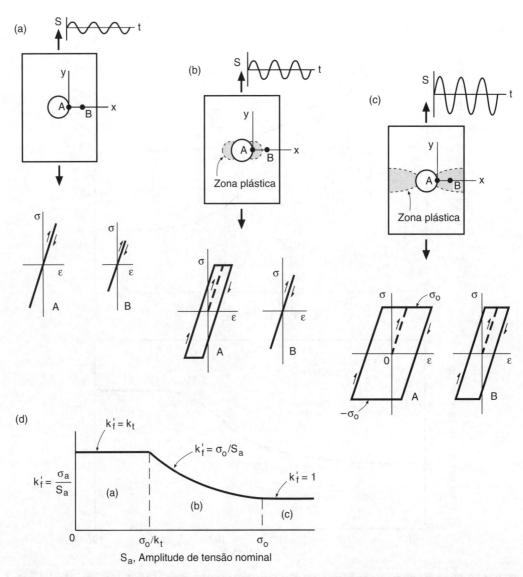

FIGURA 10.12 Ocorrência de escoamento cíclico em um componente entalhado constituído por um material elástico ideal e perfeitamente plástico. Existem três possibilidades: (a) sem escoamento, (b) escoamento local e (c) escoamento total (generalizado). Espera-se assim que o fator de concentração de tensão em fadiga varie com o nível de tensão, como em (d).

carregamento completamente invertido provocará deformação plástica por escoamento localizado, tanto em tração como em compressão, a cada ciclo de carregamento, como ilustrado na Figura 10.12 (b). Se este escoamento inverso não se espalhar por toda a seção transversal, a situação é descrita como *escoamento local*. Uma vez que a amplitude de tensão no entalhe é igual a σ_0, o valor de k'_f deve ser:

$$k' = \frac{\sigma_o}{S_a} \quad \text{(escoamento local; } k_t S_a > \sigma_o \text{)} \tag{10.19}$$

No caso extremo de *escoamento geral*, o escoamento reverso espalha-se em toda a seção transversal, como mostrado na Figura 10.12 (c). Isso faz com que a amplitude de tensão sobre a seção líquida seja uniforme e igual a σ_0, de modo que a amplitude de tensão nominal seja também igual a σ_0. Assim, o entalhe tem pouco efeito, e:

$$k'_f \approx 1 \quad (\text{escoamento geral}; S_a \approx \sigma_o) \tag{10.20}$$

Tal comportamento é semelhante à extensão da deformação plástica através da seção transversal em carga estática, como na Figura A.10 no Apêndice A, com a ressalva de que está envolvida a inversão do escoamento, tanto em tração como em compressão, em cada ciclo de carregamento.

As tendências esperadas em k'_f para as três situações foram resumidas pelas equações precedentes, como mostrado na Figura 10.12 (d). As tendências indicadas de k'_f com a tensão produzirão uma variação com a vida semelhante à curva inferior da Figura 10.11. No entanto, a diferença entre k_f e k_t em vidas longas indica que pelo menos um efeito além do escoamento está agindo.

Ao aplicar a abordagem baseada em tensão, as curvas S-N para componentes entalhados podem precisar ser estimadas. Uma abordagem empírica como a que acabamos de descrever algumas vezes é adotada, em vez de uma análise formal, para fazer os ajustes necessários para reproduzir os efeitos em vidas curtas e intermediárias. Por exemplo, uma vez que tenha sido determinado um valor de k_f para vidas longas, valores de k'_f para $N_f = 10^3$ ciclos podem ser estimados a partir de curvas, com base em dados do teste, como na Figura 10.13. Uma interpolação gráfica é então usada para obter k'_f para vidas entre $N_f = 10^3$ e 10^6.

O estudo das curvas particulares mostradas na Figura 10.11 indica que k'_f em $N_f = 10^3$ se aproxima de k_f, para metais de alta resistência (usualmente frágeis e de baixa ductilidade), e k'_f se aproxima da unidade, para metais de baixa resistência (geralmente dúcteis). Isso é precisamente o que se espera com base num efeito de escoamento inverso, como acabamos de discutir. As estimativas empíricas de curvas S-N inteiras para componentes entalhados são discutidas em uma seção posterior deste capítulo.

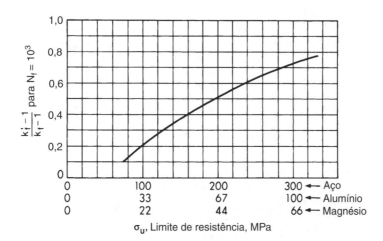

FIGURA 10.13 Curva baseada em dados empíricos para estimar o fator de concentração de tensão em fadiga, k'_f, em $N_f = 1.000$ ciclos.

(Adaptado de R. C. Juvinall, Stress, Strain and Strength, 1967; [Juvinall 67] p. 260; reproduzido com permissão; © 1967 McGraw-Hill Companies, Inc.)

10.6 EFEITOS COMBINADOS DOS ENTALHES E DA TENSÃO MÉDIA

As expressões empíricas e as curvas para k_f e k'_f baseiam-se em tendências e dados observados sob carregamento completamente invertido. Portanto, esses valores não podem ser aplicados diretamente se valores não nulos de tensões médias ocorrerem. A abordagem mais comum para lidar com as tensões médias para componentes entalhados é aplicar a relação de Goodman, Equação 9.15, empregando as tensões nominais. No entanto, os ajustes da tensão média para componentes entalhados são complicados, devido aos efeitos do escoamento local no entalhe. O método de Smith, Watson e Topper (SWT), Equação 9.18, e a relação de Walker, Equação 9.19, oferecem alternativas úteis. Uma discussão mais detalhada será descrita a seguir.

10.6.1 Equação de Goodman para Componentes Entalhados

Considere o comportamento de escoamento plástico generalizado de um componente entalhado, como ilustrado na Figura A.10 e discutido na Seção A.7. Se o material for bastante dúctil, como ocorre para muitos metais de engenharia, a redistribuição de tensões resulta em uma tensão aproximadamente uniforme na falha. Por conseguinte, a resistência máxima do elemento entalhado não é fortemente afetada pelo entalhe e, de fato, pode ser aumentada um pouco se comparado ao valor de σ_u para o mesmo material não entalhado.

Prosseguir nessa lógica leva à aplicação da equação de Goodman da maneira mostrada pela linha identificada como *dúctil* na Figura 10.14. A equação correspondente é

$$S_{ar} = \frac{\sigma_{ar}}{k_f} = \frac{S_a}{1-\frac{S_m}{\sigma_u}} \quad \text{(materiais dúcteis)} \tag{10.21}$$

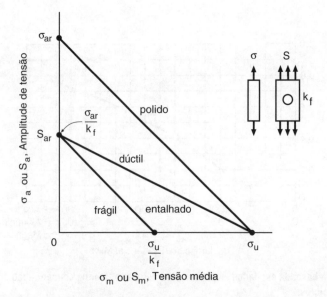

FIGURA 10.14 Gráficos de amplitude e média de tensões conforme Goodman para componentes lisos e entalhados de materiais frágeis e dúcteis.

Em comparação com um material não entalhado, a tensão completamente invertida equivalente *nominal*, S_{ar}, é reduzida por um concentrador de tensões, k_f. Mas como não há uma redução correspondente no eixo da tensão média, a equação anterior implica que o fator de concentração de tensão para a tensão média é $k_{fm} = 1$.

No entanto, para materiais de baixa ductilidade, a redistribuição de tensões não ocorre e a resistência final do componente entalhado é reduzida. Isso sugere a existência da linha identificada como frágil na Figura 10.14, que corresponde à equação:

$$S_{ar} = \frac{\sigma_{ar}}{k_f} = \frac{S_a}{1 - \dfrac{k_{fm} S_m}{\sigma_u}} \quad \text{(materiais frágeis)} \tag{10.22}$$

O fator de concentração de tensões, k_{fm}, para a tensão média é geralmente considerado o mesmo valor do fator para a amplitude de tensões; isto é, $k_{fm} = k_f$.

As equações precedentes são amplamente empregadas, sendo de uso similar à relação de Gerber, Equação 9.16. No entanto, existem alguns problemas na sua aplicação. Em primeiro lugar, a definição do que é frágil ou dúctil é problemática. Por exemplo, para metais com ductilidade razoável, mas um tanto limitada, tais como aços e ligas de alumínio de alta resistência, ocorre um efeito de concentração de tensão por entalhe em níveis de tensão medianos e, principalmente, em vidas longas. Portanto, podemos empregar a Equação 10.22, porém com k_{fm} sendo tratado como uma variável dependente da vida, o que complica muito a sua aplicação. Em segundo lugar, ao se traçar S_{ar} *versus* vida N_f para dados de teste (como no Exemplo 9.5) geralmente chega-se a uma correlação ruim, mesmo para os metais incontestavelmente dúcteis, para os quais a Equação 10.21 seria a escolha lógica.

Em terceiro lugar, a tensão nominal, S, é uma quantidade arbitrariamente definida e, para geometrias complexas, pode haver mais de uma escolha possível para definir S, ou nenhuma escolha clara. Uma vez que a definição arbitrária de S afeta o valor da relação S_m/σ_u, os resultados numéricos variam, dependendo da definição de S. Esta situação cria um grave problema lógico na aplicação de qualquer equação para a tensão média (S_m), baseada na tensão nominal (S), em que exista uma razão entre esta e a propriedade do material (S_m/σ_u).

A primeira e a segunda dificuldades que acabamos de referir envolvem comportamento resultante do escoamento local em entalhes. Por conseguinte, é útil prosseguir esta questão mais detalhadamente, o que será realizado em seguida.

10.6.2 Efeitos do Escoamento Localizado

Seja o fator de concentração para a tensão média da Equação 10.22 considerada uma variável,

$$k_{fm} = \frac{\sigma_m}{S_m} \tag{10.23}$$

em que S_m é o nível médio para a tensão nominal e σ_m é o nível médio para a tensão local no entalhe. Também considere que o comportamento do material seja considerado elástico, perfeitamente plástico e assuma que uma tensão média esteja presente. Existem três situações possíveis, como ilustrado na Figura 10.15: (a) sem escoamento,

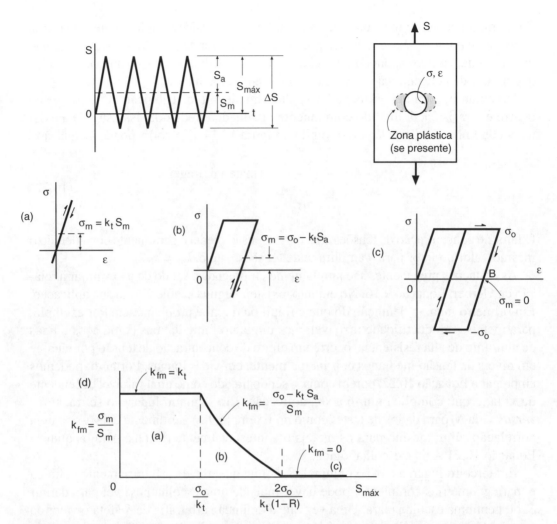

FIGURA 10.15 Um componente entalhado constituído por um material elástico, perfeitamente plástico, sob carga cíclica com nível médio não nulo. Existem três possíveis comportamentos tensão-deformação no entalhe: (a) sem escoamento, (b) escoamento inicial, mas com ciclo elástico e (c) escoamento inverso. Espera-se assim que o fator de concentração, k_{fm}, para a tensão média varie com $S_{máx}$, como mostrado em (d).

(b) escoamento inicial e (c) escoamento reverso. *Não há escoamento* se nem o pico (máx.) nem o vale (mín.) da carga aplicada fizerem com que a tensão, $k_t \cdot S$, no entalhe exceda a resistência ao escoamento. Neste caso, a tensão média no entalhe é elevada pelo fator k_t, de modo que é esperado que $k_{fm} = k_t$.

Em seguida, suponha que a carga de pico ou de vale cause escoamento correspondente a $k_t |S|_{máx} > \sigma_0$. Além disso, também assuma que o carregamento não é suficientemente intenso para ocorrer escoamento reverso. Em seguida, temos a situação mostrada na Figura 10.15 (b), onde há apenas *escoamento inicial*. Uma vez que a tensão cíclica é elástica, a amplitude da tensão concentrada no entalhe pode ser calculada a partir de $\sigma_a = k_t S_a$. Em cada ciclo de tensão, a tensão máxima retornará ao mesmo valor do limite de escoamento, σ_0, que tinha no primeiro pico do carregamento. Assim, para o escoamento inicial em tensão, a tensão média é:

$$\sigma_m = \sigma_{máx} - \sigma_a = \sigma_o - k_t S_a \tag{10.24}$$

Finalmente, se o carregamento é suficientemente forte de forma que $k_t \cdot \Delta S > 2\sigma_0$, *escoamento reverso* ocorre, como mostrado em (c). As tensões no entalhe são:

$$\sigma_{máx} = \sigma_o, \quad \sigma_{mín} = -\sigma_o \qquad (10.25)$$

para que

$$\sigma_m = \frac{\sigma_{máx} + \sigma_{mín}}{2} = 0 \qquad (10.26)$$

o que gera $k_{fm} = 0$.

Assim, a situação pode ser resumida como

$$
\begin{aligned}
k_{fm} &= k_t & &(\text{sem escoamento}; k_t \, |S| \, máx < \sigma_o) \\
k_{fm} &= \frac{\sigma_o - k_t S_a}{|S_m|} & &(\text{escoamento inicial}; k_t \, |S| \, máx > \sigma_o) \\
k_{fm} &= 0 & &(\text{escoamento reverso}; k_t \, \Delta S > 2\sigma_o)
\end{aligned}
\qquad (10.27)
$$

em que os valores absolutos são usados para tornar as equações aplicáveis tanto para tensões, S_m, de tração como de compressão. A variação de k_{fm} com $S_{máx}$ é semelhante à da Figura 10.15 (d). Observe que o escoamento local no entalhe faz com que k_{fm} seja menor que k_t, até mesmo anulando-se em casos extremos.

Em vista desta análise, a Equação 10.22 poderia ser empregada para materiais dúcteis fazendo k_{fm} uma variável contínua de acordo com a Equação 10.27. O valor $k_{fm} = 1$ implicado pela Equação 10.21 está realmente dentro do intervalo de zero a k_t dado por essas equações, mas este ou qualquer outro valor individual é visto como representando apenas uma aproximação bruta. Esta questão é discutida em Juvinall (1967), onde uma das alternativas sugeridas é semelhante ao uso da Equação 10.27, exceto que k_t é substituído por k_f.

10.6.3 Equação SWT e de Walker para Componentes Entalhados

Lembrando as dificuldades observadas para a equação de Goodman na forma simples representada pela Equação 10.21, vemos que esta expressão não é uma escolha ótima para uso geral. A Equação 10.22, com k_{fm} da Equação 10.27, representa uma melhoria. No entanto, a complexidade adicional deste método pode não ser justificada em vista da inexatidão subjacente da equação de Goodman. (Exemplo 9.5.) Observe também que o limite de elasticidade do qual a Equação 10.27 depende é alterado pelo carregamento cíclico, como será discutido na Seção 12.5. Além disso, o método baseado em deformações fornece uma análise mais completa dos efeitos do escoamento local em entalhes, conforme abordado na Seção 14.5, método este que deve ser adotado se for verdadeiramente desejável incluir efeitos de escoamento local. Assim, para a presente aplicação, parece apropriado considerar novas opções.

Uma possibilidade é aplicar a equação SWT para a tensão nominal, mudando esta variável para qualquer uma das duas formas equivalentes da Equação 9.18:

$$S_{ar} = \sqrt{S_{máx} \, S_a}, \quad S_{ar} = S_{máx} \sqrt{\frac{1-R}{2}} \quad (\text{a,b}) \qquad (10.28)$$

514 CAPÍTULO 10 Abordagem da Fadiga Via Tensão: Componentes Entalhados

Para vários conjuntos de dados de corpos de prova entalhados de aços e ligas de alumínio, a relação gráfica entre estes valores de S_{ar} *versus* vida N_f ofereceu melhores resultados do que a equação de Goodman. (Consulte Dowling & Thangjitham (2000) e também os problemas no final deste capítulo.)

Uma opção é empregar, da mesma forma, a relação de Walker representada pela Equação 9.19 para as tensões nominais:

$$S_{ar} = S_{máx}^{1-\gamma} S_a^{\gamma}, \quad S_{ar} = S_{máx} \left(\frac{1-R}{2} \right)^{\gamma} \quad (a,b) \tag{10.29}$$

A constante, γ, deve ser ajustada especificamente aos dados no componente entalhado de interesse; o procedimento para fazê-lo é dado na próxima seção. Onde γ não foi obtido de dados para pelo menos um caso semelhante ao de interesse, a relação SWT deve ser empregada, que é, naturalmente, a mesma de Walker com o valor padrão $\gamma = 0,5$.

Note que não há razão entre S e uma propriedade do material nem na Equação 10.28 nem na 10.29, de modo que esta dificuldade lógica com a equação de Goodman é removida. Além disso, a curva de vida de fadiga e a equação de SWT ou Walker podem ser expressas em termos de uma carga aplicada, tal como uma força, P, ou por um momento de flexão, M, de forma que não há necessidade nem de se definir uma tensão nominal. Por exemplo, para a equação SWT e para uma força P, temos:

$$P_{ar} = \sqrt{P_{máx} P_a}, \quad P_{ar} = P_{máx} \sqrt{\frac{1-R}{2}} \quad (a,b) \tag{10.30}$$

Uma vez que qualquer definição razoável de S seria proporcional a tal carga aplicada, as vidas de fadiga estimadas não serão afetadas pela utilização de uma variável tal como P (carga) em vez de S (tensão).

EXEMPLO 10.3

O aço RQC-100 da Tabela 9.1 deve ser usado na forma de uma placa sob carregamento de flexão que apresenta uma variação de largura, como ilustrado na Figura A.11 (d). As dimensões são $w_2 = 88$, $w_1 = 80$, $\rho = 4$ e $t = 10$ mm. Qual amplitude do momento de flexão M_a resultará em uma vida de 10^6 ciclos se o carregamento cíclico for aplicado a um momento médio de $M_m = 4$ kN·m?

Primeira solução

Uma abordagem é considerar este material dúctil e empregar a Equação 10.21. Uma vez que os dados disponíveis são para material não entalhado, a Equação 10.21 é usada na forma:

$$\sigma_{ar} = k_f S_{ar} = \frac{k_f S_a}{1 - \dfrac{S_m}{\sigma_u}}$$

As quantidades k_f, S_m e σ_{ar} precisam ser avaliadas e então podemos resolver para S_a, o que leva a M_a. Para estimar k_f, primeiro determine k_t através da Figura A.11 (d):

$$\frac{w_2}{w_1} = \frac{88\,\text{mm}}{80\,\text{mm}} = 1,1; \quad \frac{\rho}{w_1} = \frac{4\,\text{mm}}{80\,\text{mm}} = 0,05; \quad k_t = 1,85$$

A constante de Peterson, α, é dada pela Equação 10.7, empregada com $\sigma_u = 758$ MPa, da Tabela 9.1. Teremos:

$$\log \alpha = 2,654 \times 10^{-7} \, (758\,\text{MPa})^2 - 1,309 \times 10^{-3} \, (758\,\text{MPa}) + 0,01103 = -0,8287$$
$$\alpha = 10^{\log \alpha} = 10^{-0,8287} = 0,148$$

A Equação 10.9 então oferece k_f:

$$k_f = 1 + \frac{k_t - 1}{1 + \dfrac{\alpha}{\rho}} = 1 + \frac{1,85 - 1}{1 + \dfrac{0,148\,\text{mm}}{4\,\text{mm}}} = 1,82$$

Em seguida, calculamos S_m da definição de S da Figura A.11 (d):

$$S_m = \frac{6\,M_m}{w_1^2 t} = \frac{6\,(0,004\,\text{MN} \cdot \text{m})}{(0,08\,\text{m})^2 \, (0,01\,\text{m})} = 375\,\text{MPa}$$

As constantes A e B da Tabela 9.1 dão a amplitude de tensões completamente invertida, σ_{ar}, em $N_f = 10^6$ para corpos de prova lisos deste material:

$$\sigma_{ar} = A N_f^B = 897\,(10^6)^{-0,0648} = 366\,\text{MPa}$$

Podemos agora isolar o valor de S_a na primeira equação obtida, substituir os valores determinados pelas equações anteriores e, finalmente, usar a definição de S para obter M_a:

$$S_a = \frac{\sigma_{ar}}{k_f} \left(1 - \frac{S_m}{\sigma_u}\right) = \frac{366\,\text{MPa}}{1,82} \left(1 - \frac{375\,\text{MPa}}{758\,\text{MPa}}\right) = 102\,\text{MPa}$$

$$M_a = \frac{w_1^2 \, t \, S_a}{6} = \frac{(0,08\,\text{m})^2 \, (0,01\,\text{m})(102\,\text{m})}{6} = 0,00109\,\text{MN} \cdot \text{m}$$

$$M_a = 1,09\,\text{kN} \cdot \text{m} \qquad \textbf{(Resposta)}$$

Segunda solução

A equação SWT também pode ser empregada. A partir dos cálculos já feitos, obtém-se:

$$S_{ar} = \sigma_{ar} / k_f = 366 / 1,82 = 201\,\text{MPa}$$

516 CAPÍTULO 10 Abordagem da Fadiga Via Tensão: Componentes Entalhados

> Com $S_m = 375$ MPa a partir de um momento médio, podemos aplicar a Equação 10.28:
>
> $$S_{ar} = \sqrt{S_{máx} S_a} = \sqrt{(S_m + S_a)S_a}, \quad 201 = \sqrt{(375 + S_a)}\,\text{MPa}$$
>
> Resolvendo a última equação iterativamente (ou usando a fórmula quadrática) chegamos a $S_a = 87,5$ MPa, e calculando a amplitude de momento correspondente, como feito anteriormente, é $M_a = 0,933$ kN·m **(Resposta)**.

10.6.4 Ajustando a Equação de Walker

Conforme observado, o uso da equação de Walker requer que um valor seja conhecido para a determinação da constante de ajuste especial, γ. Isso é útil quando estão disponíveis dados de vida de fadiga obtidos de mais de uma tensão média, ou razão R, para um componente entalhado de interesse, ou para corpos de prova de materiais não entalhados. Todos os dados podem ser empregados num único procedimento de ajuste para a obtenção de uma curva tensão-vida com o efeito da tensão médio incluída. A capacidade de o parâmetro γ variar de forma a se ajustar aos dados geralmente permite uma representação precisa do efeito da tensão média.

Suponha que a curva de tensão nominal *versus* vida para um componente entalhado para tensão média nula seja uma linha reta em um gráfico log-log, de modo que esta tenha a mesma forma que a Equação 9.6. Então:

$$S_{ar} = A N_f^B \tag{10.31}$$

Combine isso com a Equação 10.29 (b) e então resolva para N_f:

$$S_{ar} = A N_f^B = S_{máx}\left(\frac{1-R}{2}\right)^{\gamma}, \quad N_f = \left[S_{máx}\left(\frac{1-R}{2}\right)^{\gamma}\frac{1}{A}\right]^{1/B} \tag{a, b} \quad (10.32)$$

Em seguida, aplique o logaritmo de base 10 para ambos os lados:

$$\log N_f = \frac{1}{B}\log S_{máx} + \frac{\gamma}{B}\log\left(\frac{1-R}{2}\right) - \frac{1}{B}\log A \tag{10.33}$$

Podemos agora fazer uma regressão linear múltipla com as variáveis independentes, x_1 e x_2, e a variável dependente, y. Então, temos

$$y = m_1 x_1 + m_2 x_2 + c \tag{10.34}$$

em que:

$$y = \log N_f, \quad x_1 = \log S_{máx}, \quad x_2 = \log\left(\frac{1-R}{2}\right) \tag{10.35}$$

$$m_1 = \frac{1}{B}, \quad m_2 = \frac{\gamma}{B}, \quad c = -\frac{1}{B}\log A \tag{10.36}$$

Uma vez conhecidas as constantes de ajuste, m_1, m_2 e c, os valores desejados são facilmente determinados:

$$B = \frac{1}{m_1}, \quad \gamma = Bm_2 = \frac{m_2}{m_1}, \quad A = 10^{-cB} = 10^{-c/m_1} \tag{10.37}$$

Assim, após o ajuste ser feito, de modo que A, B e γ sejam conhecidos, a vida N_f pode ser calculada a partir da Equação 10.32 (b) para qualquer carga cíclica dada por valores de $S_{máx}$ e R.

O valor de γ está limitado ao intervalo de zero a 1,0 e γ pode ser pensado como uma medida inversa da sensibilidade à tensão média ou a R. Valores baixos de γ correspondem à alta sensibilidade e valores próximos de 1,0, à baixa sensibilidade. Note que substituindo $\gamma = 1$ na Equação 10.29 temos $S_{ar} = S_a$, que corresponde a uma tensão média sem efeito.

A expressão original da equação de Walker, de 1970, empregou uma gama equivalente de tensões, $\overline{\Delta S}$, do zero ao máximo ($R = 0$). Duas formas que podem ser empregadas de forma intercambiável são:

$$\overline{\Delta S} = S_{máx}^{1-\gamma} \Delta S^\gamma, \quad \overline{\Delta S} = S_{máx}(1-R)^\gamma \quad (a, b) \tag{10.38}$$

A comparação de 10.38 (b) com a Equação 10.29 (b) dá a relação:

$$\overline{\Delta S} = 2^\gamma S_{ar} \tag{10.39}$$

Assim, podemos escolher ou $\overline{\Delta S}$ ou S_{ar} como meras expressões diferentes do mesmo conceito, com valores sendo facilmente convertidos de uma forma para a outra. Além disso, os dados podem ser ajustados a uma curva de tensão-vida em termos de S usando um procedimento semelhante ao de S_{ar}. Isso dá os mesmos valores de γ e B, mas o coeficiente análogo a A na Equação 10.31 difere, devido à Equação 10.39. Assim, temos:

$$\overline{\Delta S} = A' N_f^B, \quad \text{em que } A' = 2^\gamma A \tag{10.40}$$

EXEMPLO 10.4

Para placas com duplo entalhe feitas de liga de alumínio 2024-T3 sob carga axial, os dados de número de ciclos para falhas estão apresentados na Tabela E10.4 (a) para várias combinações de tensão máxima, $S_{máx}$, e tensão média, S_m. Esses dados são também traçados na Figura E10.4 (a). Ajuste esses dados à equação de Walker, usando a Equação 10.31, com S_{ar} dado pela Equação 10.29, para obter valores de A, B e γ. As dimensões da amostra (em mm) foram $w_1 = 38,10$, $w_2 = 57,15$, raio de entalhe $\rho = 8,06$ e espessura $t = 2,29$, o que gera um $k_t = 2,15$ com base na área líquida. As propriedades de tensão do material são limite de escoamento 372 MPa e resistência 503 MPa.

Tabela E10.4(a)

$S_{máx}$, MPa	S_m, MPa	N_f, ciclos	$S_{máx}$, MPa	S_m, MPa	N_f, ciclos
241	0	3.500	362	138	3.100
207	0	6.500	338	138	9.300
172	0	17.400	338	138	6.000
138	0	70.000	310	138	21.800
103	0	754.000	276	138	48.300
103	0	210.000	241	138	82.200
303	69	3.000	214	138	128.500
276	69	6.500	214	138	218.700
241	69	14.900	414	207	4.500
207	69	35.000	372	207	9.600
207	69	43.400	345	207	25.700
172	69	124.200	310	207	63.500
152	69	168.700	293	207	152.900
145	69	507.400	276	207	315.500

Fonte: Dados em [Grover 51b].

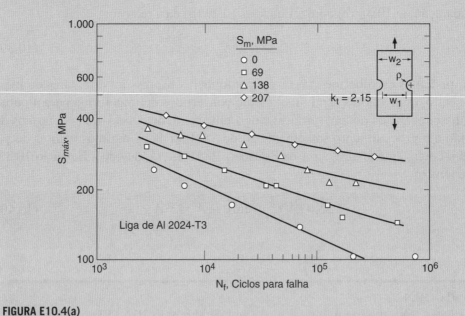

FIGURA E10.4(a)

Solução

Para usar o procedimento que acabamos de descrever, primeiro empregamos a Equação 9.4 (b) para calcular R para cada teste. A Equação 10.35 gera então valores de y, x_1 e x_2 para cada teste. Alguns valores representativos são apresentados na Tabela E10.4 (b). Em seguida, é feita a regressão linear múltipla da Equação 10.34 através de um software de computador largamente disponível.

Tabela E10.4(b)

(a) Dados Fornecidos					(b) Variáveis Obtidas por Ajuste e S_{ar} Calculado			
$S_{máx}$	S_m	R	N_f		y $\log N_f$	x_1 $\log S_{máx}$	x_2 $\log (1-R)/2$	S_{ar} para $\gamma = 0,7326$
241	0	-1,000	3.500		3,544	2,382	0	241
207	0	-1,000	6.500		3,813	2,316	0	207
...	...	...	...		...	...	...	...
303	69	-0,545	3.000		3,477	2,481	-0,1122	250,7
276	69	-0,5	6.500		3,813	2,441	-0,1249	223,6
...	...	...	...		...	...	...	...

O resultado da regressão múltipla é:

$$m_1 = -4,598; \quad m_2 = -3,369; \quad c = 14,644$$

A Equação 10.37 leva aos valores desejados de A, B e γ:

$$B = \frac{1}{m_1} = -0,2175; \quad \gamma = \frac{m_2}{m_1} = 0,7326; \quad A = 10^{-c/m_1} = 1.531 \, \text{MPa}$$

Portanto, as Equações 10.29 e 10.31 tornam-se:

$$S_{ar} = S_{máx}\left(\frac{1-R}{2}\right)^{0,7326}, \quad S_{ar} = 1.531 \, N_f^{-0,2175} \, \text{MPa} \qquad \textbf{(Resposta)}$$

Calculando S_{ar} a partir da primeira equação para cada teste e traçando por N_f geram-se os dados apresentados na Figura E10.4 (b). A linha da segunda equação também é mostrada. Os dados são razoavelmente bem consolidados e seguem a tendência da linha reta, de modo que este resultado parece satisfatório e apropriado. Além disso, eliminando R da Equação 10.32 (b) por meio da Equação 9.4 (b) tem-se N_f como uma função de S_m e $S_{máx}$:

$$N_f = \left[\frac{S_{máx}}{A}\left(1 - \frac{S_m}{S_{máx}}\right)^{\gamma}\right]^{1/B}$$

Usando este resultado com os valores para as constantes ajustadas, obtém-se a família de curvas traçadas na Figura E10.4 (a).

Discussão

Quando os dados de S_{ar} *versus* N_f não se encaixam em uma linha reta em um reticulado log-log ou onde a equação de Walker não consolida os dados em uma única tendência, outra forma matemática pode ser empregada. Consulte o *Handbook* MMPDS-05 (citado nas Referências do Capítulo 9) para algumas possibilidades.

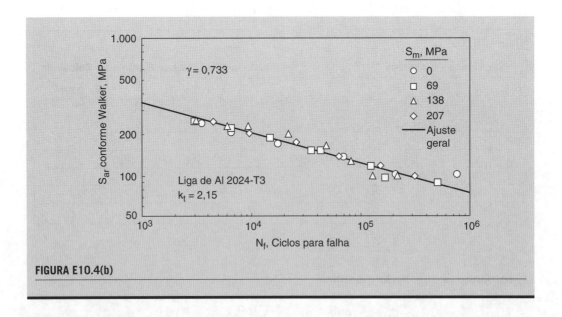

FIGURA E10.4(b)

10.7 ESTIMANDO CURVAS *S-N*

Estimativas de limites de fadiga podem ser usadas como parte de um procedimento para estimar curvas *S-N* inteiras, conforme indicado na maioria dos livros de projeto de engenharia mecânica. Consideraremos, primeiramente, a metodologia geral que é aplicada, ilustrada na Figura 10.16. Em seguida, vamos resumir os métodos recomendados nos livros de projeto de Juvinall & Marshek (2006) e Budynas & Nisbett (2011), em que esse último é a apresentação atual do livro de Shigley.

10.7.1 Metodologia para Estimativa das Curvas *S-N*

Inicialmente, estima-se uma curva de tensão-vida para material liso (não entalhado) com tensão média nula. Usando o limite de resistência à tração, σ_u, o limite de fadiga, $\sigma_{er} = m\sigma_u$, é obtido, conforme descrito na Seção 10.4. Lembre-se de que o fator *m* é

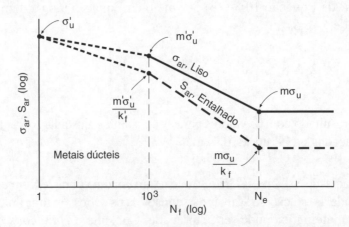

FIGURA 10.16 Estimando curvas *S-N* para carregamentos em fadiga completamente invertidos para componentes lisos e entalhados, de acordo com os procedimentos sugeridos por Juvinall ou Budynas.

uma multiplicação de vários fatores, como na Equação 10.15. Um deles é a estimativa do limite de fadiga para um corpo de prova polido, testado sob flexão, como sendo uma fração de σ_u, obtida com $m_e = 0,5$ para a maioria dos aços. Fatores de redução adicionais consideram efeitos, como tipo de carga (m_t), tamanho (m_d) e acabamento superficial (m_s). Isso proporciona um ponto σ_{er} a uma longa vida N_e, tal como $N_e = 10^6$ ciclos para aços. A curva é considerada plana para além de N_e.

Então, um ponto $\sigma_{ar} = m'\sigma'_u$ é estabelecido em $N_f = 10^3$ ciclos. A quantidade σ'_u é o limite de resistência à tração, σ_u, para tração ou flexão ou a resistência máxima por cisalhamento, τ_u, para torção. Baseado na observação de que os níveis de tensão ao redor desta vida não estão muito abaixo de σ_u, o fator m' está tipicamente na faixa de 0,75 a 0,9. Este valor pode variar com o tipo de carga, pois as curvas de tensão-vida para carregamento axial ao redor de 10^3 ciclos são menores do que para flexão. O tamanho e os fatores de acabamento superficial geralmente não são aplicados em 10^3 ciclos, visto que estes efeitos são observados atuando principalmente em vidas mais longas.

Os pontos nos ciclos 10^3 e N_e são conectados por uma linha reta em um gráfico log-log, dando uma relação da forma $\sigma_{ar} = A \cdot N_f^B$. Se vidas curtas forem de interesse, outra linha reta pode ser empregada para conectar o ponto oriundo de 10^3 ciclos com σ'_u em $N_f = 1$ ciclo. Assim, os três pontos que formam a relação tensão-vida são:

$$\left(\sigma'_u, 1\right), \quad \left(\sigma'_{ar}, N_f\right) = \left(m'\sigma'_u, 10^3\right), \quad \left(\sigma_{er}, N_f\right) = \left(m\sigma_u, N_e\right) \qquad (10.41)$$

Para os componentes entalhados, a curva tensão-vida é expressa em termos de tensão nominal (média), S, como definido para vários casos nas Figuras A.11 e A.12. A tensão no ponto de vida longa, N_e, é dividida por k_f, tornando-se uma tensão nominal $S_{er} = m\sigma_u/k_f$. Em 10^3 ciclos, o valor de tensão é dividido por um fator de concentração de tensões por entalhe para vida curta k'_f, tornando-se $S'_{ar} = m'\sigma'_u/k'_f$. Além disso, em $N_f = 1$ ciclo, considera-se que o entalhe não tenha nenhum efeito, de modo que o valor σ'_u seja inalterado. Os três pontos de um gráfico log-log que formam a relação nominal tensão *versus* vida passam a ser, então:

$$\left(\sigma'_u, 1\right), \quad \left(S'_{ar}, N_f\right) = \left(\frac{m'\sigma'_u}{k'_f}, 10^3\right), \quad \left(S_{er}, N_f\right) = \left(\frac{m\sigma_u}{k_f}, N_e\right) \qquad (10.42)$$

Para concordância com dados experimentais, k'_f deve ser um pouco menor do que k_f, ainda mais quando estão envolvidos metais de menor resistência, para refletir o efeito do escoamento, como discutido na Seção 10.5. Valores empíricos de k'_f podem ser obtidos a partir da Figura 10.13 para aços, ligas de alumínio e ligas de magnésio. O gráfico é inserido com o limite de resistência, σ_u, usando uma escala diferente para cada tipo de material, dando o valor de uma quantidade que pode ser usada com k_f para obter k'_f.

Vários livros-texto para projeto mecânico são altamente diversos no manuseio de k'_f, até mesmo as diferentes edições de um mesmo livro. Os valores variam entre os extremos de $k'_f = 1$ e $k'_f = k_f$, em que o primeiro não indica nenhum efeito de entalhe em 10^3 ciclos e o último indica o mesmo efeito do que em vidas longas. A escolha $k'_f = k_f$ às vezes é justificada como forma de simplificar os cálculos, mas produz uma relação tensão-vida que é excessivamente conservadora em vidas curtas.

522 CAPÍTULO 10 Abordagem da Fadiga Via Tensão: Componentes Entalhados

10.7.2 Estimativas pelos Métodos de Juvinall ou Budynas

Em Juvinall & Marshek (2006), sugere-se um procedimento que pode ser aplicado para uma variedade de metais de engenharia e uma abordagem similar é usada por Budynas & Nisbett (2011) para aços. As abordagens são resumidas nas Tabelas 10.1 e 10.2, com a Tabela 10.1 fornecendo detalhes para o ponto no limite de fadiga (N_e) e a Tabela 10.2 para o ponto de 10^3 ciclos. Com referência à Tabela 10.1, ambos os autores usam o fator $m_e = 0,5$ para aços, observando-se que m_e fica abaixo deste valor para aços de alta resistência, como na Figura 9.24. Budynas restringe o limite estimado de fadiga para flexão de aços, não permitindo que ele exceda 700 MPa. Juvinall emprega fatores m_e para outros metais, como indicado, com o limite da fadiga para ligas de alumínio não permitido a exceder 131 MPa (Fig. 9.25).

Os fatores do tipo de carga, m_t, que são empregados pelos dois autores, são semelhantes para flexão e torção, mas diferem para carga axial. No entanto, esta diferença em m_t para carga axial é em grande parte eliminada pelo uso dos fatores m_d que consideram o tamanho (gradiente de tensão). Para flexão e torção, Juvinall reduz m_d em passos para várias faixas de diâmetro, com d sendo interpretado como o menor diâmetro ou largura, como são d_1 ou w_1 para os vários casos mostrados nas Figuras A.11 e A.12. Budynas usa equações que variam continuamente para m_d e também faz disposições especiais para dobramento não rotativo e para seções retangulares. (Veja não somente as entradas da tabela principal, mas também as notas sob a tabela.)

Para o fator de acabamento de superfície, m_s, Juvinall emprega a Figura 10.10 para aços e sugere $m_s = 1,0$ para ferro fundido cinzento, mas não faz recomendações específicas para outros metais. Budynas dá equações para m_s para aços em função do valor de σ_u, dois dos quais estão listados na Tabela 10.1. Ambos os autores empregam $N_e = 10^6$ ciclos para aços e ferros fundidos e Juvinall dá valores para outros metais. Eles também apresentam fatores de redução para a temperatura e para vários níveis de confiabilidade estatística, mas que não são mostrados na Tabela 10.1.

Para o ponto em 10^3 ciclos, com referência à Tabela 10.2, Juvinall usa m' fixo, como indicado. Budynas emprega $m' = 0,9$ para aços de baixa resistência e também uma curva com valores decrescentes de m' para aços de maior resistência. Uma equação ajustada a esta curva é dada na Tabela 10.2. Os dois autores empregam a suposição conservadora $k'_f = k_f$, o que evita algumas complexidades matemáticas ao lidar com casos de carga combinada, como quando ocorre mais do que um carregamento de flexão, axial ou de torção.

Tabela 10.2 Estimativas para o ponto na curva _S-N_ para 10^3 ciclos

Juvinall (2006)[1]	$m' = 0,9$, $k'_f = k_f$ (em dobramento; para torção, trocar σ_u por τ_u)
	$m' = 0,75$, $k'_f = k_f$ (carregamento axial)
Budynas (2011)[2] (somente aço)	$m' = 0,90$ ($\sigma_u < 483$ MPa)
	$m' = 0,2824x^2 - 1,918x + 4,012$, $x = \log \sigma_u$ ($\sigma_u \geq 483$ MPa)
	$k'_f = k_f$

Notas: [1]Use a estimativa $\tau_u \approx 0,8\sigma_u$ para o aço e $\tau_u \approx 0,7\sigma_u$ para outros metais dúcteis. [2]A equação para m' é um ajuste à curva dada em Budynas (2011).

Em seus cálculos, ambos trabalham com tensões locais nos entalhes, $\sigma = k_f S$, e aplicam essas tensões na curva de tensão-vida para material liso (não entalhado), com tensão média zero σ_{ar} *versus* N_f. Embora nenhum dos autores empregue diretamente a curva S_{ar} *versus* N_f, qualquer um dos métodos pode ser usado para obter tal curva, empregando os três pontos da Equação 10.42.

Para tensões médias não nulas, os dois empregam amplitudes de tensão de entalhe local e tensões médias.

$$\sigma_a = k_f S_a, \quad \sigma_m = k_f S_m \quad (\sigma_{máx} \leq \sigma_0) \quad (a)$$
$$\sigma_a = k_{fm} S_a, \quad \sigma_m = k_{fm} S_m \quad (\sigma_{máx} > \sigma_0) \quad (b)$$

$$(10.43)$$

Onde $\sigma_{máx} = \sigma_a + \sigma_m$ excede o limite de elasticidade, σ_0, é esperado escoamento local, como na Figura 10.15 (b) ou (c) e pela Equação 10.43 (b). Neste caso, Juvinall emprega um procedimento que é equivalente ao uso da Equação 10.27, com k_f substituindo k_t. Budynas dá duas opções: ou a Equação 10.27 com k_f substituindo k_t, ou $k_{fm} = 1$. (Com referência à Figura 10.15, observe que a suposição $k_{fm} = 1$ pode ser conservadora ou não conservadora, dependendo dos níveis de tensão).

Dados os valores σ_a e σ_m da Equação 10.43, Juvinall emprega, de fato, a relação de tensão média de Goodman, Equação 9.15. Budynas dá a opção de empregar as relações Goodman ou Gerber, bem como uma terceira opção, chamada equação elíptica ASME.

EXEMPLO 10.5

Uma barra cilíndrica de aço da qualidade AISI 4340, contido na Tabela 9.1, está sujeita a flexão não rotativa e contém um sulco circunferencial com uma superfície retificada. As dimensões (em mm), tais como definidas na Figura A.12 (c), são $d_1 = 32$, $d_2 = 35$ e $\rho = 1,5$. Suponha que as únicas propriedades conhecidas do material são o limite de escoamento (σ_0) e de resistência (σ_u).

(a) Estime a curva *S-N* considerando carregamento completamente invertido para a barra com entalhe.

(b) Preveja a vida para carregamento cíclico a uma amplitude de tensão nominal de $S_a = 150$ MPa, com uma média de $S_m = 200$ MPa.

(c) Se 5.000 ciclos são esperados em serviço real, quais são os fatores de segurança na tensão e na vida?

Primeira solução

(a) Uma abordagem é usar o procedimento de Budynas. Primeiro, o fator de entalhe, k_f, é estimado a partir de k_t usando os parâmetros α ou β, como nos exemplos anteriores. A Figura A.12 (c) fornece k_t:

$$\frac{d_2}{d_1} = 1,094; \quad \frac{\rho}{d_1} = 0,047; \quad k_t = 2,35$$

Ao obtermos k_f das Equações 10.7 e 10.9, temos:

$$\alpha = 0,070 \, \text{mm}; \quad k_f = 2,29$$

O limite de resistência de $\sigma_u = 1.172$ MPa da Tabela 9.1 é necessário e os vários fatores m_i são avaliados seguindo a coluna de Budynas da Tabela 10.1. Obtemos:

$$m_e = 0,5; \quad m_t = 1,0$$

Para o fator de tamanho, aplica-se a Nota 4 da Tabela 10.1, devido à situação de flexão não rotativa. Usando o diâmetro mínimo d_1, temos:

$$d_e = 0,37\,d_1 = 11,84\,\text{mm}, \quad m_d = 1,24\,d_e^{-0,107} = 0,952$$

O fator de acabamento superficial é:

$$m_s = 1,58\,\sigma_u^{-0,085} = 0,867$$

Assim, o fator de redução global e o limite de fadiga estimado são:

$$m = m_e\,m_t\,m_d\,m_s = 0,412$$

$$\sigma_{er} = m\sigma_u = 0,412\,(1.172\,\text{MPa}) = 483\,\text{MPa}, \quad S_{er} = \frac{m\sigma_U}{k_f} = \frac{483\,\text{MPa}}{2,29} = 211\,\text{MPa}$$

Aqui, σ_{er} e $N_e = 10^6$ ciclos fornecem um ponto na curva de tensão-vida estimada para um material não entalhado e S_{er} fornece o ponto correspondente na curva para o componente entalhado. A Tabela 10.2 é então empregada para calcular os valores necessários para o ponto em 10^3 ciclos.

$$m' = 0,2824x^2 - 1,918x + 4.012, \quad x = \log\sigma_u \quad (\sigma_u \geq 483\,\text{MPa})$$
$$m' = 0,2824\,(\log 1.172)^2 - 1,918\,(\log 1.172) + 4,012 = 0,786$$
$$k'_f = k_f = 2,29$$

Assim, os valores de $N_f = 10^3$ ciclos, tanto para os casos não entalhados como para os entalhados, são:

$$\sigma'_{ar} = m'\sigma'_u = 0,786\,(1.172\,\text{MPa}) = 921\,\text{MPa}, \quad S'_{ar} = \frac{m'\sigma'_u}{k_f} = \frac{921\,\text{MPa}}{2,29} = 402\,\text{MPa}$$

Procedendo como no Exemplo 9.1 (a), a equação da forma $\sigma_{ar} = AN_f^B$ para material não entalhado é:

$$B = \frac{\log\sigma'_{ar} - \log\sigma_{er}}{\log N_f - \log N_e} = \frac{\log 921 - \log 483}{\log 10^3 - \log 10^6} = -0,0933$$

$$A = \frac{\sigma'_{ar}}{N_f^B} = \frac{921}{1000^{-0,0933}} = 1.754\,\text{MPa}$$

$$\sigma_{ar} = 1.754\,N_f^{-0,0933}\,\text{MPa} \quad (10^3 \leq N_f \leq 10^6) \qquad \textbf{(Resposta)}$$

Esta relação tensão-vida é mostrada na Figura E10.5 (esquerda). Também é mostrada a linha semelhante obtida pela aplicação do procedimento de Juvinall, com os detalhes oriundos das Tabelas 10.1 e 10.2.

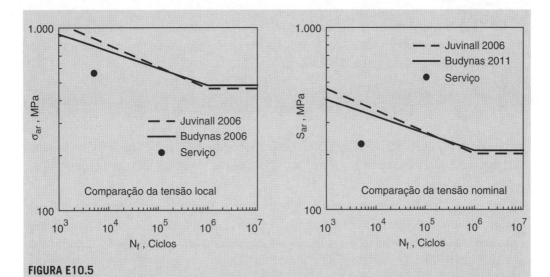

FIGURA E10.5

Para o componente entalhado, uma vez que $k'_f = k_f$ é aplicável uniformemente ao longo do intervalo de 10^3 a 10^6 ciclos, a correspondente relação tensão-vida é:

$$S_{ar} = \frac{A}{k_f} N_f^B, \quad S_{ar} = 766 N_f^{-0,0933} \text{ MPa } (10^3 \leq N_f 10^6) \quad \textbf{(Resposta)}$$

Esta relação nominal de tensão *versus* vida é mostrada na Figura E10.5 (à direita), assim como o resultado similar obtido pelo procedimento de Juvinall.

(b) Para obter a vida para as tensões nominais dadas, primeiro multiplique o S_a dado e S_m por k_f para obter as tensões locais no entalhe.

$$\sigma_a = k_f S_a = 2,29(150) = 344, \quad \sigma_m = k_f S_m = 2,29(200) = 458$$
$$\sigma_{máx} = \sigma_a + \sigma_m = 802 \text{ MPa}$$

Uma vez que $\sigma_{máx}$ é menor que a resistência ao escoamento $\sigma_0 = 1.103$ MPa, conforme consta na Tabela 9.1, a situação é semelhante à da Figura 10.15 (a) e não são necessárias medidas especiais para ter em conta os efeitos do escoamento. Uma das opções para a tensão média no método de Budynas é usar a equação de Goodman, que dá uma tensão equivalente completamente invertida a partir da Equação 9.15 de:

$$\sigma_{ar} = \frac{\sigma_a}{1 - \sigma_m / \sigma_u} = \frac{344}{1 - 458/1.172} = 564 \text{ MPa}$$

A vida correspondente a partir da relação tensão-vida desenvolvida em (a) é:

$$N_f = \left(\frac{\sigma_{ar}}{A}\right)^{1/B} = \left(\frac{564 \text{ MPa}}{1.754 \text{ MPa}}\right)^{1/(-0,0933)} = 1,914 \times 10^5 \text{ ciclos} \quad \textbf{(Resposta)}$$

(c) O fator de segurança na vida pode então ser calculado a partir da vida útil de $\widehat{N}$ = 5.000 ciclos usando a Equação 9.25 (b), e o fator de segurança em tensão obtido da Equação 9.12 (a).

$$X_N = \frac{N_{f2}}{\hat{N}} = \frac{1,914 \times 10^5}{5.000} = 38,3; \quad X_S = X_N^{-B} = 38,3^{-(-0,0933)} = 1,405 \quad \textbf{(Resposta)}$$

O ponto ($\widetilde{\sigma}_{ar}$, $\widehat{N}$) = (564 MPa, 5.000) correspondente à carga de serviço é mostrado na Figura E10.5 (à esquerda), permitindo a visualização desses fatores de segurança.

Segunda solução

(a, b) Um procedimento alternativo é empregar a relação entre a tensão nominal *versus* a vida já desenvolvida como $S_{ar} = (A/k_f)\ N_f^B$. Observando as dificuldades com a relação de Goodman e a relação semelhante de tensão média, aplicaremos a equação de SWT à tensão nominal.

$$S_{ar} = \sqrt{S_{máx}S_a} = \sqrt{(S_m + S_a)S_a} = \sqrt{(200+150)150} = 229\,\text{MPa}$$

A vida correspondente é:

$$N_f = \left(\frac{S_{ar}}{A/k_f}\right)^{1/B} = \left(\frac{(229\,\text{MPa})2,29}{1.754\,\text{MPa}}\right)^{1/(-0,0933)} = 4,14 \times 10^5\,\text{ciclos} \quad \textbf{(Resposta)}$$

(c) Os fatores de segurança seguem então como antes.

$$X_N = \frac{N_{f2}}{\hat{N}} = \frac{4,14 \times 10^5}{5.000} = 82,8; \quad X_S = X_N^{-B} = 82,8^{-(-0,0933)} = 1,510 \quad \textbf{(Resposta)}$$

O ponto ($\widetilde{S}_{ar}$, $\widehat{N}$) = (229 MPa, 5.000) correspondente à carga de serviço é mostrado na Figura E10.5 (à direita), permitindo a visualização desses fatores de segurança.

Discussão

A primeira solução é altamente conservadora devido ao uso de $k'_f = k_f$. Entrando na Figura 10.13 com σ_u = 1.172 MPa = 170 ksi e aplicando k_f = 2,29 temos k'_f = 1,55. A modificação da curva estimada de S_{ar} *versus* N_f com este valor aumentaria consideravelmente o ponto em N_f = 10^3 ciclos, dando assim maiores fatores de segurança. Além disso, observando a discussão da equação de Goodman nas Seções 9.7 e 10.6, o uso da equação SWT na segunda solução deve fornecer maior precisão.

10.7.3 Discussão

Os dois métodos discutidos para estimar curvas *S-N*, e outros similares, oferecem nada mais do que curvas muito rudemente precisas para uso em projeto. Dos dois procedimentos discutidos, o decorrente de Juvinall é o mais completo, pois incorpora metais não ferrosos. No entanto, a estimativa de Budynas é mais detalhada, quando se trabalha com aços. Notavelmente, alguns dos fatores de redução da vida em fadiga, tais como aqueles para tamanho (m_d) e acabamento superficial (m_s), refletem a necessidade e ajustes para grandes quantidades de dados de teste.

Essas estimativas assumem que a curva S-N não diminui após o ponto de vida longa em N_e, assumindo a existência de um limite de fadiga. Recordando a discussão da Seção 9.6.5, notamos que é necessário ter cuidado com este aspecto nas estimativas. Onde estão envolvidos o fenômeno da corrosão ou ciclos severos ocasionais, pode ser prudente considerar o ponto (S_{er}, N_e) na curva S-N estimada não o início de uma região plana, mas sim um ponto em uma linha reta log-log que continua após para baixo desse ponto.

Dados de fadiga real obtidos de testes são sempre preferíveis a uma curva S-N estimada. Assim, esses dados devem ser usados sempre que possível para auxiliar na estimativa da curva S-N, ou mesmo para substituir a estimativa inteiramente. Além disso, quando os dados não são encontrados na literatura, às vezes é apropriado gastar tempo e recursos necessários para obtê-los. De fato, é bastante comum na prática da engenharia empregar curvas S-N a partir de testes em componentes de engenharia, como será descrito na próxima seção.

10.8 USO DOS DADOS S-N OBTIDOS DE UM COMPONENTE

É frequentemente vantajoso empregar dados S-N obtidos a partir de ensaios em componentes que são semelhantes ou idênticos ao componente de engenharia de interesse, como peças de máquinas, veículos ou juntas estruturais. Subconjuntos, como um sistema de suspensão de veículo, também podem ser testados, assim como partes de uma estrutura, ou mesmo toda a máquina, veículo ou estrutura.

10.8.1 Exemplo da Ponte Bailey

Um exemplo é proporcionado pelo painel treliçado de ponte Bailey, feito de aço estrutural, como mostrado na Figura 10.17. Trata-se de um painel treliçado, empregado

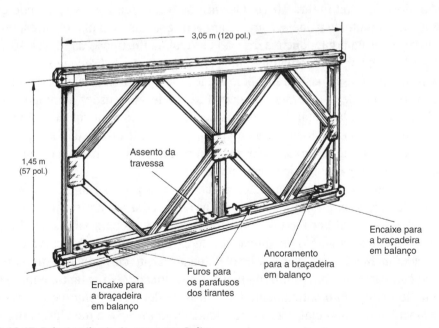

FIGURA 10.17 Painel treliçado de uma ponte Bailey.

(De [Webber 70]; copyright © ASTM; usado com permissão.)

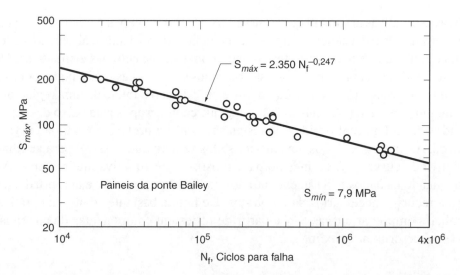

FIGURA 10.18 Dados de fadiga para $S_{mín}$ constante e linha interpolada, para painéis de ponte Bailey em flexão vertical, com a falha definida como sendo a separação completa de um membro da treliça.

(Dados de [Whitman 60].)

como módulo para pontes militares e civis – temporárias – e adotado pelos ingleses durante a Segunda Guerra Mundial. As pontes Bailey continuaram sendo fabricadas muito depois do fim da guerra e algumas foram utilizadas por longos períodos (10 anos ou mais), não previstos pelos projetistas originais. Assim, realizou-se um programa de teste de fadiga, como relatado em um artigo de 1970, por Webber, para fornecer informações sobre a duração e a severidade admissível no uso deste tipo de ponte.

Os dados *S-N* de amplitude constante deste trabalho e uma curva gerada a partir deles são mostrados na Figura 10.18. Os ensaios foram realizados aplicando cargas cíclicas a um conjunto de painéis, com as cargas orientadas num plano correspondente às cargas verticais na ponte, que é a direção vertical na ilustração da Figura 10.17. As trincas geralmente começam em uma solda perto da ranhura da *braçadeira em balanço* e são visivelmente crescentes durante pelo menos metade da vida, que foi definida pela separação completa de um membro do painel treliçado. As tensões nominais traçadas são de flexão, calculadas tratando todo o painel como sendo uma viga, considerando a estrutura uma rede e com a localização do ponto de encaixe crítico dando a distância a partir do eixo neutro deste feixe. Todos os ensaios utilizaram a mesma carga mínima, correspondente à carga morta de uma ponte.

Tal curva é útil na avaliação da vida esperada para as pontes Bailey. Em particular, os valores de ciclos para falha a partir da curva ajustada podem ser utilizados com a regra de Palmgren-Miner para fazer estimativas de vida para várias combinações de peso de veículos e número de aplicações de carga. Note-se que a curva carece de generalidade, na medida em que é aplicável apenas a este componente em particular, carregado ciclicamente com a mínima tensão especificada. No entanto, tem a grande vantagem de incluir automaticamente os efeitos de detalhes, como geometria complexa, acabamento superficial, tensões residuais da fabricação e metalurgia incomum nas soldas, fatores são difíceis de avaliar por qualquer meio que não seja um teste do componente completo.

De modo semelhante ao caso da ponte Bailey, outras curvas *S-N* para componentes têm a desvantagem de não possuir generalidade, mas a vantagem de incluir automaticamente detalhes geométricos e de fabricação de difícil avaliação.

10.8.2 Efeitos da Tensão Média e da Vida em Amplitude Variável para Componentes

Para o exemplo da ponte de Bailey, os dados S-N e as tensões de serviço de interesse correspondem a uma tensão mínima fixa; portanto, não há necessidade de considerar variações na tensão média. No entanto, muitas aplicações dos dados *S-N* levantados para um componente requerem a avaliação dos efeitos da tensão nominal média, S_m, que também podem ser expressos como efeitos da razão $R = S_{mín}/S_{máx}$. Para isso, pode-se empregar a relação SWT com a variável ou tensão nominal, *S*, como na Equação 10.28, ou com uma força ou momento aplicados, como na Equação 10.30. Se os dados estiverem disponíveis para mais de um valor de tensão média ou *R*, a relação de Walker, representada pela Equação 10.29, é recomendada. Um valor de γ precisa ser ajustado, conforme descrito na Seção 10.6.4, e a variável pode novamente ser *S* ou uma carga aplicada. As equações de Goodman, Gerber e similares não são recomendadas para este caso.

Para a carga de amplitude variável, as estimativas de vida para os componentes podem ser feitas por meio da contagem de ciclos e empregando a regra Palmgren-Miner, da mesma maneira como descrito na Seção 9.9. Uma curva de tensão nominal *versus* vida, ou uma curva de carga *versus* vida, simplesmente substitui a curva de tensão-vida para material não entalhado. Uma alternativa é usar a abordagem baseada em deformação, como é descrito mais adiante, no Capítulo 14.

EXEMPLO 10.6

Placas com duplo entalhe, constituídas por uma liga de alumínio 2024-T3 ($k_t = 2{,}15$) têm uma relação de tensão nominal *versus* vida na forma da Equação 10.31, em que S_{ar} é dado pela relação de Walker, Equação 10.29, com constantes de montagem $A = 1.530$ MPa, $B = -0{,}217$ e $\gamma = 0{,}733$. Suponha que essas placas serão repetidamente submetidas em serviço de engenharia ao histórico de tensões nominais mostrado na Figura E10.6.

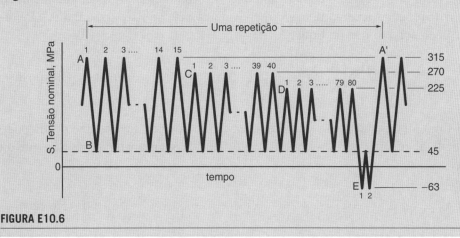

FIGURA E10.6

530 CAPÍTULO 10 Abordagem da Fadiga Via Tensão: Componentes Entalhados

(a) Estime o número de repetições do histórico mostrado na Figura E10.6 para causar falha por fadiga.

(b) Se 60 repetições do histórico de carga devem ser aplicadas em serviço, quais são os fatores de segurança na vida e na tensão?

Tabela E10.6

j	N_j	$S_{mín}$	$S_{máx}$	R	S_{ar}	N_{fj}	N_j/N_{fj}
1	14	45	315	0,143	169,3	$2,55 \times 10^4$	$5,50 \times 10^{-4}$
2	40	45	270	0,167	142,1	$5,70 \times 10^4$	$7,02 \times 10^{-4}$
3	80	45	225	0,200	114,9	$1,52 \times 10^5$	$5,28 \times 10^{-4}$
4	1	-63	45	-1,400	51,4	$6,17 \times 10^6$	$1,62 \times 10^{-7}$
5	1	-63	315	-0,200	216,6	$8,17 \times 10^3$	$1,22 \times 10^{-4}$

$\Sigma = 1,902 \times 10^{-3}$

Solução

(a) Inicialmente, é necessária a quantificação do histórico de carregamento, o que pode ser feito através do método de contagem *rainflow* (queda da chuva). Os resultados são mostrados nas primeiras quatro colunas da Tabela E10.6. O pico A_1 é um ponto de partida adequado, pois está no nível de tensão mais alto da história. O primeiro ciclo contado é A_1-B_1, seguido por A_2-B_2 etc. até A_{14}-B_{14}, para 14 ciclos até este nível. Em seguida, 40 ciclos B-C e 80 ciclos B-D são contados, seguido por um ciclo E_1-B. Os pontos de pico/vale A_{15} e E_2 não são utilizados e, juntamente com um retorno ao ponto de partida A', formam o ciclo principal A_{15}-E_2-A'.

Em seguida, aplique a relação de tensão média de Walker, Equação 10.29, juntamente com a curva tensão-vida da Equação 10.31, com as constantes A, B e γ como dadas. Para cada nível de tensão, calcule:

$$R = S_{mín} / S_{máx}, \quad S_{ar} = S_{máx}\left(\frac{1-R}{2}\right)^{\gamma}, \quad N_f = \left(\frac{S_{ar}}{A}\right)^{1/B}$$

em que todas as tensões estão em MPa. Os valores resultantes são dados na Tabela E10.6. Além disso, calcule e então some as razões do ciclo, N_j/N_{fj}. Finalmente, o número de repetições para falha pode ser avaliado pela aplicação da regra de Palmgren-Miner, sob a forma da Equação 9.34:

$$B_f = 1 \bigg/ \left[\sum \frac{N_j}{N_{fj}}\right]_{uma\ rep.} = 1 / 1,902 \times 10^{-3} = 526 \text{ repetições} \quad \textbf{(Resposta)}$$

(b) Com 60 repetições esperadas em serviço, o fator de segurança na vida pode ser calculado a partir da Equação 9.10, e o fator de segurança na tensão segue da Equação 9.12:

$$X_N = \frac{N_f}{\hat{N}} = \frac{B_f}{\hat{B}} = \frac{526}{60} = 8,76; \quad X_S = X_N^{-B} = 8,76^{-(-0,217)} = 1,60 \quad \textbf{(Resposta)}$$

10.8.3 Correspondência de um Componente com Dados de Corpos de Prova com Entalhes

Muitas vezes, existem dados de S-N para corpos de prova de placas ou barras do material do componente disponíveis em vários manuais, como o MMPDS-05 (consulte as referências do Capítulo 9). É tentador comparar um componente com esses dados S-N procurando um caso com um fator de concentração de tensão elástica semelhante, k_t. No entanto, isso não trata de modo adequado os efeitos de tamanho de entalhe (gradiente de tensão), que foram discutidos anteriormente, na Seção 10.2. É preferível associar o componente às amostras de teste que possuem um raio de entalhe ρ similar, mesmo se os valores de k_t diferirem significativamente, e então relacionar as tensões em termos do valor de $k_t \cdot S$, que quantifica a tensão local no entalhe para o comportamento elástico.

Outra abordagem é combinar não ρ, mas o parâmetro de comprimento da mecânica de fratura, l', oriundo da Equação 8.26. Para os membros entalhados carregados no mesmo $k_t S$ e tendo valores similares de l', haverá uma variação semelhante do fator de intensidade de tensão, K, com o comprimento da trinca próxima ao entalhe. Isso pode ser verificado, para membros duplamente entalhados, traçando os valores de $K/(k_{tg}S_g)$ em relação ao comprimento da trinca para ambos no mesmo gráfico. Podem ser empregadas as aproximações das Equações 8.24 e 8.25, isto é, K_A até l', e K_B além. (Para consistência com F, deve ser empregada a tensão da seção bruta S_g. O fator de concentração de tensão correspondente, k_{tg}, pode ser obtido a partir de um valor k_{tn}, baseado na área líquida, observando-se que $k_{tg}S_g = k_{tn}S_n$.) O método empregando l' para a correspondência de curvas S-N é aplicável a entalhes e furos, mas requer desenvolvimento adicional para entalhes tipo filete. Veja o artigo de Dowling & Wilson (1981) para mais detalhes e discussão.

10.8.4 Curvas S-N de Componentes para Membros Soldados

As conexões entre partes metálicas são frequentemente realizadas por soldagem. Isso envolve a aplicação de calor intenso ao metal de enchimento fundido e, ao mesmo tempo, a fusão de uma pequena porção das duas peças a ser unidas, de modo que uma junta sólida é formada por resfriamento e solidificação. Algumas juntas soldadas típicas são mostradas na Figura 10.19 e alguns detalhes estruturais que envolvem a soldagem estão indicados na Figura 10.20.

Os elementos estruturais soldados têm geometria e metalurgia, na vizinhança da solda, complexas e podem conter porosidade ou outros defeitos. Estes defeitos tornam difícil a determinação de fatores de concentração de tensão ou relacionar-se o

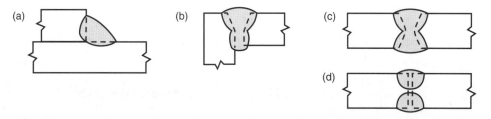

FIGURA 10.19 Soldas típicas: (a) solda em filete, (b) junta de canto formada por uma solda de chanfro "V" simples, (c) junta de topo formada por uma solda chanfro duplo em "V" e (d) solda de sulco quadrado com penetração parcial. As linhas tracejadas indicam a forma do metal de base antes da soldagem e as áreas sombreadas indicam o material fundido e ressolidificado.

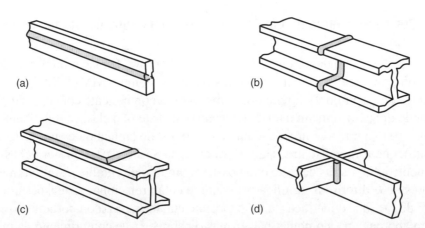

FIGURA 10.20 Uma amostragem dos numerosos detalhes estruturais envolvendo a soldagem: (a) solda longitudinal de topo, (b) solda transversal de topo, (c) placa de cobertura unida com soldagem em filete e (d) fixação lateral com soldas em filete.

(Adaptado de [AWS 96] p.16; usado com permissão.)

comportamento com o de qualquer membro de teste não soldado. Como resultado, a maioria dos códigos de projeto que cobrem elementos estruturais soldados empregam curvas S-N obtidas para componentes com base em ensaios extensivos com membros soldados reais. Vários códigos de projeto que empregam tal abordagem estão listados no final deste capítulo, em uma seção separada das Referências.

Alguns dos dados de fadiga em elementos estruturais soldados utilizados no desenvolvimento de um código de projeto são mostrados na Figura 10.21. O intervalo cíclico da tensão nominal de flexão, S, é traçado *versus* o número de ciclos até a falha. Considera-se que os membros com soldas unicamente longitudinais têm resistências à fadiga consideravelmente maiores do que os membros com soldas transversais nas extremidades das placas de cobertura. Embora os dados para três aços estruturais diferentes sejam plotados, os resultados são insensíveis ao aço estrutural particularmente envolvido, mas altamente sensíveis ao detalhe geométrico. Observando a dispersão estatística, que se mostra evidente, o gráfico S-N não apenas ilustra o comportamento médio, mas também possui curvas para uma sobrevivência de 95% para um nível de confiança de 95%, de forma que essas curvas se situam perto dos limites inferiores da dispersão para os dois casos.

Dados semelhantes para uma variedade de casos foram empregados para desenvolver curvas S-N para uso em projeto estrutural. Por exemplo, para detalhes em aço estrutural em membros não tubulares sob tração e/ou flexão, o código de projeto para soldagem estrutural da American Welding Society (AWS) fornece curvas de fadiga como:

$$\Delta S = \left(\frac{C}{N_f}\right)^{0{,}333}, \quad \Delta S \geq \Delta S_{TH} \quad \text{(unidades em ksi)} \quad \text{(a)}$$

$$\Delta S = \left(\frac{329C}{N_f}\right)^{0{,}333}, \quad \Delta S \geq \Delta S_{TH} \quad \text{(unidades em MPa)} \quad \text{(b)}$$

(10.44)

em que as tensões são dadas como intervalos e S_{TH} é uma faixa de tensão *limiar* (do inglês *threshold*) – isto é, um limite de fadiga. Detalhes estruturais são categorizados de acordo com a gravidade do seu efeito de concentração de tensão, dando uma família

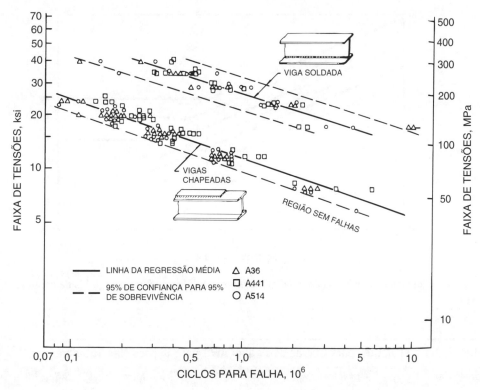

FIGURA 10.21 Faixa de tensões nominais *versus* milhões de ciclos até a falha para testes de flexão em elementos estruturais soldados constituídos de três aços estruturais diferentes. Os dados para as soldas longitudinais (topo) correspondem à AWS categoria B e os para as vigas cobertas (parte inferior), à categoria E.

(De [Jenney 01] p 276; reimpressos com permissão.)

de curvas S-N, cada uma obedecendo a Equação 10.44, como mostrado na Figura 10.22. As constantes correspondentes para a Equação 10.44 são dadas na Tabela 10.3, assim como as constantes para tais curvas expressas na forma:

$$\Delta S = A' N_f^B, \quad \Delta S \geq \Delta S_{TH} \qquad (10.45)$$

As curvas da Figura 10.22 e Tabela 10.3 correspondem a 95% de sobrevivência, como na Figura 10.21.

Na Figura 10.22 e na Tabela 10.3, o aço estrutural comum sem soldas ou outro concentrador de tensão corresponde à categoria *A*. Em seguida, são atribuídas categorias adicionais, dependendo do detalhe geométrico, conforme especificado no código AWS. Por exemplo, a categoria *B* aplica-se apenas para casos de concentração de tensão suave, como as soldas longitudinais simples da Figura 10.20 (a). Os dados da viga soldada (superior), na Figura 10.21, são também um caso da categoria *B*. A categoria *C* corresponde a casos um pouco mais graves, tais como soldas transversais em uma viga de junção, Figura 10.20 (b), exceto quando a categoria *B* pode ser empregada, se as soldas estiverem niveladas para ficar alinhadas com o metal adjacente. Soldas transversais semelhantes à Figura 10.20 (d) também são da categoria *C*. Uma concentração de tensão especialmente grave é causada por uma solda transversal na extremidade de uma placa de cobertura de comprimento parcial, como na Figura 10.20 (c), assim como na situação da placa de cobertura, mostrada na Figura 10.21 (inferior). Se a espessura

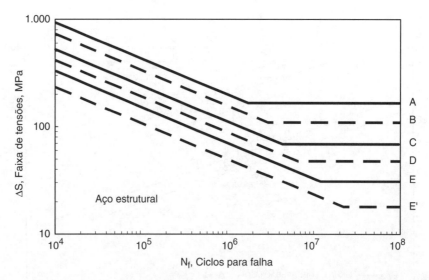

FIGURA 10.22 Curvas de tensão-vida do código de projeto AWS para várias categorias de conexões não tubulares.

Tabela 10.3 Constantes para Curvas de Fadiga AWS para Seções Não Tubulares

Categoria	C, Ciclos	B	A', MPa	ΔS_{TH}, MPa
A	$2{,}50 \times 10^{10}$	-0,3330	19.987	116,0
B	$1{,}20 \times 10^{10}$	-0,3330	15.653	110,0
C	$4{,}40 \times 10^{9}$	-0,3330	11.207	69,0
D	$2{,}20 \times 10^{9}$	-0,3330	8.897	48,0
E	$1{,}10 \times 10^{9}$	-0,3330	7.063	31,0
E'	$3{,}90 \times 10^{8}$	-0,3330	5.001	18,0

do flange for inferior a 20 mm, aplica-se a categoria E; caso contrário, a categoria menos favorável E' é empregada.

Para escolher a categoria apropriada e, portanto, a curva S-N, é preciso combinar o detalhe estrutural com um gráfico ilustrativo e explicativo, que está disponível no código AWS. Existem também algumas categorias intermediárias, como B', e uma categoria especial, F, para carregamento de cisalhamento. O mesmo conjunto de curvas é empregado para todos os aços estruturais comuns e nenhum ajuste para a tensão média é feito. A AWS dá um conjunto diferente de curvas para conexões tubulares, assim como para estruturas feitas de seções de tubos soldadas.

A American Association of State Highway and Transportation Officials (AASHTO) emprega curvas essencialmente idênticas, com $B = -\frac{1}{3}$ exatamente, enquanto indica como elas devem ser aplicadas ao caso específico do projeto de pontes. Para o projeto que envolve vidas de fadiga finitas, as curvas S-N são estendidas para abaixo do limite (limite de fadiga) e um fator de carga de 0,75 é aplicado em relação às tensões causadas por um *caminhão de projeto* pesando 90% do limite legal usual. Este fator surge dos cálculos de vida da regra de Palmgren-Miner, que consideram um espectro de pesos para caminhões muitos mais leves do que o caminhão de projeto. No entanto, para empregar o limiar e assim assumir vida infinita, o fator de carga necessário é de 1,50, o dobro do

Comportamento Mecânico dos Materiais **535**

valor anterior. Nesta base, o dano de fadiga é esperado apenas para caminhões que são 50% mais pesados do que o caminhão de projeto, ou seja, 35% acima do limite legal habitual. Lembrando a discussão na Seção 9.6.5, este tratamento conservador do limite de fadiga é de fato apropriado para a carga de amplitude variável experimentada por pontes.

Mais códigos de projeto para soldagem com curvas *S-N*, geralmente semelhantes, são publicados por outras organizações nacionais e internacionais, algumas das quais referenciadas no final deste capítulo.

Conforme observado, as curvas de projeto AWS correspondem a 95% de sobrevivência. Essas curvas são deslocadas em relação às curvas correspondentes para a média dos dados de aproximadamente um fator em vida de 2,0, o que, devido a B = -⅓, acarreta uma mudança na tensão por um fator de aproximadamente 1,25. (Note que, substituindo $X_N = 2,0$ e $B = -⅓$ na Equação 9.12, tem-se $X_S = 2,0^{⅓} = 1,26$.) Embora a AWS não especifique qualquer fator de segurança além daquele dado pelas curvas de sobrevida com 95%, uma margem adicional de segurança pode ser desejável. Por exemplo, considere um fator de segurança de 2,5 na vida em relação à curva de sobrevida a 95%. Combinado com o fator mencionado de 2,0 tem-se um fator de segurança na vida, relativo à média dos dados, de aproximadamente $X_N = 2,5 \times 2,0 = 5,0$. Aplicando a Equação 9.12, isso será equivalente a um fator de segurança em tensão de $X_N = 5,0^{⅓} = 1,71$.

Ao aplicar a regra de Palmgren-Miner para carregamento de amplitude variável, no Capítulo 9, notamos que isso pode ser feito pelo cálculo de um nível de tensão equivalente esperado para causar a mesma vida de fadiga, em ciclos, que o carregamento variável. Adaptando a Equação 9.37 para uma curva *S-N* da forma da Equação 10.45, vemos que a faixa de tensão equivalente ΔS_q e a vida resultante são dadas por:

$$\Delta S_q = \left[\sum_{j=1}^{k} N_j (\Delta S_j)^{-1/B} \middle/ N_B \right]^{-B} , \quad N_f = B_f N_B = \left(\frac{\Delta S_q}{A'} \right) \quad \text{(a,b)} \qquad (10.46)$$

O caso anterior aplica-se a uma sequência de repetição de cargas contendo N_B ciclos com k níveis de tensão diferentes. Para cada nível de tensão $j = 1, 2, 3,... k$, a quantidade N_j é o número de ciclos e ΔS_j é a faixa de tensões. O número total de ciclos para a falha N_f está relacionado com o número de repetições para a falha B_f, de acordo com $B_f = N_f/N_B$.

Observe que a quantidade $f_j = N_j/N_B$ é a fração do número total de ciclos que ocorre na faixa de tensão ΔS_j. Fazendo esta substituição na Equação 10.46 (a) tem-se:

$$\Delta S_q = \left[\sum_{j=1}^{k} f_j (\Delta S_j)^{-1/B} \right]^{-B} , \quad \sum_{j=1}^{k} f_j = 1 \qquad (10.47)$$

em que o somatório de f_j deve, é claro, dar a unidade. Para o caso particular de B = -⅓, as Equações 10.46 (b) e 10.47 dão:

$$\Delta S_q = \left[\sum_{j=1}^{k} f_j (\Delta S_j)^3 \right]^{1/3} , \quad N_f = \left(\frac{\Delta S_q}{A'} \right)^{-3} \quad \text{(a,b)} \qquad (10.48)$$

Equações semelhantes a estas podem aparecer em códigos de projeto de soldagem e na literatura que os discute.

536 CAPÍTULO 10 Abordagem da Fadiga Via Tensão: Componentes Entalhados

10.9 PROJETANDO PARA EVITAR A FALHA POR FADIGA

Onde a falha de fadiga é uma preocupação no projeto, ou onde tais falhas realmente ocorreram, uma estratégia que pode ser empregada para reduzir ou eliminar problemas é minimizar a gravidade dos concentradores de tensão. Isso corresponde a minimizar o fator de concentração de tensão elástica, k_t, o que por sua vez diminui o fator de concentração em fadiga, k_f, aumentando assim o limite de fadiga e a curva *S-N* como um todo. Outras mudanças nos detalhes geométricos, como a redução de excentricidades indutoras de flexão, também podem ser benéficas. Uma estratégia, ainda, é explorar o efeito da tensão média através da introdução de tensões residuais (intrínsecas) que têm o mesmo efeito benéfico que a aplicação de uma tensão média compressiva. Os próximos itens oferecem uma discussão mais detalhada.

10.9.1 Detalhes de Projeto

Na concepção de componentes de engenharia, a resistência à fadiga pode ser melhorada sendo-se criterioso nos detalhes. Para entalhes como sulcos, filetes e furos não circulares, os fatores de concentração de tensão são diminuídos se o raio do entalhe for aumentado, como pode ser confirmado nos ábacos das Figuras A.11 e A.12, do Apêndice A. Outros aspectos da geometria também têm efeito, como a largura relativa de uma placa entalhada ou a razão entre dois diâmetros num eixo de seção variada. Assim, dentro das restrições impostas pelos requisitos funcionais, as geometrias podem ser ajustadas para minimizar o fator de concentração de tensão elástica, k_t. Para dado material, k_f também será minimizado. Se mais de um material estiver sendo considerado, as diferentes sensibilidades ao entalhe destes, q, também precisam ser examinadas.

Considere o exemplo da Figura 10.23. Um raio relativamente pequeno ocorre em (a) na mudança de diâmetro de um eixo. O fator de concentração de tensão, k_t, pode ser diminuído pelo incremento do raio do filete, enquanto as outras dimensões são mantidas iguais. Ainda melhor, o raio pode ser essencialmente eliminado usando um afunilamento da seção, como em (b). Se os requisitos funcionais excluem um afunilamento longo, a geometria mostrada em (c) tem um k_t menor que (a) e talvez possa ser empregada com sucesso.

Princípios semelhantes aplicam-se a outros detalhes de projeto, tais como chavetas, como ilustrado na Figura 10.24. Outro exemplo é a concepção comum dos *canais da raiz* do encaixe das extremidades inferiores (raízes) das aletas de turbinas, exemplificadas na Figura 10.1. São utilizadas curvas suaves com raios tão grandes quanto permitidos pelos restritos espaços geralmente disponíveis, e as geometrias empregadas nas raízes das aletas, similares às mostradas na Figura 10.23 (c), tendem a distribuir a carga de forma bastante uniforme nestes componentes.

Quando há pequenos movimentos entre partes metálicas bem ajustadas pode ocorrer um problema chamado *fretting* (desgaste e degradação por fricção). Óxidos de metais na forma de pó estão geralmente presentes e há danos superficiais que podem causar o início e a propagação de trincas. Consequentemente, é necessário um cuidado considerável na concepção de certas ligações mecânicas, tais como o eixo montado com interferência, mostrado na Figura 10.25. Nesta figura, são mostradas algumas

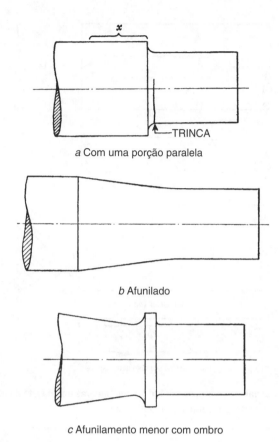

FIGURA 10.23 Localização comum (a) para trincas de fadiga em um eixo de seção variável e redução do efeito de concentração de tensão empregando um (b) afunilamento ou usando um (c) afunilamento menor com um ombro.

(De [Cottell 56]; reimpresso com permissão do Council of the Institution of Mechanical Engineers, Londres, Reino Unido.)

possibilidades geométricas que reduzem as tensões e induzem uma transição mais gradual para a pressão. Uma vez que certas combinações de materiais são particularmente susceptíveis ao problema, com frequência torna-se útil mudar um destes materiais, ou utilizar uma bucha ou um revestimento na superfície da junta. A introdução intencional de tensões residuais compressivas benéficas, por exemplo, por meio de *shot peening*, também é frequentemente utilizada.

Os parafusos envolvem concentradores de tensão severos nas roscas e em outros locais; além disso, as superfícies bem ajustadas numa ligação aparafusada também podem estar sujeitas ao desgaste por *fretting*. São mostradas, na Figura 10.26, locais onde as trincas de fadiga tendem a começar em um parafuso e algumas mudanças que podem ser usadas para aumentar a resistência à fadiga. Projetos altamente especializados para parafusos e rebites são utilizados, às vezes, em aplicações críticas. Algumas conexões aparafusadas que podem ser encontradas na estrutura metálica de aeronaves são indicadas na Figura 10.27. A resistência melhorada à fadiga é proporcionada por geometrias simétricas que minimizam tensões de flexão nos membros que estão ligados e, assim também, nos parafusos. Junções cônicas ou chanfradas fazem com que as

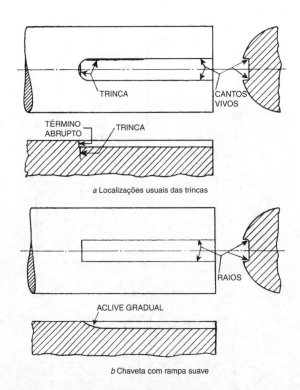

FIGURA 10.24 Localização usual (a) de trincas por fadiga em ranhuras de chaveta e uma concepção melhorada (b) na qual a extremidade do rasgo constitui uma rampa suave.

(De [Cottell 56]; reimpresso com permissão do Council of the Institution of Mechanical Engineers, Londres, Reino Unido.)

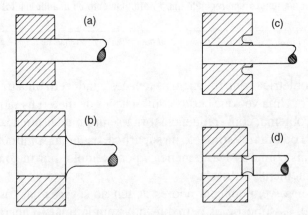

FIGURA 10.25 Alguns projetos para aliviar a concentração de tensões em um eixo montado com interferência. A montagem simples (a) envolve uma concentração de tensões severa e é suscetível ao *fretting*. Algumas melhorias possíveis são (b) ampliação da extremidade do eixo, (c) modificação da orla ou (d) introdução de um raio no eixo.

(Adaptado de [Grover 66] p. 211.)

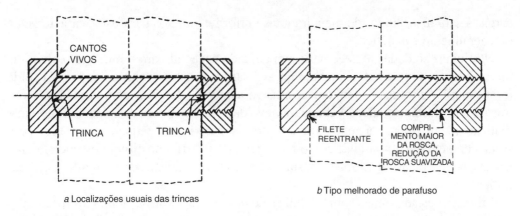

a Localizações usuais das trincas

b Tipo melhorado de parafuso

FIGURA 10.26 Localização usual (a) das trincas por fadiga em um parafuso e (b) algumas medidas para melhorar a resistência à fadiga.

(De [Cottell 56]; reimpresso com permissão do Council of the Institution of Mechanical Engineers, Londres, Reino Unido.)

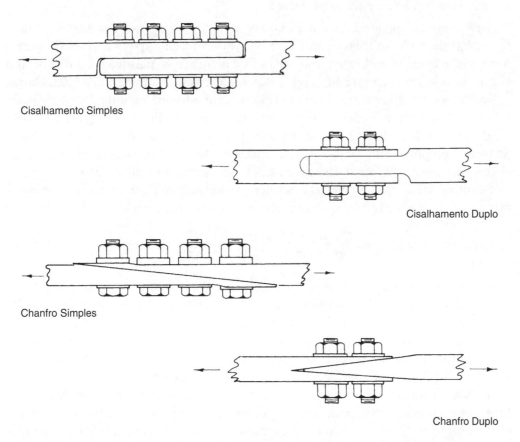

Cisalhamento Simples

Cisalhamento Duplo

Chanfro Simples

Chanfro Duplo

FIGURA 10.27 Alguns detalhes de juntas aparafusadas. Uma união por cisalhamento simples pode ser melhorada introduzindo um cone (chanfro). As juntas de cisalhamento duplo minimizam a flexão e também podem ser afuniladas.

(Adaptado de [Grover 66], p 176.)

540 CAPÍTULO 10 Abordagem da Fadiga Via Tensão: Componentes Entalhados

cargas sejam distribuídas de maneira mais uniforme entre os parafusos, característica que geralmente é benéfica.

Nas juntas soldadas, é necessário um cuidado especial para minimizar o efeito de incremento de tensões. A usinagem para alisar a forma irregular deixada pela solda torna-se útil. As soldas podem conter uma variedade de defeitos, como trincas de contração, porosidade ou sulcos (rebaixamentos) deixados na borda da solda. É importante realizar uma inspeção para encontrar defeitos e repará-los subsequentemente. Também soldas de penetração parcial, como na Figura 10.19 (d), constituem essencialmente trincas incorporadas, de forma que estas geometrias não devem ser permitidas em áreas críticas.

Informações adicionais sobre detalhes de projeto para vários elementos mecânicos – tais como juntas, molas, engrenagens, rolamentos e eixos – podem ser encontradas nos manuais de projeto mecânico e nos códigos de projeto estrutural, como os listados nas Referências.

10.9.2 Tensões Residuais Superficiais

Considere um componente entalhado, como na Figura 10.28, que é submetido a uma sobrecarga de tração suficiente para causar escoamento local. Após a remoção da carga, o material não endurecido em torno da zona de deformação plástica tenta recuperar a sua forma original e, ao fazê-lo, força o material escoado a sofrer compressão. Outras regiões distantes do entalhe estão em tração, de modo que há uma distribuição de tensão que se resume a zero, conforme exigido pelas condições de equilíbrio e pela atual aplicação nula de carga. Essas tensões internas são chamadas *tensões residuais*. Se forem compressivas no entalhe, elas retardam a formação de trincas por fadiga, ao alterar a tensão média compressivamente durante o carregamento cíclico.

Se for assumido que o material é elástico, perfeitamente plástico, a tensão residual remanescente, após a remoção de uma tensão nominal, S', é então:

$$\sigma_r = \sigma_o - k_t S' \quad (\sigma_o < k_t S' \leq 2\sigma_o)$$
$$\sigma_r = -\sigma_o \qquad (k_t S' > 2\sigma_o) \tag{10.49}$$

No primeiro caso, correspondendo à Figura 10.28 (a), não ocorre escoamento em compressão durante o descarregamento, mas, no segundo, (b), ocorre, e isso resulta numa tensão residual igual ao limite de escoamento em compressão. Se a sobrecarga é compressiva, ocorre um efeito análogo, mas oposto, gerando uma tensão residual de tração que é, portanto, prejudicial. As equações anteriores ainda podem ser usadas se σ_0 for substituído por $-\sigma_0$ e se S' for usado com seu valor negativo.

Tensões residuais superficiais compressivas são frequentemente introduzidas de forma intencional em componentes mecânicos para melhorar sua resistência à fadiga em vidas longas. Qualquer método que deforme plasticamente uma superfície através de um carregamento em tração resultará numa tensão residual compressiva de maneira semelhante ao caso descrito anteriormente para o entalhe. Os métodos empregados, além da sobrecarga de tração nos entalhes, incluem *shot peening*, *laminação a frio* superficial e sobrecarga em flexão (Fig. 9.31). O *shot peening* é o método mais comumente empregado e envolve bombardear a superfície com bolas pequenas e duras, muitas vezes feitas de aço. Essas bolas causam escoamento biaxial em tração sob cada ponto de impacto; portanto, geram uma tensão residual compressiva biaxial

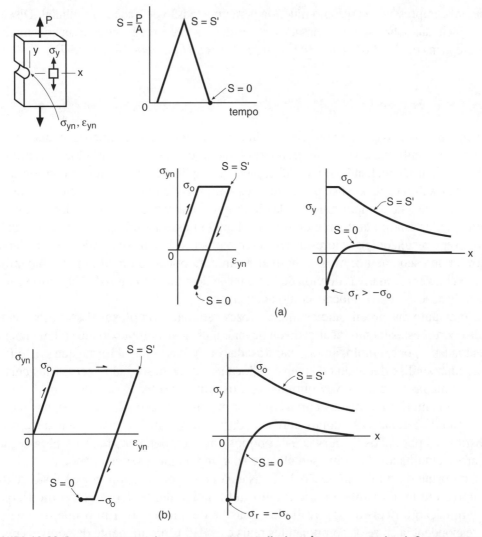

FIGURA 10.28 Descarregamento de um componente entalhado após escoamento local. O comportamento tensão-deformação no entalhe e a distribuição das tensões residuais são mostrados para (a) comportamento elástico durante o descarregamento e (b) escoamento em compressão durante o descarregamento.

devido à recuperação elástica do material não deformado plasticamente por baixo. Componentes normalmente tratados assim incluem molas, engrenagens, virabrequins e pás de turbina.

Tensões residuais superficiais compressivas podem também ser produzidas por tratamentos de endurecimento superficial, como na cementação ou nitretação dos aços, ou por tratamentos térmicos, especificamente pela têmpera de eixos de aço. Outros tratamentos superficiais, como a usinagem abusiva e o recobrimento com cromo, precisam ser aplicados com cuidado, pois podem introduzir tensões residuais de tração prejudiciais. Adicionalmente, tensões residuais de tração muitas vezes permanecem após a soldagem, o que leva à prática comum de empregar um tratamento térmico subsequente de *alívio de tensões* para removê-las.

As tensões residuais superficiais são benéficas apenas quando não ocorrem escoamentos subsequentes devido às cargas de serviço, uma vez que isso pode remover a tensão

542 CAPÍTULO 10 Abordagem da Fadiga Via Tensão: Componentes Entalhados

residual compressiva ou mesmo mudá-la para uma tensão de tração prejudicial. Discussões adicionais sobre os efeitos das tensões residuais sobre a fadiga podem ser encontradas em Stephens et al. (2001) e no SAE *Fatigue Design Handbook* (Rice, 1997).

10.10 DISCUSSÃO

Em alguns casos, os componentes de engenharia têm contornos geometricamente suaves e raios de entalhe relativamente grandes, de modo que as tensões em locais críticos à fadiga podem ser analisadas em detalhes, seja pela aplicação de fatores de concentração de tensão, k_t, seja pela análise por elementos finitos. No entanto, note que os valores de k_t são baseados no comportamento elástico e que a maioria das análises por elementos finitos, feitas em um ambiente de projeto, também assume um comportamento elástico. Como resultado, os valores de tensão trabalhados tornam-se errados se excederem o limite de escoamento. Mas se houver realmente pouco ou nenhum escoamento é razoável fazer estimativas de vida de fadiga usando a metodologia do Capítulo 9, com sua aplicação às tensões locais como analisadas.

No entanto, as circunstâncias muitas vezes são mais complexas. Especificamente, pode ocorrer escoamento localizado ou haver entalhes ou complexidades relativamente acentuadas – por exemplo, juntas aparafusadas ou soldas –, de tal forma que seja difícil fazer uma análise detalhada das tensões locais. Nestes casos, são necessárias curvas *S-N* estimadas ou curvas *S-N* obtidas para os componentes. Contudo, lembramos a discussão anterior na qual as curvas *S-N* estimadas são recomendadas apenas para a obtenção de estimativas iniciais aproximadas. Sempre que possível estas devem ser substituídas por dados de curvas *S-N* obtidos com componentes reais ou para corpos de prova entalhados de forma semelhante ao componente a ser estudado.

Conforme discutido na Seção 10.8, as curvas *S-N* obtidas a partir do teste de um componente têm a vantagem de incluir automaticamente detalhes geométricos e de fabricação difíceis de ser avaliados. Mas há desvantagens. Em primeiro lugar, a correspondência entre os componentes reais e os dados prontamente disponíveis pode ser imperfeita. Em segundo lugar, a precisão das estimativas de vida para históricos de carregamento irregulares pode ser afetada por cargas severas ocasionais durante o serviço se estas causarem escoamento local em entalhes. O escoamento local origina tensões residuais, como ilustrado na Figura 10.28. As tensões residuais induzidas por sobrecarga podem afetar a vida ao alterar as tensões médias locais durante os carregamentos cíclicos subsequentes. Este efeito de sequência não é contabilizado por qualquer equação de tensão média que empregue tensão ou carga nominal, como as descritas neste capítulo. Como resultado, ao usar as curvas *S-N* de um componente, não podemos prever muito bem as vidas para histórias de carregamento irregulares utilizando a regra de Palmgren-Miner (P-M). Isso pode ser superado, em certa medida, pela utilização da regra P-M na forma *relativa*, $(N_j/N_{fj}) = D$, em que D, que pode diferir da unidade, apresenta um valor baseado em dados de ensaio para geometrias de componentes e históricos de carregamento semelhantes aos esperados em serviço. Outra opção é aplicar o procedimento de danos cumulativos de Corten-Dolan, que está resumido na Seção 5.3 de Graham, Millan & Appl (1968).

Os efeitos do escoamento local, que causam dificuldade para qualquer abordagem baseada em tensão ou cargas nominais, são analisados especificamente pela abordagem

Comportamento Mecânico dos Materiais **543**

baseada em deformações, conforme descrito no Capítulo 14. Veja em especial a discussão da Seção 14.6.

Em alguns casos, as trincas estão presentes essencialmente desde o início da vida em fadiga. Nestes casos, indica-se o uso de uma abordagem de crescimento de trincas baseada na mecânica de fratura; o que é tratado no Capítulo 11. Note que entalhes muito agudos podem causar o início precoce de trincas, de forma que a vida em fadiga passa a ser dominada pelo crescimento da trinca. Particularmente, é provável que este seja o caso em que k_f requer um ajuste grande a partir de k_t.

Pode-se argumentar, com considerável justificativa, que todas as soldas contenham defeitos suficientemente graves, de modo que a vida seja controlada pelo crescimento da trinca, com exceção das soldas executadas com a mais alta qualidade. Uma abordagem para propagação de trincas por fadiga em componentes soldados é promissora, mas ainda não foi totalmente explorada devido às dificuldades causadas pela complexidade geométrica envolvida. A complexidade geométrica torna também difícil a aplicação de uma abordagem baseada em deformações para os elementos soldados, de maneira que as curvas *S-N* para componentes são atualmente a abordagem preferida para componentes soldados.

10.11 RESUMO

Concentradores de tensão (entalhes) reduzem a resistência à fadiga e exigem cuidadosa atenção nos detalhes do projeto. A redução da resistência muitas vezes não é tão grande quanto seria esperado a partir do fator de concentração de tensão elástica, k_t, por isso são utilizados fatores de concentração de tensões em fadiga especiais. Estes são calculados a partir de k_t e de curvas empíricas, dando o valor de sensibilidade de entalhe, q, para o material e o raio do entalhe analisados. Alternativamente, a mesma informação empírica pode ser expressa em termos de uma propriedade do material. Por exemplo, Peterson emprega uma propriedade do material definida como α e o raio do entalhe ρ para estimar k_f:

$$k_f = 1 + \frac{k_t - 1}{1 + \dfrac{\alpha}{\rho}} \tag{10.50}$$

Em materiais dúcteis, o escoamento causa ainda mais redução no valor de k_f em vidas curtas. Torna-se então necessário o uso de uma variável mais geral, k'_f, que varia com a vida. Valores-limite de k'_f são k_f em vida longa e a unidade para vida curta.

Para situações de engenharia envolvendo baixas tensões aplicadas em um grande número de vezes, o projeto pode ser baseado na resistência à fadiga com uma longa vida útil, considerando 10^6 ciclos ou mais. Esta propriedade é denominada limite de fadiga e nomeada σ_{er} para carregamento completamente invertido. Quando dados específicos não estão disponíveis, σ_{er} para os metais de uso comum pode ser estimada a partir de correlações com o limite de resistência σ_u. Ao aplicar valores de σ_{er} aos componentes de engenharia, o fator de concentração de tensões em fadiga, k_f, é empregado juntamente com fatores modificadores adicionais, como aqueles que consideram o tipo de carga, tamanho e acabamento superficial, para obter o limite de fadiga como uma tensão nominal, S_{er}, para o componente entalhado. Suposições empíricas adicionais podem ser empregadas para fazer uma estimativa aproximada de uma curva *S-N* inteira, como

544 CAPÍTULO 10 Abordagem da Fadiga Via Tensão: Componentes Entalhados

nos procedimentos de Juvinall ou Budynas. No entanto, é necessário ter cuidado com o conceito de limite de vida em fadiga, uma vez que os danos anômalos, causados por ciclos severos ocasionais ou por corrosão, podem causar falhas por fadiga mesmo em níveis de tensões menores.

Ao considerar os efeitos da tensão média para componentes entalhados, as equações de Goodman ou Gerber são frequentemente aplicadas para tensões nominais. Porém, é preferível empregar a equação de Smith, Watson e Topper (SWT) ou a equação de Walker, respectivamente:

$$S_{ar} = \sqrt{S_{máx}\, S_a}, \quad S_{ar} = S_{máx}^{1-\gamma}\, S_a^{\gamma} \quad (a, b) \tag{10.51}$$

A equação de Walker requer dados em mais de um nível médio de tensão ou razão, R, para permitir ajustar um valor do parâmetro γ.

Uma curva $S\text{-}N$ obtida a partir dos dados de ensaio para o componente de engenharia de interesse é preferível a uma curva estimada. Caso contrário, devem ser utilizados dados de componentes semelhantes ou de corpos de prova similarmente entalhados. Para combinar um componente com os dados de amostras entalhadas, tais como os que podem ser encontrados em um manual, procure dados para um raio de entalhe similar, ρ, ou para um parâmetro de comprimento semelhante a l', conforme a Equação 8.26, e compare as tensões com base em $k_t \cdot S$. Para elementos estruturais soldados, os códigos de projeto incluem curvas $S\text{-}N$ identificadas com vários detalhes estruturais. Essas curvas são tipicamente vinculadas às faixas das tensões nominais e em geral as mesmas para todas as tensões médias e todos os aços estruturais, independentemente da tensão de escoamento.

Estratégias de projeto para minimizar falhas por fadiga incluem evitar raios de entalhe agudos e introduzir, intencionalmente, tensões residuais superficiais benéficas.

NOVOS TERMOS E SÍMBOLOS

acabamento superficial	*fretting* (degradação por fricção)
concentrador de tensões	gradiente de tensão, $d\sigma/dx$
constante de Neuber, β	limite de fadiga:
constante de Peterson, α	ajustado, σ_{er}
curva $S\text{-}N$ estimada	com entalhe, S_{er}
curva $S\text{-}N$ para componentes	por dobramento, sup. polida, σ_{erb}
efeito de tamanho	razão do limite de fadiga, $m_e = \sigma_{erb}/\sigma_u$
efeito do elo mais fraco	regra relativa de P-M (Palmgren-Miner)
efeito do gradiente de tensões	sensibilidade ao entalhe, q
escoamento inicial	*shot peening* (tratamento de jateamento
escoamento local	com partículas duras)
escoamento reverso	tensões equivalentes, $\overline{\Delta S}$, S_{ar}
fatores de redução do limite de fadiga:	tensões residuais
pela superfície, m_s	trinca não propagante
pelo tamanho, m_d	vida limite em fadiga, N_e
pelo tipo de carregamento, m_t	
fator de concentração de tensão em fadiga:	
para tensão média, k_{fm}	
para vidas curtas, k'_f	
para vidas longas, k_f	

Referências

(a) Referências Gerais

BUDYNAS, R. G., and NISBETT, J. K. 2011. *Shigley's Mechanical Engineering Design*, 9th ed., McGraw-Hill, New York.

DOWLING, N. E., and THANGJITHAM, S. 2000. *"An Overview and Discussion of Basic Methodology for Fatigue," Fatigue and Fracture Mechanics: 31st Volume, ASTM STP 1389*. In: HALFORD, G. R., GALLAGHER, J. P., eds. *ASTM International*. West Conshohocken, PA, pp. 3-36.

DOWLING, N.E., and W. K. Wilson 1981. "Geometry and Size Requirements for Fatigue Life Similitude Among Notched Members," Advances in Fracture Research, D. Francois et al., eds., Pergamon Press, Oxford, UK, 581-588.

GRAHAM, J. A., MILLAN, J. F., APPL, F. J., eds. 1968. *Fatigue Design Handbook*. SAE Pub. No. AE-4, Society of Automotive Engineers, Warrendale, PA.

HARKEGARD, G., and HALLERAKER, G. 2010. *Assessment of Methods for Prediction of Notch Size Effects at the Fatigue Limit Based on Test Data by Bohm and Magin,"*. International Journal of Fatigue, 32 (10), 1701-1709.

JUVINALL, R. C. 1967. *Stress, Strain, and Strength*. McGraw-Hill, New York.

JUVINALL, R. C., and MARSHEK, K. M. 2006. *Fundamentals of Machine Component Design*, 4th ed., John Wiley, Hoboken, NJ.

LASSEN, T., and RECHO, N. 2006. *Fatigue Life Analyses of Welded Structures: Flaws*. Wiley-ISTE, London.

LEE, Y. -L., BARKEY, M. E., and KANG, H. -T. 2012. *Metal Fatigue Analysis Handbook: Practical Problem-Solving Techniques for Computer-Aided Engineering*. Elsevier Butterworth-Heinemann, Oxford, UK.

LEE, Y. -L., PAN, J., HATHAWAY, R. B., and BARKEY, M. E. 2005. *Fatigue Testing and Analysis: Theory and Practice*. Elsevier Butterworth-Heinemann, Oxford, UK.

MARSH, K. J. 1988. *Full-Scale Fatigue Testing of Components and Structures*. Butterworths, London.

PETERSON, R. E. 1974. *Stress Concentration Factors*, John Wiley, New York. See also W. D. Pilkey and D. F. Pilkey, *Peterson's Stress Concentration Factors*, 3d ed., John Wiley, New York, 2008.

RICE, R. C., ed. 1997. *Fatigue Design Handbook*. 3d ed., SAE Pub. No. AE-22, Society of Automotive Engineers, Warrendale, PA.

STEPHENS, R. I., FATEMI, A., STEPHENS, R. R., and FUCHS, H. O. 2001. *Metal Fatigue in Engineering*, 2d ed., John Wiley, New York.

WALKER, K. 1970. "The Effect of Stress Ratio During Crack Propagation and Fatigue for 2024-T3 and 7075-T6 Aluminum," Effects of Environment and Complex Load History on Fatigue Life, ASTM STP 462, Am. Soc. for Testing and Materials, West Conshohocken, PA, pp. 1-14.

WRIGHT, D. H. 1993. *Testing Automotive Materials and Components*. Society of Automotive Engineers, Warrendale, PA.

(b) Códigos de Projeto e Métodos de Análise para Estruturas Soldadas

AASHTO, 2010. *AASHTO LRFD Bridge Design Specifications*, 5th ed., Am. Assoc. of State Highway and Transportation Officials, Washington, DC.

ALUMINUM ASSOCIATION, 2010. *Aluminum Design Manual*, 9th ed., The Aluminum Association, Arlington, VA.

API 2007. Recommended Practice for Planning, Designing, and Constructing Fixed Offshore Platforms -Working Stress Design, API RP-2A-WSD, 21st ed., Am. Petroleum Institute, Washington, DC. See also API RP-2A-LRFD, 1st ed., 2003.

AWS, 2010. *Structural Welding Code: Steel*, 19th ed., AWS D1.1/D1.1M: 2010, American Welding Society, Miami, FL.

CEN. 2005. Eurocode 3 Design of Steel Structures, Part 1-9: Fatigue, EN 1993-1-9:2005, Comité Européen de Normalisation (European Committee for Standardization), Brussels. See also: BS EN 1993-1-9:2005, British Standards Institution, London; replaces BS 5400-10 and BS 7608.

546 CAPÍTULO 10 Abordagem da Fadiga Via Tensão: Componentes Entalhados

Dong, P., Hong, J. K., Osage, D., and Prager, M. 2002. *Master S-N Curve Method for Fatigue Evaluation of Welded Components*. Welding Research Council, New York, WRC Bulletin 474,ISSN 043-2326.

PROBLEMAS E QUESTÕES
Seções 10.2 e 10.3

10.1 Defina os seguintes termos com as próprias palavras: (a) fator de concentração de tensões elásticas, k_t; (b) fator de intensidade de tensão, K; (c) fator de concentração de tensões por fadiga, k_f; (d) sensibilidade ao entalhe, q. Você pode usar equações para complementar, mas não para substituir, suas definições em palavras.

10.2 Determine k_t e, em seguida, estime k_f para o componente entalhado da Figura 10.2. Você concorda com os valores dados? Por que haveria uma discrepância em k_f?

10.3 Para o componente entalhado da Figura 9.27 com $\rho = 1,59$ mm, determine k_t e estime k_f. Em seguida, use a resistência em fadiga do membro não entalhado em 10^8 ciclos para estimar o valor de S_{er} para o membro entalhado e compare com os dados reais.

10.4 Para o componente entalhado da Figura 10.11:

    (a) Determine o próprio valor de k_t e depois estime k_f. (Observe que a forma de entalhe semicircular dá $w_1 = w_2 - 2\rho$.)

    (b) Para 10^6 ciclos, use o seu valor de k_f com a resistência à fadiga da amostra lisa da curva *S-N* para estimar a resistência da amostra entalhada. Quão boa é a aderência com os dados do teste?

10.5 Uma placa com dois entalhes nas laterais é feita de aço AISI 4130 e submetida a uma força axial P, como na Figura A.11 (b). Suas dimensões (em mm) são $w_1 = 38,10$; $w_2 = 57,15$; $\rho = 8,06$ e $t = 5,00$. O aço tem um limite de resistência de 817 MPa e a sua resistência à fadiga, para carregamento completamente invertido ($\sigma_m = 0$) e considerando material não entalhado, pode ser estimada a partir da Figura 9.24.

    (a) Determine k_t e depois estime k_f.

    (b) Qual amplitude de força completamente invertida, P_a, pode ser aplicada ao membro entalhado para 10^6 ciclos com um fator de segurança de 2,5 em tensão?

10.6 Um eixo com uma alteração de diâmetro tem dimensões (em mm), como definidas na Figura A12 (b), de $d_1 = 40$, $d_2 = 48$ e $\rho = 1,0$. O eixo é submetido à flexão e é feito em aço de baixa liga temperado e revenido com um limite de resistência de 1.200 MPa. O limite de fadiga para carga completamente invertida ($\sigma_m = 0$), considerando material não entalhado, pode ser estimado a partir da Figura 9.24.

    (a) Determine k_t e depois estime k_f.

    (b) Qual amplitude do momento fletor completamente invertido, M_a, pode ser aplicada ao membro entalhado para 10^6 ciclos? É requerido um fator de segurança de 2,0 em tensão.

Comportamento Mecânico dos Materiais   547

10.7 Uma placa com um furo circular é feita de liga de alumínio 2024-T4, conforme descrita pela Tabela 9.1, e possui dimensões (em mm), conforme definidas na Figura A.11 (a), de $d = 6$, $w = 30$ e $t = 5$. O limite de fadiga para carga completamente invertida ($\sigma_m = 0$), considerando material não entalhado, pode ser estimado a partir da Figura 9.25.

  (a) Determine k_t e depois estime k_f para carregamento em tração.

  (b) Qual amplitude de força axial completamente invertida, P_a, pode ser aplicada para 5×10^8 ciclos sem falha por fadiga? É requerido um fator de segurança de 2,5 em tensão.

10.8 Uma placa plana com uma redução de largura é feita do aço AISI 4340 conforme descrito na Tabela 9.1. A barra tem dimensões (em mm), como definidas na Figura A.11 (d), de $w_1 = 20$, $w_2 = 30$, $t = 10$ e $\rho = 2$.

  (a) Determine k_t e depois estime k_f para carregamento em dobramento.

  (b) Qual amplitude do momento fletor completamente invertido, M_a, pode ser aplicada para 10^6 ciclos sem falha por fadiga? É requerido um fator de segurança de 1,8 em tensão.

Seção 10.4

10.9 De acordo com a Figura 9.24, a maioria dos aços com limite de resistência acima de $\sigma_u = 1.400$ MPa tem limites de fadiga abaixo da metade de σ_u. Entretanto, alguns aços de alta resistência ($\sigma_u = 1.700$ a 2.000 MPa) têm limites de fadiga mais altos do que o esperado, com os valores ainda próximos da linha $\sigma_{erb} = 0,5\sigma_u$. Especule sobre a comparação das demais propriedades em tração, além do σ_u, que tais aços apresentam em relação às apresentadas pelos aços de alta resistência mais comuns.

10.10 Uma barra circular feita do aço SAE 4142 (com 450 HB), conforme descrito pela Tabela 9.1, é carregada em flexão e tem uma mudança de diâmetro. As dimensões (em mm), tais como definidas na Figura A.12 (b), são $d_1 = 16$, $d_2 = 20$ e $\rho = 1,2$ e o raio de concordância entre os diâmetros foi retificado. Considerando um fator de segurança de 1,5 em tensão, estime a maior amplitude do momento de flexão completamente invertido que pode ser aplicada para 10^6 ciclos.

10.11 Uma barra cilíndrica com um entalhe circunferencial feita de liga de alumínio 7075-T6 é submetida a 10^8 ciclos de flexão completamente invertida. A barra tem dimensões (em mm), como definidas na Figura A12 (c), de $d_1 = 15$, $d_2 = 21,5$ e $\rho = 0,75$. O raio de entalhe, ρ, tem um acabamento superficial retificado, que reduz o limite de fadiga em relação ao material polido (Fig. 9.25) por um fator estimado em $m_s = 0,8$. É necessário adotar um fator de segurança de 1,5 em tensão.

  (a) Qual amplitude de momento totalmente invertido M_a pode ser aplicada em serviço real nesta barra?

  (b) Se uma amplitude de momento completamente invertido $M_a = 13$ N·m será aplicada em serviço, neste caso o projeto é adequado? Se não, que novo valor para o raio de entalhe, ρ, permitirá que a barra satisfaça o fator de segurança requerido?

548 CAPÍTULO 10 Abordagem da Fadiga Via Tensão: Componentes Entalhados

10.12 Um eixo cilíndrico com um entalhe circunferencial feito de aço AISI 4340, conforme descrito pela Tabela 9.1, é submetido à torção. O eixo tem dimensões (em mm), como definidas na Figura A12 (d), de $d_1 = 20$, $d_2 = 22$ e $\rho = 1,0$. O raio de entalhe, ρ, tem um acabamento superficial retificado. É necessário um fator de segurança de 1,8 em tensão. Qual amplitude de torque totalmente invertido, T_a, pode ser aplicada para 10^6 ciclos durante o serviço real deste eixo?

Seções 10.5 e 10.6

10.13 Para componentes entalhados de materiais dúcteis, explique com as próprias palavras por que k'_f tende a aproximar-se da unidade em curtas vidas de fadiga e também por que k_{fm} tende a aproximar-se de zero em curtas vidas de fadiga.

10.14 Considere os dados de fadiga para o aço AISI 4340, na Figura 10.11 (a), especificamente a curva S-N para o componente entalhado.

    (a) Obtenha uma equação que se aproxime da linha que relaciona S_a e N_f entre 10^2 e 10^5 ciclos. (Observe que a escala de tensão é linear e a escala de vida é logarítmica.)

    (b) Um mesmo componente entalhado é submetido a ciclos de amplitude constante com uma amplitude de força de $P_a = 32$ kN e uma força média de $P_m = 25$ kN. Qual é a expectativa de vida de fadiga em ciclos?

10.15 Para o membro entalhado da Figura 10.11, estime a tensão nominal repetidamente aplicada do zero a um valor máximo, $S_{máx}$, que corresponda a uma vida de $N_f = 10^5$ ciclos: **(a)** usando a Equação 10.21 e **(b)** usando a Equação 10.28.

10.16 Considere a curva S-N da Figura 9.27 para uma barra de liga de alumínio 2024-T4 com raio de entalhe $\rho = 1,59$ mm. Observe que a tensão nominal S é definida como na Figura A.12 (c). Se uma barra semelhante for submetida a um momento médio de flexão $M_m = 4,0$ N·m, estime a amplitude do momento de flexão M_a que causará falha em 10^5 ciclos: **(a)** usando a Equação 10.21 e **(b)** usando a Equação 10.28.

10.17 A liga de alumínio 2024-T4 da Tabela 9.1 deve ser usada na forma de uma placa com um furo central sob carregamento axial, como na Figura A.11 (a). As dimensões (em mm) são $w = 50$, $d = 10$ e $t = 20$. Para uma vida $N_f = 10^7$ ciclos, estime a força média, P_m, se a amplitude da força for $P_a = 50$ kN: **(a)** usando a Equação 10.21 e **(b)** usando a Equação 10.28.

10.18 Assuma que o componente entalhado da Figura 10.11 precisa resistir a 2.000 ciclos de uma amplitude de tensão nominal $S_a = 220$ MPa, aplicada a um nível médio de $S_m = 140$ MPa. Obtenha valores aproximados para os fatores de segurança tanto na tensão como na vida.

10.19 Considere o componente sob flexão feito em liga de alumínio 7075-T6 do Problema 10.11, com raio de entalhe $\rho = 0,75$ mm. O limite de fadiga para carregamento completamente invertido no material, com o efeito de acabamento de superfície incluído, é $\sigma_{er} = 94$ MPa, e o fator de concentração de tensão por fadiga é $k_f = 1,98$. Um momento de flexão médio de $M_m = 8,0$ N·m é esperado em serviço. Que amplitude de momento M_a pode ser aplicada para 5×10^8

ciclos, juntamente com este momento médio, de tal forma que exista um fator de segurança de 1,5 na tensão?

10.20 Uma placa com uma redução de largura é feita de aço estrutural ASTM A514, conforme descrito na Tabela 4.2. Este componente necessita suportar 10^6 ciclos de uma amplitude de força axial $P_a = 16$ kN, aplicada juntamente com uma força média $P_m = 9$ kN. A placa tem dimensões (em mm), como definidas na Figura A.11 (c), de $w_1 = 20$, $w_2 = 24$, $t = 10$ e $\rho = 0,50$. O raio de entalhe, ρ, tem um acabamento superficial retificado.

(a) Qual é o fator de segurança em tensão?

(b) Se for necessário um fator de segurança de 1,8 em tensão, que novo valor do raio do entalhe, ρ, permitirá satisfazer este requisito?

10.21 Considere os dados para placas entalhadas de liga de alumínio 2024-T3 do Exemplo 10.4. Ajustando-os para uma tensão média nula, de acordo com a Equação 10.31, obtêm-se $A = 976$ MPa e $B = -0,1750$.

(a) Usando a relação de Goodman da Equação 10.21, trace os valores de S_{ar} versus N_f empregando todos os dados. Trace também a linha ajustada para um carregamento de tensão média nula e comente o sucesso da correlação.

(b) Repita (a), usando a relação SWT da Equação 10.28.

(c) Repita (a), usando a relação Goodman da Equação 10.22, com k_{fm} oriundo da Equação 10.27, exceto pela substituição de k_t por k_f.

10.22 Dados para ciclos de falha aplicáveis para placas duplamente entalhadas feitas de liga de alumínio 7075-T6, sob carga axial, são fornecidos na Tabela P10.22 para

Tabela P10.22

$S_{máx}$, MPa	S_m, MPa	N_f, ciclos	$S_{máx}$, MPa	S_m, MPa	N_f, ciclos
276	0	136	138	69	32.000
224	0	329	121	69	48.500
207	0	917	379	138	169
172	0	2.228	345	138	309
138	0	5.300	310	138	756
112	0	17.800	241	138	2.500
103	0	30.000	224	138	5.500
86,2	0	70.000	207	138	10.500
69	0	274.000	190	138	16.800
63,8	0	339.200	172	138	179.000
58,6	0	969.200	155	138	566.500
276	69	374	293	207	4.000
241	69	955	276	207	7.800
207	69	2.000	276	207	10.000
172	69	6.823	259	207	15.000
155	69	13.000	241	207	32.700

Fonte: Dados em [Grover 51b], [Illg 56] e [Naumann 59].

550 **CAPÍTULO 10** Abordagem da Fadiga Via Tensão: Componentes Entalhados

várias combinações de tensão máxima, $S_{máx}$, e tensão média, S_m. As dimensões da amostra (em mm), tais como definidas na Figura A.11 (b), são $w_1 = 38,10$, $w_2 = 57,15$, raio de entalhe $\rho = 1,45$ e espessura t = 2,29, gerando $k_t = 4,00$, com base na área líquida. Além disso, as propriedades de tração do material são limite de escoamento $\sigma_0 = 521$ MPa e de resistência $\sigma_u = 572$ MPa. Ajustando os dados para tensão média nula pela Equação 10.31, tem-se $A = 676$ MPa e $B = -0,1822$.

(a) Usando a relação de Goodman da Equação 10.21, trace os valores de S_{ar} *versus* N_f empregando todos os dados. Trace também a linha ajustada para um carregamento de tensão média nula e comente o sucesso da correlação.

(b) Repita (a), usando a relação SWT da Equação 10.28.

10.23 Três pontos de dados de teste de fadiga do Exemplo 10.4 são apresentados na Tabela P10.23 para amostras axiais entalhadas de liga de alumínio 2024-T3. Suponha que os dados se ajustam na equação $S_{ar} = A \cdot N_f^{\beta}$, com a tensão S_{ar} dada pela relação de Walker, Equação 10.29. Usando esses três pontos, determine valores aproximados para as constantes de ajuste A, B e γ. Em seguida, empregue o valor γ resultante para calcular os valores de S_{ar} para os três pontos de dados e trace estes resultados *versus* N_f em um gráfico log-log. Os três pontos estarão na linha reta do ajuste?

Tabela P10.23

$S_{máx}$, MPa	S_m, MPa	N_f, ciclos
241	0	3.500
103	0	210.000
310	207	63.500

10.24 Três pontos de dados para ensaio de fadiga dos Problemas 9.5 e 9.33 são apresentados na Tabela P10.24 para corpos de prova axiais não entalhados constituídos da liga de titânio 6Al-4V. Suponha que os dados se ajustem à equação $\sigma_{ar} = AN_f^{\beta}$, com a tensão σ_{ar} dada pela relação de Walker, Equação 9.19. Usando esses três pontos, determine valores aproximados para as constantes de ajuste A, B e γ. Em seguida, empregue o valor γ resultante para calcular os valores de σ_{ar} para os três pontos de dados e para traçar tais resultados *versus* N_f em um gráfico log-log. Os três pontos estarão na linha reta do ajuste?

Tabela P10.24

σ_a, MPa	σ_m, MPa	N_f, ciclos
892	0	706
385	0	500.000
241	646	90.000

10.25 Considere os dados das amostras entalhadas da Tabela P10.22 para liga de alumínio 7075-T6. Ajuste-os pela equação de Walker, como se formassem um único conjunto de dados. Use $S_{ar} = AN_f^{\beta}$, com a tensão S_{ar} dada pela Equação

10.29, para obter valores de A, B e γ. Além disso, trace os valores de S_{ar} *versus* N_f mostrando os dados e a linha de ajuste e comente o sucesso deste ajuste.

10.26 Considere os dados dos corpos de prova não entalhados para o aço AISI 4340 do Exemplo 9.1 e Exemplo 9.5. Combine-os em um único conjunto de dados e proceda da seguinte maneira:

(a) Ajuste os dados a uma equação da forma $\sigma_{ar} = AN_f^B$, com σ_{ar} dada pela relação de Walker, Equação 9.19. Obtenha os valores para as três constantes de ajuste A, B e γ.

(b) Em um gráfico de log-log de σ_{ar} *versus* N_f, trace sua linha ajustada e os dados e comente o sucesso deste ajuste.

10.27 Considere os dados dos corpos de prova não entalhados para a liga de titânio 6Al-4V das Tabelas P9.5 e P9.33. Combine os dados de ambas as tabelas em um único conjunto de dados e proceda como em (a) e (b) do Problema 10.26.

10.28 Considere os dados dos corpos de prova não entalhados para o aço 50CrMo4 das Tabelas P9.6 e P9.34. Combine os dados de ambas as tabelas em um único conjunto de dados e proceda como em (a) e (b) do Problema 10.26.

10.29 Considere os dados dos corpos de prova não entalhados para a liga de alumínio 2024-T3 das Tabelas P9.8 e P9.35. Combine os dados de ambas as tabelas em um único conjunto de dados e proceda como em (a) e (b) do Problema 10.26.

Seção 10.7

10.30 A placa entalhada em flexão do Exemplo 10.3, que é feita de aço RQC-100 com $\sigma_u = 758$ MPa, apresenta um valor de $k_f = 1,82$. Suponha que a superfície do entalhe foi fresada.

(a) Estime a curva *S-N* para o material não entalhado, de acordo com Budynas.

(b) Qual seria a expectativa de vida na aplicação de um momento de amplitude $M_a = 1,50$ kN·m com um valor médio de $M_m = 2,00$ kN·m?

10.31 A placa do Problema 10.17, axialmente carregada e com um furo central, feita de liga de alumínio 2024-T4, como descrita pela Tabela 9.1, tem um valor de $k_f = 2,36$, sendo que a superfície do orifício foi alisada por polimento.

(a) Estime a curva *S-N* para o material não entalhado, de acordo com o procedimento de Juvinall.

(b) Qual seria a expectativa de vida na aplicação de uma foça axial de amplitude $P_a = 40$ kN a um nível médio de $P_m = 32$ kN?

10.32 Uma haste cilíndrica feita de aço SAE 4142 (com 450 HB), conforme descrito na Tabela 9.1, é carregada axialmente e apresenta uma mudança de diâmetro. As dimensões (em mm), tais como definidas na Figura A.12 (a), são $d_1 = 15$, $d_2 = 18$ e $\rho = 1$, sendo que o raio de concordância foi fresado. Usando a estimativa da curva *S-N* de Budynas, avalie os fatores de segurança tanto na tensão como na

552 CAPÍTULO 10 Abordagem da Fadiga Via Tensão: Componentes Entalhados

vida se a aplicação em serviço esperada for de 30.000 ciclos, com uma carga variando de zero a $P_{máx} = 70$ kN.

10.33 Para o componente entalhado em aço AISI 4340 da Figura 10.11, alguns pontos na curva *S-N* são dados na Tabela P10.33. Observe que a superfície do entalhe foi alisada por polimento. Estime a curva *S-N* da tensão nominal *versus* vida de acordo com os procedimentos de **(a)** Juvinall e **(b)** Budynas. Em seguida, trace ambas as estimativas, juntamente com os dados, e comente o sucesso das duas.

Tabela P10.33

S_a, MPa	N_f, ciclos
696	10^2
617	$10^{2,5}$
538	10^3
459	$10^{3,5}$
379	10^4
300	$10^{4,5}$
231	10^5
193	$10^{5,5}$
176	10^6 a 10^7

10.34 Na Tabela P10.34, são descritos valores de amplitude de tensão nominal em função do número de ciclos até a falha para carga completamente invertida ($R = -1$) de componentes entalhados de aço SAE 4130, normalizado e com limite de escoamento $\sigma_0 = 679$ MPa e de resistência $\sigma_u = 807$ MPa. Os corpos de prova, que foram carregados axialmente, são constituídos de placas com entalhes nas duas laterais, como mostrado na Figura A.11 (b), com a tensão nominal S (aplicada na área líquida) definida como indicado. As dimensões (em mm) são

Tabela P10.34

S_a, MPa	N_f, ciclos
690	190
552	1.075
400	5.779
345	27.000
310	43.000
262	82.000
221	182.000
221	635.000
197	1.712.700
186	2.153.500
172	>10.900.000

Nota: O símbolo " > " indica que não houve falha.
Fonte: Dados de [Grover 51b] e [Illg 56].

Comportamento Mecânico dos Materiais **553**

$w_1 = 38,10$; $w_2 = 57,15$; raio de entalhe $\rho = 8,06$ e espessura $t = 1,905$, com um fator de concentração de tensão elástica $k_t = 2,15$. A superfície do entalhe foi eletropolida. Estime a curva S-N para a tensão nominal *versus* vida, de acordo com os procedimentos de **(a)** Juvinall e **(b)** Budynas. Em seguida, trace as duas estimativas juntamente com os dados e comente o sucesso de ambas.

10.35 Na Tabela P10.35, são descritos valores de amplitude de tensão nominal em relação aos ciclos até a falha para carregamento completamente invertido de componentes entalhados constituídos de liga de alumínio 2014-T6. As amostras, carregadas axialmente, são constituídas de barras cilíndricas entalhadas circunferencialmente, com diâmetro no fundo do entalhe $d_1 = 10,16$ mm; diâmetro maior $d_2 = 12,70$ mm e raio de entalhe $\rho = 0,813$ mm, proporcionando um fator de concentração de tensão elástica de $k_t = 2,65$. A tensão nominal, S, é definida com base na área líquida correspondente a d_1 e a superfície de entalhe foi polida. As propriedades de tração do material são limite de escoamento de 438 MPa e limite de resistência de 494 MPa. Estime a curva S-N entre a tensão nominal *versus* de vida pelo método de Juvinall e compare graficamente a estimativa com os dados oferecidos.

Tabela P10.35	
S_a, MPa	N_f, ciclos
262	2.100
200	13.300
138	137.000
124	661.000
100	2.420.000
82,7	17.200.000
79,3	27.600.000
Fonte: Dados de [Lazan 52].	

10.36 Em uma falha de engenharia que realmente ocorreu, o eixo mostrado na Figura P10.36 era suportado por rolamentos em suas extremidades e usado em uma talha para levantar minério para fora de uma mina. Ele estava carregado em flexão rotativa pelas forças mostradas e falhou após 15 anos de serviço e $2,5 \times 10^7$ rotações. Um *fator de impacto* de 1,5 já foi incluído nas forças dadas para considerar, aproximadamente, as forças que excederam o peso morto do minério, do cabo e da caçamba. (O fator de impacto é necessário devido a efeitos como o balanço durante o carregamento no fundo da mina e a aceleração do início do movimento ascendente do minério.) O eixo era feito de aço AISI 1040, cujas propriedades de tração eram $\sigma_u = 620$ MPa e $\sigma_0 = 310$ MPa, com redução em área de 25%. Os desenhos de projeto mostraram um raio de concordância de 6,35 mm no local da falha, com acabamento superficial torneado, porém as medidas no eixo após a falha indicaram que ele tinha um raio de apenas 2 mm. Estime o fator de segurança para tensão para ambos os raios, de projeto e real. Tal erro de fabricação explica a falha?

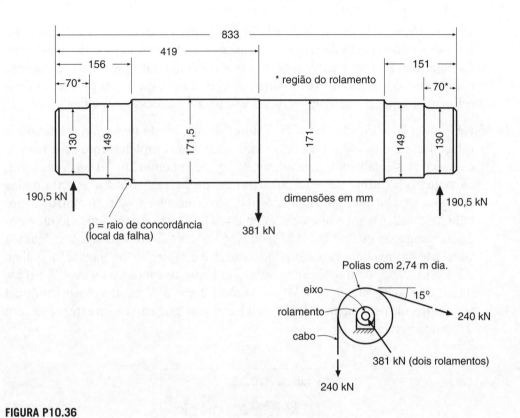

FIGURA P10.36

Seção 10.8

10.37 No trabalho da ponte de Bailey descrito no texto, também foram feitos testes de amplitude variável. Numa série deles, foram aplicados vários ciclos de fadiga em diversos níveis de tensão, todos com uma tensão mínima constante, $S_{mín}$ = 7,9 MPa, no padrão mostrado na Figura P10.37. Cada bloco de carga continha um total de 24.000 ciclos e foi repetidamente aplicado, sendo que os blocos alternados foram utilizados em sequência inversa, até ocorrer a falha por fadiga. A Tabela P.10.37 (a) traz o número total de ciclos em cada bloco de

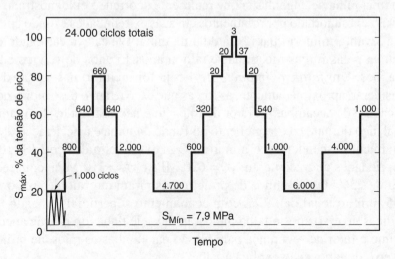

FIGURA P10.37

carga, para os vários níveis de carga, com os níveis de carga expressos como porcentagens da tensão de pico, que é o valor mais alto da $S_{máx}$. Os dados dos resultados dos ensaios são apresentados na Tabela P.10.37 (b), que oferece o número médio de blocos aplicados para falha para dois valores específicos para a tensão de pico ($S_{máx}$). A falha, nestes testes, foi definida como a separação completa de um membro treliçado construtivo da ponte de Bailey.

(a) Calcule a vida esperada para os dois valores de tensão de pico de 240 e 209 MPa. Baseie seus cálculos na equação entre $S_{máx}$ versus N_f ajustada aos dados de amplitude constante, como mostrado na Figura 10.18.

(b) Compare seus resultados com os dados do teste. Você pode pensar em razões para quaisquer tendências na comparação de vida calculada *versus* a vida real?

Tabela P10.37 (a)

% da Tensão de Pico, $S_{máx}$, MPa	N_f, Número de Ciclos
20	11.700
40	8.400
60	3.140
80	700
90	57
100	3
Todos	24.000

Tabela P10.37 (b)

Tensão de Pico, $S_{máx}$, MPa	Número de Blocos para Falha
240	33
209	100

Fonte: Dados em [Webbet 70].

10.38 Considere placas com duplo entalhe, constituídas por uma liga de alumínio 2024-T3 com $k_t = 2,15$, como no Exemplo 10.4. Estas têm uma curva de fadiga em termos de tensão nominal *versus* de vida na forma $S_{ar} = AN_f^B$, em que S_{ar} é dada pela relação de Walker, Equação 10.29, com as constantes de ajuste $A = 1.530$ MPa, $B = -0,217$ e $\gamma = 0,733$. Suponha que as placas serão repetidamente submetidas em serviço de engenharia ao histórico de tensões nominais mostrado na Figura P10.38.

(a) Estime o número de repetições para falha.

(b) Se forem esperadas 300 repetições em serviço, quais são os fatores de segurança em vida e em tensão?

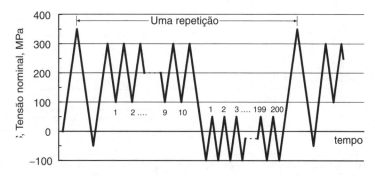

FIGURA P10.38

10.39 Componentes entalhados de mesma geometria e material como no Problema 10.38 são submetidos à história de tensão nominal mostrada na Figura P10.39.

(a) Estime o número de repetições para falha.

(b) Se forem esperadas 600 repetições em serviço, quais são os fatores de segurança em vida e em tensão?

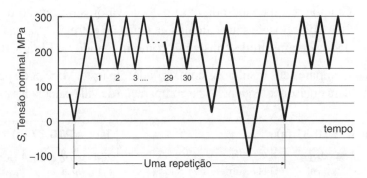

FIGURA P10.39

10.40 Considere as placas com duplo entalhe constituídas por liga de alumínio 7075-T6, como no Problema 10.22, com $k_t = 4{,}00$. Estas têm uma curva de vida em fadiga entre a tensão nominal (seção líquida) *versus* vida na forma $S_{ar} = AN_f^B$, em que S_{ar} é dada pela relação de Walker, Equação 10.29, com as constantes de ajuste[1]: $A = 779$ MPa, $B = -0{,}197$ e $\gamma = 0{,}486$. Algumas das placas foram repetidamente submetidas ao histórico de tensão nominal dado pela Tabela P10.40 (a). Note que todos os ciclos de carregamento tinham um nível de tensão mínima comum. Cada nível de tensão máximo foi aplicado para o número de ciclos dados e, depois, a sequência completa foi repetida até ocorrer uma falha. Seis testes foram realizados, com o número de repetições do histórico de carregamento para falha dado pela Tabela P10.40 (b).

(a) Estime o número de repetições para falha.

(b) Compare a sua vida calculada com os dados do teste e comente o sucesso da estimativa.

Tabela P10.40 (a)

$S_{mín}$, MPa	$S_{máx}$, MPa	N_f, Número de Picos
48,3	303	47
48,3	213	268
48,3	159	810
48,3	86,2	1.810

Tabela P10.40 (b)

Número do Teste	Repetições para Falha
1	18,7
2	18,0
3	18,0
4	18,0
5	16,0
6	15,0

Fonte: Dados em [Naumann 62].

---

[1] Estes valores foram obtidos ajustando o conjunto completo de 74 pontos de dados disponíveis das fontes para a Tabela P10.22 para $N_f = 10^2$ a 2×10^6 ciclos.

10.41 Considere as placas com duplo entalhe constituídas por liga de alumínio 7075-T6, como no Problema 10.22, com $k_t = 4,00$. Estas têm uma curva de fadiga entre a tensão nominal *versus* número de ciclos na forma $S_{ar} = AN_f^B$, em que S_{ar} é dada pela relação de Walker, Equação 10.29, com constantes de ajuste $A = 779$ MPa, $B = -0,197$ e $\gamma = 0,486$. Algumas das placas foram repetidamente submetidas a uma história de carregamento axial de amplitude variável, como mostrado na Figura P10.41. Todos os eventos de carregamento começaram e retornaram para um nível base $S = 48,3$ MPa, com os níveis de tensão nominal e o número de ciclos considerados representativos para carregamentos oriundos de manobras de aeronaves. Níveis de tensão e número de eventos estão listados na Tabela P10.41 (a). Seis testes foram executados e o número de repetições do histórico de carregamento para falha é dado na Tabela P10.41 (b).

(a) Estime o número de repetições para falha. (Sugestão: Aplique a contagem dos ciclos pelo método de contagem *rainflow* (queda da chuva) e considere que o histórico se inicia e termina ou no nível de 336 MPa ou no nível de -67,6MPa.)

(b) Compare a sua vida calculada com os dados do teste e comente o sucesso da estimativa.

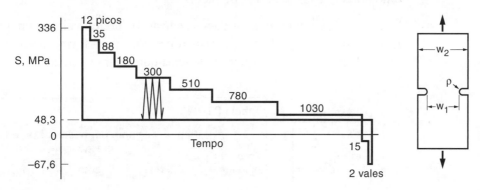

FIGURA P10.41

Tabela P10.41 (a)	
$S_{máx}$ ou $S_{mín}$ MPa	Número de Picos ou Vales[1]
336	12
292	35
255	88
219	180
181	300
143	510
105	780
67,6	1.030
-19,3	15
-67,6	2

Nota: [1]Todos os eventos iniciam-se e retornam à $S = 48,3$ MPa.

Tabela P10.41 (b)	
Número do Teste	Repetições para Falha
1	13,7
2	12,1
3	12,1
4	11,0
5	11,0
6	10,0

Fonte: Dados em [Naumann 62].

10.42 Vários componentes entalhados constituídos de aço estrutural, como mostrado na Figura P10.42, foram testados sob carregamento de amplitude constante completamente invertido. O ajuste destes dados resultou na relação força *versus* vida:

$$\Delta P = 379(2N_f)^{-0,223} \text{ kN} (R = -1)$$

em que N_f é o número de ciclos para a detecção de uma trinca de comprimento de 2,5 mm, propagada a partir do entalhe. Os componentes com entalhes semelhantes foram também repetidamente submetidos à história de carregamento irregular apresentada na Figura 9.48, que contém 854 ciclos, distribuídos entre várias amplitudes e médias, como mostrado. Os resultados dos testes são apresentados na Tabela P10.42. Note que o número de repetições do histórico para atingir uma trinca com 2,5 mm é dado para três valores diferentes da força de pico, com três testes repetidos para cada caso.

(a) Use a relação força-vida para calcular a vida em fadiga esperada para cada um dos três níveis de força de pico mostrados na Tabela P10.42. Note que o intervalo e os valores médios para a matriz da Figura 9.48 são expressos como porcentagens da força de pico.

(b) Compare seus cálculos com os dados de teste, de preferência em um gráfico log-log entre a força de pico *versus* repetições para formação da trinca. Discuta brevemente quaisquer tendências que sejam aparentes.

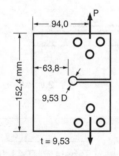

FIGURA P10.42

Tabela P10.42

Força de pico kN	Repetições para Formação de uma Trinca com 2,5 mm		
	Teste 1	Teste 2	Teste 3
71,17	8,4	12,8	12,5
35,58	420	154	74
15,57	5.800	4.270	3.755

Fonte: Dados em [Wetzel 77] p. 7-13.

10.43 Para as vigas de aço estrutural com placas de cobertura da Figura 10.20 (c), a localização da falha mais provável está na extremidade da placa de cobertura. Para um conjunto desses em uma ponte, suponha que é aplicável a curva *S-N* de projeto AWS da categoria E', em que ΔS é a faixa de tensões de flexão nominais na viga na extremidade da placa de cobertura. A ponte é atravessada a cada dia por muitos veículos de pesos variados, resultando em aproximadamente 1.000 ciclos de tensão, que apresentam magnitude significativa. Os valores de tensão na região e os números de ciclos diários em cada nível de tensão são distribuídos conforme apresentado na Tabela P10.43.

(a) Estime o número de anos em serviço antes de ocorrer uma falha por fadiga nesta região, com base na curva *S-N* de projeto.

(b) Se a vida útil desejada é de 75 anos, quais são os fatores de segurança em vida e em tensão?

Tabela P10.43

ΔS, MPa	Ciclos por Dia
1,8	121
5,4	335
9	255
12,6	136
16,2	76
19,8	48
23,4	16
27	9
30,6	3
34,2	1
Todos	1.000

10.44 Um detalhe estrutural em uma ponte rodoviária, em serviço há 20 anos, pode ser classificado na categoria AWS *E*. Quando a ponte foi projetada, um peso limite nos caminhões de 30 toneladas estava em vigor, em que 1 tonelada = 2.000 lb = 8.896 kN. A monitoração do tráfego quando a ponte tinha um ano indicava um volume de tráfego com média de 800 caminhões por dia, com os números e pesos dos caminhões permitindo que as faixas de tensão cíclica fossem determinadas para o detalhe em questão, conforme listado na Tabela P10.44. (Automóveis e outros veículos leves causam tensões insignificantes.)

(a) Calcule o nível constante equivalente de tensão cíclica, ΔS_q, que causaria a mesma vida que as tensões dadas se aplicado com o mesmo número de ciclos.

Tabela P10.44

ΔS, MPa	% de Caminhões
2	2,1
6	10,5
10	15,1
14	21,0
18	18,5
22	11,8
26	10,9
30	5,9
34	2,1
38	1,3
42	0,8
Soma	100

560 **CAPÍTULO 10** Abordagem da Fadiga Via Tensão: Componentes Entalhados

(b) Para as tensões dadas, estime a vida do detalhe, em anos. Dado que o projeto habitual de vida para pontes é de 75 anos, quais são os fatores de segurança em vida e em tensão?

(c) O volume de tráfego na ponte aumentou gradualmente e, atualmente, é o dobro do valor inicial – ou seja, 1.600 caminhões por dia. Além disso, há uma pressão para mudar a legislação para aumentar o limite de peso em pontes deste tipo para 40 toneladas. Estime a vida remanescente da ponte se essa alteração for feita. (Sugestão: Suponha que a nova carga corresponda ao aumento de todas as tensões na Tabela P10.44 pela razão de 40/30 = 1,333.)

(d) Elabore uma carta aos responsáveis pela lei/norma aplicável explicando o efeito esperado da mudança do limite de peso na vida da ponte e dando sua opinião sobre o que os responsáveis por esta lei/norma deveriam fazer.

Seção 10.9

10.45 Examine um braço de manivela do pedal de uma bicicleta.

(a) Faça um esboço deste componente e aponte quaisquer características de projeto que sejam benéficas para evitar a falha de fadiga.

(b) Sugira alterações de projeto que possam melhorar a resistência à fadiga.

(c) De que material este componente parece ser constituído? Tente explicar a escolha do material do ponto de vista da função, custo e resistências à fadiga, desgaste e outras possíveis causas de falha que poderiam ocorrer.

10.46 Examine o feixe de molas, ou as molas em espiral, do sistema de suspensão de um reboque para pequenos barcos/botes e responda às questões (a), (b) e (c) do Problema 10.45.

10.47 Examine o leme de um veleiro e, em seguida, responda aos itens (a), (b) e (c), como no Problema 10.45.

CAPÍTULO

Crescimento de Trincas por Fadiga

11

11.1 Introdução 561
11.2 Discussão preliminar...562
11.3 Ensaio da taxa de crescimento de trincas por fadiga............................570
11.4 Efeitos de $R = S_{mín}/S_{máx}$ no crescimento de trincas por fadiga.............576
11.5 Tendências no comportamento do crescimento de trincas por fadiga 585
11.6 Estimativas de vida para carga de amplitudes constantes....................591
11.7 Estimativas de vida para carga de amplitudes variáveis 602
11.8 Considerações de projeto 608
11.9 Aspectos de plasticidade e limitações da MFLE para o crescimento de trincas por fadiga.......611
11.10 Crescimento de trincas assistidas pelo meio 617
11.11 Resumo 622

OBJETIVOS

- Aplicar o fator de intensidade de tensão K, da mecânica de fratura, ao crescimento de trincas por fadiga e ao crescimento de trincas assistida pelo meio e compreender os métodos de teste e as tendências no comportamento.

- Explorar as curvas da taxa de crescimento de trinca por fadiga, da/dN *versus* ΔK, incluindo equações comuns de ajuste, e avaliar os efeitos da razão R (tensão média).

- Calcular a vida no crescimento de uma trinca por fadiga até a falha, incluindo casos que requerem integração numérica e casos de carregamento com amplitude variável. Empregar tais cálculos para avaliar fatores de segurança e intervalos de tempo para inspeção.

11.1 INTRODUÇÃO

A presença de uma trinca pode reduzir significativamente a resistência de um componente de engenharia devido à ocorrência de fratura frágil, como já discutido no Capítulo 8. No entanto, é raro que uma trinca de tamanho perigoso exista inicialmente, embora isso possa ocorrer, como quando há um grande defeito no material empregado para fazer um componente. Em uma situação mais comum, uma pequena falha que estava inicialmente presente desenvolve-se em uma trinca e depois cresce até atingir o tamanho crítico para a fratura frágil.

O crescimento da trinca pode ser causado pelo carregamento cíclico, um comportamento chamado *crescimento da trinca por fadiga*. No entanto, se um ambiente químico hostil estiver presente, mesmo uma carga constante pode causar o *crescimento de trincas assistidas pelo meio*. Ambos os tipos de crescimento de trincas podem ocorrer se um carregamento cíclico for aplicado na presença de um ambiente hostil, especialmente se o ciclo for lento ou se houver períodos de carga constante interrompendo a alternância do carregamento. Este capítulo considera principalmente o crescimento de trincas por fadiga, mas uma discussão limitada sobre o crescimento de trincas assistidas pelo meio é incluída em seu final, na Seção 11.10.

561

A análise de engenharia para o crescimento de trincas é muitas vezes necessária e pode ser feita empregando o conceito de intensidade de tensão, K, da mecânica de fratura. Lembre-se, do Capítulo 8, de que K quantifica a gravidade da presença de uma trinca. Especificamente, K depende da combinação de comprimento da trinca, carga aplicada e geometria presente conforme:

$$K = FS\sqrt{\pi a} \qquad (11.1)$$

em que a é o comprimento da trinca, S é a tensão nominal e F é uma função adimensional definida pela geometria e pelo comprimento relativo da trinca, $\alpha = a/b$. A taxa de crescimento de trincas por fadiga é controlada por K. Portanto, a dependência de K em a e F faz com que as trincas acelerem, à medida que crescem. A variação do comprimento da trinca com o número de ciclos é assim similar à Figura 11.1 (a).

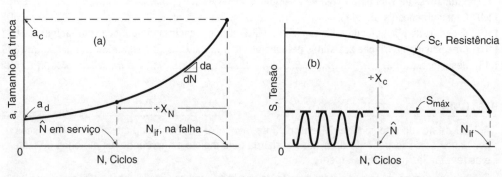

FIGURA 11.1 Crescimento de uma trinca para a pior situação a partir do comprimento mínimo detectável até a falha (a) e a variação resultante na resistência na pior situação (b).

A análise e a previsão do crescimento da trinca por fadiga assumiram grande importância para os grandes itens de engenharia, especialmente quando a segurança é primordial, como nas aeronaves de grande porte e nos componentes das usinas nucleares. Observe que a abordagem de uma fadiga baseada na tensão dos Capítulos 9 e 10 não considera as trincas de forma específica e detalhada. Assim, este capítulo fornece uma introdução ao crescimento de trincas, incluindo testes e tendências no comportamento dos materiais e previsão da vida para o crescimento de uma trinca para a falha.

11.2 DISCUSSÃO PRELIMINAR

Antes de prosseguir nos detalhes, é útil descrever a natureza geral da análise do crescimento da trinca, a sua necessidade e ainda apresentar algumas definições.

11.2.1 Necessidade de Analisar o Crescimento de Trincas

Descobriu-se, pela experiência, que uma inspeção cuidadosa muitas vezes revela trincas em certos tipos de equipamentos. Por exemplo, este é o caso de grandes componentes soldados, tais como vasos de pressão e estruturas de pontes e navios, de estruturas metálicas de grandes aeronaves e de grandes peças forjadas, como rotores de turbinas e geradores de usinas de energia. As trincas são especialmente comuns de ser observadas nestes equipamentos após algum tempo de uso de serviço. A possibilidade de trincas sugere que a análise baseada na mecânica de fratura é muito apropriada.

Consideremos que determinado componente estrutural pode conter trincas, mas nenhuma seja maior do que um *comprimento mínimo detectável*, a_d. Esta situação pode ser resultante de um plano de inspeção que foi capaz de encontrar todas as trincas maiores do que a_d, de modo que ou todas essas trincas foram reparadas, ou as peças sucateadas. (As inspeções para verificação de trincas são feitas por uma variedade de técnicas, incluindo exame visual, raios X, ultrassonografia e aplicação de correntes elétricas, sendo que, neste último caso, uma trinca provoca uma perturbação detectável no campo da tensão resultante.) A trinca de comprimento inicial no pior caso, a_d, que não é detectável, pode crescer então até atingir um comprimento crítico a_c, quando ocorre fratura frágil, após N_{if} ciclos de carregamento. Se o número de ciclos esperado no serviço real for $\tilde{N}$, então o fator de segurança na vida é dado por:

$$X_N = \frac{N_{if}}{\hat{N}}$$ (11.2)

Esta situação é ilustrada na Figura 11.1 (a). Tal fator de segurança é necessário porque há incertezas quanto à tensão real que ocorrerá em serviço, ao valor exato do tamanho de trinca, a_d, que pode ser encontrado de forma confiável e às taxas de crescimento de trincas no material.

A resistência crítica para a fratura frágil do componente é determinada pelo comprimento de trinca atual e pela tenacidade à fratura, K_c, para o material e espessura envolvidos:

$$S_c = \frac{K_c}{F\sqrt{\pi a}}$$ (11.3)

À medida que a trinca do pior caso (tamanho a_d) aumenta, seu comprimento cresce, fazendo com que a resistência, S_c, diminua até ocorrer a falha, quando S_c atinge $S_{máx}$, que é o valor máximo para o carregamento cíclico aplicado no momento em que ocorre a falha em serviço. Isso está ilustrado na Figura 11.1 (b). O fator de segurança na tensão contra a fratura frágil repentina devido à carga cíclica aplicada é dado por:

$$X_c = \frac{S_c}{S_{máx}}$$ (11.4)

Esse fator de segurança é geralmente necessário, além de X_N, devido à possibilidade de uma carga alta inesperada que exceda à carga cíclica normal. Dentro da vida útil real esperada, X_C diminui e tem seu valor mínimo no final desta vida útil.

Ocorre, por vezes, que a combinação de comprimento mínimo detectável de trinca e a tensão cíclica é tal que a margem de segurança, como expressa por X_N e X_C, é insuficiente. A previsão de falha antes de atingir a vida útil real, $X_N < 1$, pode até ocorrer. Assim, inspeções periódicas para verificação de trincas são necessárias, seguindo-se a reparação das trincas que excedem à a_d ou a substituição da peça. Isso garante que, após cada inspeção, não existam trincas maiores do que a_d. Assumindo que as inspeções são feitas em intervalos de N_p ciclos, o comprimento da trinca no pior caso aumenta devido ao crescimento entre as inspeções, variando como mostrado na Figura 11.2. O fator de segurança na vida é então determinado pelo período de inspeção:

$$X_N = \frac{N_{if}}{N_p} \tag{11.5}$$

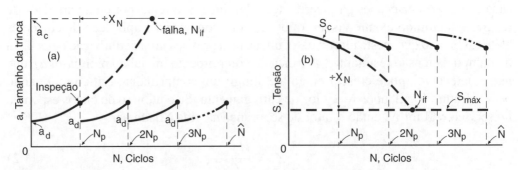

FIGURA 11.2 Variação (a) do comprimento da trinca para o pior caso e (b) da resistência, quando são necessárias inspeções periódicas.

Após cada inspeção, a força para o tamanho de trinca do pior caso aumenta temporariamente, como mostrado na Figura 11.2 (b). O fator de segurança na tensão é menor imediatamente antes de cada inspeção.

A análise baseada na mecânica de fratura permite que as variações no comprimento da trinca e na resistência sejam estimadas de forma que fatores de segurança possam ser avaliados. Quando são necessárias inspeções periódicas, a análise da mecânica de fratura permite assim definir um intervalo de inspeção seguro. Por exemplo, para grandes aeronaves militares e civis, as trincas são tão comumente encontradas durante as inspeções periódicas que a operação segura e a manutenção econômica são criticamente dependentes da análise pela mecânica de fratura. O termo *projeto tolerante ao dano* é usado para identificar essa abordagem de exigir que as estruturas sejam capazes de sobreviver mesmo na presença de trincas crescentes.

Na realidade, o comprimento mínimo de trinca detectável, a_d, não é um limite absoluto, pois a probabilidade de encontrar uma trinca na inspeção aumenta com o seu tamanho, mas nunca é de 100%. Por exemplo, na indústria aeronáutica, os valores de a_d para vários métodos de inspeção são geralmente estabelecidos como o tamanho que pode ser encontrado com uma probabilidade de 90% e com um nível de confiança de 95%. Nesta base, os melhores métodos de inspeção dão valores a_d na ordem de 1 ou 2 mm em circunstâncias normais. Observe que a_d é quase sempre definido como a profundidade de uma trinca superficial ou a metade da largura de uma trinca interna, com base nas geometrias típicas de falhas, como mostrado nas Figuras 8.17 e 8.9. Trincas como $a = 0{,}1$ mm podem ser encontradas, mas valores de a_d tão pequenos podem ser justificados apenas em casos especiais.

Além das aplicações em projeto, a análise da vida de crescimento de trincas também é útil em situações em que uma fissura inesperada é encontrada em um componente de uma máquina, veículo ou estrutura. A vida remanescente pode ser calculada para determinar se a trinca pode ser ignorada, se um reparo ou substituição é necessário imediatamente, ou se isso pode ser adiado até um momento mais conveniente. Situações

Comportamento Mecânico dos Materiais **565**

assim surgem nos equipamentos das usinas siderúrgicas, em que um desligamento imediato interromperia as operações e talvez causasse uma grande demissão de funcionários. Condições similares ocorrem também em unidades geradoras de grandes usinas de energia elétrica, em que a fratura de um grande componente de aço poderia causar uma queda de energia e gastos de milhões de dólares.

11.2.2 Definições para o Crescimento de Trincas por Fadiga

Considere uma trinca crescente que aumenta seu comprimento de uma quantidade Δa devido à aplicação de um número de ciclos ΔN. A taxa de crescimento com os ciclos pode ser caracterizada pela razão $\Delta a/\Delta N$ ou, para pequenos intervalos, pela derivada da/dN. Um valor da *taxa de crescimento de trincas por fadiga*, da/dN, é a inclinação em um ponto na curva *a versus N*, como na Figura 11.1 (a).

Assuma que a carga aplicada é cíclica, com valores constantes em $P_{máx}$ e $P_{mín}$. As tensões nominais da seção bruta correspondente são $S_{máx}$ e $S_{mín}$, também constantes. Para o trabalho de crescimento de trincas por fadiga, é convencional utilizar a faixa de tensões, ΔS, e a razão de tensões, R, que são definidas como nas Equações 9.1 e 9.3:

$$\Delta S = S_{máx} - S_{mín}, \quad R = \frac{S_{mín}}{S_{máx}} \tag{11.6}$$

A principal variável que afeta a taxa de crescimento de uma trinca é a variação do fator de intensidade de tensão. Isso é calculado a partir da variação da tensão, ΔS:

$$\Delta K = F\,\Delta S\sqrt{\pi a} \tag{11.7}$$

O valor de F depende apenas da geometria e do comprimento relativo da trinca, $\alpha = a/b$, como se o carregamento não fosse cíclico. Como, de acordo com a Equação 11.1, K e S são proporcionais para determinado comprimento de trinca, os valores máximos, mínimos, a faixa e a razão R para K durante um ciclo de carga são respectivamente dados por:

$$K_{máx} = FS_{máx}\sqrt{\pi a}, \quad K_{mín} = FS_{mín}\sqrt{\pi a}$$
$$\Delta K = K_{máx} - K_{mín}, \quad R = \frac{K_{mín}}{K_{máx}} \tag{11.8}$$

Além disso, pode ser conveniente, especialmente para corpos de prova laboratoriais, usar a expressão alternativa de K em termos da força aplicada, P, como discutido no Capítulo 8, e relativo à Equação 8.13:

$$\Delta K = F_p \frac{\Delta P}{t\sqrt{b}}, \quad R = \frac{P_{mín}}{P_{máx}} \tag{11.9}$$

11.2.3 Descrevendo o Comportamento de Crescimento de Trincas por Fadiga dos Materiais

Para determinado material e conjunto de condições de ensaio, o comportamento do crescimento de trincas pode ser descrito pela relação entre a taxa de crescimento cíclico de trincas, *da/dN*, e a variação da intensidade de tensões, ΔK. Dados de ensaio e uma curva ajustada para um material são apresentados num gráfico log-log na Figura 11.3. Para valores intermediários de ΔK, muitas vezes há uma linha reta no gráfico log-log, como neste caso. Uma relação representativa desta linha é:

$$\frac{da}{dN} = C(\Delta K)^m \tag{11.10}$$

em que *C* é uma constante e *m* é a inclinação no gráfico log-log, assumindo, é claro, que as décadas (divisões) em ambas as escalas log são do mesmo comprimento. Esta equação é devida a Paul Paris, que primeiro a empregou e foi influente na aplicação inicial da mecânica de fratura à fadiga, no início da década de 1960.

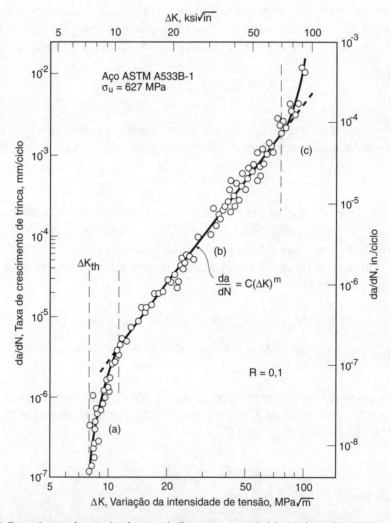

FIGURA 11.3 Taxas de crescimento de trinca por fadiga em uma ampla faixa de intensidades de tensão para um aço (dúctil) empregado em vaso de pressão. Três regiões de comportamento estão indicadas: (a) crescimento lento próximo ao limiar (*threshold*), ΔK_{th}; (b) região intermediária, obedecendo a uma equação exponencial, e (c) crescimento instável rápido.

(Traçado a partir dos dados originais do estudo de [Paris 72].)

Em baixas taxas de crescimento, a curva geralmente se torna íngreme e parece aproximar-se de uma assíntota vertical, denominada ΔK_{th}, que é chamada limiar (*threshold*) de crescimento de trinca por fadiga. Esta quantidade é interpretada como um valor limitante inferior de ΔK abaixo do qual o crescimento da trinca normalmente não ocorre. Sob taxas de crescimento elevadas, a curva pode voltar a ser íngreme, devido ao rápido crescimento instável da trinca imediatamente antes da falha final da amostra sob teste. Tal comportamento pode ocorrer quando a zona plástica é pequena, caso em que a curva se aproxima de uma assíntota correspondente a $K_{máx} = K_c$, a tenacidade à fratura para o material e a espessura de interesse. O crescimento instável rápido em ΔK elevado às vezes envolve o completo escoamento plástico. Nestes casos, o uso de ΔK para esta parte da curva é impróprio, uma vez que as limitações teóricas do conceito de K são excedidas.

O valor da relação entre tensões R afeta a taxa de crescimento de uma maneira análoga aos efeitos observados nas curvas *S-N* para diferentes valores de R ou de tensão média. Para dado ΔK, o aumento de R incrementa a taxa de crescimento e vice-versa. Alguns dados que ilustram este efeito para um aço são mostrados na Figura 11.4.

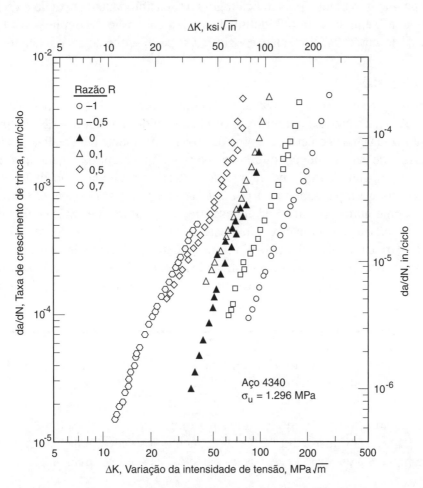

FIGURA 11.4 Efeito da razão *R* sobre as taxas de crescimento de trincas por fadiga para um aço-liga. Para $R < 0$, a porção compressiva do ciclo de carga foi incluída aqui no cálculo de ΔK.

(Dados de [Dennis 86].)

568 **CAPÍTULO 11** Crescimento de Trincas por Fadiga

Constantes C e m para a região intermediária onde a Equação 11.10 é aplicável foram sugeridos por Barsom & Rolfe (1999) para várias categorias de aço. Estes valores aplicam-se a $R \approx 0$ e estão dados na Tabela 11.1.

Tabela 11.1 Constantes de Barsom (1999) para os Piores Casos das Curvas *da/dN versus* ΔK para Várias Categorias de Aço com R $\approx$ 0.

Categoria de Aço	Constantes para a Equação *da/dN = C* $(\Delta K)^m$		
	$C, \dfrac{\text{mm/ciclo}}{(\text{MPa}\sqrt{m})^m}$	$C, \dfrac{\text{pol/ciclo}}{(\text{ksi}\sqrt{\text{in}})^m}$	m
Ferrítico-perlítico	$6{,}89 \times 10^{-9}$	$3{,}6 \times 10^{-10}$	3
Austenítico	$5{,}61 \times 10^{-9}$	$3{,}0 \times 10^{-10}$	3,25
Martensítico	$1{,}36 \times 10^{-7}$	$6{,}6 \times 10^{-9}$	2,25

Nota: Para uso com a equação de Walker com R > 0,2, sugere-se que as constantes dadas sejam empregadas como C_0 e m juntamente com um valor aproximado de $\gamma = 0{,}5$.

O valor de m é importante, pois indica o grau de sensibilidade da taxa de crescimento à tensão. Por exemplo, se $m = 3$, dobrando a faixa de tensão ΔS duplica-se a faixa de intensidade de tensão ΔK, aumentando assim a taxa de crescimento em um fator de $2^m = 8$.

11.2.4 Discussão

O caminho lógico envolvido na avaliação do comportamento do crescimento de trincas em um material e o uso dessa informação estão resumidos na Figura 11.5. Em primeiro lugar, é utilizada uma geometria de corpo de prova conveniente para realizar ensaios em vários níveis de carregamentos diferentes, de modo que é obtida uma ampla faixa de taxas de crescimento de trinca por fadiga. As taxas de crescimento são então avaliadas e traçadas *versus* ΔK para obter a curva *da/dN versus* ΔK. Essa curva pode ser utilizada posteriormente numa aplicação de engenharia, com valores de ΔK calculados apropriadamente para a geometria do componente de particular interesse. As curvas de comprimento de trinca *versus* ciclos para um comprimento de trinca inicial específico podem então ser previstas para o componente, levando às estimativas de vida e à determinação de fatores de segurança e intervalos de inspeção, como discutido anteriormente.

EXEMPLO 11.1

Obtenha valores aproximados das constantes C e m e utilize a Equação 11.10 para os dados em $R = 0{,}1$ na Figura 11.4.

Solução

Os dados parecem ajustar-se bem em uma linha reta no gráfico log-log, então é razoável aplicar a Equação 11.10. O alinhamento dos dados pode ser feito através de uma linha reta que passa perto de dois pontos, da seguinte maneira:

$$\left(\Delta K, \frac{da}{dN}\right) = (21; 10^{-5}) \quad \text{e} \quad (155; 10^{-2})$$

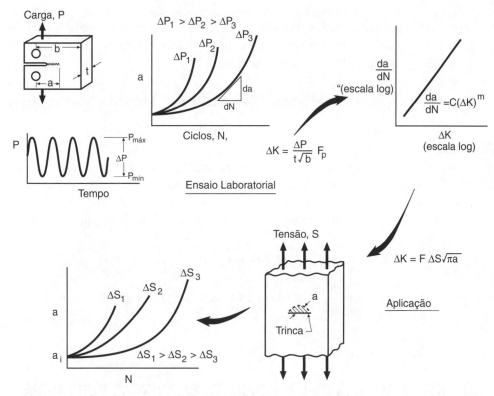

FIGURA 11.5 Passos na obtenção dos dados *da/dN versus* ΔK e sua utilização para uma aplicação de engenharia.

(Adaptado de [Clark 71]; usado com permissão.)

Aqui, são utilizadas unidades de MPa$\sqrt{m}$ e mm/ciclo. Agora, aplique a Equação 11.10 a estes dois pontos, denotando-os como (ΔK_A, da/dN_A) e (ΔK_B, da/dN_B):

$$da/dN_A = C(\Delta K_A)^m, \quad da/dN_B = C(\Delta K_B)^m$$

Elimine C entre estas duas equações, dividindo uma pela outra:

$$\frac{da/dN_A}{da/N_B} = \left(\frac{\Delta K_A}{\Delta K_B}\right)^m$$

Tomando logaritmos para ambos os lados e resolvendo para m tem-se:

$$m = \frac{\log(da/dN_A) - \log(da/dN_B)}{\log(\Delta K_A) - \log(\Delta K_B)} = \frac{\log 10^{-5} - \log 10^{-2}}{\log 21 - \log 155} = 3,456$$

Em seguida, obtenha C substituindo este m em uma versão da Equação 11.10, para um ponto conhecido, por exemplo (21; 10^{-5}):

$$10^{-5}\frac{mm}{ciclo} = C(21\,MPa\sqrt{m})^{3,456}; \quad C = 2,696 \times 10^{-10}\frac{mm/ciclo}{(MPa\sqrt{m})^m}$$

Observe que C possui unidades incomuns, conforme indicadas no equacionamento anterior e que envolvem o expoente m. Assim, a relação desejada, com constantes arredondadas para três números significativos, é:

$$\frac{da}{dN} = 2{,}70 \times 10^{-10} (\Delta K)^{3{,}46} \quad (\text{mm / ciclo, } \text{MPa}\sqrt{\text{m}}) \qquad \textbf{(Resposta)}$$

Discussão

Se for desejado um ajuste mais preciso, a fonte original dos dados deve ser consultada para obter os valores numéricos dos pontos de dados e empregá-los para obter uma linha a partir do método dos mínimos quadrados na escala log-log, na forma $y = ax + b$. Neste caso, tomando logaritmos de ambos os lados da Equação 11.10:

$$\log \frac{da}{dN} = m \log(\Delta K) + \log C$$

$$y = \log \frac{da}{dN}, \quad x = \log(\Delta K), \quad a = m \quad b = \log C$$

11.3 ENSAIO DA TAXA DE CRESCIMENTO DE TRINCAS POR FADIGA

Foram desenvolvidos métodos padronizados para conduzir testes de crescimento de trinca por fadiga, nomeadamente a Norma ASTM E647. Duas geometrias de amostras comumente empregadas são o corpo de teste compacto padrão, Figura 8.16, e as placas trincas no centro, Figura 8.12 (a).

11.3.1 Métodos de Teste e Análise de Dados

Num ensaio típico, uma carga cíclica de amplitude constante é aplicada a uma amostra de tamanho tal que sua largura b (como definido no Capítulo 8) seja da ordem de 50 mm. Antes de iniciar o teste, é necessário uma pré-trinca. Isso é conseguido usinando um entalhe afiado na amostra e, em seguida, iniciando uma trinca neste entalhe através de um carregamento cíclico a um nível baixo. Após a obtenção da pré-trinca, o carregamento cíclico é alterado para um nível mais alto e empregado para o resto do teste. O progresso da trinca é registado em termos do número de ciclos necessários para que o seu comprimento atinja 10, 20 ou mais valores diferentes, estando esses valores distantes cerca de 1 mm entre si, para uma amostra de tamanho $b \approx 50$ mm. Os dados do comprimento da trinca resultante podem então ser traçados como pontos discretos, em relação aos números de ciclos correspondentes, como na Figura 11.6.

Para medir esses comprimentos de trincas, uma abordagem é o simples acompanhamento visual, através de um microscópio de baixa potência (de 20 a 50x), quando a trinca atingir comprimentos que forem previamente marcados na amostra. Um arranjo para este tipo de teste é mostrado na Figura 11.7. Podem ser utilizados meios mais sofisticados para medir os comprimentos da trinca. Por exemplo, à medida que a trinca cresce, a deflexão da amostra aumenta, resultante da sua diminuição na rigidez. Esta alteração de rigidez pode ser medida e utilizada para calcular o comprimento da trinca.

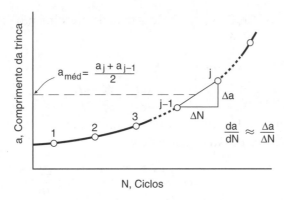

FIGURA 11.6 Taxa de crescimento de trinca por fadiga obtida de pares adjacentes de pontos de dados *a* versus *N*.

Outra abordagem é passar uma corrente elétrica pela amostra e medir as mudanças no campo de tensão devido ao crescimento da trinca, a partir do qual podemos obter o seu comprimento. Ondas ultrassônicas também podem ser refletidas a partir da trinca e usadas para medir o seu progresso.

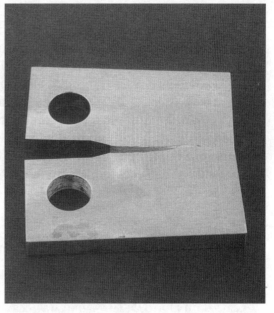

FIGURA 11.7 Ensaio de taxa de crescimento de trinca por fadiga em curso (à esquerda) numa amostra compacta (b = 51 mm), com um microscópio e uma luz estroboscópica sendo utilizados para monitorizar visualmente o crescimento da trinca. Os números de ciclos são gravados quando a trinca alcança cada uma das linhas riscadas na superfície da amostra (direita).

(Fotos de R. A. Simonds.)

Para obter taxas de crescimento a partir dos dados de comprimento de trinca *versus* ciclos, uma abordagem simples e geralmente adequada é calcular as inclinações da linha reta definida entre os pontos de dados, como mostrado na Figura 11.6. Se os pontos

572 CAPÍTULO 11 Crescimento de Trincas por Fadiga

de dados são numerados 1, 2, 3... j, então a taxa de crescimento para o segmento que termina no ponto número j é:

$$\left(\frac{da}{dN}\right)_j \approx \left(\frac{\Delta a}{\Delta N}\right)_j = \frac{a_j - a_{j-1}}{N_j - N_{j-1}} \tag{11.11}$$

O ΔK correspondente é calculado a partir do comprimento médio da trinca durante o intervalo, através de uma das duas equações:

$$\Delta K_j = F \, \Delta S \sqrt{\pi a_{méd}}, \quad \Delta K_j = F_P \frac{\Delta P}{t\sqrt{b}} \tag{11.12}$$

Emprega-se a equação que for mais conveniente no uso. Na primeira equação,

$$a_{méd} = \frac{a_j + a_{j-1}}{2} \tag{11.13}$$

O fator geométrico $F = F(\alpha)$ ou $F_P = F_P(\alpha)$, em que $\alpha = a/b$, é avaliado com o mesmo comprimento médio de trinca, usando:

$$\alpha_{méd} = \frac{a_{méd}}{b} = \frac{a_j + a_{j-1}}{2b} \tag{11.14}$$

O procedimento anterior só é válido se o comprimento da trinca for medido em intervalos bastante curtos. Caso contrário, a taxa de crescimento e K podem diferir tanto entre as observações adjacentes que o cálculo da média envolvida causaria dificuldades. Requisitos detalhados são fornecidos na Norma ASTM. Além disso, métodos de ajuste da curva para avaliação de da/dN, que são mais sofisticados do que simples inclinações ponto a ponto, às vezes são usados para suavizar a dispersão nos dados de a versus N. O emprego de um polinômio para interpolar todos os dados de um teste geralmente não funciona muito bem, mas este ajuste aplicado de forma incremental a partir dos dados funciona bem, conforme descrito na Norma ASTM.

EXEMPLO 11.2

A Tabela E11.2(a) apresenta dados de comprimento de trinca em função do número de ciclos obtidos a partir de um ensaio numa placa, trincada no centro, constituída de liga de alumínio 7075-T6. A amostra possuía dimensões (em mm) como definidas na Figura 8.12 (a), de $h = 445$, $b = 152,4$ e $t = 2,29$. A força foi variada entre zero e um valor máximo $P_{máx} = 48,1$ kN. Obtenha os valores da/dN e ΔK a partir destes dados.

Solução

A taxa média de crescimento entre os pontos 1 e 2 é obtida pela aplicação da Equação 11.11 com $j = 2$:

$$\left(\frac{da}{dN}\right)_2 = \frac{a_2 - a_1}{N_2 - N_1} = \frac{7,62 - 5,08}{18.300 - 0} = 1,388 \times 10^{-4} \text{ mm/ciclo} \quad \textbf{(Resposta)}$$

Tabela E11.2

	(a) Dados Disponibilizados			(b) Valores Calculados			
j	a mm	N ciclos	da/dN mm/ciclo	$a_{méd}$ mm	$\alpha_{méd}$	F	ΔK MPa$\sqrt{m}$
1	5,08	0	—	—	—	—	
2	7,62	18.300	$1,39 \times 10^{-4}$	6,35	0,0417	1,001	9,74
3	10,16	28.300	$2,54 \times 10^{-4}$	8,89	0,0583	1,002	11,53
4	12,70	35.000	$3,79 \times 10^{-4}$	11,43	0,0750	1,003	13,09
5	15,24	40.000	$5,08 \times 10^{-4}$	13,97	0,0917	1,004	14,49
6	17,78	43.000	$8,47 \times 10^{-4}$	16,51	0,1083	1,006	15,78
7	20,32	47.000	$6,35 \times 10^{-4}$	19,05	0,1250	1,008	16,99
8	22,86	50.000	$8,47 \times 10^{-4}$	21,59	0,1417	1,010	18,13
9	25,4	52.000	$1,27 \times 10^{-3}$	24,13	0,1583	1,013	19,21
10	30,48	57.000	$1,02 \times 10^{-3}$	27,94	0,1833	1,017	20,77
11	35,56	59.000	$2,54 \times 10^{-3}$	33,02	0,2167	1,025	22,74
12	40,64	61.000	$2,54 \times 10^{-3}$	38,10	0,2500	1,034	24,65
13	45,72	62.000	$5,08 \times 10^{-3}$	43,18	0,2833	1,045	26,52

Fonte: Dados em [Hudson 69].

O ΔK correspondente é avaliado utilizando o comprimento médio da trinca das Equações 11.13 e 11.14 com $j = 2$:

$$a_{méd} = \frac{a_2 + a_1}{2} = \frac{7,62 + 5,08}{2} = 6,35 \text{ mm}, \quad \alpha_{méd} = \frac{a_{méd}}{b} = \frac{6,35 \text{ mm}}{152,4 \text{ mm}} = 0,0417$$

Para avaliar F para esta geometria, emprega-se a Figura 8.12(a). O valor correspondente a $\alpha_{méd}$ é:

$$F = \frac{1 - 0,5\alpha + 0,326\alpha^2}{\sqrt{1-\alpha}} = \frac{1 - 0,5(0,0417) + 0,326(0,0417)^2}{\sqrt{1 - 0,0417}} = 1,001$$

Assim, usando $\Delta S = \Delta P/(2bt)$ na Equação 11.12, temos:

$$(\Delta K)_2 = F\,\Delta S \sqrt{\pi a_{méd}}$$

$$(\Delta K)_2 = 1,001 \frac{48.100 \text{ N}}{2(152,4 \text{ mm})(2,29 \text{ mm})} \sqrt{\pi(0,00635 \text{ m})} = 9,74 \text{ MPa}\sqrt{m} \text{ (\textbf{Resposta})}$$

Similarmente, aplicando as Equações 11.11 a 11.14 com $j = 3$, e depois com $j = 4$ etc., tem-se os valores adicionais observados na Tabela E11.2 (b).

11.3.2 Variáveis do Teste

Os testes de crescimento de trincas são mais comumente realizados com carregamento variando de zero a uma tensão máxima, com $R = 0$ ou com um carregamento tensão-tensão com um pequeno valor de R, tal como $R = 0,1$. As variações de R na faixa de 0 a 0,2 têm pouco efeito na maioria dos materiais e os testes nesta faixa são aceitos, por convenção, como a base padrão para comparar os efeitos de vários materiais, ambientes etc. Geralmente, é necessário testar várias amostras em diferentes níveis de carga para obter dados em uma ampla faixa de taxas de crescimento. Tais resultados para um aço são mostrados nas Figuras 11.8 e 11.9. Para obter dados mais completos, podem ser realizados grupos de vários testes para cada um dos vários valores de R adotados. Além disso, se forem desejados dados na região ΔK_{th}, será necessário realizar um teste especial com carga decrescente, tal como descrito na Norma ASTM E647.

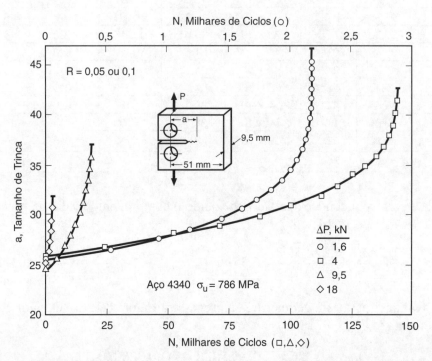

FIGURA 11.8 Dados de comprimento de trinca *versus* número de ciclos para quatro níveis diferentes de carregamentos cíclicos aplicados a corpos de prova compactos de aço-liga.

Uma vasta gama de variáveis pode afetar as taxas de crescimento de trinca por fadiga em determinado material, de modo que as condições de ensaio podem ser selecionadas para incluir situações que se assemelhem antecipadamente ao uso em serviço do material. Algumas dessas variáveis são: temperatura, frequência da carga cíclica, ambientes químicos hostis. Pequenas variações no processamento ou na composição dos materiais podem afetar as taxas de crescimento de trinca por fadiga devido às diferentes microestruturas resultantes. Assim, podem ser realizados ensaios sobre diferentes variações de um material para ajudar no desenvolvimento de materiais que melhor possam resistir ao crescimento de trincas por fadiga.

11.3.3 Independência Geométrica das Curvas *da/dN* versus ΔK

Para dado material e conjunto de condições de ensaio, tais como um valor R específico, frequência de ensaio e ambiente, as taxas de crescimento devem depender apenas

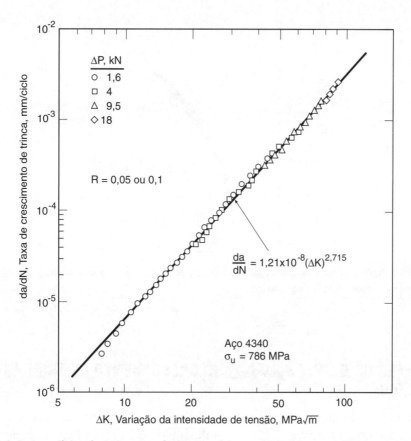

FIGURA 11.9 Dados e linha ajustada pelo método dos mínimos quadrados para *da/dN versus* ΔK aos dados de *a versus N* da Figura 11.8.

de ΔK. Isso decorre simplesmente do fato de que K caracteriza a severidade de uma combinação de carga, geometria e comprimento de trinca, e ΔK possui a mesma função para carregamento cíclico. Assim, independentemente do nível de carga, do comprimento da trinca e da geometria da amostra, todos os dados *da/dN versus* ΔK para um conjunto de condições de teste devem cair juntos ao longo de uma única curva, exceto por um espalhamento estatístico, naturalmente esperado. Isso ocorre para os diferentes níveis de carregamento e comprimentos de trinca envolvidos nas Figuras 11.8 e 11.9. Deve haver uma única tendência, ainda que mais de uma geometria de amostra esteja incluída nos testes. Alguns dados que demonstram a independência da geometria são mostrados na Figura 11.10.

Tal unicidade da curva *da/dN versus* K para diferentes geometrias é um teste crucial da aplicabilidade do conceito de ΔK tanto para ensaios dos materiais como para aplicações de engenharia. (Lembre-se da Figura 11.5.) Esta singularidade foi suficientemente verificada, de forma que geralmente não é necessário incluir mais de uma geometria de amostra para ensaios de obtenção de dados de materiais. No entanto, dificuldade na aplicabilidade de ΔK pode ocorrer se houver escoamento excessivo ou por trincas muito pequenas, como discutido na Seção 11.9, na parte final deste capítulo.

576 CAPÍTULO 11 Crescimento de Trincas por Fadiga

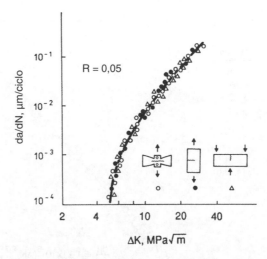

FIGURA 11.10 Dados da taxa de crescimento de trinca por fadiga para um aço-carbono com 0,65% C, demonstrando a independência da geometria.

(Adaptado de [Klesnil 80] p.111; usado com permissão.)

11.4 EFEITOS DE $R = S_{MÍN}/S_{MÁX}$ NO CRESCIMENTO DE TRINCAS POR FADIGA

Um aumento na razão R do carregamento cíclico faz com que as taxas de crescimento para dado ΔK sejam maiores, o que já foi ilustrado pela Figura 11.4. O efeito é geralmente mais pronunciado para materiais mais frágeis. Por exemplo, os dados obtidos a partir de uma rocha de granito, conforme mostrados na Figura 11.11, apresentam um efeito extremo, sendo sensível a mudança com um pequeno aumento em R de 0,1 para apenas 0,2. Em contraste, o aço comum e outros metais estruturais altamente dúcteis e de baixa resistência apresentam apenas um efeito fraco com os valores de R, na região de taxa de crescimento intermediário da curva da/dN versus ΔK.

11.4.1 A Equação de Walker

Várias relações empíricas são empregadas para caracterizar o efeito de R sobre as curvas da/dN versus ΔK. Uma das equações mais amplamente utilizadas baseia-se na aplicação da relação Walker, Equação 10.38, para o fator de intensidade de tensão K:

$$\overline{\Delta K} = K_{máx}(1-R)^{\gamma} \qquad (11.15)$$

em que γ é uma constante para o material e $\overline{\Delta K}$ é a variação equivalente da intensidade de tensão durante um ciclo de zero ao valor máximo da carga ($R = 0$) que causa a mesma taxa de crescimento de trinca que a combinação real $K_{máx}$ e R. Aplicando a Equação 9.4 (a) a K, o que dá $\Delta K = K_{máx}(1-R)$, a Equação 11.15 é considerada equivalente a:

$$\overline{\Delta K} = \frac{\Delta K}{(1-R)^{1-\gamma}} \qquad (11.16)$$

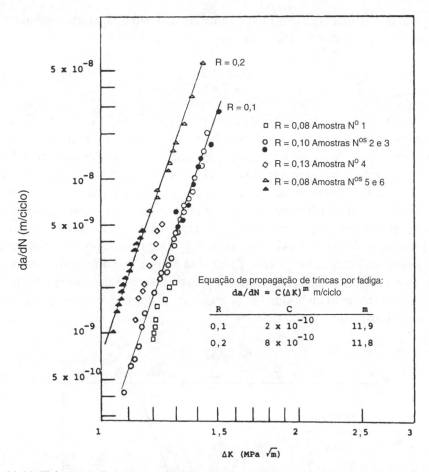

FIGURA 11.11 Efeito da razão entre tensões *R* sobre as taxas de crescimento de trinca por fadiga para o granito Westerly, testado por meio de corpos de prova de dobramento a três pontos.

(De [Kim 81]; copyright © ASTM; reimpresso com permissão.)

Se a constante *C* da Equação 11.10 for denotada C_0 para o caso especial de $R = 0$:

$$\frac{da}{dN} = C_0(\Delta K)^m \quad (R = 0) \tag{11.17}$$

Uma vez que $\overline{\Delta K}$ é equivalente a ΔK para $R = 0$, podemos substituir $\overline{\Delta K}$ por ΔK na Equação 11.17:

$$\frac{da}{dN} = C_0 \left[\frac{\Delta K}{(1-R)^{1-\gamma}} \right]^m \tag{11.18}$$

Isso representa uma família de curvas *da/dN versus* ΔK que, em um gráfico log-log, são todas linhas retas paralelas de inclinação *m*. Alguma manipulação leva a

$$\frac{da}{dN} = \frac{C_0}{(1-R)^{m(1-\gamma)}} (\Delta K)^m \tag{11.19}$$

Comparando isso com a Equação 11.10, vemos que *m* não é esperado que seja afetado por *R*, mas *C* se torna uma função de *R*.

$$C = \frac{C_0}{(1-R)^{m(1-\gamma)}} \qquad (11.20)$$

Uma interpretação útil resultante da Equação 11.18 é que $\overline{\Delta K}$, a variação equivalente da intensidade de tensão com $R = 0$, pode ser traçada *versus da/dN*, resultando em uma única linha reta na escala log-log. Os dados apresentados na Figura 11.4 são traçados desta forma, conforme mostrados na Figura 11.12, com $\gamma = 0{,}42$. Uma vez que todos os dados estão muito próximos de uma única linha, a equação é razoavelmente bem-sucedida. No entanto, foi necessário lidar com cargas envolvendo compressão, ou $R < 0$, assumindo que a porção compressiva do ciclo não teve efeito, o que se conseguiu usando $\gamma = 0$ onde $R < 0$, de modo que $\overline{\Delta K} = K_{máx}$. Isso é razoável com base na lógica de que a trinca se fecha na carga zero e não atua mais como uma trinca abaixo desta carga. Em metais mais dúcteis, a porção compressiva do carregamento pode contribuir para o crescimento, pelo que pode ser necessário ajustar um valor de γ não nulo aos dados *R* negativos.

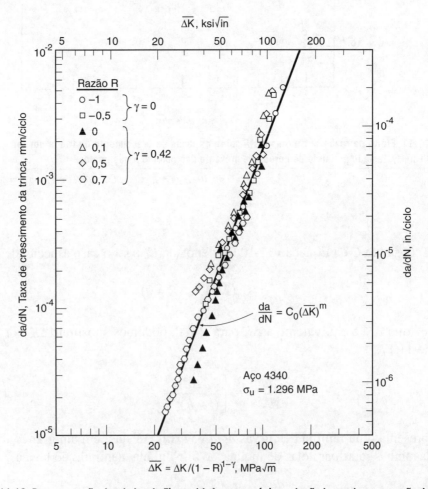

FIGURA 11.12 Representação dos dados da Figura 11.4 por uma única relação baseada na equação de Walker.

(Dados de [Dennis 86].)

Valores da constante γ para vários metais giram tipicamente em torno de 0,5; variando de cerca de 0,3 a quase 1. Um valor de $\gamma = 1$ dá simplesmente $\overline{\Delta K} = \Delta K$, correspondendo a nenhum efeito de R. Os valores decrescentes de γ implicam um efeito mais forte de R. Valores para a constante da equação de Walker estão listadas para vários metais na Tabela 11.2, incluindo o AISI 4340, material dos dados da Figura 11.12. Onde houver dados disponíveis para $R < 0$, observe que a condição $\gamma = 0$ é aplicável em três casos, mas não para o aço estrutural comum (dúctil), para o qual a carga compressiva contribui para o crescimento da trinca de acordo com $\gamma = 0,22$.

Tabela 11.2 Constantes para a Equação de Walker para Vários Metais

Material	Lim. de Escoamento σ_0 MPa (ksi)	Tenacidade à Fratura K_{Ic} MPa$\sqrt{m}$ (Ksi$\sqrt{in}$)	Equação de Walker				
			C_0 mm / ciclo (MPa$\sqrt{m}$)^m	C_0 pol / ciclo (ksi$\sqrt{in}$)^m	m	γ (R $\geq$ 0)	γ (R < 0)
Aço estrutural comum	363 (52,6)	200[1] (182)	$3,28 \times 10^{-9}$	$1,74 \times 10^{-10}$	3,13	0,928	0,220
Aço RQC-100	778 (113)	150[1] (136)	$8,01 \times 10^{-11}$	$4,71 \times 10^{-12}$	4,24	0,719	0
Aço AISI 4340 (σ_u = 1.296 MPa)	1.255 (182)	130 (118)	$5,11 \times 10^{-10}$	$2,73 \times 10^{-11}$	3,24	0,420	0
Aço 17-4 PH (H1050, fundido a vácuo)	1.059 (154)	120[1] (109)	$3,29 \times 10^{-8}$	$1,63 \times 10^{-9}$	2,44	0,790	–
[2]Liga de Al 2024-T3	353 (51,2)	34 (31)	$1,42 \times 10^{-8}$	$7,85 \times 10^{-10}$	3,59	0,680	–
[2]Liga de Al 7075-T6	523 (75,9)	29 (26)	$2,71 \times 10^{-8}$	$1,51 \times 10^{-9}$	3,70	0,641	0

Notas: [1]Dados não disponíveis; os valores são estimativas. [2]Valores para C_0 incluem uma modificação para uso de k contida em [Hudson 69], em que $K = k\sqrt{\pi}$.
Fontes: Dados originais ou constantes ajustadas em [Crooker 75], [Dennis 86], [Dowling 79c], [Hudson 69] e [MILHDBK 94] p. 3-10 e 3-11.

Um valor de γ pode ser obtido a partir de dados obtidos para vários valores de R, sendo o γ desejado o que melhor consolida os dados ao longo de uma única linha reta ou outra curva em um gráfico de *da/dN versus* $\overline{\Delta K}$. Onde uma linha reta em um gráfico log-log é esperada, uma boa estimativa inicial de γ pode ser obtida usando os dados para dois valores de R diferentes e contrastantes, como ilustrado no Exemplo 11.3, apresentado a seguir. No entanto, um procedimento mais rigoroso é executar uma regressão linear múltipla, que começa aplicando o logaritmo em ambos os lados da Equação 11.19:

$$\log(da/dN) = m\log(\Delta K) - m(1-\gamma)\log(1-R) + \log C_0 \qquad (11.21)$$

A variável dependente é $y = \log(da/dN)$ e as independentes são $x_1 = \log(\Delta K)$ e $x_2 = \log(1 - R)$. Veja o Exemplo 10.4 para uma análise semelhante.

580 **CAPÍTULO 11** Crescimento de Trincas por Fadiga

O $\overline{\Delta K}$ de Walker, na forma das Equações 11.15 ou 11.16, pode ser usado com qualquer forma matemática para a equação de *da/dN versus* ΔK. No entanto, este valor é empregado principalmente para taxas de crescimento intermediárias, onde a Equação 11.10 se aplica.

EXEMPLO 11.3

Obtenha valores aproximados para as constantes da equação de Walker para o aço AISI 4340 da Figura 11.4.

Solução

Observe que a equação de Walker assume que o mesmo expoente *m* se aplica a todas as razões *R*, de modo que uma família de linhas retas paralelas é formada em um gráfico log-log. Duas dessas linhas paralelas para valores contrastantes de *R* são suficientes para obter valores aproximados de C_0, *m* e γ. A linha para $R = 0,1$, determinada no Exemplo 11.1, pode ser usada para um destes casos:

$$\frac{da}{dN} = 2,70 \times 10^{-10} (\Delta K)^{3,46} \quad (R = 0,1)$$

Nesta equação e na seguinte, são empregadas unidades de MPa$\sqrt{m}$ e mm/ciclo. Uma segunda linha paralela a esta e atravessando os dados $R = 0,7$ passa, aproximadamente, através do ponto:

$$\left(\Delta K; \frac{da}{dN} \right) = (11; 10^{-5})$$

Os dados $R = 0,7$ são praticamente paralelos aos dados $R = 0,1$; portanto, é razoável proceder com um $m = 3,46$. A constante *C* para esta segunda linha pode ser obtida substituindo este *m* pelo ponto precedente na Equação 11.10:

$$10^{-5} = C(11)^{3,46}, \quad C = 2,49 \times 10^{-9}$$

Assim, a equação desta linha reta é:

$$\frac{da}{dN} = 2,49 \times 10^{-9} (\Delta K)^{3,46} \quad (R = 0,7)$$

Temos agora dois valores de *C*, os quais devem obedecer à Equação 11.20:

$$C_{0,1} = \frac{C_0}{(1-R)^{m(1-\gamma)}}, \quad C_{0,7} = \frac{C_0}{(1-R)^{m(1-\gamma)}},$$

Substituindo os respectivos valores de *C* e *R*, juntamente com o *m* conhecido, chega-se a duas equações com incógnitas C_0 e γ:

$$2,70 \times 10^{-10} = \frac{C_0}{(1-0,1)^{3,46(1-\gamma)}}, \quad 2,49 \times 10^{-9} = \frac{C_0}{(1-0,7)^{3,46(1-\gamma)}}$$

Dividindo a primeira equação pela segunda, elimina-se C_0:

$$\frac{2,70 \times 10^{-10}}{2,49 \times 10^{-9}} = \left(\frac{0,3}{0,9}\right)^{3,469(1-\gamma)}$$

Aplicando logaritmos em ambos os lados e resolvendo para γ, tem-se:

$$\log\frac{2,70 \times 10^{-10}}{2,49 \times 10^{-9}} = 3,46(1-\gamma)\log\frac{0,3}{0,9}, \quad \gamma = 0,415 \qquad \textbf{(Resposta)}$$

Substituir este γ obtido de volta em qualquer equação envolvendo C_0 permite que essa constante seja determinada, como:

$$C_0 = 2,70 \times 10^{-10}(0,9)^{3,46(1-0,415)} = 2,18 \times 10^{-10}\frac{\text{mm/ciclo}}{(\text{MPa}\sqrt{\text{m}})^m} \qquad \textbf{(Resposta)}$$

A constante final é o valor de m utilizado em todo o exemplo e que havia sido determinado no Exemplo 11.1, $m = 3,46$ **(Resposta)**.

Comentário

Os valores aproximados das constantes concordam apenas aproximadamente com os da Tabela 11.2 para este material, já que os dados desta foram obtidos pelo ajuste empregando o conjunto completo de dados para vários valores de R.

11.4.2 A Equação de Forman

Outra generalização proposta para incluir os efeitos da razão entre tensões, R, é a de Forman:

$$\frac{da}{dN} = \frac{C_2(\Delta K)^{m_2}}{(1-R)K_c - \Delta K} = \frac{C_2(\Delta K)^{m_2}}{(1-R)(K_c - K_{máx})} \qquad (11.22)$$

Aqui, K_c é a tenacidade à fratura para o material e a espessura de interesse. A segunda forma surge da primeira simplesmente aplicando a Equação 9.4 (a) a ΔK no denominador. Quando $K_{máx}$ se aproxima de K_c, o denominador aproxima-se de zero e da/dN torna-se grande. Particularmente, a equação torna-se uma assíntota em $\Delta K/(1-R) = K_{máx} = K_c$. A equação tem, portanto, a interessante característica de predizer crescimento acelerado quando as condições de carregamento aproximam-se da tenacidade à fratura, enquanto ela própria aproxima-se da Equação 11.10 a baixos valores de ΔK. Assim, ela pode ser empregada para ajustar dados que abrangem as regiões de taxa de crescimento intermediária e alta.

Assumindo que dados de crescimento de trinca estão disponíveis para vários valores de R, podemos ajustá-los à Equação 11.22, calculando o seguinte parâmetro para cada ponto de dados:

$$Q = \frac{da}{dN}\left[(1-R)K_c - \Delta K\right] \qquad (11.23)$$

Se estes valores de Q forem traçados *versus* os valores de ΔK correspondentes num gráfico log-log, espera-se uma linha reta. Isso é ilustrado para a liga de alumínio

7075-T6 na Figura 11.13. A inclinação da linha Q versus ΔK no gráfico log-log é dada por m_2, e C_2 é o valor de Q em $\Delta K = 1$.

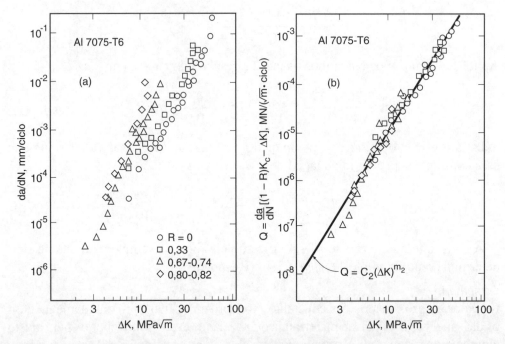

FIGURA 11.13 Efeito da razão *R* sobre as taxas de crescimento de trinca na liga de alumínio 7075-T6 (a) e correlação destes dados com base na equação de Forman (b), com as constantes listadas na Tabela 11.3.

(Dados de [Hudson 69].)

Para dado material, o sucesso da equação de Forman pode ser julgado na extensão na qual os dados de várias combinações de ΔK e R se juntam numa linha reta num gráfico log-log de Q versus ΔK. Para os dados da Figura 11.13 (a), a consolidação em uma linha reta em (b) é razoavelmente bem-sucedida. Constantes para a equação de Forman, correspondentes a tais dados, são fornecidas na Tabela 11.3, assim como constantes para três metais adicionais.

Tabela 11.3 Constantes para a Equação de Forman para Vários Metais

Material	Limite de Escoamento σ_0 MPa (ksi)	Tenacidade à Fratura K_{Ic} MPa$\sqrt{m}$ ksi$\sqrt{in}$	C_2 mm/ciclo (MPa$\sqrt{m}$)$^{m_2-1}$	C_2 pol/ciclo (ksi$\sqrt{in}$)$^{m_2-1}$	m_2	K_c MPa$\sqrt{m}$ (ksi$\sqrt{in}$)
Aço 17-4 PH (H1050)	1.145 (166)	–	$1,40 \times 10^{-6}$	$6,45 \times 10^{-8}$	2,65	132 (120)
Inconel 718 (base Fe-Ni, envelhecida)	1.172 (170)	132 (120)	$4,29 \times 10^{-6}$	$2,00 \times 10^{-7}$	2,79	132 (120)
[1]Liga de Al 2024-T3	353 (51,2)	34 (31)	$2,31 \times 10^{-6}$	$1,14 \times 10^{-7}$	3,38	110 (100)
[1]Liga de Al 7075-T6	523 (75,9)	29 (26)	$5,29 \times 10^{-6}$	$2,56 \times 10^{-7}$	3,21	78,7 (71,6)

Notas: [1]Valores para C_2 e K_c incluem uma modificação para uso de k contida em [Hudson 69], em que $K = k\sqrt{\pi}$. Os valores de K_c são para chapas do material com espessura de 2,3 mm; troque por K_{Ic} para material espesso.
Fontes: Valores em [Hudson 69]; [MILHDBK 94] p. 2-198 e 6-59 e [Smith 82].

11.4.3 Efeitos no ΔK_{th}

A razão entre tensões, R, geralmente influencia fortemente o comportamento em baixas taxas de crescimento de trinca e, por conseguinte, também sobre o valor limiar ΔK_{th}. Isso ocorre mesmo para metais de baixa resistência, nos quais há pouco efeito nas taxas de crescimento intermediárias. Alguns valores de ΔK_{th} para vários aços numa faixa de razões R são mostrados na Figura 11.14. O limite inferior da dispersão mostrada corresponde a um ΔK_{th}, calculados conforme:

$$\Delta K_{th} = 7{,}0(1 - 0{,}85\,R)\,\text{MPa}\sqrt{\text{m}}$$
$$\Delta K_{th} = 6{,}4(1 - 0{,}85\,R)\,\text{ksi}\sqrt{\text{m}} \qquad (R \geq 0{,}1) \qquad (11.24)$$

Com base na discussão apresentada por Barsom (1999), as duas equações apresentadas parecem representar uma estimativa razoável, aplicável para uma ampla variedade de aços, nas piores situações as quais envolvem as menores trincas detectáveis. Contudo, valores mais baixos de ΔK_{th} podem ocorrer para aços altamente endurecidos, de elevada resistência mecânica, que serão abordados posteriormente. Tendências semelhantes ocorrem para outras classes de metais.

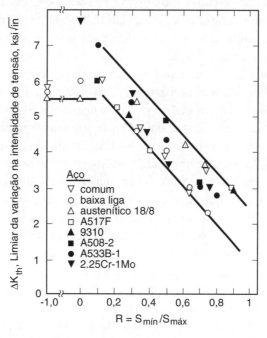

FIGURA 11.14 Efeito da razão R no limiar ΔK_{th} para vários aços. Para $R = -1$, a porção compressiva do ciclo de carregamento foi excluída dos cálculos de ΔK_{th} aqui mostrados.

(Adaptado de [Barsom 87] p. 285; © 1987 Prentice Hall, Upper Saddle River, NJ; reproduzido com permissão.)

A expressão de Walker, na forma da Equação 11.15, é empregada às vezes para representar o efeito da razão R em ΔK_{th} para dado material:

$$\Delta K_{th} = \overline{\Delta K}_{th}(1 - R)^{1-\gamma_{th}} \qquad (11.25)$$

584 CAPÍTULO 11 Crescimento de Trincas por Fadiga

em que $\overline{\Delta K}_{th}$ e γ_{th} são constantes empíricas ajustadas aos dados de teste para valores de ΔK_{th} para vários valores de R. Observe que $\overline{\Delta K}_{th}$ corresponde a ΔK_{th} em $R = 0$. Valores de γ_{th} não concordam geralmente com valor de γ ajustado à equação de Walker na região intermediária da taxa de crescimento de trincas. Particularmente, em geral há um aumento da sensibilidade aos valores de R para baixas taxas de crescimento e na região limiar (*threshold*).

11.4.4 Discussão

Uma variedade de outras expressões matemáticas – algumas delas bastante complexas – tem sido empregada para representar curvas *da/dN versus* ΔK. Embora não sejam meramente empíricas, alguns casos baseiam-se em tentativas de incluir um modelamento para o fechamento da trinca e outros fenômenos físicos que afetam seu crescimento. Muitos geram uma curva semelhante à da Figura 11.3, onde a curva se altera em taxas de crescimento baixas (desacelera) e altas (acelera). Se os efeitos da razão R estiverem incluídos e o comportamento *da/dN versus* ΔK variar sobre as regiões de taxas de crescimento baixas, intermediárias e elevadas, podem ser necessárias até 10 constantes empíricas para representar com precisão o comportamento de um material.

Uma alternativa para obter uma curva com constantes empíricas é usar um *procedimento de pesquisa em tabela* (*table lookup procedure*). Neste caso, os dados numéricos de *da/dN versus* ΔK para várias razões R são tabulados em um computador e é utilizada interpolação para determinar um valor de *da/dN* para uma combinação desejada de ΔK e R. Para mais detalhes da representação do comportamento de *da/dN versus* ΔK, consulte Forman (2005), Grandt (2004) e Henkener, Lawrence & Forman (1993).

Uma abordagem simples, mas aproximada, para representar o comportamento *da/dN versus* ΔK está ilustrada na Figura 11.15. Na região intermediária, use a relação de Walker, Equação 11.19, com constantes de materiais, C_0, m e γ, adequadamente ajustadas. Então, na região do limiar, suponha que há uma transição abrupta para um limite vertical, ΔK_{th}, como dado pela Equação 11.25 ou por outra relação análoga. Constantes de materiais adicionais, tais como $\overline{K}_{th}$ e γ_{th}, são então necessárias. No entanto, é uma prática conservadora simplesmente ignorar o limiar, como mostrado pela linha tracejada na Figura 11.15. Finalmente, represente a região instável, com alta taxa de crescimento, por outro limite vertical. Este limite ocorre quando atinge a tenacidade à fratura ou a carga limite totalmente plástica, esta última ocorrendo devido à redução da área de seção transversal por causa do crescimento da trinca. Qualquer um destes casos pode ocorrer primeiro.

Uma situação frequentemente encontrada é a disponibilidade de dados para o material de interesse apenas para um carregamento do tipo zero-ao máximo ou semelhante – isto é, para R na faixa de 0 a 0,2. Para os metais de engenharia na região de taxa de crescimento intermediária, é razoável empregar tais dados com a equação de Walker assumindo um valor de $\gamma = 0,5$. Isso, em geral, fornece uma estimativa conservadora do comportamento para outros valores positivos de razões R.

O uso de uma constante de resistência à fratura K_c nas equações de Forman e outras equações de crescimento de trincas é necessário para uma representação precisa do comportamento em altas taxas de crescimento. No entanto, alguns cuidados são necessários. Primeiro, K_c varia com a espessura exceto no estado de deformação plana, no qual aplica-se K_{Ic}. Além disso, o carregamento cíclico severo, que ocorre imediatamente antes da fratura frágil no final de um teste de crescimento de trincas, pode alterar K_c,

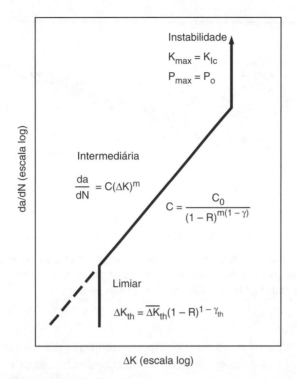

FIGURA 11.15 Representação aproximada de *da/dN versus* ΔK com a inclusão dos efeitos da razão entre tensões *R*. A equação de Walker é usada para a região intermediária, junto com um limite para o limiar possível a baixas taxas de crescimento. Existe também um limite de instabilidade a taxas de crescimento elevadas, devido a falha por fratura ou escoamento generalizado (deformação plástica).

aumentando-o para certos materiais e diminuindo-o para outros. E, ainda, para materiais dúcteis de alta tenacidade, tais como aço baixo carbono comum, os testes de crescimento de trinca por fadiga podem terminar devido ao escoamento generalizado, em vez de uma fratura frágil. Não é então apropriado obter um valor K_c a partir de tais dados.

11.5 TENDÊNCIAS NO COMPORTAMENTO DO CRESCIMENTO DE TRINCAS POR FADIGA

O comportamento do crescimento das trincas por fadiga difere consideravelmente para distintas classes de material. Também é afetado, às vezes de forma intensa, por mudanças no ambiente, como temperatura ou produtos químicos hostis.

11.5.1 Tendências com o Material

O comportamento do crescimento de trincas ao ar e à temperatura ambiente pode variar apenas modestamente dentro de uma classe de materiais bem definida. Por exemplo, os dados para $R \approx 0$ para vários aços ferrítico-perlíticos são mostrados na Figura 11.16. Uma expressão na forma da Equação 11.10 é mostrada como representação do pior caso para os vários aços testados, sendo que esta equação corresponde às constantes listadas na Tabela 11.1. Lembre-se, do Capítulo 3, de que os aços ferrítico-perlíticos têm baixos teores de carbono e são aços de baixa resistência empregados para componentes estruturais, vasos de pressão e aplicações similares.

586 CAPÍTULO 11 Crescimento de Trincas por Fadiga

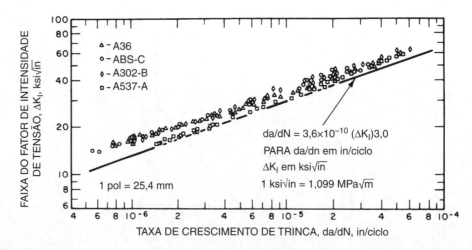

FIGURA 11.16 Dados da taxa de crescimento de trincas por fadiga a $R \approx 0$ para quatro aços ferrítico-perlíticos e uma linha que descreve as taxas de crescimento para a pior situação. Note que os eixos estão invertidos, em comparação com os outros gráficos *da/dN versus* ΔK já apresentados.

(De [Barsom 71]; usado com permissão da ASME.)

Equações para o pior caso para o comportamento *da/dN versus* ΔK são dadas em Barsom (1999) para duas classes adicionais de aço, a saber, aços martensíticos e aços inoxidáveis austeníticos. As constantes já foram apresentadas na Tabela 11.1. Os aços martensíticos são distinguidos como sendo aços tratados termicamente por têmpera e revenimento, de modo que este grupo inclui muitos aços de baixa liga e também os aços inoxidáveis da série 400, contendo menos de 15% em cromo. Os aços austeníticos são principalmente os aços inoxidáveis da série 300, empregados onde a resistência à corrosão é crítica. Essas equações aplicam-se para valores de R próximos de zero, digamos, até $R = 0,2$. Para maiores razões R, sugere-se que as constantes empregadas sejam o C_0 e m na equação de Walker, juntamente com um valor assumido de $\gamma = 0,5$.

Essas equações de uso geral precisam ser usadas com certo cuidado, já que existem exceções em que não são muito precisas. Por exemplo, se o aço AISI 4340, amplamente utilizado na forma martensítica, é tratado termicamente a vários níveis de resistência, incluindo níveis muito elevados, as taxas de crescimento das trincas podem exceder à tendência sugerida para o pior caso. Além disso, os valores ΔK_{th} para aços de alta resistência podem estar consideravelmente abaixo do comportamento típico da Figura 11.14. Dados de ensaios que mostram a tendência de ΔK_{th} com o nível de resistência para um aço AISI 4340 são dados na Figura 11.17. A diminuição em ΔK_{th} com a resistência é paralela à tendência semelhante na tenacidade à fratura para este material (Fig. 8.32).

Se forem consideradas várias classes principais de metais, tais como aços, ligas de alumínio e ligas de titânio, as taxas de crescimento de trincas diferem consideravelmente quando comparadas em um gráfico de *da/dN versus* ΔK. No entanto, os valores de ΔK, correspondem, grosseiramente, ao módulo de elasticidade, E, para dada taxa de crescimento de trinca. Por conseguinte, um gráfico de *da/dN versus* $\Delta K/E$ remove grande parte da diferença entre estes vários metais, como mostrado na Figura 11.18. Os polímeros exibem uma ampla gama de taxas de crescimento quando comparados com base em ΔK, como indicado na Figura 11.19. Para qualquer dado nível de ΔK, as taxas de crescimento são consideravelmente mais elevadas do que para a maioria dos metais.

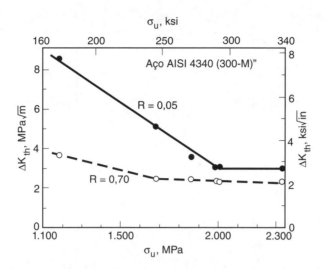

FIGURA 11.17 Efeito do nível de resistência de um aço-liga sobre ΔK_{th} para dois valores da razão entre tensões, *R*.

(Adaptado de [Ritchie 77]; usado com permissão da ASME.)

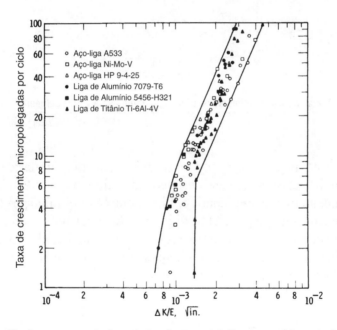

FIGURA 11.18 Tendências para o crescimento de trincas por fadiga para vários metais correlacionados graficamente através dos valores de $\Delta K/E$.

(De [Bates 69]; usado com permissão.)

Uma generalização que pode ser feita é que o expoente *m*, representando a taxa de crescimento de trincas, é maior para materiais de ductilidade menor (mais frágeis). Para metais dúcteis, *m* está tipicamente na faixa de 2 a 4 e, com frequência, em torno de 3. Exemplos de valores maiores podem ser obtidos para metais fundidos mais frágeis, para compósitos reforçados com fibras curtas e para cerâmicas, incluindo o concreto. Por exemplo, *m* está próximo de 12 para a rocha de granito do tipo Westerly da Figura 11.11.

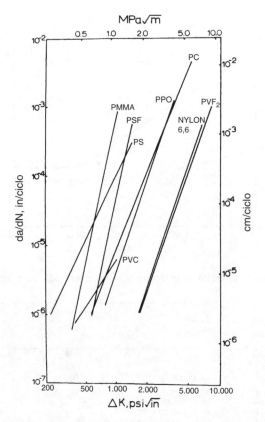

FIGURA 11.19 Tendências para o crescimento de trincas por fadiga para vários polímeros cristalinos e amorfos.

(De [Hertzberg 75]; usado com permissão.)

Apesar das generalizações que podem ser feitas quanto à similaridade de comportamentos dentro das classes de materiais, pequenas diferenças podem às vezes ter um efeito surpreendentemente significativo. Por exemplo, a diminuição do tamanho de grão em aços tem o efeito prejudicial de diminuir ΔK_{th}, enquanto o comportamento fora da região de baixa taxa de crescimento é relativamente inalterado. Além disso, como seria de esperar, as variações no reforço frequentemente têm um efeito significativo no crescimento das trincas por fadiga em materiais compósitos e um exemplo deste tipo é dado na Figura 11.20.

11.5.2 Tendências com a Temperatura e o Ambiente

Alterar a temperatura geralmente afeta a taxa de crescimento de trincas por fadiga, com temperaturas maiores normalmente causando crescimento mais rápido. Os dados que ilustram tal comportamento para o aço inoxidável austenítico (de estrutura CFC) AISI 304 estão apresentados na Figura 11.21 (esquerda). No entanto, uma tendência oposta pode ocorrer em metais CCC, devido ao mecanismo de clivagem que contribui para o crescimento da trinca por fadiga em baixas temperaturas (Seção 8.6). Tal tendência para uma liga de Fe-21Cr-6Ni-9Mn está ilustrada na Figura 11.21 (direita). Essa liga é austenítica à temperatura ambiente, mas a baixas temperaturas é martensítica (TCC) e, portanto, sujeita a clivagem. Neste caso, o efeito usual da temperatura é invertido. A contribuição de clivagem em ferros fundidos e aços de

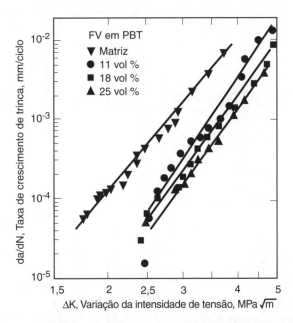

FIGURA 11.20 Efeito de várias quantidades de fibras de vidro (FV) curtas endurecendo uma matriz do polímero termoplástico Poli(tereftalato de butileno) (PBT) sobre taxas de crescimento de trincas por fadiga para $R = 0,2$, com a propagação das trincas perpendiculares à direção de enchimento do molde.

(Adaptado de [Voss 88]; usado com permissão.)

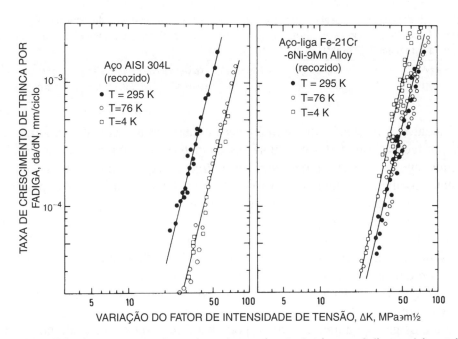

FIGURA 11.21 Efeito da temperatura sobre as taxas de crescimento de trinca por fadiga em dois metais.

(De [Tobler 78]; usado com permissão.)

estrutura CCC e TCC pode ter um grande efeito sobre o expoente m, que descreve o crescimento da trinca por fadiga, como mostrado na Figura 11.22. A supressão desse efeito pela adição de uma quantidade suficiente de níquel evita altas taxas de crescimento a baixas temperaturas.

590 CAPÍTULO 11 Crescimento de Trincas por Fadiga

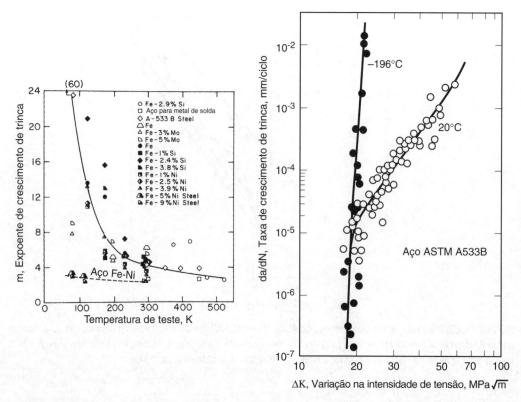

FIGURA 11.22 Variação do expoente *m* para a equação de Paris com temperatura de teste para ligas ferrosas em razões *R* próximas a zero (à esquerda). Aumento drástico associado nas taxas de crescimento à baixa temperatura para o aço A533B testado em *R* = 0,1 (à direita).

(Esquerda – Obtido de [Gerberich 79]; copyright © ASTM; reimpresso com permissão. Direita – Adaptado de [Campbell 82] p. 83; baseado em dados de [Stonesifer 76]; usado com permissão.)

Ambientes químicos hostis muitas vezes aumentam as taxas de crescimento de trinca por fadiga, com certas combinações de material e ambiente, causando efeitos especialmente grandes. O termo *corrosão-fadiga* é frequentemente usado quando o ambiente envolvido é um meio corrosivo, como a água do mar. Tal comportamento é ilustrado na Figura 11.23, que mostra o efeito de uma solução de água salgada semelhante à água do mar em dois níveis de resistência do aço AISI 4340. O efeito é consideravelmente maior quando o aço apresenta maiores níveis de resistência. O efeito sobre a taxa de crescimento por ciclo, *da/dN*, de determinado ambiente hostil é geralmente maior em frequências menores dos ciclos de carregamento em fadiga, durante os quais o ambiente tem mais tempo para agir. Esta tendência é evidente nos dados da Figura 11.24.

Mesmo os gases e a umidade do ar podem agir como um ambiente hostil, o que pode ser demonstrado através da comparação de dados oriundos de ensaios realizados em vácuo, ou em um gás inerte, com dados obtidos em ensaios realizados no ar. Tais comparações para um metal e uma cerâmica são mostradas na Figura 11.25. Esta circunstância resulta em efeitos de frequência que ocorrem no ar para alguns materiais. Uma vez que a atividade química aumenta com a temperatura, a tendência geral de aumento da taxa de crescimento com a temperatura é explicada, pelo menos em parte, pelo fato de o ar atuar como um efeito hostil.

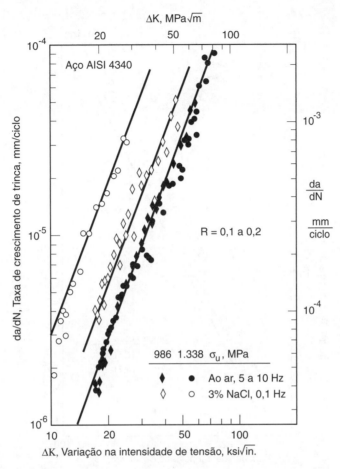

FIGURA 11.23 Sensibilidade diferenciada ao crescimento de trincas por corrosão-fadiga para dois níveis de resistência de um aço-liga.

(Adaptado de [Imhof 73]; copyright © ASTM; reimpresso com permissão.)

11.6 ESTIMATIVAS DE VIDA PARA CARGA DE AMPLITUDES CONSTANTES

Uma vez que ΔK aumenta com o comprimento da trinca durante carregamento de amplitude constante, ΔS, e uma vez que a taxa de crescimento da trinca, da/dN, depende de ΔK, a taxa de crescimento não é constante, mas aumenta com o comprimento da trinca. Em outras palavras, a trinca acelera, à medida que cresce, como nos dados da Figura 11.8. Esta situação de mudança do da/dN requer o uso de um procedimento de integração para obter a vida requerida para o crescimento da trinca.

As taxas para o crescimento de trinca, da/dN, para determinada combinação de material e razão R, são dadas como uma função de ΔK pelas Equações 11.10, 11.18 e 11.22, e por outras equações semelhantes, que podem ser representadas em geral por:

$$\frac{da}{dN} = f(\Delta K, R) \qquad (11.26)$$

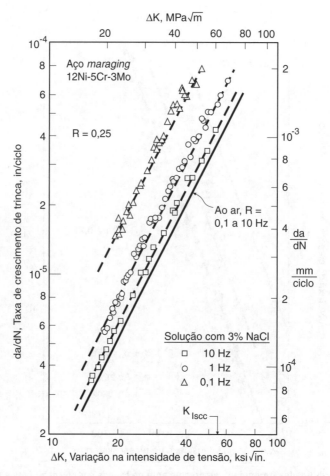

FIGURA 11.24 Efeitos da frequência sobre as taxas de crescimento de trincas por fadiga por corrosão em aço *maraging*.

(Adaptado de [Imhof 73]; copyright © ASTM; reimpresso com permissão.)

em que quaisquer efeitos de ambiente, frequência etc., são considerados incluídos nas constantes do material que estão envolvidas. A vida em ciclos requerida para o crescimento de trincas pode ser calculada resolvendo esta equação por dN e integrando ambos os lados:

$$\int_{N_i}^{N_f} dN = N_f - N_i = N_{if} = \int_{a_i}^{a_f} \frac{da}{f(\Delta K, R)} \qquad (11.27)$$

Esta integral dá o número de ciclos necessários para a trinca crescer a partir de um tamanho inicial, a_i, em um número de ciclos, N_i, para um tamanho final, a_f, no número de ciclos, N_f. É conveniente utilizar o símbolo N_{if} para representar o número de ciclos decorridos, $N_f - N_i$.

O inverso da taxa de crescimento, dN/da, é a taxa de acumulação de ciclos, N, por unidade de aumento no comprimento da trinca, a. Da Equação 11.26, isso é dado por:

$$\frac{dN}{da} = \frac{1}{da/dN} = \frac{1}{f(\Delta K, R)} \qquad (11.28)$$

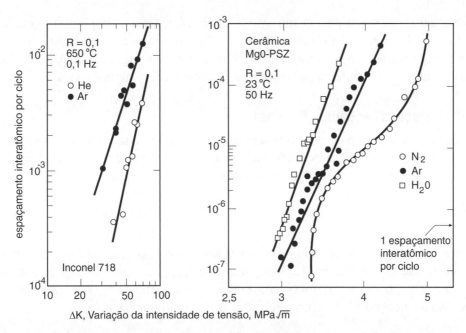

FIGURA 11.25 Crescimento mais rápido das trincas por fadiga ao ar do que em gás inerte para o Inconel 718 (liga à base de Ni) em alta temperatura (à esquerda). Alteração do crescimento das trincas por fadiga (à direita) para a cerâmica zircônia, parcialmente estabilizada (ZPEst) com magnésia (MgO).

(Esquerda – Adaptado de [Floreen 79]; usado com permissão. Direita – Adaptado de [Dauskardt 90]; reimpresso com permissão da ACS – American Ceramic Society.)

Observe que a Equação 11.27 também pode ser escrita como:

$$N_{if} = \int_{a_i}^{a_f} \left(\frac{dN}{da}\right) da \qquad (11.29)$$

Portanto, se dN/da da Equação 11.28 é traçada como uma função de a, a vida N_{if} é dada pela área sob a curva obtida, entre a_i e a_f. Isso está ilustrado na Figura 11.26

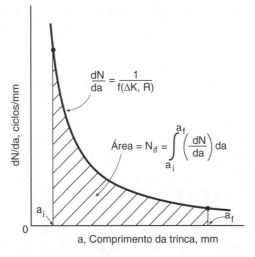

FIGURA 11.26 Área sob uma curva *dN/da* usada para estimar o número de ciclos necessários para crescer uma trinca a partir de um tamanho inicial, a_i, para um tamanho final, a_f.

594 **CAPÍTULO 11** Crescimento de Trincas por Fadiga

Para realizar a integração para um caso particular, é necessário empregar a equação específica da/dN para o material e o valor de R de interesse, assim como a equação específica para ΔK para a geometria de interesse. Existem algumas soluções fechadas (prontas) úteis, mas a integração numérica é necessária em muitos casos.

11.6.1 Soluções Fechadas (Prontas)

Considere uma situação na qual as taxas de crescimento são dadas pela Equação 11.10 e a expressão $F = F(a/b)$ da Equação 11.7 pode ser aproximada como sendo uma constante na faixa de comprimentos de trinca de interesse, de a_i a a_f:

$$\frac{da}{dN} = f(\Delta K, R) = C(\Delta K)^m, \quad \Delta K = F\,\Delta S\sqrt{\pi a} \tag{11.30}$$

O valor de C utilizado pode incluir o efeito da razão $R = S_{mín}/S_{máx}$, a partir da abordagem de Walker, usando a Equação 11.20. Suponha que $S_{máx}$ e $S_{mín}$ sejam constantes, de modo que ΔS e R também sejam ambos constantes. Substituindo esta condição particular $f(\Delta K, R)$ na Equação 11.27 e, em seguida, substituindo por ΔK é:

$$N_{if} = \int_{a_i}^{a_f} \frac{da}{C(\Delta K)^m} \int_{a_i}^{a_f} \frac{da}{C\left(F\,\Delta S\sqrt{\pi a}\right)^m} \int_{a_i}^{a_f} \frac{1}{C\left(F\,\Delta S\sqrt{\pi}\right)^m} \frac{da}{a^{m/2}} \tag{11.31}$$

Uma vez que C, F, ΔS e m são todos constantes e a única variável é o tamanho da trinca, a, a integração é direta, dando:

$$N_{if} = \frac{a_f^{1-m/2} - a_i^{1-m/2}}{C\left(F\,\Delta S\sqrt{\pi}\right)^m (1-m/2)} \quad (m \neq 2) \tag{11.32}$$

Se $m = 2$, esta equação é matematicamente indeterminada.

Quando a_f é substancialmente maior do que a_i e m é de cerca de 3 ou mais, o termo a_i domina o numerador da Equação 11.32 e a vida torna-se insensível ao valor de a_f. Esta tendência é acentuada para valores maiores de m. Com referência à Figura 11.26, a área sob a curva, N_{if}, é pouco afetada pela escolha exata de determinado a_f. Além disso, como a maior parte da área – e, portanto, a maioria dos ciclos – ocorre perto de a_i, o valor da constante F escolhida para a Equação 11.32 deve estar mais próximo do valor F_i correspondente a a_i do que ao valor F_f correspondente a a_f. Desta forma, pode ser empregado F_i ou um valor intermediário ligeiramente superior.

Existem soluções fechadas adicionais que podem ser úteis, como a obtida para o caso de $m = 2$, com derivações de algumas destas incluídas em Problemas, no final deste capítulo. No entanto, quando $F = F(a/b)$ deve ser tratada como uma variável, a variedade destas é severamente limitada, devido ao aparecimento de m como um expoente em F no denominador da Equação 11.31.

As equações precedentes assumem carga de amplitude constante, de modo que as tensões nominais da seção bruta, $S_{máx}$ e $S_{mín}$, são constantes durante o ciclo. Se essas tensões mudam, a integral da Equação 11.27, e quaisquer outras equações obtidas a partir dela, podem ser aplicadas em cálculos separados durante os períodos de crescimento de trincas nos quais os níveis de carga são constantes. Os números de ciclos para cada um destes períodos podem ser somados para obter a vida total. Contudo, deve ser considerada a discussão adicional sobre a carga de amplitude variável, apresentada mais adiante na Seção 11.7.

11.6.2 Comprimento de Trinca na Falha

Ao empregar a Equação 11.27 para estimar a vida para o crescimento de uma trinca, o comprimento final da trinca é muitas vezes desconhecido e deve ser determinado antes que a equação possa ser aplicada. Além disso, se F é tomado como constante, como na Equação 11.32, é também necessário determinar $F_f = F (a_f/b)$, para que se possa confirmar se este valor não difere em excesso de $F_i = F (a_i/b)$. Se F_f e F_i diferem entre si, aproximadamente, mais de 15 a 20%, o maior erro resultante em N_{if}, devido ao uso de um valor constante, será em geral inaceitável. A integração numérica, conforme descrito na Seção 11.6.3, é normalmente necessária.

Sob carga cíclica de amplitude constante, o valor $K_{máx}$ correspondente a $S_{máx}$ aumenta, à medida que o crescimento da trinca prossegue. Quando o $K_{máx}$ atinge a tenacidade à fratura K_c para o material e a espessura de interesse, espera-se uma falha no comprimento a_c que é crítico para a fratura frágil:

$$a_c = \frac{1}{\pi} \left(\frac{K_c}{F S_{máx}} \right)^2 \tag{11.33}$$

Uma vez que F varia, uma solução gráfica ou iterativa, como já ilustrado pelo Exemplo 8.1 (c), é geralmente necessária para obter a_c.

Além disso, o crescimento da trinca causa uma perda de área da seção transversal e, portanto, um aumento na tensão na área remanescente "não trinca" (área líquida). Dependendo do material, da geometria e do tamanho do elemento, pode ser alcançado escoamento totalmente plástico da seção antes de $K_{máx} = K_c$. Isso é mais provável para materiais dúcteis com baixa resistência mecânica e alta tenacidade à fratura. Assim, a_f é a menor de duas possibilidades, a_c e a_o, em que o último é o comprimento da trinca correspondente a escoamento plástico generalizado da seção. Os valores de a_o podem ser estimados com base no comportamento totalmente plástico, conforme discutido no Apêndice A, Seção A.7.2. Para alguns casos bidimensionais simples, equações úteis para a_o, obtidas desta forma, são dadas na Figura A.16.

O uso da mecânica de fratura linear-elástica (MFLE) até o comprimento da trinca a_o, correspondendo ao escoamento plástico generalizado da seção, viola as limitações do tamanho da zona plástica da MFLE, como discutido no Capítulo 8. O incremento do montante da deformação plástica em tamanhos de trinca próximos a a_o aumenta as taxas de crescimento acima dos valores calculados, dando uma vida real mais curta do que calculada. No entanto, em referência à Figura 11.26, que mostra que as trincas se aceleram durante seu crescimento, deve-se considerar que a maioria de ciclos são esgotados quando a trinca ainda é curta, e poucos são gastos quando a trinca estiver perto de seu comprimento final. Desta forma, o erro na determinação da vida oriundo deste incremento na deformação plástica acima dos limites da MFLE é geralmente pequeno, de modo que o procedimento sugerido é escolher o menor valor entre a_c e a_o, que é uma aproximação apropriada para fins de engenharia.

Outra fonte de erro possível nas estimativas de vida é que a tenacidade à fratura, K_c, no final do carregamento cíclico pode diferir dos valores padrão obtidos em testes

596 **CAPÍTULO 11** Crescimento de Trincas por Fadiga

estáticos. No entanto, se a_f é significativamente maior do que a_i, o efeito na vida de um valor alterado de K_c pode não ser grande, o que também decorre da situação ilustrada na Figura 11.26.

EXEMPLO 11.4

Uma placa com uma trinca central constituída do aço AISI 4340 (com $\sigma_u = 1.296$ MPa), conforme descrito na Tabela 11.2, tem dimensões (em mm) como definidas na Figura 8.12 (a), $b = 38$ e $t = 6$, e contém uma trinca de comprimento inicial $a_i = 1$ mm. Essa placa é submetida a um carregamento cíclico tração-tração entre valores constantes de força mínima e máxima, $P_{mín} = 80$ e $P_{máx} = 240$ kN.

(a) Em que comprimento de trinca, a_f, a falha deverá ocorrer? A causa da falha será por escoamento ou fratura frágil?

(b) Quantos ciclos podem ser aplicados antes de a falha ocorrer?

(c) Suponha que esta placa seja um componente de engenharia que necessita suportar 150.000 ciclos em sua vida útil e ainda que é necessário um fator de segurança de três em vida. Se $a_i = 1$ mm é o comprimento mínimo de trinca detectável por inspeção, seriam necessárias inspeções periódicas? Em caso afirmativo, com qual intervalo?

(d) Considere a possibilidade de evitar inspeções periódicas através de uma inspeção inicial melhorada, de tal forma que um a_i menor possa ser garantido. Que novo $a_i = a_d$ seria necessário?

Solução

(a) O comprimento da trinca para escoamento plástico generalizado da seção pode ser estimado a partir da Figura A.16 (a):

$$a_0 = b\left(1 - \frac{P_{máx}}{2bt\sigma_o}\right) = (38 \text{ mm})\left(1 - \frac{240.000 \text{ N}}{2(38 \text{ mm})(6 \text{ mm})(1.255 \text{ MPa})}\right) = 22,1 \text{ mm}$$

O limite de escoamento (e também K_{Ic}) é obtido a partir da Tabela 11.2. O comprimento da trinca, a_c, para fratura frágil é dado pela Equação 11.33:

$$a_c - \frac{1}{\pi}\left(\frac{K_{Ic}}{FS_{máx}}\right)^2$$

Com referência à Figura 8.12 (a), uma estimativa inicial de a_c pode ser feita supondo que $a_c/b \leq 0,4$, de modo que $F \approx 1$. Obtemos, então:

$$S_{máx} = \frac{P_{máx}}{2bt} = \frac{240.000 \text{ N}}{2(38 \text{ mm})(6 \text{ mm})} = 526 \text{ MPa}$$

$$a_c \approx \frac{1}{\pi}\left(\frac{K_{Ic}}{FS_{máx}}\right)^2 = \frac{1}{\pi}\left(\frac{130 \text{ MPa}\sqrt{m}}{1(526 \text{ MPa})}\right)^2 = 0,0194 \text{ m} = 19,4 \text{ mm}$$

Isso corresponde a $a_c/b = 0,51$, que está além da região de precisão de 10% para $F \approx 1$. Uma solução por tentativa e erro, como no Exemplo 8.1 (c), é necessária, com

F tomado da Figura 8.12 (a). Isso é mostrado na Tabela E11.4. O valor final de K é $K_{Ic} = 130\ MPa\sqrt{m}$, de modo que $a_c = 15,8$ mm. Uma vez que este é menor do que a_0, a fratura frágil determina o valor de controle, a_f, e:

$$a_f = 15,8\ \text{mm} \qquad \textbf{(Resposta)}$$

Tabela E11.4

Cálculo Nº	Tentativa para a mm	$\alpha = a/b$	F	$K_{máx} = F{\cdot}S_{máx}\sqrt{\pi a}$, MPa$\sqrt{m}$
1	15	0,395	1,097	125,3
2	16	0,421	1,114	131,3
3	15,77	0,416	1,110	130

(b) Se F é aproximadamente constante, a Equação 11.32 pode ser empregada para calcular N_{if} ou através da substituição de um valor de F inicial ou por um valor intermediário, um pouco maior que o inicial:

$$N_{if} = \frac{a_f^{1-m/2} - a_i^{1-m/2}}{C\left(F\ \Delta S\sqrt{\pi}\right)^m (1-m/2)}$$

Neste caso, o valor aumenta de $F_i = 1,00$ para $F_f = 1,11$. Logo, a variação é suficientemente pequena para que a constância de F seja uma suposição razoável e possamos empregar F = 1,00 para o cálculo de N_{if}. Se observarmos que a Tabela 11.2 fornece constantes para a equação de Walker, vemos que a razão R não nula para a carga aplicada pode ser tratada calculando um valor de C da Equação 11.20 como segue:

$$R = \frac{S_{mín}}{S_{máx}} = \frac{P_{mín}}{P_{máx}} = \frac{80}{240} = 0,333$$

$$C = \frac{C_0}{(1-R)^{m(1-\gamma)}} = \frac{5,11\times10^{-10}}{(1-0,333)^{3,24(1-0,42)}} = 1,095\times10^{-9}\ \frac{\text{mm/ciclo}}{\left(\text{MPa}\sqrt{m}\right)^m}$$

No entanto, a substituição de F na equação para N_{if} é mais conveniente se todas as quantidades tiverem unidades consistentes com MPa$\sqrt{m}$ como usado para ΔK, requerendo uma conversão de unidades para C da seguinte forma:

$$C = 1,095\times10^{-9}\ \frac{\text{mm/ciclo}}{\left(\text{MPa}\sqrt{m}\right)^m} \times \frac{1\ \text{m}}{1.000\ \text{mm}} = 1,095\times10^{-12}\ \frac{\text{mm/ciclo}}{\left(\text{MPa}\sqrt{m}\right)^m}$$

Dois cálculos adicionais são úteis antes de se obter N_{if}:

$$\Delta S = S_{máx}(1-R) = 526(0,667) = 351\ \text{MPa}$$

$$\left(1 - \frac{m}{2}\right) = \left(1 - \frac{3,24}{2}\right) = -0,62$$

598 CAPÍTULO 11 Crescimento de Trincas por Fadiga

Substituindo os vários valores numéricos, finalmente obtemos N_{if}:

$$N_{if} = \frac{(0{,}0158\,\text{m})^{-0{,}62} - (0{,}001\,\text{m})^{-0{,}62}}{\left(1{,}095 \times 10^{-12}\,\dfrac{\text{m/ciclo}}{(\text{MPa}\sqrt{\text{m}})^m}\right)(1{,}00 \times 351\,\text{MPa} \times \sqrt{\pi}\,)^{3{,}24}(-0{,}62)}$$

$$N_{if} = 77.600\,\text{ciclos} \qquad \textbf{(Resposta)}$$

Nas substituições precedentes, note que todas as unidades estão em metro, MPa ou combinações destas. Uma verificação cuidadosa indica que todos cancelam-se entre si, deixando apenas "ciclos".

(c) Sem inspeções periódicas, o fator de segurança em vida, da Equação 11.2, será:

$$X_N = \frac{N_{if}}{\hat{N}} = \frac{77.600}{150.000} = 0{,}52$$

Assim, a falha é esperada antes do fim da vida útil, de modo que inspeções são claramente necessárias. Para o requisito de $X_N = 3$, o intervalo entre inspeções pode ser obtido a partir da Equação 11.5:

$$N_p = \frac{N_{if}}{X_N} = \frac{77.600}{3} = 25.900\,\text{ciclos} \qquad \textbf{(Resposta)}$$

(d) Para evitar inspeções periódicas e satisfazer $X_N = 3$, precisamos de um novo e menor valor de trinca inicial detectável, $a_i = a_d$, tal que N_{if} seja:

$$N_{if} = X_N \hat{N} = 3(150.000) = 450.000\,\text{ciclos}$$

A Equação 11.32 é necessária novamente, mas agora com N_{if} conhecido e a_i desconhecido. Observando que os mesmos valores de a_f, C, m, F, e S aplicam-se como em (b), e com as unidades manuseadas como anteriormente, temos as seguintes substituições:

$$450.000 = \frac{(0{,}0158)^{-0{,}62} - a_i^{-0{,}62}}{(1{,}095 \times 10^{-12})(1{,}00 \times 351\sqrt{\pi}\,)^{3{,}24}(-0{,}62)}$$

Resolvendo para a_i, temos:

$$a_i = a_d\,7{,}63 \times 10^{-5}\,\text{m} = 0{,}0763\,\text{mm} \qquad \textbf{(Resposta)}$$

De acordo com a discussão anterior, na Seção 11.2.1, este valor muito pequeno de a_d provavelmente está abaixo dos limites de qualquer técnica de inspeção razoável. Por conseguinte, seria difícil evitar a inspeção periódica neste caso, a menos que seja possível baixar a carga aplicada através da alteração do projeto ou por restrições à utilização do componente.

Comentário
Seria também razoável e mais conservador escolher um valor ligeiramente mais elevado de F para a determinação de N_{if}. Por exemplo, escolhendo $F = 1{,}03$ tem-se $N_{if} = 70.500$ ciclos para (b) e $a_i = 0{,}0657$ mm para (d).

11.6.3 Soluções por Integração Numérica

Como já discutido, a Equação 11.32 e as equações relacionadas que podem ser derivadas para o cálculo da vida de crescimento de trincas assumem que F é constante. Assim, essas equações não podem ser usadas se F mudar excessivamente entre os comprimentos inicial e final da trinca, a_i e a_f. Uma vez que a integração formal da Equação 11.27 dificilmente é possível se F for tratado como uma variável, torna-se necessário empregar integração numérica. Além disso, algumas formas matemáticas elaboradas para ajustar as curvas da/dN *versus* ΔK empregam equações que não podem ser integradas formalmente mesmo com F constante, necessitando novamente de integração numérica.

Para realizar uma integração numérica, é útil empregar a Equação 11.27 na forma da Equação 11.29. Primeiro, escolha um número de comprimentos de trinca entre a_i e a_f:

$$a_i, a_1, a_2, a_3 \cdots a_f$$

Para cada um destes e para o material, geometria e carregamento de interesse sob análise, calcule ΔK e depois da/dN, invertendo este último resultado para obter dN/da. Finalmente, encontre N_{if} como a área sob a curva dN/da *versus* a entre a_i e a_f. Isso pode ser feito para qualquer forma matemática das equações ΔK e da/dN. Por exemplo, para as formas da Equação 11.30, considerando valores de F variáveis, o dN/da para qualquer comprimento de trinca dado, a_j, é:

$$\left(\frac{dN}{da} \right)_j = \frac{1}{C(\Delta K_j)^m} = \frac{1}{C(F_j \, \Delta S \sqrt{\pi a j})^m} \tag{11.34}$$

em que F_j precisa ser especificamente calculado para cada a_j.

Os intervalos Δa entre os valores de a_j podem ser iguais, mas isso não é necessário. É importante que Δa seja suficientemente pequeno para uma representação precisa da curva dN/da. Isso tende a ser um problema ao lidar com comprimentos de trinca muito curtos, para os quais a curva é geralmente mais íngreme (Fig. 11.26). Uma alternativa que gera Δa pequenos apenas quando necessários é aumentar os valores de a por uma porcentagem fixa a cada intervalo. Um aumento de 10% (empregando um fator $r = 1,10$) para cada intervalo é suficientemente pequeno para valores típicos de m:

$$a_{j+1} = r a_j, \quad r \approx 1,10 \tag{11.35}$$

Uma solução manual para N_{if} pode ser feita em papel milimetrado. Também é fácil programar um cálculo aproximado da área em um computador. Métodos padrão e programas de computador para integração numérica também podem ser aplicados.

Um método relativamente simples de integração numérica, geralmente descrito em livros sobre análise numérica, é a regra de Simpson. Para empregá-la, considere três comprimentos de trinca vizinhos, a_j, a_{j+1} e a_{j+2}, como mostrado na Figura 11.27. Entre a_j e a_{j+2} pode-se fazer uma estimativa da área sob a curva $y = dN/da$ assumindo que uma parábola passe através dos três pontos (a_j, y_j), (a_{j+1}, y_{j+1}) e (a_{j+2}, y_{j+2}). Se os pontos estiverem igualmente espaçados por um valor Δa, a estimativa de área será:

$$\int_{a_j}^{a_{j+2}} y \, da = \frac{\Delta a}{3} \left(y_j + 4 y_{j+1} + y_{j+2} \right) \tag{11.36}$$

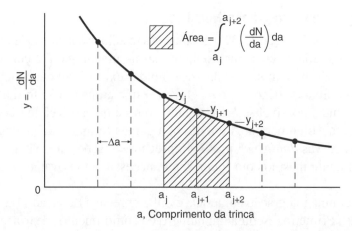

FIGURA 11.27 Área sob a curva *dN/da* versus *a* ao longo de dois intervalos Δa, conforme estimado pela regra de Simpson.

Esta equação é aplicada para cada elemento $j = 0, 2, 4, 6 \ldots (n-2)$, em que n é par. Adicionando as contribuições para a área de cada cálculo tem-se um valor aproximado da área total sob a curva entre a_i e a_f, em que $a_f = a_n$.

Para análise de crescimento de trincas, o número de intervalos pode ser mantido razoavelmente pequeno se os valores de a não forem espaçados uniformemente, mas diferirem de um fator constante r, como na Equação 11.35. Então:

$$a_i, \quad a_1 = ra_i, \quad a_2 = r^2 a_i, \quad \cdots a_n = r^n a_i = a_f \tag{11.37}$$

A área da parábola através de três desses pontos é dada por:

$$\int_{a_j}^{a_{j+2}} y\, da = \frac{a_j(r^2+1)}{6r}\left[y_j r(2-r) + y_{j+1}(r+1)^2 + y_{j+2}(2r-1)\right] \tag{11.38}$$

A integração até a_n pode ser realizada de forma análoga ao cálculo feito pela regra de Simpson, exceto pelo uso da nova fórmula de área.

EXEMPLO 11.5

Refine a estimativa de vida aproximada de Exemplo 11.4 (b) usando a integração numérica.

Solução

A regra modificada de Simpson da Equação 11.38 pode ser empregada. Um fator para incrementar a é inicialmente escolher como sendo $r = 1,1$ (conforme sugerido pelo texto), de tal modo que a integração terminará a $a_f = 15,8$ mm, que é o valor de a_f como determinado no Exemplo 11.4. Da Equação 11.37, temos $a_f = r^n a_i$, em que foi dado que $a_i = 1,0$ mm. Substituindo a_f por a_i, com $r = 1,10$, e resolvendo, obtemos $n = 28,96$. Assim, precisamos de um inteiro par para n próximo desse valor. Escolhendo $n = 30$ e resolvendo para r temos:

$$r^n = \frac{a_f}{a_i}, \quad r^{30} = \frac{15,8 \text{ mm}}{1 \text{ mm}}, \quad r = 1,09637$$

Os comprimentos de trinca para os $n = 30$ intervalos podem agora ser calculados usando este r com a Equação 11.35, iniciando com $a_0 = a_i = 0,001$ m. Alguns dos valores são apresentados na Tabela E11.5, com as unidades em metros.

Tabela E11.5

j	a, m	$\alpha = a/b$	$F = F(a/b)$	ΔK, MPa$\sqrt{m}$	$y = dN/da$, ciclos/m	ΔN, ciclos	$\Sigma(\Delta N)$, ciclos
0	$1,000 \times 10^{-3}$	0,0263	1,0003	19,67	$5,869 \times 10^{7}$	0	0
1	$1,096 \times 10^{-3}$	0,0289	1,0004	20,60	$5,055 \times 10^{7}$	–	–
2	$1,202 \times 10^{-3}$	0,0316	1,0005	21,57	$4,354 \times 10^{7}$	10.203	10.203
3	$1,318 \times 10^{-3}$	0,0347	1,0006	22,59	$3,750 \times 10^{7}$	–	–
4	$1,445 \times 10^{-3}$	0,0380	1,0007	23,66	$3,229 \times 10^{7}$	9.098	19.300
5	$1,584 \times 10^{-3}$	0,0417	1,0008	24,77	$2,781 \times 10^{7}$	–	–
6	$1,737 \times 10^{-3}$	0,0457	1,0010	25,94	$2,395 \times 10^{7}$	8.110	27.410
$\vdots$	$\vdots$	$\vdots$	$\vdots$	$\vdots$	$\vdots$	$\vdots$	$\vdots$
26	$1,094 \times 10^{-2}$	0,2878	1,0464	68,05	$1,052 \times 10^{6}$	2.304	72.020
27	$1,199 \times 10^{-2}$	0,3155	1,0572	71,99	$8,770 \times 10^{5}$	–	–
28	$1,314 \times 10^{-2}$	0,3459	1,0708	76,35	$7,249 \times 10^{5}$	1.935	73.955
29	$1,441 \times 10^{-2}$	0,3792	1,0881	81,23	$5,931 \times 10^{5}$	–	–
30	$1,580 \times 10^{-2}$	0,4158	1,1101	86,78	$4,789 \times 10^{5}$	1.573	75.528

Em seguida, usando F e S conforme apropriado para a geometria da placa trincada no centro, como mostrado na Figura 8.12 (a), realizamos cálculos como seguem para cada a_j, em que $j = 0$ a 30:

$$\alpha = \frac{a}{b}, \quad F = \frac{1 - 0,5\alpha + 0,326\alpha^2}{\sqrt{1 - \alpha}}$$

$$\Delta K = F \Delta S \sqrt{\pi a} = F \frac{\Delta P}{2bt} \sqrt{\pi a}, \quad y = \frac{dN}{da} = \frac{1}{C(\Delta K)^m}$$

São necessários os seguintes valores do Exemplo 11.4: $b = 0,038$ m, $t = 0,006$ m, $\Delta P = 0,160$ MN, $m = 3,24$ e $C = 1,095 \times 10^{-12}$, em que tal C inclui o efeito de $R = 0,333$. Note que as unidades em metros, MPa = MN/m^2 e ciclos, ou combinações destas, são usadas para todas as quantidades, incluindo C. Alguns resultados dos cálculos são mostrados na Tabela E11.5.

A integração numérica pode prosseguir aplicando a Equação 11.38 para cada par de intervalos para obter o número de ciclos, ΔN, para o crescimento da trinca, de a_j para a_{j+2}:

$$\Delta N_{j+2} = \int_{a_j}^{a_{j+2}} y \, da$$

Particularmente, a Equação 11.38 é aplicada, primeiro, para os dois intervalos de $j = 0$ a $j + 2 = 2$; então de $j = 2$ a $j + 2 = 4$; a seguir de $j = 4$ a $j + 2 = 6$ etc. até $j = 28$ a $j + 2 = 30$. Os três primeiros cálculos dão:

602 **CAPÍTULO 11** Crescimento de Trincas por Fadiga

$$\Delta N_2 = \int_{a_0=a_i}^{a_2} y\,da = 10.203, \quad \Delta N_4 = \int_{a_2}^{a_4} y\,da = 9098$$

$$\Delta N_6 = \int_{a_4}^{a_6} y\,da = 8.110 \text{ ciclos}$$

A soma cumulativa dos valores ΔN também é calculada como mostrado na última coluna da tabela. Por exemplo, o número de ciclos para alcançar o comprimento de trinca a_6 é:

$$\Sigma(\Delta N)_6 = 10.203 + 9.098 + 8.110 = 27.410 \text{ ciclos}$$

A soma cumulativa final em $a_{30} = a_f$ é a vida calculada para o crescimento da trinca:

$$\Sigma(\Delta N)_{30} = N_{if} = 75.500 \text{ ciclos} \qquad \textbf{(Resposta)}$$

Discussão

A vida desta integração numérica é vista como semelhante ao resultado aproximado do Exemplo 11.4, que foi $N_{if} = 77.600$ ciclos, que é afetado pela escolha de $F = 1,00$. Se o Exemplo 11.4 for refeito com constante $F = 1,0085$, obtém-se a mesma vida que para Exemplo 11.5.

11.7 ESTIMATIVAS DE VIDA PARA CARGA DE AMPLITUDES VARIÁVEIS

Mesmo quando os níveis de tensão variam durante o crescimento da trinca, ainda podem ser feitas estimativas da vida. Uma abordagem simples é assumir que o crescimento de determinado ciclo não é afetado pela história anterior – isto é, os *efeitos da sequência de carregamento* não existem. Efeitos intensos da sequência de carregamento podem ocorrer em situações especiais, mas muitas vezes é útil e suficientemente preciso negligenciá-los.

11.7.1 Soma dos Incrementos das Trincas

O crescimento da trinca, Δa, em cada ciclo individual de carga de amplitude variável pode ser estimado a partir da curva *da/dN versus* ΔK do material. O somatório dos valores de Δa, ao se manter controlado o número de ciclos aplicados, leva a uma estimativa da vida. Tal procedimento é equivalente a uma integração numérica na qual a, em vez de N, é a variável dependente.

Portanto, se o comprimento atual da trinca é a_j e o incremento for Δa_j, o novo valor do comprimento da trinca, a_{j+1}, para o próximo ciclo é:

$$a_{j+1} = a_j + \Delta a_j = a_j \left(\frac{da}{dN} \right)_j \qquad (11.39)$$

em que o Δa é numericamente igual à *da/dN*, uma vez que $\Delta N = 1$ para um ciclo. Chamando o comprimento inicial da trinca como a_i, verificamos que o comprimento da trinca após N ciclos é:

$$a_N = a_i + \sum_{j=1}^{N} \left(\frac{da}{dN} \right)_j \qquad (11.40)$$

Cada da/dN é calculado a partir de ΔK e R para aquele ciclo particular, em que ΔK é obtido a partir do comprimento da trinca corrente, a_j, e do ΔS para o ciclo em particular. Qualquer forma de expressão para os valores variáveis de $F = F (a/b)$ e qualquer forma de uma relação da/dN *versus* ΔK podem ser facilmente utilizadas neste procedimento. Para carregamentos altamente irregulares, o método de contagem *rainflow* (queda da chuva), como descrito no Capítulo 9, pode ser empregado para identificar os ciclos.

A soma é continuada até encontrar um pico de carga suficientemente severo para causar uma fratura completamente frágil ou escoamento plástico generalizado na seção. Neste ponto, o cálculo é encerrado e o número de ciclos acumulados é a vida estimada para o crescimento de trinca.

Note que o procedimento descrito também pode ser aplicado para carga de amplitude constante, como uma alternativa à abordagem de integração numérica da Seção 11.6.3. Neste caso, o procedimento pode ser modificado visando acomodar valores de ΔN diferentes da unidade, de modo que os ciclos são tomados em grupos, tais como $\Delta N = 100$. É necessário apenas que ΔN seja suficientemente pequeno e que da/dN não se altere mais do que uma pequena quantidade, de modo que seu valor no início do intervalo seja representativo de todo o intervalo.

Para uma trinca com uma frente curva, como uma porção em círculo ou elipse, como nas Figuras 8.17 a 8.19, a intensidade de tensão K varia ao redor da periferia da trinca. Isso faz com que a taxa de crescimento também varie em torno da periferia, de modo que a trinca muda de forma, à medida que cresce. Essa complexidade pode ser tratada atualizando a forma da trinca e ajustando adequadamente a função de geometria F, à medida que os incrementos da trinca são somados. Os detalhes necessários para F podem ser encontrados em várias referências contidas no Capítulo 8, especialmente Newman & Raju (1986). Tal capacidade está incluída nos programas de computador AFGROW e NASGRO; consulte Lextech (2010) e SwRI (2010), respectivamente.

11.7.2 Método Especial para Histórias Estacionárias ou Repetitivas

Em alguns casos, pode ser razoável aproximar o histórico de carregamento em serviço real como sendo equivalente a aplicações repetidas de uma sequência de carregamentos de comprimento finito. Isso pode ser útil quando ocorrem algumas condições frequentes, tais como ciclos de elevação de uma grua ou voos de uma aeronave. E também aplicado para carregamentos aleatórios, com características constantes com o tempo, chamados carregamentos *estacionários*. O crescimento da trinca pode ser então estimado por um procedimento alternativo que é equivalente à soma dos incrementos de trinca. A derivação matemática necessária será descrita a seguir.

Primeiro, suponha que o comportamento da/dN *versus* ΔK obedeça a uma relação exponencial na forma da Equação 11.10. O incremento no comprimento da trinca para qualquer ciclo ($\Delta N = 1$) é então:

$$\Delta a_j = C_0 (\overline{\Delta K}_j)^m \qquad (11.41)$$

em que diferentes razões R são tratadas calculando um valor equivalente de carregamento de zero ao máximo ($R = 0$) valor $\overline{\Delta K}$, como na abordagem de Walker, usando

604 **CAPÍTULO 11** Crescimento de Trincas por Fadiga

a Equação 11.15. Note que o coeficiente C_0, correspondente a $R = 0$, se aplica devido ao uso de $\overline{\Delta K}$. Se o histórico de carga repetitiva contiver um número de ciclos N_B, o aumento no comprimento da trinca durante uma repetição deste histórico é obtido pelo somatório:

$$\Delta a_B = \sum_{j=1}^{N_B} \Delta a_j = \sum_{j=1}^{N_B} C_0 (\overline{\Delta K}_j)^m \tag{11.42}$$

A taxa média de crescimento por ciclo durante uma repetição da história de carregamento é:

$$\left(\frac{da}{dN} \right)_{\text{avg.}} = \frac{\Delta a_B}{N_B} = \frac{C_0 \sum_{j=1}^{N_B} (\overline{\Delta K}_j)^m}{N_B} \tag{11.43}$$

Observe que C_0 é constante e assim pode ser fatorada a partir da soma. Uma manipulação matemática oferece:

$$\left(\frac{da}{dN} \right)_{\text{méd}} = C_0 \left(\left[\frac{\sum_{j=1}^{N_B} (\overline{\Delta K}_j)^m}{N_B} \right]^{1/m} \right)^m = C_0 (\Delta K_q)^m \tag{11.44}$$

em que

$$\Delta K_q = \left[\frac{\sum_{j=1}^{N_B} (\overline{\Delta K}_j)^m}{N_B} \right]^{1/m} \tag{11.45}$$

A quantidade ΔK_q pode ser interpretada como uma faixa equivalente para a intensidade de tensão de zero ao máximo que seria necessária para causar o mesmo crescimento de trinca que a história de amplitude variável, quando aplicada para o mesmo número de ciclos N_B.

Uma vez que K e a tensão nominal, S, são proporcionais para qualquer comprimento de trinca dado, também pode ser definido um nível de tensão de zero ao máximo equivalente:

$$\Delta S_q = \frac{\Delta K_q}{F\sqrt{\pi a}} = \left[\frac{\sum_{j=1}^{N_B} (\overline{\Delta S}_j)^m}{N_B} \right]^{1/m} \tag{11.46}$$

Nesta equação, a tensão $\overline{\Delta S}$ para cada ciclo na história é o valor de tensão zero equivalente corrigido pelo efeito R. Se isso é feito com base na abordagem de Walker, usando a Equação 11.15, estes valores são obtidos de

$$\overline{\Delta S} = S_{\text{máx}} (1 - R)^\gamma \tag{11.47}$$

em que γ é o valor para o crescimento da trinca, obtido a partir da Tabela 11.2.

Já que ΔS_q é independente do comprimento da trinca, este pode ser aplicado ao longo da vida, à medida que a trinca cresce. Assim, podemos fazer uma estimativa de vida usando ΔS_q exatamente como se fosse uma carga de amplitude constante em $R = 0$, por exemplo, usando a Equação 11.32. No entanto, para determinar o comprimento final da trinca, a_f, como causador de uma falha por escoamento generalizado ou fratura frágil, deve ser empregada a tensão de pico real, $S_{máx}$, numa repetição da história de carregamento.

Tal utilização de ΔS_q pressupõe que a história de carregamento de comprimento N_B seja repetida por numerosas vezes durante a vida de crescimento da trinca. Se o histórico de repetição for tão longo que somente algumas repetições ocorrem, então um manuseio especial e detalhado da última repetição torna-se necessário para identificar o pico de carga que causa falha e assim determinar a_f.

Observe que a Equação 11.46 é muito semelhante à Equação 9.37, que é empregada para calcular amplitudes de tensão equivalentes para uso com curvas de tensão-vida. Se esta última equação for expressa em termos de intervalo de tensões e tensões equivalentes de zero ao máximo, as duas se tornam idênticas à substituição $m = -1/b$.

EXEMPLO 11.6

Uma placa com uma trinca central constituída do aço AISI 4340, apresentado na Tabela 11.2, tem dimensões (em mm), como definidas na Figura 8,12 (a), $b = 38$ e $t = 6$. Esta placa apresenta um comprimento inicial de trinca $a_i = 1$ mm e é repetidamente submetida à história de carregamento axial da Figura E11.6. Quantas repetições desta história podem ser aplicadas antes de a falha por fadiga ocorrer? (Esta é a mesma situação do Exemplo 11.4, exceto para o histórico de carregamento.)

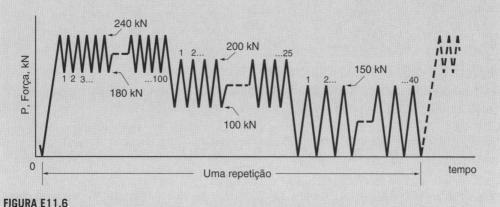

FIGURA E11.6

Solução

Primeiro, calculamos um nível de tensão equivalente do tipo de zero ao máximo para o histórico de carga da Equação 11.46. Este ΔS_q pode então ser empregado na Equação 11.32 para calcular a vida N_{if} como se fosse um carregamento simples de zero ao máximo ($R = 0$). No entanto, a_f precisa corresponder não a ΔS_q, mas à força mais severa da história, $P_{máx} = 240$ kN. Uma vez que este $P_{máx}$ é o mesmo que no Exemplo 11.4, não precisamos repetir o cálculo, mas podemos empregar o valor a_f e o F aproximado correspondente do Exemplo 11.4, que são:

$$a_f = 15,8 \text{ mm}; \quad F = 1$$

CAPÍTULO 11 Crescimento de Trincas por Fadiga

Além disso, as propriedades dos materiais necessárias ao cálculo, e que podem ser obtidas da Tabela 11.2, são:

$$C_0 = 5,11 \times 10^{-13} \frac{\text{m / ciclo}}{(\text{MPa}\sqrt{\text{m}})^m}; \quad m = 3,24; \quad \gamma = 0,42$$

Do método de contagem *rainflow* (queda da chuva) do histórico do carregamento dado, obtemos os resultados apresentados nas primeiras quatro colunas da Tabela E11.6. O ciclo simples para $j = 4$ surge da contagem *rainflow* como o ciclo principal entre o pico mais alto e o vale mais baixo (Seção 9.9.2).

Tabela E11.6

j	N_j, ciclos	$P_{máx}$, kN	$P_{mín}$, kN	R	$S_{máx}$, MPa	$\overline{\Delta S_j}$, MPa	$N_j(\overline{\Delta S_j})^m$
1	100	240	180	0,75	526,3	294	$9,94 \times 10^9$
2	25	200	100	0,50	438,6	327,8	$3,54 \times 10^9$
3	40	150	0	0	328,9	328,9	$5,72 \times 10^9$
4	1	240	0	0	526,3	526,3	$6,53 \times 10^8$
Σ	166						$1,986 \times 10^{10}$

Fonte: Dados em [Ruschau 78].

Os seguintes cálculos são então necessários para cada nível de carga j:

$$R = \frac{P_{mín}}{P_{máx}}, \quad S_{máx} = \frac{P_{máx}}{2bt}, \quad \overline{\Delta S} = S_{máx}(1 - R)^\gamma$$

em que S é definido como na Figura 8.12 (a).

Como ocorrem ciclos múltiplos em cada um dos $k = 4$ níveis de carga, a soma para a Equação 11.46 pode ser feita na forma:

$$\sum_{j=1}^{N_B} (\overline{\Delta S_j})^m = \sum_{j=1}^{k} N_j (\overline{\Delta S_j})^m$$

Os detalhes são dados na Tabela E11.6, onde a soma é mostrada na parte inferior. Notando que $N_B = \Sigma N_j = 166$ ciclos, podemos agora calcular ΔS_q:

$$\Delta S_q = \left[\frac{\sum_{j=1}^{k} N_j (\overline{\Delta S_j})^m}{N_B} \right]^{1/m} = \left[\frac{1,986 \times 10^{10}}{166} \right]^{1/3,24} = 311,3 \, \text{MPa}$$

Este valor é então empregado na Equação 11.32 para obter o número de ciclos para o crescimento de trinca:

$$N_{if} = \frac{a_f^{1-m/2} - a_i^{1-m/2}}{C_0 (F \Delta S_q \sqrt{\pi})^m (1 - m/2)} = \frac{0,0158^{-0,62} - 0,001^{-0,62}}{5,11 \times 10^{-13} (1 \times 311,3\sqrt{\pi})^{3,24} (-0,62)}$$

$$N_{if} = 2{,}45 \times 10^5 \text{ ciclos}$$

Aqui, todas as quantidades substituídas correspondem às unidades de metros e MPa, como no Exemplo 11.4. Além disso, C_0 é o valor para $R = 0$, já que os efeitos de razão R já foram incluídos nos valores de $\overline{\Delta S}$. Por fim, o número de repetições até a falha é:

$$B_{ij} = \frac{N_{if}}{N_B} = \frac{2{,}45 \times 10^5}{166} = 1.477 \text{ repetições} \qquad \textbf{(Resposta)}$$

11.7.3 Efeitos de Sequência

Em todo o tratamento até agora para carregamento de amplitude variável, assumiu-se que o crescimento da trinca num ciclo não é afetado por eventos anteriores no histórico de carga. No entanto, esta hipótese pode, às vezes, levar a erros significativos. Considere a situação da Figura 11.28. Depois de uma sobrecarga devido à aplicação de uma alta tensão, como no caso C, a taxa de crescimento observada nos ciclos anteriores é diminuída. O crescimento torna-se mais lento do que o normal durante um grande número de ciclos até que a trinca cresça além da região afetada pela sobrecarga, sendo que o tamanho desta região está relacionado com o tamanho da zona plástica desenvolvida na ponta da trinca devido à sobrecarga. Para o caso ilustrado, o efeito global de apenas três sobrecargas foi aumentar a vida por um fator de cerca de 10. Este efeito benéfico das sobrecargas de tração é conhecido como *retardamento do crescimento de trincas*.

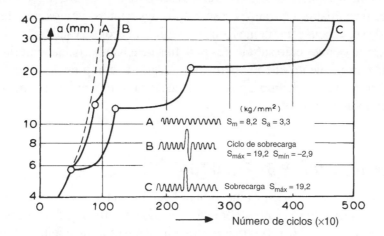

FIGURA 11.28 Efeito de sobrecargas no crescimento de trincas por fadiga em placas com trinca central (b = 80 mm, t = 2 mm) constituídas de liga de alumínio 2024-T3.

(De [Broek 86] p. 273; com base em dados de [Schijve 62]; reimpresso com permissão da Kluwer Academic Publishers.)

Uma sobrecarga de tração introduz uma tensão residual compressiva em torno da ponta da trinca de uma maneira semelhante ao componente entalhado da Figura 10.28. Esta compressão tende a manter a ponta da trinca fechada durante os ciclos de nível de carregamento inferiores subsequentes, retardando o crescimento da trinca. A magnitude do efeito está relacionada com a relação $S_{máx\,2}/S_{máx\,1}$, em que $S_{máx\,2}$ é a sobrecarga de tensão e $S_{máx\,1}$ é o valor de pico do nível anterior à sobrecarga. Para valores maiores que aproximadamente 2,0 o crescimento da trinca pode ser interrompido – isto é, parado completamente. Por outro lado, se a razão for inferior a cerca de 1,4, o efeito é pequeno. As sobrecargas de compressão têm um efeito oposto, mas menor. O efeito do pico de compressão não é tão grande, porque a trinca tende a fechar durante a sobrecarga, de modo que as faces da trinca apoiam-se transferindo grande parte da carga de compressão, de forma a proteger a ponta da trinca deste efeito. Além disso, o efeito de uma sobrecarga de tração é muito reduzido se for seguido por uma sobrecarga compressiva, como no caso B da Figura 11.28.

Vários métodos foram desenvolvidos para incorporar efeitos da sequência, devido a sobrecargas, em cálculos de vida para o crescimento das trincas. A abordagem geral utilizada consiste em basear a estimativa de vida no cálculo dos incrementos de crescimento da trinca para cada ciclo, tal como anteriormente descrito, em conexão com as Equações 11.39 e 11.40. No entanto, os valores de da/dN utilizados são modificados em função do que é obtido pelo histórico anterior de sobrecargas. Isso é geralmente feito determinando da/dN a partir de um ΔK efetivo, que é modificado com base na lógica relacionada com os campos de tensão residual ou de fechamento da trinca. Uma explicação mais detalhada pode ser encontrada em Broek (1986) e (1988), Grandt (2004) e Suresh (1998).

É plausível que os efeitos da sequência de sobrecarga sejam importantes quando sobrecargas elevadas se dão predominantemente numa direção. Isso ocorre durante o serviço de algumas aeronaves, quando as ocasionais cargas devido às rajadas de vento mais severas ou as cargas de uma manobra podem introduzir efeitos de sequência. No entanto, menos efeito é esperado se as sobrecargas ocorrem em ambas direções, se a história é altamente irregular, ou se as sobrecargas são relativamente suaves. Observando que o efeito principal é retardar o crescimento das trincas, vemos que negligenciar esse efeito de sequência geralmente fornece estimativas conservadoras na vida de crescimento de trincas, que serão suficientes para fins de engenharia, na maioria dos casos. Histórias de carregamento que incluem sobrecargas de compressão severas precisam ser tratadas com cautela, devido à possibilidade de causarem um crescimento de trinca mais rápido do que o previsto.

11.8 CONSIDERAÇÕES DE PROJETO

É cada vez mais comum garantir uma vida útil adequada para componentes de máquinas, veículos e estruturas com base em cálculos de crescimento de trincas, conforme descrito neste capítulo. Isso é apropriado para grandes estruturas sujeitas a carregamento cíclico, especialmente quando a segurança pessoal ou custos elevados são fatores e se as trincas são comumente encontradas no tipo de componentes envolvidos. Exemplos incluem estruturas de ponte, aeronaves de grande porte, veículos espaciais, vasos de pressão nucleares e outros recipientes sob pressão. Tal abordagem *tolerante a danos* é extremamente dependente de inspeções iniciais, e às vezes periódicas, para buscar trincas existentes.

A inspeção para buscar trincas, especialmente as pequenas, é um processo caro e geralmente não viável para componentes de baixo custo, que são feitos em grande número. Se as tensões de serviço forem relativamente altas, as trincas que teriam de ser encontradas para usar uma abordagem tolerante a danos podem ser tão pequenas que a inspeção aumentaria muito o custo do item. As inspeções periódicas permitiriam tolerar uma trinca inicialmente maior, mas o componente pode não estar disponível para elas. Exemplos de peças que se enquadram nesta categoria são o motor, a direção e as peças de suspensão automobilísticas, garfos frontais e manivelas do pedal de bicicletas e peças para eletrodomésticos. Aqui, as estimativas da vida de fadiga são geralmente feitas através da abordagem *S-N* ou de uma abordagem baseada na deformação, nenhuma das quais considerando especificamente trincas existentes. Quando a segurança pessoal está envolvida, os fatores de segurança refletem esse fato e são tipicamente maiores do que se pudessem ser empregados numa abordagem tolerante a danos. As falhas são minimizadas por uma atenção cuidadosa com o detalhamento do projeto e o controle de qualidade durante a fabricação, incluindo a inspeção inicial para eliminar quaisquer partes obviamente falhas.

Independentemente da abordagem adotada, existe sempre uma probabilidade finita de falha. Para a abordagem tolerante a danos, isso ocorre porque o comprimento de trinca mínimo detectável, a_d, é difícil de ser estabelecido e nunca é precisamente conhecido. Para as abordagens relacionadas com as curvas *S-N*, uma probabilidade finita de falha surge devido à possibilidade de que um componente, que foi inspecionado, ainda contenha uma falha que, embora pequena, leve à falha precoce. Além disso, todas as abordagens para assegurar uma vida adequada estão sujeitas a incertezas adicionais, tais como: (1) estimativas de carga de serviço muito baixa; (2) substituição acidentalmente errada durante a fabricação do material; (3) problemas não detectados no controle de qualidade durante a fabricação; e (4) efeitos ambientais hostis mais severos do que o previsto; neste último caso, incluem-se a corrosão comum e o crescimento de trinca assistido pelo ambiente.

Quando se utiliza uma abordagem tolerante a danos, os componentes críticos devem ser concebidos para ser acessíveis à inspeção. Por exemplo, trincas nos furos de fixação (por rebite ou parafuso) são preocupantes na estrutura de uma aeronave e o acesso ao interior da superfície da fuselagem ou da estrutura de asa pode ser necessário para situações como a ilustrada na Figura 11.29. Se forem necessárias inspeções periódicas, o projeto deve considerar a desmontagem das partes quando for necessário realizar a inspeção. Por exemplo, em aviões grandes, os assentos de passageiros, os painéis interiores e até mesmo a pintura são removidos, e algumas peças estruturais desmontadas, para inspeções periódicas dispendiosas, mas necessárias.

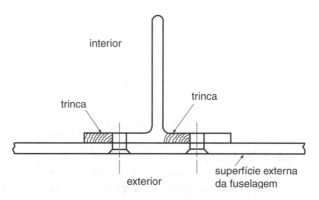

FIGURA 11.29 Trincas no interior da estrutura da fuselagem de uma aeronave.

(Adaptado de [Chang 78].)

Medidas específicas também podem ser tomadas pelo projetista para permitir que as estruturas funcionem sem apresentar falha súbita, mesmo se que uma grande trinca se desenvolva. Alguns exemplos para a estrutura da aeronave estão ilustrados nas Figuras 11.30 e 11.31. Enrijecedores retardam o crescimento da trinca, e junções dos painéis da fuselagem podem ser introduzidas intencionalmente, de modo que uma trinca em um painel tenha a dificuldade de crescer para o seguinte. Da mesma forma, pode-se empregar um componente adicional (normalmente uma placa) para aprisionar ou deter uma trinca, e também para diminuir as tensões em uma área crítica e fornecer algum aumento de resistência, mesmo se uma trinca se iniciar nesta região.

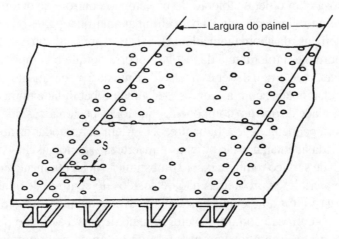

FIGURA 11.30 Painel enrijecido da estrutura de uma aeronave com uma trinca retardada antes de propagar-se para painéis adjacentes. O espaçamento dimensionado para o rebite foi de 38 mm.

(Do artigo de J.P. Butler em [Wood 70] p. 41.)

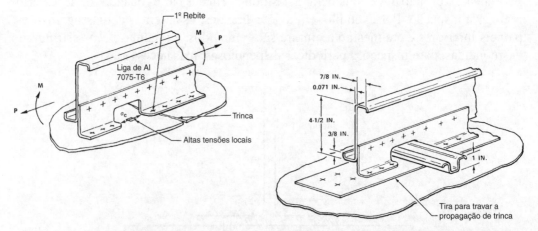

FIGURA 11.31 Trinca (esquerda) na fuselagem de um DC-10 e na direção longitudinal, gerada pela carga devida à pressão na cabine e (à direita) um aprisionador de trinca. Os locais dos rebites são indicados por (+) e a longarina transversal, que possui uma seção transversal em forma de chapéu (perfil cartola), foi omitida na figura à esquerda, para dar maior clareza.

(De [Swift 71]; copyright © ASTM; reimpresso com permissão.)

Recorde, conforme descrito no início deste capítulo e na Equação 11.2, que o fator de segurança na vida, X_N, representa a relação entre a vida útil para a falha pelo crescimento de trinca, N_{if}, e a vida útil esperada, N. O valor de N_{if} depende não só do comprimento da trinca detectável, mas também do nível da tensão aplicada e do material. Se o fator de segurança for insuficiente, talvez até menor que a unidade, há várias opções diferentes para resolver a situação. Obviamente, o projeto poderia ser alterado para diminuir a tensão, aumentando assim a vida calculada N_{if} e, consequentemente, X_N. Outra possibilidade é fazer uma inspeção inicial mais criteriosa para busca de trincas, diminuindo o valor de a_d e aumentando a vida para a falha na pior situação, N_{if}. Alternativamente, o material poderia ser substituído por um com velocidades de crescimento de trinca por fadiga menores, o que pode ser avaliado comparando-se as curvas *da/dN versus* ΔK. Dependendo se a falha ocorre por fratura frágil ou por escoamento, o aumento da tenacidade à fratura ou da resistência ao escoamento do material também aumenta a vida, elevando o comprimento final necessário para a trinca causar a falha, a_f, mas o efeito é geralmente pequeno, uma vez que a vida é geralmente menos sensível aos valores de a_f.

Se as alterações de projeto ou a inspeção inicial melhorada não forem suficientes, pode ser necessário efetuar inspeções periódicas, tornando-se admissível calcular o fator de segurança a partir do período de inspeção, N_p, através do uso da Equação 11.5.

11.9 ASPECTOS DE PLASTICIDADE E LIMITAÇÕES DA MFLE PARA O CRESCIMENTO DE TRINCAS POR FADIGA

Durante o carregamento cíclico, existe uma região de escoamento reverso na ponta da trinca e o tamanho desta região pode ser estimada por um procedimento semelhante ao aplicado à carga estática, na Seção 8.7. Desta forma, podem ser analisadas as limitações de plasticidade apresentadas pela MFLE para o crescimento da trinca por fadiga. Também são necessárias limitações se a trinca for tão pequena que o seu tamanho é comparável ao das características microestruturais do material.

11.9.1 Plasticidade nas Pontas das Trincas

Na vizinhança imediata da ponta da trinca, há uma separação finita, δ, entre as faces da trinca, conforme discutido no Capítulo 8. O comportamento na escala de tamanho de δ determina como a trinca avança através do material durante o carregamento cíclico. Os detalhes não são totalmente compreendidos, eles variam com o material e também com o nível de K para determinado material. Nos metais dúcteis, considera-se que o processo de avanço da trinca durante um ciclo é semelhante ao da Figura 11.32. A deformação localizada devido ao deslizamento de planos cristalinos ocorre e é mais intensa em faixas acima e abaixo do plano da trinca. A ponta da trinca move-se para frente e torna-se arredondada, à medida que a carga máxima é atingida, e se afina (torna-se mais aguda) novamente durante a diminuição da carga. Este processo resulta em estrias na superfície da fratura, como ilustrado anteriormente na Figura 9.22.

Outro mecanismo é pelo crescimento de trincas através de pequenos incrementos por clivagem frágil, que ocorrem durante cada ciclo. Não é incomum nos metais que a superfície de fratura tenha regiões de crescimento por estrias de fadiga misturadas com regiões de clivagem, especialmente para taxas de crescimento elevadas quando $K_{máx}$ se aproxima de K_c. Em outros casos, os contornos de grãos são as regiões mais fracas

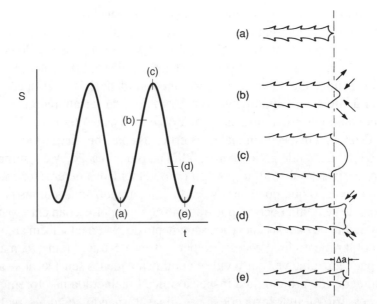

FIGURA 11.32 Comportamento de deformação plástica hipotético na ponta de uma trinca de fadiga crescente durante um ciclo de carregamento. O deslizamento de planos cristalinos ao longo das direções de cisalhamento máximo ocorre como indicado pelas setas e este processo de arredondamento da trinca por plasticidade resulta na formação de estrias (Δa) formadas em cada ciclo.

(Adaptado do artigo de J. C. Grosskreutz em [Wood 70] p. 55.)

do material, de modo que as trincas crescem justamente ao longo desses contornos. O processo é chamado *fratura intergranular*, para distinguir de *fratura transgranular*, que é mais usual e se dá pela formação de estrias ou clivagem. Por exemplo, fratura intergranular gerada por fadiga ocorreu para a rocha de granito cujos dados estão apresentados na Figura 11.11. Nos metais, a fratura intergranular é mais provável de ocorrer se houver a influência de um ambiental hostil.

Se o material for relativamente dúctil, existirá uma zona de deformação plástica na ponta da trinca que é consideravelmente maior do que δ. O pico de tensão no carregamento cíclico determina $K_{máx}$, que pode ser substituído nas Equações 8.37 ou 8.38 para estimar a extensão da deformação plástica à frente da trinca. Por exemplo, para estado de tensão plana:

$$2r'_{o\sigma} = \frac{1}{\pi}\left(\frac{K_{máx}}{\sigma_o}\right)^2 \tag{11.48}$$

Essa é a chamada *zona plástica monotônica*. À medida que se aproxima da carga mínima do ciclo, um escoamento sob compressão ocorre numa região de menor tamanho, denominada *zona plástica cíclica*, como ilustrada na Figura 11.33.

Para um material elástico ideal, perfeitamente plástico, considere o comportamento durante a descarga seguindo $K = K_{máx}$. Para que o escoamento em compressão ocorra, à medida que K muda por uma quantidade ΔK, a tensão de σ_0 perto da ponta da trinca deve mudar para $-\sigma_0$, que é uma mudança de $2\sigma_0$, ou do dobro da resistência ao escoamento. Na realidade, para variações relativas a $K_{máx}$, o limite de escoamento é duplicado. O tamanho da zona plástica cíclica, na qual o escoamento ocorre não apenas em tração,

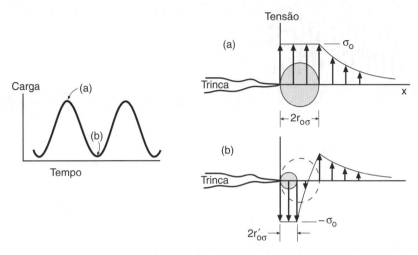

FIGURA 11.33 Zonas plásticas monotônicas (a) e cíclicas (b).

(Adaptado de [Paris 64]; usado com permissão.)

mas também em compressão, pode, portanto, ser aproximada, empregando-se ΔK no lugar de K e $2\sigma_0$ no lugar de σ_0 na equação da estimativa da zona plástica monotônica:

$$2r'_{o\sigma} = \frac{1}{\pi}\left(\frac{\Delta K}{2\sigma_o}\right)^2 \qquad (11.49)$$

Para um carregamento do tipo de zero à máxima tensão ($R = 0$), em que $\Delta K = K_{máx}$, a zona plástica cíclica é assim estimada em um quarto do tamanho da monotônica. O tamanho da zona plástica cíclica também pode ser estimado para os casos de deformação plana. Usando a lógica, como na Seção 8.7, vemos que seu tamanho, $r'_{0\varepsilon}$, é um terço da dimensão da zona plástica no estado de tensão plana correspondente.

Podemos compreender melhor as zonas plásticas monotônica e cíclicas considerando a história tensão-deformação num ponto do material, à medida que a trinca se aproxima, como ilustrado na Figura 11.34. Quando o ponto observado ainda está fora da zona plástica monotônica, não ocorre escoamento. O escoamento começa, mas somente na direção da tração, quando o limite da zona plástica monotônica passa pelo ponto. Uma vez que o limite de zona de plástica cíclica passa, ocorre escoamento em compressão e tração ao longo de cada ciclo de carregamento.

11.9.2 Efeitos da Espessura e Limitações de Plasticidade

Se a zona plástica monotônica não for pequena em comparação com a espessura, então atua o estado de tensão plana e as trincas por fadiga podem crescer através de cisalhamento, com a fratura inclinada cerca de 45° da superfície. Uma vez que K e o tamanho da zona plástica aumentam com o comprimento da trinca, uma transição para este comportamento pode ocorrer durante o crescimento de uma trinca, como ilustrado na Figura 11.35. As taxas de crescimento da trinca podem ser afetadas em certo grau pela espessura do componente, como resultado do diferente comportamento entre os estados de tensão plana e deformação plana. No entanto, o efeito é suficientemente pequeno de forma que pode ser geralmente ignorado, portanto os dados para o crescimento de trincas para uma espessura podem ser utilizados para qualquer outra espessura.

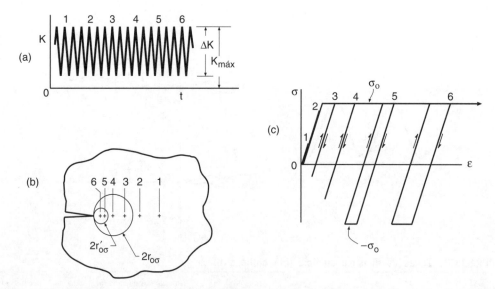

FIGURA 11.34 Comportamento tensão-deformação em um ponto quando a ponta de uma trinca por fadiga crescente se aproxima. Para os ciclos selecionados (a), as posições relativas do ponto e da ponta da trinca são mostradas em (b) e as respostas tensão-deformação em (c).

(Adaptado de [Dowling 77]; copyright © ASTM; reimpresso com permissão.)

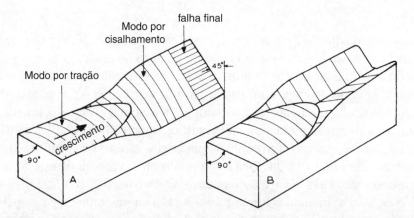

FIGURA 11.35 Esquema de superfícies de trincas por fadiga mostrando a transição de um modo de tração plana para um modo de corte angular. O crescimento do cisalhamento pode (A) ocorrer numa única superfície inclinada, ou (B) compor uma forma em V.

(De [Broek 86] p. 226; reimpresso com permissão de Kluwer Academic Publishers.)

Se grandes quantidades de plasticidade ocorrem durante o carregamento cíclico, as taxas de crescimento de trinca aumentam rapidamente e excedem ao que seria esperado pela curva *da/dN* versus ΔK. Esta circunstância resulta do fato de que a teoria que sustenta a utilização de *K* requer que a plasticidade seja limitada a uma região pequena em comparação com as dimensões planares do membro, como discutido anteriormente, na Seção 8.7. Grandes alterações ocorrem apenas quando a carga máxima excede cerca de 80% do escoamento totalmente plástico, de modo que este nível representa uma limitação pela plasticidade que é suficiente na maioria dos casos. Podem ocorrer efeitos modestos em níveis um pouco mais baixos. Se uma limitação razoavelmente restrita for desejada, a limitação da Equação 8.39 sobre as dimensões no plano, como anteriormente utilizada para carga estática, pode ser aplicada ao pico de tensão:

$$a, (b-a), h \geq 8r_{o\sigma} = \frac{4}{\pi}\left(\frac{K_{máx}}{\sigma_o}\right)^2 \qquad (11.50)$$

Para o crescimento de trinca por fadiga, efeitos de espessura e limitações de plasticidade não são geralmente questões de grande importância, como são para aplicações da tenacidade à fratura. Isso ocorre porque os esforços nominais em torno, ou além, do escoamento são raros em situações de engenharia, exceto perto do final da vida, quando a fase de crescimento da trinca por fadiga está essencialmente finalizada. No entanto, o escoamento local em concentradores de tensão é bastante comum, de modo que dificuldades podem ser encontradas se for necessário usar a mecânica de fratura para o crescimento de trincas a partir de entalhes, enquanto elas ainda são pequenas, já que essas trincas podem ser afetadas pela plasticidade local. Felizmente, uma trinca estará sob a influência do campo de tensões local de um entalhe apenas se o seu comprimento for bastante pequeno, especificamente menor que cerca de 10 a 20% do raio de entalhe. Consulte a Equação 8.26 e a Figura 8.20.

11.9.3 Limitações para Trincas Pequenas

A mecânica de fratura na forma considerada até agora é baseada na análise de tensões em um sólido isotrópico e homogêneo. As características microestruturais do material são, de fato, assumidas como prevalentes em uma escala tão pequena que apenas o comportamento médio precisa ser considerado. No entanto, se uma trinca é suficientemente pequena, ela pode interagir com a microestrutura de maneiras tais que façam com que o comportamento seja diferente do que seria esperado. Em metais de engenharia, trincas pequenas tendem a crescer mais rápido do que o estimado a partir das curvas normais *da/dN versus* ΔK para amostras de teste com trincas longas, como ilustrado na Figura 11.36.

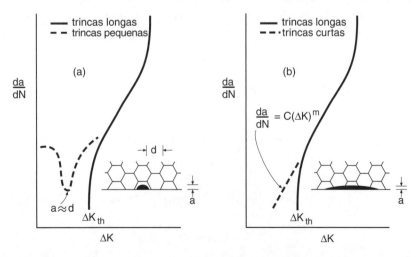

FIGURA 11.36 Comportamento de uma trinca que possui todas as suas dimensões pequenas (esquerda) e também para uma trinca curta que possui uma dimensão grande em comparação com a microestrutura (direita).

É importante distinguir entre *trincas curtas* e *trincas pequenas*. Para uma trinca pequena, todas as suas dimensões são semelhantes ou menores do que a dimensão de maior significado microestrutural, tal como o tamanho médio dos grãos cristalinos ou o espaçamento médio das partículas de endurecimento. No entanto, uma trinca curta tem uma dimensão que é grande em comparação com a microestrutura. O comportamento de uma trinca pequena pode ser profundamente afetado pela microestrutura. Por exemplo, enquanto a trinca está dentro de um único grão cristalino num metal, a taxa de crescimento é muito maior do que o esperado a partir da curva *da/dN versus* ΔK usual, como ilustrado na Figura 11.36 (a). Ao encontrar um limite de grão, o crescimento é retardado temporariamente. Até que a trinca se torne várias vezes maior do que o tamanho do grão, a taxa média de crescimento, tal como afetada pelos planos da rede cristalina dentro dos grãos e pelos contornos de grãos, é consideravelmente superior à curva *da/dN versus* ΔK habitual.

Um efeito menos drástico ocorre se a trinca é apenas curta em uma dimensão e grande na outra dimensão, comparando-se com a microestrutura, como ilustrado na Figura 11.36 (b). As taxas de crescimento para tais trincas nos metais são semelhantes às curvas *da/dN versus* ΔK, exceto para baixos valores de ΔK, quando uma estimativa razoável do comportamento pode ser obtida pela extrapolação da Equação 11.10, da região intermediária da curva. A causa do comportamento especial, neste caso, parece estar associada ao fato de que as faces de uma trinca normalmente interferem atrás da ponta durante parte do ciclo de tensão. Durante o carregamento, a trinca abre e fecha, sendo que a porção do ciclo de tensão que ocorre quando a trinca ainda está fechada não contribui para o seu crescimento. Observe que isso não pode ocorrer se não houver comprimento suficiente atrás da ponta da trinca para que esta interferência atue. Assim, para baixos valores de ΔK, quando os efeitos de fechamento de trinca seriam especialmente importantes, trincas curtas crescem mais rapidamente do que o esperado, por não apresentarem comprimentos suficientes para a redução da contribuição do ciclo de carregamento pelo fechamento de trinca.

Um método aproximado para identificar tamanhos de trinca abaixo dos quais a curva *da/dN versus* ΔK não se aplica está ilustrado na Figura 11.37. Note que o limite de fadiga para corpos de prova não entalhados é o nível da tensão abaixo do qual as pequenas falhas naturais do material não crescerão, mesmo com o seu tamanho aumentado pelo efeito para trincas curtas, como acaba de ser discutido. Considerando

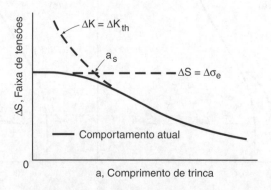

FIGURA 11.37 Tensão limite de fadiga em função do comprimento da trinca, e comprimento de transição, a_s, abaixo do qual se esperam efeitos especiais do tamanho da trinca.

componentes contendo trincas de vários tamanhos, observamos que o limite de fadiga diminui com o comprimento da trinca. Para trincas relativamente longas, segue-se o comportamento esperado pela MFLE e o limiar, ΔK_{th}, da curva da/dN *versus* ΔK para trincas longas.

O comprimento da trinca, a_s, em que a predição de ΔK_{th} excede ao limite de fadiga do corpo de prova não entalhado, é dado pela interseção das linhas para as duas equações:

$$\Delta S = \Delta \sigma_e, \quad \Delta K_{th} = \Delta S \sqrt{\pi a} \tag{11.51}$$

em que o limite de fadiga para carregamento completamente invertido ($R = -1$) é dado em um intervalo de tensão $\Delta \sigma_e = 2\sigma_{er}$, em que ΔK_{th} é o valor para $R = -1$ e o fator geométrico é aproximado como $F = 1$. Combinando estes valores e resolvendo para a temos:

$$as = \frac{1}{\pi} \left(\frac{\Delta K_{th}}{\Delta \sigma_e} \right)^2 \tag{11.52}$$

Para trincas maiores do que a_s em todas as dimensões, a mecânica de fratura baseada nos dados para trincas longas deverá ser razoavelmente precisa. Por exemplo, valores aproximados de $\Delta \sigma_e$ e ΔK_{th} para dois aços com limites de resistências contrastantes, σ_u, dão valores a_s como se segue:

σ_u, MPa	$\Delta \sigma_e = 2\sigma_{er}$, MPa	ΔK_{th}, MPa$\sqrt{m}$	a_s, mm
500	500	12	0,18
1.500	1.400	9	0,013

Para o aço de menor resistência, a_s é relativamente grande e poderia estar dentro de uma faixa de tamanhos de trincas que é de interesse de engenharia. O oposto é verdadeiro para o aço de maior resistência, quando a_s é tão pequeno que comportamento incomum para trincas curtas provavelmente nunca afetará o uso de mecânica de fratura para aplicações de engenharia.

Discussões para efeitos de trincas pequenas, com referências a literatura adicionais, são dadas em Suresh (1998) e em Milne, Ritchie & Karihaloo (2003, vol 4).

11.10 CRESCIMENTO DE TRINCAS ASSISTIDAS PELO MEIO

Considerações semelhantes para a inspeção de verificação de trincas e uma necessidade similar para estimativas de vida existem quando o crescimento da trinca é provocado por um ambiente químico hostil, uma situação denominada *trincamento assistido pelo meio* (EAC – *environmentally assisted cracking*). Existem vários mecanismos físicos que ocorrem. Um deles é a formação de trincas por *corrosão sob tensão*, no qual a remoção de material por corrosão na água, água salgada ou outro líquido auxilia no crescimento da trinca. Em outros casos, não há corrosão, como no trincamento de aços devido à *fragilização por hidrogênio*, ou no trincamento de ligas de alumínio devido à *fragilização líquida do metal*, causada pelo mercúrio. Nestes casos, a substância que causa a fragilização parece aumentar a ruptura das ligações químicas na região da ponta da trinca que está altamente carregada mecanicamente. A fragilização – e, portanto, o crescimento de trincas – pode ocorrer mesmo quando a substância nociva não está presente como um ambiente externo, mas sim em solução sólida no material, como é o caso do trincamento dos metais pelo hidrogênio. Além disso, mesmo a umidade e os gases no ar podem causar o crescimento de trincas assistidas pelo ambiente em alguns materiais – por exemplo, no vidro de sílica pura.

11.10.1 Estimativas de Vida para Carregamento Estático

Em situações de crescimento de trincas assistidas pelo ambiente durante carregamento estático imutável, a vida para o crescimento da trinca pode ser estimada com base na mecânica de fratura de forma análoga aos procedimentos descritos anteriormente para crescimento de trincas por fadiga sob carga de amplitude constante. O parâmetro que controla o crescimento das trincas é simplesmente o valor estático K do fator de intensidade de tensões, determinado a partir da tensão estática aplicada e do comprimento de trinca corrente. As taxas de crescimento para o material são caracterizadas pelo uso de uma curva de *da/dt versus K*, em que *da/dt* é a taxa de crescimento baseada no tempo, ou *velocidade da trinca*, também denotada $\dot{a}$. Por exemplo, a correlação de $\dot{a}$ *versus K* às vezes se ajusta a uma linha reta em um gráfico log-log, de modo que esta tem a forma:

$$\dot{a} = \frac{da}{dt} = AK^n \tag{11.53}$$

em que A e n são constantes do material, que dependem do ambiente particular e são afetadas pela temperatura. Os dados para dois vidros que obedecem a esta relação são mostrados na Figura 11.38.

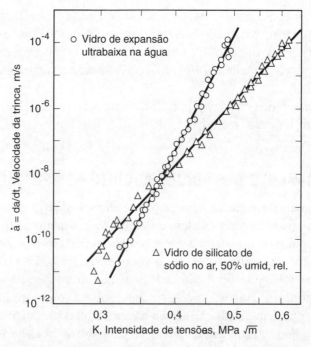

FIGURA 11.38 Dados de velocidade de trinca para dois vidros de sílica à temperatura ambiente e nos meios como indicado.

(Dados de [Wiederhorn 77].)

Uma vez que a relação $\dot{a}$ *versus* K é conhecida, as estimativas de vida podem prosseguir como feito para o crescimento de trinca por fadiga, com o uso de expressões fechadas ou por integração numérica. Por exemplo, se $F = F\,(a/b)$ não mudar substancialmente durante o crescimento da trinca, uma relação semelhante à Equação 11.32 é obtida, pelo fato de as formas matemáticas das Equações 11.10 e 11.53 serem as mesmas:

$$t_{if} = \frac{a_f^{1-n/2} - a_i^{1-n/2}}{A(FS\sqrt{\pi}\,)^n (1 - n/2)} \quad (n \neq 2) \tag{11.54}$$

Aqui, t_{if} é o tempo necessário para que uma trinca cresça de um tamanho inicial, a_i, para um tamanho final, a_f. Como antes, a_f pode ser estimado como o menor valor de tamanho de trinca que cause escoamento plástico generalizado na seção ou a fratura frágil.

Nas situações em que o comportamento seguir a Equação 11.53, o expoente n pode ser bastante alto. Um exemplo deste caso são os vidros de sílica que, em vários ambientes, normalmente apresentam um valor de pelo menos 10, e que ainda pode ser consideravelmente mais alto. Um valor elevado de n indica que as trincas aceleram rapidamente e também que as taxas de crescimento da/dt são altamente sensíveis ao valor de K, de modo que aumentos modestos na tensão podem ter um grande e desastroso efeito.

Às vezes, observa-se um comportamento diferente, no qual a taxa de crescimento é constante em uma faixa de valores de K, como na Figura 11.39. Com baixos valores de K, a taxa de crescimento pode cair abruptamente, de modo que a curva se aproxima de uma assíntota no valor $K_{I\,EAC}$, chamado *limiar de trincamento ambientalmente assistido* (*environmentally assisted cracking threshold*), abaixo do qual não ocorre crescimento de trinca sob carga estática. Essa quantidade é designada frequentemente $K_{I\,scc}$, (SCC – *Stress Corrosion Cracking*), especialmente em publicações anteriores a 1990. Uma abordagem de engenharia razoável em tais casos é aproximar a curva com uma taxa constante, $\dot{a}_{EAC}$, exceto que nenhum crescimento ocorre abaixo de $K_{I\,EAC}$. As estimativas para a vida são então:

$$t_{if} = \frac{a_f - a_i}{\dot{a}_{EAC}} \qquad (K > K_{IEAC}) \tag{11.55}$$

O valor de $\dot{a}_{EAC}$ deve, evidentemente, ser específico para o material, ambiente e temperatura de interesse.

Os valores de $K_{I\,EAC}$ são geralmente determinados a partir de testes de carga estática de longa duração. Uma abordagem é pendurar pesos em vigas em balanço previamente trincadas, como mostrado na Figura 11.40. Um número de diferentes valores iniciais de K é obtido usando vários pesos. Como também mostrado, o valor de K abaixo do qual nenhuma falha ocorre, após um longo período, é então identificado como $K_{I\,EAC}$. Testes deste tipo estão cobertos pela Norma ASTM E1681.

Podem ser encontradas formas mais complexas da relação entre $\dot{a}$ *versus* K, ou que não se encaixam na Equação 11.53, ou que não consideram $\dot{a}$ constante.

11.10.2 Comentários Adicionais

Ocorrem problemas de trincamento ambiental para certas combinações particulares de material e ambiente. Pequenas mudanças no processamento ou na composição de um material e, portanto, na sua microestrutura, podem eliminar ou introduzir o problema.

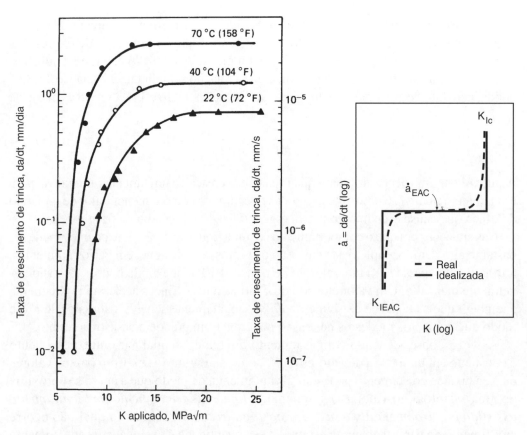

FIGURA 11.39 Dados de velocidade de trinca (esquerda) para a liga de alumínio 7075-T6 em uma solução de NaCl a 3,5% semelhante à água do mar e aproximação de tal comportamento (à direita) usando uma constante $\dot{a}$ entre $K_{I\,EAC}$ e K_{Ic}.

(Esquerda de [Campbell 82] p. 20; usada com permissão.)

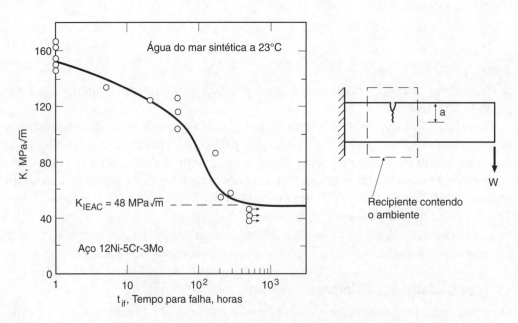

FIGURA 11.40 Determinação de $K_{I\,EAC}$ a partir de vigas em balanço carregadas com pesos mortos.

(Dados de [Novak 69].)

Por exemplo, o aço AISI 4340 é susceptível ao trincamento no gás H₂S, como ilustrado pelos dados de K_{IEAC}, na Figura 11.41. O valor K_{IEAC} é sensível à pressão do gás e especialmente ao nível de resistência do aço (oriundo do tratamento térmico empregado). Tendências similares ocorrem nesse aço para outros ambientes, como água do mar e também em outros aços-liga. Em tais casos, uma diminuição modesta na resistência pode resolver um problema de trincamento aumentando K_{IEAC}, apesar de o fator de segurança contra o escoamento diminuir um pouco. Além disso, uma mudança aparentemente pequena no ambiente pode ter um grande efeito. Por exemplo, aços-liga similares ao AISI 4340 também trincam no hidrogênio gasoso puro, mas o efeito é consideravelmente diminuído se uma pequena quantidade de oxigênio for adicionada ao hidrogênio.

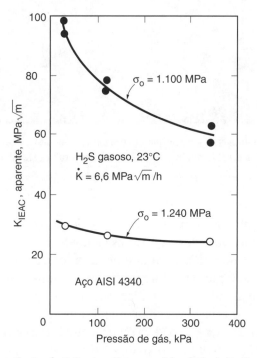

FIGURA 11.41 Efeito da pressão do gás H₂S sobre K_{IEAC} para dois níveis de limite de escoamento do aço AISI 4340, testado através de corpos de prova compactos com b = 64,8 mm e h/b = 0,486.

(Adaptado de [Clark 76]; copyright © ASTM; reimpresso com permissão.)

Como exemplo adicional, a Figura 11.42 ilustra um problema real de fragilização e surgimento de trincas nos contornos de grão e formação de uma superfície de fratura intergranular resultante em um vaso de pressão. O aço do vaso era 2,25Cr-1Mo e continha hidrogênio gasoso a uma pressão parcial de 10 MPa e à temperatura de 420 °C. No entanto, alguns dos consumíveis de soldagem empregados na fabricação do recipiente eram do tipo errado, deixando algumas das soldas presentes com teor de Cr e Mo muito menor do que o especificado para este aço, causando, por sua vez, uma perda de resistência ao trincamento assistido pelo meio nas soldas afetadas. Fragilização no contorno de grão levou, em seguida, à formação de grandes trincas, necessitando de um caro programa de inspeção e manutenção. A fragilização intergranular é causada pela segregação de impurezas nos contornos de grão ou por outras diferenças metalúrgicas neste local que tornam os contornos suscetíveis ao ataque do ambiente. Neste caso particular, são necessários Cr e Mo para formar carbonetos e assim limitar a quantidade de carboneto de ferro formada e também estabilizar os carbonetos de ferro (tais como Fe$_3$C) que surgem. Note que os carbonetos de ferro são fonte de problemas nos contornos de grãos provavelmente pela reação com o hidrogênio, de forma a formar gás metano.

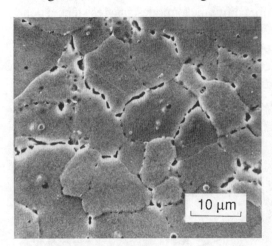 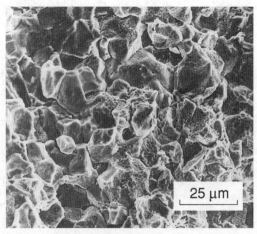

FIGURA 11.42 Danos nos contornos de grão (esquerda) e superfície de fratura intergranular resultante (direita) em aço usado em um vaso de pressão contendo H$_2$ gasoso à temperatura elevada.

(Fotografias cedidas por K. Rahka, Technical Research Center of Finland, Espoo, Finlândia. Publicado em [Rahka 86]; copyright © ASTM; reimpresso com permissão.)

Assim, existem oportunidades para a eliminação de problemas de formação de trincas assistidas pelo meio, tornando desnecessárias estimativas de vida para esta condição, como descrito anteriormente. Esta é, naturalmente, a solução preferida onde for viável. Como sugerido pelos exemplos anteriores, é necessário um conhecimento detalhado da combinação material e ambiente envolvidos para auxiliar na escolha do curso correto de ação, de modo que seja necessária literatura relevante ou o conselho de especialistas. Algumas informações neste sentido podem ser encontradas em Hertzberg (1996) e Milne, Ritchie & Karihaloo (2003, vol. 6). Além disso, dados de *à versus K* e K_{IEAC} estão disponíveis para materiais relevantes nos ambientes mais comumente encontrados, tais como água e água salgada, como em Wachtman (2009) e Skinn et al. (1994).

O crescimento de trinca por fadiga e pelo meio pode ocorrer em combinação quando a carga cíclica é aplicada em um ambiente hostil, como na corrosão-fadiga. Uma abordagem simples para fazer estimativas de vida, nesses casos, é adicionar as duas contribuições para o crescimento da trinca usando tanto a curva *da/dN versus* ΔK como a *da/dt versus K*. Entretanto, isso nem sempre é suficientemente preciso e há uma série de complexidades que são difíceis de incorporar nas estimativas de vida. Algumas discussões são dadas em Suresh (1998).

11.11 RESUMO

A resistência de um material ao crescimento de trincas por fadiga sob um conjunto de condições pode ser caracterizada por uma curva *da/dN versus* ΔK. Com taxas de crescimento intermediárias, o comportamento pode muitas vezes ser representado pela equação de Paris,

$$\frac{da}{dN} = C(\Delta K)^m \tag{11.56}$$

Valores do expoente m ocorrem tipicamente na faixa de 2 a 4 para os materiais dúcteis, mas são mais elevados para os materiais frágeis, às vezes sendo observados valores acima de 10.

As taxas de crescimento são afetadas pelo valor da razão de tensão $R = S_{mín}/S_{máx}$. Para dado K, o aumento de R aumenta da/dN de maneira análoga ao efeito da tensão média nas curvas S-N. Foram desenvolvidas assim equações mais gerais para da/dN para incluir este efeito. Por exemplo, se a equação de Walker for usada, C na Equação 11.56 depende de R, assim como na Equação 11.20. Ambientes químicos hostis podem aumentar da/dN, especialmente em frequências lentas de carga cíclica. Com baixas taxas de crescimento, as curvas da/dN *versus* ΔK exibem em geral um limite inferior ou valor limiar, ΔK_{th}, abaixo do qual normalmente não ocorre o crescimento da trinca. A região de baixa taxa de crescimento na curva é especialmente sensível aos efeitos da razão R e das condições do material, tais como tamanho de grão e tratamento térmico nos metais.

Para uma tensão aplicada, material e geometria do componente, a vida de crescimento da trinca N_{if} depende tanto do tamanho inicial da trinca, a_i, como do tamanho de trinca final, a_f. A vida N_i é bastante sensível ao valor de a_i e consideravelmente menos sensível a a_f. Para fazer um cálculo de N_{if}, é necessário ter uma equação para a curva da/dN *versus* ΔK para a condição analisada. Também precisamos de uma expressão matemática para a intensidade de tensão para a geometria e a condição de carregamento de interesse, tal como $K = FS\sqrt{\pi a}$. Por exemplo, quando F é constante (ou aproximadamente assim) e para o comportamento de acordo com a Equação 11.56, a vida é dada por:

$$N_{if} = \frac{a_f^{1-m/2} - a_i^{1-m/2}}{C(F\Delta S\sqrt{\pi})^m (1 - m/2)} \quad (m \neq 2) \tag{11.57}$$

Em aplicações de projeto, o tamanho inicial da trinca, a_i, é muitas vezes o tamanho mínimo que pode ser detectado de forma confiável por uma inspeção, a_d. O tamanho final da trinca, a_f, é a_c ou a_0, o que for menor, uma vez que pode ocorrer fratura frágil ou escoamento plástico generalizado na seção.

Como F frequentemente varia, e como complexidades matemáticas podem ocorrer para certas formas da equação da/dN *versus* ΔK, uma expressão fechada para N_{if} pode não ser obtida. É então necessário realizar a integração numérica avaliando primeiramente ΔK e depois da/dN para um número de diferentes comprimentos de trinca. A vida para o crescimento de trinca pode ser interpretada como a área sob o gráfico dN/da *versus* a entre os valores a_i e a_f, como ilustrado na Figura 11.26. Esta área é dada pela integral:

$$N_{if} = \int_{a_i}^{a_f} \left(\frac{dN}{da}\right) da \tag{11.58}$$

Para carregamento de amplitude variável, a curva da/dN *versus* ΔK pode ser usada para estimar incrementos no comprimento de trinca, Δa, para cada ciclo. O fim da vida para o crescimento de trinca ocorre quando o comprimento da trinca aumenta de

624 **CAPÍTULO 11** Crescimento de Trincas por Fadiga

tal modo que um pico de tensão no carregamento cause fratura frágil ou escoamento plástico generalizado. Um procedimento alternativo é identificar uma amostra representativa do histórico de carga e aplicar a Equação 11.46 para obter um nível de tensão equivalente do tipo de zero ao máximo, ΔS_q. Assim, ΔS_q pode ser usado para fazer uma estimativa de vida como para carregamento de amplitude constante. Se há sobrecargas severas isoladas no carregamento em fadiga, estas podem causar efeitos de sequência que necessitam ser incluídas nas estimativas da vida.

A vida estimada para o crescimento de trincas a partir do comprimento de fenda detectável mínimo, a_d, deve ser maior do que a vida útil real especificada por um fator de segurança X_N. Se X_N for inadequado, pode ser possível resolver a situação tornando a projetar a estrutura ou o componente, reduzindo as tensões, melhorando a inspeção inicial para diminuir o a_d, mudando materiais ou recorrendo a inspeções periódicas. Componentes especialmente pensados para retardar a propagação ou mesmo aprisionar uma trinca, como os empregados na estrutura de aeronaves, também contribuem para melhorar a segurança.

As limitações no uso da MFEL devido à plasticidade excessiva podem ser ajustadas com base nos tamanhos das zonas plásticas, de acordo com a Equação 11.50. No entanto, a restrição mais simples de se considerar 80% da tensão para o escoamento generalizado da seção é geralmente suficiente. Se uma trinca é tão pequena que todas as suas dimensões são semelhantes ou menores do que as características microestruturais do material, então é provável que o seu crescimento seja significativamente mais rápido do que o esperado a partir da curva habitual *da/dN versus* ΔK. A Equação 11.52 pode ser empregada para estimar um comprimento de trinca abaixo do qual o comportamento é esperado.

Para carregamento estático em um ambiente químico hostil, pode ocorrer crescimento de trincas dependente do tempo. As estimativas de vida podem ser feitas empregando uma curva *da/dt versus K* para a combinação particular de material e ambiente. Uma vez que os problemas de fragilização e formação de tricas assistidas pelo meio são sensíveis à combinação exata de material e ambiente, pode ser viável fazer uma modesta alteração no material ou no ambiente de forma a eliminar o problema.

NOVOS TERMOS E SÍMBOLOS

carregamento estacionário	período de inspeção, N_p
comprimento inicial e final da trinca: a_i, a_f	projeto tolerante a danos
constantes da equação de Forman: C_2, m_2, K_c	retardo do crescimento de trinca
constantes da equação de Paris: C, m	tamanho da zona plástica cíclica, $2r'_0$
constantes da equação de Walker: C_0, m, γ	tamanho da zona plástica monotônica, $2r_0$
faixa de intensidade de tensão, ΔK	taxa de crescimento de trincas por fadiga, *da/dN*
fragilização	
fratura intergranular	tensão de zero ao máximo equivalente, ΔS_q
fratura transgranular	
limiar de crescimento de trincas por fadiga, ΔK_{th}	tricamento assistido pelo meio (*EAC*)
limiar de trincamento ambientalmente assistido, $K_{I\,EAC}$	trincamento por corrosão sob tensão
	trinca pequena; trinca curta
mínimo comprimento de trinca detectável, a_d	velocidade da trinca, $\dot{a} = da/dt$
pequeno comprimento de transição, a_s	vida por crescimento de trinca, N_{if}

Referências

(a) Referências Gerais

ASTM. 2010. *Annual Book of ASTM Standards*, Vol. 03.01, ASTM International, West Conshohocken, PA. See No. E647, "Standard Test Method for Measurement of Fatigue Crack Growth Rates," and No. E1681, "Standard Test Method for Determining Threshold Stress Intensity Factor for Environment-Assisted Cracking of Metallic Materials.".

BARSOM, J. M., and ROLFE, S. T. 1999. *Fracture and Fatigue Control in Structures*, 3d ed., ASTM International, West Conshohocken, PA.

BROEK, D. 1986. *Elementary Engineering Fracture Mechanics*, 4th ed., Kluwer Academic Pubs, Dordrecht, The Netherlands.

BROEK, D. 1988. *The Practical Use of Fracture Mechanics*. Kluwer Academic Pubs, Dordrecht, The Netherlands.

FISHER, J. W. 1984. *Fatigue and Fracture in Steel Bridges: Case Studies*. John Wiley, New York.

GRANDT, A. F. 2004. *Fundamentals of Structural Integrity: Damage Tolerant Design and Nondestructive Evaluation*. John Wiley, Hoboken, NJ.

HERTZBERG, R. W. 1996. *Deformation and Fracture Mechanics of EngineeringMaterials*, 4th ed., JohnWiley, New York.

LAMPMAN, S. R., ed. 1996. *ASM Handbook, Vol. 19: Fatigue and Fracture*. ASM International, Materials Park, OH.

LEXTECH. 2010. *AFGROW: Fracture Mechanics and Fatigue Crack Growth Analysis Software Tool*, LexTech, Inc., AFGROW Training, Centerville, OH. (See *http://www.afgrow.net.*).

MIEDLAR, P. C., BERENS, A. P., GUNDERSON, A., and GALLAGHER, J. P. 2002. *USAF Damage Tolerant Design Handbook: Guidelines for the Analysis and Design of Damage Tolerant Aircraft Structures*, 3 vols, University of Dayton Research Institute, Dayton, OH.

MILNE, I., R. O. RITCHIE, and B. KARIHALOO, eds. 2003. *Comprehensive Structural Integrity: Fracture of Materials from Nano to Macro*, 10 vols., Elsevier Ltd., Oxford, UK. See vol. 4, *Cyclic Loading and Fatigue*, and vol. 6, *Environmentally Assisted Failure*.

RICE, R. C., ed. 1997. *Fatigue Design Handbook*, 3d ed., SAE Pub. No. AE-22, Soc. of Automotive Engineers, Warrendale, PA.

SCHIJVE, J. 2009. *Fatigue of Structures and Materials*, 2nd ed., Springer, New York.

SURESH, S. 1998. *Fatigue of Materials*, 2d ed., Cambridge University Press, Cambridge, UK.

SWRI, 2010. *NASGRO: Fracture Mechanics and Fatigue Crack Growth Analysis Software*. Southwest Research Institute, San Antonio, TX, (See *http://www.nasgro.swri.org.*).

TIFFANY, C. F., J. P. GALLAGHER, and C. A. BABISH, IV. 2010. "Threats To Aircraft Structural Safety, Including a Compendium of Selected Structural Accidents / Incidents," Report No. ASC-TR-2010-5002, Aeronautical Systems Center, U.S. Air Force, Wright-Patterson Air Force Base, OH.

WACHTMAN, J. B., CANNON, W. R., and MATTHEWSON, M. J. 2009. *Mechanical Properties of Ceramics*, 2nd ed., John Wiley, Hoboken, NJ.

(b) Fontes de Propriedades dos Materiais e Bases de Dados

CINDAS. 2010. *Aerospace Structural Metals Database (ASMD)*, CINDAS LLC, West Lafayette, IN. (See *https://cindasdata.com.*).

FORMAN, R. G., et al. 2005. "Fatigue Crack Growth Database for Damage Tolerance Analysis," Report No. DOT/FAA/AR-05/15, Office of Aviation Research, Federal Aviation Administration, U.S. Department of Transportation, Washington, DC.

HENKENER, J. A., V. B. LAWRENCE, and R. G. FORMAN. 1993. "An Evaluation of Fracture Mechanics Properties of Various Aerospace Materials," R. Chona, ed., *Fracture Mechanics: Twenty-third Symposium*, ASTM STP 1189, Am. Soc. for Testing and Materials, West Conshohocken, PA, pp. 474-497.

MMPDS. 2010. *Metallic Materials Properties Development and Standardization Handbook*, MMPDS-05, 5 vols., U.S. Federal Aviation Administration; distributed by Battelle

626 **CAPÍTULO 11** Crescimento de Trincas por Fadiga

Memorial Institute, Columbus, OH. (See *http://projects.battelle.org/mmpds*; replaces MIL-HDBK-5.).

SKINN, D. A., J. P. GALLAGHER, A. F. BERENS, P. D. HUBER, and J. SMITH, compilers. 1994. *Damage Tolerant Design Handbook*, 5 vols., CINDAS/USAF CRDA Handbooks Operation, Purdue University,West Lafayette, IN. (See *https://cindasdata.com.*).

TAYLOR, D. 1985. *A Compendium of Fatigue Thresholds and Growth Rates*. Engineering Materials Advisory Services Ltd., Cradley Heath, Warley, West Midlands, UK.

TAYLOR, D., and JIANCHUN, L. 1993. *Sourcebook on Fatigue Crack Propagation: Thresholds and Crack Closure*. Engineering Materials Advisory Services Ltd., Cradley Heath, Warley, West Midlands, UK.

PROBLEMAS E QUESTÕES
Seção 11.2

11.1 Estime as constantes C e m para a porção em linha reta dos dados da Figura 11.3.

11.2 Veja a Figura 11.9 e determine seus valores de constantes C e m para a linha ajustada mostrada. Comente as diferenças entre seus valores e aqueles dados no gráfico.

11.3 Veja a Figura 11.25 (à direita) e calcule as constantes C e m para o crescimento da trinca deste material cerâmico MgO-ZPEst (Magnésia com Zircônia Parcialmente Estabilizada) no ar. Comente o valor de m obtido e seu significado.

11.4 Veja a Figura 11.20 e determine as constantes C e m para o crescimento da trinca no material da matriz de Poli(tereftalato de butileno) – PBT. Comente o valor de m obtido e seu significado.

11.5 Pontos de dados representativos obtidos de ensaios a $R = 0,1$ para uma liga de alumínio 2124-T851 são apresentados na Tabela P11.5. A partir destes resultados:

(a) Trace estes pontos em coordenadas log-log e obtenha valores aproximados das constantes C e m para a Equação 11.10.

(b) Use um ajuste nos dados log-log pelo método dos mínimos quadrados para obter valores refinados de C e m.

Tabela P11.5	
da/dN, mm/ciclo	ΔK, MPa$\sqrt{m}$
$1,26 \times 10^{-6}$	2,99
$2,41 \times 10^{-6}$	3,64
$4,84 \times 10^{-6}$	5,02
$1,02 \times 10^{-5}$	6,04
$1,99 \times 10^{-5}$	7,68
$3,74 \times 10^{-5}$	9,95
$6,69 \times 10^{-5}$	12,00
$1,77 \times 10^{-4}$	15,90
Fonte: Dados em [Ruschau 78].	

11.6 Pontos de dados representativos obtidos de ensaios a $R = 0,32$ para um aço ferramenta duro com $\sigma_u = 2.200$ MPa são apresentados na Tabela P11.6. Proceda como no Problema 11.5 (a) e (b), exceto por usar os novos dados.

Tabela P11.6

da/dN, mm/ciclo	ΔK, MPa$\sqrt{m}$
$4,23 \times 10^{-6}$	6,85
$8,10 \times 10^{-6}$	8,39
$1,77 \times 10^{-5}$	10,40
$3,50 \times 10^{-5}$	13,42

11.7 Pontos de dados representativos obtidos de ensaios a $R = 0,50$ para uma liga de alumínio 2124-T851 são apresentados na Tabela P11.7. Proceda como no Problema 11.5 (a) e (b), exceto por usar os novos dados.

Tabela P11.7

da/dN, mm/ciclo	ΔK, MPa$\sqrt{m}$
$1,25 \times 10^{-6}$	2,18
$2,00 \times 10^{-6}$	2,75
$3,57 \times 10^{-6}$	3,53
$6,62 \times 10^{-6}$	4,52
$1,49 \times 10^{-5}$	5,48
$3,38 \times 10^{-5}$	6,97
$8,16 \times 10^{-5}$	9,20
$1,65 \times 10^{-4}$	11,70

Fonte: Dados em [Ruschau 78].

11.8 Pontos de dados representativos obtidos de ensaios a $R = 0,04$ para um aço inoxidável 17-4 PH são apresentados na Tabela P11.8. Proceda como no Problema 11.5 (a) e (b), exceto por usar os novos dados.

Tabela P11.8

da/dN, mm/ciclo	ΔK, MPa$\sqrt{m}$
$9,98 \times 10^{-6}$	11,20
$2,84 \times 10^{-5}$	15,60
$8,03 \times 10^{-5}$	22,40
$1,83 \times 10^{-4}$	32,90
$3,18 \times 10^{-4}$	42,30
$7,92 \times 10^{-4}$	65,10
$1,60 \times 10^{-3}$	90,80
$3,68 \times 10^{-3}$	124

Fonte: Dados em [Crooker 75].

628 CAPÍTULO 11 Crescimento de Trincas por Fadiga

Seção 11.3

11.9 Uma placa com uma trinca central feita de liga de alumínio 7075-T6 foi testada como no Exemplo 11.2. Todos os detalhes foram mantidos, exceto que a força variou entre $P_{mín} = 48,1$ e $P_{máx} = 96,2$ kN. Os resultados obtidos estão listados na Tabela P11.9. Determine os valores da/dN e ΔK a partir desses dados, faça um gráfico da/dN *versus* ΔK dos resultados em coordenadas log-log e ajuste os dados pela Equação 11.10 para obter os valores de C e m. A Equação 11.10 parece representar bem os dados?

Tabela P11.9

a, mm	N, 10^3 ciclos	a, mm	N, 10^3 ciclos
5,08	0	20,32	21,5
7,62	9,5	22,86	22,3
10,16	14,3	25,40	22,9
12,70	17,1	30,48	23,5
15,24	19,1	35,56	24
17,78	20,5		

Fonte: Dados em [Hudson 69].

11.10 Uma placa com uma trinca central feita de liga de alumínio 2024-T3 possuía dimensões (em mm), como definidas na Figura 8.12 (a), $b = 152,4$ e $t = 2,29$. Este componente foi testado sob carga cíclica entre $P_{mín} = 12,03$ e $P_{máx} = 36,09$ kN. Os dados de comprimento de trinca *versus* ciclos obtidos estão listados na Tabela P11.10.

(a) Determine os valores de da/dN e ΔK a partir destes dados e faça um gráfico da/dN *versus* ΔK dos resultados em coordenadas log-log. Então, ajuste os dados pela Equação 11.10 para obter valores de C e m. A Equação 11.10 parece representar bem os dados?

(b) Altere a escala ΔK em seu gráfico para uma linear. Esta parece ser uma forma melhor de representar os dados? Por que sim ou por que não?

(c) Mude ambas as escalas da/dN e ΔK para linear e responda às perguntas como em (b).

Tabela P11.10

a, mm	N, 10^3 ciclos	a, mm	N, 10^3 ciclos
5,08	0	22,86	600
7,62	230	25,40	620
10,16	350	30,48	670
12,70	450	35,56	690
15,24	500	40,64	710
17,78	540	45,72	720
20,32	570		

Fonte: Dados em [Hudson 69].

11.11 Os dados de comprimento de trinca em função do número de ciclos são dados na Tabela P11.11, a partir de um teste num aço de ferramenta duro, com limite de resistência de 2.200 MPa e alongamento de 1,7%. Utilizou-se um corpo de prova compacto padrão com dimensões (em mm), como definidas na Figura 8,16, $b = 50,8$ e $t = 6,35$. A força variou a uma frequência de 30 Hz entre $P_{mín} = 44,5$ N e $P_{máx} = 1.379$ N. Os comprimentos de trinca, a, medidos a partir da linha central dos orifícios dos pinos de fixação da amostra, são apresentados na Tabela P11.11 com os números de ciclo correspondentes. Determine os valores da/dN e ΔK a partir desses dados, faça um gráfico da/dN *versus* ΔK dos resultados em coordenadas log-log e ajuste os dados pela Equação 11.10 para obter os valores de C e m. A Equação 11.10 parece representar bem os dados?

Tabela P11.11

a, mm	N, 10^3 ciclos	a, mm	N, 10^3 ciclos
19,86	0	27,43	1.122
21,13	300	27,89	1.148
22,15	508	28,32	1.167
22,94	658	29,08	1.191
23,80	792	29,85	1.221
24,61	892	30,71	1.241
25,37	976	31,01	1.251
26,54	1.070	31,29	1.259

Fonte: Dados em [Luken 87].

11.12 Um corpo de prova compacto feito do aço AISI 4340 (com $\sigma_u = 786$ MPa) tinha dimensões (em mm), como definidas na Figura 8,16, $b = 50,8$ e $t = 9,525$. Esta amostra foi testada sob carregamento cíclico entre $P_{mín} = 211,5$ N e $P_{máx} = 4.230$ N. Os dados de comprimento de trinca *versus* ciclos obtidos estão listados na Tabela P11.12.

Tabela P11.12

a, mm	N, 10^3 ciclos	a, mm	N, 10^3 ciclos	a, mm	N, 10^3 ciclos
25,78	0	30,81	100,68	35,89	135
26,16	12,56	31,37	106,62	36,42	136,43
26,67	24	31,88	112,83	36,91	137,72
27,56	41,25	32,33	115,73	37,36	138,80
28,07	52,90	32,89	119,59	37,97	139,78
28,45	61,41	33,35	122,65	38,48	140,74
28,83	70,61	33,99	125,53	38,99	141,40
29,21	80,00	34,29	128,31	39,37	142,00
29,72	87,58	34,87	130,66	39,88	142,46
30,30	95,50	35,31	133	40,26	142,82

630 CAPÍTULO 11 Crescimento de Trincas por Fadiga

(a) Determine os valores de da/dN e ΔK a partir desses dados e faça um gráfico da/dN *versus* ΔK dos resultados em coordenadas log-log. Então, ajuste os dados pela Equação 11.10 para obter valores de C e m. A Equação 11.10 parece representar bem os dados?

(b) Note que estes dados correspondem a um dos testes das Figuras 11.8 e 11.9. Quão bem seu ajuste está de acordo com o da Figura 11.9? Por que isso pode ser diferente?

Seção 11.4

11.13 Considere o aço inoxidável 17-4 PH com as constantes de crescimento de trinca pela equação de Walker, como listadas na Tabela 11.2.

(a) Determine as equações de da/dN *versus* ΔK na forma da Equação 11.10 para $R = 0$, $R = 0,5$ e $R = 0,8$. Trace estas três equações no mesmo gráfico log-log. (Sugestão: para cada R, trace ΔK sobre a faixa de 10 a 120 MPa$\sqrt{m}$)

(b) Por qual fator da/dN aumenta, considerando um ΔK, se R for aumentado de 0 para 0,5? E de 0 para 0,8? Os fatores são constantes para diferentes valores de ΔK?

11.14 Empregue os resultados do Problema 11.9 para uma liga de alumínio 7075-T6 testada com $R = 0,5$, como segue: Trace os dados da/dN *versus* ΔK em coordenadas log-log e também mostre a linha correspondente à equação de Walker, com as constantes obtidas da Tabela 11.2. Os dados e a linha concordam?

11.15 Mostre que a Equação 11.18 pode ser expressa na forma $da/dN = C_0\,(\Delta K)^p\,(K_{máx})^q$ e dê expressões para determinar as novas constantes p e q a partir de m e γ, isto é, encontre $p = f(m, \gamma)$ e $q = g(m, \gamma)$.

11.16 Para o aço RQC-100, três pontos da/dN *versus* ΔK em duas razões R diferentes e contrastantes são dados na Tabela P11.16.

(a) Suponha que a equação de Walker se aplique e empregue os pontos para obter estimativas das constantes C_0, m e γ.

(b) Nas coordenadas log-log, trace da/dN em relação aos valores equivalentes $\overline{\Delta K}$. Mostre os valores dos três pontos de dados e também a linha $da/dN = C_0(\overline{\Delta K})^m$ baseada nas suas constantes de (a). Os dados e a linha concordam?

Tabela P11.16

da/dN, mm/ciclo	ΔK, MPa$\sqrt{m}$	R
$4,87 \times 10^{-2}$	114	0,1
$3,10 \times 10^{-5}$	20,1	0,1
$1,64 \times 10^{-4}$	20	0,8

11.17 Proceda como no Problema 11.16, mas use os dados para o aço inoxidável 17-4 PH da Tabela P11.17.

Tabela P11.17		
da/dN, mm/ciclo	ΔK, MPa√m	R
$3{,}68 \times 10^{-3}$	124	0,04
$9{,}98 \times 10^{-6}$	11,2	0,04
$2{,}46 \times 10^{-4}$	28,4	0,80

11.18 Para o aço RQC-100, alguns dados *da/dN versus* ΔK para três razões R positivas diferentes são indicados na Tabela P11.18.

(a) Trace os dados *da/dN versus* ΔK em um gráfico log-log e desenhe um conjunto de linhas paralelas através dos dados, um para cada valor R. É razoável representar os dados por tal conjunto de linhas paralelas?

(b) Se sim, empregue todos os dados em um único ajuste de regressão múltipla, com base na Equação 11.21, para obter valores das constantes C_0, m e γ para a equação de Walker.

(c) Nas coordenadas log-log, trace *da/dN* em relação aos valores equivalentes $\overline{\Delta K}$, mostrando tanto os valores dos dados como a linha do seu ajuste. Os dados são consolidados? Eles estão bem representados pela linha?

Tabela P11.18						
ΔK, MPa√m	da/dN, mm/ciclo	R		ΔK, MPa√m	da/dN, mm/ciclo	R
20,1	$3{,}10 \times 10^{-5}$	0,1		25,4	$1{,}51 \times 10^{-4}$	0,5
25,2	$7{,}54 \times 10^{-5}$	0,1		30,3	$2{,}65 \times 10^{-4}$	0,5
30,2	$1{,}68 \times 10^{-4}$	0,1		40,7	$8{,}33 \times 10^{-4}$	0,5
40,5	$5{,}02 \times 10^{-4}$	0,1		51,5	$2{,}9 \times 10^{-3}$	0,5
49,8	$1{,}56 \times 10^{-3}$	0,1		64,9	$6{,}86 \times 10^{-3}$	0,5
65,7	$5{,}08 \times 10^{-3}$	0,1		11,6	$1{,}7 \times 10^{-5}$	0,8
81,4	$1{,}27 \times 10^{-2}$	0,1		13,5	$3{,}28 \times 10^{-5}$	0,8
99	$2{,}34 \times 10^{-2}$	0,1		16,5	$8{,}91 \times 10^{-5}$	0,8
114	$4{,}87 \times 10^{-2}$	0,1		20	$1{,}64 \times 10^{-4}$	0,8
11,2	$8{,}72 \times 10^{-6}$	0,5		24	$4{,}13 \times 10^{-4}$	0,8
15,2	$2{,}78 \times 10^{-5}$	0,5		27,1	$5{,}58 \times 10^{-4}$	0,8
19,5	$4{,}94 \times 10^{-5}$	0,5				
Fonte: Dados de [Dowling 79c].						

11.19 Considere os dados das Tabelas P11.5 e P11.7, que foram obtidos a partir de resultados de ensaios realizados com $R = 0{,}1$ e 0,5, respectivamente, para uma liga de alumínio 2124-T851. Combine todos os dados em um único conjunto. Então, proceda como no Problema 11.18 (a), (b) e (c), exceto por usar os novos valores.

632 CAPÍTULO 11 Crescimento de Trincas por Fadiga

11.20 A Tabela P11.20 apresenta pontos de dados representativos obtidos a partir de ensaios com aço inoxidável 17-4 PH a $R = 0,67$ e $0,8$. Combine todos os dados e os valores para $R = 0,04$ na Tabela P11.8 para formar um único conjunto. Então, proceda como no Problema 11.18 (a), (b) e (c), exceto por usar os novos valores.

Tabela P11.20

da/dN, mm/ciclo	ΔK, MPa$\sqrt{m}$	R		da/dN, mm/ciclo	ΔK, MPa$\sqrt{m}$	R
$4,57 \times 10^{-5}$	15,8	0,67		$2,45 \times 10^{-5}$	11,2	0,8
$7,70 \times 10^{-5}$	20,1	0,67		$5,23 \times 10^{-5}$	14,7	0,8
$1,39 \times 10^{-4}$	25,4	0,67		$7,75 \times 10^{-5}$	17,6	0,8
$2,36 \times 10^{-4}$	32,6	0,67		$1,30 \times 10^{-4}$	22,7	0,8
$4,47 \times 10^{-4}$	41,1	0,67		$2,46 \times 10^{-4}$	28,4	0,8
$1,42 \times 10^{-3}$	53,6	0,67		$4,67 \times 10^{-4}$	35,8	0,8
$2,67 \times 10^{-3}$	66,2	0,67		$9,14 \times 10^{-4}$	45,5	0,8

Fonte: Dados em [Crooker 75].

11.21 Usando a equação de Forman e as constantes na Tabela 11.3 para uma liga de alumínio 2024-T3:

(a) Trace as curvas da/dN *versus* ΔK que se aplicam tanto para $R = 0$ como para $R = 0,5$. Use as coordenadas log-log e inclua taxas de crescimento entre 10^{-6} e 10^{-2} mm/ciclo. As linhas são retas?

(b) Por que razão o valor de da/dN normalmente é aumentado ao mudar R de 0 para 0,5? O fator desta mudança é constante para diferentes valores de ΔK?

11.22 Para um aço forjado CrMoV (0,28%C) com um limite de escoamento $\sigma_0 = 661$ MPa, os limiares de crescimento de trinca por fadiga em várias razões, R, são dados na Tabela P11.22. Ajuste estes dados à Equação 11.25 e compare os dados e o ajuste em um gráfico apropriado. A inter-relação resultante fornece um ajuste razoável aos dados?

Tabela P11.22

R	-1	0	0,27	0,46	0,54	0,63
ΔK_{th}, MPa$\sqrt{m}$	12,20	6,80	5,90	4,50	3,80	3,20

Fonte: Dados em [Taylor 85] p. 131.

11.23 O SAE *Fatigue Design Handbook* (Rice, 1997) dá a seguinte equação como sendo útil no ajuste de curvas da/dN *versus* ΔK:

$$\frac{da}{dN} = \frac{C_4(\Delta K - \Delta K_{th})^{m_4}}{(1-R)K_c - \Delta K}$$

As quantidades C_4 e $\boldsymbol{m}_4$ são novas constantes de material e K_c e ΔK_{th} são as constantes de material tal como definidas anteriormente, sendo ΔK_{th} também uma função de R.

(a) Descreva a forma da curva *da/dN versus* ΔK resultante em um gráfico log-log. Qualitativamente, como esta curva é afetada pela mudança de R? Ao mudar ΔK_{th}? E alterando K_c?

(b) Suponha que K_c seja conhecido e também que ΔK_{th} seja conhecido para vários valores de R. Como os valores para C_4 e m_4 podem ser obtidos usando um gráfico log-log com dados de testes de crescimento de trinca para várias razões R diferentes?

Seção 11.5

11.24 Explique com as próprias palavras por que os ambientes químicos hostis têm um efeito maior sobre *da/dN* para frequências baixas de carregamento do que para altas frequências. Isso está relacionado com a tendência adicional de que as taxas de crescimento geralmente aumentam com a temperatura se a frequência for mantida constante? Explique por quê.

11.25 Considere os dados sobre a tenacidade à fratura e a taxa de crescimento de trinca para o aço AISI 4340 nas Figuras 8.32 e 11.23, respectivamente. Além disso, observe da Seção 3.3 que os limites de escoamento e resistência deste e de aços similares pode ser variada por tratamento térmico. Escreva um parágrafo que resuma as tendências observadas nos dados citados. Comente também como o nível de resistência escolhido afeta as limitações no uso deste aço.

Seção 11.6

11.26 Derive a equação para a vida de crescimento da trinca, N_{if}, que seja análoga à Equação 11.32, mas aplicável ao caso especial de $m = 2$. O resultado deve dar N_{if} como uma função da variável do material remanescente, C, da faixa de tensão, ΔS, do parâmetro geométrico, F, mantido aproximadamente constante, e pelos comprimentos de trinca inicial e final, a_i e a_f.

11.27 Considere o comportamento *da/dN versus* ΔK de acordo com a Equação 11.10, com $K = P / (t\sqrt{\pi a})$ e valores de a/b pequenos para as cargas de levantamento do tipo mostrado na Figura 8.15. Derive uma equação para a vida, N_{if}, por crescimento de trinca em função das constantes C e m do material, da faixa da força aplicada, ΔP, das dimensões geométricas e dos comprimentos de trinca inicial e final, respectivamente a_i e a_f.

11.28 Da Figura 8.23, note que o fator de intensidade de tensão para casos de trincas carregadas em um dos lados pode ser aproximado, dentro de uma faixa de comprimentos de trincas, por $K = 0,89 P / (t\sqrt{b})$. Considere o comportamento do crescimento de uma trinca de acordo com a Equação 11.10 e assuma que os tamanhos de trinca inicial e final estejam ambos dentro do intervalo em que a expressão de K é aplicável. Assim, derive uma equação para a vida, N_{if}, por crescimento de trinca em função das constantes C e m do material, da faixa

634 **CAPÍTULO 11** Crescimento de Trincas por Fadiga

da força aplicada, ΔP, das dimensões geométricas e dos comprimentos de trinca inicial e final, respectivamente a_i e a_f.

11.29 Derive uma equação para calcular a vida de crescimento de trinca, N_{if}, que seja análoga à Equação 11.32, na qual F é aproximadamente constante, mas onde da/dN seja dada pela equação de Forman, Equação 11.22. O resultado deve dar N_{if} em função das constantes do material, C_2, m_2 e K_c, da faixa de tensões, ΔS, da razão entre tensões, R, da constante F e dos comprimentos de trinca inicial e final, respectivamente a_i e a_f.

11.30 Considere um arranjo colinear infinito de trincas sob tensão uniforme remota, S, similar ao caso K_3 da Figura 8.23 (b), de modo que K seja dado por:

$$K = FS\sqrt{\pi a}, \quad F = \sqrt{\frac{2b}{\pi a}\tan\frac{\pi a}{2b}}$$

(a) Derive uma expressão fechada para o número de ciclos, N_{if}, para crescimento de trincas a partir do comprimento inicial, a_i, até o comprimento final, a_f, em que o comportamento do crescimento da trinca obedece à Equação 11.10, com $m = 2$. O resultado deve dar N_{if} em função das constantes C e m do material, da faixa da tensão aplicada, ΔS, das dimensões geométricas e dos comprimentos de trinca inicial e final, respectivamente a_i e a_f.

(b) São possíveis soluções fechadas para outros valores de m? Em caso afirmativo, quais? (Sugestão: Consultar uma tabela de integrais.)

11.31 A chapa com uma trinca central feita de liga de alumínio 2024-T3 tem dimensões (em mm), como definidas na Figura 8.12 (a), $b = 50$ e $t = 4$, grande h e um comprimento inicial de trinca $a_i = 2$ mm. Quantos ciclos entre $P_{mín} = 18$ e $P_{máx} = 60$ kN são necessários para fazer crescer a trinca até a falha, quer por fratura total ou por escoamento plástico generalizado?

11.32 Um componente sob dobramento feito do aço AISI 4340 (com $\sigma_u = 1.296$ MPa) tem uma seção transversal retangular com dimensões (em mm), como definidas na Figura 8.13, $b = 60$ e $t = 9$. O componente possui uma trinca lateral, com comprimento inicial $a = 0,5$ mm, e está submetido à flexão cíclica entre $M_{mín} = 1,2$ e $M_{máx} = 3,0$ kN·m. Estime o número de ciclos necessários para crescer a trinca até a falha.

11.33 Uma chapa duplamente trincada em suas laterais constituída de aço RQC-100 tem dimensões (em mm), conforme definidas pela Figura 8,12 (b), $b = 100$ e $t = 8$. As duas trincas nas bordas têm comprimentos iguais, $a = 1,0$ mm, e o membro é submetido a uma carga cíclica entre $P_{mín} = -150$ e $P_{máx} = 600$ kN. Estime o número de ciclos necessários para aumentar as trincas até a falha.

11.34 Um componente sob dobramento feito de liga de alumínio 7075-T6 tem uma seção transversal retangular com dimensões (em mm), como definidas na Figura 8,13, $b = 40$ e $t = 10$. A inspeção pode encontrar fissuras de forma confiável apenas se forem maiores do que $a = 0,25$ mm, por isso deve ser assumido, para a pior situação, que uma trinca de borda ao longo da espessura pode estar presente neste tamanho (0,25 mm). Um momento de flexão cíclico é aplicado entre $M_{mín}$ = -90 e $M_{máx}$ = 300 N·m.

(a) Estime o número de ciclos para crescer a trinca para a falha.

(b) Qual será o fator de segurança na vida se for desejada uma duração de 200.000 ciclos?

(c) É necessário um fator de segurança na vida de 3,00. A inspeção periódica é necessária? Em caso afirmativo, qual será o intervalo de ciclos?

11.35 Um eixo cilíndrico feito de aço inoxidável 17-4 PH tem um diâmetro de 60 mm e contém uma trinca superficial semicircular, como na Figura 8.17 (d), de tamanho inicial a_i = 0,5 mm. Um momento de flexão cíclico é aplicado entre $M_{mín}$ = 2,0 e $M_{máx}$ = 14 kN·m. Estime o número de ciclos para crescer a trinca até a falha. (Sugestão: Uma vez que o Apêndice A não tem uma solução para o escoamento plástico generalizado para este caso, faça uma estimativa aproximada a partir da solução da Figura A.16 (b), com a seção transversal circular analisada como um retângulo, utilizando a transformação $b, t \rightarrow d$.)

11.36 Um elemento estrutural aeronáutico feito de liga de alumínio 7075-T6 tem uma seção transversal como mostrada na Figura P11.36. Está presente uma trinca de quarto de círculo com tamanho a = 0,5 mm, sendo que o membro está submetido a uma tensão de tração, S. Quantos ciclos entre $S_{máx}$ = 336 e $S_{mín}$ = -68 MPa podem ser aplicados antes de a falha ocorrer? (Comentário: É razoável supor que a forma de trinca de quarto de círculo seja mantida aproximadamente igual, à medida que a trinca cresce. Além disso, faça uma aproximação conservadora da força limite para o escoamento generalizado considerando uma trinca de profundidade a que se estendeu uniformemente através da espessura total de 15 mm do membro.)

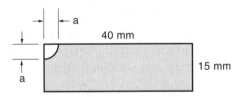

FIGURA P11.36

11.37 Um componente sob dobramento tem uma seção transversal retangular de dimensões (em mm), como definidas na Figura 8.13, b = 60 e t = 12. Este é feito do aço AISI 4340, conforme descrito pela Tabela 11.2, e está submetido a um momento cíclico entre $M_{mín}$ = 0,8 e $M_{máx}$ = 4,0 kN·m. A falha ocorreu após 60.000 ciclos neste carregamento por fratura frágil a partir de uma trinca da borda que se propagou através da espessura, estendendo-se 14 mm na direção da profundidade. Estime o comprimento inicial da trinca presente no início do carregamento cíclico.

636 **CAPÍTULO 11** Crescimento de Trincas por Fadiga

11.38 Um eixo cilíndrico com 80 mm de diâmetro contém uma trinca superficial circunferencial, como na Figura 8.14. O material empregado é o aço estrutural ferrítico-perlítico ASTM A572 Grau 50, com limite de escoamento $\sigma_0 = 345$ MPa e tenacidade à fratura em condições de tensão plana nesta espessura de pelo menos $K_c = 200$ MPa$\sqrt{m}$. Que faixa da força P aplicada a $R = 0,6$ fará com que a trinca cresça de $a_i = 0,5$ mm a $a_f = 10$ mm em 2.000.000 de ciclos?

11.39 Considere uma placa trincada no centro feita de liga de alumínio 2024-T3 e carregada conforme descrito no Problema 11.31. O tamanho inicial da trinca, $a_i = 2$ mm, permite uma vida de $N_i = 46.600$ ciclos, após os quais a vida termina devido a uma fratura frágil com $a_f = 14,8$ mm.

    (a) Qual é o maior tamanho inicial de trinca, a_i, que permite se escapar à inspeção se a peça precisar suportar 100.000 ciclos antes de falhar?

    (b) Assumindo que a inspeção para encontrar o a_i calculado no item (a) seja possível, que intervalo de inspeção em ciclos daria à placa um fator de segurança razoável na vida? Suponha que a placa seja uma peça estrutural aeronáutica crítica.

11.40 Um componente sob dobramento feito de liga de alumínio 2024-T3 tem uma seção transversal retangular com dimensões (em mm), como definidas na Figura 8.13, $b = 40$ e $t = 5$ mm. O membro é submetido à flexão cíclica entre $M_{mín} = 46$ e $M_{máx} = 184$ N·m.

    (a) Se uma fenda de borda com tamanho inicial $a_i = 1$ mm estiver presente, estime o número de ciclos necessários para crescer a trinca até a falha.

    (b) Um período de inspeção de 50.000 ciclos é planejado e um fator de segurança de 3,0 na vida é exigido. Qual é o máximo tamanho de trinca, a_d, que pode ser encontrado nas inspeções periódicas?

11.41 Considere que a seção em T do Problema 8.21 contenha uma trinca de comprimento $a = 1,5$ mm, como mostrado na Figura P8.21. O componente é submetido à flexão cíclica em torno do eixo x entre $M_{mín} = 117$ e $M_{máx} = 180$ N·m, com a trinca no lado tracionado do eixo de flexão. Estime o número de ciclos para crescer esta trinca até a falha. Pode ser assumido que o material é constituído de liga de alumínio 7075-T651 e tem as mesmas propriedades, em termos de crescimento de trinca, que a liga 7075-T6, conforme descrito na Tabela 11.2.

11.42 Uma chapa de liga de alumínio 2024-T3 com 3 mm de espessura é fixada a um elemento estrutural através de uma fileira de rebites, como mostrado na Figura 8.24. Aplica-se uma tensão cíclica entre $S_{mín} = 8,5$ e $S_{máx} = 28$ MPa. Os orifícios dos rebites estão espaçados $2b = 24$ mm e os diâmetros dos furos são $d = 4$ mm. Grande parte dos furos dos rebites tem trincas originando-se a partir deles, com a maior delas apresentando um comprimento $l = 0,5$ mm. Estime o número de ciclos para aumentar as trincas até $l = 4$ mm, situação na qual os furos mais as trincas ocuparão metade da largura da chapa. (Sugestão: Complete o Problema 11.28 antes de resolver este.)

Seção 11.6.3

11.43 Considere a placa trincada no centro feita de aço AISI 4340, discutida no Exemplo 11.4, com a mesma dimensão de trinca inicial, $a_i = 1$ mm, mas admita que as forças cíclicas sejam metade da intensidade – isto é, $P_{mín} = 40$ e $P_{máx} = 120$ kN.

(a) Estime o comprimento da trinca na falha.

(b) Calcule a vida usando integração numérica.

11.44 Para a situação do Problema 11.31, estime o número de ciclos para falha usando a integração numérica, de forma a considerar a variação de F.

11.45 Verifique seu valor calculado de a_i do Problema 11.37 pelo cálculo de N_{if}, através de integração numérica, considerando valores variáveis de F. Se o resultado não for próximo de 60.000 ciclos, ajuste o valor de a_i até que seja obtido $N_{if} = 60.000$.

11.46 Uma placa trincada em uma única lateral é carregada com tração e tem dimensões (em mm), como definidas na Figura 8.12 (c), $b = 75$, $t = 5$, e h grande, sendo que a trinca possui tamanho inicial $a_i = 4$ mm. É aplicada uma carga cíclica de zero a um máximo de 20 kN e o material é aço estrutural comum. Quantos ciclos podem ser aplicados antes de a falha por fadiga ser esperada?

11.47 Para a situação do Problema 11.42, use a integração numérica para estimar N_{if}, considerando a variação de K com o comprimento da trinca de acordo com o valor exato de K_2, descrito pela Figura 8.23 (b).

11.48 Um vaso de pressão esférico tem um raio interno de 0,6 m e uma espessura de parede de 50 mm. Este é feito de um aço inoxidável austenítico com uma resistência à fratura de pelo menos 200 MPa$\sqrt{m}$. A inspeção não destrutiva revelou uma trinca superficial na parede interna de largura $2c = 8$ mm e profundidade $a = 2$ mm. Embora a trinca altere um pouco as suas proporções semicirculares ($a/c = 0,5$) ao crescer, uma aproximação razoável para uma análise preliminar é assumir que a/c permanece constante, à medida que a trinca aumenta sua profundidade, a. Neste caso, F_D para a Figura 8.19 (b) varia com a profundidade relativa da trinca, a/t, como dado pela Equação 8.23.

(a) Quantas vezes o recipiente pode ser pressurizado a 20 MPa e despressurizado antes que uma falha ocorra?

(b) A falha ocorre por vazamento do vaso ou por fratura frágil? Se for pelo primeiro, qual seria o fator de segurança contra a fratura frágil quando o vaso vazasse?

11.49 Para o eixo do Problema 10.36, presume-se que um número de pequenas trincas com 1 mm de profundidade estão presentes em torno da base do raio do filete. Estime o número de ciclos (rotações do eixo) para crescer tais trincas até a falha. Use aproximações razoáveis, quando necessário, para alcançar uma solução. O aço tem uma microestrutura ferrítico-perlítica (Tabela 11.1) e limite de escoamento e resistência aproximadamente semelhantes aos do aço estrutural comum (conforme Tabelas 9.1 e 11.2).

Seção 11.7

11.50 Para o material e o componente do Problema 11.31, substitua o carregamento por aplicações repetidas da história de força axial mostrada na Figura P11.50. Quantas repetições são necessárias para crescer a trinca de $a_i = 2$ mm até a falha?

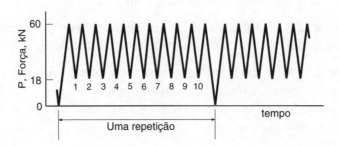

FIGURA P11.50

11.51 Um componente com trincas nas duas laterais e feito em liga de alumínio 7075-T6 tem dimensões (em mm), como definidas na Figura 8.12 (b), $b = 28,6$ e $t = 2,3$, e contém trincas com comprimentos iniciais iguais, $a_i = 2,0$ mm. Estime o número de repetições do histórico de carregamento mostrado na Figura P11.51 para crescer as trincas até a falha. Neste caso, aplicam-se as constantes do material da Tabela 11.2, exceto que a tenacidade à fratura para esta espessura é $K_c = 78,7$ MPa$\sqrt{m}$.

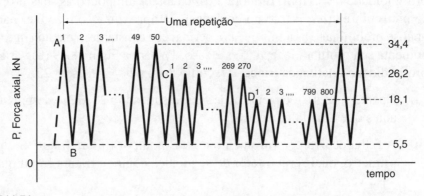

FIGURA P11.51

11.52 Para o mesmo material e componente do Problema 11.37, o comprimento inicial da trinca vale $a_i = 0,5$ mm e o histórico de carregamento é substituído por aplicações repetidas da sequência mostrada na Figura P11.52. Estime o número de repetições deste histórico para falha.

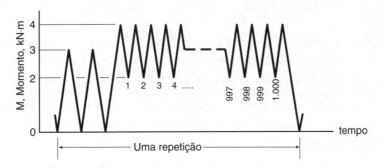

FIGURA P11.52

11.53 Uma viga com seção transversal retangular e feita de aço estrutural comum tem dimensões (em mm), como definidas na Figura 8.13, $b = 40$ e $t = 20$. Suponha que uma trinca ao longo de sua espessura, com um tamanho determinado por uma inspeção inicial, $a_d = 1,00$ mm, esteja presente. Quantas repetições do histórico do momento de flexão mostrado na Figura P11.53 são necessárias para crescer a trinca até a falha?

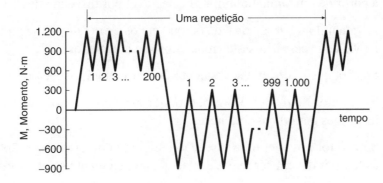

FIGURA P11.53

11.54 Um eixo cilíndrico constituído de liga de alumínio 7075-T6 tem um diâmetro de 50 mm e contém uma trinca superficial semicircular, como na Figura 8.17 (d), com um comprimento inicial $a_i = 1$ mm. Quantas repetições do histórico do momento de flexão mostrado na Figura P11.54 são necessárias para crescer a trinca até a falha? A falha ocorre por fratura frágil e pode-se supor que a trinca mantém a sua forma, à medida que cresce.

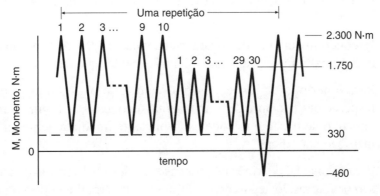

FIGURA P11.54

640 CAPÍTULO 11 Crescimento de Trincas por Fadiga

Seção 11.8

11.55 Considere a chapa com uma trinca central feita do aço AISI 4340, conforme analisada no Exemplo 11.4. Suponha que as inspeções periódicas sejam feitas com $a_d = 1$ mm a cada 25.900 ciclos, conforme determinado no Exemplo 11.4 (c).

(a) Que fatores de segurança contra a fratura frágil e o escoamento plástico generalizado para as piores trincas poderiam existir imediatamente antes da inspeção?

(b) Estes fatores de segurança parecem adequados? O período de inspeção deve ser encurtado ou outras medidas tomadas para garantir a segurança?

11.56 Uma placa do aço AISI 4340, conforme descrito pela Tabela 11.2, é carregada em tração e pode conter uma trinca na sua borda. A placa possui dimensões (em mm), como definidas na Figura 8.12 (c), $b = 250$ e $t = 25$. O carregamento cíclico ocorre entre as cargas $P_{mín} = 1,7$ e $P_{máx} = 3,4$ MN.

(a) Estime o número de ciclos necessários para crescer uma trinca até a falha, a partir de um tamanho mínimo detectável por inspeção de $a_d = 1,3$ mm.

(b) A vida útil real desejada é de 60.000 ciclos e um fator de segurança de 3,0 na vida é necessário. Estes requisitos são adequados?

(c) Se não, que a_d deveria ser encontrado por melhor inspeção?

(d) Se o valor de $a_d = 1,3$mm não puder ser melhorado, que intervalo de inspeções periódicas será necessário?

(e) Se não for possível uma inspeção melhorada ou uma inspeção periódica, as tensões devem ser reduzidas de quanto, enquanto se mantiver $R = 0,5$?

11.57 Uma viga com uma seção transversal retangular tem dimensões (em mm), como definidas na Figura 8.13, $b = 40$ e $t = 20$. A inspeção pode encontrar trincas, de forma confiável, somente se elas forem maiores que $a = 10$ mm; portanto, deve-se supor que uma trinca na borda através da espessura nesta dimensão possa estar presente. Um momento de flexão cíclico é aplicado com $M_{mín} = 480$ e $M_{máx} = 1.200$ N·m e o componente, feito de aço estrutural comum.

(a) Estime o número de ciclos necessários para crescer uma trinca até a falha.

(b) Qual é o fator de segurança na vida se for desejada uma duração de 1.000.000 de ciclos?

(c) É requerido um fator de segurança na vida de 3,00. A inspeção periódica é necessária? Em caso afirmativo, qual é o intervalo de ciclos?

(d) Para o período de inspeção obtido em (c) e para um procedimento de inspeção que encontre de forma confiável trincas a > 1 mm, estime o maior tamanho de trinca que pode estar presente imediatamente antes de uma inspeção periódica.

(e) Para o tamanho de trinca no pior caso, conforme determinado em (d), quais são os fatores de segurança contra a fratura frágil e contra o escoamento plástico generalizado? Estes valores parecem adequados?

Seção 11.10

11.58 Obtenha valores aproximados das constantes A e n da Equação 11.53 para ambos os conjuntos de dados da Figura 11.38. Comente os valores de n obtidos. Em cada caso, em quanto $\dot{a}$ será aumentado se K for incrementado em 25%?

11.59 As constantes A e n da Equação 11.53 para o vidro de silicato de cálcio e sódio são aproximadamente $A = 1{,}67$ e $n = 20{,}3$, sendo que tais valores se aplicam para K e $\dot{a}$ em unidades de $MPa\sqrt{m}$ e m/s, respectivamente. Assuma que o vidro contenha trincas iniciais de comprimento $a = 10$ μm e que estas sejam trincas superficiais semicirculares, como na Figura 8.17 (b).

(a) Use a Equação 11.54 para derivar uma relação entre tensão e tempo para a falha nesta situação. (Sugestão: Reflita se a vida será susceptível de ser significativamente afetada por a_f.)

(b) Desenvolva equações semelhantes para $a_i = 5$ μm e $a_i = 20$ μm. Em seguida, trace todas as três equações S *versus tempo* em coordenadas log-log e discuta brevemente a dependência da vida no nível de tensão e no comprimento inicial da trinca.

CAPÍTULO

Comportamento em Deformação Plástica e Modelamento para Materiais

12

12.1 Introdução..	**643**
12.2 Curvas tensão-deformação	**646**
12.3 Correlações tensão-deformação tridimensionais.....................................	**654**
12.4 Comportamento no descarregamento e no carregamento cíclico,	
de acordo com os modelos reológicos	**664**
12.5 Comportamento tensão-deformação cíclico dos materiais reais............	**673**
12.6 Resumo..	**686**

OBJETIVOS

- Familiarizar-se com as formas básicas das relações tensão-deformação, incluindo o ajuste de dados nestes modelos e sua representação por modelos reológicos mola e cursor.

- Utilizar a teoria da deformação plástica para explorar os efeitos dos estados multiaxiais de tensão sobre o comportamento tensão-deformação.

- Analisar o comportamento durante o descarregamento e recarregamento cíclico tanto descrito pelos modelos reológicos como observado em materiais reais, incluindo curvas tensão-deformação cíclicas, variação irregular da tensão com o tempo e comportamento transitório, tal como a relaxação da tensão média.

12.1 INTRODUÇÃO

A deformação após o limite de escoamento, que não é fortemente dependente do tempo, chamada *deformação plástica*, ocorre frequentemente em componentes de engenharia e pode necessitar de análise durante a fase de projeto ou na determinação da causa de uma falha. Durante a deformação plástica, as tensões e deformações não são mais proporcionais, portanto relações mais gerais do que a lei de Hooke (Equação 5.26) são necessárias para fornecer uma descrição adequada do comportamento tensão-deformação.

12.1.1 Significado da Deformação Plástica

A deformação plástica pode prejudicar a utilidade de um componente de engenharia, causando grandes deflexões permanentes. Além disso, como observado no Capítulo 10, a deformação plástica normalmente faz com que as tensões residuais permaneçam após a descarga (Fig. 10.28.) As tensões residuais podem diminuir ou aumentar a resistência subsequente de um componente à fadiga ou ao trincamento pelo meio, dependendo se a tensão residual é de tração ou compressão, respectivamente. Além disso, a abordagem da fadiga baseada na tensão, como no Capítulo 10, é fundamentada principalmente na análise elástica. Como resultado desta limitação, os métodos tradicionais de estimativa das curvas *S-N* e os efeitos de tensão média envolvem ajustes empíricos grosseiros para

644 CAPÍTULO 12 Comportamento em Deformação Plástica

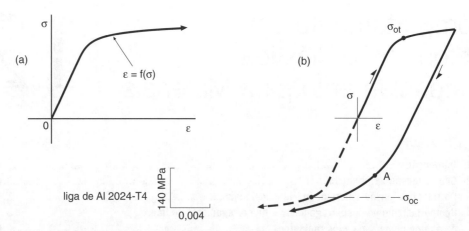

FIGURA 12.1 Curva tensão-deformação monotônica (a) e curva de tensão-deformação durante o descarregamento (b), em que o efeito Bauschinger provoca o escoamento em A antes do limite de escoamento, σ_{0c}, por compressão monotônica.

explicar a influência da deformação plástica. Os ajustes necessários são especialmente grandes em vidas curtas e em tensões médias elevadas.

A melhora da compreensão – e, consequentemente, da análise das deflexões permanentes – das tensões residuais e do escoamento durante o carregamento cíclico é possível através do estudo da deformação plástica. Neste capítulo, caracterizamos o comportamento da deformação plástica dos materiais com mais detalhes do que o fornecido na breve introdução feita no Capítulo 5. O tópico é ampliado no Capítulo 13 para a análise do comportamento tensão-deformação de vigas, eixos e componentes entalhados. As informações deste capítulo, e do Capítulo 13, são usadas no capítulo seguinte para apresentar a abordagem da fadiga baseada em deformações, que considera os efeitos de plasticidade sobre a fadiga de uma forma bastante completa e rigorosa.

A deformação plástica é geralmente considerada independente do tempo. Esta suposição simplificadora é muitas vezes razoável para fins de engenharia, desde que as deformações dependentes do tempo (fluência), sempre presentes, sejam relativamente pequenas. A consideração posterior do comportamento dependente do tempo é adiada para o Capítulo 15.

12.1.2 Prévia do Capítulo

Ao caracterizar o comportamento da deformação plástica dos materiais, o ponto de partida óbvio é considerar as curvas tensão-deformação para carga *monotônica* – ou seja, para carga que prossegue em apenas uma direção, como na Figura 12.1 (a). É necessária uma representação matemática, $\varepsilon = f(\sigma)$, dessas curvas, inclusive para uso posterior no Capítulo 13 para análise dos componentes. Lembrando, do Capítulo 7, que o escoamento é afetado pelo estado de tensões, poderíamos esperar que a curva tensão-deformação após o escoamento também fosse afetada. De fato, esse é o caso e consideraremos, com algum nível de detalhamento, os efeitos do estado de tensões nas curvas tensão-deformação.

Se a direção da deformação for invertida após o escoamento ter ocorrido, a curva tensão-deformação consequente difere da curva monotônica inicial, como ilustrado na Figura 12.1 (b). O escoamento durante o descarregamento em geral ocorre antes de a

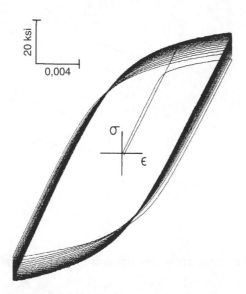

FIGURA 12.2 Resposta tensão-deformação para a liga de alumínio 2024-T4 durante 20 ciclos de deformação completamente invertidos a $\varepsilon_a = 0,01$.

(De [Dowling 72]; copyright; © ASTM, reimpresso com permissão.)

tensão atingir a resistência ao escoamento, σ_{0c}, para a compressão monotônica, como no ponto A. Este comportamento de escoamento prematuro é chamado *efeito Bauschinger*, em alusão ao engenheiro alemão que o estudou pela primeira vez, na década de 1880. As curvas de descarregamento tensão-deformação precisam ser descritas matematicamente para uso na predição do comportamento após descarga a partir de um carregamento severo, como na estimativa das tensões residuais.

O comportamento tensão-deformação durante o carregamento cíclico apresenta uma série de complexidades. Alguns exemplos de dados de teste são mostrados na Figura 12.2. Neste caso, um corpo de prova de liga de alumínio sob carga axial foi sujeito à tensão cíclica entre os níveis $\varepsilon_{máx} = 0,01$ e $\varepsilon_{mín} = -0,01$. O escoamento ocorre em cada meio ciclo do carregamento, sendo que este comportamento varia gradualmente com o número de ciclos aplicados. Uma modelização de tal comportamento, mesmo que aproximado, é necessária para implementar uma abordagem, baseada em deformações, da fadiga. Modelos reológicos compostos por molas lineares (elásticas) e cursores deslizantes de fricção, como introduzido no Capítulo 5, são particularmente úteis para este fim.

12.1.3 Comentários Adicionais

Antes de prosseguir mais detalhadamente, observamos que o presente capítulo e os próximos são apenas uma breve introdução ao tema da *plasticidade*. Além disso, a ênfase na modelagem reológica e no carregamento cíclico é algo pouco convencional em comparação com os tratamentos encontrados em livros-texto (em nível de pós-graduação) tradicionais sobre o assunto, como Mendelson (1968). Mas livros-texto mais recentes, como Khan & Huang (1995) e Skrzypek & Hetnarski (1993), tendem a incluir uma maior cobertura ao carregamento cíclico. Aqui, consideraremos principalmente a teoria da deformação total plástica, também chamada *teoria da deformação*, em vez da *teoria incremental*, que é mais avançada. Além disso, os modelos reológicos utilizados são compatíveis com o comportamento

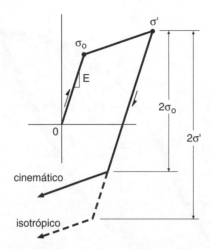

FIGURA 12.3 Comportamentos diferenciados, durante descarregamento, previstos pelos endurecimentos cinemático e isotrópico.

denominado *endurecimento cinemático*, não sendo empregado o método alternativo de *endurecimento isotrópico*, um modelo pobre para ser aplicado em materiais reais.

Estas duas regras de endurecimento são ilustradas para o comportamento de descarregamento, na Figura 12.3. O endurecimento cinemático prevê que o escoamento na direção inversa ocorre quando a mudança na tensão, a partir do ponto de descarregamento, é duas vezes o limite de escoamento monotônico, $\Delta\sigma = 2\sigma_0$. Em contraste, o endurecimento isotrópico prediz escoamento posterior quando $\Delta\sigma = 2\sigma'$, em que σ' é a maior tensão alcançada antes do descarregamento. Assim, o endurecimento cinemático prevê um efeito Bauschinger como observado em materiais reais, mas o endurecimento isotrópico prediz o oposto.

12.2 CURVAS TENSÃO-DEFORMAÇÃO

Duas curvas tensão-deformação elastoplásticas simples e seus correspondentes modelos reológicos são mostrados na Figura 12.4. Note que esses modelos reológicos seguem as convenções introduzidas no Capítulo 5 e contêm apenas molas e cursores de fricção, não havendo elementos amortecedores, dependentes do tempo. As forças em tais modelos são proporcionais à tensão no material que está sendo modelado e os deslocamentos são proporcionais às deformações. Curvas adicionais envolvendo o endurecimento não linear são mostradas na Figura 12.5.

12.2.1 Relação Elástica, Perfeitamente Plástico

Uma relação tensão-deformação elástica, perfeitamente plástica é plana após o escoamento, como ilustrado na Figura 12.4 (a) e nas equações:

$$\sigma = E\varepsilon \quad (\sigma \leq \sigma_o)$$
$$\sigma = \sigma_o \quad \left(\varepsilon \geq \frac{\sigma_o}{E}\right)$$

(12.1)

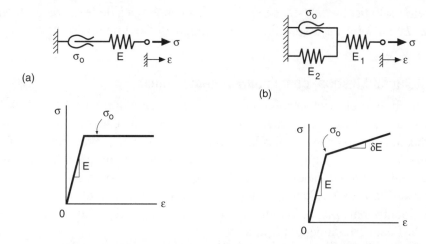

FIGURA 12.4 Curvas tensão-deformação e modelos reológicos para (a) comportamento elástico, perfeitamente plástico e (b) comportamento elástico, com endurecimento linear.

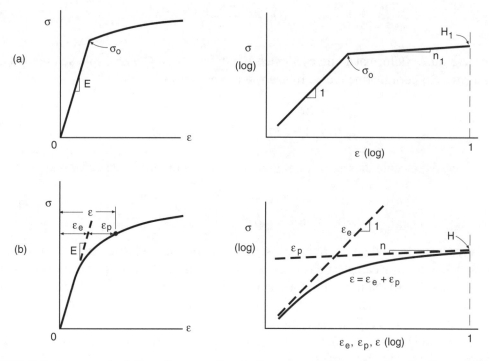

FIGURA 12.5 Curvas tensão-deformação em coordenadas lineares e logarítmicas (a) para uma relação elástica com endurecimento exponencial e (b) para a relação de Ramberg-Osgood.

em que σ_0 é o limite de escoamento. Esta forma é uma aproximação razoável para o comportamento de escoamento inicial de certos metais e outros materiais. Além disso, é frequentemente empregada como uma idealização simples para fazer estimativas aproximadas, mesmo quando a curva tensão-deformação tem uma forma mais complexa.

Após o escoamento, a deformação é a soma das partes elástica e plástica:

$$\varepsilon = \varepsilon_e + \varepsilon_p = \frac{\sigma}{E} + \varepsilon_p \quad \left(\varepsilon > \frac{\sigma_o}{E}\right) \quad (12.2)$$

648 CAPÍTULO 12 Comportamento em Deformação Plástica

No modelo reológico, a deformação elástica, ε_e, é análoga à deflexão da mola elástica de rigidez E, e a deformação plástica, ε_p, é análoga ao movimento do cursor de fricção.

12.2.2 Relação Elástica, com Endurecimento Linear

O comportamento elástico com endurecimento linear, Figura 12.4 (b), é útil como uma aproximação grosseira para as curvas tensão-deformação, que aumentam sensivelmente após o escoamento. Tal relação requer uma constante adicional, δ. Essa é o *fator de redução* para a inclinação após o escoamento, sendo que a inclinação antes do escoamento é o módulo de elasticidade, E, que após o escoamento é δE. O valor de δ pode variar de zero à unidade, com os valores menores dando um comportamento pós-escoamento mais plano. Também, $\delta = 0$ leva ao caso especial que corresponde à relação elástica, perfeitamente plástica.

Uma equação para a porção após o escoamento pode ser obtida tomando a inclinação entre qualquer ponto nesta parte da curva e o limite de elasticidade:

$$\delta E = \frac{\sigma - \sigma_o}{\varepsilon - \varepsilon_o} \tag{12.3}$$

Observe que a deformação de escoamento é dada por $\varepsilon_0 = \sigma_0/E$ e que sua resolução para a tensão permite que toda a relação seja especificada:

$$\begin{aligned} \sigma &= E\varepsilon & (\sigma \leq \sigma_0) \\ \sigma &= (1-\delta)\sigma_0 + \delta E\varepsilon & (\sigma \geq \sigma_0) \end{aligned} \tag{12.4}$$

Às vezes, é conveniente resolver a segunda equação em termos da deformação:

$$\varepsilon = \frac{\sigma_o}{E} + \frac{(\sigma - \sigma_o)}{\delta E} \quad (\sigma \geq \sigma_o) \tag{12.5}$$

A resposta do modelo reológico é a soma da deformação elástica em uma mola E_1 e de qualquer deformação plástica em uma combinação paralela entre uma mola e cursor deslizante (E_2, σ_0). Nenhuma deformação plástica ocorre até que a tensão exceda ao limite de escoamento do cursor, σ_0, e, após este ponto, a deflexão da mola E_2 torna-se igual à deformação plástica. Observando que, após o escoamento, a mola E_2 é submetida a uma tensão igual à ($\sigma - \sigma_0$), podemos adicionar as deflexões apresentadas pelas duas molas para obter a tensão total:

$$\varepsilon = \frac{\sigma}{E_1} + \frac{(\sigma - \sigma_o)}{E_2} \quad (\sigma \geq \sigma_o) \tag{12.6}$$

As Equações 12.5 e 12.6 são equivalentes se as constantes forem relacionadas por:

$$E = E_1, \quad \delta E = \frac{E_1 E_2}{E_1 + E_2} \tag{12.7}$$

A inclinação δE corresponde à rigidez das duas molas E_1 e E_2 em série.

12.2.3 Relação Elástica, com Endurecimento Exponencial

Uma representação com razoável precisão das curvas tensão-deformação de materiais reais geralmente requer uma relação matemática mais complexa do que aquelas descritas até este ponto. Uma forma que às vezes é empregada pressupõe que a tensão seja proporcional à deformação elevada a uma potência, sendo esta aplicada somente após o limite de escoamento, σ_0:

$$\sigma = E\varepsilon \qquad (\sigma \leq \sigma_o) \quad \text{(a)}$$
$$\sigma = H_1\varepsilon^{n_1} \qquad (\sigma \geq \sigma_o) \quad \text{(b)} \tag{12.8}$$

O termo *expoente de encruamento* é usado para n_1 e H_1 é uma constante adicional.

A forma mais conveniente de ajustar esta relação a um conjunto particular de dados tensão-deformação é fazer um gráfico log-log tensão *versus* deformação, no aguardo que a porção pós-escoamento se apresente como uma linha reta. Isso está ilustrado à direita na Figura 12.5 (a). O valor de σ em $\varepsilon = 1$ é H_1. Assumindo que as divisões logarítmicas no gráfico da Figura 12.5 (a) são do mesmo comprimento em ambas as direções, encontramos que a inclinação da linha é n_1. No mesmo gráfico, a equação da região elástica, $\sigma = E\varepsilon$, também forma uma reta, mas com um declive unitário, e as duas linhas se cruzam em $\sigma = \sigma_0$. Os valores do expoente n_1 estão tipicamente na faixa de 0,05 a 0,4 para metais nos quais esta equação se ajusta bem.

A Equação 12.8 (b) pode ser facilmente expressa em termos de deformação:

$$\varepsilon = \left(\frac{\sigma}{H_1}\right)^{1/n_1} \qquad (\sigma \geq \sigma_o) \tag{12.9}$$

Ademais, o limite de escoamento não é uma constante independente, de forma que qualquer um dos dois valores, entre σ_0, H_1 e n_1, podem ser usados para calcular o valor faltante. Uma equação que relaciona estes parâmetros pode ser obtida aplicando as Equações 12.8 (a) e (b) ao mesmo tempo no ponto (ε_0, σ_0) e combinando os resultados:

$$\sigma_o = E\left(\frac{H_1}{E}\right)^{1/(1-n_1)} \tag{12.10}$$

12.2.4 Relação de Ramberg–Osgood

Uma relação semelhante à proposta em uma publicação de Ramberg e Osgood, em 1943, é frequentemente usada. Aqui, as deformações elásticas e plásticas, ε_e e ε_p, são consideradas separadamente e somadas. Uma relação exponencial é empregada, mas é aplicada à deformação plástica, em vez de deformação total como anteriormente:

$$\sigma = H\varepsilon_p^n \tag{12.11}$$

Esse n também é chamado *expoente de encruamento*, apesar de ser definido de forma diferente do n_1 anterior.

A deformação elástica é proporcional à tensão, de acordo com $\varepsilon_e = \sigma/E$, e a deformação plástica, ε_p, é o desvio da inclinação E, como mostrado na Figura 12.5 (b).

650 CAPÍTULO 12 Comportamento em Deformação Plástica

Resolvendo a Equação 12.11 para a deformação plástica, e adicionando as deformações elásticas e plásticas, chega-se a uma equação para tensão total:

$$\varepsilon = \varepsilon_e + \varepsilon_p, \quad \varepsilon = \frac{\sigma}{E} + \left(\frac{\sigma}{H}\right)^{1/n} \tag{12.12}$$

Esta relação não pode ser resolvida explicitamente para a tensão. Ela fornece uma única curva suave para todos os valores de σ, não exibindo um limite de escoamento distinto. Deste modo, a equação contrasta com a forma elástica, com endurecimento exponencial, descrita anteriormente no item 12.2.3, que é descontínua no ponto de escoamento distinto, σ_0. Contudo, um limite de escoamento pode ser definido como a tensão correspondente a determinado desvio de deformação plástica, tal como $\varepsilon_{po} = 0{,}002$, como na Figura 4.11 (a). A Equação 12.11 gera um limite de escoamento convencional:

$$\sigma_o = H(0{,}002)^n \tag{12.13}$$

As constantes para a Equação 12.12, aplicáveis para um conjunto particular de dados de tensão-deformação, são obtidas fazendo-se um gráfico logarítmico de tensão *versus* deformação plástica (σ contra *versus* ε_p), conforme ilustrado à direita na Figura 12.5 (b). A constante H é o valor de σ em $\varepsilon_p = 1$ e n é a inclinação no gráfico log-log se as divisões logarítmicas nos dois eixos possuírem mesmo comprimento. Um gráfico de σ *versus* deformação total ε torna-se uma curva na escala log-log. Em pequenas deformações, a curva se aproxima da linha de inclinação unitária correspondente a deformações elásticas; em grandes deformações, aproxima-se da linha de deformação plástica, com declive n.

A equação de Ramberg-Osgood e a relação de endurecimento exponencial são essencialmente equivalentes se as deformações forem suficientemente grandes para que a parte de deformação plástica domine, de modo que a porção elástica possa ser considerada insignificante. O primeiro termo da Equação 12.12 é desprezível e os valores de H e n, que se ajustam aos dados em grandes deformações para materiais dúcteis, serão similares aos valores de H_1 e n_1 ajustados aos mesmos dados.

Para os ensaios de tração, observe que a forma de Ramberg-Osgood é frequentemente aplicada a tensões e deformações verdadeiras, como já discutido em conexão com a Equação 4.25.

EXEMPLO 12.1

Alguns pontos de dados de uma curva tensão-deformação obtidos a partir do ensaio monotônico da liga de alumínio 7075-T651, para tensão uniaxial, são apresentados na Tabela E12.1. Obtenha os valores das constantes para uma curva tensão-deformação da forma de Ramberg-Osgood, Equação 12.12, que se adapte a esses dados.

Solução

O módulo elástico E é necessário, assim como as constantes H e n. Antes do ajuste, as deformações dadas como porcentagens precisam ser convertidas em valores adimensionais, $\varepsilon = \varepsilon\%/100$. Em seguida, trace todos os dados em coordenadas lineares-lineares, como na Figura E12.1 (a), curva 1. A tendência geral é uma curva contínua que gradualmente se desvie da inclinação elástica, de modo que a tentativa

Tabela E12.1

Dados do Ensaio		Cálculos				Comentário
σ,MPa	ε, %	ε	ε_p	log σ	log ε_p	
0	0	0	–	–	–	Usado para E
135,3	0,191	0,00191	–	–	–	Usado para E
270	0,381	0,00381	–	–	–	Usado para E
362	0,509	0,00509	–	–	–	Usado para E
406	0,576	0,00576	$4,17 \times 10^{-5}$	–	–	Não utilizado
433	0,740	0,00740	0,001301	2,636	-2,886	Usado para H e n
451	0,895	0,00895	0,002598	2,654	-2,585	Usado para H e n
469	1,280	0,01280	0,006194	2,671	-2,208	Usado para H e n
487	2,290	0,02290	0,01604	2,688	-1,795	Usado para H e n
505	4,570	0,04570	0,03859	2,703	-1,414	Usado para H e n

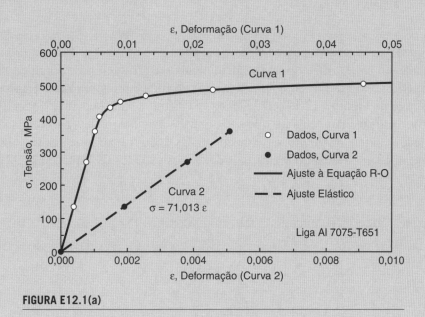

FIGURA E12.1(a)

de ajuste à Equação 12.12 seja razoável. Os três primeiros pontos de dados diferentes de zero parecem formar uma linha reta através da origem, o que é confirmado ao se traçar esses pontos numa escala mais ampliada de deformação (curva 2). O ajuste à linha σ = Eε leva a um valor de módulo de elasticidade que é arredondado para E = 71.000 MPa.

Podemos agora proceder ao ajuste das constantes H e n para a Equação 12.11, σ = Hε_p^n. Primeiro, calcule as deformações plásticas, ε_p, para todos os pontos de dados em que alguma não linearidade seja aparente na curva 1 da Figura E12.1 (a), utilizando:

$$\varepsilon_p = \varepsilon - \frac{\sigma}{E}$$

Os valores resultantes são apresentados na Tabela E12.1. (Note que a Equação 12.12 implica a existência de deformações plásticas em todos os valores de tensão, mas

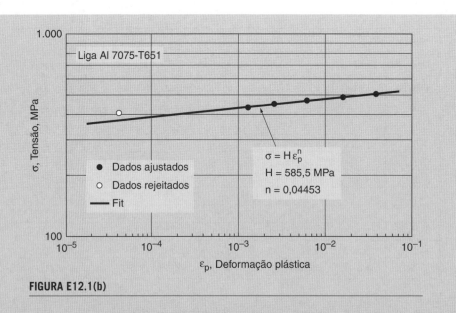

FIGURA E12.1(b)

que para baixas tensões elas se tornam tão pequenas que não podem ser prontamente medidas no teste, tornando-se essencialmente desprezíveis.) Em seguida, os dados de tensão *versus* deformação plástica são traçados em coordenadas log-log, como mostrado na Figura E12.1 (b). O menor valor de ε_p se afasta da tendência linear dos outros dados e é tão pequeno que sua precisão é questionável; portanto, este ponto de dados é rejeitado do processo de ajuste. Os dados remanescentes são ajustados à Equação 12.11. Tomando logaritmos de ambos os lados da Equação 12.11, tem-se

$$\log \sigma = n \log \varepsilon_p + \log H$$

A expressão torna-se uma linha reta em um gráfico log-log; ou seja,

$$y = mx + b$$

em que:

$$y = \log \sigma, \quad x = \log \varepsilon_p, \quad m = n, \quad b = \log H$$

A execução de um procedimento de ajuste linear por mínimos quadrados, nestas condições, oferece:

$$m = n = 0{,}04453 \quad \textbf{(Resposta)}$$

$$b = 2{,}7675, \quad H = 10^b = 585{,}5 \text{ MPa} \quad \textbf{(Resposta)}$$

Discussão

A Equação 12.11, com todas as constantes avaliadas, torna-se:

$$\sigma = 585{,}5\, \varepsilon_p^{0.04453} \text{ MPa}$$

A linha reta resultante em um gráfico log-log de σ versus ε_p é mostrada na Figura E12.1 (b). Substituindo as constantes obtidas na Equação 12.12 tem-se uma relação para a tensão total:

$$\varepsilon = \frac{\sigma}{71.000} + \left(\frac{\sigma}{585,5}\right)^{1/0,04453}$$

Aqui, σ está em unidades de MPa. Introduzindo um número de valores de σ nesta equação e calculando as deformações totais correspondentes, ε, gera-se a curva 1, representada na Figura E12.1 (a). Os dados originais concordam bem com a curva ajustada.

12.2.5 Modelamento Reológico do Endurecimento Não Linear

Uma curva de tensão-deformação do tipo elástico com endurecimento exponencial ou do tipo Ramberg-Osgood pode ser modelada aproximando-a a uma série de segmentos de linha reta, como ilustrado na Figura 12.6. O primeiro segmento termina no limite de escoamento para o caso elástico com endurecimento exponencial, e, para o caso da equação de Ramberg-Osgood, termina para uma baixa tensão, quando a deformação plástica é pequena. O modelo reológico correspondente tem uma

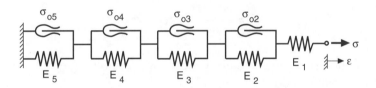

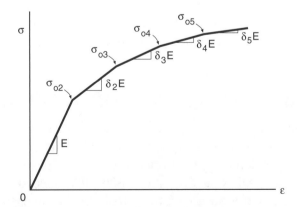

FIGURA 12.6 Modelo de múltiplos estágios de mola e cursor deslizante para curvas de tensão-deformação não lineares.

654 CAPÍTULO 12 Comportamento em Deformação Plástica

mola que dá uma inclinação inicial elástica e, em seguida, uma série de conjuntos combinados de mola e cursores paralelos que geram o comportamento não linear. As tensões de escoamento para os vários cursores na sequência possuem valores cada vez mais elevados e correspondem às tensões nas extremidades dos segmentos de linha reta que formam a curva tensão-deformação. A inclinação de qualquer segmento corresponde à rigidez de todas as molas em série para as quais os cursores associados escoaram:

$$\delta_j E = \frac{1}{\dfrac{1}{E_1} + \dfrac{1}{E_2} + \dfrac{1}{E_3} \cdots + \dfrac{1}{E_j}} \tag{12.14}$$

Aqui, δ_j é o fator de redução do declive para o segmento que começa em σ_{0j}.

A deformação no modelo é a soma das deformações em cada estágio:

$$\varepsilon = \varepsilon_1 + \varepsilon_2 + \varepsilon_3 + \cdots + \varepsilon_j \tag{12.15}$$

Até que um cursor ceda ele absorve toda a tensão e a mola associada não absorve nenhuma, pois a deformação nesse estágio é nula. Uma vez que um cursor, digamos, o i-ésimo, se mova, qualquer tensão em excesso do limite de escoamento desse cursor deve ser suportada pela mola associada. Assim, a tensão total é:

$$\sigma = \sigma_{oi} + E_i \varepsilon_i \quad (\sigma > \sigma_{oi}) \tag{12.16}$$

Resolvendo esta expressão para a deformação:

$$\varepsilon_i = \frac{\sigma - \sigma_{oi}}{E_i} \quad (\sigma > \sigma_{oi}) \tag{12.17}$$

Esta equação aplica-se a cada estágio que escoou, de modo que se todos os cursores até o j-ésimo tiverem cedido, a tensão vale:

$$\varepsilon = \frac{\sigma}{E_1} + \frac{\sigma - \sigma_{o2}}{E_2} + \frac{\sigma - \sigma_{o3}}{E_3} + \cdots + \frac{\sigma - \sigma_{oj}}{E_j} \tag{12.18}$$

A avaliação de $d\sigma/d\varepsilon$ para obter a inclinação comprova a Equação 12.14.

12.3 CORRELAÇÕES TENSÃO-DEFORMAÇÃO TRIDIMENSIONAIS

Conforme visto nos Capítulos 5 e 7, a presença de tensões em mais de uma direção nos componentes afeta tanto a rigidez elástica do material como sua resistência ao escoamento. Durante a deformação plástica, o estado de tensões continua a afetar o comportamento do material. Relações entre tensão e deformação são, portanto, necessárias para a análise da deformação plástica para o caso tridimensional geral.

A lei de Hooke generalizada para tensões elásticas foi previamente desenvolvida no Capítulo 5 e representada pelas Equações 5.26 e 5.27. Estas relações aplicam-se não só antes, mas também após o escoamento, exceto que nesse último caso dão apenas as porções elásticas das deformações:

$$\varepsilon_{ex} = \frac{1}{E}\Big[\sigma_x - v\big(\sigma_y + \sigma_z\big)\Big] \qquad \text{(a)}$$

$$\varepsilon_{ey} = \frac{1}{E}\Big[\sigma_y - v\big(\sigma_x + \sigma_z\big)\Big] \qquad \text{(b)}$$

$$\varepsilon_{ez} = \frac{1}{E}\Big[\sigma_z - v\big(\sigma_x + \sigma_y\big)\Big] \qquad \text{(c)}$$

$$\gamma_{exy} = \frac{\tau_{xy}}{G}, \quad \gamma_{eyz} = \frac{\tau_{yz}}{G}, \quad \gamma_{ezx} = \frac{\tau_{zx}}{G} \quad \text{(d)}$$

$$(12.19)$$

Os subíndices e foram adicionados para indicar que estas são deformações elásticas e as constantes elásticas E, v e G são definidas da maneira usual.

As várias componentes de deformação também incluem porções plásticas que devem ser adicionadas às porções elásticas para obter as deformações totais:

$$\varepsilon_x = \varepsilon_{ex} + \varepsilon_{px}, \qquad \varepsilon_y = \varepsilon_{ey} + \varepsilon_{py}, \qquad \varepsilon_z = \varepsilon_{ez} + \varepsilon_{pz}$$

$$\gamma_{xy} = \gamma_{exy} + \gamma_{pxy}, \quad \gamma_{yz} = \gamma_{eyz} + \gamma_{pyz}, \quad \gamma_{zx} = \gamma_{ezx} + \gamma_{pzx}$$

$$(12.20)$$

Deformações de cisalhamento, γ_{xy} etc., são *deformações de cisalhamento de engenharia*, como empregado nos Capítulos 5 e 6 e na maioria dos livros-texto básicos de mecânica dos materiais. Esses valores são o dobro das tensões de cisalhamento tensoriais usadas frequentemente em livros didáticos mais avançados.

12.3.1 Teoria da Deformação Plástica

No Capítulo 7, observou-se que o escoamento para um material ocorre a um valor de tensão efetiva, $\bar{\sigma}$, que é aproximadamente o mesmo para todos os estados de tensão. A Equação 7.35 dá $\bar{\sigma}$ em função das principais tensões normais:

$$\bar{\sigma} = \frac{1}{\sqrt{2}}\sqrt{(\sigma_1 - \sigma_2)^2 + (\sigma_2 - \sigma_3)^2 + (\sigma_3 - \sigma_1)^2} \qquad (12.21)$$

Lembre-se de que este particular $\bar{\sigma}$ é proporcional à tensão de cisalhamento octaédrica e se reduz a $\bar{\sigma} = \sigma_1$ para o caso uniaxial.

São necessárias quantidades correspondentes de deformação. A *deformação plástica efetiva* é uma função das tensões plásticas nas direções principais e é dada por:

$$\bar{\varepsilon} = \frac{\sqrt{2}}{3}\sqrt{(\varepsilon_{p1} - \varepsilon_{p2})^2 + (\varepsilon_{p2} - \varepsilon_{p3})^2 + (\varepsilon_{p3} - \varepsilon_{p1})^2} \qquad (12.22)$$

em que os subíndices $(1, 2, 3)$ indicam os eixos (x, y, z) que são as principais direções do estado de tensões. Este $\bar{\varepsilon}_p$ é proporcional à tensão de cisalhamento plástica nos planos octaédricos e se reduz a $\bar{\varepsilon}_p = \varepsilon_{p1}$ para o caso uniaxial. A *deformação total efetiva* é a soma das partes elásticas e plásticas:

$$\bar{\varepsilon} = \frac{\bar{\sigma}}{E} + \bar{\varepsilon}_p \qquad (12.23)$$

Definido desta maneira, $\bar{\varepsilon}$ reduz-se a ε_1 para o caso uniaxial. Uma característica-chave da teoria da deformação é a sua previsão de que uma única curva relaciona $\bar{\sigma}$ e $\bar{\varepsilon}$ para

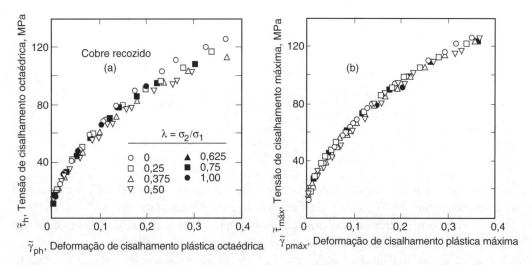

FIGURA 12.7 Correlação das tensões verdadeiras e das deformações plásticas verdadeiras a partir da combinação de carregamento axial e por pressão em tubos de cobre de paredes finas, em termos de (a) tensão e deformação de cisalhamento octaédricas e (b) tensão e deformação de cisalhamento máximas.

(Adaptado de [Davis 43]; usado com permissão da ASME.)

todos os estados de tensão. Alguns dados de ensaios em tubos de cobre de paredes finas que verificam aproximadamente esta afirmação são mostrados na Figura 12.7 (a). (Observe que a tensão de cisalhamento octaédrica, τ_h, é proporcional a $\bar{\sigma}$, e a deformação de cisalhamento octaédrica plástica, γ_{ph}, é proporcional a $\bar{\varepsilon}_p$.)

Equações análogas à lei de Hooke são usadas para relacionar tensões e deformações plásticas:

$$\varepsilon_{px} = \frac{1}{E_p}\left[\sigma_x - 0,5(\sigma_y + \sigma_z)\right] \quad\quad\text{(a)}$$

$$\varepsilon_{py} = \frac{1}{E_p}\left[\sigma_y - 0,5(\sigma_x + \sigma_z)\right] \quad\quad\text{(b)}$$

$$\varepsilon_{pz} = \frac{1}{E_p}\left[\sigma_z - 0,5(\sigma_x + \sigma_y)\right] \quad\quad\text{(c)} \quad\quad (12.24)$$

$$\gamma_{pxy} = \frac{3}{E_p}\tau_{xy}, \quad \gamma_{pyz} = \frac{3}{E_p}\tau_{yz}, \quad \gamma_{pzx} = \frac{3}{E_p}\tau_{zx} \quad\text{(d)}$$

Comparando-as com a lei de Hooke, Equação 12.19, substituímos o módulo elástico E por um *módulo plástico* E_p:

$$E_p = \frac{\bar{\sigma}}{\bar{\varepsilon}_p} \quad\quad (12.25)$$

Graficamente, E_p corresponde a um módulo secante desenhado para um ponto na curva $\bar{\sigma}$ versus $\bar{\varepsilon}_p$, como mostrado na Figura 12.8. Portanto, E_p é uma variável que diminui, à medida que a deformação plástica avança ao longo da curva $\bar{\sigma}$ versus $\bar{\varepsilon}_p$ do material.

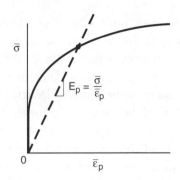

FIGURA 12.8 Definição do módulo plástico como módulo secante para um ponto na curva tensão efetiva *versus* deformação plástica efetiva.

12.3.2 Discussão

O valor da razão de Poisson, v, na lei de Hooke é substituído por 0,5, na Equação 12.24, o que equivale ao pressuposto de que as deformações plásticas não contribuem para a alteração do volume. Isso é confirmado por evidências experimentais em metais e é consistente com o mecanismo físico da deformação plástica, através do deslizamento de planos cristalinos, conforme discutido no Capítulo 2. Daí a deformação volumétrica, ε_v, ser dada pela Equação 5.35, mesmo na presença de deformações plásticas. Além disso, ao se comparar as Equações 12.19 e 12.24, percebe-se a substituição do módulo de cisalhamento elástico, G, por $E_p/3$. Isso pode ser verificado pelo emprego da Equação 12.24 na derivação de um módulo de cisalhamento plástico, G_p, da mesma forma que a derivação acarreta $G = E/[2(1+v)]$ na Seção 5.3.3. A presença de 0,5 no lugar de v na equação é vista levando a $G_p = E_p/3$.

As Equações 12.19 e 12.24 podem ser combinadas para obter expressões para os componentes da deformação total que também têm a forma da lei de Hooke. Para isso, adiciona-se qualquer um dos componentes elásticos da Equação 12.19 (a) a (d) ao componente plástico correspondente da Equação 12.24 (a) a (d). Para as deformações normais, usando a direção x como exemplo, obtém-se:

$$\varepsilon_x = \varepsilon_{ex} + \varepsilon_{px} = \frac{1}{E}\left[\sigma_x - v(\sigma_y + \sigma_z)\right] + \frac{1}{E_p}\left[\sigma_x - 0{,}5(\sigma_y + \sigma_z)\right] \quad (12.26)$$

Substituindo $E_p = \bar{\sigma}/\bar{\varepsilon}_p$ e empregando a Equação 12.23 tem-se a expressão desejada para a direção x, e equações adicionais para as direções y e z são obtidas de forma semelhante.

$$\varepsilon_x = \frac{1}{E_t}[\sigma_x - \tilde{v}(\sigma_y + \sigma_z)] \quad \text{(a)}$$

$$\varepsilon_y = \frac{1}{E_t}[\sigma_y - \tilde{v}(\sigma_x + \sigma_z)] \quad \text{(b)}$$

$$\varepsilon_z = \frac{1}{E_t}[\sigma_z - \tilde{v}(\sigma_x + \sigma_y)] \quad \text{(c)}$$

(12.27)

$$\text{em que} \quad E_t = \frac{\bar{\sigma}}{\bar{\varepsilon}}, \quad \text{e} \quad \tilde{v} = \frac{v\bar{\sigma} + 0{,}5E\bar{\varepsilon}p}{E\bar{\varepsilon}} \quad \text{(d, e)}$$

658 CAPÍTULO 12 Comportamento em Deformação Plástica

A variável E_t é o módulo secante até um ponto sobre a tensão efetiva *versus* a curva de deformação *total* efetiva. E a quantidade $\tilde{v}$ pode ser vista como uma *razão de Poisson generalizada*, que se torna a média ponderada entre v e 0,5, de acordo com a divisão da deformação total efetiva, $\bar{\varepsilon}$, em componentes elásticos e plásticos, $\bar{\sigma}$ / E e $\bar{\varepsilon}_p$. Assim, em pequenas deformações nas quais o componente elástico é dominante, temos $\tilde{v} = v$, com uma variação contínua em $\tilde{v}$, à medida que a tensão aumenta, aproximando-se de $\tilde{v} = 0,5$ em grandes deformações, em que o componente plástico é dominante.

Além disso, a deformação total efetiva, $\bar{\varepsilon}$, pode ser expressa diretamente em termos das componentes da deformação total, proporcionando uma alternativa à Equação 12.23. Primeiro, considere os eixos x-y-z o caso especial dos eixos principais de tensão, 1-2-3. Em seguida, resolva as Equações 12.27 (a), (b) e (c) para as tensões principais, σ_1, σ_2 e σ_3, para expressá-las como funções das tensões totais nas direções principais, ε_1, ε_2 e ε_3. Substituindo essas tensões e $E_t = \bar{\sigma} / \bar{\varepsilon}$ na Equação 12.21, após alguma manipulação algébrica, obtêm-se o resultado desejado:

$$\bar{\varepsilon} = \frac{1}{\sqrt{2}(1+\tilde{v})}\sqrt{(\varepsilon_1 - \varepsilon_2)^2 + (\varepsilon_2 - \varepsilon_3)^2 + (\varepsilon_3 - \varepsilon_1)^2} \qquad (12.28)$$

A equação desenvolvida deriva da expressão da tensão de cisalhamento octaédrica e da tensão de cisalhamento plástica. Contudo, uma teoria da deformação plástica semelhante pode ser formulada com base na tensão de cisalhamento máxima e na tensão de cisalhamento plástica. Os resultados particulares obtidos a partir de ensaios, mostrados na Figura 12.7, correlacionam-se ainda melhor nesta base, como mostrado em (b). Mas o uso de $\bar{\sigma}$ e $\bar{\varepsilon}_p$, como descrito aqui, é mais convencional e será a única abordagem a ser adotada.

12.3.3 A Curva Tensão-Deformação Efetiva

Assuma que a curva uniaxial tensão-deformação de um material é conhecida:

$$e_1 = f(\sigma_1) \quad (\sigma_2 = \sigma_3 = 0) \qquad (12.29)$$

Para a deformação pela teoria da deformação plástica na exata forma dada, a curva que relaciona tensão efetiva e deformação efetiva é a mesma que a uniaxial:

$$\bar{\varepsilon} = f(\bar{\sigma}) \qquad (12.30)$$

Isso pode ser verificado examinando o caso uniaxial, $\sigma_2 = \sigma_3 = 0$, para o qual a Equação 12.21 gera $\bar{\sigma} = \sigma_1$. Uma vez que os eixos x-y-z são, neste caso, os eixos principais 1-2-3, a Equação 12.24 dá as deformações plásticas nas direções 2 e 3, que são negativas e metade dos valores da deformação plástica na direção da tração; isto é, $\bar{\varepsilon}_{p2} = \bar{\varepsilon}_{p3} = -0,5\varepsilon_{p1}$. A substituição na Equação 12.22 implica $\bar{\varepsilon}_p = \varepsilon_{p1}$, de modo que a deformação total efetiva, oriunda da Equação 12.23, vale $\bar{\varepsilon} = \varepsilon_1$. Finalmente, a Equação 12.30 é verificada pela substituição de $\bar{\sigma} = \sigma_1$ e $\bar{\varepsilon} = \varepsilon_1$ na Equação 12.29.

Assim, se a curva de tensão-deformação uniaxial para um material é conhecida, esta pode ser considerada a curva de tensão-deformação efetiva. A generalização permite obter curvas tensão-deformação para outros estados de tensão que possam ser de interesse. Neste sentido, seguem-se os detalhes para o caso particular de tensão plana.

12.3.4 Aplicação à Tensão Plana

Considere o caso da tensão plana, quando os eixos de coordenadas escolhidos são os eixos principais, ou seja, nos quais os componentes de cisalhamento são nulos:

$$\sigma_x = \sigma_1, \quad \sigma_y = \sigma_2 = \lambda\sigma_1, \quad \sigma_z = \sigma_3 = 0 \tag{12.31}$$

Aqui, a razão $\lambda = \sigma_2/\sigma_1$ é utilizada como uma conveniência. A Equação 12.21 dá a tensão efetiva para esta situação:

$$\bar{\sigma} = \sigma_1 \sqrt{1 - \lambda + \lambda^2} \tag{12.32}$$

A deformação total na direção de σ_1 é composta por partes elásticas e plásticas:

$$\varepsilon_1 = \varepsilon_{e1} + \varepsilon_{p1} \tag{12.33}$$

A parte elástica pode ser avaliada a partir da Equação 12.19 (a) e a parte plástica é obtida a partir da Equação 12.24 (a), com $E_p = \bar{\sigma} / \bar{\varepsilon}_p$ substituído:

$$\varepsilon_{p1} = \frac{\sigma_1}{E}(1 - \nu\lambda), \quad \varepsilon_{p1} = \frac{\sigma_1 \bar{\varepsilon}_p}{\bar{\sigma}}(1 - 0{,}5\lambda) \tag{12.34}$$

Tomando $\bar{\varepsilon} = f(\bar{\sigma})$, considerando uma curva uniaxial particular, sua introdução na Equação 12.23 dá

$$\bar{\varepsilon}_p = \bar{\varepsilon} - \frac{\bar{\sigma}}{E} = f(\bar{\sigma}) - \frac{\bar{\sigma}}{E} \tag{12.35}$$

Considerando esta última expressão para $\bar{\varepsilon}_p$ e combinando a Equação 12.33 com a Equação 12.34 leva a:

$$\varepsilon_1 = \frac{1 - \nu\lambda}{E}\sigma_1 + \frac{(1 - 0.5\lambda)\sigma_1}{\bar{\sigma}}\left[f(\bar{\sigma}) - \frac{\bar{\sigma}}{E}\right] \tag{12.36}$$

em que $\bar{\sigma}$ pode ser obtida da Equação 12.32.

Portanto, para qualquer curva uniaxial particular, $\bar{\varepsilon} = f(\bar{\sigma})$, e para qualquer estado biaxial de tensões dado por λ, esta equação fornece uma relação entre σ_1 e a deformação ε_1 na mesma direção. As equações podem ser desenvolvidas similarmente para os demais componentes de deformação, ε_2 e ε_3, como funções de σ_1 e λ. Equações mais gerais para o caso não nulo de σ_3 também podem ser desenvolvidas por meio de um procedimento semelhante.

A Equação 12.36 não se aplica a um material elástico, perfeitamente plástico, após o escoamento, uma vez que não pode ser definida uma relação $\bar{\varepsilon} = f(\bar{\sigma})$. Neste caso, a Equação 12.19 se aplica até o escoamento e o novo limite de escoamento pode ser estimado pela substituição $\bar{\sigma} = \sigma_0$ na Equação 12.32, em que σ_0 é o limite de escoamento uniaxial. Isso dá:

$$\sigma_1 = \frac{E}{1 - \nu\lambda}\varepsilon_1 \qquad \left(\bar{\sigma} \leq \sigma_o\right) \quad \text{(a)}$$

$$\sigma_1 = \frac{\sigma_o}{\sqrt{1 - \lambda + \lambda^2}} \quad \left(\bar{\varepsilon} \geq \frac{\sigma_o}{E}\right) \quad \text{(b)} \tag{12.37}$$

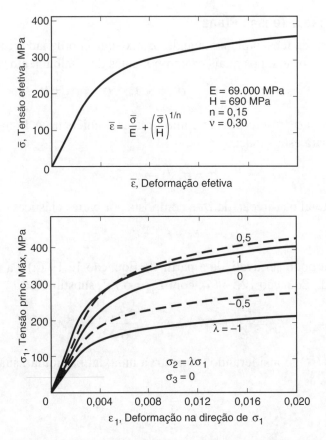

FIGURA 12.9 Estimativa do efeito da tensão biaxial em uma curva de tensão-deformação, segundo a relação de Ramberg-Osgood.(As constantes correspondem a uma liga de alumínio fictícia.)

Para outras curvas tensão-deformação descontínuas, com um limite de escoamento distinto, aplique a Equação 12.37 (a) para a porção elástica; após isso, empregue a Equação 12.36 com o comportamento pós-escoamento particular, $\bar{\varepsilon} = f(\bar{\sigma})$, que seja de interesse.

Como um exemplo do uso da Equação 12.36, considere uma curva uniaxial que se encaixe na equação de Ramberg-Osgood, Equação 12.12, de modo que:

$$\bar{\varepsilon} = f(\bar{\sigma}) = \frac{\bar{\sigma}}{E} + \left(\frac{\bar{\sigma}}{H}\right)^{1/n} \quad (12.38)$$

Substituindo esta relação $\bar{\varepsilon} = f(\bar{\sigma})$ na Equação 12.36 e aplicando a expressão para $\bar{\sigma}$ da Equação 12.32, temos:

$$\varepsilon_1 = (1-\nu\lambda)\frac{\sigma_1}{E} + (1-0{,}5\lambda)\left(1-\lambda+\lambda^2\right)^{(1-n)/(2n)}\left(\frac{\sigma_1}{H}\right)^{1/n} \quad (12.39)$$

Um exemplo do uso da Equação 12.39 para estimar os efeitos das várias tensões transversais na curva σ_1 *versus* ε_1 é dada na Figura 12.9. Observe que a tração transversal, $\lambda > 0$, eleva a curva tensão-deformação, enquanto a compressão transversal, $\lambda < 0$, diminui.

Comportamento Mecânico dos Materiais 661

EXEMPLO 12.2

Um material tem uma curva de tensão-deformação uniaxial do tipo Ramberg-Osgood, dada pelas constantes da Figura 12.9. Escreva a equação que relaciona a tensão e a deformação principal, σ_1 e ε_1, para o caso de tensão plana, $\sigma_3 = 0$, com $\lambda = \sigma_2/\sigma_1 = 1$.

Solução

Emprega-se a Equação 12.39 com as seguintes constantes da curva de tensão-deformação uniaxial (que é a mesma que a efetiva), conforme dadas na Figura 12.9:

$$E = 69.000\,\text{MPa}, \quad H = 690\,\text{MPa}, \quad n = 0,15, \quad n = 0,30$$

Substituindo esses valores e $\lambda = 1,0$ na Equação 12.39 nos fatores numéricos desta equação, obtém-se:

$$\varepsilon_1 = 0,700\,\frac{\sigma_1}{69.000} + 0,500\left(\frac{\sigma_1}{690}\right)^{1/0,15}$$

Consolidando as constantes numéricas, a equação é simplificada para:

$$\varepsilon_1 = \frac{\sigma_1}{98.570} + \left(\frac{\sigma_1}{765,6}\right)^{1/0,15} \qquad \textbf{(Resposta)}$$

Um gráfico desta equação corresponde à linha $\lambda = 1$, na Figura 12.9. Observe que esta equação tem a mesma forma que a equação uniaxial original, Equação 12.12, exceto que novos valores aparecem no lugar de E e H.

EXEMPLO 12.3

Um vaso de pressão tubular de paredes finas de raio r e espessura de parede t tem suas extremidades fechadas e é feito de um material com uma curva uniaxial tensão-deformação na forma de Ramberg-Osgood, Equação 12.12. Se a pressão interna, p, é aumentada monotonicamente, derive uma equação para a mudança relativa de raio, $\Delta r/r$, como sendo uma função de p e das várias constantes envolvidas.

Solução

As tensões principais são:

$$\sigma_1 = \frac{pr}{t}, \quad \sigma_2 = \frac{pr}{2t}, \quad \sigma_3 \approx 0$$

em que σ_1 está na direção transversal e σ_1 está na direção longitudinal. A deformação, ε_1, na direção transversal é a razão entre a alteração na circunferência em relação à circunferência original, de modo que:

$$\varepsilon_1 = \frac{\Delta(2\pi r)}{2\pi r} = \frac{\Delta r}{r}$$

662 **CAPÍTULO 12** Comportamento em Deformação Plástica

Como temos tensão plana, a relação $\lambda = \sigma_2/\sigma_1 = 0{,}5$ pode ser substituída na Equação 12.39, que leva a:

$$\frac{\Delta r}{r} = \varepsilon_1 = (1 - 0{,}5v)\frac{\sigma_1}{E} + (0{,}75)(0{,}75)^{(1-n)/(2n)}\left(\frac{\sigma_1}{H}\right)^{1/n}$$

A substituição de σ_1 e alguma manipulação algébrica dão o resultado desejado:

$$\frac{\Delta r}{r} = \left(1 - \frac{v}{2}\right)\frac{pr}{tE} + \frac{\sqrt{3}}{2}\left(\frac{\sqrt{3}pr}{2tH}\right)^{1/n} \qquad \textbf{(Resposta)}$$

EXEMPLO 12.4

Considere o estado de tensão $\sigma_2 = \sigma_3 = 0{,}5\sigma_1$ aplicado a um material que segue a curva de tensão-deformação uniaxial Ramberg-Osgood, Equação 12.12. Derive uma equação para a deformação ε_1 na direção de σ_1 em função de σ_1 e das constantes de material E, H e n da curva uniaxial, bem como a razão de Poisson, v.

Solução

Como este não é um caso de tensão plana, as Equações 12.36 e 12.39 não se aplicam. No entanto, seguindo um procedimento paralelo ao utilizado para obter estas expressões, conforme desenvolvido na Seção 12.3.4, podemos prosseguir. Primeiro, aplique as Equações 12.19 (a) e 12.24 (a), deixando os eixos principais 1-2-3 como sendo os eixos x-y-z.

$$\varepsilon_{e1} = \frac{1}{E}\left[\sigma_1 - v(\sigma_2 + \sigma_3)\right] + \frac{1}{E}\left[\sigma_1 - v(0{,}5\sigma_1 + 0{,}5\sigma_1)\right] = \frac{(1-v)\sigma_1}{E}$$

$$\varepsilon_{p1} = \frac{1}{E_p}\left[\sigma_1 - 0{,}5(\sigma_2 + \sigma_3)\right] = \frac{1}{E_p}\left[\sigma_1 - 0{,}5(0{,}5\sigma_1 + 0{,}5\sigma_1)\right] = \frac{\sigma_1}{2E_p}$$

Para avaliar a variável $E_p = \bar{\sigma}/\varepsilon_p$, precisamos de uma expressão aplicável de $\bar{\varepsilon}_p$ para a forma de Ramberg-Osgood, que pode ser obtida a partir das Equações 12.23 e 12.38.

$$\bar{\varepsilon}_p = \bar{\varepsilon} - \frac{\bar{\sigma}}{E} = \left(\frac{\bar{\sigma}}{H}\right)^{1/n}$$

Assim, temos:

$$E_p = \frac{\bar{\sigma}}{\bar{\varepsilon}_p} = \frac{\bar{\sigma}}{(\bar{\sigma}/H)^{1/n}}$$

Em seguida, aplique a Equação 12.21 para determinar $\bar{\sigma}$ para este caso, em que $\sigma_2 = \sigma_3 = 0{,}5\sigma_1$.

$$\bar{\sigma} = \frac{1}{\sqrt{2}}\sqrt{(\sigma_1 - 0{,}5\sigma_1)^2 + (0{,}5\sigma_1 - 0{,}5\sigma_1)^2 + (0{,}5\sigma_1 - \sigma_1)^2} = 0{,}5\sigma_1$$

Substitua na expressão para E_p e, em seguida, aplique o resultado à equação obtida para ε_{p1}.

$$E_p = \frac{0{,}5\sigma_1}{(0{,}5\sigma_1/H)^{1/n}}, \quad \varepsilon_{p1} = \frac{\sigma_1}{2E_p} = \left(\frac{\sigma_1}{2H}\right)^{1/n}$$

Finalmente, os componentes elásticos e plásticos podem ser combinados de forma a obter a deformação total, ε_1.

$$\varepsilon_1 = \varepsilon_{e1} + \varepsilon_{p1}, \quad \varepsilon_1 = (1-\nu)\frac{\sigma_1}{E} + \left(\frac{\sigma_1}{2H}\right)^{1/n} \qquad \text{(Resposta)}$$

Comentário

Para este estado de tensão tridimensional, a curva ε_1 *versus* σ_1 é vista como tendo uma inclinação elástica mais acentuada que para o caso uniaxial por um fator $1/(1-\nu) \approx 1{,}4$. Além disso, em grandes deformações plásticas, as tensões são duas vezes mais elevadas do que para o caso uniaxial.

12.3.5 Deformação *versus* Teorias Incrementais da Deformação Plástica

Os resultados experimentais indicam que as deformações plásticas dependem não apenas dos valores das tensões atingidas, mas também da história de carregamento. Por exemplo, considere um tubo de parede fina carregado com valores particulares de carga axial $P = P'$ e com um torque $T = T'$, sendo que qualquer um destes é suficiente para produzir escoamento por si próprio. Se o carregamento axial for aplicado primeiro (gerando escoamento) e depois a torção, as tensões plásticas resultantes diferem daquelas que ocorreriam se a torção fosse aplicada antes. Além disso, um terceiro resultado é obtido se a tração e a torção forem aumentadas proporcionalmente, de modo que a razão P/T permaneça constante até que P' e T' sejam atingidos simultaneamente.

Estas sequências de tensão correspondem a variações nas tensões principais, como mostrado na Figura 12.10. As linhas indicadas são chamadas *caminhos de carregamento* e qualquer caminho de carregamento que seja uma linha reta pela origem denomina-se

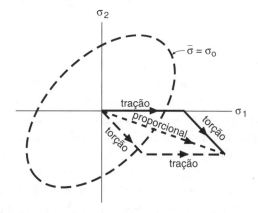

FIGURA 12.10 Três caminhos possíveis para a carga combinada axial e de torção em um tubo de parede fina.

664 **CAPÍTULO 12** Comportamento em Deformação Plástica

carregamento proporcional. A situação na qual as deformações plásticas se diferem, apesar das tensões finais serem as mesmas, é dita representar a *dependência do caminho de carregamento.* Para analisar esse comportamento dependente de trajetória, é necessária uma *teoria incremental da deformação plástica*, que é aplicada seguindo o caminho de carregamento em pequenos passos. As equações da teoria incremental da deformação plástica são semelhantes às anteriormente dadas para a teoria da deformação, Equações 12.21 a 12.25, exceto que todas as deformações plásticas, $\bar{\varepsilon}_p, \varepsilon_{px}$ etc., são substituídas pelas correspondentes quantidades diferenciais (infinitesimais), $d\bar{\varepsilon}_p, d\varepsilon_{px}$ etc.

No entanto, se todas as tensões forem aplicadas de modo que suas magnitudes sejam proporcionais e se não houver descarregamento, a teoria incremental da deformação plástica acarreta o mesmo resultado que a teoria da deformação. A discussão anterior é, portanto, restrita aos casos de *carregamento proporcional monotônico.* O carregamento proporcional é definido matematicamente em um ponto determinado em um sólido sendo deformado se as tensões principais mantêm direções constantes e relações constantes de seus valores, à medida que estes aumentam. Ou seja,

$$\frac{\sigma_2}{\sigma_1} = \lambda_2, \quad \frac{\sigma_3}{\sigma_1} = \lambda_3 \tag{12.40}$$

em que λ_2 e λ_3 podem variar de ponto a ponto no sólido sendo deformado, mas, para um ponto dado, não devem mudar.

Como questão prática, variações modestas em λ_2 e λ_3 podem ocorrer sem causar problemas significativos com a teoria da deformação. Além disso, se a proporcionalidade é preservada, mas ocorre descarregamento, como no carregamento cíclico (fadiga), a teoria da deformação ainda pode ser usada, como será discutido mais adiante. No entanto, alguns problemas práticos envolvem carregamento obviamente não proporcional e, portanto, requerem o uso da teoria incremental. Detalhes sobre teoria incremental e sua aplicação são fornecidos em livros didáticos sobre deformação plástica, como os listados nas Referências.

12.4 COMPORTAMENTO NO DESCARREGAMENTO E NO CARREGAMENTO CÍCLICO, DE ACORDO COM OS MODELOS REOLÓGICOS

Os modelos reológicos de mola e cursor não incluem os efeitos de dependência com o tempo, nem exibem outras complexidades observadas nos materiais reais. No entanto fornecem uma idealização útil, mesmo para carga cíclica, já que seu comportamento é basicamente semelhante ao dos metais de engenharia e outros materiais.

Algumas características do comportamento desses modelos são ilustradas na Figura 12.11. Considere primeiro o modelo elástico simples e perfeitamente plástico (a). Se a direção de carregamento é invertida, o comportamento mantém-se elástico até que ocorra escoamento novamente durante o recarregamento. No entanto, se a excursão de deformação para o evento de descarregamento-recarga for suficientemente grande, ocorrerá escoamento reverso. Particularmente, o escoamento reverso ocorre quando a alteração de tensão desde o descarregamento atinge $\Delta\sigma = 2\sigma_0$. Para um carregamento completamente invertido, a resposta para um $\Delta\varepsilon$ suficientemente grande para causar

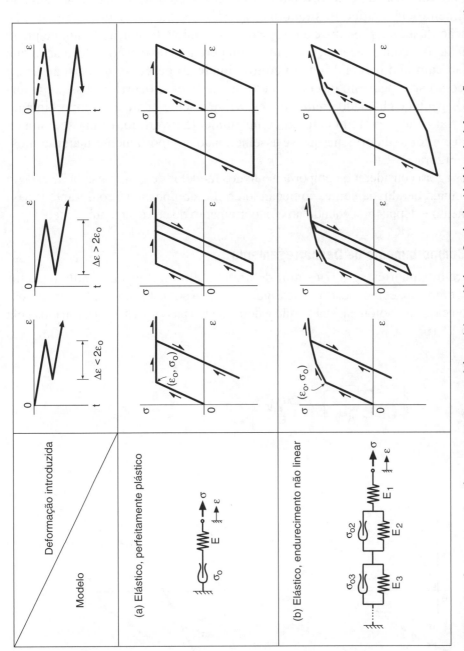

FIGURA 12.11 Comportamento sob carregamento e descarregamento para dois modelos reológicos. O primeiro histórico de deformação causa somente deformação elástica durante o descarregamento, mas o segundo é suficientemente grande para causar escoamento por compressão. O terceiro histórico é completamente invertido e causa um ciclo de histerese que é simétrico em relação à origem.

escoamento reverso também é mostrada na Figura 12.11. O comportamento é simétrico em relação à origem e se repete para cada ciclo de carregamento.

Se o modelo tiver um ou mais estágios de combinações de mola e cursor paralelos, o comportamento é análogo ao descrito anteriormente, mas mais complexo, como mostrado na Figura 12.11 pelo modelo (b). Um evento de descarregamento-recarga também provoca escoamento reverso quando $\Delta\sigma = 2\sigma_0$, de forma semelhante ao endurecimento cinemático ilustrado na Figura 12.3. Para a segunda história de deformação ilustrada, produz-se a inversão – causando a formação de um pequeno ciclo (ou laço) – com a recarga, e segue-se um percurso de tensão-deformação que retorna ao caminho original, dando continuidade ao percurso do carregamento inicial, como se o pequeno circuito (laço) nunca tivesse ocorrido. Esse comportamento especial é chamado *efeito de memória* e é semelhante ao comportamento dos materiais reais. Para um esforço completamente invertido, forma-se um anel simétrico em torno da origem, que se assemelha ao comportamento material mostrado na Figura 12.2.

Vamos agora considerar o comportamento dos modelos de mola e cursor de estágio múltiplo mais detalhadamente, começando com o comportamento durante o descarregamento e depois procedendo ao comportamento de carregamento cíclico.

12.4.1 Comportamento de Descarregamento

Considere qualquer estágio (*i*-ésimo) de um modelo multiestágio mola e cursor paralelo composto, como mostrado na Figura 12.12. Após esta etapa entrar em escoamento sob carga monotônica, sua tensão e deformação passam a ser relacionados pela Equação 12.16.

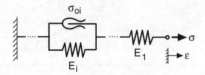

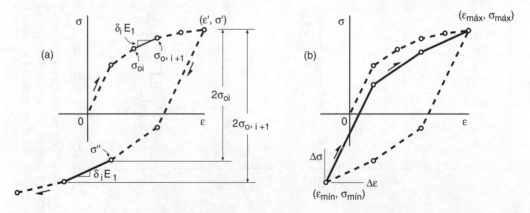

FIGURA 12.12 Comportamento sob descarregamento conforme os modelos reológicos de mola e cursor mostrando (a) duplicação dos comprimentos dos segmentos com a inclinação inalterada e (b) comportamento similar durante recarregamento.

Em um ponto de tensão-deformação posterior (ε', σ'), temos:

$$\sigma' = \sigma_{oi} + E_i \varepsilon_i' \qquad (12.41)$$

em que ε_i' é a deformação na i-ésima fase. Se a direção de carregamento for revertida no ponto (ε', σ'), nenhuma alteração em ε_i' ocorre até que a tensão no cursor atinja $-\sigma_{0i}$. Assim, ε_i' permanece inicialmente inalterada, assim como a tensão $E_i \cdot \varepsilon_i'$ na mola, de modo que esta fase pode ser dita bloqueada até que a resistência do cursor seja vencida. No ponto do escoamento reverso deste estágio, a tensão é:

$$\sigma'' = -\sigma_{oi} + E_i \varepsilon_i' \qquad (12.42)$$

A mudança na tensão necessária para causar escoamento reverso na i-ésima fase é:

$$\Delta\sigma'' = \sigma' - \sigma'' = 2\sigma_{oi} \qquad (12.43)$$

Após o ponto de escoamento reverso da i-ésima fase, a tensão no cursor permanece em $-\sigma_{0i}$ e a mudança da tensão no conjunto muda conforme σ'', que é composta por $\Delta\sigma$ $- 2\sigma_{0i}$, tensão que é aplicada à mola e que causa sua deflexão elástica. A contribuição da i-ésima etapa para a mudança de tensão é:

$$\Delta\varepsilon_i = \frac{\Delta\sigma - 2\sigma_{oi}}{E_i} \qquad (12.44)$$

A variação total na deformação é a soma de todos os estádios produzidos:

$$\Delta\varepsilon = \frac{\Delta\sigma}{E_1} + \frac{\Delta\sigma - 2\sigma_{o2}}{E_2} + \frac{\Delta\sigma - 2\sigma_{o3}}{E_3} + \cdots + \frac{\Delta\sigma - 2\sigma_{oj}}{E_j} \qquad (12.45)$$

Aqui, todos os cursores deslizantes, após o j-ésimo, têm escoamento reverso. Os valores de tensão e de deformação em relação aos eixos originais (ε, σ) são:

$$\sigma = \sigma' - \Delta\sigma, \quad \varepsilon = \varepsilon' - \Delta\varepsilon \qquad (12.46)$$

em que (ε', σ'), é o ponto de inversão de carga. Combinando as Equações 12.45 e 12.46 e obtendo a derivada $d\sigma/d\varepsilon$, chega-se à inclinação da resposta tensão-deformação:

$$\frac{d\sigma}{d\varepsilon} = \frac{1}{\dfrac{1}{E_1} + \dfrac{1}{E_2} + \dfrac{1}{E_3} + \cdots + \dfrac{1}{E_j}} \qquad (12.47)$$

Logo, comparando-se com a Equação 12.14, vemos que a inclinação é a mesma que para o intervalo na resposta monotônica, quando é envolvido o mesmo número de cursores no modelo.

Além disso, uma vez que a Equação 12.43 indica que o valor de $\Delta\sigma$ em cada i-ésimo cursor, que apresenta escoamento reverso, é o dobro da sua tensão de escoamento monotônica (σ_{0i}), os intervalos entre eventos de escoamento reverso são duas vezes maiores que os intervalos entre os escoamentos monotônicos correspondentes. Em outras palavras, a trajetória tensão-deformação, em relação a uma origem deslocada no ponto de descarregamento (ε', σ'), tem a mesma forma que a curva monotônica,

668 **CAPÍTULO 12** Comportamento em Deformação Plástica

diferindo dessa por ser expandida por um fator de escala de dois. Cada segmento de linha reta do caminho de descarga tem a mesma inclinação que o correspondente na resposta monotônica, mas seu comprimento é dobrado.

Se a resposta monotônica da Equação 12.18 é representada por

$$\varepsilon = f(\sigma) \tag{12.48}$$

a resposta durante o descarregamento, conforme a Equação 12.45, é

$$\frac{\Delta\varepsilon}{2} = f\frac{\Delta\sigma}{2} \tag{12.49}$$

que pode ser verificada a partir das duas equações. O fator de dois no denominador é a expressão matemática da expansão previamente observada por um fator de dois. Particularmente, a metade dos valores $\Delta\sigma$ e $\Delta\varepsilon$ tem a mesma relação funcional que σ e ε da curva monotônica.

Para um carregamento inicial por compressão, seguido por carregamento de tração, ocorre um comportamento análogo. O carregamento inicial por compressão é dado por $\varepsilon = -f(-\sigma)$ e a Equação 12.49 aplica-se para o carregamento subsequente na direção de tração.

12.4.2 Discussão do Descarregamento

Uma vez que o ponto de escoamento reverso do cursor no primeiro estágio deve estar em conformidade com a Equação 12.43, o primeiro escoamento reverso ocorre em $\Delta\sigma = 2\sigma_0$, em que $\sigma_0 = \sigma_{02}$ é a tensão de escoamento do modelo.

Assim, o primeiro escoamento reverso obedece ao endurecimento cinemático, como na Figura 12.3. Se o descarregamento prossegue de maneira que mais cursores deslizem (entrem em escoamento) do que no carregamento, a Equação 12.49 é obedecida até que a curva tensão-deformação se junte ao caminho que seria esperado sob compressão monotônica. Após este ponto, o caminho tensão-deformação para compressão monotônica é seguido.

Se o número de estágios no modelo for relativamente grande, sua resposta aproxima-se de uma curva de tensão-deformação suave e contínua. As Equações 12.48 e 12.49 podem assim ser pensadas como representando curvas suaves.

A Figura 12.13 apresenta duas curvas tensão-deformação com descarregamento, obtidas por meio de testes laboratoriais para dois metais de engenharia. Também são mostrados caminhos estimados para o descarregamento baseados na Equação 12.49. Os dados concordam razoavelmente bem para a liga de alumínio, mas não para o aço. Materiais que apresentam escoamento abrupto sob carga monotônica raramente têm comportamento semelhante durante descarregamento. Em vez disso, ocorre uma curva mais suave, como para o aço. Para ambas as curvas experimentais, note que o escoamento em compressão começa com um valor absoluto de tensão mais baixo do que o limite de escoamento inicial sob tração; isto é, um efeito Bauschinger é observado. Para a liga de alumínio, esse comportamento é razoavelmente bem estimado pelo modelo reológico.

12.4.3 Comportamento sob Carregamento Cíclico

Conforme ilustrado na Figura 12.12 (b), considere que o descarregamento termine em um ponto ($\varepsilon_{mín}$, $\sigma_{mín}$) e que um recarregamento seja imposto no sentido da tração.

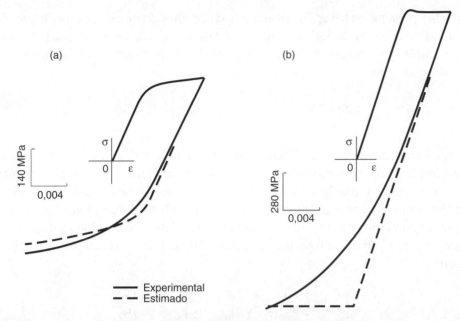

FIGURA 12.13 Comportamento sob tração monotônica seguida por carregamento em compressão para (a) liga de alumínio 2024-T4 e (b) aço AISI 4340 temperado e revenido. Também são mostradas as curvas de descarregamento estimadas a partir de uma expansão por um fator de dois da curva monotônica.

O modelo reológico segue o comportamento discutido durante o descarregamento com as curvas expandidas por um fator de dois, porém com a origem sendo em ($\varepsilon_{mín}$, $\sigma_{mín}$). Esse comportamento persiste até ser atingido o ponto original no qual se iniciou o descarregamento (ε', σ'), de forma a formar um circuito fechado tensão-deformação. Deixe este ponto ser designado ($\varepsilon_{máx}$, $\sigma_{máx}$) e considere que a deformação seja ciclada entre os dois valores $\varepsilon_{máx}$ e $\varepsilon_{mín}$. Isso está ilustrado pela Figura 12.14. Durante a resultante ciclagem de amplitude constante, o circuito tensão-deformação entre $\varepsilon_{máx}$ e $\varepsilon_{mín}$, denominado *laço de histerese* (ou *ciclo de histerese*), é alterado em cada ciclo.

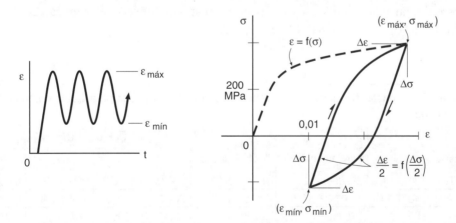

FIGURA 12.14 Comportamento tensão-deformação compatível com um modelo reológico de mola e cursor obtido durante descarregamento e recarregamento. As curvas traçadas correspondem a uma curva de tensão-deformação de Ramberg-Osgood, empregando as constantes da Figura 12.9.

670 **CAPÍTULO 12** Comportamento em Deformação Plástica

Neste caso, presume-se haver grande número de estádios do modelo, de modo que sejam obtidas curvas suaves. Relativamente aos eixos de coordenadas originais (σ, ε), os trajetos tensão-deformação para os trechos de descarga e recarga do circuito de histerese são dados por:

$$\varepsilon = \varepsilon_{máx} - 2f\left(\frac{\sigma_{máx} - \sigma}{2}\right), \quad \varepsilon = \varepsilon_{mín} + 2f\left(\frac{\sigma - \sigma_{mín}}{2}\right) \quad (a,b) \qquad (12.50)$$

A expressão (a) para o trecho de descarregamento é obtida combinando $\varepsilon = \varepsilon_{máx} - \Delta\varepsilon$ com a Equação 12.49 e a expressão (b) para o trecho de recarregamento é obtida combinando $\varepsilon = \varepsilon_{mín} + \Delta\varepsilon$ com a Equação 12.49. Para o carregamento cíclico polarizado na direção de tração, como mostrado na Figura 12.14, a trajetória tensão-deformação para o ponto $(\varepsilon_{máx}, \sigma_{máx})$ é dada por $\varepsilon = f(\sigma)$. Para o carregamento cíclico polarizado na direção compressiva, a carga inicial até o ponto $(\varepsilon_{mín}, \sigma_{mín})$ é dada por $\varepsilon = -f(-\sigma)$. Assim, aplica-se o seguinte:

$$\varepsilon_{máx} = f(\sigma_{máx}) \quad |\varepsilon_{máx}| > |\varepsilon_{mín}| \quad (a)$$
$$\varepsilon_{mín} = -f(-\sigma_{mín}) \quad |\varepsilon_{mín}| > |\varepsilon_{máx}| \quad (b) \qquad (12.51)$$

A Equação 12.50 representa os dois trechos do circuito de histerese para cada caso.

O carregamento cíclico dos metais de engenharia geralmente segue uma relação tensão-deformação de Ramberg-Osgood. Algumas constantes para metais representativos são dadas na Tabela 12.1, com a notação H' e n' empregada para indicar as curvas que são especificamente derivadas de carregamento cíclico, para distingui-las das curvas da carga monotônica. Tais curvas tensão-deformação cíclicas serão discutidas em mais detalhes na próxima parte deste capítulo, Seção 12.5.

EXEMPLO 12.5

Um material tem a curva tensão-deformação uniaxial dada pelas constantes na Figura 12.9. Suponha que a curva também se aplique para carga cíclica e que o comportamento tensão-deformação seja semelhante ao de um modelo de mola e cursor de vários estágios. Assim, estime a resposta tensão-deformação cíclica, a partir do zero, entre $\varepsilon_{máx} = 0,028$ e $\varepsilon_{mín} = 0,01$.

Tabela 12.1 Constantes para Curvas Tensão-Deformação Cíclicas para Quatro Metais de Engenharia

Material	Limite de Escoamento, σ_0	Limite de Resistência, σ_u	Curva σ-ε Cíclica		
			E	H'	n'
Aço RQC-100	683 (99)	758 (110)	200.000 (29.000)	900 (131)	0,0905
Aço AISI 4340 (T + R)	1.103 (160)	1.172 (170)	207.000 (30.000)	1.655 (240)	0,131
Liga Al 2024-T351	379 (55)	469 (68)	73.100 (10.600)	662 (96)	0,070
Liga Al 7075-T6	469 (68)	578 (84)	71.000 (10.300)	977 (142)	0,106

Notas: As unidades são MPa (ksi), exceto para n', que é adimensional. Consulte a Tabela 14.1 para obter propriedades e origens adicionais.

Solução

A resposta tensão-deformação para este exemplo é a representada na Figura 12.14. Para o carregamento inicial monotônico de zero a $\varepsilon_{máx}$, usamos a Equação 12.12 com os valores E, H e n, conforme oferecidos pela Figura 12.9:

$$\varepsilon = f(\sigma) = \frac{\sigma}{69.000} + \left(\frac{\sigma}{690}\right)^{1/0,15}$$

Primeiro, precisamos resolver esta equação para $\sigma_{máx}$, dado que $\varepsilon_{máx} = 0,028$. É necessário empregar uma solução por tentativa e erro ou por procedimento interativo, como o método de Newton, de forma a obter:

$$\sigma_{máx} = 390,1 \text{ MPa} \qquad \textbf{(Resposta)}$$

Para o descarregamento a partir do ponto $(\varepsilon_{máx}, \sigma_{máx})$, aplica-se a Equação 12.49:

$$\Delta\varepsilon = 2f\left(\frac{\Delta\sigma}{2}\right) = \frac{\Delta\sigma}{69.000} + 2\left(\frac{\Delta\sigma}{1.380}\right)^{1/0,15}$$

Esta equação dá a resposta durante o descarregamento em relação a uma origem em $(\varepsilon_{máx}, \sigma_{máx})$, como mostrado na Figura 12.14. No ponto $(\varepsilon_{mín}, \sigma_{mín})$, a direção da deformação inverte, onde:

$$\Delta\varepsilon = \varepsilon_{máx} - \varepsilon_{mín} = 0,018, \quad \Delta\sigma = \sigma_{máx} - \sigma_{mín}$$

Inserindo a equação precedente com $\Delta\varepsilon$ e executando uma segunda solução iterativa, tem-se $\Delta\sigma$:

$$\Delta\sigma = 614,5 \text{ MPa}$$

Segue-se que:

$$\sigma_{mín} = \sigma_{máx} - \Delta\sigma = 390,1 - 614,5 = -224,4 \text{ MPa} \qquad \textbf{(Resposta)}$$

No recarregamento a $\varepsilon_{máx}$, o mesmo caminho descrito pela Equação 12.49 é seguido para a resposta $\Delta\sigma$ *versus* $\Delta\varepsilon$, relativamente a uma origem em $(\varepsilon_{mín}, \sigma_{mín})$. Assim, a curva estimada atinge o mesmo ponto $(\sigma_{máx}, \varepsilon_{máx})$, como anteriormente, e os ciclos subsequentes são estimados para retraçar o laço de histerese assim formado.

Comentário

Se for desejado traçar a resposta tensão-deformação com precisão, escolha um número de valores de σ entre zero e $\sigma_{máx}$, e trace estes valores contra os valores de deformação correspondentes da relação $\varepsilon = f(\sigma)$, sob a forma de Equação 12.12. Em seguida, para um número de valores de σ entre $\sigma_{máx}$ e $\sigma_{mín}$, calcule e trace os valores de deformação correspondentes para os dois trechos do ciclo de histerese pelas Equações 12.50 (a) e (b). Uma vez que $\varepsilon = f(\sigma)$ é dado pela Equação 12.12, as relações específicas necessárias são:

$$\varepsilon = \varepsilon_{máx} - 2\left[\frac{\sigma_{máx} - \sigma}{2E} + \left(\frac{\sigma_{máx} - \sigma}{2H}\right)^{1/n}\right], \quad \varepsilon = \varepsilon_{mín} + 2\left[\frac{\sigma - \sigma_{mín}}{2E} + \left(\frac{\sigma - \sigma_{mín}}{2H}\right)^{1/n}\right]$$

12.4.4 Aplicação para a Deformação Irregular *versus* Histórico de Carregamento

O comportamento de um modelo reológico de mola e cursor de vários estágios (como na Figura 12.6) pode ser resumido por um conjunto de regras que se aplicam a qualquer variação irregular de deformação com o tempo. As regras são apresentadas de forma que os segmentos de linha reta, que descrevem a resposta dos vários estágios sendo solicitados, se aproximem da curva de carga monotônica. Os segmentos são numerados a partir da origem, como mostrado na Figura 12.15 (a): Inicialmente e após cada inversão da direção da deformação, os segmentos são usados em ordem, começando com o primeiro. Cada segmento pode ser usado uma vez, em qualquer direção, com seu comprimento original. Em seguida, o comprimento torna-se duas vezes o valor do comprimento monotônico, mantendo a mesma inclinação. Uma exceção à regra (1) é que um segmento (ou parte dele) deve ser ignorado se seu uso mais recente não estiver na direção oposta à sua utilização iminente.

A Figura 12.15 ilustra a aplicação destas regras para empregar a história de deformação mostrada em (b) para resultar na resposta tensão-deformação mostrada em (c). Inicialmente, os segmentos de 1 a 5 são utilizados para se atingir o ponto A, não sendo necessários segmentos adicionais para o histórico de deformações exemplificado. Desta forma, apenas segmentos de comprimento duplos são utilizados durante o resto do histórico de carregamento. No ponto B', na história da deformação, o segmento 3 deve ser ignorado, pois seu uso mais recente não foi na direção oposta à sua utilização iminente, de modo que a sequência de segmentos entre C e D é 1-2-4-5.

Apenas segmentos de comprimento duplo são usados depois que a tensão atinge seu primeiro maior valor absoluto (ponto A). Assim, após este ponto, o modelo se comporta, em descarregamento, de tal modo que todas as curvas tensão-deformação seguem uma única forma, que é a curva monotônica expandida de um fator de escala de dois, de acordo com a Equação 12.49. A regra (3) faz com que o efeito de memória atue, de forma que o salto dado pelos segmentos (ou de partes deles) resulta em um retorno ao percurso tensão-deformação original. As origens para as várias curvas $\Delta\sigma$ *versus* $\Delta\varepsilon$ encontram-se, naturalmente, localizadas em pontos em que a direção de

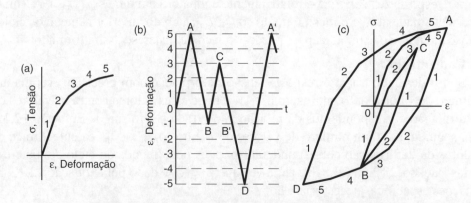

FIGURA 12.15 Comportamento de um modelo reológico mola e cursor composto de vários estágios aplicado a um histórico de deformações irregulares. Um modelo com a curva de tensão-deformação monotônica (a) é submetido à história de deformação (b), resultando numa resposta tensão-deformação (c).

(Adaptado de [Dowling 79b]; usado com permissão da Elsevier Science Publishers.)

deformação muda e a origem particular, que se aplica a determinada seção da curva, é determinada pelo efeito de memória. O salto de uma porção de um segmento não ocorre na Figura 12.15.

Se o histórico de deformação retorna posteriormente ao seu maior valor absoluto, os caminhos tensão-deformação traçados formam um conjunto de ciclos fechados de histerese de tensão-deformação. Este é o caso, na Figura 12.15, em que os laços correspondem aos eventos *B-C-B'* e *A-D-A'*. Se o mesmo histórico de deformações for aplicado novamente, os mesmos ciclos serão retraçados.

12.5 COMPORTAMENTO TENSÃO-DEFORMAÇÃO CÍCLICO DOS MATERIAIS REAIS

Foi desenvolvida uma metodologia de ensaio laboratorial especial para a caracterização do comportamento tensão-deformação cíclica, que é feita durante o teste de fadiga de baixo ciclo e descrita na Norma ASTM E606, e também em Landgraf, Morrow & Endo (1969). Como resultado, estão disponíveis dados consideráveis para metais de engenharia, assim como dados limitados para outros materiais.

12.5.1 Ensaios Cíclicos Tensão-Deformação e Comportamento

O teste mais comum envolve a submissão de um ciclo completamente invertido ($R = -1$) entre limites de deformação constantes, como ilustrado na Figura 12.16. Uma amplitude de deformações, $\varepsilon_a = \Delta\varepsilon/2$, é selecionada e uma amostra de ensaio é carregada axialmente até que a deformação por tração atinja um valor de $\varepsilon_{máx} = +\varepsilon_a$. Em seguida, a direção de carregamento é invertida até a tensão atingir $\varepsilon_{mín} = -\varepsilon_a$ e o ensaio é continuado, com a direção de carregamento sendo invertida cada vez que a deformação alcança $+\varepsilon_a$ ou $-\varepsilon_a$. A taxa de deformação entre estes limites pode ser mantida constante, ou, às vezes, é empregada uma variação senoidal, com frequência fixa, da deformação com o tempo. A taxa ou frequência do ensaio afeta o comportamento dos materiais que exibem fluência significativa na temperatura utilizada no teste. Para os metais de engenharia testados à temperatura ambiente, os efeitos da taxa de carregamento são geralmente pequenos.

Tais ensaios cíclicos são executados até ocorrer falha de fadiga. As tensões necessárias para atingir os limites de deformação, normalmente, mudam ao longo do teste. Alguns materiais exibem um *endurecimento cíclico*, o que significa que as tensões aumentam, como mostrado na Figura 12.16 (topo). Outros exibem um *amolecimento cíclico*, ou uma diminuição na tensão com números crescentes de ciclos, como também ilustrado (embaixo). Em metais de engenharia, o endurecimento ou amolecimento cíclico é geralmente rápido no início, mas a mudança entre os ciclos diminui, à medida que mais ciclos são submetidos ao material. Muitas vezes, o comportamento torna-se aproximadamente estável, de forma que mudanças posteriores são pequenas. Essas tendências podem ser observadas na Figura 12.2, que mostra endurecimento numa liga de alumínio.

Se a variação tensão-deformação durante o comportamento cíclico estável é traçada, forma-se um ciclo (laço) fechado de histerese em cada ciclo, como indicado na Figura 12.17. Após o sentido de carga mudar no limite de deformação positivo ou negativo, a inclinação do percurso tensão-deformação inicialmente é constante

674 CAPÍTULO 12 Comportamento em Deformação Plástica

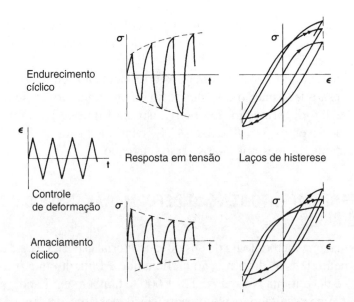

FIGURA 12.16 Ensaio de deformação controlada totalmente invertida e duas possíveis respostas em termos de tensão: endurecimento e amaciamento cíclicos.

(De [Landgraf 70]; copyright © ASTM; reimpresso com permissão.)

e próxima do módulo de elasticidade E, obtido a partir de um ensaio de tensão. Em seguida, o caminho gradualmente desvia da linearidade, à medida que ocorre tensão plástica. Podemos pensar em cada ramo do ciclo de histerese como uma curva tensão-deformação separada, iniciando-se em uma origem deslocada para uma das pontas do laço, com os eixos invertidos quando se considera o trecho inferior do ciclo. Observe que o comportamento do laço de histerese é semelhante ao dos modelos reológicos já discutidos. Compare o caso do carregamento completamente invertido da Figura 12.11 (b) com o caso da Figura 12.17.

O desvio máximo da linearidade atingido durante um ciclo é a gama da deformação plástica presente, rotulada $\Delta \varepsilon_p$, na Figura 12.17. A faixa de tensão é $\Delta \sigma$ e a porção

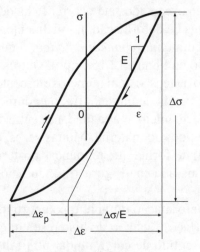

FIGURA 12.17 Curva tensão-deformação estática de histerese.

elástica da deformação está relacionada com $\Delta\sigma$ pelo módulo elástico, E. A soma das porções elástica e plástica dá a faixa de deformação total, $\Delta\varepsilon$:

$$\Delta\varepsilon = \frac{\Delta\sigma}{E} + \Delta\varepsilon p \qquad (12.52)$$

Muitas vezes, é útil trabalhar com as amplitudes – isto é, a metade das faixas (gamas) – dessas quantidades, $\varepsilon_a = \Delta\varepsilon/2$, $\sigma_a = \Delta\sigma/2$ e $\varepsilon_{pa} = \Delta\varepsilon_p/2$, de modo que:

$$\varepsilon_a = \frac{\sigma_a}{E} + \varepsilon_{pa} \qquad (12.53)$$

Na maioria dos metais de engenharia, os ciclos de histerese estáveis são quase simétricos em relação à tensão e à compressão. Uma exceção é o ferro fundido cinzento, em que o comportamento diferenciado dos flocos de grafite sob tensão e compressão provoca um comportamento assimétrico. Os polímeros dúcteis e seus compósitos também têm ciclos de histerese frequentemente assimétricos, com um exemplo ilustrado na Figura 12.18.

12.5.2 Curvas Cíclicas Tensão-Deformação e Tendências

Os ciclos de histerese obtidos em cerca da metade da vida em fadiga são, por convenção, usados para representar um comportamento aproximadamente estável. Tais laços, obtidos de ensaios em várias diferentes amplitudes de tensão, podem ser traçados em conjunto no mesmo sistema de eixos σ-ε, como mostrado na Figura 12.19. Uma linha oriunda da origem e que passa pelas pontas dos laços, O-A-B-C, é chamada *curva cíclica tensão-deformação*. Quando os trechos em tensão e compressão não diferem muito (o que, com frequência, é o caso), emprega-se sua média. A curva cíclica tensão-deformação é, portanto, a relação entre a amplitude da tensão e a amplitude da deformação para carregamento cíclico.

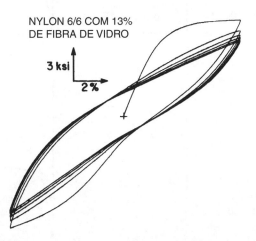

FIGURA 12.18 Laços de histerese com amolecimento assimétrico cíclico para Nylon 6-6 reforçado com 13% de fibra de vidro, ciclado a uma taxa de deformação constante de $\dot{\varepsilon} = 0,011/s$.

(De [Beardmore 75]; usado com permissão.)

676 CAPÍTULO 12 Comportamento em Deformação Plástica

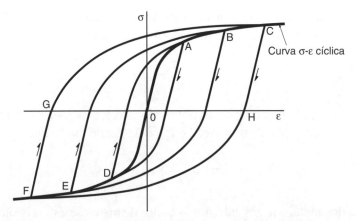

FIGURA 12.19 Curva tensão-deformação cíclica definida como o *locus* das pontas dos ciclos de histerese. Três laços são mostrados, *A-D*, *B-E* e *C-F*. O trecho de tração da curva tensão-deformação cíclica é *O-A-B-C*, e o trecho compressivo é *O-D-E-F*.

A Figura 12.20 apresenta uma comparação entre curvas tensão-deformação cíclicas para vários metais de engenharia, com suas respectivas curvas de tensão monotônicas. Quando a curva cíclica está acima da monotônica, o material apresenta endurecimento cíclico e vice-versa. Um comportamento misto pode também ocorrer, com o cruzamento das curvas indicando amaciamento em alguns níveis de deformação e endurecimento em outros. As curvas cíclicas quase sempre se desviam suavemente da linearidade, mesmo para os materiais que possuem uma curva monotônica com um limite de elasticidade distinto ou quando a curva apresenta queda (descontinuidade) no escoamento.

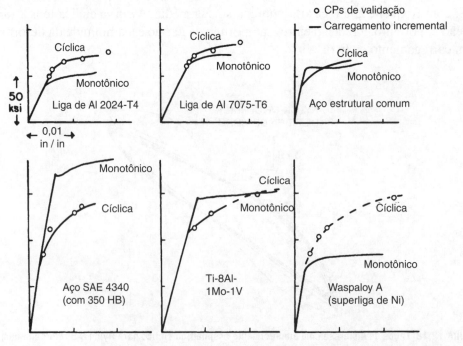

FIGURA 12.20 Curvas tensão-deformação cíclicas e monotônicas para vários metais de engenharia.

(De [Landgraf 69]; copyright © ASTM; reimpresso com permissão.)

As curvas descritas pela equação de Ramberg-Osgood possuem esse caráter e são, portanto, comumente usadas para representar curvas tensão-deformação cíclicas:

$$\varepsilon_a = \frac{\sigma_a}{E} + \left(\frac{\sigma_a}{H'}\right)^{1/n'} \qquad (12.54)$$

Aqui, as variáveis com apóstrofos, empregadas para o termo plástico, foram obtidas de curvas cíclicas tensão-deformação em vez de curvas monotônicas. Um limite de elasticidade convencional, σ_0', para a curva cíclica pode ser obtido empregando a Equação 12.13 com H' e n'. Para metais de engenharia, n' encontra-se frequentemente na faixa de 0,1 a 0,2, de modo que 0,15, ou cerca de 1/7, é um valor típico. Um valor baixo de n obtido de uma curva monotônica, digamos 0,05, corresponde a uma curva tensão-deformação bastante plana. Um metal com n baixo é mais provável de amolecer ciclicamente a uma curva mais baixa, porém mais inclinada, com o resultante valor de n' em geral entre 0,1 e 0,2. Por outro lado, um metal com um alto n (curva monotônica acentuadamente ascendente) é susceptível de endurecer ciclicamente, de forma a apresentar uma curva maior, porém plana, com n' de novo ao redor de 0,1 a 0,2. Valores de H' e n' para alguns metais de engenharia são fornecidos na Tabela 12.1 e mais alguns são indicados adiante, no Capítulo 14, em específico na Tabela 14.1.

A composição da liga e o processamento dos metais de engenharia afetam o comportamento cíclico tensão-deformação, às vezes de maneira diferente de como afetam as propriedades monotônicas em tração. Por exemplo, a resistência obtida por trabalho a frio (encruamento) é, com frequência, reduzida substancialmente pelo amolecimento cíclico. Por outro lado, os metais amaciados pelo recozimento geralmente endurecem de modo considerável sob carregamento cíclico. O endurecimento ocasionado por precipitados finos, tal como empregado em muitas ligas de alumínio, é normalmente preservado e, de forma usual, aumenta sob carga cíclica. É o caso das duas ligas de alumínio incluídas na Figura 12.20. Em aços médio carbono, endurecidos por tratamento térmico de têmpera e revenimento, parte do efeito geralmente é perdido se ocorrer carregamento cíclico. Um exemplo é fornecido pela curva para o aço SAE 4340, na Figura 12.20. Para tais aços, a variação média dos limites de escoamento monotônicos e cíclicos, σ_0 e σ_0', em função de sua dureza, é indicada na Figura 12.21. Neste caso, ocorre amaciamento cíclico, indicado quando σ_0' é menor do que σ_0, exceto em durezas muito altas.

Os polímeros dúcteis geralmente apresentam amolecimento cíclico. Lembre-se, da Seção 7.6.4, de que os polímeros têm forças de resistência monotônicas que são tipicamente 20% a 30% maiores na compressão do que na tensão, indicando uma sensibilidade à tensão hidrostática. Uma relação semelhante entre as tensões de resistência à tração e à compressão é mantida nas curvas de tensão-deformação cíclicas, sendo que este comportamento se torna evidente para o policarbonato, conforme mostrado na Figura 12.22. As curvas tensão-deformação cíclicas para polímeros dúcteis são afetadas pela taxa de deformação, mesmo à temperatura ambiente.

12.5.3 Formas dos Laços de Histerese

Um item de interesse é a forma dos laços de histerese, como C-H-F e F-G-C na Figura 12.19. Se o comportamento estável obedecer a um modelo reológico do tipo mola e cursor de

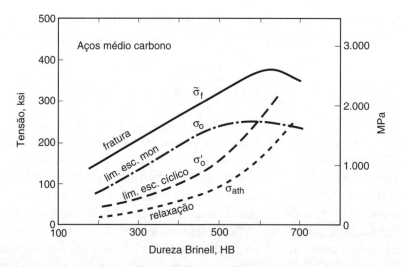

FIGURA 12.21 Tendências médias das propriedades do aço SAE 1045 e de outros aços médio carbono em função da dureza, incluindo a resistência à fratura verdadeira, os limites de escoamento monotônicos e cíclicos e a amplitude de tensão limiar para relaxação da tensão média.

(De [Landgraf 88]; copyright © ASTM; reimpresso com permissão.)

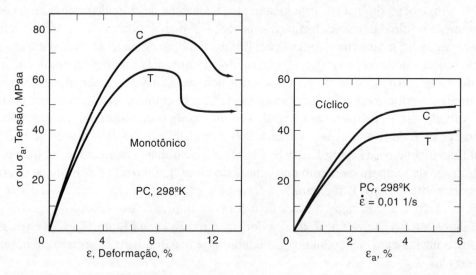

FIGURA 12.22 Curvas tensão-deformação monotônicas (esquerda) e cíclicas (direita) para o policarbonato sob tração (T) e compressão (C).

(Adaptado de [Beardmore 75]; usado com permissão.)

vários estágios, igual ao discutido anteriormente, o percurso da curva tensão-deformação para os ciclos de histerese deve ter a mesma forma que a curva tensão-deformação cíclica, exceto que a expansão ocorre por um fator de escala de dois, conforme a Equação 12.49. Assim, para uma curva de tensão-deformação cíclica, com $\varepsilon = f(\sigma)$ na forma da Equação 12.54, descrita por Ramberg-Osgood, a equação para as curvas obtidas a partir de $\Delta\varepsilon/2 = f(\sigma/2)$ é:

$$\Delta\varepsilon = \frac{\Delta\sigma}{E} + 2\left(\frac{\Delta\sigma}{2H'}\right)^{1/n'} \tag{12.55}$$

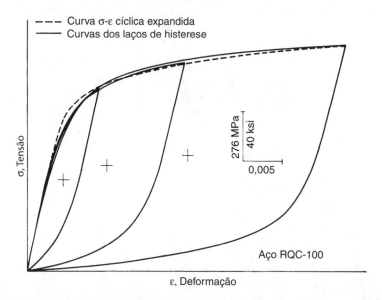

FIGURA 12.23 Três ciclos de histerese estáveis para um aço, traçados com seus eixos deslocados de forma que suas extremidades em compressão coincidam. As curvas passam perto da linha tracejada, que foi obtida expandindo a curva tensão-deformação cíclica com um fator de escala de dois, $\Delta\varepsilon/2 = f(\sigma/2)$.

(De [Dowling 78]; usado com permissão da ASME.)

Aqui, as variáveis $\Delta\sigma$ e $\Delta\varepsilon$ representam as mudanças relativas aos eixos de coordenadas em qualquer ponta do laço.

Este comportamento esperado pode ser comparado com o comportamento real, expandindo a curva de tensão-deformação cíclica com um fator de escala de dois e comparando o resultado com as curvas cíclicas reais. Tal comparação para um aço é mostrada na Figura 12.23. Para permitir esta comparação, são traçados três ciclos de histerese reais a partir de dados experimentais com as origens deslocadas, de modo que suas pontas caiam na origem usada para traçar a Equação 12.55. Neste caso, existe uma concordância razoavelmente boa entre as curvas de histerese real e estimada. Um comportamento semelhante geralmente ocorre para outros metais de engenharia, mas, em alguns casos, a concordância não é tão boa. No entanto, a Equação 12.55 fornece uma estimativa razoável, para fins de engenharia, da forma do laço de histerese em metais.

Para variações irregulares da deformação com o tempo, as curvas dos laços de histerese, quando atingido um comportamento estável, geralmente ainda seguem formas próximas à da curva tensão-deformação cíclica expandida por um fator de escala de dois, Equação 12.55. Assim, o comportamento é semelhante ao predito pelo modelo reológico mola e cursor, conforme discutido anteriormente e como ilustrado na Figura 12.15. Alguns dados de teste de um aço-liga, fornecidos pela Figura 12.24, dão suporte a esta questão. A resposta tensão-deformação para uma história irregular curta apresentada em (a) é mostrada em (b), conforme previsto pelo modelo reológico. A resposta real medida para o comportamento estável deste metal, mostrada em (c), é quase idêntica.

Para estados não uniaxiais de tensão, tanto a Equação 12.39 como as equações mais gerais relacionadas, que não estão limitadas ao estado de tensão plana, podem ser usadas para estimar as curvas de tensão-deformação cíclicas. Obviamente, são empregadas as

680 CAPÍTULO 12 Comportamento em Deformação Plástica

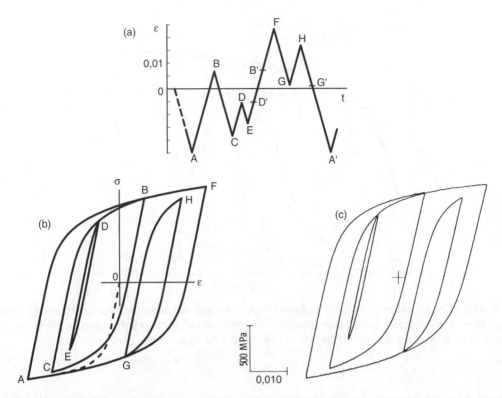

FIGURA 12.24 Resposta tensão-deformação cíclica estável de um aço AISI 4340 (σ_u = 1.158 MPa) submetido a uma história de deformação irregular repetidamente aplicada (a). A resposta prevista é mostrada em (b) e os dados de ensaio reais, indicados em (c).

(Adaptado de [Dowling 79b]; usado com permissão da Elsevier Science Publishers.)

constantes E, H' e n' para a curva de tensão-deformação cíclica uniaxial do material de interesse. É razoável aplicar o mesmo pressuposto de que os ciclos de histerese têm formas que obedecem a $\Delta\varepsilon/2 = f(\Delta\sigma/2)$, em que $\varepsilon_a = f(\sigma_a)$ é agora a curva cíclica tensão-deformação para uma direção particular de um estado de tensões não uniaxial. Tal procedimento permite que a teoria da deformação plástica seja empregada para carregamento cíclico, mas ainda é necessária a limitação de que o carregamento seja aproximadamente proporcional.

EXEMPLO 12.6
A Tabela E12.6(a) traz um histórico de deformações que foi repetidamente aplicado no exemplo da Figura 12.24. Estime a resposta da tensão para comportamento estável após o amolecimento cíclico deste material se completar. O aço AISI 4340 (σ_u = 1.158 MPa) possui constantes de ajuste da sua curva de tensão-deformação cíclica estável, conforme Equação 12.54, iguais a E = 201.300 MPa, H' = 1.620 MPa e n' = 0,112.

Solução
Espera-se um comportamento semelhante de um modelo reológico de mola e cursor. O ponto de partida deve ser o pico ou o vale com maior valor absoluto de deformação,

neste caso, o ponto A. Para estabelecer o ponto A, suponha que o carregamento siga a curva de tensão-deformação cíclica dada pela Equação 12.54 $\varepsilon_a = f(\sigma_a)$, como se fosse uma curva monotônica. Use $\varepsilon = f(\sigma)$ para a tração ou $\varepsilon = -f(-\sigma)$ para compressão. Defina uma variável $\psi = +1$, se a direção for positiva, e $\psi = -1$, se negativa, e empregue a Equação 12.54 na forma:

$$\varepsilon A = \frac{\sigma A}{E} + \Psi\left(\frac{\Psi\sigma A}{H'}\right)^{1/n'}$$

Neste caso, $\psi = -1$. Em seguida, substituindo $\varepsilon_A = -0,0248$ e resolvendo interativamente tem-se $\sigma_A = -1.043$ MPa, conforme listado na primeira linha da Tabela E12.6.

Os caminhos da relação tensão-deformação, após A, são calculados aplicando $\Delta\varepsilon/2 = f(\Delta\sigma/2)$, na forma da Equação 12.55, para as faixas X-Y que seguem curvas de laço de histerese suaves (lisas):

$$\Delta\varepsilon XY = |\varepsilon Y - \varepsilon X|, \quad \Delta\varepsilon XY = \frac{\Delta\sigma XY}{E} + 2\left(\frac{\Delta\sigma XY}{2H'}\right)^{1/n'}$$

Tabela E12.6

(a) História de Deformação		(b) Valores Calculados					
Ponto (Y)	Deformação, ε	Origem (X)	Deformação na Origem, ε	Direção, ψ	Δε até o Ponto	Δσ, MPa	Tensão σ, MPa
A	-0,0248	—	—	-1	—	—	-1.043
B	0,0067	A	-0,0248	1	0,0315	1.953,1	910,1
C	-0,0184	B	0,0067	-1	0,0251	1.883,3	-973,1
D	-0,0056	C	-0,0184	1	0,0128	1.642,4	669,3
E	-0,0136	D	-0,0056	-1	0,0080	1.394,2	-724,9
F	0,0232	A	-0,0248	1	0,0480	2.076,6	1.033,6
G	0,0014	F	0,0232	-1	0,0218	1.838	-804,4
H	0,0167	G	0,0014	1	0,0153	1.713,8	909,5

Especificamente, os valores X-Y são intervalos para ciclos fechados de histerese de tensão-deformação (neste caso, D-E, B-C, G-H e A-F), e também intervalos que servem para localizar os pontos de partida dos laços (neste caso, A-B, C-D e F-G) Para identificar esses intervalos, recomenda-se empregar um esboço qualitativo dos caminhos de tensão-deformação, semelhantemente ao mostrado na Figura 12.24 (b). Observe que um laço de histerese é fechado quando a deformação posterior atinge o mesmo valor que foi obtido na mudança anterior de direção, onde atua o efeito de memória, mantendo o percurso tensão-deformação na curva estabelecida antes do início do laço. Neste caso, os laços fecham nos pontos D', B', G' e A'. (Tais pontos também podem ser identificados pela aplicação da contagem *rainflow*, queda da chuva, para o histórico de deformação, pois também correspondem a pontos nos quais os ciclos *rainflow* estão concluídos.)

Os cálculos são organizados como mostrado na Tabela E12.6 (b). Para cada pico ou vale (Y) na história, o ponto de origem (X) da curva do laço de histerese é tabulado,

682 CAPÍTULO 12 Comportamento em Deformação Plástica

juntamente com o seu valor de deformação. (Por exemplo, para localizar o ponto F, a faixa A-F é que deve ser analisada, uma vez que o laço B-C se fecha no ponto B', de modo que a origem da curva contínua terminando em F é o ponto A.) Em seguida, ψ é listado como +1, se a deformação aumentar durante o intervalo, ou -1, se houver diminuído. Então, usam-se as equações precedentes para calcular cada faixa de deformação, $\Delta\varepsilon_{XY}$, e o valor é utilizado para determinar a faixa de tensões correspondentes, $\Delta\sigma_{XY}$. Por exemplo, a faixa desde $\varepsilon_A = -0,0248$ a $\varepsilon_B = 0,0067$ é $\varepsilon_{AB} = 0,0315$. Entrando com esse valor na segunda equação e resolvendo interativamente temos $\Delta\sigma_{AB} = 1.953,1$ MPa.

A análise das faixas de todos os laços e seus respectivos pontos de partida fornece informações suficientes para estabelecer os valores de tensão para todos os pontos no histórico de deformação. Isso é feito partindo do ponto inicial A e calculando a tensão em cada ponto subsequente, adicionando ou subtraindo a faixa de tensões apropriada. Empregamos:

$$\sigma Y = \sigma X + \Psi\Delta\sigma XY$$

em que o uso de ψ faz com que $\Delta\sigma_{XY}$ seja adicionado ou subtraído de σ_X para obter σ_Y, dependendo se a tensão está aumentando ou diminuindo. Por exemplo, para os pontos B e C,

$$\sigma_A = -1.043; \quad \Delta\sigma_{AB} = 1.953,1; \quad \Psi = +1, \quad \text{de modo que} \quad \sigma_B = 910,1\,\text{MPa}$$
$$\sigma_B = 910,1; \quad \Delta\sigma_{BC} = 1.883,3; \quad \Psi = -1, \quad \text{de modo que} \quad \sigma_C = -973,1\,\text{MPa}$$

Estes e os valores remanescentes para todos os picos e vales da história de carregamento são dados na Tabela E12.6.

Comentário
Se for desejado um gráfico quantitativo da resposta tensão-deformação, a Equação 12.55 pode ser empregada para calcular os valores ao longo dos pontos de pico e vale de cada curva, observando o efeito de memória. Isso pode ser feito aplicando as equações dadas no final do Exemplo 12.5 para cada ciclo de histerese, observando que estes dão a Equação 12.55 como referida aos eixos de coordenadas originais (σ, ε).

12.5.4 Comportamento Transitório e Relaxamento da Tensão Média

Os modelos reológicos de mola e cursor exibem apenas comportamento estável para carregamento cíclico – isto é, repetição contínua de um ciclo de histerese idêntico em todos os ciclos. O endurecimento ou o amolecimento cíclico, conforme visto no início desta seção, representa uma classe de comportamento transitório que não é prevista por tais modelos. Além disso, esses modelos ainda exibem um comportamento estável mesmo se a tensão média for não nula – se o circuito estiver polarizado na direção de tração ou de compressão.

No entanto, se um material real é submetido a um carregamento com uma tensão média não nula, pode ser observada uma classe adicional de comportamento transitório. Exemplos de tal comportamento para um aço são mostrados na Figura 12.25. Se forem submetidos limites de deformação um pouco maiores e se a faixa de deformação for suficientemente grande para causar alguma plasticidade cíclica, como indicado no lado

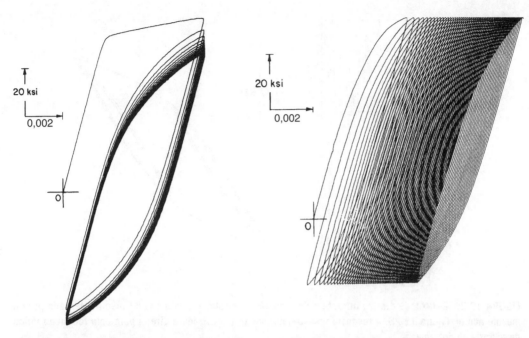

FIGURA 12.25 Relaxação cíclica da tensão média (à esquerda) e fluência cíclica (direita), ambas para um aço AISI 1045. À direita, a amostra foi previamente deformada plasticamente, de modo que a curva monotônica não aparece, como mostrado à esquerda.

(De [Landgraf 70]; copyright © ASTM; reimpresso com permissão.)

esquerdo da Figura 12.25, a tensão média resultante irá gradualmente deslocar-se para zero, à medida que forem aplicados números crescentes de ciclos. Às vezes, um valor estável não nulo é atingido ou, se o grau de plasticidade é grande, a tensão média pode mudar essencialmente para zero. Esse comportamento é chamado *relaxação cíclica*, e é ilustrado pela Figura 12.26.

Se forem impostos limites de tensão em uma amplitude suficientemente grande, a deformação média aumentará com o número de ciclos, conforme ilustrado na Figura 12.25, à direita. O desvio da deformação média pode diminuir sua taxa e parar, também pode estabelecer uma taxa aproximadamente constante, ou pode acelerar e levar a uma falha um tanto similar para um teste de tração. Esse comportamento é chamado *fluência cíclica* ou *ratchetting* (cedência gradual). Fluência e relaxação cíclicas são fenômenos únicos, vistos sob duas situações diferentes.

Fluência e relaxação cíclicas podem ocorrer simultaneamente ao endurecimento ou ao amolecimento cíclico, e estes fenômenos podem interagir. Os efeitos da relaxação são especialmente óbvios ao serem realçados pelo amaciamento cíclico quando ocorrem ao mesmo tempo, como é o caso da Figura 12.25, à esquerda. O comportamento da fluência e relaxação cíclicas ocorre para combinações de material e temperatura nas quais os efeitos transientes (dependentes com o tempo) são geralmente pequenos, bem como em situações em que há uma combinação óbvia de efeitos dependentes do ciclo e transientes. No entanto, uma dependência sutil com o tempo pode ter relevância mesmo quando o comportamento é considerado essencialmente dependente dos ciclos.

Um artigo publicado por Martin, Topper & Sinclair (1971) descreve uma abordagem bastante direta da modificação do modelo reológico mola e cursor para lidar com

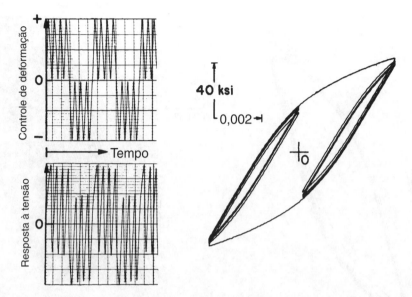

FIGURA 12.26 Relaxação cíclica durante a deformação controlada com um valor médio alternado para o mesmo aço da Figura 12.25. A resposta tensão-deformação é mostrada à direita para uma repetição típica da história de deformação.

(Ilustração cedida por R. W. Landgraf, Howell, Ml.)

o comportamento transitório dependente do ciclo. Podem também ser concebidos modelos mais gerais para a deformação plástica incremental tridimensional que exibem um comportamento transitório dependente do ciclo; veja isso em Skrzypek & Hetnarski (1993).

Um estudo detalhado da relaxação cíclica do aço SAE 1045 é descrito por Landgraf & Chernenkoff (1988). A seguinte equação é usada para determinar a tensão média, σ_{mN}, após N ciclos de relaxação:

$$\sigma_{mN} = \sigma_{mi} N^r \qquad (12.56)$$

Nessa equação, σ_{mi} é o valor inicial ($N = 1$) da tensão média. O expoente r tem valores tipicamente na faixa de 0 a -0,2 e variando com o nível de tensão cíclica e o material. Para o aço SAE 1045, tratado termicamente a vários níveis de resistência, verificou-se que a variação foi a seguinte:

$$r = 0,085\left(1 - \frac{\varepsilon_a}{\varepsilon_{ath}}\right) \quad (\varepsilon_a > \varepsilon_{ath})$$
$$r = 0 \quad (\varepsilon_a \leq \varepsilon_{ath}) \qquad (12.57)$$
$$\varepsilon_{ath} = e^{-8,41+0,00536(HB)}$$

Aqui, ε_a é a amplitude da deformação aplicada e ε_{ath} é um valor limiar (*threshold*) abaixo do qual não ocorre relaxação. Além disso, HB é a dureza Brinell, em kg/mm² (Seção 4.7). O valor de tensão σ_{ath}, correspondente a ε_{ath}, na curva tensão-deformação cíclica, é um pouco menor do que o limite de escoamento cíclico. Esta condição está descrita nas curvas mostradas na Figura 12.21.

As Equações 12.56 e 12.57 também fornecem estimativas razoáveis para a relaxação da tensão média em outros aços tratados termicamente. Para outros metais de engenharia, equações semelhantes podem ser úteis se empregadas constantes numéricas obtidas a partir de ensaios com o material específico.

EXEMPLO 12.7

Considere que o histórico de deformação da Figura 12.24 (a) seja substituída pela da Figura E12.7, que difere apenas no retorno do ciclo *G* para *H*, que agora é repetido 20 vezes. Simule a resposta obtida em tensão para este histórico de deformação revisado **(a)** de acordo com um modelo reológico de mola e cursor e **(b)** incluindo o efeito transitório da relaxação da tensão média.

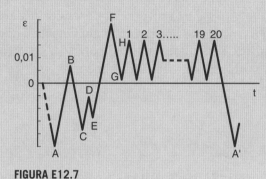

FIGURA E12.7

Solução

(a) O modelo de mola e cursor prediz que o comportamento do ciclo de histerese *G-H* na Figura 12.24 (b) é simplesmente retraçado 20 vezes. Assim, não são necessários novos cálculos e os resultados da Tabela E12.6 (b) ainda se aplicam, com $\sigma_G = -804,4$ e $\sigma_H = 909,5$ MPa para cada um dos 20 ciclos.

(b) É provável que ocorra alguma relaxação da tensão média durante os 20 ciclos. O resultado do Exemplo 12.6 é considerado apenas para oferecer o valor inicial da tensão média:

$$\sigma_{mi} = \frac{\sigma_G + \sigma_H}{2} = \frac{-804,4 + 909,5}{2} = 52,6 \text{ MPa}$$

Valores subsequentes podem ser calculados a partir das Equações 12.56 e 12.57. Para esta última equação, precisamos da dureza Brinell, *HB*, que pode ser estimada a partir da Equação 4.32 e do limite de resistência dado no Exemplo 12.6:

$$HB = \frac{\sigma_u, \text{MPa}}{3,45} = \frac{1.158 \text{ MPa}}{3,45} = 336 \text{ kg/mm}^2$$

A partir da Tabela E12.6 (b), temos $\varepsilon_a = \Delta\varepsilon_{GH}/2 = 0,0153/2 = 0,00765$, de modo que a Equação 12.57 é:

$$\varepsilon_{ath} = e^{-8,41+0,00536(HB)} = e^{-8,41+0,00536(336)} = 0,001346$$

$$r = 0,085\left(1 - \frac{\varepsilon_a}{\varepsilon_{ath}}\right) = 0,085\left(1 - \frac{0,00765}{0,001346}\right) = -0,398$$

686 **CAPÍTULO 12** Comportamento em Deformação Plástica

> A Equação 12.56 fornece a relação específica para a relaxação da tensão média, neste caso:
>
> $$\sigma_{mN} = \sigma_{mi} \ N^r = 52,6 \ N^{-0,398}$$
>
> Empregando esta relação para os vários números de ciclos a partir dos 20 que estão sendo aplicados, obtemos o seguinte:
>
> | N, ciclos | 1 | 2 | 5 | 10 | 15 | 20 |
> |---|---|---|---|---|---|---|
> | σ_{mN}, MPa | 52,6 | 39,9 | 27,7 | 21 | 17,9 | 15,9 |
>
> **(Resposta)**
>
> Assim, a tensão média diminui para cerca de 30% do seu valor inicial ao longo dos 20 ciclos. No entanto, todos os valores envolvidos da tensão média são relativamente pequenos em relação aos envolvidos no carregamento (Tabela E12.6), de modo que a resposta tensão-deformação será semelhante à Figura 12.24, exceto que o anel *G-H* flui ligeiramente para baixo ao longo dos 20 ciclos.

12.6 RESUMO

Algumas correlações comumente usadas para ajustar curvas tensão-deformação envolvem comportamento linear-elástico até um ponto de escoamento distinto, σ_0. Se a curva for plana além de σ_0, diz-se que a relação é elástica, perfeitamente plástica e aplica-se a Equação 12.1. Um comportamento linear ascendente além de σ_0 é chamado relação elástica com endurecimento linear, e é descrito pela Equação 12.4. Uma relação exponencial além de σ_0 também pode ser empregada, conforme a Equação 12.8. A relação de Ramberg-Osgood difere das demais descritas, pois nessa não há ponto de escoamento distinto.

$$\varepsilon = \frac{\sigma}{E} + \left(\frac{\sigma}{H}\right)^{1/n}$$

$$(12.58)$$

Em todos os valores de tensão, as deformações elástica e plástica são somadas para obter a deformação total, resultando em uma curva contínua e suave. A deformação plástica (não total) e a tensão possuem uma relação exponencial. Modelos reológicos que consistem em molas lineares e cursores de fricção podem ser usados para modelar qualquer uma dessas curvas tensão-deformação.

Considerando os estados tridimensionais de tensão, notamos que a lei de Hooke ainda se aplica além do escoamento, porém dando apenas a porção elástica da deformação. A porção plástica pode estar relacionada com a tensão pela teoria da deformação plástica, que emprega equações análogas à lei de Hooke:

$$\varepsilon_{px} = \frac{1}{E_p}[\sigma_x - 0,5(\sigma_y + \sigma_z)], \quad \varepsilon_{py}, \varepsilon_{pz,} \ \text{semelhante}$$

$$(12.59)$$

$$\gamma_{pxy} = \frac{3}{E_p}\tau_{xy}, \qquad\qquad\qquad \varepsilon_{pyz}, \varepsilon_{pzx,} \ \text{semelhante}$$

Aqui, a razão de Poisson é substituída por 0,5, de modo que as tensões plásticas não contribuem para a mudança de volume. O módulo de elasticidade é substituído pela variável $E_p = \bar{\sigma} / \bar{\varepsilon}_p$, que é o módulo secante até um ponto sobre a curva tensão efetiva *versus* deformação plástica, $\bar{\sigma}$ *versus* $\bar{\varepsilon}_p$. Estas quantidades eficazes são proporcionais às tensões e deformações de cisalhamento octaédricas correspondentes e estão relacionadas com as tensões principais e as deformações plásticas pelas Equações 12.21 e 12.22. As deformações totais são obtidas pela adição das porções elásticas e plásticas.

Um fator-chave da teoria da deformação plástica é que a curva $\bar{\sigma}$ *versus* $\bar{\varepsilon}_p$ é considerada independente do estado de tensões, permitindo assim que uma curva tensão-deformação de um estado de tensão seja usada para estimar aquela para outros estados de tensão. Como empregado aqui, a curva de tensão-deformação efetiva, $\bar{\sigma} = f(\bar{\varepsilon})$, é idêntica à curva uniaxial, $\sigma = f(\varepsilon)$. Para o estado de deformação plana, as estimativas das curvas tensão-deformação em função de $\lambda = \sigma_2/\sigma_1$ são dadas, em geral, pela Equação 12.36 e relações mais específicas para materiais elásticos, perfeitamente plásticos e materiais que seguem a relação de Ramberg-Osgood são fornecidas pelas Equações 12.37 e 12.39, respectivamente.

Para descarregamento após o escoamento e para carregamento cíclico, os modelos reológicos de mola e cursor sugerem que o escoamento deve ocorrer quando a faixa de tensão atinge o dobro da tensão de escoamento obtido da curva tensão-deformação monotônica, $\Delta\sigma = 2\sigma_0$. Além disso, os percursos das curvas tensão-deformação para estas situações são previstos para seguir um caminho dado por uma expansão, por um fator de dois, da curva tensão-deformação monotônica, ou seja:

$$\frac{\Delta\varepsilon}{2} = f\left(\frac{\Delta\sigma}{2}\right) \tag{12.60}$$

em que $\varepsilon = f(\sigma)$ é a curva monotônica. Na equação precedente, $\Delta\sigma$ e $\Delta\varepsilon$ são medidas a partir das origens nos pontos nos quais a direção de carga muda, resultando na formação de laços (ciclos) simétricos de histerese tensão-deformação. Se a deformação varia de forma irregular com o tempo, os percursos tensão-deformação ainda formam tais ciclos de histerese, obedecendo à Equação 12.60. Após a conclusão de um ciclo, o comportamento tensão-deformação exibe um efeito de memória, à medida que retorna ao caminho anteriormente estabelecido.

Para um carregamento cíclico estável após a conclusão da maior parte do endurecimento ou amolecimento cíclico, o comportamento predito por um modelo reológico de mola e cursor de vários estágios é razoavelmente preciso para muitos metais de engenharia. É necessário substituir a curva de tensão-deformação monotônica por uma curva de tensão-deformação cíclica especial, sendo frequentemente empregada a forma de Ramberg-Osgood:

$$\varepsilon_a = \frac{\sigma_a}{E} + \left(\frac{\sigma_a}{H'}\right)^{1/n'} \tag{12.61}$$

Nesta equação, o uso das amplitudes de tensão e deformação e as constantes H' e n' diferem da forma empregada para a curva monotônica. Além do endurecimento/amaciamento cíclicos, ocorre um segundo tipo de comportamento transitório, dependente do ciclo, nos metais de engenharia – ou seja, relaxação e fluência cíclicas.

688 **CAPÍTULO 12** Comportamento em Deformação Plástica

NOVOS TERMOS E SÍMBOLOS

(a) Termos

amolecimento cíclico	endurecimento cíclico
carregamento monotônico	endurecimento isotrópicoendurecimento cinemático
carregamento proporcional	
cíclica: E, H', n'	expoente de encruamento: n_1, n, n'
ciclo ou laço de histerese	fator de redução da inclinação, δ
curva cíclica tensão-deformação	fluência cíclica *(ratchetting)*
curva σ-ε de endurecimento exponencial: σ_0, H_1, n_1	limite de escoamento cíclico, σ_0'
	monotônica: E, H, n
curva Ramberg-Osgood σ-ε	relaxação cíclica
efeito Bauschinger	teoria da deformação plástica
efeito de memória	teoria incremental da deformação plástica

(b) Nomenclatura para tensões e deformações tridimensionais

E_p	Módulo secante plástico
γ_{xy}, γ_{yz}, γ_{zx}	Deformações de cisalhamento totais nos planos ortogonais
γ_{exy}, γ_{eyz}, γ_{ezx}	Deformações de cisalhamento elásticas
γ_{pxy}, γ_{pyz}, γ_{pzx}	Deformações de cisalhamento plásticas
ε_x, ε_y, ε_z	Deformações normais totais nos planos ortogonais
ε_{ex}, ε_{ey}, ε_{ez}	Deformações normais elásticas
ε_{px}, ε_{py}, ε_{pz}	Deformações normais plásticas
ε_1, ε_2, ε_3	Deformações normais nas direções principais
ε_{e1}, ε_{e2}, ε_{e3}	Deformações normais elásticas nas direções principais
ε_{p1}, ε_{p2}, ε_{p3}	Deformações normais plásticas nas direções principais
$\bar{\varepsilon}$	Deformação total efetiva
$\bar{\varepsilon}_p$	Deformação plástica efetiva
λ	Razão σ_1/σ_2 para tensão plana ($\sigma_3 = 0$)
$\bar{v}$	Razão de Poisson generalizada
σ_x, σ_y, σ_z	Tensões normais em direções ortogonais
σ_1, σ_2, σ_3	Tensões normais principais
$\bar{\sigma}$	Tensão efetiva
τ_{xy}, τ_{yz}, τ_{zx}	Tensões de cisalhamento em planos ortogonais

Referências

ASTM. 2010. *Annual Book of ASTM Standards*, Vol. 03.01, ASTM International, West Conshohocken, PA. See No. E606, "Standard Practice for Strain-Controlled Fatigue Testing.

CHEN, W. F., and HAN, D. J. 1988. *Plasticity for Structural Engineers*. Springer-Verlag, New York.

HILL, R. 1998. *The Mathematical Theory of Plasticity*. Oxford University Press, Oxford, UK.

KHAN, A. S., and HUANG, S. 1995. *Continuum Theory of Plasticity*. John Wiley, New York.

LANDGRAF, R. W., MORROW, J., and ENDO., T. Mar. 1969. *"Determination of the Cyclic Stress–Strain Curve,"*. Journal of Materials, ASTM, 4 (1), 176-188, 1969.

LANDGRAF, R. W., and R. A. Chernenkoff. 1988. "Residual Stress Effects on Fatigue of Surface Processed Steels," Analytical and Experimental Methods for Residual Stress Effects in Fatigue, ASTM STP 1004, R. L. Champous et al., eds., Am. Soc. for Testing and Materials, West Conshohocken, PA, pp. 1-12.

Martin, J. F., Topper, T. H., and Sinclair, G. M. Feb.1971. *"Computer Based Simulation of Cyclic. Stress–Strain Behavior with Applications to Fatigue,"*. Materials Research and Standards, ASTM 11, 2, 23-29, 1971.

Mendelson, A. 1968. Plasticity: Theory and Applications, Macmillan, New York.(Also reprinted by R. E. Krieger, Malabar, FL, 1983.).

Nadai, A. 1950. *Theory of Flow and Fracture of Solids*. McGraw-Hill, New York.

Skrzypek, J.J., and R. B. Hetnarski. 1993. *Plasticity and Creep: Theory, Examples, and Problems*, CRC Press, Boca Raton, FL.

PROBLEMAS E QUESTÕES
Seção 12.2

12.1 A curva tensão-deformação monotônica do aço RQC-100 sob tensão uniaxial pode ser aproximada por uma relação elástica com endurecimento linear. Dois pontos dessa curva são dados na Tabela P12.1, com o primeiro ponto correspondente ao início do escoamento. Trace a curva e escreva sua equação na forma da Equação 12.4, com valores numéricos substituídos pelas constantes E, δ e σ_0.

Tabela P12.1	
σ, MPa	ε
703	$3{,}52 \times 10^{-3}$
738	$2{,}50 \times 10^{-2}$

12.2 Proceda como no Problema 12.1, exceto pelo uso dos dois pontos da Tabela P12.2 para um aço AISI 4340. O escoamento começa no primeiro ponto.

Tabela P12.2	
σ, MPa	ε
1.103	$5{,}33 \times 10^{-3}$
1.214	$4{,}00 \times 10^{-2}$

12.3 Considere os dados de tensão-deformação de engenharia, na Tabela P4.8, para o aço AISI 4140 temperado e revenido a 649 °C. Construa um gráfico tensão-deformação com os dados para as deformações menores que 2%. Das Equações 12.1, 12.4, 12.8 e 12.12, escolha a que melhor represente os dados e faça um ajuste para avaliar as constantes envolvidas para o material. Adicione sua curva ajustada ao gráfico com os dados e comente como ela se ajusta aos dados.

12.4 São dados, na Tabela P12.4, os resultados de tensão-deformação de engenharia para o início de um ensaio de tração de um aço AISI 4140 temperado e revenido a 427 °C. Construa um gráfico tensão-deformação com os dados. Das Equações 12.1, 12.4, 12.8 e 12.12, escolha a que melhor represente os dados e faça um ajuste para avaliar as constantes envolvidas para o material. Adicione sua curva ajustada ao gráfico com os dados e comente como ela se ajusta aos dados.

690 **CAPÍTULO 12** Comportamento em Deformação Plástica

Tabela P12.4			
σ, MPa	ε	σ, MPa	ε
	0	1.399	0,781
402	0,197	1.406	1,010
812	0,405	1.445	1,386
1.198	0,595	1.466	1,823
1.358	0,681	1.483	2,502
1.403	0,732	1.492	3,278

12.5 Considere os dados de tensão-deformação de engenharia, na Tabela P4.11>, para liga de titânio Ti-48Al-2V-2Mn (alumineto de titânio), quase-γ. Construa um gráfico tensão-deformação com os dados para as deformações menores que 1,2%. Das Equações 12.1, 12.4, 12.8 e 12.12, escolha a que melhor represente os dados e faça um ajuste para avaliar as constantes envolvidas para o material. Adicione sua curva ajustada ao gráfico com os dados e comente como ela se ajusta aos dados.

12.6 Considere os dados de tensão-deformação de engenharia, na Tabela P4.6, para a liga de alumínio 6061-T6. Construa um gráfico tensão-deformação com os dados para as deformações menores que 7,5%. Das Equações 12.1, 12.4, 12.8 e 12.12, escolha a que melhor represente os dados e faça um ajuste para avaliar as constantes envolvidas para o material. Adicione sua curva ajustada ao gráfico com os dados e comente como ela se ajusta aos dados.

12.7 Considere os dados de tensão-deformação de engenharia, na Tabela P4.9, para o aço AISI 4140 temperado e revenido a 204 °C. Construa um gráfico tensão-deformação com os dados para as deformações menores que 4%. Das Equações 12.1, 12.4, 12.8 e 12.12, escolha a que melhor represente os dados e faça um ajuste para avaliar as constantes envolvidas para o material. Adicione sua curva ajustada ao gráfico com os dados e comente como ela se ajusta aos dados.

12.8 Considere os dados de tensão-deformação de engenharia, na Tabela P4.7, para o ferro fundido cinzento. Construa um gráfico tensão-deformação a partir desses dados. Das Equações 12.1, 12.4, 12.8 e 12.12, escolha a que melhor represente os dados e faça um ajuste para avaliar as constantes envolvidas para o material. Ou, se nenhuma destas parecer se adequar muito bem, sugira você mesmo outra forma de equação para fazer o ajuste. Adicione sua curva ajustada ao gráfico com os dados e comente como ela se ajusta aos dados.

12.9 Considere os dados de tensão-deformação de engenharia, na Tabela P4.14, para um teste de tração com o polímero polimetil metacrilato (PMMA). Construa um gráfico tensão-deformação a partir desses dados. Das Equações 12.1, 12.4, 12.8 e 12.12, escolha a que melhor represente os dados e faça um ajuste para avaliar as constantes envolvidas para o material. Ou, se nenhuma destas parecer se adequar muito bem, sugira você mesmo outra forma de equação para fazer o ajuste. Adicione sua curva ajustada ao gráfico com os dados e comente como ela se ajusta aos dados.

Seção 12.3

12.10 Considere as Equações 12.26 e 12.27 e proceda da seguinte forma: começando com a Equação 12.26, derive a Equação 12.27 (a), lembrando no processo que as expressões de E_t e $\bar{v}$, dadas pelas Equações 12.27 (d) e (e) são empregadas no lugar do módulo de elasticidade e da razão de Poisson.

12.11 Proceda como no Exemplo 12.3, exceto ao mudar o vaso de pressão tubular para um esférico de paredes finas com raio r e espessura de parede t.

12.12 Um vaso de pressão tubular de paredes finas de raio r, espessura de parede t e comprimento L tem suas extremidades fechadas e é feito de um material com uma curva uniaxial tensão-deformação conforme a expressão de Ramberg-Osgood, Equação 12.12. Considerando que a pressão interna, p, é aumentada monotonicamente, derive uma equação para a alteração relativa no volume enclausurado pelo vaso, dV_e/V_e, em função da pressão, p, e das várias constantes envolvidas. (Sugestão: Consulte o Problema 5.21.)

12.13 Considere um estado de tensões planas com as tensões normais principais σ_1, $\sigma_2 = \lambda\sigma_1$ e $\sigma_3 = 0$, e um material com uma curva uniaxial tensão-deformação com forma elástica e encruamento exponencial, Equação 12.8. Desenvolva uma equação para ε_1 em função de σ_1 e λ, bem como das propriedades do material, E, H_1, n_1 e v.

12.14 Considere um estado de tensões planas com as tensões normais principais σ_1, $\sigma_2 = \lambda\sigma_1$ e $\sigma_3 = 0$. Considere uma descrição do tipo Ramberg-Osgood para a curva tensão-deformação e derive relações análogas à Equação 12.39 para as outras duas deformações principais, ε_2 e ε_3, cada uma em função de σ_1 e λ, e das propriedades do material, E, H_1, n_1 e v.

12.15 Para determinado material, considere que as constantes E, H e n são conhecidas mediante sua curva tensão-deformação uniaxial na forma da relação Ramberg-Osgood, Equação 12.12. É necessária uma estimativa da curva tensão-deformação $\gamma = f_\tau(\tau)$ para um estado de tensões planar de cisalhamento puro.

(a) Mostre que a estimativa apropriada é:

$$\gamma = \frac{\tau}{G} + \left(\frac{\tau}{H_\tau}\right)^{1/n}$$

em que $G = E/[2\,(1 + v)]$ e $H_\tau = H/3^{(n+1)/2}$. Observe que as tensões e deformações principais para cisalhamento puro são dadas na Figura 4.41.

(b) Para o material da Figura 12.9, calcule alguns pontos nas curvas tensão-deformação uniaxial e de cisalhamento puro, cobrindo deformações de zero a 0,04. Em seguida, trace as duas curvas no mesmo gráfico e faça uma comparação comentada.

12.16 Para determinado material, suponha que as constantes E, σ_0 e δ são conhecidas por sua curva uniaxial tensão-deformação que apresenta forma elástica, com endurecimento linear, Equação 12.5.

692 CAPÍTULO 12 Comportamento em Deformação Plástica

(a) Desenvolva uma equação para estimar a curva tensão-deformação, $\gamma = f_\tau$ (τ), para um estado de tensões de cisalhamento planar puro (Fig. 4.41.) As constantes do material em sua equação devem ser G, δ, ν e o limite de escoamento em cisalhamento, τ_0.

(b) A nova equação obtida ainda exibe endurecimento linear? Qual é a sua inclinação $d\tau/d\gamma$? Se a nova inclinação é definida por $\delta_\tau G$, em que G é o módulo de cisalhamento, o valor de δ_τ seria igual a δ para a curva uniaxial?

12.17 Considere um material com uma curva uniaxial tensão-deformação na forma da relação de Ramberg-Osgood, Equação 12.12, sujeito ao estado de tensão:

$$\sigma_1 = \sigma_2, \quad \sigma_3 = \alpha\sigma_1 \quad (-1 \leq \alpha \leq 1)$$

Em que σ_1, σ_2 e σ_3 são as principais tensões normais e α é uma constante.

(a) Derive uma equação para a deformação normal principal, ε_1, em função de σ_1, α, e das constantes (propriedades) do material.

(b) Considere a aplicação desta equação para a liga de alumínio 7075-T651, do Exemplo 12.1, com razão de Poisson $\nu = 0,33$. Trace a família de curvas resultantes para $\alpha = -1$; -0,5; 0; 0,5 e 1, cobrindo deformações de zero a 0,04. Em seguida, comente as tendências observadas.

12.18 Considere uma situação com tensão plana, $\sigma_3 = 0$, com uma tensão aplicada, σ_1, em que a deformação é impedida na outra direção no plano, de modo que $\varepsilon_2 = 0$. (Por exemplo, isso ocorre em uma amostra sob carregamento e constrição, como na Figura E5.3.)

(a) Considere que os eixos x-y-z são os eixos principais, 1-2-3, e aplique a Equação 12.27 para desenvolver expressões: (1) σ_2 em função de σ_1 e da relação de Poisson generalizada $\bar{\nu}$; (2) σ_1 como uma função da tensão efetiva $\bar{\sigma}$ e $\bar{\nu}$, para a qual Equação 12.21 também é necessária; e (3) ε_1 em função da deformação efetiva, $\bar{\varepsilon}$ e $\bar{\nu}$.

(b) Considere que a curva tensão-deformação efetiva (a mesma que a uniaxial) seja descrita pela relação de Ramberg-Osgood do Exemplo 12.1, com razão de Poisson $\nu = 0,33$. Em seguida, calcule um número de valores de σ_1 e ε_1 para $\bar{\varepsilon}$ variando de zero a 0,04.

(c) Trace a curva $\bar{\sigma}$ *versus* $\bar{\varepsilon}$ e, no mesmo gráfico, uma segunda curva para σ_1 *versus* ε_1. Faça comentários sobre a comparação das duas curvas. Explique a causa da tendência observada.

12.19 Considere o estado de deformação $\varepsilon_2 = \varepsilon_3 = 0$, com uma tensão σ_1 aplicada e observe que a simetria requer $\sigma_2 = \sigma_3$. Proceda como no Problema 12.18 (a), (b) e (c), exceto para $\varepsilon_2 = \varepsilon_3 = 0$.

Seção 12.4

12.20 Para uma liga de titânio, suponha que a relação tensão-deformação é elástica, perfeitamente plástica, com constantes $E = 120$ GPa e $\sigma_0 = 600$ MPa e assuma que o comportamento segue um modelo reológico de mola e cursor do tipo mostrado na Figura 12.4 (a).

(a) Determine e trace a curva tensão-deformação se o material for carregado desde a tensão zero até a tensão para $\varepsilon_{máx} = 0,009$ e, em seguida, a curva para carregamento cíclico entre este $\varepsilon_{máx}$ e $\varepsilon_{mín} = -0,009$.

(b) Proceda como em (a) para $\varepsilon_{máx} = 0,009$ e $\varepsilon_{mín} = 0,002$.

(c) Proceda como em (a) para $\varepsilon_{máx} = 0,009$ e $\varepsilon_{mín} = -0,003$.

12.21 Um material elástico que apresenta endurecimento linear tem um módulo de elasticidade $E = 200$ GPa, $\sigma_0 = 500$ MPa e um valor de $\delta = 0,1$, aplicáveis na Equação 12.4. Assumindo que o comportamento segue o modelo reológico da Figura 12.4 (b), estime e trace a resposta tensão-deformação para os seguintes casos:

(a) Carregamento cíclico completamente reverso com deformação em $\varepsilon_a = 0,006$.

(b) Deformação de zero até $\varepsilon = 0,012$, seguido pela redução da deformação até $\varepsilon = 0,005$ e acréscimo até $\varepsilon = 0,015$.

12.22 Suponha que um aço se comporta conforme o modelo reológico da Figura 12.4 (b), com a curva tensão-deformação apresentando endurecimento linear, conforme Equação 12.4, com constantes $E = 208$ GPa, $\sigma_0 = 523$ MPa e $\delta = 0,0535$.

(a) Determine e trace a resposta tensão-deformação se o material for carregado desde a tensão zero até a tensão para $\varepsilon_{máx} = 0,012$ e carregado ciclicamente entre este $\varepsilon_{máx}$ e $\varepsilon_{mín} = 0,008$.

(b) Proceda como em (a) para $\varepsilon_{máx} = 0,012$ e $\varepsilon_{mín} = 0,005$.

12.23 Um modelo reológico de mola e cursor de múltiplos estágios, como mostrado na Figura 12.6, tem uma mola em série com três combinações de mola e cursor paralelas. Para as constantes desse modelo, dadas na tabela a seguir, determine e trace a resposta tensão-deformação, à medida que a tensão aumenta de zero para $\varepsilon = 0,016$ e retorna a zero.

Estágio	1	2	3	4
E_i, GPa	200	120	150	50
σ_{0i}, MPa	0	800	1.100	1.300

12.24 Considere que o modelo reológico do Problema 12.23 é iniciado a partir de zero, deformado para $\varepsilon_{máx} = 0,016$ e depois ciclado entre este $\varepsilon_{máx}$ e $\varepsilon_{mín} = 0$. Determine e trace a resposta tensão-deformação.

12.25 Para o modelo reológico de Problema 12.23, determine e trace a resposta tensão-deformação iniciando em zero e seguindo os dados de deformações indicados na tabela:

Pico ou vale	A	B	C	D	A'
ε, Deformação	0,016	-0,008	0,008	0	0,016

694 **CAPÍTULO 12** Comportamento em Deformação Plástica

12.26 Uma liga de alumínio 2024-T351 é carregada a partir da tensão zero até a tensão para $\varepsilon_{máx} = 0,016$ e, em seguida, ciclada entre esta $\varepsilon_{máx}$ e $\varepsilon_{mín} = 0,004$. Assuma que o comportamento tensão-deformação é semelhante a um modelo de mola e cursor de vários estágios e que segue a curva de tensão-deformação cíclica estável conforme a relação de Ramberg-Osgood, dada pelas constantes na Tabela 12.1. Estime as tensões máxima e mínima, $\sigma_{máx}$ e $\sigma_{mín}$, para este carregamento cíclico. Em seguida, trace a resposta tensão-deformação obtida no carregamento cíclico.

12.27 Proceda como no Problema 12.26, mas considere que o material será carregado a partir da tensão nula até a tensão para $\varepsilon_{mín} = -0,016$ e, em seguida, ciclado entre este $\varepsilon_{mín}$ e $\varepsilon_{máx} = -0,04$. Observe que o carregamento para $\varepsilon_{mín}$ deve seguir a Equação 12.51 (b).

12.28 O aço AISI 4340 ($\sigma_u = 1.172$ MPa) é carregado a partir de uma tensão nula até a tensão para $\varepsilon_{máx} = 0,012$ e depois é ciclado entre esta $\varepsilon_{máx}$ e $\varepsilon_{mín} = 0,003$. Assuma que o comportamento tensão-deformação é semelhante a um modelo de mola e cursor de vários estágios e que segue a curva tensão-deformação cíclica de Ramberg-Osgood, sendo dada pelas constantes na Tabela 12.1. Estime as tensões máxima e mínima, $\sigma_{máx}$ e $\sigma_{mín}$, para este carregamento cíclico. Em seguida, trace a resposta tensão-deformação durante o carregamento cíclico.

12.29 Uma liga de alumínio 7075-T6 é carregada a partir da tensão zero até a tensão para $\varepsilon_{máx} = 0,035$ e, em seguida, ciclada entre esta $\varepsilon_{máx}$ e $\varepsilon_{mín} = 0,005$. Assuma que o comportamento tensão-deformação é semelhante a um modelo de mola e cursor de vários estágios e que segue a curva tensão-deformação cíclica estável de Ramberg-Osgood, conforme descrito pelas constantes na Tabela 12.1. Estime as tensões máxima e mínima, $\sigma_{máx}$ e $\sigma_{mín}$, para este carregamento cíclico. Em seguida, trace a resposta tensão-deformação durante o carregamento cíclico.

Seção 12.5

12.30 Para uma liga de alumínio 2024-T351, as curvas tensão-deformação monotônicas e cíclicas se encaixam nas formas de Ramberg-Osgood, conforme as Equações 12.12 e 12.54, respectivamente. As constantes para a curva monotônica são $E = 73,1$ GPa, $H = 527$ MPa e $n = 0,0663$. Para a curva cíclica, empregam-se os dados da Tabela 12.1.

(a) Trace as curvas nos mesmos eixos em escalas lineares para uma deformação $\varepsilon = 0,02$.

(b) Este material endurece ou amacia ciclicamente? Como se comparam os limites de escoamento das duas curvas?

12.31 Várias propriedades são dadas no Capítulo 14, especificamente na Tabela 14.1, para quatro níveis de resistência do aço SAE 4142, incluindo E, H' e n' empregáveis na Equação 12.54.

(a) Trace todas as quatro curvas tensão-deformação cíclicas no mesmo gráfico, cobrindo amplitudes de deformação de zero a 0,04.

(b) Comente as tendências das curvas do item (a) e como elas se correlacionam com a resistência e a ductilidade, obtidas em ensaios de tração. Inclua na sua comparação o limite de escoamento monotônico *versus* a resistência ao escoamento de 0,2% das curvas cíclicas.

12.32 Para um carregamento cíclico de deformações completamente invertido ($\sigma_m \approx 0$) de um aço SAE 1045 laminado a quente e normalizado, a Tabela P12.32 (a) fornece as amplitudes de deformação e as correspondentes amplitudes estáticas cíclicas de tensão e deformação plástica, bem como vidas em fadiga. Este aço tem como propriedades de tração: limite de escoamento 382 MPa, limite de resistência 621 MPa e 51% de redução na área.

(a) Construa um gráfico tensão-deformação com estes dados. Em seguida, ajuste os dados para obter uma curva tensão-deformação cíclica na forma da relação Ramberg-Osgood, Equação 12.54, para a qual $E = 202$ GPa. Adicione sua curva ajustada ao gráfico dos dados e comente como ela se ajusta aos dados.

(b) A Tabela P12.32 (b) fornece dados representativos de uma curva tensão-deformação monotônica típica para este material. Adicione esses dados à curva tensão-deformação de (a) e comente sobre o comportamento do material.

Tabela P12.32 (a)

ε_a	σ_a, MPa	ε_{pa}	N_f, ciclos
0,0200	524	0,01741	257
0,0100	459	0,00774	1.494
0,0060	410	0,00398	6.749
0,0040	352	0,00227	19.090
0,0030	315	0,00144	36.930
0,0020	270	0,00067	321.500
0,0015	241	0,00031	2.451.000
Fonte: Dados em [Leese 85].			

Tabela P12.32 (b)

ε	σ, MPa
0	0
0,00218	441
0,00218	379
0,01200	379
0,01400	402
0,01600	422
0,01800	433
0,02000	438

12.33 Para um carregamento cíclico com deformação completamente invertido ($\sigma_m \approx 0$) para um aço AISI 4340, com $\sigma_u = 1.172$ MPa, a Tabela P12.33 (a) descreve as amplitudes de deformação e as correspondentes amplitudes cíclicas estáveis em tensão e deformação plástica, bem como a vida de fadiga.

(a) Construa um gráfico tensão-deformação com estes dados. Em seguida, ajuste os dados para obter uma curva tensão-deformação cíclica na forma da relação Ramberg-Osgood, Equação 12.54, para a qual $E = 207$ GPa. Adicione sua curva ajustada ao gráfico dos dados e comente como ela se ajusta aos dados.

(b) A Tabela P12.33 (b) fornece dados representativos de uma curva tensão-deformação monotônica típica para este material. Adicione esses dados à curva tensão-deformação de (a) e comente sobre o comportamento do material.

696 CAPÍTULO 12 Comportamento em Deformação Plástica

Tabela P12.33(a)

ε_a	σ_a, MPa	ε_{pa}	N_f, ciclos
0,02000	948	0,01495	222
0,01000	834	0,00570	992
0,00500	703	0,00150	6.004
0,00400	631	0,00085	14.130
0,00318	579	0,00036	43.860
0,00270	524	0,00015	132.150

Nota: Os últimos três conjuntos de valores foram pré-deformados a ε_a = 0,01 durante 10 ciclos.
Fonte: Dados em [Dowling 73].

Tabela P12.33(b)

ε	σ, MPa
0	0
0,00495	1.025
0,00520	1.070
0,00556	1.109
0,00625	1.097
0,00675	1.091
0,01000	1.091
0,02000	1.148

12.34 Para o aço SAE 1045 temperado e revenido com limite de resistência à tração σ_u = 2.248 MPa e dureza HB = 595, a Tabela P12.34 descreve as amplitudes de deformação e as correspondentes amplitudes ciclicamente estáveis de tensão, deformação plástica, tensão média, bem como a vida de fadiga.

Tabela P12.34

ε_a	σ_a, MPa	σ_m, MPa	ε_{pa}	N_f, ciclos
0,0177	2.089	-55	0,00720	20
0,0150	1.972	0	0,00490	40
0,0125	1.931	-34	0,00300	91
0,0095	1.751	28	0,00110	245
0,0090	1.586	76	0,00070	476
0,0075	1.524	0	0,00020	1.130
0,0072	1.379	138	–	800
0,0050	1.034	0	–	18.950
0,0040	827	0	–	386.500

Fonte: Dados em [Landgraf 66] e [Landgraf 68].

(a) Construa um gráfico tensão-deformação com estes dados. Em seguida, ajuste os dados para obter uma curva tensão-deformação cíclica na forma da relação Ramberg-Osgood, Equação 12.54, para a qual E = 206,7 GPa. Adicione sua curva ajustada ao gráfico dos dados e comente como ela se ajusta aos dados.

(b) A curva tensão-deformação monotônica para este material também segue a relação Ramberg-Osgood, na forma da Equação 12.12, com constantes E = 206,7, H = 2.894 MPa e n = 0,0710. Adicione esta curva à curva tensão-deformação de (a) e comente sobre o comportamento do material.

12.35 São apresentadas, na Tabela P12.35, as amplitudes de deformação por cisalhamento aplicadas, γ_a, as amplitudes resultantes de tensão de cisalhamento, τ_a, e as deformações de cisalhamento plástico, γ_{pa}, para ensaios de torção cíclica controlados por deformação e realizados em tubos de paredes finas constituídas de aço SAE 1045 laminado a quente e normalizado. (Os valores τ_a e γ_{pa} correspondem a um comportamento ciclicamente estável obtidos perto da metade da vida em fadiga, N_f.)

(a) Construa um gráfico tensão-deformação de cisalhamento com estes dados. Em seguida, ajuste os dados a uma curva tensão-deformação cíclica na forma da relação Ramberg-Osgood. Use $G = 79,1$ GPa e obtenha H_τ' e n' a partir de um ajuste do tipo $\tau_a = H_\tau' \, \gamma_{pa}^{n'}$. Adicione sua curva ajustada ao gráfico dos dados e comente como ela se ajusta.

(b) Para este material sob tensão uniaxial, a Tabela 14.1 oferece as constantes E, H' e n' para descrever a curva tensão-deformação cíclica. Com base no Problema 12.15, use essas constantes para estimar a curva cíclica tensão-deformação por cisalhamento. O coeficiente de Poisson é $\nu = 0,277$. Compare esta estimativa com o gráfico tensão-deformação obtido a partir de (a) e comente o sucesso desta.

Tabela P12.35			
γ_a	τ_a, MPa	γ_{pa}	N_f, ciclos
0,0250	267	0,0217	502
0,0150	234	0,0120	1.372
0,0082	197	0,0057	6.998
0,0050	165	0,0029	33.840
0,0040	158	0,0020	70.020
0,0030	148	0,0012	546.000
Fonte: Dados em [Leese 85].			

12.36 O aço RQC-100 da Tabela 12.1 é carregado a partir de tensão e deformação nulas até a tensão equivalente para $\varepsilon_{máx} = 0,010$. Em seguida, o material é submetido a ciclos entre esta $\varepsilon_{máx}$ e uma $\varepsilon_{mín} = 0,006$.

(a) Estime as tensões máxima e mínima, $\sigma_{máx}$ e $\sigma_{mín}$, para este carregamento cíclico e trace a resposta gráfica tensão-deformação.

(b) Considere relaxação cíclica da tensão média. Estime e trace a variação da tensão média ciclada até $N = 5 \times 10^4$ ciclos e comente a tendência observada.

12.37 O aço SAE 1045, quando tratado termicamente para uma dureza $HB = 500$, possui constantes para sua curva tensão-deformação cíclica (Equação 12.54) $E = 206$ GPa, $H' = 2.636$ MPa e $n' = 0,12$. Um componente carregado axialmente desse aço é ciclado entre $\varepsilon_{mín} = 0$ e $\varepsilon_{máx} = 0,008$.

(a) Estime e represente graficamente a resposta tensão-deformação para o comportamento ciclicamente estável.

(b) Considere relaxação cíclica da tensão média. Estime e trace a variação da tensão média ciclada até $N = 10^4$ ciclos e comente a tendência observada.

12.38 Uma liga de alumínio 2024-T351 é carregada a partir de tensão e deformação nulas e submetida a uma sequência de deformações descrita na tabela a seguir e mostrada na Figura P12.38. Note que o vale *A* ocorre 11 vezes e que o pico *B* se dá 10 vezes. Estime e represente graficamente a resposta tensão-deformação. Suponha que o comportamento tensão-deformação é estável (endurecimento cíclico ou amolecimento já completos) e use o equacionamento de Ramberg-Osgood para descrever a curva tensão-deformação cíclica, conforme descrito pelas constantes na Tabela 12.1.

Pico ou vale	A_1	B_1	A-B	A_{10}	B_{10}	A_{11}	C	A'
ε, Deformação	-0,016	-0,005	repete	-0,016	-0,005	-0,016	-0,002	-0,016

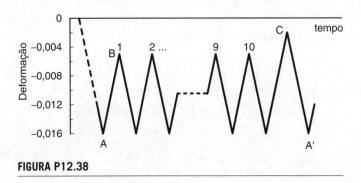

FIGURA P12.38

12.39 Uma liga de alumínio 2024-T351 é carregada a partir de tensão e deformação nulas e submetida a uma sequência de deformações descrita na tabela a seguir. Note que o vale *B* ocorre 11 vezes e o pico *C* ocorre 10 vezes. Estime e represente graficamente a resposta tensão-deformação. Suponha que o comportamento tensão-deformação seja estável (endurecimento cíclico ou amolecimento já completos) e use o equacionamento de Ramberg-Osgood para descrever a curva tensão-deformação cíclica, conforme descrito pelas constantes na Tabela 12.1.

Pico ou vale	A	B_1	C_1	B-C	B_{10}	C_{10}	B_{11}	A'
ε, Deformação	0,020	0,004	0,016	repete	0,004	0,016	0,004	0,020

12.40 Uma liga de alumínio 7075-T6 é carregada a partir de tensão e deformação nulas e submetida à sequência de deformações descrita na tabela a seguir. Note que tanto o vale *B* como o pico *C* ocorrem 50 vezes. Estime e represente graficamente a resposta tensão-deformação. Suponha que o comportamento tensão-deformação é estável (endurecimento cíclico ou amolecimento já completos) e use o equacionamento de Ramberg-Osgood para descrever a curva tensão-deformação cíclica, conforme descrito pelas constantes na Tabela 12.1.

Pico ou vale	A	B_1	C_1	B-C	B_{50}	C_{50}	D	A'
ε, Deformação	0,035	0,010	0,025	repete	0,010	0,025	0,005	0,035

Comportamento Mecânico dos Materiais   **699**

12.41 O aço AISI 4340 (com $\sigma_u = 1.172$ MPa) é carregado a partir de tensão e deformação nulas e submetido à sequência de deformações descrita na tabela a seguir. Note que tanto o pico C como o vale D ocorrem 5 vezes. Estime e represente graficamente a resposta tensão-deformação. Suponha que o comportamento tensão-deformação é estável (endurecimento cíclico ou amolecimento já completos) e use o equacionamento de Ramberg-Osgood para descrever a curva tensão-deformação cíclica, conforme descrito pelas constantes na Tabela 12.1.

Pico ou vale	A	B	C_1	D_1	C-D	C_5	D_5	A'
ε, Deformação	0,012	-0,001	0,008	0,002	repete	0,008	0,002	0,012

CAPÍTULO 13

Análise da Relação Tensão-Deformação de Componentes Deformados Plasticamente

13.1 **Introdução** **701**
13.2 **Plasticidade sob dobramento** **702**
13.3 **Tensões e deformações residuais no dobramento** **711**
13.4 **Plasticidade de eixos cilíndricos sob torção** **715**
13.5 **Componentes entalhados** **718**
13.6 **Carregamento cíclico** **730**
13.7 **Resumo** **741**

OBJETIVOS

- Realizar análises da relação tensão-deformação elastoplástica para casos isolados de flexão e torção, considerando várias formas da curva tensão-deformação.

- Empregar métodos aproximados, tais como a regra de Neuber, para estimar tensões e deformações em entalhes onde ocorre escoamento localizado.

- Estender a análise feita para flexão, torção e componentes entalhados para tensões e deformações residuais e, posteriormente, para o carregamento cíclico, incluindo histórias de carregamento irregulares em função do tempo.

13.1 INTRODUÇÃO

Muitas vezes, para fins de engenharia, é útil a análise da deformação plástica em componentes de máquinas, veículos ou estruturas. Isso ocorre em dois tipos de situações. Em primeiro lugar, pode ser desejável conhecer a carga necessária para causar grave deformação plástica, às vezes chamada por *colapso plástico*. O fator de segurança para a falha devido à sobrecarga acidental pode ser calculado pela comparação entre a carga de ruptura e as cargas esperadas durante o serviço do componente. Em segundo lugar, as tensões e deformações que acompanham a deformação plástica em áreas localizadas, como na extremidade de uma viga ou em um concentrador de tensões, são de interesse. Essas deformações introduzem tensões residuais, às vezes intencionalmente, que podem ser avaliadas pela análise da deformação plástica. Deformação plástica localizada ocasionada por carregamento cíclico é de significativa importância, já que é frequentemente associada à formação de trincas por fadiga.

A deformação plástica localizada em concentradores de tensão (entalhes) pode ser analisada pela aplicação de um método aproximado, tal como a *regra de Neuber*. Em alguns casos mais frequentes de interesse prático, tais como a flexão de vigas e a torção de eixos cilíndricos, a deformação plástica pode ser analisada de uma forma bastante simples por uma abordagem feita pela mecânica dos materiais. Para isso, três passos

701

702 CAPÍTULO 13 Análise da Relação Tensão-Deformação

são necessários: (1) assumir uma distribuição de deformações; (2) aplicar o equilíbrio de forças; (3) escolher uma relação tensão-deformação em particular e usá-la para completar a análise.

Não aplicaremos tais abordagens apenas para o carregamento estático, mas também para o descarregamento e carregamento cíclico. A aplicação para carregamento cíclico será empregada no próximo capítulo durante a abordagem da fadiga via deformação. A análise detalhada de muitas situações complexas de carregamento e de geometria não é possível com os métodos relativamente simples deste capítulo. A análise pelo *método dos elementos finitos* ou outra análise numérica pode ser necessária. (Rice (1997) traz um capítulo introdutório para análise numérica da relação tensão-deformação.) O tratamento dado aqui, no entanto, atende em termos introdutórios e no oferecimento de algumas úteis ferramentas de engenharia. No que segue, presume-se que o leitor está familiarizado com porções do Capítulo 12.

13.2 PLASTICIDADE SOB DOBRAMENTO

O dobramento de vigas, durante o qual o material deforma-se de maneira linear elástica, é razoavelmente abrangido em livros-texto, elementares ou avançados, sobre mecânica dos materiais. O dobramento plástico também é introduzido com frequência, mas em geral limitado ao comportamento elástico, perfeitamente plástico. Nesta parte do capítulo, a flexão envolvendo deformação plástica será considerada para vários comportamentos (curvas) tensão-deformação. Procedimentos para o desenvolvimento de soluções algébricas serão descritos e algumas soluções completas serão dadas. Vamos considerar apenas os casos em que as cargas aplicadas se encontram em um plano de simetria da seção transversal.

13.2.1 Revisão do Dobramento Elástico

Como breve revisão da flexão linear elástica, considere o caso mais simples da flexão a três pontos de uma barra de seção transversal retangular, como ilustrado na Figura 13.1. As cargas aplicadas encontram-se no plano x-y, que é um plano de simetria da barra. A distribuição de tensão elástica na barra envolve uma região de tensão nula ou *eixo neutro*, N-N, que coincide com um eixo do centro de gravidade da área da seção transversal.

As tensões normais durante o dobramento elástico linear são dadas por:

$$\sigma = \frac{My}{I_z} \tag{13.1}$$

em que M é o momento de flexão na seção transversal de interesse, tal que $M = (P x)/2$ para a seção transversal ilustrada na Figura 13.1. A quantidade I_z é o momento de inércia da área da seção transversal em torno do eixo neutro e a distância y é medida a partir do eixo neutro. A direção positiva para y é escolhida como sendo aquela que dá valores de tensão, σ, positivos, ou seja, para o lado do eixo neutro onde ocorrem tensões de tração. A equação dá uma distribuição linear da tensão normal, $\sigma = \sigma_x$, com a distância y do eixo neutro, que surge a partir de dois pressupostos fundamentais: (1) o comportamento tensão-deformação linear elástico e (2) seções planas permanecendo planas após a deformação – e que se combinam para exigir uma distribuição de

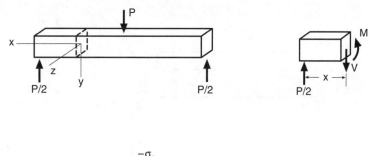

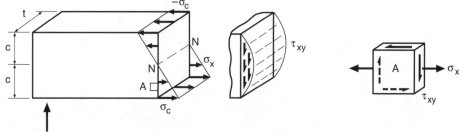

FIGURA 13.1 Flexão e cisalhamento elástico em uma barra retangular. Para um corte transversal como indicado (superior), as tensões são distribuídas como mostrado (inferior).

tensões linear. Para seções transversais retangulares de espessura t e profundidade $2c$, a Equação 13.1 dá a tensão máxima de tração como sendo:

$$\sigma_c = \frac{3M}{2tc^2} \qquad (13.2)$$

em que o subscrito indica que a tensão ocorre em $y = c$. Neste caso, uma vez que a seção transversal é simétrica, tanto acima como abaixo da linha neutra, uma tensão de compressão igual a $-\sigma_c$ ocorre em $y = -c$.

Exceto nos casos de flexão pura, estas tensões normais são acompanhadas por tensões de cisalhamento, que podem ser calculadas como descrito no Apêndice A, Seção A.2. Para uma seção transversal retangular, a tensão de cisalhamento, $\tau = \tau_{xy}$, para a deformação elástica varia como uma parábola, apresentando um valor máximo no eixo neutro:

$$\tau = \frac{3V(c^2 - y^2)}{4tc^3} \qquad (13.3)$$

Aqui, V é a força de corte, tal que $V = P/2$ para a seção transversal ilustrada na Figura 13.1.

A Equação 13.1 ainda é aplicável, mesmo que a área de seção transversal não seja simétrica em torno do eixo neutro, desde que o requisito de simetria quanto ao plano de carregamento ainda seja atendido. Um caso assim está ilustrado na Figura 13.2 (a). No entanto, se não existir simetria quanto ao plano de carregamento, como na Figura 13.2 (b), as tensões ainda poderão ser determinadas quando for considerada a flexão em relação a dois eixos. Além disso, se o plano de flexão assimétrico não passar através do

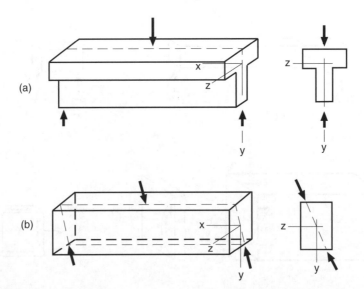

FIGURA 13.2 Flexão devido a cargas em um plano de simetria da seção transversal (a) e flexão devido às cargas fora do plano de simetria (b).

centro de cisalhamento da área da seção transversal, deverão ser consideradas tensões de torção no sistema.

13.2.2 Análise da Flexão Plástica por Integração

Vamos restringir a nossa atenção apenas aos casos de flexão de uma viga no seu plano de simetria e generalizar o problema de forma a permitir deformação plástica. Além disso, suponha que as tensões de cisalhamento estão ausentes ou, se presentes, que seus efeitos sejam pequenos. Nestas circunstâncias, uma suposição física razoavelmente precisa, mesmo para deformação plástica, é que as seções transversais originalmente planas permaneçam planas. Isso resulta em uma variação linear da deformação, com a distância ao eixo neutro dada por:

$$\frac{\varepsilon}{y} = \frac{\varepsilon_c}{c} \tag{13.4}$$

em que ε é tensão na direção longitudinal (x) e ε_c é seu valor em $y = c$, na borda da barra. Assim, se ocorrer escoamento, a forma não linear da curva tensão-deformação no regime plástico torna a distribuição de tensões também não linear, como ilustrado na Figura 13.3. Como a distribuição de deformações é linear, a distribuição de tensões toma a mesma forma que a porção da curva tensão-deformação até $\varepsilon = \varepsilon_c$.

Podemos derivar o momento de flexão considerando a contribuição de um elemento diferencial de área, como mostrado na Figura 13.4:

$$dM = (\text{tensão})(\text{área})(\text{distância}) = (\sigma)(t \cdot dy)(y) \tag{13.5}$$

Aqui, a espessura t pode variar com y. Integrando a Equação 13.5 para obter o momento, temos:

$$M = \int_{-c_2}^{c_1} \sigma t y \, dy \tag{13.6}$$

Comportamento Mecânico dos Materiais   705

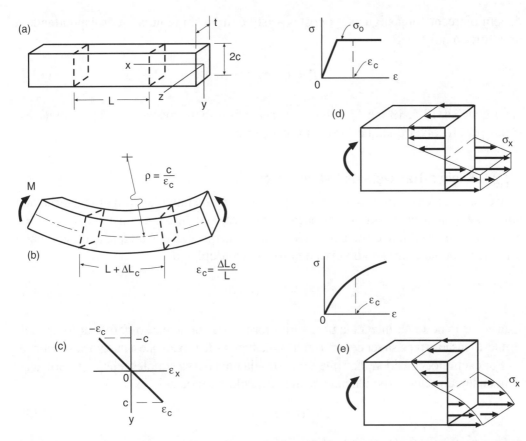

FIGURA 13.3 Uma barra retangular (a) sujeita a flexão pura (b), que causa escoamento. As seções planas mantêm-se planas para resultar numa distribuição de deformações lineares (c), mas a distribuição de tensões não é linear como em (d) ou (e), apresentando a mesma forma que a porção da curva tensão-deformação até ε_c.

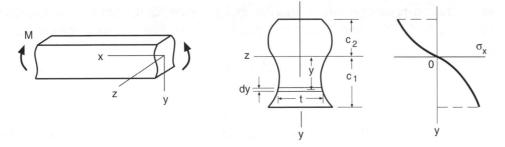

FIGURA 13.4 Elemento de área ($t \cdot dy$) e distribuição das tensões necessária para a integração relacionar o momento de flexão M com as tensões e deformações.

A área da seção transversal pode não ser simétrica acima e abaixo do eixo x e a curva tensão-deformação pode não ser simétrica em relação à tensão e à compressão. Se existe uma destas assimetrias, o eixo neutro desloca-se um pouco do centroide da área da seção transversal, à medida que a deformação plástica avança, e, por isso, o centroide deve ser localizado antes de prosseguir na integração. O princípio a ser seguido é que os volumes sob as partes em tração e compressão da distribuição de tensões

706 CAPÍTULO 13 Análise da Relação Tensão-Deformação

devem oferecer forças iguais e opostas – isto é, uma soma nula – correspondendo a uma força axial P zero:

$$P = \int_{-c_2}^{c_1} \sigma t \, dy = 0 \tag{13.7}$$

As, Equações 13.4, 13.6 e 13.7, e uma curva tensão-deformação $\varepsilon = f(\sigma)$, são necessárias para resolver qualquer problema específico.

13.2.3 Seções Transversais Retangulares

Considere o caso simples de uma seção transversal retangular com um material que apresente uma curva tensão-deformação simétrica. Portanto, t é constante, $c_1 = c_2 = c$ e o eixo neutro permanece no centroide. A simetria que existe é tal que a integral pode ser calculada para um lado do eixo neutro e então duplicada:

$$M - 2t \int_0^c \sigma y \, dy \tag{13.8}$$

Esta equação pode ser integrada para várias formas da curva tensão-deformação. Inicialmente, a tensão σ precisa ser descrita como uma função de y, para que a integração continue.

Por exemplo, consideremos que $\varepsilon = f(\sigma)$ seja uma curva simples tensão-deformação com endurecimento exponencial e sem região elástica; ou seja:

$$\sigma = H_2 \cdot \varepsilon^{n_2} \tag{13.9}$$

Substituindo a deformação ε da Equação 13.4, temos:

$$\sigma = H_2 \left(\frac{y \varepsilon_c}{c} \right)^{n_2} \tag{13.10}$$

Esta é a equação da parte positiva de uma distribuição de tensões não linear, como ilustrado na Figura 13.3 (e). Substituímos este σ na Equação 13.8 e realizamos a integração, obtendo:

$$M = \frac{2tc^2 H_2 \varepsilon_c^{n_2}}{n_2 + 2} = \frac{2tc^2 \sigma_c}{n_2 + 2} \tag{13.11}$$

Como a curva tensão-deformação se mantém até a borda da barra em que $\sigma = \sigma_c$ e $\varepsilon = \varepsilon_c$, a Equação 13.9 permite que o resultado seja expresso em termos de tensão, gerando a segunda forma mostrada. O caso especial de $n_2 = 1$ corresponde ao caso linear-elástico com $H_2 = E$, de modo que a Equação 13.11 então apresenta o mesmo resultado da Equação 13.2.

13.2.4 Curvas Tensão-Deformação Descontínuas

Considere uma curva tensão-deformação descontínua, de forma que a relação matemática mude no final de uma região linear-elástica, que é distinta. Três correlações plásticas após regime linear elástico são descritas no Capítulo 12, especificamente: comportamento perfeitamente plástico, endurecimento linear ou endurecimento não linear (exponencial). Uma barra feita de tal material tem um limite elástico distinto e uma região em cada lado do eixo neutro onde ocorre apenas deformação elástica. Por exemplo, para comportamento perfeitamente plástico além do escoamento, a distribuição de tensões é semelhante à da Figura 13.3 (d).

Como resultado desta descontinuidade, a integração deve ser realizada em duas etapas. Para uma curva tensão-deformação simétrica e para uma seção transversal retangular, é aplicável a Equação 13.8. O passo de integração ocorre em y_b, a distância do eixo neutro até o ponto em que começa o escoamento:

$$M = 2t\left[\int_0^{yb}\sigma y\,dy + \int_{yb}^c \sigma y\,dy\right] \tag{13.12}$$

Para avaliar a integral, deve-se primeiro encontrar y_b, aplicando a Equação 13.4 em $y = y_b$:

$$\frac{\varepsilon_o}{y_b} = \frac{\varepsilon_c}{c} \tag{13.13}$$

Observando que o limite de escoamento e a deformação no escoamento estão relacionados por $\sigma_0 = E\varepsilon_0$, isso leva a:

$$y_b = \frac{\sigma_o c}{E\varepsilon_c} \tag{13.14}$$

Entre $y = 0$ e $y = y_b$, a distribuição de tensões é linear, como consequência da relação tensão-deformação linear-elástica, $\varepsilon = \sigma/E$. Para obter σ em função de y neste intervalo, aplique a Equação 13.4 em qualquer $y < y_b$:

$$\frac{\sigma/E}{y} = \frac{\varepsilon_c}{c} \quad (0 \le y \le y_b) \tag{13.15}$$

Então, combine com a Equação 13.13 e resolva para σ:

$$\sigma = \frac{E\varepsilon_o y}{y_b} \quad (0 \le y \le y_b) \tag{13.16}$$

O segundo passo da integração é afetado pelo tipo de encruamento após o escoamento. Como exemplo, considere uma curva tensão-deformação elástica, perfeitamente plástica. Neste caso, a tensão após $y = y_b$ é simplesmente igual ao limite de elasticidade:

$$\sigma = \sigma_0(y_b \le y \le c) \tag{13.17}$$

Para obter uma solução, primeiro substitua as Equações 13.16 e 13.17 no primeiro e segundo termos, respectivamente, da Equação 13.12, execute a integração e, em seguida, use a Equação 13.14 para eliminar y_b da equação. Após alguma manipulação, o resultado é:

$$M = tc^2\sigma_o\left[1 - \frac{1}{3}\left(\frac{\sigma_o}{E\varepsilon_c}\right)\right] \quad (\varepsilon_c \ge \sigma_o/E) \tag{13.18}$$

Se o escoamento está apenas começando na borda da barra, temos $\varepsilon_c = \sigma_0/E$. A Equação 13.18 gera o mesmo resultado que a solução elástica, Equação 13.2, ou seja,

$$M_i = \frac{2tc^2\sigma_o}{3} \quad (\varepsilon_c = \sigma_o/E) \tag{13.19}$$

que é chamado *momento de escoamento inicial*. Para valores menores de *M*, a solução elástica aplica-se na forma da Equação 13.2, com $\sigma_c = E\varepsilon_c$. Para valores maiores da deformação máxima, a Equação 13.18 aproxima-se de um valor limite chamado *momento totalmente plástico*:

$$M_0 = tc^2\sigma_0 (\varepsilon_c \gg \sigma_0/E) \tag{13.20}$$

Observe que $M_0/M_i = 1,5$, cuja relação muda se a forma da seção transversal for diferente de um retângulo. A variação do momento com a tensão, de acordo com a Equação 13.18, e também as mudanças que acompanham a distribuição de tensões são mostradas na Figura 13.5. À medida que o momento totalmente plástico é aproximado, grandes deformações ocorrem e diz-se que é desenvolvida uma *dobradiça plástica*. Isso corresponde ao encolhimento da região elástica da barra, em que $y \leq y_b$, que se aproxima de zero. A isso segue o desenvolvimento de uma deformação plástica aumentada e, finalmente, de uma "dobradiça plástica" durante o dobramento a três pontos – ilustrada na Figura 13.6.

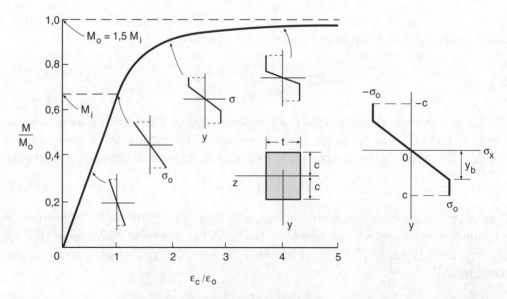

FIGURA 13.5 Comportamento do momento em função da deformação de uma barra retangular composta por um material elástico, perfeitamente plástico. À medida que o carregamento avança, a distribuição de tensões muda, como mostrado.

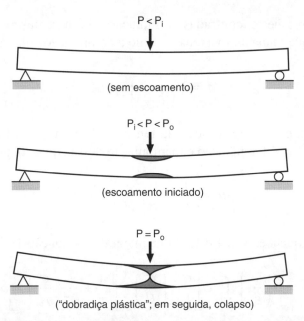

FIGURA 13.6 Desenvolvimento de uma "dobradiça plástica" em flexão a três pontos. A carga de escoamento inicial, P_i, e o carregamento totalmente plástico, P_O, correspondem aos momentos M_i e M_O, respectivamente. Grandes deflexões ocorrem quando P_O é atingida.

Análises adicionais semelhantes à que foi mostrada podem ser feitas para várias outras combinações de curvas tensão-deformação e seções transversais, algumas das quais presentes nos exercícios no final deste capítulo. Nem sempre é possível realizar a integração analiticamente; algumas vezes, é necessário realizar uma integração numérica. Além disso, o Apêndice A fornece carregamentos totalmente plásticos para casos adicionais.

13.2.5 Curva Tensão-Deformação Ramberg–Osgood

A curva tensão-deformação de Ramberg-Osgood, Equação 12.12, tem a vantagem de poder ser utilizada para representar com precisão curvas tensão-deformação de muitos materiais:

$$\varepsilon = \frac{\sigma}{E} + \left(\frac{\sigma}{H}\right)^{1/n} \qquad (13.21)$$

Embora esta relação não seja explicitamente solúvel para a tensão, uma integração algébrica ainda pode ser realizada em certos casos, alterando a variável de integração de y para σ. Isso é demonstrado a seguir para uma seção transversal retangular.

Para começar, use a distribuição de deformação linear, Equação 13.4, para obter y em termos da deformação e diferencie para obter dy:

$$y = \frac{c}{\varepsilon_c}\varepsilon, \quad dy = \frac{c}{\varepsilon_c}d\varepsilon \qquad (13.22)$$

710 CAPÍTULO 13 Análise da Relação Tensão-Deformação

Substitua as expressões encontradas na Equação 13.8 para descrever M em termos de uma integral que tenha tanto a tensão como a deformação como suas variáveis:

$$M = 2t \left(\frac{c}{\varepsilon_c} \right)^2 \int_0^{\varepsilon c} \sigma \varepsilon \, d\varepsilon \tag{13.23}$$

A deformação, ε, é dada em função da tensão pela Equação 13.21 e $d\varepsilon$ pode ser alcançado a partir da diferenciação e manipulação dessa equação, gerando:

$$d\varepsilon = \left[\frac{1}{E} + \frac{1}{n\sigma} \left(\frac{\sigma}{H} \right)^{1/n} \right] d\sigma \tag{13.24}$$

Substituindo as Equações 13.21 e 13.24 na integral da Equação 13.23:

$$M = 2t \left(\frac{c}{\varepsilon_c} \right)^2 \int_0^{\sigma_c} \sigma \left[\frac{\sigma}{E} + \left(\frac{\sigma}{H} \right)^{1/n} \right] \left[\frac{1}{E} + \frac{1}{n\sigma} \left(\frac{\sigma}{H} \right)^{1/n} \right] d\sigma \tag{13.25}$$

Esta integral pode ser avaliada de forma simples, obtendo primeiro o produto das duas quantidades entre colchetes. Ao fazê-lo, resulta, após manipulação matemática:

$$M = 2t\sigma_c \left(\frac{c}{\varepsilon_c} \right)^2 \left[\frac{1}{3} \left(\frac{\sigma c}{E} \right)^2 + \frac{n+1}{2n+1} \left(\frac{\sigma_c}{E} \right) \left(\frac{\sigma_c}{H} \right)^{1/n} + \frac{1}{n+2} \left(\frac{\sigma_c}{H} \right)^{2/n} \right] \tag{13.26}$$

O resultado pode ser reescrito de forma que a tensão na borda da barra, σ_c, seja a única variável ao se substituir $\varepsilon_c = f(\sigma_c)$, como descrito pela Equação 13.21. Uma expressão útil, obtida após manipulação algébrica, é:

$$M = \frac{2tc^2\sigma_c}{3} \left[\frac{1 + \dfrac{3n+3}{2n+1}\beta + \dfrac{3}{n+2}\beta^2}{(1+\beta)^2} \right] \tag{13.27}$$

em que:

$$\beta = \frac{\varepsilon_{pc}}{\varepsilon_{ec}}, \quad \varepsilon_{pc} = \left(\frac{\sigma_c}{H} \right)^{1/n}, \quad \varepsilon_{ec} = \frac{\sigma_c}{E}, \quad \varepsilon_c = \varepsilon_{ec} + \varepsilon_{pc}$$

As quantidades ε_{pc} e ε_{ec} são os valores na borda da barra para a deformação plástica e elástica, respectivamente, sendo β a razão entre esses valores. Usando as quantidades precedentes, podemos relacionar o momento com tensão ou deformação, sendo a relação com a deformação implícita.

A Equação 13.27 aponta uma variação suave do momento com deformação, como indicado na Figura 13.7. Também são mostradas, para comparação, as tendências para a análise elástica, conforme Equação 13.2, e para o caso descrito pela Equação 13.11, que é o resultado obtido pelo uso de uma curva exponencial tensão-deformação de endurecimento simples, tendo $H_2 = H$ e $n_2 = n$. Se a proporção entre as deformações plástica e elástica, β, é pequena, a Equação 13.27 reduz-se à solução elástica. De forma

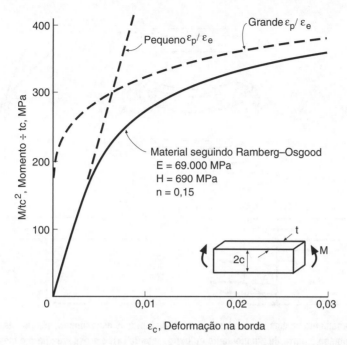

FIGURA 13.7 Correlação momento/deformação para um material apresentando uma curva tensão-deformação conforme Ramberg-Osgood. A curva se aproxima da solução elástica no limite, para pequenas deformações; para grandes deformações, aproxima-se da prevista pelo endurecimento exponencial simples.

contrária, se β for grande, a Equação 13.27 aborda a solução para o caso de endurecimento exponencial simples, representado pela Equação 13.11.

13.3 TENSÕES E DEFORMAÇÕES RESIDUAIS NO DOBRAMENTO

Uma barra que é deformada plasticamente e depois tem o momento de flexão removido é ilustrada na Figura 13.8. O material exibe não apenas a deformação plástica, mas também deformação elástica, recuperada durante o descarregamento. Na descarga da barra, as deformações diminuem, mas não para zero, de modo que uma deflexão permanente permanece nessa barra. Também existem tensões internas ou *residuais*.

Uma vez que se espera que as seções planas permaneçam planas durante o descarregamento, as maiores mudanças na deformação estão na borda da barra. Neste local, a tensão residual é oposta em sinal à tensão anteriormente presente na carga máxima. O que acontece é que o material na borda da barra, que foi plasticamente esticada em tração, é forçado em compressão, à medida que a barra retorna elasticamente após a remoção da carga. Inversamente, o material na borda da barra, que estava submetido ao escoamento por compressão, é forçado em tração após o descarregamento. Próximo do eixo neutro, há regiões onde as tensões residuais têm o mesmo sinal que as tensões anteriormente aplicadas.

13.3.1 Barra Retangular de Material Elástico e Perfeitamente Plástico

Considere um material elástico e perfeitamente plástico para o caso de uma seção transversal retangular que foi carregada além do escoamento. Esta situação é ilustrada na

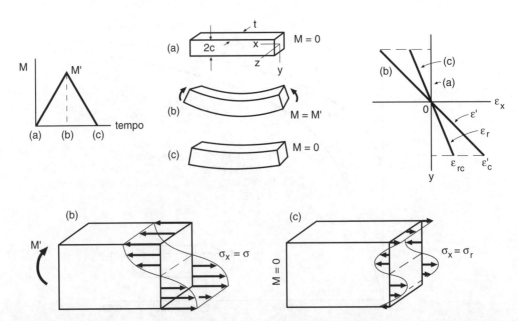

FIGURA 13.8 Carregamento de uma barra retangular além do limite de escoamento, seguido de descarregamento. O carregamento começa a partir de um momento nulo, no instante (a), e prossegue para o momento máximo M', no instante (b). Quando a descarga está completa, no instante (c), as deformações residuais, ε_r, permanecem apresentando uma distribuição linear e as tensões residuais, σ_r, ficam distribuídas, conforme ilustrado.

Figura 13.9. No momento mais alto atingido, M', a distribuição de tensões é semelhante à da Figura 13.9 (a). O momento M' está relacionado com a deformação na borda da barra, ε_c', pela Equação 13.18.

$$M' = tc^2 \sigma_o \left[1 - \frac{1}{3}\left(\frac{\sigma_o}{E\varepsilon_c'}\right)^2\right] \quad (13.28)$$

Vamos prosseguir assumindo que não há escoamento durante o descarregamento e que, neste momento, o comportamento é linear-elástico, suposição que depois será verificada. Neste caso, a mudança de momento no descarregamento, ΔM, está relacionada com a mudança na tensão na borda da barra, $\Delta \sigma_c$, pela solução elástica, descrita pela Equação 13.2:

$$\Delta M = \frac{2tc^2 \Delta \sigma_c}{3} \quad (13.29)$$

Uma vez que a barra é descarregada até um momento aplicado nulo, $M' - \Delta M = 0$. Combinando as duas equações anteriores nesta última expressão e resolvendo para $\Delta \sigma_c$:

$$\Delta \sigma_c = \frac{\sigma_o}{2}\left[3 - \left(\frac{\sigma_o}{E\varepsilon_c'}\right)^2\right] \quad (13.30)$$

A tensão residual e a deformação em $y = c$ são os valores em M', subtraída a mudança ocorrida durante o descarregamento, quando a variação na deformação é $\Delta \varepsilon_c = \Delta \sigma_c/E$, devido ao comportamento assumido de descarregamento elástico.

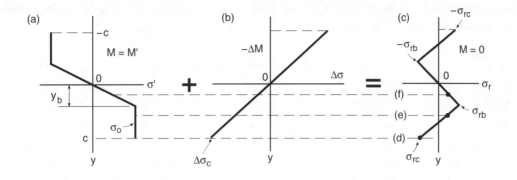

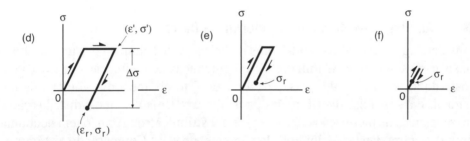

FIGURA 13.9 Para uma barra retangular de material elástico e perfeitamente plástico, as tensões no momento máximo são mostradas em (a), as mudanças de tensão durante a descarga em (b) e as tensões residuais em (c). Dependendo da localização, as tensões residuais podem ser opostas em sinal à tensão máxima (d) ou de mesmo sinal (e, f). O caso particular ilustrado corresponde a $M'= 0,95 M_0$.

$$\sigma_{rc} = \sigma_c' - \Delta\sigma_c, \quad \varepsilon_{rc} = \varepsilon_c' - \Delta\sigma_c / E \quad (a, b) \quad (13.31)$$

Observando que $\sigma_c' = \sigma_0$, uma vez que a barra cedeu em M', e combinando (a) com a Equação 13.30, obtemos a tensão residual em $y = c$:

$$\sigma_{rc} = -\frac{\sigma_o}{2}\left[1 - \left(\frac{\sigma_o}{E\varepsilon_c'}\right)^2\right] \quad (13.32)$$

De forma semelhante, (b) dá a deformação residual em $y = c$:

$$\varepsilon_{rc} = \frac{\sigma_o}{2E}\left[-3 + 2\left(\frac{E\varepsilon_c'}{\sigma_o}\right) + \left(\frac{\sigma_o}{E\varepsilon_c'}\right)^2\right] \quad (13.33)$$

A quantidade $E \cdot \varepsilon_c'/\sigma_0 = \varepsilon_c'/\varepsilon_0$ é a relação entre a deformação mais elevada atingida e a deformação de escoamento, que deve ser superior à unidade para uma barra inicialmente escoada. Observando que essa razão e seu inverso aparecem nas Equações 13.32 e 13.33, prontamente concluímos que σ_{rc} é negativo e ε_{rc} é positivo em $y = +c$, correspondendo à borda da barra que foi escoada em tração. Mudanças de sinais apropriadas dão valores iguais em magnitude, mas opostos em sinal, para $y = -c$.

Para o caso extremo, no qual a maior deformação atingida é grande em comparação com a deformação de escoamento, a Equação 13.32 dá uma tensão residual com a

714 CAPÍTULO 13 Análise da Relação Tensão-Deformação

magnitude de metade do limite de escoamento e a Equação 13.33 indica que essencialmente nenhuma deformação é perdida durante o descarregamento:

$$\sigma_{rc} = -\frac{\sigma_o}{2}, \quad \varepsilon_{rc} = \varepsilon_c' \quad (\varepsilon_c'/\varepsilon_o \gg 1) \tag{13.34}$$

As correspondentes distribuições de tensões são mostradas na Figura 13.10. Inversamente, se a borda da barra atingir apenas a tensão de escoamento, ou seja, $\varepsilon_c'/\varepsilon_0 = 1$, essas equações dão $\sigma_{rc} = \varepsilon_{rc} = 0$, como esperado. As Equações 13.32 e 13.33 dão uma variação suave entre os dois casos limítrofes. Note que a hipótese inicial de não escoamento durante compressão é confirmada para o caso mais extremo pela Equação 13.34, portanto a análise é válida.

13.3.2 Análise Estendida para o Interior da Barra

Considere agora as posições interiores na barra. A distribuição das tensões residuais consiste em segmentos de linha reta com mudanças de inclinação em $y = \pm\,y_b$, como mostrado na Figura 13.9 (c). Isso decorre do fato de que a distribuição de tensões residuais é a soma das distribuições para σ' e $\Delta\sigma$. Uma vez que a distribuição de σ' tem mudanças de inclinação em $y = \pm\,y_b$, e a distribuição do $\Delta\sigma$ não tem nenhuma, sua soma σ_r tem mudanças de inclinação somente em $\pm\,y_b$. Comparando as Figuras 13.9 (a) e (c), verifica-se que os pontos na barra em que ocorreu escoamento, $y > y_b$, seguem uma trajetória de tensão-deformação similar a (d) ou a (e), dependendo do sinal da tensão residual. Os pontos em que não ocorreu escoamento, $y < y_b$, deformam-se somente ao longo da linha elástica, mas as tensões não retornam a zero, como para (f).

A distribuição de tensões residuais pode assim ser completamente descrita se o seu valor na fronteira elastoplástica, σ_{rb}, for determinado em adição a σ_{rc}. Lembre-se de que a localização do limite elastoplástico, y_b, está relacionada com a deformação máxima atingida pela Equação 13.14. Como σ_{rb} atingiu, mas não excedeu, a tensão do limite de escoamento, σ_{rb} relaciona-se com a deformação residual correspondente pelo módulo elástico, $\sigma_{rb} = E\varepsilon_{rb}$. Para que as seções planas permaneçam planas torna-se necessário que a distribuição da deformação residual seja linear:

$$\frac{\varepsilon_{rb}}{y_b} = \frac{\varepsilon_{rc}}{c}, \quad \frac{\sigma_{rb}/E}{y_b} = \frac{\varepsilon_{rc}}{c} \quad (a, b) \tag{13.35}$$

Substituir y_b da Equação 13.14 com $\varepsilon_c = \varepsilon'_c$ na 13.35(b) leva a:

$$\sigma_{rb} = \frac{\sigma_o \varepsilon_{rc}}{\varepsilon_c'} \tag{13.36}$$

Assim, σ_{rb} pode ser facilmente obtido a partir de ε_{rb}, que é dada pela Equação 13.33, de modo que toda a distribuição de tensões residuais pode ser traçada como na Figura 13.9 (c). À medida que a deformação ε'_c aumenta de $\varepsilon'_c/\varepsilon_0 = 1$ para um grande valor, $\varepsilon'_c/\varepsilon_0 >> 1$, observa-se o aumento do valor de σ_{rb} de zero para σ_0. O último caso, no qual $\sigma_{rb} = \sigma_0$, corresponde ao escoamento completamente plástico da barra, quando $y_b = 0$, como na Figura 13.10.

Comportamento Mecânico dos Materiais **715**

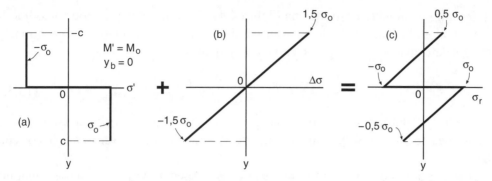

FIGURA 13.10 Para o caso especial do escoamento totalmente plástico de uma barra retangular, as tensões máximas antes da descarga são mostradas em (a), as mudanças de tensão durante o descarregamento em (b) e as tensões residuais em (c).

Distribuições de tensões residuais análogas ocorrem para outras geometrias de seção reta e outros tipos de curva tensão-deformação elastoplásticas. Uma análise algébrica semelhante à descrita pode ser realizada em alguns casos, mas em outros é necessária uma análise numérica.

13.4 PLASTICIDADE DE EIXOS CILÍNDRICOS SOB TORÇÃO

Os eixos circulares carregados em torção além do escoamento – com seções sólidas ou ocas – podem ser analisados com procedimentos semelhantes aos anteriormente aplicados para o dobramento de barras. O pressuposto de que as seções planas permanecem planas é novamente utilizado. A análise da torção de eixos cilíndricos requer curvas tensão-deformação para um estado de cisalhamento puro. Estas não são geralmente conhecidas, mas podem ser estimadas a partir das curvas de tensão-deformação uniaxiais, que são mais comuns. Portanto, precisamos discutir a estimativa das curvas tensão-deformação para o cisalhamento antes de prosseguir com a análise dos eixos cilíndricos.

13.4.1 Curvas Tensão-Deformação para o Cisalhamento

Eixos circulares em torção são carregados em todos os pontos sob cisalhamento planar puro. Neste estado de tensão, o único componente não nulo de tensão é τ_{xy}, sendo o plano x-y tangente à superfície do eixo e o eixo z normal à superfície, como ilustrado na Figura 13.11 (a). Para estimar as curvas tensão-deformação para este caso, a partir das curvas uniaxiais, as tensões e deformações principais podem ser avaliadas e utilizadas com equações baseadas na teoria da deformação plástica, conforme descrito no capítulo anterior.

Para tal estado de cisalhamento puro, τ_{xy}, um dos eixos principais é o eixo z, e os outros dois estão no plano x-y girados a 45° em relação aos eixos x-y. As tensões principais normais são relacionadas com τ_{xy} por:

$$\sigma_1 = -\sigma_2 = \tau_{xy}, \sigma_3 = 0 \tag{13.37}$$

716 **CAPÍTULO 13** Análise da Relação Tensão-Deformação

que foram previamente ilustradas na Figura 4.41. Para um material isotrópico homogêneo submetido a tal estado de tensões, o único componente não nulo de deformação é γ_{xy}. As deformações ao longo dos eixos principais são:

$$\varepsilon_1 = -\varepsilon_2 = \frac{\gamma_{xy}}{2}, \quad \varepsilon_3 = 0 \tag{13.38}$$

Essas tensões, deformações e direções principais podem ser verificadas aplicando as equações de transformação ou o círculo de Mohr, conforme descrito nas Seções 6.2 e 6.6.

Uma vez que o cisalhamento puro é um caso especial de tensão plana, qualquer curva tensão-deformação desejada para cisalhamento pode ser obtida a partir da Equação 12.36, usada com $\lambda = \sigma_2/\sigma_2 = -1$. A substituição deste λ, juntamente com os valores anteriores de σ_1 e ε_1, leva à relação τ-γ correspondente a qualquer forma escolhida de curva tensão-deformação uniaxial (que é a mesma que a efetiva).

Por exemplo, para uma curva uniaxial na forma de Ramberg-Osgood, Equação 12.12, é possível utilizar a Equação 12.36 na forma específica da Equação 12.39, o que gera:

$$\gamma_{xy} = \frac{\tau_{xy}}{G} + \left(\frac{\tau_{xy}}{H_\tau}\right)^{1/n}, \quad H_\tau = \frac{H}{3^{(n+1)/2}} \tag{13.39}$$

Aqui, n é o mesmo parâmetro que o usado no caso uniaxial, e a nova constante, H_τ, está relacionada com H a partir da curva uniaxial, como indicado. Além disso, G é o módulo de cisalhamento, que pode ser estimado a partir da Equação 5.28.

Para uma curva tensão-deformação elástica e perfeitamente plástica, o limite de elasticidade, τ_0, para cisalhamento puro pode ser relacionado com o valor uniaxial, aplicando a Equação 12.32 com $\lambda = -1$. No escoamento, como $\bar{\sigma} = \sigma_0$ e $\sigma_1 = \tau_{xy} = \tau_0$, obtemos $\tau_0 = \sigma_0/\sqrt{3}$. Assim, a correlação é:

$$\tau_{xy} = G\gamma_{xy} \qquad (\tau_{xy} \leq \tau_0) \quad \text{(a)}$$

$$\tau_{xy} = \tau_0 = \frac{\sigma_0}{\sqrt{3}} \quad (\tau_{xy} \leq \tau_0) \quad \text{(b)} \tag{13.40}$$

Para outras curvas tensão-deformação descontínuas, com limite de elasticidade distinto, $\tau_0 = \sigma_0/\sqrt{3}$ e a Equação 13.40 (a) ainda se aplica, mas a Equação 13.40 (b) deve ser substituída por uma expressão apropriada, derivada da Equação 12.36.

13.4.2 Análise de Eixos Circulares

A análise de eixos circulares carregados após o limite de escoamento em torção prossegue de maneira semelhante à anteriormente descrita para dobramento. Considere a seção transversal de um eixo, como mostrado na Figura 13.11 (b). Devido à simetria radial, a tensão de cisalhamento, $\tau_{xy} = \tau$, é constante para todos os pontos a uma distância r da linha central do eixo. A contribuição para o torque oriundo de um elemento de área anelar, tal como ilustrado, é:

$$dT = (\text{tensão})(\text{área})(\text{distância}) = (\tau)(2\pi r\, dr)(\text{r}) \tag{13.41}$$

Integrando do centro, $r = 0$, até a superfície externa, $r = c$, o torque é:

$$T = 2\pi \int_0^c \tau r^2\, dr \tag{13.42}$$

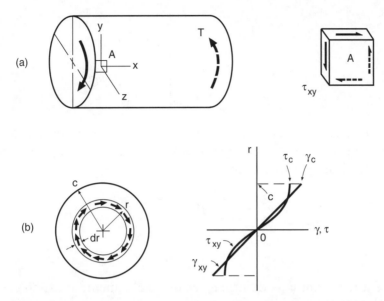

FIGURA 13.11 Eixo cilíndrico sujeito à torção pura. Ocorre um estado de tensão de cisalhamento pura, com sua magnitude variando com o raio r, como determinado por uma distribuição linear da tensão de cisalhamento.

Para um eixo oco, com raio interno c_1 e raio externo c_2, a Equação 13.42 precisa ser modificada para:

$$T = 2\pi \int_{c_1}^{c_2} \tau r^2 \, dr \qquad (13.43)$$

Para avaliar qualquer integral, é preciso uma curva tensão-deformação específica para o cisalhamento, $\gamma = f_\tau(\tau)$, juntamente com a suposição de que as seções planas permaneçam planas durante a torção. Isso requer uma distribuição linear da deformação de cisalhamento, $\gamma_{xy} = \gamma$, ou:

$$\frac{\gamma}{r} = \frac{\gamma_c}{c} \qquad (13.44)$$

em que γ_c é a deformação de cisalhamento em $r = c$.

Considere um caso de simples endurecimento exponencial sem um ponto de escoamento distinto, ou seja,

$$\tau = H_3 \gamma^{n_3} \qquad (13.45)$$

Substituindo as Equações 13.44 e 13.45 na Equação 13.42 e calculando a integral para um eixo sólido tem-se:

$$T = \frac{2\pi c^3 \tau_c}{n_3 + 3} = \frac{2\pi c^3 H_3 \gamma_c^{n_3}}{n_3 + 3} \qquad (13.46)$$

Para um eixo sólido e uma curva tensão-deformação elástica, perfeitamente plástica, Equação 13.40, pode ser feita uma análise paralela àquela que conduziu à Equação 13.18 para o dobramento com uma curva σ-ε similar. O resultado é:

CAPÍTULO 13 Análise da Relação Tensão-Deformação

$$T = \frac{\pi c^3 \tau_c}{2} \qquad\qquad (\tau_c \le \tau_0)$$

$$T = \frac{\pi c^3 \tau_0}{6}\left[4 - \left(\frac{\tau_0}{G\gamma_c}\right)^3\right] \quad (\gamma_c \ge \tau_0 / G) \qquad (13.47)$$

Como caso final, para um eixo sólido e uma curva tensão-deformação do tipo Ramberg-Osgood, Equação 13.39, uma análise semelhante à utilizada para o dobramento, feita para obter a Equação 13.27, dá:

$$T = 2\pi c^3 \tau_c \left[\frac{\dfrac{1}{4} + \dfrac{2n+1}{3n+1}\beta_\tau + \dfrac{n+2}{2n+2}\beta_\tau^2 + \dfrac{1}{n+3}\beta_\tau^3}{(1+\beta_\tau)^3}\right] \qquad (13.48)$$

em que β_τ é a razão entre as deformações de cisalhamento plástico e elástico na superfície do eixo, $r = c$:

$$\beta_\tau = \frac{\gamma_{pc}}{\gamma_{ec}}, \quad \gamma_{pc} = \left(\frac{\tau_c}{H_\tau}\right)^{1/n}, \quad \gamma_{ec} = \frac{\tau_c}{G}, \quad \gamma_c = \gamma_{ec} + \gamma_{pc}$$

Assim, a Equação 13.48 constitui uma relação entre o torque, T, e a tensão superficial de cisalhamento, τ_c, que pode ser escrita explicitamente, e também uma relação implícita entre o torque e a deformação superficial de cisalhamento.

As tensões de cisalhamento residuais para torção se comportam de maneira análoga àquelas para dobramento e podem ser analisadas por um procedimento similar.

13.5 COMPONENTES ENTALHADOS

Os componentes entalhados de engenharia são frequentemente submetidos a cargas em serviço que causam escoamento localizado. As deformações plásticas resultantes são de especial interesse na estimativa das vidas de fadiga pela abordagem baseada em deformações, que é o assunto do próximo capítulo. A deformação plástica bruta em componentes entalhados também deve ser evitada na concepção de engenharia, proporcionando um fator de segurança suficiente contra a sobrecarga. Esta parte do capítulo fornece ferramentas de engenharia que atendem a essas necessidades. Antes de prosseguir, o leitor pode querer rever os tópicos sobre os fatores de concentração de tensão elástica e deformação plástica generalizada no Apêndice A (Seções A.6 e A.7).

Considere o comportamento de componentes entalhados em uma ampla faixa de carregamentos aplicados, como ilustrado na Figura 13.12. Em cargas baixas, o comportamento é completamente elástico, prevalecendo uma simples relação linear. A deformação plástica localizada começa quando a tensão no entalhe excede a resistência ao escoamento do material. A deformação plástica então se espalha sobre uma região de tamanho crescente com o aumento da carga, até que toda a seção transversal do componente tenha escoado. O comportamento carga *versus* deformação no local do entalhe é similar à curva mostrada. Tal curva apresenta três regiões, que correspondem aos três tipos de comportamento: (a) não escoado, (b) escoamento localizado e (c)

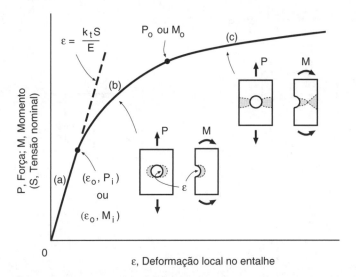

FIGURA 13.12 Comportamento carga *versus* deformação local em um componente entalhado, mostrando três situações de comportamento: (a) não escoado, (b) escoamento localizado e (c) escoamento plástico generalizado. A carga aplicada pode ser representada por quantidades tais como uma força *P*, um momento *M* ou uma tensão nominal *S*.

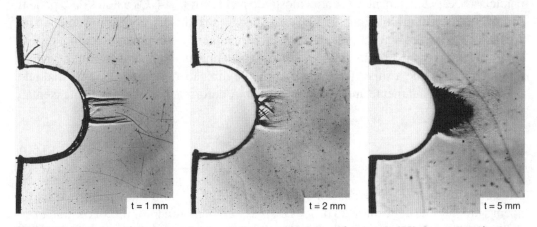

FIGURA 13.13 Zonas plásticas ao redor de entalhes em chapas de policarbonato (PC). Os entalhes têm 3 mm de profundidade e raios $\rho = 2$ mm. A espessura das chapas varia de 1 mm (esquerda), 2 mm (centro) e 5 mm (direita). A espessura afeta o desenvolvimento da zona plástica, pois o estado de tensões é alterado por diferentes graus de restrição transversal.

(Fotografias cedidas pelo Prof. H. Nisitani, Universidade Kyushu Sangyo, Fukuoka, Japão. Publicado em [Nisitani 85]; reimpresso com permissão da Engineering Fracture Mechanics, Pergamon Press, Oxford, Reino Unido).

escoamento plástico generalizado. Algumas zonas plásticas oriundas de escoamento localizado no entalhe em policarbonato (PC) são mostradas na Figura 13.13.

13.5.1 Comportamento Elástico e Escoamento Inicial

Para o comportamento elástico, a tensão de entalhe, σ, pode ser determinada a partir da tensão nominal, S, e do fator de concentração de tensão elástica, k_t:

$$\sigma = k_t S \quad (\sigma \leq \sigma_0) \tag{13.49}$$

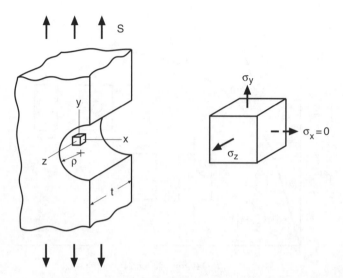

FIGURA 13.14 Sistema de coordenadas para tensões e deformações locais em um entalhe.

Para cargas axiais ou de flexão, σ é a tensão no fundo do entalhe em uma direção paralela a S, especificamente σ_y, como mostrado na Figura 13.14. Os valores de k_t podem ser obtidos a partir das Figuras A.11 e A.12 e de vários manuais, conforme indicado no Apêndice A. Exceto se o raio de entalhe, ρ, for pequeno se comparado com a espessura, t, a tensão σ_z na direção da espessura será pequena em comparação com σ_y. Além disso, $\sigma_x = 0$, já que a superfície livre é normal à direção x, de modo que o estado de tensão é aproximadamente uniaxial, com $\sigma_y = \sigma$. A deformação correspondente é então simplesmente:

$$\varepsilon = \frac{k_t S}{E} \quad \left(\varepsilon \leq \frac{\sigma_0}{E}\right) \tag{13.50}$$

Observando que S/E pode ser considerada uma tensão nominal (média), k_t não é apenas um fator de concentração de tensão, mas, também, um fator de concentração de deformação. As Equações 13.49 e 13.50 aplicam-se somente até a tensão, σ, atingir o limite de escoamento, σ_0, após o qual não são mais válidas. Para casos de carregamento por cisalhamento, os valores de τ, γ e G são utilizados de forma semelhante com um valor k_t apropriado, desde que, obviamente, não se exceda a resistência ao escoamento por cisalhamento.

Considere uma placa com um furo central, com dimensões como definidas na Figura 13.15 (a), carregada com uma força axial, P. Supondo que k_t seja definido com base em tensões nominais da seção líquida, temos:

$$S = \frac{P}{2(b-a)t} \tag{13.51}$$

em que a nomenclatura a e b é similar à usada anteriormente para membros trincados, conforme estudado no Capítulo 8, mas é aqui aplicada para entalhes com extremidades arredondadas definidas por um raio ρ. Primeiro, ocorre escoamento com a força denotada P_i, em que $k_t \cdot S = \sigma_0$, para a qual a Equação 13.51 leva a:

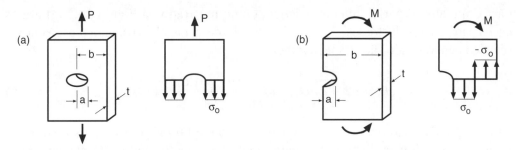

FIGURA 13.15 Geometrias e distribuições de tensões correspondentes à deformação plástica total em dois casos de componentes entalhados.

$$P_i = \frac{2(b-a)t}{k_t}\sigma_0 \qquad (13.52)$$

que é denominada *força de escoamento inicial*.

Para componentes entalhados sob dobramento, a tensão nominal é geralmente definida aplicando a fórmula de flexão elástica para a seção transversal de profundidade $(b - a)$ remanescente após a remoção do entalhe. Para um elemento de dobra retangular com um entalhe em uma borda, como na Figura 13.15 (b), temos:

$$S = \frac{6M}{(b-a)^2 t} \qquad (13.53)$$

que pode ser obtido pela substituição de $c = (b - a)/2$ na Equação 13.2. O *momento de escoamento inicial* ocorre quando $k_t S = \sigma_0$, de modo que:

$$M_i = \frac{(b-a)^2 t}{6k_t}\sigma_0 \qquad (13.54)$$

Podem ser obtidas equações semelhantes, para qualquer outro caso, utilizando como base esta definição particular da tensão nominal.

13.5.2 Escoamento Plástico Generalizado

Após o início do escoamento, as deformações locais no entalhe são maiores do que seriam estimadas pela análise elástica. (Compare as linhas sólidas e tracejadas na Figura 13.12.) O escoamento é antes confinado a um volume relativamente pequeno do material, mas que se torna maior, à medida que as cargas aumentam. Quando o escoamento se espalha por toda a área da seção transversal, a situação é descrita como *escoamento generalizado*. Além deste ponto, pequenos aumentos na carga causam grandes aumentos na deformação no entalhe. O deslocamento global, que até aqui foi quase linear, também começa a aumentar rapidamente com o carregamento. Para um material elástico, perfeitamente plástico, nenhum aumento adicional na carga é possível e a curva de carga *versus* deformação torna-se plana.

Estimativas aproximadas das forças ou momentos de flexão para deformação plástica generalizada podem ser feitas facilmente com base nas distribuições de tensão

722 **CAPÍTULO 13** Análise da Relação Tensão-Deformação

para um material perfeitamente plástico, como mostrado na Figura 13.15. Para os casos particulares ilustrados, a força, P_0 (a), e o momento, M_0 (b), para o escoamento plástico generalizado são, respectivamente:

$$P_0 = 2(b-a)t\sigma_0, \quad M_0 = \frac{(b-a)^2 t\sigma_0}{4} \quad (a,b) \tag{13.55}$$

Essas equações são derivadas na Seção A.7, onde também são dados resultados para casos adicionais. Estimativas para um carregamento totalmente plástico deste tipo são limites inferiores, já que as cargas de falha real de componentes entalhados são um pouco maiores. Conforme observado na Seção A.7.3, esta situação ocorre por duas causas: (1) encruamento após o escoamento previsto na maioria das curvas reais tensão-deformação; e (2) restrição geométrica nos entalhes, elevando efetivamente a resistência ao escoamento.

13.5.3 Estimativas da Tensão e Deformação no Entalhe para Escoamento Local

Existem poucas soluções aritméticas para determinar as deformações no entalhe durante a deformação plástica. Podem ser empregadas análises numéricas, como por elementos finitos, mas as relações tensão-deformação elastoplásticas não lineares complicam a análise e aumentam os custos em comparação com a análise linear-elástica. Para esta finalidade, foram desenvolvidos vários métodos aproximados para estimar as tensões e deformações no entalhe, embora a análise numérica não linear, por vezes, ainda seja necessária. Destes métodos, a *regra de Neuber* é a mais amplamente utilizada e será agora descrita.

Considere o carregamento monotônico de um componente entalhado com uma curva tensão-deformação elastoplástica, como mostrado na Figura 13.16 (a). A tensão máxima, σ_y, e a deformação, ε_y, correspondente no entalhe são de interesse, os quais serão designados simplesmente por σ e ε. Uma vez que a deformação plástica começa no entalhe, a relação entre a tensão de entalhe e a tensão nominal cai abaixo do valor k_t que se aplica para o comportamento linear-elástico. Conforme já observado e ilustrado na Figura 13.12, as deformações mostram a tendência oposta, excedendo os valores correspondentes ao comportamento elástico. Torna-se necessário, portanto, definir separadamente fatores de concentração de tensão e de deformação:

$$k_\sigma = \frac{\sigma}{S}, \quad k_\varepsilon = \frac{\varepsilon}{e} \tag{13.56}$$

em que e é a deformação nominal – particularmente, o valor da curva tensão-deformação do material correspondente a S. As tendências dessas quantidades com o incremento da deformação no entalhe são ilustradas na Figura 13.16 (b).

A regra de Neuber afirma simplesmente que a média geométrica dos fatores de concentração de tensão e deformação permanece igual a k_t durante a deformação plástica:

$$\sqrt{k_\sigma k_\varepsilon} = k_t \tag{13.57}$$

Para carregamento axial com simetria bilateral, a distribuição de tensões aproximadamente uniforme durante o escoamento plástico generalizado faz com que tanto

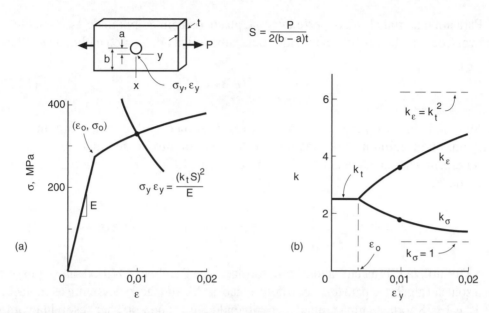

FIGURA 13.16 Para determinado componente entalhado e respectiva curva tensão-deformação (a), a regra de Neuber pode ser usada para estimar tensões e deformações locais no entalhe, σ e ε, correspondentes a um valor particular de tensão nominal, S. Os fatores de concentração de tensão e deformação variam como em (b).

σ como S tenham valores semelhantes. Portanto, k_σ tende para a unidade com tensões grandes, de forma que a Equação 13.57 sugere que k_ε está limitada ao valor k_t^2.

Se não ocorrer escoamento plástico generalizado, aplica-se $e = S/E$. Isso permite a obtenção de uma equação útil para o escoamento, a partir da regra de Neuber, pelo uso da Equação 13.56, juntamente com $e = S/E$, na Equação 13.57. Após simples manipulação algébrica, obtemos:

$$\sigma\varepsilon = \frac{(k_t S)^2}{E} \qquad (13.58)$$

Para material, geometria e carga aplicada – ou seja, para E, k_t e S – conhecidos, o produto da tensão e deformação é, portanto, uma constante conhecida. Uma vez que a tensão e a deformação são também relacionadas pela curva tensão-deformação do material, pode-se obter uma solução para os seus valores. Observando que $\sigma\varepsilon = cons$-*tante* é tão somente uma hipérbole, uma solução gráfica, como ilustrada na Figura 13.16 (a), é bastante simples de ser utilizada. Se a tensão local no entalhe não exceder o limite de escoamento, a Equação 13.58 ainda dá a solução correta consistente com o comportamento linear-elástico. O uso da Equação 13.58 para diferentes valores de S indica uma tendência com ε, como mostrado na Figura 13.12, para as regiões (a) e (b). Se houver escoamento plástico generalizado, descrito pela região (c), a Equação 13.58 não se aplica e, de fato, subestima as deformações. Observe que, ao se traçar a tensão nominal S *versus* a deformação ε, obtém-se a mesma curva, exceto por um fator de escala, que seria obtida ao se traçar a força ou o momento, P ou M. Isso ocorre porque S é proporcional a P ou M, conforme descrito pelas Equações 13.51 e 13.53, respectivamente, ou a outra quantidade que descreva a carga aplicada. De fato, a tensão nominal, S, deve ser considerada apenas um meio conveniente de representar a carga aplicada.

724 CAPÍTULO 13 Análise da Relação Tensão-Deformação

Para um material elástico, perfeitamente plástico, além do ponto de escoamento, as deformações são facilmente calculadas pela substituição de $\sigma = \sigma_0$ na Equação 13.58:

$$\varepsilon = \frac{(k_t S)^2}{\sigma_0 E} \quad (\varepsilon \geq \sigma_0 / E) \tag{13.59}$$

Podem também ser obtidas equações através de soluções algébricas para um material com endurecimento exponencial após escoamento ao se substituir a tensão ou a deformação da Equação 12.8 (b) na Equação 13.58 e resolvendo para a outra quantidade:

$$\sigma = H_1 \left[\frac{(k_t S)^2}{E H_1} \right]^{n_1/(n_1+1)}, \quad \varepsilon = \left[\frac{(k_t S)^2}{E H_1} \right]^{1/(n_1+1)} \quad (\sigma \geq \sigma_0) \tag{13.60}$$

Se for utilizada uma curva tensão-deformação de Ramberg-Osgood, não é possível uma solução algébrica para tensões e deformações. A eliminação de ε entre as Equações 12.12 e 13.58 fornece uma equação envolvendo S e σ que pode ser resolvida para σ por tentativa e erro, ou através de outro método numérico:

$$S = \frac{1}{k_t} \sqrt{\sigma^2 + \sigma E \left(\frac{\sigma}{H} \right)^{1/n}}, \quad k_t S = \sqrt{\sigma^2 + \sigma E \left(\frac{\sigma}{H} \right)^{1/n}} \quad (a,b) \tag{13.61}$$

A substituição de σ na Equação 12.12 gera ε. A forma (b) é útil quando a tensão local para o comportamento elástico, $\sigma_{elas} = k_t S$, é calculada diretamente, como por elementos finitos.

Os casos de carregamento compressivos (negativos) podem ser manejados ao se substituir (σ, ε, S) por $(-\sigma, -\varepsilon, -S)$ em qualquer equação entre a 13.58 e a 13.61, com a curva tensão-deformação do material, $\varepsilon = f(\sigma)$, similarmente modificada para se tornar $\varepsilon = -f(-\sigma)$.

EXEMPLO 13.1

O componente entalhado da Figura 13.16 tem um fator de concentração de tensão elástica $k_t = 2,5$ e seu material possui uma curva tensão-deformação elástica com encruamento exponencial, dada pela Equação 12.8, com as constantes $E = 69$ GPa, $H_1 = 834$ MPa e $n_1 = 0,200$. Estime a tensão e a deformação no entalhe na direção y se o membro for carregado por uma tensão nominal $S = 200$ MPa.

Solução

Primeiramente, precisamos determinar se o escoamento ocorre no entalhe, comparando $k_t S = 2,5 \times 200 = 500$ MPa com o limite de escoamento que, a partir da Equação 12.10, vale:

$$\sigma_0 = E \left(\frac{H_1}{E} \right)^{1/(1-n_1)} = (69.000 \text{ MPa}) \left(\frac{834 \text{ MPa}}{69.000 \text{ MPa}} \right)^{1/(1-0,200)} = 276,5 \text{ MPa}$$

Como $k_t S$ excede este valor, a tensão no entalhe não é mais igual à $k_t S$ e torna-se necessária uma estimativa que considera o escoamento, a partir da regra de Neuber. Assim, é necessário que os valores de tensão e deformação satisfaçam tanto a parte elastoplástica da curva tensão-deformação como a regra de Neuber:

$$\sigma = H_1 \varepsilon^{n1}, \qquad \sigma = 834_{\varepsilon}^{0.200} \, \text{MPa}$$

$$\sigma\varepsilon = \frac{(k_t S)^2}{E}, \quad \sigma\varepsilon = \frac{(2,5 \times 200)^2}{69.000} = 3,623 \, \text{MPa}$$

Substituímos σ da primeira equação na segunda equação e resolvemos a expressão obtida para ε. Depois, calculamos σ a partir da primeira equação. Os valores resultantes são:

$$\varepsilon = 0,01075, \quad \sigma = 336,9 \, \text{MPa} \qquad \textbf{(Resposta)}$$

Comentário

Os valores também podem ser obtidos diretamente da Equação 13.60, que é derivada a partir das mesmas duas equações empregadas no exemplo. Além disso, uma solução gráfica pode ser implementada, como mostrado na Figura 13.16, traçando o gráfico da hipérbole $\sigma \cdot \varepsilon = 3,623$ MPa nos mesmos eixos da curva tensão-deformação do material. Os valores desejados são encontrados na interseção das duas curvas.

13.5.4 Discussão

As tensões são calculadas, com frequência, a partir da análise de elementos finitos ou por outros métodos numéricos, geralmente assumindo comportamento elástico dos materiais. Portanto, tais resultados analíticos fornecem *tensões calculadas elasticamente*, σ_{elas}, que podem ser interpretadas como valores de $k_t S$ e usadas diretamente com a regra de Neuber. Na análise numérica para obter as tensões locais (elasticamente calculadas), é importante assegurar que o detalhe geométrico seja analisado com uma resolução espacial suficientemente grande para capturar as tensões máximas nos locais de interesse.

É razoável usar a regra de Neuber, na forma da Equação 13.58, para todas as cargas, exceto para aquelas que se aproximam do escoamento plástico generalizado. Este último caso pode não ocorrer, mesmo quando os valores de S excedem σ_0. Por exemplo, para o dobramento de uma seção retangular, o escoamento plástico generalizado não ocorre até que $S = 1,5\sigma_0$. (Para verificar isso, substitua M_0 da Equação 13.55 (b) na Equação 13.53.) Onde o escoamento plástico generalizado ocorre, uma versão especial da regra de Neuber pode ser usada. Consulte o artigo de Seeger & Heuler (1980) para maiores detalhes.

A regra de Neuber também pode ser empregada para tensões e deformações de cisalhamento, como em eixos entalhados com carga de torção. A Equação 13.58 é aplicável,

726 CAPÍTULO 13 Análise da Relação Tensão-Deformação

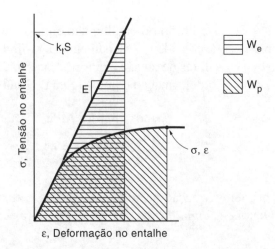

FIGURA 13.17 Método de Glinka para a estimativa da deformação no entalhe, em que $W_e = W_p$ atribui valores estimados para tensão e deformação no entalhe, σ e ε.

em que σ e ε são substituídos por τ e γ, e k_t e S são definidos apropriadamente para o caso particular. Para situações mais complexas, como dobramento combinado com a torção, ou outro carregamento multiaxial, a regra de Neuber, ou os métodos relacionados, ainda pode ser aplicada. No entanto, para carregamento não proporcional com os eixos principais variantes na direção durante o carregamento, a aplicação torna-se difícil. Consulte os artigos de Hoffmann & Seeger (1989), Chu (1995) e Reinhardt, Moftakhar & Glinka (1997) para mais informações.

É importante ter em mente que todos os usos da regra de Neuber são aproximações. As deformações estimadas geralmente tendem a ser razoavelmente precisas ou um pouco maiores do que as obtidas através da mais precisa análise numérica não linear, ou do que cuidadosas medições de deformação. Consulte o artigo de Harkegard & Mann (2003) para um estudo sobre a precisão da regra de Neuber.

Outro procedimento aproximado, que pode ser empregado de maneira semelhante à regra de Neuber, é o *método da densidade de energia de deformação*, descrito por Glinka (1985). A densidade de energia de deformação é a área sob a curva tensão-deformação até os valores de tensão e deformação que estão presentes, especificamente, W_p na Figura 13.17. Neste método, W_p é postulado igual à densidade de energia, W_e, que ocorre na ausência de escoamento, $W_e = W_p$. O método fornece estimativas da tensão e da deformação locais, σ e ε, de maneira geralmente similar à aplicação da regra de Neuber.

13.5.5 Efeitos de Constrições Geométricas nos Entalhes

Na Figura 13.14, se o raio de entalhe, ρ, for pequeno se comparado com a espessura, t, a deformação no entalhe na direção da espessura (z) será dificultada. A causa física desta restrição geométrica na deformação transversal é a mesma que a de um componente trincado, como explicado na Seção 8.7.2. Assim, o estado de tensões não será uniaxial, como anteriormente assumido, mas irá se aproximar da deformação plana, na qual

$\varepsilon_z = 0$. Uma circunstância semelhante ocorre em geometrias entalhadas axialmente simétricas, com em eixos com ranhuras, desde que ρ seja pequeno em comparação com o diâmetro.

Para os casos de deformação plana em uma superfície entalhada ainda temos $\sigma_x = 0$, devido à superfície livre no entalhe – ou seja, temos tensão plana em y-z –, mas também $\varepsilon_z = 0$. Neste caso, a Equação 12.27 (c) mostra que é desenvolvida uma tensão σ_z:

$$\sigma_z = \overline{v}\sigma y, \quad \text{em que } \tilde{v} = \frac{v\overline{\sigma} + 0,5E\overline{\varepsilon}_p}{E\overline{\varepsilon}} \tag{13.62}$$

Observe que $\tilde{v}$ é a razão de Poisson generalizada, definida pela Equação 12.27 (e). Para um carregamento que provoca uma tensão de tração nominal S na região do entalhe, não há esforços de cisalhamento nos eixos x-y-z da Figura 13.14, de modo que as tensões nestas direções são as tensões normais principais. Assim, fazemos $\sigma_1 = \sigma_y$, $\sigma_2 = \sigma_z$ e $\sigma_3 = \sigma_x = 0$, notando que $\tilde{v} = \sigma_2/\sigma_1 = \lambda$, como na Equação 12.31. Então, aplicando a Equação 12.32 e também a Equação 12.27 (b), obtemos:

$$\sigma_1 = \sigma_y = \frac{\overline{\sigma}}{\sqrt{1 - \tilde{v} + \overline{v}^2}}, \quad \varepsilon_1 = \varepsilon_y \frac{\overline{\varepsilon}(1 - \tilde{v}^2)}{\sqrt{1 - \tilde{v} + \overline{v}^2}} \tag{13.63}$$

Logo, podemos escolher um número de pontos $(\overline{\sigma}, \overline{\varepsilon})$ sobre a curva tensão-deformação efetiva do material (a mesma que a uniaxial), avaliar $\tilde{v}$ e calcular os pontos correspondentes na curva tensão-deformação $(\sigma_1, \varepsilon_1)$ para o material na superfície do entalhe. Essa curva, modificada, pode ser utilizada com a regra de Neuber para estimar as tensões e as deformações no entalhe.

Casos intermediários entre tensão plana e deformação plana também podem ser manejados, como descrito por Hoffman & Seeger (1989).

13.5.6 Tensões e Deformações Residuais em Entalhes

Se um componente entalhado for suficientemente carregado de modo que ocorra escoamento local e, então, a carga seja removida, permanecerão neste componente as tensões residuais. Isso está ilustrado para o caso de uma sobrecarga em tensão, na Figura 13.18. À medida que a tensão nominal, S, é aumentada de (a) para (b), ocorre escoamento no entalhe. Quando a carga é removida (c), uma deformação residual de tração e uma tensão residual compressiva permanecem como está indicado. Também são mostradas as distribuições de tensão para as três situações (a), (b) e (c). Se a sobrecarga for compressiva, um comportamento análogo ocorre, resultando em uma tensão residual de tração.

O comportamento é semelhante ao já discutido para o dobramento. Tal como antes, a recuperação elástica do material durante o descarregamento gera, nas regiões próximas ao entalhe que foram mais intensamente deformadas, uma tensão residual que é oposta em sinal à tensão de pico previamente atingida. Uma vez que o equilíbrio de forças requer que a soma integral das tensões seja nula após a remoção da carga, algumas regiões interiores retêm tensões do mesmo sinal que a sobrecarga dada anteriormente.

As tensões e deformações residuais nos entalhes podem ser estimadas estendendo a aplicação da regra de Neuber ao evento do descarregamento. Especificamente, a

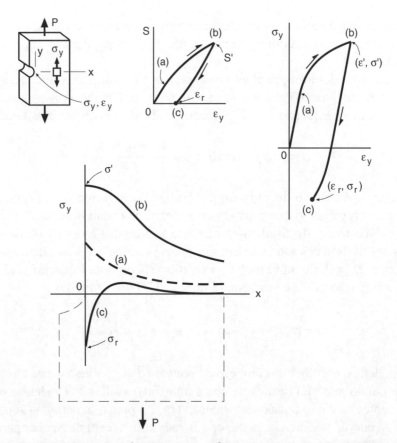

FIGURA 13.18 Tensão e deformação residual resultante após escoamento local em um componente entalhado. Para o carregamento até (a) não há escoamento, mas em (b) sim, fazendo com que a distribuição de tensões se estabilize. Após o descarregamento (c), uma deformação residual de tração e uma tensão residual compressiva permanecem na superfície do entalhe.

regra de Neuber é aplicada às mudanças $\Delta\sigma$, $\Delta\varepsilon$ e ΔS que ocorrem durante o descarregamento:

$$\Delta\sigma\Delta\varepsilon = \frac{(k_t \Delta S)^2}{E} \qquad (13.64)$$

Quando combinada com a curva tensão-deformação para descarregamento, $\Delta\sigma$ e $\Delta\varepsilon$ podem assim ser determinadas. Estas quantidades são subtraídas da tensão e deformação máximas atingidas, σ' e ε', gerando os valores residuais, σ_r e ε_r:

$$\sigma_r = \sigma' - \Delta\sigma, \quad \varepsilon_r = \varepsilon' - \Delta\varepsilon \qquad (13.65)$$

Se o carregamento inicial estiver na direção da compressão, σ' e ε' terão valores negativos, e $\Delta\sigma$ e $\Delta\varepsilon$ deverão ser acrescentadas para obter os valores residuais; o comportamento é análogo ao da Figura 13.18 com (σ, ε, S) substituídos por ($-\sigma$, $-\varepsilon$, $-S$).

Comportamento Mecânico dos Materiais **729**

EXEMPLO 13.2
O componente entalhado da Figura 13.16 tem um fator de concentração de tensão elástica $k_t = 2,5$ e seu material possui uma curva tensão-deformação elástica com endurecimento exponencial, Equação 12.8, descrita pelas constantes $E = 69$ GPa, $H_1 = 834$ MPa e $n_1 = 0,200$. Estime a tensão e a deformação residual no entalhe se o componente for carregado para uma tensão nominal S' e, depois, descarregado para:
(a) S' = 200 MPa e **(b)** S' = 260 MPa.

Solução
(a) Espera-se uma resposta tensão-deformação qualitativamente semelhante à Figura 13.18 (b). Durante o carregamento inicial, a tensão e a deformação em S' = 200 MPa já foram estimadas, como no Exemplo 13.1:
$$\sigma' = 336,9\,\text{MPa},\ \varepsilon' = 0,01075$$

Como não é dado um caminho específico tensão-deformação para o descarregamento, aproximaremos isso através da expressão $\Delta\varepsilon/2 = f(\Delta\sigma/2)$, em que a curva tensão-deformação monotônica é denotada $\varepsilon = f(\sigma)$. Conforme discutido na Seção 12.4, isso corresponde a uma expansão por um fator de dois da curva monotônica. Assim, o escoamento no descarregamento só ocorrerá se a tensão mudar mais do que $2\sigma_0$, sendo que, conforme Exemplo 13.1, o limite de escoamento monotônico vale $\sigma_0 = 276,5$ MPa. Se observarmos que $\Delta S = 200$ MPa para o descarregamento, vemos que a alteração na tensão do entalhe durante a descarga, calculada considerando-se comportamento elástico, precisa ser comparada com $2\sigma_0$:
$$k_t\Delta S = 2,5 \times 200 = 500\ \text{MPa},\ 2\sigma_0 = 2 \times 276,5 = 553,1\text{MPa},\ k_t\Delta S < 2\sigma 0$$

Assim, a mudança é menor do que $2\sigma_0$, nenhuma deformação plástica ocorre na descarga e as mudanças no esforço e na tensão são dadas pelo comportamento elástico:
$$\Delta\sigma = k_t\Delta S = 500\,\text{MPa},\ \Delta\varepsilon = \Delta\sigma / E = 500 / 69.000 = 0,00725$$

Então, os residuais surgem da Equação 13.65:
$$\sigma_r = \sigma' - \Delta\sigma = 336,9 - 500,\sigma_r = -163,1\text{MPa}$$
$$\varepsilon_r = \varepsilon' - \Delta\varepsilon = 0,01072 - 0,00725,\varepsilon_r = 0,00351 \qquad \textbf{(Resposta)}$$

A resposta tensão-deformação é mostrada na Figura E13.2 (a). Observe que o escoamento ocorre em σ_0, durante o carregamento inicial, e a descarga simplesmente segue o declive definido pelo módulo elástico E.

(b) A tensão e a deformação para o carregamento inicial para S' = 260 MPa podem ser determinadas pelo mesmo procedimento do Exemplo 13.1. Desta forma, os valores definidos para este S' são:
$$\sigma' = 367,7\,\text{MPa},\ \varepsilon' = 0,01665$$

No descarregamento com este novo valor $\Delta S = 260$ MPa, a suposição de comportamento elástico dá $k_t\Delta S = 650$ MPa, que é maior que $2\sigma_0$. Daí, a deformação plástica ocorre durante este descarregamento, e a regra de Neuber, na forma da Equação 13.64, precisa ser resolvida com o caminho tensão-deformação durante a descarga, $\Delta\varepsilon/2 = f(\Delta\sigma/2)$:

$$\frac{\Delta\sigma}{2} = H_1\left(\frac{\Delta\varepsilon}{2}\right)^{n_1},\qquad \Delta\sigma = 2 \times 834\left(\frac{\Delta\varepsilon}{2}\right)^{0,200}$$

$$\Delta\sigma\Delta\varepsilon = \frac{(k_t\Delta S)^2}{E},\qquad \Delta\sigma\Delta\varepsilon = \frac{(2,5 \times 260)^2}{69.000} = 6,123\ \text{MPa}$$

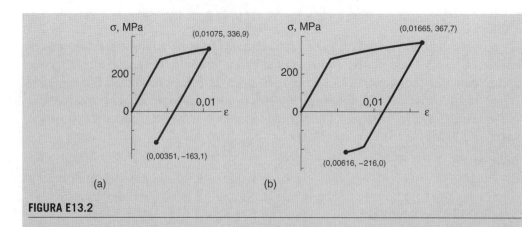

FIGURA E13.2

Substituímos $\Delta\sigma$ da primeira na segunda equação e resolvemos a expressão obtida para $\Delta\varepsilon$. Após isso, calculamos $\Delta\sigma$ a partir da primeira equação. Os valores resultantes são:

$$\Delta\varepsilon = 0,01049, \quad \Delta\sigma = 583,7 \text{ MPa}$$

Finalmente, os valores residuais resultam da Equação 13.65:

$$\sigma_r = \sigma' - \Delta\sigma = 367,7 - 587,7, \quad \sigma_r = -216,0 \text{ MPa}$$
$$\varepsilon_r = \varepsilon' - \Delta\varepsilon = 0,01665 - 0,01049, \quad \varepsilon_r = 0,00616$$

(Resposta)

A resposta tensão-deformação é mostrada na Figura E13.2 (b). Como antes, o escoamento ocorre a σ_0 durante o carregamento inicial. O descarregamento segue a inclinação E do módulo elástico até ocorrer o escoamento por compressão, quando a mudança na tensão excede $2\sigma_0$.

13.6 CARREGAMENTO CÍCLICO

É necessário fazer uma análise das tensões e deformações para carregamento cíclico para se lidar com certas situações de engenharia, como carga vibratória, carregamento por terremotos e fadiga. A análise da deformação plástica precedente pode ser estendida ao carregamento cíclico, idealizando o comportamento tensão-deformação do material de acordo com os modelos reológicos de mola e cursor do capítulo anterior. Particularmente, presume-se que o comportamento de endurecimento ou amaciamento cíclico e os comportamentos de relaxação e fluência estejam ausentes. Idealiza-se que o material possui curvas tensão-deformação cíclicas e monotônicas idênticas, $\varepsilon = f(\sigma)$, e curvas de laço de histerese que obedecem ao pressuposto do fator de dois, $\Delta\varepsilon/2 = f(\Delta\sigma/2)$. Nas aplicações, a curva tensão-deformação cíclica estável é usada para $\varepsilon = f(\sigma)$. Tanto o carregamento cíclico de amplitude constante como a variação irregular da carga com o tempo são consideradas nesta base.

13.6.1 Dobramento

Para desenvolver uma metodologia para lidar com o carregamento cíclico, considere primeiro o exemplo de um carregamento por cargas que se encontram num plano de

Comportamento Mecânico dos Materiais **731**

simetria de uma barra. Para simplificar, suponha que a seção transversal é simétrica em relação ao eixo neutro. Considere que o momento varia ciclicamente entre dois valores, $M_{máx}$ e $M_{mín}$, como ilustrado na Figura 13.19. Assumindo que os efeitos inerciais são pequenos, o equilíbrio de forças existe a qualquer momento, o que requer que a integral da Equação 13.6 seja sempre satisfeita. A Equação 13.6 aplica-se, portanto, na seguinte forma, nos momentos correspondentes à $M_{máx}$ e $M_{mín}$:

$$M_{máx} = 2\int_0^c \sigma_{máx}\, t y\, dy, \quad M_{mín} = 2\int_0^c \sigma_{mín}\, t y\, dy \quad (a, b \qquad (13.66)$$

Aqui, $\sigma_{máx}$ é uma função de y e constitui a distribuição de tensões existente em um momento correspondente a $M = M_{máx}$. De forma similar, $\sigma_{mín}$ é a distribuição de tensões em $M = M_{mín}$. Tais distribuições são ilustradas na Figura 13.19 (b). Uma vez que se espera que as seções planas permaneçam planas mesmo durante o carregamento cíclico, distribuições lineares de deformação, como na Figura 13.19 (c), são esperadas para $M_{máx}$ e $M_{mín}$, de modo que a distribuição de toda a faixa de deformações, $\Delta\varepsilon$, também seja linear.

Considerando a amplitude do momento ΔM, pelas propriedades das integrais, ao se combinar as Equações 13.66 obtemos:

$$\Delta M = M_{máx} - M_{mín} = 2\int_0^c \Delta\sigma\, t y\, dy \qquad (13.67)$$

em que $\Delta\sigma = \sigma_{máx} - \sigma_{mín}$ é a distribuição da faixa de tensão em y. Dividindo por dois e observando também que as quantidades da amplitude são dadas por $M_a = \Delta M/2$ e $\sigma_a = \Delta\sigma/2$, obtemos duas formas adicionais e equivalentes:

$$\frac{\Delta M}{2} = 2\int_0^c \frac{\Delta\sigma}{2}\, t y\, dy, \quad M_a = 2\int_0^c \sigma_a\, t y\, dy \quad (a, b) \qquad (13.68)$$

Estas equações indicam que a análise tensão-deformação para intervalos e amplitudes durante o carregamento cíclico pode proceder de uma maneira direta, de forma similar à análise para o carregamento estático.

Considere que o comportamento material seja idealizado pelo comportamento estável de um modelo reológico de mola e cursor. Como discutido na Seção 12.4, tal material tem uma curva tensão-deformação monotônica, $\varepsilon = f(\sigma)$, que é igual à sua curva tensão-deformação cíclica, expressa por $\Delta\varepsilon/2 = f(\Delta\sigma/2)$, ou, equivalentemente, por $\varepsilon_a = f(\sigma_a)$. Combinando esta curva tensão-deformação com a Equação 13.68 e invocando a variação linear da deformação com y, obtém-se uma relação (às vezes implícita) $\varepsilon = g(M)$, que se aplica ao carregamento cíclico como $\Delta\varepsilon/2 = g(\Delta M/2)$ ou $\varepsilon_a = g(M_a)$. Esta análise difere da efetuada para carregamento estático apenas na utilização da curva tensão-deformação cíclica.

Dada tal análise estática, mas que utiliza a curva tensão-deformação cíclica, as tensões e deformações na borda da barra ($y = c$), correspondentes a $M_{máx}$ e $M_{mín}$, podem ser obtidas da seguinte forma:

$$
\begin{aligned}
\varepsilon_{c\ máx} &= g(M_{máx}), & \varepsilon_{c\ máx} &= f(\sigma_{c\ máx}) & (a) \\
\Delta\varepsilon_c/2 &= g(\Delta M/2), & \Delta\varepsilon_c/2 &= f(\Delta\sigma_c/2) & (b) \\
\varepsilon_{c\ mín} &= \varepsilon_{c\ max} - \Delta\varepsilon_c, & \sigma_{c\ mín} &= \sigma_{c\ máx} - \Delta\sigma_c & (c)
\end{aligned}
\qquad (13.69)
$$

732 CAPÍTULO 13 Análise da Relação Tensão-Deformação

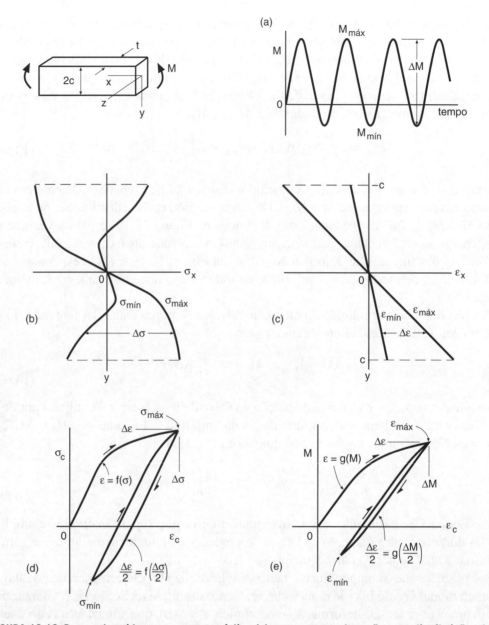

FIGURA 13.19 Barra submetida a um momento cíclico (a), que provoca alterações nas distribuições das tensões e deformações, como em (b) e (c). O comportamento tensão *versus* deformação é ilustrado em (d) e o comportamento do momento *versus* deformação, em (e).

Observe que (a) fornece a carga inicial para $M_{máx}$; em seguida, (b) dá as meias-faixas (amplitudes) para a carga cíclica; e então (c) é a subtração dos valores máximos pelas faixas para obter os valores mínimos. Se se desejar trabalhar diretamente com as amplitudes, as substituições podem ser feitas como se segue: $M_a = \Delta M/2$, $\varepsilon_{ca} = \Delta \varepsilon_c/2$ e $\sigma_{ca} = \Delta \sigma_c/2$.

EXEMPLO 13.3

Considere o carregamento cíclico de uma barra retangular feita de um material elástico, perfeitamente plástico. Assumindo que o carregamento inicial seja suficientemente severo para causar escoamento, escreva as equações que descrevem os valores máximos, mínimos e as amplitudes da tensão e de deformação para $y = c$ durante o carregamento cíclico.

Solução

Uma relação explícita, $\varepsilon = g(M)$, está disponível a partir do uso combinado da solução elástica da Equação 13.2 e da solução pós-escoamento da Equação 13.18. Na primeira, faz-se a substituição $\sigma_c = E\varepsilon_c$ e ambas as equações são resolvidas para ε_c:

$$\varepsilon_c = \frac{3M}{2tc^2 E}, \quad \varepsilon_c = \frac{\sigma_0}{E}\sqrt{\frac{tc^2 \sigma_0}{3(tc^2 \sigma_0 - M)}} \quad \text{(a,b)}$$

Nesta equação, (a) aplica-se para $\varepsilon_c \leq \sigma_0/E$ e (b) para $\varepsilon_c \geq \sigma_0/E$. Como temos escoamento no carregamento inicial, (b) passa a ser empregada para a Equação 13.69 (a), gerando:

$$\sigma_{c\,\text{máx}} = \sigma_0, \quad \varepsilon_{c\,\text{máx}} = \frac{\sigma_0}{E}\sqrt{\frac{M_0}{3(M_0 - M_{\text{máx}})}} \quad (\varepsilon_{c\,\text{máx}} \geq \sigma_0/E)$$

(Resposta)

em que o momento para deformação plástica generalizada, $M_0 = tc^2 \sigma_0$, da Equação 13.20, é introduzido por conveniência.

Pode haver ou não escoamento cíclico. Considerando qualquer possibilidade e aplicando a Equação 13.69 (b) para as quantidades de amplitude, obtemos:

$$\sigma_{ca} = E\varepsilon_{ca}, \quad \varepsilon_{ca} = \frac{3M_a}{2tc^2 E} \quad (\varepsilon_{ca} \leq \sigma_0/E)$$

$$\sigma_{ca} = \sigma_0, \quad \varepsilon_{ca} = \frac{\sigma_0}{E}\sqrt{\frac{M_0}{3(M_0 - M_a)}} \quad (\varepsilon_{ca} \geq \sigma_0/E)$$

(Resposta)

Se não houver escoamento cíclico, aplica-se a primeira relação; se houver, aplica-se a segunda. Em ambos os casos, os valores em $M_{\text{mín}}$ são obtidos a partir da Equação 13.69 (c):

$$\varepsilon_{c\,\text{mín}} = \varepsilon_{c\,\text{máx}} - 2\varepsilon_{ca}, \quad \sigma c_{\text{mín}} = \sigma c_{\text{máx}} - 2\sigma_{ca}$$

(Resposta)

A resposta tensão-deformação em $y = c$ é semelhante à da Figura E13.3 (a), se não houver escoamento cíclico, e (b), se houver.

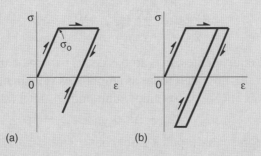

FIGURA E13.3

734 CAPÍTULO 13 Análise da Relação Tensão-Deformação

13.6.2 Metodologia Generalizada para Outros Casos

O procedimento para a análise da flexão cíclica que acabamos de descrever utiliza os resultados da análise realizada igualmente para carregamento monotônico. A metodologia é aplicável a outras geometrias e modos de carregamento; discussões e provas teóricas relevantes, do ponto de vista da teoria da plasticidade, são dadas nos artigos de Mroz (1967; 1973). Devem ser aplicadas as seguintes restrições e observações: as mesmas idealizações do comportamento tensão-deformação devem ser mantidas, isto é, deve-se considerar comportamento estável seguindo as curvas cíclicas tensão-deformação e os laços de histerese que obedecem a $\Delta\varepsilon/2 = f(\Delta\sigma/2)$. Além disso, se houver múltiplas cargas aplicadas, estas não devem resultar em carregamento significativamente não proporcional nas regiões de escoamento, isto é, as razões das tensões principais devem permanecer pelo menos aproximadamente constantes. Estados de tensões diferentes do uniaxial podem ainda ser manipulados aplicando a teoria da deformação plástica à curva tensão-deformação cíclica, da mesma forma como feito no Capítulo 12 para curvas monotônicas.

Considere a deformação em algum local de interesse, como a borda de uma barra sob flexão, mas também inclua outros casos, como a superfície de um eixo cilíndrico, ou a superfície do entalhe em um componente entalhado. Suponha que essa deformação, denotada ε, possa ser relacionada explicitamente, ou implicitamente, com a carga aplicada pela análise tensão-deformação que considera a deformação plástica, talvez empregando algumas das equações dadas até aqui, neste capítulo. Então:

$$\varepsilon = g(s) \tag{13.70}$$

em que a carga aplicada, tal como uma força axial, um momento de flexão, um torque, uma pressão ou uma combinação destes é representada genericamente por uma tensão nominal, S.

O carregamento cíclico com um valor máximo, $S_{máx}$, e uma amplitude, $S_a = \Delta S/2$, pode ser analisado com a utilização de $\varepsilon = g(S)$. A análise para obter $\varepsilon = g(S)$ é feita da mesma maneira que para a carga monotônica, usando uma curva tensão-deformação, $\varepsilon = f(\sigma)$, já ajustada para corresponder ao estado particular de tensões envolvido. A curva específica utilizada é a mesma curva tensão-deformação cíclica estável (obtida em meia-vida) para o material e o estado de tensões de interesse. O resultado analítico do carregamento monotônico $\varepsilon = g(S)$ pode então ser usado para o carregamento cíclico para obter os valores de pico e as variações cíclicas das tensões e deformações. Assumindo que a carga média durante o ciclo seja positiva (trativa), $R > -1$, temos:

$$\varepsilon_{máx} = g(S_{máx}) = f(\sigma_{máx}) \quad \text{(a)}$$
$$\varepsilon a = g(S_a) = f(\sigma_a) \quad \text{(b)}$$
$$\frac{\Delta\varepsilon}{2} = g\left(\frac{\Delta S}{2}\right) = f\left(\frac{\Delta\sigma}{2}\right) \quad \text{(c)} \tag{13.71}$$

em que (b) e (c) são equivalentes, mas ambas dadas para indicar que podem ser obtidas amplitudes ou intervalos nos quais todas as amplitudes valham metade das faixas correspondentes. Os valores em $S_{mín}$ são obtidos subtraindo os intervalos dos valores em $S_{máx}$:

$$\varepsilon_{mín} = \varepsilon_{máx} - \Delta\varepsilon, \sigma_{mín} = \sigma_{máx} - \Delta\sigma \tag{13.72}$$

O procedimento representado pelas Equações 13.71 e 13.72 e as correspondentes trajetórias das curvas tensão-deformação, $\sigma_c \times \varepsilon_c$, e carga-deformação, $M \times \varepsilon_c$, estão ilustradas para o caso do dobramento na Figura 13.19 (d) e (e).

Comportamento Mecânico dos Materiais **735**

Se o carregamento for completamente invertido ($R = -1$), os valores de amplitude e máximo são idênticos, de modo que as Equações 13.71 (a) e (b) dão o mesmo resultado. Se o carregamento cíclico se estende mais para a direção negativa (compressiva) do que para a trativa, $R < -1$, a Equação 13.71 (a) precisa ser substituída por:

$$\varepsilon_{\text{mín}} = -g(-S_{\text{mín}}) = -f(-\sigma_{\text{mín}})$$

(13.73)

Os intervalos são então adicionados a esses valores mínimos para calcular os valores máximos.

Considere um componente entalhado e uma análise aproximada para a tensão e a deformação no entalhe que utilize a regra de Neuber. Se a curva tensão-deformação cíclica obedecer à forma de Ramberg-Osgood, $\varepsilon = g(S)$ é dada implicitamente pela regra de Neuber e pela curva tensão-deformação, Equações 13.58 e 12.54. Para uma solução numérica, a combinação das Equações 13.58 e 12.54, dada pela Equação 13.61, é conveniente. Substituindo $S = S_{\text{máx}}$ na Equação 13.61 e resolvendo interativamente, tem-se $\sigma = \sigma_{\text{máx}}$, o que leva a $\varepsilon = \varepsilon_{\text{máx}}$, pela Equação 12.54. De forma similar, substituindo $S = S_a$ na Equação 13.61 e resolvendo iterativamente, tem-se $\sigma = \sigma_a$, o que leva a $\varepsilon = \varepsilon_a$, pela Equação 12.54. Se uma análise mais exata for desejada, $\varepsilon = g(S)$ pode ser obtida através de análise por elementos finitos da deformação plástica, que é realizada da mesma forma que para carga monotônica, exceto pelo uso da curva tensão-deformação cíclica (estável).

EXEMPLO 13.4

Uma placa entalhada feita de aço AISI 4340, conforme descrito na Tabela 12.1, tem um fator de concentração de tensão elástica $k_t = 2,80$. A tensão nominal é ciclada entre $S_{\text{máx}} = 750$ MPa e $S_{\text{mín}} = 50$ MPa. Assuma que o comportamento tensão-deformação pode ser aproximado por uma curva tensão-deformação cíclica estável e que o comportamento é semelhante a um modelo reológico de mola e cursor. Em seguida, estime a resposta tensão-deformação.

Solução

Use a regra de Neuber e a curva tensão-deformação cíclica, como na Equação 13.71, para estimar tanto os valores máximos como as amplitudes da tensão e da deformação local no entalhe. Para a resposta monotônica inicial, considerada seguindo a curva tensão-deformação cíclica, as Equações 12.54 e 13.61 são empregadas para a Equação 13.71 (a):

$$\varepsilon_{\text{máx}} = \frac{\sigma_{\text{máx}}}{E} + \left(\frac{\sigma_{\text{máx}}}{H'}\right)^{1/n'}, \quad \varepsilon_{\text{máx}} = \frac{\sigma_{\text{máx}}}{207.000} + \left(\frac{\sigma_{\text{máx}}}{1.655}\right)^{1/0,131}$$

$$S_{\text{máx}} = \frac{1}{k_t}\sqrt{\sigma_{\text{máx}}^2 + \sigma_{\text{máx}} E \left(\frac{\sigma_{\text{máx}}}{H'}\right)^{1/n'}}, \quad 750 = \frac{1}{2,80}\sqrt{\sigma_{\text{máx}}^2 + 207.000\,\sigma_{\text{máx}}\left(\frac{\sigma_{\text{máx}}}{1.655}\right)^{1/0,131}}$$

Aqui, E, H', $\sigma_{\text{máx}}$ e $S_{\text{máx}}$ estão todos em MPa. Resolva interativamente a segunda equação para obter $\sigma_{\text{máx}}$. Então, calcule $\varepsilon_{\text{máx}}$ a partir da primeira equação. Os valores resultantes são:

$$\sigma_{máx} = 972 \text{MPa}, \varepsilon_{máx} = 0,02192 \quad \textbf{(Resposta)}$$

Para o carregamento cíclico, precisamos da amplitude da tensão nominal:

$$S_a = \frac{S_{máx} - S_{mín}}{2} = 350 \text{ MPa}$$

As amplitudes da deformação e da tensão nominal podem ser obtidas pela Equações 12.54 e 13.61, que são empregadas como sendo a Equação 13.71(b):

$$\varepsilon_a = \frac{\sigma_a}{E} + \left(\frac{\sigma_a}{H'}\right)^{1/n'} \quad \varepsilon_a = \frac{\sigma_a}{207.000} + \left(\frac{\sigma_a}{1.655}\right)^{1/0,131}$$

$$S_a = \frac{1}{k_t}\sqrt{\sigma_a^2 + \sigma_a E \left(\frac{\sigma_a}{H'}\right)^{1/n'}}, \quad 350 = \frac{1}{2,80}\sqrt{\sigma_a^2 + 207.000\sigma_a \left(\frac{\sigma_a}{1.655}\right)^{1/0,131}}$$

Resolvendo as equações como anteriormente (de modo interativo) temos:

$$\sigma_a = 755 \text{ MPa}, \quad \varepsilon_a = 0,00615 \quad \textbf{(Resposta)}$$

Finalmente, os valores mínimos para carga cíclica são:

$$\sigma_{mín} = \sigma{máx} - 2\sigma_a = -538 \text{MPa}$$
$$\varepsilon_{mín} = \varepsilon_{máx} - 2\varepsilon_a = 0,00962 \quad \textbf{(Resposta)}$$

em que se considera que não ocorrem nem relaxação, nem fluência cíclicas.

A resposta estimada tensão-deformação é mostrada na Figura E13.4. Esta foi traçada como $\varepsilon = f(\sigma)$ para a porção monotônica e $\varepsilon = 2f(\Delta\sigma/2)$ para ambos os ramos do laço de histerese. A tensão média, σ_m, durante o carregamento cíclico, que será de interesse no próximo capítulo sobre fadiga, também é mostrada. Seu valor é: $\sigma_m = \sigma_{máx} - \sigma_a = 972 - 755 = 217$ MPa

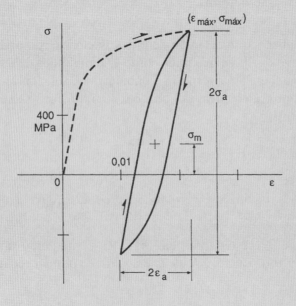

FIGURA E13.4

13.6.3 Aplicação para as Histórias de Carregamento Irregular em Função do Tempo

As estimativas da resposta tensão-deformação para carregamento cíclico, como acabamos de descrever, podem ser estendidas a variações irregulares da carga com o tempo. Ainda é necessária uma análise da relação tensão-deformação, feita da mesma forma que para a carga monotônica, porém empregando a curva tensão-deformação cíclica. Essa análise pode ser aplicada na forma $\Delta\varepsilon/2 = g\,(\Delta S/2)$ durante as histórias de carregamento irregulares – especificamente, para todas as condições de carregamento que correspondem a caminhos tensão-deformação que seguem a forma $\Delta\varepsilon/2 = f(\Delta\sigma/2)$.

Considere o exemplo da Figura 13.20. Um componente entalhado, como em (a), é feito de um material que tem uma curva tensão-deformação cíclica, $\varepsilon_a = f(\sigma_a)$, como em (b). A curva carga-deformação, $\varepsilon_a = g\,(S_a)$, da regra de Neuber para este caso também é mostrada. O histórico de carregamento, mostrado em (c), é repetidamente aplicado,

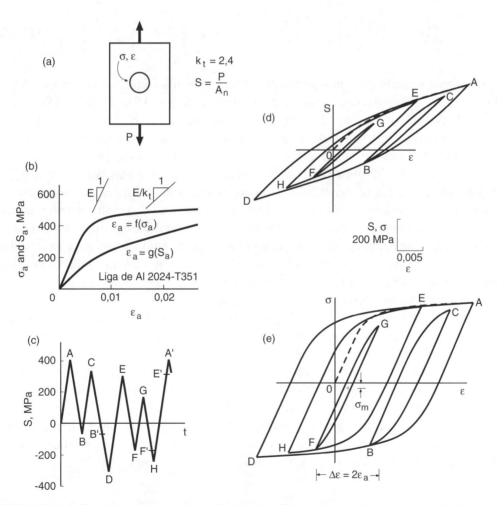

FIGURA 13.20 Análise de um componente entalhado submetido a uma carga irregular em função do tempo. O componente entalhado (a), tendo as curvas tensão-deformação e carga-deformação cíclicas, como em (b), está sujeito ao histórico de carregamento (c). A resposta resultante em termos de carga *versus* deformação no entalhe é mostrada em (d) e a resposta tensão-deformação local no entalhe, em (e).

(Adaptado de [Dowling 89]; copyright © ASTM; reimpresso com permissão.)

738 **CAPÍTULO 13** Análise da Relação Tensão-Deformação

resultando na resposta tensão *versus* deformação no entalhe, apresentada em (d), e na resposta da tensão-deformação local no entalhe, de (e). Por conveniência, o histórico de carregamento já foi ordenado para começar com o maior valor absoluto de carga. Lembrando o comportamento do modelo reológico do Capítulo 12, isso resulta em todos os caminhos subsequentes de tensão-deformação seguindo $\Delta\varepsilon/2 = f(\Delta\sigma/2)$, com origens nas suas respectivas pontas do laço de histerese.

Primeiro, tanto a tensão como a deformação para o ponto A são encontradas, a partir de S_A, com a aplicação das Equações 13.71 (a) ou 13.73:

$$\varepsilon_A = g(S_A) = f(\sigma_A)\ (S_A > 0)$$
$$\varepsilon_A = -g(-S_A) = -f(-\sigma_A)\ (S_A < 0) \tag{13.74}$$

Então, a Equação 13.71 (c) é aplicada nos intervalos de carga obtidos a partir do histórico:

$$\frac{\Delta\varepsilon_{AB}}{2} = g\left(\frac{\Delta S_{AB}}{2}\right) = f\left(\frac{\Delta\sigma_{AB}}{2}\right), \quad \frac{\Delta\varepsilon_{BC}}{2} = g\left(\frac{\Delta S_{BC}}{2}\right) = f\left(\frac{\Delta\sigma_{BC}}{2}\right) \tag{13.75}$$

E, de forma semelhante, nos seguintes intervalos adicionais: ΔS_{AD}, ΔS_{DE}, ΔS_{EF}, ΔS_{FG} e ΔS_{EH}. Não é necessário analisar os eventos $\Delta S_{CB'}$, $\Delta S_{GF'}$, $\Delta S_{HE'}$ e $\Delta S_{DA'}$, pois os resultados são os mesmos de para os outros trechos dos ciclos (laços) de histerese correspondentes. Os resultados desta análise são suficientes para estabelecer valores de tensão e deformação para todos os picos e vales no histórico de carregamento, e também todos os caminhos σ-ε intermediários. As faixas gerais, similares à ΔS_{AD}, podem ser analisadas ignorando a existência de carga menor incluída, neste caso, o evento B-C-B'. Este ocorre porque o *efeito de memória* do carregamento no material faz com que o caminho tensão-deformação após B' seja o mesmo que se o evento B-C-B' não tivesse ocorrido. O efeito de memória age de modo semelhante nos pontos F' e E'. No entanto, as equações utilizadas não se aplicam a eventos tais como ΔS_{CD}, uma vez que o percurso tensão-deformação envolve porções de mais de um ciclo de histerese e, portanto, não obedece a $\Delta\varepsilon/2 = f(\Delta\sigma/2)$.

A mesma lógica pode ser aplicada para a análise completa de histórico de carregamento de qualquer comprimento, desde que sejam satisfeitas as suposições básicas do comportamento estável do material e que o carregamento seja, pelo menos, aproximadamente proporcional. Começar a análise no valor mais extremo da carga é meramente uma conveniência. Qualquer ponto de partida pode ser usado se uma lógica mais geral, baseada nos modelos reológicos mola-cursor, for empregada.

Como acabamos de descrever, a análise de históricos de carregamento irregulares é necessária quando a abordagem baseada em deformações for usada para fazer estimativas de vida de fadiga. Este tópico é considerado no próximo capítulo.

EXEMPLO 13.5

A Tabela E13.5 (a) apresenta o histórico da tensão nominal, S, para a Figura 13.20. Estime a resposta local tensão-deformação para comportamento estável. Observe que o valor do fator de concentração de tensões é $k_t = 2,40$ e que o material é uma liga de alumínio 2024-T351.

Solução

Constantes para a curva tensão-deformação cíclica do material, $\varepsilon_a = f(\sigma_a)$ na forma da Equação 12.54, estão disponíveis a partir da Tabela 12.1, ou $E = 73.100$ MPa, $H' = 662$ MPa, e $n' = 0,070$. Assuma que o comportamento dos materiais é semelhante ao de um modelo reológico mola e cursor. Use a regra de Neuber para aproximar a função carga-deformação $\varepsilon_a = g(S_a)$, em específico, por meio de combinação das Equações 12.54 e 13.61. Para analisar o ponto A, assuma que o carregamento segue a curva tensão-deformação cíclica como se fosse monotônica, empregando a Equação 13.61 da mesma maneira para obter:

$$S_A = \psi \frac{1}{k_t} \sqrt{\sigma_A^2 + \psi \sigma_A E \left(\frac{\psi \sigma_A}{H'} \right)^{1/n'}}, \quad \varepsilon_A = \frac{\sigma_A}{E} + \psi \left(\frac{\psi \sigma_A}{H'} \right)^{1/n'}$$

em que $\psi = +1$, se a direção for positiva (como é o caso), ou $\psi = -1$, se a direção for negativa. Substitua $S_a = 414$ MPa na primeira equação, resolva interativamente para obter $\sigma_a = 503,3$ MPa e então substitua o valor na segunda equação para obter $\varepsilon_A = 0,02683$.

A análise além do ponto A pode ser feita agora aplicando as Equações 12.54 e 13.61 em intervalos que correspondem a curvas suaves de ciclo de histerese, empregando-as nas formas $\Delta\varepsilon/2 = g(\Delta S/2)$ e $\Delta\varepsilon/2 = f(\Delta\sigma/2)$. Primeiro, identifique os pontos no histórico no qual atua o efeito de memória e os laços de histerese tensão-deformação são fechados – pontos em que a contagem do tipo *rainflow* (queda da chuva) é completada: ou seja, os pontos B', F', E' e A'. Em seguida, aplique as Equações 12.54 e 13.61 para cada ciclo fechado – B-C, F-G, E-H e A-D – e também para as faixas localizadas nos pontos de partida dos circuitos, A-B, D-E e E-F.

Os cálculos são organizados como mostrado na Tabela E13.5 (b). Para cada pico ou vale (Y) na história, o ponto de origem (X) da curva de laço de histerese suave é tabulado, juntamente com o seu valor S. (Assim, quando o laço B-C se fecha no ponto B', a origem para a curva em continuação é o ponto A, de modo que o intervalo A-D é analisado para localizar o ponto D.) Em seguida, $\psi = +1$, se a deformação estiver aumentando durante o intervalo, ou -1, se estiver diminuindo. Depois, calcula-se cada faixa de carga, ΔS_{XY}, a partir da qual é determinada cada uma das faixas correspondentes de tensão e deformação $\Delta\sigma_{XY}$ e $\Delta\varepsilon_{XY}$:

$$\Delta S_{XY} = | S_Y - S_X |$$

$$\frac{\Delta S_{XY}}{2} = \frac{1}{k_t} \sqrt{\left(\frac{\Delta\sigma_{XY}}{2} \right)^2 + \frac{\Delta\sigma_{XY} E}{2} \left(\frac{\Delta\sigma_{XY}}{2H'} \right)^{1,n'}}$$

$$\frac{\Delta_{\varepsilon XY}}{2} = \frac{\Delta_{\sigma XY}}{2E} + \left(\frac{\Delta_{\sigma XY}}{2H'} \right)^{1/n'}$$

740 CAPÍTULO 13 Análise da Relação Tensão-Deformação

Tabela E13.5

(a) Histórico de Carga		(b) Valores Calculados							
Ponto (Y)	S MPa	Origem (X)	Origem S (MPa)	Direção ψ	ΔS ao ponto	$\Delta\sigma$ MPa	$\Delta\varepsilon$	Tensão σ, MPa	Deformação ε
A	414	—	—	+1	—	—	—	503,3	0,02683
B	-69	A	414	-1	483	900,3	0,02042	-397	0,00642
C	345	B	-69	+1	414	857,3	0,01575	460,3	0,02217
D	-310	A	414	-1	724	983,4	0,04200	-480	-0,01517
E	310	D	-310	+1	620	954,6	0,03173	474,5	0,01656
F	-172	E	310	-1	482	899,8	0,02034	-425,3	-0,00378
G	172	F	-172	+1	344	784,9	0,01188	359,6	0,00810
H	-241	E	310	-1	551	930,6	0,02571	-456	-0,00915

Por exemplo, a faixa de S_A = 414 MPa para S_B = -69 MPa é ΔS_{AB} = 483 MPa. Adotando este valor na segunda equação recém-descrita para ΔS_{XY} e resolvendo interativamente será $\Delta\sigma_{AB}$ = 900,3 MPa. Substituindo na equação recém-descrita, obtém-se então $\Delta\varepsilon_{AB}$ = 0,02042.

Finalmente, determine os valores de tensão e deformação para todos os picos e vales do histórico, partindo do ponto inicial A e calculando a tensão e deformação em cada ponto subsequente. Deve-se fazer isso adicionando ou subtraindo os intervalos apropriados, usando:

$$\sigma_Y = \sigma_X + \psi\Delta\sigma_{XY}, \quad \varepsilon_Y = \varepsilon_X + \psi\Delta\varepsilon_{XY}$$

em que o uso de ψ faz com que $\Delta\sigma_{XY}$ seja adicionado ou subtraído de σ_X para obter σ_Y e, similarmente, para as deformações, dependendo se S está aumentando ou diminuindo. Por exemplo, para os pontos B e C:

$$\sigma_A = 503,3, \quad \Delta_{\sigma AB} = 900,3, \quad \psi = -1, \quad \text{de forma que}\, \sigma_B = -397,0\,\text{MPa}$$
$$\varepsilon_A = 0,02683, \quad \Delta_{\varepsilon AB} = 0,02042, \quad \psi = -1, \quad \text{de forma que}\, \varepsilon_B = 0,00642$$
$$\sigma_B = -397,0, \quad \Delta_{\sigma BC} = 857,3, \quad \psi = +1, \quad \text{de forma que}\, \sigma_C = 460,3\,\text{MPa}$$
$$\varepsilon_B = 0,00642, \quad \Delta_{\varepsilon BC} = 0,01575, \quad \psi = +1, \quad \text{de forma que}\, \varepsilon_C = 0,02217$$

Comentários

Os valores de tensão e deformação para os picos e vales no histórico de carregamento, A, B, C etc., podem ser traçados nas coordenadas tensão-deformação, como na Figura 13.20 (e). A Equação 12.54, na forma $\Delta\varepsilon/2 = f(\Delta\sigma/2)$, pode ser utilizada para calcular um número de pontos ao longo de cada curva suave ligando os pontos de pico e vale, observando o efeito de memória. (As equações no final do Exemplo 12.5 se aplicam.) Ou os pontos de pico e vale podem ser usados como guias para esboçar as curvas manualmente, observando que apenas a forma de uma curva é necessária.

Comportamento Mecânico dos Materiais **741**

13.6.4 Discussão

A metodologia que acabamos de descrever para o carregamento cíclico é consistente com a análise das tensões residuais apresentadas anteriormente. Considere começar a partir do zero e aplicar uma carga particular, conforme descrito para uma tensão nominal S, e então retornar a zero. A análise deste evento é idêntica àquela para o primeiro ciclo de carga de amplitude constante com $S_{máx} = S'$ em $R = 0$, de modo que $S_{mín} = 0$. Os valores resultantes de $\sigma_{mín}$ e $\varepsilon_{mín}$ são a tensão e a deformação residuais, σ_r e ε_r.

O procedimento descrito envolve claramente o comportamento dos materiais idealizados. O endurecimento ou o amolecimento cíclico é incluído, ao menos aproximadamente, pelo uso da curva tensão-deformação cíclica estável. No entanto, a abordagem não inclui a relaxação e a fluência cíclicas ou os detalhes do comportamento de endurecimento ou amaciamento cíclico. O grau de aproximação envolvido com a omissão destes comportamentos transitórios não é esperado que seja um problema, exceto em casos incomuns. A facilidade de aplicação da abordagem descrita torna-a uma ferramenta de engenharia útil, como no seu uso para a análise da fadiga baseada em deformações, presente no Capítulo 14.

Limitações mais sérias podem ser encontradas se as múltiplas cargas aplicadas causarem carregamento significativamente não proporcional durante deformação plástica. O comportamento de relaxação e fluência dependente do tempo, tal como para metais a temperaturas elevadas, também está, naturalmente, além do âmbito do método descrito. Se tais complexidades precisam ser analisadas, pode ser empregada uma série de programas de computador disponíveis que incorporam sofisticados modelos de comportamento material mediante análise por elementos finitos. No entanto, é necessário cuidado para garantir que a modelagem tensão-deformação seja apropriada e específica para o material e para a situação de interesse. Programas de computador, às vezes, empregam modelos tensão-deformação matematicamente convenientes, e que representam mal o comportamento dos materiais reais.

13.7 RESUMO

Para o dobramento simétrico de barras e para torção de eixos cilíndricos sólidos ou tubulares, as tensões e deformações podem ser facilmente analisadas para situações em que ocorre deformação plástica. Supõe-se que as seções planas permaneçam planas e uma integral deve ser avaliada para a forma particular da curva tensão-deformação de interesse. Uma análise deste tipo pode ser estendida para determinar tensões e deformações residuais. Para os componentes entalhados, as tensões e deformações no entalhe podem ser estimadas usando a regra de Neuber, na forma da Equação 13.58. O atendimento à regra de Neuber e à equação da curva tensão-deformação de interesse fornece uma solução. Além disso, o procedimento pode ser estendido para estimar tensões residuais e deformações nos entalhes.

A deformação plástica durante o dobramento ou a torção e também a deformação plástica localizada nos entalhes produzem deformações que excedem as previstas pela análise elástica, considerando as cargas aplicadas. Os resultados analíticos específicos apresentados estão listados na Tabela 13.1 e casos adicionais são sugeridos como exercícios.

742 CAPÍTULO 13 Análise da Relação Tensão-Deformação

Tabela 13.1 Casos Analisados

Caso	№ Equação
Dobramento de barras (vigas) retangulares	
(a) Material com endurecimento exponencial simples	13.11
(b) Material elástico e perfeitamente plástico	13.18
(c) Material conforme Ramberg-Osgood	13.27
(d) Tensão e deformação residual para o caso (b)	13.32 e 13.33
Torção de eixos cilíndricos sólidos	
(e) Material com endurecimento exponencial simples	13.46
(f) Material elástico e perfeitamente plástico	13.47
(g) Material conforme Ramberg-Osgood	13.48
Tensão e deformação locais em componentes entalhados	
(h) Material elástico e perfeitamente plástico	13.59
(i) Material elástico com endurecimento exponencial	13.60
(j) Material conforme Ramberg-Osgood	13.61

O carregamento cíclico é facilmente analisado se se considerar que o comportamento do material segue uma curva tensão-deformação cíclica estável (obtida em meia-vida). Para esta curva na forma $\varepsilon = f(\sigma)$, as curvas dos laços de histerese podem ser aproximadas obedecendo a $\Delta\varepsilon/2 = f(\Delta\sigma/2)$. É conveniente ignorar o comportamento transiente tensão-deformação dos ciclos, ou seja, relaxação, fluência, endurecimento ou amolecimento cíclico.

Nesta base, a análise tensão-deformação pode ser realizada da mesma forma que para a carga monotônica, exceto pelo uso da curva tensão-deformação cíclica estável. Para carga aplicada caracterizada por uma tensão nominal, S, que varia ciclicamente entre $S_{máx}$ e $S_{mín}$, considera-se que a deformação de interesse seja matematicamente relacionada com S por um resultado analítico expresso como $\varepsilon = g(S)$. Para carregamento cíclico que seja completamente invertido ou que tenha um nível médio trativo (tensão positiva), $R \geq 1$, os valores máximos e amplitudes (meias-faixas) da tensão e da deformação podem ser determinados aplicando este resultado da seguinte forma:

$$\varepsilon_{máx} = g(S_{máx}) = f(\sigma_{máx}), \quad \varepsilon_a = g(S_a) = f(\sigma_a) \tag{13.76}$$

Os valores mínimos de tensão e deformação são obtidos subtraindo os valores das faixas dos respectivos máximos. Uma análise semelhante também pode ser aplicada para carregamento que esteja polarizado na direção compressiva, R < -1.

A análise do carregamento cíclico pode ser estendida para a variação irregular de carregamento ao longo do tempo, aplicando $\Delta\varepsilon/2 = g(\Delta S/2)$ para todas as condições de carga correspondentes a caminhos tensão-deformação que obedecem a $\Delta\varepsilon/2 = f(\Delta\sigma/2)$. O efeito de memória é invocado nos pontos em que se fecham os laços de histerese tensão-deformação, sendo que, após tal fechamento, a tensão e a deformação retornam ao caminho estabelecido antes do início do laço.

Comportamento Mecânico dos Materiais 743

NOVOS TERMOS E SÍMBOLOS

escoamento inicial	força ou momento inicial: P_i, M_i método dos elementos finitos (FEA)
escoamento local	
escoamento plástico generalizado	regra de Neuber
fatores de concentração de tensão e deformação, $k\sigma$ e $k\varepsilon$	tensão calculada elasticamente, σ_{elas}
força ou momento de escoamento generalizado: P_0, M_0	tensão e deformação residuais, σ_r e ε_r
	tensão e deformação locais no entalhe

Referências

CHU, C.-C. 1995. *Incremental Multiaxial Neuber Correction for Fatigue Analysis*, Paper No. 950705, Soc. of Automotive Engineers, SAE International Congress and Exposition, Detroit, MI, Feb. 1995.

CRANDALL, S. H., DAHL, N. C., LARDNER, T. J., eds. 1978. *An Introduction to the Mechanics of Solids: SI Units.* 2nd ed, McGraw-Hill, New York.

GLINKA, G. 1985. *"Energy Density Approach to Calculation of Inelastic Stress–Strain Near Notches and Cracks"*. Engineering Fracture Mechanics, 22 (3), 485-508, See also vol. 22, no. 5, pp. 839-854.

HARKEGARD, G., and MANN, T. 2003. *"Neuber Prediction of Elastic-Plastic Strain Concentration in Notched Tensile Specimens Under Large-Scale Yielding"*. Journal of Strain Analysis, 38 (1), 79-94, IMechE.

HILL, R. 1998. *The Mathematical Theory of Plasticity.* Oxford University Press, Oxford, UK.

HOFFMANN, M., and SEEGER, T. 1989. *"Stress–Strain Analysis and Life Predictions of a Notched Shaft Under Multiaxial Loading"*. In: LEESE, G. E., SOCIE, D., eds. *Multiaxial Fatigue: Analysis and Experiments.* AE-14, Soc. of Automotive Engineers, Warrendale, PA.

MROZ, Z. 1967. *"On the Description of Anisotropic Workhardening"*. Jnl. of the Mechanics and Physics of Solids, 15, 163-175, May 1967.

Mroz, Z. 1973. "Boundary-Value Problems in Cyclic Plasticity," *Second Int. Conf. on Structural Mechanics in Reactor Technology*, W. Berlin, Germany, Vol. 6B, Part L, Paper L7/6.

Reinhardt, W., A. Moftakhar, and G. Glinka. 1997. "An Efficient Method for Calculating Multiaxial Elasto-Plastic Notch Tip Strains and Stresses Under Proportional Loading," R.S., Piascik, J.C., Newman, N.E., Dowling, eds., *Fatigue and Fracture Mechanics: 27th Volume*, ASTM STP 1296, Am. Soc. for Testing and Materials, West Conshohocken, PA.

RICE, R. C., ed. 1997. *Fatigue Design Handbook.* 3d ed, Society of Automotive Engineers, Warrendale, PA, SAE Pub. No. AE-22,.

SEEGER, T., and HEULER, P. 1980. *"Generalized Application of Neuber's Rule"*. Jnl. of Testing and Evaluation, 8 (4), 199-204, ASTM.

SKRZYPEK, J. J., and HETNARSKI, R. B. 1993. *Plasticity and Creep: Theory, Examples and Problems.* CRC Press, Boca Raton, FL.

PROBLEMAS E QUESTÕES
Seção 13.2

13.1 Uma barra tem uma seção transversal simétrica em forma de diamante, como mostrado na Figura P13.1, e o material obedece a uma curva simples tensão-deformação com endurecimento exponencial e sem região elástica, Equação 13.9. Considerando dobramento puro com o eixo z sendo neutro, derive uma equação que dê o momento de flexão, M, em função de ε_c, que é a deformação em $y = c$, e também das constantes H_2, n_2, b e c.

13.2 Uma viga tem uma seção transversal de forma "I", tal como mostrado na Figura P13.2, e seu material obedece a uma curva simples tensão-deformação com endurecimento exponencial e sem região elástica, Equação 13.9.

(a) Para dobramento puro com o eixo z sendo neutro, derive uma equação que dê o momento de flexão, M, em função de ε_c, que é a deformação em $y = c_2$, e também das constantes H_2, n_2, t_1, t_2, c_1 e c_2.

(b) Adapte a equação obtida em (a) à nomenclatura da Figura A.2(d), empregando as dimensões h_1, h_2 e b_1, b_2. O resultado também se aplica a uma seção em forma de caixa, empregadas em vigas caixão?

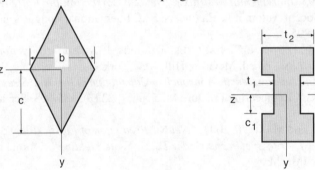

FIGURA P13.1   **FIGURA P13.2**

13.3 Uma barra retangular de profundidade $2c$ e espessura t é submetida a um dobramento puro e feita de um material com curva tensão-deformação elástica com endurecimento exponencial, Equação 12.8. Mostre que o momento de flexão, M, está relacionado com a deformação na borda, ε_c, com as dimensões da barra e com as constantes para a curva tensão-deformação, por meio das equações:

$$M = \frac{2tc^2\sigma_c}{3}, \quad M = \frac{2tc^2}{n_1+2}\left[\frac{E\varepsilon_0^3(n_1-1)}{3\varepsilon_c^2} + H_1\varepsilon_c^{n_1}\right] \quad \text{(a,b)}$$

em que (a) se aplica a ($\varepsilon_c \leq \varepsilon_0$) e (b), a ($\varepsilon_c \geq \varepsilon_0$), sendo $\varepsilon_0 = \sigma_0/E$ a deformação no escoamento. A solução obtida aplicável após escoamento (b) poderia reduzir-se ao caso elástico para o escoamento incipiente na borda da barra? Esta equação se reduziria à Equação 13.11 para grandes valores de ε_c?

13.4 Para a situação do Problema 13.3, suponha que a barra tenha profundidade $2c = 40$ mm e espessura $t = 15$ mm, sendo constituída de uma liga de alumínio com $E = 70$ GPa, $H_1 = 400$ MPa e $n_1 = 0,100$.

(a) Calcule os momentos de flexão, M, para uma faixa de valores de deformação desde a borda até aproximadamente $\varepsilon_c = 0,03$ e, em seguida, trace M em função de ε_c em coordenadas lineares.

(b) Discuta concisamente o comportamento M versus ε_c observado. É observado um evento distinto de escoamento na tendência da curva M contra ε_c? Por que sim ou não? Qual é o caso limitante da solução após escoamento para grandes deformações? Você espera que sua curva se aproxime desse caso?

Comportamento Mecânico dos Materiais **745**

13.5 Uma barra com seção transversal circular de raio c constituída de um material com uma curva tensão-deformação elástica, perfeitamente plástica, Equação 12.1, é submetida a dobramento puro. Mostre que o momento, M, está relacionado com ε_c, a deformação em $y = c$, por meio de: $M = \dfrac{\pi c^3 E \varepsilon_c}{4}$, $\quad M = \dfrac{c^3 \sigma_0}{6}\left[2\left(1 - \dfrac{1}{\alpha^2}\right)^{3/2} + 2\sqrt{1 - \dfrac{1}{\alpha^2}} + 3\alpha \sin^{-1}\dfrac{1}{\alpha} \right]$ (a,b) em que (a) se aplica a ($\varepsilon_c \leq \varepsilon_0$) e (b) se aplica a ($\varepsilon_c \geq \varepsilon_0$), sendo $\varepsilon_0 = \sigma_0/E$ a deformação no escoamento.

13.6 Para a situação de Problema 13.5, suponha que o raio da seção transversal seja $c = 15$ mm e considere que o material seja um aço-liga com $E = 200.000$ MPa e $\sigma_0 = 800$ MPa.

  (a) Calcule os momentos de flexão, M, para uma faixa de valores de deformação desde a borda até aproximadamente $\varepsilon_c = 0{,}03$ e, em seguida, trace M em função de ε_c em coordenadas lineares.

  (b) Discuta concisamente o comportamento M *versus* ε_c observado. É notado um evento distinto de escoamento na tendência da curva M contra ε_c? Por que sim ou não? Qual é o caso limitante da solução após escoamento para grandes deformações? Você espera que sua curva se aproxime desse caso?

13.7 Considere um material com uma curva simples tensão-deformação com endurecimento exponencial, Equação 13.9.

  (a) Para uma barra com uma seção circular de raio c, derive uma equação para o momento de flexão, M, em função de ε_c, a deformação em $y = c$, e também em função das constantes H_2, n_2 e c. (Sugestão: Consulte a seção de *integrais definidas* de uma tabela de integrais e observe que uma solução aritmética pode ser obtida em termos da função Gama padrão; mais especificamente, da função Beta).

  (b) Estenda o resultado de (a) para o caso mais geral de uma seção transversal tubular com raio interno c_1 e raio externo c_2.

Seção 13.3

13.8 Considere três barras retangulares idênticas com profundidade $2c = 40$ mm e espessura $t = 20$ mm, carregadas por dobramento simétrico puro. Todas são feitas de um material elástico, perfeitamente plástico, com limite de escoamento $\sigma_0 = 400$ MPa e módulo elástico $E = 200$ GPa. A primeira delas é carregada até uma deformação de borda $\varepsilon'_c = 0{,}002$ e depois descarregada, a segunda até $\varepsilon'_c = 0{,}004$ e a terceira até $\varepsilon'_c = 0008$. Para cada uma das três barras, complete as seguintes tarefas:

  (a) Calcule o momento M' necessário para atingir ε'_c e a tensão residual e deformação residuais, σ_{rc} e ε_{rc}, que permanecem após o descarregamento.

  (b) Determine e trace a distribuição de tensão, tanto no momento máximo, M', como depois de sua remoção.

  (c) Comente sobre as diferenças entre os três casos analisados.

746 CAPÍTULO 13 Análise da Relação Tensão-Deformação

13.9 Uma barra retangular com profundidade $2c = 30$ mm e espessura $t = 10$ mm é composta por uma liga de alumínio com comportamento tensão-deformação elástico, perfeitamente plástico, com $E = 70$ GPa e $\sigma_0 = 350$ MPa. Um momento de flexão de 650 N·m é aplicado e posteriormente removido.

(a) Determine as tensões residuais e trace sua distribuição em relação à distância y do eixo neutro. Neste gráfico, mostre a distribuição de tensões no momento máximo.

(b) Trace as curvas tensão-deformação para cada aresta da barra, isto é, para $y = c$ e $y = -c$.

Seção 13.4

13.10 Derive a Equação 13.47.

13.11 Derive a Equação 13.48 e mostre que ela se reduz ao caso elástico para pequenas deformações plásticas e à Equação 13.46 para grandes deformações plásticas.

13.12 Para uma curva simples tensão-deformação com endurecimento exponencial, Equação 13.45, e um tubo de parede grossa com raio interno c_1 e raio externo c_2:

(a) Deduza uma equação para o torque, T, em função da máxima deformação cisalhante, γ_c.

(b) Confira seu resultado para ter certeza de que ele se reduz à Equação 13.46 quando c_1 aproxima-se de zero.

13.13 Um tubo de parede grossa sujeito à torção simples tem raio interno c_1 e raio externo c_2. O material tem uma relação tensão-deformação elástica e perfeitamente plástica, com módulo de cisalhamento G e limite de escoamento em cisalhamento τ_0.

(a) Assuma que o limite elastoplástico ocorra entre c_1 e c_2 e obtenha uma equação para o torque, T, em função da deformação de cisalhamento, γ_{c2}, em $r = c_2$, empregando as constantes do material G e τ_0, além de c_1 e c_2.

(b) Para o caso sem escoamento, empregue análise elástica, Figura A.1 (c), para obter a Equação que relaciona T e γ_{c2}.

(c) Para o escoamento plástico generalizado, obtenha a equação para T aplicável. (Sugestão: na Figura A.15 (e), subtraia o torque faltante pelo fato do tubo ser oco.)

(d) Verifique se os resultados para (b) e (c) são consistentes com casos limitantes de sua equação de (a).

13.14 A liga de alumínio 2024-T351 tem uma curva tensão-deformação uniaxial para carga monotônica conforme Ramberg-Osgood, Equação 12.12, com $E = 73,1$ GPa, $H = 527$ MPa e $n = 0,0663$, e também um valor da razão de Poisson de $\nu = 0,33$.

(a) Estime a curva tensão-deformação por cisalhamento para este material.

(b) Um eixo cilíndrico do material, de raio $c = 9,53$ mm, é carregado na torção. Estime e trace a curva que relaciona o torque, T, e a tensão cisalhante superficial com $\gamma_c = 0,1$.

Comportamento Mecânico dos Materiais **747**

(c) Para um comprimento inicial (de calibração) de $L = 152,4$ mm, os dados correspondentes de torque *versus* ângulo de torção são fornecidos na Tabela P13.14. Trace esses pontos na curva obtida no item (b) e comente sobre a comparação. (Dica: O ângulo de torção, θ, em radianos, está relacionado com a tensão de cisalhamento por $\theta = \gamma_c L/c$.)

Tabela P13.14

T, N·m	θ, graus
0	0
82,5	2
164	4
229	6
297	10
339	15
377	25
407	40
438	60
467	90

13.15 Um eixo cilíndrico de raio c é submetido à torção e seu material apresenta uma curva elástica com endurecimento exponencial para o esforço de cisalhamento *versus* deformação de cisalhamento. Particularmente, $\tau = G\gamma$ para ($\tau \leq \tau_0$) e $\tau = H_4\gamma^{n4}$ para ($\tau \geq \tau_0$). Mostre que o torque, T, está relacionado com a deformação, γ_c, em r = c, por:

$$ T = \frac{\pi c^3 G\gamma_c}{2}, \quad T = \frac{2\pi c^3}{n_4+3}\left[\frac{G\gamma_0^4(n_4-1)}{4\gamma_c^3} + H_4\gamma_c^{n4} \right] \quad \text{(a, b)} $$

em que (a) se aplica a ($\gamma_c \leq \gamma_0$) e (b), a ($\gamma_c \geq \gamma_0$), sendo $\gamma_0 = \tau_0/G$ a deformação no escoamento. A solução pós-escoamento (b) se reduz ao caso elástico no limiar do escoamento na borda da barra? Esta solução reduz-se à Equação 13.46 para grandes deformações?

13.16 Para a situação de Problema 13.15, suponha que o raio do eixo vale $c = 40$ mm e que o material é uma liga de alumínio com $G = 26$ GPa, $H_4 = 325$ MPa e $n_4 = 0,100$.

(a) Calcule os torques, T, para uma faixa de valores desde a deformação de cisalhamento máxima até aproximadamente $\gamma_c = 0,05$ e, em seguida, trace T em função de γ_c em coordenadas lineares.

(b) Discuta concisamente o comportamento T *versus* γ_c observado. É notado um evento distinto de escoamento na tendência da curva T *versus* γ_c? Por que sim ou não? Qual é o caso limitante da solução após escoamento para grandes deformações? Você espera que sua curva se aproxime desse caso?

Seção 13.5

13.17 Considere o componente entalhado e a curva tensão-deformação da Figura 13.16. Usando os valores de tensão e deformação estimados pela regra de Neuber

748   CAPÍTULO 13 Análise da Relação Tensão-Deformação

nos Exemplos 13.1 e 13.2, calcule os fatores de concentração de tensão e de deformação, k_σ e k_ε, para carregamentos em (a) $S = 200$ MPa e (b) $S = 260$ MPa. Seus valores são consistentes com o gráfico da Figura 13.16 (b)?

13.18 Um componente entalhado tem um fator de concentração de tensão elástica $k_t = 2,5$ e é feito de um material elástico, perfeitamente plástico, com um módulo elástico $E = 70$ GPa e um limite de escoamento $\sigma_0 = 280$ MPa. Estime a tensão e a deformação no entalhe se o componente for carregado por uma tensão nominal, S', de (a) 80 MPa, (b) 160 MPa e (c) 240 MPa. Para cada caso, trace a curva tensão-deformação e calcule os fatores de concentração de tensão e de deformação, k_σ e k_ε. Além disso, (d) discuta brevemente o comportamento visto.

13.19 Um componente entalhado tem um fator de concentração de tensão elástica $k_t = 2,5$ e é feito de um material elástico, perfeitamente plástico, com um módulo elástico $E = 200$ GPa e um limite de escoamento $\sigma_0 = 1.200$ MPa. Estime a tensão e a deformação no entalhe se o componente for carregado por uma tensão nominal, S', de (a) 400, (b) 700 e (c) 1.000 MPa. Para cada caso, trace a curva tensão-deformação e calcule os fatores de concentração de tensão e de deformação, k_σ e k_ε. Além disso, (d) discuta brevemente o comportamento visto.

13.20 Um componente entalhado tem um fator de concentração de tensão elástica $k_t = 3,2$ e é feito de um material elástico com encruamento exponencial, com um módulo elástico $E = 120$ GPa, $H_1 = 1.800$ MPa e $n_1 = 0,100$. Estime a tensão e a deformação no entalhe se o componente for carregado por uma tensão nominal, S', de (a) 200 MPa, (b) 400 MPa e (c) 600 MPa. Para cada caso, trace a curva tensão-deformação e calcule os fatores de concentração de tensão e de deformação, k_σ e k_ε. Além disso, (d) discuta brevemente o comportamento visto.

13.21 Considere um material elástico com endurecimento linear, com uma curva tensão-deformação conforme a Equação 12.4, com constantes σ_0, E e δ. Um componente entalhado dele produzido apresenta um fator de concentração de tensão elástica, k_t, e está submetido a uma tensão nominal, S.

(a) Assumindo que ocorra escoamento local no entalhe, e com base na regra de Neuber, derive expressões para a tensão e a deformação locais no entalhe, σ e ε, como funções de k_t, S, σ_0, E e δ.

(b) Confirme se a sua expressão obtida se reduz à Equação 13.59 para $\delta = 0$.

(c) Assuma, para o material, que $E = 200$ GPa, $\sigma_0 = 500$ MPa e $\delta = 0,100$, além de um $k_t = 3,5$ para o componente entalhado. Se uma tensão $S = 200$ MPa for aplicada, estime σ e ε e, então, k_σ e k_ε.

13.22 Uma placa entalhada que apresenta uma concentração de tensão elástica $k_t = 4,0$ é feita de liga de alumínio 7075-T651 e submetida a uma tensão nominal $S = 350$ MPa. O material apresenta uma curva tensão-deformação de Ramberg-Osgood com constantes E, H e n, como indicadas no Exemplo 12.1, com a razão de Poisson $\nu = 0,33$. A espessura do componente é muitas vezes maior do que o raio do entalhe, de modo que a deformação na direção transversal, ε_z, conforme representada na Figura 13.14, deve ser próximo à zero. Estime a tensão e a deformação na superfície do entalhe na direção y em referência à Figura 13.14. (Comentários: A situação descrita na Seção 13.5.5 aplica-se e uma solução interativa é necessária. Crie um ponto ($\bar{\varepsilon}, \bar{\sigma}$) sobre a curva tensão-deformação efetiva (igual à uniaxial) e, então, calcule (ε_1, σ_1) = (ε_y, σ_y). Depois, use a regra de Neuber com estes valores. Varie a escolha ($\bar{\varepsilon}, \bar{\sigma}$) até obter o S desejado.)

13.23 A liga de alumínio 7075-T651 apresenta uma curva monotônica tensão-deformação para tensão uniaxial na forma de Ramberg-Osgood, Equação 12.12, com constantes E, H e n, como no Exemplo 12.1. Com referência à Figura A.11 (a), uma placa deste material com um furo circular central tinha as dimensões largura $w = 76,2$ mm, diâmetro do furo $d = 19,05$ mm e espessura $t = 6,35$ mm, que levavam a um fator de concentração de tensões elástica $k_t = 2,42$. Um extensômetro foi montado dentro do furo para medir a deformação, ε_y, como na Figura 13.16. A Tabela P13.23 apresenta valores de ε_y para vários níveis de força, P, durante o carregamento monotônico da placa. Estime a curva P *versus* ε_y esperada pela regra de Neuber, trace-a juntamente com os dados do teste e comente a comparação entre elas.

Tabela P13.23

P, Força, kN	ε_y, Deformação no Entalhe
0	0
44,5	0,0042
66,7	0,0064
89,0	0,0087
111,2	0,0121
133,4	0,0174
155,7	0,0251
177,9	0,0366

13.24 Proceda como no Problema 13.23, exceto por considerar a curva tensão-deformação elástica, perfeitamente plástica, com σ_0 correspondente ao limite de escoamento convencional 0,2%.

13.25 Com base no método de Glinka, tal como descrito na Seção 13.5.4 e na Figura 13.17, execute as seguintes tarefas:

(a) Desenvolva uma relação alternativa análoga à Equação 13.59 para estimar a deformação no entalhe para um material elástico, perfeitamente plástico.

(b) Desenvolva uma relação alternativa análoga à Equação 13.61 que dê S em função da tensão do entalhe para um material que siga a relação de Ramberg-Osgood.

(c) Aplique seu resultado obtido em (b) aos dados da deformação no entalhe do Problema 13.23, traçando a curva estimada P *versus* ε_y juntamente com os dados do teste. Quão bem concordam as curvas e os dados?

13.26 Um componente entalhado possui um fator de concentração de tensão $k_t = 2,5$ e é feito de um material que possui uma relação tensão-deformação elástica com endurecimento linear, conforme a Equação 12.4, com constantes $E = 70$ GPa, $\sigma_0 = 500$ MPa e $\delta = 0,15$.

(a) Estime a tensão e a deformação no entalhe se uma tensão nominal $S' = 272$ MPa for aplicada.

750 **CAPÍTULO 13** Análise da Relação Tensão-Deformação

(b) Que valores de tensão e deformação residuais, σ_r e ε_r, permanecerão após a carga S' ser removida?

(c) Trace a resposta tensão-deformação para o carregamento em S' e depois para o descarregamento.

13.27 Um componente entalhado apresenta um fator de concentração de tensão elástica $k_t = 3,0$ e é feito de um material com uma relação tensão-deformação elástica, perfeitamente plástica, na qual $E = 200$ GPa e $\sigma_0 = 400$ MPa. O componente é carregado de zero a uma tensão nominal, S', e então descarregado. Determine a tensão e a deformação residuais que permanecem para (a) $S' = 100$ MPa, (b) $S' = 200$ MPa e (c) $S' = 330$ MPa. Além disso, trace as curvas tensão-deformação para cada caso. Também (d) discuta brevemente os diferentes tipos de comportamento que ocorrem.

13.28 Um componente entalhado apresenta um fator de concentração de tensão elástica $k_t = 3,00$ e é feito de um material com uma relação tensão-deformação elástica, perfeitamente plástica, na qual $E = 200$ GPa e $\sigma_0 = 400$ MPa. Estime a tensão e a deformação residual no entalhe se o membro for carregado para uma tensão nominal, S', e depois descarregado, para (a) $S' = 250$ MPa e (b) $S' = -250$ MPa. Para cada caso, trace as curvas tensão-deformação para carga e descarga. Além disso, (c) discuta brevemente a relação entre os sinais de S' e σ_r e por que a tendência observada ocorre.

13.29 Uma placa com uma perfuração circular é carregada em tração. Como definido na Figura A.11 (a), as dimensões são $w = 50$ mm, $d = 15$ mm e $t = 5$ mm. A placa é feita de liga de alumínio 7075-T651, que tem uma curva tensão-deformação de Ramberg-Osgood, com constantes E, H e n, como no Exemplo 12.1. A partir da Figura A.11 (a), verifique que $k_t = 2,35$. Em seguida, estime a tensão e a deformação residual no entalhe se o componente for carregado com uma força, P', e, em seguida, descarregado, para (a) $P' = 54$ kN e (b) $P' = 70$ kN. Para cada caso, trace a curva tensão-deformação para carregamento e descarregamento. Além disso, (c) discuta de forma concisa o comportamento que ocorre.

Seção 13.6

13.30 Um componente entalhado possui um fator de concentração de tensão elástica $k_t = 3,0$ e é feito de um material que apresenta uma relação tensão-deformação elástica, perfeitamente plástica, na qual $E = 200$ GPa e $\sigma_0 = 400$ MPa. Estime e trace a resposta tensão-deformação local no entalhe para carregamento cíclico com tensões nominais de (a) $S_{máx} = 100$ MPa e $S_{mín} = -20$ MPa, (b) $S_{máx} = 200$ MPa e $S_{mín} = -40$ MPa, (c) $S_{máx} = 200$ MPa e $S_{mín} = -100$ MPa e (d) $S_{máx} = 200$ MPa e $S_{mín} = -200$ MPa. Além disso, (e) discuta de forma concisa os diferentes tipos de comportamento que ocorrem.

13.31 Um componente entalhado possui um fator de concentração de tensão elástica $k_t = 3,5$ e é feito de aço AISI 4340 ($\sigma_u = 1.468$ MPa), conforme Tabela 14.1, onde são fornecidas as constantes para a curva tensão-deformação cíclica estável, Equação 12.54. Estime e trace a resposta tensão-deformação local no entalhe para carregamento cíclico nominal variando entre $S_{máx} = 500$ MPa e $S_{mín} = -400$ MPa.

13.32 Uma placa entalhada é carregada axialmente, como na Figura A.11 (b), e tem um fator de concentração de tensão $k_t = 2,5$. Ela é feita de liga de alumínio 2024-T351, conforme Tabela 12.1, onde são fornecidas as constantes para a curva tensão-deformação cíclica estável, Equação 12.54. Estime e trace a resposta tensão-deformação local no entalhe se a tensão nominal variar entre $S_{máx} = 250$ MPa e $S_{mín} = -100$ MPa.

13.33 Os mesmos componente e material do Problema 13.32 são submetidos a um carregamento cíclico de amplitude constante entre $S_{mín} = -250$ MPa e $S_{máx} = 100$ MPa. Estime e trace a resposta tensão-deformação local no entalhe.

13.34 Uma placa com um furo circular é feita de aço RQC-100, descrito na Tabela 12.1. As dimensões, tais como definidas na Figura A.11 (a), são $w = 150$ mm, $d = 12$ mm e $t = 2,5$ mm. Confirme que $k_t = 2,8$. Em seguida, estime e trace a resposta tensão-deformação local no entalhe se a tensão nominal variar entre $P_{máx} = 130$ kN e $P_{mín} = 35$ kN.

13.35 Os mesmos componente e material do Problema 13.34 são submetidos a um carregamento cíclico de amplitude constante entre $P_{mín} = -100$ kN e $P_{máx} = 5$ kN. Estime e trace a resposta tensão-deformação local no entalhe.

13.36 Um componente é feito de liga de titânio 6Al-4V, descrita na Tabela 14.1, onde são fornecidas as constantes para a curva tensão-deformação cíclica estável, Equação 12.54. O componente é composto por uma placa plana com uma redução de largura que é submetida à flexão no plano. As dimensões, tais como definidas na Figura A.11 (d), são $w_2 = 75$ mm, $w_1 = 50$ mm, raio do filete $\rho = 1,75$ mm e espessura $t = 6,5$ mm. Confirme que $k_t = 2,5$. Em seguida, estime e trace a resposta tensão-deformação local no entalhe se a tensão nominal variar entre $M_{máx} = 1.500$ N·m e $M_{mín} = -200$ N·m.

13.37 Algumas barras retangulares feitas de aço RQC-100, descrito na Tabela 12.1, tinham uma profundidade $2c = 6,35$ mm e uma espessura $t = 12,7$ mm. Cinco delas foram submetidas a dobramento puro cíclico completamente invertido com deformações controladas nas bordas. As amplitudes do momento de flexão e da deformação na borda destes testes são apresentadas na Tabela P13.37. (Os valores de M_a são para o comportamento ciclicamente estável perto de $N_f/2$, isto é, metade da vida de fadiga, N_f.) Faça um gráfico de M_a *versus* ε_{ca} e compare os dados da Tabela P13.37 com a curva da Equação 13.27, aplicada ao carregamento cíclico.

Tabela P13.37			
Nº	M_a, Amplitude do Momento, N·m	ε_{ca}, Amplitude da Deformação	N_f, Ciclos
1	39	0,0022	240.000
2	46,4	0,0030	32.990
3	58,6	0,0050	4.882
4	68,9	0,0100	1.335
5	79	0,0180	438
Fonte: *Dados fornecidos por R. W. Landgraf; veja [Dowling 78].*			

13.38 Corpos de prova compactos (CT) com entalhes de extremidades arredondadas, como mostrado na Figura P13.38, foram feitos de aço AISI 4340 ($\sigma_u = 1.158$ MPa). Estes foram submetidos a várias amplitudes de força cíclica completamente invertida, P_a. Pequenos extensômetros foram fixados paralelamente à direção da força, na superfície curvada da extremidade do entalhe, dos quais foram obtidos dados da amplitude de deformação, ε, para condições de ciclagem estável (quase a metade da vida em fadiga), conforme listado na Tabela P13.38. Além disso, foi realizada uma análise por elementos finitos (FEA) elastoplástica para carregamento estático considerando curva tensão-deformação cíclica estável com comportamento elástico, seguido de endurecimento exponencial, conforme Equação 12.8, com constantes $E = 206,9$ GPa, $H'_1 = 1.924$ MPa e $n_1 = 0,167$. A análise gerou um fator de concentração de tensão elástica $k_t = 2,62$, além de valores de deformação no entalhe, também listados na Tabela P13.38. Para definir k_t, a tensão nominal, S, foi calculada a partir de tração e flexão na seção líquida, produzindo a equação para S apresentada na Figura P13.38.

(a) Calcule pontos da curva P_a versus ε_a, estimados a partir da regra de Neuber. Trace essa curva e os pontos obtidos pelo extensômetro em um mesmo gráfico.

(b) Adicione a curva dos resultados por elementos finitos ao gráfico de (a) e, em seguida, comente o sucesso da regra de Neuber e da FEA.

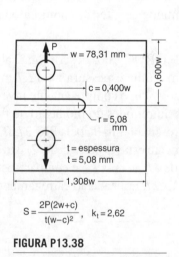

FIGURA P13.38

Tabela P13.38		
Pa, kN	ε_a (Extensômetros)	ε_a (FEA)
7,03	—	0,00298
8,54	0,00354	0,00362
10,23	—	0,00444
12,01	—	0,00547
14,03	0,0063	0,00685
15,57	—	0,00792
17,35	—	0,00934
19,19	0,01015	0,01092
24,02	0,01455	0,01598
26,02	0,0173	0,0185
27,58	0,0185	0,02064
32,03	0,02615	0,02746
34,92	0,0297	0,03282
Fonte: Dados de [Dowling 79b].		

13.39 Um disco anular rotativo tem raio interno $r_1 = 105$ mm, raio externo $r_2 = 525$ mm e espessura $t = 50$ mm. É feito de aço AISI 4340 ($\sigma_u = 1.172$ MPa), descrito na Tabela 12.1, e roda a uma frequência de f = 120 rotações/segundo. (Consulte a Figura A.9 e o texto que a acompanha.)

(a) Calcule as tensões radiais e tangenciais, σ_r e σ_t, para alguns valores de raios, R, variando entre r_1 e r_2. Em seguida, trace essas tensões em função de R.

Comportamento Mecânico dos Materiais 753

(b) O pico de tensão excede o limite de escoamento convencional 0,2% cíclico? Sobre qual faixa de R?

(c) Estime e trace a resposta tensão-deformação localizada no raio interno para o carregamento cíclico resultante do início e da parada da rotação. O raio interno atua como um concentrador de tensões, de modo que a regra de Neuber deve fornecer uma estimativa razoável, sendo que as equações fornecidas na Figura A.9 descrevem a tensão para o comportamento elástico, σ_{elas}.

13.40 Um componente entalhado tem um fator de concentração de tensão elástica $k_t = 2,5$ e é feito de liga de titânio 6Al-4V, descrita na Tabela 14.1, onde são fornecidas as constantes para a curva tensão-deformação cíclica, Equação 12.54. Estime e trace a resposta tensão-deformação local no entalhe para aplicações repetidas do histórico de tensões nominais indicado na tabela a seguir. Em cada repetição, note que o vale B e o pico C ocorrem a cada 1.000 vezes.

Pico ou vale	A	B_1	C_1	B-C	B_{1000}	C_{1000}	D	A'
S, Tensão nominal, MPa	600	-100	300	repete	-100	300	-200	600

13.41 Um componente entalhado tem um fator de concentração de tensão elástica $k_t = 2,4$ e é feito de liga de alumínio 2024-T351, descrita na Tabela 12.1, onde são fornecidas as constantes para a curva tensão-deformação cíclica estável, Equação 12.54. Estime e trace a resposta tensão-deformação local no entalhe para aplicações repetidas do histórico de tensões nominais indicado na tabela a seguir. Em cada repetição, note que o pico C e o vale D ocorrem a cada 200 vezes.

Pico ou vale	A	B	C_1	D_1	C-D	C_{200}	D_{200}	A'
S, Tensão nominal, MPa	360	-100	260	60	repete	260	60	360

13.42 Um componente entalhado tem um fator de concentração de tensão elástica $k_t = 3,0$ e é feito de aço SAE 1045 (laminado a quente e normalizado), descrito na Tabela 14.1, onde são fornecidas as constantes para a curva tensão-deformação cíclica estável, Equação 12.54. Estime e trace a resposta tensão-deformação local no entalhe para aplicações repetidas do histórico de tensões nominais indicado na tabela a seguir. Em cada repetição, note que o pico C e o vale D ocorrem a cada 50 vezes.

Pico ou vale	A	B	C_1	D_1	C-D	C_{50}	D_{50}	E	F	A'
S, Tensão nominal, MPa	350	-160	160	-80	repete	160	-80	240	-250	350

13.43 Um componente entalhado tem um fator de concentração de tensão elástica $k_t = 3,0$ e é feito de aço RQC-100, descrito na Tabela 14.1, onde são fornecidas as constantes para a curva tensão-deformação cíclica estável, Equação 12.54.

754 **CAPÍTULO 13** Análise da Relação Tensão-Deformação

Determine e trace a resposta tensão-deformação local no entalhe para aplicações repetidas do histórico de tensões nominais indicado na tabela a seguir. Em cada repetição, note que o vale D e o pico E ocorrem a cada 2.000 vezes.

Pico ou vale	A	B	C	D_1	E_1	D-E	D_{2000}	E_{2000}	F	A'
S, Tensão nominal, MPa	380	-170	260	-90	170	repete	-90	170	-260	380

CAPÍTULO

Abordagem da Fadiga
Via Deformação

14

14.1 Introdução..755
14.2 Curvas deformação *versus* vida 757
14.3 Efeitos da tensão média..769
14.4 Efeitos da tensão multiaxial 778
14.5 Estimativas de vida para componentes estruturais................................781
14.6 Discussão 792
14.7 Resumo...800

OBJETIVOS

- Explorar curvas e equações deformação *versus* vida em fadiga, incluindo tendências com os materiais e ajustes para o acabamento superficial e tamanho.
- Estender as curvas deformação-vida para casos de tensão média não nula e tensão multiaxial.
- Aplicar o método baseado em deformações para fazer estimativas de vida para componentes de engenharia, especialmente com entalhes geométricos, incluindo casos de variação irregular do carregamento com o tempo.

14.1 INTRODUÇÃO

A abordagem da fadiga baseada na deformação considera a deformação plástica que pode ocorrer em regiões localizadas onde começam as trincas por fadiga, como nas arestas de vigas e em concentradores de tensões. As tensões e deformações nessas regiões são analisadas e utilizadas como base para estimativas de vida. A conduta permite a consideração detalhada das situações de fadiga nas quais está envolvido o escoamento localizado, que é frequentemente o caso para metais dúcteis sob vidas relativamente curtas em fadiga. No entanto, também se aplica quando há pouca plasticidade em vidas longas, de modo que ela é abrangente e pode ser utilizada no lugar da que se baseia na tensão.

A abordagem baseada em deformações difere significativamente da baseada em tensões, descrita nos Capítulos 9 e 10. Suas características são destacadas na Figura 14.1. Lembre-se de que a abordagem baseada na tensão enfatiza tensões nominais (médias), em vez das tensões e deformações locais, e emprega fatores de concentração de tensão elástica e suas modificações empíricas. O emprego da *curva tensão-deformação cíclica* é uma característica única da abordagem baseada em deformações, assim como a utilização de uma curva *deformação versus vida*, em vez de uma curva tensão nominal *versus* vida (*S-N*). Como resultado da análise mais detalhada do escoamento localizado, o método baseado na deformação leva a estimativas melhoradas para a vida em fadigas intermediárias e, especialmente, curtas. Além disso, permite um tratamento mais racional e preciso dos efeitos da tensão média, empregando a tensão média local no entalhe,

755

em vez da tensão nominal média. Uma similaridade entre as abordagens baseadas em tensão e em deformação é que nenhuma delas inclui análise específica do crescimento de trincas, como ocorre na abordagem de mecânica de fratura, no Capítulo 11.

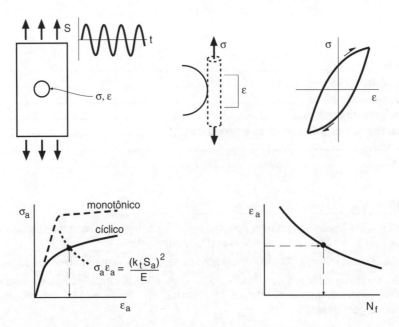

FIGURA 14.1 Abordagem da fadiga baseada na deformação, na qual a tensão e a deformação locais, σ e ε, são estimadas para o local onde a formação de trincas é mais provável. São incluídos os efeitos do escoamento local e utilizadas as curvas tensão-deformação cíclica do material, assim como suas curvas deformação-vida, obtidas a partir de corpos de prova axiais lisos.

A abordagem baseada em deformações foi inicialmente desenvolvida no final dos anos 1950 e início dos anos 1960, em resposta à necessidade de analisar problemas de fadiga que envolviam vidas em fadiga relativamente curtas. As aplicações particulares foram os reatores nucleares e os motores a jato – particularmente no carregamento cíclico associado aos seus ciclos de operação, especialmente devido à presença de tensões térmicas cíclicas. Posteriormente, ficou claro que as cargas em serviço de muitas máquinas, veículos e estruturas incluíam eventos graves ocasionais que podiam ser mais bem avaliados com uma abordagem baseada em deformações. Um exemplo é o carregamento em peças da suspensão automotiva causado por buracos, manobras em alta velocidade ou estradas anormalmente irregulares. Outro é a perturbação transitória dos sistemas de energia elétrica – em alguns casos, causada por raios – que pode produzir grandes vibrações mecânicas nas turbinas e nos geradores de uma usina. Exemplos adicionais incluem carregamentos em aeronaves gerados por rajadas de vento em tempestades e cargas devido a manobras de combate de caças.

Neste capítulo, usaremos as definições e a nomenclatura dadas no início do Capítulo 9. Como a abordagem baseada em deformações traz algumas semelhanças com a baseada em tensões, alguns conceitos empregados estarão relacionados com aqueles introduzidos nos Capítulos 9 e 10. Além disso, usaremos as informações

Comportamento Mecânico dos Materiais **757**

dos Capítulos 12 e 13 sobre deformação plástica. De particular relevância é a curva tensão-deformação cíclica, Equação 12.54:

$$\varepsilon_a = \frac{\sigma_a}{E} + \left(\frac{\sigma_a}{H'}\right)^{1/n'} \tag{14.1}$$

Outros materiais da Seção 12.5 serão usados, assim como a regra de Neuber da Seção 13.5 e o procedimento geral para a análise de carregamentos cíclicos da Seção 13.6.

14.2 CURVAS DEFORMAÇÃO *VERSUS* VIDA

Uma curva deformação *versus* vida é um gráfico da amplitude da deformação *versus* ciclos até a falha. Tal curva é empregada na abordagem baseada em deformações para fazer estimativas de vida de forma análoga ao uso da curva *S-N* na abordagem baseada em tensão.

14.2.1 Ensaios e Equações para Deformação-Vida

As curvas deformação-vida derivam de ensaios de fadiga sob carregamento cíclico completamente invertido ($R = -1$) entre limites constantes de deformação, nos quais a tensão também é medida, conforme descrito na Norma ASTM E606. Lembre-se de que o comportamento das amostras de metais durante esses ensaios já foi discutido na Seção 12.5 em conexão com a curva tensão-deformação cíclica, que é determinada a partir do mesmo conjunto de dados pelos quais é levantada a curva deformação-vida. Nos ensaios, normalmente é aplicado carregamento axial em corpos de prova cilíndricos retos, como ilustrado na Figura 14.2. Em vidas longas em que há pouca deformação plástica, os testes podem ser executados sob controle de tensão, que se torna essencialmente equivalente ao controle de deformação. O número de ciclos até à falha, N_f, é usualmente estipulado quando há uma fissuração substancial da amostra. Um diagrama esquemático de uma curva deformação-vida em coordenadas log-log é mostrado na curva rotulada "total", na Figura 14.3, e uma curva ajustada a dados reais está na Figura 14.4.

Para cada ensaio, as amplitudes da tensão, deformação e deformação plástica, σ_a, ε_a e ε_{pa}, são medidas a partir de um ciclo de histerese, como na Figura 12.17. Como na curva tensão-deformação cíclica, o laço de histerese particular é escolhido em um número de ciclos próximos da metade da vida em fadiga, o que se considera representar o comportamento aproximadamente estável, depois que a maior parte do endurecimento ou do amaciamento cíclico está completa.

Observe que a amplitude da deformação pode ser dividida nas partes elástica e plástica como:

$$\varepsilon_a = \varepsilon_{ea} + \varepsilon_{pa} \tag{14.2}$$

em que a amplitude da deformação elástica está relacionada com a amplitude da tensão por $\varepsilon_{ea} = \sigma_a/E$. A amplitude da deformação plástica ε_{pa} é uma medida da meia largura do laço de histerese tensão-deformação. Em adição à deformação total, ε_a, também é útil traçar a deformação elástica, ε_{ea}, e a deformação plástica, ε_{pa}, separadamente em

CAPÍTULO 14 Abordagem da Fadiga Via Deformação

FIGURA 14.2 Corpo de prova, extensômetro e garras para um teste de fadiga controlado por deformação.

(Foto por G. K. McCauley; Virginia Tech.)

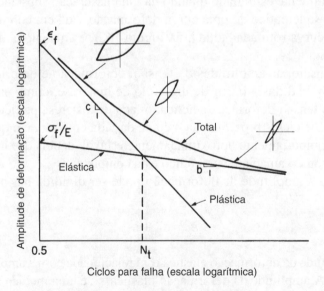

FIGURA 14.3 Curvas de deformação elástica, plástica e total *versus* vida.

(Adaptado de [Landgraf 70]; copyright © ASTM; reimpresso com permissão.)

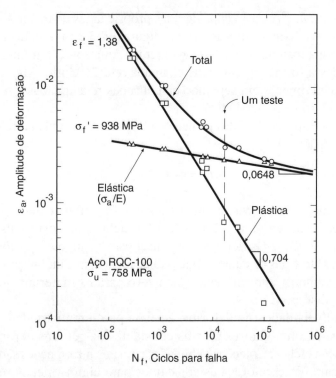

FIGURA 14.4 Curvas deformação *versus* vida para o aço RQC-100. Para cada um dos vários testes, os pontos de dados de deformação elástica, plástica e total são traçados em função da vida e as linhas ajustadas também são mostradas.

(Dos dados do autor sobre o material do Comitê ASTM E9.)

relação à vida, N_f. Assim, para cada teste, são considerados três pontos, como mostrado pela linha tracejada vertical na Figura 14.4.

Se os dados de vários testes são traçados, as deformações elásticas muitas vezes resultam em uma linha reta de baixo declive em um gráfico log-log e as deformações plásticas dão uma linha reta com inclinação mais acentuada. Equações então podem ser ajustadas às linhas.

$$\varepsilon_{ea} = \frac{\sigma_a}{E} = \frac{\sigma'_f}{E}(2N_f)^b, \quad \varepsilon_{ea} = \varepsilon'_f(2N_f)^c \quad (a,b) \qquad (14.3)$$

Nas equações, b e c são as inclinações no gráfico log-log, assumindo, naturalmente, que as divisões nas escalas logarítmicas nas duas direções são iguais em comprimento. As constantes de interceptação, σ'_f/E e ε'_f, são, por convenção, avaliadas em $N_f = 0,5$ e requerem o uso da quantidade $(2N_f)$ nas equações. As quatro constantes necessárias são ilustradas na Figura 14.3.

Combinando as Equações 14.2 e 14.3 chega-se a uma relação entre a amplitude da deformação total, ε_a, e a vida:

$$\varepsilon_a = \frac{\sigma'_f}{E}(2N_f)^b + \varepsilon'_f(2N_f)^c \qquad (14.4)$$

As quantidades σ'_f, b, ε'_f e c são consideradas propriedades de material. Esta equação corresponde às curvas com rótulo "total" nas Figuras 14.3 e 14.4. Para obter N_f para um valor de ε_a, a forma matemática da equação requer uma solução gráfica ou numérica. Uma equação dessa forma é geralmente chamada relação Coffin-Manson, cujo nome deriva do desenvolvimento em separado de equações relacionadas, no final dos anos 1950, por L. F. Coffin e S. S. Manson.

Observe que a Equação 14.3 (a) fornece a relação tensão-vida anteriormente apresentada como Equação 9.7:

$$\sigma_a = \sigma'_f (2N_f)^b \quad (14.5)$$

Assim, se os dados de uma vasta gama de vidas forem utilizados para avaliar as constantes da deformação-vida, a Equação 14.4 inclui uma curva tensão-vida como caso limitante para pequenas deformações plásticas. Logo, as Equações 14.4 e 14.5 podem ser usadas até vidas bastante longas, situação na qual a inclinação, b, geralmente diminui, aparentemente aproximando-se de zero para os materiais que apresentam limite de fadiga distinto (Cap. 9.)

Estão disponíveis dados de deformação-vida para uma variedade de metais de engenharia, assim como valores para as constantes das curvas deformação-vida e tensão-deformação cíclica. Coleções publicadas com tais informações são referenciadas no final deste capítulo e valores das constantes para alguns metais representativos são dados na Tabela 14.1. Estão também disponíveis dados de deformação-vida para alguns polímeros, sendo que a Figura 14.5 apresenta as curvas para dois polímeros dúcteis. No caso, note que formas diferentes da Equação 14.4 serão necessárias para ajustar estes dados.

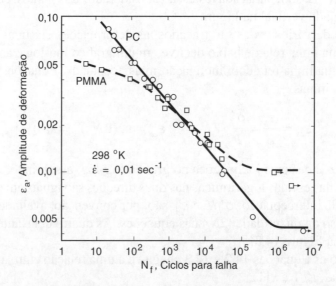

FIGURA 14.5 Curvas de resistência à deformação para policarbonato (PC) e polimetacrilato de metila (PMMA). O declive raso para PMMA em vidas curtas é associado a seu fissuramento (*crazing*) nessa condição.

(Dados de [Beardmore 75].)

Tabela 14.1 Constantes para as Relações Tensão-Deformação e Deformação-Vida para Metais de Engenharia Selecionados[1]												
		Propriedades de Tração				**Curva Cíclica σ-ε**			**Curva Deformação-Vida**			
Material	**Fonte**	σ_0	σ_u	$\tilde{\sigma}_{fB}$	%RA	E	H'	n'	σ'_f	b	ε'_f	c
(a) Aços												
SAE 1015 (normalizado)	(8)	228 (33)	415 (60,2)	726 (105)	68	207.000 (30.000)	1.349 (196)	0,282	1.020 (148)	-0,138	0,439	-0,513
Estrutural[2] Comum (laminado a quente)	(7)	322 (46,7)	557 (80,8)	990 (144)	67	203.000 (29.500)	1.096 (159)	0,187	1.089 (158)	-0,115	0,912	-0,606
RQC-100 (laminado, T e R)	(2)	683 (99,0)	758 (110)	1.186 (172)	64	200.000 (29.000)	903 (131)	0,0905	938 (136)	-0,0648	1,38	-0,704
SAE 1045 (laminado a quente e normalizado)	(6)	382 (55,4)	621 (90,1)	985 (143)	51	202.000 (29.400)	1.258 (182)	0,208	948 (137)	-0,092	0,260	-0,445
SAE 4142 (Temperado, 670 HB)	(1)	1.619 (235)	2.450 (375)	2.580 (375)	6	200.000 (29.000)	2.810 (407)	0,040	2.550 (370)	-0,0778	0,0032	-0,436
SAE 4142 (Temperado e Revenido, 560 HB)	(1)	1.688 (245)	2.240 (325)	2.650 (385)	27	207.000 (30.000)	4.140 (600)	0,126	3.410 (494)	-0,121	0,0732	-0,805
SAE 4142 (Temperado e Revenido, 450 HB)	(1)	1.584 (230)	1.757 (255)	1.998 (290)	42	207.000 (30.000)	2.080 (302)	0,093	1.937 (281)	-0,0762	0,706	-0,869
SAE 4142 (Temperado e Revenido, 380 HB)	(1)	1.378 (200)	1.413 (205)	1.826 (265)	48	207.000 (30.000)	2.210 (321)	0,133	2.140 (311)	-0,0944	0,637	-0,761
AISI 4340 (Qual. Aeronáutica)[2]	(3)	1.103 (160)	1.172 (170)	1.634 (237)	56	207.000 (30.000)	1.655 (240)	0,131	1.758 (255)	-0,0977	2,12	-0,774
AISI 4340 (409 HB)	(1)	1.371 (199)	1.468 (213)	1.557 (226)	38	200.000 (29.000)	1.910 (277)	0,123	1.879 (273)	-0,0859	0,640	-0,636
H-11 Ausfomado (660 HB)	(1)	2.030 (295)	2.580 (375)	3.170 (460)	33	207.000 (30.000)	3.475 (504)	0,059	3.810 (553)	-0,0928	0,0743	-0,7144
(b) Outros Metais												
Liga de Al 2024-T351	(1)	379 (55)	469 (68)	558 (81,0)	25	73.100 (10.600)	662 (96)	0,070	927 (134)	-0,113	0,409	-0,713
Liga de Al 2024-T4 (Pré-deformado)[3]	(4)	303 (44)	476 (69)	631 (91,5)	35	73.100 (10.600)	738 (107)	0,080	1.294 (188)	-0,142	0,327	-0,645
Liga de Al 7075-T6	(5)	469 (68)	578 (84)	744 (108)	33	71.000 (10.300)	977 (142)	0,106	1.466 (213)	-0,143	0,262	-0,619
Liga de Ti-6Al-4V	(1)	1.185 (172)	1.233 (179)	1.717 (249)	41	117.000 (17.000)	1.772 (257)	0,106	2.030 (295)	-0,104	0,841	-0,688
Liga base Ni Inconel X (recozida)	(1)	703 (102)	1.213 (176)	1.309 (190)	20	214.000 (31.000)	1.855 (269)	0,120	2.255 (327)	-0,117	1,16	-0,749

Notas: [1]Os valores tabulados têm unidades de MPa (ksi) ou são adimensionais. [2]Corpos de prova pré-deformados, exceto em vidas curtas, e também periodicamente sobrecarregados em vidas longas. [3]Para ensaios não pré-deformados, usar as mesmas constantes, exceto $\sigma_f = 900$ (131) e $b = -0,102$.
Fontes: *Dados em (1) [Conle 84]; (2) dados do autor do material do Comitê ASTM E9; (3) [Dowling 73]; (4) [Dowling 89] e [Topper 70]; (5) [Endo 69] e [Raske 72]; (6) [Leese 85]; (7) [Wetzel 77] p. 41 e 66; (8) [Keshavan 67] e [Smith 70].*

762 **CAPÍTULO 14** Abordagem da Fadiga Via Deformação

EXEMPLO 14.1
São apresentados dados na Tabela E14.1 para testes de fadiga com controle de deformação completamente invertida para o aço RQC-100. O módulo elástico é $E = 200$ GPa, σ_a e ε_{pa} são medidos perto de $N_f/2$. Determine as constantes para a curva deformação-vida.

Tabela E14.1

ε_a	σ_a, MPa	ε_{pa}	N_f, ciclos
0,0202	631	0,01695	227
0,0100	574	0,00705	1.030
0,0045	505	0,00193	6.450
0,0030	472	0,00064	22.250
0,0023	455	(0,00010)	110.000

Fonte: *Dados do autor sobre o material do Comitê ASTM E9.*

Solução
Dois ajustes pelo método dos mínimos quadrados são necessários para obter as constantes σ'_f, b, ε'_f e c, um ajuste para a Equação 14.5 e outro para a Equação 14.3 (b). Ambos os procedimentos de ajuste são executados similarmente ao Exemplo 9.1 (b). Para o primeiro, resolva a Equação 14.5 para a variável dependente $2N_f$ e tome os logaritmos dos dois lados:

$$2N_f = \left(\frac{\sigma_a}{\sigma'_f} \right)^{1/b}, \quad \log(2N_f) = \frac{1}{b}\log\sigma_a - \frac{1}{b}\log\sigma'_f$$

Isso tem a forma $y = mx + d$, em que:

$$y = \log(2N_f), \quad x = \log\sigma_a, \quad m = \frac{1}{b}, \quad d = -\frac{1}{b}\log\sigma'_f$$

Realizando um ajuste linear por mínimos quadrados com base nestas equações temos:

$$m = -17{,}096, \quad d = 50{,}513$$

de forma que as constantes necessárias são:

$$b = \frac{1}{m} = -0{,}0585, \quad \sigma'_f = 10^{-db} = 901 \text{ MPa} \qquad \textbf{(Resposta)}$$

Para obter as duas constantes restantes, procede-se da mesma forma, resolvendo a Equação 14.3 (b) para $2N_f$ e tomando logaritmos de ambos os lados para obter a forma $y = mx + d$:

$$2N_f = \left(\frac{\varepsilon_{pa}}{\varepsilon'_f} \right)^{1/c}, \quad \log(2N_f) = \frac{1}{c}\log\varepsilon_{pa} - \frac{1}{c}\log\varepsilon'_f$$

$$y = \log(2N_f), \quad x = \log\varepsilon_{pa}, \quad m = \frac{1}{c}, \quad d = -\frac{1}{c}\log\varepsilon'_f$$

No entanto, o último valor de ε_{pa} mostrado entre parênteses, na Tabela E14.1, é considerado tão pequeno que a sua precisão na medição é provavelmente ruim. Além disso, este ponto não se situa ao longo da tendência linear dos outros dados de ε_{pa} *versus* N_f num gráfico semelhante ao da Figura 14.4. Assim, o ajuste é feito apenas com os primeiros quatro valores de ε_{pa}:

$$m = -1,3456, \quad d = 0,39690$$

$$c = \frac{1}{m} = -0,743, \quad \varepsilon'_f = 10^{-dc} = 1,972 \qquad \textbf{(Resposta)}$$

Empregando E = 200.000 MPa dado, a curva deformação-vida na forma da Equação 14.4 pode ser finalmente escrita:

$$\varepsilon_a = 0,004505\left(2N_f\right)^{-0,0585} + 1,972\left(2N_f\right)^{-0,743}$$

Comentários
As constantes obtidas diferem um pouco das da Figura 14.4, devido à utilização de um conjunto abreviado de dados. Os valores dados de σ_a e ε_{pa} podem também ser utilizados para ajustar a curva tensão-deformação cíclica, utilizando o mesmo procedimento do Exemplo 12.1, exceto para o uso dos valores de amplitude. Novamente, excluindo o último ponto, os resultados são $H' = 900$ MPa e $n' = 0,0896$.

14.2.2 Comentários sobre as Equações e Curvas Deformação-Vida

Em longas vidas, o primeiro termo (associado à deformação elástica) da Equação 14.4 é dominante, uma vez que as deformações plásticas são relativamente pequenas e a curva se aproxima da linha de deformação elástica. Isso corresponde a um laço de histerese estreito, como mostrado na Figura 14.3. Por outro lado, em vidas curtas, as deformações plásticas são grandes, comparadas com as deformações elásticas, e a curva se aproxima da linha de deformação plástica, apresentando laços de histerese largos. Em vidas intermediárias, perto do ponto de cruzamento das linhas de deformação elástica e plástica, os dois tipos de deformação são de magnitude similar. O ponto de cruzamento é identificado como *vida em fadiga de transição*, N_t. Uma equação que relaciona N_t com as outras constantes pode ser obtida empregando a substituição $\varepsilon_{ea} = \varepsilon_{pa}$ na combinação das Equações 14.3 (a) e (b), o que dá:

$$N_t = \frac{1}{2}\left(\frac{\sigma'_f}{\varepsilon'_f E}\right)^{1/(c-b)} \tag{14.6}$$

Para determinado material, a vida em fadiga de transição, N_t, define um limite entre o comportamento em fadiga envolvendo plasticidade substancial e o comportamento envolvendo pouca plasticidade. O valor de N_t é, portanto, o ponto mais lógico para se

764 **CAPÍTULO 14** Abordagem da Fadiga Via Deformação

separar a fadiga de baixo e de alto ciclo. Pode ser preciso uma análise especial dos efeitos de plasticidade pela abordagem baseada em deformações se forem de interesse vidas ao redor ou inferiores a N_t. Por outro lado, a abordagem S-N, que se baseia principalmente na análise elástica, pode ser suficiente em vidas superiores a N_t.

Das Equações 12.11 e 12.12, extrai-se o termo associado à deformação plástica da curva tensão-deformação cíclica:

$$\sigma_a = H'\varepsilon_{pa}^{n'} \tag{14.7}$$

Se N_f é eliminado, combinando as Equações 14.3 (b) e 14.5, e o resultado comparado com esta equação, as constantes para a curva deformação-vida podem ser relacionadas com aquelas para a curva tensão-deformação cíclica:

$$n' = \frac{b}{c}, \quad H' = \frac{\sigma'_f}{\left(\varepsilon'_f\right)^{b/c}} \tag{14.8}$$

Assim, das seis constantes H', n', σ'_f, b, ε'_f e c, apenas quatro são independentes. No entanto, é prática comum fazer três ajustes de dados separados, usando as Equações 14.3 (b), 14.5 e 14.7, de modo que as relações precedentes entre as constantes são satisfeitas apenas aproximadamente. Em outras palavras, os valores relatados para as seis constantes podem não ser exatamente consistentes entre si, como relacionados pela Equação 14.8.

Em alguns casos, pode haver inconsistências bastante grandes entre as seis constantes. Isso ocorre em situações nas quais os dados não se encaixam muito bem nas formas matemáticas assumidas. Em particular, os pontos de dados de σ_a versus N_f ou ε_{pa} versus N_f podem distanciar-se um pouco das linhas retas na escala log-log. Em tais casos, deve-se garantir que as constantes da relação deformação-vida, σ'_f, b, ε'_f e c, usadas para a Equação 14.4 ainda gerem uma representação razoável para os dados de deformação total, ε_a versus N_f. Além disso, os valores empregados para H' e n' devem ser aqueles realmente ajustados aos dados σ_a versus ε_{pa} e não os valores calculados a partir da Equação 14.8.

Para materiais dúcteis a vidas muito curtas, a deformação pode ser suficientemente grande para que tensões e deformações verdadeiras, como definidas na Seção 4.5, difiram significativamente dos valores de engenharia mais usuais. Em tais casos, os valores de σ_a, ε_{pa} e ε_a nas equações precedentes devem ser substituídos pelos valores reais de tensão e deformação, $\tilde{\sigma}_a$, $\tilde{\varepsilon}_{pa}$ e $\tilde{\varepsilon}_a$. Se isso for feito, essas equações geralmente darão uma representação razoável dos dados de fadiga em uma larga faixa que inclui vidas muito curtas. Além disso, se um teste de tensão é interpretado como teste de fadiga no qual a falha ocorre em $N_f = 0{,}5$ ciclo, as constantes de interceptação, σ'_f e ε'_f, devem ser iguais à tensão e à deformação de fraturas reais obtidas em um teste de tensão, $\tilde{\sigma}_f$ e $\tilde{\varepsilon}_f$. Embora os valores de σ'_f e ε'_f sejam mais bem obtidos a partir do ajuste de dados reais de fadiga, muitas vezes ocorre concordância razoável com $\tilde{\sigma}_f$ e $\tilde{\varepsilon}_f$. Observe que a conveniência da comparação direta explica por que σ'_f e ε'_f são definidos como interceptos em $N_f = 0{,}5$.

14.2.3 Tendências para Materiais de Engenharia

A grande quantidade de dados disponíveis para metais de engenharia permite que sejam declaradas algumas generalizações e tendências sobre curvas deformação-vida para esta classe de materiais.

Como explicado, espera-se que as constantes de intercepção para a curva deformação-vida sejam semelhantes à tensão e à deformação de fraturas reais obtidas em um teste de tração:

$$\sigma'_f \approx \tilde{\sigma}_f, \quad \varepsilon'_f \approx \tilde{\varepsilon}_f \tag{14.9}$$

Um metal dúctil tem um valor elevado de $\tilde{\varepsilon}_f$ e um valor baixo de $\tilde{\sigma}_f$. Assim, a linha de deformação plástica, como na Figura 14.3, tende a ser alta, e a linha de deformação elástica, baixa. Isso resulta numa curva deformação-vida íngreme, como ilustrado na Figura 14.6. Além disso, a vida de fadiga de transição, N_t, será relativamente longa. A tendência oposta geralmente ocorre para um metal resistente, mas relativamente quebradiço, para o qual um elevado $\tilde{\sigma}_f$ e um baixo $\tilde{\varepsilon}_f$ correspondem a uma curva deformação-vida mais plana e a um valor relativamente baixo de N_t. Um material *tenaz*, que tem valores intermédios de $\tilde{\sigma}_f$ e $\tilde{\varepsilon}_f$, tende a ter uma curva deformação-vida e um valor de N_t entre os dois extremos. Vale ressaltar que as curvas deformação-vida para uma grande variedade de metais de engenharia tendem a passar perto da deformação $\varepsilon_a = 0,01$ para uma vida de $N_f = 1.000$ ciclos.

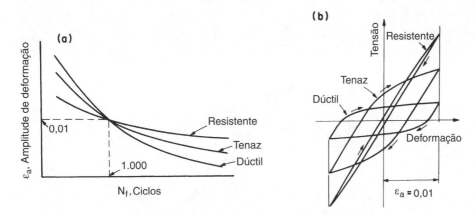

FIGURA 14.6 Tendências das curvas deformação-vida para metais resistentes, tenazes e dúcteis.

(Adaptado de [Landgraf 70]; copyright © ASTM; reimpresso com permissão.)

As tendências discutidas podem ser observadas nas curvas deformação-vida da Figura 14.7, relacionadas com vários aços. A variação de N_t com as propriedades mecânicas é ilustrada traçando seu valor *versus* sua dureza para vários aços, na Figura 14.8. A dureza, é claro, varia inversamente com a ductilidade, de modo que o N_t diminui, à medida que a dureza aumenta.

Também podem ser feitas algumas generalizações relativamente às constantes associadas à inclinação da curva deformação-vida, b e c. Valores em torno de $c = -0,6$ são comuns, sendo que uma faixa relativamente estreita – de $c = -0,5$ a $-0,8$ – parece incluir a maioria dos metais de engenharia. Um valor típico para a inclinação de deformação elástica é $b = -0,085$. Inclinações elásticas relativamente íngremes (em torno de $b = -0,12$) são comuns para metais macios, tais como metais recozidos. Declividades rasas – mais próximas de $b = -0,05$ – são comuns para metais altamente endurecidos. Esta tendência contribui para a tendência geral já observada para as curvas deformação-vida: mais inclinadas para metais dúcteis e mais planas para metais mais frágeis.

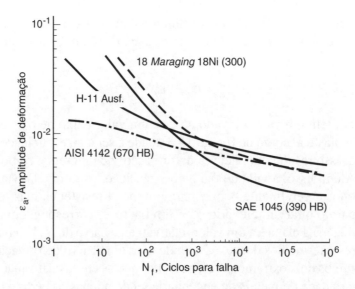

FIGURA 14.7 Curvas deformação-vida para quatro aços endurecidos e representativos.

(Adaptado de [Landgraf 68]; usado com permissão.)

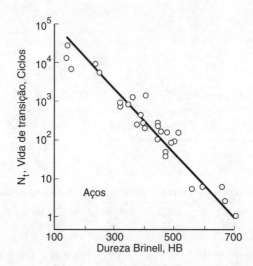

FIGURA 14.8 Gráfico relacionando a vida em fadiga de transição com a dureza para uma vasta gama de aços.

(Adaptado de [Landgraf 70]; copyright © ASTM; reimpresso com permissão.)

Para aços com limites de resistência abaixo de $\sigma_u = 1.400$ MPa, lembre-se da Seção 9.6.1 que um limite de fadiga ocorre perto de 10^6 ciclos a uma amplitude de tensão em torno $\sigma_a = \sigma_u/2$. Isso estabelece um ponto que deve satisfazer a relação deformação-vida, descrita pela Equação 14.5. Se a estimativa $\sigma'_f \approx \tilde{\sigma}_f$ também é aplicada, a Equação 14.5 dá:

$$b = -\frac{1}{6,3}\log\frac{2\tilde{\sigma}_f}{\sigma_u} \qquad (14.10)$$

Em outros casos, quando o limite de fadiga (ou resistência à fadiga de longa duração), N_e (em ciclos), é dado por $\sigma_a = m_e\sigma_u$, a estimativa torna-se:

$$b = -\frac{\log\dfrac{\tilde{\sigma}_f}{m_e\sigma_u}}{\log(2N_e)} \qquad (14.11)$$

em que alguns valores aproximados de m_e e N_e para várias classes de metais de engenharia são dados na Tabela 10.1. São verificadas razões mais altas $\tilde{\sigma}_f/\sigma_u$ para metais mais dúcteis, de modo que as Equações 14.10 e 14.11 são consistentes com as tendências mencionadas para b.

14.2.4 Fatores que Afetam as Curvas Deformação-Vida; Acabamento Superficial e Tamanho

Se um ambiente químico hostil ou uma temperatura elevada estiver presente, são esperados menores números de ciclos para falha, especialmente para frequências mais baixas, situação na qual o ambiente tem mais tempo para agir. Em temperaturas que excedem cerca de metade da temperatura de fusão absoluta de um material, as deformações não lineares devido ao comportamento de relaxação e fluência dependentes do tempo geralmente se tornam significativas. As curvas deformação-vida e tensão-deformação passam então a depender da frequência do teste. Assim, tais efeitos se darão a uma temperatura suficientemente elevada para qualquer metal de engenharia estrutural e ocorrem à temperatura ambiente para metais de baixa temperatura de fusão, como chumbo e estanho, e também para a maioria dos polímeros. A análise da relaxação e da fluência e seus efeitos sobre a vida, quando estes fenômenos ocorrem em combinação com carga cíclica, envolve uma área denominada *interação fadiga-fluência*. Alguns comentários adicionais sobre o tópico são apresentados no Capítulo 15.

Em contraste com as curvas S-N em vidas longas, as curvas deformação-vida em vidas relativamente curtas não são altamente sensíveis a fatores como o acabamento superficial e as tensões residuais. As tensões residuais, que estavam inicialmente presentes, são logo removidas pela relaxação cíclica se forem aplicadas deformações plásticas cíclicas; desse modo, as tensões residuais têm efeito limitado apenas em vidas ao redor e abaixo de N_t. O acabamento superficial é importante na fadiga de alto ciclo, porque a maior parte da vida nas baixas tensões envolvidas é gasta iniciando uma trinca que se propaga. No entanto, se estiverem presentes tensões plásticas significativas, uma pequena trinca (ou um dano tão severo quanto uma trinca) começa a se propagar relativamente cedo na vida, mesmo se a superfície for lisa. A maior parte da vida, portanto, é dispendida no crescimento de pequenas trincas no material a até alguma profundidade onde o acabamento superficial não influencia. A importância dos efeitos do crescimento de trincas em vidas relativamente curtas foi ilustrada antes, na Figura 9.19, e depois, pelos dados de deformação-vida, na Figura 14.9.

Um método razoável de modificar a curva deformação-vida para incluir o efeito do acabamento superficial é alterar apenas a inclinação elástica, b. Isso pode ser feito abaixando a curva deformação-vida do número de ciclos, N_e, normalmente associado ao limite de fadiga, tal como $N_e = 10^6$ ciclos para o aço, deixando σ'_f inalterado. Particularmente, a amplitude de tensão em $N_f = N_e$, que é $\sigma_e = \sigma'_f (2\,N_e)^b$, é substituída por

768 CAPÍTULO 14 Abordagem da Fadiga Via Deformação

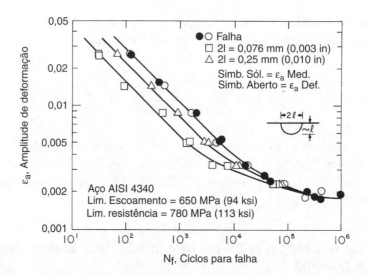

FIGURA 14.9 Curvas deformação-vida para falha e para dois tamanhos de trincas específicos, em aço-liga.

(Adaptado de [Dowling 79a]; usado com permissão.)

$m_s\sigma_e$ para obter a nova inclinação. Aqui, m_s é um fator de efeito superficial, como no Capítulo 10. Isso leva a uma nova constante de inclinação, b_s, que substitui o b original ao fazer estimativas de vida:

$$b_s = -\frac{\log\dfrac{\sigma'_f}{m_s\sigma_e}}{\log(2N_e)} = b + \frac{\log m_s}{\log(2N_e)} \qquad (14.12)$$

Na equação, a substituição de σ_e leva à segunda forma.

Os efeitos do tamanho, como discutido no Capítulo 10, também são uma preocupação na aplicação de uma abordagem baseada em deformações para componentes de grande porte, mas os dados experimentais são limitados. Em um estudo de eixos com até 250 mm de diâmetro que incluía dados sobre aços de baixo carbono e de baixa liga (turbina-gerador rotor), o fator de redução pelo tamanho variou com o diâmetro do eixo, d, como:

$$m_d = \left(\frac{d}{25{,}4\,\text{mm}}\right)^{-0{,}093} \qquad (14.13)$$

em que d foi interpretado como o diâmetro mínimo para eixos contendo raios de filete ou sulcos circunferenciais. Além disso, o estudo sugeriu abaixamento de toda a curva deformação-vida por este fator para que as constantes de interceptação da curva, σ'_f e ε'_f, fossem substituídas pelo produto dos valores reduzidos e σ'_{fd} e ε'_{fd}:

$$\sigma'_{fd} = m_d \times \sigma'_f, \qquad \varepsilon'_{fd} = m_d \times \varepsilon'_f \qquad (14.14)$$

As constantes de declive, b e c, não são alteradas. (As Equações 14.13 e 14.14 são baseadas em [Placek 84].)

Os valores ajustados das constantes (propriedades) dos materiais da Equação 14.12 ou 14.14 não devem ser empregados na Equação 14.8 para obter H' e n' para a curva tensão-deformação cíclica. Como já explicado, H' e n' devem sempre ser obtidos a partir do ajuste de dados tensão-deformação adequados.

14.3 EFEITOS DA TENSÃO MÉDIA

Os efeitos da tensão média, como discutido nos Capítulos 9 e 10, precisam ser avaliados na aplicação da abordagem baseada em deformação. Particularmente, a curva deformação-vida para carga completamente invertida precisa ser modificada se uma tensão média não nula estiver presente. É útil pensar em uma família de curvas deformação-vida em que aquela a ser empregada dependa da tensão média. A Figura 14.10 apresenta dados de ensaio que ilustram essa situação para um aço-liga.

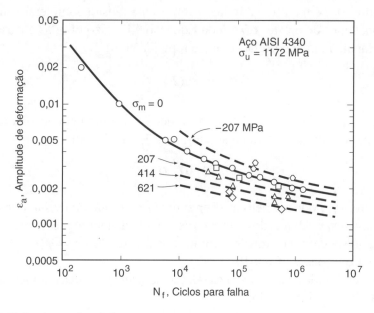

FIGURA 14.10 Efeito da tensão média na curva deformação-vida de um aço-liga, com curvas tracejadas oriundas da equação da tensão média de Morrow. A maioria dos corpos de prova foi sobredeformada antes do teste, e a maior parte com $N_f > 10^5$ ciclos também foi periodicamente sobrecarregada.

(Dados de [Dowling 73].)

14.3.1 Testes de Tensão Média

Para um ensaio de deformação cíclica conduzido com tensão média não nula é provável a ocorrência de um relaxamento cíclico da tensão média, tal como descrito no Capítulo 12 e ilustrado na Figura 12.25. Se a amplitude da deformação plástica não for grande, parte da tensão média permanecerá. Nesse caso, essa tensão afetará a vida em fadiga. Além da influência da tensão média associada, há pouco efeito na vida em fadiga da própria deformação média, a menos que o valor seja suficientemente grande para ser comparável a uma fração significativa da ductilidade em tração.

770 **CAPÍTULO 14** Abordagem da Fadiga Via Deformação

Alternativamente, testes controlados por tensão podem ser executados. Neste caso, não pode haver relaxação da tensão média, mas sim ocorrer fluência cíclica. Grandes quantidades desse tipo de deformação podem acumular-se e resultar numa falha semelhante à de um ensaio por tração. No entanto, a situação de interesse primário aqui é a plasticidade em regiões localizadas, nas quais grandes deformações de fluência cíclicas são geralmente impedidas pela rigidez do material elástico circundante. Deste modo, os resultados dos ensaios controlados por tensão são de interesse presente apenas se a falha não for dominada pela fluência cíclica.

Independentemente do procedimento empregado, podem ser obtidos dados para avaliar o efeito da tensão média sobre a vida. A discussão segue por vários métodos alternativos para se quantificar o efeito médio da tensão no contexto das curvas deformação-vida.

14.3.2 Incluindo os Efeitos da Tensão Média nas Equações Deformação-Vida

Como no Capítulo 9, vamos definir um caso especial de amplitude de tensão no qual a tensão média, σ_{ar}, é nula (o subíndice r representa tensão completamente reversa). Como as constantes de ajuste, σ'_f e b da Equação 14.5, são obtidas a partir de testes com tensão média nula, a correlação que é repetida aqui:

$$\sigma_{ar} = \sigma'_f (2N_f)^b \tag{14.15}$$

Para obter a vida estimada por fadiga, N_f, é necessária uma equação adicional para calcular σ_{ar} para a situação de interesse com tensão média não nula:

$$\sigma_{ar} = f(\sigma_a, \sigma_m) \tag{14.16}$$

Nesse contexto, σ_{ar} pode ser pensado como uma *amplitude de tensão completamente invertida equivalente*. Alguns dos métodos de cálculo da tensão média mais largamente empregados, que podem ser expressos como equações do tipo $\sigma_{ar} = f(\sigma_a, \sigma_m)$, são dados por meio das Equações 9.15 a 9.19.

Para incluir os efeitos da tensão média na relação deformação-vida, combine as Equações 14.15 e 14.16 do seguinte modo:

$$\sigma_{ar} = f(\sigma_a, \sigma_m) = \sigma_a \frac{f(\sigma_a, \sigma_m)}{\sigma_a} = \sigma'_f (2N_f)^b \tag{14.17}$$

Em seguida, resolva a amplitude de tensão, σ_a, no numerador após o segundo sinal de igual e manipule as quantidades de tensão restantes entre parênteses com N_f, permitindo definir uma *vida equivalente à tensão média nula*, N^*.

$$\sigma_a = \sigma'_f \left[2N_f \left(\frac{\sigma_a}{f(\sigma_a, \sigma_m)} \right)^{1/b} \right]^b = \sigma'_f (2N^*)^b \quad \text{(a)}$$

$$\text{em que } N^* = N_f \left(\frac{\sigma_a}{f(\sigma_a, \sigma_m)} \right)^{1/b} \quad \text{(b)}$$

$$(14.18)$$

Assim, pode-se determinar a vida N^* esperada para determinada amplitude de tensão, σ_a, sob tensão média zero e, então, resolver a Equação 14.18 (b) para obter a vida, N_f, afetada por uma tensão média não nula.

$$N_f = N^* \left(\frac{\sigma_a}{f(\sigma_a, \sigma_m)} \right)^{-1/b} \quad (14.19)$$

O efeito sobre a vida deve ser o mesmo independentemente de se empregar uma curva tensão-vida ou deformação-vida. Isso permite que a Equação 14.4 seja generalizada para:

$$\varepsilon_a = \frac{\sigma_f'}{E}(2N^*)^b + \varepsilon_f'(2N^*)^c \quad (14.20)$$

Aqui, N^* é a vida calculada a partir da amplitude da tensão, ε_a, como se a tensão média fosse nula e então N_f afetada pela tensão média não nula é obtida a partir da Equação 14.19. Além disso, em um gráfico do tipo deformação-vida, espera-se que os dados traçados de ε_a *versus* a vida equivalente N^* caiam juntos ao longo da curva para a tensão média nula, Equação 14.4. Isso é demonstrado na Figura 14.11 para o mesmo conjunto de dados do aço que os mostrados na Figura 14.10, em que a relação $f(\sigma_a, \sigma_m)$ particular foi baseada na expressão da tensão média de Morrow, Equação 9.17 (b).

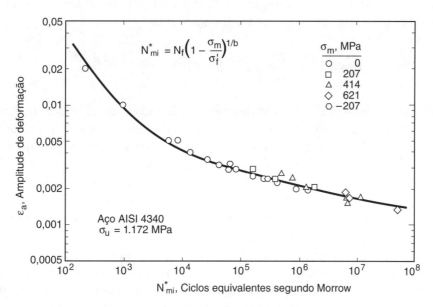

FIGURA 14.11 Dados de tensão média da Figura 14.10 traçada *versus N**, definido de acordo com a equação de Morrow.

Conforme observado na Seção 9.7.3, as relações de tensão média de Goodman e Gerber são menos precisas do que os métodos Morrow, SWT e Walker. Como resultado da averiguação dessa situação, apenas os três últimos são comumente aplicados às curvas deformação-vida.

772 **CAPÍTULO 14** Abordagem da Fadiga Via Deformação

14.3.3 Equação da Tensão Média de Morrow

A abordagem sugerida por J. Morrow pode ser expressa por uma equação que dá a amplitude de tensão completamente invertida equivalente, σ_{ar}, com que se espera produzir a mesma vida que determinada combinação de amplitude σ_a e média σ_m:

$$\sigma_{ar} = \frac{\sigma_a}{1 - \dfrac{\sigma_m}{\sigma'_f}} \qquad (14.21)$$

Aqui, a constante σ'_f é a mesma utilizada para a curva tensão-vida, sendo que a expressão vem da Equação 9.17 (b). Substituindo este σ_{ar} particular nas Equações 14.18 (b) e 14.19, obtemos:

$$N^*_{mi} = N_f \left(1 - \frac{\sigma_m}{\sigma'_f} \right)^{1/b} \qquad (14.22)$$

$$N_f = N^*_{mi} \left(1 - \frac{\sigma_m}{\sigma'_f} \right)^{-1/b} \qquad (14.23)$$

Os subíndices mi foram adicionados a N^* para indicar a aplicação do caso particular da equação de tensão médio de *Morrow*, usando a constante σ'_f de *interceptação* de tensão-vida (Equação 14.5).

O uso do valor de N^*_{mi} (Equação 14.22) na Equação 14.20 fornece uma única equação para uma família de curvas deformação-vida:

$$\varepsilon_a = \frac{\sigma'_f}{E} \left(1 - \frac{\sigma_m}{\sigma'_f} \right) \left(2N_f \right)^b + \varepsilon'_f \left(1 - \frac{\sigma_m}{\sigma'_f} \right)^{c/b} \left(2N_f \right)^c \qquad (14.24)$$

A expressão é semelhante à equação de deformação-vida original, exceto que as constantes de interceptação são, na verdade, modificadas para qualquer valor de tensão média não nula. Ela foi usada para traçar a família de curvas mostrada na Figura 14.10. Além disso, os dados dessa figura podem ser traçados *versus* N^*_{mi}, descrito pela Equação 14.22, de forma a consolidar esses dados ao longo de uma única curva na qual $\sigma_m = 0$, como visto na Figura 14.11. O sucesso da equação de Morrow para tal conjunto de dados é bastante bom, como observado pelo ajuste dos pontos de dados obtidos para tensão média não nula com esta curva.

Conforme observado na Seção 9.7.3, a expressão da Equação 9.17 (a) para a tensão média de Morrow, empregando a verdadeira força de fratura, $\tilde{\sigma}_{fB}$, é muitas vezes útil, especialmente para ligas de alumínio em que o uso de σ'_f não leva a bons resultados. Neste caso, as expressões σ_{ar} e N^* aplicáveis são:

$$\sigma_{ar} = \frac{\sigma_a}{1 - \dfrac{\sigma_m}{\tilde{\sigma}_{fB}}} \qquad (14.25)$$

$$N^*_{mf} = N_f \left(1 - \frac{\sigma_m}{\tilde{\sigma}_{fB}} \right)^{1/b} \qquad (14.26)$$

O subíndice *mf* é adicionado a N^* para especificar o uso da equação de Morrow com base na resistência de *fratura* real ou verdadeira.

14.3.4 Abordagem de Morrow Modificada

A seguinte modificação da Equação 14.24 é frequentemente usada:

$$\varepsilon_a = \frac{\sigma'_f}{E}\left(1 - \frac{\sigma_m}{\sigma'_f}\right)(2N_f)^b + \varepsilon'_f(2N_f)^c \qquad (14.27)$$

O primeiro termo (deformação elástica) é o mesmo, mas a dependência com a tensão média foi removida do segundo termo (deformação plástica). A alteração tem como consequência a redução da influência estimada da tensão média nas vidas relativamente curtas.

A Figura 14.12 apresenta uma comparação entre membros da família das curvas deformação-vida, correspondentes à Equação 14.27, com dados de ensaio do aço-liga da Figura 14.10. A tendência de um efeito predito menor da tensão média nas vidas relativamente curtas é evidente a partir da comparação com a Figura 14.10, considerando a tendência de convergência das curvas associadas às tensões médias não nulas para vidas abaixo de 10^4 ciclos. No entanto, a concordância com os dados do teste ainda é razoável. A Equação 14.27 não se presta a qualquer apresentação gráfica, além de traçar vários membros da família de curvas.

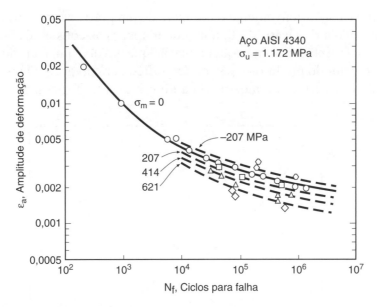

FIGURA 14.12 Família de curvas deformação-vida gerada pela abordagem de Morrow modificada, e comparação com os dados da Figura 14.

14.3.5 Parâmetro de Smith, Watson e Topper (SWT)

O método SWT foi previamente introduzido no contexto das curvas tensão-vida com a Equação 9.18. É, com frequência, empregada uma aplicação análoga às curvas deformação-vida que se reduz à Equação 9.18 se as deformações plásticas forem pequenas.

Particularmente, esta abordagem pressupõe que a vida para qualquer situação de tensão média depende do produto:

$$\sigma_{máx}\varepsilon_a = h''(N_f) \qquad (14.28)$$

Por definição, $\sigma_{máx} = \sigma_m + \sigma_a$ e $h''(N_f)$ indica uma função da vida em fadiga, N_f. Assim, espera-se que a vida seja a mesma que o carregamento completamente invertido ($\sigma_m = 0$) quando este produto apresentar o mesmo valor.

Considere σ_{ar} e ε_{ar} as amplitudes de tensão e de deformação completamente invertidas que resultam na mesma vida N_f que levaria à combinação ($\sigma_{máx}$, ε_a). Observando que para $\sigma_m = 0$ temos $\sigma_{máx} = \sigma_{ar}$, encontramos que a função da vida em fadiga, $h''(N_f)$, torna-se $\sigma_{máx}\varepsilon_a = \sigma_{ar}\varepsilon_{ar}$. Se as curvas tensão-vida e deformação-vida para carregamento completamente invertido forem dadas pelas Equações 14.5 e 14.4, a função $h''(N_f)$ pode ser obtida substituindo essas equações por σ_{ar} e ε_{ar} para levar a:

$$\sigma_{máx}\varepsilon_a = \sigma'_f(2N_f)^b \left[\frac{\sigma'_f}{E}(2N_f)^b + \varepsilon'_f(2N_f)^c\right] \qquad (14.29)$$

que pode ser rearranjado para obter:

$$\sigma_{máx}\varepsilon_a = \frac{\left(\sigma'_f\right)^2}{E}\left(2N_f\right)^{2b} + \sigma'_f\varepsilon'_f(2N_f)^{b+c} \qquad (14.30)$$

Uma representação conveniente é por meio de um gráfico com o produto $\sigma_{máx}\varepsilon_a$ versus N_f, usando a Equação 14.30, que requer apenas as constantes dos dados de teste com $\sigma_m = 0$. Então, para qualquer situação que envolva uma tensão média não nula, insira o valor do produto $\sigma_{máx}\varepsilon_a$ neste gráfico para obter N_f. O resultado para o aço-liga da Figura 14.10 é mostrado na Figura 14.13. O sucesso do parâmetro

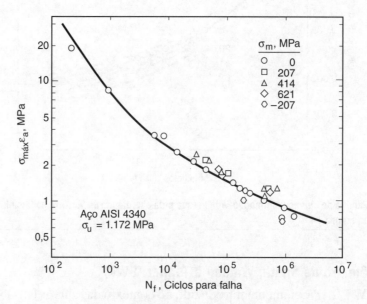

FIGURA 14.13 Gráfico do parâmetro de Smith, Watson e Topper (SWT) *versus* vida em fadiga para os dados da Figura 14.10.

Comportamento Mecânico dos Materiais **775**

SWT para este caso, em particular, pode ser julgado pela extensão da concordância dos dados para tensão média não nula com a curva. A concordância é razoável, mas não tão boa quanto é para a equação de Morrow, conforme apresentado na Figura 14.11.

14.3.6 Equação da Tensão Média de Walker

Recorde-se das duas formas equivalentes da relação da tensão média de Walker, anteriormente apresentadas como Equação 9.19.

$$\sigma_{ar} = \sigma_{máx}^{1-\gamma}\sigma_a^{\gamma}, \quad \sigma_{ar} = \sigma_{máx}\left(\frac{1-R}{2}\right)^{\gamma} \quad (a,b) \tag{14.31}$$

em que qualquer uma pode ser derivada a partir da outra, observando a definição $R = \sigma_{mín}/\sigma_{máx}$. Substituindo cada uma delas, por sua vez, na Equação 14.18 (b), tem-se expressões alternativas correspondentes para N^*, designada N^*_w.

$$N_w^* = N_f\left(\frac{\sigma_a}{\sigma_{máx}}\right)^{(1-\gamma)/b} \qquad N_w^* = N_f\left(\frac{1-R}{R}\right)^{(1-\gamma)/b}, \quad (a,b) \tag{14.32}$$

Com N^*_w, na Equação 14.20, chega-se a uma família de curvas deformação-vida; a expressão obtida para a forma 14.32 (b) é:

$$\varepsilon_a = \frac{\sigma'_f}{E}\left(\frac{1-R}{2}\right)^{(1-\gamma)}(2N_f)^b + \varepsilon'_f\left(\frac{1-R}{2}\right)^{c(1-\gamma)/b}(2N_f)^c \tag{14.33}$$

Observe que o emprego de $\gamma = 0,5$ nesta equação corresponde à relação SWT baseada em tensão, Equação 9.18, mas não é o mesmo que a aplicação usual da relação SWT, Equação 14.30.

Obviamente, é esperado que, ao se traçar ε_a *versus* N^*_w, sejam consolidados os dados de deformação-vida para várias tensões médias, todas numa única curva, como ocorre no gráfico análogo, baseado em N^*_{mi}, da Figura 14.11. Tais comparações para certo número de aços, de ligas de alumínio e de uma liga de titânio deram resultados excelentes, como relatado em um estudo recente de Dowling (2009).

Aplicar o método de Walker, obviamente, requer um valor de γ. Lembre-se de que para aços o valor de γ pode ser estimado a partir da Equação 9.20. Quando dados com várias tensões médias estiverem disponíveis, o procedimento da Seção 10.6.4 pode ser aplicado a todos os dados, em um único procedimento de ajuste, para obter os valores de σ'_f, b e γ. Obtêm-se então os valores correspondentes de ε'_f e c, ajustando N^*_w às amplitudes de deformação plástica, ε_{pa}, como descrito em Dowling (2009).

14.3.7 Discussão

O método de Morrow não modificado funciona muito bem para aços, mas muitas vezes é impreciso para as ligas de alumínio. A dificuldade está associada ao fato de que a constante de ajuste, σ'_f, da curva tensão-vida para o alumínio é tipicamente maior do que a força de fratura verdadeira, $\tilde{\sigma}_{fB}$, como exemplificado na Tabela 14.1 e como resultado da falta de concordância dos dados tensão-vida na Equação 14.5. Em

776 CAPÍTULO 14 Abordagem da Fadiga Via Deformação

tais casos, um melhor ajuste com os dados experimentais é obtido empregando N^*, da Equação 14.26, com a Equação 14.20.

Uma justificativa para usar a abordagem de Morrow modificada é que o efeito de redução resultante de σ_m em vidas curtas pode compensar a limitação na estimativa da vida resultante da negligência da relaxação cíclica da tensão média em componentes entalhados. A equação SWT oferece resultados aceitáveis para uma ampla gama de materiais. É geralmente tão exata para os aços quanto é a aproximação de Morrow, e suficientemente boa para ligas de alumínio.

Em geral, se um único método é desejado, a relação da vida SWT, Equação 14.30, pode ser escolhida. A abordagem de Morrow é uma boa escolha para aços. Mas não deve ser empregada para ligas de alumínio ou para outros metais em que σ'_f e $\tilde{\sigma}_{fB}$ difiram em grande quantidade, a menos que N^* seja obtido a partir da Equação 14.26. Onde γ é conhecido ou pode ser estimado, a relação de Walker é provavelmente a mais exata de todas as possibilidades discutidas.

EXEMPLO 14.2
O aço RQC-100, conforme descrito pela Tabela 14.1, é submetido a ciclos com uma amplitude de deformação $\varepsilon_a = 0{,}004$ e uma tensão média de tração $\sigma_m = 100$ MPa. Quantos ciclos podem ser aplicados antes de o trincamento (fratura) por fadiga ocorrer?

Primeira solução
Dos vários métodos apresentados, aplicaremos primeiramente a equação de Morrow. Substituindo as constantes E, σ'_f, b, ε'_f e c da Tabela 14.1, aplicáveis para o aço RQC-100, na Equação 14.20, temos:

$$\varepsilon_a = \frac{938}{200.000}(2N^*)^{-0,0648} + 1{,}38(2N^*)^{-0,704}$$

Usando $\varepsilon_a = 0{,}004$ dado e resolvendo numericamente para N^* leva-nos a:

$$N^* = 8.124 \text{ ciclos}$$

Como N^* não inclui o efeito da tensão média, seu valor deve ser empregado juntamente com $\sigma_m = 100$ MPa para obter um valor de N_f que inclua esse efeito. Portanto, aplicamos N^* na Equação 14.23, especificamente como N^*_{mi}.

$$N_f = N^*_{mi}\left(1 - \frac{\sigma_m}{\sigma'_f}\right)^{-1/b} = 8.124\left(1 - \frac{100}{938}\right)^{1/0,0648} = 1.426 \text{ ciclos} \qquad \textbf{(Resposta)}$$

Segunda solução
Para aplicar a abordagem de Morrow modificada basta substituir as constantes, já empregadas, do material na Equação 14.27:

$$\varepsilon_a = \frac{938}{200.000}\left(1 - \frac{\sigma_m}{938}\right)\left(1N_f\right)^{-0,0648} + 1{,}38\left(N_f\right)^{-0,704}$$

Substituindo $\sigma_m = 100$ MPa e simplificando, tem-se:

$$\varepsilon_a = \frac{838}{200.000}\left(2N_f\right)^{-0,0648} + 1,38\left(2N_f\right)^{-0,704}$$

Em seguida, inserimos o valor dado de $\varepsilon_a = 0,004$ e resolvemos numericamente para N_f, obtendo:

$$N_f = 6.597\,\text{ciclos} \qquad \textbf{(Resposta)}$$

Terceira solução

Para a abordagem SWT, Equação 14.30, precisamos do produto $\sigma_{máx}\varepsilon_a$. Assim, aplicamos a curva cíclica tensão-deformação com as constantes da Tabela 14.1 para obter σ_a:

$$\varepsilon_a = \frac{\sigma_a}{E} + \left(\frac{\sigma_a}{H'}\right)^{1/n'} = \frac{\sigma_a}{200.000} + \left(\frac{\sigma_a}{903}\right)^{1/0,0905}$$

Introduzindo o valor dado de $\varepsilon_a = 0,004$ e resolvendo numericamente para σ_a temos:

$$\sigma_a = 501,2\,\text{MPa}, \sigma_{máx} = \sigma_m + \sigma_a = 100 + 501,2 = 601,2 \text{ MPa}$$

$$\sigma_{máx}\varepsilon_a = 601,2(0,004) = 2,4046\,\text{MPa}$$

Em seguida, substituímos as constantes do material na Equação 14.30:

$$\sigma_{máx}\varepsilon_a = \frac{(938)^2}{200.000}\left(2N_f\right)^{1(-0,0648)} + (938)(1,38)\left(2N_f\right)^{-0,0648-0,704}$$

$$\sigma_{máx}\varepsilon_a = 4,399(2N_f)^{-0,1296} + 1.294(2N_f)^{-0,7688}$$

Completando a equação com $\sigma_{máx}\varepsilon_a = 2,4046$ MPa e resolvendo numericamente, chega-se ao valor de N_f:

$$N_f = 5.088\,\text{ciclos} \qquad \textbf{(Resposta)}$$

Quarta solução

Para o método de Walker, a constante γ pode ser estimada para este aço a partir da Equação 9.20. Com σ_u da Tabela 14.1, obtemos:

$$\gamma = -0,0002000\sigma_u + 0,8818 = -0,0002000(758\,\text{MPa}) + 0,8818 = 0,7302$$

Em seguida, aplicamos N^* a partir da primeira solução, mas agora especificamente como N^*_w. Uma vez que σ_a e $\sigma_{máx}$ estão disponíveis a partir da terceira solução, a forma (a) da Equação 14.32 torna-se de uso conveniente no exercício. Resolvendo para N_f pela substituição dos valores necessários:

$$N_f = N^*_w\left(\frac{\sigma_a}{\sigma_{máx}}\right)^{-(1-\gamma)/b} = 8.124\left(\frac{501,2}{601,2}\right)^{-(1-0,7302)/(-0,0648)} = 3.809\,\text{ciclos} \qquad \textbf{(Resposta)}$$

778 **CAPÍTULO 14** Abordagem da Fadiga Via Deformação

> **Comentário**
>
> No exemplo, os cálculos de Morrow e Morrow modificado dão valores que diferem consideravelmente, devido à vida envolvida relativamente curta. Os valores dos métodos SWT e Walker estão entre as duas estimativas de Morrow, com a estimativa de Walker provavelmente sendo a mais precisa das quatro.

14.4 EFEITOS DA TENSÃO MULTIAXIAL

A fadiga sob carregamento multiaxial, em que ocorrem deformações plásticas, é hoje uma ativa área de pesquisa. São possíveis estimativas razoáveis para situações relativamente simples, mas existe alguma incerteza quanto ao melhor procedimento para cargas complexas não proporcionais, quando as razões das tensões principais mudam e os eixos principais também podem rotacionar. Dada a situação, a discussão que se segue considera em primeiro lugar alguns métodos simples, mas limitados. Na sequência, é apresentada uma discussão introdutória de possíveis abordagens para cargas mais complexas.

14.4.1 Abordagem pela Deformação Efetiva

Considere situações nas quais todas as cargas cíclicas têm a mesma frequência e estão em fase ou 180° defasadas. É razoável definir uma amplitude de deformação efetiva que seja proporcional à amplitude cíclica da tensão cisalhante octaédrica:

$$\bar{\varepsilon}_a = \frac{\bar{\sigma}_a}{E} + \bar{\varepsilon}_{pa} \tag{14.34}$$

As quantidades $\bar{\sigma}_a$ e $\bar{\varepsilon}_a$ são obtidas das Equações 12.21 e 12.22, substituindo as amplitudes das tensões e deformações plásticas principais. Um sinal negativo é empregado para quantidades de amplitude que estão fora de fase a 180° em relação às amplitudes selecionadas como positivas.

A vida em fadiga para carga multiaxial é postulada a depender do valor da amplitude de deformação efetiva, $\bar{\varepsilon}_a$. Para carregamento uniaxial, $\sigma_2 = \sigma_3 = 0$, esse valor se reduz à amplitude de deformação uniaxial, $\bar{\varepsilon}_a = \varepsilon_{1a}$. Uma vez que este último está relacionado com a vida pela Equação 14.4, podemos escrever:

$$\bar{\varepsilon}_a = \frac{\sigma'_f}{E}(2N_f)^b + \varepsilon'_f\left(2N_f\right)^c \tag{14.35}$$

em que o primeiro e segundo termos correspondem a componentes elásticos e plásticos da deformação efetiva, de modo que:

$$\bar{\sigma}_a = \sigma'_f(2N_f)^b, \quad \bar{\varepsilon}_{pa} = \varepsilon'_f(2N_f)^c \quad (a,b) \tag{14.36}$$

Considere o caso especial de estresse plano, ou seja:

$$\sigma_{2a} = \lambda\sigma_{1a}, \quad \sigma_{3a} = 0, \quad \varepsilon_{1a} = \varepsilon_{e1a} + \varepsilon_{p1a} \tag{14.37}$$

em que a notação do Capítulo 12 é usada, exceto para o subscrito a, que foi adicionado para indicar quantidades de amplitude. Se os eixos (x, y, z) forem os eixos principais

(1, 2, 3), podemos combinar as Equações 12.19, 12.24 e 12.32 com as Equações 14.35 a 14.37 para obter uma equação para a curva deformação-vida em termos da primeira deformação principal:

$$\varepsilon_{1a} = \frac{\dfrac{\sigma'_f}{E}(1-\nu\lambda)(2N_f)^b + \varepsilon'_f(1-0.5\lambda)(2N_f)^c}{\sqrt{1-\lambda+\lambda^2}}$$ (14.38)

Esta equação pode ser usada juntamente com a curva tensão-deformação tipo Ramberg-Osgood para carga biaxial, Equação 12.39, em que todas as tensões e deformações são interpretadas como quantidades de amplitude.

Para o estado especial da tensão plana, que é de cisalhamento puro, aplicam-se as Equações 13.37 e 13.38, e $\lambda = -1$. A equação precedente reduz-se então a:

$$\gamma_{xya} = \frac{\sigma'_f}{\sqrt{3}G}(2N_f)^b + \sqrt{3}\varepsilon'_f(2N_f)^c$$ (14.39)

em que γ_{xya} é a amplitude da tensão de cisalhamento e G, o módulo de cisalhamento. A curva tensão-deformação de Ramberg-Osgood correspondente já foi derivada como Equação 13.39.

14.4.2 Discussão da Abordagem pela Deformação Efetiva

A amplitude cíclica da tensão hidrostática parece ter um efeito adicional não considerado pela deformação de cisalhamento octaédrica. Esta quantidade é definida como a média das amplitudes das tensões normais principais:

$$\sigma_{ha} = \frac{\sigma_{1a} + \sigma_{2a} + \sigma_{3a}}{3}$$ (14.40)

Para quantificar esse efeito, o valor relativo de σ_{ha} pode ser expresso por um *fator de triaxialidade*, $T = 3\sigma_{ha}/\overline{\sigma}_a$. Para tensão plana ($\sigma_3 = 0$) com $\lambda = \sigma_{2a}/\sigma_{1a}$, esse fator é dado por:

$$T = \frac{1+\lambda}{\sqrt{1-\lambda+\lambda^2}}$$ (14.41)

Três casos especiais notáveis são (a) cisalhamento planar puro, $\lambda = -1$, $T = 0$; (b) tensão uniaxial, $\lambda = 0$, $T = 1$; e (c) tensão biaxial igual, $\lambda = 1$, $T = 2$ A tendência específica observada é que, para um valor de $\overline{\varepsilon}_a$, a vida é mais curta para valores maiores de T.

São propostas várias modificações da equação deformação-vida para incluir este efeito. Por exemplo, o trabalho de Marloff (1985) sugere que:

$$\overline{\varepsilon}_a = \frac{\sigma'_f}{E}(2N_f)^b + 2^{1-T}\varepsilon'_f(2N_f)^c$$ (14.42)

Observe que a expressão é a mesma da Equação 14.35, exceto que ε'_f é substituído pela quantidade $(2^{1-T})\varepsilon'_f$. Igual modificação também se aplica às Equações 14.38 e 14.39. Comparado com o caso uniaxial, note que o efeito adicional equivale a multiplicar ε'_f por 2,0, para cisalhamento puro, ou por 0,5, por tensão biaxial igual.

780 CAPÍTULO 14 Abordagem da Fadiga Via Deformação

Até agora, não consideramos o efeito da tensão média no contexto de uma abordagem de deformação efetiva. Isso pode ser feito, por exemplo, assumindo que a variável da tensão média controladora é uma componente não cíclica da tensão hidrostática, como anteriormente aplicado na abordagem baseada em tensão, conforme Seção 9.8. A Equação 14.35 ou 14.42 pode ser generalizada de maneira similar à Equação 14.24, 14.27, 14.30 ou 14.33.

No entanto, a abordagem da deformação efetiva é severamente limitada na sua aplicabilidade ao carregamento combinado. É razoável aplicá-la para cargas que estão em fase ou defasadas a 180°, desde que não existam carregamentos estáveis (médias) que provoquem a rotação substancial dos eixos principais de tensão durante o carregamento cíclico, como ocorre na situação mostrada na Figura 9.41. A rotação dos eixos principais causa carregamentos não proporcionais, conforme discutido na Seção 12.3.5.

14.4.3 Abordagens pelo Plano Crítico

Quando o carregamento não é proporcional a um grau significativo, é necessária uma *abordagem pelo plano crítico*. Nessa abordagem, as tensões e as deformações durante o carregamento cíclico são determinadas para as várias orientações (planos) no material e as tensões e deformações que atuam no plano de carregamento mais severo são usadas para prever a falha de fadiga.

As trincas virtualmente sempre têm formas irregulares, devido ao crescimento através da estrutura de grãos do material. Assim, o crescimento somente devido a uma tensão de cisalhamento tende a ser dificultado pelos efeitos de bloqueio mecânico, e de atrito, que envolvem as irregularidades das faces das trincas, como ilustrado na Figura 14.14. As tensões normais ao plano da trinca podem ter um efeito importante em seu comportamento, acelerando o crescimento se elas tenderem a abrir a trinca. Essa situação levou a uma série de propostas para abordagens pelo plano crítico. Por exemplo, Fatemi e Socie sugerem uma relação semelhante a:

$$\gamma_{ac}\left(1+\frac{\alpha\sigma_{\text{máx }c}}{\sigma_o'}\right) = \frac{\tau_f'}{G}\left(2N_f\right)^b + \gamma_f'\left(2N_f\right)^c \tag{14.43}$$

em que γ_{ac} é a maior amplitude de tensão de cisalhamento para qualquer plano e $\sigma_{\text{máx }c}$ é o pico de tensão de tração normal ao plano de γ_{ac}, ocorrendo a qualquer momento durante o ciclo γ_{ac}. Além disso, α é uma constante empírica, $\alpha = 0,6$ a $1,0$, dependente do material, e σ_0 é o limite de escoamento para a curva tensão-deformação cíclica. As quantidades γ_{ac} e $\sigma_{\text{máx }c}$ estão ilustradas na Figura 14.14. As constantes τ_f', b, γ_f' e c dão a curva deformação-vida para testes completamente invertidos em cisalhamento puro, em específico para testes de torção em tubos com paredes finas. Se não forem conhecidas, essas constantes podem ser estimadas a partir daquelas para carregamento uniaxial com o uso da Equação 14.39. A implementação desse tipo de abordagem para carregamento complexo de amplitude variável requer a consideração da possibilidade de falha em vários planos diferentes.

Uma complexidade adicional é que existem dois modos distintos de iniciação e crescimento precoce da trinca, ou seja, crescimento em planos de alta tensão de cisalhamento (modo II) ou crescimento em planos de alta tensão de tração (modo I). A formação de trincas por cisalhamento é mais provável em deformações elevadas, podendo ocorrer mesmo em deformações baixas para carregamento de cisalhamento puro. A formação

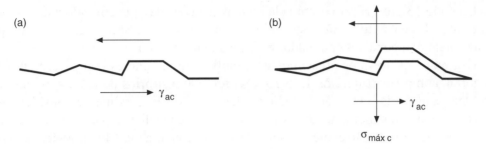

FIGURA 14.14 Trinca propagando sob cisalhamento puro (a) na qual as irregularidades retardam o crescimento, em comparação com uma situação (b) na qual uma tensão normal age para abrir a trinca, acelerando seu crescimento.

(Adaptado de [Socie 87]; usado com permissão da ASME.)

de trincas por tração é mais provável para tensões biaxiais iguais ($\lambda = 1$), mas é também comum para carregamento uniaxial. A ocorrência de determinado modo depende do tipo de carga e da magnitude da deformação, sendo que os detalhes variam entre os diferentes materiais. O trincamento dominado pelo cisalhamento é abordado na Equação 14.43, ou outra relação análoga. Uma abordagem razoável para o trincamento dominado pela tensão de tração é o emprego do parâmetro SWT, conforme a Equação 14.30. A quantidade ε_a é vista como a maior amplitude da deformação normal para qualquer plano, e $\sigma_{máx}$ é a tensão normal máxima no mesmo plano de ε_a, especificamente o valor de pico durante o ciclo ε_a. A vida mais curta estimada a partir do parâmetro SWT, empregada desta forma, ou da Equação 14.43, torna-se a estimativa da vida final. A necessidade de fazer dois cálculos reflete os dois possíveis modos de formar trincas.

Um único critério de fadiga multiaxial que considera tanto o modo de formação de trincas por cisalhamento como pela tensão normal é o de Chu (1995):

$$2\tau_{máx}\gamma_a + \sigma_{máx}\varepsilon_a = f(N_f) \tag{14.44}$$

Aqui, cada termo envolve o produto da tensão máxima em um ciclo e da amplitude de deformação correspondente, com o primeiro termo envolvendo tensão e deformação de cisalhamento e o segundo, a tensão e a deformação normais. O plano crítico é simplesmente o plano no qual o lado esquerdo da Equação 14,44 é maior e $f(N_f)$ pode ser obtida a partir de dados de teste uniaxiais. Note-se que este critério pode ser pensado como uma generalização do parâmetro SWT, Equação 14.28.

Uma série de outras equações oriundas da análise pelo plano crítico foram propostas e a pesquisa nesta área está atualmente ativa. Para cargas complexas não proporcionais, a determinação das tensões e deformações de interesse para as estimativas da vida em fadiga no plano crítico em um componente de engenharia requer, geralmente, o uso de uma análise bastante sofisticada que emprega a teoria da plasticidade incremental.

14.5 ESTIMATIVAS DE VIDA PARA COMPONENTES ESTRUTURAIS

Até agora, neste capítulo, consideramos apenas relações entre tensões, deformações e a vida. Para usá-las em carregamentos cíclicos sobre um componente estrutural, tal como uma viga, um eixo ou um componente entalhado, as tensões e as deformações precisam ser antes determinadas a partir das cargas aplicadas. Assim, a análise tensão-deformação

782 **CAPÍTULO 14** Abordagem da Fadiga Via Deformação

do Capítulo 13 precisa ser combinada com as relações de vida em fadiga das seções anteriores deste capítulo. São especialmente necessárias as Seções 13.5 e 13.6, que consideram componentes entalhados e carregamento cíclico.

Usaremos os mesmos pressupostos simplificadores para o comportamento do material, como nos Capítulos 12 e 13. Os efeitos transitórios do endurecimento ou amolecimento e da relaxação e fluência cíclicas não são geralmente considerados. Em particular, o comportamento tensão-deformação é idealizado para seguir sempre a curva tensão-deformação cíclica estável, de acordo com um modelo reológico de mola e cursor de vários estágios. Tal material tem curvas tensão-deformação monotônicas e cíclicas idênticas. Quando houver múltiplas cargas aplicadas, consideraremos apenas casos com carregamento pelo menos aproximadamente proporcional nas regiões de escoamento – isto é, casos nos quais as direções e as relações entre as tensões principais permanecem constantes, ao menos de modo aproximado. A abordagem baseada na deformação pode ser estendida para lidar com casos mais complexos, usando uma abordagem pelo plano crítico, como descrito anteriormente, mas não iremos aprofundar muito este tópico.

14.5.1 Carregamento de Amplitude Constante

Assumindo o comportamento idealizado para o material, como acabamos de descrever, observamos que as curvas tensão-deformação monotônicas e cíclicas são as mesmas:

$$\varepsilon = f(\sigma), \quad \varepsilon_a = f(\sigma_a) \tag{14.45}$$

A função específica frequentemente usada é decorrente de Ramberg-Osgood, Equação 14.1, e as constantes para esta curva são avaliadas a partir de comportamento estável em testes de deformação cíclica. Como no modelo reológico, a descarga e a recarga durante os ciclos são aproximadas como caminhos tensão-deformação que se expandem com um fator de escala de dois em relação à curva anterior:

$$\frac{\Delta \varepsilon}{2} = f\left(\frac{\Delta \sigma}{2}\right) \tag{14.46}$$

Lembre-se de que as origens para as curvas $\Delta \sigma$ *versus* $\Delta \varepsilon$ são os pontos em que a direção da tensão sofre variação, como ilustrado na Figura 12.14.

É necessária uma análise tensão-deformação do componente de interesse, que é feita da mesma forma que para a carga monotônica, mas com a utilização da curva tensão-deformação cíclica. Considere que esse resultado seja expresso como uma equação, que pode ser explícita ou implícita, levando à deformação em função de uma variável genérica S, que designa carga, momento, tensão nominal etc., conforme aplicável no caso particular:

$$\varepsilon = g(S) \tag{14.47}$$

Conforme discutido na Seção 13.6, o comportamento assumido para o material permite que esta análise seja aplicada ao carregamento cíclico. Para carregamento de amplitude constante que seja polarizado na direção de tração, a tensão e a deformação máximas podem ser estimadas a partir de:

$$\varepsilon_{máx} = g(S_{máx}) = f(\sigma_{máx}) \quad (R \geq -1) \tag{14.48}$$

Além disso, as amplitudes ou intervalos podem ser:

$$\varepsilon_a = g(Sa) = f(\sigma_a), \quad \frac{\Delta\varepsilon}{2} = g\left(\frac{\Delta S}{2}\right) = f\left(\frac{\Delta\sigma}{2}\right) \tag{14.49}$$

em que as duas equações equivalentes são ambas dadas apenas como uma conveniência. Para o carregamento que é polarizado na compressão, R < -1, a Equação 13.73 substitui a Equação 14.48.

Uma vez que $\sigma_{máx}$, $\varepsilon_{máx}$, $\sigma_a = \Delta\sigma/2$ e $\varepsilon_a = \Delta\varepsilon/2$ são conhecidos, outras quantidades de interesse são obtidas facilmente. A tensão local no entalhe é de interesse especial para a predição de vida de fadiga:

$$\sigma_m = \sigma_{máx} - \sigma_a \tag{14.50}$$

Os valores de ε_a e σ_m ou $\sigma_{máx}$ permitem então estimar a vida de fadiga, N_f, a partir de um dos métodos da Seção 14.3. Tal procedimento pode ser aplicado para componentes sob flexão, torção ou entalhados, usando resultados analíticos, $\varepsilon = g(S)$, tais como aqueles dados no Capítulo 13.

Como exemplo, considere o uso da regra de Neuber para analisar um componente entalhado, seguido por uma estimativa da vida de fadiga. Se a Equação 14.1 é usada para a curva tensão-deformação cíclica, a função $\varepsilon = g(S)$ é a implícita obtida usando a relação σ-ε com a regra de Neuber, conforme Equação 13.58. Para carregamento cíclico com um nível médio não nulo, a regra de Neuber pode ser usada duas vezes com a curva tensão-deformação cíclica (que é a mesma que a monotônica): uma vez para $S_{máx}$ e outra vez para S_a. Assim, duas equações precisam ser resolvidas simultaneamente para obter $\sigma_{máx}$ e $\varepsilon_{máx}$:

$$\varepsilon_{máx} = \frac{\sigma_{máx}}{E} + \left(\frac{\sigma_{máx}}{H'}\right)^{1/n'}, \quad \frac{(k_t S_{máx})^2}{E} = \sigma_{máx}\varepsilon_{máx} \tag{14.51}$$

De forma similar, para σ_a e ε_a, precisamos resolver simultaneamente:

$$\varepsilon_a = \frac{\sigma_a}{E} + \left(\frac{\sigma_a}{H'}\right)^{1/n'}, \quad \frac{(k_t S_a)^2}{E} = \sigma_a\varepsilon_a \tag{14.52}$$

Tais cálculos já foram ilustrados no Exemplo 13.4, no qual o uso combinado das expressões precedentes dadas pela Equação 13.61 mostrou-se útil.

O fator de fadiga, k_f, como discutido no Capítulo 10, é frequentemente empregado no lugar de k_t nestas equações. O uso do parâmetro k_f empiricamente baseado melhora a precisão da previsão da vida quando estão presentes entalhes afiados. No entanto, veja a discussão sobre os efeitos do crescimento de trinca no final deste capítulo para outro ponto de vista, que sugere que k_t deve ser mantido.

Os passos necessários para realizar uma estimativa de vida para carregamento de amplitude constante de um componente entalhado são resumidos na Figura 14.15. O passo (1) consiste em reunir as informações de entrada necessárias relacionadas com carregamento, geometria e material envolvido. Em (2), os valores de ($\varepsilon_{máx}$, $\sigma_{máx}$) e (ε_a, σ_a) são obtidos a partir das Equações 14.51 e 14.52, correspondendo a uma solução gráfica, como ilustrado. A resposta estimada tensão-deformação pode então ser traçada e a tensão local média no entalhe, σ_m, determinada, como mostrado no passo (3). Finalmente, em (4), a vida é obtida, usando ε_a e σ_m, ou ε_a e $\sigma_{máx}$.

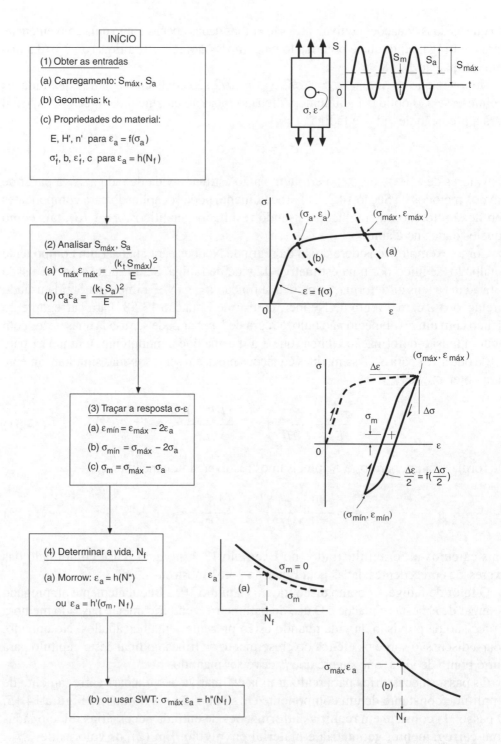

FIGURA 14.15 Passos necessários para a predição da vida em fadiga baseada em deformações para um componente entalhado sob carga de amplitude constante.

EXEMPLO 14.3

Uma placa entalhada feita de aço AISI 4340 de qualidade aeronáutica, conforme descrito na Tabela 14.1, apresenta um fator de concentração de tensão elástica $k_t = 2,80$. Se o esforço nominal for carregado ciclicamente- entre $S_{máx} = 750$ MPa e $S_{mín} = 50$ MPa, quantos ciclos podem ser aplicados antes que a falha por fadiga ocorra?

Solução

A mesma situação já foi analisada no Exemplo 13.4, quando foram estimadas as tensões e deformações locais no entalhe. Naquele caso, utilizaram-se a curva tensão-deformação cíclica e a regra de Neuber, Equações 14.51 e 14.52, para obter os máximos e as amplitudes de tensão e deformação. Os valores resultantes são:

$$\sigma_{máx} = 972\,\text{MPa}, \quad \varepsilon_{máx} = 0,02192$$
$$\sigma_a = 755\,\text{MPa}, \quad \varepsilon_a = 0,00615$$

Note que os passos seguidos no Exemplo 13.4 correspondem às etapas (1) e (2) na Figura 14.15. Traçando a resposta tensão-deformação como na etapa (3) tem-se o resultado mostrado anteriormente como Figura E13.4. Além disso, a tensão media durante a ciclagem é:

$$\sigma_m = \sigma_{máx} - \sigma_a = 972 - 755 = 217 \text{ MPa}$$

em que é assumido que não ocorre relaxação cíclica.

A vida agora pode ser estimada. Se for escolhido o método de esforço médio de Morrow, ε_a e σ_m são necessários. Com isso, substituímos as propriedades do material contidas na Tabela 14.1 na Equação 14.20 para obter:

$$\varepsilon_a = \frac{1.758}{207.000}\left(2N^*\right)^{-0,0977} + 2,12\left(2N^*\right)^{-0,774}$$

Substituindo o valor encontrado para ε_a e resolvendo numericamente para N^*, temos:

$$N^* = 3.011\,\text{ciclos}$$

A vida N_f com efeito incluso de σ_m é então obtida a partir da Equação 14.23, com $N^*_{Mi} = N^*$.

$$N_f = N^*_{mi}\left(1 - \frac{\sigma_m}{\sigma'_f}\right)^{-1/b} = 3.011\left(1 - \frac{217}{1.758}\right)^{1/0,0977} = 781\,\text{ciclos} \quad \textbf{(Resposta)}$$

Poderíamos também escolher um método de tensão média diferente, como o parâmetro SWT, caso em que ε_a e $\sigma_{máx}$ são empregados na Equação 14.30 para oferecer $N_f = 1.800$ ciclos **(Resposta)**.

14.5.2 Carregamento Irregular *Versus* Históricos do Tempo

A metodologia descrita pode ser estendida a variações irregulares de carregamento com o tempo. Isso requer que seja aplicada uma análise da relação tensão-deformação para históricos de carregamento irregular *versus* tempo, conforme descrito na Seção 13.6.3 e ilustrado na Figura 13.20 e no Exemplo 13.5. Uma vez que tal análise é feita, uma estimativa de vida em fadiga pode ser prontamente obtida por meio da regra de Palmgren-Miner do Capítulo 9.

São necessárias a amplitude da deformação e a tensão média de cada laço de histerese tensão-deformação. Consideremos a Figura 14.16, que é o exemplo do histórico de carregamento e da resposta tensão-deformação local no entalhe da Figura 13.20. Existem quatro ciclos fechados (laços), como ilustrado em (c), especificamente correspondendo às aplicações de carga *B-C-B'*, *F-G-F'*, *E-H-E'* e *A-D-A'*. A amplitude de deformação, ε_a, e a tensão média, σ_m, para cada um são calculadas a partir das coordenadas (ε, σ) das pontas dos laços. Por exemplo, estas quantidades são marcadas em (c) para o laço *F-G-F'*. A vida útil para a falha, N_f, correspondente a cada ciclo de histerese pode ser determinada a partir da combinação da amplitude de deformação e da tensão média deste laço. Se o parâmetro SWT é usado, $\sigma_{máx}$ é simplesmente a tensão mais alta para um laço, como σ_G para o laço *F-G-F'*. Tendo obtido o valor de N_f para cada laço, podemos aplicar a regra de Palmgren-Miner, na qual se considera que cada ciclo fechado de histerese tensão-deformação representa um ciclo.

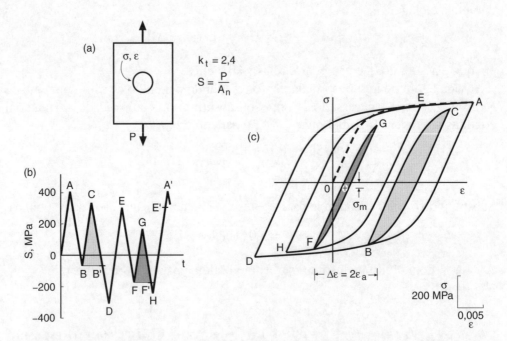

FIGURA 14.16 Análise de um componente entalhado submetido a um carregamento irregular em função do tempo. O componente entalhado (a), feito de liga de alumínio 2024-T351, é submetido ao histórico de carga (b). A resposta tensão-deformação local resultante no entalhe é mostrada em (c).

Observe que é satisfeita a condição de contagem do ciclo da Figura 9.46 nos mesmos pontos no histórico de carga em que o efeito de memória age e o caminho tensão-deformação retorna à trajetória previamente estabelecida. Esses também são os pontos nos quais os segmentos são ignorados no modelo reológico, conforme descrito na Seção 12.4. Assim, a utilização de ciclos fechados (laços) de histerese tensão/deformação para identificar ciclos é equivalente à contagem *rainflow* (queda da chuva). Além disso, esta contagem agora é vista como possuindo uma justificativa física baseada nessa correspondência com o comportamento elastoplástico da tensão-deformação.

O procedimento completo para estimar a resposta tensão-deformação e, em seguida, a vida em fadiga pode ser resumido para uma histórico de repetição de etapas, como segue. (1) Montar as seguintes informações de entrada: (a) propriedades do material para as curvas tensão-deformação cíclica e deformação-vida, Equações 14.1 e 14.4; (b) análise dos resultados nos componentes, tais como o fator de concentração de tensão elástica, k_t, e a regra de Neuber, ou outra análise do componente, $\varepsilon = g(S)$, feita com a curva tensão-deformação cíclica como se fosse um carregamento monotônico; e (c) a carga (S) *versus* o histórico do tempo. (2) Reordenar o histórico carregamento-tempo para iniciar e retornar ao pico ou vale com o maior valor absoluto de carga. (3) Efetuar a contagem *rainflow* no histórico de carga, observando que os ciclos identificados também correspondem a ciclos fechados de histerese tensão-deformação. (4) Estimar a resposta local tensão-deformação, como em um entalhe ou na borda do componente (viga ou barra), conforme descrito na Seção 13.6.3, aplicando as Equações 13.74 e 13.75, observando o efeito de memória em pontos nos quais os ciclos de histerese se fecham. (5) Para cada ciclo fechado de histerese (laço), identificar a amplitude de deformação, ε_a, e a tensão média ou máxima, σ_m ou $\sigma_{máx}$, usando-as para determinar a vida em fadiga, N_f, correspondente, afetada pela tensão média, a partir de uma das Equações de tensão média da Seção 14.3. (6) Aplicar a regra de Palmgren-Miner, na forma da Equação 9.34, para estimar o número de repetições do histórico de carga para falha por fadiga, B_f.

EXEMPLO 14.4

Um eixo feito de aço SAE 1045, laminado a quente e normalizado, é carregado em flexão e tem uma mudança de diâmetro, como ilustrado pela Figura A.12 (b) do Apêndice A. O fator de concentração de tensões para o raio do filete é $k_t = 3,00$ e o componente é repetidamente submetido ao histórico de tensão nominal da seção líquida, mostrado na Figura E14.4 (a).[1] Quantas vezes o histórico de carga pode ser aplicado antes que a falha por fadiga ocorra?

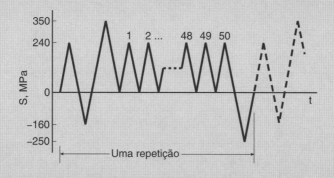

FIGURA E14.4(a)

---

[1]Nota: O pico de tensão nominal no histórico em questão está próximo do limite de escoamento do material. No entanto, com referência à Figura A15 (c), o escoamento bruto não ocorre, já que a relação $M_0/M_i = 1,7$ indica que o momento de flexão totalmente plástico M_0 é 70% maior do que o momento M_i, que corresponde a $S = \sigma_0$.

Solução

As constantes, para este material, das curvas tensão-deformação cíclica e deformação-vida – Equações 14.1 e 14.4 – estão listadas na Tabela 14.1. Iremos empregar k_t com a regra de Neuber e a curva tensão-deformação cíclica para estimar a resposta tensão-deformação para o histórico de carga dado e, nessa base, obter a estimativa da vida.

Para começar, o primeiro pico e vale no histórico são movidos para o final e o segundo pico é repetido no final, de modo que o maior valor absoluto de S ocorre no início e no final. A operação é ilustrada pelo trecho tracejado à esquerda na Figura E14.4 (a) e na Figura E14.4 (b), sendo nesta última ilustrada a contagem *rainflow* do histórico, de acordo com o procedimento da Seção 9.9.2. Há 50 ciclos B-C, um ciclo E-F, e o ciclo principal A-D. Uma vez que os ciclos correspondem a laços de histerese tensão-deformação, a resposta tensão-deformação ocorre como mostrado à direita na Figura E14.4 (b). Os valores de tensão e deformação para cada pico e vale são calculados de maneira semelhante à do Exemplo 13.5, com os detalhes indicados na Tabela E14.4 (a).

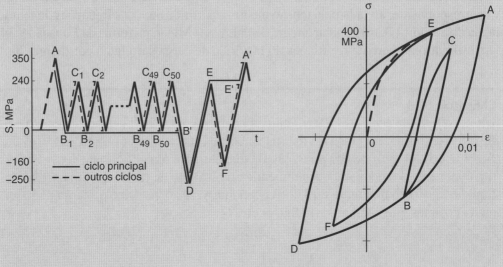

FIGURA E14.4 (b)

Tabela E14.4(a)

Histórico de Carregamento				Valores Calculados				
Ponto (Y)	S MPa	Origem (X)	Origem S MPa	Direção ψ	ΔS ao Ponto	$\Delta\sigma$ MPa	$\Delta\varepsilon$	Tensão σ, MPa	Deformação ε
A	350	–	–	+1	–	–	–	474	0,011513
B	0	A	350	-1	350	701,5	0,007780	-227,4	0,003733
C	240	B	0	+1	240	573,5	0,004475	346,1	0,008208
D	-250	A	350	-1	600	890,9	0,018004	-416,9	-0,006490
E	240	D	-250	+1	490	818,1	0,013075	401,3	0,006585
F	-160	E	240	-1	400	747,3	0,009539	-346	-0,002954

Para o pico A, o valor de S_A é substituído na Equação 13.61 e a equação é resolvida interativamente para a tensão σ_A. Então, σ_A é substituído na curva tensão-deformação cíclica – Equação 14.1 – para calcular ε_A. As fórmulas específicas utilizadas são:

$$S_A = \psi \frac{1}{k_t} \sqrt{\sigma_A^2 + \psi \sigma_A E \left(\frac{\psi \sigma_A}{H'} \right)^{1/n'}}, \quad \varepsilon_A = \frac{\sigma_A}{E} + \psi \left(\frac{\psi \sigma_A}{H'} \right)^{1/n'}$$

em que ψ permite que a carga inicial de tração ou de compressão seja manuseada. Note que a curva tensão-deformação cíclica é considerada dando a mesma trajetória da curva tensão-deformação monotônica inicial, $\varepsilon = f(\sigma)$.

Em seguida, as faixas de tensão e deformação, $\Delta\sigma_{XY}$ e $\Delta\varepsilon_{XY}$, são calculadas a partir das faixas de tensão nominal, ΔS_{XY}, correspondentes às curvas de laço histerese suaves, que seguem $\Delta\varepsilon/2 = f(\Delta\sigma/2)$. Particularmente, isso é feito para os laços de histerese tensão-deformação, B-C, E-F e A-D e também para as faixas A-B e D-E nas quais se localizam os pontos de partida para ciclos fechados. As Equações 13.61 e 14.1 são empregadas novamente, agora para meias faixas, como segue:

$$\Delta S_{XY} = |S_Y - S_X|, \quad \frac{\Delta S_{XY}}{2} = \frac{1}{k_t} \sqrt{\left(\frac{\Delta\sigma_{XY}}{2} \right)^2 + \frac{\Delta\sigma_{XY} E}{2} \left(\frac{\Delta\sigma_{XY}}{2H'} \right)^{1/n'}}$$

$$\frac{\Delta\varepsilon_{XY}}{2} = \frac{\Delta\sigma_{XY}}{2E} + \left(\frac{\Delta\sigma_{XY}}{2H'} \right)^{1/n'}$$

O valor do intervalo ΔS_{XY} é calculado primeiro. Então, $\Delta S_{XY}/2$ é substituído na segunda equação, permitindo que $\Delta\sigma_{XY}/2$ seja obtido a partir de um cálculo interativo, após o qual o resultado é substituído na terceira equação, para dar $\Delta\varepsilon_{XY}/2$. Na Tabela E14.4 (a), são apresentadas as faixas completas resultantes, ΔS_{XY}, $\Delta\sigma_{XY}$ e $\Delta\varepsilon_{XY}$.

Os cálculos da resposta tensão-deformação são completados partindo do ponto inicial, A, e computando a tensão e a deformação em cada ponto subsequente, adicionando ou subtraindo os intervalos apropriados:

$$\sigma_Y = \sigma_X + \psi \Delta\sigma_{XY}, \quad \varepsilon_Y = \varepsilon_X + \psi \Delta\varepsilon_{XY}$$

Aqui, ψ causa adição ou subtração, dependendo se S está aumentando ou diminuindo. Nos cálculos, observa-se o efeito de memória. Por exemplo, localizamos o ponto D, relativo ao seu ponto de origem, A, subtraindo as faixas A-D, com os ciclos B-C não afetando o cálculo.

Como os valores de tensão e deformação já estão disponíveis para cada pico e vale no histórico de carga, um cálculo de vida baseado na regra Palmgren-Miner pode prosseguir de forma direta. Se a equação de Morrow é usada para quantificar o efeito da tensão média, é preciso os valores para a amplitude da deformação e a tensão média, ε_a e σ_m, a quantidade N^* e, finalmente, a vida N_f. Isso é feito para cada ciclo, B-C, E-F e A-D. Assim, as Equações 14.20 e 14.23 são necessárias e aplicadas com $N^*_{mi} = N^*$:

$$\varepsilon_a = \frac{\Delta\varepsilon}{2}, \quad \sigma_m = \frac{\sigma_{máx} + \sigma_{mín}}{2}$$

790 CAPÍTULO 14 Abordagem da Fadiga Via Deformação

$$\varepsilon_a = \frac{\sigma'_f}{E}\left(2N^*\right)^b + \varepsilon'_f\left(2N^*\right)^c, \quad N_f = N^*_{mi}\left(1 - \frac{\sigma_m}{\sigma'_f}\right)^{-1/b}$$

A Tabela E14.4 (b) apresenta os resultados desses cálculos. Cada ε_a é obtido a partir do valor correspondente de $\Delta\varepsilon$, na Tabela E14.4 (a), e cada σ_m é obtido a partir de dois valores apropriados de tensão da referida tabela. Por exemplo, para o ciclo B-C, o valor de ε_a é metade de $\Delta\varepsilon$ da terceira linha da Tabela E14.4 (a) – ou seja, a linha para o ponto C a partir de B. Para calcular σ_m para o ciclo B-C, nosso $\sigma_{máx}$ é o valor σ da terceira linha (ponto C) da Tabela E14.4 (a) e $\sigma_{mín}$ é o valor σ da segunda linha (ponto B). Observe que um cálculo interativo é necessário para calcular N^* de ε_a e obter N_f afetado por σ_m.

Tabela E14.4(b)

Ciclo	N_j	ε_a	σ_m, MPa	N^*	N_{fj} de Morrow	N_j/N_{fj}
B-C	50	0,002237	59,3	$2,127 \times 10^5$	$1,054 \times 10^5$	$4,745 \times 10^{-4}$
E-F	1	0,004770	27,6	$1,207 \times 10^4$	$8,751 \times 10^3$	$1,143 \times 10^{-4}$
A-D	1	0,009002	28,6	$1,803 \times 10^3$	$1,293 \times 10^3$	$7,736 \times 10^{-4}$
						$\Sigma = 1,362 \times 10^{-3}$

Na Tabela E14.4(b), os valores de N_j e N_{fj} são empregados para calcular as relações de ciclo N_j/N_{fj} e seu somatório. Finalmente, o número estimado de repetições para falha é obtido pela substituição dessa soma na regra de Palmgren-Miner, na forma da Equação 9.34, com o resultado sendo:

$$B_f = 1\bigg/\left[\sum \frac{N_j}{N_{fj}}\right]_{uma\,rep.} = 1/1,362 \times 10^{-3} = 734 \text{ repetições}$$

(Resposta)

Uma opção é usar a equação SWT. Neste caso, os valores de ε_a e $\sigma_{máx}$ para cada ciclo dão o produto, $\sigma_{máx}\varepsilon_a$, que é então substituído na Equação 14.30 para chegar ao valor de N_f. Os detalhes são apresentados na Tabela E14.4 (c).

Tabela E14.4(c)

Ciclo	N_j	ε_a	$\sigma_{máx}$, MPa	$\sigma_{máx}\cdot\varepsilon_a$	N_{fj} conforme SWT	N_j/N_{fj}
B-C	50	0,002237	346,1	0,7743	$1,196 \times 10^5$	$4,181 \times 10^{-4}$
E-F	1	0,004770	401,3	1,9140	$1,017 \times 10^4$	$9,829 \times 10^{-5}$
A-D	1	0,009002	474,0	4,2673	$1,577 \times 10^3$	$6,339 \times 10^{-4}$
						$\Sigma = 1,150 \times 10^{-3}$
						$B_f = 1/\Sigma = 869$ repetições

(Resposta)

14.5.3 Discussão

Programas de computador para realizar o procedimento descrito na subseção anterior são dados em Wetzel (1977), especificamente nos artigos nele contidos de Landgraf e de Brose, e em Socie & Morrow (1980). A estratégia de programação usada para seguir os caminhos σ-ε pode empregar as regras correspondentes ao comportamento do modelo reológico, conforme indicado na Seção 12.4. Essas regras são aplicadas não apenas para a resposta σ-ε, mas também para a resposta S-ε, em que a curva $\varepsilon = g(S)$ é usada como se fosse uma curva tensão-deformação, como na Figura 13.20 (d). Uma estratégia empregada com sucesso é fazer cálculos prévios de certo número de pontos ao longo de curvas suaves, armazenando-as em uma matriz a ser desenhada, enquanto se realiza o modelamento de S-ε e σ-ε.

O procedimento descrito pode ser utilizado para carregamento multiaxial. Os ajustes descritos no Capítulo 12 e os prévios deste capítulo devem, naturalmente, ser feitos para as relações tensão-deformação cíclica e deformação-vida, sendo que os efeitos da tensão média precisam ser tratados de forma adequada. Além disso, a análise empregada para relacionar carga e deformação, como a regra de Neuber, deve incluir uma consideração da multiaxialidade, conforme discutido nas Seções 13.5.4 e 13.5.5. Se múltiplas cargas externas causam carregamento significativamente não proporcional em regiões de escoamento, torna-se necessária uma análise mais sofisticada usando teoria da plasticidade incremental, talvez combinada com análise por elementos finitos em um computador.

14.5.4 Procedimento Simplificado para Históricos Irregulares

É bastante utilizada uma simplificação do procedimento descrito que não requer um conhecimento detalhado da sequência de carga. É preciso ter apenas um resumo do histórico de carregamento, na forma de uma matriz (Fig. 9.48), com os números de ciclos dados pela contagem *rainflow* em várias combinações de amplitude de carga e carga média. O procedimento é ilustrado na Figura 14.17 para um dos ciclos, especificamente F-G, do exemplo das Figuras 13.20 e 14.16. Consistente com o pressuposto de que apenas o resultado da contagem de ciclo para o histórico de carga é conhecido, os valores de S_F e S_G são considerados conhecidos. No entanto, supõe-se que a localização exata deste ciclo dentro da sequência de carregamento é desconhecida, o que afeta a tensão média local no entalhe para o ciclo e, portanto, também o seu valor N_f. O resultado de uma situação semelhante, ocorrendo para todos os ciclos, exceto para o maior, é que a análise não fornece uma única resposta, mas coloca limites, geralmente estreitos, para a vida calculada.

Usando F-G como um ciclo típico, a chave para fazer a estimativa simplificada de vida é notar que tanto o laço de carga-deformação ($S \times \varepsilon$) F-G como o circuito tensão-deformação ($\sigma \times \varepsilon$) F-G devem estar dentro do laço correspondente para o ciclo maior (mais largo) do histórico, neste caso o ciclo A-D. Uma vez que as cargas S_F e S_G são conhecidas, isso coloca limites na tensão média do ciclo F-G. Particularmente, na Figura 14.17 (a), o laço de carga-deformação F-G pode estar tão distante à direita que está ligado ao ramo inferior do laço A-D em P, ou até à esquerda, de forma a estar ligado ao ramo superior em Q.

Estes limites nas deformações para o laço F-G confinam o laço tensão-deformação correspondente, como mostrado em (b). Podemos colocar os limites σ_{mP} e σ_{mQ} na tensão média do laço F-G, calculando as tensões de pico e de vale e as deformações para as duas possibilidades extremas. Fazemos isso pela aplicação da Equação 13.74

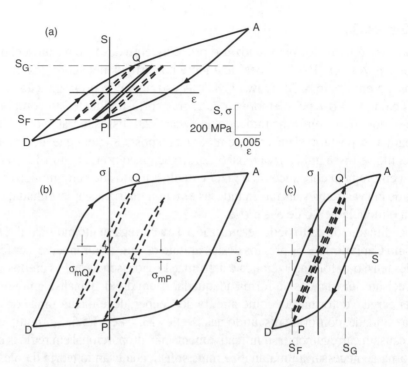

FIGURA 14.17 Procedimento simplificado para estabelecer limites no efeito da tensão média. Para o ciclo F-G da Figura 14.16, a tensão média deve situar-se entre os valores σ_{mP} e σ_{mQ}.

(Adaptado de [Dowling 89]; copyright © ASTM; reimpresso com permissão.)

para S_A e adotando a Equação 13.75 para as faixas de carga A-P, A-D, D-Q e F-G. O conhecimento dos limites na tensão média para o ciclo F-G permite-nos calcular os limites para o número correspondente de ciclos para falha, $N_{f\,FG}$.

Os valores de limite superior em N_f são obtidos de forma semelhante para todos os ciclos da história, e estes são empregados com a regra de Palmgren-Miner para obter o limite superior na vida calculada para o histórico irregular de carga. Os valores de N_f inferiores são igualmente utilizados para obter o limite inferior na vida. Tal procedimento foi aplicado ao se empregar o histórico de carregamento da Figura 9.48 no caso de um componente entalhado e para uma combinação de material para os quais existem dados experimentais. Os limites estimados na vida são comparados com esses dados de teste, na Figura 14.18. O acordo obtido é razoável, considerando o grau de dispersão nos dados.

Observe que o resumo do histórico de carregamento como sua matriz *rainflow* resulta em uma perda de detalhes em relação à lista ordenada original de picos e vales. Um número de diferentes sequências de picos e vales tem a mesma matriz e cada um resulta em uma vida calculada potencialmente diferente. Isso explica a situação de um cálculo dos limites para a vida, já que os limites obtidos são os extremos de todas as sequências possíveis que dão origem à matriz de dados de carregamento (*rainflow*) empregada.

14.6 DISCUSSÃO

Uma discussão adicional é útil, pois incluirá a observação de algumas correlações e contrastes entre a metodologia apresentada neste capítulo daquela dos capítulos anteriores, que descreveram outras abordagens à fadiga.

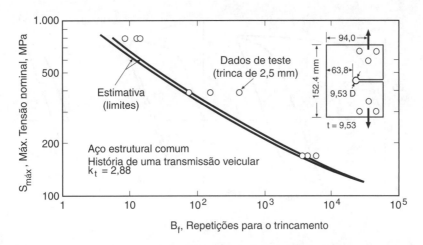

FIGURA 14.18 Tensão nominal máxima *versus* número de repetições para a fratura por trincamento, pela aplicação repetida do histórico de carregamento de uma transmissão automotiva SAE, mostrado na Figura 9.48, ao componente entalhado e material indicados.

(Adaptado de [Dowling 87]; usado com permissão; © Society of Automotive Engineers; Veja [Wetzel 77] para acesso ao dados.)

14.6.1 Abordagem Baseada em Tensão *Versus* Abordagem Baseada em Deformação

A abordagem baseada em deformação lida com os efeitos de plasticidade local de uma forma mais racional e detalhada do que a abordagem baseada em tensão dos Capítulos 9 e 10. Assim, geralmente é a abordagem preferida para analisar vidas em fadiga curtas, conforme julgado pela vida em fadiga de transição, N_t, do material. A abordagem baseada em deformações pode também ser usada em vidas longas, nas quais predominam as tensões elásticas, caso em que se torna equivalente a uma abordagem baseada na tensão.

Em alguns casos, as curvas *S-N* podem estar disponíveis a partir de ensaios com componentes muito semelhantes ao componente real de interesse. Exemplos podem ser uniões soldadas, juntas estruturais rebitadas ou eixos de veículos de um projeto ou material específico. As curvas *S-N* desses membros incluem automaticamente os efeitos de várias complexidades que são difíceis de avaliar, tais como a complexa metalurgia e geometria das soldas, os efeitos do desgaste por atrito ou dos processos de endurecimento superficial. Quando tais curvas *S-N* estão disponíveis, pode ser vantajoso utilizá-las pela abordagem baseada na tensão nominal, como descrito no Capítulo 10. Embora as vantagens da análise detalhada dos efeitos de escoamento local feita pela abordagem via deformação se percam, a vantagem obtida da inclusão automática de outras complexidades às vezes supera essa perda. A escolha de uma abordagem nesses casos será ditada pelos detalhes da situação em particular. Pode até ser útil para a execução de um projeto, ou sua análise, empregar mais de uma abordagem e comparar os resultados obtidos.

14.6.2 Efeitos da Tensão Média e da Plasticidade

Uma característica-chave da abordagem baseada em deformações é que as estimativas da vida de fadiga são feitas com base em tensões e deformações locais na região onde é esperado que as trincas por fadiga iniciem, como na borda de uma barra ou no fundo de um entalhe. Assim, a maneira de contabilizar os efeitos da tensão média

794 CAPÍTULO 14 Abordagem da Fadiga Via Deformação

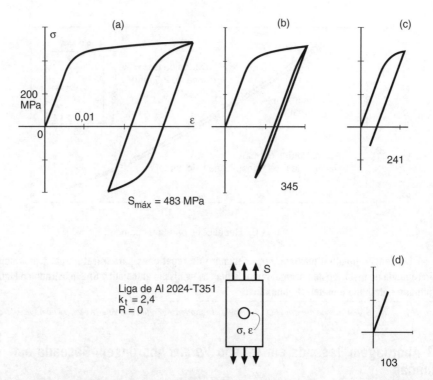

FIGURA 14.19 Estimativa das respostas tensão-deformação para uma liga de alumínio por aplicação de vários níveis de carregamento, de zero a um valor máximo, em placas com furos circulares centrais.

(Adaptado de [Dowling 87]; usado com permissão; © Society of Automotive Engineers.)

é diferente da aplicação de relações, como as representadas pelas Equações 10.21 ou 10.28, diretamente à tensão nominal, S. Em particular, a tensão média utilizada é aquela que ocorre localmente e seu valor é obtido analisando a deformação plástica local, de maneira específica.

Um exemplo da análise pela abordagem baseada em deformações envolvendo tensões médias é proporcionado pelas Figuras 14.19 e 14.20. O procedimento descrito

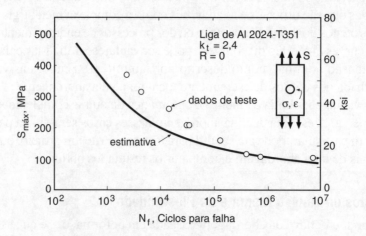

FIGURA 14.20 Estimativas da vida em fadiga para a situação da Figura 14.19 usando o parâmetro SWT e também dados de teste correspondentes.

(Dados de [Wetzel 68].)

antes para carga de amplitude constante (Fig. 14.15) é aplicado a um carregamento de zero a máximo ($R = 0$) em placas entalhadas de liga de alumínio 2024-T351. Os caminhos tensão-deformação para quatro níveis de carregamentos diferentes são mostrados na Figura 14.19 e os cálculos de vida feitos nessa base estão, de forma razoável, de acordo com os dados do teste, como mostrado na Figura 14.20. Para as cargas mais altas neste exemplo, as tensões médias estão próximas à zero, como na Figura 14.19 (a). Para uma carga decrescente, aumenta a razão $k_{fm} = \sigma_m/S_m$ entre as tensões médias locais e nominais. Esta se torna igual a k_t quando a carga é suficientemente baixa para que não ocorra escoamento, como em (d). A tendência global é semelhante à que foi discutida em relação à abordagem baseada na tensão (Fig. 10.15). Além disso, a razão $k'_f = \sigma_a/S_a$ varia de forma semelhante à Figura 10.12. Assim, em contraste com os procedimentos para a estimativa das curvas S-N, contidos no Capítulo 10, é evidente que a abordagem baseada em deformação fornece uma base racional para avaliar especificamente o efeito da deformação plástica nas curvas S-N.

Vale ressaltar que o procedimento descrito para estimar tensões médias locais não considera os efeitos da relaxação e fluência cíclicas. Espera-se que as respostas de tensão-deformação reais nos entalhes sejam semelhantes às da Figura 14.21. Tanto a fluência como a relaxação se dão simultaneamente e podem interagir com o endurecimento ou o amolecimento cíclico que também está ocorrendo. Uma modelagem mais detalhada da resposta tensão-deformação é possível, como discutido até certo ponto na Seção 12.5. Em particular, os valores de tensão média poderiam ser revisados para refletir a relaxação, de acordo com a Equação 12.56 ou outra relação análoga. A precisão resultante melhorada na predição da vida de fadiga pode, em alguns casos, justificar o aumento da complexidade da análise. Contudo, um impedimento para essa análise

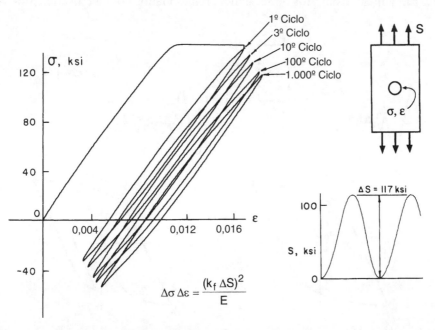

FIGURA 14.21 Simulação do comportamento tensão-deformação em um entalhe para carregamento de zero a um valor máximo da liga Ti-8Al-1Mo-1V (ou Ti-811) com $k_f = 1,75$. Um corpo de prova liso foi submetido a carregamento cíclico, com a direção da deformação invertida, sempre que a regra de Neuber, usando k_f, fosse satisfeita.

(Adaptado de [Stadnick 72]; copyright © ASTM; reimpresso com permissão.)

mais refinada é a necessidade de obter propriedades adicionais do material para descrever o comportamento transitório. Note-se que o efeito global da redução da tensão média devido ao escoamento local é considerado o mesmo pela análise baseada no comportamento estável, como na Figura 14.19.

14.6.3 Efeitos de Sequência Relacionados com a Tensão Média Local

O tratamento racional dos efeitos da tensão média pela abordagem baseada em deformações é especialmente importante para as histórias de carregamento irregular com o tempo. Como exemplo da importância, considere os dois históricos de carregamento mostrados na Figura 14.22. Eles diferem apenas porque o ciclo de carregamento inicial, mais severo, tem sequências diferentes. Nenhuma diferença nas duas situações seria prevista pela abordagem baseada em tensão, já que a tensão nominal média para os ciclos de nível inferior subsequentes é nula em ambos os casos.

As respostas tensão-deformação para os dois históricos de carregamento, como mostradas, foram estimadas a partir do procedimento da Seção 14.5.2. As tensões médias estão presentes nos ciclos de nível mais baixo e diferem no sinal como resultado da sequência do ciclo inicial mais severo. Podem ocorrer grandes diferenças na vida de fadiga em tais situações e elas são preditas com razoável precisão pela abordagem baseada em deformações. É, sem dúvida, uma preocupação especial que a abordagem baseada na tensão, como normalmente aplicada, não preveja o efeito prejudicial do histórico de carregamento, como mostra a Figura 14.22 (a).

14.6.4 Efeitos de Sequência Relacionados com o Dano Físico ao Material

Qualquer situação na qual a ordem de carregamento afeta a vida é chamada *efeito de sequência*. Em adição, os efeitos de sequência relacionados com a tensão média local,

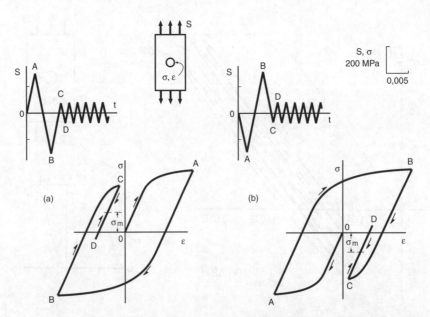

FIGURA 14.22 Dois históricos de carregamento aplicados a um componente entalhado ($k_t = 2,4$) e respostas estimadas tensão-deformação no entalhe para uma liga de alumínio 2024-T4. A sobrecarga inicial alta-baixa, em (a), produz uma tensão média de tração, e a sobrecarga inicial baixa-alta, em (b), produz o oposto.

(Adaptado de [Dowling 82]; usado com permissão da ASME.)

Comportamento Mecânico dos Materiais **797**

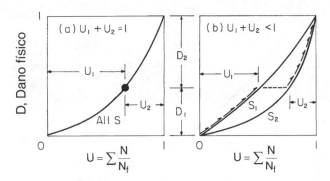

FIGURA 14.23 Relação entre o dano físico e a fração da vida em fadiga na qual ela é única (a) e não única (b).

(De [Dowling 87]; usado com permissão; © Society of Automotive Engineers.)

ditos agora efeitos de sequência, também estão associados a danos físicos ao material, causados por ciclos severos ocasionais. Pequenas trincas, danos associados a bandas de deslizamento etc., ocorrem geralmente em frações mais curtas da vida total, em níveis de deformação mais elevados. Isso é evidente nas curvas deformação-vida da Figura 14.9, e também nas curvas tensão-vida da Figura 9.19. Tal comportamento causa um efeito de sequência e resulta na dificuldade de aplicação da regra de Palmgren-Miner.

Note que uma medida física do dano D causado pelo carregamento em fadiga, tal como o tamanho da microtrinca dominante, em geral aumenta de forma não linear com a fração de vida, como ilustrado na Figura 14.23 (a). Considere que a fração da vida para N_j ciclos, aplicada a um nível de tensão particular, S_j, seja denominada U_j. Então:

$$U_j = \frac{N_j}{N_{fj}} \quad (14.53)$$

Se o nível de tensão for alterado de S_1 para S_2 durante a vida, a regra de Palmgren-Miner exige que:

$$U_1 + U_2 = 1 \quad (14.54)$$

A relação é obedecida pela Figura 14.23 (a), mas não pela (b). Nesta última, as curvas de dano diferem para os dois distintos níveis de tensão, resultando em uma soma das frações de vida para falha que não é mais unitária. Se o dano prossegue a uma taxa maior para S_1 do que para S_2, o somatório é menor que a unidade, que é o caso particular ilustrado. Portanto, a regra de Palmgren-Miner pode prever com precisão a vida em que há apenas não linearidade na curva D versus U, como em (a), mas a não unicidade da curva, tal como em (b), faz com que a regra leve a erro.

Esta é, com precisão, a situação que ocorre se um número relativamente pequeno de ciclos a um nível elevado de tensão for seguido por, ou misturado com, um carregamento cíclico a um nível mais baixo de tensão. Assim, as somas das frações de vida podem ser menores que a unidade resultante, porque o mesmo grau de dano físico ocorre em frações mais curtas da vida em níveis de tensão mais altos. Uma abordagem de engenharia razoável para este problema é obter curvas deformação-vida, ou *S-N*, aplicando alguns ciclos de alto nível antes de cada ensaio, para pré-danificar o material. Para isso, uma fração da vida de cerca de 0,01 ou 0,02 parece ser, em geral, suficiente para diminuir a curva deformação-vida para evitar estimativas de vida não conservadoras.

798   CAPÍTULO 14 Abordagem da Fadiga Via Deformação

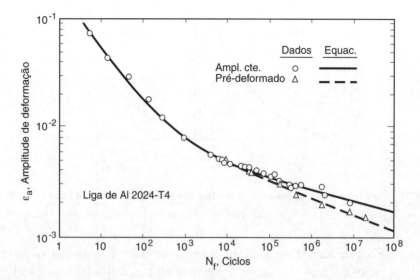

FIGURA 14.24 Efeito da sobrecarga inicial (10 ciclos a $\varepsilon_a = 0,02$) na curva deformação-vida para uma liga de alumínio.

(Adaptado de [Dowling 89]; baseado nos dados de [Topper 70]; copyright © ASTM; reimpresso com permissão.)

Um exemplo de tal curva deformação-vida para um material pré-deformado é mostrado na Figura 14.24.

Nos aços que têm um limite de fadiga distinto, efeitos desse tipo estendem-se a tensões abaixo do limite de fadiga. As sobrecargas periódicas têm um efeito especialmente grave e parecem eliminar essencialmente o limite de fadiga, como mostrado nas Figuras 14.25 e 9.33. Portanto, para carregamento irregular, para o qual alguns níveis de tensão excedem de modo substancial o limite de fadiga, a vida infinita não

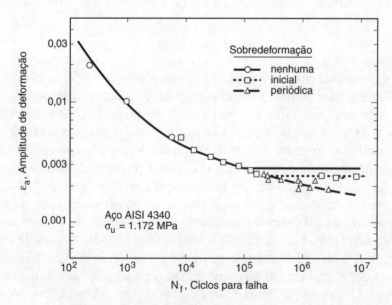

FIGURA 14.25 Efeitos de sobrecargas iniciais e periódicas na curva deformação-vida de um aço-liga. O limite de fadiga para o caso sem sobre deformação é estimado a partir dos dados de teste em material similar.

(Dados de [Dowling 73].)

deve ser assumida para ciclos abaixo de tal nível. Dados limitados, como mostrados na Figura 14.25, sugerem que a extrapolação da curva deformação-vida obtida em vidas mais curtas, para além e abaixo do limite de fadiga, poderia ser empregada para lidar com a situação. Conforme discutido nas Seções 9.6.5 e 9.9.1, esta extrapolação deve se estender ao menos até a metade do limite de fadiga, a partir de dados de teste com amplitude constante, em cujo valor de tensão supõe-se ser razoável existir um limite de vida em fadiga verdadeiro.

14.6.5 Efeitos do Crescimento de Trinca

Na forma usual de obtenção de curvas deformação-vida, os valores de N_f correspondem à falha ou ao trincamento substancial em pequenas amostras ensaiadas de forma axial (tipicamente, entre 5 mm e 10 mm de diâmetro). É observado que as previsões para a vida feitas nesta base correspondem a uma *trinca de tamanho de engenharia* que é facilmente visível a olho nu, portanto com um tamanho da ordem de 1 mm a 5 mm. A existência de tal trinca é, com frequência, considerada constitutiva de uma falha do componente. No entanto, essa definição bastante solta para falha nem sempre é suficiente. Por exemplo, pode ser desejável prever a vida necessária para desenvolver uma trinca de um tamanho definido, de modo que a vida restante requerida para crescer a trinca até a falha possa ser estimada a partir da mecânica de fratura, como descrito no Capítulo 11. A rigor, são necessárias curvas deformação-vida que correspondam a dimensões de trinca especificamente pequenas, como na Figura 14.9.

Nesta base, a abordagem baseada em deformação fornece a *vida de iniciação de trincas*, N_i, para gerar trincas de um tamanho inicial, a_i, e a abordagem da mecânica de fratura fornece a vida, N_{if}, para crescer a trinca, de a_i, ao tamanho de falha, a_f. Assim, a vida total até a falha, N_f, é dada por:

$$N_i + N_{if} = N_f \qquad (14.55)$$

Se o valor escolhido para a_i é muito pequeno, o comportamento da trinca pode ser afetado pela plasticidade local do entalhe ou por outras complexidades que afetam as trincas curtas, de modo que o uso da mecânica de fratura linear-elástica está comprometido. Por outro lado, a_i não pode ser muito grande, uma vez que as deformações na superfície do entalhe, utilizadas na abordagem baseada na deformação, não se aplicam a uma distância demasiada do entalhe. Uma escolha razoável como um tamanho de iniciação é um comprimento de trinca, l', definido pela Equação 8.26. O comprimento l' varia com a geometria e gira, em geral, em torno de $0,1\rho$ a $0,2\rho$, em que ρ é o raio da ponta do entalhe. No entanto, esse grau de rigor nem sempre é necessário. Discussões adicionais são proporcionadas em Dowling (1979) e Socie, Dowling & Kurath (1984).

Da Seção 10.2, lembre-se de que a principal razão pela qual é necessário definir empiricamente um fator de concentração de tensões em fadiga, k_f, parece estar relacionada com o crescimento de trincas perto do entalhe. Porém, a iniciação de pequenas trincas nos entalhes parece ser governada por k_t, e não por k_f. Portanto, se a vida é separada nas etapas de iniciação e crescimento de trinca, conforme descrito antes, é razoável usar k_t em vez de k_f na abordagem baseada em deformações para estimar N_i. Para os entalhes afiados, esse procedimento irá predizer um início precoce de trincas,

800 **CAPÍTULO 14** Abordagem da Fadiga Via Deformação

para as quais a mecânica de fratura prevê um crescimento lento ou não crescimento. Tais trincas *não propagantes* de fato são comumente observadas.

14.7 RESUMO

A abordagem da fadiga via deformação emprega estimativas para as tensões e deformações que ocorrem em locais onde provavelmente começa o trincamento por fadiga, como nas bordas de vigas e entalhes mecânicos. O comportamento do material é caracterizado pelo uso de curvas tensão-deformação cíclica estável e deformação-vida, a partir do carregamento uniaxial:

$$\varepsilon_a = \frac{\sigma_a}{E} + \left(\frac{\sigma_a}{H'}\right)^{1/n'} \quad , \quad \varepsilon_a = \frac{\sigma_f'}{E}\left(2N_f\right)^b + \varepsilon_f'\left(2N_f\right)^c \tag{14.56}$$

A tensão média também afeta a vida em fadiga, de modo que a curva deformação-vida, em geral, precisa ser generalizada para incluir esse efeito, de acordo com um dos métodos da Seção 14.3.

As curvas deformação-vida e tensão-deformação cíclica variam para diferentes metais de engenharia e histórias de processamento de uma maneira que pode ser correlacionada com outras propriedades mecânicas. Por exemplo, os metais muito dúcteis normalmente têm uma boa resistência à fadiga em deformações elevadas, correspondentes a vidas curtas, mas baixa resistência a longas vidas, e vice-versa, para metais de alta resistência. Temperaturas elevadas e ambientes químicos hostis afetam as curvas deformação-vida e o comportamento de relaxação e fluência dependentes com o tempo pode complicar a análise em altas temperaturas.

Se o carregamento multiaxial ocorrer, as curvas tensão-deformação cíclica e deformação-vida precisam ser usadas em uma forma mais geral. Para o carregamento biaxial proporcional ou aproximadamente proporcional, as relações necessárias são as Equações 12.39 e 14.38, sendo que a última pode ser modificada com base na Equação 14.42. Para carregamento não proporcional, uma teoria mais avançada de plasticidade incremental é necessária para relacionar tensões e deformações, e uma abordagem pelo plano crítico é apropriada para uma estimativa da vida em fadiga.

Para aplicar a abordagem baseada em deformações a um componente de engenharia, tal como uma viga ou um componente entalhado, é necessária uma análise relativa à carga aplicada e à deformação na localização esperada para a falha. Em casos não complicados, pressupõe-se um carregamento proporcional, assim como um comportamento tensão-deformação estável, sem relaxação, ou fluência, cíclica ou dependente do tempo. É necessária uma análise tensão-deformação realizada da mesma forma que para a carga monotônica, exceto pelo uso da curva tensão-deformação cíclica. Por exemplo, a regra de Neuber pode ser usada para componentes entalhados com uma curva tensão-deformação $\varepsilon = f(\sigma)$, em que $\varepsilon_a = f(\sigma_a)$ é a curva cíclica tensão-deformação. O resultado desta análise é dado por uma relação carga-deformação (talvez implícita), $\varepsilon = g(S)$, tal como a combinação das Equações 13.61 e 14.1, em que S quantifica a carga aplicada.

Um ponto de partida para analisar o carregamento cíclico pode ser estabelecido pela aplicação da carga monotônica ao valor absoluto mais alto de S. Quando este S é positivo, usamos $\varepsilon_{máx} = g(S_{máx}) = f(\sigma_{máx})$. Os caminhos de carga-deformação e

Comportamento Mecânico dos Materiais **801**

tensão-deformação para carregamento cíclico são então estimados por $\Delta\varepsilon = g\,(\Delta S/2) = f$ $(\Delta\sigma/2)$. Para variação irregular da carga com o tempo, a contagem de ciclos e o efeito de memória tensão-deformação são empregados, como detalhado na Seção 13.6.3. Uma vez calculados os valores de tensão e deformação para todos os picos e vales no histórico de carga, as quantidades necessárias para estimar a vida em fadiga, N_f, para cada ciclo, tais como a amplitude da deformação, ε_a, e a tensão média, σ_m, são facilmente determinadas. A aplicação da regra de Palmgren-Miner pode então ser empregada para estimar a vida para um histórico de carregamento irregular.

O uso da tensão média local no entalhe, em vez da tensão média nominal, fornece uma base racional para analisar os efeitos da deformação plástica local, incluindo os efeitos da sequência de carregamento para históricos de carga irregular ao longo do tempo. Efeitos adicionais da sequência de carregamento são causados por danos físicos ao material, gerados durante ciclos ocasionais de carga severa. Estes podem ser considerados usando curvas deformação-vida para amostras de teste que foram submetidas à deformação plástica antes do teste, ou periodicamente durante o teste. A abordagem baseada em deformação pode também ser usada em combinação com estimativas de vida para o crescimento de trincas, por meio da mecânica de fratura, para obter o total da vida em fadiga para início e crescimento de trincas.

NOVOS TERMOS E SÍMBOLOS

abordagem baseada em deformações	parâmetro de Smith, Watson e Topper (SWT), $\sigma_{máx}\varepsilon_a$
abordagem de Morrow modificada	
abordagem pela deformação efetiva	tamanho de trinca de engenharia
abordagem pelo plano crítico	vida de iniciação da trinca, N_i
curva deformação-vida (Coffin-Manson): $\sigma'_f, b, \varepsilon'_f, c$	vida em fadiga de transição, N_t
efeito de sequência	vida equivalente à tensão média nula, N^*

Referências

(a) Referências Gerais

ASTM. 2010.*Annual Book of ASTM Standards*, Vol. 03.01, ASTM International, West Conshohocken, PA. See No. E606, "Standard Practice for Strain-Controlled Fatigue Testing".

CHU, C. -C. 1995. *"Fatigue Damage Calculation Using the Critical Plane Approach"*. Jnl. of Engineering Materials and Technology, ASME, 117, 41-49.

CORDES, T., LEASE, K., eds. 1999. *Multiaxial Fatigue of an Induction Hardened Shaft*. SAE Pub. AE-28, Society of Automotive Engineers, Warrendale, PA.

DOWLING, N. E. 1979. *"Notched Member Fatigue Life Predictions Combining Crack Initiation and Propagation"*. Fatigue of Engineering Materials and Structures, 2 (2), 129-138.

DOWLING, N. E. December 2009. *"Mean Stress Effects in Strain-Life Fatigue"*. Fatigue and Fracture of Engineering Materials and Structures, 32 (12), 1004-1019, December 2009.

DRAPER, John. 2008. *Modern Metal Fatigue Analysis, Engineering Materials Advisory Services*. Cradley Heath, West Midlands, England.

HBM. 2010. *nCode DesignLife*, fatigue analysis software, HBM, Inc. (HBM-nCode), Southfield, MI. (See http://www.ncode.com.).

Landgraf, R. W. 1970. "The Resistance of Metals to Cyclic Deformation," *Achievement of High Fatigue Resistance in Metals and Alloys*, ASTM STP 467, Am. Soc. for Testing and Materials,West Conshohocken, PA, pp. 3-36.

802 CAPÍTULO 14 Abordagem da Fadiga Via Deformação

LEE, Y. -L., BARKEY, M. E., and KANG, H. -T. 2012. *Metal Fatigue Analysis Handbook: Practical Problem-Solving Techniques for Computer-Aided Engineering*. Elsevier Butterworth-Heinemann, Oxford, UK.

LEE, Y. -L., PAN, J., HATHAWAY, R. B., and BARKEY, M. E. 2005. *Fatigue Testing and Analysis: Theory and Practice*. Elsevier Butterworth-Heinemann, Oxford, UK.

LEESE, G. E., SOCIE, D., eds. 1989. *Multiaxial Fatigue: Analysis and Experiments*. SAE Pub. No. AE-14, Society of Automotive Engineers, Warrendale, PA.

MARLOFF, R. H., JOHNSON, R. L., and WILSON, W. K. 1985. *"Biaxial Low-Cycle Fatigue of Cr-Mo-V Steel at 538+C by Use of Triaxiality Factors,"*. In: MILLER, K. J., BROWN, M. W., eds. *Multiaxial Fatigue, ASTMSTP 853*. Am. Soc. for Testing and Materials, West Conshohocken, PA.

RICE, R. C., ed. 1997. *Fatigue Design Handbook*. 3d ed., SAE Pub. No. AE-22, Soc. of Automotive Engineers, Warrendale, PA.

SAFE TECHNOLOGY. 2010. fe-safe and safe4fatigue, fatigue analysis software, Safe Technology Limited, Sheffield, UK. (See:http://www.safetechnology.com.).

SOCIE, D.F., N.E. Dowling, and P. Kurath. 1984. "Fatigue Life Estimation of Notched Members," *Fracture Mechanics: Fifteenth Symposium*, ASTM STP 833, Am. Soc. for Testing and Materials, West Conshohocken, PA, 284-299.

SOCIE, D. F., and MARQUIS, G. B. 2000. *Multiaxial Fatigue*. Society of Automotive Engineers, Warrendale, PA.

SOCIE, D.F., and J. Morrow. 1980. "Review of Contemporary Approaches to Fatigue Damage Analysis," *Risk and Failure Analysis for Improved Performance and Reliability*, J.J. Burke and V. Weiss, eds., Plenum Pub. Corp., New York, 141-194.

WETZEL, R. M., ed. 1977. *Fatigue Under Complex Loading: Analyses and Experiments*. SAE Pub. No. AE-6, Society of Automotive Engineers, Warrendale, PA.

(b) Fontes de Propriedades dos Materiais e Bases da Dados

BOLLER, C., and T. Seeger. 1987. Materials Data for Cyclic Loading, 5 vols., Elsevier Science Pubs., Amsterdam. See also Supplement 1, 1990, by A. Baumel and T. Seeger.

NIMS. 2010. *Fatigue Data Sheets*, periodically updated database, National Institute of Materials Science, Tsukuba, Ibaraki, Japan.(See *http://mits.nims.go.jp/index en.html*.).

SAE. 2002. Technical Report on Low Cycle Fatigue Properties: Ferrous and Non-Ferrous Materials, Document No. J1099, Soc. of Automotive Engineers, Warrendale, PA.

PROBLEMAS E QUESTÕES
Seção 14.2

14.1 Utilizando as duas linhas retas traçadas para o aço RQC-100 na Figura 14.4, estime seus valores das constantes, σ'_f, b, ε'_f, c, para a curva deformação-vida. O módulo de elasticidade é $E = 200$ GPa. Os seus valores concordam razoavelmente bem com aqueles dados?

14.2 Trace curvas deformação-vida para as quatro formas do aço SAE 4142 contidas na Tabela 14.1, todas em um único gráfico. Utilize coordenadas log-log e cubra vidas de 1 a 10^6 ciclos. Comente sobre quaisquer tendências que você observar e como estas se correlacionam com as propriedades obtidas por tração e dureza. (Sugestão: Inclua a vida em fadiga de transição, N_t, em sua discussão.)

14.3 Como as curvas deformação-vida para os dois polímeros dúcteis, na Figura 14.5, diferem daquelas típicas para metais de engenharia? Considere tanto as tendências qualitativas como a forma das curvas e as tendências quantitativas, tal como a vida correspondente a $\varepsilon_a = 0,01$.

14.4 Para o aço laminado a quente e normalizado SAE 1045, com um módulo de elasticidade $E = 202$ GPa, alguns dados de fadiga para carregamento completamente invertido são indicados na Tabela P12.32 (a). Os valores de tensão e deformação listados correspondem a um comportamento estável (próximo de $N_f/2$).

    (a) Determine as constantes para a curva deformação-vida. Compare os resultados com aqueles listados na Tabela 14.1, que foram obtidos a partir de um conjunto maior de dados.

    (b) Trace os dados e as curvas ajustadas para deformação elástica, plástica e total. Suas constantes fornecem uma boa representação dos dados?

14.5 Para um aço AISI 4340, com $\sigma_u = 1.172$ MPa, a Tabela P12.33 (a) oferece dados de tensão, deformação e vida em fadiga obtidos, a partir de ensaios de carregamento completamente invertido. O módulo de elasticidade é $E = 207$ GPa. Proceda como no Problema 14.4 (a) e (b), exceto ao usar esses dados.

14.6 Para o aço SAE 1045 temperado e revenido, com resistência à tração $\sigma_u = 2.248$ MPa e dureza $HB = 595$, a Tabela P12.34 oferece dados de tensão, deformação e vida em fadiga, obtidos a partir de ensaios de carregamento completamente invertido. O módulo elástico é $E = 206,7$ GPa. Proceda como no Problema 14.4 (a) e (b), exceto ao usar esses dados e pela omissão da comparação com a Tabela 14.1. (Por enquanto, ignore os valores relativamente pequenos da tensão média, σ_m.)

14.7 Com base nas constantes da Tabela 14.1:

    (a) Trace as curvas deformação-vida para aços SAE 1015 e SAE 4142 (com 380 HB). Utilize escala log-log e cubra vidas de 1 a 10^6 ciclos.

    (b) Observando que essas curvas são de corpos de prova polidos, trace, para ambos os materiais, as curvas que incluem o efeito de um acabamento superficial usinado típico. Como diferem os efeitos do acabamento superficial entre os dois aços?

14.8 O aço SAE 1045 laminado a quente e normalizado, como na Tabela 14.1, é empregado na fabricação de um eixo grande. Há uma mudança no diâmetro do eixo de $d_1 = 222$ mm para $d_2 = 343$ mm, com um raio de filete $\rho = 11,1$mm, com superfície usinada. Ajuste as constantes para a curva deformação-vida de modo que se torne apropriada para fazer estimativas da vida para este eixo. Em seguida, trace as curvas deformação-vida original e modificada e comente como elas diferem.

14.9 Para todos os materiais da Tabela 14.1, conclua as seguintes tarefas:

    (a) Trace σ'_f *versus* a tensão verdadeira de fratura, $\tilde{\sigma}_{fB}$, em coordenadas lineares. Quão boa é a correlação e que tendências são evidentes?

    (b) Trace ε'_f *versus* a deformação verdadeira de fratura, $\tilde{\varepsilon}_{fB}$, em coordenadas logarítmicas e responda às mesmas perguntas. (Sugestão: Calcule $\tilde{\varepsilon}_{fB}$ a partir de %RA.)?

804 **CAPÍTULO 14** Abordagem da Fadiga Via Deformação

14.10 Utilize as constantes de deformação-vida fornecidas para cada material, na Tabela 14.1, para calcular a amplitude de deformação, ε_a, correspondente a $N_f = 1.000$ ciclos. Em seguida, prepare um histograma da frequência de ocorrência dos vários valores ε_a e comente o resultado obtido.

Seção 14.3

14.11 Estime a vida em fadiga do aço SAE 4142 (com 450 HB) para uma amplitude de deformação $\varepsilon_a = 0,0040$, com uma tensão média de $\sigma_m = 200$ MPa. Empregue cada um dos seguintes métodos: (a) Morrow, (b) Morrow modificado, (c) SWT e (d) Walker, com γ estimado a partir da Equação 9.20. Então (e) compare os valores e comente o resultado obtido.

14.12 Proceda como no Problema 14.11, exceto pela mudança da tensão média para $\sigma_m = -200$ MPa. Calcule também a vida em fadiga para uma amplitude de deformação $\varepsilon_a = 0,0040$, com uma tensão média nula. Compare as vidas de fadiga obtidas com as do Problema 14.11 e comente as tendências observadas.

14.13 Estime a vida em fadiga de uma liga de alumínio 7075-T6 para uma amplitude de deformação $\varepsilon_a = 0,0050$, com uma tensão média de $\sigma_m = 100$ MPa. Empregue cada um dos seguintes métodos: (a) Morrow, (b) Morrow modificado, (c) SWT e (d) Walker, com uma estimativa de $\gamma = 0,50$. Então (e) compare os valores e comente o resultado obtido.

14.14 Proceda como no Problema 14.13, exceto pela alteração da tensão média para $\sigma_m = -100$ MPa. Calcule também a vida de fadiga para uma amplitude de tensão $\varepsilon_a = 0,0050$, com uma tensão média nula. Compare as vidas de fadiga obtidas com as do Problema 14.13 e comente as tendências observadas.

14.15 Estime a vida em fadiga do aço RQC-100 para uma amplitude de deformação $\varepsilon_a = 0,0030$, com uma tensão média de $\sigma_m = 125$ MPa. Empregue cada um dos seguintes métodos: (a) Morrow, (b) Morrow modificado, (c) SWT e (d) Walker, com γ estimado a partir da Equação 9.20. Então (e) compare os valores e comente o resultado obtido.

14.16 Proceda como no Problema 14.15, exceto pela alteração da tensão média para $\sigma_m = -125$ MPa. Calcule também a vida de fadiga para uma amplitude de deformação de $\varepsilon_a = 0,0030$, com uma tensão média nula. Compare as vidas de fadiga obtidas com as do Problema 14.15 e comente as tendências observadas.

14.17 Estime a vida de fadiga para o material e a deformação cíclica do Problema 12.28.

14.18 Estime a vida de fadiga para o material e a deformação cíclica do Problema 12.26.

14.19 Estime a vida de fadiga da liga de alumínio 2024-T351 submetida à tensão cíclica do Problema 12.27.

14.20 Estime a vida de fadiga para o material e a deformação cíclica do Problema 12.36 (a) e (b). Um único valor representativo da tensão média após relaxação pode ser empregado para (b). A relaxação afeta significativamente a vida?

14.21 Compare as Figuras 14.11 e 14.13. A abordagem de Morrow ou a abordagem SWT oferece melhores resultados para este material? Há alguma tendência

Comportamento Mecânico dos Materiais 805

específica de desacordo com os dados em ambos os casos, e, em caso afirmativo, quais são essas tendências?

14.22 Alguns dados de deformação-vida em tensões médias não nulas são dados na Tabela P14.22 para a liga de alumínio 2024-T4 pré-deformada.

    (a) Traçe pontos de dados do parâmetro SWT, $\sigma_{máx}\varepsilon_a$, *versus* N_f em coordenadas log-log. Também trace a curva esperada das constantes na Tabela 14.1 e comente o sucesso do parâmetro SWT para este material.

    (b) Usando a abordagem de Morrow modificada, Equação 14.27, trace os membros da família de curvas deformação-vida que correspondem às tensões médias de $\sigma_m = 0$, 72 MPa, 142 MPa e 290 MPa. Em seguida, trace os dados do teste e comente a concordância dos dados com as curvas.

Tabela P14.22

ε_a	σ_a, MPa	σ_m, MPa	N_f, Ciclos
0,00345	245	71,7	37.800
0,00232	165	71,7	244.600
0,00172	122	71,7	760.000
0,00410	291	142	11.000
0,00303	215	141	30.000
0,00254	181	144	58.500
0,00198	143	143	158.000
0,00148	105	142	437.100
0,00121	85,5	144	820.000
0,00250	178	292	27.700
0,00149	106	292	200.000
0,00109	76,5	287	747.000

Fonte: *Dados em [Topper 70].*

14.23 Usando os dados para a liga de alumínio 2024-T4 pré-deformada do Problema 14.22:

    (a) Trace ε_a *versus* N^*_{mi} da Equação 14.22 em coordenadas log-log. Também trace a curva deformação-vida a partir das constantes do material contidas na Tabela 14.1 e comente o sucesso da equação de Morrow para esses dados.

    (b) Repita (a) com N^*_{mf} calculado pela força de fratura verdadeira, $\tilde{\sigma}_{fB}$, Equação 14.26. A concordância com os dados melhorou?

14.24 Dados adicionais para o aço SAE 1045 do Problema 12.34 são apresentados na Tabela P14.24. Eles são oriundos de testes controlados por tensão, de modo que foi imposta uma média de tensões. As constantes das relações tensão-deformação cíclica e deformação-vida ajustadas ao Problema 12.34 são:

E, MPa	H', MPa	n'	σ'_f, MPa	b	ε'_f	c
206.700	3.246	0,0918	3.149	-0,1014	0,251	-0,891

806 CAPÍTULO 14 Abordagem da Fadiga Via Deformação

(a) Para os dados combinados das Tabelas P12.34 e P14.24, trace os pontos de dados da amplitude de deformação, ε_a, *versus* N^*_{mi}, em que este último é proveniente da relação de Morrow, Equação 14.22. Quando ε_a não é dado, estime o valor de σ_a e a curva tensão-deformação cíclica, Equação 14.1. No mesmo gráfico, também trace a curva tensão-vida a partir das constantes dadas.

(b) Em um segundo gráfico, trace o parâmetro SWT, $\sigma_{máx}\varepsilon_a$, *versus* N_f, mostrando os dados combinados e a curva esperada a partir das constantes dadas.

(c) Comente o sucesso dos métodos de Morrow e SWT na correlação dos dados de tensão média para este material. Um deles é significativamente melhor do que o outro?

Tabela P14.24		
σ_a, MPa	σ_m, MPa	N_f, ciclos
1.379	-345	3.750
1.207	-345	19.500
1.207	690	135
1.034	690	2.270
896	690	4.850
724	690	22.750
621	690	572.000
Fonte: *Dados em [Landgraf 66].*		

14.25 Considere os dados das Tabelas P12.33 (a) e E9.5 para aço AISI 4340, com $\sigma_u = 1.172$ MPa. Um ajuste de tensão-vida para estes dados combinados, usando $\sigma_{ar} = \sigma'_f(2N_f)^b$ com a relação de Walker, Equação 9.19, gera as constantes $\sigma'_f = 1.951$ MPa, $b = -0,1074$ e $\gamma = 0,652$. (Consulte a Seção 10.6.4.)

(a) Para os dados combinados das Tabelas P12.33 (a) e E9.5, trace os pontos de dados da amplitude de deformação, ε_a, *versus* N^*_w, em que este último é oriundo da relação de Walker, Equação 14.32. No mesmo gráfico, também trace a curva deformação-vida, usando as constantes para o material, contidas na Tabela 14.1, exceto ao substituir σ'_f e b pelos valores dados neste problema. Quando ε_a não é dado, estime o valor de σ_a e a curva tensão-deformação cíclica, Equação 14.1.

(b) Compare o sucesso da correlação dos dados de (a) com a de outras equações de tensão média, nas Figuras 14.11 a 14.13.

Seção 14.4

14.26 A Tabela P12.35 oferece dados de tensão de cisalhamento *versus* vida em torção completamente invertida de tubos de paredes finas para aço SAE 1045 laminado a quente e normalizado. A amplitude da tensão de cisalhamento, γ_a, foi constante em cada teste, e as tensões de cisalhamento e amplitudes de tensão de cisalhamento plásticas, τ_a e γ_{pa}, foram medidas próximas de $N_f/2$. Algumas propriedades deste aço estão listadas na Tabela 14.1, e o módulo de cisalhamento vale $G = 79,1$ GPa.

(a) Trace os dados γ_a *versus* N_f em coordenadas log-log, compare-os com a curva predita pela Equação 14.39 e comente o sucesso desta equação.

(b) Adicione a equação para γ_a *versus* N_f ao gráfico que é obtido usando o ajuste da tensão hidrostática, através da Equação 14.42. Isso melhora a concordância com os dados?

14.27 Para o aço SAE 1045 laminado a quente e normalizado da Tabela 14.1, trace uma família de curvas tensão-vida estimadas, ε_{1a} *versus* N_f, para carregamentos biaxiais especificados por $\lambda = -1,0, -0,5, 0, 0,5$ e $1,0$. Utilize a razão de Poisson $\nu = 0,277$, empregue coordenadas log-log e cubra vidas de 1 a 10^6 ciclos. Depois disso, comente as tendências nas curvas.

14.28 Derive uma equação análoga à Equação 14.38 para ε_{1a} *versus* N_f, aplicável para carregamento axialmente simétrico em que $\sigma_{2a} = \sigma_{3a} = \beta \cdot \sigma_{1a}$. Além disso, para o aço laminado a quente e normalizado SAE 1045, como descrito na Tabela 14.1, trace a curva específica que se aplica para $\beta = 0,5$, juntamente com a da carga uniaxial. Utilize a razão de Poisson $\nu = 0,277$, empregue coordenadas log-log e cubra vidas de 1 a 10^6 ciclos. Depois disso, comente as tendências nas curvas.

Seção 14.5.1

14.29 Placas com furos circulares em liga de alumínio 2024-T351 são carregadas axialmente e possuem um fator de concentração de tensão elástica, conforme Figura A.11 (a), $k_t = 2,4$. Faça estimativas da vida para a falha por trincamento por fadiga e trace a resposta estimada tensão-deformação para ciclagem em $R = 0$, com (a) $S_{máx} = 240$ MPa e (b) $S_{máx} = 345$ MPa. Seus resultados devem ser semelhantes aos das Figuras 14.19 e 14.20.

14.30 Estime o número de ciclos necessário para causar a falha por trincamento por fadiga no componente do Problema 13.32, entalhado e carregado ciclicamente.

14.31 Uma placa entalhada de liga de alumínio 2024-T351 é carregada axialmente, como na Figura A.11 (b), e apresenta um fator de concentração de tensão $k_t = 2,5$. Estime o número de ciclos para causar a falha por fadiga para o carregamento cíclico do Problema 13.33.

14.32 Estime o número de ciclos para causar falha por trincamento por fadiga para o componente entalhado e carregado ciclicamente do Problema 13.31.

14.33 Uma placa com um furo circular, conforme Figura A.11 (a), feito de aço RQC-100, está carregado em tração e tem um fator de concentração de tensão $k_t = 2,8$. Estime o número de ciclos para causar falha por fadiga para o carregamento cíclico do Problema 13.35.

14.34 Para o disco giratório anular do Problema 13.39, estime o número de ciclos de parada e reinício de carregamento necessário para causar falha por fadiga.

808 CAPÍTULO 14 Abordagem da Fadiga Via Deformação

14.35 Considere os dados do teste apresentado no Problema 10.22 para chapas carregadas axialmente com entalhes duplos nas bordas, com $k_t = 4$, feitas de liga de alumínio 7075-T6. Estime a curva S-N para o carregamento $S_m = 0$, a partir da abordagem baseada em deformações, empregando as constantes do material contidas na Tabela 14.1. (Sugestão: Calcule a vida de vários valores diferentes de $S_{máx}$.) Em seguida, trace sua curva estimada juntamente com os dados do teste $S_m = 0$ e comente o sucesso da sua estimativa.

14.36 Considere os dados para dobramento de barras retangulares de aço RQC-100 do Problema 13.37.

(a) Use a abordagem baseada em deformações para estimar as amplitudes de momento correspondentes a várias vidas em fadiga na faixa $N_f = 10^2$ a 10^6 ciclos. Em seguida trace a curva estimada de M_a *versus* N_f, juntamente com os dados do teste e comente a comparação.

(b) Além disso, trace os dados de amplitude de tensão *versus* vida, ε_a *versus* N_f, juntamente com a curva a partir de dados oriundos de corpo de prova axial fornecidos pelas constantes da Tabela 14.1. Os dados e a curva concordam?

14.37 Considere que o corpo de prova compacto com entalhe arredondado do Problema 13.38 seja feito de aço AISI 4340 ($\sigma_u = 1.158$ MPa). Dados de vida em fadiga para carga completamente invertida são fornecidos na Tabela P14.37. Observe que as vidas em fadiga estão listadas tanto para falha como para a iniciação de uma pequena trinca de comprimento $2c = 0,5$ mm no final do entalhe, correspondendo a uma profundidade de trinca em torno de metade deste comprimento, $a \approx 0,25$ mm.

(a) Faça um gráfico entre a amplitude de carga *versus* parcela de vida de fadiga, P_a *versus* N_i, com os dados.

(b) Neste gráfico de vida, adicione uma curva calculada a partir das deformações estimadas pela regra de Neuber. As constantes para a curva deformação-vida são: E = 206,9 GPa, $\sigma'_f = 1.544$ MPa, $b = -0,0767$, $\varepsilon'_f = 0,526$ e $c = -0,655$.

(c) Adicione também uma curva para vidas estimadas a partir dos valores da deformação por elementos finitos (FEA) contidos na Tabela P13.38.

Tabela P14.37

P_a, kN	N_i, ciclos para $a \approx 0,25$ mm	N_f, ciclos para falha
35,58	60	103
24,46	150	474
16,01	874	4.150
11,12	5.000	23.200
8,45	24.900	75.700
7,12	73.800	154.700
6,67	3.340.000	3.400.000
6,23	1.800.000	2.070.000
6,23	2.900.000	3.100.000

Fonte: *Dados em [Dowling 82].*

(d) Discuta concisamente o sucesso das duas estimativas diferentes, considerando tanto N_i como N_f.

14.38 Eixos cilíndricos com uma transição de diâmetro através de um raio de filete (concordância) foram feitos de aço ASTM A470 (Ni-Cr-Mo-V), com $\sigma_u = 724$ MPa. Os diâmetros menores e maiores e o raio do filete foram $d_1 = 25,4$ mm, $d_2 = 57,15$ mm e $\rho = 1,575$ mm, proporcionando um fator de concentração elástica para o esforço de cisalhamento devido à torção $k_t = 1,56$. A tensão nominal é definida como para o caso relacionado na Figura A.12 (d). Os eixos foram submetidos a carregamento por torção completamente invertida, com as amplitudes de torque, T_a, e os números de ciclos, N_f, para fratura por trincamento por fadiga sendo dados na Tabela P14.38. A partir de ensaios de carregamento axial em materiais similares, foram obtidas as constantes para as curvas cíclicas tensão-deformação e deformação-vida, conforme as Equações 14.1 e 14.4, como tabeladas a seguir, assim como a razão de Poisson, v:

E, GPa	H', MPa	n'	σ'_f, MPa	b	ε'_f	c	v
206,9	710	0,0640	748	-0,0490	1,74	-0,738	0,300

(a) Estime as equações cíclicas tensão-deformação e deformação-vida para um estado de tensão de cisalhamento planar.

(b) Usando a regra de Neuber aplicada à tensão e deformação de cisalhamento, juntamente com suas equações obtidas no item (a), estime a curva que relaciona a amplitude do torque e ciclos para fratura na faixa $N_f = 10^2$ a 10^7 ciclos. Adicione os dados fornecidos à curva e comente o sucesso da curva que foi estimada.

Tabela P14.38	
T_a, kN·m	N_f, ciclos para o trincamento
1,1718	950
1,0080	2.000
0,7548	20.000
0,6492	80.100
0,5995	118.000
0,5995	567.000
0,5283	1.000.000
Fonte: Dados em [Placek 84].	

Seção 14.5.2

14.39 O aço AISI 4340, com $\sigma_u = 1.468$ MPa, foi utilizado na fabricação de um eixo entalhado que é carregado em flexão e tem um fator de concentração de tensão elástica $k_t = 3,0$. Este eixo é parte de um componente de um helicóptero e o histórico de tensões nominais de flexão para cada voo é mostrado, de forma simplificada, na Figura P14.39. Estime o número de voos necessários

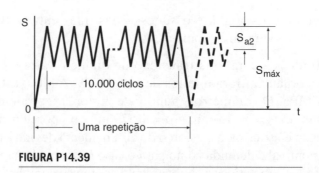

FIGURA P14.39

para desenvolver uma trinca neste componente, se $S_{a2} = 70$ MPa para (a) $S_{máx} = 275$ MPa e (b) $S_{máx} = 480$ MPa. Faça um esboço qualitativo da resposta local da tensão-deformação para guiar sua solução.

14.40 O histórico de tensões nominais mostrado na Figura P14.40 é repetidamente aplicado a um componente entalhado feito pela liga Ti-6Al-4V, conforme descrito na Tabela 14.1. O fator de concentração de tensão elástica é $k_t = 2,50$, o valor de $S_{máx} = 600$ MPa e $N_2 = 3.000$ ciclos. Estime o número de repetições necessárias para causar falha por trincamento por fadiga. Faça um esboço qualitativo da resposta local da tensão-deformação para guiar sua solução.

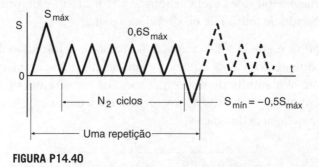

FIGURA P14.40

14.41 Estime o número de repetições para causar falha por fadiga para o componente entalhado e para o histórico de carregamento da Figura 13.20, partindo dos resultados do Exemplo 13.5.

14.42 Para material e histórico de deformações do Problema 12.38, suponha que o histórico é repetidamente aplicado e estime o número de repetições necessárias para causar falha por trincamento por fadiga.

14.43 Para material e histórico de deformações do Problema 12.41, suponha que o histórico é repetidamente aplicado e estime o número de repetições necessárias para causar falha por trincamento por fadiga.

14.44 Para o componente entalhado, e repetidamente submetido ao histórico de tensões nominais de Problema 13.40, estime o número de repetições necessárias para causar falha por trincamento por fadiga.

14.45 Para o componente entalhado, e repetidamente submetido ao histórico de tensões nominais de Problema 13.41, estime o número de repetições necessárias para causar falha por trincamento por fadiga.

14.46 Para o componente entalhado, e repetidamente submetido ao histórico de tensões nominais de Problema 13.42, estime o número de repetições necessárias para causar falha por trincamento por fadiga.

14.47 Para o componente entalhado, e repetidamente submetido ao histórico de tensões nominais de Problema 13.43, estime o número de repetições necessárias para causar falha por trincamento por fadiga.

14.48 Um componente feito da liga de alumínio 2024-T351 tem um entalhe com um fator de concentração de tensão elástica $k_t = 2,50$. Esse componente é repetidamente submetido ao histórico de carregamento de amplitude variável, ilustrado na Figura P14.48. Esboce qualitativamente a resposta tensão-deformação local no entalhe e, em seguida, estime o número de repetições necessárias para causar falha por trincamento por fadiga.

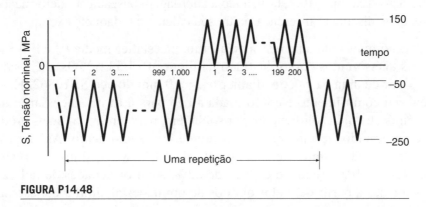

FIGURA P14.48

14.49 Faça uma estimativa para a vida do Exemplo 10.6 pelo método baseado em deformações. Use as propriedades para a liga de alumínio 2024-T351 como provavelmente sendo similares àquelas existentes para a liga 2024-T3. Em seguida, compare e discuta brevemente os dois cálculos quanto à vida obtida, à natureza das informações de entrada necessárias e à complexidade do cálculo.

14.50 O Problema 10.40 traz um histórico de tensões nominais repetidamente aplicado em placas de liga de alumínio 7075-T6 carregadas axialmente, com entalhes duplos nas bordas e $k_t = 4,00$. As vidas de fadiga obtidas a partir de seis testes idênticos são dadas na Tabela P10.40 (b). As dimensões da chapa são as mesmas do Problema 10.22.

(a) Esboce qualitativamente a resposta tensão-deformação local no entalhe e, em seguida, use o método baseado em deformação para estimar o número de repetições necessárias para causar falha por fadiga. Compare sua vida calculada com os dados do teste e comente o sucesso de sua estimativa.

(b) Considere que os entalhes em cada lado do componente foram substituídos por trincas afiadas com o mesmo comprimento, a, da profundidade original do entalhe. Empregando este cenário, estime o número de repetições do histórico necessárias para crescer tais trincas da iniciação à falha. Adicione

812 CAPÍTULO 14 Abordagem da Fadiga Via Deformação

esta vida àquela obtida no item (a) para obter a vida total para a falha. Após isso, compare novamente o resultado obtido com os resultados do teste. (As propriedades dos materiais para determinar o crescimento de trincas são dadas na Tabela 11.2. Observe que o valor de K_c, contido na Tabela 11.3, aplica-se para $t = 2,3$ mm.)

14.51 O Problema 10.41 traz um histórico de tensões nominais repetidamente aplicado em placas de liga de alumínio 7075-T6 carregadas axialmente, com entalhes duplos nas bordas e $k_t = 4,00$. As vidas de fadiga obtidas a partir de seis testes idênticos são dadas na Tabela P10.41 (b). As dimensões da chapa são as mesmas do Problema 10.22. Proceda como no Problema 14.50 (a) e (b).

Seção 14.6

14.52 Refaça o Exemplo 10.3, utilizando a abordagem baseada em deformações. Em seguida, discuta as diferenças entre seu cálculo e o daquele exemplo.

14.53 Uma corrente com uma resistência à ruptura estática média $P_u = 106,8$ kN tem seus anéis unidos como ilustrado na Figura P14.53 (a). Os anéis são feitos a partir de uma barra com diâmetro $d = 10$ mm do aço SAE 8622H, cortada em seu comprimento e conformada a frio para a forma necessária, que, em seguida, é unida solidamente por soldagem, para, enfim, os anéis produzidos serem tratados termicamente por têmpera e revenimento. As propriedades de tração são: limite de escoamento de 1.014 MPa, limite de resistência de 1.117 MPa e redução de área de 62%. As propriedades de fadiga foram estimadas a partir de dados obtidos de um material similar e ajustadas para obter concordância com dados da fadiga dos elos da corrente, obtendo-se os seguintes valores:

E, GPa	H', MPa	n'	σ'_f, MPa	b	ε'_f	c
213.700	1.389	0,0985	1.517	-0,10	1,00	-0,55

Uma análise elástica por elementos finitos (FEA) determinou que as maiores tensões se dão em pontos como F e G, em que valores semelhantes a $k_t = 5,8$ são obtidos. Este k_t é baseado na tensão nominal, definida como $S = P/(2A)$, em que P é a força na corrente e $A = \pi d_2/4$. (Fonte: dados de [Tipton 92].)

(a) Estime a vida em fadiga se esta corrente for submetida a uma amplitude de carregamento de 8% de P_u para um nível médio de 16% de P_u.

(b) Normalmente, é feito um teste de liberação da corrente antes da sua utilização, quando é aplicada uma carga elevada, tal como O-A-B mostrada na Figura P14.53 (b). (Isso elimina ligações defeituosas e introduz tensões residuais benéficas.) Revise a estimativa de vida obtida no item (a) para incluir os efeitos deste teste inicial a 60% de P_u.

(c) Compare os resultados obtidos nos itens (a) e (b) quanto à vida e à tensão média local durante o uso da corrente e comente a eficácia esperada do carregamento feito no teste de liberação da corrente.

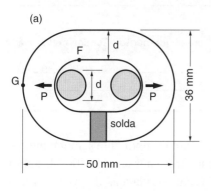
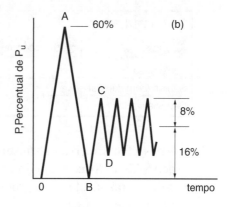

FIGURA P14.53

14.54 Um eixo que suporta polias de cabos empregados para levantar carvão de uma mina é carregado em flexão rotativa em uma situação semelhante à do Problema 10.36, porém o eixo possui um diâmetro maior, devido às cargas serem maiores. Um raio de filete análogo ao indicado na Figura P10.36 é a localização mais severamente carregada, onde o diâmetro aumenta de $d_1 = 222$ mm para $d_2 = 343$ mm, com um raio de filete $\rho = 11,1$ mm que apresenta uma superfície com acabamento de usinagem. O material do eixo é um aço SAE 1045 laminado a quente e normalizado com propriedades de tração: limite de escoamento de 306 MPa, limite de resistência de 569 MPa e redução de área de 48%. Em cada ciclo de elevação e retorno do guincho, o eixo gira 108 vezes e há aproximadamente 32.000 ciclos de içamento em um ano típico de operação. O recipiente (balde) é primeiro carregado com carvão na mina, cerca de 515 m abaixo do eixo da polia. Em seguida, ele acelera para cima, move-se em velocidade constante ascendente, para no topo de sua viagem e despeja o carvão, para finalmente retornar vazio para o fundo da mina, completando um ciclo de sua viagem. Os detalhes são dados na Tabela P14.54. São indicadas combinações da tensão de flexão nominal (sem k_t) e números de ciclos de tensão, em que os ciclos de tensão correspondem às rotações do eixo, totalizando 108 por ciclo de içamento. Essas tensões pressupõem um funcionamento suave do equipamento: nenhum fator de impacto foi incluído. Elas resultam dos pesos do eixo e das roldanas acopladas, do carvão, do recipiente e dos cabos.

(a) Avalie o projeto do eixo para a resistência à falha por fadiga. Ele é adequado?

(b) Aproximadamente três anos após a instalação, o eixo falhou, a partir de uma grande trinca que havia começado no raio do filete. Quinze meses antes da falha, ocorreu um acidente durante o qual o recipiente com carvão saiu do controle, enquanto se movia para cima, e caiu na estrutura abaixo do eixo, causando uma tensão nominal que pode ter sido tão alta quanto $S = 200$ MPa, no instante do impacto. O acidente contribuiu para a falha?

814 **CAPÍTULO 14** Abordagem da Fadiga Via Deformação

Tabela P14.54		
Situação	**N° de rotações por ciclo de içamento**	**Tensão nominal S, MPa**
Aceleração	9	92
Subida (com carvão)	45	86
Descida (vazio)	54	60

(c) Após a falha, o eixo foi substituído por um componente semelhante, feito de aço SAE 4340, com um limite de resistência à tração de 700 MPa. Foi uma solução razoável para o problema? Quais mudanças de projeto adicionais você poderia sugerir?

CAPÍTULO

Comportamento Dependente do Tempo: Fluência e Amortecimento

15

15.1 Introdução..815
15.2 Ensaios de fluência..817
15.3 Mecanismos físicos da fluência..823
15.4 Parâmetros de temperatura e estimativas de vida............................834
15.5 Falha por fluência sob tensão variável..846
15.6 Relações de tensão-deformação-tempo...849
15.7 Deformação por fluência sobre tensão variável................................854
15.8 Deformação por fluência sobre tensão multiaxial............................861
15.9 Análise da relação tensão-deformação em componentes...................864
15.10 Dissipação de energia (amortecimento) nos materiais.....................869
15.11 Resumo..878

OBJETIVOS

- Explorar o comportamento dependente do tempo e os mecanismos físicos da fluência e do amortecimento.
- Aplicar parâmetros tempo-temperatura para estimar a vida para a ruptura por fluência.
- Rever os modelos e correlações entre tensão-deformação-tempo para os materiais de engenharia e aplicá-los à análise de componentes simples.

15.1 INTRODUÇÃO

Deformações elásticas e plásticas são comumente idealizadas como surgidas instantaneamente após a aplicação da tensão. A deformação adicional que ocorre gradualmente com o tempo é chamada *deformação por fluência*. Fluência é muitas vezes importante no projeto de engenharia em aplicações que envolvem altas temperaturas, como turbinas a vapor em centrais elétricas, motores a jato ou de foguetes, assim como reatores nucleares. Outros exemplos são a falha de filamentos de lâmpada, o afrouxamento gradual de armações de óculos de plástico, a deformação lenta que leva à ruptura de tubos de plástico e o movimento do gelo nas geleiras.

Para metais e cerâmicas cristalinas, a deformação por fluência somente é grande o suficiente para ser considerada importante para um material submetido a temperaturas que estão, geralmente, na faixa de 30% a 60% de sua temperatura absoluta de fusão. Podem ocorrer grandes deformações de fluência em polímeros e vidros acima da temperatura de transição vítrea, T_v, do material particular, conforme discutido nos Capítulos 2 e 3. Assim, os polímeros que estão num estado emborrachado ou elástico são susceptíveis a fluência, caso frequente mesmo à temperatura ambiente. O concreto entra em fluência à temperatura ambiente, mas o processo torna-se mais lento com o tempo, de modo que apenas pequenas deformações adicionais ocorrem após o primeiro ano, aproximadamente.

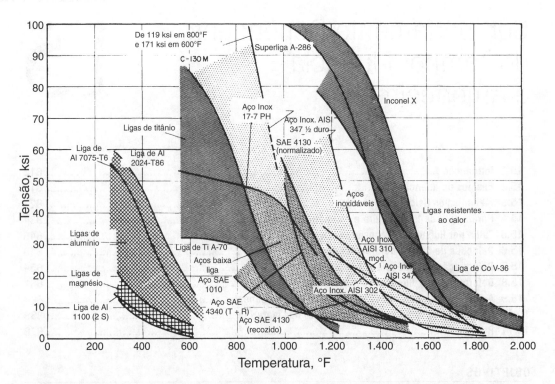

FIGURA 15.1 Gráficos tensão *versus* temperatura para uma deformação total de 3% em 10 min para vários metais de engenharia.

(De [van Echo 58]; usado com permissão.)

A seleção de um material apropriado é provavelmente um fator crítico em um projeto sensível à fluência. Os metais de engenharia utilizados no serviço em altas temperaturas em geral contêm elementos de liga, tais como cromo, níquel e cobalto, sendo que a quantidade adicionada destes materiais caros aumenta com a resistência à temperatura. As grandes diferenças que existem na resistência à temperatura entre várias classes de metais de engenharia são ilustradas pelos dados de fluência de curta duração, mostrados na Figura 15.1. Novos materiais cerâmicos tenazes oferecem oportunidades de maior resistência à temperatura, melhor até que as melhores ligas metálicas. Por outro lado, os polímeros são severamente limitados na sua resistência à temperatura.

Outros efeitos ambientais, como oxidação e trincamento assistido pelo meio, também são susceptíveis de causar problemas, à medida que a atividade química aumenta com a temperatura. Por exemplo, a resistência à oxidação ao ar e a resistência a falhas relacionadas com a fluência são comparadas para várias classes de metais resistentes ao calor, na Figura 15.2. Embora esses outros fatores ambientais não sejam tratados neste capítulo, também precisam ser considerados no projeto para serviços a altas temperaturas. Outra complexidade que ocorre frequentemente em situações de engenharia é o carregamento cíclico combinado com a deformação dependente do tempo. Neste caso, pode ocorrer uma interação prejudicial fluência-fadiga que acelera o processo de fadiga.

Os métodos de engenharia que foram desenvolvidos para analisar e prever o comportamento da fluência fornecem ferramentas que podem ser usadas no projeto

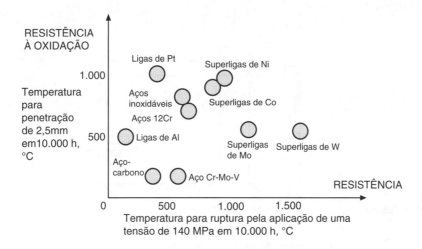

FIGURA 15.2 Resistência relativa à fluência e à oxidação para várias classes de metais de engenharia.

(Adaptado de [Sims 78]; usado com permissão.)

para evitar falhas devido a esse mecanismo. Uma preocupação é a deformação excessiva. Outra é a *ruptura por fluência*, que é uma separação (fratura) do material que pode ocorrer como resultado do processo de fluência. No que segue, consideraremos primeiro os testes de fluência e os mecanismos físicos, cujos tópicos fornecem informações introdutórias necessárias antes de enfatizar os métodos de engenharia destacados.

Um tópico adicional, abordado no final deste capítulo, é o *amortecimento dos materiais*, que é a dissipação de energia resultante do carregamento cíclico. Uma vez que as deformações envolvidas muitas vezes são dependentes do tempo, optamos por sua inclusão. Observe que a quantidade de amortecimento dos materiais afeta a gravidade das vibrações mecânicas.

15.2 ENSAIOS DE FLUÊNCIA

O método mais comum de ensaio de fluência é simplesmente aplicar uma força axial constante, em tração ou compressão, a uma barra ou cilindro do material de interesse. Uma vez que a força deve ser mantida constante durante longos períodos, podem ser utilizados pesos mortos simples e um sistema de alavanca, como mostrado na Figura 15.3. A tensão de fluência é medida com o tempo, e o tempo de ruptura é registrado se esta ocorrer durante o teste. Os ensaios em determinado material são geralmente feitos para várias tensões e temperaturas e as durações dos testes podem variar de menos de um minuto a vários anos.

15.2.1 Comportamento Observado em Testes de Fluência

O comportamento observado em um gráfico de tensão *versus* tempo é geralmente semelhante ao da Figura 15.4. Existe uma ocorrência inicial quase instantânea de tensão elástica, e talvez também plástica, seguida pelo acúmulo gradual de deformação por fluência. A taxa de deformação, $\dot{\varepsilon} = d\varepsilon/dt$ (ou seja, a inclinação do gráfico ε versus t), é inicialmente alta. No entanto, $\dot{\varepsilon}$ diminui e torna-se praticamente constante, o que

818 CAPÍTULO 15 Comportamento Dependente do Tempo

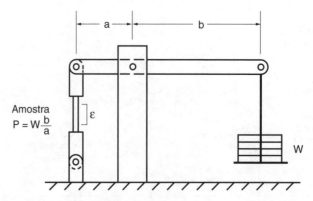

FIGURA 15.3 Esquema de uma máquina de teste de fluência.

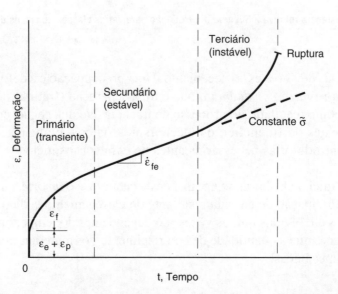

FIGURA 15.4 Comportamento tensão *versus* tempo durante a fluência sob força constante, portanto tensão de engenharia constante, e os três estágios de fluência.

indica o término do estágio primário ou transitório de fluência e o início do estágio secundário ou estacionário. No final do estágio secundário, $\dot{\varepsilon}$ aumenta de maneira instável, à medida que se aproxima a falha por ruptura, sendo esta porção chamada fase terciária. Nesta fase final, a deformação torna-se localizada devido à formação de um pescoço, como num teste de tração, ou pela criação de vazios no interior do material, ou pela ocorrência de ambos os fenômenos.

Alguns dados de fluência para um metal na forma de registros de deformação *versus* tempo são mostrados na Figura 15.5. Como seria de esperar, as taxas de deformação mais elevadas ocorrem para tensões mais elevadas. Os dados são do trabalho de Andrade, um notável investigador dos primórdios da fluência que estava em atividade por volta dos anos 1910. Os resultados foram obtidos sob tensão verdadeira constante, em vez de força constante, com o uso do aparelho mostrado na Figura 15.6. Nenhum estágio terciário ocorre nos dados da Figura 15.5, provavelmente como resultado do

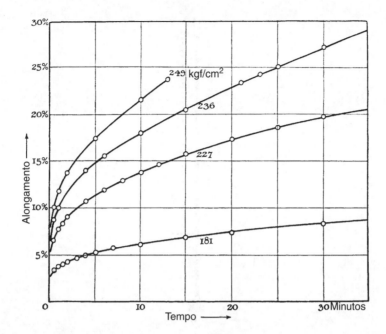

FIGURA 15.5 Curvas de fluência para chumbo a 17 °C, obtidas dos trabalhos iniciais de Andrade, em que 1 kgf/cm² = 0,0981 MPa.

(De [Andrade 14]; usado com permissão.)

uso da tensão verdadeira. Note-se que a aceleração terciária usual da fluência é, em pelo menos alguns casos, não devido a uma alteração no comportamento do material, mas sim à rápida redução da área da seção transversal sob força constante. Isso faz com que a tensão verdadeira aumente, o que acaba aumentando $\dot{\varepsilon}$.

15.2.2 Representando Resultados de Ensaios de Fluência

Os resultados de um único ensaio de fluência podem ser resumidos fornecendo as quatro seguintes quantidades: tensão, σ; temperatura, T; taxa de fluência no estado estacionário, $\dot{\varepsilon}_{fe}$; e tempo de ruptura, t_r. Existe uma variedade de alternativas para apresentar os dados de uma série de testes com várias tensões e temperaturas. Por exemplo, a tensão *versus* a taxa de deformação, σ *versus* $\dot{\varepsilon}_{fe}$, pode ser traçada em função das temperaturas averiguadas, como ilustrado na Figura 15.7. Outra apresentação útil é traçar a tensão *versus* a vida, σ *versus* t_r, para várias temperaturas, como ilustrado na Figura 15.8. Como pode ser visto, nestes exemplos, são geralmente utilizadas escalas logarítmicas. Um gráfico σ *versus* t_r é análogo a uma curva *S-N* para a fadiga, exceto que a vida é um tempo de ruptura, em vez de um número de ciclos. Os gráficos de tensão-vida para três valores de deformação, e um também para ruptura, todos para uma única temperatura e para um polímero, são mostrados na Figura 15.9.

Dados de tensão-vida muitas vezes também são representados ao se traçar σ contra T (temperatura), com linhas para diferentes tempos de falha, t_r. É, naturalmente, um meio alternativo de representar de forma simples a mesma informação, como em um gráfico similar à Figura 15.8. Tal representação para o níquel é mostrada na Figura 15.10. Este gráfico, em particular, abrange uma ampla gama de variáveis e

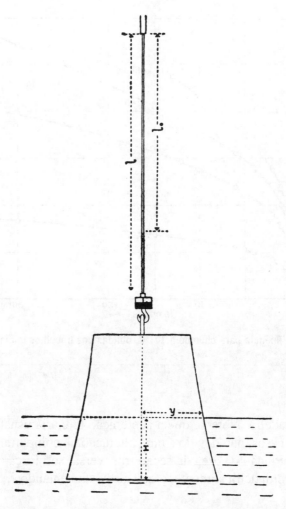

FIGURA 15.6 Aparelho utilizado por Andrade para os ensaios de fluência sob tensão constante. A massa, M, é dimensionada de acordo com $y = \dfrac{1}{l_0 + x}\sqrt{\dfrac{Ml_0}{\rho\pi}}$ **e está suspensa num líquido de massa específica, ρ, de modo que a força diminui com a deformação e, assim, mantém uma tensão verdadeira constante durante o alongamento uniforme.**

(De [Andrade 10]; usado com permissão.)

indica alguns detalhes da natureza das fraturas por fluência, que ocorrem para vários níveis de tensões e temperaturas. Uma representação tão abrangente é conhecida por *mapa dos mecanismos de fratura*.

São frequentemente necessárias curvas tensão-deformação para vários valores constantes de tempo, chamadas *curvas isócronas tensão-deformação*, construídas a partir de dados de deformação em função do tempo para vários níveis de tensão, como mostrado nas Figuras 15.11 (a) e (b). As deformações correspondentes a um tempo particular, tal como $t = t_1$, são obtidas como mostrado em (a). Estas são traçadas *versus* os valores de tensão correspondentes, como em (b), formando a curva isócrona tensão-deformação para o tempo t_1. Curvas semelhantes podem ser construídas para outros valores de tempo, tais como t_2 e t_3, de modo que se obtém uma família de curvas tensão-deformação. Para os polímeros, é uma prática comum usar curvas

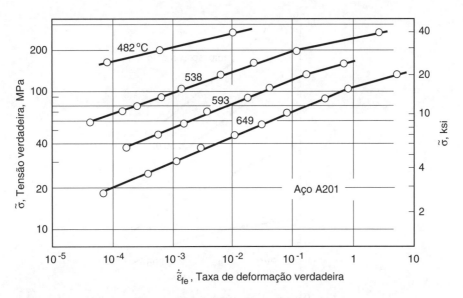

FIGURA 15.7 Tensão *versus* taxa de deformação em estado estacionário para várias temperaturas para um aço-carbono usado em vasos de pressão.

(Adaptado de [Randall 57]; copyright © ASTM; reimpresso com permissão.)

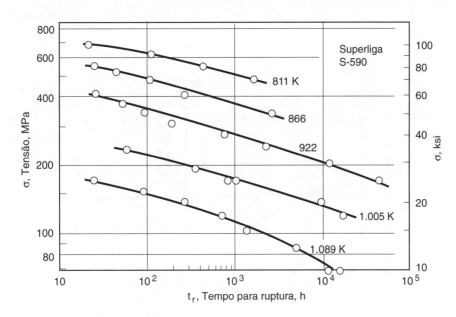

FIGURA 15.8 Curvas tensão *versus* vida para ruptura para o S-590, superliga Fe-Cr-Ni-Co e resistente ao calor.

(Dados de [Goldhoff 59a].)

tensão-deformação isócronas para determinar módulos de rigidez secantes, E_s, correspondendo a valores específicos de deformação, como mostrado para a deformação, $\varepsilon = \varepsilon'$, em (c). Esses valores de E_s são traçados em função do tempo para caracterizar o comportamento do material, como em (d). As curvas módulo de rigidez secante *versus* tempo para mais de um valor de deformação podem ser obtidas e traçadas como uma família de curvas.

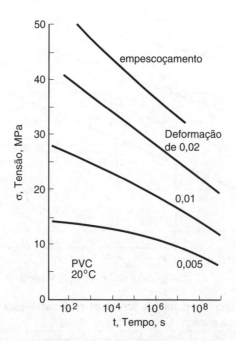

FIGURA 15.9 Curvas tensão-vida para policloreto de vinila (PVC) não plastificado para três valores de deformação e também para o início da ruptura por empescoçamento.

(Adaptado de [EVC 89]; usado com permissão.)

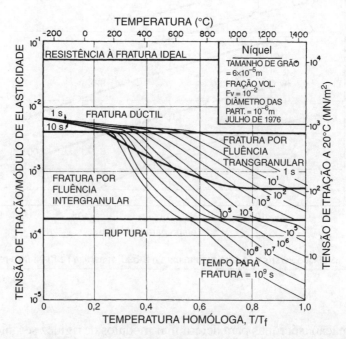

FIGURA 15.10 Mapa dos mecanismos de fratura mostrando a tensão *versus* a temperatura para vários tempos para a ruptura por fluência do níquel, com o tamanho de grão indicado. As tensões, σ, são normalizadas pelo módulo de elasticidade, E, que varia com a temperatura.

(De [Ashby 77]; usado com permissão.)

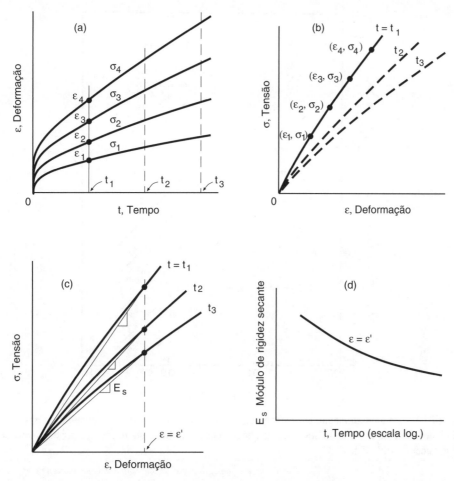

FIGURA 15.11 Construção de curvas isócronas tensão-deformação e de módulo de rigidez secante. Os dados de deformação-tempo (a) para vários níveis de tensão podem ser utilizados para obter curvas isócronas, σ-ε, como em (b). Os módulos de rigidez secantes, E_s, podem então ser obtidos a partir das curvas isócronas, σ-ε, como mostrado em (c) e E_s é normalmente traçado em função do tempo, como em (d).

De particular significado são as parcelas de $\dot{\varepsilon}_{fe}$ versus $1/T$, o recíproco da temperatura absoluta, em que uma escala log é usada para $\dot{\varepsilon}_{fe}$ e uma escala linear para $1/T$. Este gráfico com linhas para várias tensões é mostrado para uma cerâmica, na Figura 15.12. Também é útil um gráfico semelhante, com t_r substituindo $\dot{\varepsilon}_{fe}$. As inclinações nesses gráficos dão *energias de ativação* aparentes, assunto que será discutido na seção seguinte.

15.3 MECANISMOS FÍSICOS DA FLUÊNCIA

Os mecanismos físicos que causam a fluência diferem acentuadamente para diferentes classes de materiais. Além disso, mesmo para determinado material, diferentes mecanismos atuam em várias combinações de tensão e temperatura. Os movimentos de átomos, vacâncias, discordâncias ou moléculas dentro de um material sólido ocorrem de uma maneira dependente do tempo e acontecem mais rapidamente para temperaturas mais

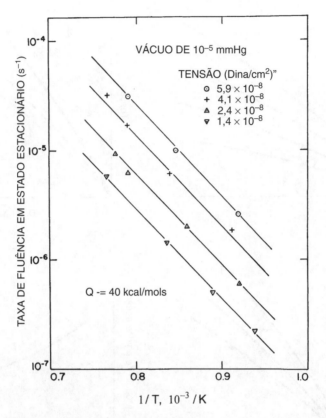

FIGURA 15.12 Taxa de deformação em estado estacionário *versus* recíproco da temperatura absoluta para cristais individuais de óxido de titânio, TiO₂, também chamado rutilo, testado sob compressão no vácuo, no qual 1 dina/cm² = 10⁻⁷ MPa.

(Adaptado de [Hirthe 63]; reimpresso com permissão da American Ceramic Society.)

altas. Tais movimentos são importantes para explicar o comportamento da fluência e caem dentro da ampla categoria de comportamento chamada *difusão*.

15.3.1 Fluência Viscosa

A viscosidade de um líquido, tal como é empregada na mecânica dos fluidos, é a razão entre a tensão de cisalhamento aplicada e a taxa resultante de deformação cisalhante. Ou seja,

$$\eta_\tau = \frac{\tau}{\dot{\gamma}} \qquad (15.1)$$

em que η_τ é a viscosidade ao cisalhamento. De forma semelhante, uma viscosidade à tração pode ser definida como:

$$\eta = \frac{\sigma}{\dot{\varepsilon}} \qquad (15.2)$$

Para uma substância viscosa ideal, que é incompressível, $\eta = 3\eta_\tau$. Além disso, um valor constante de η corresponde ao comportamento de um amortecedor ideal com uma dependência força-deslocamento na forma $P = c\dot{x}$, em que a constante c é análoga a η (Seção 5.2).

Alguns materiais nominalmente sólidos comportam-se de modo semelhante a um líquido com uma viscosidade muito elevada. Este é geralmente o caso dos sólidos amorfos, tais como o vidro comum e alguns polímeros. Em resposta a uma tensão aplicada ao material, moléculas ou grupos de moléculas se movem umas em relação às outras de uma maneira dependente como o tempo, resultando em deformação por fluência. Tais movimentos moleculares constituem um processo de difusão que é aumentado se a temperatura é acrescida. Isso ocorre porque um aumento de temperatura está relacionado com um aumento das oscilações médias dos átomos em torno de suas posições de equilíbrio. Maiores oscilações resultam em rearranjos moleculares mais frequentes, que contribuem para a deformação por fluência.

Tal situação é um caso de *ativação térmica*. A partir da física envolvida, espera-se que a taxa de um processo termicamente ativado seja governada pela chamada *equação de Arrhenius:*

$$\dot{\varepsilon} = A e^{\frac{-Q}{RT}} \tag{15.3}$$

A taxa aqui é a de deformação, $\dot{\varepsilon}$, e Q é uma constante física especial, chamada *energia de ativação*. É um parâmetro que mede a barreira energética a ser superada para que ocorra o movimento molecular. A temperatura T é a absoluta, em kelvin (K), e R é a constante universal dos gases, cujo valor depende da escolha de unidades para Q, tais como calorias/mols ou joules/mols. Os valores correspondentes e suas unidades são:

$$
\begin{aligned}
R &= 1,978\,\text{cal} / (\text{mols} \cdot \text{K}) \quad (\text{para } Q \text{ em cal/mols}) \\
R &= 8,314\,\text{J} / (\text{mols} \cdot \text{K}) \quad (\text{para } Q \text{ em J/mols})
\end{aligned}
\tag{15.4}
$$

O coeficiente A depende, no mínimo, da tensão. Para um processo de fluência que seja semelhante ao fluxo viscoso que obedece à Equação 15.2, a dependência de tensão pode ser incluída na equação da taxa, da seguinte forma:

$$\dot{\varepsilon} = A_1 \sigma e^{\frac{-Q}{RT}} \tag{15.5}$$

O novo coeficiente, A_1, depende principalmente do material, mas seu valor e Q mudam ao mesmo tempo, se o mecanismo físico for alterado devido a uma mudança suficiente na temperatura ou na tensão.

15.3.2 Fluência em Polímeros

Em temperaturas abaixo da de transição vítrea, T_v de um polímero, os efeitos da fluência são relativamente pequenos. Acima de T_v, os efeitos de fluência tornam-se rapidamente significativos. Como T_v para polímeros comuns está frequentemente na faixa de -100 °C a +200 °C, esta temperatura pode ser excedida em torno, ou mesmo abaixo, da temperatura ambiente. Para um termoplástico primariamente cristalino, tal como polietileno, ocorre fluxo viscoso a temperaturas substancialmente acima da T_v, em especial ao se aproximar da temperatura de fusão. Note que as ligações secundárias (pontes de hidrogênio e van der Waals) que mantêm as cadeias moleculares à base de carbono juntas entre si, abaixo de T_v, são menos eficazes acima da T_v. Assim, a fluência pode ocorrer pelas cadeias moleculares, que deslizam uma sobre as outras de uma maneira viscosa. O processo é facilitado em polímeros lineares, se as cadeias moleculares forem mais curtas, e é aumentada pela ausência de obstáculos ao deslizamento, tais como a ramificação ou a reticulação nas moléculas das cadeias poliméricas. A dependência da tensão e da temperatura deste tipo de fluxo viscoso obedece, ao menos grosseiramente, à Equação 15.5.

No entanto, o comportamento é mais complicado em temperaturas intermediárias, apenas modestamente acima de T_v, quando se mostra coriáceo (semelhante ao couro) ou borrachoso. Nestes casos, o deslizamento das cadeias moleculares é mais difícil e são mais facilmente enlaçadas umas nas outras, particularmente se forem longas. Os emaranhados dão ao material uma resistência crescente, à medida que a deformação prossegue, de modo que a taxa de fluência diminui, à medida que a deformação progride. Outros obstáculos ao deslizamento, como ramificação ou reticulação, têm um efeito similar, de forma que também tendem a limitar a fluência, se estiverem presentes.

Obstáculos ao deslizamento das moléculas também dão ao material uma memória de sua forma anterior à deformação. Particularmente, após a remoção da tensão aplicada, os segmentos da cadeia esticados e distorcidos entre os pontos de emaranhamento ou reticulação atuam um pouco como molas, que tendem a fazer com que a deformação anterior da fluência desapareça com o tempo. Esses comportamentos autolimitantes e de recuperação da fluência são afastamentos do comportamento viscoso simples, que é semelhante ao do modelo reológico transitório da fluência, ilustrado na Figura 5.5 (b). Num polímero real, ocorre alguma deformação viscosa não recuperável em adição à parte recuperável. O modelo reológico mais simples e que tem um comportamento mais ou menos semelhante ao de um polímero é, portanto, aquele que combina os elementos elásticos, de fluência em estado estacionário e de fluência transitória, como mostrado na Figura 15.13.

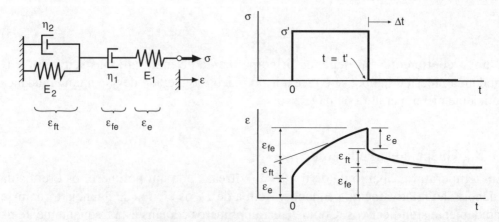

FIGURA 15.13 Comportamento de fluência e recuperação em um modelo reológico que combina elementos de fluência elástica, de estado estacionário e transitório. A deformação elástica, ε_e, na mola E_1 é recuperada imediatamente após o descarregamento, enquanto a deformação transitória, ε_{ft}, na combinação paralela (E_2, η_2) é recuperada lentamente com o tempo. A deformação de fluência no estado estacionário, ε_{fe}, no amortecedor η_1 nunca será recuperada.

15.3.3 Fluência em Materiais Cristalinos

Os materiais cristalinos usados na engenharia incluem metais e suas ligas e as cerâmicas de engenharia. Algumas cerâmicas contêm uma fase cristalina em combinação com uma fase vítrea, tal como a porcelana e o tijolo de argila cozido. Como resultado de suas similaridades na estrutura, os materiais cristalinos (ou fases) têm mecanismos físicos aproximadamente similares para deformação por fluência. Ocorre uma variedade de mecanismos físicos, que podem ser separados em duas classes amplas, denominadas *fluxo difusional* e *fluência por discordâncias*. Alguns autores também consideram o *deslizamento do contorno de grão* um mecanismo distinto.

Uma equação geral para a taxa de fluência em estado estacionário para materiais cristalinos é:

$$\dot{\varepsilon} = \frac{A_2 \sigma^m}{d^q T} e^{\frac{-Q}{RT}} \qquad (15.6)$$

Nela, as variáveis que afetam a taxa de deformação, $\dot{\varepsilon}$, são a tensão, σ, o tamanho médio do grão, d, e a temperatura absoluta, T. O coeficiente, A_2, os expoentes, m e q, e a energia de ativação, Q, possuem valores que dependem do material e do mecanismo particular de fluência que está agindo. Os valores de m e q estão resumidos na Tabela 15.1. A dependência da temperatura é semelhante à Equação 15.3, indicando que todos os mecanismos de fluência são ativados termicamente. No entanto, existe uma dependência adicional (relativamente fraca) com o inverso da temperatura; isto é, A, na Equação 15.3, é um pouco afetada pela temperatura.

O fluxo difusional pode ocorrer em baixa tensão, mas requer uma temperatura relativamente alta. O mecanismo envolve o movimento de vacâncias na rede cristalina, como ilustrado antes na Figura 2.26. Este movimento ocorre como resultado da formação espontânea de vacâncias, que é favorecida perto dos contornos de grão que estão aproximadamente normais à tensão aplicada. A distribuição desigual assim criada resulta em um movimento (difusão) das vacâncias para as regiões de menor concentração. Assim, existe uma transferência de material que provoca uma deformação global do material policristalino.

Se as vacâncias se movem através da rede cristalina, o comportamento é chamado *fluência Nabarro–Herring*. Além disso, a taxa de deformação resultante é

Tabela 15.1 Exponentes da Fluência para Vários Mecanismos Físicos

Nome do Mecanismo	m	q	Descrição
Fluxo difusional (Fluência de Nabarro–Herring)	1	2	Difusão de vacâncias pela rede cristalina
Fluxo difusional (Fluência de Coble)	1	3	Difusão de vacâncias pelos contornos de grão
Escorregamento do contorno de grão	2	2 ou 3	Deslizamento acomodado pela difusão de vacâncias pela rede cristalina ($q = 2$) ou ao longo dos contornos de grão ($q = 3$)
Fluência por discordâncias (fluência exponencial)	3 a 8	0	Movimento de discordâncias, que escalam obstáculos microestruturais

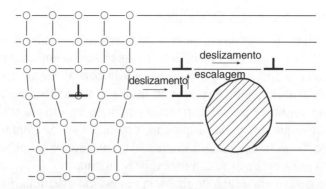

FIGURA 15.14 Escalagem de uma discordância em cunha permitindo a continuação do deslizamento por sobre um obstáculo e assim permitindo que a deformação prossiga.

aproximadamente proporcional à tensão, $m = 1$, e inversamente proporcional ao quadrado do tamanho médio do grão, $q = 2$. No entanto, se as vacâncias se movem ao longo dos contornos de grão, o comportamento é denominado *fluência de Coble*. A dependência da tensão é semelhante, mas a dependência do tamanho do grão é alterada para $q = 3$. A proporcionalidade da taxa de deformação à tensão indica que ambos os tipos de fluxo difusional são processos essencialmente viscosos. A energia de ativação, Q, é semelhante a Q_v, para a autodifusão do material na própria rede cristalina, ou a Q_b, para difusão ao longo dos contornos de grão, conforme aplicável.

A fluência por discordâncias, também chamada *fluência exponencial*, envolve o movimento mais drástico das discordâncias, que são defeitos de linha, em vez de apenas vacâncias, que são defeitos pontuais. Consequentemente, são necessárias tensões elevadas, mas o efeito pode ocorrer a temperaturas intermediárias, já que o fluxo difusional é pequeno. Os mecanismos são complexos e não totalmente compreendidos, mas a *escalagem de discordâncias* é considerada importante.

Considere a Figura 15.14. Devido ao efeito de uma tensão aplicada, uma discordância em cunha move-se ao longo de um plano da rede cristalina pelo processo de deslizamento por etapas, descrito no Capítulo 2. Ao encontrar um obstáculo, tal como uma partícula precipitada ou um emaranhamento imobilizado de outras discordâncias, uma deformação adicional requer que a discordância se desloque para outro plano da rede. Tal movimento é chamado *escalagem* e requer um rearranjo de átomos, novamente por difusão de vacâncias. O efeito cumulativo de um grande número de escalagens é permitir mais deslizamento; portanto, mais deformação macroscópica, do que poderia ocorrer de outra forma. A deformação é dependente do tempo, porque o processo de escalagem depende do tempo. Como os contornos dos grãos não são um fator importante, a taxa de deformação não é afetada significativamente pelo tamanho de grão, mas a resistência ao processo de subida é tal que existe uma forte dependência com a tensão. Os valores de m variam com o material e as condições de ensaio, giram tipicamente em torno de 5 e usualmente dentro do intervalo de 3 a 8. O processo parece ser controlado pela difusão, a qual é apoiada pelo fato de que o valor de Q para a fluência por discordâncias geralmente coincide com o valor para a autodifusão do material na própria rede cristalina.

15.3.4 Discussão

Se determinado material, tamanho de grão e temperatura forem de interesse, pode ser conveniente redefinir a Equação 15.6 como:

$$\dot{\varepsilon} = B\sigma^m, \quad \text{em que } B = \frac{A_2}{d^q T} e^{\frac{-Q}{RT}} \quad (a, b) \tag{15.7}$$

A quantidade B torna-se então uma constante. Se a tensão aplicada, σ, não variar com o tempo, a tensão de fluência se acumula linearmente com o tempo, t, de acordo com:

$$\varepsilon_{fe} = B\sigma^m t \tag{15.8}$$

em que o subscrito fe é incluído para indicar que é a tensão resultante da fluência em estado estacionário. Uma vez que a deformação elástica, correspondente a um módulo elástico, E, ocorre em todos os materiais, a deformação total será pelo menos a soma das deformações elástica e de fluência:

$$\varepsilon = \varepsilon_e + \varepsilon_{fe} = \frac{\sigma}{E} + B\sigma^m t \tag{15.9}$$

Se também ocorre deformação plástica, esta componente adicional de deformação também deve ser adicionada, talvez com base na Equação 12.11.

15.3.5 Avaliação das Energias de Ativação

As energias de ativação para fluência podem ser determinadas ajustando inclinações de linhas retas em gráficos de $\log(\dot{\varepsilon})$ *versus* $1/T$ para tensão constante, como foi o caso das linhas na Figura 15.12. Suponha que a forma simples da Equação 15.3 seja aplicável e a esta seja aplicada o logaritmo de base 10, $\log_{10}$, em ambos os lados, assim:

$$\log\dot{\varepsilon} = \log A - \frac{Q}{RT}\log e = \log A - 0{,}434\frac{Q}{R}\left(\frac{1}{T}\right) \tag{15.10}$$

A constante universal dos gases, R, possui um valor conforme a Equação 15.4, dependendo das unidades desejadas para Q. Na segunda forma, $\log_{10} e$ é avaliado e T continua a ser a temperatura absoluta, em kelvin.

Se a Equação 15.3 é realmente obedecida, a energia de ativação, Q, será a mesma para todos os valores de tensão. Assim, os dados de $\log(\dot{\varepsilon})$ *versus* $1/T$ para várias tensões devem formar linhas retas paralelas, como visto no caso na Figura 15.12. Um procedimento análogo pode ser aplicado para encontrar energias de ativação, quando o comportamento obedecer à Equação 15.6. Particularmente, para determinado material e tamanho de grão, d, um gráfico entre $\log(\dot{\varepsilon}T)$ *versus* $1/T$ produz linhas retas, todas com a mesma inclinação proporcional a Q, mas com interceptos dependendo da tensão aplicada, σ. Alternativamente, se for conhecida a constante m, pode ser feito um gráfico de $\log(\dot{\varepsilon}T / \sigma m)$ em função de $1/T$. Isso produz uma única linha de inclinação proporcional a Q, para todas as tensões.

É necessário ter cuidado ao empregar valores de energia de ativação, uma vez que grandes mudanças na temperatura ou na tensão podem alterar suficientemente o mecanismo presente para alterar Q. Isso é demonstrado por alguns dados obtidos

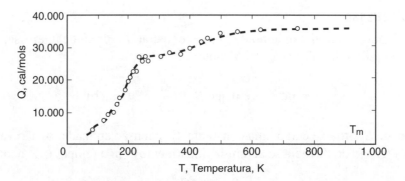

FIGURA 15.15 Energia de ativação para a fluência do alumínio puro em função da temperatura absoluta.

(Adaptado de [Sherby 57]; reproduzido com permissão de Acta Metallurgica, 1957 Elsevier, Oxford, UK).

para o alumínio de alta pureza, que são mostrados na Figura 15.15. Neste caso, Q para fluência em temperaturas relativamente altas passa a ser independente de tensão e deformação e é constante e próximo ao valor da autodifusão neste metal. No entanto, abaixo de cerca da metade da temperatura de fusão absoluta, Q diminui e torna-se variável, como resultado de outros mecanismos que ocorrem e não são controlados pela mesma energia de ativação.

15.3.6 Mapas dos Mecanismos de Deformação

Para determinado material, pode ser desenhado um *mapa dos mecanismos de deformação* que mostra qual mecanismo de deformação é dominante para qualquer combinação dada de tensão e temperatura. Exemplos para o níquel e uma superliga à base de níquel são mostrados na Figura 15.16. São apresentadas linhas de taxa de deformação cisalhante constante, $\dot{\gamma}$, sendo que o comportamento pode ser considerado essencialmente elástico abaixo da mais baixa das linhas. A região de fluxo difusional é subdividida, dependendo do tipo de difusão de vacâncias e ocorrem dois tipos de fluência exponencial para a fluência do níquel: de baixa temperatura (BT) e de alta temperatura (AT). Acima do limite de elasticidade, a deformação plástica por deslizamento de discordâncias é o tipo dominante de deformação. Também é mostrado um limite teórico para a resistência, que corresponde à resistência teórica ao cisalhamento, $\tau_b \approx G/10$, que pode causar a clivagem de planos cristalinos mesmo sem ocorrência de movimento de discordâncias (Seção 2.4).

Os detalhes no mapa naturalmente diferem do material e seu processamento. Por exemplo, em materiais cristalinos, o fluxo difusional é um fator provavelmente mais importante se o tamanho de grão for pequeno. Isso resulta na dependência inversa da taxa de deformação com o tamanho do grão, como na Equação 15.6 com $q = 2$ ou 3. Portanto, quando esse mecanismo é dominante, grandes tamanhos de grão compõem uma característica benéfica.

Nos mapas dos mecanismos de deformação da Figura 15.16, as tensões traçadas são tensões de cisalhamento, τ, e estas são normalizadas em relação ao módulo de cisalhamento, G, de modo que o eixo vertical é τ/G. Como G diminui com a temperatura, seu valor é necessário para usar o mapa. A seguinte relação é aplicável:

$$G = G_{300} - h(T - 300) \tag{15.11}$$

Comportamento Mecânico dos Materiais **831**

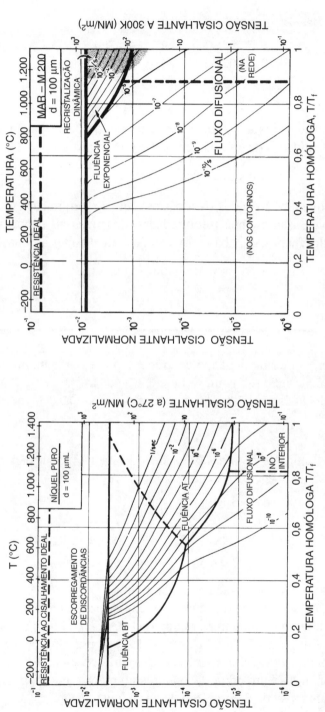

FIGURA 15.16 Mapas dos mecanismos de deformação que dão taxas de deformação por cisalhamento, $\dot{\gamma}$, para o níquel (esquerda) e para uma superliga à base de níquel (direita), ambas com o mesmo tamanho de grão. As tensões de cisalhamento, τ, são normalizadas para o módulo de cisalhamento, G, que varia com a temperatura, de forma que o eixo vertical esquerdo é τ/G. Para a escala de temperatura homóloga, T/T_f, a quantidade T_f é a temperatura de fusão e as temperaturas utilizadas estão em K.

(De [Ashby 77] e [Frost 82], p. 57; respectivamente; usado com permissão).

832 **CAPÍTULO 15** Comportamento Dependente do Tempo

Nesta equação, G_{300} é o valor em $T = 300$ K, a quantidade h é uma constante de material e T é a temperatura absoluta, em K. Esses valores e a temperatura de fusão, T_f, são dados na tabela a seguir para os materiais dos dois mapas da Figura 15.16:

Material	G_{300}, MPa	h, MPa/K	T_f, K
Níquel	78.900	29,3	1.726
MAR-M200	80.000	25,0	1.600

Fonte: *Dados em [Frost 82], p. 54.*

Para a fluência sob tensão uniaxial, a tensão, σ, e a taxa de deformação, $\dot{\varepsilon}$, estão relacionadas com as quantidades de cisalhamento, τ e $\dot{\gamma}$, do mapa por:

$$\sigma = \sqrt{3}\tau, \quad \dot{\varepsilon} = \dot{\gamma}/\sqrt{3} \tag{15.12}$$

Outros mapas semelhantes são dados para vários metais e cerâmicas em Frost & Ashby (1982). Nesse livro, as constantes (propriedades) dos materiais também são listadas para cada região dos mapas, com base em relações semelhantes à Equação 15.6.

EXEMPLO 15.1

Considere o níquel com o mesmo tamanho de grão e o processamento do material da Figura 15.16. Este material é submetido a uma tensão de tração de 6 MPa a uma temperatura de 900 °C. Quais são a taxa de deformação aproximada e o mecanismo de fluência dominante?

Solução

Para usar o mapa, precisamos de τ e G das Equações 15.12 e 15.11, que dão a tensão de cisalhamento normalizada, τ/G. Assim, temos:

$$\tau = \frac{\sigma}{\sqrt{3}} = \frac{6 \text{ MPa}}{\sqrt{3}} = 3.464 \text{ MPa}$$

$$G = G_{300} - h(T - 300) = 78.900 - 29,3(1.173 - 300) = 53.320 \text{ MPa}$$

$$\tau/G = 6,50 \times 10^{-5}$$

em que $T = 900 + 273 = 1.173$ K é usada para obter G.

Para a temperatura, ou se usa a escala superior e entra-se no gráfico diretamente com $T = 900$ °C, ou se usa a escala inferior com $T/T_f = 1.173/1.726 = 0,680$. Para acessar a escala τ/G, é útil calcular log $(\tau/G) = -4,19$, que permite localizar com precisão em uma escala linear o valor correto de τ/G, que está entre 10^{-4} e 10^{-5} (ou seja, log (τ/G) entre -5 a -4). Entrando estes valores no mapa e interpolando entre as curvas chega-se a uma taxa de deformação de aproximadamente:

$$\dot{\gamma} \approx 10^{-6,7} = 2.0 \times 10^{-7} \text{ s}^{-1}, \quad \dot{\varepsilon} = \dot{\gamma}/\sqrt{3} = 1,2 \times 10^{-7} \text{ s}^{-1} \quad \textbf{(Resposta)}$$

Este ponto está dentro da região de domínio da fluência exponencial em alta temperatura.

> **Comentário**
> O valor calculado representa realmente uma elevada taxa de deformação para qualquer aplicação prática. Por exemplo, em um dia, a deformação será:
>
> $$\varepsilon = \dot{\varepsilon}t = (1{,}2 \times 10^{-7}\ \text{s}^{-1})(3.600\ \text{s/h})(24\ \text{h}) = 0{,}010 = 1{,}0\%$$

15.3.7 Fluência no Concreto

Embora o concreto possa ser descrito, em termos gerais, como uma cerâmica cristalina, sua estrutura complexa resulta em distintos mecanismos e comportamento de fluência. O concreto contém pasta de cimento, que foi quimicamente combinado com água na reação de hidratação, que o leva a endurecer. Também está presente uma pasta não hidratada lentamente convertida pela reação de hidratação, com o passar do tempo. A água adicional não reagida está presente nos poros, entre microcamadas do cimento hidratado e quimicamente adsorvida (presa fracamente por ligações químicas secundárias) à pasta hidratada. Por fim, há o agregado (areia e pedra) com uma variação de tamanhos.

A fluência no concreto ocorre principalmente na pasta de cimento, com o agregado agindo como limitador da deformação. Assim, tensões elásticas acumulam-se no agregado e se opõem à fluência na pasta, fazendo com que a taxa de fluência diminua. Os dados que ilustram a tendência são mostrados na Figura 15.17. Os mecanismos detalhados da fluência na pasta de cimento são complexos e não completamente compreendidos. Uma possibilidade é que um esforço aplicado esprema a água que não reagiu em alguns vazios e faça com que esta se mova através de fluxo viscoso para outro local, permitindo uma distorção da microestrutura dependente do tempo. Outra hipótese é que a água adsorvida lubrifique as camadas e partículas de cimento hidratado e permita que estas deslizem umas sobre as outras. O microtrincamento nas interfaces entre o agregado e a pasta também evolui com o tempo e contribui para a fluência. Além disso, em tensões elevadas, mecanismos semelhantes aos aplicáveis nas cerâmicas cristalinas mais comuns podem ser significativos.

Uma vez que a fluência ocorre principalmente na pasta de cimento, as deformações elásticas que se acumulam no agregado revertem a tensão de fluência quando a carga é

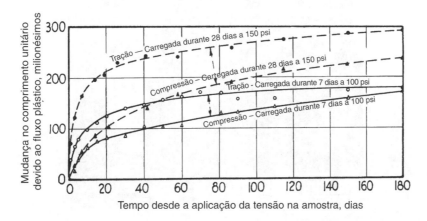

FIGURA 15.17 Deformação de fluência em μm/m para concreto em tração e compressão para dois tempos de cura diferentes.

(De [Davis 37]; copyright © ASTM; reimpresso com permissão.)

834 CAPÍTULO 15 Comportamento Dependente do Tempo

removida. Este comportamento de recuperação, e também a taxa de fluência decrescente sob carga, é semelhante ao comportamento do modelo reológico de fluência transitória da Figura 5.5 (b). No entanto, como a deformação por fluência decorrente do microtrincamento não é recuperada no descarregamento, o comportamento é mais bem representado pelo modelo reológico da Figura 15.13. Modelos mais complexos, com estágios adicionais e conjuntos molas-amortecedores especiais não lineares, também são usados.

15.4 PARÂMETROS DE TEMPERATURA E ESTIMATIVAS DE VIDA

A deformação por fluência pode prosseguir até a ruptura do material pelo desenvolvimento de trincas, fissuramento (*crazing*, em polímeros) ou outro dano, resultantes da tensão aplicada. Por exemplo, em materiais cristalinos podem aparecer vazios ao longo dos contornos de grão ou em outros pontos localizados de concentração de tensão, tais como partículas precipitadas, por um processo chamado *fluência cavitacional*. Um exemplo é mostrado na Figura 15.18. O alargamento dos contornos de grão e a união destes com outros vazios, posteriormente, geram trincas que podem progredir até a falha conhecida como *ruptura por fluência*. No entanto, se a temperatura submetida a um metal dúctil e relativamente puro é elevada o suficiente, pode ocorrer o processo de *recristalização dinâmica*, durante o qual os vazios são essencialmente reparados, à medida que tentam se formar. Grandes deformações são então possíveis e a falha ocorre eventualmente por estricção ou empescoçamento. A ruptura por fluência dos polímeros dúcteis é geralmente precedida por grandes deformações uniformes ou por deformações de estricção.

Em um projeto de engenharia que trate da ocorrência da fluência, não deve haver nem deformação excessiva nem ruptura dentro da vida útil desejada, que provavelmente será demorada, talvez 20 anos ou mais. No entanto, as limitações de tempo para os ensaios resultam em dados de fluência geralmente disponíveis somente para 1.000 horas (42 dias), ou às vezes 10.000 h (14 meses), mas raramente para 100.000 h (11 anos). Para estimar o comportamento a baixas taxas de deformação e longos períodos, uma abordagem possível é

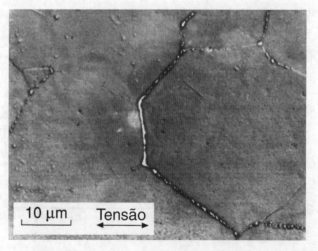

FIGURA 15.18 Cavitação e trincas nos contornos de grãos devido à fluência em uma liga de tântalo (T-111) testada sob interação fluência-fadiga, com variação de temperatura entre 200 °C e 1.150 °C.

(Adaptado de [Sheffler 72].)

a estimativa das tensões de fluência para a temperatura de serviço de interesse, extrapolando uma curva σ *versus* $\dot{\varepsilon}$ apropriada, tal como as mostradas na Figura 15.7, em direção a baixos valores de $\dot{\varepsilon}$. Similarmente, vidas de ruptura, ou vidas para um valor de deformação particular, poderiam ser estimadas pela extrapolação de gráficos de tensão-vida, como as Figuras 15.8 ou 15.9, para vidas longas. No entanto, essas extrapolações não funcionam muito bem, uma vez que as inclinações das linhas ajustadas em parcelas log-linear ou log--log de σ *versus* $\dot{\varepsilon}$ ou de σ *versus* t_r podem não ser constantes, ou podem ser constantes apenas em intervalos limitados destas variáveis. Mudanças abruptas do declive podem ocorrer devido a uma mudança no mecanismo de fluência, de modo que a extrapolação não é válida. Em outras palavras, não se pode extrapolar os limites de vários mecanismos de fluência em um mapa dos mecanismos de deformação.

Uma abordagem mais bem-sucedida é a utilização dos dados obtidos em ensaios relativamente curtos, mas para temperaturas acima da temperatura de serviço de interesse, para estimar o comportamento durante um tempo mais longo à temperatura de serviço. Nessas circunstâncias, o uso de mecanismo físico comum, manifestado tanto nos ensaios como na utilização em serviço, é mais adequado ao estudo da fluência do que a simples extrapolação de resultados obtidos para temperatura constante. Tal abordagem envolve a utilização de um *parâmetro tempo-temperatura*. Consideraremos duas abordagens desse tipo, nomeadamente o parâmetro de Sherby-Dorn e o parâmetro de Larson-Miller.

15.4.1 Parâmetro de Sherby-Dorn (*S-D*)

A equação da taxa de Arrhenius é base para o parâmetro tempo-temperatura de Sherby-Dorn (*S-D*). Uma suposição-chave é que a energia de ativação para a fluência é constante. Primeiro, escreva a Equação 15.3 em sua forma diferencial e observe que o coeficiente é uma função da tensão, $A = A(\sigma)$:

$$d\varepsilon = A(\sigma)e^{\frac{-Q}{RT}}\, dt \tag{15.13}$$

Em seguida, integre ambos os lados da equação e descarte a constante de integração de modo que apenas a tensão de fluência no estado estacionário apareça:

$$\varepsilon_{fe} = A(\sigma)te^{\frac{-Q}{RT}} \tag{15.14}$$

Esta equação sugere que as deformações de fluência para dada tensão formam uma curva única, se traçada *versus* a quantidade:

$$\theta = te^{\frac{-Q}{RT}} \tag{15.15}$$

que é denominada *tempo compensado pela temperatura*. Alguns dados de testes corroborantes para ligas de alumínio são mostrados na Figura 15.19.

Para definir formalmente o parâmetro *S-D*, usamos a seguinte lógica: observa-se que a deformação de fluência na ruptura é bastante constante para um valor de tempo compensado pela temperatura até a ruptura, θ_r, como visto nos dados de qualquer uma das ligas da Figura 15.19. Portanto, θ_r depende somente da tensão; assim, para um material, deve haver uma única curva relacionando θ_r e tensão para várias combinações de temperatura, T, e tempo de ruptura, t_r. Em vez de trabalhar diretamente com θ_r,

836 CAPÍTULO 15 Comportamento Dependente do Tempo

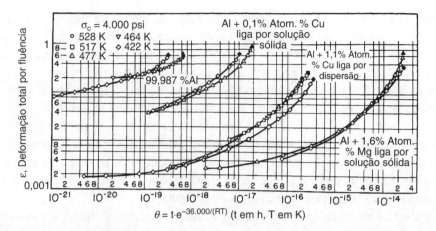

FIGURA 15.19 Deformação por fluência *versus* tempo compensado pela temperatura para alumínio e ligas diluídas testadas a $\sigma = 27{,}6$ MPa a várias temperaturas.

(De [Orr 54]; usado com permissão.)

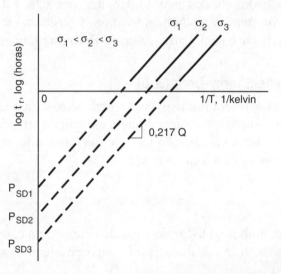

FIGURA 15.20 Interpretação gráfica do parâmetro de Sherby-Dorn, com declive constante proporcional à energia de ativação Q.

achamos conveniente definir o parâmetro S-D como $P_{SD} = \log(\theta_r)$. Logo, tomando os logaritmos de base 10 em ambos os lados da Equação 15.15, observamos que $t = t_r$ em $\theta = \theta_r$. Substituindo $\log_{10}(e) = 0{,}434$ e $R \approx 2{,}0$ cal/(mols·K), obtemos:

$$P_{SD} = \log t_r - \frac{0{,}217 Q}{T} \qquad (15.16)$$

São utilizadas unidades de horas, para t_r, cal/mols, para Q, e kelvin, para T.

Os valores da energia de ativação, Q, para uso com o parâmetro S-D podem ser obtidos traçando dados de ruptura por fluência em eixos de coordenadas de log (t_r) *versus* $(1/T)$, como ilustrado na Figura 15.20. Espera-se uma família de linhas retas paralelas, uma para cada valor de tensão. Essas linhas têm todas inclinações dadas por $0{,}217Q$ e cada intercepto, em $1/T = 0$, pode ser interpretado como o valor P_{SD} para a

Tabela 15.2 Energias de Ativação para o Parâmetro de Sherby-Dorn

Material	Aço 1Cr -1Mo-0,25V	A-286 Superliga Fe -Ni-Cr	S-590 Superliga Fe-Cr-Ni-Co	Nimonic 80A superliga base Ni
Q, cal/mols	110.000	91.000	85.000	91.000

Fonte: *Dados em [Conway 69], [Goldhoff 59a] e [Goldhoff 59b].*

tensão associada à reta. Alguns valores típicos de Q são 90.000 cal/mols, para vários aços e aços inoxidáveis, e 36.000 cal/mols, para alumínio puro e ligas diluídas. Alguns valores adicionais para metais específicos de engenharia são listados na Tabela 15.2.

Uma vez que Q é conhecido, podem ser empregados os dados de tensão-vida para fazer um gráfico de P_{SD} *versus* tensão, como mostrado na Figura 15.21, para uma liga resistente ao calor à base de ferro. Os dados para todas as tensões e temperaturas devem cair juntos ao longo de uma única curva, sendo a correlação dos valores uma medida do sucesso do parâmetro para qualquer conjunto particular de dados. Usando tal diagrama e a Equação 15.16, podemos determinar tempos para a ruptura, t_r, para valores particulares de tensão e temperatura. Os dados de ensaio utilizados para obter o diagrama P_{SD} *versus* σ geralmente envolvem tempos para a ruptura mais curtos do que as vidas em serviço de interesse. Assim, os dados de testes em tempos, t_r, relativamente curtos em altas temperaturas são utilizados para prever o comportamento em tempos mais longos e temperaturas mais baixas.

A vida útil em situações de fluência pode ser limitada pelo excesso de deformação em vez da ruptura. Desta forma, torna-se útil identificar um valor particular de deformação por fluência, tal como 1% ou 2%, que possa ser considerado representando uma falha. O parâmetro *S-D* pode ser utilizado nesta situação também, pela simples

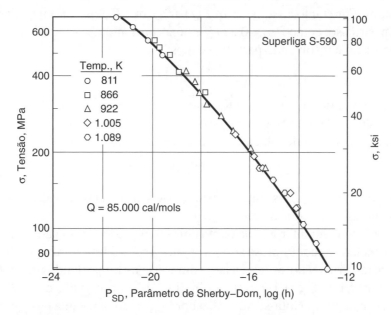

FIGURA 15.21 Correlação usando o parâmetro Sherby-Dorn dos dados de ruptura por fluência da superliga S-590.

(Dados de [Goldhoff 59a].)

838 **CAPÍTULO 15** Comportamento Dependente do Tempo

substituição do tempo para ruptura, t_r, na Equação 15.16, pelo tempo para alcançar a deformação de interesse, t_f. Os valores de P_{SD} empregados, obviamente, precisam ser obtidos a partir de dados para t_f, em vez de t_r.

EXEMPLO 15.2

Um componente de engenharia feito da superliga S-590, à base de Fe-Cr-Ni-Co e resistente ao calor, é submetido em serviço a uma tensão estática de 200 MPa a uma temperatura de 600 °C. Qual é a expectativa para a vida em dias para a ruptura por fluência?

Solução

A Figura 15.21 fornece a tensão necessária *versus* a curva P_{SD} e o valor de $Q = 85.000$ cal/mols para o material. Ao introduzir na curva $\sigma = 200$ MPa, obtém-se $P_{SD} \approx -16,0$. A temperatura deve estar em kelvin para a Equação 15.16; isto é, T = 600 °C + 273 = 873 K. A Equação 15.16 fica então:

$$\log t_r = P_{SD} + \frac{0,217Q}{T} = -16 + \frac{0,217(85,000\,\text{cal/mole})}{873\,\text{K}} = 5.128 \qquad \text{(Resposta)}$$

$$t_r = 10^{\log t_r} = 10^{5.128} = 134.400 \text{ horas} = 5.600 \text{ dias}$$

15.4.2 Parâmetro de Larson–Miller (*L-M*)

O parâmetro tempo-temperatura de Larson e Miller é uma abordagem análoga à de Sherby e Dorn, mas com diferentes pressupostos e, portanto, com o emprego de diferentes equações. O parâmetro *L-M* também pode ser derivado a partir da Equação 15.15, substituindo $\theta = \theta_r$ e $t = t_r$, e tomando, de modo semelhante, logaritmos de base 10 para ambos os lados. Entretanto, assume-se que Q varia e que θ_r seja constante. O parâmetro é definido, neste caso, como $P_{LM} = 0,217Q$ e uma constante $C = -\log(\theta_r)$ é empregada. Procedendo assim e resolvendo para P_{LM} temos:

$$P_{LM} = T(\log t_r + C) \tag{15.17}$$

Serão utilizadas unidades kelvin (K), para T, e horas, para t_r. No entanto, uma parte da literatura relacionada com o parâmetro *L-M* emprega temperatura em graus Fahrenheit, que aqui será denotada T_F. O parâmetro é então dado por:

$$P'_{LM} = (T_F + 460)(\log t_r + C) \tag{15.18}$$

de forma que $P'_{LM} = 1,8P_{LM}$. As unidades para C não são afetadas, à medida que t_r está em unidades de horas para todos os casos.

O valor de C pode ser interpretado como uma intercepção extrapolada em um gráfico de log (t_r) *versus* $1/T$, como mostrado na Figura 15.22. Uma família de linhas retas é esperada para vários valores de tensão, com todas as linhas tendo uma intercepção comum de log $(t_r) = -C$ em $1/T = 0$. As inclinações são os valores de P_{LM} correspondentes a cada tensão. Nota-se que esta abordagem tem a mesma base teórica que o parâmetro *S-D*, diferindo apenas que a energia de ativação é assumida não constante, mas variando com a tensão. O valor de θ_r também é assumido invariável com a tensão, mas em vez disso ser uma constante (propriedade) do material como dada por C.

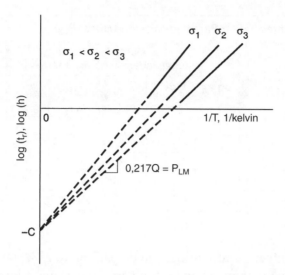

FIGURA 15.22 Interpretação gráfica para o parâmetro de Larson-Miller, sendo -C o intercepto comum das linhas de inclinação variável.

Uma vez conhecida a constante, C, os valores de P_{LM} obtidos a partir dos dados de tensão-vida podem ser traçados *versus* a tensão, como mostrado na Figura 15.23. O gráfico é usado de uma maneira semelhante a uma curva P_{SD} *versus* σ para estimar os tempos para a ruptura. Os valores da constante, C, para a ruptura de vários aços e outros metais de engenharia estrutural estão muitas vezes próximos a 20. A Tabela 15.3 fornece alguns valores para metais específicos. O parâmetro *L-M* também pode ser usado para estimar tempos, t_f, correspondentes a uma deformação de fluência limite antes da ruptura, desde que, obviamente, os dados necessários

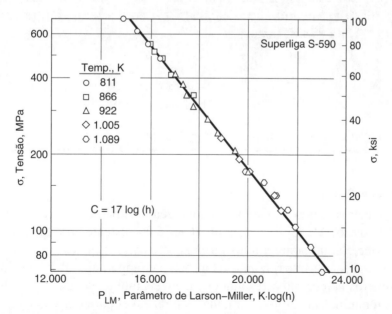

FIGURA 15.23 Correlação dos dados de ruptura por fluência para a liga S-590, usando o parâmetro de Larson-Miller.

(Dados de [Goldhoff 59a].)

840 CAPÍTULO 15 Comportamento Dependente do Tempo

Tabela 15.3 Constantes para o Parâmetro Larson-Miller (P_{LM})

Material	C log (h)	Ajuste Polinomial (unidades de horas, K e MPa)				Faixa do Ajuste do P_{LM}	
		b_0	b_1	b_2	b_3	σ, MPa	T, K
Aço-liga 1Cr-1Mo-0.25V	22	128.200	-141.500	64.380	-9.960	69-621	755-1.055
Aço inox. AISI 310	10	20.470	-4.655	0	0	3,4-31	1.255-1.366
A-286 (superliga Fe-Ni-Cr)	20	116.400	-120.500	53.460	-8.188	69-758	811-1.089
S-590 (superliga Fe-Cr-Ni-Co)	17	38.405	-8.206	0	0	69-690	811-1.089
Nimonic 80A (superliga base Ni)	18	16.510	11.040	-4.856	403	54-486	923-1.089

Fonte: *Valores e dados em [Conway 69], [Goldhoff 59a], [Goldhoff 59b], [Larson 52], [Orr 54] e [van Echo 67].*

de t_f estejam disponíveis. Outra utilização do parâmetro *L-M*, ou de qualquer outro parâmetro tempo-temperatura, está na comparação e na classificação dos materiais. Tal comparação para vários materiais é mostrada na Figura 15.24. Curvas mais altas indicam materiais mais resistentes.

EXEMPLO 15.3_____

Considere novamente o Exemplo 15.2, porém utilizando o parâmetro de Larson-Miller.

Solução

A lógica é a mesma de antes, exceto que agora é empregado o valor P_{LM} da Equação 15.17. A Figura 15.23 fornece a curva tensão *versus* P_{LM} necessária e o valor de $C = 17\log(h)$ para este material. Ao entrar na curva com $\sigma = 200$ MPa, obtém-se $P_{LM} \approx 19.500$. Empregando a Equação 15.17, com a temperatura em kelvin, $T = 600\ °C + 273 = 873$ K, temos:

$$\log t_r = P_{SD} + \frac{P_{LM}}{T} - C = \frac{19.500}{873\ \text{K}} = 5,337 \qquad \textbf{(Resposta)}$$

$$t_r = 10^{\log t_r} = 10^{5,337} = 217.200\ \text{horas} = 9.050\ \text{dias}$$

Note que o resultado difere razoavelmente do Exemplo 15.2, usando P_{SD}.

15.4.3 Discussão

Os dois parâmetros tempo-temperatura aqui discutidos parecem diferir consideravelmente um do outro. Além disso, nenhum deles é consistente com a equação da taxa de fluência que é atualmente a mais largamente aceita, Equação 15.6, que inclui a dependência (de forma fraca) com o recíproco da temperatura absoluta. No entanto, esses parâmetros parecem dar resultados razoáveis muitas vezes. Por exemplo, note que ambos têm uma capacidade semelhante e razoável para correlacionar o mesmo conjunto de dados nas Figuras 15.21 e 15.23. Vários outros parâmetros tempo-temperatura foram propostos. Consulte Conway & Flagella (1971) e Penny & Marriot (1995) para mais detalhes.

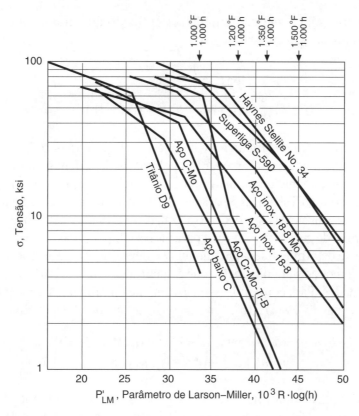

FIGURA 15.24 Comparação de vários metais, por meio do parâmetro de Larson-Miller. Observe que a temperatura absoluta está em rankine, R = °F + 460.

(Adaptado de [Larson 52]; usado com permissão da ASME).

O sucesso de qualquer abordagem através de parâmetros tempo-temperatura depende de um mecanismo físico similar de fluência que ocorra tanto nos ensaios realizados em tempos relativamente curtos e com alta temperatura como na situação de serviço tipicamente mais prolongada e associada a uma temperatura mais baixa. Assim, os dados do teste devem envolver momentos tão próximos quanto possível à aplicação do serviço, de modo que a extrapolação envolvida não seja tão extrema que um mecanismo inteiramente novo seja encontrado. Uma boa regra geral é que os dados de teste devem se estender a cerca de 10% da vida útil desejada; por exemplo, empregando testes para 17.500 horas (= 2 anos) para uma vida útil de 20 anos. É aconselhável precaução quando esta situação puder levar ao comprometimento do projeto. Além disso, as curvas ajustadas aos dados de tensão *versus* parâmetro não devem ser extrapoladas para tensões muito além da faixa dos dados.

A utilidade dos parâmetros tempo-temperatura é auxiliada por equações de ajuste para curvas entre as tensões *versus* os parâmetros, como nas Figuras 15.21, 15.23 e 15.24. Por exemplo, para o parâmetro *S-D*, resolva a Equação 15.16 para a variável dependente log (t_r) e então ajuste um polinômio para P_{SD} versus x, em que $x = \log(\sigma)$:

$$\log t_r = P_{SD} + \frac{0{,}217 Q}{T} \quad \text{(a)}$$
$$P_{SD} = a_0 + a_1 x + a_2 x^2 + a_3 x^3 \quad \text{(b)}$$
(15.19)

842 CAPÍTULO 15 Comportamento Dependente do Tempo

Um ajuste polinomial semelhante pode ser aplicado ao parâmetro L-M da Equação 15.17, em que novamente $x = \log(\sigma)$:

$$\log t_r = \frac{P_{LM}}{T} - C \qquad \text{(a)}$$
$$P_{LM} = b_0 + b_1 x + b_2 x^2 + b_3 x^3 \quad \text{(b)}$$
$$(15.20)$$

Nas equações, um ajuste linear às vezes já é suficiente; isto é, $a_2 = a_3 = 0$ ou $b_2 = b_3 = 0$. Também pode-se empregar um polinômio de ordem maior que três, sendo a ordem preferencialmente um número ímpar. Coeficientes ajustados à Equação 15.20 (b) são apresentados na Tabela 15.3 para vários metais. Observe que a equação entre um parâmetro *versus* o ajuste da tensão, como a Equação 15.19 ou 15.20, pode ser usada para obter uma família de curvas tensão-vida para várias temperaturas, como na Figura 15.8.

Em vez de se determinar separadamente Q e depois ajustar P_{SD} por meio da Equação 15.19, podemos adotar uma opção, que é determinar Q como parte do procedimento de ajuste dos dados. Para conseguir isso, novamente empregamos $x = \log(\sigma)$ e combinamos as Equações 15.19 (a) e (b), com $y = \log(t_r)$ considerada a variável dependente:

$$\log(t_r) = a_0 + a_1 x + a_2 x^2 + a_3 x^3 + 0,217 Q(1/T) \quad \text{(a)}$$
$$y = a_0 + a_1 z_1 + a_2 z_2 + a_3 z_3 + a_4 z_4 \qquad \text{(b)}$$
$$(15.21)$$

Uma regressão linear múltipla pode ser feita com variáveis independentes $z_1 = x$, $z_2 = x_2$, $z_3 = x_3$ e $z_4 = 1/T$, o que leva a gerar valores para as constantes de ajuste a_0, a_1, a_2, a_3 e $a_4 = 0,217Q$. Naturalmente, os valores de a_0 a a_3 diferirão um pouco daqueles obtidos a partir da Equação 15.19 (b) com um Q predeterminado.

Para o P_{LM}, a determinação de C pode ser igualmente feita através de uma regressão linear múltipla, combinando as Equações 15.20 (a) e (b) para obter uma forma diferente para $y = \log(t_r)$:

$$\log(t_r) = -C + b_0(1/T) + b_1(x/T) + b_2(x_2/T) + b_3(x_3/T) \quad \text{(a)}$$
$$y = d + b_0 z_1 + b_1 z_2 + b_2 z_3 + b_3 z_4 \qquad \text{(b)}$$
$$(15.22)$$

Neste caso, as variáveis independentes são $z_1 = 1/T$, $z_2 = x/T$, $z_3 = x^2/T$ e $z_4 = x^3/T$ e as constantes de ajuste obtidas são $d = -C$ e b_0, b_1, b_2 e b_3.

EXEMPLO 15.4

Os dados de ruptura por fluência para a superliga S-590, traçados na Figura 15.8, são apresentados na Tabela E15.4 (a), onde são listadas para cada teste a temperatura, T, a tensão, σ, e o tempo de ruptura, t_r. Empregue-os da seguinte forma:

(a) Com base na Equação 15.19, obtenha uma equação ajustada relacionando o parâmetro de Sherby-Dorn com a tensão. Considere que é dada $Q = 85.000$ cal/mols, pela Tabela 15.2.

(b) Similarmente, use a Equação 15.20 para obter uma equação ajustada relacionando o parâmetro de Larson-Miller com a tensão, com $C = 17 \log(h)$ da Tabela 15.3.

Tabela E15.4 (a)

T K	σ MPa	t_r horas	T K	σ MPa	t_r horas	T K	σ MPa	t_r horas
811	690	22	922	345	93	1.005	121	16.964
811	621	109	922	310	192	1.089	172	25
811	552	433	922	276	756	1.089	155	88
811	483	1.677	922	241	2.243	1.089	138	267
866	552	25	922	207	11.937	1.089	121	719
866	517	44	922	172	43.978	1.089	103	1.354
866	483	109	1.005	234	59	1.089	86	5.052
866	414	264	1.005	193	342	1.089	69	15.335
866	345	3.149	1.005	172	809	1.089	69	11.257
922	414	26	1.005	172	1.028	—	—	—
922	379	63	1.005	138	9.529	—	—	—

Fonte: *Dados em [Goldhoff 59a].*

Solução

(a) Primeiro, calcule $x = \log(\sigma)$ e P_{SD} para cada ponto de dados – isto é, para cada combinação T, σ e t_r, na Tabela E15.4 (a). Os valores de P_{SD} são obtidos substituindo t_r e T pela Equação 15.16, com os primeiros resultados do cálculo apresentados na Tabela E15.4 (b). Em seguida, empregue o conjunto completo de dados para ajustar $P_{SD} = f(x)$ para o polinômio cúbico da Equação 15.19 (b). O resultado é:

$$P_{SD} = -12,35 + 4,42x - 2,287x^2 - 0,1292x^3, \quad x = \log(\sigma) \quad \text{(unidades: h, K, MPa)}$$

(Resposta)

Obtém-se um ajuste razoável aos dados com a curva traçada na Figura 15.21, correspondente a esta equação.

(b) O ajuste para o parâmetro de Larson-Miller prossegue similarmente, e os primeiros poucos valores de P_{LM} da Equação 15.17 também são mostrados na Tabela E15.4 (b). Contudo, na Figura 15.23, onde o PLM é traçado em função de σ numa escala logarítmica, os dados parecem estar ao longo de uma linha reta. Assumiu-se assim que $b_3 = b_4 = 0$ na Equação 15.20 (b), resultando em uma simples equação linear para o ajuste.

$$P_{LM} = 38.405 - 8.206x, \quad x = \log \sigma \quad \text{(unidades: h, K, MPa)} \qquad \textbf{(Resposta)}$$

Esta linha é a representada na Figura 15.23, onde é perceptível que retrata bem os dados.

Tabela E15.4 (b)

T K	σ MPa	t_r horas	$x = \log(\sigma)$ log (MPa)	$y_1 = P_{SD}$ log (h)	$y_1 = P_{LM}$ K·log (h)
811	690	22	2,839	-21,40	14.876
811	621	109	2,793	-20,71	15.439
811	552	433	2,742	-20,11	15.925
...	...	...	...	...	...

15.4.4 Fatores de Segurança para Ruptura por Fluência

Os fatores de segurança na tensão e na vida para a ruptura por fluência, X_σ e X_t, podem ser definidos como ilustrado na Figura 15.25. A lógica é paralela àquela empregada para curvas tensão-vida por fadiga, na Seção 9.2.4.

Considere uma combinação de tensão, $\hat{\sigma}$, tempo, $\hat{t}$, e temperatura, $\hat{T}$, esperados em serviço real. Conforme ilustrado na Figura 15.25 (a), o ponto $(\hat{\sigma}, \hat{t})$ deve cair abaixo da curva tensão-vida para a falha na temperatura de serviço, $\sigma = f(t_r, \hat{T})$. O ponto (1) sobre a curva de falha corresponde à falha na vida de serviço desejada, $\hat{t}$, de modo que a comparação entre a tensão, σ_1, com a tensão de serviço, $\hat{\sigma}$, fornece o fator de segurança na tensão:

$$X^\sigma = \frac{\sigma_1}{\hat{\sigma}} \quad (t_r = \hat{t}) \tag{15.23}$$

Além disso, o ponto (2) corresponde à falha na tensão de serviço, $\hat{\sigma}$, e, comparando o tempo de ruptura, t_{r2}, com a vida útil, $\hat{t}$, chega-se ao fator de segurança na vida:

$$X_t = \frac{t_{r2}}{\hat{t}} \quad (\sigma = \hat{\sigma}) \tag{15.24}$$

Como para a fadiga, são necessários fatores de segurança muito grandes na vida para alcançar razoáveis fatores de segurança na tensão, sendo que estes últimos devem valer, em geral, cerca de 1,5 ou mais.

Também é relevante o aumento da temperatura acima de $\hat{T}$ que causará falha na tensão de serviço e no tempo, $\hat{\sigma}$ e $\hat{t}$, como ilustrado na Figura 15.25 (b). A temperatura de ruptura, T_r, é a temperatura que diminui a curva tensão-vida para que esta passe pelo ponto $(\hat{\sigma}, \hat{t})$. O aumento ΔT_r necessário para alcançar T_r pode ser considerado uma *margem de segurança em temperatura*:

$$\Delta T_r = T_r - \hat{T} \quad (\sigma = \hat{\sigma},\ t_r = \hat{t}) \tag{15.25}$$

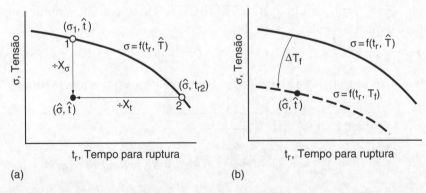

FIGURA 15.25 Curvas tensão *versus* tempo para ruptura por fluência, mostrando (a) fatores de segurança na tensão e na vida e (b) margem de segurança na temperatura.

Comportamento Mecânico dos Materiais **845**

EXEMPLO 15.5

Considere a situação analisada nos Exemplos 15.2 e 15.3, na qual um componente feito da superliga S-590 é submetido a uma tensão de 200 MPa e a uma temperatura de 600 °C.

(a) Repita o cálculo da vida para ruptura do Exemplo 15.3, usando a Equação 15.20 com os valores de P_{LM} adequados.

(b) Se a vida útil desejada é de 1,5 ano, quais são os fatores de segurança na vida e na tensão?

(c) Qual é a margem de segurança para a temperatura?

Solução

(a) A partir da Tabela 15.3, as constantes da superliga S-590 para a Equação 15.20 são $C = 17$, $b_0 = 38,405$, $b_1 = -8.206$ e $b_2 = b_3 = 0$. Observando que $x = \log(\sigma)$, substituindo esses valores obtém-se o valor de P_{LM} pela Equação 15.20 (b), e t_r é obtida da Equação 15.20 (a) com a substituição de $T = 600\,°C + 273 = 873\,K$:

$$P_{LM} = b_0 + b_1 x = 38.405 - 8.206\log(200\,\text{MPa}) = 19.523$$

$$\log t_r = \frac{P_{LM}}{T} - C = \frac{19.523}{873\,\text{K}} - 17 = 5,363, \quad t_r = 230.583\,\text{h} = 9.608\,\text{dias}$$

(Resposta)

(b) O fator de segurança na vida é calculado comparando t_r obtida em (a) com a vida útil, $\hat{t}$:

$$\hat{t} = (1,5\,\text{ano})(365,25\,\text{dias/ano})(24\,\text{h/dia}) = 13.149\,\text{h}$$

$$X_t = \frac{t_{r2}}{\hat{t}} = \frac{230.583\,\text{h}}{13.149\,\text{h}} = 17,5$$

(Resposta)

Para o fator de segurança em tensão, precisamos determinar a tensão, σ_1, que causa falha em $t_r = \hat{t}$, que depende do valor correspondente de P_{LM} a $t_r = \hat{t}$ na temperatura $T = \hat{T}$. O valor necessário de P_{LM} pode ser calculado a partir da Equação 15.17:

$$P_{LM} = T(\log t_r + C) = \hat{T}(\log \hat{t} + C) = (873\,\text{K})[\log(13.149\,\text{h}) + 17] = 18.437$$

Substituindo P_{LM} na Equação 15.20 (b) e resolvendo, dá $\sigma = \sigma_1$. Usando depois a Equação 15.23, é obtido X_σ:

$$P_{LM} = b_0 + b_1 x, \quad 18.437 = 38.405 - 8.206\log \sigma_1$$
$$\log \sigma_1 = 2,433, \quad \sigma_1 = 271,2\,\text{MPa}$$
$$X_\sigma = \frac{\sigma_1}{\hat{\sigma}} = \frac{271,2}{200} = 1,36$$

(Resposta)

(c) Para obter o aumento da temperatura, $\Delta T_r = T_r - \hat{T}$, que causa falha em $(\sigma, t_r) = (\hat{\sigma}, \hat{t})$, resolva a Equação 15.17 para T. Então, calcule T_r substituindo $t_r = \hat{t}$ junto com o valor do P_{LM} obtido de (a), já que esse valor corresponde a $\hat{\sigma}$. O resultado das duas operações é:

846 **CAPÍTULO 15** Comportamento Dependente do Tempo

$$T = \frac{P_{LM}}{\log t_r + C}, \quad T_f = \frac{19.523}{\log(13.149\,\mathrm{h}) + 17} = 924,4\,\mathrm{K}$$

$$\Delta T_f = T_f - \hat{T} = 924,4 - 873 = 51,4\,\mathrm{K} \qquad \textbf{(Resposta)}$$

Comentários

A resolução da Equação 15.20 (b) para σ, como no item (b) deste exemplo, requer uma solução interativa se o polinômio for da ordem 3 (ou 5 etc.). Mas um cálculo aritmético foi possível aqui, já que $b_2 = b_3 = 0$, o que levou a uma relação linear. Observe que o fator de segurança em tensão, $X_\sigma = 1,36$, é bastante baixo. Um valor mais alto exigiria um fator de segurança na vida ainda maior do que o calculado, $X_t = 17,5$.

15.4.5 Ruptura por Fluência sob Tensões Multiaxiais

Para o carregamento multiaxial, torna-se lógico empregar curvas tensão-vida, ou usar parâmetros tempo-temperatura, com a simples substituição da tensão uniaxial pela tensão efetiva, $\bar{\sigma}$, descrita pela Equação 12.21. No entanto, a ruptura por fluência sob carregamento multiaxial também é afetada, em certo grau, pela tensão máxima, σ_1. Uma possível abordagem consiste em utilizar a seguinte tensão efetiva para a ruptura por fluência:

$$\bar{\sigma}_c = \alpha\sigma_1 + (1-\alpha)\bar{\sigma} \qquad (15.26)$$

Aqui, $\bar{\sigma}$ é proveniente da Equação 12.21 e α é uma constante (propriedade) do material com um valor entre zero e a unidade, que deve ser avaliada a partir de testes multiaxiais. A quantidade $\bar{\sigma}_c$ é considerada então equivalente a uma tensão uniaxial. Se um valor de α não estiver disponível, outra possibilidade é tomar o pior caso possível para α entre zero e um, o que corresponde a $\bar{\sigma}_c = \mathrm{MAX}\,(\sigma_1, \bar{\sigma})$. Para discussão adicional, consulte Gooch & How (1986), Penny & Marriot (1995) e Skrzypek & Hetnarski (1993).

15.5 FALHA POR FLUÊNCIA SOB TENSÃO VARIÁVEL

Se as tensões mudam com pouca frequência, as curvas tensão-vida e os parâmetros tempo-temperatura ainda podem ser empregados para fazer estimativas da vida. No entanto, se as mudanças de tensão ocorrem com uma frequência tal que o carregamento cíclico começa a introduzir danos por fadiga, surge uma situação mais complexa, que requer uma análise especial.

15.5.1 Ruptura por Fluência sob Carregamento por Etapas

Estimativas aproximadas da vida até a ruptura por fluência podem ser feitas aplicando uma *regra de fração de tempo* às parcelas tensão-vida, de maneira similar à forma na qual a regra de Palmgren-Miner é usada para vidas cíclicas na fadiga:

$$\sum \frac{\Delta t_i}{t_{ri}} = 1, \quad B_f \left(\sum \frac{\Delta t_i}{t_{ri}} \right)_{\text{uma rep.}} = 1 \tag{15.27}$$

Neste caso, a vida é expressa em termos de tempo, e as curvas tensão *versus* vida até a ruptura, semelhantes às da Figura 15.8. A quantidade Δt_i é o tempo gasto no nível de tensão σ_i e t_{ri} é a vida até a ruptura correspondente. Para a segunda versão, a soma é feita para a repetição de uma sequência de carregamento que ocorre certo número de vezes, e B_f é o número de repetições para falha. Se a temperatura também mudar, a curva tensão-vida apropriada é usada para cada passo de temperatura. Pode ser utilizado um procedimento semelhante quando a falha for considerada consistida pelo acúmulo de determinada quantidade de deformação por fluência. Naturalmente, são utilizadas as curvas tensão-vida aplicáveis para o valor particular da deformação envolvida.

As vidas para a falha obtidas com o uso dessas equações também podem alcançadas a partir de parâmetros tempo-temperatura. Cada nível de tensão σ_i é usado para obter um valor de parâmetro P_i, que é então resolvido para t_{ri}, empregando a temperatura apropriada.

15.5.2 Interação Fluência-Fadiga

Aplicações práticas a altas temperaturas envolvem frequentemente fluência e fadiga, fenômenos que podem atuar em conjunto de forma sinérgica. Por exemplo, vários componentes de motores a jato de aeronaves experimentam períodos tanto de tensão flutuante como estável, devido à complexa situação das tensões térmicas causadas pelas grandes variações de temperatura combinadas com o carregamento cíclico, à medida que a aeronave voa à velocidade constante, muda de velocidade, desliga os motores etc. Os componentes de alta temperatura em reatores nucleares e em vasos de pressão também estão sujeitos à combinação da fluência e da fadiga.

Uma abordagem simples é somar as frações de vida devido à fluência e à fadiga. Desta forma, combina-se a regra de Palmgren-Miner, Equação 9.33, com a regra de fração de tempo, Equação 15.27:

$$\sum \frac{\Delta t_i}{t_{ri}} + \sum \frac{N_i}{N_{fi}} = 1 \tag{15.28}$$

Entretanto, esta aproximação é muito imprecisa, porque os processos físicos da fluência e da fadiga são distintos, não podendo se esperar que a simples adição dos efeitos isolados seja exata. Particularmente, nos metais de engenharia, o dano por fluência pode envolver a formação de trincas nos contornos dos grãos, enquanto o dano devido à porção associada à fadiga no carregamento, tipicamente, é concentrado em faixas de deslizamento de discordâncias dentro dos grãos cristalinos.

Onde a fluência e a fadiga interagem, a frequência do carregamento é importante, pois frequências menores oferecem mais tempo para a fluência contribuir para o dano. Uma abordagem desenvolvida com a consideração de tais efeitos é aquela da *fadiga modificada pela frequência*, de L. F. Coffin. As relações tensão-deformação cíclicas e deformação-vida são generalizadas de modo que as várias constantes do material envolvidas se tornam funções da temperatura e da frequência.

Mesmo os detalhes da variação temporal da tensão e da deformação podem ser importantes. Isso é ilustrado por alguns dados, na Figura 15.26, obtidos a partir de

848 CAPÍTULO 15 Comportamento Dependente do Tempo

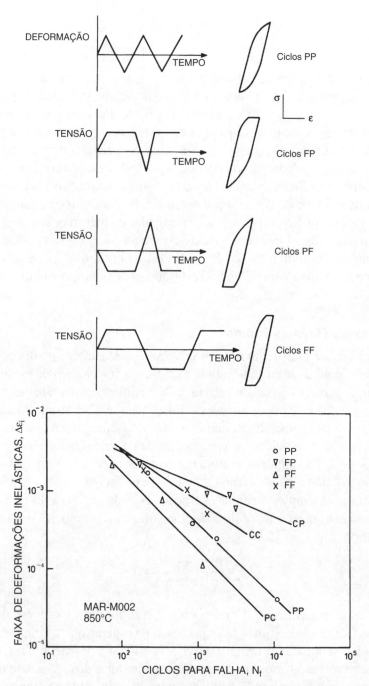

FIGURA 15.26 Efeito na vida da fluência intermitente em tensão, compressão, ou ambos, durante o carregamento cíclico de uma liga fundida à base de níquel MAR-M002 a 850 °C. Os ciclos de histerese de tensão-deformação têm as formas mostradas.

(Adaptado de [Antunes 78]; usado com permissão; publicado pela primeira vez pela Advisory Group for Aerospace Research & Development – AGARD/OTAN).

ensaios a altas temperaturas de um metal de engenharia. Quando comparados com base nas escalas de deformação inelásticas iguais (deformações por fluência e plásticas), as diferentes formas de onda tensão-tempo aplicadas podem gerar vidas cíclicas muito diferentes, o que resulta da complexidade do processo físico de geração de dano no material. Por exemplo, o carregamento em fluência somente compressiva, chamado FP, às vezes é (mas nem sempre) o mais grave. Isso pode ocorrer quando um ambiente oxidante, talvez apenas o ar, faz com que uma camada superficial de óxido se forme durante o carregamento em fluência compressiva. Na sequência, o carregamento rápido em tração racha este óxido, levando ao trincamento precoce do metal exemplificado. Dados do tipo, mostrados na Figura 15.26, formam a base da abordagem por *particionamento do intervalo das deformações*, desenvolvida por S. S. Manson e colaboradores.

São executados quatro tipos de ensaios, aqueles que envolvem: principalmente deformação plástica e pouca fluência (PP), fluência principalmente em tração (FP), fluência principalmente em compressão (PF) e fluência em tensão e compressão (FF). As previsões de vida são feitas para componentes de engenharia com base nas frações de vida gastas em cada um dos tipos de carregamento.

Atualmente, não existe consenso quanto à melhor abordagem para a interação fluência-fadiga, sendo por isso uma área ativa de pesquisas. Consulte Penny & Marriot (1995) e Saxena (2003) para mais detalhes.

15.6 RELAÇÕES DE TENSÃO-DEFORMAÇÃO-TEMPO

Para analisar as tensões e deformações em componentes de engenharia sujeitos a fluência, é necessário ter relações tensão-deformação que incluam a dependência com o tempo. As relações sugeridas pelos modelos reológicos lineares simples são frequentemente úteis para os polímeros, apesar de também ocorrer um comportamento mais complexo nestes materiais, especialmente os metais, que requerem uma consideração especial.

15.6.1 Viscoelasticidade Linear

A Figura 15.27 traz equações descrevendo a relação tensão-deformação para tensão aplicada constante, conforme vários modelos reológicos. As equações para os modelos (a), (b) e (c) estão desenvolvidas na Seção 5.2.2. A relação para (c) é a mesma que para (b), exceto que o deslocamento elástico da mola E_1 é adicionado. Uma vez que (d) é simplesmente a combinação em série de (a) e (b), as deformações destes dois modelos simplesmente se adicionam para dar a relação para o caso (d):

$$\varepsilon = \frac{\sigma}{E_1} + \frac{\sigma t}{\eta_1} + \frac{\sigma}{E_2}\left(1 - e^{-E_2 t/\eta_2}\right) \tag{15.29}$$

Os três termos da equação correspondem respectivamente à deformação elástica (ε_e) instantânea na mola E_1, à deformação por fluência no estado estacionário (ε_{fe}) no amortecedor η_1 e à deformação por fluência transitória (ft) na combinação paralela (E_2, η_2):

$$\varepsilon_e = \frac{\sigma}{E_1}, \quad \varepsilon_{fe} = \frac{\sigma t}{\eta_1}, \quad \varepsilon_{ft} = \frac{\sigma}{E_2}\left(1 - e^{-E_2 t/\eta_2}\right) \tag{15.30}$$

As taxas de deformação a partir da diferenciação em relação ao tempo também são de interesse:

$$\dot{\varepsilon}_e = 0, \quad \dot{\varepsilon}_{fe} = \frac{\sigma}{\eta_1}, \quad \dot{\varepsilon}_{ft} = \frac{\sigma}{\eta_1} e^{-E_2 t/\eta_2} \tag{15.31}$$

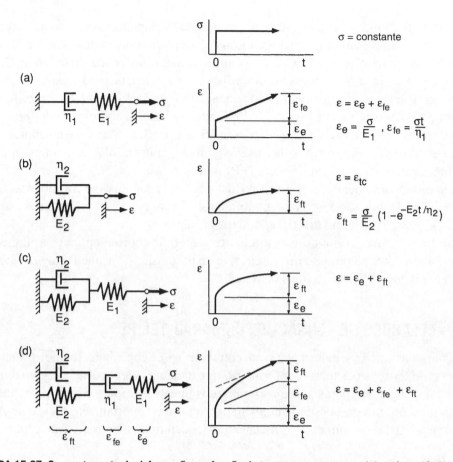

FIGURA 15.27 Comportamento da deformação em função do tempo para quatro modelos viscoelásticos.

Por conseguinte, a deformação por fluência em estado estacionário (ε_{fe}) tem uma taxa constante, como deveria, e a tensão por fluência transitória (ε_{ft}) prossegue a uma taxa decrescente, aproximando-se do valor limite, $\varepsilon_{fe} = \sigma/E_2$, para t grande. Para determinada tensão, tal tendência da deformação com o tempo é similar à observada em materiais reais, exceto que não ocorre um estágio de fluência terciária no modelo.

Examinando as equações precedentes e a Figura 15.27, é evidente, para qualquer um desses modelos, que para um tempo, t, há uma proporcionalidade simples entre tensão e deformação e também entre tensão e taxa de deformação. Uma proporcionalidade semelhante aplica-se a qualquer modelo construído a partir de combinações de molas e amortecedores lineares, de modo que se diz que esses modelos exibem *viscoelasticidade linear*. Como resultado dessa situação, as relações tensão-deformação para dados valores de tempo – isto é, as *curvas tensão-deformação isócronas* – são todas linhas retas. Isso está ilustrado na Figura 15.28 para dois desses modelos. Para o modelo de fluência transiente mais deformação elástica (a), somente a mola E_1 se deforma para t pequeno; mas para t grande, o amortecedor η_2 não tem nenhum efeito e a rigidez é aquela que corresponde às molas E_1 e E_2 em série:

$$E_e = \frac{E_1 E_2}{E_1 + E_2} \qquad (15.32)$$

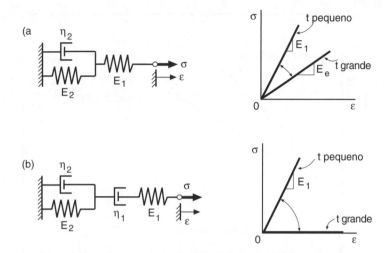

FIGURA 15.28 Limites de curvas tensão-deformação isócronas lineares para dois modelos viscoelásticos lineares.

Para o modelo da Figura 15.28 (b), a inclinação é novamente E_1 para tempos curtos, mas nula para tempos longos, devido ao fato de a deformação do amortecedor η_1 não ser restrita. Para aplicações de projeto com polímeros, é prática comum supor que o comportamento segue a viscoelasticidade linear, sendo o módulo elástico dependente do tempo tomado como o módulo de rigidez secante, E_s, das curvas tensão-deformação isócronas, que são ligeiramente não lineares, conforme a Figura 15.11 (c).

Em materiais cristalinos, que se comportam de acordo com a Equação 15.6, observe que a fluência em estado estacionário oriunda de qualquer tipo de fluxo difusional dá $m = 1$, de modo que a Equação 15.7 (a) torna-se $\dot{\varepsilon} = B\sigma$ e a Equação 15.7 (b) ainda se aplica. Em tais casos, temos, portanto, um comportamento viscoelástico linear, com a viscosidade, $\eta = \sigma/\dot{\varepsilon} = 1/B$, dependente de material, temperatura e tamanho de grão. Como também ocorrem deformações elásticas, o comportamento é aquele do modelo de fluência em estado estacionário da Figura 15.27 (a), sendo o módulo elástico à temperatura de interesse $E = E_1$.

15.6.2 Equações Não Lineares da Fluência

A partir da discussão sobre os mecanismos de deformação por fluência em materiais cristalinos, na Seção 15.3.3, torna-se evidente que o comportamento não linear, $m \neq 1$, não é incomum. Por exemplo, para a fluência produzida pelo movimento de discordâncias em materiais cristalinos, as taxas de deformação não são proporcionais à tensão, por haver uma forte dependência com a energia, neste caso $m \approx 5$. Os polímeros e o concreto podem se comportar de forma linear viscoelástica em baixas tensões, mas não em altas tensões, geralmente. As Figuras 15.29 e 15.30 apresentam curvas tensão-deformação isócronas para um polímero e um concreto. Estes materiais são claramente não lineares nas tensões envolvidas, que são relativamente elevadas.

Assim, frequentemente são necessárias relações de tensão-deformação-tempo mais gerais do que as proporcionadas pelos modelos viscoelásticos lineares. A situação levou a uma grande variedade de relações não lineares que empregam expressões exponenciais de σ, tal como:

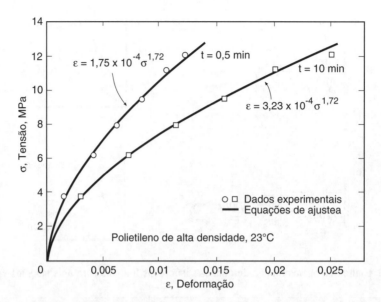

FIGURA 15.29 Duas curvas tensão-deformação isócronas para o polietileno de alta densidade (PEAD) em tensão.

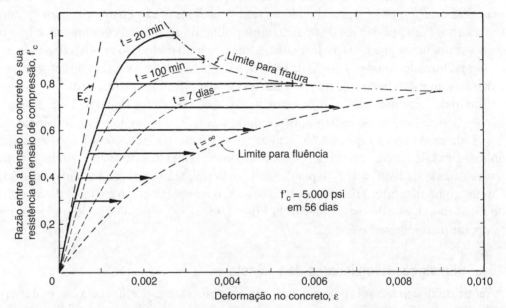

FIGURA 15.30 Curvas tensão-deformação isócronas (linhas tracejadas) para um concreto testado em compressão, após cura de 56 dias, em que f'_c é a resistência máxima na compressão. À medida que as taxas de deformação diminuem com o tempo e parecem aproximar-se de zero, pode-se desenhar uma curva de limite de fluência.

(De [Rusch 60]; usado com permissão.)

$$\varepsilon = \varepsilon_i + B\sigma^m t + D\sigma^\alpha (1 - e^{-\beta t}) \tag{15.33}$$

As quantidades B, m, D, α e β são constantes empíricas obtidas a partir de dados de fluência para determinado material e temperatura. A deformação instantânea, ε_i, pode incluir partes elásticas e plásticas, $\varepsilon_i = \varepsilon_e + \varepsilon_p$. De forma semelhante à Equação 15.29, o segundo termo da Equação 15.33 é a deformação por fluência em estado estacionário (secundário) e o terceiro é a deformação transitória (primária) por fluência. Marin (1962) emprega uma forma útil da Equação 15.33, que é o caso especial no qual a deformação plástica é dada por $\varepsilon_p = B_1 \sigma^{1/n}$, com $1/n = \alpha = m$:

$$\varepsilon = \frac{\sigma}{E} + \left[B_1 + B_2 t + B_3 \left(1 - e^{-\beta t}\right)\right] \sigma^m \qquad (15.34)$$

Já que a correlação Ramberg-Osgood, Equação 12.12, é amplamente utilizada para curvas tensão-deformação elastoplásticas, é conveniente empregar relações tensão-deformação-tempo que podem ser colocadas numa mesma base. Assim, temos:

$$\varepsilon = \frac{\sigma}{E} + \left(\frac{\sigma}{H_c}\right)^{1/n_c} \qquad (15.35)$$

em que n_f é um valor apropriado para fluência e H_f inclui uma dependência temporal. Por exemplo, a Equação 15.34 é equivalente a empregar a Equação 15.35, com:

$$n_f = \frac{1}{m}, \quad H_f = [B_1 + B_2 t + B_3 (1 - e^{-\beta t})]^{-1/m} \qquad (15.36)$$

Em tempos longos o suficiente para que o esforço transiente seja essencialmente completo, a Equação 15.33 dá uma expressão simplificada para fluência no estado estacionário:

$$\varepsilon = \varepsilon_i + B\sigma^m t + D\sigma^\alpha, \quad \dot{\varepsilon}_{fe} = B\sigma^m \quad (a,b) \qquad (15.37)$$

Neste par de equações, o terceiro termo de (a) é o valor limite da deformação gerada por fluência transitória. A dependência da taxa de fluência no estado estacionário com a temperatura pode ser estimada a partir de uma energia de ativação, como descrito anteriormente. Por exemplo, considerando a lei de fluência conforme a Equação 15.7 e lembrando que $q = 0$, por se tratar do mecanismo de fluência por discordâncias, a constante B passa a ser descrita, em uma forma dependente da temperatura, como:

$$B = \frac{A_2}{T} e^{\frac{-Q}{RT}} \qquad (15.38)$$

As equações para a fluência, com um expoente aplicado ao tempo, t, são ocasional-mente empregadas, tais como:

$$\varepsilon = \varepsilon_i + D_3 \sigma^\delta t^\phi, \quad \varepsilon = \frac{\sigma}{E} + D_3 \sigma^\delta t^\phi \quad (a,b) \qquad (15.39)$$

em que o expoente ϕ varia de zero à unidade e uma dependência exponencial do tempo foi incluída. Na segunda forma, assume-se que a deformação instantânea, ε_i, consiste apenas em deformação elástica. Para alguns metais de engenharia, a temperaturas específicas, os valores das constantes para a Equação 15.39 (b) são indicados na Tabela 15.4. Além disso, a Equação 15.39 (b) tem a forma da Equação 15.35, na qual:

$$n_f = \frac{1}{\delta}, \quad H_f = \frac{1}{(D_3 t^\phi)^{1/\delta}} \qquad (15.40)$$

854 **CAPÍTULO 15** Comportamento Dependente do Tempo

Tabela 15.4 Algumas Constantes para a Equação 15.39(b)					
Material	Temperatura	E	D_3	δ	ϕ
	°C	MPa (ksi)	Para MPa, h (para ksi, h)		
Aço SAE 1035[1]	524	161.000 (23.300)	$1,58 \times 10^{-11}$ $(4,78 \times 10^{-8})$	4,15	0,40
Liga de Cobre 360[1]	371	85.500 (12.400)	$4,26 \times 10^{-9}$ $(1,06 \times 10^{-5})$	4,05	0,87
Níquel puro[2]	700	150.000 (21.700)	$2,42 \times 10^{-6}$ $(3,02 \times 10^{-4})$	2,50	0,28
Liga de Al 7075-T6[2]	316	36.500 (5.300)	$1,35 \times 10^{-13}$ $(1,00 \times 10^{-7})$	7	0,33
Aço Cr-Mo-V[2]	538	152.000 (22.000)	$1,15 \times 10^{-9}$ $(1,07 \times 10^{-7})$	2,35	0,34

Notas: [1]Constantes de [Chu 70] com base em testes de fluência com duração de 1 hora. [2]De [Lubahn 61], p. 159, 255 e 574, com base nos dados de fluência que se prolongaram por 18, 300 e 10^4 horas, respectivamente.

Outras relações empregadas apresentam uma função de tempo logarítmica ou hiperbólica:

$$\varepsilon = \varepsilon_i + D_4 \log(1 + \beta_4 t), \quad \varepsilon = \varepsilon_i + \frac{D_5 t}{1 + \beta_5 t} \quad \text{(a,b)} \quad (15.41)$$

As relações, suas modificações e extensões são usadas para fluência transitória, como é o caso da Equação 15.33, com $B = 0$. Eles são especialmente úteis para materiais em que o comportamento é dominado pela fluência transitória, como o concreto. Observe que a Equação 15.41 (b) se aproxima de um valor limite para o tempo infinito, assim como a Equação 15.33, com $B = 0$. Todas as outras expressões oferecem deformações ilimitadas para t grande.

Constantes para equações não lineares tensão-deformação-tempo, como acabamos de descrever, não estão geralmente disponíveis para consulta fácil e rápida para os vários materiais de engenharia. Os motivos são a falta de um consenso sobre qual das muitas equações deve ser usada e também as alterações nas constantes, não só em função do material, mas também da tensão e da temperatura. Consequentemente, nas aplicações de engenharia, é preciso obter as constantes necessárias a partir de dados de fluência para o material e as condições de interesse ou da literatura, ou de novos testes laboratoriais. Uma exceção são as constantes de fluência para o estado estacionário para uma ampla faixa de tensões e temperaturas disponíveis em Frost & Ashby (1982) para metais e cerâmicas representativas, alguns destes, materiais de engenharia.

15.7 DEFORMAÇÃO POR FLUÊNCIA SOBRE TENSÃO VARIÁVEL

Até aqui, consideramos a deformação por fluência quando a tensão e a temperatura são mantidas constantes. No entanto, muitas aplicações de engenharia envolvem situações nas quais uma ou ambas variam. Esta seção oferece uma introdução enfatizando a ocorrência da fluência sob condições de tensão variável. Para maiores detalhes, consulte os livros de Neville, Dilger & Brooks (1983), Penny & Marriott (1995) e Skrzypek & Hetnarski (1993).

15.7.1 Recuperação da Deformação por Fluência

O desaparecimento da deformação por fluência ao longo do tempo, após a remoção de toda ou de parte da tensão aplicada, é chamado *recuperação*. Tal comportamento foi previamente ilustrado para modelos reológicos simples, na Figura 5.5. Não há recuperação da deformação por fluência no modelo da fluência em estado estacionário (a), mas, no modelo de fluência transiente (b), toda a deformação por fluência é recuperada, conforme descrito pela combinação em paralelo entre mola e amortecedor, após tempo infinito. Para o modelo reológico combinado da Figura 15.13, a deformação devido à fluência transitória, ε_{ft}, na combinação em paralelo é recuperada lentamente com o tempo, mas a deformação por fluência em estado estacionário, ε_{fe}, gerada pelo amortecedor em série, é mantida.

Para explorar detalhadamente o comportamento da recuperação, apresentado pelo modelo da Figura 15.13, considere uma tensão constante, σ', que seja mantida por um tempo dado, t'. Conforme a Figura 15.27 (b), a deformação no elemento de fluência transitória, ε_{ft}, em t' é:

$$\varepsilon_2' = \varepsilon_{tc} = \frac{\sigma'}{E_2}\left(1 - e^{-E_2 t'/\eta_2}\right) \tag{15.42}$$

Após a remoção da tensão, demonstra-se facilmente (Problema 15.38) que a deformação diminui e se aproxima de zero, em tempo infinito, de acordo com:

$$\varepsilon_2 = \varepsilon_2' e^{-E_2 \Delta t/\eta_2} \tag{15.43}$$

em que $\Delta t = t - t'$ é o tempo decorrido desde a remoção da tensão. Agora, considere a recuperação no modelo inteiro. A deformação elástica na mola, E_1, é recuperada instantaneamente, mas a deformação no elemento de fluência em estado estacionário, o amortecedor η_1, permanece inalterada:

$$\varepsilon_1 = \varepsilon_{sc} = \frac{\sigma' t'}{\eta_1} \tag{15.44}$$

A resposta deformação-tempo de todo o modelo, após a remoção de σ', pode ser obtida combinando ε_1 e ε_2 e, também, substituindo o valor de ε'_2, conforme a Equação 15.42:

$$\varepsilon = \frac{\sigma' t'}{\eta_1} + \frac{\sigma'}{E_2}\left(1 - e^{-E_2 t'/\eta_2}\right) e^{-E_2 \Delta t/\eta_2} \tag{15.45}$$

Esta equação corresponde à curva de deformação decrescente após descarga em $t = t'$, como apresentado na Figura 15.13.

Comportamento análogo, porém mais complexo, ocorre em materiais reais. Em particular, as equações governantes não são geralmente lineares com a tensão, e as deformações antes classificadas como transientes podem não ser totalmente recuperadas. Em polímeros e concreto, partes consideráveis da deformação por fluência são frequentemente recuperadas. No entanto, para metais ou para casos de fluxo viscoso simples em polímeros ou vidros, em geral só uma quantidade relativamente pequena de recuperação é obtida. No modelamento reológico de materiais reais, elementos de fluência transitória adicionais em série ou molas e amortecedores especiais não lineares são usados, às vezes.

15.7.2 Relaxação da Tensão

Considere uma combinação de material e temperatura, de modo que a fluência ocorra sob tensão constante. No entanto, empregue um novo tipo de teste no qual o corpo de prova é rapidamente carregado para uma deformação, que é mantida. A tensão vai diminuir com o tempo, de forma que esta diminuição, gerada pela resistência do material, é chamada *relaxação*. A Figura 15.31 oferece equações que descrevem a variação da tensão com o tempo a partir de dois modelos reológicos simples. (A equação de (a) foi previamente derivada no Exemplo 5.1 e a de (b) tem seu desenvolvimento solicitado no Problema 15.39.) Em um ensaio de relaxação, a tensão parece aproximar-se de um valor estável, após um longo tempo, valor que pode ser apenas um pouco menor do que a tensão inicial, ou pode ser muito menor, dependendo de material, temperatura e nível de deformação envolvido. O que ocorre durante a relaxação é que parte da deformação elástica que aparece no carregamento inicial rápido é lentamente substituída por uma deformação por fluência, com o total das duas sendo constante, devido às limitações impostas pelo teste.

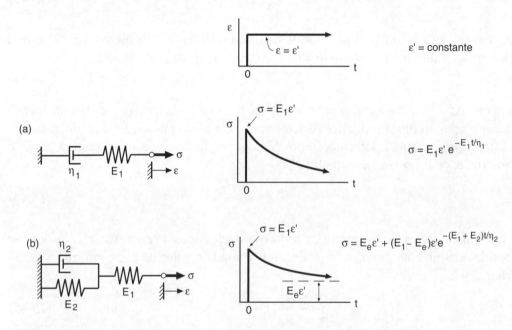

FIGURA 15.31 Relaxação sob tensão constante para dois modelos viscoelásticos lineares.

Claro que os materiais reais se comportam de forma mais complexa do que o descrito por simples modelos viscoelásticos lineares. Por exemplo, considere a relaxação de tensões durante a deformação constante em um material para o qual a deformação plástica e a deformação por fluência transitória são pequenas, de forma que o comportamento seja dominado pela deformação elástica e pela deformação por fluência em estado estacionário. Suponha que a taxa da deformação por fluência esteja relacionada com a tensão através de uma relação exponencial, como na Equação 15.7 (a). Também suponha que isso se aplique mesmo durante a diminuição da tensão, durante a relaxação. Então, considere que a deformação total seja mantida constante para um valor ε', de modo que:

$$\varepsilon_e + \varepsilon_f = \varepsilon', \quad \dot{\varepsilon}_f + \dot{\varepsilon}_c = 0 \qquad (15.46)$$

em que $\varepsilon_e = \sigma/E$ é a deformação elástica, ε_f é a deformação de fluência e a segunda equação é obtida diferenciando a primeira em relação ao tempo.

Combinando a expressão $\dot{\varepsilon}_e = \dot{\sigma}/E$ com a expressão $\dot{\varepsilon}_f = B\sigma^m$, esta vinda da Equação 15.7 (a), é possível chegar a uma equação diferencial:

$$\frac{1}{E}\frac{d\sigma}{dt} + B\sigma^m = 0 \qquad (15.47)$$

que é facilmente resolvida por integração:

$$\int_0^t dt = -\frac{1}{BE}\int_{\sigma_i}^{\sigma}\frac{d\sigma}{\sigma^m} \qquad (15.48)$$

Como somente a deformação elástica é obtida durante o rápido carregamento inicial, a tensão inicial no início do processo de relaxação, $t = 0$, é $\sigma_i = E\varepsilon'$. Após a integração, e com alguma manipulação algébrica, tem-se as seguintes equações para a variação da tensão com o tempo:

$$\sigma = \frac{\sigma_i}{\left[tBE(m-1)\sigma_i^{m-1}+1\right]^{1/m-1}} \quad (m \neq 1)$$

$$\sigma = \sigma_i e^{-BEt} \qquad (m = 1) \qquad (15.49)$$

A análise, de fato, generaliza o caso da Figura 15.31 (a), se o amortecedor tiver uma resposta não linear de acordo com:

$$\eta_1 = \frac{\sigma}{\dot{\varepsilon}} = \frac{1}{B\sigma^{m-1}} \qquad (15.50)$$

O caso especial, no qual $m = 1$, é visto como equivalente ao modelo linear original, com $\eta_1 = 1/B$.

A Equação 15.49, com o m apropriado, pode ser usada para aproximar o comportamento de materiais cristalinos nas regiões do mapa de mecanismo de deformação de fluência exponencial (fluência por movimento de discordâncias) e viscosa (fluxo difusional). No entanto, é aconselhável precaução com o procedimento, já que os efeitos da deformação por fluência transiente são negligenciados, ou seja, são considerados nulos em tempos suficientemente longos.

15.7.3 Carregamento Escalonado dos Modelos Viscoelásticos Lineares

Considere uma série de passos discretos de carregamento, como mostrado na Figura 15.32 (a). Um aumento na tensão provoca uma deformação instantânea adicional (elástica e plástica) e uma deformação por fluência transiente adicional, além de induzir uma maior taxa de deformação por fluência estacionária. Uma diminuição na tensão provoca a

858 CAPÍTULO 15 Comportamento Dependente do Tempo

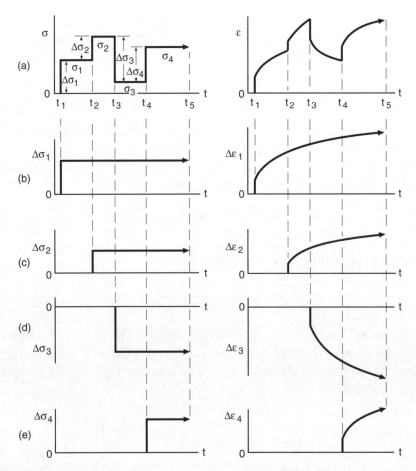

FIGURA 15.32 Princípio da superposição para modelos e materiais viscoelásticos lineares. Uma história de tensão aplicada e a resposta em termos da deformação resultante são apresentadas em (a). As variações da tensão e as deformações resultantes, que são sobrepostas para obter a resposta apresentada, são mostradas em (b-e).

perda instantânea de alguma deformação elástica, uma redução na taxa de deformação, e, talvez, até alguma recuperação da tensão de fluência transiente, se a queda na tensão resultante for alta. Existem várias abordagens para prever o comportamento tensão *versus* tempo nessas condições.

Primeiro, considere o comportamento de um modelo reológico viscoelástico linear qualquer – ou seja, uma combinação padrão qualquer entre molas e amortecedores. Pode ser demonstrado para qualquer modelo que ele obedece ao *princípio da superposição*. Esse princípio estabelece que a deformação por fluência em qualquer momento é a soma das deformações decorrentes de cada mudança na tensão, $\Delta \sigma$, que tenha ocorrido, admitindo que cada $\Delta \sigma$ age continuamente como uma tensão aplicada desde o momento inicial até qualquer momento posterior. Uma aplicação deste conceito está ilustrada na Figura 15.32. A tensão σ_1 é aplicada no tempo t_1, mas, no instante t_2, a tensão muda para σ_2. Após esta alteração, a deformação por fluência decorrente de $\Delta \sigma_1 = \sigma_1$ continua a acumular, porém sendo acrescida de uma deformação adicional por fluência, gerada pela tensão $\Delta \sigma_2 = \sigma_2 - \sigma_1$. A quantidade da deformação adicional por fluência é a mesma que seria obtida apenas pela aplicação da tensão $\Delta \sigma_2$, por si mesma, começando no tempo t_2. Da mesma forma, seguindo t_3, as deformações por fluência associadas à $\Delta\sigma_1$ e $\Delta\sigma_2$ continuam, mas agora adicionando-se a deformação relativa à $\Delta\sigma_3$. Neste exemplo particular, o valor de tensão, $\Delta\sigma_3 = \sigma_3 - \sigma_2$, que deve ser adicionada, é negativo, ocorrendo subtração de deformação.

Em geral, a mudança de tensão para atingir o i-ésimo passo da carga, desde o nível anterior, é dada por:

$$\Delta\sigma_i = \sigma_i - \sigma_{i-1} \tag{15.51}$$

A tensão durante a i-ésima etapa é a soma de todas as mudanças que ocorreram até então. Ou seja,

$$\sigma_i = \sum \Delta\sigma_i \tag{15.52}$$

Considere que a relação linear deformação-tempo para o modelo seja representada por $\varepsilon = \sigma f(t)$, em que vários exemplos de $f(t)$ estão disponíveis, na Figura 15.27. A tensão em qualquer momento posterior, t, devido à atuação de $\Delta\sigma_i$, como tensão começando a ser aplicada no tempo t_i, é, portanto:

$$\Delta\varepsilon_i = \Delta\sigma_i \, f(t - t_i) \tag{15.53}$$

Note que $(t - t_i)$ é o tempo desde a mudança de tensão, $\Delta\sigma_i$. De acordo com o princípio da superposição, a deformação total é a soma de todas as deformações, $\Delta\varepsilon_i$, decorrentes de cada $\Delta\sigma_i$ que ocorreu:

$$\varepsilon = \sum \Delta\varepsilon_i = \sum \Delta\sigma_i \, f(t - t_i) \tag{15.54}$$

Este somatório é equivalente ao procedimento gráfico de, simplesmente, adicionar as deformações decorrentes de cada $\Delta\sigma$, em qualquer momento desejado, como ilustrado na Figura 15.32 (b-e).

O comportamento dos materiais reais é muitas vezes demasiado complexo para ser representado pela viscoelasticidade linear. Assim, as extensões não lineares obtidas por esta abordagem são usadas apenas algumas vezes. Para materiais tais como os metais, para os quais o comportamento de recuperação é relativamente insignificante, pode ser razoável utilizar certas abordagens que negligenciam completamente o comportamento da recuperação, tais como *endurecimento com o tempo* e *endurecimento com a deformação,* este último conhecido como *encruamento*, conforme discutido a seguir.

15.7.4 Regras para o Endurecimento com o Tempo e o Encruamento

Estes métodos são ilustrados, na Figura 15.33, para o histórico de tensões mostrado em (a). As deformações estimadas são apresentadas em (b) para as duas abordagens. Para o *endurecimento com o tempo*, as curvas deformação (não total) por fluência *versus* tempo são primeiramente traçadas para todos os níveis de tensão envolvidos, como mostrado em (c). Sempre que a tensão muda, assume-se que a deformação prossegue de acordo com a curva para a nova tensão, começando no ponto dessa curva correspondente ao valor atual do tempo. Por exemplo, após a tensão mudar para σ_2, no tempo t_2, a curva deformação-tempo para σ_2 é empregada para estimar o comportamento até que a tensão mude novamente. Os segmentos de resposta deformação-tempo para cada nível de tensão são combinados para estimar a resposta em termos de deformação global,

860 CAPÍTULO 15 Comportamento Dependente do Tempo

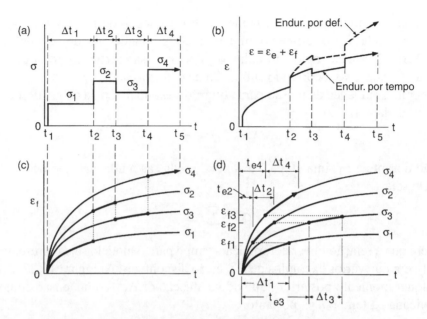

FIGURA 15.33 Um histórico de alterações discretas nas tensões (a) e respostas estimadas da deformação (b), com base no endurecimento com o tempo (c) e encruamento (d).

como mostrado em (b). No entanto, também pode ser necessário incluir alterações nas deformações elástica e plástica. Neste exemplo, as mudanças instantâneas na deformação elástica são mostradas em (b), juntamente com os segmentos de deformação por fluência em função do tempo, que foram extraídos de (c).

Suponha que as curvas de deformação por fluência em função do tempo sejam dadas por:

$$\varepsilon_c = f_2(\sigma, t) \tag{15.55}$$

A variação na deformação por fluência, ε_{fi}, durante o i-ésimo nível de tensão é obtida a partir da curva para σ_i como a diferença entre as deformações por fluência correspondentes aos tempos t_i e $t_{(i+1)}$. Além disso, a deformação por fluência acumulada, ε_f, é a soma das alterações. Assim,

$$\Delta \varepsilon_{fi} = f_2(\sigma_i, t_{i+1}) - f_2(\sigma_i, t_i), \quad \varepsilon_c = \sum \Delta \varepsilon_{ci} \tag{15.56}$$

Por exemplo, considere a fluência de acordo com a Equação 15.39 (b). A deformação total é dada pela soma da deformação elástica, devido ao valor atual da tensão, com a deformação por fluência acumulada:

$$\varepsilon = \varepsilon_e + \varepsilon_f = \frac{\sigma}{E} + D_3 \sum \sigma_i^\delta \left(t_{i+1}^\phi - t_i^\phi \right) \tag{15.57}$$

O *encruamento* pressupõe que a deformação, após uma mudança do nível de tensão, começa num ponto da nova curva deformação por fluência *versus* tempo que corresponde ao valor real da deformação por fluência, como ilustrado na Figura 15.33 (d). No instante t_2, a tensão muda para σ_2 e a curva para σ_2 passa a ser utilizada durante um período $\Delta t_2 = t_3 - t_2$. O ponto de partida na curva σ_2 corresponde à deformação por fluência, ε_{f1}, atingida no final do passo σ_1. Porém, a deformação ε_{f1} não corresponde a um tempo

Comportamento Mecânico dos Materiais **861**

real, t_2, mas sim a um tempo fictício, t_{e2}. Da mesma forma, no tempo t_3, a curva para σ_3 é usada para o período $\Delta t_3 = t_4 - t_3$, começando no tempo fictício t_{e3} correspondente à deformação de fluência, ε_{f2}, atingida no final do passo anterior. Para cada passo, tal como o i-ésimo, o valor de t_{ei} deve ser calculado a partir da deformação por fluência atingida no final do passo anterior, através da resolução da Equação 15.55 para t_{ei}, isto é:

$$\varepsilon_{f(i-1)} = f_2(\sigma_i, t_{ei}) \tag{15.58}$$

A deformação por fluência, que ocorre durante o passo i, e a deformação acumulada podem então ser calculadas:

$$\Delta\varepsilon_{fi} = f_2(\sigma_i, t_{ei} + \Delta t_i) - f_2(\sigma_i, t_{ei}), \quad \varepsilon_c = \sum \Delta\varepsilon_{fi} \tag{15.59}$$

Por exemplo, para a fluência descrita pela Equação 15.39 (b), as equações anteriores dão:

$$t_{ei} = \left(\frac{\varepsilon_{f(i-1)}}{D_3 \sigma_i^\delta}\right)^{1/\phi}, \quad \varepsilon = \frac{\sigma}{E} + D_3 \sum \sigma_i^\phi \left[\left(t_{ei} + \Delta t_i\right)^\phi - t_{ei}^\phi\right] \tag{15.60}$$

O endurecimento com o tempo e o encruamento dão resultados diferentes, exceto para as curvas de deformação por fluência em função do tempo, que são lineares, isto é, para a fluência em estado estacionário. Embora nenhum dos procedimentos possa ser considerado nada mais do que uma aproximação grosseira, o modelamento do encruamento parece oferecer um resultado mais preciso para os metais de engenharia do que o obtido para o endurecimento temporal. Tal tendência pode ser esperada, uma vez que é lógico supor que o efeito da deformação prévia está mais intimamente relacionado com a quantidade de deformação ocorrida do que simplesmente com a quantidade de tempo decorrido. Mesmo que ocorram alterações na temperatura, em vez de – ou em adição às – alterações de tensão, o procedimento apresentado para a quantificação do encruamento e do endurecimento com o tempo ainda pode ser utilizado, com a introdução de curvas deformação *versus* tempo para mais do que uma temperatura.

15.8 DEFORMAÇÃO POR FLUÊNCIA SOBRE TENSÃO MULTIAXIAL

Obviamente, tensões multiaxiais ocorrem frequentemente em componentes de engenharia, mas os dados e as constantes de fluência são, em geral, baseados em testes uniaxiais. Assim, é preciso uma metodologia especial para generalizar dados uniaxiais para lidar com situações multiaxiais.

Considere um fluido viscoso linear ideal que seja incompressível, chamado líquido newtoniano. A incompressibilidade requer que a deformação volumétrica seja nula, portanto a taxa de deformação volumétrica também será nula. Assim, a Equação 5.34 traz:

$$\dot{\varepsilon}_x + \dot{\varepsilon}_y + \dot{\varepsilon}_z = 0 \tag{15.61}$$

Considere agora uma tensão uniaxial, σ_x, e a taxa de deformação resultante:

$$\dot{\varepsilon}_x = \frac{\sigma_x}{\eta} \quad (\sigma_y = \sigma_z = 0) \tag{15.62}$$

862 CAPÍTULO 15 Comportamento Dependente do Tempo

Aqui, η é a viscosidade à tração da Equação 15.2. Taxas de deformação semelhantes ocorrem em outras duas direções, de modo que podem ser obtidas recorrendo à Equação 15.61:

$$\dot{\varepsilon}_y = \dot{\varepsilon}_z = -\frac{\dot{\varepsilon}_x}{2} = -\frac{1}{2}\left(\frac{\sigma_x}{\eta}\right) \quad \left(\sigma_y = \sigma_z = 0\right) \tag{15.63}$$

Se as tensões ocorrerem também noutras direções, produzirão deformações adicionais de forma semelhante, de modo que as taxas de deformação serão dadas por:

$$\dot{\varepsilon}_x = \frac{1}{\eta}\left[\sigma_x - 0{,}5\left(\sigma_y + \sigma_z\right)\right] \quad \text{(a)}$$

$$\dot{\varepsilon}_y = \frac{1}{\eta}\left[\sigma_y - 0{,}5\left(\sigma_x + \sigma_z\right)\right] \quad \text{(b)} \tag{15.64}$$

$$\dot{\varepsilon}_z = \frac{1}{\eta}\left[\sigma_z - 0{,}5\left(\sigma_x + \sigma_y\right)\right] \quad \text{(c)}$$

Podem também estar presentes tensões e deformações cisalhantes, para as quais se aplica a viscosidade ao cisalhamento, η_τ, da Equação 15.1. Seguindo uma lógica semelhante àquela que conduz à Equação 5.28, obtém-se $\eta_\tau = \eta/3$, de modo que a única constante independente é η e as equações para taxas de tensão de cisalhamento podem ser escritas como:

$$\dot{\gamma}_{xy} = \frac{3}{\eta}\tau_{xy}, \quad \dot{\gamma}_{yz} = \frac{3}{\eta}\tau_{yz}, \quad \dot{\gamma}_{zx} = \frac{3}{\eta}\tau_{zx} \tag{15.65}$$

Essas relações são análogas à lei de Hooke, Equações 5.26 e 5.27, com a exceção de que estão sendo empregadas as taxas de deformação. Além disso, a razão de Poisson, v, é substituída por 0,5, E por η e G por $\eta/3$.

As equações precedentes podem ser estendidas aos casos nos quais a correlação entre a tensão com a taxa de deformação não é linear. Isso é feito ao se interpretar η como um módulo de rigidez secante em um gráfico de tensões *versus* deformações, ou seja:

$$\eta = \frac{\bar{\sigma}}{\dot{\bar{\varepsilon}}} \tag{15.66}$$

em que $\bar{\sigma}$ e $\dot{\bar{\varepsilon}}$ são, respectivamente, a *tensão efetiva* e a *taxa de deformação efetiva,* que, em termos de tensões principais e taxas de deformação correspondentes, são dadas por:

$$\bar{\sigma} = \frac{1}{\sqrt{2}}\sqrt{\left(\sigma_1 - \sigma_2\right)^2 + \left(\sigma_2 - \sigma_3\right)^2 + \left(\sigma_3 - \sigma_1\right)^2} \quad \text{(a)}$$

$$\dot{\bar{\varepsilon}} = \frac{\sqrt{2}}{3}\sqrt{\left(\dot{\varepsilon}_1 - \dot{\varepsilon}_2\right)^2 + \left(\dot{\varepsilon}_2 - \dot{\varepsilon}_3\right)^2 + \left(\dot{\varepsilon}_3 - \dot{\varepsilon}_1\right)^2} \quad \text{(b)} \tag{15.67}$$

Note que $\bar{\sigma}$ é igual ao descrito na Equação 12.21, e $\dot{\bar{\varepsilon}}$ é análoga à Equação 12.22. Logo, temos uma situação similar à teoria da deformação plástica, vista na Seção 12.3, exceto pela substituição das deformações pelas taxas de deformação. De modo semelhante, a relação entre a tensão efetiva e a taxa de deformação é a mesma que a relação uniaxial. Assim, se a relação uniaxial é $\dot{\varepsilon} = g\left(\sigma\right)$, então $\dot{\bar{\varepsilon}} = g\left(\bar{\sigma}\right)$.

EXEMPLO 15.6

Para um material e uma temperatura, o comportamento por fluência uniaxial segue a Equação 15.39 (b). Um vaso de pressão tubular de parede fina, com espessura de parede b, tem suas extremidades fechadas e é feito deste material. Desenvolva uma equação para a alteração relativa do raio, $\Delta r/r$, em função do tempo, t, e de uma pressão constante, p, neste vaso.

Solução

Primeiramente, generalizamos a curva uniaxial tensão-deformação para uma curva tensão-deformação efetiva:

$$\bar{\varepsilon} = \frac{\bar{\sigma}}{E} + D_3\bar{\sigma}^\delta t^\phi, \quad \dot{\bar{\varepsilon}} = D_3\phi\bar{\sigma}^\delta t^{\phi-1}$$

A viscosidade é, portanto, dependente tanto da tensão como do tempo:

$$\frac{1}{\eta} = \frac{\dot{\bar{\varepsilon}}}{\bar{\sigma}} = D_3\phi\bar{\sigma}^{\delta-1} t^{\phi-1}$$

Esta relação pode ser usada com a Equação 15.64 para resolver o nosso problema particular, que envolve tensões e deformações, da seguinte forma:

$$\sigma_1 = \frac{pr}{b}, \quad \sigma_2 = \frac{pr}{2b}, \quad \sigma_3 \approx 0, \quad \varepsilon_1 = \frac{\Delta(2\pi r)}{2\pi r} = \frac{\Delta r}{r}$$

Aqui, σ_1 e ε_1 estão na direção transversal, σ_2 está na direção longitudinal e estas tensões são reconhecidas como as principais.

Deixando as direções (x, y, z) serem as direções principais $(1, 2, 3)$, a Equação 15.64 (a) descreve:

$$\dot{\varepsilon}_1 = \frac{1}{\eta}\left[\sigma_1 - 0,5(\sigma_2 + \sigma_3)\right] = D_3\phi\bar{\sigma}^{\delta-1} t^{\phi-1}\left[\frac{pr}{b} - 0,5\left(\frac{pr}{2b}\right)\right]$$

Além disso, $\bar{\sigma}$ é dado pela Equação 15,67 (a):

$$\bar{\sigma} = \frac{1}{\sqrt{2}}\sqrt{\left(\frac{pr}{b} - \frac{pr}{2b}\right)^2 + \left(\frac{pr}{2b}\right)^2 + \left(-\frac{pr}{b}\right)^2} = \frac{\sqrt{3}pr}{2b}$$

Substituindo este $\bar{\sigma}$ na expressão para $\dot{\varepsilon}_1$ e simplificando, temos:

$$\dot{\varepsilon}_1 = \frac{\sqrt{3}}{2}D_3\phi t^{\phi-1}\left(\frac{\sqrt{3}pr}{2b}\right)^\delta$$

Uma vez que a pressão, p, é constante, podemos integrar em relação ao tempo para obter a deformação por fluência:

$$\varepsilon_{c1} = \int_0^t \dot{\varepsilon}_1\,dt = \frac{\sqrt{3}}{2}D_3 t^\phi\left(\frac{\sqrt{3}pr}{2b}\right)^\delta$$

864 **CAPÍTULO 15** Comportamento Dependente do Tempo

Precisamos agora da tensão elástica da Equação 5.26, ou seja:

$$\varepsilon_{e1} = \frac{1}{E}\left[\sigma_1 - v(\sigma_2 + \sigma_3)\right] = \left(1 - \frac{v}{2}\right)\left(\frac{pr}{bE}\right)$$

Adicionando as deformações elásticas e por fluência, finalmente obtemos o resultado desejado:

$$\frac{\Delta r}{r} = \varepsilon_{e1} + \varepsilon_{c1}, \quad \frac{\Delta r}{r} = \left(1 - \frac{v}{2}\right)\left(\frac{pr}{bE}\right) + \frac{\sqrt{3}}{2} D_3 t^\phi \left(\frac{\sqrt{3}pr}{2b}\right)^\delta \quad \textbf{(Resposta)}$$

15.9 ANÁLISE DA RELAÇÃO TENSÃO-DEFORMAÇÃO EM COMPONENTES

A análise da relação tensão-deformação em componentes de engenharia sujeitos à deformação dependente do tempo pode ser realizada para casos simples, usando curvas tensão-deformação isócronas. Se essas curvas são aproximadamente lineares, correspondendo ao comportamento viscoelástico linear, torna-se preciso apenas uma análise linear-elástica da tensão. Para curvas σ-ε isócronas não lineares, a análise é feita da mesma maneira que para curvas tensão-deformação elastoplásticas não dependentes do tempo. Assim, vários resultados analíticos do Capítulo 13 podem ser adaptados às situações de fluência.

15.9.1 Comportamento Viscoelástico Linear

Suponha ser razoável representar o comportamento de um material por um modelo reológico construído de combinações de molas e amortecedores. Como já explicado, na Seção 15.6.1, as curvas tensão-deformação isócronas são todas linhas retas que podem ser representadas por $\varepsilon = \sigma f(t)$, em que a função de tempo específica, $f(t)$, aplicável depende do modelo. Neste caso, é frequente o emprego de um módulo de elasticidade, dependente do tempo, dado por:

$$E(t) = \frac{1}{f(t)} = \frac{\sigma}{\varepsilon} \tag{15.68}$$

em que $E(t)$ é simplesmente a inclinação da curva tensão-deformação isócrona. Uma vez que a relação tensão-deformação é linear, a análise da relação tensão-deformação para um componente em qualquer tempo particular, t, pode ser feita mediante uma análise de tensão baseada no comportamento linear-elástico. Esta não é afetada, à exceção de que o módulo de elasticidade varia com o tempo.

A situação para uma barra retangular sob dobramento puro é ilustrada, na Figura 15.34. Para todos os valores de tempo, a distribuição de tensões é linear e imutável, de acordo com a fórmula de flexão deduzida a partir da análise linear-elástica. Assim,

$$\sigma = \frac{My}{I_z} = \frac{3My}{2bc^3} \tag{15.69}$$

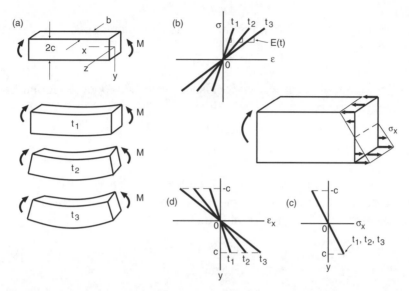

FIGURA 15.34 Comportamento sob momento constante aplicado a uma barra (a) feita de um material viscoelástico linear (b). A distribuição de tensões é linear e constante com o tempo (c), enquanto a deformação mantém uma distribuição linear, à medida que aumenta (d).

A deformação para qualquer posição, y, no feixe, a qualquer momento, t, é obtida combinando as Equações 15.68 e 15.69:

$$\varepsilon = \frac{\sigma}{E(t)} = \frac{3My}{2bc^3}\frac{1}{E(t)} \qquad (15.70)$$

A análise do comportamento linear-elástico pode ser aplicada de forma semelhante a outras situações, tais como problemas de flexão mais complexos, eixos em torção, vasos de pressão, geometrias que contêm concentradores de tensão etc.

As distribuições de tensões, obtidas a partir da análise linear-elástica, aplicam-se em todos os casos. Para determinar as deformações, nas quais ocorrem estados de tensão não uniaxiais, é necessário aplicar a lei de Hooke, Equação 5.26, e as equações para fluxo viscoso multiaxial, Equação 15.64.

Se as curvas tensão-deformação isócronas são não lineares, mas não excessivamente, ainda pode ser razoável empregar a análise linear-elástica, como acabamos de descrever. Valores de $E(t)$ são substituídos por valores do módulo de rigidez secante, $E_s(t)$, conforme definido na Figura 15.11.

EXEMPLO 15.7

Uma barra de comprimento $L = 100$ mm está simplesmente apoiada em suas extremidades e é carregada em seu centro por uma carga transversal com $P = 50$ N. Sua seção transversal tem largura $b = 15$ mm e profundidade $2c = 10$ mm. O material tem um comportamento viscoelástico linear com deformações elásticas e por fluência no estado estacionário, similares ao representado no modelo da Figura 15.27 (a), sendo as constantes $E_1 = 3$ GPa e $\eta_1 = 10^5$ GPa·s. Determine (a) a tensão máxima

866 **CAPÍTULO 15** Comportamento Dependente do Tempo

na barra, (b) a deflexão elástica inicial quando a carga é aplicada e **(c)** a deflexão após uma semana.

Solução

Devido ao comportamento linear viscoelástico, as tensões podem ser obtidas a partir da fórmula ordinária para a flexão elástica:

$$\sigma = \frac{Mc}{I}, \quad I = \frac{2bc^3}{3}$$

Aqui, I é obtido da Figura A.2 (a), no Apêndice A. A tensão máxima está no meio do comprimento da barra, em que o momento é $M = PL/4$, conforme Figura A.4 (a). Portanto, substituindo M e I na fórmula da tensão:

$$\sigma = \frac{3PL}{8bc^2} = \frac{3(50\,\text{N})(100\,\text{mm})}{8(15\,\text{mm})(5\,\text{mm})^2} = 5\,\text{MPa} \qquad \textbf{(Resposta)}$$

Usando a equação da Figura A.4 (a), verificamos que a deformação elástica inicial é controlada por E_1, já que a deformação por fluência é inicialmente nula:

$$v = \frac{PL^3}{48E_1I} = \frac{(50\,\text{N})(100\,\text{mm})^3}{48(3.000\,\text{MPa})(1.250\,\text{mm}^3)} = 0{,}278\,\text{mm} \qquad \textbf{(Resposta)}$$

Para obter a deflexão afetada pela fluência, observe que o comportamento deformação-tempo é dado pela equação da Figura 15.27 (a):

$$\varepsilon = \frac{\sigma}{E_1} + \frac{\sigma t}{\eta_1}$$

Assim, o módulo de elasticidade dependente com o tempo para $t = 1$ semana $= 604.800$ s vale:

$$E(t) = \frac{\sigma}{\varepsilon} = \frac{1}{\dfrac{1}{E_1} + \dfrac{t}{\eta_1}} = \frac{1}{\dfrac{1}{3.000\,\text{MPa}} + \dfrac{604.800\,\text{s}}{10^8\,\text{MPa.s}}} = 156{,}7\,\text{MPa}$$

Repetindo o cálculo de deflexão com este valor menor de $E(t)$, finalmente obtemos a deflexão após uma semana:

$$v = \frac{PL^3}{48E(t)I} = \frac{(50\,\text{N})(100\,\text{mm})^3}{48(156{,}7\,\text{MPa})(1.250\,\text{mm}^3)} = 5{,}32\,\text{mm} \qquad \textbf{(Resposta)}$$

15.9.2 Análise com Curvas Tensão-Deformação Isócronas Não Lineares

Se as curvas tensão-deformação isócronas forem marcadamente não lineares, necessita-se de uma análise semelhante à descrita no Capítulo 13, empregada para a deformação plástica. A curva tensão-deformação isócrona para qualquer momento em particular é usada como se fosse uma curva tensão-deformação elastoplástica. Isso está ilustrado, na Figura 15.35, para uma barra retangular sob dobramento estático puro.

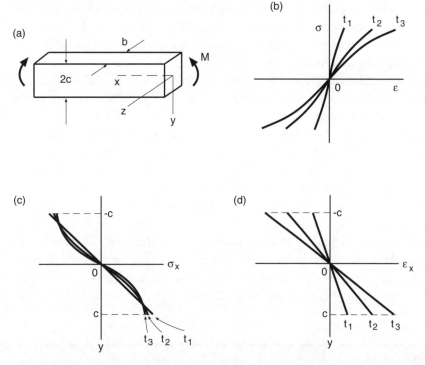

FIGURA 15.35 Comportamento sob o momento constante de uma barra (a) feita de um material com curvas tensão-deformação isócronas não lineares (b). A distribuição da tensão pode mudar sua forma com o tempo (c), enquanto as distribuições de deformação permanecem lineares, à medida que a tensão aumenta (d).

A distribuição de tensões deve resistir a um momento de flexão que não varia com o tempo; contudo, a forma da distribuição das tensões pode se alterar, como resultado da mudança da forma da curva tensão-deformação isócrona. Uma distribuição de tensão linear é uma suposição razoável para todos os valores de tempo, mas a magnitude da deformação aumenta.

Por exemplo, para o material da barra na Figura 15.35, suponha que todas as deformações sejam pequenas, exceto as produzidas por fluência de estado estacionário, e que estas são dadas por:

$$\varepsilon = B\sigma^m t \tag{15.71}$$

Para qualquer tempo particular, t, esta equação representa um simples endurecimento exponencial, como na Equação 13,9, com as seguintes constantes:

$$n_2 = \frac{1}{m}, \quad H_2 = \frac{1}{(Bt)^{1/m}} \tag{15.72}$$

O resultado analítico da Equação 13.11 pode ser utilizado pela incorporação do valor de σ da Equação (15.71), denotando a espessura da barra com b, para evitar confusão com o tempo, t:

$$M = \frac{2mbc^2\sigma_c}{1+2m} = \frac{2mbc^2}{1+2m}\left(\frac{\varepsilon_c}{Bt}\right)^{1/m} \tag{15.73}$$

868 **CAPÍTULO 15** Comportamento Dependente do Tempo

em que σ_c, ε_c são a tensão e a deformação na borda da barra, onde $y = c$. Como esperado, a relação entre a deformação e o momento depende do tempo. Neste caso, em particular, a distribuição de tensão é não linear, mas não se ajusta com o tempo, a não ser que m seja diferente para as várias curvas isócronas.

Outros resultados analíticos do Capítulo 13 podem ser aplicados de maneira similar a problemas de fluência, se as curvas tensão-deformação isócronas forem representadas por equações de mesma forma matemática que as utilizadas em cada caso. A forma exponencial de muitas das equações de tensão-deformação-tempo para a fluência torna as formas de simples endurecimento e de Ramberg-Osgood particularmente convenientes para emprego. Para o caso de Ramberg-Osgood, é aplicada a Equação 15.35, em que H_f especifica a dependência com o tempo, a partir da Equação 15.36 ou 15.40.

Durante o estudo da resposta tensão-deformação em situações de fluência, pode ser útil realizar múltiplas análises usando vários membros da família de curvas tensão-deformação isócronas, com cada uma correspondendo a um valor de tempo diferente, para determinar como o comportamento do componente evolui com o tempo. Além disso, se a combinação de geometria com carregamento for complexa, pode ser apropriado empregar análise numérica, tal como por elementos finitos.

EXEMPLO 15.8

Uma barra retangular feita da superliga S-590 tem profundidade $2c = 50$ mm e espessura $b = 20$ mm. Esta é carregada com um momento $M = 1,50$ kN·m a uma temperatura de 725 °C. Nesta temperatura e para tensões na faixa de 100 MPa a 400 MPa, as constantes para a Equação 15.71 são $m = 10,74$ e $B = 3,91 \times 10^{-29}$, em que t é dado em horas. (A partir de dados em [Grant 50].) Estimar a tensão na barra, a deformação por fluência após 16.000 horas e a vida até a ruptura por fluência.

Solução

A tensão na borda da barra é obtida diretamente da Equação 15.73. Mantendo as unidades de b e c em mm e substituindo $M = 1,50 \times 10^6$ N·mm, obtemos:

$$\sigma_c = \frac{M(1+2m)}{2mbc^2} = 125,6\,\text{MPa} \qquad \textbf{(Resposta)}$$

Após 16.000 horas, a deformação por fluência na borda da barra é:

$$\varepsilon_c = B\sigma_c^m t = 3,91 \times 10 - 29(125,6\,\text{MPa})^{10,74}(16.000\,\text{h}) = 0,0218 \quad \textbf{(Resposta)}$$

A partir das constantes C, b_1 e b_2, na Tabela 15.3, o parâmetro de Larson-Miller e a vida estimada até a ruptura, a partir da Equação 15.20, são:

$$P_{LM} = 38.405 - 8.206\log\sigma = 38.405 - 8.206\log(125,6\,\text{MPa}) = 21.181\,\text{K} \cdot \log(\text{h})$$

$$\log t_r = \frac{P_{LM}}{T} - C = \frac{21.181}{(725+273)\,\text{K}} - 17 = 4,224, \quad t_r = 16.730\,\text{h} \quad \textbf{(Resposta)}$$

Assume-se, nesse cálculo, que a deformação por fluência no estado estacionário é grande comparada tanto com a deformação elástica como com a deformação por fluência transitória, de modo que a Equação 15.71 aplica-se numa base aproximada.

Comportamento Mecânico dos Materiais 869

15.10 DISSIPAÇÃO DE ENERGIA (AMORTECIMENTO) NOS MATERIAIS

Materiais sujeitos a carregamento cíclico absorvem energia, alguns dos quais podem armazená-la como energia potencial dentro da própria estrutura, mas a maioria dos materiais dissipa essa energia como calor para o ambiente. Tal dissipação pode ser pequena e até difícil de medir, mas está sempre presente. Caso contrário, as vibrações (digamos, como em um diapasão constituído deste material) nunca iriam decair e surgiria a situação fisicamente impossível de uma máquina de movimento perpétuo. A dissipação da energia em materiais, denominada *amortecimento* ou *fricção interna*, é causada por uma ampla gama de mecanismos físicos, dependendo do material, temperatura e frequência do carregamento cíclico envolvido. Qualquer mecanismo físico que provoque fluência pode causar amortecimento, mas outros mecanismos que agem em baixas tensões não estão associados a efeitos macroscópicos de fluência. As pequenas deformações associadas a fenômenos de amortecimento em baixa tensão são deformações recuperáveis ou *deformações anelásticas*, como definidas na Seção 5.2.4, e o baixo autoamortecimento da tensão é chamado *amortecimento anelástico*. O amortecimento ocorre também como resultado da deformação plástica.

O amortecimento em materiais é de importância prática, pois o grau de amortecimento afeta o comportamento sob carga vibratória. Em particular, um amortecimento mais elevado resulta em tensões mais baixas sob vibração forçada perto da ressonância e também em um decaimento mais rápido da vibração livre. O comportamento em amortecimento pode afetar a escolha de materiais para aplicações sensíveis a vibrações, como em paletas de turbina.

15.10.1 Comportamento de Amortecimento dos Modelos Reológicos

O modelo reológico de deformação por fluência transiente com deformação elástica exibe comportamento semelhante ao amortecimento em baixas tensões (anelástico), conforme resumido na Figura 15.36. Considera-se que uma tensão senoidal seja aplicada. Ou seja,

$$\sigma = \sigma_a \,\text{sen}\, \omega t \tag{15.74}$$

em que σ_a é a amplitude da tensão e ω é a frequência angular. A resposta da deformação do modelo em qualquer frequência é senoidal, mas com um deslocamento de fase, conforme especificado por um ângulo de fase, δ, em relação à onda senoidal da tensão:

$$\varepsilon = \varepsilon_a \,\text{sen}\,(\omega t - \delta) \tag{15.75}$$

As duas expressões anteriores são as equações paramétricas de uma elipse. Assim, a resposta tensão-deformação forma um laço de histerese elíptico, como mostrado na Figura 15.36 (c).

A área dentro deste laço é a energia absorvida em cada ciclo por unidade de volume do material, que é chamada *unidade de energia de amortecimento*, Δu. Avaliando a área do laço chega-se a uma equação para Δu:

$$\Delta u = \pi \sigma_a \varepsilon_a \,\text{sen}\, \delta \tag{15.76}$$

Tanto δ como Δu apresentam valores máximos quando traçados em função da frequência angular, ω. Para este modelo particular, o máximo de Δu ocorre na frequência

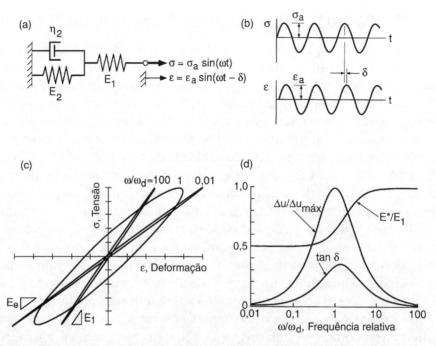

FIGURA 15.36 Comportamento de um modelo reológico de deformação por fluência transiente e elástica sob um carregamento senoidal. As curvas mostradas correspondem a $E_1/E_2 = 1$.

$\omega_d = E_2/\eta_2$. A quantidade ε_a sen (δ) é a deformação da Equação 15.75 quando σ vale zero, o que representa a meia largura do laço de histerese elíptico, tornando-se uma medida da não linearidade na deformação, como mostrado na Figura 15.37. Essa quantidade, às vezes chamada *deslocamento remanescente*, é aproximadamente análoga à amplitude da tensão plástica, $\varepsilon_{pa} = \varepsilon_p/2$, conforme Figura 12.17. Uma vez que ε_a sen (δ) é proporcional a Δu, esta quantidade exibe o mesmo tipo de dependência com a frequência do que Δu.

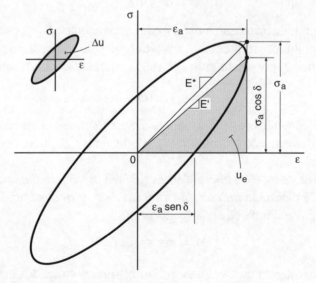

FIGURA 15.37 Definições para um laço de histerese elíptico.

Em frequências elevadas, em comparação com ω_d, o amortecedor no modelo reológico da Figura 15.36 (a) é essencialmente rígido. Assim, a deformação é evitada na mola E_2 e ocorre apenas em E_1, de modo que a resposta é linear conforme a rigidez E_1. Por outro lado, em frequências que são baixas em comparação com ω_d, há tempo suficiente para uma movimentação do amortecedor, de modo que ele introduz algum efeito. O laço elíptico novamente se reduz a uma linha reta, mas com a menor rigidez, E_e, correspondente a E_1 e E_2 em série (Equação 15.32). A rigidez é dada por um módulo de rigidez, chamado E^*, definido como mostrado na Figura 15.37. O valor de E^* varia com a frequência, saindo de E_e, para uma frequência baixa, a até E_1, em altas frequências. A transição entre os dois ocorre na vizinhança do pico de dissipação de energia.

Para qualquer modelo reológico composto por molas e amortecedores, isto é, para qualquer modelo viscoelástico linear, são formados laços de histerese elípticos e a resposta da deformação é proporcional à tensão aplicada. Logo, a amplitude de deformação, ε_a, é proporcional à amplitude de tensão, σ_a. Além disso, o desvio de fase, δ, não depende de σ_a, mas apenas de ω. Assim, os laços de histerese elípticos para vários σ_a, a dada frequência, têm as mesmas proporções e diferem apenas em tamanho. Da Equação 15.76, resulta que a unidade de energia de amortecimento é proporcional ao quadrado da amplitude de tensão:

$$\Delta u = J\sigma_a^2 \tag{15.77}$$

Nesta equação, J é uma constante para um conjunto de constantes do modelo e da frequência. Modelos reológicos mais complexos, que são úteis para analisar o amortecimento, incluem combinações em série de vários elementos de fluência transitória com diferentes constantes. Esse modelo exibe vários picos em um gráfico de δ ou Δu *versus* ω, um para cada elemento de fluência transitória. Além disso, os elementos com comportamento não linear mais complexo são eventualmente utilizados.

15.10.2 Definições das Variáveis para a Descrição do Amortecimento

Uma série de definições diferentes é empregada para descrever o comportamento de amortecimento em qualquer modelo ou material. A *unidade de energia de amorteci-mento*, Δu, também denotada D, já foi definida, assim como o *ângulo de fase* δ e o *deslocamento remanescente*. O *coeficiente de perda* Q^{-1} é definido como:

$$Q^{-1} = \tan\delta \tag{15.78}$$

em que a própria variável, Q, é chamada *fator de qualidade*.

A relação entre a amplitude da tensão e a amplitude da deformação, $E^* = \sigma_a/\varepsilon_a$, conforme ilustrado na Figura 15.37, é chamado *módulo de rigidez dinâmico* ou *módulo de elas-ticidade absoluto*. Outra medida de rigidez usada com frequência é o *módulo de rigidez de armazenamento*, E', que é a inclinação de uma linha desde a origem até o ponto de tensão máxima no circuito de histerese elíptica, que ocorre na tensão $\sigma = \sigma_a \cos\delta$, como mostrado. O módulo de rigidez de armazenamento é convencionalmente utilizado para definir a energia por deformação elástica no pico de deformação, u_e, como também indicado na Figura 15.37. O coeficiente de perda está relacionado com as energias Δu e u_e por:

$$Q^{-1} = \frac{\Delta u}{2\pi u_e} \tag{15.79}$$

Uma definição adicional bastante utilizada é o *decremento logarítmico*, $\Delta_t = \pi Q^{-1}$, em que Δu é pequeno quando comparado com u_e, de tal forma que $Q^{-1} = 0,1$ ou menos. Assim, neste caso, o amortecimento é considerado relativamente baixo.

15.10.3 Mecanismos de Baixa Tensão nos Metais

Em baixas tensões, em metais de engenharia, ocorrem vários mecanismos de amortecimento, cada um dos quais se comportando de maneira semelhante ao modelo viscoelástico linear anteriormente discutido. Daí resulta um número de picos diferentes na dissipação de energia, à medida que a frequência ou a temperatura é alterada, como ilustrado na Figura 15.38.

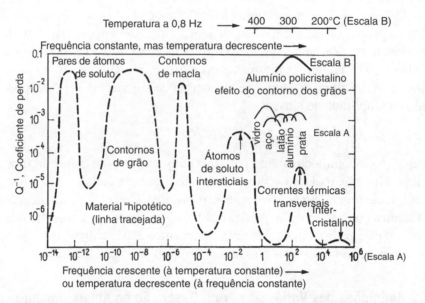

FIGURA 15.38 Picos de amortecimento para um metal hipotético e para vários metais reais com os respectivos mecanismos microestruturais associados.

(Adaptado de [Lazan 68], p. 39; usado com permissão.)

Um exemplo desse mecanismo é o *efeito Snoek*. Este envolve átomos de soluto intersticiais em um metal de estrutura cristalina cúbica de corpo centrado (CCC), como o carbono ou o nitrogênio no ferro, como ilustrado na Figura 15.39. Os átomos intersticiais são pequenos em comparação com átomos de ferro, de modo que podem ocupar as posições normalmente desocupadas no meio das arestas do cubo da estrutura cristalina CCC do ferro, distorcendo um pouco a estrutura ao fazê-lo. Se uma tensão de tração é aplicada, como mostrado na Figura 15.39, os átomos intersticiais ao longo das arestas de cubo, nas quais tocam átomos de ferro na direção aproximadamente normal à tração aplicada, são espremidos pela contração elástica que é gerada, conforme associada ao coeficiente de Poisson. Eles tendem a saltar para as arestas do cubo que são mais paralelas à tensão aplicada, onde a tensão de tração fornece um espaço adicional para acomodá-los.

Se a frequência de carregamento é muito alta, os átomos intersticiais não têm tempo suficiente para se mover e o efeito não ocorre. Por outro lado, se a frequência é muito

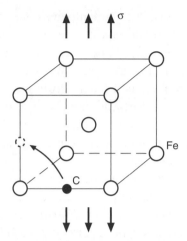

FIGURA 15.39 Mecanismo do efeito Snoek, envolvendo o movimento de átomos intersticiais em uma estrutura de metal CCC.

baixa, os intersticiais podem se mover livremente. Em ambos os casos, a deformação no material está em fase com a tensão, mas para frequências mais baixas o material deforma mais e, portanto, tem um módulo de rigidez ligeiramente inferior. No entanto, para frequências de carga cíclicas intermediárias, correspondentes ao tempo necessário para a ocorrência de um salto, a resposta de deformação é mais lenta do que a tensão aplicada, ocorre um atraso de fase e a dissipação de energia torna-se máxima. Pode-se então dizer que a tensão aplicada está em ressonância com o salto dos intersticiais. Uma vez que o processo de salto é ativado termicamente, observa-se que o pico na dissipação de energia varia com a temperatura, a uma frequência constante.

Outro exemplo é o *efeito termoelástico*, também chamado amortecimento por corrente térmica. Como a razão de Poisson é geralmente um pouco menor do que o valor $\nu = 0{,}5$, correspondente a um volume constante, o volume de um sólido carregado aumenta durante a porção de tração do carregamento cíclico. Se o carregamento é tão rápido que a troca térmica com o ambiente não ocorre por falta de tempo, o volume aumentado resulta em uma diminuição de temperatura e, portanto, também em uma contração térmica. Por outro lado, para um carregamento rápido compressivo, há diminuição do volume, aumento da temperatura e expansão térmica. Assim, o carregamento cíclico rápido é acompanhado por deformações térmicas que estão na direção oposta das deformações mecânicas, resultando em um enrijecimento aparente do material. O módulo de elasticidade observado é referido como seu valor *adiabático* (que significa em calor constante). Mas, em ciclos lentos, quando a troca de calor com o ambiente pode ocorrer livremente, não há tensões térmicas opostas às deformações mecânicas. O módulo elástico assume então o valor *isotérmico* inferior. Em frequências intermediárias, que correspondem ao tempo necessário para o fluxo de calor, a resposta de deformação apresenta um atraso de fase e existe um máximo relativo na dissipação de energia.

15.10.4 Mecanismos Adicionais e Tendências

Outros mecanismos de amortecimento envolvem vários movimentos dependentes do tempo de átomos de impureza ou vacâncias (defeitos pontuais), movimentos de

874 CAPÍTULO 15 Comportamento Dependente do Tempo

discordâncias (defeitos lineares) e deslizamento dos contornos de grãos. Em materiais ferromagnéticos, um efeito chamado *amortecimento magnetoelástico* é importante, pelo qual a dissipação de energia resulta de rotações nas direções dos microscópicos domínios magnéticos que ocorrem neste material. Esse efeito é incomum, na medida em que é independente da frequência e é mais fortemente dependente da amplitude da tensão do que seria esperado, a partir do modelo ideal discutido anteriormente. Em particular, Δu é proporcional ao cubo de tensão, em vez do quadrado. Além disso, o efeito pode saturar e tornar-se independente da tensão acima de um nível crítico e também pode ser sensível à tensão média.

O movimento em massa das discordâncias, que resultam no deslizamento de planos cristalinos e, portanto, na deformação plástica, pode causar grandes quantidades de dissipação de energia conhecida como *amortecimento por deformação plástica*. Esses efeitos são inativos em baixas tensões, mas, para metais de engenharia sob temperaturas nas quais os efeitos da fluência são pequenos, tornam-se o mecanismo dominante para o amortecimento em altas tensões. O comportamento é dramaticamente diferente do modelo viscoelástico linear, sendo insensível à frequência e muito sensível à tensão. Os ciclos de histerese devido à deformação plástica não são elípticos; em vez disso, possuem extremidades agudas, como exemplificado na Figura 12.17. De acordo com a aproximação para descrever a forma das curvas dos ciclos de histerese, discutidas no Capítulo 12, o amortecimento por deformação plástica pode ser calculado a partir da área dentro do laço tensão-deformação de histerese. Para uma curva cíclica tensão-deformação na forma da relação Ramberg-Osgood, a Equação 12.55 aplica-se numa base aproximada, dando:

$$\Delta u = 4\left(\frac{1-n'}{1+n'}\right)\sigma_a \varepsilon_{pa} = \frac{4(1-n')\sigma_1^{1+1/n'}}{(1+n')(H')^{1/n'}} \tag{15.80}$$

em que a Equação 12.11 é empregada para obter a segunda forma da Equação 15.80 e H' e n' são as constantes para a curva tensão-deformação cíclica. Considere que a Equação 15.77 seja generalizada para:

$$\Delta u = J\sigma_a^d \tag{15.81}$$

Observando que um valor típico para n' é 1/7, concluímos que o expoente sobre a tensão na Equação 15.80 é:

$$d = 1 + \frac{1}{n'} \approx 8 \tag{15.82}$$

Isso indica uma dependência muito forte com a tensão, em contraste com $d = 2$ para o amortecimento anelástico ideal.

É provável que os polímeros e elastômeros exibam comportamento semelhante à viscoelasticidade linear ideal ($d = 2$) se os níveis de tensão não forem excessivamente altos. Alguns dos mecanismos que operam para causar picos de dissipação de energia envolvem movimentos das cadeias moleculares, tais como rotações, translações ou enrolamento e desenrolamento de segmentos interiores ou finais das cadeias. Os segmentos envolvidos podem ser longos ou curtos e os movimentos dos grupos laterais de moléculas também podem causar amortecimento. De forma geral, as moléculas ou as partes de moléculas móveis de maior tamanho causam picos de amortecimento em frequências mais baixas, para determinada temperatura, ou a temperaturas mais altas, para dada frequência.

Em tensões na quais os metais são empregados para fins de engenharia, o amortecimento é geralmente bastante baixo, envolvendo coeficientes de perda em torno de $Q^{-1} = 0,01$ ou menos. Em contraste, os valores para os polímeros nas tensões de serviço podem ser muito maiores, da ordem de $Q^{-1} = 0,1$ ou mais. De modo correspondente, também podem ocorrer grandes ângulos de fase e variações no módulo de elasticidade (E^* ou E'). Um amortecimento tão grande pode ser desvantajoso se for gerado calor excessivo, mas é frequentemente benéfico, como forma de absorver rapidamente quaisquer vibrações que se desenvolvam. Evidentemente, o elevado grau de amortecimento apresentado pelos polímeros, em especial pelos elastômeros, com frequência é utilizado propositalmente para reduzir som ou vibrações.

Algumas curvas ilustrando a tendência para a energia de amortecimento nos metais de engenharia, à temperatura ambiente, são sugeridas por Lazan (1968). Essas curvas são mostradas na Figura 15.40. Para metais não magnéticos, o expoente de tensão para a tendência média dos dados é um pouco maior do que o valor viscoelástico ideal, $d = 2$, até cerca de 80% do limite de fadiga, σ_e, quando uma inclinação de aproximadamente $d = 8$ começa, devido ao amortecimento por deformação plástica. Os metais ferromagnéticos têm maior amortecimento em baixas tensões e um valor de $d \approx 3$, seguido por uma região de $d \approx 1$ que prevalece até que $d \approx 8$ se inicia, próximo ao limite de fadiga.

15.10.5 Amortecimento em Componentes de Engenharia

A discussão do amortecimento, até agora, considerou apenas o comportamento de amostras de material carregadas uniformemente, em vez de componentes de engenharia,

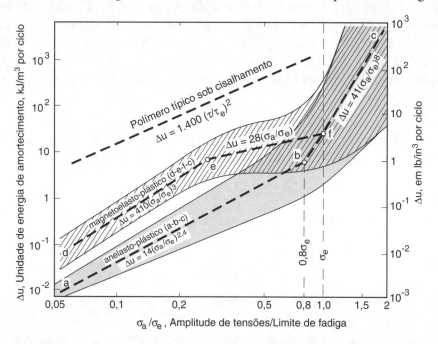

FIGURA 15.40 Tendências para o amortecimento em metais ferromagnéticos, metais não ferromagnéticos e em um polímero viscoelástico típico. Para as duas classes de metais, são indicados os intervalos de comportamento e as relações idealizadas, com as equações considerando Δu em kJ/m³.

(Adaptado de [Lazan 68], p.139; usado com permissão.)

876 CAPÍTULO 15 Comportamento Dependente do Tempo

como vigas, eixos etc., que contêm distribuições não uniformes de tensão. Para um comportamento viscoelástico ideal, $d = 2$, o coeficiente de perda Q^{-1} para um componente é o mesmo que para o material. Caso contrário, Q^{-1} depende da geometria e, portanto, não seria o mesmo de um material uniformemente carregado.

A energia de amortecimento total, ΔU, para um componente pode ser obtida integrando a unidade de energia de amortecimento, Δu, ao longo do volume do componente. Uma segunda integração sobre o volume produz a energia elástica para o componente e a razão destes é o fator de perda para o componente, dando:

$$\Delta U = \int \Delta u \, dV, \quad U_e = \int \Delta u_e \, dV, \quad Q_v^{-1} = \frac{\Delta U}{2\pi U_e} \qquad (15.83)$$

Essa análise é considerada em Lazan (1968) e Marin (1962) para casos em que é razoável assumir comportamento linear-elástico, ou seja, comportamento no qual as deformações não lineares devido ao amortecimento são pequenas em comparação com as deformações elásticas. Se ocorrerem grandes deformações plásticas, os métodos do Capítulo 13 para vigas e eixos podem ser estendidos para calcular as energias de amortecimento, com Δu dado pela Equação 15.80. A análise numérica, como por elementos finitos, pode ser empregada para geometrias e cargas complexas.

EXEMPLO 15.9

Considere uma barra retangular de profundidade $2c$, espessura b e comprimento L, que é submetida a um momento cíclico de flexão pura, M_a, sobre uma média nula. As deformações são suficientemente grandes para que ocorra uma distribuição de tensões não linear e o material segue uma curva tensão-deformação cíclica, conforme Ramberg-Osgood, Equação 12.54. Obtenha uma equação para a energia total, ΔU, dissipada em cada ciclo de carga, em função das tensões e deformações na borda da barra.

Solução

A energia de amortecimento no membro é obtida combinando a Equação 15.81 com a integral para a energia total, ΔU, Equação 15,83. Fazendo isso, obtemos:

$$\Delta U = \int \Delta u \, dV, = \int J \sigma_a^d \, dV$$

em que J e d são oriundos da aplicação da Equação 15.80:

$$J = \frac{4(1-n')}{(1+n')(H')^{1/n'}}, \quad d = 1 + \frac{1}{n'}$$

Como temos flexão pura, a amplitude de tensão varia com a distância y do eixo neutro, mas não com a posição x ao longo do comprimento da barra. (Os eixos de coordenadas da Figura 13.3 estão sendo usados.) Portanto, um elemento de volume adequado é:

$$dV = Lb \, dy$$

A simetria permite que a integral necessite ser obtida para apenas um lado da barra, de modo que ela se torne:

$$\Delta U = 2JLb \int_0^c \sigma_a^d \, dy$$

A integral pode ser avaliada por um procedimento similar ao empregado na análise do carregamento em flexão para a obtenção da Equação 13.27. Primeiro, fazemos uma suposição física razoável de que as seções planas permanecem planas mesmo durante a deformação plástica cíclica. Assim, a Equação 13.22 aplica-se às amplitudes da deformação:

$$y = \frac{c}{\varepsilon_{ca}}\varepsilon_a, \quad dy = \frac{c}{\varepsilon_{ca}}d\varepsilon_a$$

Aqui, ε_a é a amplitude da deformação e ε_{ca} é o valor particular apresentado na borda da barra, $y = c$. A curva cíclica tensão-deformação (Equação 12.54) e seu diferencial também são necessários:

$$\varepsilon_a = \frac{\sigma_a}{E} + \left(\frac{\sigma_a}{H'}\right)^{1/n'}, \quad d\varepsilon_a = \left[\frac{1}{E} + \frac{1}{n'\sigma_a}\left(\frac{\sigma_a}{H'}\right)^{1/n'}\right]d\sigma_a$$

Substituindo $d\varepsilon_{ca}$ na expressão por dy e, em seguida, substituindo o resultado na integral por ΔU, dá-se uma expressão que possui a tensão como única variável:

$$\Delta U = \frac{2J\,Lbc}{\varepsilon_{ca}} \int_0^{\sigma_{ca}} \sigma_a^{1+1/n'}\left[\frac{1}{E} + \frac{1}{n'\sigma_a}\left(\frac{\sigma_a}{H'}\right)^{1/n'}\right]d\sigma_a$$

Nesta equação, σ_{ca} é a amplitude de tensão em $y = c$ e a expressão envolvendo n' foi substituída por $d\ (=1 + 1/n')$.

A integral é agora prontamente calculada. Depois de fazer isso, após substituir J e depois de alguma manipulação algébrica, obtemos:

$$\Delta U = \frac{8Lbc}{(H')^{1/n'}}\left(\frac{1-n'}{1+n'}\right)\sigma_{ca}^{1+1/n'}\left[\frac{\dfrac{n'}{2n'+1} + \dfrac{1}{2+n'}\beta}{1+\beta}\right] \qquad \textbf{(Resposta)}$$

$$\text{em que } \beta = \frac{\varepsilon_{pca}}{\varepsilon_{eca}}, \quad \varepsilon_{pca} = \left(\frac{\sigma_{ca}}{H'}\right)^{1/n'}, \quad \varepsilon_{eca} = \frac{\sigma_{ca}}{E}, \quad \varepsilon_{ca} = \varepsilon_{eca} + \varepsilon_{pca}$$

Aqui, ε_{pca} e ε_{eca} são amplitudes de deformação plástica e elástica, respectivamente, em $y = c$.

878 **CAPÍTULO 15** Comportamento Dependente do Tempo

15.11 RESUMO

15.11.1 Fluência: Aspectos Introdutórios

Os materiais são testados em fluência mais comumente pela aplicação de vários níveis de tensão uniaxial constante em corpos de prova. Os dados podem ser obtidos sob a forma de deformações, taxas de deformação e vidas para ruptura. Além dos gráficos de deformação *versus* tempo, os dados podem ser usados para construir gráficos entre a tensão *versus* vida, nos quais a vida representa o tempo para a ruptura ou para atingir um valor particular de deformação. São também úteis as curvas tensão-deformação, correspondentes a determinados tempos, chamadas curvas tensão-deformação isócronas.

Os mecanismos físicos associados à deformação por fluência variam muito com o material e com a combinação de tensão e temperatura envolvidas. Comportamento semelhante a um fluxo viscoso simples, quando a tensão e a taxa de deformação são proporcionais, pode ocorrer. É o caso dos vidros e dos polímeros a temperaturas significativamente acima da T_v e dos materiais cristalinos (metais e cerâmicas) a alta temperatura, mas baixas tensões. Para este último, o mecanismo do fluxo viscoso está associado frequentemente ao fluxo difusional de movimento das vacâncias através da rede cristalina ou ao longo dos contornos de grão. Nos materiais cristalinos e em tensões relativamente elevadas, os mecanismos dominantes da fluência envolvem o movimento de discordâncias, processo que é altamente sensível à tensão, de modo que as taxas de deformação são proporcionais à tensão elevada a uma potência da ordem de cinco. As taxas de fluência em estado estacionário nos materiais cristalinos podem ser descritas por:

$$\dot{\varepsilon} = \frac{A_2 \sigma^m}{d^q T} e^{\frac{-Q}{RT}} \tag{15.84}$$

em que as tendências para os expoentes m, sobre a tensão, e q, sobre o diâmetro médio de grão, são resumidas na Tabela 15.1. A dependência com a temperatura absoluta, T, segue uma relação de Arrhenius, com uma energia de ativação, Q, que depende do mecanismo de fluência.

Os mecanismos da fluência em polímeros, em torno e acima da T_v, mas não muito próximos da temperatura de fusão, envolvem vários movimentos relativamente complexos e interações entre as longas cadeias moleculares. Efeitos como o emaranhamento das cadeias podem causar aumento da resistência, à medida que a deformação prossegue e também uma tendência para que grande parte da deformação por fluência seja recuperada, após a remoção do carregamento. A fluência no concreto envolve mecanismos distintivos associados à dependência temporal da deformação na pasta do cimento e no movimento da água nas porosidades presentes. As deformações elásticas no agregado se opõem e limitam a deformação por fluência e também causam a ocorrência de um forte comportamento de recuperação.

15.11.2 Fluência: Aspectos de Engenharia

Para fazer estimativas de vida, geralmente são empregados parâmetros tempo-temperatura em vez da extrapolação direta das curvas tensão-vida. Por exemplo, vidas para a ruptura por fluência para várias combinações de tensão e temperatura podem ser empregadas, junto com uma constante vinculada ao material, C, para calcular valores do parâmetro de Larson-Miller:

$$P_{LM} = T(\log t_r + C) \tag{15.85}$$

Um gráfico, ou uma equação ajustada de P_{LM} *versus* tensão, pode ser empregado para estimar os tempos de ruptura para situações não representadas nos dados originais. A extrapolação dos dados até um fator de dez na vida é razoável, desde que um novo mecanismo de fluência não se manifeste. Outros parâmetros tempo-temperatura estão disponíveis, incluindo o parâmetro de Sherby-Dorn, Equação 15.16. Quando os níveis de tensão variam, uma regra pela fração de tempo, usada de forma semelhante à regra de Palmgren-Miner para a fadiga, fornece estimativas de vida aproximadas. Se a fluência é combinada com carregamento cíclico, as frações de vida por fluência podem ser combinadas com aquelas associadas à fadiga pela regra de Palmgren-Miner para estimar, aproximadamente, o efeito combinado.

Foram propostas várias correlações tensão-deformação-tempo que podem ser usadas para fazer estimativas de engenharia do comportamento dos materiais. Por exemplo, para fluência em estado estacionário, a dependência exponencial, representada pela Equação 15.84, tem a forma $\dot{\varepsilon} = B\sigma^m$ para um material e uma temperatura. Termos adicionais, ou uma forma matemática alterada, são usados para descrever a fluência transitória, na qual $\dot{\varepsilon}$ varia com o tempo. Situações de tensão variada são também de interesse, incluindo a recuperação da deformação por fluência após a remoção do carregamento, a relaxação da tensão sob deformação constante e o carregamento escalonado (passo a passo). Existem várias alternativas para lidar com este tipo de carregamento discreto, das quais a consideração de um comportamento viscoelástico linear é uma aproximação razoável. Neste caso, pode-se adotar um procedimento de superposição, como ilustrado pela Figura 15.32. O endurecimento com o tempo ou com a deformação (Fig. 15.33) é frequentemente empregado para o carregamento escalonado de metais, sendo a opção com o tempo a preferida.

Para tensões multiaxiais, as deformações por fluência podem ser estimadas por meio de equações semelhantes às da teoria da plasticidade, mas aplicadas às taxas de deformação:

$$\dot{\varepsilon} = \frac{1}{\eta}\left[\sigma_x - 0{,}5\left(\sigma_y + \sigma_z\right)\right], \text{etc.} \tag{15.86}$$

A viscosidade à tração, η, aparece e um valor de 0,5 substitui a razão de Poisson, uma vez que as deformações por fluência causam pouca alteração de volume. Para comportamento linear viscoelástico, η pode variar com o tempo, mas não com a tensão. No entanto, η pode ser tratada como uma variável dependente da tensão para lidar com casos de curvas tensão-deformação isocrônicas não lineares. A vida para a ruptura em estados multiaxiais de tensão pode ser estimada assumindo que a tensão efetiva, $\bar{\sigma}$, tem o mesmo efeito que uma tensão uniaxial numericamente igual. Uma dependência secundária da tensão principal máxima também pode ser adicionada, de acordo com a Equação 15.26.

Para componentes de engenharia, uma análise ordinária entre tensões e deformações elásticas pode ser aplicada, se o comportamento do material puder ser aproximado seguindo a viscoelasticidade linear. As deformações em vários momentos são então obtidas a

880 **CAPÍTULO 15** Comportamento Dependente do Tempo

partir de um módulo de elasticidade dependente do tempo, $E(t)$, do material. Quando as curvas tensão-deformação isócronas são não lineares, a análise é feita da mesma forma que para curvas tensão-deformação elastoplásticas, muitas vezes com a necessidade de repetições da análise para vários valores de tempo. As curvas tensão-deformação isócronas não lineares têm, às vezes, o formato como da relação Ramberg-Osgood, Equação 15.35, porém combinada com a Equação 15.36 ou 15.40, permitindo que a análise tensão-deformação para esta forma seja usada de maneira direta para fluência.

15.11.3 Amortecimento nos Materiais

A dissipação de energia durante o carregamento cíclico, denominada *amortecimento*, pode ocorrer como resultado de vários mecanismos de amortecimento em baixa tensão (anelásticos) nos metais, como o efeito Snoek e o efeito de sinergia termoelástica. Em geral, a energia de amortecimento por ciclo e por unidade de volume varia com a amplitude da tensão, conforme:

$$\Delta u = J\sigma_a^d \tag{15.87}$$

em que o expoente d depende do material e do mecanismo dominante para determinada combinação de tensão, temperatura e frequência. O comportamento de amortecimento dos metais a baixas tensões, e também de polímeros em geral, é frequentemente similar ao comportamento descrito por modelos viscoelásticos lineares que contêm elementos de fluência transitória. Como resultado, picos de dissipação de energia ocorrem em certas frequências para temperatura constante, sendo que a energia dissipada em cada ciclo é aproximadamente proporcional ao quadrado de tensão, $d \approx 2$. Em tensões ao redor e acima do limite de fadiga dos metais, a dissipação de energia é insensível à frequência e é dominada pela deformação plástica. A energia dissipada em cada ciclo é assim altamente sensível à tensão, sendo tipicamente proporcional à oitava potência da tensão, $d \approx 8$.

NOVOS TERMOS E SÍMBOLOS

(a) Fluência	
constante de Larson-Miller, C	mapa do mecanismo de deformação
constante universal dos gases, R	margem de segurança na temperatura, ΔT_f
curva tensão-deformação isócrona	módulo elástico dependente do tempo, $E(t)$
energia de ativação, Q	parâmetros tempo-temperatura:
espessura, b	princípio da superposição
expoente de fluência, m	recuperação da fluência
fatores de segurança: X_σ, X_t	regra de endurecimento por deformação
fluência (exponencial) por discordâncias	regra de endurecimento temporal
fluência cavitacional	regra de fração de tempo
fluência de Coble	relaxação da tensão
fluência Nabarro-Herring	ruptura por fluência
fluência primária (transitória)	Sherby-Dorn, P_{SD}
fluência secundária (estacionária)	taxa de deformação efetiva, $\bar{\dot{\varepsilon}}$
fluência terciária	tempo compensado pela temperatura, θ
fluxo difusional	tempo para ruptura, t_r
interação fluência-fadiga	viscoelasticidade linear
Larson-Miller, P_{LM}	viscosidade: η_τ, η

(b) Amortecimento	
amortecimento anelástico (inelástico)	efeito termoelástico
amortecimento magnetoelástico	energia de deformação elástica, u_e
amortecimento por deformação plástica	energias do componente: ΔU, Ue
coeficiente de perda: $Q^{-1} = \tan \delta$	expoente do amortecedor, d
desfasamento, δ	materiais de amortecimento (fricção interna)
deslocamento remanescente	módulo de rigidez dinâmico, E^*
efeito Snoek	unidade de energia de amortecimento, Δu

Referências

(a) Referências Gerais

ASTM. 2010. *Annual Book of ASTM Standards,* ASTM International,West Conshohocken, PA. See Vol. 03.01: No. E139, "Standard Test Methods for Conducting Creep, Creep-Rupture, and Stress-Rupture Tests of Metallic Materials", No. E328, "Standard Test Methods for Stress Relaxation for Materials and Structures." Vol. 04.02: No. C512, "Standard Test Method for Creep of Concrete in Compression." Vol. 08.01: No. D2990, "Standard Test Methods for Tensile, Compressive, and Flexural Creep and Creep-Rupture of Plastics.".

BRINSON, H. F., and BRINSON, L. C. 2008. *Polymer Engineering Science and Viscoelasticity: An Introduction.* Springer, New York.

CONWAY, J. B., and FLAGELLA, P. N. 1971. *Creep-Rupture Data for the Refactory Metals to High Temperatures.* Gordon and Breach, New York.

ENO, D.R., G.A. YOUNG, and T.-L. SHAM. 2008. "A Unified View of Engineering Creep Parameters," ASME Paper No. PVP2008-61129, *ASME 2008 Pressure Vessels and Piping Conference (PVP2008), Proceedings, Volume 6 Materials and Fabrication, Parts A and B,* pp. 777-792.

EVANS, R. W., and WILSHIRE, B. 1993. *Introduction to Creep.* The Institute of Materials, London.

GOOCH, D. J., and HOW, I. M. 1986. *Techniques for Multiaxial Creep Testing.* Elsevier Applied Science Pubs, London.

KASSNER, M. E., and PÉREZ-PRADO, M. T. 2009. *Fundamentals of Creep in Metals and Alloys*, 2nd ed., Elsevier, Amsterdam.

KRAUS, H. 1980. *Creep Analysis.* John Wiley, New York.

LAZAN, B. J. 1968. *Damping of Materials and Members in Structural Mechanics.* Pergamon Press, Oxford, UK.

MARIN, J. 1962. *Mechanical Behavior of Engineering Materials.* Prentice-Hall, Englewood Cliffs, NJ.

NEVILLE, A. M., DILGER, W. H., and BROOKS, J. J. 1983. *Creep of Plain and Structural Concrete.* Construction Press, New York.

PENNY, R. K., and MARRIOTT, D. L. 1995. *Design for Creep*, 2d ed., Chapman and Hall, London.

SAXENA, A., ed. 2003. *Creep and High-Temperature Failure, vol. 5 of Comprehensive Structural Integrity: Fracture of Materials from Nano to Macro,* I. Milne, R.O. Ritchie, and B. Karihaloo, eds., Elsevier Ltd., Oxford, UK.

SKRZYPEK, J. J., and HETNARSKI, R. B. 1993. *Plasticity and Creep: Theory, Examples, and Problems.* CRC Press, Boca Raton, FL.

WACHTMAN, J. B., CANNON, W. R., and MATTHEWSON, M. J. 2009. *Mechanical Properties of Ceramics*, 2nd ed., John Wiley, Hoboken, NJ.

(b) Fontes de Propriedades dos Materiais e Bases da Dados

ABE, F., and MARTIENSSEN, W. 2004. *Creep Properties of Heat Resistant Steels and Superalloys, 2: Advanced Materials and Technologies.* Springer, New York.

882 CAPÍTULO 15 Comportamento Dependente do Tempo

CINDAS. 2010. *Aerospace Structural Metals Database (ASMD),* CINDAS LLC, West Lafayette, IN.(See *https://cindasdata.com.*).

Davis, J. R., ed. 1997. *ASM Specialty Handbook: Heat Resistant Materials.* ASM International, Materials Park, OH.

Frost, H. J., and Ashby, M. F. 1982. *Deformation Mechanism Maps: The Plasticity and Creep of Metals and Ceramics.* Pergamon Press, Oxford, UK.

Kaufman, J. G. 2008. *Parametric Analyses of High-Temperature Data for Aluminum Alloys.* ASM International, Materials Park, OH.

NIMS. 2010. *Creep Data Sheets,* periodically updated database, National Institute of Materials Science, Tsukuba, Ibaraki, Japan.(See *http://mits.nims.go.jp/index en.html.*).

PDL. 1991. *The Effect of Creep and Other Time Related Factors on Plastics,* Plastics Design Library, Norwich,NY. See also: E-book Edition 2001, Knovel Corp., Norwich, NY, www.knovel.com.

PROBLEMAS E QUESTÕES
Seção 15.2

15.1 Um fio de solda eletrônica com 40% de estanho e 60% de chumbo, com um diâmetro de 3,15 mm, é submetido à fluência quando são pendurados pesos em diferentes comprimentos deste. As variações de comprimento, medidas ao longo de um comprimento de referência de 254 mm, após vários tempos decorridos, são dadas na Tabela P15.1, para três pesos diferentes.

Tabela P15.1

Tempo, min	Mudança de Comprimento, mm		
	4,54 kg	**6,80 kg**	**9,07 kg**
0	0	0	0
0,25	0,28	0,46	0,69
0,5	0,36	0,66	0,94
1	0,48	0,91	1,45
2	0,71	1,40	2,36
4	1,09	2,24	4,09
6	1,47	3,00	5,72
8	1,83	3,38	7,26
12	2,54	4,90	10,41
16	3,23	6,38	13,64
20	3,91	7,82	16,74

(a) Trace a família de curvas deformação *versus* tempo resultante. O comportamento é dominado pela fluência transitória ou pela fluência em estado estacionário? Ou ambas ocorrem?

(b) Determine a taxa de fluência em estado estacionário, $\dot{\epsilon}_{fe}$, para cada valor de peso e trace-as em um gráfico log-log em função das tensões correspondentes. Uma linha reta fornece um ajuste razoável? Se for assim, encontre valores de B e m para a relação $\dot{\epsilon}_{fe} = B\sigma^m$.

15.2 A partir dos dados na Figura 15.8, construa um gráfico aproximado com curvas tensão *versus* temperatura para vários tempos até a falha. Trace três curvas, em particular, para cada um dos tempos de ruptura, ou 10^2, 10^3 e 10^4 horas.

15.3 Trace curvas tensão-deformação isócronas para a solda de chumbo-estanho, a partir dos dados na Tabela P15.1, e para os tempos $t = 4$, 12 e 20 min. As curvas são lineares?

Seção 15.3

15.4 Considere metais, polímeros e o concreto. Quais dessas classes de materiais exibem tipicamente uma forte recuperação da deformação por fluência após o descarregamento? Quais não? Explique brevemente, em termos dos mecanismos físicos da fluência, por que as deformações são geralmente recuperadas, ou por que não, para cada classe de materiais.

15.5 Compare os mecanismos de fluência por fluxo difusional e por discordâncias dos materiais cristalinos. Particularmente, considerando os efeitos do tamanho de grão, tensão e temperatura, como as tendências no comportamento diferem?

15.6 Para o aço inoxidável AISI 304 com um tamanho de grão de 200 μm, as constantes da Equação 15.6 para a região exponencial do mapa do mecanismo de deformação são as descritas a seguir. Estas se aplicam à tensão, σ, em MPa, temperatura, T, em kelvin (K) e taxas de deformação $\dot{\varepsilon}$, em s^{-1}. (Constantes baseadas em [Frost 82], p. 62.)

$$m = 7,5, \quad q = 0, \quad Q/R = 33.700\,\text{K}$$
$$A_2 = \frac{1,04 \times 10^{27}}{G^{m-1}}, \quad G_{300} = 81.000\,\text{MPa}, \quad h = 38\,\text{MPa/K}$$

Aqui, A_2 depende do módulo de cisalhamento, G, uma vez que este varia com a temperatura, de acordo com a Equação 15.11. Faça um gráfico log-log σ *versus* $\dot{\varepsilon}$, mostrando linhas para $T = 900$ k, 1.200 K e 1.450 K e cobrindo taxas de deformação na faixa de 10^{-2} s^{-1} a 10^{-8} s^{-1}.

15.7 Usando as constantes do problema anterior para o aço inoxidável AISI 304, a 1.200 K, trace curvas tensão-deformação isócronas para tempos de 1 minuto, 1 hora e 1 semana. Considere tensões tais que as deformações se estendam para cerca de $\varepsilon = 0,02$ em cada caso. Suponha que somente as deformações elásticas precisem ser adicionadas às deformações por fluência da Equação 15.6. O módulo elástico, E, pode ser estimado a partir do módulo de cisalhamento, G, por aproximação do coeficiente de Poisson de $\nu = 0,3$.

15.8 Para o aço inoxidável AISI 304 do Problema 15.6, suponha que somente as tensões elásticas precisem ser adicionadas às deformações por fluência e que o coeficiente de Poisson possa ser aproximado de $\nu = 0,3$. Assim, responda o seguinte:

(a) Para uma tensão de 42 MPa aplicada a uma temperatura de 950 K por um ano, qual é a deformação resultante?

884 CAPÍTULO 15 Comportamento Dependente do Tempo

(b) Se a tensão em 950 K não pode exceder 0,0015 em um ano, qual é o maior valor de tensão permissível?

(c) Se a aplicação de uma tensão de 42 MPa não pode exceder a deformação de 0,0015 em um ano, qual é a temperatura mais alta permissível?

(d) Compare os resultados dos cálculos para (a), (b) e (c) e comente as tendências observadas.

15.9 Confirme, aproximadamente, o valor da energia de ativação, Q, na Figura 15.12.

15.10 Considere uma situação na qual os dados para a taxa de deformação por fluência estejam disponíveis para determinado material para vários valores de tensão, tamanho de grão e temperatura, todos associados ao mesmo mecanismo de fluência. Desenvolva uma equação que possa ser usada como base de uma regressão linear múltipla para avaliar as constantes A_2, m, q e Q, na Equação 15.6.

15.11 Foram realizados vários ensaios de fluência em um fio de solda eletrônica, com 40% de estanho e 60% de chumbo. A Tabela P15.11 apresenta as taxas de fluência em estado estacionário obtidas para as várias combinações de tensão e temperatura investigadas. Uma vez que todos os dados são para um lote de material, apenas um único tamanho de grão é representado e uma constante $A_3 = A_2/d^q$ pode ser empregada, na Equação 15.6. Além disso, é útil isolar a quantidade $(\dot{\varepsilon}T)$ de um lado da equação e, em seguida, tomar o logaritmo natural de ambos os lados:

Tabela P15.11

T, °C	σ, MPa	$\dot{\varepsilon}$, 1/s
25	2,80	$6,00 \times 10^{-6}$
25	7,20	$1,49 \times 10^{-5}$
25	12,70	$5,48 \times 10^{-5}$
43	2,80	$9,58 \times 10^{-6}$
66	2,80	$2,69 \times 10^{-5}$
79	2,80	$5,32 \times 10^{-5}$
Fonte: *Dados em [Arthur 10]*.		

$$\dot{\varepsilon}T = A_3\sigma^m e^{\frac{-Q}{RT}}, \quad \ln(\dot{\varepsilon}T) = m\ln\sigma - \frac{Q}{R}\left(\frac{1}{T}\right) + \ln A_3$$

(a) Com base nas equações, ajuste os dados usando regressão linear múltipla para obter valores das constantes A_3, m e Q.

(b) Compare graficamente os dados do teste e a equação ajustada e comente o sucesso do ajuste feito.

15.12 Uma barra de MAR-M200, uma superliga à base de níquel cujo mapa dos mecanismos de deformação está mostrado na Figura 15.16 (direita), possui um tamanho de grão $d = 100$ μm e 40 mm de comprimento. A barra está submetida a uma tensão de tração de 110 MPa a uma temperatura de 687 °C.

(a) Qual é a alteração inicial do comprimento elástico da barra? (Sugestões: Use as constantes que seguem a Equação 15.11 e assuma um coeficiente de Poisson de $v = 0,30$).

(b) Utilizando a Figura 15.16, estime a variação de comprimento devido à combinação de fluência e tensão elástica após um dia e também após um ano.

(c) Verifique seu resultado para (b), usando a Equação 15.6. Algumas constantes (a partir de [Frost 82] p.54) para este material, considerando fluência de difusão nos contornos de grão (Coble), são as seguintes:

$$Q / R = 13,800 \, \text{K}, \quad A_2 = 9,81 \times 10^{-14} \frac{\text{K} \cdot \text{m}^5}{\text{MN} \cdot \text{s}}$$

(d) Repita (c) supondo que o tamanho do grão seja 10 vezes maior, $d = 1.000 \, \mu\text{m}$. Por que a diferença pode ser importante em uma aplicação real?

15.13 As palhetas em um estágio de uma turbina a gás são submetidas a tensões normais até 150 MPa e temperaturas que variam de 450 °C a 650 °C. Para evitar deformações excessivas, a deformação de fluência não deve exceder 2% em 2.000 horas. Considere os dois materiais da Figura 15.16 candidatos a palhetas de turbina.

(a) Qual é a taxa de deformação máxima e qual é o mecanismo de fluência para o níquel? Este material é adequado ao uso?

(b) Qual é a taxa de deformação máxima e qual é o mecanismo de fluência para a superliga MAR-M200? Ela é adequada?

(c) Qualquer material pode ser processado diferentemente para obtenção de um tamanho de grão na faixa de 10 μm a 1 cm. Isso deve ser feito? Qual seria a sua escolha final do material e do tamanho de grão?

Seções 15.4 e 15.5

15.14 Para a superliga à base de níquel, Nimonic 80A, conforme descrita na Tabela 15.3, faça o seguinte:

(a) Estime a vida até a ruptura por fluência nas seguintes combinações de tensão e temperatura: (1) $\sigma = 80$ MPa, $T = 750$ °C; (2) $\sigma = 80$ MPa, $T = 800$ °C; (3) $\sigma = 160$ MPa, $T = 750$ °C; e (4) $\sigma = 160$ MPa, $T = 800$ °C.

(b) Comente as tendências na vida até a ruptura com a tensão e a temperatura. A vida é muito sensível às variáveis?

15.15 O aço inoxidável AISI 310 é utilizado em uma aplicação de alta temperatura com um esforço aplicado de 5 MPa. A vida útil real prevista é de 800 horas e é necessário um fator de segurança de 1,5 na tensão.

(a) Qual é a temperatura de operação mais alta permissível que também satisfaça o fator de segurança de 1,5 na tensão?

(b) Assumindo o funcionamento à temperatura que você encontrou, qual fator de segurança na vida é alcançado usando o fator de segurança de 1,5 na tensão?

886 CAPÍTULO 15 Comportamento Dependente do Tempo

15.16 Necessita-se que um componente feito da superliga S-590 suporte um ano de serviço a uma temperatura de 500 °C.

(a) Qual tensão deve causar a ruptura por fluência em um ano?

(b) Qual tensão pode ser permitida no serviço real, se for necessário um fator de segurança de 1,4 na tensão?

(c) Qual fator de segurança na vida é alcançado pelo fator de segurança de 1,4 na tensão?

15.17 Um tubo, em uma nave espacial, feito de aço inoxidável AISI 310, está perto do motor do foguete, fazendo com que seja submetido a temperaturas tão altas quanto 1.000 °C. Espera-se em serviço real uma tensão aplicada ao tubo de 9,5 MPa.

(a) Por quanto tempo você permitiria que o tubo fosse submetido às condições especificadas de temperatura e tensão, se fosse necessário um fator de segurança de 10 na vida?

(b) Qual fator de segurança na tensão é alcançado pelo fator de segurança de 10 na vida? O fator de segurança resultante sobre a tensão parece razoável e adequado?

15.18 A superliga A-286 é submetida em serviço a uma tensão de 100 MPa e a uma temperatura de 700 °C.

(a) Estime a vida até a ruptura por fluência nas condições de serviço.

(b) Se for necessário um fator de segurança de 2,0 na tensão, qual é a vida útil máxima permissível?

(c) Qual fator de segurança na vida corresponde a um fator de segurança de 2,0 na tensão?

(d) Qual é a margem de segurança em temperatura?

15.19 Um componente de engenharia é feito da superliga S-590 e será submetido em serviço real a temperaturas tão altas quanto 850 °C e sob uma tensão de 70 MPa.

(a) Qual é a expectativa de vida até a ruptura por fluência para as condições de serviço dadas?

(b) Foi sugerido que os componentes deste tipo deveriam ser substituídos depois de terem atingido a metade da vida esperada. Que fator de segurança na tensão seria fornecido por essa política de substituição?

(c) Você concorda com a sugestão de substituição pela metade da vida esperada? Por que sim ou não?

15.20 Considere a ruptura da fluência descrita pelo parâmetro $L\text{-}M$, com uma curva tensão *versus* P_{LM} ajustada à Equação 15.20 (b).

(a) Para os casos nos quais um ajuste adequado é possível com $b_2 = b_3 = 0$, desenvolva uma equação relacionando os fatores de segurança na tensão e na vida, X_σ e X_t. A relação é independente da magnitude da tensão?

(b) Trabalhe o item (b) do Problema 15.19, usando seu resultado de (a).

(c) Agora, considere casos em que b_2 e b_3 não sejam nulos. Expresse X_t em função de X_σ. A relação é independente da magnitude da tensão?

15.21 O aço Cr-Mo-V, conforme descrito na Tabela 15.3, é utilizado numa aplicação em que a tensão aplicada é de 200 MPa. A vida útil real planejada é de 20.000 horas e é necessário um fator de segurança de 1,5 na tensão.

(a) Qual é a temperatura de operação máxima admissível?

(b) Qual fator de segurança na vida é alcançado usando o fator de 1,5 na tensão?

(c) Qual margem de segurança na temperatura corresponde ao fator de 1,5 na tensão?

(d) Se uma temperatura de funcionamento de 560 °C for considerada necessária, posteriormente, qual é a maior tensão permissível?

15.22 Um componente feito da superliga Nimonic 80A precisa suportar um ano de serviço a uma temperatura de 700 °C.

(a) Qual tensão deve causar a ruptura por fluência em um ano?

(b) Qual tensão pode ser permitida em serviço real, se for necessário um fator de segurança de 1,75 na tensão?

(c) Que fator de segurança na vida é alcançado pelo fator de segurança de 1,75 na tensão?

15.23 Uma turbina a gás aeronáutica tem palhetas feitas da superliga A-286. Uma fileira crítica das palhetas apresenta uma tensão, σ (oriunda de dobramento mais carga axial), e uma temperatura, T, que variam com a posição na palheta, de acordo com a Tabela P15.23, na qual x é a distância a partir da base da palheta, como mostrado na Figura P15.23. Para x maior, a tensão continua a diminuir em direção a um valor zero no final do componente, mas a temperatura permanece ao redor de 680 °C. Estes valores correspondem às condições de funcionamento mais severas encontradas no uso normal da aeronave.

Tabela P15.23							
x, mm	0	15	30	45	60	75	90
σ, MPa	170	168	164	155	142	120	90
T, °C	560	597	630	657	675	680	680

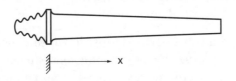

FIGURA P15.23

888 CAPÍTULO 15 Comportamento Dependente do Tempo

(a) Estime a vida das palhetas, se limitada pela ruptura por fluência.

(b) O plano de manutenção especifica a substituição das palhetas a cada 5.000 horas de voo. Que fator de segurança na tensão é fornecido por essa prática de aposentadoria do componente?

(c) Que margem de segurança na temperatura é fornecida pela vida de aposentadoria definida em 5.000 horas?

(d) Você concorda com a vida de aposentadoria de 5.000 horas? Deveria ser mais curta ou mais longa?

15.24 A Tabela P15.24 apresenta dados de ruptura por fluência para a superliga Nimonic 80A. Observe que temperatura, tensão e tempo de ruptura são dados para uma série de testes diferentes.

Tabela P15.24

T, °C	σ, MPa	t_r, h		T, °C	σ, MPa	t_r, h		T, °C	σ, MPa	t_r, h
650	486	300		700	247	1.735		750	132	3.000
650	417	1.000		700	232	3.000		750	123	4.450
650	352	3.000		700	201	4.836		750	92	13.089
650	339	2.655		700	171	10.000		750	85	10.000
650	309	5.270		700	154	10.893		750	62	22.657
650	281	10.000		700	113	30.000		750	54	30.000
650	278	8.171		700	108	34.065		816	154	100
650	247	13.386		750	276	100		816	122	300
650	216	30.000		750	228	300		816	87	1.000
700	350	300		750	178	1.000		816	56	3.000
700	283	1.000		750	154	1.857		—	—	—

Fonte: Dados em [Goldhoff 59b].

(a) Ajuste os dados a uma correlação entre o parâmetro de Larson-Miller *versus* tensão, na mesma forma da Equação 15.20, ou seja, obtenha os próprios valores de b_0, b_1, b_2 e b_3. Considere o valor de C da Tabela 15.3 a ser fornecido. Em seguida, trace os valores de P_{LM} *versus* σ tanto para os dados como para o ajuste e comente o sucesso do ajuste.

(b) Ajuste e trace esses dados para uma correlação entre o parâmetro de Sherby-Dorn *versus* tensão, na mesma forma da Equação 15.19, ou seja, obtenha os próprios valores de a_0, a_1, a_2 e a_3. Considere o valor de Q da Tabela 15.2, a ser fornecido.

15.25 A Tabela P15.25 apresenta os dados de ruptura por fluência para o aço 1Cr-1Mo-0,25V. Observe que temperatura, tensão e tempo de ruptura são dados para uma série de testes diferentes. Proceda como no Problema 15.24 (a) e (b), exceto pelo uso desses dados.

Comportamento Mecânico dos Materiais **889**

Tabela P15.25

T, °C	σ, MPa	t_r, h		T, °C	σ, MPa	t_r, h		T, °C	σ, MPa	t_r, h
482	621	37		538	338	5.108		649	276	19
482	565	975		538	262	10.447		649	207	102
482	538	3.581		593	417	18		649	172	125
482	483	9.878		593	345	167		649	138	331
538	552	7		593	276	615		732	138	3,7
538	469	213		593	200	2.200		732	103	8,9
538	414	1.493		593	152	6.637		732	69	31,8

Fonte: *Dados em [Goldhoff 59b].*

15.26 Utilizando os dados para a ruptura por fluência da superliga S-590 do Exemplo 15.4, execute um novo ajuste, P_{LM}, com base na Equação 15.22, com $b_2 = b_3 = 0$, através do qual seja obtido um novo valor de C juntamente com novos valores de b_0 e b_1. Faça um gráfico de P_{LM} *versus* σ tanto para os dados como para o ajuste e comente o sucesso do ajuste.

15.27 Utilizando os dados para a ruptura por fluência da superliga S-590 do Exemplo 15.4, execute um novo ajuste, P_{SD}, com base na Equação 15.21, através do qual seja obtido um novo valor de Q juntamente com novos valores de a_0 a a_3. Faça um gráfico de P_{SD} *versus* σ tanto para os dados como para o ajuste e comente o sucesso do ajuste.

15.28 A Tabela P15.28 apresenta dados de ruptura por fluência para o rutênio, um metal do grupo da platina. Observe que a temperatura de teste, T, a tensão, σ, e o tempo de ruptura, t_r, são dados para cada teste.

Tabela P15.28

T, °C	σ, MPa	t_r, min		T, °C	σ, MPa	t_r, min
1.000	327	137		1.250	131	78
1.000	322	1.427		1.250	115	283
1.000	312	1.835		1.500	86,2	13
1.250	198	8		1.500	65,5	55
1.250	165	33		1.500	50,3	159

Fonte: *Dados em [Douglass 62].*

(a) Realize um ajuste pelo parâmetro de Larson-Miller, com base na Equação 15.22, em que C e b_0 a b_3 sejam obtidos a partir do ajuste. Faça um gráfico de P_{LM} *versus* σ tanto para os dados como para o ajuste e comente o sucesso do ajuste.

(b) Ajuste e trace os dados para uma relação pelo parâmetro de Sherby-Dorn, na forma da Equação 15.21, em que Q e a_0 a a_3 sejam obtidos a partir do ajuste.

15.29 Um tubo de parede fina, com extremidades fechadas, tem um diâmetro interno de 160 mm e uma espessura de parede de 2,5 mm e é carregado com uma pressão interna de 7,0 MPa. Ele é constituído pelo aço Cr-Mo-V, conforme Tabela 15.3, e a temperatura de uso é de 550 °C. Estime a vida até a ruptura por fluência.

890 CAPÍTULO 15 Comportamento Dependente do Tempo

15.30 Um eixo circular contínuo de 40 mm de diâmetro é carregado com uma força axial de 150 kN em tensão e um torque de 900 N·m. Ele é constituído pela superliga A-286, conforme Tabela 15.3, e a temperatura de uso é de 650 °C. Estime a vida até a ruptura por fluência.

15.31 Durante 21 horas por dia, um componente de engenharia feito da superliga S-590 é submetido a uma tensão de 250 MPa e a uma temperatura de 550 °C. Durante as 3 horas restantes de cada dia, a tensão é 200 MPa e a temperatura é 600 °C. Estime o número de anos para a ruptura por fluência.

15.32 Durante 39 horas semanais de serviço numa aplicação particular, um componente feito da superliga A-286 é submetido a uma tensão de 180 MPa e a uma temperatura de 600 °C. No entanto, por uma hora adicional em cada semana, a tensão é de 150 MPa e a temperatura é de 700 °C. Se for necessário um fator de segurança de 10 na vida, qual seria sua vida útil?

Seção 15.6

15.33 Usando as constantes na Tabela 15.4 para o aço SAE 1035 a 524 °C:

    (a) Trace curvas tensão-deformação isócronas para os tempos de 1, 10, 10^2, 10^3 e 10^4 horas, considerando tensões de até 100 MPa. Comente as tendências observadas nas curvas.

    (b) Trace curvas deformação-tempo para 1.000 horas para tensões de 50, 70 e 90 MPa. Também comente as tendências observadas nas curvas.

15.34 A Tabela P15.34 apresenta dados de deformação *versus* tempo obtidos por pesos suspensos em tiras de polietileno de alta densidade. Na tabela, estão descritos, para cada teste, os valores da tensão e da deformação obtidos para vários tempos, t = 30, 200 e 600 s.

Tabela P15.34

Tensão σ, MPa	Deformação, ε, para o tempo t =		
	30 s	200 s	600 s
3,71	0,0016	0,0024	0,0030
6,17	0,0042	0,0059	0,0072
7,91	0,0063	0,0090	0,0113
9,43	0,0085	0,0125	0,0156
11,15	0,0107	0,0157	0,0201
12,08	0,0123	0,0190	0,0251

    (a) Ajuste os dados a uma equação da forma $\varepsilon = D\sigma^\delta t^\phi$, obtendo valores das constantes de ajuste D, δ e ϕ. (Esta é a Equação 15.39 (b) com as deformações elásticas negligenciadas.)

    (b) Em um diagrama tensão-deformação que pode ser traçado em escala log-log, se desejar, verifique se as constantes incluídas fornecem uma representação razoável dos dados.

Comportamento Mecânico dos Materiais **891**

15.35 A Tabela P15.35 apresenta dados de ensaios de fluência de policarbonato (PC). Para três valores de tensão uniaxial, as deformações são dadas para vários tempos em segundos.

Tabela P15.35							
Tensão σ, MPa	Deformação, ε em %, para o tempo $t =$						
	10 s	30 s	100 s	300 s	600 s	1.200 s	1.800 s
35,5	1.667	1.692	1.723	1.757	1.779	1.808	1.826
45,2	2.216	2.289	2.373	2.460	2.522	2.590	2.633
52,7	3.266	3.457	3.682	3.915	4.086	4.282	4.413
Fonte: Dados em [Welker 10].							

(a) Ajuste os dados à Equação 15.39 (b). Primeiro, subtraia as deformações elásticas para calcular as deformações por fluência, $\varepsilon_f = \varepsilon - \sigma/E$, com $E = 2.400$ MPa, conforme Tabela 4.3. Em seguida, execute um ajuste de regressão baseado em $\varepsilon_f = D\sigma^\delta t^\phi$.

(b) Compare graficamente os dados do teste com a equação ajustada e comente o sucesso do ajuste.

Seção 15.7

15.36 Um material se comporta de acordo com a Equação 15.39 (b) e a taxa de deformação a partir dela é considerada aplicável mesmo durante a relaxação da tensão.

(a) Para uma deformação, ε', que é rapidamente aplicada e mantida constante, desenvolva uma equação para o comportamento entre a tensão *versus* tempo durante a relaxação.

(b) Seu resultado se reduz à Equação 15.49 para o caso especial de $\phi = 1$?

15.37 Um parafuso usado a 550 °C é feito de aço inoxidável AISI 304 com um tamanho de grão $d = 50$ μm. O parafuso é apertado até uma tensão de pré-carga de 60 MPa. A perda da pré-carga pode ocorrer devido à fluência dominada pelo fluxo difusional ao longo dos contornos dos grãos – ou seja, é aplicável a Equação 15.6, com $m = 1$ e $q = 3$. As constantes aplicáveis são (de [Frost 82] p.62):

$$Q_b/R = 20.100\,\text{K}, \quad A_2 = 7,73 \times 10^{-12}\,\frac{\text{K} \cdot \text{m}^5}{\text{MN} \cdot \text{s}}$$
$$G_{300} = 81.000\,\text{MPa}, \quad h = 38\,\text{MPa/K}$$

em que os dois últimos itens e a Equação 15.11 dão o módulo de cisalhamento, G, como variável com a temperatura. O módulo elástico, E, pode ser estimado a partir de G por aproximação da razão de Poisson de $\nu = 0,3$.

892 CAPÍTULO 15 Comportamento Dependente do Tempo

    (a) Após que período perde-se a metade da pré-carga no parafuso devido à fluência?

    (b) Qual tamanho de grão é necessário para evitar a perda de mais da metade da pré-carga em um ano?

    (c) Que redução de temperatura, mantendo o tamanho original do grão, evitaria a perda da metade da pré-carga em um ano?

15.38 Para o modelo de fluência transitória da Figura 15.27 (b):

    (a) Mostre que a recuperação da deformação por fluência após a remoção de uma tensão constante é dada pela Equação 15.43. (Dica: Durante a recuperação, as tensões $E_2\varepsilon$, na mola, e $\eta_2\dot{\varepsilon}$, no amortecedor, devem somar zero para a combinação paralela.)

    (b) Uma mola E_1 é adicionada em série para formar um modelo elástico de fluência transitória, como na Figura 15.27 (c). As constantes são $E_1 = 6$ GPa, $E_2 = 3$ GPa e $\eta_2 = 10^5$ GPa·s. Determine e trace a resposta deformação-tempo para o modelo se for aplicada rapidamente uma tensão, $\sigma = 15$ MPa, mantida constante durante um dia e depois removida, deixando-se a deformação recuperar durante um dia adicional.

15.39 Considere que uma etapa de deformação, ε', seja aplicada e mantida constante em um modelo elástico com fluência transitória, como na Figura 15.31 (b).

    (a) Derive a equação mostrada para a resposta tensão-tempo durante a relaxação. (Dica: A tensão aplicada à combinação paralela é a soma das tensões $E_2\varepsilon_2$, na mola, e $\eta_2\dot{\varepsilon}_2$, no amortecedor.)

    (b) Sejam as constantes do modelo $E_1 = 6$ GPa, $E_2 = 3$ GPa e $\eta_2 = 10^5$ GPa·s. Determine e trace a resposta tensão-tempo se uma deformação, $\varepsilon' = 0,008$, for aplicada e mantida constante durante um dia.

15.40 Verifique a Equação 15.45, usando o princípio de superposição.

Seção 15.8

15.41 Um vaso de pressão esférico de paredes finas tem um diâmetro interno de 250 mm, uma espessura de parede de 8 mm e contém um líquido a uma pressão de 0,40 MPa. Ele é feito de vidro de borossilicato e usado a uma temperatura de 500 °C, sendo a viscosidade cisalhante do vidro, $\eta_\tau = 10^{14}$ Pa·s.

    (a) Qual é a taxa de deformação por fluência na parede do vaso?

    (b) Quanto aumenta o diâmetro do vaso em um mês?

15.42 Mostre que a viscosidade cisalhante, $\eta_\tau = \tau/\dot{\gamma}$, e a viscosidade de tração devem estar relacionadas por $\eta = 3\,\eta_\tau$. (Dica: Siga um procedimento paralelo ao usado para verificar a Equação 5.28.)

15.43 Para um material e uma temperatura, o comportamento em fluência uniaxial segue a Equação 15.39 (b). Desenvolva uma equação correspondente, $\gamma = f(\tau)$,

Comportamento Mecânico dos Materiais **893**

para a fluência em cisalhamento planar puro, no qual as constantes são expressas em termos de D_3, δ e ϕ, obtidas a partir de dados de ensaios uniaxiais.

15.44 Proceda como no Exemplo 15.6, exceto pelo uso de um vaso de pressão esférico de parede fina de raio r e espessura de parede b.

15.45 Um recipiente de pressão de aço inoxidável é constituído por um tubo cilíndrico com extremidades fechadas, espessura de parede de 10 mm e um diâmetro interno de 300 mm. Ele é carregado com uma pressão interna de 4 MPa e uma força axial em tração de 150 kN. A temperatura de funcionamento é de 900 K e o material tem suas constantes indicadas no Problema 15.6.

    (a) Qual é a taxa de deformação efetiva (equivalente uniaxial), $\bar{\dot{\varepsilon}}$?

    (b) Quais são os aumentos percentuais no comprimento e no diâmetro do vaso em 10 anos?

    (c) O projeto parece razoável do ponto de vista da deformação por fluência?

Seção 15.9

15.46 Considere a mesma barra simplesmente apoiada do Exemplo 15.7, exceto pela mudança do material da barra por um com comportamento elástico associado à fluência transiente, como na Figura 15.27 (c). As constantes do material são $E_1 = 3$ GPa, $E_2 = 0,1$ GPa e $\eta_2 = 10^5$ GPa·s. Da mesma forma que no Exemplo 15.7, determine (a) a tensão máxima, (b) a deflexão elástica inicial e (c) a deflexão após uma semana. Além disso, (d) determine a deflexão após um tempo infinito e (e) comente a diferença no comportamento em relação ao observado no Exemplo 15.7.

15.47 Um tubo com 200 mm de comprimento, feito de aço inoxidável AISI 304, é fixado em uma extremidade e mantido livre na outra. O tubo é carregado como uma viga em balanço por uma força de P = 100 N na extremidade livre. Os diâmetros, interno e externo, da seção transversal são $d_1 = 24$ e $d_2 = 30$ mm e a temperatura é de 625 °C. O material se deforma pela combinação da deformação por fluência no estado estacionário, conforme Equação 15.6, e deformação elástica. As constantes do material e o tamanho de grão são os mesmos do Problema 15.37. Determine: (a) a tensão máxima no tubo, (b) a deflexão elástica inicial na extremidade livre e (c) a deflexão total após um ano.

15.48 Um eixo cilíndrico sólido para um rotor de alta velocidade é feito da superliga MAR-M200, conforme descrito na Figura 15.16 (à direita), com granulometria d = 100 µm. O componente tem um diâmetro de 60 mm e um comprimento de 1,00 m e é utilizado em serviço a uma temperatura de 687 °C. O eixo é suportado por rolamentos em cada extremidade, semelhante à viga da Figura A.4 (b). O peso do próprio eixo somado ao do rotor montado sobre ele é de 2.500 N, carga que pode ser assumida como uniformemente distribuída ao longo de seu comprimento. O material se deforma pela combinação de deformação elástica e de deformação por fluência no estado estacionário do tipo Coble (fluxo difusional nos contornos de grão), conforme Equação 15.6. As constantes para

894 CAPÍTULO 15 Comportamento Dependente do Tempo

o material são as mesmas do Problema 15.12 e seguem a Equação 15.11. A relação de Poisson pode ser aproximada de $v = 0{,}30$. Determine (a) a deflexão elástica inicial do eixo, e (b) a deflexão se o eixo ficar ocioso à temperatura de serviço por uma semana. Além disso, (c) você recomendaria reiniciar a operação do rotor após esse atraso? Por que sim ou não?

15.49 Um disco anular gira a uma frequência de 50 revoluções/segundo a uma temperatura de 700 °C. Ele possui raio interno $r_1 = 40$ mm, raio externo $r_2 = 130$ mm e espessura $t = 50$ mm. O disco é feito da superliga à base de níquel MAR-M200, com tamanho de grão $d = 100$ μm, como na Figura 15.16 (à direita). O material se deforma pela combinação da deformação elástica e da deformação por fluência em estado estacionário, devido à difusão no limite de grão (fluência Coble). As constantes para o material, aplicáveis à Equação 15.6, são as mesmas do Problema 15.12 e seguem a Equação 15.11.

(a) Calcule as tensões radiais e tangenciais, σ_r e σ_t, para um número de valores de raio variável, R, entre r_1 e r_2. Em seguida, trace estas tensões em função de R. (Consulte a Figura A.9 e o texto que a acompanha.)

(b) Quanto aumenta o raio interno devido à fluência após um dia, e também após um ano?

(c) Proceda como em (b) para o raio exterior.

15.50 Uma barra retangular de profundidade $2c$ e espessura b é submetida à flexão pura, devido a um momento, M, mantido constante com o tempo. Desenvolva uma equação que dê a deformação máxima em função de M, do tempo, t, da geometria e das constantes do material, para o comportamento de fluência de acordo com (a) $\varepsilon_c = B\sigma^m t$ e (b) $\varepsilon_c = D_3\sigma^\delta t^\phi$. Em ambos os casos, suponha que as deformações elásticas e plásticas instantâneas sejam pequenas.

15.51 Um eixo cilíndrico sólido de raio c é submetido a um torque T que é mantido constante com o tempo. Desenvolva equações que deem a deformação superficial cisalhante em função do torque, T, do tempo, t, da geometria e das constantes do material. Considere materiais que possuam comportamento de fluência uniaxial de acordo com (a) e (b) do Problema 15.50. Suponha que as deformações elásticas e plásticas instantâneas sejam pequenas.

15.52 Um eixo cilíndrico oco tem raio interno c_1 e raio externo c_2. O material tem uma relação de tensão-deformação-tempo em cisalhamento, $\gamma = D_2\tau^\delta t^\phi$. Obtenha uma equação para a deformação por cisalhamento máxima no eixo, γ_{c2}, como função do torque aplicado, T, do tempo, t, e das várias constantes envolvidas, c_1, c_2, D_2, δ e ϕ.

15.53 Um polietileno de alta densidade (PEAD) é empregado em uma barra em balanço, com profundidade $2c = 10$ mm, espessura $b = 6{,}2$ mm e um peso de 1,2 kg aplicado na sua extremidade. Que tensão é esperada em um ponto na borda da barra ($y = c$) que está a 90 mm do ponto de aplicação do peso, após (a) 30 segundos e (b) 10 minutos? Você pode usar as curvas tensão-deformação isócronas da Figura 15.29.

15.54 Considere o dobramento puro sobre o eixo z de uma viga com uma seção transversal em forma de caixa ou "I", como mostrado na Figura A.2 (d). A combinação de material e temperatura é tal que se espera que a fluência ocorra de acordo com $\dot{\varepsilon} = B\sigma^m$, em que m está na faixa de 3 a 8 e as deformações elásticas e plásticas podem ser consideradas pequenas em comparação com as deformações por fluência. Obtenha uma equação para a deformação máxima em função de: momento de flexão, M, tempo, t, constantes do material, B e m, e variáveis geométricas, b_1, b_2, h_1 e h_2.

15.55 Uma barra de liga de alumínio 7075-T6 tem uma seção transversal retangular e é usada a uma temperatura de 316 °C. O material tem constantes de tensão-deformação indicadas na Tabela 15.4. Um momento de 2,7 kN·m é aplicado, sendo necessário um fator de segurança de 1,5 no momento, e a deformação de fluência não pode exceder 1% em 100 horas. Selecione um tamanho de barra tal que a profundidade $2c$ seja duas vezes a espessura b, isto é, encontre $b = c$. Obtenha soluções (a) assumindo que a deformação elástica seja desprezível e (b) incluindo a deformação elástica.

15.56 Um tubo circular feito de aço inoxidável AISI 310 tem raios interno e externo $c_1 = 30$ mm e $c_2 = 40$ mm, respectivamente. Ele é carregado com um momento $M = 170$ N·m a uma temperatura de 980 °C. Nesta temperatura e para tensões na faixa de 3,4 MPa a 31 MPa, as constantes para a Equação 15.71 são $B = 9,45 \times 10^{-9}$ e $m = 4,06$, sendo que a unidade de t é horas. (Dados em [van Echo 67]).

(a) Estime a tensão no tubo. (Sugestão: Primeiro, resolva o Problema 13.7.)

(b) Considera-se que a vida útil do tubo termina quando se atinge uma deformação de 2% ou quando ocorre ruptura por fluência. Qual será esta vida útil?

Seção 15.10

15.57 Use a Equação 12.55 para verificar a Equação 15.80.

15.58 Considere uma viga retangular de profundidade $2c$, espessura b e comprimento L submetida a um momento cíclico uniforme de amplitude M_a ao redor de uma média nula. Suponha que a dissipação de energia do material seja dada pela Equação 15.77 e que o amortecimento seja pequeno, de modo que a distribuição da tensão sobre a profundidade da viga seja aproximadamente linear. Proceda da seguinte forma, expressando seus resultados em função da amplitude de tensão, da geometria e das constantes do material:

(a) Obtenha uma equação que dê a energia, ΔU, dissipada em cada ciclo de carregamento.

(b) Avalie o coeficiente de perda, Q^{-1}. Como seu valor se relaciona com a carga uniaxial no material?

(c) Use o resultado de (a) para obter ΔU para uma viga em balanço com uma extremidade fixa e uma carga cíclica, P_a, aplicada na extremidade livre.

896 **CAPÍTULO 15** Comportamento Dependente do Tempo

15.59 Proceda como em (a) e (b) no problema anterior, mas considere a situação mais geral de amortecimento pequeno, no qual o expoente seja $d \neq 2$, como na Equação 15.81.

15.60 Considere um carregamento cíclico completamente invertido a uma amplitude de deformação ε_a em um material elástico, perfeitamente plástico, com limite de escoamento σ_0 e módulo elástico E.

(a) Escreva uma expressão para a unidade de energia de amortecimento, Δu, em função de ε_a e das constantes do material.

(b) Utilize (a) para obter a energia, ΔU, dissipada em um carregamento de flexão pura cíclica de um barra retangular de profundidade $2c$, espessura b e comprimento L. Expresse o resultado como uma função da amplitude de deformação, ε_{ca}, na borda da barra, em que ε_{ca} excede σ_0/E, e também em função da geometria e das constantes do material.

15.61 Um eixo cilíndrico sólido de raio c é submetido a um torque cíclico, T_a, completamente invertido e grande o suficiente para causar escoamento cíclico. O material obedece a um comportamento de tensão-deformação cíclica do tipo Ramberg-Osgood, de modo que a curva tensão-deformação cíclica para cisalhamento puro tem a forma da Equação 13.39. Como resultado, a unidade de energia de amortecimento é dada por uma relação análoga à Equação 15.80, ou seja:

$$\Delta u = 4\left(\frac{1-n'}{1+n'}\right)\tau_a \gamma_{pa}$$

em que τ_a e γ_{pa} são as amplitudes de tensão cisalhante e deformação cisalhante plástica, respectivamente. Desenvolva uma equação para a energia, ΔU, dissipada pelo eixo em cada ciclo de carregamento que seja semelhante à relação para o dobramento, avaliada no Exemplo 15.9. Particularmente, expresse a energia, ΔU, como uma função implícita da deformação cisalhante, γ_{pa}, na superfície do eixo e também da geometria e das constantes do material.

Revisão de Tópicos Selecionados da Mecânica dos Materiais

ANEXO A

A.1 Introdução
A.2 Fórmulas básicas para tensões e deflexões
A.3 Propriedades de seções
A.4 Cisalhamento, momentos e deflexões em vigas
A.5 Tensões em vasos de pressão, tubos e discos
A.6 Fatores de concentração de tensão elástica em entalhes
A.7 Carregamento com escoamento plástico generalizado

A.1 INTRODUÇÃO

Este apêndice oferece uma revisão e materiais de referência relacionados com a mecânica dos materiais. Estão disponíveis fórmulas básicas para tensão e deflexão, assim como propriedades selecionadas de áreas, deflexões de vigas e fatores de concentração de tensão para componentes entalhados. Além disso, o escoamento plástico generalizado é considerado mais detalhadamente do que o usual para abordagens elementares. A apresentação destas informações é baseada em ábacos com equações que são acompanhadas por uma breve explicação.

Os conceitos dados aqui fornecem uma contribuição útil para os vários tópicos abordados no corpo principal deste livro. Para detalhes adicionais teóricos e de obtenção das equações fornecidas, o leitor poderá empregar as Referências no final deste apêndice.

A.2 FÓRMULAS BÁSICAS PARA TENSÕES E DEFLEXÕES

Suponha que o material seja isotrópico e exiba comportamento linear-elástico. Ou seja, a tensão e a deformação estão relacionadas, para o caso uniaxial, por $\varepsilon = \sigma/E$, em que E é o módulo de elasticidade do material, ou pelas Equações 5.26 e 5.27, para os estados de tensão mais complexos. As tensões e deflexões para várias situações de componentes prismáticos (que possuem seção transversal constante) são então descritas pelas equações mostradas na Figura A.1. Nestas equações, A é a área da seção transversal, L é o comprimento e I_z é o momento de inércia da área em torno do eixo z através do centroide da seção transversal da área considerada. Além disso, J é o momento de inércia polar central da área da seção transversal, e G é o módulo de cisalhamento do material.

As relações simples em (a) aplicam-se tanto para uma tração uniaxial como para uma força compressiva, P, aplicada ao longo do centroide da área da seção transversal. Para carregamento excêntrico, é necessário adotar um sistema de força equivalente, gerado pela soma da força axial no centroide mais o momento de flexão, de forma que

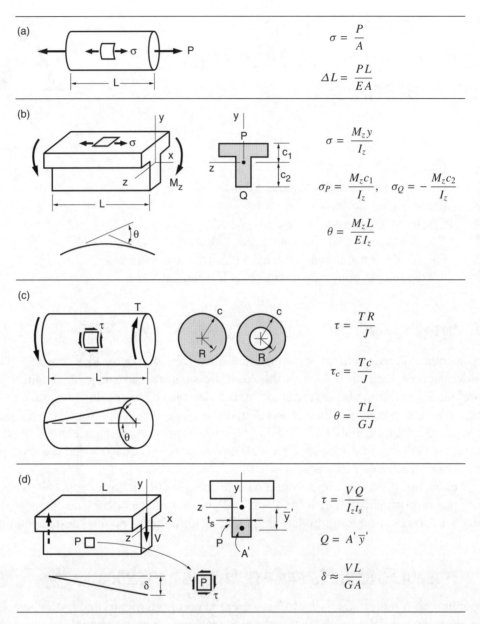

FIGURA A.1 Equações para o cálculo das tensões e deflexões para (a) carga axial centrada, (b) dobramento simétrico, (c) torção de eixos cilíndricos e tubos e (d) cisalhamento transversal.

tensões de flexão devem ser adicionadas. Em (b), são dadas fórmulas para a tensão de flexão e para a deflexão angular para os casos em que há simetria em torno de um plano x-y normal ao eixo z, como mostrado. A quantidade M_z é um momento sobre o eixo centroide, z. Para a torção de eixos cilíndricos sólidos ou ocos (tubos), as equações em (c) dão a tensão cisalhante e o ângulo de torção. O torque, T, é um momento em torno do eixo do componente.

Em (d), é aplicada uma força cisalhante transversal, V, na direção y, ao longo de uma linha através do centroide da seção transversal. As equações listadas consideram novamente que exista simetria sobre um plano x-y, normal ao eixo z. Os valores são determinados em relação a um ponto, P, de interesse, a partir do qual é obtida uma área, A', delimitada pela linha paralela ao eixo z e que passa através de P. Adicionalmente, o valor de $\overline{y}'$ representa a distância entre o centroide de A' até o centroide da área total da seção transversal. Assim, o valor de $Q = A'\overline{y}'$ é o primeiro momento da área A' em relação ao eixo centroide, z. E considerando t_s a espessura do material cortado para isolar A', a tensão de cisalhamento, τ, apresentada é, na verdade, uma média ao longo da linha de corte, t_s.

Os casos em que carregamentos dos tipos apresentados ocorrem juntos – ou seja, os chamados carregamentos combinados – podem ser tratados simplesmente sobrepondo as tensões e deflexões de cada componente, considerando suas cargas individuais. Isso inclui situações de flexão (b) em que existem momentos sobre ambos os eixos, y e z, desde que existam dois planos de simetria, para seções transversais retangulares ou circulares. Onde a simetria necessária não existir para situações de dobramento ou cisalhamento transversal e para situações de torção em seções transversais não circulares, torna-se necessária uma análise adicional, conforme descrito em livros-texto, elementares e avançados, sobre mecânica dos materiais, teoria da elasticidade ou tópicos relacionados com essas áreas. Consulte as Referências listadas no final deste apêndice para maiores informações.

A.3 PROPRIEDADES DE SEÇÕES

Algumas áreas, A, e momentos de inércia de área sobre eixos centroides, I_z, são dados para geometrias simples, na Figura A.2. Para seções transversais circulares e ocas, são dados tanto os valores de I_z como os valores dos momentos de inércia polares, J, incluindo uma aproximação para tubos de paredes finas. Para estes, $J = I_y + I_z = 2I_z$, devido à simetria.

Na Figura A.3, são dados os valores dos centroides para áreas compostas de metade e um quarto de círculo e, de forma similar, para porções de seções transversais tubulares. Observando a Figura A.1 (d), verificamos que esses centroides são úteis na análise do cisalhamento transversal máximo, para seções transversais circulares e tubulares.

Para formas mais complexas, as áreas e momentos de inércia podem ser obtidos adicionando ou subtraindo aqueles associados às formas simples. Por exemplo, a subtração dos valores associados a uma área circular menor daqueles obtidos para uma área circular maior leva aos mesmos valores de A, I_z e J para a seção transversal tubular descrita na Figura A.2 (c). Similarmente, a subtração envolvendo duas áreas retangulares dá A e I_z para as seções em caixa e em "I" da Figura A.2 (d).

Em geral, o centroide da área da scção transversal pode não ser conhecido por simetria, portanto deve ser localizado. Por exemplo, este é o caso para a seção em T da Figura A.1 (b). O I_z do centroide para a forma global pode ser obtido determinando o I_z individual associado ao centroide de cada uma das suas partes constituintes e depois aplicando o *teorema dos eixos paralelos* para transferir estes valores para o eixo central. Veja qualquer livro de mecânica dos materiais para detalhes e exemplos.

Para formas estruturais padronizadas de aço, como as seções em "I", em "T", canais, ângulos e tubulações, as propriedades das áreas de seção transversal são fornecidas no *AISC Steel Construction Manual* (AISC — American Institute of Steel Construction). Manuais dos fabricantes destes materiais e diversos outros manuais frequentemente também contêm tais informações.

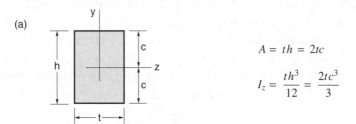

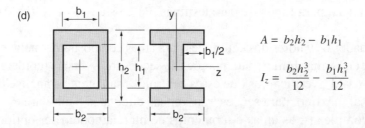

FIGURA A.2 Formas selecionadas com suas áreas, A, e momentos de inércia do centroide, I_z. Os momentos de inércia polares centroides, J, também são dados para (b) e (c). Para (c), as segundas equações aproximadas para I_z e J estão dentro de uma margem de erro de 1%, para $t/r_1 < 0{,}2$, e 5%, para $t/r_1 < 0{,}6$.

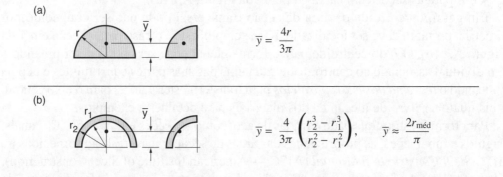

FIGURA A.3 Centroides para (a) áreas compostas pela metade e um quarto de círculo e (b) seções de tubos compostos pela metade e um quarto. Para (b), a segunda equação aproximada para $\overline{y}$ está dentro de uma margem de erro de 1%, para $t/r_1 < 0{,}4$, e 5%, para $t/r_1 < 1{,}3$, em que $t = r_2 - r_1$.

A.4 CISALHAMENTO, MOMENTOS E DEFLEXÕES EM VIGAS

A Figura A.4 mostra vigas simplesmente apoiadas ou em balanço sobre as quais são aplicadas forças concentradas ou uniformemente distribuídas. São traçadas as curvas de variação do momento de flexão interna e de cisalhamento com a posição ao longo do comprimento das vigas. Também são dadas as equações para as deflexões máximas para o comportamento linear-elástico. Se existir simetria sobre um plano *x-y*, como na Figura A.1 (b), a deflexão estará neste plano na direção *y*. As equações dadas incluem a deflexão decorrente da flexão, mas negligenciam a que é função do cisalhamento, dado por δ na Figura A.1 (d), já que este é um efeito relativamente pequeno na maioria das vigas.

Situações de flexão a três ou quatro pontos, como na Figura 4.40, são comuns nos ensaios dos materiais. A Figura A.4 (a) corresponde ao caso do dobramento a três pontos e o caso para o dobramento a quatro pontos é dado na Figura A.5.

Informações adicionais podem ser encontradas em vários livros-texto e manuais, incluindo o *AISC Steel Construction Manual*.

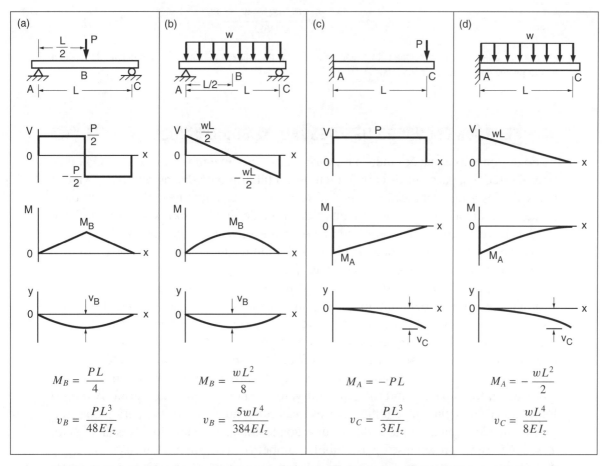

FIGURA A.4 Vários casos de vigas simplesmente suportadas e em balanço com forças concentradas ou distribuídas. Os diagramas de cisalhamento, *V*, e do momento, *M*, são mostrados, juntamente com a deflexão máxima, *v*.

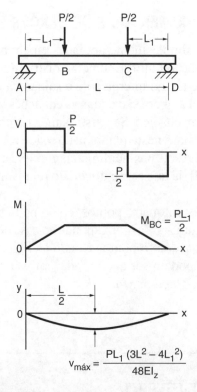

FIGURA A.5 Diagramas de cisalhamento e momento, e valor de deflexão máxima para um ensaio de flexão a quatro pontos com força aplicada total, P.

A.5 TENSÕES EM VASOS DE PRESSÃO, TUBOS E DISCOS

Estão disponíveis equações úteis para vários casos envolvendo vasos de pressão tubulares e esféricos, para outros carregamentos em tubos e para discos rotativos. Alguns deles são descritos nesta seção, assumindo-se comportamento linear elástico em todos os casos. A maior parte do que se segue é derivada de Timoshenko & Goodier (1970).

Considere o carregamento oriundo de uma pressão interna, p, em vasos esféricos ocos e tubulares, como mostrado na Figura A.6. Admita que os raios, interior e exterior, sejam r_1 e r_2, respectivamente, e também que R seja qualquer distância radial entre r_1 e r_2. Para um vaso de pressão tubular, torna-se conveniente adotar um sistema de coordenadas cilíndrico, de modo que sejam utilizadas as direções radial, tangencial e longitudinal, r-t-x. A Figura A.6 (a) oferece as equações algébricas para as tensões, σ_r, σ_t e σ_x, devido ao carregamento oriundo da pressão. A tensão radial, σ_r, é sempre compressiva, variando suavemente com R de $\sigma_r = -p$, no raio interno, até zero, no raio externo. A tensão tangencial, σ_t, é sempre trativa, diminuindo com R de um valor máximo na parede interna para um valor menor na parede externa. A tensão longitudinal, σ_x, é nula para tubos abertos, mas é não nula e uniforme para tubos com a extremidade fechada, como dado na equação mostrada. Uma tensão de cisalhamento, $\tau_{tx} = TR/J$, estará presente se o vaso tubular também estiver sujeito à torção. Note que τ_{tx} aumenta linearmente com R e, assim, apresenta um valor máximo na parede externa. Estas equações não consideram os efeitos locais de aumento da tensão devido ao tipo de fechamento das extremidades do vaso, de bocais etc.

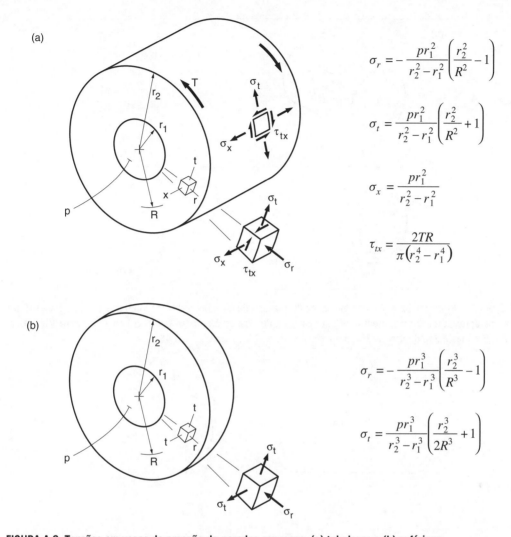

FIGURA A.6 Tensões em vasos de pressão de paredes espessas: (a) tubulares e (b) esféricos.

A Figura A.6 (b) descreve equações semelhantes para um vaso de pressão esférico oco. As tensões, σ_r e σ_t, variam com R de forma qualitativamente similar para um vaso tubular, mas os valores, é claro, diferem. Devido à simetria da esfera, a direção x é substituída por uma segunda direção, t, com a tensão tangencial, σ_t, para dado R, sendo a mesma para qualquer direção normal ao raio da esfera.

Para o carregamento devido à pressão interna para vasos tubulares e esféricos de paredes finas, as equações da Figura A.6 ainda se aplicam, mas podem ser substituídas por expressões mais simples, como mostrado na Figura A.7. As tensões a partir destas equações aproximadas devem ser consideradas uniformes através da espessura da parede. Os limites para a relação t/r_1 para obter 5% e 10% de precisão nos resultados são dados na legenda da figura.

A Figura A.8 fornece algumas aproximações úteis para tensões em tubos de paredes finas devido à torção e/ou flexão. Para a torção, aplicando $\tau_{tx} = TR/J$ no meio da espessura da parede, $R = r_{méd}$, juntamente com o J aproximado conforme descrito pela Figura A.2 (c), tem-se a primeira equação mostrada. Do mesmo modo, para dobramento,

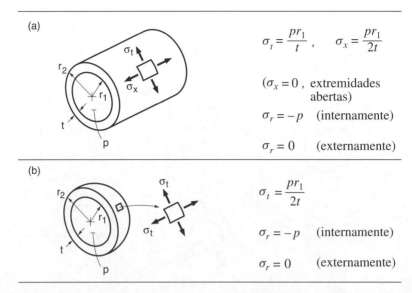

FIGURA A.7 Pressões aproximadas em vasos de pressão de paredes finas: (a) tubulares e (b) esféricos. Para (a), as aproximações estão dentro de uma margem de erro de 5%, para $t/r_1 < 0,1$, e 10%, para $t/r_1 < 0,2$. Para (b), elas estão dentro de 5%, para $t/r_1 < 0,3$, e 10%, para $t/r_1 < 0,45$.

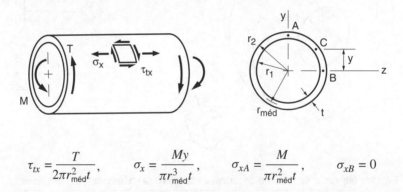

$$\tau_{tx} = \frac{T}{2\pi r_{méd}^2 t}, \qquad \sigma_x = \frac{My}{\pi r_{méd}^3 t}, \qquad \sigma_{xA} = \frac{M}{\pi r_{méd}^2 t}, \qquad \sigma_{xB} = 0$$

FIGURA A.8 Pressões aproximadas em tubos de paredes finas, devido à torção e/ou flexão. Estas aproximações estão dentro de uma margem de erro de 5%, para $t/r_1 < 0,1$, e 10%, para $t/r_1 < 0,25$.

aplicando $\sigma_x = My/I_z$ em qualquer ponto C no meio da espessura da parede, juntamente com o I_z aproximado descrito pela Figura A.2 (c), chega-se à segunda equação mostrada. A terceira equação dada é o valor máximo aproximado, σ_{xA}, desta tensão de dobramento, que ocorre em $y = r_{méd}$, ou seja, no ponto A ao longo do eixo y. A tensão de flexão é, naturalmente, nula ao longo do eixo neutro, que é o eixo z. As tensões dessas equações aproximadas devem ser consideradas uniformes através da espessura da parede e a figura descreve os limites de t/r_1 para 5% e 10% de precisão.

A Figura A.9 descreve as tensões num disco anular rotativo. As variáveis normalizadas, $\alpha = r_1/r_2$ e $z = R/r_2$, são empregadas por conveniência. Além disso, ρ é a massa específica, ω é a velocidade angular (em radianos por segundo) e ν é o coeficiente de Poisson. Observe que $\omega = 2\pi f$, em que f é a frequência de rotação, em rotações por segundo (ou Hz). A tensão radial, σ_r, é nula nos raios interior e exterior, e nos demais pontos é trativa, apresentando um valor máximo em $R = \sqrt{r_1 r_2}$. A tensão tangencial, σ_t, é trativa para todos os valores de R e tem seu valor mais alto no raio interno, com o

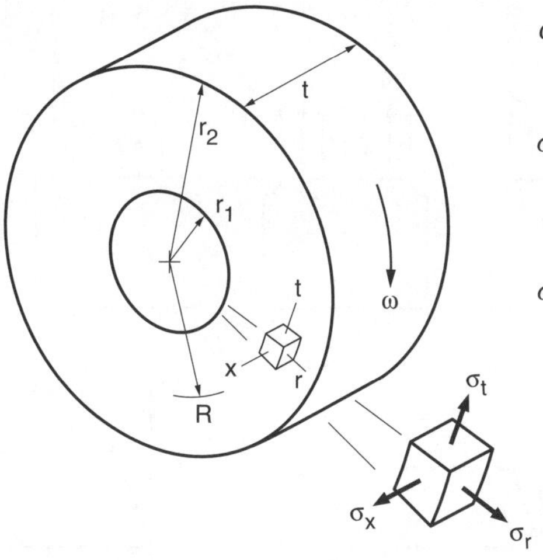

Comportamento Mecânico dos Materiais 905

$$\alpha = r_1/r_2, \qquad z = R/r_2$$

$$\sigma_r = \rho\omega^2 r_2^2 \left(\frac{3+\nu}{8}\right)\left[1 + \alpha^2 - z^2 - \frac{\alpha^2}{z^2}\right]$$

$$\sigma_t = \rho\omega^2 r_2^2 \left(\frac{3+\nu}{8}\right)\left[1 + \alpha^2 - \frac{1+3\nu}{3+\nu}z^2 + \frac{\alpha^2}{z^2}\right]$$

$$\sigma_x = 0 \qquad \text{(tensão plana)}$$

$$\sigma_x = \nu(\sigma_t + \sigma_r) \qquad (t \gg r_1)$$

FIGURA A.9 Tensões devido à rotação de um disco anular, em que ρ é a massa específica, ω é velocidade angular e ν é o coeficiente de Poisson.

furo do disco agindo essencialmente como um concentrador de tensões. Para aplicar as equações dadas, é útil expressar a quantidade $\rho\omega^2 r_2^2$ em unidades de tensão, como MPa.

Por exemplo, suponha que $\rho = 7{,}9$ g/cm³, $f = 120$ rps (revoluções por segundo) e $r_2 = 200$ mm. Para auxiliar com as unidades, observe que g/cm³ = Mg/m³, N = kg·m/s² e MPa = 10^6 N/m². Assim, obtemos:

$$\rho\omega^2 r_2^2 = \left(7{,}9\frac{\text{Mg}}{\text{m}^3} \times \frac{1.000\text{ kg}}{\text{Mg}} \times \frac{\text{N}}{\text{kg}\cdot\text{m/s}^2}\right)\left(120\frac{\text{rev}}{\text{s}} \times 2\pi\frac{\text{rad}}{\text{rev}}\right)^2 (0{,}200\text{ m})^2 = 179{,}6 \times 10^6 \frac{\text{N}}{\text{m}^2}$$

$$\rho\omega^2 r_2^2 = 179{,}6\text{ MPa}$$

Para um disco sólido, $r_1 = 0$, as equações da Figura A.9 precisam ser modificadas antes de ser empregadas, substituindo $\alpha = 0$. Neste caso, verifica-se que $\sigma_r = \sigma_t$, no centro, em que $R = 0$, com σ_t decrescendo para um valor menor no raio externo e σ_r diminuindo para zero.

A.6 FATORES DE CONCENTRAÇÃO DE TENSÃO ELÁSTICA EM ENTALHES

Descontinuidades geométricas, tais como furos, filetes, sulcos e rasgos de chaveta, são inevitáveis no projeto. Eles elevam o valor da tensão aplicada localmente e assim são chamados *concentradores de tensão* ou *entalhes*. Tal situação é ilustrada pela Figura A.10 (a) e (b). O fator de concentração de tensões, k_t, para o comportamento dos materiais linear-elásticos é usado para caracterizar entalhes, em que $k_t = \sigma/S$ é a relação entre a tensão local (pontual), σ, e a tensão nominal (média), S. As Figuras A.11 e A.12 fornecem curvas que dão os valores de k_t para alguns casos típicos.

Valores de k_t estão amplamente disponíveis em vários livros-texto, manuais e artigos, como no livro de Peterson (1974) e nas fontes adicionais citadas na Seção (b) das Referências. Como os métodos de análise melhoraram com o tempo, os valores de k_t encontrados em publicações mais antigas nem sempre coincidem com valores mais precisos oriundos dos trabalhos mais recentes.

906 ANEXO Revisão de Tópicos Selecionados da Mecânica dos Materiais

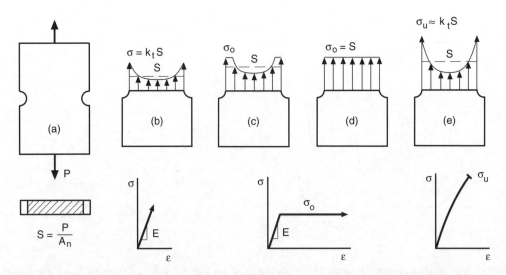

FIGURA A.10 Componente com um concentrador de tensões (a) e as distribuições de tensões para vários casos: (b) deformação elástica linear, (c) escoamento local para um material dúctil, (d) escoamento plástico generalizado para um material dúctil e (e) material frágil na fratura.

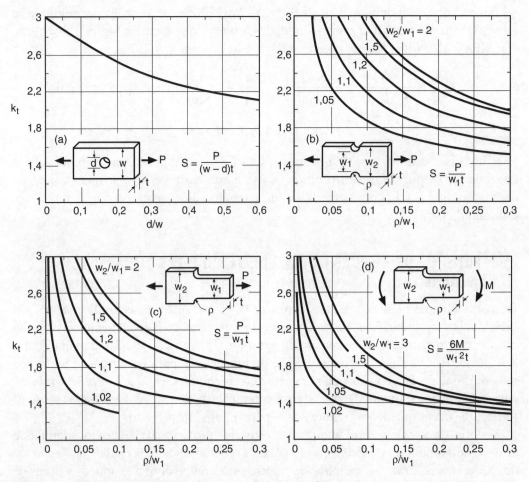

FIGURA A.11 Fatores de concentração de tensão elástica para vários casos de placas entalhadas. (Valores de [Peterson 74], p. 35, 89, 98 e 150.)

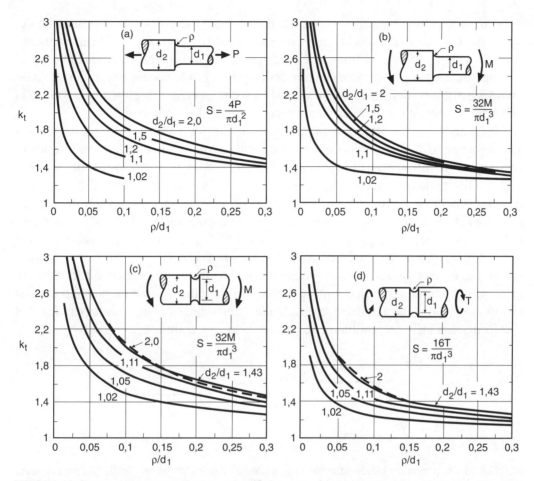

FIGURA A.12 Fatores de concentração de tensão elástica para vários casos de eixos cilíndricos entalhados. (Valores de [Peterson 74], p. 96 e 103, para (a) e (b), [Nisitani 84] para (c) e (d).)

Qualquer definição particular de S é arbitrária e a escolha feita afeta o valor de k_t. Assim, é importante ser consistente com a definição de S quando se empregar os valores de k_t. A convenção mais comum é definir S em termos da área líquida, que é a área após a remoção do entalhe. Note que esta convenção é empregada nos exemplos das Figuras A.11 e A.12. Além disso, a igualdade $\sigma = k_t S$ só se mantém no entalhe se não houver escoamento do material – isto é, somente se a quantidade $k_t S$ for menor que o limite de escoamento, σ_0.

A.7 CARREGAMENTO COM ESCOAMENTO PLÁSTICO GENERALIZADO

Todas as tensões e deflexões consideradas até agora, neste apêndice, pressupõem comportamento linear-elástico dos materiais. Contudo, podem ser encontradas situações em que as tensões e deformações excedam a faixa elástica linear do material. Podemos identificar tal situação verificando se as tensões, calculadas sob o pressuposto de comportamento linear-elástico, excedem o limite de escoamento do material. Se excederem, os resultados do cálculo são inválidos e torna-se necessária uma análise que considere especificamente os efeitos do escoamento.

Se o escoamento se espalhar através de toda a seção transversal de um componente, diz-se que ocorreu uma situação de *escoamento plástico generalizado*. O carregamento necessário para causar essa situação é chamado *carregamento para escoamento generalizado*. As cargas para o escoamento plástico generalizado correspondem ao início de grandes e instáveis deformações e deflexões nos componentes de engenharia, de modo que estas se tornam estimativas para a carga de falha do componente.

Neste apêndice, adotaremos uma suposição simplificadora de que a curva tensão-deformação do material pode ser aproximada como sendo elástica, perfeitamente plástica, como mostrado na Figura A.13. Para o caso uniaxial, E é o módulo elástico e σ_0 é o limite de escoamento (em tração); para o cisalhamento puro, G é o módulo de cisalhamento e τ_0 é o limite de escoamento em cisalhamento. O valor de τ_0 pode ser estimado a partir de σ_0, usando o critério de escoamento pela tensão cisalhante octaédrica da Seção 7.5, que dá $\tau_0 = \sigma_0 / \sqrt{3} = 0{,}577\sigma_0$. Uma estimativa alternativa é $\tau_0 = 0{,}5\sigma_0$ do critério de tensão de corte máxima da Seção 7.4.

Assim, a discussão aqui terá apenas o objetivo limitado de analisar totalmente as cargas plásticas para um comportamento elástico, perfeitamente plástico de tensão-deformação. Uma análise mais detalhada de membros de engenharia para tensões e deformações além do rendimento é considerada no Capítulo 13.

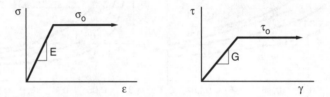

FIGURA A.13 Comportamento tensão-deformação para material elástico, perfeitamente plástico para os casos de carregamento uniaxial, (σ-ε), e por cisalhamento puro, (τ-γ).

A.7.1 Escoamento Plástico Generalizado em Flexão e Torção

Considere o dobramento puro de uma viga com uma seção transversal retangular, como na barra ilustrada na Figura A.14. Em valores baixos do momento, M, as tensões são dadas pela fórmula de flexão elástica, conforme Figura A.1 (b). Observe que a tensão varia linearmente com a distância, y, do eixo neutro (z). Se o momento for aumentado, é atingido um valor de $M = M_i$, no qual a tensão máxima é igual ao limite de escoamento, σ_0. Temos, portanto, um caso de *escoamento incipiente*. Substituindo I_z da Figura A.2 (a) e resolvendo para M na fórmula de esforço de flexão, tem-se a expressão para M_i, mostrada na Figura A.14 (b). Chamaremos de M_i o *momento inicial de escoamento*.

Se o momento for aumentado acima de M_i, o escoamento progride a partir das bordas exteriores da barra (viga) em direção ao eixo neutro, como mostrado em (c). Observe que uma parte da distribuição de tensões agora é plana, já que o material idealizado não pode suportar uma tensão maior que σ_0. (Ocorrem, evidentemente, deformações que excedem $\varepsilon_0 = \sigma_0/E$.) Quando o escoamento se aproxima do eixo neutro, como em (d), toda a distribuição de tensões torna-se plana em σ_0, no lado sob tração, e $-\sigma_0$, no lado compressivo. Não é possível nenhum aumento adicional em M e o valor limitante é denotado M_0, o *momento para escoamento generalizado*. Uma equação para M_0 pode ser obtida substituindo as distribuições de tensões acima e abaixo do eixo neutro com

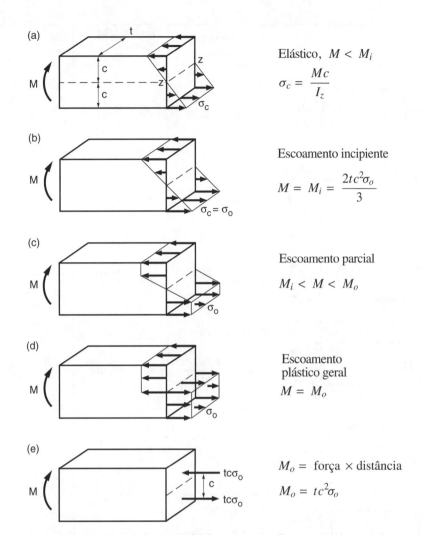

FIGURA A.14 Distribuições de tensão oriundas de flexão, em uma seção transversal retangular, para uma curva (comportamento) tensão-deformação elástica, perfeitamente plástica. Procedendo de (a) a (d), o momento é aumentado através do comportamento elástico até atingir o escoamento plástico generalizado.

forças concentradas localizadas em seus centroides, como mostrado em (e). O M_0 resultante é uma estimativa do momento no qual iniciam grandes deflexões instáveis, como ilustrado na Figura 13.6.

Comparando as equações da Figura A.14 (b) e (e), obtemos uma razão $M_0/M_i = 1,50$. Assim, o momento pode aumentar de um fator de 1,5 acima do escoamento inicial antes que a viga colapse completamente. Essa condição contrasta com a situação para tensão simples, como mostrado na Figura A.15 (a). Nesta, as forças iniciais e de escoamento plástico generalizado, P_i e P_0, são as mesmas, porque a curva tensão-deformação é plana (ideal), de modo que se prevê que o escoamento inicial e a falha final ocorrem sob a mesma força. Resultados semelhantes para casos adicionais são mostrados na Figura A.15, especificamente para o dobramento de seções transversais circulares sólidas, para tubos de paredes finas e também para a torção nestas mesmas geometrias. Observe que a relação M_0/M_i diminui quanto maior for a área da seção transversal concentrada longe do eixo neutro ou maior o momento de inércia.

910 ANEXO Revisão de Tópicos Selecionados da Mecânica dos Materiais

Caso	Escoamento Inicial	Escoamento Plástico Generalizado	$\dfrac{P_o}{P_i}$, $\dfrac{M_o}{M_i}$ ou $\dfrac{T_o}{T_i}$
(a) 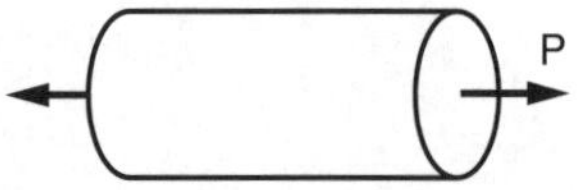	$P_i = A\sigma_o$	$P_o = A\sigma_o$	1
(b) 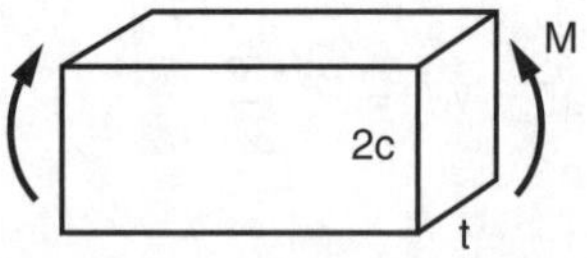	$M_i = \dfrac{2tc^2\sigma_o}{3}$	$M_o = tc^2\sigma_o$	1,50
(c) 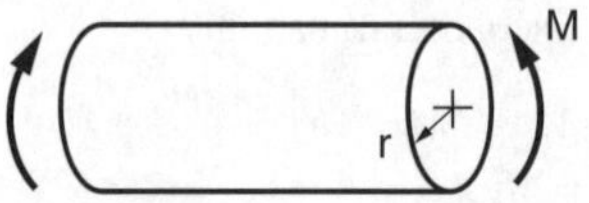	$M_i = \dfrac{\pi r^3\sigma_o}{4}$	$M_o = \dfrac{4r^3\sigma_o}{3}$	1,70
(d) 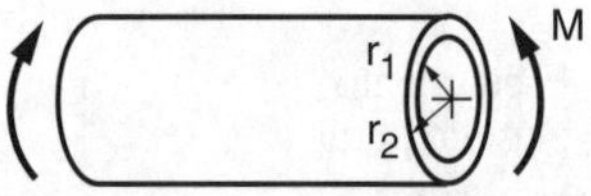	$M_i \approx \dfrac{\pi r_{méd}^3 t\sigma_o}{r_2}$	$M_o \approx 4r_{méd}^2 t\sigma_o$	$\dfrac{4r_2}{\pi r_{méd}} \approx 1,35$
(e) 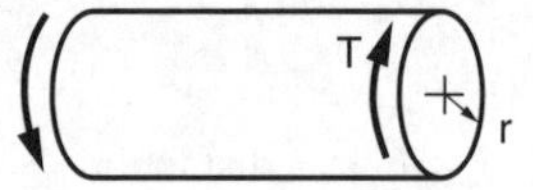	$T_i = \dfrac{\pi r^3\tau_o}{2}$	$T_o = \dfrac{2\pi r^3\tau_o}{3}$	1,33
(f) 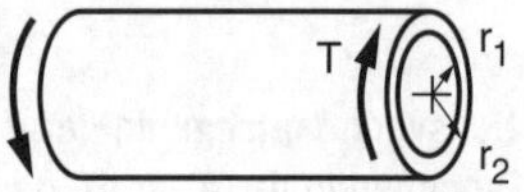	$T_i \approx \dfrac{2\pi r_{méd}^3 t\tau_o}{r_2}$	$T_o \approx 2\pi r_{méd}^2 t\tau_o$	$\dfrac{r_2}{r_{méd}} \approx 1,1$

FIGURA A.15 Forças, momentos ou torques para escoamento inicial e deformação plástica generalizada para geometrias de seção transversal simples. Os casos (d) e (f) representam aproximações para tubos de paredes finas, ambos precisos, dentro de uma margem de erro de 5%, para $t/r_1 < 1,3$.

Sob dobramento, vigas "I" padrão são bastante extremas a este respeito, com valores de M_0/M_i ao redor de 1,1.

Uma análise das distribuições de tensões em planos, como apresentado na Figura A.14, pode ser prontamente aplicada para obter os momentos de escoamento generalizado para outras formas de seção transversal. Se a seção não é simétrica em relação ao plano x-z, como na Figura A.1 (b), é necessário um novo eixo neutro. Particularmente, o eixo neutro para o dobramento totalmente plástico é uma linha paralela ao eixo z centroide que possui áreas iguais acima e abaixo. (O que leva a uma soma de forças nula na direção longitudinal, uma exigência do equilíbrio.) O momento da distribuição de tensão sobre este eixo neutro então é M_0.

Comportamento Mecânico dos Materiais **911**

As equações da Figura A.15 (b), (c) e (e) também podem ser estendidas a alguns casos relacionados. Por exemplo, considere uma viga caixão cujas dimensões exteriores sejam uma meia profundidade c_2 e uma largura t_2, e suas dimensões interiores análogas, c_1 e t_1. Subtraindo o momento devido à parte central ausente, temos:

$$M_0 = t_2 c_2^2 \sigma_0 - t_1 c_1^2 \sigma_0, \quad M_0 = \frac{\sigma_0}{4}\left(b_2 h_2^2 - b_1 h_1^2\right) \quad \text{(a, b)} \tag{A.1}$$

em que a segunda forma foi convertida para a nomenclatura da Figura A.2 (d) e também se aplica à seção "I". Uma lógica semelhante fornece M_0 e T_0 para tubos de paredes espessas, proporcionando um resultado mais geral do que as aproximações da Figura A.15 (d) e (f):

$$M_0 = \frac{4\sigma_0}{3}\left(r_2^3 - r_1^3\right), \quad T_0 = \frac{2\pi\tau_0}{3}\left(r_2^3 - r_1^3\right) \quad \text{(a, b)} \tag{A.2}$$

Resultados adicionais da análise do escoamento plástico generalizado podem ser encontrados em livros mais avançados sobre mecânica dos materiais, plasticidade e tópicos relacionados.

A.7.2 Escoamento Plástico Generalizado em Componentes Entalhados e com Trincas

Se um componente entalhado é feito de um material dúctil, o escoamento ocorre primeiro numa pequena região perto do entalhe, como mostrado na Figura A.10 (c). O aumento do carregamento provoca a dispersão do escoamento em toda a seção transversal, tal como ilustrado em (d). Como resultado, a resistência final do componente entalhado é semelhante à de um membro não entalhado com a mesma área de seção transversal líquida. Contudo, se o material for frágil, de forma que não escoa antes da fratura, a situação da tensão localmente elevada prevalece até o ponto da fratura, como mostrado em (e), e a resistência é consideravelmente mais baixa do que para um membro não entalhado.

As cargas para deformação plástica generalizada em componentes entalhados constituídos por materiais dúcteis podem ser estimadas assumindo novamente um comportamento elástico, perfeitamente plástico, como ilustrado na Figura A.13. Uma distribuição de tensão uniforme em σ_0 ou $-\sigma_0$, como na Figura A.10 (d), é empregada para avaliar o carregamento para deformação plástica generalizada. Os resultados de algumas análises deste tipo são dados na Figura A.16.

Na Figura A.16, o entalhe de dimensão a, definida como mostrado em cada caso, também pode representar uma trinca. As equações são dadas para a força ou o momento para o escoamento plástico generalizado, P_0 ou M_0, em função da razão geométrica, $\alpha = a/b$, em que b é uma dimensão de largura, conforme mostrado para cada caso na Figura A.16. Além disso, as equações de P_0 ou $M_0 = f(\alpha)$ para cada caso são resolvidas para a dimensão do entalhe ou da trinca, a_o, que corresponde ao escoamento plástico generalizado para uma força ou um momento, produzindo as equações para $a_0 = g\,(P$ ou $M)$ também mostradas.

Para cada caso na Figura A.16, é mostrado o diagrama de corpo livre que é empregado para avaliar P_0 ou M_0. Por exemplo, para o caso (a), o somatório das forças é:

$$\begin{aligned}
P_0 &= \text{tensão} \times \text{área} = [\sigma_0][2(b-a)t] \\
P_0 &= 2bt\sigma_0(1 - a/b) = 2bt\sigma_0(1-\alpha)
\end{aligned} \tag{A.3}$$

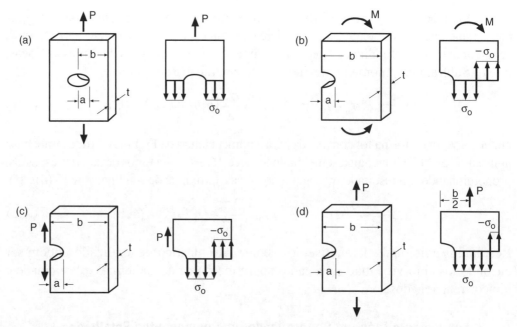

Força ou momento para escoamento plástico generalizado, $\alpha = a/b$:

(a) $P_0 = 2bt\sigma_0(1-\alpha)$

(b) $M_0 = \dfrac{b^2 t \sigma_0}{4}(1-\alpha)^2$

(c) $P_0 = bt\sigma_0\left[-\alpha - 1 + \sqrt{2(1+\alpha^2)}\right]$

(d) $P_0 = bt\sigma_0\left[-\alpha + \sqrt{2\alpha^2 - 2\alpha + 1}\right]$

Comprimento de trinca no escoamento plástico generalizado para determinada carga, em que, para (c) e (d), $P' = P/(bt\sigma_0)$:

(a) $a_0 = b\left[1 - \dfrac{P}{2bt\sigma_0}\right]$

(b) $a_0 = b\left[1 - \dfrac{2}{b}\sqrt{\dfrac{M}{t\sigma_0}}\right]$

(c) $a_0 = b\left[P' + 1 - \sqrt{2P'(P'+2)}\right]$

(d) $a_0 = b\left[P' + 1 - \sqrt{2P'(P'+1)}\right]$

FIGURA A.16 Diagramas de corpo livre e equações resultantes para forças ou momentos de escoamento plástico generalizado, P_0 ou M_0, para vários casos bidimensionais de componentes entalhados ou com trincas. As mesmas equações resolvidas para o entalhe ou comprimento de trinca, a_0, são mostradas na parte inferior. Os diagramas e equações rotulados com (a) correspondem todos ao mesmo caso; igualmente para (b), (c) e (d).

Além disso, resolvendo a Equação A.3 para a, chega-se a:

$$a_0 = b\left[1 - \dfrac{P}{2bt\sigma_0}\right] \tag{A.4}$$

em que a_0 é o comprimento do entalhe ou da trinca correspondente ao escoamento plástico generalizado para uma força P. As Equações A.3 e A.4 também se aplicam a um componente com entalhe em suas duas laterais, como ilustrado nas Figuras A.10 ou 8.12 (b), em que a e b são definidos como empregado nestas equações.

O caso de dobramento puro (b) pode ser verificado pela aplicação da equação $M_0 = tc^2\sigma_0$ da Figura A.15 (b) para a seção líquida de largura $2c = b - a$, ou seja, substituindo $c = (b - a)/2$. Os casos (c) e (d) envolvem uma análise mais demorada em consequência de cada um representar uma situação de flexão e tração combinadas. No curso da análise, as forças e os momentos devem ser somados e a posição do eixo neutro, até então desconhecida, determinada.

EXEMPLO A.1

Verifique a equação para P_0 para o caso (d) da Figura A.16.

Solução

Um diagrama de corpo livre detalhado é mostrado na Figura A.17. A localização, Q, do eixo neutro é desconhecida. Considere que x represente a distância de Q à borda direita, de forma que $c = b - a - x$ é a distância do final do entalhe até Q. Em seguida, some as forças, observando que o corpo livre possui uma espessura uniforme, t. Escolhendo a direção vertical para cima como positiva, temos:

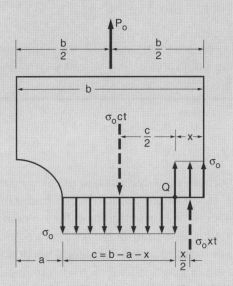

FIGURA A.17 Detalhes geométricos para verificar o resultado da Figura A.16 (d).

$$\Sigma F = 0, \quad P_0 + \sigma_0 xt - \sigma_0 ct = 0$$

Substituindo $c = b - a - x$ e resolvendo para x:

$$x = \frac{1}{2}\left(b - a - \frac{P_0}{\sigma_0 t}\right)$$

Em seguida, some os momentos sobre Q. Escolhendo o sentido horário como positivo, temos:

$$\Sigma M_Q = 0, \quad P_0\left(\frac{b}{2} - x\right) - \sigma_0 xt\left(\frac{x}{2}\right) - \sigma_0 ct\left(\frac{c}{2}\right) = 0$$

Substitua por c, expanda o termo c^2 que está presente e reúna os termos para obter:

$$\frac{P_0}{\sigma_0 t}(b - 2x) - 2x^2 + 2x(b - a) - (b - a)^2 = 0$$

ANEXO Revisão de Tópicos Selecionados da Mecânica dos Materiais

Então, substitua x, conforme encontrado anteriormente, e reúna novamente os termos:

$$\left(\frac{P_0}{\sigma_0 t}\right)^2 + 2a\left(\frac{P_0}{\sigma_0 t}\right) - (b-a)^2 = 0$$

Temos agora uma equação quadrática na variável $P_0/\sigma_0 t$. Aplique a fórmula quadrática padrão (fórmula de Bhaskara) e descarte a raiz negativa, uma vez que esta não permitiria P_0 positivo:

$$\frac{P_0}{\sigma_0 t} = -a + \sqrt{2a^2 - 2ab + b^2}$$

Adotando $\alpha = a/b$, finalmente chegamos ao resultado desejado:

$$P_0 = bt\sigma_0\left[-\alpha + \sqrt{2\alpha^2 - 2\alpha + 1}\right] \qquad \textbf{(Resposta)}$$

A equação quadrática pode ser resolvida para um comprimento de entalhe ou de trinca, a, em vez de para uma força P, o que leva à expressão de a_0, mostrada na Figura A.16, para (d).

A.7.3 Discussão

As forças, momentos e torques para deformação plástica generalizada, apresentados nas Figuras A.15 e A.16, representam estimativas de limite inferior, de modo que os valores reais de carregamento para este tipo de falha no componente podem ser um pouco maiores. Há dois fatores que contribuem para essa situação. Primeiro, o encruamento das curvas tensão-deformação reais aumentará um pouco o valor, pela seguinte razão: no ponto de falha em um componente feito de um material real, as tensões em algumas porções da área de seção transversal excederão o limite de escoamento, σ_0, e se aproximarão do limite de resistência, σ_u. Assim, o carregamento real excederá aquele para uma tensão uniforme em σ_0. O segundo fator contribuinte é que a resistência ao escoamento é, de fato, aumentada se a deformação restrita leva ao desenvolvimento de um estado triaxial de tensões. Este efeito é especialmente prevalente para entalhes afiados ou trincas, se a espessura do componente é suficiente grande para existir um estado de *deformação plana*. Por exemplo, para uma placa com entalhe central, como na Figura A.16 (a), este segundo efeito pode aumentar P_0 em até 15%. E, para um membro entalhado sob dobramento, como na Figura A.16 (b), o aumento em M_0 pode chegar a 45%.

Referências

(a) Referências Gerais

AISC, 2006. *Steel Construction Manual*, 13th ed., Am. Institute of Steel Construction, Chicago, IL.

Beer, F. P., Johnston, E. R., Jr., DeWolf, J. T., and Mazurek, D. 2012. *Mechanics of Materials*, 6th ed., McGraw-Hill, New York.

Boresi, A. P., and Schmidt, R. J. 2003. *Advanced Mechanics of Materials*, 6th ed., John Wiley, Hoboken, NJ, (See also the 2d ed. of this book, same title, 1952, by F. B. Seely and J. O. Smith.).

Pilkey, W. D. 2004. *Formulas for Stress, Strain, and Structural Matrices*, 2d ed., John Wiley, New York.

Timoshenko, S. P., and Goodier, J. N. 1970. *Theory of Elasticity*, 3d ed., McGraw-Hill, New York.

Timoshenko, S. P. 1984. *Strength of Materials, Part I and Part II*, 3d ed., Robert E. Krieger Pub. Co, Malabar, FL.

Young, W. C., Budynas, R. G., and Sadegh, A. 2011. *Roark's Formulas for Stress and Strain*, 8th ed., McGraw-Hill, New York.

(b) Fontes para Fatores de Concentração de Tensão

Hardy, S. J., and Malik, N. H. 1992. *A Survey of Post-Peterson Stress Concentration Factor Data.* Int. Jnl. of Fatigue, 14 (3), 147-153.

Noda, N. -A., and Takase, Y. 2003. *Stress Concentration Formula Useful for Any Dimensions of Shoulder Fillet in a Round Bar Under Tension and Bending.* Fatigue and Fracture of Engineering Materials and Structures, 26 (3), 245-255, See also earlier papers by Noda et al. referenced within..

Noda, N. -A., and Takase, Y. 2006. *Stress Concentration Formula Useful for all Notch Shape in a Round Bar (Comparison Between Torsion, Tension and Bending).* Int. Jnl. of Fatigue, 28 (2), 151-163, See also earlier papers by Noda et al. referenced within..

Peterson, R. E. 1974. *Stress Concentration Factors.* John Wiley & Sons, New York.

Pilkey, W. D., and Pilkey, D. F. 2008. *Peterson's Stress Concentration Factors*, 3d ed., John Wiley, Hoboken, NJ.

Rolovic, R., Tipton, S. M., and Sorem, J. R., Jr. 2001. *Multiaxial Stress Concentration in Filleted Shafts.* Jnl. of Mechanical Design, Trans. ASME, 123, 300-303.

Tipton, S. M., Sorem, J. R., Jr., and Rolovic, R. D. 1996. *Updated Stress Concentration Factors for Filleted Shafts in Bending and Tension.* Jnl. of Mechanical Design, Trans. ASME, 118, 321-327.

ANEXO

Variação Estatística nas Propriedades dos Materiais

B

B.1 Introdução
B.2 Média e desvio padrão
B.3 Distribuição normal ou de Gauss
B.4 Variações típicas nas propriedades dos materiais
B.5 Limites de tolerância unilaterais
B.6 Discussão

B.1 INTRODUÇÃO

Medidas laboratoriais das propriedades dos materiais, como o limite de escoamento ou a tenacidade à fratura, contêm erros aleatórios por várias causas, sejam pequenos erros de calibração, imperfeição na geometria do corpo de prova, alinhamento da máquina de ensaios ou ruídos em componentes eletrônicos. As propriedades também variam com a localização em uma placa ou barra do material, quando esta é grande o suficiente para permitir a extração de vários corpos de prova. Além disso, um material de determinado tipo nominal, como uma liga de alumínio 2024-T351, um policarbonato, ou uma alumina ($Al2O_3$) densa a 99,5%, irá apresentar, em certa medida, variações quanto a composição química, nível de impurezas, tamanho e número de defeitos microscópicos e detalhes exatos de seu processamento. Tais diferenças entre lotes de material similares são uma das principais fontes de variação nas propriedades dos materiais. É tão somente um fato da vida que não existam duas medições, ou amostras de material, que sejam idênticas.

Esta variação nas propriedades dos materiais pode ser submetida a uma análise *estatística* para permitir estimativas da *probabilidade* associada à variação de determinada magnitude. Este apêndice fornece uma breve introdução ao tratamento estatístico das variações nas propriedades dos materiais.

B.2 MÉDIA E DESVIO PADRÃO

Considere uma variável x que tenha variação estatística. Observações repetidas podem ser feitas e a variação obtida traçada como um histograma, como mostrado na Figura B.1. Um histograma é apenas um gráfico de barras mostrando o número de observações de x em função do próprio valor de x. Os valores são geralmente concentrados perto da *média da amostra*, ou valor médio, dada por:

$$\bar{x} = \frac{1}{n} \sum_{i=1}^{n} x_i \tag{B.1}$$

ANEXO Variação Estatística nas Propriedades dos Materiais

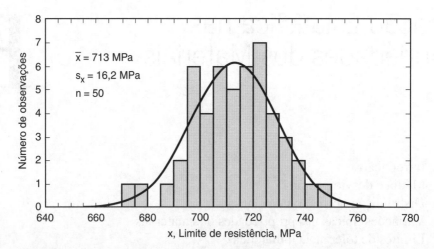

FIGURA B.1 Histograma mostrando variações no limite de resistência de um arame de aço SAE 4340, trefilado e recozido. A curva correspondente para uma distribuição normal também é mostrada.

(Dados de [Haugen 80], p. 5.)

em que *n* é o número total de observações, denominado *tamanho da amostra*, e as x_i, as observações individuais dos valores de *x*.

A variabilidade de *x* pode ser pequena, com a maioria dos valores bastante próxima de $\overline{x}$, ou pode ser grande, com uma ampla variação de valores. O desvio padrão amostral, s_x, é uma medida da amplitude desta variação:

$$s_x = \sqrt{\frac{\sum_{i=1}^{n}(x_i - \overline{x})^2}{n-1}} = \sqrt{\frac{\sum_{i=1}^{n}x_i^2 - n\overline{x}^2}{n-1}} \tag{B.2}$$

As duas formas da equação são matematicamente equivalentes, sendo a segunda mais conveniente para a determinação manual.

O *coeficiente de variação amostral* é outra medida útil da dispersão dos resultados:

$$\delta_x = \frac{s_x}{\overline{x}} \tag{B.3}$$

O coeficiente de variação é uma medida adimensional da incerteza no valor de *x*. Valores de δ_x, com frequência, são expressos como porcentagens – por exemplo, $\delta_x = 0,083 = 8,3\%$. Esta medida é particularmente conveniente, uma vez que seu valor tende a ser relativamente constante para dada propriedade, dentro de uma faixa de valores médios. Por exemplo, o limite de escoamento dos aços tem um valor aproximado de $\delta_x = 7\%$, apesar de os valores médios desta propriedade poderem variar uma ordem de grandeza de dez, dentro de uma faixa de 200 a 2.000 MPa.

Perceba que a média da amostra, $\overline{x}$, e o desvio padrão amostral, s_x, são meras estimativas, baseadas em um número limitado de observações, dos valores reais dessas quantidades dentro de um número infinito de observações. A *média verdadeira* é chamada μ e o *desvio padrão verdadeiro* denominado σ.

Tabela B.1 Dados de Tenacidade à Fratura para Calcário Dolomítico

Nº ensaio	K_{Ic}, MPa $\sqrt{m}$	Teste Nº	K_{Ic}, MPa $\sqrt{m}$
1	1,305	7	1,197
2	1,341	8	1,334
3	1,355	9	1,306
4	1,437	10	1,300
5	1,192	11	1,183
6	1,353		

Fonte: *Dados de [Karafakis 90].*

EXEMPLO B.1

Os resultados de uma série de ensaios de tenacidade à fratura em calcário dolomítico são apresentados na Tabela B.1. Determine os valores da média, desvio padrão e coeficiente de variação da amostra.

Solução

As equações B.1 a B.3 são necessárias, para as quais $n = 11$, e os x_i são os vários valores de K_{Ic}. A realização desses cálculos gera:

$$\bar{x} = 1,300 \text{ MPa } \sqrt{m}, s_x = 0,0797 \text{ MPa } \sqrt{m} \qquad \textbf{(Resposta)}$$

$$\delta_x = s_x / \bar{x} = 0,0613 = 6,13\% \qquad \textbf{(Resposta)}$$

B.3 DISTRIBUIÇÃO NORMAL OU DE GAUSS

Se a variação é aproximadamente simétrica em relação à média, pode ser razoável supor que a forma matemática conhecida como distribuição *normal* ou *gaussiana* seja aplicável. Esta distribuição forma uma curva em forma de sino, como mostrado na Figura B.1.

Para trabalhar com a distribuição normal, é conveniente transformar a variável original, x, na *variável normal padrão*, z:

$$z = \frac{x - \mu}{\sigma} \qquad (B.4)$$

Assim, z tem média zero em relação à média verdadeira, μ. Além disso, sua magnitude é normalizada com relação ao desvio padrão verdadeiro, σ. Desta forma, a unidade os valores de z estão vinculados aos números de desvios-padrão envolvidos. Nesta base, a curva em forma de sino da distribuição normal pode ser descrita pela equação:

$$f(z) = \frac{1}{\sqrt{2\pi}} e^{-z^2/2} \qquad (B.5)$$

que é chamada *função de densidade de probabilidade*.

A área sob a curva $f(z)$ entre o menos infinito $(-\infty)$ e o mais infinito $(+\infty)$ é a unidade. Vamos supor que um grande número de observações seja empregado para determinar $\bar{x}$ e s_x, de modo que esses valores estejam próximos da média verdadeira e do desvio

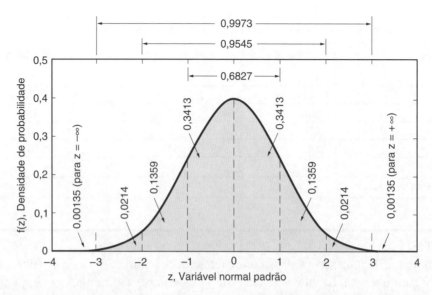

FIGURA B.2 Função de densidade de probabilidade para a distribuição normal. A área total sob a curva de $z = -\infty$ a $+\infty$ é a unidade. São mostradas as frações desta área delimitadas por vários números de desvios padrão.

padrão, respectivamente μ e σ, e também que uma distribuição normal gere uma boa representação dos dados. Pode-se então dizer que qualquer porção da área sob $f(z)$ dê a probabilidade de que z esteja dentro dos valores que formam a área. Os valores das áreas parciais, limitados por valores inteiros de z, são indicados na Figura B.2. Dessas áreas, observa-se que aproximadamente 68% das observações devam cair dentro de um desvio padrão da média – isto é, dentro de $\mu \pm \sigma$. Além disso, espera-se que 95,5% estejam dentro de dois desvios padrão e 99,7% dentro de três. Esses limites e probabilidades para amostras grandes são resumidos na Tabela B.2.

Tabela B.2 Probabilidades para Vários Limites sobre a Média

Limite	Percentual dentro dos Limites
$\mu \pm \sigma$	68,27
$\mu \pm 2\sigma$	95,45
$\mu \pm 3\sigma$	99,73
$\mu \pm 4\sigma$	99,994

Na aplicação dos valores das propriedades dos materiais no projeto de engenharia, é particularmente preocupante que os valores da propriedade em uso, tal como o limite de escoamento ou a tenacidade à fratura, possam variar consideravelmente abaixo da média. Para um grande tamanho de amostra e uma distribuição normal, as áreas sob $f(z)$ também podem ser empregadas para estimar a probabilidade de esta propriedade ser menor do que determinado valor. Por exemplo, a partir da Figura B.2, a probabilidade, P, de que x seja menor que $(\mu - 3\sigma)$ é dada pela área entre $z = -\infty$ (infinito negativo) e $z = -3$, de modo que $P = 0,00135$ ou 0,135%. Uma vez que $1/P \approx 740$, seria de se esperar que, em média, uma amostra em 740 amostras apresente um valor inferior a este limite. As probabilidades adicionais para vários números de desvios padrão abaixo da média são dadas na Tabela B.3 (a).

Tabela B.3 Probabilidades para Vários Valores Abaixo da Média			
Valor Limitante de x	Porcentagem Menor que o Limite, P	Fração Menor que o Limite	Porcentagem Maior que o Limite, R
(a) Para números inteiros de desvios padrão			
μ	50	1/2	50
$\mu - \sigma$	15,9	1/6	84,1
$\mu - 2\sigma$	2,28	1/44	97,72
$\mu - 3\sigma$	0,135	1/740	99,865
$\mu - 4\sigma$	0,00317	1/31.600	99,99683
(b) Para valores particulares de probabilidade			
$\mu - 1,28\sigma$	10	1/10	90
$\mu - 2,33\sigma$	1	1/100	99
$\mu - 3,09\sigma$	0,1	1/1.000	99,9
$\mu - 3,72\sigma$	0,01	1/10.000	99,99

Também é útil identificar limites que correspondam a probabilidades particulares de falha, tais como P = 0,001 = 0,1%, correspondendo a um valor em mil. Limites deste tipo são dados na Tabela B.3(b). Observe que a *confiabilidade* é $R = 1 - P$. Por exemplo, uma probabilidade de falha de $P = 0,001 = 0,1\%$ corresponde a uma confiabilidade de $R = 0,999 = 99,9\%$.

Livros-texto e manuais sobre probabilidade e estatística fornecem tabelas numéricas detalhadas para a distribuição normal que descrevem informações mais completas, semelhantes às das Tabelas B.2 e B.3.

EXEMPLO B.2

A partir de testes de tração em 121 amostras do aço estrutural ASTM A514, o limite de escoamento médio obtido foi de 794 MPa e o desvio padrão foi de 38,6 MPa. Suponha que uma distribuição normal seja aplicável e estime o valor de limite de escoamento para uma confiabilidade de 99%. (Dados de [Kulak 72].)

Solução

Uma confiabilidade de 99% corresponde a uma resistência tal que apenas 1%, ou um em cada 100, dos valores sejam inferiores. A partir da Tabela B.3 (b), este limite corresponde a $\mu - 2,33\sigma$. Se $\overline{x}$ e s_x forem empregados como estimativas de μ e σ, respectivamente, o valor de confiabilidade de 99% é dado por:

$$x_{99} = \overline{x} - 2,33s_x = 794 - 2,33 \times 38,6 = 704 \text{ MPa} \qquad \textbf{(Resposta)}$$

B.4 VARIAÇÕES TÍPICAS NAS PROPRIEDADES DOS MATERIAIS

Para os dados de propriedades dos materiais, tais como limite de escoamento, dureza e tenacidade à fratura, os coeficientes de variação, δ_x, estão geralmente na faixa de 0,05 a 0,20, isto é, de 5% a 20%. Alguns valores típicos para determinadas variáveis de propriedades dos materiais são dados na Tabela B.4. Estes coeficientes são sugeridos por P. H. Wirsching como valores de referência (*default*) para utilização quando não

922 ANEXO Variação Estatística nas Propriedades dos Materiais

Tabela B.4 Coeficientes de Variação Típicos

Variável x	Valor Típico de δ_x, %
Limite de escoamento dos metais	7
Limite de resistência dos metais	5
Módulo de elasticidade dos metais	5
Tenacidade à fratura dos metais	15
Resistência à tração de soldas	10
Resistência à compressão do concreto	15
Resistência da madeira	15
Ciclos para falha por fadiga	50
Taxa de crescimento de trincas por fadiga	50
Resistência para dada vida em fadiga	10

Fonte: *Valores em [Wirsching 96], p. 18.2.*

existirem informações mais específicas. Dados específicos para ensaios de tenacidade à fratura para vários materiais são apresentados na Tabela B.5. Observe que os tamanhos de amostra, n, são dados em adição aos valores de $\bar{x}$, s_x e δ_x. Nota-se que os valores de δ_x para metais variam consideravelmente, e que alguns excedem o valor típico de 15% da Tabela B.4.

Tabela B.5 Variação Estatística da Tenacidade à Fratura

Material	Resistência[1]	Número de Ensaios de K_{Ic}	Tenacidade à Fratura, $x = K_{Ic}$		
			Média	Desvio Padrão	Coeficiente de Variação
	σ_0 ou σ_{uc}, MPa	n	$\bar{x}$, MPa$\cdot\sqrt{m}$	s_x, MPa$\cdot\sqrt{m}$	δ_x, %
(a) Metais[2]					
Aço D6AC (revenido a 540 °C)	1.496	103	70,3	13,3	18,9
Aço 9Ni-4Co-0,20C (T e R)	1.300	27	141,8	11,8	8,3
Liga Al 2024-T351	325	11	34,1	5,6	16,5
Liga Al 7075-T651	505	99	28,6	2,2	7,6
Liga Al 7475-T7351	435	151	51,6	5,4	10,4
Ti-6Al-4V (recozido)	925	43	65,9	6,9	10,5
(b) Rochas e concreto					
Calcário dolomítico (pedra de Hokie)	283	11	1,300	0,080	6,1
Granito "Westerly"	233	9	0,885	0,031	3,5
Vigas de concreto (largura de 1,14 m)	54,4	16	1,191	0,156	13,1

Notas: [1]*O limite de escoamento, σ_0, é empregado para os metais e o limite de resistência à compressão, σ_{uc}, para as rochas e o concreto.* [2]*Todos os dados dos metais são para a orientação L-T (Fig. 8.40).*
Fontes: *Dados em [Boyer 85], p. 6.35; [Karfakis 90]; [MILHDBK 94], p. 2.4, 3.11 e 3.12; e [Shah 95], p. 176.*

O coeficiente de variação tem apelo intuitivo particularmente como uma medida de dispersão que é normalizada para o valor médio. Por exemplo, considere o δ_x típico de 15% para a tenacidade à fratura dos metais e suponha que o valor médio seja conhecido a partir de uma grande amostra. A partir da Tabela B.3(b), existe uma chance de 10% de que um valor seja menor do que $1,28\sigma_x$ abaixo da média. Assim, há uma probabilidade de 10% de que o valor seja $1,28 \times 15\% = 19,2\%$ abaixo da média. Da mesma forma, há uma chance de 1% de que o valor seja $2,33 \times 15\% = 35\%$ abaixo e outra de 0,1% de que seja $3,09 \times 15\% = 46,3\%$ abaixo.

B.5 LIMITES DE TOLERÂNCIA UNILATERAIS

O uso direto da distribuição normal para estimar os limites de probabilidade nas propriedades dos materiais é impreciso, a menos que o tamanho da amostra, n, usado para estabelecer a média e o desvio padrão seja realmente muito grande. Isso decorre do fato de que $\bar{x}$ e s_x, das Equações B.1 e B.2, são apenas estimativas e não os valores verdadeiros de μ e σ para um número infinito de observações, de modo que esses valores contêm erros aleatórios. Esta fonte adicional de erro estatístico pode ser incluída usando *limites de tolerância* para variáveis normalmente distribuídas. É necessário especificar um *nível de confiança*, tal como 90%, 95% ou 99%, para fazer uma estimativa específica.

O valor de x que é excedido $R\%$ das vezes a um nível de confiança C é dado por:

$$x_{R,C} = \bar{x} - k_{R,C}\, s_x \tag{B.6}$$

em que k é o *fator do limite de tolerância unilateral*. O fator k depende do tamanho da amostra, n, e de ambos os valores de R e C. Valores para várias combinações R e C estão disponibilizados em alguns manuais de tabelas estatísticas. Alguns valores para confiabilidade $R = 90$, 99 e 99,9% e para um nível de confiança $C = 95\%$, são dados na Tabela B.6. O nível de confiança de $C = 95\%$ significa que há 95% de chance de que a confiabilidade, R, seja satisfeita. Para um número infinito de observações, note

Tabela B.6 Fatores do Limite de Tolerância Unilateral para Variáveis Distribuídas Normalmente e com 95% de Confiança

Número de Observações n	Nível de Confiabilidade		
	90%	99%	99,9%
	k_{90}	k_{99}	$k_{99,9}$
5	3,41	5,74	7,50
10	2,35	3,98	5,20
20	1,93	3,30	4,32
50	1,65	2,86	3,77
100	1,53	2,68	3,54
200	1,45	2,57	3,40
500	1,39	2,48	3,28
∞	1,28	2,33	3,09

Fontes: *Valores em [Odeh 77], p. 25; e [MILHDBK 94], p. 9.220 a 9.224.*

924 ANEXO Variação Estatística nas Propriedades dos Materiais

que estes valores de k dão os mesmos limites que a Tabela B.3(b). No entanto, para tamanhos de amostras em torno de $n = 100$ ou menos, os limites de tolerância estão significativamente mais distantes da média – isto é, k é significativamente maior – do que para $n = \infty$.

O manual *MMPDS-05* (*Metallic Materials Properties Development and Standardization Handbook*, 2010) fornece fórmulas convenientes para o fator do limite de tolerância unilateral. Particularmente para confiabilidades de $R = 90\%$ e 99%, a um nível de confiança $C = 95\%$, temos:

$$k_{90,95} = 1,282 + \exp[0,958 - 0,520 \ln(n) + 3,19/n] \quad \text{(a)}$$

$$(n \geq 16)$$

$$k_{99,95} = 2,326 + \exp[1,34 - 0,522 \ln(n) + 3,87/n] \quad \text{(b)} \qquad \text{(B.7)}$$

A função $\exp[y]$ denota e^y, em que $e = 2,718\ldots$ e as fórmulas são consideradas precisas apenas para $n \geq 16$. Também, um procedimento para calcular qualquer valor desejado de $k_{R,C}$ é dado no *National Bureau of Standards Handbook* por Natrella (1966).

EXEMPLO B.3

Repita o Exemplo B.2, mas agora inclua a incerteza associada ao tamanho finito da amostra para estimar o limite de escoamento para uma confiabilidade de 99%, dentro de uma confiança de 95%.

Solução

Da Equação B.7(b), o fator do limite de tolerância unilateral é obtido pela substituição do tamanho da amostra de $n = 121$ observações, o que dá $k_{99,95} = 2,65$. O limite da Equação B.6 é, assim:

$$x_{99,95} = \bar{x} - 2,65 s_x = 794 - 2,65 \times 38,6 = 692 \text{ MPa} \qquad \textbf{(Resposta)}$$

Observe que esse limite é menor do que o valor anterior de 704 MPa.

B.6 DISCUSSÃO

As propriedades dos materiais são frequentemente listadas em manuais ou como informações de fornecedores na forma de valores *típicos*, que devem ser interpretados como valores médios. Em outros casos, as propriedades são caracterizadas como valores *mínimos*. Estes não são geralmente derivados da análise estatística; em vez disso, são obtidos examinando um conjunto de dados e selecionando, como critério de julgamento, um valor que se espera ser excedido na maioria dos casos. Tais valores mínimos estão tipicamente a dois ou três desvios padrão abaixo da média. Ocasionalmente, são dados limites que se baseiam em análise estatística. Quando isso é feito, uma possibilidade é um *limite de três sigma*, o que significa um valor $x = \bar{x} - 3 s_x$. Outra possibilidade é um *limite de tolerância unilateral*, $x_{R,C}$, conforme discutido na seção anterior. Esses limites de tolerância são dados para as propriedades de tração de metais no MMPDS-05, no qual também foi feito um ajuste para reduzir uma possível assimetria na distribuição normal.

Um limite de três sigma é frequentemente usado para estabelecer um fator de segurança em tensão para as curvas *S-N* (Seção 9.2.4). Para um δ_x típico de 10% da resistência à fadiga, conforme Tabela B.4, isso corresponde à redução da curva *S-N* em 31% na tensão.

Livros sobre probabilidade e estatística descrevem outras funções de densidade de probabilidade além da normal. Destas, a distribuição de Weibull também é amplamente utilizada para analisar dados de materiais, especialmente quando os dados não se espalham simetricamente sobre a média – isto é, para dados *distorcidos*. Além disso, as quantidades relacionadas com o tempo até a falha, tais como a vida para a ruptura por fluência ou ciclos para falha por fadiga, muitas vezes têm uma distribuição marcadamente distorcida que (às vezes) é representada pela distribuição *lognormal*. Essa distribuição consiste simplesmente em uma distribuição normal na nova variável $y = \log(x)$, em que x é a variável original, como tempo ou ciclos até a falha.

Referências

HAUGEN, E. B. 1980. *Probabilistic Mechanical Design*. John Wiley, New York.

JOHNSON, R. A. 2011. *Miller and Freund's Probability and Statistics for Engineers*, 8th ed., Pearson Prentice Hall, Upper Saddle River, NJ.

MMPDS. 2010. *Metallic Materials Properties Development and Standardization Handbook*, MMPDS-05, U.S. Federal Aviation Administration; distributed by Battelle Memorial Institute, Columbus, OH.(See *http://projects.battelle.org/mmpds*; replaces MIL-HDBK-5.).

NATRELLA, M. G. 1966. *Experimental Statistics*. National Bureau of Standards Handbook 91, U.S. Dept. of Commerce, U.S. Government Printing Office, Washington, DC.

Respostas de Problemas e Questões

SUPLEMENTO AO INSTRUTOR

As próximas páginas oferecem as respostas para os Problemas e as Questões deste livro envolvendo cálculo numérico ou o desenvolvimento de uma nova equação. Quando uma série de valores precisa ser calculada, é dado um conjunto típico destes valores.

CAPÍTULO 1

1.7 $X_1 = 1,38$.
1.8 $X_1 = 1,96$.

CAPÍTULO 3

3.15 **(a)** Madeira pinus = 1, compósito de fibra de carbono = 2; **(b)** Madeira pinus = 1, aço AISI 1020 = 2; **(c)** Madeira pinus ou liga de Al 7075.
3.16 X e massa: compósito de fibra de carbono = 1, liga Ti-6-4 = 2; X e custo: madeira pinus = 1, aço AISI 4340 = 2; ΔL e massa: compósito de fibra de carbono = 1, liga de Al 7075 = 2; ΔL e custo: aço AISI 1020 = 1, madeira pinus = 2; compromisso: liga de Al 7075 ou, negligenciando o custo, compósito de fibra de carbono.
3.17 **(a)** massa: madeira pinus = 1, compósito de fibra de carbono = 2; **(b)** custo: madeira pinus = 1, aço AISI 1020 = 2.
3.18 **(a)** massa: compósito de fibra de carbono = 1, liga Ti-6-4 = 2; custo: madeira pinus = 1, Aço AISI 4340= 2; compromisso: liga de Al 7075 ou compósito de fibra de carbono; **(b)** $t = 1,77$ mm para liga Ti-6-4, até 33,87 mm para policarbonato (PC).
3.19 Liga Ti-6-4, compósito de fibra de vidro, e compósito de fibra de carbono, em função de requisitos posteriores. Particularmente, a liga ti-6-4 e o compósito de fibra de carbono são muito caros. O compósito de fibra de vidro custa 1,8 vez mais que o aço AISI 4340, mas pesa 54% a mais.
3.20 **(c)** aço $h_2 = 35,0$ mm, liga de Ti $h_2 = 30,7$ mm, compósito de fibra de carbono $h_2 = 34,2$ mm; **(d)** o aço é a opção mais barata, o compósito de fibra de carbono é a opção mais leve.

CAPÍTULO 4

4.4 **(a)** Para $P = 91,04$ kN: $\sigma = 331$ MPa; $\varepsilon = 0,00156$; **(b)** $\sigma_0 = 1.167$ MPa; **(c)** $P_{02} = 825$ kN.
4.5 **(a)** $E = 207,3$ GPa; **(b)** $L_A = 200,99$ mm; $L_0 = 200,00$ mm; **(c)** $\varepsilon_p = 0,01581$; **(d)** $L_B = 204,31$ mm; $L_0 = 203,16$mm.

927

928 Respostas de Problemas e Questões

4.6 $E = 71,5$ GPa; $\sigma_0 = 301$ MPa; $\sigma_u = 323$ MPa; $100\varepsilon_f = 14,6\%$; $100\varepsilon_{pf} = 14,3\%$; $\%RA = 56,5\%$.

4.7 $E = 97,7$ GPa; $\sigma_0 = 179$ MPa; $\sigma_u = 240$ MPa; $100\varepsilon_f = 1,17\%$; $100\varepsilon_{pf} = 0,93\%$; $\%RA = 1,86\%$.

4.8 $E = 206,2$ GPa; $\sigma_0 = 831$ MPa; $\sigma_u = 918$ MPa; $100\varepsilon_f = 20,4\%$; $100\varepsilon_{pf} = 20,1\%$; $\%RA = 62,6\%$.

4.9 $E = 201,2$ GPa; $\sigma_0 = 1.520$ MPa; $\sigma_u = 2.047$ MPa; $100\varepsilon f = 8,22\%$; $100\varepsilon pf = 7,28\%$; $\%RA = 7,07\%$.

4.10 $E = 68,7$ GPa; $\sigma_0 = 528$ MPa; $\sigma_u = 597$ MPa; $100\varepsilon_f = 15,3\%$; $100\varepsilon_{pf} = 14,5\%$; $\%RA = 26,4\%$.

4.11 $E = 140,9$ GPa; $\sigma_0 = 412$ MPa; $\sigma_u = 483$ MPa; $100\varepsilon_f = 1,41\%$; $100\varepsilon_{pf} = 1,07\%$.

4.12 $E = 3.530$ MPa; $\sigma_{0u} = 55,9$ MPa; $\sigma_u = 55,9$ MPa; $100\varepsilon_f$ é desconhecido; $100\varepsilon_{pf} = 55$ %; $\%RA = 60,3\%$.

4.13 $E = 2.530$ MPa; $\sigma_{0u} = 63,3$MPa; $\sigma_u = 63,3$MPa; $100\varepsilon_f$ é desconhecido; $100\varepsilon_{pf} = 71\%$; $\%RA = 44,9\%$.

4.14 $E = 3.730$ MPa; $\sigma_{0.2\%} = 38$ MPa; $\sigma_u = 66,3$MPa; $100\varepsilon_f = 3,19\%$; $100\varepsilon_{pf} = 1,41\%$; $\%RA$ pequeno.

4.19 **(a)** Para $\sigma = 1.970$ MPa: $\tilde{\sigma} = 2.029$ MPa; $\tilde{\varepsilon} = 0,0296$; $\tilde{\varepsilon}_p = 0,0195$; **(b)** $H = 3.196$ MPa; $n = 0,1186$; **(c)** $\tilde{\sigma}_f = 2.037$ MPa; $\tilde{\varepsilon}_f = 0,0733$; $\tilde{\varepsilon}_{pf} = 0,0632$; não é consistente.

4.20 **(a)** Para $\sigma = 319$ MPa: $\tilde{\sigma} = 335$ MPa; $\tilde{\varepsilon} = 0,0490$; $\tilde{\varepsilon}_p = 0,0443$; **(b)** $H = 382$ MPa; $n = 0,0418$.

4.21 **(a)** Para $\sigma = 587$ MPa: $\tilde{\sigma} = 622$ MPa; $\tilde{\varepsilon} = 0,0581$; $\tilde{\varepsilon}_p = 0,0490$; **(b)** $H = 749$ MPa; $n = 0,0597$.

4.22 **(a)** $E = 211,9$ GPa; $\sigma_0 = 317$ MPa; $\sigma_u = 576$ MPa; $\%RA = 69,3\%$; **(b)** Para $\sigma = 558$ MPa: $\tilde{\varepsilon} = 0,341$; $\tilde{\sigma}_B = 725$ MPa; $\tilde{\varepsilon}_p = 0,337$; **(c)** $H = 915$ MPa; $n = 0,191$.

4.23 Aço AISI 4142 como temperado; $H = 3.783$ MPa; os outros casos seguem o mesmo procedimento.

4.24 **(c)** $\sigma_u = Hn^n/e^m$.

4.27 **(a)** $E = 100,7$ GPa; $\sigma_{0c} = 394$ MPa; $\sigma_{uc} = 804$ MPa; mudança de comprimento $= -12,9\%$; mudança de área $= 32,6\%$.

4.32 **(b)** $\sigma_u = 2,03 \times 10^{-6} HB^3 - 4,51 \times 10^{-4} HB^2 + 3,33 HB$; **(c)** $\sigma_u = 1,87 \times 10^{-6} HV^3 - 6,62 \times 10^{-4} HV^2 + 3,22 HV$.

4.36 $\sigma_{fb} = \dfrac{3L_1}{4tc^2} P_f, E = \dfrac{L_1(3L^2 - 4L_1^2)}{32tc^3}\left(\dfrac{dP}{dv}\right)$.

4.37 $\sigma_{fb} = 317$ MPa; $E = 336$ GPa.

4.38 $\bar{x} = 418,6$ MPa; $s_x = 45,3$ MPa; $\delta_x = 10,8\%$.

CAPÍTULO 5

5.2 **(a)** $\varepsilon_e = 0,0050$; $\varepsilon_p = 0,0110$; **(b)** Escoa novamente em $(\varepsilon, \sigma) = (0,0060; -600$ MPa$)$.

5.4 $\varepsilon_e = 0,0054$; $\varepsilon_p = 0,0146$.

5.5 $(\varepsilon, \sigma) = (0,0096; 30$ MPa$)$ em $t = 300$ s; $(\varepsilon, \sigma) = (0,0090; 0$ MPa$)$ em $t = 600$ s.

5.7 $(\varepsilon, \sigma) = (0,0133; 40$ MPa$)$ em $t = 0$ s; $(\varepsilon, \sigma) = (0,0230; 40$ MPa$)$ em $t = 86.400$ s.

5.8 $\sigma_i = E_1\varepsilon'; \sigma = \dfrac{\sigma_i}{\left[tBE_1(m-1)\sigma_i^m + 1\right]^{1/(m-1)}}$.

5.9 $t_{50\%} = 19,7$ meses.

5.10 (a) 26,7 MPa; (b) 0,01080; (c) $-0,00367$; (d) 2,47 GPa; (e) 0,340; (f) 0,922 GPa.

5.11 (a) 198,9 MPa; (b) 0,00283; (c) $-0,000976$; (d) 150,42 mm; (e) 39,96 mm.

5.13 (b)$\sigma_x = \dfrac{E}{1-v^2}\left(\varepsilon_x + v\varepsilon_y\right), \sigma_y = \dfrac{E}{1-v^2}\left(\varepsilon_y + v\varepsilon_x\right)$; (c)$\varepsilon_z = -\dfrac{v}{1-v}\left(\varepsilon_x + \varepsilon_y\right)$.

5.14 $\sigma_x = 186{,}0$; $\sigma_y = 152{,}1$; $\tau_{xy} = 41{,}8$ MPa; $\varepsilon_z = -1.659 \times 10^{-6}$.

5.15 $\sigma_x = 22{,}43$; $\sigma_y = -10{,}43$; $\tau_{xy} = 4{,}17$ MPa; $\varepsilon_z = -1.900 \times 10^{-6}$.

5.16 $\sigma_x = -408{,}9$; $\sigma_y = 124{,}0$; $\tau_{xy} = 61{,}5$ MPa; $\varepsilon_z = 394 \times 10^{-6}$.

5.17 $\sigma_x = -7{,}58$; $\sigma_y = -163{,}3$; $\tau_{xy} = 24{,}6$ MPa; $\varepsilon_z = 236 \times 10^{-6}$.

5.18 $\sigma_x = 532$; $\sigma_y = 211$; $\tau_{xy} = 31{,}7$ MPa; $\varepsilon_z = -2.240 \times 10^{-6}$.

5.19 $E = 210$ GPa; $v = 0{,}290$.

5.20 $\Delta r = \dfrac{pr^2\left(1-v\right)}{2tE}, \Delta t = -\dfrac{vpr}{E}$.

5.21 $\dfrac{dV_e}{V_e} = \dfrac{pD(5-4v)}{4tE}$.

5.22 $\dfrac{dV_e}{V_e} = \dfrac{3pD\left(1-v\right)}{4tE}$.

5.23 (a)$E' = \dfrac{E}{1-v\lambda}$.

5.24 (a)$\sigma_x = \sigma_y = \dfrac{v\sigma_z}{(1-v)}$; (b)$E' = \dfrac{E\left(1-v\right)}{\left(1+v\right)\left(1-2v\right)}$.

5.25 (a)$\sigma_z = v\sigma_x\left(1+\lambda\right)$; (b)$E' = \dfrac{E}{1-v\lambda-v^2\left(1+\lambda\right)}$.

5.26 (a) $\sigma_x = \sigma_y = -12{,}26$ MPa; $\varepsilon_z = -4.450 \times 10^{-6}$; $\varepsilon v = -4.450 \times 10^{-6}$; (b) $E' = 4{,}49$ GPa.

5.27 $\sigma_z = -202{,}7$ MPa.

5.28 $\sigma_z = -56{,}0$ MPa; $\varepsilon_x = -53{,}5 \times 10^{-6}$; $\varepsilon_y = -588 \times 10^{-6}$.

5.29 (a) $\sigma_z = -69{,}0$ MPa; $\varepsilon_x = \varepsilon_y = -593 \times 10^{-6}$; $\varepsilon_v = -1.186 \times 10^{-6}$; (b) $E' = 168{,}6$ GPa.

5.30 (a) Para MgO: $\Delta T = -30\ °C$ (choque térmico para baixo), $\Delta T = 182\ °C$ (choque térmico para cima).

5.31 (a) $\varepsilon_x = 1.285 \times 10^{-6}$; $\varepsilon_y = -819 \times 10^{-6}$; $\varepsilon_z = -245 \times 10^{-6}$; $\gamma_{xy} = 1.913 \times 10^{-6}$; (b) $\varepsilon_x = 931 \times 10^{-6}$; $\varepsilon_y = -1.173 \times 10^{-6}$; $\varepsilon_z = -599 \times 10^{-6}$; $\gamma_{xy} = 1.913 \times 10^{-6}$.

5.32 (a) $\varepsilon_x = 988 \times 10^{-6}$; $\varepsilon_y = 121{,}9 \times 10^{-6}$; $\varepsilon_z = -456 \times 10^{-6}$; $\gamma_{xy} = 1.733 \times 10^{-6}$; (b) $\varepsilon_x = 1.508 \times 10^{-6}$; $\varepsilon_y = 642 \times 10^{-6}$; $\varepsilon_z = 64{,}3 \times 10^{-6}$; $\gamma_{xy} = 1.733 \times 10^{-6}$.

5.33 (b) $\Delta T = -11{,}99\ °C$.

5.35 $E_X = 217$; $E_Y = 158{,}7$; $G_{XY} = 59{,}2$ GPa; $v_{XY} = 0{,}312$; $v_{YX} = 0{,}228$.

5.36 $E_X = 31{,}0$; $E_Y = 5{,}65$; $G_{XY} = 2{,}13$ GPa; $v_{XY} = 0{,}286$; $v_{YX} = 0{,}0521$.

5.37 $E_X = 44{,}8$; $E_Y = 8{,}16$; $G_{XY} = 3{,}08$ GPa; $v_{XY} = 0{,}264$; $v_{YX} = 0{,}0481$.

5.38 $E_X = 75{,}8$; $E_Y = 8{,}39$; $G_{XY} = 3{,}15$ GPa; $v_{XY} = 0{,}342$; $v_{YX} = 0{,}0379$.

5.39 $E_X = 132{,}2$; $E_Y = 8{,}54$; $G_{XY} = 3{,}22$ GPa; $v_{XY} = 0{,}252$; $v_{YX} = 0{,}0163$.

5.40 $E_X = 320$; $E_Y = 8{,}66$; $G_{XY} = 3{,}26$ GPa; $v_{XY} = 0{,}252$; $v_{YX} = 0{,}00682$.

5.42 $\varepsilon_X = 2.061 \times 10^{-6}$; $\varepsilon_Y = 1.102 \times 10^{-6}$; $\gamma_{XY} = 9.524 \times 10^{-6}$.

5.43 $\sigma_X = 131{,}2$; $\sigma_Y = -15{,}25$; $\tau_{XY} = 11{,}00$ MPa.

5.44 $\sigma_X = 1.870$; $\sigma_y = 25$ MPa.

930 Respostas de Problemas e Questões

5.45 (a) $E_X = 131,8$ GPa; $\nu_{XY} = 0,327$; $E_Y = 9,61$ GPa; $\nu_{YX} = 0,0189$ sendo que um melhor valor é 0,0238; (b) $E_r = 201$ GPa.

5.46 (a) $V_r = 0,651$; (b) $E_X = 48,0$; $E_Y = 6,48$; $G_{XY} = 2,41$ GPa; $\nu_{XY} = 0,265$; $\nu_{YX} = 0,0358$.

5.47 (a) $V_r = 0,460$; (b) $E_X = 220$; $E_Y = 113,0$; $G_{XY} = 42,5$ GPa; $\nu_{XY} = 0,288$; $\nu_{YX} = 0,1477$.

5.48 (a) $V_r = 0,454$; (b) $E_X = 225$; $E_Y = 112,7$; $G_{XY} = 42,2$ GPa; $\nu_{XY} = 0,315$; $\nu_{YX} = 0,1581$.

5.49 (a) $V_r = 0,471$; (b) $E_X = 250$; $E_Y = 178,6$; $G_{XY} = 67,1$ GPa; $\nu_{XY} = 0,295$; $\nu_{YX} = 0,211$.

5.50 (a) $E_X = 170$ GPa necessita de $E_r = 254$ GPa mín. e $E_Y = 85$ GPa necessita de $Er = 213$ GPa mín.; (b) SiC, Al_2O_3 ou tungstênio.

CAPÍTULO 6

(Nota: As aproximações de parede fina são usadas, sempre que possível, para tubos ou cascas esféricas.)

Prob.	σ_1	σ_2	τ_3	θ_n	$\sigma_{máx}$	$\tau_{máx}$
6.1	65	15	25	18,4° Horário	65	32,5
6.2	140	10	65	33,7° Anti-Hor.	140	70
6.3	56	−116	86	17,8° Anti-Hor.	56	86
6.4	−18,82	−95,2	38,2	22,5° Anti-Hor.	0	47,6
6.5	78,7	−33,7	56,2	16,1° Anti-Hor.	78,7	56,2
6.6	90	40	25	26,6° Horário	90,9	45
6.7	130,4	9,58	60,4	12,2° Horário	130,4	65,2
6.8	89,8	−17,81	53,8	24° Anti-Hor.	89,8	53,8
6.9	60	−16	38	0°	60	38

Nota: Todos os valores, exceto θ_n, são tensões em MPa.

Prob.	σ_1	σ_2	σ_3	τ_1	τ_2	τ_3	$\sigma_{máx}$	$\tau_{máx}$	θ_n
6.10	202	37,5	-60	48,8	131,2	82,5	202	131,2	38° Horário
6.11	140	10	200	95	30,3	65	200	95	33,7° Horário
6.12	103,5	-28,5	30	29,3	36,8	66	103,5	66	18,7° Horário
6.13	65	15	-18	16,50	41,5	25	65	41,5	18,4° Horário
6.14	-33,9	-136,1	20	78	27	51,1	20	78	20,1° Anti-Hor.

Nota: Todos os valores, exceto θ_n, são tensões em MPa. rotação de θ_n no plano x-y dá os eixos principais 1 e 2; o eixo z é o eixo 3.

6.15 (a) $\sigma_{1,2,3} = 40$; -50; 0; $\tau_{máx} = 45,0$ MPa.

6.16 $\sigma_{máx} = 0$; $\tau_{máx} = 83,6$ MPa.

6.17 $\sigma_{máx} = 535$; $\tau_{máx} = 268$ MPa.

6.18 $\sigma_{máx} = 18,0$ MPa sobre qualquer plano normal à superfície; $\tau_{máx} = 9,60$ MPa sobre qualquer plano inclinado a 45° à superfície interior.

6.19 $\sigma_{máx} = 304$; $\tau_{máx} = 157,1$ MPa.

6.20 $\sigma_{máx} = 306$; $\tau_{máx} = 164$ MPa.

6.21 $\sigma_{máx} = 319$; $\tau_{máx} = 201$ MPa.

6.22 $\sigma_{máx} = 281$; $\tau_{máx} = 159,1$ MPa.

6.23 (a) $\tau_{máx} = \dfrac{16}{\pi d^3} \sqrt{M^2 + T^2}$; (b) $d = 52,2$ mm.

6.24 $\sigma_{máx} = 419$; $\tau_{máx} = 251$ MPa.

6.25 $\sigma_{máx} = 130,5$; $\tau_{máx} = 79,6$ MPa.

6.26 (a) $\tau_{máx} = \dfrac{2}{\pi d^2}\sqrt{P^2 + \left(\dfrac{8T}{d}\right)^2}$; (b) $d = 45,8$ mm.

6.27 $\sigma_{máx} = 250$; $\tau_{máx} = 125,0$ MPa.

6.28 (a) $\tau_{máx} = \dfrac{3 p r_1^3 r_2^3}{4 R^3 \left(r_2^3 - r_1^3\right)}$; (b) $\sigma_{1,2,3} = 339; 339; -300$; $\tau_{1,2,3} = 320; 320; 0$ MPa.

6.29 (a) $\tau_{máx} = \dfrac{p r_1^2 r_2^2}{R^2 \left(r_2^2 - r_1^2\right)}$; (b) $\sigma_{1,2,3} = 117,8; 456; -100$; $\tau_{1,2,3} = 278; 138,9; 138,9$ MPa.

6.30 $\tau_{máx} = 151,1$ MPa.

6.31 $\tau_{máx} = 189,9$ MPa.

6.32 (a) Para $R = 160$ mm: $\sigma_r = 81,1$; $\sigma_t = 206$ MPa; (b) $\sigma_{máx} = 338$; $\tau_{máx} = 168,9$ MPa.

Prob.	σ_1	σ_2	σ_3	τ_1	τ_2	τ_3	$\sigma_{máx}$	$\tau_{máx}$
6.33	140	10	0	5	70	65	140	70
6.34	140	10	200	95	30	65	200	95

Nota: Todos os valores são tensões em MPa.

Prob.	l_1	m_1	n_1	l_2	m_2	n_2	l_3	m_3	n_3
6.33	0,555	-0,832	0	0,832	0,555	0	0	0	1
6.34	0,555	0,832	0	-0,832	0,555	0	0	0	1

Prob.	σ_1	σ_2	σ_3	τ_1	τ_2	τ_3	$\sigma_{máx}$	$\tau_{máx}$
6.36	117,5	28,7	-56,2	42,4	86,8	44,4	117,5	86,8
6.37	141,4	0	-141,4	70,7	141,4	70,7	141,4	141,4
6.38	450	0	-400	200	425	225	450	425
6.39	0	-50	150	100	75	25	150	100
6.40	122,5	0	-122,5	61,2	122,5	61,2	122,5	122,5
6.41	88,1	-62,5	-125,6	31,6	106,9	75,3	88,1	106,9
6.42	79,9	30,4	4,74	12,83	37,6	24,7	79,9	37,6
6.43	48,7	3,22	-31,9	17,57	40,3	22,7	48,7	40,3

Nota: Todos os valores são tensões em MPa.

Prob.	l_1	m_1	n_1	l_2	m_2	n_2	l_3	m_3	n_3
6.36	-0,300	0,945	0,1296	0,0803	-0,1103	0,991	0,951	0,308	-0,0428
6.37	0,500	0,500	0,707	0,707	-0,707	0	0,500	0,500	-0,707
6.38	0,485	0,485	0,728	0,707	-0,707	0	0,514	0,514	-0,686
6.39	-0,577	0,577	0,577	0	0,707	-0,707	0,816	0,408	0,408
6.40	0,908	0,0918	0,408	-0,408	0,408	0,816	-0,0918	-0,908	0,408
6.41	0,928	0,1337	0,348	0,325	0,1695	-0,930	-0,1835	0,976	0,1138
6.42	0,28	0,767	-0,577	0,749	0,202	0,631	0,601	-0,609	-0,518
6.43	0,657	-0,612	-0,44	0,449	0,787	-0,423	0,605	0,0807	0,792

932 Respostas de Problemas e Questões

6.44 (a) $\sigma_{1,2,3} = 90,0;\ 130,0;\ -60,0;\ \tau_{máx} = 95,0$ MPa.

6.45 $\sigma_h = 50,0;\ \tau_h = 63,8$ MPa.

6.46 $\sigma_h = 116,7;\ \tau_h = 79,3$MPa.

6.47 $\sigma_{máx} = \dfrac{1}{2}\left(\sigma_x + \sqrt{\sigma_x^2 + 4\tau_{xy}^2}\right);\ \tau_{máx} = \dfrac{1}{2}\sqrt{\sigma_x^2 + 4\tau_{xy}^2}\ ;\ \tau_h = \dfrac{\sqrt{2}}{3}\sqrt{\sigma_x^2 + 3\tau_{xy}^2}\ .$

6.48 $\tau_h = \sqrt{\dfrac{2}{3}}\sqrt{\sigma_x^2 - \sigma_x\sigma_y + \sigma_y^2}\ .$

6.49 $\tau_h = \sqrt{\dfrac{2}{3}}\sqrt{\tau_1^2 + \tau_2^2 + \tau_3^2}\ .$

6.50 $\tau_h = \sqrt{\dfrac{2}{3}\dfrac{pr_1^2 r_2^2}{R^2\left(r_2^2 - r_1^2\right)}}\ .$

6.51 (a) $\tau_h = 125,5$ MPa.

6.53 $\varepsilon_{1,2,3} = 213 \times 10^{-6};\ -783 \times 10^{-6};\ 236 \times 10^{-6};\ \gamma_{1,2,3} = 1.019 \times 10^{-6};\ 23,1 \times 10^{-6};$ 996×10^{-6}.

6.55 $\varepsilon_{1,2,3} = 3.835 \times 10^{-6};\ 124,7 \times 10^{-6};\ -2.237 \times 10^{-6};\ \gamma_{1,2,3} = 2.362 \times 10^{-6};$ $6.072 \times 10^{-6};\ 3.711 \times 10^{-6};$

6.56 $\sigma_x = -103,9;\ \sigma_y = 14,78;\ \tau_{xy} = -176,9;\ \sigma_{máx} = 142,1;\ \tau_{máx} = 186,6$ MPa.

6.57 $\varepsilon_y = \dfrac{1}{3}\left(2\varepsilon_{60} + 2\varepsilon_{120} - \varepsilon_x\right);\ \gamma_{xy} = \dfrac{2}{\sqrt{3}}\left(\varepsilon_{60} - \varepsilon_{120}\right).$

6.58 $\varepsilon_h = \dfrac{\varepsilon_x + \varepsilon_y + \varepsilon_z}{3};\ \gamma_h = \dfrac{2}{3}\sqrt{\left(\varepsilon_x - \varepsilon_y\right)^2 + \left(\varepsilon_y - \varepsilon_z\right)^2 + \left(\varepsilon_z - \varepsilon_x\right)^2 + \dfrac{3}{2}\left(\gamma_{xy}^2 + \gamma_{yz}^2 + \gamma_{zx}^2\right)}.$

CAPÍTULO 7

(Nota: As aproximações de parede fina são usadas, sempre que possível, para tubos ou cascas esféricas.)

7.1 $X_{NT} = 3,45$.

7.2 $X_{NT} = 2,38$.

7.3 $X_{NT} = 5,58$.

7.4 (a) $X_{NT} = 4,86$; (b) $T = 3,81$ kN.m.

7.5 (a) $X_S = 2,33$; (b) $X_H = 2,57$.

7.6 (a) $X_S = 1,787$; (b) $X_H = 2,04$.

7.7 $X_S = 4,17$ ou $X_H = 4,81$.

7.8 (a) $\sigma_{oS} = 1.124$; (b) $\sigma_{oH} = 999$ MPa.

7.9 (a) $\sigma_{oS} = 538$; (b) $\sigma_{oH} = 489$ MPa.

7.10 (a) $\sigma_y = \sigma_o$; (b) $\sigma_y = \sigma_o/2$; (c) $\sigma_y = \sigma_o$; (d) $\sigma_y = \infty$.

7.11 $X_S = 2,27$ ou $X_H = 2,60$.

7.12 $X_S = 1,625$ ou $X_H = 1,643$.

7.13 $X_S = 2,38$ ou $X_H = 2,70$.

7.14 (a) $d_S = \left(\dfrac{32TX}{\pi\sigma_o}\right)^{1/3}$; (b) $d_H = \left(\dfrac{16\sqrt{3}TX}{\pi\sigma_o}\right)^{1/3}$.

7.15 $X_S = 1,542$ ou $X_H = 1,655$.

7.16 $X_S = 1,637$ ou $X_H = 1,692$.

7.17 $X_S = 2{,}74$ ou $X_H = 2{,}91$.

7.18 (a) $X_H = 1{,}770$; (b) $d = 52{,}5$ mm.

7.19 $d_S = 56{,}4$ ou $d_H = 54{,}8$ mm.

7.20 $X_S = 2{,}04$ ou $X_H = 2{,}15$.

7.21 (a) $X_S = 1{,}215$ ou $X_H = 1{,}340$; (b) $d_S = 88{,}5$ ou $d_H = 84{,}5$ mm.

7.22 (a) $X_S = 1{,}752$ ou $X_H = 1{,}915$; (b) $t_S = 2.82$ ou $t_H = 2{,}60$ mm.

7.23 $\text{(a)}\, d_S = \left(\dfrac{32X}{\pi \sigma_o} \sqrt{M^2 + T^2} \right)^{1/3}$; $\text{(b)}\, d_H = \left(\dfrac{16X}{\pi \sigma_o} \sqrt{4M^2 + 3T^2} \right)^{1/3}$.

7.24 (a) $X_S = 0{,}855$ ou $X_H = 0{,}983$; (b) Aço AISI 4142 (rev. a 450 °C): $X_S = 1{,}627$ ou $X_H = 1{,}873$.

7.25 $\text{(a)}\, \sigma_{zS} = \sigma_o$; $\text{(b)}\, \sigma_{zH} = \dfrac{\sigma_o}{\sqrt{1 - v + v^2}}$; $\text{(c)}\, \sigma_{zS} = -260;\ \sigma_{zH} = -292\,\text{MPa}$.

7.26 $\text{(a)}\, \sigma_z = \dfrac{\sigma_o (1 - v)}{1 - 2v}$; (b) o mesmo; $\text{(c)}\, \sigma_z = -444\,\text{MPa}$.

7.27 Se for empregado $\bar{\sigma}_H : \sigma_y = \dfrac{\sigma_o}{\sqrt{1 - \lambda + \lambda^2 + v(v-1)(1+\lambda)^2}}$.

7.28 (a) $\tau_{xyS} = 60{,}6$ ou $\tau_{xyH} = 70$ MPa.

7.29 (a) $\tau_{xyS} = 10{,}0$ ou $\tau_{xyH} = 28{,}9$ MPa.

7.30 $X_S = 2{,}56$ ou $X_H = 2{,}93$.

7.31 $X_S = 2{,}20$ ou $X_H = 2{,}53$.

7.32 (a) $X_S = 1{,}455$ ou $X_H = 1{,}664$; (b) $r_{2S} = 37{,}8$ ou $r_{2H} = 36{,}5$ mm.

7.33 $\text{(a)}\, r_{2S} = \left(\dfrac{\sigma_o}{\sigma_o - 2pX} \right)^{1/2}$ ou $r_{2H} = r_1 \left(\dfrac{\sigma_o}{\sigma_o - \sqrt{3} pX} \right)^{1/2}$; $\text{(b)}\, r_{2S} = 53{,}8$ ou $r_{2H} = 51{,}1$ mm.

7.34 (a) $X_S = X_H = 1{,}587$; (b) $f = 205$ rps (revoluções por segundo).

7.35 (a) $d_S = 52{,}1$ mm; $m_S = 16{,}76$ kg ou $d_H = 50{,}5$ mm; $m_H = 15{,}74$ kg.

7.36 $d_S = 89{,}4$ ou $d_H = 85{,}2$ mm.

7.37 $\text{(a)}\, d_S = \left(\dfrac{32}{\pi \sigma_o} \sqrt{(Y_M M)^2 + (Y_T T)^2} \right)^{1/3}$; $\text{(b)}\, d_H = \left(\dfrac{16}{\pi \sigma_o} \sqrt{4(Y_M M)^2 + 3(Y_T T)^2} \right)^{1/3}$.

7.38 $T = 1.251$ N·m.

7.39 (a) $\sigma'_z = -89{,}7$ MPa.

7.42 (a) $\tau_i = 34{,}6$ MPa; $\mu = 1{,}477$.

7.43 (a) $m = 0{,}794$; $\tau_i = 33{,}4$ MPa; $\mu = 1{,}307$; $\varphi = 52{,}6°$; $\theta_c = 18.71°$; (c) $\sigma'_{uc} = -197{,}3$; $\sigma'_{ut} = 22{,}6$ MPa.

7.44 (a) $m = 0{,}497$; $\tau_i = 9{,}87$ MPa; $\mu = 0{,}572$; $\varphi = 29{,}8°$; $\theta_c = 30{,}1°$; (c) $\sigma'_{uc}\, \sigma = -34$; $\sigma'_{ut}\sigma = 11{,}44$ MPa.

7.45 (a) $m = 0{,}631$; $\tau_i = 11{,}54$ MPa; $\mu = 0{,}814$; $\varphi = 39{,}1°$; $\theta_c = 25{,}4°$; (c) $\sigma'_{uc} = -48{,}5$; $\sigma'_{ut} = 10{,}97$ MPa.

7.46 (a) $h = 4{,}41$; $|\sigma'_{uc}| = 48{,}7$ MPa; (b) $k = 6{,}03$ MPa^{1-a}; $a = 0{,}912$; $|\sigma_{uc}| = 45{,}3$ MPa.

7.48 (b) $\sigma'_{uc} = -1.000$; $\sigma_i = -499$ MPa; (d) $X_{MM} = 1{,}500$; $1{,}304$; $1{,}667$.

7.49 $\sigma_3 = -73{,}2$ MPa.

7.50 (a) $X_{MM} = 2{,}38$; (b) $\sigma_x = \sigma_y = -5{,}37$ MPa.

7.51 (a) $X_{MM} = 11{,}18$; (b) $X_{MM} = 1{,}885$; (c) $X_{MM} = 9{,}59$.

7.52 (a) $X_{MM} = 1{,}880$; (b) $p = 33{,}4$ MPa.

934 Respostas de Problemas e Questões

7.53 (a) $X_{MM} = 2,80$; (b) $X_{MM} = 1,893$; (c) $\sigma_z = -10,63$MPa.
7.54 $T = 2,22$ kN·m.
7.55 (a) $P = 3.260$ kN (compressiva); (b) $P = 1.132$ kN (compressiva)
7.56 (a) $X_{MM} = 5,04$; (b) $X_{MM} = 3,80$.

CAPÍTULO 8

(Nota: Os valores aproximados de F para trincas pequenas são usados, sempre que possível.)

8.1 (b) $a_t = 17$ mm; $a_t = 0,20$ mm; respectivamente.
8.2 (c) $a_t = 1,15$ mm; $a_t = 35,4$ mm; respectivamente.
8.3 (a) Para o aço AISI 1140; $a_t = 4,75$ mm.
8.4 (a) Para o aço AISI 1140; $a_t = 4,75$ mm; para o nitreto de silício (Si_3N_4); $a_t = 0,049$ mm.
8.6 Com $\alpha = 0,9$; $F_a = 2,574$; $F_b = 2,528$; $F_c = 2,113$.
8.7 (a) $X_K = 2,51$; (b, c) $X'_o = 2,35$.
8.8 (a) $X_K = 2,48$; $X'_o = 2,88$; (b) $X_K = 1,11$; $X'_o = 1,44$.
8.9 (a) $X_K = 2,45$; (b) $X_K = 0,833$; (c) $a = 17,55$ mm; (d) $a = 2,68$ mm; (e) $X'_o = 3,37$.
8.10 (a) $P = 5,07$ kN; (b) $a = 4,81$ mm.
8.11 (a) $a = 1,624$ mm; (b) $a = 10,13$ mm; (c) $X'_o = 3,55$ e $3,41$; respectivamente.
8.12 $a = 24,3$ mm.
8.13 (a) $K_{Ic} = 33,2$ MPa$\sqrt{m}$; (b) $\sigma_o = 200$ MPa.
8.14 (a) $P = 189,9$ kN; (b) $P = 201$ kN.
8.15 (a) $X_K = 3,34$; $X'_o = 2,21$; (b) $X_K = 1,493$; $X'_o = 1,866$.
8.16 (a) $X_K = 2,21$; $X'_o = 2,82$; (b) $b = 50,4$ mm.
8.17 Usando $\alpha = a / b$: (a) $P_o = \pi b^2 \sigma_o (1-a)^2$; (b) $M_o = \dfrac{4}{3} b^3 \sigma_o (1-\alpha)^3$.
8.18 $M = 8,11$ kN·m.
8.19 $X_K = 1,652$; $X_o = 3,56$.
8.20 (a) $M = 146,4$ kN·m.
8.21 (b) $X_K = 2,61$; (c) $a = 1,132$ mm; (d) $a = 3,64$ mm.
8.22 (a) $X_K = 3,05$; $X'_o = 5,22$ (ignorando a trinca).
8.23 (a) $X_K = 1,260$.
8.24 (a) $a = 7,92$ mm; (b) $a = 0,647$ mm; (c) $X_a = 12,25$.
8.25 (a) $t = 21,4$ mm; (b) $X'_o = 2,06$.
8.26 (b) $X_K = 3,53$; (c) $a = 0,389$ mm.
8.27 (a) $d_o = 47,9$ mm; (b) $d_c = 54,7$ mm; (c) $d = 54,7$mm.
8.28 (a) $X_K = 5,87$; (b) $X_K = 4,05$ (usando o valor de F exato).
8.29 $P = 92,2$ kN.
8.30 (a) $P = 112,6$ kN; (b) $P = 70,4$ kN.
8.31 $p = 1,236$ MPa.
8.32 (a) Para $\alpha = 0,1$; $F_{P2} = 1,040$; para $\alpha = 0,8$; $F_{P2} = 1,272$.
8.33 $X_K = 2,91$; $X'_o = 3,16$.
8.34 (a) $X_o = 6,27$; $X_a = 2,99$; (b) $X_o = 2,74$; $X_a = 24,7$; (c) $K_{Ic} = 112,8$ MPa$\sqrt{m}$; (d) $XK = 3,00$.
8.35 $X_K = 3,04$; $X_{oH} = 2,01$.
8.36 $X_K = 3,14$; $X_o = 4,15$.
8.37 Na ordem dos materiais, mostrada na Figura 8.35: $a = 37,3$; $11,71$; $9,71$; $3,10$ mm

8.38 (a) $M_o = 6{,}40$ kN m; (b) $M_c = 1{,}721$ kN m.

8.39 (a) $S_{gc} = 46{,}6$ MPa; (b) $S_{go} = 82{,}8$ MPa.

8.40 (a) $X_o = 2{,}07$; $X_K = 7{,}20$; (b) para $d = 53{,}5$ mm; $X_o = 3{,}28$; $X_K = 3{,}00$.

8.41 (a) Para o vidro de silicato de sódio : $\Delta T = -23{,}7°C$; (b) $f_2 = \dfrac{K_{Ic}\,(1-v)}{E\alpha}$.

8.42 (a) $d_o = 45{,}9$ mm; $d_c = 29{,}4$ mm; (b) $d = 45{,}9$ mm; (c) $d = 38{,}7$ mm; $\sigma_o = 1.340$ MPa; (d) para $a = 0{,}50$ mm: $d = 37{,}9$ mm; $\sigma_o = 1.420$ MPa; para $a = 2{,}0$ mm: $d = 39{,}3$ mm; $\sigma_o = 1.275$ MPa.

8.46 $X_K = 3{,}10$.

8.47 (a) Não são aplicáveis nem o estado de deformação plana nem a MFLE; (b) $2r_{o\sigma} = 1{,}33$ mm.

8.48 (a) $K_Q = 37{,}5\ \text{MPa}\sqrt{\text{m}}$; (b) Não são aplicáveis nem o estado de deformação plana nem a MFLE.

8.49 (a, b) $K_Q = K_{Ic} = 49{,}7\ \text{MPa}\sqrt{\text{m}}$; (c) $2r_{o\varepsilon} = 0{,}1378$ mm.

8.50

ensaio	K_Q MPa$\sqrt{\text{m}}$	Deformação Plana?	$2r_{o\sigma}$ mm	$2r_{o\varepsilon}$ mm	MFLE Aplicável?	P_o kN	Escoamento Plástico Generalizado?
1	31,9	Não	1,274	–	Sim	7,41	Não
2	29,7	Não	1,102	–	Sim	15,2	Não
3	23,5	Sim, K_{Ic}	–	0,230	Sim	48,3	Não

8.51 (a) Se $a < (b - a)$, h; então, $S_g/\sigma_o = 1/(2F)$; (b) $S_g/\sigma_o = 0{,}500;\ 0{,}446;\ 0{,}785$, respectivamente.

8.52 Para $a_c = 3{,}00$ mm: (a) $S_{gK} = 680$ MPa; (b) $S_{gKe} = 498$ MPa.

CAPÍTULO 9

9.3 (a) $D = \dfrac{\sigma_1 - \sigma_2}{\log N_1 - \log N_2}$; $C = \sigma_1 - D \log N_1$; (b) $D = -170{,}0$ MPa; $C = 1.450$ MPa.

9.4 (b) $\sigma'_f\sigma = 661$ MPa; $b = -0{,}0778$.

9.5 (b) $\sigma'_f = 2.225$ MPa; $b = -0{,}1256$.

9.6 (b) $\sigma'_f = 1.559$ MPa; $b = -0{,}0850$.

9.7 (b) $\sigma'_f = 202$ MPa; $b = -0{,}1086$.

9.8 (b) $\sigma'_f\sigma = 1.749$ MPa; $b = -0{,}1591$.

9.9 (a) $X_N = 3{,}00$; $X_S = 1{,}113$.

9.10 (a) $X_S = 1{,}172$; $X_N = 4{,}74$; (b) $\hat{N} = 1.418$ ciclos.

9.11 $\hat{N} = 2{,}86 \times 10^4$ ciclos; $X_N = 18{,}88$.

Prob.	N_f , ciclos		
	(a)	(b)	(c)
9.21	$3{,}38 \times 10^5$	$2{,}02 \times 10^5$	$5{,}46 \times 10^5$
9.22	$3{,}38 \times 10^5$	$9{,}07 \times 10^4$	$2{,}72 \times 10^6$
9.23	$3{,}38 \times 10^5$	$1{,}682 \times 10^5$	$1{,}019 \times 10^6$
9.24	$1{,}941 \times 10^5$	$6{,}42 \times 10^4$	$5{,}26 \times 10^5$
9.25	$1{,}941 \times 10^5$	$4{,}02 \times 10^4$	$1{,}905 \times 10^6$
9.26	$1{,}941 \times 10^5$	$6{,}45 \times 10^4$	$9{,}60 \times 10^5$
9.27	$1{,}268 \times 10^6$	$2{,}34 \times 10^5$	$5{,}36 \times 10^6$
9.28	$1{,}268 \times 10^6$	$1{,}737 \times 10^5$	$3{,}79 \times 10^7$

936 Respostas de Problemas e Questões

9.29 Para σ_a em MPa: **(a)** $\sigma_a = 838(2N_f)^{-0,0648}$; **(b)** $\sigma_a = 938(2N_f)^{-0,0648}$; **(c)** $\sigma_a = 1.038(2N_f)^{-0,0648}$.

9.30 Para sa in MPa : (a) $N_f = \dfrac{1}{2}\left(\dfrac{\sqrt{(\sigma_a+100)\sigma_a}}{900}\right)^{1/-0,102}$; (b) $N_f = \dfrac{1}{2}\left(\dfrac{\sigma_a}{900}\right)^{1/-0,102}$;

(c) $N_f = \dfrac{1}{2}\left(\dfrac{\sqrt{(\sigma_a-100)\sigma_a}}{900}\right)^{1/-0,102}$.

9.31 **(a)** Para $\sigma_a = 379$ e $\sigma_m = 621$ MPa: $\sigma_{ar} = 550$ MPa; $\sigma_a/\sigma_{ar} = 0,690$.

9.32 Para $\sigma_a = 379$ e $\sigma_m = 621$: **(a)** $\sigma_{ar} = 616$; **(b)** $\sigma_{ar} = 532$ MPa.

9.33 Para $\sigma_a = 293$ e $\sigma_m = 592$: **(a)** $\sigma_{ar} = 685$; **(b)** $\sigma_{ar} = 548$; **(c)** $\sigma_{ar} = 399$; **(d)** $\sigma_{ar} = 509$ MPa.

9.34 Para $\sigma_a = 447$ e $\sigma_m = 267$: **(a)** $\sigma_{ar} = 593$; **(b)** $\sigma_{ar} = 536$; **(c)** $\sigma_{ar} = 539$; **(d)** $\sigma_{ar} = 565$ MPa.

9.35 Para $\sigma_{máx} = 469$ MPa e $R = 0,60$: **(a)** $\sigma_{ar} = 383$; **(b)** $\sigma_{ar} = 257$; **(c)** $\sigma_{ar} = 119,4$; **(d)** $\sigma_{ar} = 210$ MPa.

9.36 $X_S = 1,606$; $X_N = 501$, pela eq. de Morrow; $X_S = 1,473$; $X_N = 160,6$, por SWT.

9.37 $X_S = 1,763$; $X_N = 260$, por SWT.

9.38 $X_S = 1,609$; $X_N = 130,0$, pela eq. de Morrow; $X_S = 1,530$; $X_N = 77,9$, por SWT.

9.39 Por SWT: **(a)** $X_N = 29,4$; **(b)** $Y_m = 3,65$; pela eq. de Morrow: **(a)** $X_N = 85,7$; **(b)** $Y_m = 3,64$.

9.40 Pela eq. de Morrow: **(a)** $X_N = 4.030$; **(b)** $Y_a = 2,47$; por SWT: **(a)** $X_N = 344$; **(b)** $Y_a = 2,35$.

9.41 Por SWT e $\overline{\sigma}_H$: **(a)** $p = 15,65$ MPa; **(b)** $X_H = 1,71$.

9.42 **(a)** $N_f = 284.000$ ciclos; **(b)** $X_o = 1,122$; **(c)** $d = 52,5$ mm; **(d, e)** $d = 55,1$ mm.

9.43 $N_3 = 3.930$ ciclos.

9.44 $B_f = 160.500$ repetições, conforme SWT.

9.45 $B_f = 49,8$ repetições, conforme Morrow ou 375 repetições, conforme SWT.

9.46 $B_f = 21.200$ repetições, conforme Morrow ou 3.520 repetições, conforme SWT.

9.47 $B_f = 1.775$ repetições, conforme Morrow ou 742 repetições, conforme SWT.

9.48 $B_f = 101.100$ repetições, conforme Morrow ou 53.300 repetições, conforme SWT.

9.49 $B_f = 2.280$ repetições, conforme Morrow ou 3.080 repetições, conforme SWT.

9.50 $B_f = 4.110$ repetições, conforme Morrow ou 2.770 repetições, conforme SWT.

9.51 **(a)** $B_f = 36.300$ repetições, conforme SWT; **(b)** $X_S = 1,442$; $X_N = 36,3$.

9.52 $B_f = 3.260$ repetições, conforme SWT.

9.53 $X_S = 1,215$; $X_N = 6,52$.

9.54 Por SWT: **(a)** $B_f = 1,538 \times 10^9$ reversões; 128.200 h; **(b)** $Y = 1,541$ para 2.000 h; pela eq. de Morrow: **(a)** $B_f = 5,96 \times 10^9$ reversões; 497.000 h; **(b)** $Y = 1,725$ para 2.000 h.

CAPÍTULO 10

(Nota: É empregada a equação de Peterson para determinar k_f, a menos que seja indicada a equação de Neuber.)

10.2 $k_t = 3,10$; $k_f = 1,69$ ou $k_f = 1,85$, por Neuber.

10.3 $k_t = 1,62$; $k_f = 1,47$; $S_{er} = 91$ MPa ou $k_f = 1,39$; $S_{er} = 96$ MPa, por Neuber.

10.4 $k_t = 2,40$; $k_f = 2,33$, $S_{er} = 168$ MPa ou $k_f = 2,20$; $Ser = 178$ MPa, por Neuber.

10.5 $k_t = 2,13$; $k_f = 2,11$; $P_a = 14,7$ kN ou $k_f = 2,04$; $P_a = 15,3$ kN, por Neuber.

10.6 $k_t = 2,40$; $k_f = 2,31$; $M_a = 815$ N.m ou $k_f = 2,24$, $M_a = 842$ N.m, por Neuber.

10.7 $k_t = 2,53$; $k_f = 2,31$; $P_a = 2,70$ kN ou $k_f = 2,07$; $P_a = 3,01$ kN, por Neuber.

10.8 $k_t = 1,78$; $k_f = 1,75$; $M_a = 124$ N.m ou $k_f = 1,71$; $M_a = 127$ N.m, por Neuber.

10.10 $M_a = 72,6$ N.m;

10.11 (a) $M_a = 10,4$ N.m; (b) $\rho = 2,63$ mm ou (a) 10,6 N.m; (b) 1,91mm, por Neuber.

10.12 $Ta = 140,5$ N.m, por Juvinall.

10.14 (a) $S_a = 1.013 - 156,7 \log (N_f)$ MPa; (b) $N_f = 23.100$ ciclos, pela Equação 10.21; ou 22.500 ciclos, pela Equação 10.28.

10.15 (a) $S_{máx} = 356$ MPa; (b) $S_{máx} = 325$ MPa.

10.16 (a) $M_a = 7,71$ N.m; (b) $M_a = 7,76$ N.m.

10.17 (a) $P_m = 33,9$ kN; (b) $P_m = 10,26$ kN.

10.18 $X_S = 1,83$; $XN = 22,5$, pela Equação 10.21 ou $X_S = 1,74$; $X_N = 20,0$, pela Equação 10.28.

10.19 $M_a = 10,05$ N.m, pela Equação 10.21 ou $M_a = 7,22$ N.m, pela Equação 10.28.

10.20 (a) $X_S = 1,43$; (b) $\rho = 1,65$ mm, pela Equação 10.28.

10.21 Para $S_{máx} = 207$ e $S_m = 69$ MPa: (a) $S_{ar} = 159,9$ MPa; (b) $S_{ar} = 169,0$ MPa; (c) $k_f = 1,92$, por Neuber, $k_{fm} = 1,55$; $S_{ar} = 175,3$ MPa.

10.22 Para $S_{máx} = 224$ e $S_m = 138$ MPa: (a) $S_{ar} = 113,3$ MPa; (b) $S_{ar} = 138,8$ MPa.

10.23 $A = 1.312$ MPa; $B = -0,208$; $\gamma = 0,775$.

10.24 $A = 2.066$ MPa; $B = -0,1280$; $\gamma = 0,472$.

10.25 $A = 799$ MPa; $B = -0,1996$; $\gamma = 0,479$.

10.26 $A = 1.811$ MPa; $B = -0,1074$; $\gamma = 0,652$.

10.27 $A = 2.283$ MPa; $B = -0,1404$; $\gamma = 0,545$.

10.28 $A = 1.536$ MPa; $B = -0,0924$; $\gamma = 0,782$.

10.29 $A = 2.035$ MPa; $B = -0,1844$, $\gamma = 0,530$.

10.30 (a) $\sigma_{ar} = 1.515 \, N_f^{-0,1271}$ MPa ($10^3 \leq N_f \leq 10^6$); (b) $N_f = 10.790$ ciclos.

10.31 (a) $\sigma_{ar} = 681 \, N_f^{-0,0934}$ MPa ($10^3 \leq N_f \leq 10^6$); (b) $N_f = 1,31 \times 10^7$ ciclos.

10.32 $X_S = 1,70$; $X_N = 40,2$.

10.33 (a) $S_{ar} = 417 \, N_f^{-0,0739}$; (b) $S_{ar} = 536 \, N_f^{-0,0962}$ MPa ($10^3 \leq N_f \leq 10^6$).

10.34 (a) $S_{ar} = 473 \, N_f^{-0,0739}$; (b) $S_{ar} = 603 \, N_f^{-0,0956}$ MPa ($10^3 \leq N_f \leq 10^6$).

10.35 $S_{ar} = 353 \, N_f^{-0,0873}$ MPa ($10^3 \leq N_f \leq 10^6$), por Neuber.

10.36 $X_S = 1,26$ de projetado; $X_S = 1,00$ real, por Juvinall e Neuber.

10.37 (a) $B_f = 10,88$ repetições para $S_{máx} = 240$ MPa; $B_f = 19,05$ repetições para $S_{máx} = 209$ MPa.

10.38 (a) $B_f = 1.707$ repetições; (b) $X_N = 5,69$; $X_S = 1,458$.

10.39 (a) $B_f = 2.940$ repetições; (b) $X_N = 4,90$; $X_S = 1,412$.

10.40 (a) $B_f = 8,19$ repetições.

10.41 (a) $B_f = 7,45$ repetições.

10.42 (a) $B_f = 3,56$; 79,7; 3.240 repetições, respectivamente, pela Equação 10.30.

10.43 (a) $B_f = 203$ anos; (b) $X_N = 2,71$; $X_S = 1,393$.

10.44 (a) $\Delta S_q = 20,6$ MPa; (b) $B_f = 140,5$ anos; $X_N = 1,874$; $X_S = 1,233$; (c) 23 anos.

CAPÍTULO 11

(Notas: Para a Equação 11.32, F é aproximado como F_i. Onde possível, os valores de F são variados para encontrar a.)

Prob.	m	$C, \dfrac{\text{mm/ciclo}}{\left(\text{MPa}\sqrt{m}\right)^m}$	Prob.	m	$C, \dfrac{\text{mm/ciclo}}{\left(\text{MPa}\sqrt{m}\right)^m}$
11.1	3,16	$2,12 \times 10^{-9}$	**11.7 (b)**	3,01	$9,38 \times 10^{-8}$
11.2	2,69	$1,31 \times 10^{-8}$	**11.8 (b)**	2,37	$4,13 \times 10^{-8}$
11.3	24,0	$3,84 \times 10^{-19}$	**11.9**	4,33	$1,296 \times 10^{-8}$
11.4	6,34	$1,53 \times 10^{-6}$	**11.10 (a)**	3,56	$3,77 \times 10^{-8}$
11.5 (b)	2,90	$5,18 \times 10^{-8}$	**11.11**	3,53	$4,59 \times 10^{-9}$
11.6 (b)	3,18	$9,51 \times 10^{-9}$	**11.12 (a)**	2,66	$1,396 \times 10^{-8}$

11.13 (a) $C_0 = 3,29 \times 10^{-8}$; $C_{0,5} = 4,69 \times 10^{-8}$; $C_{0,8} = 7,50 \times 10^{-8}$ mm/ciclo/$(\text{MPa}\sqrt{m})^m$;
(b) 1,426 para $R = 0,5$ e 2,28 para $R = 0,8$.

11.14 $C_{0,5} = 6,80 \times 10^{-8}$ mm/ciclo/$(\text{MPa}\sqrt{m})^m$.

11.15 $p = m\gamma$; $q = m(1 - \gamma)$.

11.16 (a) $m = 4,24$; $\gamma = 0,735$; $C_0 = 8,20 \times 10^{-11}$ mm/ciclo/$(\text{MPa}\sqrt{m})^m$.

11.17 (a) $m = 2,46$; $\gamma = 0,762$; $C_0 = 2,57 \times 10^{-8}$ mm/ciclo/$(\text{MPa}\sqrt{m})^m$.

11.18 (b) $m = 4,07$; $\gamma = 0,738$; $C_0 = 1,536 \times 10^{-10}$ mm/ciclo/$(\text{MPa}\sqrt{m})^m$.

11.19 (b) $m = 2,96$; $\gamma = 0,553$; $C_0 = 4,08 \times 10^{-8}$ mm/ciclo/$(\text{MPa}\sqrt{m})^m$.

11.20 (b) $m = 2,50$; $\gamma = 0,781$; $C_0 = 2,52 \times 10^{-8}$ mm/ciclo/$(\text{MPa}\sqrt{m})^m$.

11.22 $\overline{\Delta K}_{th} = 7,11\ \text{MPa}\sqrt{m}$; $\gamma_{th} = 0,218$.

11.26 $N_{if} = \dfrac{In\left(a_f/a_i\right)}{\pi C \left(F\,\Delta S\right)^2}$.

11.27 $N_{if} = \dfrac{1}{C}\left(\dfrac{t\sqrt{\pi}}{\Delta P}\right)^m \dfrac{a_f^{1+m/2} - a_i^{1+m/2}}{1 + m/2}$.

11.28 $N_{if} = \dfrac{a_f - a_i}{C}\left(\dfrac{t\sqrt{b}}{0,89\,\Delta P}\right)^m$.

11.29 $N_{if} = \dfrac{(1-R)K_c\left(a_f^{1-m_2/2} - a_i^{1-m_2/2}\right)}{C_2\left(F\,\Delta S\sqrt{\pi}\right)^{m_2}\left(1 - m_2/2\right)} - \dfrac{a_f^{1,5-m_2/2} - a_i^{1,5-m_2/2}}{C_2\left(F\,\Delta S\sqrt{\pi}\right)^{m_2-1}\left(1.5 - m_2/2\right)}\ (m \neq 2, m \neq 3)$.

11.30 $N_{if} = \dfrac{1}{\pi C\,\Delta S^2}\left(\text{In}\sin\dfrac{\pi a_f}{2b} - \text{In}\sin\dfrac{\pi a_i}{2b}\right)$.

11.31 $N_{if} = 46.600$ ciclos.

11.32 $N_{if} = 86.100$ ciclos.

11.33 $N_{if} = 16.730$ ciclos.

11.34 (a) $N_{if} = 98.800$ ciclos; (b) $X_N = 0,494$; (c) $N_{if} = 32.900$ ciclos.

11.35 $N_{if} = 38.900$ ciclos.

11.36 $N_{if} = 4.240$ ciclos.

11.37 $a_i = 0,473$ mm.

11.38 $\Delta P = 275$ kN.

Respostas de Problemas e Questões **939**

11.39 (a) $a_i = 0,883$ mm; (b) para $X_N = 5,0$; $Np = 20.000$ ciclos.
11.40 (a) $N_{if} = 67.600$ ciclos; (b) $a_d = 0,400$ mm.
11.41 $N_{if} = 84.800$ ciclos.
11.42 $N_{if} = 1.346.000$ ciclos.
11.43 (a) $a_f = 28,8$ mm; (b) $N_{if} = 739.000$ ciclos.
11.44 $N_{if} = 45.400$ ciclos.
11.45 $a_i = 0,548$ mm.
11.46 $N_{if} = 2.615.000$ ciclos.
11.47 $N_{if} = 1.805.000$ ciclos.
11.48 (a) $N_{if} = 425.000$ ciclos; (b) $X_K = 2,97$.
11.49 $N_{if} = 1.493.000$ ciclos.
11.50 $B_{if} = 3.760$ repetições.
11.51 $B_{if} = 5,16$ repetições.
11.52 $B_{if} = 109,8$ repetições.
11.53 $B_{if} = 1.700$ repetições.
11.54 $B_{if} = 1.509$ repetições.
11.55 (a) $X_K = 3,41$; $X'_o = 2,28$.
11.56 (a) $N_{if} = 56.800$ ciclos; (b) $X_N = 0,946$; (c) $a_d = 0,268$ mm; (d) $N_p = 18.930$ ciclos; (e) $S_{novo}/S_{anterior} = 0,720$.
11.57 (a) $N_{if} = 465.000$ ciclos; (b) $X_N = 0,465$; (c) $N_p = 155.100$ ciclos; (d) $a = 1,70$ mm; (e) $X_K = 11,29$; $X'_o = 2,22$.
11.58 Vidro de silicato de sódio no ar: $n = 20,3$; $A = 1,67$ m/s/(MPa$\sqrt{m}$)^n; vidro de expansão ultrabaixa na água: $n = 36,5$; $A = 2,05 \times 10^7$ m/s/(MPa$\sqrt{m}$)^n.
11.59 $t_{if} = (C_2/S)^{20,3}$ para t_{if} em segundos; S em MPa; $C_2 = 166,1$; $121,5$; $88,9$ para $a_i = 5$; 10; 20 μm, respectivamente.

CAPÍTULO 12

12.1 $E = 199.700$ MPa; $\sigma_o = 703$ MPa; $\delta = 0,00816$.
12.2 $E = 206.900$ MPa; $\sigma_o = 1.103$ MPa; $\delta = 0,01547$.
12.3 Equação 12.1: $E = 206.200$ MPa; $\sigma_o = 830$ MPa.
12.4 Equação 12.8: $E = 201.300$ MPa; $H_1 = 1.759$ MPa; $n_1 = 0,0468$.
12.5 Equação 12.12: $E = 140.900$ MPa; $H = 820$ MPa; $n = 0,1105$.
12.6 Equação 12.12: $E = 71.500$ MPa; $H = 337$ MPa; $n = 0,01851$.
12.7 Equação 12.12: $E = 198.400$ MPa; $H = 3.020$ MPa; $n = 0,1093$.
12.8 Equação 12.12: $E = 97.700$ MPa; para $\sigma \leq 173,0$ MPa: $H = 2.060$ MPa; $n = 0,382$; para $\sigma \geq 173.0$ MPa: $H = 592$ MPa; $n = 0,1898$.
12.9 Parábola: $\sigma = -53.800\varepsilon^2 + 3.790\varepsilon$ MPa

12.11 $\dfrac{\Delta r}{r} = \dfrac{(1-v)\,pr}{2t\,E} + \dfrac{1}{2}\left(\dfrac{pr}{2t\,H}\right)^{1/n}$.

12.12 $\dfrac{dV_e}{V_e} = \dfrac{(5-4v)\,pr}{2t\,E} + \sqrt{3}\left(\dfrac{\sqrt{2}\,pr}{2t\,H}\right)^{1/n}$.

12.13 $\varepsilon_1 = (1-v\lambda)\dfrac{\sigma_1}{E}\,(\bar{\sigma} \leq \sigma_o)$;

$$\varepsilon_1 = \lambda(0,5-v)\dfrac{\sigma_1}{E} + (1-0,5\lambda)(1-\lambda+\lambda^2)^{(1-n_1)/(2n_1)}\left(\dfrac{\sigma_1}{H_1}\right)^{1/n_1}(\bar{\sigma} \leq \sigma_o).$$

940 Respostas de Problemas e Questões

12.14 $\varepsilon_2 = (\lambda - \nu)\dfrac{\sigma_1}{E} + (\lambda - 0,5)(1 - \lambda + \lambda^2)^{(1-n)/(2n)}\left(\dfrac{\sigma_1}{H}\right)^{1/n}$;

$\varepsilon_3 = -\nu(1+\lambda)\dfrac{\sigma_1}{E} - 0,5(1+\lambda)(1-\lambda+\lambda^2)^{(1-n)/(2n)}\left(\dfrac{\sigma_1}{H}\right)^{1/n}$.

12.16 $\gamma = \dfrac{\tau}{G} \ (\tau \le \tau_o); \ \gamma = \dfrac{\tau_o}{G} + (2\nu - 1 + 3/\delta)\dfrac{\tau - \tau_o}{2G(1+\nu)} \ (\tau \ge \tau_o)$.

12.17 (a) $\varepsilon_1 = (1 - \nu - \nu\alpha)\dfrac{\sigma_1}{E} + \dfrac{1}{2}\left(\dfrac{\sigma_1(1-\alpha)}{H}\right)^{1/n}$.

12.18 (a) $\sigma_2 = \tilde{\nu}\sigma_1, \sigma_1 = \dfrac{\bar{\sigma}}{\sqrt{1 - \tilde{\nu} + \tilde{\nu}^2}}; \ \varepsilon_1 = \dfrac{\bar{\varepsilon}(1 - \tilde{\nu}^2)}{\sqrt{1 - \tilde{\nu} + \tilde{\nu}^2}}$.

12.19 (a) $\sigma_2 = \dfrac{\tilde{\nu}\sigma_1}{1 - \tilde{\nu}}; \sigma_1 = \dfrac{\bar{\sigma}(1 - \tilde{\nu})}{1 - 2\tilde{\nu}}; \varepsilon_1 = \bar{\varepsilon}(1 + \tilde{\nu})$.

12.20 (a, c) $\sigma_{máx} = 600; \sigma_{mín} = -600$ MPa; (b) $\sigma_{máx} = 600; \sigma_{mín} = -240$ MPa.

12.21 (a) $\sigma_{máx} = 570; \sigma_{mín} = -570$ MPa; (b) $\sigma = 690; -350; 750$ MPa.

12.22 (a) $\sigma_{máx} = 629; \sigma_{mín} = -203$ MPa; (b) $\sigma_{máx} = 629; \sigma_{mín} = -439$ MPa.

12.23 $\sigma_{máx} = 1.400; \sigma_{mín} = -800$ MPa.

12.24 $\sigma_{máx} = 1.400; \sigma_{mín} = -800$ MPa.

12.25 $\sigma_{A,B,C,D,A'} = 1.400; -1.200; 1.000; -600; 1.400$ MPa.

12.26 $\sigma_{máx} = 478; \sigma_{mín} = -311$ MPa.

12.27 $\sigma_{mín} = -478; \sigma_{máx} = 311$ MPa.

12.28 $\sigma_{máx} = 876; \sigma_{mín} = -494$ MPa.

12.29 $\sigma_{máx} = 663; \sigma_{mín} = -490$ MPa.

12.32 (a) $H' = 1.209$ MPa; $n' = 0,202$.

12.33 (a) $H' = 1.634$ MPa; $n' = 0,1308$.

12.34 (a) $H' = 3.246$ MPa; $n' = 0,0918$.

12.35 (a) $H'_\tau = 594$ MPa; $n' = 0,212$; (b) $G = 79.100$ MPa; $H'_\tau = 648$ MPa; $n' = 0,208$.

12.36 (a) $\sigma_{máx} = 577; \sigma_{mín} = -191,1$ MPa; (b) $\sigma_{mi} = 193,0; \sigma_{m50.000} = 38,0$ MPa.

12.37 (a) $\sigma_{máx} = 1.247; \sigma_{mín} = -379$ MPa; (b) $\sigma_{mi} = 434; \sigma_{m10.000} = 362$ MPa.

12.38 $\sigma_{A,B,C} = -478; 278; 354$ MPa.

12.39 $\sigma_{A;B;C} = 489; -371; 417$ MPa.

12.40 $\sigma_{A;B;C;D} = 663; -444; 488; -490$ MPa.

12.41 $\sigma_{A;B;C;D} = 876; -657; 714; -416$ MPa.

CAPÍTULO 13

13.1 $M = 2bc^2 H_2 \varepsilon_c^{n_2}\left(\dfrac{1}{(n_2+2)(n_2+3)}\right)$.

13.2 (a) $M = \dfrac{2c_2^2 H \varepsilon_{c_2}^{n_2}}{n_2+2}\left((t_1 - t_2)\left(\dfrac{c_1}{c_2}\right)^{n_2+2} + t_2\right)$; (b) $M = \dfrac{h_2^2 H_2 \varepsilon_{h_2}^{n_2}}{2(n_2+2)}\left(b_2 - b_1\left(\dfrac{h_1}{h_2}\right)^{n_2+2}\right)$.

13.4 Valores típicos: (1) $\varepsilon_c/\varepsilon_o = 0,80; \varepsilon_c = 0,00258; M = 0,721$ kN.m; (2) $\varepsilon_c/\varepsilon_o = 2,00; \varepsilon_c = 0,00644; M = 1,283$ kN.m.

13.6 Valores típicos: (1) $\alpha = 0,80$; $\varepsilon_c = 0,00320$; $M = 1,696$ kN.m; (2) $\alpha = 2,00$; $\varepsilon_c = 0,00800$; $M = 3,17$ kN.m.

13.7 **(a)** $M = \dfrac{2\sqrt{\pi}c^3 H_2 \varepsilon_c^{n_2}}{n_2 + 3} \dfrac{\Gamma(1 + n_2/2)}{\Gamma(1,5 + n_2/2)}$;

(b) $M = \dfrac{2\sqrt{\pi}c_2^3 H_2 \varepsilon_{c_2}^{n_2}}{n_2 + 3} \dfrac{\Gamma(1 + n_2/2)}{\Gamma(1,5 + n_2/2)} \left(1 - \left(\dfrac{c_1}{c_2}\right)^{n_2+3}\right)$.

13.8 **(a)** Primeira: $M' = 2,13$ kN.m; $\sigma_{rc} = 0$; $\varepsilon_{rc} = 0$; Segunda: $M' = 2,93$ kN.m; $\sigma_{rc} = -150$ MPa; $\varepsilon_{rc} = 0,00125$; Terceira: $M' = 3,13$ kN.m; $\sigma_{rc} = -187,5$ MPa; $\varepsilon_{rc} = 0,00506$.

13.9 **(a)** Em $y = c$, $\sigma_{rc} = -83,3$ MPa; em $y_b = 10,86$ mm, $\sigma_{rb} = 36,4$ MPa.

13.12 $T = \dfrac{2\pi c_2^3 H_3 \gamma_{c_2}^{n_3}}{n_3 + 3} \left(1 - \left(\dfrac{c_1}{c_2}\right)^{n_3+3}\right)$.

13.13 **(a)** $T = 2\pi c_2^3 \tau_o \left(\dfrac{1}{3} - \dfrac{1}{12}\left(\dfrac{\tau_o}{G\gamma_{c_2}}\right)^3 - \dfrac{1}{4}\dfrac{G\gamma_{c_2}}{\tau_o}\left(\dfrac{c_1}{c_2}\right)^4\right)$; **(b)** $T = \dfrac{\pi c_2^3 G\gamma_{c_2}}{2}\left(1 - \left(\dfrac{c_1}{c_2}\right)^4\right)$;

(c) $T = \dfrac{2\pi c_2^3 \tau_o}{3}\left(1 - \left(\dfrac{c_1}{c_2}\right)^3\right)$.

13.14 **(a)** $G = 27.500$; $H_\tau = 293$ MPa; $n = 0,0663$; **(b)** valores típicos: $\tau_c = 220$ MPa; $\gamma_c = 0,0210$; $T = 380$ N.m.

13.16 Valores típicos: (1) $\gamma_c = 0,00500$; $T = 13,07$ kN.m; (2) $\gamma_c = 0,01600$; $T = 27,2$ kN.m.

13.17 **(a)** $k_\sigma = 1,684$; $k_\varepsilon = 3,71$; **(b)** $k_\sigma = 1,414$; $k_\varepsilon = 4,42$.

13.18 **(a)** $\sigma' = 200$ MPa; $\varepsilon' = 0,00286$; **(b)** $\sigma' = 280$ MPa; $\varepsilon' = 0,00816$; **(c)** $\sigma' = 280$ MPa; $\varepsilon' = 0,01837$.

13.19 **(a)** $\sigma' = 1.160$ MPa; $\varepsilon' = 0,00580$; **(b)** $\sigma' = 1.200$ MPa; $\varepsilon' = 0,01717$; **(c)** $\sigma' = 1.200$ MPa; $\varepsilon' = 0,0350$.

13.20 **(a)** $\sigma' = 640$ MPa; $\varepsilon' = 0,00533$; **(b)** $\sigma' = 1.155$ MPa; $\varepsilon' = 0,01182$; **(c)** $\sigma' = 1.243$ MPa; $\varepsilon' = 0,0247$.

13.21 **(a)** Para $k_t S \geq \sigma_o$: $\varepsilon = \dfrac{\sigma_o}{2\delta E}\left(\delta - 1 + \sqrt{(1-\delta)^2 + 4\delta(k_t S/\sigma_o)^2}\right)$;

$\sigma = \dfrac{\sigma_o}{2}\left(1 - \delta + \sqrt{(1-\delta)^2 + 4\delta(k_t S/\sigma_o)^2}\right)$;

(c) $\sigma = 582$ MPa; $\varepsilon = 0,00658$; $k_\sigma = 2,33$; $k_\varepsilon = 5,27$.

13.22 $\sigma_y = 539$ MPa; $\varepsilon_y = 0,01280$.

13.23 Valores típicos: $\sigma_y = 485$ MPa; $\varepsilon_y = 0,0214$; $P = 128,7$ kN.

13.24 Valores típicos: $\sigma_o = 444$ MPa; $\varepsilon_y = 0,0228$; $P = 127,0$ kN.

13.25 **(a)** Para $k_t S \geq \sigma_o$: $\varepsilon = \dfrac{\sigma_o}{2E} + \dfrac{(k_t S)^2}{2E\sigma_o}$; **(b)** $S = \dfrac{1}{k_t}\sqrt{\sigma^2 + \dfrac{2E\sigma}{n+1}\left(\dfrac{\sigma}{H}\right)^{1/n}}$;

(c) Valores típicos : $\sigma_o = 485$ MPa; $\varepsilon_y = 0,0214$; $P = 164,0$ kN.

13.26 **(a)** $\sigma' = 551$ MPa; $\varepsilon' = 0,01199$; **(b)** $\sigma_r = -129,1$ MPa; $\varepsilon_r = 0,00228$.

13.27 (a) $\sigma_r = 0$; $\varepsilon_r = 0$; (b) $\sigma_r = -200$ MPa; $\varepsilon_r = 0,00150$; (c) $\sigma_r = -400$ MPa; $\varepsilon_r = 0,00613$.

13.28 (a) $\sigma_r = -350$ MPa; $\varepsilon_r = 0,00328$; (b) $\sigma_r = 350$ MPa; $\varepsilon_r = -0,00328$.

13.29 (a) $\sigma_r = -249$ MPa; $\varepsilon_r = 0,00537$; (b) $\sigma_r = -375$ MPa; $\varepsilon_r = 0,01100$.

13.30 (a) $\sigma_{máx} = 300$ MPa; $\varepsilon_{máx} = 0,001500$; $\sigma_{mín} = -60,0$ MPa; $\varepsilon_{mín} = -0,000300$; (b, c, d) $\sigma_{máx} = 400$ MPa; $\varepsilon_{máx} = 0,00450$; (b) $\sigma_{mín} = -320$ MPa; $\varepsilon_{mín} = 0,000900$; (c) $\sigma_{mín} = -400$ MPa; $\varepsilon_{mín} = -0,000563$; (d) $\sigma_{mín} = -400$ MPa; $\varepsilon_{mín} = -0,00450$.

13.31 $\sigma_{máx} = 1.070$ MPa; $\varepsilon_{máx} = 0,01432$; $\sigma_{mín} = -999$ MPa; $\varepsilon_{mín} = -0,00967$.

13.32 $\sigma_{máx} = 459$ MPa; $\varepsilon_{máx} = 0,01164$; $\sigma_{mín} = -352$ MPa; $\varepsilon_{mín} = -0,001275$.

13.33 $\sigma_{mín} = -459$ MPa; $\varepsilon_{mín} = -0,01164$; $\sigma_{máx} = 352$ MPa; $\varepsilon_{máx} = 0,001275$.

13.34 $\sigma_{máx} = 575$ MPa; $\varepsilon_{máx} = 0,00968$; $\sigma_{mín} = -182,7$ MPa; $\varepsilon_{mín} = 0,00576$.

13.35 $\sigma_{mín} = -540$ MPa; $\varepsilon_{mín} = -0,00610$; $\sigma_{máx} = 280$ MPa; $\varepsilon_{máx} = -0,001673$.

13.36 $\sigma_{máx} = 1.044$ MPa; $\varepsilon_{máx} = 0,01570$; $\sigma_{mín} = -484$ MPa; $\varepsilon_{mín} = 0,001926$.

13.37 Valores típicos: $\sigma_{ca} = 550$ MPa; $\varepsilon_{ca} = 0,00693$; $M_a = 63,0$ kN.m.

13.38 (a) Valores típicos: (1) $\sigma_a = 500$ MPa; $\varepsilon_a = 0,00242$; $P_a = 5,69$ kN; (2) $\sigma_a = 1.000$ MPa; $\varepsilon_a = 0,01987$; $M_a = 23,1$ kN.

13.39 $\sigma_{máx} = 769$ MPa; $\varepsilon_{máx} = 0,00659$; $\sigma_{mín} = -233$ MPa; $\varepsilon_{mín} = 0,001531$.

13.40 $\sigma_{A,B,C,D} = 1.072$; -588; 411; -734 MPa; $\varepsilon_{A,B,C,D} = 0,01793$; $0,00217$; $0,01072$; $-0,000989$.

13.41 $\sigma_{A,B,C,D} = 492$; -397; 409; $-71,0$ MPa; $\varepsilon_{A,B,C,D} = 0,02079$; $0,00201$; $0,01469$; $0,00812$.

13.42 $\sigma_{A,B,C,D,E,F} = 474$; -358; 313; -261; 389; -417 MPa; $\varepsilon_{A,B,C,D,E,F} = 0,01151$; $-0,00241$; $0,00439$; $-0,000085$; $0,00713$; $-0,00649$.

13.43 $\sigma_{A,B,C,D,E,F} = 585$; -500; 509; -420; 345; -541 MPa; $\varepsilon_{A,B,C,D,E,F} = 0,01112$; $-0,001438$; $0,00681$; $0,000877$; $0,00485$; $-0,00526$.

CAPÍTULO 14

Prob.	σ'_f, MPa	b	ε'_f	c
14.4	939	-0,0916	0,272	-0,449
14.5	1.695	-0,0945	1,294	-0,721
14.6	3.149	-0,1014	0,251	-0,891

14.7 (b) SAE 1015: $m_s = 0,80$; $b_s = -0,1534$; SAE 4142 (com 380 HB): $m_s = 0,62$; $b_s = -0,1273$.

14.8 Eixo: $m_s = 0,77$; $m_d = 0,817$; $\sigma'_{fd} = 775$ MPa; $bs = -0,1100$; $\varepsilon'_{fd} = 0,213$; $c = -0,445$.

Prob.	N_f, ciclos			
	(a) Morrow	(b) Morrow mod.	(c) SWT	(d) Walker
14.11	9.495	12.038	10.713	10.321
14.12	144.100	132.540	239.500	222.900
14.13	11.010	12.740	6.882	7.503
14.14	28.630	25.520	41.730	58.400
14.15	2.774	16.100	11.460	9.374
14.16	173.790	43.780	95.220	92.520

Respostas de Problemas e Questões **943**

14.17 $N_f = 2.428$ ciclos, pela eq. de Morrow; ou 4.267, pela eq. SWT.

14.18 $N_f = 916$ ciclos, pela eq. de Morrow (não recomendável); ou 959, pela eq. SWT.

14.19 $N_f = 4.533$ ciclos, pela eq. de Morrow (não recomendável); ou 3.370, pela eq. SWT.

14.20 **(a)** $N_f = 14,150$ ciclos, pela eq. de Morrow; ou 54.000; pela eq. SWT; **(b)** $N_f = 275.400$ ciclos, pela eq. de Morrow; ou 284.800, pela eq. SWT.

14.22 **(a)** Correlação excelente; **(b)** Concordância ruim, curvas não conservativas.

14.23 **(a)** Concordância ruim, curvas não conservativas; **(b)** Melhora na concordância.

14.24 Para $\sigma_a = 1.379$; $\sigma_m = -345$ MPa: **(a)** $\varepsilon_a = 0,00676$; $N^{**}_{mi} = 1.345$ ciclos; **(b)** $\sigma_{máx}\varepsilon_a = 6,99$ MPa.

14.25 **(a)** Para $\sigma_a = 517$; $\sigma_m = 414$ MPa: $\varepsilon_a = 0,00264$; $N^*_w = 210.400$ ciclos.

14.26 Para $N_f = 10.000$ ciclos: **(a)** $\gamma_a = 0,00827$; **(b)** $\gamma_a = 0,01376$.

14.27 Para $N_f = 1.000$ ciclos e para $\lambda = -1$; $-0,5$; 0; 0,5 e 1: $\varepsilon_{a1} = 0,00937$; 0,01035; 0,01116; 0,00997 e 0,00610; respectivamente.

14.28 $\varepsilon_{1a} = \dfrac{1 - 2\nu\beta}{1 - \beta} \dfrac{\sigma'_f}{E} \left(2N_f\right)^b + \varepsilon'_f \left(2N_f\right)^c$.

14.29 **(a)** $N_f = 4.372$ ciclos, pela eq. de Morrow (não recomendável); ou 3.974, pela eq. SWT; **(b)** $N_f = 841$ ciclos, pela eq. de Morrow (não recomendável); ou 925, pela eq. SWT.

14.30 $N_f = 904$ ciclos, pela eq. de Morrow (não recomendável); ou 878, pela eq. SWT.

14.31 $N_f = 2.517$ ciclos, pela eq. de Morrow (não recomendável); ou 1.830, pela eq. SWT.

14.32 $N_f = 497$ ciclos, pela eq. de Morrow (não recomendável); ou 562, pela eq. SWT.

14.33 $N_f = 1.344.000$ ciclos, pela eq. de Morrow (não recomendável); ou 2.089.000, pela eq. SWT.

14.34 $N_f = 34.280$ ciclos, pela eq. de Morrow (não recomendável); ou 32.880, pela eq. SWT.

14.35 Para $S_{máx} = S_a = 110$ MPa: $\varepsilon_{ca} = 0,00640$; $N_f = 5.030$ ciclos.

14.36 **(a)** Para $\sigma_{ca} = 500$ MPa: $\varepsilon_{ca} = 0,00396$; $M_a = 52,8$ kN.m; $N_f = 8.423$ ciclos.

14.37 **(b)** Para $\sigma_a = 850$ MPa: $\varepsilon_a = 0,00751$; $P_a = 13,09$ kN; $N_f = 1.113$ ciclos.

14.38 **(b)** Para $\tau_a = 260$ MPa: $\gamma_a = 0,00468$; $T_a = 0,642$ kN.m; $N_f = 16.190$ ciclos.

14.39 **(a)** $B_f = 95.570$ repetições, pela eq. de Morrow; ou 3.236, pela eq. SWT; **(b)** $B_f = 4.670$ repetições, pela eq. de Morrow; ou 668, pela eq. SWT.

14.40 $B_f = 205$ repetições, pela eq. de Morrow; ou 167, pela eq. SWT.

14.41 $B_f = 36,5$ repetições, pela eq. de Morrow (não recomendável); ou 43,4, pela eq. SWT.

14.42 $B_f = 564$ repetições, pela eq. dc Morrow (não recomendável); ou 450, pela eq. SWT.

14.43 $B_f = 1.032$ repetições, pela eq. de Morrow; ou 1.389, pela eq. SWT.

14.44 $B_f = 402$ repetições, pela eq. de Morrow; ou 555, pela eq. SWT.

14.45 $B_f = 60,8$ repetições, pela eq. de Morrow (não recomendável); ou 44,9, pela eq. SWT.

14.46 $B_f = 840$ repetições, pela eq. de Morrow; ou 970, pela eq. SWT.

14.47 $B_f = 303$ repetições, pela eq. de Morrow; ou 347, pela eq. SWT.

14.48 $B_f = 160,2$ repetições, pela eq. de Morrow (não recomendável); ou 122,1, pela eq. SWT.

944 Respostas de Problemas e Questões

14.49 $B_f = 118,5$ repetições, pela eq. SWT.

14.50 (a) $B_f = 10,24$ repetições, pela eq. SWT; (b) $B_{if} = 1,76$ repetição para o crescimento de trinca até a falha; vida total 12,0.

14.51 (a) $B_f = 11,19$ repetições, pela eq. SWT; (b) $B_{if} = 1,52$ repetição para o crescimento de trinca até a falha; vida total 12,7.

14.52 $M_a = 1.399$ kN.m, pela eq. de Morrow.

14.53 Pela eq. de Morrow: (a) $N_f = 245.400$ ciclos; (b) $N_f = 9.417.000$ ciclos; (b) usando escoamento monotônico até A: $N_f = 6.422.000$ ciclos.

14.54 (a) $B_f \approx$ três semanas; (b) sim; (c) não.

CAPÍTULO 15

15.1 (b) $B = 1,596 \times 10^{-5} \dfrac{1/min}{MPa^m}$, $m = 2,14$.

15.6 $\dot{\varepsilon} = B\sigma^m$; para $T = 900; 1.200; 1.450\ K : B = 6,74 \times 10^{-24}; 2,43 \times 10^{-19}$;

$$1,112 \times 10^{-16} \dfrac{1/s}{MPa^m}.$$

15.7 Para $\sigma = 30$ MPa; $t = 1$ min; 1 h; 1 dia: $\varepsilon = 2,48 \times 10^{-4}; 3,51 \times 10^{-4}; 1,782 \times 10^{-2}$.

15.8 (a) $\varepsilon = 0,00297$; (b) $\sigma = 37,9$ MPa; (c) $T = 931$ K.

15.10 $\ln(\dot{\varepsilon}T) = m \ln \sigma - q \ln d - \dfrac{Q}{R}\left(\dfrac{1}{T}\right) + \ln A_2$.

15.11 $A_3 = 2.640 \dfrac{K/s}{MPa^m}$; $m = 1,495$; $Q = 39.600$ J/mol.

15.12 (a) $\Delta L_e = 0,0267$ mm; (c) $\Delta L = 0,0489$; 8,14 mm; (d) $\Delta L = 0,0267$; 0,0348mm.

15.13 (a) $\dot{\varepsilon} = 5,8 \times 10^{-3}$ 1/s; (b) $\dot{\varepsilon} = 5,8 \times 10^{-9}$ 1/; (c) Mar-M200; $d = 1$mm.

15.14 (a) $t_r = 15.850$; 1.464; 1.210; 126 h.

15.15 (a) $\hat{T} = 998$ °C; (b) $X_t = 4,42$.

15.16 (a) $\sigma = 510$ MPa; (b) $\hat{\sigma} = 364$ MPa, (c) $X_t = 35,6$.

15.17 (a) $\hat{t} = 1,332$ dias; (b) $X_\sigma = 1,877$.

15.18 (a) $t_r = 24.800$ h; (b) $\hat{t} = 1.116$ h; (c) $X_t = 22,2$; (d) $\Delta T_f = 56,9$ °C.

15.19 (a) $t_r = 5.200$ h; (b) $X_\sigma = 1,100$.

15.20 (a) $X\sigma = X_t^{-T/b1}$; (c) $\log X_t = \dfrac{1}{T}\left[P_{LM}\left(\hat{\sigma}\right) - P_{LM}\left(X_\sigma\hat{\sigma}\right)\right]$;

em que $P_{LM}(\sigma)$, conforme Equação 15.20.

15.21 (a) $\hat{T} = 538$ °C; (b) $X_t = 9,50$; (c) $\Delta T_f = 30,2$ °C; (d) $\hat{\sigma} = 153,2$ MPa.

15.22 (a) $\sigma = 178,4$ MPa; (b) $\hat{\sigma} = 101,9$ MPa; (c) $X_t = 10,91$.

15.23 (a) $t_r = 21.100$ h; (b) $X_\sigma = 1,379$; (c) $\Delta T_f = 25,0$ °C.

15.24 (a) $b_{0,1,2,3} = 16.510$; 11.040; -4.856; 403; (b) $a_{0,1,2,3} = -13,815$; $-0,6435$; 1,0127; $-0,5493$.

15.25 (a) $b_{0,1,2,3} = 128.210$; -141.530; 64.375; -9.960; (b) $a_{0,1,2,3} = 135,45$; $-216,1$; 99,30; $-15,424$.

15.26 $C = 15,880$; $b_{0,1} = 36.545$; -7.874.

15.27 $Q = 84.490$ cal/mols; $a_{0,1,2,3} = -11.902$; 3,962; $-2,094$; $-0,15378$.

15.28 (a) $C = 14,569$; $b_{0,1,2,3} = -38.400$; 114.200; -62.300; 10.382; (b) $Q = 107.640$ cal/mols; $a_{0,1,2,3} = -40,12$; 47,92; $-25,49$; 3,989.

15.29 $t_r = 47.200$ h.

15.30 $t_r = 40.200$ h.

15.31 $B_f = 54,9$ anos.

15.32 $\hat{\beta} = 333$ semanas.

15.33 (a) Para $\sigma = 80$ MPa e $t = 1$; 10; 10^2; 10^3 e 10^4 h: $\varepsilon = 0,001746$; $0,00363$; $0,00838$; $0,0203$; $0,0502$; (b) para $t = 600$ h e $\sigma = 50$; 70 e 90 MPa: $\varepsilon = 0,00260$; $0,00970$; $0,0269$.

15.34 $D = 8,27 \times 10^{-5} \dfrac{1}{\mathrm{MPa}^\delta \mathrm{s}^\phi}$; $\delta = 1,742$; $\varphi = 0,206$.

15.35 $D_3 = 1,518 \times 10^{-10} \dfrac{1}{\mathrm{MPa}^\delta \mathrm{s}^\phi}$; $\delta = 4,44$; $\varphi = 0,1369$.

15.36 $\sigma = \dfrac{\sigma_i}{\left(ED_3 t^\phi (\delta - 1) \sigma_1^{\delta-1} + 1 \right)^{1/(\delta-1)}}$; $\sigma_i = E\varepsilon'$.

15.37 (a) $t_{0,5} = 652$ h; (b) $d = 119$ μm; (c) $T = 467$ °C.

15.38 (b) Para $t = 10$ h: $\varepsilon = 0,00580$; para $t = 30$ h: $\varepsilon = 0,00242$.

15.39 (b) Para $t = 5,0$ h: $\sigma = 22,3$ MPa.

15.41 (a) $\dot{\varepsilon} = 5,54 \times 10^{-9}$ 1/s; (b) $\Delta d = 3,59$ mm; usando $\sigma_z = -p/2$.

15.43 $\gamma = \dfrac{\tau}{G} + 3^{(\delta+1)/2} D_3 \tau^\delta t^\phi$.

15.44 $\dfrac{\Delta r}{r} = \dfrac{1-v}{E}\left(\dfrac{pr}{2b}\right) + \dfrac{D_3}{2}\left(\dfrac{pr}{2b}\right)^\delta t^\phi$.

15.45 (a) $\bar{\dot{\varepsilon}} = 8,88 \times 10^{-11}$ 1/s; (b) $100\Delta d/d = 1,912\%$; $100\Delta L/L = 0,819\%$; usando $\sigma_z = -p/2$.

15.46 (a) $\sigma = 5,00$ MPa; (b) $v_e = 0,278$ mm; (c) $v = 4,06$ mm; (d) $v_\infty = 8,61$ mm.

15.47 (a) $\sigma = 12,94$ MPa; (b) $v_e = 0,0759$ mm; (c) $v = 4,83$ mm.

15.48 (a) $v_e = 0,310$ mm; (b) $v = 2,12$ mm.

15.49 (a) Para $R = 70$ mm: $\sigma_r = 2,93$; $\sigma_t = 7,68$ MPa; (b) $\Delta r_1 = 3,01$ μm/dia; $1,101$ mm/ano; (c) $\Delta r_2 = 2,95$ μm/dia; $1,076$ mm/ano;

15.50 (a) $\varepsilon_c = Bt\left(\dfrac{M(1+2m)}{2mbc^2}\right)^m$; (b) $\varepsilon_c = D_3 t^\phi \left(\dfrac{M(1+2\delta)}{2\delta bc^2}\right)^\delta$.

15.51 (a) $\gamma_c = 3^{(m+1)/2} Bt\left(\dfrac{T(1+3m)}{2\pi mc^3}\right)^m$; (b) $\gamma_c = 3^{(\delta+1)/2} D_3 t^\phi \left(\dfrac{T(1+3\delta)}{2\pi\delta c^3}\right)^\delta$.

15.52 $\gamma_{c2} = D_2 t^\phi \left(\dfrac{T(1+3\delta)}{2\pi\delta c_2^3 \left[1 - \left(c_1/c_2\right)^{3+1/\delta}\right]}\right)^\delta$.

15.53 (a) $\varepsilon_c = 0,00740$; (b) $\varepsilon_c = 0,01366$.

15.54 $\varepsilon_{c2} = Bt\left(\dfrac{2M(1+2m)}{mb_2 h_2^2 \left[1 - \left(b_1/b_2\right)\left(h_1/h_2\right)^{2+1/m}\right]}\right)^m$.

15.55 (a) $b = c = 53,2$ mm; (b) $b = c = 53,6$ mm.

15.56 (a) $\sigma_{c2} = 3,81$ MPa; (b) $t = 9.250$ h (ao atingir um limite de deformação de 2%).

15.58 (a) $\Delta U = \dfrac{2J\,Lbc\sigma_{ca}^2}{3}$; (b) $Q_v^{-1} = \dfrac{J\,E}{\pi}$; (c) $\Delta U = \dfrac{2J\,Lbc\sigma_{cLa}^2}{9}$.

15.59 (a) $\Delta u = 4\sigma_o\left(\varepsilon_a - \dfrac{\sigma_o}{E}\right)$; (b) $\Delta U = \dfrac{4J\,Lbc\sigma_o}{\varepsilon_{ca}}\left(\varepsilon_{ca} - \dfrac{\sigma_o}{E}\right)^2$.

15.60 (a) $\Delta u = 4\sigma_o\left(\varepsilon_a - \dfrac{\sigma_o}{E}\right)$; (b) $\Delta U = \dfrac{4Lbc\sigma_o}{\varepsilon_{ca}}\left(\varepsilon_{ca} - \dfrac{\sigma_o}{E}\right)^2$.

15.61 $\Delta U = \dfrac{8\pi Lc^2\tau_{ca}^{1+1/n'}}{(H_\tau')^{1/n'}}\left(\dfrac{1-n'}{1+n'}\right)\left(\dfrac{\frac{n'}{3n'+1}+\frac{\beta}{2}+\frac{\beta^2}{3+n'}}{(1+\beta)^2}\right), \beta = \dfrac{\gamma_{pca}}{\tau_{ca}/G}$.

Índice Remissivo

A

A286 (superliga), 67, 840
AASHTO (American Association of State Highway and Transportation Officials), 13, 534
  código de projeto de pontes, 534-535
Abordagem da fadiga via deformação, 416, 755-801
  abordagem baseada em tensão em comparação com, 755-756, 792-793
  desenvolvimento da, 756
  discussão, 792-800
  efeitos da sequência relacionados com a tensão média local, 796
  efeitos das tensões multiaxiais, 778-781
    abordagem pela deformação efetiva, 778-789
    abordagens pelo plano crítico, 780-781
  efeitos da tensão média, 769-778, 793-796
    ensaios de tensão média, 769
  efeitos de sequência relacionados com danos físicos no material, 796-799
  efeitos do crescimento de trinca, 799-800
  estimativas de vida útil para componentes estruturais, 781-792
    carregamento de amplitude constante, 781-785
    histórico de carregamento irregular *versus* tempo, 785-791
    procedimento simplificado para histórias irregulares, 791-792
Abordagem pela partição do intervalo de deformação, 847-849
Acidente do avião F-111 (1969), 339
Aço
  AISI 1020, 57, 90, 92, 111, 120, 122-125, 126, 137, 139, 140
  AISI 1040, 63
  AISI 1045, 57, 62, 339-340, 761
  AISI 1095, 57
  AISI 1340, 58
  AISI 304, 588
  AISI 310, 57, 840
  AISI 316, 63
  AISI 403, 57, 63
  AISI 4142, 126, 140, 761
  AISI 4340, 57, 62-64, 90, 371-372, 579, 585, 590, 619, 621, 761
  AISI T1, 57

Aço com baixo teor de carbono, 60
Aço doce, 60
Aço inoxidável martensítico, 64
Aço para ferramentas, 56, 64
Aços, 24, 56-63, 82, 92, 293, 339
  alto carbono
  baixa liga, 18, 56, 62-63
  baixo carbono, 60, 193
  carbono, 60-62
  carbono comum, 56, 60
  como temperado, 62
  doce, 60
  ferramenta, 56, 64
  inoxidável, 17, 56, 63, 193
  médio carbono, 60-62
  sistema de nomeação para, 57-58
  têmpera e revenimento, 62
Aços-carbono, 60-62
  designações (tabela) AISI-SAE para, 59
Aços-carbono comuns, 56, 60
Aços de alto teor de carbono, 60-62
Aços de baixa liga, 18, 58, 62-63
  AISI-SAE designações para (tabela), 59
Aços de baixa liga e alta resistência (BLAR) – também HSLA (*high-strength low-alloy*), 63
Aços de médio carbono, 60-62
Aços inoxidáveis, 18, 56, 63
Aços inoxidáveis austeníticos, 64
Aços inoxidáveis, endurecimento por precipitação, 57, 64, 579, 584
Aços-liga. *Ver* Aços baixa liga
Aços maraging, 64, 126, 140, 336
Aços, nitretação dos, 446, 541
Aços, têmpera e revenimento dos, 56-57, 60-62, 64
AFGROW (programa de computador), 603
AISC (American Institute of Steel Construction), código de projeto por tensão, 13–15, 57-58
Albert, W. A. J, 416
Alongamento percentual, 4, 119-121
Alongamento percentual, 4, 119-121, 126-128
Alumina (Al_2O_3), 24, 38, 80, 81, 148, 193, 337
Alumineto de titânio (Ti3Al), 24
Alumínio e suas ligas, 24, 50-51, 65–67, 85, 90, 92, 126, 140, 193, 290, 336, 340, 579, 584, 676, 761, 922
Amaciamento cíclico, 673-675, 741
Amortecimento anelástico (ou inelástico), 869

947

Índice Remissivo

Amortecimento dos materiais, 817. *Ver também* Amortecimento nos materiais

Amortecimento magnetoelástico, 874

Amortecimento nos materiais, 869-878
  definições de variáveis que descrevem, 872
  descritos pelos modelos reológicos, 869-871
  efeito Snoek, 872
  em componentes de engenharia, 875-876
  importância do, 869
  mecanismos de baixa tensão nos metais, 872-873
  por corrente térmica, 872
  tipo anelástico, 869
  tipo de deformação plástica, 873-876
  tipo magnetoelástico, 874

Amortecimento por corrente térmica, 872-873

Amortecimento por deformação plástica, 873-874

Amostras (corpos de prova) para ensaios, 105-106. *Ver também* Corpos de prova, ensaios

Amplitude de tensão, 417-418

Amplitude de tensão, 417-418

Análise por elementos finitos, 182

Análise por elementos finitos, 293, 351, 419, 702, 725

Análise tensão-deformação
  análise da plasticidade para flexão, 702-711
    curvas tensão-deformação descontínuas, 707-709
    curva tensão-deformação de Ramberg-Osgood, 709-711
  de componentes entalhados, 718-730
    comportamento elástico e escoamento inicial, 719-721
    efeitos da restrição geométrica nos entalhes, 725-726
    escoamento plástico generalizado, 721-722
    estimativas de tensão e deformação no entalhe para escoamento local, 722-725
    tensões e deformações residuais nos entalhes, 727-730
  em elementos sob deformação plástica, 701-743
  para carregamento cíclico, 730-736
    com histórico de carregamento irregular *versus* tempo, 737-740
    em flexão, 730-733
  para fluência, 864-868
  plasticidade de eixos cilíndricos sob torção, 715-718
    curvas tensão-deformação para cisalhamento, 715-716
  tensões e deformações residuais no dobramento, 711-714

Andrade, 819

Ângulo de fase, 870, 872

ARALL (laminado de aramida-alumínio), 24, 87-88

Aramida, 69, 72

Áreas, propriedades das, 899-900

ASTM Internacional - American Society for Testing and Materials, 57, 109. *Ver também* Normas ASTM

ASTM Normas, 57, 63, 109–110, 119, 161, 309, 371, 396, 471, 570, 618, 673, 757
  A242, aço, 63
  A302, aço, 63
  A395, ferro fundido, 57
  A441, aço, 63
  A514, aço, 126, 140
  A517, aço, 63, 336
  A533, aço, 63
  A538-C, aço, 57
  A572, aço, 63
  A588, aço, 63
  A588-A, de aço, 57
  E1049, para contagem de ciclo, 471
  E1290, para fratura, 396
  E1681, para trincamento ambientalmente assistido, 618
  E1820, para fratura, 371, 392, 394–396
  E399, para fratura, 371, 387
  E466, para fadiga, 431
  E606, para fadiga de baixo ciclo, 673, 757
  E647, para crescimento de trincas, 570, 573

Ausformação (*ausforming*), processo, 64

Austenita (Fe-γ), 62

Autointersticial, 32

B

Berílio, 30, 54

Boretos, 42

Boro, 42, 50, 85

Borrachas, 24, 74-75

Bridgman, P. W, 135

British Standards Institution (BSI), 109

Bronze, 24, 67

Bronze ao alumínio, 67

Budynas, estimativa da curva *S-N* de, 520, 522-523

C

Cadeias moleculares, 23, 27–29, 44, 68, 73–74

Campo de tensão, na trinca, 342-344

Carboneto de boro (B_4C), 79, 148

Carboneto de tungstênio (WC), 24, 81-82

Carbonetos cementados, 24, 81–82, 92

Carbono, 27, 42, 50, 56, 58, 60–63, 68, 77, 85, 92

Carburização, 446, 541

Carga, células, 109

Carga, projeto do fator de, 14, 291, 313, 316
em fadiga, 459-461, 475, 534
Cargas acidentais, 428
Cargas de trabalho, 428
Cargas estáticas, 428
Cargas vibratórias, 428
Carregamento cíclico, 415-416
amplitude de tensão, 417-418
análise tensão-deformação do, 730-741
dobramento, 730-733
histórico de carregamento irregular *versus* tempo, 737-740
metodologia generalizada, 734-736
cargas acidentais, 428
cargas de trabalho, 428
cargas vibratórias, 428
carregamento cíclico zero-ao máximo (ciclo de mínimo nulo), 418-419
carregamento de amplitude constante, 417-418
completamente invertido, 418-419
comportamento tensão-deformação durante, 645, 673-686
e cargas estáticas, 428
e crescimento de trincas por fadiga, 561, 570
e deformação tempo-dependente, 816, 846-849
fadiga sob, 7-10
abordagem da fadiga via deformação, 755-801
abordagem da fadiga via tensão, 415-478
abordagem da fadiga via tensão, 497-544
crescimento da trinca por fadiga, 561-617
crescimento da trinca por fadiga, 622-624
faixa de tensão, 417-418
fontes de, 428-430
máquinas de ensaio servo-hidráulicas em circuito fechado, 434
modelamento reológico para, 645-646, 664-666, 668-673
razão entre tensões R, 418
tensão alternada, 418
Carregamento de amplitude constante (para componentes trincados)
comprimento da trinca na falha, 595-596
estimativas de vida para, 591-602
soluções algébricas, 594-595
soluções por integração numérica, 599-602
Carregamento de amplitude variável, 466-476
análise tensão-deformação de componentes para, 737-740
comportamento tensão-deformação para, 677-682
contagem de ciclos para histórias irregulares, 469-473
efeito no limite de fadiga, 448, 467

Carregamento de amplitude variável *(Cont.)*
estimativas de vida para o crescimento de trincas, 602-608
efeito da sequência, 602, 607-608
histórias repetitivas ou estacionárias, 603-607
incrementos das trincas, 602-603
fontes do, 428-430
modelagem reológica do, 672-673
na abordagem da fadiga via tensão, 785-792, 796
nível de tensão equivalente e fatores de segurança, 474-476
regra de Palmgren-Miner (P-M), 466-469, 796-799
Carregamento, dependência com o caminho do, 663-664
Carregamento escalonado
deformação por fluência sob, 857-861
dos modelos viscoelásticos lineares, 857-859
ruptura por fluência sob, 846-847
Carregamento estacionário, 603
Carregamento estático
estimativas de vida para o crescimento de trincas, 617-622
fratura sob, 5
Carregamento não proporcional, 461, 464, 663-664, 735-736, 779-780, 791
Carregamento proporcional, 274, 663-664
Célula unitária, 30
Celulose, 85
Cementite, 60
Centro de cisalhamento, 703
Cerâmicas, 23-25, 42, 78-82, 92, 214, 293
concreto, 78, 81
crescimento de trincas por fadiga nas, 585, 590, 592
de engenharia, 78, 81, 92
ductilidade, 126
dureza das, 150-151
fluência nas, 815, 826
ligação química nas, 27, 77
módulos elásticos das, 79, 126
produtos de argila, 78-81
resistência à ruptura das, 337, 341, 371, 374
rocha (pedra) natural, 78, 80
Chumbo, 50, 51, 193
Cíclica dos materiais, comportamento tensão-deformação
curvas tensão-deformação cíclicas, 675-677, 758
formas das curvas (laços) de histerese, 677-682
limite de escoamento cíclico, 675-677, 684
relaxação da tensão média, 682-686
testes e comportamento de tensão-deformação cíclicas, 673-675

Índice Remissivo

Cíclica, zona plástica, 613-614
Ciclo completamente invertido, 419
Ciclo de mínimo nulo, 418-419
Círculo de Mohr, 234-237, 241, 243, 248, 256-257
  como envelope de falha, 296
Cisalhamento, momentos e deflexões em vigas, 901-902
Clivagem, 374-375, 588
Coalescência de microcavidades. *Ver* Ruptura por *dimples*
Cobalto, 18, 50, 51, 67–68, 81–82, 92, 816
Cobre berílio, 67
Cobre e ligas, 24, 51, 52, 67, 193
Código de projeto de soldagem de estruturas da AWS (American Welding Society), 532-535
Coeficiente de perda, 872
Coeficiente de Poisson principal, 212
Coeficiente de viscosidade à tração, 184, 203-204
Coffin, L. F, 761, 847
Colágeno, 85
Colapso plástico, 701, 708, 907-914
Comet, avião de passageiros, 340
Compensado, 24, 87
Componente, 15
Componente com trinca nas bordas, 345, 349-350
Componentes entalhados, 718-730
  análise do escoamento local
    método da energia de deformação (Glinka), 725
    regra de Neuber, 702, 722-724, 729, 735, 742, 782, 785, 800
  comportamento elástico e escoamento inicial, 719-721
  critérios de escoamento para, 292-293
  critérios de fratura para, 292-293
  escoamento plástico generalizado, 721-722, 910-914
  fator de concentração de tensão elástica, 334, 419, 905-907
  método de fadiga baseado na deformação, 781-796
  método de fadiga baseado na tensão, 491-544
  tensões e deformações residuais nos, 727-730, 741
Comportamento da temperatura de transição
  na tenacidade à fratura, 374-376
  nos ensaios de impacto com entalhe, 157-158
Comportamento dependente do tempo. *Ver* Fluência; Amortecimento nos Materiais; Crescimento de rachaduras ambientais
Comportamento de relaxação, 189-190, 214, 856-857
  para tensão média, 682-685, 793-796

Comportamento dúctil, 4
  efeito de esforços multiaxiais, 313-315
  efeito de trincas no, 338-339
  em componentes entalhados, 911-914
  em um ensaio de tração, 112-114
  na fadiga com entalhe, 506-513
Comportamento frágil, 4, 23, 910–911
  critérios multiaxiais para o, 295-315
  efeitos das trincas no, 338-340
  em ensaios de tensão, 113, 120
  em fadiga com entalhe, 510-513
Comportamento isotrópico, 182, 194-195
Comportamento mecânico dos materiais, 1, 19
Comportamento transitório, relaxação da tensão média, 682-686
Compósitos de alto desempenho, 85, 87-88, 91, 92
Composíto SiC-alumínio, 24, 85, 128
Compósitos laminados, 85, 86-89
Compósitos particulados, 86
Compostos intermetálicos, 27, 31, 54
Comprimento da trinca de transição, 339
Comprimento de referência, 112
Concentradores de tensão, 491, 905-907
  da rugosidade superficial, 503
  da soldagem, 446, 531. *Ver também* Efeitos de entalhes na fadiga; Componentes entalhados
  e detalhes de projeto, 536-540
  efeitos dos, 292-293
  e redução da resistência à fadiga, 442, 493-500, 542-543
Concrete, 24, 78, 81, 85, 92, 300, 337, 922
  fluência no, 833-834
Condições de vazamento antes da fratura (*leak-before-break condition*), 367-369
Constantes elásticas, 115-116, 194-195, 205-209
Constante universal dos gases, 824
Contagem de ciclos, 467, 469-473, 682, 785-787, 791-792, 800
Contagem de ciclos com o método *rainflow*, 469-471, 682, 785-788
Contorno de grão deslizante, 827
Contorno de macla, 33
Contornos de grão, 31, 33, 42-43, 825-827
Copolimerização, 77
Corpo de prova compacto, 350, 371–37, 394–395, 570
Corpo de prova de dobramento (para tenacidade à fratura), 348, 369–371, 394–395
Corpos de prova, ensaios, 105-106, 158
  para compressão, 142
  para fadiga, 433-434, 757
  para flexão (dobramento), 159
  para impacto com entalhe, 155-157

Corpos de prova, ensaios *(Cont.)*
para o crescimento de trincas por fadiga, 570
para tenacidade à fratura, 369-370
para torção, 162-165
para tração, 110-111
Corpos de prova entalhados, 106, 434, 531
Corpos de prova lisos, 105, 434
Corpos de prova não entalhados, 105, 434
Correção de Bridgman para as tensões
circunferenciais, 135-136
Corrosão, 2, 11
Corrosão-fadiga, 11, 448, 590, 623
Cossenos diretores, 246
Crescimento de trincas, efeito no kf, 495-496
Crescimento de trincas. *Ver* Crescimento de
trincas assistida pelo ambiente; Crescimento
de trincas por fadiga
Crescimento de trincas, necessidade para a
análise do, 562-564
Crescimento de trincas por fadiga, 10, 561-624
análise do crescimento de trincas, necessidade
da, 562-564
aspectos de plasticidade e limitações da MLEF
com os, 610-617
efeitos da espessura, 613-615
limitações para pequenas fissuras, 615-617
plasticidade nas pontas da trinca, 611-613
carga de amplitude variável, estimativas de
vida para, 602-608
carregamento de amplitude constante,
estimativas de vida para, 591-602
comportamento, 585-591
tendências com a temperatura e ambiente,
588-591
tendências com o material, 585-588
considerações de projeto, 608-611
definições para, 565
descrevendo o comportamento, 565-568
e enrijecedores, 609-611
efeitos da razão R, 576-585, 591
efeitos da sequência, 607-608
ensaio para o crescimento de trincas por
fadiga, 570-576
independência geométrica das curvas *da/dN*
versus DK, 574
métodos de ensaios e análise de dados,
570-574
variáveis do teste, 573-574
Equação de Forman, 581-582
Equação de Paris, 565-566
equação de Walker, 576-581
projeto tolerante a danos, 564, 608-611
retardado, 607
valor de limiar DKth, 623
valor de limiar ΔKth, 566

Crescimento de trincas, retardo no, 607
Crescimento lento de trinca estável, 387-388, 398
Cristais, defeitos em, 31-34
Cristal cúbico, 29
Cristalinos, materiais
estrutura de, 29-34
estruturas cristalinas básicas, 31
estruturas cristalinas complexas, 30-31
fluência em, 43-44, 825-828
Cristalinos, polímeros, 71, 73
Critério de energia distorcional. *Ver* Critério de
escoamento pela tensão cisalhante octaédrica
Critério de escoamento anisotrópico de Hill,
293-295
Critério de escoamento de máxima tensão
cisalhante, 276-280
desenvolvimento de, 276-278
representação gráfica de, 278-279
tensões hidrostáticas e, 280
Critério de escoamento pela tensão cisalhante,
276-282
Critério de escoamento pela tensão cisalhante
octaédrica, 282-289
desenvolvimento, 282-284
energia distorcional, 285
representação gráfica do, 284-285
Critério de falha de Coulomb-Mohr (C-M),
296-306, 316–317
desenvolvimento do, 297-302
representação gráfica do, 302-304
tensão efetiva para o, 304-305
Critério de fratura de Mohr modificado, 306-309,
316-317
Critério de fratura pelo esforço normal máximo,
273-276, 306, 309
Critério de fratura por tensão normal, 273-276,
306, 309
Critérios de escoamento, 269
discussão dos, 289-295
para materiais anisotrópicos e sensíveis à
pressão, 293-295
para polímeros, 294
tensão de cisalhamento máxima, 276-282
tensão de cisalhamento octaédrica, 282-289
Critérios de falha, 269-317
comparação de, 289-291
comportamento frágil *versus* ductilidade,
313-315
efeitos de concentradores de tensão, 292-293.
Ver também Critérios de fratura; Critérios
de escoamento
fratura em materiais frágeis, 295-296
projeto com fator de carga, 291-292
trincas, efeitos dependentes do tempo de,
315-316

952 Índice Remissivo

Critérios de fratura, 269, 273-276, 295-296
  Coulomb-Mohr, 296-306
  Mohr modificado, 306-313
  tensão normal máxima, 273-276, 309
Cromo, 50, 63, 66, 68, 816
  recobrimento, 446, 541
Curva R, 395-396
Curvas tensão-deformação descontínuas,
    707-709
Curvas tensão-deformação isócronas, 823,
    849-851, 862-868, 878-879
Curvas tensão-vida
  para fadiga, 420-425. *Ver também* Curvas *S-N*
    (tensão *versus* vida de fadiga)
  para fluência, 819-821, 844
Curva tensão-deformação, 112-114, 646-654
  com adição de variável de tempo, 849-854
  conforme relação de Ramberg-Osgood, 137,
    649-653, 660, 675, 717, 758, 853
  de endurecimento exponencial simples, 706,
    716
  efeito de biaxialidade, 659-661
  elástica, com endurecimento exponencial,
    649
  elástica, com endurecimento linear, 648-649
  elástica, perfeitamente plástica, 646-648
  em compressão, 144-145
  em tração, 111-141
  isócrona, 823, 849-851, 862-868, 878-879
  para carregamento cíclico, 677-682
  para descarregamento, 646, 666-668
  para o cisalhamento, 715-716
Curva tensão-deformação perfeitamente plástica,
    185-187, 646-648. *Ver também* Relação
    tensão-deformação elástica, perfeitamente
    plástica
Custos da confiabilidade do produto, 19
Custos da fratura, 19, 416
Custos relativos dos materiais, 91, 92

D

Dados *S-N* do componente, 527-535
  correspondência com dados de corpos de prova
    entalhados, 531
  curvas para elementos soldados, 531-535
  exemplo da ponte de Bailey, 527-529
  tensão média e casos de vida para amplitude
    variável, 523
Danos cumulativos por fadiga. *Ver* Regra de
    Palmgren-Miner; Carga de amplitude
    variável
Danos, intensificação de, 435
Danos, projeto tolerante a, 339, 564, 608-610
decremento logarítmico, 872
Defeitos de linha (discordâncias), 33, 34

Defeitos pontuais, 31-32
  autointersticial
  impureza intersticial, 32
  impurezas substitucionais
  vacância, 31-32
Deformação, 1-2, 50, 181, 214
  características dos vários tipos de (tabela), 192
  do tipo elástica, 3-4, 20, 33-36, 182, 193-195,
    214-216
  do tipo plástica, 3-4, 19, 38-42, 181, 214
    comportamento e modelos para materiais,
      643-688
  fluência, 5, 7, 20, 43-44, 677-678, 181, 214,
    815-880
Deformação, 3, 111-113
  deformações de cisalhamento de engenharia,
    255, 655
  deformações principais, 256
  estados complexos de, 255-260
  extensômetros de rosetas, 259-260
  tensão plana, considerações especiais para,
    256-259
  tensores de deformações de cisalhamento, 255,
    655
  transformação de eixos, 255
  unidades para, 113
  valores de engenharia, 112
  valores verdadeiros, 133
Deformação anelástica (ou inelástico), 192, 869
Deformação elástica, 3, 20, 33-36, 181-182,
    193-204
  caso anisotrópico, 205-209
  caso isotrópico, 193-204
  caso ortotrópico, 206-208
  deformação volumétrica, 200-202
  deformações térmicas, 202-204
  e alteração de volume, 200-201, 204
  e força teórica, 36-38
  mecanismos físicos da, 34-35
  módulo volumétrico, 201-202
  tensão hidrostática, 200-202
Deformação inelástica, 38-44
Deformação *versus* vida, curvas, 756, 757-769
  acabamento superficial e efeitos de tamanho,
    767-769
  efeitos da tensão média, 769-778
  ensaios e equações para deformação-vida,
    757-764
  fatores que afetam, 767-769
  interação fluência-fadiga, 767
  tendências para metais de engenharia, 764-767
  vida em fadiga de transição, 763-764
Deformação, mapas do mecanismo de, 830-833
Deformação, modelos de comportamento
  comportamento de relaxação, 189-190, 856-857

Deformação, modelos de comportamento *(Cont.)*
  deformação elástica, 182-184
  deformação plástica, 182-184, 185-187,
    649-654, 664-673
  deformação por fluência, 181-185, 187–189,
    849-851
  discussão dos, 192-193
  modelos reológicos, definição, 182
Deformação plana, 256
  efeito na fratura, 371, 385-386, 388
  no entalhe, 725-726
  zona plástica na ponta da trinca, 383
Deformação plástica, 3, 181, 191-193, 643
Deformação plástica, 42798, 38-42, 181, 185-187,
    191-193, 214
  comportamento cíclico tensão-deformação dos
    materiais, 673-686
    curvas tensão-deformação cíclicas e
      tendência, 675-677
    ensaios tensão-deformação cíclicos e
      tendência, 673-675
    formas das curvas de laço de histerese,
      677-682
    relaxação da tensão média, 682-686
  comportamento e modelos para materiais,
    643-688
  curvas tensão-deformação, 646-654, 686
    elástica, com endurecimento linear, 648-649
    elástica, com relação de endurecimento
      exponencial, 649, 724
    elástica, com relação perfeitamente plástica,
      646-648, 686, 707, 718, 723
    Ramberg-Osgood, relação, 649-650, 675,
      709-711, 717, 718, 724, 782
    relação de endurecimento exponencial
      simples, 706, 716
  de componentes sob carregamento cíclico,
    730-743
  dependência com o tempo da, 644
  descarregamento e comportamento sob
    carregamento cíclico dos modelos
    reológicos, 664-673
  efeito de memória na, 187, 666, 682, 738, 786,
    787, 800
  em componentes entalhados, 496, 506-513,
    718-730
  em flexão, 702-711
    análise por integração, 704-706
    curvas tensão-deformação descontínuas,
      707-709
    flexão elástica, 702-704
    Ramberg-Osgood, curva tensão-deformação,
      709-711
    seções transversais retangulares, 706
  em torção, 715-718

Deformação plástica *(Cont.)*
  métodos de fratura para, 388-396
  modelamento reológico da, 185-187, 646-648,
    649-654, 664-673
    comportamento do carregamento cíclico,
      668-671
    comportamento no descarregamento,
      666-668
    deformação irregular *versus* histórico de
      carregamento, 672-673
  por movimentação de discordâncias, 39-42
  relações tensão-deformação tridimensionais,
    654-664
    aplicação na tensão plana, 659-661
    curva de tensão-deformação efetiva, 658
    teoria da deformação *versus* teoria
      incremental, 663-664
    teoria da deformação plástica, 655-658
  significância da, 643-644
Deformação, teoria da plasticidade, 646, 655-664
  teoria da plasticidade incremental *versus*,
    663-664
Deformação-vida, disponibilidade de dados para,
    760-762
Deformação volumétrica, 200-202
Deformações térmicas, 202-204
Delaminações em materiais produzidos em
    camadas, 332
Delta, ferro, 30
Deposição química de vapor – CVD (*chemical
    vapor deposition*), 81-82
Desafios tecnológicos, 16-18
Descarregamento
  curvas tensão-deformação para, 645-646,
    666-668
  modelamento reológico do, 666-668
Descontinuidades geométricas, 491
Desenho, 50, 53
Deslocamento de abertura da ponta de fenda –
    CTOD (*crack-tip opening displacement*),
    334, 389, 394–398
Deslocamento remanescente, 870, 872
Diagrama de amplitude e média de tensões,
    451-453
Diagrama de vida constante, 451-452
Diagramas de amplitude e média de tensões
    normalizadas, 451-453
Diamante no carbono, estrutura cúbica do, 31
Difusão, 823-824
Difusional, fluxo, 43, 825-827
Dimples, ruptura por (microcavidades plásticas),
    374, 376
Dinâmica, recristalização, 834
Dinâmico, módulo, 872
Dinâmico, teste de ruptura, 155

954 Índice Remissivo

Direções densas, planos densos, 40
Discordância em cunha, 33
Discordância em parafuso, 33
Discordâncias, 33
Discordâncias, escalonamento, 828
Discordâncias, fluência por, 828
Discordâncias, movimento das, deformação
    plástica pelo, 39-42
Disco, tensões de rotação no, 903-905
Distribuição gaussiana, 450, 919-921
Distribuição lognormal, 450, 925
Distribuição normal, 450, 919-921
Dobradiça plástica, 708-709
Dobramento elástico, 702-704, 897-899
Dúctil, ferro. *Ver* Ferros fundidos
Dúctil, fratura, 7, 20, 388-398
Ductilidade
    deformação de fratura de engenharia, 119
    e estricção (empescoçamento), 119-121
    medidas de engenharia da, 117-121
    percentual de alongamento, 4, 119
    redução percentual de área, 119
Durabilidade, testes de durabilidade, 11, 15
Dureza, correlações e conversões de, 153-154
Dureza, ensaios de, 146-154
    dureza Brinell, teste de, 141, 165
    dureza Brinell, teste de, 148
    dureza escleroscópica, teste de, 146
    dureza Mohs, escala de, 146
    dureza Rockwell, teste de, 151-153, 165
    dureza Vickers, teste de, 150-151, 165
Dureza Mohs, escala de, 146
Dureza por penetração, 146-154
Dureza Vickers, teste de, 150-151, 165

E

Ebonite, 77
Efeito Bauschinger, 643-646, 668
Efeito da pressão. *Ver* Tensão hidrostática
Efeito de memória, 187, 666, 682, 738, 742,
    785-787, 800
Efeito do elo mais fraco, 495
Efeitos da sobrecarga. *Ver* Efeitos da sequência
    na fadiga
Efeitos da temperatura
    na energia obtida nos ensaios de impacto com
        entalhe, 157-158
    na fadiga, 443, 767, 847-849
    na fluência, 815-816, 823-842
    na tenacidade à fratura, 374-376
    na tração, 130-131
    no crescimento de trincas por fadiga, 588-590
Efeitos da tensão multiaxial
    deformação elástica, caso anisotrópico, 205-214
    deformação elástica, caso isotrópico, 195-204

Efeitos da tensão multiaxial *(Cont.)*
    deformação plástica, 654-664, 724-725
    escoamento, 276-289. *Ver também*
        Correlações tensão-deformação
        tridimensionais
    fadiga, 461-466, 778-781
    fluência, 846, 861-862
    fratura, de componentes não trincados,
        273-276, 295-311
    fratura de componentes trincados, 380,
        385-386
Efeitos de radiação de nêutrons, 380
Efeitos de sequência na fadiga, 448, 467, 542,
    602, 607-608, 796-799, 801
Efeitos do acabamento superficial, 445-446,
    502-505, 767
Efeitos do estado de tensões. *Ver* Efeitos de
    tensões multiaxiais
Efeitos dos entalhes na fadiga, 442, 491-497
    efeito do escoamento inverso, 496-497
    efeito no crescimento de trinca, 495-496
    em vidas intermediárias e curtas, 506-509
    e tensão média, 510-520
    fator de concentração de tensões na fadiga,
        493-494, 497-501
    tamanho da zona de elevação de tensão e
        efeitos do elo mais fraco, 494-495
Efeito sinérgico 43019
Efeito Snoek, 872-873
Efeito termoelástico, 872-873
Efetiva, amplitude de tensão, 464
Efetiva, curva tensão-deformação, 658
Efetiva, deformação plástica, 655
Efetiva, deformação total, 655-656, 658
    para a vida de fadiga, 778-789
Efetiva, Taxa de deformação, 863
Efetiva, tensão, 272-273, 275, 277, 284, 304-305,
    309, 655-656, 658, 863
Efetiva, tensão média, 462-465
Eixos cilindrícos, torção de, 715-718, 898–899,
    910–911
Elástica, fator de concentração de tensão, 334,
    419, 492, 508-509, 511-513, 536-537, 719,
    905-907
Elasticamente, esforços calculados, 725
Elástica, relação tensão-deformação, com
    endurecimento linear, 185-186, 648-649
Elástica, relação tensão-deformação, de
    endurecimento exponencial, 649
Elástica, relação tensão-deformação,
    perfeitamente plástica, 185-186, 646-648
    em componentes entalhados, 723
    em flexão, 707
    em torção, 718
    tensões residuais em flexão, 711-714

Elásticas, lei de Hooke para deformações, 195-197, 654-655
Elástico, módulo, 3, 35-36, 87, 115, 184, 193-195
  dependente com o tempo, 850-851, 865, 880
  paralelo às fibras, 210-211
  para polímeros, 73, 76
  transversal às fibras, 211-212
  valores, tendências em, 35-36
Elastômeros, 69, 73, 74-75, 92, 875
  módulos elásticos dos, 126
Elastômeros de poliuretano, 74
Elementos estruturais soldados, curvas *S-N* de, 531-535
Encruamento (endurecimento por deformação), 122, 185, 648-654
Encruamento, expoente de (*n*), 137, 649
Encruamento, regra de, em fluência, 859-861
Endo, T, 469
Endurecimento
  cíclico, 673
  cinemático, 666
  isotrópico, 646
  por deformação (encruamento), 122
  por dispersão (de precipitados), 86
  por precipitação, 54-56, 64, 85
  tratamentos de endurecimento superficial, 541
Endurecimento cíclico, 673-675, 741
endurecimento cinemático, 646, 666
Endurecimento, efeitos de, em polímeros, 76-77
Endurecimento isotrópico, 646
Endurecimento, métodos de, para metais, 50-56
Endurecimento não linear, modelamento reológico do, 653-654
Endurecimento por dispersão, 86
Endurecimento por solução sólida, 54, 65, 66, 67
Energética, medidas de engenharia para a capacidade, 121-122
Energia de impacto, 155-159
Energia, Dissipação de. *Ver* Amortecimento nos materiais
Energia potencial, na fratura, 342, 391-392
Energias de ativação, 823
  avaliação das, 829-830
  definidas, 823
Engenharia, cerâmicas de, 78, 81, 92
Engenharia, deformação na fratura de, 119
Engenharia, deformações por cisalhamento de, 255, 655
Engenharia, força na fratura de, 116
Engenharia, materiais de, 23
  características gerais de (tabela), 24
  classes e exemplos de, 24
  revisão sobre, 49-98
  tamanho para, 24-25

Engenharia, metais de, 50, 56-68
Engenharia, plásticos de, 71
Engenharia, projeto de. *Ver* Projeto
Engenharia, propriedades tensão-deformação de (de ensaios de tração), 115-125
  alongamento, 4, 119-121
  comportamento de estricção e ductilidade, 119-121
  constantes elásticas, 115-116
  ductilidade, 117-121
  encruamento (endurecimento por deformação), 122
  escoamento, 3, 116-118
  limite de escoamento convencional (arbitrário), 118
  limite de escoamento inferior, 118
  limite de escoamento superior, 118
  limite de porporcionalidade, 118
  limite de resistência (resistência última), 4, 116
  limite elástico (limite de escoamento), 118
  medidas de ductilidade de engenharia, 117-121
  medidas de engenharia da capacidade energética, 121-122
  versus resistência à fratura, 122
  medidas de engenharia de resistência, 116-117
  módulo elástico (módulo de Young), 3, 115
  módulo tangente, 116
  redução de área, 119-121
  resistência à fratura de engenharia, 116
  tendências nas, 126-130
Engenharia, seleção de materiais para componentes de, 90-95
Engenharia, tamanho de trinca de, 799
Engenharia, tensão e deformação de, 112-125, 138-141, 165
Ensaio de dureza Brinell, 148, 152, 165
Ensaio de flexão rotativa, 431-433
Ensaio de tensão, 110-115
  comportamento dúctil *versus* comportamento frágil no, 112-114
  curvas tensão-deformação do, 126-130
  interpretação tensão-deformação verdadeira, 130-141
  metodologia de ensaio, 110-114
  propriedades de engenharia do, 115-122
Ensaio de torção, 159, 162-164
Ensaio Izod, 127, 155
Ensaios de compressão, 105, 142-146, 165
  compressão lateral, 146
  propriedades dos materiais em compressão, 144
  resistências obtidas dos, 79, 81
  tendências no comportamento em compressão, 144-146, 295-296

Ensaios de fadiga, 431-434
em componentes, 526-529
ensaio com vibração ressonante, 433-434
ensaio de flexão rotativa, 431-433
ensaios de crescimento de trincas, 570-576
ensaios de flexão alternada, 432-433
ensaios de tensão-vida, 673-675, 757-763
equipamentos de testes e corpos de prova, 431-434
Ensaios de flexão e torção, 105-106, 159–165
ensaio de torção, 159-160
ensaio de tubos de paredes finas em torção, 164-165
ensaios de flexão (dobramento), 159-161
módulo de ruptura em flexão, 161
teste de deflexão térmica, 161-162
Ensaios de impacto com entalhe, 155-159, 333
comportamento da temperatura de transição, 158
ensaio Charpy com entalhe em "V", 154
tenacidade à fratura *versus*, 158, 376
teste de cisalhamento dinâmico, 155
testes Izod, 155
Ensaios e métodos de ensaio. *Ver* Normas ASTM; Ensaios mecânicos
Ensaios mecânicos, 105-166
células de carga
comportamento à tração, 126-130
corpos de prova (amostras), 105-106
curvas tensão-deformação verdadeiras e propriedades, 137-140
ensaios cíclicos tensão-deformação, 673-675
ensaios de compressão, 142-146
ensaios de crescimento de trincas assistidas pelo ambiente, 617-618
ensaios de dureza, 146-154
conversões e correlações entre durezas, 153-154
ensaios de fadiga
crescimento de trinca, 570-576
deformação-vida, 757-763
tensão-vida (*S-N*), 431-434, 527-529
ensaios de flexão e torção, 159-165
ensaios de fluência, 817-820
ensaios de impacto com entalhe, 155-159
ensaios de tenacidade à fractura, 369-371, 387-388, 393-396
ensaios de tração, 110-115
equipamento de teste, 106-109
extensômetros, 109
extensômetros, 109
Instron Corp., máquina de teste, 108
máquinas de ensaio universais, 106-109
métodos de ensaios padronizados, 109-110
MTS (MTS Systems Corp.), 108

Ensaios mecânicos *(Cont.)*
propriedades tensão-deformação de engenharia (em tração), 115-126
sistema de teste servo-hidráulico de circuito fechado, 108-109
transformadores (transdutores) diferenciais de variação linear – LVDTs (*linear variable differential transformers*), 109
Ensaios tipo I e II em compressão triaxial, 306
Envelhecimento. *Ver* Endurecimento por precipitação
Envelope de falha para o círculo de Mohr, 296
Epóxis, 24, 78, 86-89, 87, 127, 193, 337
Equação de Arrhenius, 823, 835, 878
Equação de Forman, 581-582
Equação de Goodman, 452
para componentes entalhados, 510-513
Equação de Goodman modificada e linha, 452
Equação de Paris, 565-566, 623
Equações constitutivas. *Ver* Correlações tensão-deformação
Equipamentos de teste, 106-109
Equivalente, amplitude de tensão completamente invertida, 454, 476, 770
Equivalente, tensão de amplitude constante, 474-475, 477, 535, 604
e fatores de segurança, 474-476
Equivalente, tensão uniaxial completamente invertida, 464
Equivalente, vida, para tensão zero, 770-771, 775
Escalagem (de discordâncias), 828
Escleroscópica, teste de dureza, 146
Escoamento, 3, 116-118, 645, 646
e fadiga no entalhe, 506-514. *Ver também* Deformação plástica
inicial, 721, 909-911
nas pontas das trincas, 334, 378-387, 389, 611-614
plástico generalizado, 354, 584, 595, 721-722, 907-914
tensão e deformação locais no entalhe, 722-725
Escoamento, força ou momento inicial para o, 708, 721, 908-911
Escoamento inicial (em fadiga), 512-513
Escoamento local, 508-509, 511-513, 718, 722-724
Escoamento plástico generalizado, 595, 721-722
Escoamento plástico generalizado (em fadiga), 508-509
Escoamento plástico generalizado, limite (força ou momento), 354, 389, 398, 708-709, 907-914
Escoamento reverso (em entalhes), 496-497, 511-513
Escorregamento (em cristais), 39-41, 435-437, 828

Esferulitas, 72
Esforço cisalhamento máximo, 240-244
Esforços combinados, escoamento e fratura sob, 269-317
Especificações para o projeto de pontes (AASHTO), 534–535
Estados tridimensionais de tensão, 246-253
   direções das tensões normais principais, 249-250
Estágio terciário da fluência, 818
Estanho, 50, 54, 67
Estrias, 440
Estricção, 119-121, 126-128, 818
Estrutura cristalina cúbica de corpo centrado (CCC), 30, 44, 374
Estrutura cristalina cúbica de faces centradas (CFC), 30, 44
Estrutura cristalina, definição, 30
Estrutura cúbica simples (CS), 29-30
Estruturas de navios, trincas em, 333, 339
Estruturas de pontes, trincas nas, 333
Estrututura cristalina hexagonal compacta (HC), 30, 44, 66
Experiência em serviço, 16
Extensômetros, 109
Extensômetros de rosetas, 259-260
Extrusão, 52

F

Fadiga, 7-10, 20, 415-477, 497-544
   abordagem baseada na deformação, 416, 755-801
   abordagem baseada na tensão, 415-478, 497-544
   abordagem mecânica da fratura, 416, 561-624
   aparelhos e corpos de prova de ensaio de fadiga, 431-434
   carregamento cíclico, 417-419
     fontes de, 428-430
   carregamento de amplitude variável, 466-476
     contagem de ciclos para histórias irregulares, 469-471
     nível de tensão equivalente e fatores de segurança, 474-476, 535
     regra de Palmgren-Miner, 466-469, 796-799
   comportamento do limite de fadiga, 447-448
   corrosão com, 11, 443, 590
   curvas de vida (S-N) tensão *versus* vida, 420-425
     equações para, 422
     estimando, 520-527
     tendências nas, 440-450
   dano à fadiga, natureza física dos, 434-440
   de alto ciclo e de baixo ciclo, 8, 421-422, 764
   definições para, 417-420

Fadiga *(Cont.)*
   dispersão estatística em, 448-450
   efeitos da tensão residual, 445-446, 540-542, 796
   efeitos de tamanho, 503, 768
   efeitos do acabamento superficial, 503
   efeitos do acabamento superficial, 767
   efeitos do entalhe, 442, 491-497, 506-513, 782-784
   fadiga por atrito (*fretting*), 11, 536
   fatores de segurança para as curvas S-N, 426-428
   iniciação de trincas por, 7-8, 435-440, 767, 796-800
   prevenção da, 8
   projetos para, 536-537
   tensões médias, 450-461
     apresentação dos dados de tensão média, 450-451
     diagramas de amplitude e média de tensões normalizadas, 451-453
     estimativas de vida com, 454-459
     fatores de segurança com a, 459-461
   tensões multiaxiais, 461-466
     amplitude de tensão eficaz, 462-465
     tensão média eficaz, 462-465
     tensão uniaxial completamente invertida equivalente, 464
   tensões pontuais *versus* tensões nominais, 419-420
Fadiga, abordagem da, modificada pela frequência (Coffin), 847
Fadiga de alto ciclo, 8, 421-422, 764
Fadiga de baixo ciclo, 8, 421-422, 764
Fadiga, efeito do tamanho na, 494-495, 502-503, 768
Fadiga térmica, 8
Falha de empilhamento, 33
Falha em petroleiro, 339
Falha por fadiga
   detalhes de projeto, 536-540
   projetando para evitar a, 536-542, 608-611
   tensões residuais superficiais, 540-542
Fase primária da fluência, 818. *Ver também* Fluência transitória
Fatigue Design Handbook da SAE, 453, 471, 541, 702
Fator de concentração de tensão em fadiga, 493-501, 796-800
   em vida curta, 506-509, 794
   para a tensão média, 510-520, 794
Fator de forma da falha, 357
Fator de qualidade, 872
Fator de redução para a inclinação, 648, 654
Fator de segurança. *Ver* Fatores de segurança

Índice Remissivo

Fator de triaxialidade, 779
Fatores de concentração de tensão e deformação, 718, 719, 722-724. *Ver também* Fator de concentração de tensão elástica; Componentes entalhados
Fatores de segurança 43054, 272
  no projeto, 13–14
  para componentes trincados, 353-356
  para fadiga, 426-428, 460, 474-475
  para fratura de componentes não trincados, 273-275, 305, 309, 316
  para o crescimento de trincas, 563-564
  para o escoamento, 278, 284, 290
  para ruptura por fluência, 844-846
Ferrita (Fe-α), 60
Ferrítico, aço inoxidável, 64
Ferro alfa (Fe-α), 30
Ferro forjado, 58
Ferro-fundido branco, 59-60
Ferro fundido cinzento. *Ver* Ferros fundidos
Ferro fundido. *Ver* Ferros fundidos
Ferro fundido nodular, 59
Ferro gama (Fe-g), 30
Ferromagnéticos, materiais, 875
Ferro maleável, 60
Ferrosas, ligas, 56
Ferros fundidos, 56, 59–60, 113, 126, 140, 300
Fibra de vidro, 24, 78
Fibrosos, compósitos, 86-89, 205-209
Fissuramento (*crazing*), zona de fissuramento, 128, 334
Flambagem, 4, 140, 164
Flexão
  análise elástica da, 702-704, 897-899
  análise para fluência por, 865-866
  análise plástica da, 702-711, 908-911
  em carregamento cíclico, 730-732
  tensões residuais sob, 711-714
Flexão cíclica, análise, 730-732
Flexão, ensaios e resistência, 159-161
Fluência, 181-182, 187–189, 214, 815–880
  análise de tensão-deformação de componentes
    comportamento não linear, 866-868
    viscoelasticidade linear, 864-866
  Coble tipo, 827
  curvas tensão-deformação isócronas, 823, 849-851, 862-868, 878-879
  definição, 5, 43
  dependente do ciclo, 682-684
  em polímeros, 826
  energias de ativação, avaliação das, 829-830
  estado estacionário (secundário), 182-184, 818, 860
  estágio terciário, 818-819
  estágio transiente (primário), 183-185, 818

Fluência (*Cont.*)
  mapas dos mecanismos de deformação, 830-832
  mapas dos mecanismos de fratura, 819, 824
  mecanismos físicos da, 823-834
  modelos reológicos para a, 187-189, 849-851
  Nabarro-Herring, 827
  no concreto, 833-834
  nos materiais cristalinos, 44, 825–828
  por discordâncias, 828-830
  tipo exponencial, 827-828
  tipo viscoso, 824-825, 828
Fluência cavitacional, 834
Fluência cíclica, 682-684
Fluência Coble, 827
Fluência de alta temperatura, 830
Fluência de baixa temperatura, 830
Fluência, deformação por, 5, 20, 23, 38, 43-44, 187-189, 191-193, 677-678, 815-816
  envolvendo aplicação (exemplo), 5
  para comportamento não linear, 851-854
  para tensão multiaxial, 861-864
  para tensão variável, 854-861
    para modelos viscoelásticos lineares, 857-859
    regras para o endurecimento com o tempo e o encruamento, 859-861
    relaxação da tensão, 855-857
  para viscoelasticidade linear, 849-851
  recuperação da, 855-856
Fluência, ensaios de, 817-819
  apresentação dos resultados de, 819-823
  comportamento observado nos, 817-819
Fluência, equações não lineares da, 851-854
Fluência, estágio secundário da, 818
Fluência exponencial, 828-830
  em flexão, 869
  relaxação para, 856-857
Fluência-fadiga, interação, 9, 767, 847-849
Fluência, falha sob tensões variadas por, 846-849
  interação fluência-fadiga, 847-849
  ruptura por fluência sob carregamento por etapas, 846-847
Fluência no estado estacionário, 182-185, 187-188, 818
Fluência, ruptura por, 7, 20, 817, 834
  fatores de segurança contra, 844-846
  para carregamento em etapas, 846-847
  parâmetros tempo-temperatura e estimativas de vida, 834-846
  para tensão multiaxial, 846
Fluência transitória, 183-184, 818, 849-854
Fluorescência viscosa, 824-825, 828
Forjamento, 50, 52, 332
Fotografias por raios-X e inspeção de trincas, 333, 563

Frações volumétricas, em compósitos, 211-212
Fragilização, 617
Fragilização por metal líquido, 617
Fragilização por radiação, 380
Fratura
   clivagem, 374-375
   custos da, 18-20, 416
   de componentes com trincas, 331-399
   dúctil, 7
   em ensaios de torção, 162
   frágil, 5, 295-296
   intergranular, 611-612, 620
   modos de, 341
   para carga estática e de impacto 42862
   ruptura pela coalescência de microcavidades
      plásticas (*dimples*), 374-375
   tipos de, 2
   transgranular, 613
Fratura, deformação
   de engenharia, 119
   verdadeira, 138-142
Fratura em modo misto, 378
Fratura frágil, 5-6, 20, 331–334
   fatores de segurança contra a, 353
Fratura, importância econômica da, 18-20, 416
Fratura intergranular, 7, 611-613, 620-622
Fratura, resistência verdadeira à, 138-142
Fratura, superfície de, 272
Fratura transgranular, 611-612
Fretting (degradação por fricção), 11, 536
Fricção interna. *Ver* Amortecimento em materiais
Fundição, 50

G

Grafite, 38, 85
Grafite-epóxi, 24, 91, 209
Grãos cristalinos, 31
Griffith, A. A, 341

H

Haynes 188 (superliga), 67
Hidrogênio, fragilização por, 617
Hidrogênio, ligação (ponte) de, 28-29
Histerese, laços (ou ciclos) de, 668-671, 730,
   734-735, 757-761, 785-793, 874
   elípticos, 869-870, 148
   formas da curva, 677-682
História de carregamento irregular. *Ver*
   Amplitude de carregamento variável

I

Impacto, ensaios de energia de, 155-159
Impacto, fratura sob carregamento sob, 5
Impureza (intersticial, substitucional), 32-33
Impureza substitucional, 32

Inclusões, efeito na fratura, 332, 376-378
   para fadiga, 434, 435
Inconel 718 (superliga), 67, 584
Inspeção (controle) para trincas, 332, 562-565,
   608-611
Inspeções periódicas para verificação de trincas,
   563-564, 608
Instron Corp., máquina de teste, 108
Integração numérica (para crescimento de
   trincas), 599-602
Integral elíptica completa de segundo tipo,
   358-359
Integral-J, ensaios J_{Ic}, 391-398
Intensidade da tensão limiar
   em trincamento ambientalmente assistido, 618
   no crescimento de trincas por fadiga, 566, 573,
      583-585
Interpretação verdadeira da tensão-deformação
   do teste de tensão, 130-142
   consideração de volume constante, 133-135
   correção de Bridgman para a tensão
      circunferencial, 135-136
   curvas tensão-deformação verdadeiras,
      137-138
   limitações das equações tensão-deformação
      verdadeiras, 135
   propriedades tensão-deformação verdadeiras,
      138-143
   tenacidade vedadeira, 138
   tensões e deformações verdadeiras, definição,
      130-132
Intersticial, 32
Intervalo geral, 469
Intervalo simples, 469
Invariantes, quantidades, 202, 250, 254
Irwin, G. R, 342, 383

J

Junções chanfradas, 537
Juntas afuniladas, 537
Juvinall, R. C
   abordagem pela tensão média, 513
   estimativa da curva $S\text{-}N$, 520, 522-523

K

Kevlar, 71, 77, 87, 209
K, campo, 383-384

L

Lábio de cisalhamento, 440
Laminação, 50, 52
Laminação a frio, 540
Langer, B.F, 466
Larson-Miller (L-M), parâmetro
   tempo-temperatura, 835, 838-843

Latão, 24, 67, 193
Latão naval, 67
Lei de Hooke, 204, 257, 271, 861
    caso anistrópico, 205-209
    caso isotrópico, 195-204
    caso ortotrópico, 206-207
    para deformações elásticas (com plasticidade), 654-656
Lei de Hooke anisotrópica, 205-208
Lei de Hooke generalizada, 195-197, 214-216
Liberty, navios e petroleiros, 339
Ligação covalente, 25-27, 29–30, 78
Ligação de dipolo flutuante, 28
Ligação de Van der Walls, 25, 28
Ligação iônica, 25-27, 30-31
Ligação metálica, 25-28
Ligação química nos sólidos. *Ver* Ligações nos sólidos
Ligações cruzadas, 72-73, 76, 92
Ligações nos sólidos, 25-29
    ligações químicas primárias, 25-28
    ligações químicas secundárias, 28-29
Ligações químicas primárias, 25-27
Ligações químicas secundárias, 28-29
Ligas, 23-25
Ligas e processamento dos metais, 50-56
    efeitos de múltiplas fases, 54-56
    endurecimento por precipitação, 54-56
    endurecimento por solução sólida, 54
    métodos de endurecimento, 52
    recozimento, 53-54
    refinamento de grãos, 53
    trabalho a frio, 53-54
Ligas, obtenção de, 50, 76, 92
Ligas substitucionais, 54
Lignina, 85
Limite de escoamento, 3, 90-91, 116-118, 140, 647-650, 675-677
Limite de escoamento convencional, 118
Limite de escoamento inferior, 118
Limite de escoamento superior, 118
Limite de proporcionalidade, 118
Limite de resistência (último), 4, 91, 116
Limite elástico (limite de escoamento), 118
Limites de fadiga, 422
    comportamento dos, 447-448
    em fadiga de amplitude variável, 448, 467, 534-535, 790
    e projeto de engenharia, 447
    estimando, 501-506
    fatores de redução, 503-506
        tipo de carregamento, tamanho e acabamento superficial, 504
    fatores que afetam, 501-502
Linear elástico, material, 194

Linear, endurecimento, 185, 648-649
Lineares, polímeros, 71-72
Linear, viscoelasticidade, 187, 214, 849-851
    amortecimento para, 869-878, 879-880
    análise de componentes para, 864-866
    carregamento escalonado para, 857-859
Linear, viscoelasticidade. *Ver* Viscoelasticidade linear
Linha de embotamento (*blunting line*), 396

M

Madeira, 85
Magnésio e suas ligas, 24, 30, 50-51, 67, 92, 126, 140, 193
Manganês, 30, 50, 60
Manson, S. S, 760, 847
Mapa do mecanismo de fratura, 819
Mapas dos mecanismos de fluência, 819, 830
Máquinas de ensaio universal, 106-109
Máquinas servo-hidráulicas, 108-109, 434
Marcas de praia, 439-440
Margem de segurança na temperatura, 844
MARM 302 (superliga), 67
Martensita, 62
Materiais amorfos, 82, 194
Materiais anisotrópicos, 205-212
    compósitos fibrosos, 208-209
    correlações entre tensão-deformação, 205-217
    critérios de escoamento para, 293-295
    materiais ortotrópicos, 206-208
    material cúbico, 207
    módulo elástico paralelo às fibras, 210-211
    módulo elástico transversal às fibras, 211-212
Materiais com falhas internas, 341
Materiais compósitos, 23-24, 78, 84–90, 92
    comportamento à tração dos, 126
    comportamento à tração dos, 128
    compósitos fibrosos, 86-89
    compósitos laminados, 89-90
    compósitos particulados, 86
    constantes elásticas para, 208-213
    critérios de falha para, 294
    definição, 85
    usos dos, 84-85
Materiais em sanduíche, 90
Materiais ortotrópicos, 206-208
Materiais policristalinos, 31
Material cúbico, 207
Material homogêneo, 193
Material quase isotrópico, 212
Material transversalmente isotrópico, 208
Mecânica de fratura, 6, 20, 271, 331-334, 416
    aplicação ao projeto e análise, 346-369
    extensões da, 388-396
        ajuste da zona plática, 389-391

Mecânica de fratura *(Cont.)*
    deslocamento de abertura da ponta da trinca – CTOD *(crack-tip opening displacement)*, 396
    ensaios de resistência à fratura para *JIc*, 393-396
    integral *J*, 391-398
    fator de intensidade de tensão *K*, 342-345
    limitações da plasticidade, 383-387, 613-615
    para o crescimento de trinca por fadiga, 561-617
    para trincas formadas pelo meio, 617-622
    tamanho da zona plástica, 378-383, 611-614
    taxa de libertação de energia de deformação *G*, 342, 346
Mecânica de fratura linear-elástica (MFLE), 336, 343, 383, 396. *Ver também* Mecânica da fratura
Meio, crescimento de trincas assistidas pelo, 561-562, 618-622, 624
    carregamento estático, estimativas de vida para, 617-618
Meio, efeitos do
    em fluência-fadiga, 847-849
    em fratura estática, 315-316
    na fadiga, 443
    no crescimento de trincas por fadiga, 588-590
Meio, formação de trincas assistidas pelo, 7, 20, 618-622
    e pela fluência, 816
Metais, 23-24
    aços e ferros fundidos, 56-64
    baixo autoamortecimento da tensão nos, 872-875
    crescimento de trincas assistidas pelo meio, 617-622
    crescimento de trincas por fadiga nos, 585-591
    deformação cíclica nos, 673-680
    fadiga nos, 434-450, 764-767
    fluência nos, 815, 825-832
    fratura nos, 371-378
    liga/processamento dos, 50-56
    metais não ferrosos, 64-68
    métodos de endurecimento para os, 53-56
Metais não ferrosos, 64-68
    ligas de alumínio, 65-67, 92
    ligas de cobre, 67
    ligas de magnésio, 92
    ligas de titânio, 67, 92
    superligas, 67, 92
Metais refratários, 50
Metais trabalhados, 52
Metal duro, 81-82, 92
Método da densidade de energia de deformação (Glinka), 725

Método das equações integrais de contorno, 351
Método de complacência *(compliance)* ao descarregamento, 393-394
Método de compliance (complacência), 393-394
Método de *compliance* (complacência), 346
Método de queda de potencial, 394, 570
Método dos danos cumulativos de Corten-Dolan, 542
Métodos com funções peso, 351
Métodos de ensaio normalizados, 109-110. *Ver também* Normas ASTM
Microdeformação, 113
Microtrincas, 334, 796, 833-834
Miner, M. A, 466
Míssil Polaris, 339
Misturas, definição, 76
Modelos. *Ver* Modelos reológicos
Modelos reológicos, 181-191, 214, 645, 664-666
    comportamento de amortecimento de, 869-871
    comportamento linear viscoelástico dos, 849-851
    deformação plástica nos, 185-187, 646-648, 649-654
    descarregamento
        e as deformações irregulares *versus* histórico de carregamento, 672-673
        e comportamento de carregamento cíclico, 668-669
        e comportamento no descarregamento, 666-668
    fluência pelos, 182-185, 187-189, 849-851, 857
    recuperação em, 189, 825-826
    relaxação em, 189-191, 856-857
Modelos reológicos de mola e cursor, 176-178, 664-673
Modelos reológicos de mola e cursor, 185-187
Modificadores de rede, 82
Modo de abertura de trinca, 341
Modo de deslizamento de trinca, 341
Modo de rasgamento da trinca, 341
Módulo absoluto, 872
Módulo adiabático, 874
Módulo de armazenamento, 872
Módulo de cisalhamento, 91, 164, 196, 207
    para materiais compósitos, 207-208, 212
Módulo de elasticidade dependente com o tempo, 850, 864-865, 880
Módulo de Young, 115, 184. *Ver também* Módulo elastic, 184
Módulo isotérmico, 874
Módulo plástico, 656-657
Módulos de elasticidade. *Ver* Módulo elástico

962 Índice Remissivo

Módulo secante, 657, 658
Módulo tangente, 116
Módulo volumétrico, 201
Mohr, Otto, 234, 248
Molibdênio, 50, 64
Monotônica, zona plástica, 613
Monotônico, carregamento, 644
Monotônico, carregamento proporcional, 663-664
Monotônico, deformação, 185
Morrow, J, 453, 772
Morrow, relação de tensão média de, 453-454, 772-773
Motor de combustão interna, 18
Motores a jato, 18
Motores a turbina, 18
Motores a vapor, 18
MTS (MTS Systems Corp.), 108

N
Nabarro-Herring, fluência de, 827
NASGRO, 603
Neuber, constante de, 499
Neuber, H
Neuber, regra de, 702, 722-724, 729, 735, 742, 782-784, 800
    abordagem da fadiga baseada em deformações, 781-792
    tensões e deformações residuais nos entalhes, 727-730
Nióbio, 50
Níquel, 18, 30, 31, 50, 51, 54, 67-68, 82, 588, 816, 819, 830
    eletrodeposição (chapeamento), 446
Níquel, superligas à base de, 24, 67, 584, 761, 837, 840
Nitreto de boro (BN), 82
Nitrides, 42
Normas europeias (União Europeia), 109
Nylons, 24, 71, 92, 127, 128, 193

O
Organização Internacional para Padronização – ISO (International Organization for Standardization), 109
Osso, 85
Oxidação e fluência, 816
Óxidos, 42, 78, 81-82

P
Palmgren, A, 466
Palmgren-Miner, regra, 466-468, 474, 476, 527, 523, 535, 542, 785-787, 796-799, 846-847
Parábola de Gerber, 453
Parafusos, juntas aparafusadas, 536-537

Parâmetros tempo-temperatura, na fluência, 834-846
    de Larson-Miller (L-M), 835, 838-840
    de Sherby-Dorn (S-D), 835-838
    equações de ajuste para, 841-843
Penetrador Brale, 152
Perlita, 60
Peterson, constante de, 497-499
Picos, 469
Placas com trincas no centro, 338, 345, 349, 392, 570
Plano crítico, abordagem pelo, 464, 779-781
Plano e sítio da rede, 32
Planos octaédricos, tensões nos, 253-255
Plasticidade. *Ver* Deformação plástica
Plásticos. *Ver* Polímeros
Plásticos termoestáveis (ou termofixos), 69, 72-74, 96-98
Plastificantes, 77
Poisson, coeficiente (relação) de, 116, 194-195, 204, 687
    e Lei de Hooke, 195-197, 657
    generalizado, 658
    para materiais anisotrópicos, 207-208, 212
Policarbonato (PC), 69, 73, 91, 127, 193
Poliestireno de alto impacto – HIPS (*high-impact polystyrene*), 77
Polietileno de baixa densidade – LDPE (*low-density polyethylene*), 76-77, 127
Polímero Acrílico (PMMA), 3, 127, 128, 193, 337
Polímero metacrilato de polimetilo (PMMA), 68-70, 73
Polímero óxido de polifenileno (PPO), 71
Polímero policloreto de vinila (PVC), 24, 29, 69, 71, 73, 127, 337
Polímero poliestireno (PS), 24, 70, 73, 127, 337
Polímero polietileno (PE), 24, 27, 38, 70, 73, 92, 127, 193, 826, 852
    estrutura cristalina do, 71
Polímero Poli-isopreno, 73, 74
Polímero polioximetileno (POM), 71, 73
Polímero polipropileno (PP), 73
Polímero politetrafluoroetileno (PTFE), 68-71, 128
Polímeros, 23-24, 68-78, 92, 194
    amorfos, 31, 73
    amortecimento, 875
    atáctico, isotáctico, sindiotáctico
    classes, exemplos e usos de (tabela), 69
    combinando e modificando, 77-78
    convenções de nomenclatura, 69
    crescimento de trincas por fadiga nos, 585
    cristalinos, 73
    critérios de escoamento para, 294
    curvas tensão-deformação por tração, 112-114, 118-119

Polímeros *(Cont.)*
  e carga cíclica, 443, 677
  efeitos de endurecimento, 76-77
  elastômeros, 69, 74-75
  estruturas moleculares dos, 68-71, 76
  fadiga nos, 440, 443, 762
  fluência nos, 815-816, 826
  ligações covalentes em, 29
  limite de escoamento em compressão
  limite de escoamento em tração, 118
  lineares, 73
  plásticos termoestáveis (ou termofixos), 69, 72-74
  resistência à ruptura dos, 371, 374
  termoplásticos, 68-71
    cristalinos *versus* amorfos, 71-72
    estrutura molecular dos, 68-71
Polímero teflon (PTFE), 68-71, 128
Polímero tereftalato de polietileno (PET), 71
Poncelet, J. V, 416
Pontes de Bailey, 527
Porcelana, 78, 79, 92, 148
Pré-ajustamento *(presetting)*, 445-446, 540
Precipitação, endurecimento por, 54-56, 64, 85
Precipitado coerente, 54, 85
Precipitado, coerente, 54, 85
Pré-impregnados, 87
Prensagem isostática a quente – HIP *(hot isostatic pressing)*, 81
Pré-trinca, 387, 393-394, 570
Principais, deformações, 256
Principais, eixos, 228, 248
Principais, tensões, 228, 230-232, 249-250
  direções para as, 228, 230-232, 250-253
  e tensão cisalhante máxima, 239-246
  tensões cisalhantes principais, 240-244
  tensões principais normais, 230, 239, 248
Princípio da superposição em viscoelasticidade, 857-859
Produtos de argila, 24, 80–81, 92
Projeto, 11-16
  definido, 11-12, 20
  durabilidade, 11
  experiência de serviço, 16
  fator de carga para o, 14, 291
  fatores de segurança para o, 11–14
  fluência, 815-816
  para fadiga, 447, 536-540
  para o crescimento de trinca por fadiga, 564, 608-611
  seleção de materiais para o, 50, 90-95
  tensão permissível, 14, 290
  trincamento assistido pelo meio (trincamento ambiental), 619-620

Projeto, caminhão de, 534
Projeto dos canais da raiz de uma turbina, 492, 536
Projeto por tensão admissível, 14-15, 290, 316
Protótipo, 14-16

R
Ramberg-Osgood, relação, 130, 649-653
  com adição da variável tempo, 853
  em cisalhamento puro, 717
  em componentes entalhados, 724
  em flexão (dobramento), 709-711
  em torção, 718
  para a curva tensão-deformação cíclica, 675, 758
  para ensaio de tração, 137-142
  para tensão biaxial, 660
Ramberg-Osgood, relação, 137
Ramificação em polímeros, 73
Ratchetting (cedência gradual), 682-684
Razão de amplitude, 418
Razão de Poisson generalizada, 658, 726
Recozimento, 53
Recuperação da deformação por fluência, 189, 192, 214, 826, 833-834, 855-856
Redução de área, 119, 138
Redução de área percentual (% RA)
Refino de grãos, 53
Reforço em polímeros, 77-78
Região de domínio do K (ou campo K), 383
Regra de fração de tempo, 846-847, 880
Regra de Glinka, 725
Regra P-M (Palmgren-Miner) relativa, 542
Regra para o encruamento com o tempo, 859-861
Relação de Coffin-Manson, 761
Relação tensão-deformação de endurecimento exponencial, 137, 649
  em componentes entalhados, 724
  em flexão, 706
  em torção, 716
Relações tensão-deformação, 181-217
  deformação elástica (caso isotrópico), 193-204
    comparação com as deformações plástica e por fluência, 204
    deformação volumétrica, 200-202
    deformações térmicas, 202-204
    lei de Hooke para três dimensões, 195-197
    módulo volumétrico, 201
    tensões hidrostáticas, 201
  deformação plástica, 646-653, 654-663. *Ver também* Deformação plástica; Modelos reológicos
  deformação por fluência, 849-854, 861-862
  para materiais anisotrópicos, 205-214
    compósitos fibrosos, 208-209

964 Índice Remissivo

Relações tensão-deformação *(Cont.)*
  lei anisotrópica de Hooke, 205-208
  módulo elástico paralelo às fibras, 210-211
  módulo elástico transversal às fibras, 211-212
  para material cúbico, 207
  para materiais ortotrópicos, 206-208
Relações tensão-deformação-tempo, 849-854, 861-862
  equações não lineares da fluência, 851-854
  viscoelasticidade linear, 849-851
Relações tensão-deformação tridimensionais
  deformação elástica, caso anisotrópico, 205-208
  deformação elástica, caso isotrópico, 195-204
  deformação plástica, 654-664
    aplicação na tensão plana, 659-661
    curva tensão-deformação efetiva, 658
    teoria da deformação plástica, 655-658
    teoria da plasticidade incremental *versus*, 663-664
  fluência, 861-864
Relaxação cíclica, 682-686
Relaxação da tensão média, 682-686, 793-796
Resistência, 2, 90, 92, 116-118, 138-141
  em compressão, 144-146
  em flexão, 159-161
  em tensão, 116-117, 138-141
  em torção, 162-164
  teórica, 36-38
Resistência à fadiga, 422-423
Resistência à flexão, 159-161
Resistência à tração, 4, 91, 116-118
Resistência, coeficiente de, 137
Resistência teórica, 36-38
Restrição geométrica, 203-204, 288-289, 383, 385, 724-725
Restrição geométrica, 203, 288–289, 385–386, 724–725
Retificação abusiva, 541
Revenimento, 56-57, 60-62, 64
Revestimento, 446, 541
Rigidez, 78, 90, 92. *Ver também* Módulo elástico
R, razão, 417-418
  efeitos no crescimento de trincas, 576-585
  nas equações de tensão média, 453-454, 514, 516-517, 775
Rocha (pedra) natural, 78, 80, 92
Rockwell, teste de dureza, 151-153, 165
Ruptura
  módulo de, em flexão, 161
  por fluência, 7, 19, 817-823, 834-847
  por *dimples* (coalescimento de microcavidades plásticas), 374, 376

S
SAE, Manual de Projeto de Fadiga *(Fatigue Design Handbook)* da, 453, 471, 541, 702
SAE, nomenclatura para aços da, 57-58
Segurança, 11
Seleção de materiais, 50, 90-96
Sensibilidade ao entalhe, 497-501
Sherby-Dorn *(S-D)*, parâmetro tempo-temperatura de, 835-838
Shigley, J. E., estimativa da curva *S-N*, 520
Shot peening, 445, 540
Sílica $(SiO2)$, 82
Sílica, vidro de. *Ver* Vidro
Silício, 38, 42, 50
Silício, carboneto de (SiC), 38, 79, 85, 87, 148, 193, 337
Silício, nitreto de $(Si3N4)$, 79, 81, 148, 337
Simpson, regra de, 599
Sinterização, 81
Sinterização reativa, 81
Síntese durante o projeto, 13
Sistema de teste servo-hidráulico de circuito fechado, 108-109, 434
Sistema UNS, 58
Smith, Watson e Topper (SWT), equação, 453
  para componentes com entalhe, 510, 513-516
  para curvas deformação-vida, 773-775
S-N, Curvas (tensão *versus* vida em fadiga), 420-425, 756, 760
  equações para, 422, 442, 454-455, 516-520, 531-535
  estimando, 520-527
  fatores de segurança para, 426-428, 460, 475, 535
S-N, uso de dados, para componentes, 527-535
  correspondência com dados de corpos de prova entalhados, 531
  curvas para componentes soldados, 531-535
  exemplo da ponte de Bailey, 527-529
  tensão média e casos de amplitude variável, 523
  tendências, 440-450
    com a resistência máxima, 440-442
    com os efeitos da microestrutura, 444-445
    na geometria, 442
    na tensão média
    nos efeitos ambientais e de frequência, 443
  Walker, ajuste pela equação de, 516-520
S-N-P, curvas, 450
Sobrecargas periódicas (em fadiga), 448, 790
Soldas
  e concentradores de tensão, 446, 531, 537
  vazios em, 332, 531
Subgrãos, 33
Superfície de escoamento, 272, 278-279, 285

Índice Remissivo **965**

Superfície de falha, 272
Superligas, 24, 67-68, 92
Superposição para carregamento combinado
  em componentes trincados, 363-367
  para tensões, 899
SWT. *Ver* Smith, Watson e Topper (SWT),
  equação

T

Tamanho da zona de elevação de tensão, 494-495
Tântalo, 50
Taxa de crescimento baseada no tempo para
  trincas, 617
Taxa de crescimento de trinca por fadiga, 561
Taxa de crescimento de trinca por fadiga,
  570-571
Taxa de liberação de energia de deformação G,
  342, 346, 391-392
Temperatura de transição vítrea, 35-36, 73-75
Temperatura, margem de segurança na, 844
Tempo compensado pela temperatura, 835
Tempo para ruptura por fluência, 819-821,
  834-847, 878
Tenacidade à fratura, 122, 157-158, 331, 336
  efeito da espessura sobre, 385-387
  efeitos da temperatura e taxa de carregamento,
    374-376
  efeitos do carregamento cíclico, 584
  fratura em modo misto, 378
  influências microestruturais, 376-378
  valores e tendências, 369-380
Tenacidade à fratura, 6
Tenacidade à fratura em deformação plana, 336,
  371-378, 387-388, 397-398
Tenacidade, a partir de testes de tração, 120, 138.
  Ver também Tenacidade à fratura
Tenacidade à tração, 120, 138
Tensão, 2, 111-114
  círculo de Mohr para, 234-237
  componentes de, 228-229
  de engenharia, 112
  definições para carregamento cíclico, 417-419
  de Von Mises, 293
  em vasos de pressão, tubos, discos, 901-905
  estados tridimensionais de, 246-253
  fórmulas básicas para, 897-899
  nominal, 419
  nos planos octaédricos, 253-255
  plana, 228-229, 243-246
  tensão plana generalizada, 238-239
  tensão pontual *versus* tensão nominal, 419-420
  tensões principais, 228, 230-232, 239-241,
    246-250
  transformação de eixos, 229-230
  verdadeira, 130-132

Tensão, abordagem da fadiga via, 415-478,
  497-544
  projetando para evitar a falha por fadiga,
    536-542. *Ver também* Limites de fadiga;
    Ensaios de Fadiga; Efeitos da tensão
    média; Efeitos dos entalhes na fadiga;
    Curvas *S-N* (tensão *versus* vida de
    fadiga)
Tensão alternada, 418
Tensão, amplitude de, 417-418
Tensão biaxial. *Ver* Efeitos de tensões
  multiaxiais; Estados tridimensionais
  de tensão
Tensão de amplitude constante, 417-419
Tensão e deformação verdadeiras à fratura,
  138-142
Tensão, gradiente de, 494
Tensão hidrostática, 201
  como tensão normal octaédrica, 254
  efeito na fratura, 313-315
  efeito no escoamento, 280, 285, 289
Tensão, invariantes de, 202, 250, 254
Tensão média, 417-418
  abordagem da fadiga baseada em deformações,
    769-778
  abordagem de Morrow modificada, 773
  apresentação dos dados de tensão média,
    450-451
  diagramas de amplitude e média de tensões
    normalizadas, 451-453
  discussão da, 775, 793-796
  efeitos da, 450-451, 769-778
  equação de Morrow, 772-773, 775
  equações de tensão média, 452-454, 770-775
  estimativas de vida com, 454-459
  fatores de segurança com, 459-461
  no crescimento da trinca por fadiga, 576-584
  para componentes entalhados, 510-520, 523
  parâmetro Smith, Watson e Topper (SWT),
    773-775
  relação de Walker, 775
  testes de tensão média, 769
  vida equivalente para, 772-773, 775
Tensão plana, 228-239, 243-246
  círculo de Mohr para, 234-236
  deformação plástica para, 659-662
  efeito na fratura, 385-387, 388
  generalizada, 238-239, 256-257
  rotação dos eixos coordenados, 229-230
  tensões principais, 230-232
  zona plástica na ponta da trinca, 381-382
Tensão plana generalizada, 227, 238-239
Tensão, relaxação da, 189-190, 214, 856-857
Tensão triaxial. *Ver* Efeitos de tensão multiaxiais;
    Estados tridimensionais de tensão

Índice Remissivo

Tensão verdadeira corrigida, 135-138
Tensões, alívio de, 541
Tensões e deformações residuais, 445-446, 536
   e deformação plástica, 643-645
   e fadiga, 445-446, 540-542
   em entalhes, 727-728
   para dobra, 711-714
      análise para interior da barra (viga), 714-715
Tensões em disco rotativo, 903-905
Tensões, faixa das, 417-418, 469, 565
Tensões, fator de intensidade de, 336, 342-345
   intervalo para o crescimento de trincas por
      fadiga, 565, 572. *Ver também* Mecânica
      de fratura
Tensões nominais, 419
   tensões pontuais *versus*, 419-420
Tensões, redistribuição das, 293, 334, 381
Tensões, redistribuição de, 293, 334, 381
Tensões, relação entre, R, 418
Tensões residuais superficiais, 445-446, 540-542
Tensores, 255
Tensores de deformações de cisalhamento, 255, 655
Tensores simétricos de segunda ordem, 255
Teoria da deformação total plástica, 646, 654-664
Teoria da elasticidade linear, 182, 343
Teoria da plasticidade incremental, 646, 663
   teoria da plasticidade *versus*, 663-664
Teoria das pequenas deformações, 195
Térmica, ensaio de deflexão, 161-162
Termicamente ativado, 825
Térmica, temperatura de deflexão, 162
Térmico, tratamento, 50, 60-62, 65
Termoplasticos, 68-71, 92
   cristalino *versus* amorfo, 71-72
   estrutura molecular dos, 68-71
Termoplásticos amorfos *versus* cristalinos, 71-72
Termoplásticos reforçados com fibra de vidro, 91, 442
Teste Charpy com entalhe em "V", 155-158
Teste de componentes, 14-16
Teste de flexão alternada, 432-433
Teste de tenacidade à fratura, 369-380, 387-388, 393-396
Testes de serviço simulado, 15
Titânio e suas ligas, 24, 30, 50, 51, 67, 91, 92, 193, 336, 761, 922
Torção de eixos cilíndricos
   análise elástica da, 897-899
   análise plástica da, 715-718, 908-911
Trabalho a frio, 53-54, 64, 65–67, 676
Transformação de eixos, 230
   para a deformação plana, 255-256
   para tensão plana, 229-230

Transformadores (transdutores) diferenciais de
   variação linear – LVDTs (*linear variable
   differential transformers*), 109
Tratamentos de endurecimento superficial, 541
Tratamento térmico de solubilização. *Ver*
   Endurecimento por precipitação
Tresca, critério de. *Ver* Critério de escoamento de
   máxima tensão cisalhante
Trinca, comprimento mínimo detectável, 563
Trinca de canto, 358-359
Trincados, fratura de componentes, 331-399
Trinca, *pop-in* na propagação da, 387
Trincamento por corrosão sob tensão, 7, 617
Trinca, modos de deslocamento da superfície da, 341
Trincas
   aplicação de K à concepção e análise das, 346-368
      casos de especial interesse prático, 357-362
      fatores de segurança para o comprimento de
         trinca, 353-356
      projeto de vasos de pressão baseados no
         vazamento antes da fratura, 367-369
      superposição em carregamento combinado, 363-366
   como concentradores de tensão, 334. *Ver
      também* Mecânica de fratura; Tenacidade
      à fratura
   comportamento nas pontas da trinca para
      materiais reais, 335
   conceitos matemáticos, 341-346
   crescimento a partir de entalhes, 362-363
   efeitos na resistência, 335-338
   efeitos no comportamento frágil *versus*
      ductilidade, 338-340
   fator de intensidade de tensões K, 342-345
   inclinadas ou paralelas a uma tensão aplicada, 366-367
   inspeção para averiguação de, 333, 617
      inspeções periódicas para, 563-564
   materiais com falhas internas, 341
   modo misto, 378
   não propagantes, 496
   taxa de libertação de energia de deformação G, 341-342
Trincas circulares, 357
Trincas circunferenciais, 349, 351
Trincas curtas, definição, 615-616
Trincas elípticas, 359-362, 389
Trincas não propagantes, 496, 800
Trincas pequenas, definição, 615-617
   comprimento de transição, 616
   limitações para, 615-617
Trincas superficiais, 359-362
Trinca, velocidade da, 618-619

Trinca, zona plástica na ponta da. *Ver* Zona plástica (na ponta da trinca)
Tubos
   ensaios de torção em, 164-165
   tensões nos, 901-904
Tubos de paredes finas. *Ver* Tubos
Tungstênio, 38, 50, 51, 64, 77-78, 193

U

Udimet 500 (superliga), 67
Ultrassons e inspeção de fissuras, 333, 563
Unidade de energia de amortecimento, 870, 872
Unidade de repetição nos polímeros, 69

V

Vacância, 31-32
Vales, 469
Vanádio, 50
Variação estatística
   na fadiga, 448-450
   nas propriedades dos materiais, 917-925
   na tenacidade à fratura, 374, 922
Vasos de pressão
   projeto baseado no vazamento antes da fratura (*leak-before-break design*), 367-369
   tensões nos, 901-904
   trincas nos, 333
Vibração ressonante, 433
Vida em fadiga de transição, 763-764
Vida equivalente à tensão média nula, 770-771, 775
Vidro, 23-24, 77-84, 85, 92, 113, 148, 193, 214, 337
   ductilidade, 126
   fluência no, 824
   ligações químicas no, 23

Vigas, 901-902
Viscosidade à tração, 184, 824, 861
Viscosidades, 184, 824, 861
Von Mises, critério. *Ver* Critério de escoamento pela tensão cisalhante octaédrica
Von Mises, tensão de, 293
Vulcanização, 74

W

Walker, equação de, para crescimento de trincas, 576-581, 583-584
Walker, relação da tensão média de, 453-454
   ajuste, 516-520
   para componentes entalhados, 510, 513-514
   para curvas tensão-vida, 775
Waspaloy (superliga), 67
Weibull, distribuição de, 450, 925
Whiskers, 87
Wöhler, August, 416, 431

Z

Zinco, 30, 50, 54, 67
Zircônio, 50
Zona plástica (na ponta da trinca), 334, 378-387, 389
   limitações de plasticidade na MFLE, 383-384
   na deformação plana, 383
   na tensão plana, 381-382
   no carregamento cíclico, 611-613
   tensão plana *versus* deformação plana, 385-387

Pré-impressão, impressão e acabamento

grafica@editorasantuario.com.br
www.editorasantuario.com.br
Aparecida-SP